VERHANDLUNGEN DER GESELLSCHAFT FÜR ÖKOLOGIE GÖTTINGEN 1976

6. Jahresversammlung vom 20. bis 24. September 1976 in Göttingen

Im Auftrag der Gesellschaft herausgegeben von PAUL MÜLLER

Springer-Science+Business Media, B.V. 1977

ISBN 978-90-6193-568-1   ISBN 978-94-011-5957-9 (eBook)
DOI 10.1007/978-94-011-5957-9

VERHANDLUNGEN
DER GESELLSCHAFT
FÜR ÖKOLOGIE
GÖTTINGEN 1976

VORWORT

Die erheblichen Anstrengungen zur Lösung unserer drängendsten sozioökonomischen und ökologischen Probleme konnten bisher nicht verhindern, daß Belastung und Verbrauch unserer ökologischen Existenzbedingungen zunehmend zum Schwächeglied der ökonomischen und gesellschaftlichen Zielvorstellungen wird. Diese Erscheinungen sind einerseits Symptom eines langfristig sich verschärfenden, auf vielfältige Weise vernetzten ökologisch-ökonomischen Gesamtproblems, andererseits Hinweis auf das Fehlen von Einsichten in eine Fülle grundlegender ökologischer Zusammenhänge. Das bedeutet, daß die Erwartungen, die in die Ökologie gesetzt werden, nicht in allen unseren Landesteilen gleichermaßen erfüllt werden können. Das liegt vornehmlich daran, daß

1. flächendeckende ökologische Informationen, die als Grundlage für eine gleichwertige Behandlung aller Teilräume der BRD verwandt werden könnten, nur lückenhaft vorliegen,

2. die Gründe für das Existieren und Reagieren von Lebewesen und Lebensgemeinschaften unzulänglich bekannt sind,

3. „ökologische" Beweissicherung nur punktuell durchgeführt wird,

4. die Wirkungsforschung noch erhebliche Lücken und/oder methodische Schwierigkeiten aufweist,

5. die Kausalzusammenhänge der wichtigsten Ökosysteme in der BRD noch nicht ausreichend untersucht sind,

6. Sukzessionskontrollen zur Kenntnis der Entwicklungstendenzen und -möglichkeiten bestimmter Räume weitgehend von einzelnen Wissenschaftlern abhängen und

7. der Grad der Belastung lebendiger Systeme, ihre Belastbarkeit und Entlastungsfunktion nicht zufriedenstellend aufgeklärt sind.

Diese fehlenden Informationen erschweren naturgemäß die Quantifizierung ökologischer Kriterien für die Erstellung ökologisch-ökonomischer Nutzungsmodelle (u.a. Standort-Optimierung-, Verbesserung von Technologien und Produkten), die Voraussetzung für eine gemeinsame Sprache zwischen Ökologen, Technologen und Ökonomen sind.

Die Situation wird verschärft durch eine bisher keineswegs ausreichend gesicherte ökologische und biogeographische Fachausbildung und das Fehlen von Einsichten in bereits bekannte ökologische Zusammenhänge in weiten Bereichen des öffentlichen Lebens.

Die hier vorgelegten Ergebnisse der wissenschaftlichen Sitzungen des Kongresses der Gesellschaft für Ökologie in Göttingen (1976) schließen oder verkleinern einige der aufgezeigten Lücken. Sie verdeutlichen jedoch zugleich, in welche Bereiche der Ökologie noch erhebliche Forschungsmittel investiert werden müssen, bevor die vom Gesetzgeber bereits formulierten „Erwartungen" von der Ökologie erfüllt werden können.

Paul Müller
(Saarbrücken)

INHALT

6. Human — Ökologie

7. Didaktik der Ökologie

GESELLSCHAFT FÜR ÖKOLOGIE – WOZU?

HEINZ ELLENBERG

Abstract

Due to global trends in environmental policy, not mainly due to the scientific work of ecologists, ecology has become very popular today. Actually it is favoured by many scientific societies, in General Europe e.g. by the German, Austrian, Swiss and other national Botanical Societies, the corresponding Zoological and Geographical Societies, etc.. Nevertheless, a German speaking international ecological society was founded in 1969, and soon gathered up to 800 members. Is this ,,Gesellschaft für Ökologie" really necessary?

Its primary aim is to promote interdisciplinary ecological research and teaching on all university and school levels. The ecosystem approach became essential in its annual meetings as well as in other activities, including advice to government and other decision makers. Its members are educated in many different fields of botany, zoology, microbiology, pedology, hydrology, geography etc., but also in technical, medical, social and pedagogic sciences. By joining them, problem-oriented collaboration has become more practicable, and is realized within ad-hoc working groups and during the annual meetings. In each of these, some selected ,,problem areas" are represented and discussed from many different scientific and practical view-points.

No specialized scientific body is able to tackle these aims. Therefore, the Ecological Society fills a gap in the cultural scene of the German speaking countries. Of course, much effort is still needed to render the interdisciplinary approach more integrated and more effective – in teaching as well as in research and application of results.

Unsere Gesellschaft ist noch jung, aber schon genötigt, ihre Zukunft zu überdenken. Vor kaum acht Jahren wurde sie als ,,Arbeitsgemeinschaft für Ökologie" von Biologen verschiedener Richtungen begründet mit dem Ziel, die Ökologie an unseren Hochschulen zu fördern und zugleich dem Mißbrauch des Ökologiebegriffs, der damals bis ins Phrasenhaft-Ideologische hineinging, entgegenzuwirken. Seither hat sie sich zur einer über 800 Mitglieder starken Gesellschaft ausgeweitet, die auch Meteorologen, Hydrologen, Bodenkundler, Geographen, Land- und Forstwirte, Landespflege- und Planungsfachleute, Humanökologen, Didaktiker aller Schulstufen und andere Wissenschaftler sowie in Ausbildung Begriffene vereinigt. Gemeinsam ist uns allen das Bestreben, die Wechselbeziehungen zwischen Umwelt und Lebewesen einschließlich des Menschen zu verstehen und dieses Wissen anzuwenden.

Im Rahmen des finanziell und räumlich Möglichen bemühten sich inzwischen viele Universitäten und Fachhochschulen, besondere Lehrstühle, Abteilungen oder zumindest Unterrichtsblöcke für Ökologie, Geobotanik, Hydrobiologie, Landschaftsökologie, Ökochemie, Ökophysiologie oder ähnliches zu schaffen. Fachvereinigungen wie die Deutsche Botanische, Zoologische, Bodenkundliche und Geographische Gesellschaft gaben der Ökologie erfreulich größen Raum bei ihren Tagungen. Aufgabe der G.f.Ö. kann es daher nicht mehr sein, Ökologen überhaupt zu Wort und zum Meinungsaustausch kommen zu lassen, oder für die

Anerkennung ihres Arbeitsgebietes zu werben. Unversehens stehen wir somit vor der Frage: Wozu noch eine Gesellschaft für Ökologie?

Diese rasche Entwicklung ist zweifellos nicht das Verdienst der G.f.Ö. und auch nicht der wesentlich älteren Ecological Societies in Britannien, Nordamerika, Japan und manchen anderen Ländern. Ebenso wenig ist der Umschwung vordergründig ein Erfolg der Ökologen, die seit über hundert Jahren zur Mehrung des Wissens und zum Ausbau des Begriffssystems beitrugen. Er wurde nicht einmal durch öffentliche Mahner bewirkt, die wie Thienemann, Demoll und Schwenkel schon früh auf Umweltbelastungen hinwiesen. Vielmehr wurde er ausgelöst durch den Zwang, mit den seit 1950 immer stärker spürbaren Nebenwirkungen der beschleunigten Industrialisierung fertig zu werden und das Verhältnis des Menschen zur Umwelt zu überdenken. Erst als Politiker wie der amerikanische Präsident Kennedy den „Stummen Frühling" einer Rachel Carson und andere Warnungen ernst nahmen, wurde umweltbezogenes Denken und damit auch Ökologie zu einem zugleich allgemeinen und individuellen Anliegen.

So vorteilhaft diese Entwicklung für die Ökologie erscheinen mag, sie stellt uns vor eine Fülle von schwierigen, teilweise kaum geahnten Aufgaben. Die Öffentlichkeit und die Praxis erhoffen in kurzer Zeit Lösungen von Problemen so komplexer Natur und solchen Umfanges, daß sie – wenn wir ehrlich sind – unser augenblickliches Wissen und Können bei weitem überfordern. Es geht ja schon längst nicht mehr in erster Linie um Grenzwerte der Belastung von Luft, Wasser und Boden mit bestimmten Schadstoffen oder Abfällen, also um Einzelaspekte und Einzelfaktoren. Vielmehr fragt man nach synergistischen Wirkungen oder nach dem „ökologischen Gleichgewicht" in kleineren oder größeren Systemen. Was wissen wir z.B. über Probleme wie die folgenden:
– Welche sofortigen und langfristigen Auswirkungen auf die Leistungsfähigkeit und die Stabilität der Ökosysteme wird ein geplanter Eingriff in den Wasserhaushalt einer Tallandschaft haben, z.B. eine Trinkwasserentnahme in verschiedener Entfernung vom Eingriffsort?
– Unter welchen Bedingungen kann die Kanalisierung eines Flusses biologisch verantwortet werden?
– Wie wird sich ein geplantes technisches Werk, z.B. ein Stausee oder eine chemische Fabrik, auf ein nahegelegenes Naturschutzgebiet von internationaler oder nationaler Bedeutung auswirken?
– Unter welchen Bedingungen ist die Wärmezufuhr durch Kühlwasser von Kraftwerken nachteilig für die Lebensgemeinschaften in Flüssen und Ästuaren?
– Wie ließe sich solche Wärmezufuhr für diese oder andere Lebensgemeinschaften positiv verwerten?
– Welche Auswirkungen hat eine Veränderung der Flächennutzung auf Klima, Bodenfruchtbarkeit, Tier- und Pflanzenwelt und überhaupt auf das „ökologische Gleichgewicht" in einer Landschaft, und welche Alternative wäre ratsamer?
– Gibt es unter den jeweiligen Voraussetzungen umweltfreundlichere Technologien, die auf lange Sicht keine wesentliche finanzielle Mehrbelastung bedeuten?
– Welches Maß und welcher Rhythmus von Herbizidanwendung und mineralischer Düngung ist im Hinblick auf das besondere Ökosystem-Mosaik einer Landschaft noch vertretbar?
– Wie wirkt die neuerdings wieder stark empfohlene biologische Wirtschafts-

weise unter bestimmten Standortsverhältnissen auf die Qualität und Quantität der Erträge, auf den Unkrautbesatz und die Bearbeitbarkeit des Bodens, auf tierische und pflanzliche Schädlinge sowie auf die Gesundheit von Tier und Mensch?

— Welche Größe, Verteilung und Beschaffenheit von Grünanlagen ist für unterschiedliche Überbauungstypen in urban-industriellen Räumen ratsam, um die Extreme des Stadtklimas auf ein vertretbares Maß zu beschränken?

— Welche Bioindikatoren sind empfehlenswert, um genügend rasch und zuverlässig vor einem Übermaß an kombinierter Gewässerbelastung oder Luftverschmutzung zu warnen?

Solche und andere Fragen müssen wir als Ökologen zu beantworten versuchen, auch wenn wir sie uns nicht selbst gestellt haben. In fast allen Fällen geht es darum, das Zusammenwirken von Pflanzen, Mikroorganismen und Tieren unterschiedlicher Arten unter multivariablen Umweltbedingungen zu beurteilen, d.h. Ökosysteme funktionell zu verstehen und ihre Reaktionen auf Eingriffe vorauszusagen. Gerade in der Ökosystemforschung aber stecken wir noch immer in den Anfängen, von Ausnahmen im hydrobiologischen Bereich und von Ergebnissen des später auf dieser Tagung zu behandelnden „Sollingprojekts" abgesehen. Nicht selten handelt es sich sogar um Probleme der „übergreifenden" Ökosystemforschung, d.h. der wechselseitigen Einwirkung verschiedener Ökosysteme aufeinander. Schon Thienemann forderte die Untersuchung von Zusammenhängen zwischen Gewässern und den verschiedenen semi-terrestrischen und terrestrischen Ökosystemen in ihrem Einzugsgebiet. Noch komplexer und dynamischer ist das Beziehungsnetz zwischen urban-industriellen Zentren und ihrem engeren bis weltweiten Umland.

Solche und andere aktuelle Probleme der Ökosystemforschung sind nur in Teilbezügen und nur in Ausnahmefällen von einem einzelnen Forscher oder Institut zu lösen. Sie erfordern in der Regel enge Zusammenarbeit zahlreicher Fachleute, die gewillt sind, einander nach gemeinsamem Plan und in ständigem Austausch zuzuarbeiten. Unsere Gesellschaft hat sich von vornherein zum Ziel gesetzt, interdisziplinäres Arbeiten zu fördern. Da fachlich enger umgrenzte Vereinigungen hierzu weniger in der Lage sind, sollte die G.f.Ö, gerade die Ökosystemforschung und andere fächerübergreifende Aufgaben in Zukunft zu ihren Hauptanliegen machen. Das würde nichts anderes als eine Konzentration auf die eigentliche Aufgabe der Ökologie bedeuten. Im Gegensatz beispielsweise zur Ökophysiologie darf sie sich ja nicht auf einen Einzelfaktor und ein isoliertes Lebewesen oder eine Population beschränken, sondern muß versuchen, die Konstellation aller Umweltfaktoren und lebenden Partner eines Ökosystems zu überschauen und zumindest die wesentlichen von ihnen in die Untersuchung einzubeziehen. Gelingt ihr dies nicht, so hat sie ihre Aufgabe nicht oder nur unbefriedigend gelöst.

Mehr noch als bisher sollten wir daher dem interdisziplinären Charakter der Ökologie Rechnung tragen, sowohl in den Rahmenthemen unserer Tagungen als auch in den Zielen unserer Exkursionen, vor allem aber in den Arbeitskreisen zur Diskussion besonderer Aufgaben. Gerade durch die letzteren können wir zu Partnern von Regierungsstellen, Planungsämtern und anderen Bedarfsträgern werden, die vor Aufgaben der angewandten Ökologie stehen. Schon mehrfach wurden der Vorstand und einige Mitglieder der G.f.Ö. von Ministerien oder vom Umweltbundesamt zu objektiven, von Geschäftsinteressen freien Grundsatzgesprächen herangezogen, die in diese Richtung zielten. Die Arbeitsgruppe „Belastbarkeit" der G.f.Ö. leistete mir außerdem wesentliche Hilfe bei der Mitwirkung an den Empfehlungen der Senatskommission für Umweltforschung der Deutschen Forschungsgemeinschaft, die kürzlich als „Beiträge zur Umweltforschung" herausgegeben wurden.

In engem Zusammenhang mit diesen Öffentlichkeitsaufgaben der G.f.Ö. stehen ihre didaktischen Bemühungen. Von Anfang an haben wir den Bildungswert der Ökologie betont. Nur wenn jeder kleine und große Entscheidungsträger in unserem Lande sich klar darüber ist, daß Eingriffe in natürliche Wechselbeziehungen schwerwiegende negative Auswirkungen haben können, werden wir uns auf die Dauer eine gesunde Umwelt erhalten. Künftige Entscheidungsträger aber durchlaufen unsere Schulen und Hochschulen als junge, aufnahmefähige Menschen. Sie sollten daher sämtlich mit ökologischen Gedankengängen vertraut gemacht werden und wissen, wohin sie sich später als Ingenieure, Planer, Verwaltungsfachleute oder Politiker wenden können, um Rat und Hilfe in schwierigen Umweltfragen zu erlangen. An der Gestaltung besonderer Ausbildungsgänge für diese Fachgruppen sowie für Biologen sollte unsere Gesellschaft stärker als bisher mitwirken.

Dem interdisziplinären Charakter der Ökologie in Forschung und Lehre wird die Struktur der meisten Hochschulen heute noch weniger gerecht als früher. Die neuen Fachbereiche trennen die Fächer stärker als die Fakultäten, und nach wie vor werden Tierökologie, Pflanzenökologie, Bodenökologie, Landschaftsökologie und andere Teilbereiche der Ökologie in räumlich getrennten Instituten und oft ohne zwischenfachliche Kontakte gelernt und betrieben. Nur hier und dort gelingt in gemeinsamen Forschungsprogrammen oder Studienprojekten eine echte Synthese. Umso mehr bedarf es eines freiwilligen Zusammenschlusses und vielseitigen Gedankenaustausches, wie er in unserer Gesellschaft möglich ist, um für ein lösendes Problem fächerübergreifende Verbindungen herzustellen und die Schwierigkeiten überwinden zu helfen, die sich bei jeder Zusammenarbeit ergeben.

Um interdisziplinären Gedankenaustausch zu üben, sollten die Rahmenthemen oder „Problemkreise" unserer Tagungen nicht nur lose Bündel beziehungsloser Referate unter einer weitgefaßten Überschrift sein, sondern Beiträge zu einem vielseitigen Problem, das sich zu diskutieren lohnt. Erfreuliche Ansätze hierzu hat es bei den bisherigen Tagungen immer wieder gegeben und wird man hoffentlich auch unter den folgenden Rahmenthemen finden. Die große Zahl angemeldeter Referate ließ allerdings die Zeit für gemeinsame Schlußdiskussionen schwinden. Für zukünftige Tagungen erscheint es daher ratsam, jeweils nicht mehr als drei Problemkreise zu wählen und diese womöglich schon für zwei bis drei Jahre im voraus zu planen.

Neben unseren wissenschaftlichen und didaktischen Bemühungen sollten wir die Öffentlichkeitsarbeit nicht vernachlässigen, sondern mehr als bisher fördern. Sensationell verzerrten Berichten über Umweltprobleme in den Massenmedien beispielsweise können wir als Gesellschaft oder als Einzelne objektive Informationen entgegensetzen, etwa über die möglichen Folgen von Entwaldungen in unterschiedlichen Teilen der Tropen oder über die ökologischen Auswirkungen von Kraftwerksbauten, bei denen zumindest die Grenzen des Wissens deutlich abgesteckt werden müßten.

Die hellhörig gewordene Öfentlichkeit erwartet zwar weit mehr, als wir Ökologen zur Zeit überhaupt leisten können. Wir könnten jedoch wesentlich mehr zur Lösung allgemein wichtiger Probleme beitragen, als wir es heute tun. Warum weichen wir immer wieder in individuell lösbare Teilfragen aus und stellen uns diesen Problemen nicht gemeinsam? Spezialisierung und zunehmende Absonderung in Nahzielen und Methoden sind nicht zu umgehen. Der systemare Ansatz in der Ökologie ist ein Weg, ihre Nachteile zu überwinden, in der wissenschaftlichen Arbeit und in der Lehre ebenso wie bei praktischen Aufgaben.

Anschrift des Verfassers:

Prof. Dr. Dres. h. c. H. Ellenberg, Lehrstuhl für Geobotanik, Untere Karspüle 2, 3400 Göttingen.

1. ÖKOSYSTEMFORSCHUNG IM SOLLING

QUANTIFIZIERUNG DES ZEITLICHEN VERHALTENS DER WASSERHAUS-HALTSKOMPONENTEN EINES BUCHEN- UND EINES FICHTENALTHOLZ-BESTANDES IM SOLLING MIT HILFE BODENHYDROLOGISCHER METHO-DEN

P. BENECKE & R.R. VAN DER PLOEG

Abstract

Ecological research programs of the German Research Association (Deutsche Forschungsge-meinschaft) enabled us to investigate the water budget of a beech and a spruce stand in the mountainous part of northern central West-Germany. Both stands are timbersize and site conditions are comparable. All components of the water budget equation were determined quantitatively as functions of time over a continuous period of almost 5 years (1968-1972). Soil moisture measurements were carried out by means of a great number of tensiometers. Mathematical simulation was used as an helpful tool.

The results are presented as balance statements for annual and monthly periods. Spruce turned out to have an average 135 mm/a higher total evaporation (evapotranspiration + interception) than beech and a correspondingly smaller deep seepage. Considerable devia-tions from the average values were observed for all of the components of the water budget.

The monthly rates of evapotranspiration and seepage exhibit a strongly seasonal course (Fig. 3). There are typical differences between beech and spruce: although spruce transpires in general at a lower rate during the summer months the total evapotranspiration is never-theless normally higher due to the longer transpiration period. Furthermore, spruce was found to intercept in average about 100 mm/a more of the rainfall water than beech.

From Fig. 4 and 5 it was concluded that the results reported here must not be general-ized. The figures indicate that the difference in water consumption between beech and spruce as found in this investigation is likely to become smaller with an increasing level of soil water suction in the root zone.

1. Einleitung

In dem Titel zu diesem Bericht über unseren Beitrag zum Schwerpunktprogramm der Deutschen Forschungsgemeinschaft „Quantifizierung der Sozialfunktionen des Waldes als Element der Infrastruktur" werden eine Reihe von Begriffen ange-sprochen, die vorab erläutert werden sollen.

Die Komponenten des Wasserhaushaltes eines forstlichen Standortes in ebe-ner Lage lassen sich aus der folgenden Gleichung ablesen:

$$N - I = N_B = ET + S + R \tag{1}$$
$$N_B = Kr + St \tag{1a}$$

N = Niederschläge außerhalb des Kronendaches = Freiflächenniederschlag
I = Interzeption = $N - N_B$
N_B = Bestandesniederschläge = Kr + St
Kr = Kronentrauf (einschl. des durch die Lücken des Kronendaches fallenden Niederschlages)

St = Stammablauf (nur bei Buche)
ET = Evapotranspiration
S = Tiefensickerung = Grundwassererneuerung
R = Vorratsänderung des Bodenwassers

Niederschläge abzüglich Interzeption ergeben den Bestandesniederschlag als
Einnahmegröße des Bodenwasserhaushaltes, der wiederum für die Evapotranspiration, die Tiefensickerung sowie die Auffüllung des Bodenwasservorrates verwendet wird. Direkt gemessen werden von diesen Komponenten nur der Freiflächenniederschlag und der Bestandesniederschlag, letzterer durch Messung des
Kronentraufes und des Stammabflusses (Gl. 1a). Die Interzeption ergibt sich als
Differenz zwischen Freiflächen- und Bestandesniederschlag. Die verbleibenden
drei Komponenten sind im vorliegenden Fall unter Zuhilfenahme von Modellrechnungen ermittelt worden. Wie hierbei vorgegangen wurde, ist im einzelnen in
folgenden Arbeiten beschrieben: Benecke, 1974, van der Ploeg, 1974a und
1974b, van der Ploeg & Benecke, 1974a und 1974b, van der Ploeg u.a., 1976.
Von wesentlicher Bedeutung in diesem Zusammenhang ist, daß für die Durchführung der Modellrechnungen Bodenfeuchtemessungen benötigt werden, die
hier in Form von Tensiometerwerten zur Verfügung standen. Da es sich um eine
neue und wahrscheinlich noch wenig bekannte Methode handelt, sollte der
Begriff „bodenhydrologische Methoden" bereits in der Überschrift herausgestellt werden.

Betont wird weiter, daß es sich um eine Untersuchung des zeitlichen Verhaltens der Wasserhaushaltskomponenten handelt. Dies erfordert zunächst, daß die
in der Gleichung aufgeführten Komponenten eigentlich als Integrale über die
Zeit aufzufassen sind, deren quantitative Werte sowohl in ihrer absoluten Höhe
als auch in ihren gegenseitigen Relationen stark von der Länge des Integrations-
intervalles bzw. − mit anderen Worten − des Bilanzierungszeitraumes abhängen.
Lange Bilanzierungszeiten (Jahre) haben folgende Eigenschaften:
1. Verebnung von Unterschieden und Amplituden,
2. geringe Aussage für eine Analyse des Ökosystems, jedoch
3. gute Übersichtlichkeit und Vergleichsmöglichkeiten sowie
4. wasserwirtschaftlich interessante Bilanzgrößen.
Mit der Wahl des Bilanzierungszeitraums wird bereits eine Art Weichenstellung
für die Interpretation getroffen.

2. Bilanzen des Wasserhaushaltes

Die vorliegenden Auswertungen erstrecken sich auf 56 aufeinander folgende
Monate, nämlich vom Mai 1968 bis zum Dezember 1972. Es handelt sich um
einen Buchen- und einen Fichtenaltholzbestand im Hochsolling (500 m Meereshöhe).*
Bei der Dateninterpretation sollen zwei Aspekte im Vordergrund stehen:
1. Wasserhaushalt im mehr wasserwirtschaftlichen Sinne anhand von Jahresbilanzen und mehrjährigen Mittelwerten.

* Näheres s. Benecke und Mayer, 1970 und 1971

4

2. Wasserumsatz im mehr ökologischen Sinne anhand von Monatsbilanzen.
In beiden Fällen sollen die Unterschiede zwischen den beiden Baumarten Buche
und Fichte untersucht werden.

2.1 Jahresbilanzen

Die Säulendarstellungen in Abbildung 1 entsprechen in ihrer Anordnung der
Gleichung 1, d.h. oberhalb der Null-Linie stehen Bestandesniederschlag und
Vorratsabbau und unterhalb der Null-Linie Evapotranspiration, Tiefensickerung
und Vorratsaufbau. Im Jahr 1968 sind nur die Monate Mai bis Dezember erfaßt
worden. Die Abbildung soll einen Überblick über die Größenordnungen und die
gegenseitigen Relationen der Komponenten geben. Die Bestandesniederschläge
weisen beträchtliche jährliche Schwankungen auf und ergeben für die Buche stets
höhere Werte als für Fichte. Entsprechend größer fallen bei der Fichte die Inter-
zeptionsanteile aus. Große Jahresschwankungen weisen auch die jährlichen
Sickerraten auf, die unter Buche annähernd 1000 mm pro Jahr erreichen können.
Zwischen ihnen und der Höhe des Bestandesniederschlags spiegelt sich ein deutlicher Zusammenhang wider. Auch hier übertreffen die Werte unter Buche dieje-

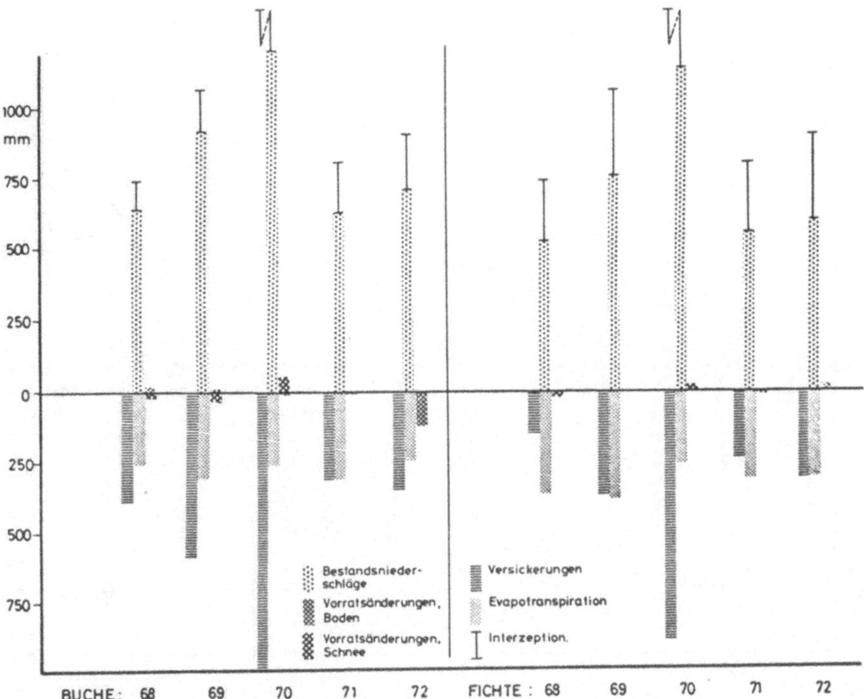

Abb. 1. Jahresraten der Komponenten des Wasserhaushaltes eines Buchen- und eines Fichtenaltholzbestandes im Deutschen Mittelgebirge (Solling) in den Jahren 1968 bis 1972

nigen der Fichte. In der starken Schwankung zeigt sich u.a. auch die geringste
Priorität der Versickerung gegenüber allen anderen Komponenten, d.h. ihr kommt
nur das anderweitig nicht verwendete Wasser zugute. Bei der Evapotranspiration
erkennt man einen sehr viel ausgeglicheneren Verlauf. Sie hat in dem niederschlagsreichsten Jahr den geringsten Betrag. Bei dieser Komponente übertrifft
die Fichte die Buche. Daraus resultiert, daß das Verhältnis Versickerung zu Evapotranspiration bei der Buche stets > 1 ist, während dies bei der Fichte nicht
der Fall ist.

In diesen langfristigen Bilanzen treten Vorratsänderungen im Bodenwasser
oder in der Schneedecke nur sehr untergeordnet in Erscheinung.

Die genauen Zahlenwerte zu den in Abb. 1 gezeigten Säulen sind in Tab. 1
aufgeführt, die außerdem noch Angaben über den Freiflächenniederschlag, die
Interzeption und die Gesamtverdunstung enthält (die beiden letztgenannten
sowohl in absoluten Zahlen als auch in Prozentangaben). Außerdem sind in Tab.
1 die Mittelwerte über 4 Jahre aufgeführt (das Jahr 1968 ist in die Mittelwerts-
bildung nicht einbezogen worden, weil sich die Relationen der Komponenten im
Laufe des Jahres zueinander verschieben und dadurch eine Verzerrung des Mittelwertes verursacht worden wäre). Zum besseren Vergleich sind die Werte für
Buche und Fichte jeweils unmittelbar übereinander angeordnet. Die Tabelle dient

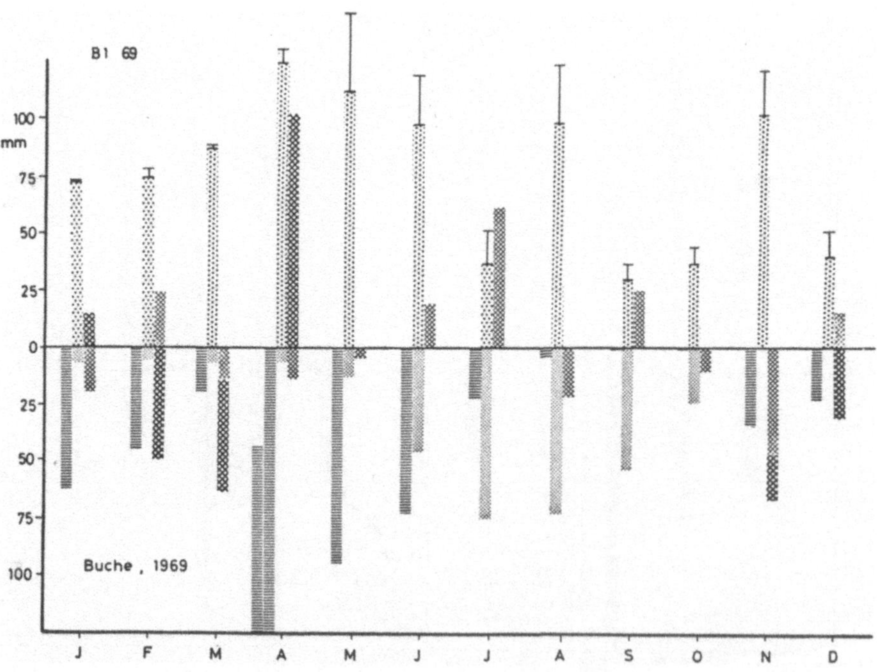

Abb. 2. Monatsraten der Komponenten des Wasserhaushaltes der beiden Waldbestände
wie in Abb. 1. Legende: ebenfalls wie in Abb. 1

6

Tabelle 1. Vergleich der Jahresbilanzen des Wasserhaushaltes eines Buchen- (120jährig) und eines benachbarten Fichtenbestandes (90jährig) im Deutschen Mittelgebirge (Solling).

Jahr	FN mm		BN mm	ET mm	S mm	Δ R Boden mm	Δ R Schnee mm	I mm	I %	IET mm	IET %
1968	746.1	B	639.1	254.4	382.5	+16.8	+19	107.0	14.3	361.4	48.4
Mai-Dez.		F	529.9	362.8	145.8	+2.3	+19	216.2	30.0	579	77.6
1969	1064.0	B	912.0	307.0	582.9	−9.8	+32.0	152.0	14.3	459.0	43.1
		F	743.7	383.9	368.9	−10.1	+1.0	320.3	30.1	704.2	66.2
1970	1479.1	B	1206.3	261.0	972.6	+23.7	−51	272.8	18.4	533.8	36.1
		F	1152.6	260.6	890.5	+21.6	−20	326.5	22.1	586.9	39.7
1971	809.7	B	622.7	311.0	303.9	+7.8	0.0	187.0	23.1	498.0	61.5
		F	555.3	310.5	232.2	+12.6	0.0	254.4	31.4	564.9	69.8
1972	910.4	B	716.0	245.0	343.0	+128.2	0.0	194.4	21.3	439.4	48.3
		F	605.0	307.2	308.4	−10.5	0.0	305.5	33.5	612.7	67.3
Mittel	1065.8	B	864.3	281.0	550.6			201.6	18.9	482.6	45.3
(ohne 1968)		F	764.2	315.6	450.0			301.7	28.3	617.2	57.9

FN = Freiflächenniederschlag
BN = Bestandesniederschlag (Kronentrauf + Stammablauf)
ET = Evapotranspiration
S   = Tiefensickerung
ΔR   (boden) = Vorratsbilanz des Bodens (zwischen 0 und 180 cm Tiefe)
ΔR   (Schnee) = Vorratsbilanz der Schneedecke
I   = Interzeption
IET = Gesamtverdunstung (Evapotranspiration + Interzeption)

primär einer Auflistung der Daten; in Tab. 2 wird der Versuch einer zusammenfassenden Charakterisierung unternommen. Nur auf einige kennzeichnende Details soll hingewiesen werden.

Die Evapotranspiration unterscheidet sich bei den beiden Baumarten im Jahre 1970 und 1971 nicht, in den anderen Jahren dagegen beträchtlich. Für die Versickerung ergeben sich unter Buche Maximalwerte von fast 1000 mm pro Jahr, unter Fichte von 900 mm pro Jahr. Diesen Werten stehen Minimalwerte von 300 bzw. 230 mm pro Jahr gegenüber. Die damit zum Ausdruck kommenden Schwankungen in der jährlichen Grundwassererneuerungsrate sind demnach sehr groß; eine sicher in wasserwirtschaftlicher Sicht interessante Information. Die Interzeption ist bei Fichte stets höher als bei Buche und unterscheidet sich im Mittel um 100 mm bei nicht allzu großen Schwankungen. Ihr prozentualer Anteil schwankt bei Buche zwischen 14 und 23 und bei Fichte zwischen 22 und 33.

Tab. 2 soll den Überblick über die mittleren Jahreswerte und ihre Schwankungen erleichtern sowie den Unterschied zwischen Buche und Fichte quantifizieren. Angegeben sind die Mittelwerte über 4 Jahre sowie ihre Standardabweichung als Maß für die Schwankungsamplitude. Die Sickermenge unter Buche beträgt im Durchschnitt über die Hälfte des Freiflächenniederschlages, bei der Fichte weniger als die Hälfte. In beiden Fällen sind die Schwankungen extrem groß, was besonders auffällt, wenn man sie mit den Schwankungen der Gesamtverdunstung vergleicht. Generell läßt sich feststellen, daß die Verdunstungsterme wesentlich geringere Schwankungen als die Niederschlags- und Versickerungsterme aufweisen. Die Gesamtverdunstung liegt bei der Buche unter 50% der Freiflächenniederschläge, bei der Fichte dagegen deutlich über 50%. Bei der Buche entfällt der größere Teil auf die Evapotranspiration, während das Verhältnis Interzeption zu Evapotranspiration bei der Fichte fast ausgeglichen ist.

Der Unterschied zwischen den beiden Baumarten wird aus der untersten Zeile deutlich. Beim Bestandesniederschlag verringert sich die mittlere Differenz von

Tabelle 2. In Verbindung mit Tab. 1: Gegenüberstellung der mehrjährigen Mittelwerte der Wasserhaushaltskomponenten und ihrer durchschnittlichen Schwankungen (Standardabweichungen) der beiden in Tab. 1 genannten Bestände. Außerdem wurden die mittleren Differenzen zwischen Buche und Fichte sowie deren Standardabweichung ermittelt (rechte Spalte). Symbole wie in Tab. 1.

Wasserhaushalts-komponente		Mittel ± Standardabweich. 1969 — 1972		mittl. Differenz Bu. — Fi.
		Buche	Fichte	
N	(mm)	1066 ± 295		
BN	(mm)	864 ± 258	764 ± 271	100 ± 51
S	(mm)	551 ± 307	450 ± 299	101 ± 78
ET	(mm)	281 ± 33	316 ± 51	−35 ± 40
I	(mm)	202 ± 51	302 ± 33	−100 ± 51
I	(%N)	19	28	
IET	(mm)	483 ± 42	617 ± 61	−135 ± 91
IET	(%N)	45	58	

8

100 mm mit zunehmender Niederschlagshöhe. Der Unterschied in der Versickerung beträgt ebenfalls rund 100 mm, unterliegt jedoch stärkeren Schwankungen,
die besonders vom Verlauf der Saugspannung des Bodenwassers und damit weitgehend von der Regenverteilung abhängen. Der Unterschied ist um so geringer, je
geringer das vorherrschende Saugspannungsniveau im Wurzelbereich ist.

In der Transpirationsleistung unterscheiden sich die beiden Baumarten am
wenigsten, in manchen Jahren überhaupt nicht. Für dieses Verhalten, das ebenfalls eng mit dem Saugspannungsverlauf verknüpft ist, wird im Abschnitt 3 eine
Erklärung gegeben.

Der große Unterschied in der Interzeption ist besonders signifikant, da die
Interzeption die höchste Priorität hat, d.h. in jedem Fall vorab befriedigt wird.
Ihre Höhe ist jedoch nicht nur baumartenspezifisch, sondern hängt auch von der
Niederschlagsverteilung ab. Einzelniederschläge geringer Ergiebigkeit weisen i.a.
eine höhere prozentuale Interzeption auf als solche mit höhere Regenmenge
(Lang, 1970, Weihe, 1970). Für den vorliegenden Fall kann dieser Zusammenhang wegen der benachbarten Lage beider Bestände jedoch unberücksichtigt
bleiben. Für die Gesamtverdunstung ergab sich ein durchschnittlicher Mehrverbrauch der Fichte von 135 mm pro Jahr, allerdings auch hier wieder mit
beträchtlichen Schwankungen. Der Unterschied war im niederschlagsreichsten
Jahr am geringsten, was darauf hindeutet, daß der pflanzenspezifische Unterschied
mit zunehmender Wasserversorgung sich verringert, wobei die gesamte Verdunstung
sich der potentiell möglichen annähert und damit zum meteorologischen Phänomen wird.

2.2 Monatsbilanzen

Die bisherige Betrachtung bezog sich auf die summarischen Unterschiede zwischen Buche und Fichte. Einen detaillierten und ökologisch aufschlußreicheren
Einblick bieten die Monatsbilanzen. Abbildung 2 dient als Beispiel eines charakteristischen Jahresganges, nämlich des Jahres 1969 unter Buche. Die entsprechenden Zahlenwerte finden sich in Tab. 3, wiederum — wie in Tab. 1 — ergänzt
durch Angaben zur Interzeption und Gesamtverdunstung. Tab. 3 enthält auch
die Werte für den Fichtenbestand. Abgesehen vom anderen absoluten Niveau und
den stärkeren, jahreszeitlich bedingten Schwankungen treten hier die Vorratsänderungen im Boden und in der Schneedecke gegenüber den Jahresbilanzen deutlich in Erscheinung (Zunahmen sind in den Abb. 1 und 2 nach unten, Abnahmen
oberhald der Null-Linie abgetragen). Obwohl die Jahresbilanz selbst mit etwa
-10 mm abschließt, d.h. praktisch ausgeglichen ist, änderte sich der Bodenwasservorrat allein im Monat Juli um über 60 mm. Die größte monatliche Vorratsänderung wurde im Juli 1971 mit 125 mm ermittelt. Große Wassermengen können auch in der Schneedecke gespeichert werden (je 49 mm im Februar und
März) bzw. aus ihr abschmelzen (102 mm im April). Der Aufbau des Bodenwasservorrates hängt ab von der Anfangssättigung, der Niederschlagsmenge und der
Evapotranspiration. Daneben wirkt sich die Bildung oder das Abschmelzen einer
Schneedecke aus.

Der Bestandesniederschlag betrug unter den Buchen im Mittel 76 mm und

Tabelle 3. Vergleich der Monatsbilanzen des Jahres 1969 des Wasserhaushaltes der beiden Waldbestände wie in Tab. 1. Symbole ebenfalls wie in Tab. 1.

Monatsbilanzen 1969 Buchen- und Fichtenfläche

Monat		FN mm	Bn mm	ET mm	S mm	R Boden mm	R Schnee mm	I mm	I %	IET mm	IET %
Januar	B	73.2	72.5	6.2	61.3	20.0	−15.0	1.0	1.0	6.9	9.4
	F		56.3	6.2	53.9	9.2	−13	16.9	23.1	23.1	31.5
Februar	B	78.3	75.4	5.6	44.6	−23.8	+49.0	2.9	8.5	8.5	10.8
	F		62.4	5.6	28.7	−14.9	43	15.9	20.3	21.5	27.5
März	B	88.6	87.6	6.2	18.4	14.0	+49.0	1.0	1.1	7.2	8.1
	F		68.0	6.4	17.4	14.2	30	20.6	23.3	27.0	30.4
April	B	130.6	124.2	6.1	205.6	14.5	−102.0	6.4	4.9	12.5	9.6
	F		119.6	20.1	168.2	10.3	−79	11	8.4	31.1	23.8
Mai	B	146.5	112.7	13.0	94.3	5.4		33.8	23.1	46.8	31.9
	F		96.7	59	36.5	1.2		49.8	34.0	108.8	74.3
Juni	B	118.8	98.0	45.4	71.6	−19.0		20.8	17.5	66.2	55.7
	F		84.1	60	39.8	−15.7		34.7	29.2	94.7	79.7
Juli	B	51.6	36.2	74.4	23.0	−61.2		15.4	29.8	89.8	174.0
	F		28.5	65.2	13.5	−50.2		23.1	44.8	88.3	171.1
August	B	123.8	98.4	72.2	4.0	22.2		25.4	20.5	97.6	78.8
	F		77.1	66.9	4.4	5.8		46.7	37.7	113.6	91.8
September	B	36.9	29.7	53.5	1.0	−24.8		7.2	19.5	60.7	164.5
	F		23.3	41.8	1.3	−19.8		13.6	36.9	55.4	150.1
Oktober	B	43.5	36.1	24.4	0.9	10.8		7.4	17.0	31.8	73.1
			29.1	28.6	1.0	−0.5		14.4	33.1	43.0	98.8
November	B	121.2	101.6	0.0	34.5	47.2	+20.0	19.6	16.2	19.6	16.2
	F		71.1	14.8	0.8	48.5	7	50.1	41.3	64.9	53.5
Dezember	B	51.0	39.6	0.0	23.7	−15.1	+31.0	11.4	22.3	11.4	22.3
	F		27.5	9.3	3.4	1.8	13	23.5	46.0	32.8	64.3
Summe	B	1064	912	307.0	582.9	−9.8	+32	152.0	14.3	459.0	43.1
	F	1064	744	744	383.9	−10.1	1.0	320.3	30.1	704.2	66.2

schwankte zwischen 30 und 125 mm, wobei der Sommer durchweg die niedrigen
Monatsraten aufwies.

Charakteristisch ist der Verlauf der Versickerung, der durchschnittlich rund
50 mm pro Monat ergab, jedoch zwischen weniger als 1 und mehr als 200 mm
schwankte. Die höchste Rate wurde im April 1970 mit 249 mm festgestellt.
Dort ebenso wie in dem vorliegenden Fall kamen hohe Aprilniederschläge und
das Abschmelzen einer starken Schneedecke zusammen. Die Bildung dieser
Schneedecke hatte vorher die Sickerraten auf relativ geringe Werte (18 mm im
März) zurückgehen lassen.

Charakteristisch ist der Rückgang der Sickerraten ab Mai oder Juni auf vernachlässigbar geringe Werte im August oder September und ein Wiederanstieg
nach dem Laubfall im Oktober, in dem sich auch der Ausgleich des im Sommer
entstandenen Bodenwasserdefizites widerspiegelt.

Die Evapotranspiration schlägt mit durchschnittlich 25 mm pro Monat zu
Buche und schwankt zwischen 0 und 75 mm. Während der Monate Juni bis
September betrug die durchschnittliche Evapotranspiration 61 mm pro Monat,
das sind zusammen rund 80% der jährlichen Evapotranspiration. Evapotranspiration und Versickerung verhalten sich antagonistisch.

Eine Gegenüberstellung der monatlichen Raten der Wasserhaushaltskomponenten des Buchen- und des Fichtenbestandes findet sich in Tab. 3. Besonderes
Interesse verdienen neben der unterschiedlichen Interzeption die beiden anderen

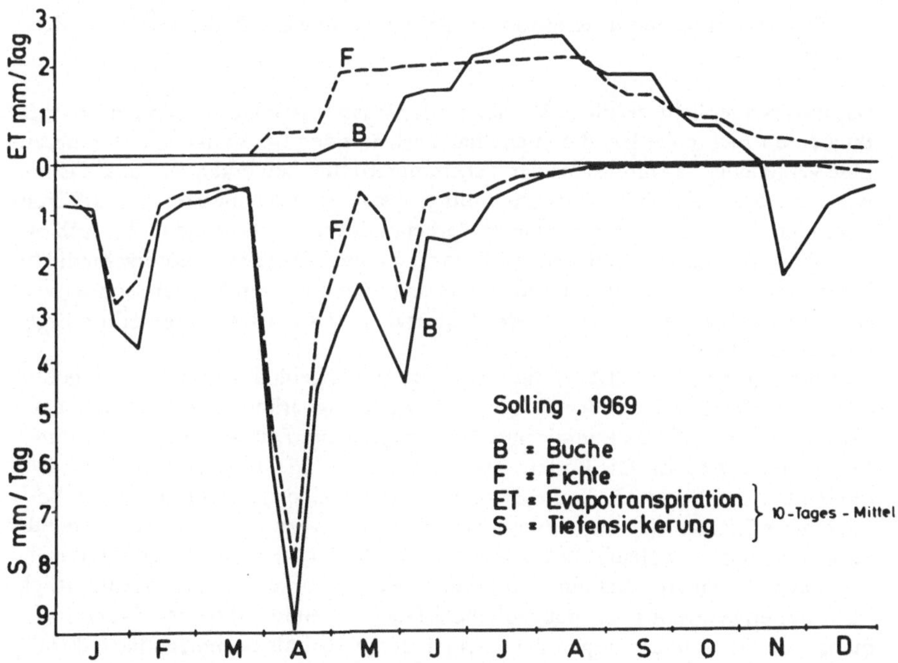

Abb. 3. Ganglinien der Evapotranspiration (ET) und der Versickerung (S) des Buchen- (B)
und des Fichtenbestandes (F) im Jahre 1969.

11

Ausgabegrößen Evapotranspiration und Versickerung, deren charakteristischen, unterschiedlichen Verlauf Abb. 3 widerspiegelt. Der hier dargestellte Verlauf mit zweimaliger Umkehr der Relation Evapotranspiration bei Buche zur Fichte wurde in allen 5 Jahren gefunden. Die größten Unterschiede ergeben sich stets im April bis Mai. Die Fichte erreicht häufig im Mai schon etwa das Evapotranspirationsniveau, das sie den ganzen Sommer über beibehält, bevor sie ab Oktober langsam abfallende Raten zeigt, während die Buche meist erst gegen Ende Mai nennenswert mit der Transpiration beginnt, aber in der Regel im Juni schon höhere Werte als die Fichte aufweist und diese höhere Transpiration häufig bis in den Oktober beibehält. Dann allerdings fällt sie meist bald auf nicht mehr nachweisbare Werte zurück.

Dieses Verhalten spiegelt sich umgekehrt im Versickerungsgang wider. Die höhere Versickerung unter Buche erreicht ihren größten Abstand von der der Fichte ebenfalls im April bis Mai. Der Unterschied verringert sich im Laufe des Sommers immer weiter und kehrt sich schließlich um. Dies geschieht allerdings bei niedrigem generellen Versickerungsniveau, so daß es bilanzmäßig kaum zu Buche schlägt. Im Oktober erfolgt dann regelmäßig eine erneute Umkehr, so daß im meist niederschlagsreichen November schon wieder annährend durchschnittliche Sickerraten unter Buche auftreten, während die Wiederauffüllung des Bodenwasserdefizites unter Fichte meist erst in den ersten Monaten des darauf folgenden Jahres erfolgt.

3. Evapotranspiration in Relation zur Saugspannung des Bodenwassers in der Wurzelzone

Das unterschiedliche zeitliche Verhalten der Wasserhaushaltskomponenten unter Buche und Fichte fordert die Suche nach erklärenden Gesetzmäßigkeiten heraus. Eine vergleichende Durchsicht der Tensiometerdaten ließ erkennen, daß das im Wurzelbereich herrschende Saugspannungsniveau des Bodenwassers ein differenzierender Faktor sein könne. Eine entsprechende Auswertung ergab die Abb. 4 u. 5, die nicht nur als ein Schritt in Richtung einer Analyse des unterschiedlichen Entzugsverhaltens von Buche und Fichte angesehen werden können, sondern aus denen sich auch die Grenzen der Übertragbarkeit der hier mitgeteilten Ergebnisse abzeichnen.

Vorausgesetzt wird, daß a) die Evaporation maßgeblich vom Energieangebot der Atmosphäre und von der Saugspannung (Verfügbarkeit) des Bodenwassers abhängt und b) daß das Energieangebot zum gleichen Zeitraum bei Buche und Fichte gleich groß ist. Die Bodenwasserspannung würde dann zum differenzierenden Faktor. Beide Abbildungen zeigen, daß im niedrigen Saugspannungsbereich die ET-Raten sich nur wenig unterscheiden und zunächst mit zunehmender Saugspannung etwa gleich stark ansteigen. Da die Fichte eine höhere Interzeption besitzt, bedeutet dies einen höheren Gesamtverbrauch. Ganz offensichtlich ist das Energieangebot der maßgebliche ET-begrenzende Faktor, da Sauerstoffmangel im Wurzelraum wegen der Luftgehalte $> 10\%$ als begrenzender Faktor nicht in Betracht kommt. Die Fichte ist demnach in der Lage, bei relativ geringem Energieangebot und niedrigen Saugspannungen im Wurzelbereich dem

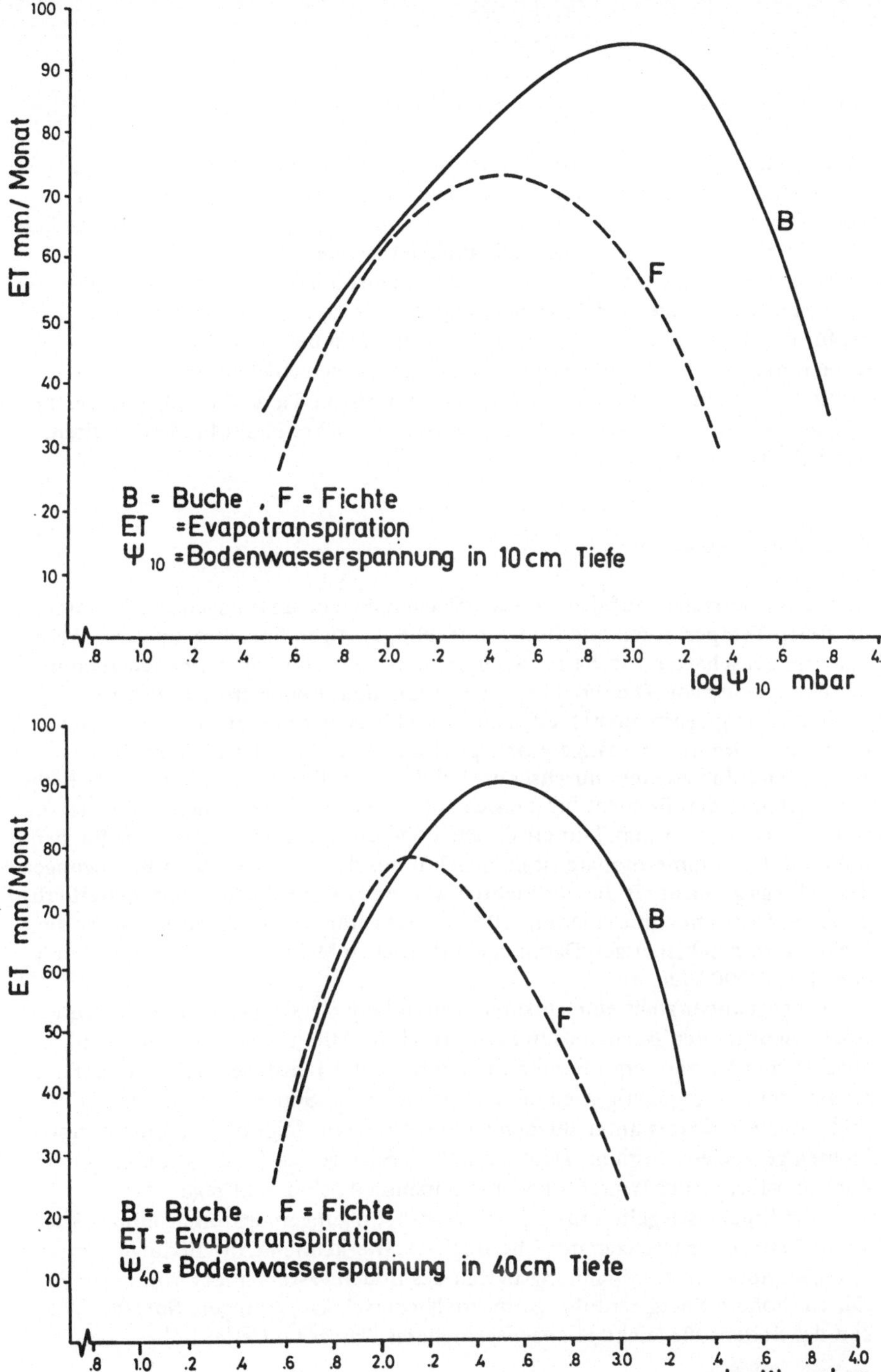

Abb. 4 und 5. Raten der monatlichen Evapotranspiration als Funktion der in 10 bzw. 40 cm Tiefe herrschenden Suagspannung der Buchen- (B) und des Fichtenbestandes (F)

13

Boden trotz höherer Interzeption etwa ebenso viel Wasser zu entziehen wie die Buche.*

Zunehmender „Wasserstress" führt zu einem früheren Abfall der Entzugsraten bei den Fichten im Vergleich zu den Buchen. Bei allgemein niedrigerer Interzeption übertrifft die Evapotranspirationsrate der Buche die der Fichte und kann zu einem höheren Gesamtverbrauch der Buche führen.

Die Abb. 4 zeigt schließlich, daß der Umkehrpunkt, d.h. der Punkt maximalen Entzuges, bezogen auf Saugspannungswerte des Bodenwassers in 10 cm Tiefe, für die Buchen bei rd. 1000 und für die Fichten bei rd. 300 mbar liegt. Verschiebt man die Bezugsbodentiefe nach unten, so verschieben sich auch die Werte für die Umkehrpunkte nach unten. Für 40 cm Tiefe (Abb. 5) gilt: Buche 350 und Fichte 120 mbar. Die Relation Buche: Fichte bleibt hierbei erhalten, nämlich etwa 3 : 1.

4. Schlußfolgerungen

Im Solling herrschen auf den Versuchsflächen bei Niederschlägen > 1000 mm, niedrigen Temperaturen und Böden mit sehr günstigen Speicher- und Durchlässigkeitseigenschaften für Wasser Saugspannungen im niedrigen Bereich auch in der Wurzelzone vor. Dies erlaubt den Fichten, dem Boden trotz höherer Interzeption (Energieverbrauch!) etwa gleich viel Wasser zu entziehen wie die Buchen. Hinzu kommt die längere transpirationsaktive Zeit der Fichten. Beides zusammen führt zu einer durchschnittlich höheren Evapotranspiration der Fichten gegenüber den Buchen, für die sich auf grund der vorliegenden Untersuchungen ein Wert von 35 mm/Jahr ergab. Die höhere Evapotranspiration der Buchen während der Sommermonate ist demnach unter den standörtlichen Bedingungen des Sollings geringer als die der Fichten während der Frühjahrs- und Späterherbstperiode. Zusammen mit einer um 100 mm/Jahr höheren Interzeption weist die Fichte nach den bisherigen Daten einen jährlichen Mehrverbrauch von 135 mm oder 1.350.000 l/ha auf.

Demgegenüber steht eine entsprechend höhere Versickerung und Vorratsaufstockung unter den Buchen (durchschnittlich rd. 100 mm Versickerung und etwa 35 mm Vorratsvergrößerung). Insofern ist der Jahreswechsel als Bilanzierungszeitpunkt ungünstig, weil der Ausgleich des im Sommer entstandenen Bodenwasserdefizites unter Buchen i.a. weitgehend erfolgt ist, während er unter Fichten gerade erst beginnt. Deutlich höhere Sickerraten (Abb. 3) unter den Buchen während der Winter- und Frühjahrsmonate sind die Folge.

Diese Ergebnisse gelten für die Standortsbedingungen des Hochsolling. Abb. 4 und 5 lassen die Grenzen der Übertragbarkeit erkennen: Alle Bedingungen, die zu einem höheren Saugspannungsniveau des Bodenwassers in der Wurzelzone führen (höhere Energiezufuhr, geringere Niederschläge, geringere Speicherfähigkeit des Bodens für leicht pflanzenverfügbares Wasser und/oder höhere Leitfä-

---

* Diesem Ergebnis entspricht die höhere Ausnutzung der Starhlungsenergie durch die Fichte (95% : 80%) — Vortrag Dr. Willmers vor der Gesellsch. f. Ökologie, Göttingen, 23.9.76.

higkeit im schwach wasserungesättigten Bereich — um die vermutlich wichtigsten zu nennen), dürften die Relation des Wasserverbrauchs von Buchen und Fichten — vergleichbare Bestände ohnehin vorausgesetzt — in Richtung eines geringer werdenden Mehrverbrauchs der Fichten verändern.

5. Zusammenfassung

Im Rahmen des „Solling-Projektes" und des Schwerpunktes „Quantifizierung der Sozialfunktionen des Waldes als Element der Infrastruktur" der Deutschen Forschungsgemeinschaft wurden Wasserhaushaltsuntersuchungen an einem Buchen- und einem Fichtenaltholzbestand mit vergleichbaren Bestandes- und Standorteigenschaften durchgeführt. Alle Komponenten des Wasserhaushaltes konnten in ihrem zeitlichen Verhalten über einen lückenlosen Zeitraum von annähernd 5 Jahren quantitativ bestimmt werden. Hierbei wurden Ergebnisse von Tensiometermessungen benutzt und Modellrechnungen zuhilfe genommen. Die Ergebnisse werden als Jahres- und als Monatsbilanzen mitgeteilt. Für die Fichten ergab sich ein durchschnittlicher Mehrverbrauch (Gesamtverdunstung) von 135 mm/Jahr und eine entsprechend geringere jährliche Versickerung. Von Jahr zu Jahr traten beträchtliche, bei den verschiedenen Komponenten unterschiedliche Schwankungen auf. Die monatlichen Raten der Evapotranspiration und der Versickerung folgen einem ausgeprägten jahreszeitlichen Gang (Abb. 3), wobei die Amplitude bei den Fichten geringer ist als bei den Buchen. Durch die längere transpirationsaktive Zeit ergeben sich für die Fichte gleichwohl höhere Gesamtwerte der Evapotranspiration. Hinzu kommt eine durchschnittlich um rd. 100 mm höhere Interzeption der Fichten.

Aus Abb. 4 und 5 wird abgeleitet, daß die hier gefundenen Relationen des Wasserumsatzes von Buchen und Fichten nicht ohne weiteres übertragbar sind und daß der Mehrverbrauch der Fichten sich mit steigendem Saugspannungsniveau des Bodenwassers in der Wurzelzone verringern dürfte.

LITERATUR

Benecke, P. (1974): Arbeitsmodelle für Strömungsprobleme in Böden und ihre mathematische Formulierung. *Mitteilgn. d. Dt. Bodenkundl. Gesellsch.* 19: 114—132.

Benecke, P. & Mayer, R. (1970): Wasserhaushaltsuntersuchungen im Solling. Mitt. Arb. Kreis „Wald und Wasser", Nr. 5, 71—78. Selbstverlag, 43 Essen-Bredeney, Wallneyer Str. 6.

Benecke, P. & Mayer, R. (1971): Aspects of Soil Water Behaviour as Related to Beech and Spruce Stands — Some Results of the Water Balance Investigations. Ecological Studies, Vol. 2 „Integrated Experimental Ecology" (H. Ellenberg ed.) p. 153—163. Springer-Verlag Berlin-Heidelberg-New York.

Lang, W. (1970): Ökologische und hydrologische Untersuchungen in verschieden stark durchforsteten Fichten und Lärchenbeständen des Schwarzwaldes. Diss., Freiburg i. Breisgau.

Van der Ploeg, R.R. (1974a): Simulation of Moisture transfer in soils: One-dimensional infiltration. *Soil Science* 188 (6): 349—357.

Van der Ploeg, R.R. (1974b): Use of soil physical principles in hydrological models. *Mitt. Deutsche Bodenk. Gesellsch.* 19: 133—161.

Van der Ploeg, R.R. & P. Benecke. (1974a): Simulation of one-dimensional moisture transfer in unsaturated, layered, field soils. In: Data analysis and data synthesis of forest ecosystems. B. Ulrich et al. eds. Göttinger Bodenkundliche Berichte, 30, 150–169.

Van der Ploeg, R.R. & Benecke, P. (1974b): Unsteady, unsaturated n-dimensional moisture flow in soil: a computer simulation program. *Soil Sci. Soc. Amer. Proc.* 38 (6): 881–885.

Van der Ploeg, R.R., F. Beese & P. Benecke. (1976): Simulationsmodelle von Wald-Ökosystemen: Wasser. Verhdlgn. Ges. f. Ökologie, in dieser Ausgabe, S. 29–41.

Weihe, J. (1970): Warum noch immer Interzeptionsuntersuchungen im Wald? Mitt. Arb. Kreis „Wald und Wasser" Nr. 5: Untersuchungen in Nordwestdeutschland über die Beziehungen zwischen Wald und Wasser, Selbstverlag, 43 Essen-Bredeney, Wallneyer Str. 6, S. 10–22.

Energiehaushalt der Pflanzenbestände im Solling.
    Wilmers, Hannover (erscheint an anderer Stelle).

Anschrift der Verfasser;

Dr. P. Benecke & Dr. R.R. van der Ploeg, Institut für Bodenkunde und Waldernährung, Büsgenweg 2, 30 Göttingen-Weende

Sonderdruck: Verhandlungen der Gesellschaft für Ökologie, Göttingen 1976.

INPUT, OUTPUT UND INTERNER UMSATZ VON CHEMISCHEN ELEMENTEN BEI EINEM BUCHEN- UND EINEM FICHTENBESTAND

B. ULRICH, R. MAYER, P.K. KHANNA, G. SEEKAMP & H.W. FASSBENDER

Abstract

The element flux balance measured over a period of 4 years in a beech and a spruce stand is given. By the use of measured data two element fluxes are calculated: the leaching of salts and metabolic substances from the canopy by precipitation (part of the internal turnover), and filtering of atmospheric substances by impaction with the forest canopy (atmospheric input). With these data the flux balance for the forest ecosystem is complete, element uptake by roots included.

It was found that, within the ecosystem, the soil is gaining considerable amounts of S due to a high input of S from the atmosphere (air pollution) and is loosing Al and Mn due to weathering of soil minerals mainly related to acidity in incident precipitation. Soil chemical processes possibly associated with these gains and losses are discussed.

Die Untersuchungen zum Elementhaushalt des Buchen- und Fichtenbestandes im Solling wurden im Jahre 1969 aufgenommen und sie werden zumindest in Teilbereichen bis heute fortgeführt.

Wie bei zahlreichen ähnlichen Untersuchungen in verschiedenen Ländern geht es dabei zunächst um die quantitative Erfassung von Zufuhr (Input) und Ausfuhr (Output) einzelner chemischer Elemente sowie deren Verteilung und Umsetzung innerhalb des Wald-Ökosystems.

Einige Elemente werden ganz oder teilweise in Teilbereichen des Ökosystems — im Holz, im Humus, im Mineralboden — festgelegt. Element-Inventuren, die in zeitlicher Abfolge von Jahren oder länger durchgeführt werden, geben Auskunft über diesen Teil des Elementhaushalts. Dieser Vortrag beschäftigt sich in erster Linie mit dem beweglichen Anteil, den Elementflüssen.

Messung von Flüssen

Die Elementflüsse wurden über längere Zeiträume kontinuierlich verfolgt und zur Berücksichtigung der natürlichen Variabilität in räumlichen Wiederholungen erfaßt. Sämtliche Bioelemente wurden in die Untersuchungen mit einbezogen, d.h. also sämtliche Elemente, die im Gesamt-Stoffumsatz quantitativ von Bedeutung sind, also auch solche, die nicht als Pflanzennährstoffe gelten. Hierzu zählen H, Na, K, Ca, Mg, Fe, Mn, Al, Cl, S, P und N.

Der wesentliche Vorteil dieser Arbeitsweise liegt in der Möglichkeit, für die Elementflüsse in wässriger Lösung (Niederschlagswasser, Bodenwasser) eine Salzbilanz aufstellen zu können, d.i. eine Gegenüberstellung sämtlicher Kationen und Anionen in der Lösung. Damit lassen sich Meßergebnisse kontrollieren und

17

wechselseitige Abhängigkeiten verschiedener Elemente auffinden.

Über die genannten Elemente hinaus erstreckte sich ein spezielles Meßprogramm auf die Schwermetalle Cd, Cr, Co, Cu, Ni und Pb, die insbesondere unter dem Aspekt des Umweltschutzes von Interesse sind.

Die angewandten Meßmethoden und Meßprogramme waren so ausgerichtet, daß das Wald-Ökosystem als Ganzes wie auch einzelne Teilsysteme bilanziert werden konnten. Dies soll Abb. 1 veranschaulichen: Hier sind in einem Kompartiment-Modell diejenigen Kompartimente und Flüsse graphisch dargestellt, die in den untersuchten Wald-Ökosystemen von Bedeutung sind.

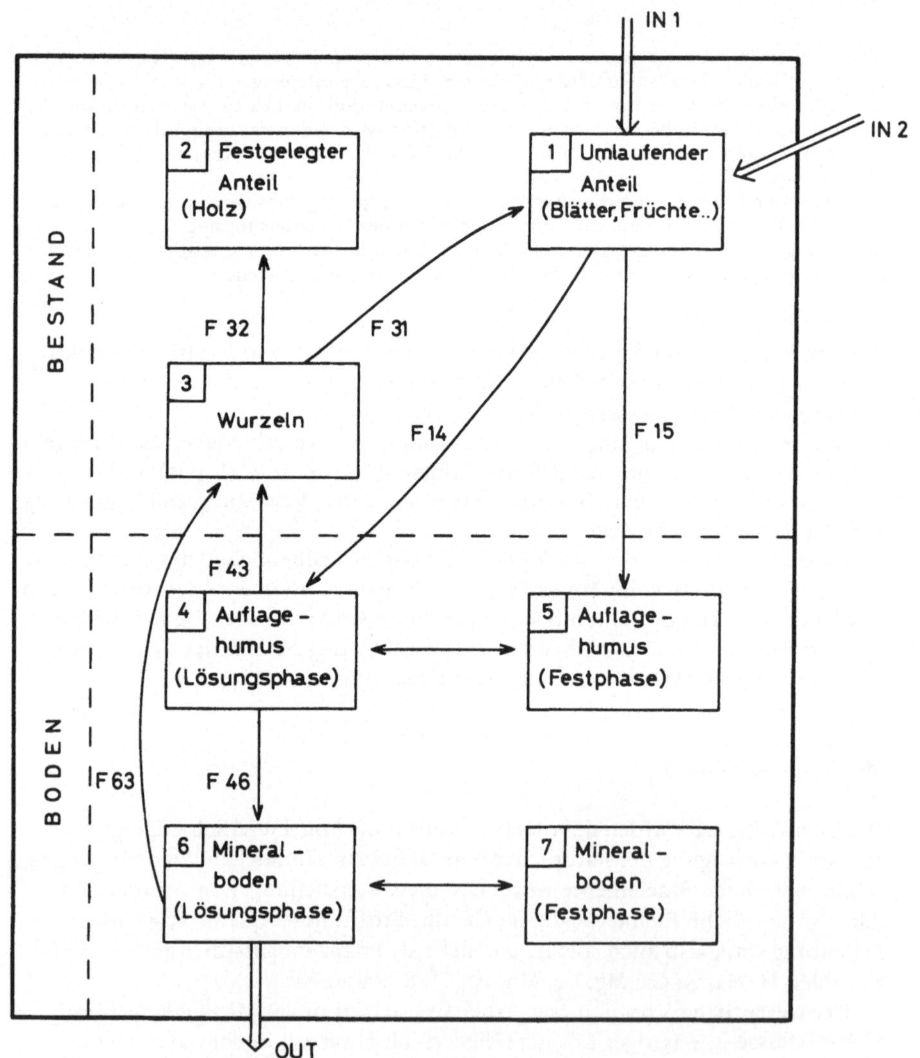

Abb. 1.   Kompartiment-Modell des Element-Kreislaufs in einem Wald-Ökosystem

Input

Der Input (IN) der untersuchten Elemente beschränkt sich in den Solling-Beständen praktisch ausschließlich auf eine Zufuhr aus der Atmosphäre. Solange dieser Element-Input an die atmosphärischen Niederschläge (Regen, Schnee, Tau, Staub) gekoppelt ist (IN 1) läßt er sich mit Hilfe von Niederschlagsmeßgefäßen (Totalisatoren) über dem Kronendach oder außerhalb des Bestandes erfassen. Der Elementfluß ergibt sich als Produkt aus dem Fluß des Transportmittels — d.i. der Niederschlagsmenge — und seiner Elementkonzentration.

Es existiert ein weiterer Input (IN 2), den wir als Filterung durch die Baumkronen bezeichnen. Dabei handelt es sich um atmosphärische Stoffe, vor allem Gase und Aerosole, die besonders an Blatt- und Nadeloberflächen absorbiert und von einem nachfolgenden Niederschlag abgewaschen werden. Dieser Input ist nicht direkt meßbar. In zahlreichen Elementbilanzen für Wald-Ökosysteme, aber auch in Bilanzen anderer Ökosysteme oder in Darstellungen von geochemischen Kreisläufen fehlt dieser Fluß völlig, obgleich er, wie später gezeigt wird, quantitativ dieselbe Rolle spielen kann wie der Input durch Niederschläge.

Flüsse innerhalb des Ökosystems

Die Bodenoberfläche stellt eine Meßebene innerhalb des Wald-Ökosystems dar. Zwei Elementflüsse treffen auf diese Ebene:
1. Der mit dem Streufall gekoppelte Elementfluß (F 15), der mit einer größeren Anzahl von Streufängen erfaßt wird. Durch Aufteilung in einzelne Streukomponenten wie Blätter, Knospenschuppen, Blüten und Früchte läßt sich dieser Fluß in weitere Teilflüsse aufgliedern. Darauf soll jedoch hier nicht weiter eingegangen werden.
2. Der mit dem Bestandesniederschlag gekoppelte Elementfluß (F 14), der wie der bereits erwähnte Niederschlags-Input mit Totalisatoren erfaßt wird. Bei dem Buchenbestand wird der Stammabfluß als selbständiger Teilfluß mit Ablaufrinnen erfaßt.

Output

Der Output (OUT) ist für die hier untersuchten Elemente an den Sickerwasserstrom gekoppelt, der den Boden in vertikaler Richtung auf seinem Weg zum Grundwasserspeicher durchfließt. Die Meßebene liegt unterhalb der durchwurzelten Bodenschicht in einer Tiefe von 80 bis 100 cm, aus der kein nennenswerter Aufstieg von Kapillarwasser erfolgt und in der die Inhomogenität der Niederschlagsinfiltration weitgehend ausgeglichen ist. Letztere ist bei Buche infolge der ungleichen Verteilung der Bestandesniederschläge auf Stammablauf und Kronentraufe besonders stark ausgeprägt.

In dieser Meßebene wurde der Sickerwasserstrom mit Hilfe von Unterdrucklysimetern erfaßt (Mayer, 1974). Bei diesen Lysimetern handelt es sich um keramische Platten aus chemisch inertem Material, die ohne Störung der Durch-

Tabelle 1. Solling B1 (Buche) — Mittlere jährliche Elementflüsse — Mai 1969 bis April 1973 (in Klammern: Fehler des Mittelwertes)
(+) Meßzeitraum für die Schwermetall-Flüsse: August 1972 bis Juli 1974
(§) Negative Werte = Vorratsabnahme (source) Positive Werte = Vorratszunahme (sink)

SOLLING B1/BUCHE Fluß	$1/m^2$ H$_2$O	H	Na	K	Ca	Mg	Fe	kg/ha Ja Mn
Niederschlagsinput IN 1	1018	,9 (,04)	7,2 (,3)	3,7 (,2)	14,4 (1,0)	2,4 (,1)	,9 (,05)	, (
Filterung IN2			(5,5) (1,1)	13,0 (2,6)	11,4 (2,2)	1,4 (,3)	,3 (,1)	1, (
Gesamt-Input			12,7 (1,1)	16,7 (2,6)	25,8 (2,4)	3,8 (,3)	1,2 (0,1)	1, (,5
Bestandesnieder-schlag F14	866	1,4 (,05)	12,9 (,4)	24,3 (,9)	28,3 (,9)	4,0 (,3)	1,1 (,4)	3, (
Streufall F15			,7 (,2)	16,0 (3,2)	16,2 (3,2)	1,6 (,3)	1,8 (,4)	5, (1,
Holzzuwachs F32			,1 (,02)	6,6 (1,3)	7,7 (1,5)	1,7 (,3)	,7 (,1)	3, (
Sickerwasser-Output OUT	473 (79)	,3 (,05)	10,1 (1,6)	2,0 (,5)	14,3 (2,7)	2,8 (,5)	,5 (,1)	4, (
Boden-Input = F14 + F15	866		13,6 (,5)	40,3 (3,3)	44,5 (3,3)	5,6 (,4)	2,9 (,6)	8, (1,
Int. Umsatz d. Kron. Auswasch. U			,2 (1,2)	7,6 (2,8)	2,5 (2,6)	,2 (,4)	− ,1 (,4)	1, (
Int. Gesamt Umsatz = U + F15			,9 (1,2)	23,6 (4,2)	18,7 (4,1)	1,8 (,5)	1,7 (,6)	4, (1,
Wurzel-Aufnahme = F43 + F63			1,0 (1,2)	30,2 (4,4)	26,4 (4,4)	3,5 (0,6)	2,4 (,6)	7, (1,
Änderungen im Bodenvorrat §			2,5 (2,1)	8,1 (5,7)	3,8 (6,1)	− ,7 (,9)	,0 (,8)	−6, (1,

aus Bilanz berechnet

	Cl	S	P	N	Cd	Co	Cr	Cu	Ni	Pb
					g/ha Jahr (+)					
,1	16,0	24,1	,8	22,6	17,1	8,4	9,0	233	52,0	.527
,7)	(,6)	(1,0)	(,1)	(1,0)	(1,6)	(1,9)	(2,4)	(22)	(10)	(17)
,5	13,4	22,2	,0	1,2						
,2)	(2,0)	(3,3)		(0,4)						
,6	29,4	46,3	0,8	23,8						
,7)	(2,1)	(3,5)	(,1)	(1,1)						
,6	30,8	47,6	0,6	23,8	21,9	7,1	13,2	320	35,5	309
,1)	(1,1)	(1,2)	(,1)	(,6)	(2,0)	(1,0)	(2.1)	(60)	(5,8)	(20)
,5	,8	3,2	4,0	49,0	4,7	5,9	7,6	109	16,9	13
,1)	(,2)	(,6)	(,8)	(9,8)	(1,9)	(,3)	(1,0)	(9)	(1,5)	(1)
,1	,1	,5	2,1	13,1						
,02)	(,02)	(,1)	(,4)	(2,6)						
,5	26,6	25,6	,1	6,0	5,4	7,7	,6	176	13,2	14
,2)	(4,1)	(4,6)	(,03)	(1,4)	(,5)	(1,1)	(,2)	(17,6)	(2,4)	(12)
,1	31,6	50,8	4,6	72,8	26,6	13,0	20,8	429	52,4	322
,14)	(1,1)	(1,3)	(,8)	(9,8)	(2,8)	(1,0)	(2,3)	(60)	(6,0)	(20)
,0	1,4	1,3	− ,2	,0						
,7)	(2,4)	(3,7)	(,2)	(1,2)						
,5	2,2	4,5	3,8	49,0						
,8)	(2,4)	(3,7)	(,8)	(9,9)						
,6	2,3	5,0	5,9	62,1						
,8)	(2,4)	(3,7)	(,9)	(10,2)						
,0	2,7	20,2	− 1,4	4,7						
,3)	(4,9)	(6,1)	(1,2)	14,1)						

wurzelung und des Bodenprofils über der Platte in den Boden eingebracht
wurden. In dem gewonnenen Lysimeterwasser wurden die Elementkonzentra-
tionen bestimmt. Die Elementflüsse wurden als Produkt aus Lösungskonzen-
tration und Lösungsmenge berechnet. Für letztere wurde die Sickerwassermenge
eingesetzt, wie sie von den Bodenhydrologen ermittelt wurde (s. Benecke 1976,
in diesem Band).

Zur Bestimmung fehlender Glieder der Flüssebilanz, die einer direkten
Messung nicht zugänglich sind, ist es notwendig, die zeitliche Zu- oder Abnahme
des Elementvorrats in den Beständen zu kennen (F32). Diese Größen ergaben
sich aus den von anderen Arbeitsgruppen ermittelten Zuwachsdaten für die
einzelnen Bestandesteile multipliziert mit den jeweiligen von uns bestimmten
Elementgehalten.

Flüssebilanz für den Bestand

Damit sind die experimentell bestimmten Flüsse genannt. Es folgen diejenigen
Flüsse, die nicht direkt bestimmt werden konnten, die jedoch auf indirektem
Wege aus der Flüssebilanz der experimentell bestimmten Größen abgeleitet
wurden.

Zunächst soll auf den Element-Input aus der Atmosphäre zu dem Wald-Ökosystem näher eingegangen werden. Bei diesem Input handelt es sich um eine
kritische Größe bei der Interpretation der Flüssebilanz eines Wald-Ökosystems.
In Tabelle 1 ist die Flüssebilanz für den Solling-Buchenbestand B1 wiedergegeben. Die Zahlen stellen die mittleren jährlichen Elementflüsse einer 4 jährigen
Meßperiode von Mai 1969 bis April 1973 dar. Zunächst sollen betrachtet werden
— der jährliche Input mit den Niederschlägen IN1, wie er über dem Kronendach
oder außerhalb des Waldes in Totalisatoren gemessen wurde,
— der Bioelementfluß, der mit dem Bestandesniederschlag gekoppelt ist, F14.
Für die meisten Elemente kommt es zu einer beträchtlichen Erhöhung der Ele-
mentfracht in den Niederschlägen bei der Passage durch den Kronenraum. Lediglich für N und P sowie für einige Schwermetalle gilt dies nicht.

An dem Kompartiment-Modell (Abb. 1) soll veranschaulicht werden, wie es
zu dieser Elementzufuhr kommt: Der Niederschlags-Input IN1 nimmt bei der
Passage des Kronenraumes zwei weitere Elementflüsse auf:
1. Einen zusätzlichen Input IN2, der bereits als „Filterung" bezeichnet wurde.
Wenn Gase und Aerosole auf Blätter, Nadeln und andere pflanzliche Oberflächen
auftreffen, werden sie z.T. ausgelöst und adsorbiert oder unterliegen einer chemischen Reaktion, bevor sie von einem nachfolgenden Niederschlag abgewaschen
werden. Bei diesen Vorgängen handelt es sich um eine spezifische Wechselwirkung zwischen den pflanzlichen Oberflächen und den Stoffen in der Atmosphäre, die durch eine künstliche Oberfläche nicht nachgeahmt werden kann.
Eine direkte Messung der Filterung wird weiterhin dadurch unmöglich gemacht,
daß für die in Luftfiltern, Aerosolfallen oder ähnlichen Vorrichtungen gefundenen Elementmengen kein Flächenbezug zu dem Wald-Ökosystem verfügbar ist.
2. Der zweite vom Bestandesniederschlag aufgenommene Elementfluß ist ein
Teil des Internen Umsatzes F31, der von den Wurzeln aufgenommen und dann

22

z.T. als Streu, z.T. mit den Niederschlägen wieder zum Boden zurückkehrt. Auch
dieser Fluß ist nicht direkt meßbar.

Welche Rolle spielen diese beiden Flüsse in der Elementbilanz? Auf der Grundlage des Gesetzes von der Erhaltung der Masse kann folgende Bilanzgleichung
für den oberirdischen Teil des Waldbestandes aufgestellt werden:

$$IN1 + IN2 + AFN - F14 - F15 - \Delta V_{Bestand} = 0 \tag{1}$$

Input aus der Atmosphäre	Netto-Wurzel-Auf-nahme	Bestan-des-Nieder-schlag	Streu-fall	Vorrats-änderung im Bestand

Wir bezeichnen den Teil des Internen Umsatzes, welcher durch Kronenauswaschung in den Bestandesniederschlag gelangt, mit dem Symbol U, den jährlichen Holzzuwachs mit F32. Wir wissen außerdem, daß bei einem Bilanzierungs-
zeitraum von einem Jahr oder einem Vielfachen davon die Solling-Bestände außer
dem Holzzuwachs keinen nennenswerten anderen Zuwachs — etwa in der
Blattmasse — haben, also

$$\Delta V_{Bestand} = F32 \text{ Jährlicher Holzzuwachs} \tag{2}$$
$$U = F31 - F15 \text{ Interner Umsatz durch Kronenauswaschung} \tag{3}$$

Damit können wir die Wurzel-Aufnahme als Summe von Kronenauswaschung U,
Streufall F15 und jährlichem Zuwachs F 32 darstellen:

$$AFN = U + F14 + F32 \tag{4}$$

Die Jahresbilanz für den oberirdischen Bestand lautet dann:

$$IN1 + IN2 + U - F15 = 0 \tag{5}$$

Es wird damit ersichtlich, daß es ausreicht, die Filterung zu kennen, um mit
Hilfe der Bilanzgleichung den Internen Umsatz des Waldbestandes wie auch seine
Element-Aufnahme durch die Wurzeln zu berechnen.

Da bislang keine Methode zur direkten Messung der Flüsse verfügbar ist,
haben wir in einer früheren Arbeit die Filterung des Solling-Buchenbestandes indirekt bestimmt (Mayer & Ulrich 1974). Wir gingen davon aus, daß während der
laubfreien Phase außerhalb der Vegetationsperiode die Auswaschung von Substanzen aus dem Interen Umsatz vernachlässigbar klein ist. Diese Annahme steht im
Einklang mit dem Befund vieler Physiologen (cf. Tukey 1970), die eine Auswaschung von Substanzen vor allem auf das physiologisch aktive, transpirierende
Blatt lokalisieren. Dennoch zeigt sich, daß bei den meisten Elementen der mit
dem Bestandesniederschlag gekoppelte Elementfluß auch im Winter beträchtlich
größer ist als der Niederschlags-Input IN1. Deshalb haben wir für die Zeit von
November bis April die gesamte Differenz zwischen den beiden Flüssen der Filterung zugerechnet:

$$F14^W - IN1^W = IN2^W$$

Es zeigte sich auch, daß das Verhältnis zwischen der so berechneten Filterung und dem Niederschlagsinput im Winter IN_2^W/IN_1^W für einzelne Jahre innerhalb relativ enger Grenzen schwankte, für die verschiedenen Elemente aber recht unterschiedlich war. Für die Sommermonate wurde daher dasselbe Verhältnis angenommen und so aus dem Niederschlags-Input im Sommer die unbekannte Filterung im Sommer berechnet:

$$IN2^S = IN1^S \cdot IN2^W/IN1^W$$

Dieses Vorgehen unterstellt dem belaubten Buchenbestand dieselbe Effektivität in der Ausfilterung von atmosphärischen Stoffen wie dem unbelaubten Bestand. Es liegt nahe, daß die Filterwirkung tatsächlich infolge der Vergrößerung der Oberfläche im Sommer höher ist als im Winter, daß also der so ermittelte Wert für die Filterung einen Minimalwert darstellt.

Die Ergebnisse der Berechnungen sind in Tab. 1 dargestellt. Für den Fichtenbestand steht keine ähnliche Möglichkeit zur Abschätzung der Filterung zur Verfügung. Ein Experiment zur Ermittlung der Kronenauswaschung (Leaching) unter Ausschluß der Filterung, in welchem junge Fichten unter einem Zelt in gefilterter Atmosphäre beregnet wurden zeigte jedoch Verhältnisse, die den im Buchenbestand vorgefundenen qualitativ entsprechen: d.h. bei Unterbindung der Elementzufuhr aus der Atmosphäre kam es lediglich bei K und Mn zu einer nen-

Tabelle 2. Solling F1 (Fichte) – Mittlere jährliche Elementflüsse – Mai 1969 bis April 1973 (in Klammern: Fehler des Mittelwertes)
(+) Meßzeitraum für die Schwermetall-Flüsse: August 1972 bis Juli 1974
(§) Werte für Internen Umsatz durch Kronentraufe von Solling B1 übernommen; Filterung aus der Flüssebilanz berechnet.

SOLLING F1/ FICHTE	1/m²							kg/ha Jahr
Fluß	H$_2$O	H	Na	K	Ca	Mg	Fe	Mn
Niederschlagsinput IN1	wie bei Solling B1 (Buche)							
Filterung IN2 (§)			7,9	15,4	17,6	2,0	1,0	1,4
Gesamt-Input			15,1	19,1	32,0	4,4	1,9	1,6
Bestandesniederschlag F14	756	2,8 (1,0)	15,3 (,5)	26,7 (,8)	35,5 (1,4)	4,6 (,2)	2,0 (,1)	3,7 (,2)
Interner Umsatz durch Kronenauswaschung (§)			,2	7,6	2,5	,2	− ,1	1,1

24

nenswerten Auswaschung aus dem Kronenbereich der Fichte durch Niederschläge.

Um eine Vorstellung über die Größe der Filterung bei Fichten zu bekommen, haben wir in die Flüssebilanz des Fichtenbestandes den internen Umsatz des Buchenbestandes übernommen (Tab. 2). Dieses Vorgehen stützt sich auf den erwähnten Versuch, für das Element Schwefel, aber auch auf eine Bilanz der Wasserstoffionen im Niederschlagswasser (Ulrich et al. 1973) des Fichtenbestandes, auf die hier nicht weiter eingegangen werden kann.

Die so berechneten Zahlen für die Filterung des Fichtenbestandes liegen ausnahmslos über denen des Buchenbestandes. Besonders auffällig ist die starke Filterwirkung der Fichte gegenüber Schwefel, die einen Wert von über 50kg/ha und Jahr erreicht, gegenüber 24 kg S, die im Niederschlags-Input enthalten sind.

In der Tabelle 1 sind Werte für die jährliche Element-Aufnahme durch die Wurzeln gegeben. Sie wurden auf der Grundlage der vorher dargelegten Überlegungen aus der Flüssebilanz nach Gleichung (4) berechnet.

Flüssebilanz für den Boden

In gleicher Weise wie für den oberirdischen Ökosystemteil lässt sich für den Boden eine Bilanz der Elemente aufstellen. Die einzelnen Bioelementflüsse, die dabei zu berücksichtigen sind, gehen aus der Abb. 1 hervor. Die Vorratsänderung im Boden kann nach Auflösung der Bilanzgleichung (6) als Input-Output-Differenz berechnet werden:

Cl	S	P	N	g/ha Jahr (+)					
				Cd	Co	Cr	Cu	Ni	Pb
17,4	55,9	,0	5,7						
33,4	80,0	,8	28,3						
34,8	81,3	,7	28,3	21,5	12,8	23,2	268	49,4	400
(1,0)	(3,2)	(,07)	(,9)	(1,4)	(4,7)	(1,8)	(47)	(9,3)	(20)
1,4	1,3	− ,2	,0						

$$F14 + F15 - (F43 + F63) - OUT - \Delta V_{Boden} = 0 \qquad (6)$$

Die Vorratsänderungen im Boden für die einzelnen Elemente sind in Tab. 1 dargelegt, bei negativen Werten ist eine Vorratsabnahme (Mg, Mn, Al, P) bei positiven Werten eine Vorratszunahme (H, K, Ca, Cl, S und N) festzustellen. Bei der Interpretation der Daten ist die Größe der Vorratsänderung in ihrem Verhältnis zum Bodeninput und -output und dessen statistischer Streuung zu sehen. Die Standardabweichung der Mittelwerte der meisten Elemente (Na, K, Ca, Mg, Fe, Cl, P und N) weisen Werte auf, die annähernd so groß oder größer als die Vorratsänderungen sind; die Vorratsänderungen liegen für diese Elemente im Rahmen der Messgenauigkeit. Beträchtliche Vorratszunahmen (sink) ergeben sich für die Elemente H und S, Vorratsabnahmen (source) für die Elemente Al und Mn.

Schwefel wird dem Buchenwald in großen Mengen (46 kg/ha und Jahr) aus der Atmosphäre zugeführt. Es handelt sich dabei ganz überwiegend um Luftverunreinigungen, die aus der Verbrennung fossiler Brennstoffe stammen, als SO_2 in die Atmosphäre gelangen, sich dort ausbreiten, oxidiert werden und schließlich als Sulfat-Anion im Bestandesniederschlag auftreten. Besondere Bedeutung kommt diesem Vorgang auch deshalb zu, weil jedes Mol Sulfat bei seiner Bildung aus SO_2 zwei Mol Wasserstoff produziert und damit zur Versauerung der Niederschläge beiträgt. Die Niederschläge weisen im Durchschnitt einen pH-Wert zwischen 3 und 4 auf, in den Wintermonaten ist die H-Konzentration am höchsten.

Da mit dem Sickerwasser 25,6 kg S/ha und Jahr aus dem Boden ausgeführt werden, und die Festlegung im Bestand (F32) nur 2,1 kg/ha und Jahr beträgt bleibt annähernd die Hälfte der zugeführten Schwefelmenge im Boden. Es gibt zwei Möglichkeiten für eine Schwefel-Festlegung im Boden, die zur Zeit von uns untersucht werden:

1. Der Eintausch von Sulfationen an positiven Ladungen des Bodenaustauschers. Für die Beschreibung der Adsorptionsreaktionen können Isothermen (Langmuir, Freundlich) benutzt werden. Diese Reaktionen sind abhängig vom pH-Wert des Bodens; je saurer der Boden, desto größer seine Adsorptionskapazität für Sulfationen.

2. Die Ausfällung von Sulfaten, welche anhand des Massenwirkungsgesetzes beschrieben werden kann. In einer neueren Arbeit haben Fassbender & Khanna (1976) ein Löslichkeitsdiagramm entwickelt, wobei die Löslichkeit verschiedener Sulfate als Funktion des pH − 0,33 pAl und des pH + 0,5 pSO_4 dargelegt werden. Aus Untersuchungen der Gleichgewichtsbodenlösung verschiedener Böden geht hervor, daß unter sauren Bedingungen mit einer Ausfällung von $AlOHSO_4$ und $Al_4(OH)_{10}SO_4$ zu rechnen ist.

Aluminium und Mangan werden in geringen Mengen dem Ökosystem aus der Atmosphäre zugeführt; ein Vielfaches dieser Menge verläßt das Ökosystem mit dem Sickerwasser, d.h. der Bodenvorrat nimmt ab. Der Interne Umsatz ist hoch bei Mangan, gering bei Aluminium.

Die Abnahme des Bodenvorrats ergibt sich letztlich aus der Verwitterung von Silikaten und ist eine Folge der Abpufferung von Wasserstoff-Ionen, die aus den sauren Niederschlägen und aus der Streuzersetzung in die Bodenlösung gelangen.

In einer früheren Arbeit (Ulrich, 1975) wurde die jährliche Silikatverwitterung auf ca. 80 kg Tonminerale oder Feldspate berechnet. Wenn es zu einer Ausfällung der zuvor erwähnten Aluminiumsulfate kommt, liegt dieser Betrag noch wesentlich höher.

Da sich diese Vorgänge vor allem in den oberen 1 bis 2 cm des Bodens abspielen, erscheint eine Podsolierung in relativ kurzer Zeit als Folge dieser Vorgänge durchaus möglich.

Für die Schwermetalle Cd, Co, Cr, Cu, Ni und Pb liegen Daten einer 24-monatigen Messreihe (Tab. 1) vor. Der Bodenoutput mit dem Sickerwasser für diese Elemente mit Ausnahme von Co ist bedeutend niedriger als der Input mit dem Bestandesniederschlag. Unterstellt man eine geringe Aufnahme und internen Umsatz dieser Elemente, so kann man folgern, daß eine Festlegung im Boden stattfindet.

Um Vorstellungen über die Bindungsmechanismen zu gewinnen wurden Untersuchungen durchgeführt, die die Ausfällungs- und Adsorptionsreaktionen deuten sollten. Eine Ausfällung von anorganischen Verbindungen kann aufgrund physikalisch-chemischer Überlegungen ausgeschlossen werden. Die Ionenaktivitäten in der Gleichgewichtsbodenlösung sind untersättigt im Vergleich zu den Löslichkeitsprodukten der Oxyde, Carbonate, Phosphate, Sulfate und Chloride der Schwermetalle Cd, Co, Cr, Cu, Ni und Pb, wie Bestimmungen in der GBL ergeben haben (Fassbender & Seekamp 1976).

Zusammenfassung

Der Input zahlreicher chemischer Elemente (H, Na, K, Ca, Mg, Al, Fe, Mn, P, S, Cl, N, Cu, Ni, Pb, Cd, Co, Cr) zu den Wald-Ökosystemen des Solling beschränkt sich ganz überwiegend oder ausschließlich auf die Zufuhr mit atmosphärischen Niederschlägen in flüssiger oder fester Form (Regen, Schnee, Tau, Staub). Der Anteil der Niederschläge, der in Gefäßen über dem Kronendach oder auf Freiflächen erfaßbar ist, wurde über mehrere Jahre kontinuierlich aufgefangen, der Elementgehalt bestimmt und auf Element-Input pro Flächen- und Zeiteinheit umgerechnet. Die statistische Genauigkeit aller Daten wird angegeben.

Ein Teil der Zufuhr aus der Atmosphäre ist mit Auffanggefäßen nicht quantitativ faßbar, da er auf der spezifischen Wechselwirkung der pflanzlichen Oberflächen mit der Atmosphäre beruht. Als Folge dieser Wechselwirkung kommt es zu einer Ausfilterung von atmosphärischen Stoffen durch die Pflanzen, insbesondere durch die Baumkronen. Diese Stoffe mit den darin enthaltenen Elementen werden zum größten Teil durch Regen abgewaschen und damit dem Boden zugeführt. Die Größe der Elementzufuhr zu dem Ökosystem durch Ausfilterung wird näherungsweise bestimmt. Für die meisten Elemente liegt sie in der Größenordnung des im Freiland oder über dem Kronendach gemessenen Niederschlags-Input.

Weitere Meßgrößen sind der mit dem Streufall gekoppelte Elementfluß sowie die im Holzzuwachs festgelegten Elementmengen. Damit ergibt sich die Möglichkeit, den Internen Elementumsatz innerhalb des Ökosystems sowie die Netto-Elementaufnahme durch die Bäume zu berechnen.

Für die genannten Elemente beschränkt sich der Output aus dem Ökosystem weitgehend auf den Sickerwasserfluß unterhalb der Wurzelzone. Dieser wurde mit Hilfe von Unterdrucklysimetern kontinuierlich erfaßt, der Elementgehalt analysiert und auf Element-Output pro Flächen- und Zeiteinheit umgerechnet.

Innerhalb des Bodens kommt es zu Wechselwirkungen (Adsorption, Desorption, Verwitterung, Lösung, Ausfällung) zwischen der Festphase und der Bodenlösung, durch die auch der Ferntransport (Sickerwasserstrom) erfolgt. Dabei kann der Boden innerhalb des Ökosystems die Funktion einer Senke (Festlegung von Stoffen) oder einer Quelle (Lieferung/Verlust von Stoffen) erfüllen. Die jeweilige Funktion für ein bestimmtes Element ergibt sich durch Bilanzierung von Boden-Input (Bestandes-Niederschläge, Streufall) und Boden-Output (Sickerwasserstrom, Wurzel-Aufnahme) über einen längeren Zeitraum.

Die Böden im Solling verhalten sich als Senken gegenüber den Elementen H, S, P und einigen Schwermetallen, als Quellen für die Elemente Al und Mn.

Literatur

Benecke, P. (1977): Der Wasserhaushalt von Buchen- und Fichtenbeständen. (In diesem Band).

Fassbender, H.W. & Khanna, P.K. (1976): Bildung von $ALOHSO_4$ und $AL_4(OH)_{10}SO_4$ als Möglichkeit der Sulfatausfilterung im Boden. (im Druck).

Fassbender, H.W. & Seekamp, G. (1976): Fraktionen und Löslichkeit der Schwermetalle Cd, Co, Cr, Cu, Ni und Pb im Boden. *Geoderma* 16: 55–69.

Mayer, R. (1974): Ermittlung des Stoffauftrags aus Böden mit dem Versickerungswasser. *Mitt Deutschen Bodenk. Gesellsch.* 20: 292–299.

Mayer, R. & Ulrich, B. (1974): Conclusions on the filtering action of forests from ecosystem analysis. *Oecologia Plantarum* 9 (2): 157–168.

Tukey, H.B. Jr. (1970): The leaching of substances from plants. *Ann. Rev. Plant Physiol.* 21: 305–324.

Ulrich, B. (1975): Die Umweltbeeinflussung des Nährstoffhaushalts eines bodensauren Buchenwaldes. *Forstwissenschaftl. Centralblatt* 94 Jg., H. 6: 280–287.

Ulrich, B., Steinhardt, U. & Müller-Suur, A. (1973): Untersuchungen über den Bioelementgehalt in der Kronentraufe. *Göttinger Bodenkundl. Ber.* 29: 133–192.

Anschrift des Verfasser:

Prof. Dr. B. Ulrich et al., Institut für Bodenkunde und Waldernährung der Universität Göttingen, Büsgenweg 2, 3400 Göttingen.

Sonderdruck: Verhandlungen der Gesellschaft für Ökologie, Göttingen 1976.

SIMULATIONSMODELLE VON WALD-ÖKOSYSTEMEN: WASSER

R.R. VAN DER PLOEG, F. BEESE & P. BENECKE

Abstract

Mathematical models have been developed that make it possible to calculate the evapotranspiration and the seepage rate occurring in forest ecosystems.

In the models those components of the water balance equation that can be measured (precipitation, interception, soil water storage) are related in a rational, analytical way to those components that cannot (evapotranspiration, seepage). The models use the unsaturated soil moisture flow equation, which is solved numerically for one-dimensional moisture flow.

Simulations are carried out for a beech forest and for a spruce forest of the Solling area over a period of 5 years, and some results are presented.

Einführung

Die Auswahl der untersuchten Waldökosysteme im Solling erfolgte unter dem Aspekt, daß relativ einfache Systeme als Studienobjekte herangezogen werden sollten. Diese Bedingungen scheinen durch die ebene Lage, den nährstoffarmen Boden, die artenarme Flora und Fauna sowie die homogenen Waldbestände erfüllt zu sein.

Bei einer genauen Betrachtung im Gelände wurde jedoch deutlich, daß die Bodenoberfläche Unebenheiten aufweist, daß die Bodenbeschaffenheit von Schritt zu Schritt wechselt und daß der Bestand inhomogen ist. Eine repräsentative Kleinfläche konnte eigentlich nicht gefunden werden. Auch die (micro-) meteorologischen Faktoren, wie Temperatur, Luftfeuchte, Windstärke und -richtung oder Niederschlagsintensität wechseln auf kleinstem Raum. Berücksichtigt man neben dieser räumlichen Variation noch die zeitlichen Schwankungen der physikalischen, chemischen und biologischen Parameter im Walde, so erscheint es fast unmöglich, dieses System irgendeiner theoretischen Analyse unterwerfen zu können. Dies gilt auch, wenn nur Teilsysteme, wie der Wasserhaushalt oder der Bioelementkreislauf, aus dem Ganzen herausgenommen werden.

Dennoch soll versucht werden, derart komplexe Systeme, oder Teile davon, modellmäßig zu erfassen. Die Ursache für einen solchen Versuch liegt in dem Umstand, daß Meßprogramme, wie sie im Solling durchgeführt wurden, sehr kostspielig sind und daher nur über relativ kurze Zeiträume aufrechterhalten werden können. Da aber auch zukünftig Informationen benötigt werden, die bisher gemessen wurden, muß nach anderen Wegen gesucht werden, um diese Daten bei stark reduziertem Meßaufwand zu bekommen. Als Möglichkeit bieten sich gut funktionierende Modelle an, die in der Phase intensiver Messungen

geeicht wurden. Bei guter Übereinstimmung zwischen den Modell- und den Meß
ergebnissen kann zukünftig mit Modellergebnissen weitergearbeitet werden, wenn
das Meßprogramm aufgegeben oder vermindert worden ist. Modelle können
nicht nur ein Meßprogramm einschränken oder ersetzen, sie können darüber
hinaus Daten liefern, die sich im Gelände nicht messen lassen. Für Wasserhaus-
haltsmodelle trifft dies z.B. für die Evapotranspiration und die Versickerung zu.
Vergleicht man den geringen Aufwand eines Computermodells mit dem eines
Meßprogramms und stellt man die kontinuierlichen Simulationsdaten den meistens sehr diskreten (sowohl nach Zeit als nach Raum) Beobachtungsdaten gegenüber, dann wird die Bedeutung des Modellansatzes um so verständlicher.

Im folgenden soll versucht werden, einige Modellansätze, die im Zusammenhang mit dem Sollingprojekt entwickelt wurden, zu erläutern. Die Modellansätze fußen auf physikalischen Gesetzmäßigkeiten, denen das Bodenwasser
unterliegt. Diese Gesetzmäßigkeiten werden besprochen, und es wird gezeigt,
wie ihre Überprüfung im Gelände (nicht nur im Solling) erfolgte, bevor sie dann
für die Wasserhaushaltsberechnungen im Solling verwendet wurden.

Die Modellentwicklung

Die Modelle, die in diesem Bericht vorgestellt werden, sind für ebene Lagen entwickelt worden und lassen sich folglich nicht auf Hanglagen übertragen. Die
Betrachtung soll daher auch streng auf Wald-Ökosysteme in ebener Lage beschränkt sein.

Der Wasserhaushalt eines solchen Systems läßt sich mit der Wasserhaushalts-
gleichung und ihren Komponenten beschreiben. Soll die Gleichung in kurzen
Zeitintervallen gelöst werden (Tage, Wochen, Monate), so ist es unerläßlich, den
Bodenwasservorrat und seine Änderung mit in die Betrachtung einzubeziehen.
Die Untergrenze dieser Einheit sollte unter der Durchwurzelungsgrenze liegen.
Bei unseren Untersuchungen wurde die Untergrenze in 2 m Tiefe festgelegt.

Die einfachste Gleichung des Wasserhaushalts für einen ebenen, unbewachsenen Boden ergibt sich im Winter, wenn die Verdunstung quasi gleich Null
gesetzt werden kann. Sie lautet

$$N = S + R \, , \qquad\qquad (1)$$

wobei N die Niederschlagsrate, S die Sickerwasserrate, die den Boden in 2 m
Tiefe verläßt und R die Rate der Wasservorratsänderung zwischen 0 und 2 m über
einen bestimmten Zeitraum darstellt. Im Sommer muß diese Gleichung dann
durch den Term E erweitert werden, der die Evaporationsrate angibt. Die Gleichung lautet dann

$$N = E + S + R \qquad\qquad (2)$$

Ist der Boden bewachsen, so treten neben der Evaporation auch noch die Transpiration (T) als Verdunstung durch die Pflanze und die Interzeption (I) als Verdunstung von der Pflanzenoberfläche auf. Die Wasserhaushaltsgleichung erhält
dann folgende Form

$$N = I + E + T + S + R \qquad (3)$$

Die meßmethodisch nur schwer zu trennenden Glieder E und T werden häufig
zu einer kombinierten Größe ET zusammengefaßt und dann als Evapotranspiration bezeichnet.

Die Bestimmung der Komponenten der Gleichungen (1) — (3) und deren
zeitlicher Verlauf, ist nicht nur aus hydrologischer und wasserwirtschaftlicher
Sicht von Interesse, sondern auch unter dem Aspekt der Stoffverlagerung in
Böden, der Mineralauswaschung, des Bioelementkreislaufes sowie der Ertragsbe-
rechnung ist die Kenntnis der einzelnen Komponenten von Bedeutung. Direkt
meßbar sind nur N und I (wobei bei I bereits Einschränkungen zu machen
wären). Die Größe R kann durch indirekte Verfahren (gravimetrisch, Neutro-
nen-, Gammasonde) ebenfalls noch recht genau bestimmt werden, während die
Komponenten E, T (oder ET) und S abgeleitet werden müssen, da sie praktisch
nicht meßbar sind.

Für den einfachen Fall wie er in der Gleichung 1 dargestellt wurde, ist versucht worden, durch physikalische Überlegungen die meßbaren und nicht meßbaren Größen in einer Differentialgleichung zu vereinen, d.h. ein Modell aufzustellen. Das Ergebnis lautet

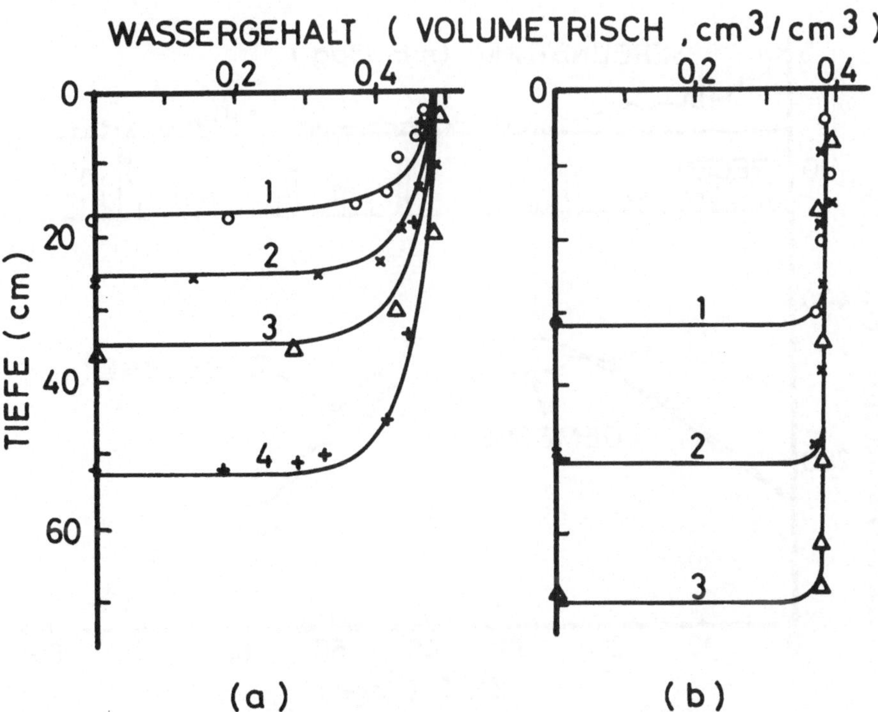

Abb. 1. Gemessene und berechnete Wassergehaltsprofile für 2 ideale Böden zu verschiedenen Zeitpunkten. Nach Youngs (1957).

$$\partial\theta/\partial t = \partial\,(K\partial H/\partial z)/\partial z \tag{4}$$

Dabei stellt θ den volumetrischen Wassergehalt des Bodens, t die Zeit, K die Wasserleitfähigkeit des Bodens, H das Gesamtpotential des Bodenwassers und z die Tiefe dar. Durch Lösung der Gleichung (4) wird für jede Tiefe im Boden und zu jeder Zeit entweder θ oder H ermittelt. Die Größen S und R lassen sich ebenfalls berechnen. Die Größe N geht als zeitabhängige Randbedingung in das Modell (Gleichung 4) ein. Das Gesamtpotential H (daß sich aus dem Matrixpotential Ψ und dem Gravitationspotential z zusammensetzt, siehe Hillel, 1971, oder Kirkham & Powers, 1972) spielt in dem Modell, speziell für Anwendungen im Gelände eine besondere Rolle. Es läßt sich mit Tensiometern messen, wodurch ein Parameter vorhanden ist, der sich zur Prüfung des Modells anbietet. Eine Ableitung der Gleichung (4) ist in Hillel (1971) oder in Kirkham & Powers (1972) beschrieben worden.

Will man Modellrechnungen mit Gleichung (4) durchführen, so werden zwei Kenngrößen des Bodens benötigt: Einmal die Beziehung zwischen K und Ψ (oder K und θ), zum anderen die Beziehung zwischen Ψ und θ (pF-Kurve). Beide Beziehungen können experimentell bestimmt werden; in Beese & Van der Ploeg (1976a) und in Ehlers & van der Ploeg (1976) wird auf die Methoden eingegangen.

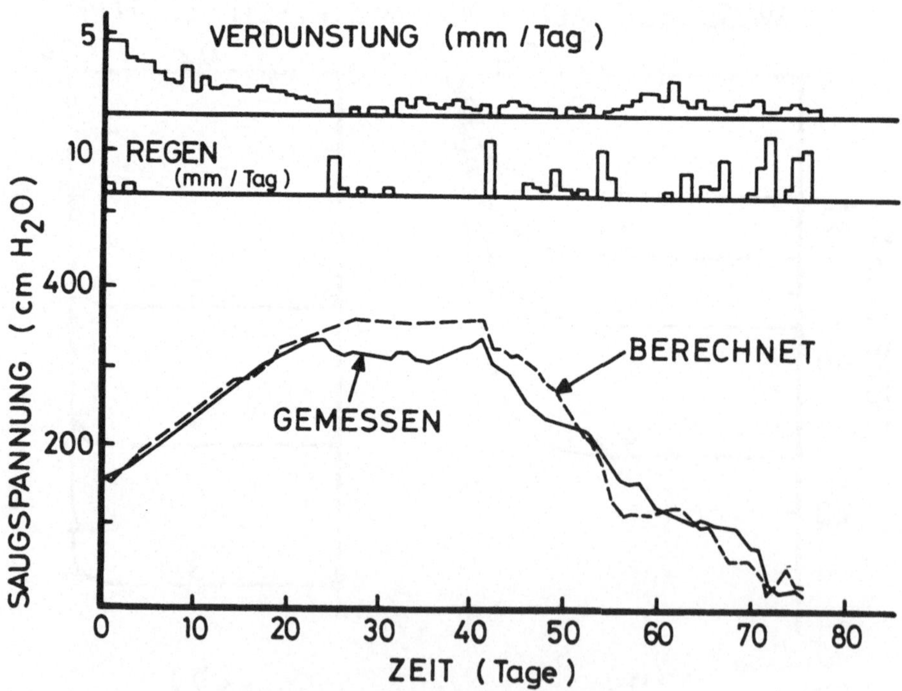

Abb. 2. Errechneter und gemessener Saugspannungsverlauf in 60 cm Tiefe einer Parabraunerde aus Loess. Nach Beese & Van der Ploeg (1976a).

Unter Laborbedingungen, und oft für Ideal-Böden, ist die Verwendbarkeit der Gleichung (4) zur Bestimmung der Komponenten S und R von vielen Forschern gezeigt worden, zum Beispiel von Youngs (1957). Dabei wurde immer von einer bekannten Randbedingung, N, an der Bodenoberfläche ausgegangen (kontrollierte Wassereingabe). Die Abbildung 1 zeigt Ergebnisse von Youngs (1957), wie sie im Labor in einem Bewässerungsversuch an zwei homogen gefüllten Säulen mit Ideal-Böden gefunden wurden. Es sind in der Abb. 1 die gemessenen und die errechneten Wassergehaltswerte θ (cm^3/cm^3) des Bodens zu verschiedenen Zeitpunkten dargestellt worden. Eine gute Übereinstimmung kann festgestellt werden.

Obwohl sich schon seit langem die Brauchbarkeit dieses Ansatzes zur Beschreibung des Wasserhaushaltes eines Bodens abzeichnete, erfolgte die Übertragung auf das Gelände erst ab etwa 1970. Dafür lassen sich verschiedene Gründe angeben:

1. Die Anwendbarkeit der Gleichung (4) für nicht-ideale Böden war unsicher.
2. Gleichung (4) ist kompliziert und nur schwierig zu lösen.
3. Die Randbedingung N-I-ET an der Bodenoberfläche ist fast immer unbekannt, weil die Größe ET gerade ermittelt werden soll.

In dem nächsten Abschnitt soll gezeigt werden, daß man Gleichung (4) auch für Geländebedingungen verwenden kann und daß man sie, wenn Bodenwasserdaten vorliegen, benutzen kann, um die Randbedingung N-I-ET (d.h. die Komponente ET) zu bestimmen. Auf das numerische Verfahren, das entwickelt wurde, um Gleichung (4) zu lösen, wird nicht eingegangen. Es ist ausführlich in den Arbeiten von Van der Ploeg (1974a, b) und Van der Ploeg & Benecke (1974a, b) besprochen.

Modelle für Feldbedingungen

Beese & Van der Ploeg (1976a) berichteten über ein Experiment an einem unbewachsenen, wägbaren Monolith-Lysimeter, bei welchem durch tägliche Messungen alle Komponenten der Wasserhaushaltsgleichung bestimmt wurden. Mit den gemessenen S-Werten und einer bekannten Randbedingung an der Bodenoberfläche konnte die Gleichung (4) gelöst werden. Durch den Vergleich der berechneten und gemessenen Ψ-Werte in unterschiedlichen Tiefen des Boden-Monoliths, wurde die Brauchbarkeit des Modells (Gleichung 4) getestet. Die Abb. 2 wurde der obengenannten Arbeit entnommen und zeigt den gemessenen und berechneten Verlauf der Saugspannung Ψ in der Tiefe 60 cm. Die Übereinstimmung zwischen theoretisch und experimentell ermittelten Werten ist zufriedenstellend.

In den meisten Fällen ist die Evaporation nicht bekannt, sondern muß berechnet werden. In einer weiteren Arbeit zeigten Beese & Van der Ploeg (1976b) wie die Gleichung (4) benutzt werden kann, um E, S und R zu bestimmen. Im ersten Fall wurde die in das Modell eingehende Evaporation von der Bodenoberfläche aus den täglichen Witterungsdaten und der Saugspannung im Boden berechnet. Dabei wurde eine empirisch ermittelte Beziehung zwischen der Saugspannung an der Bodenoberfläche und dem Verhältnis der aktuellen

Evaporation und der potentiellen Evaporation nach Penman (1948) verwendet.
Die Ergebnisse, die ermittelt werden, wenn diese Randbedingung in die Gleichung (4) eingesetzt wird, sind in Abb. 3 dargestellt. Auch in diesem Beispiel ist
eine gute Übereinstimmung festzustellen.

Da der berechnete, zeitliche Verlauf von Ψ (oder H) mit dem gemessenen
Gang übereinstimmt, kann gefolgert werden, daß auch die Komponenten R und
S richtig errechnet wurden. Liegt keine Beziehung vor, mit deren Hilfe E aus
Witterungsdaten errechnet werden kann, so läßt sich ein Optimierungsverfahren
anwenden, wie es von Beese & Van der Ploeg (1976b) beschrieben wurde. Dabei
wird E so lange iterativ geändert, bis das berechnete H-Profil (bzw. Ψ-Profil) mit
dem gemessenen übereinstimmt. Die nach diesen beiden Verfahren ermittelten
Wasserhaushaltskomponenten über einen Zeitraum von 218 Tagen waren praktisch identisch.

Wurden die zuletzt genannten Ergebnisse auch auf einem bodenhydrologisch
idealen Substrat erzielt, es handelte sich dabei um Parabraunerden aus Löß unter
Ackernutzung, so konnte dennoch die Möglichkeit des Geländeeinsatzes boden-
hydrologischer Modelle gezeigt werden. Daß der Einsatz der Modelle nicht auf
optimale Standorte beschränkt ist, sondern daß er auch auf wesentlich inhomo-
generen Substraten möglich ist, wie sie überwiegend bei Waldstandorten anzutreffen sind, soll an einem Beispiel von der Buchenfläche des Solling-Projektes
gezeigt werden. Die Abb. 4 zeigt für diese Buchenfläche die berechneten und die
gemessenen Saugspannungswerte in verschiedenen Tiefen für die Dauer von 31

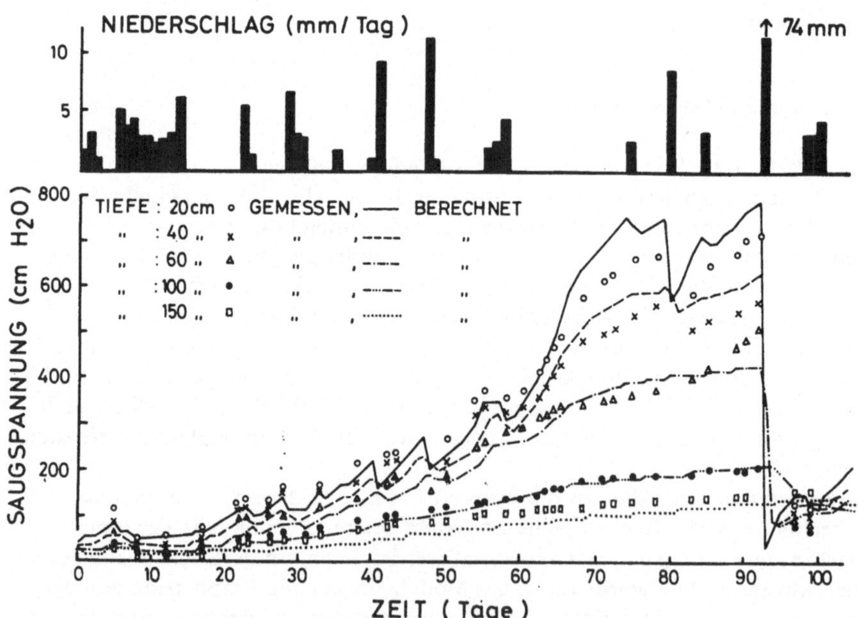

Abb. 3. Errechneter und gemessener Saugspannungsverlauf in 5 Tiefen einer Parabraunerde
aus Loess. Nach Beese & Van der Ploeg (1976b).

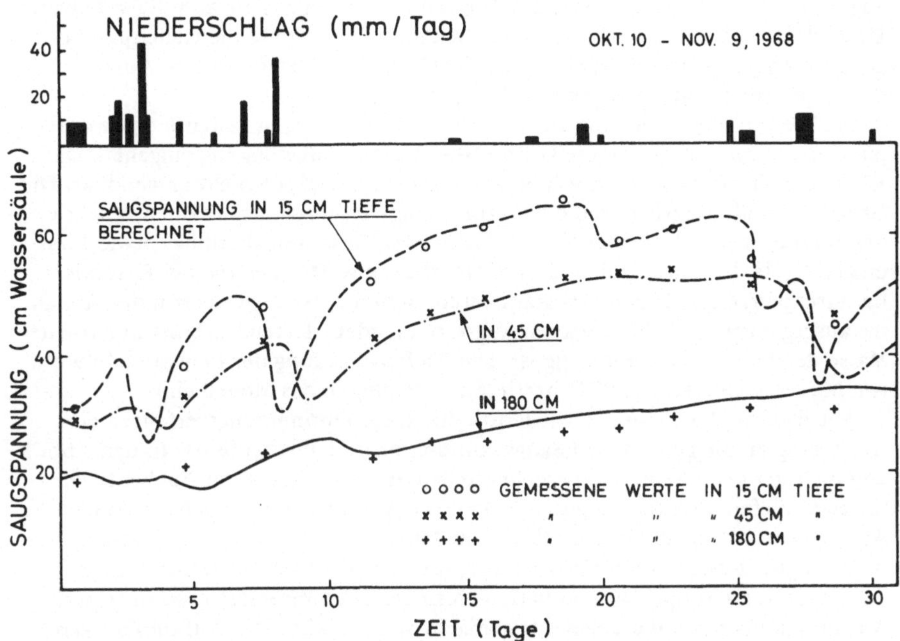

Abb. 4. Errechneter und gemessener Saugspannungsverlauf in 3 Tiefen des Bodens eines Buchenbestandes im Solling für eine Periode ohne Evapotranspiration.

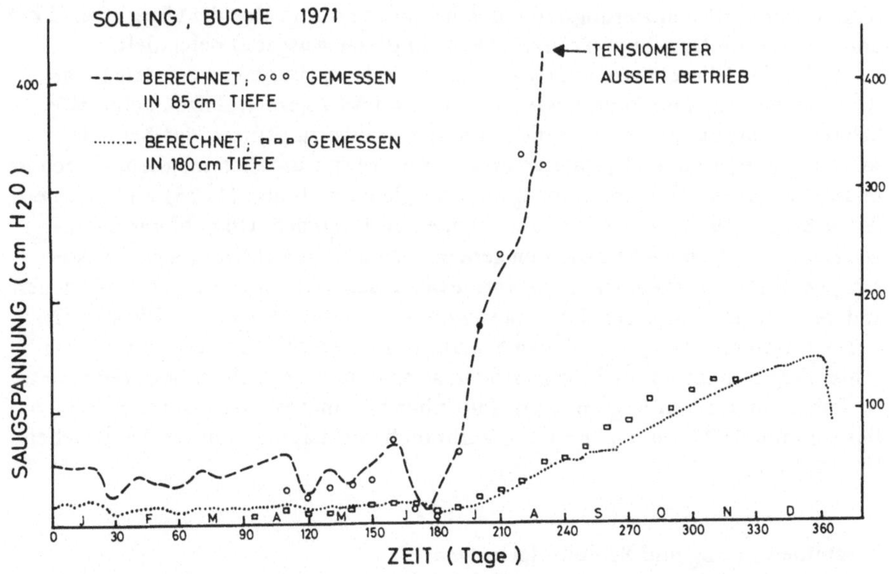

Abb. 5. Simulations- und Meßergebnisse der Saugspannung in 2 Bodentiefen des Buchenbestandes im Solling im Jahre 1971.

Tagen. Es wurde angenommen, daß für den betrachteten Zeitraum ET = O war.
Da auch die Interzeptionsverdunstung bekannt war, konnte die Gleichung (4)
zur Lösung der Wasserhaushaltsgleichung (3) herangezogen werden. Auch in
diesem Beispiel sind die Ergebnisse befriedigend.

Wollte man die Gleichung auch in Zeiten verwenden, in denen Evapotranspiration auftritt, so müßte die Größe N-I-ET als Randbedingung eingehen. Da
ET jedoch ermittelt werden soll, ist ein direktes Verfahren nicht anwendbar. Die
Größe ET muß iterativ durch ein Optimierungsverfahren, wie es oben beschrieben wurde, ermittelt werden. Für ET ist dieses Verfahren allerdings etwas komplizierter, da der Entzug nicht an der Oberfläche stattfindet wie bei E, sondern
im durchwurzelten Boden. Als stark vereinfachter Ansatz wurde von der Annahme ausgegangen, daß die Wasserentzugsrate in jedem Tiefenabschnitt nur von der
Masse der Feinwurzeln abhängig ist. Die Tiefenverteilung der Feinwurzeln wurde
von Meyer & Göttsche (1971) bestimmt, und ging in das Modell ein.

Mit diesem Modell wurde wiederum durch ein Optimierungsverfahren eine
Anpassung an die gemessenen Saugspannungsprofile durchgeführt. In den Abb. 5
und 6 ist der gemessene und berechnete Saugspannungsgang der Buchenfläche
für zwei Tiefen über die Dauer eines Jahres abgebildet. Das Gleiche ist in der
Abb. 7 gemacht für die Fichtenfläche im Jahre 1971. Die Übereinstimmung
ist recht gut. Das gilt auch für die Jahre, die hier nicht gezeigt werden, sie ist
jedoch noch nicht optimal und ließe sich sicher noch verbessern, wenn feinere
Annahmen über den Wurzelentzug gemacht werden könnten. Auf dieser Basis
wurden bisher die Jahre 1968 — 1972 berechnet. Die vollständigen Daten aller
Wasserhaushaltskomponenten für den Buchen- und Fichtenbestand liegen vor.
Über die Ergebnisse wird von Benecke & Van der Ploeg (1976, in dieser Ausgabe)
berichtet werden. Die Verwendung dieser Simulationsergebnisse des Bodenwassers in Nährstoffbilanzierungsmodellen ist angedeutet in Van der Ploeg et al. (1975)
und sie wird im Detail von Prenzel (1977, in dieser Ausgabe) behandelt.

Außer der Übereinstimmung zwischen berechneten und gemessenen Saug-
spannungsprofilen im Boden, wie in Abb. 5, 6 und 7 gezeigt, liegen keine Möglichkeiten vor, das Modell und die Modellergebnisse zu prüfen. Nur bei sehr
sorgfältig ausgeführten Lysimeterversuchen wäre es zusätzlich möglich, berechnete und gemessene Sickerratenmengen zu vergleichen. Braun (1975) und Schroeder & Braun (1976) berichten über solch einen Vergleich. Obwohl wir nicht in
der Lage sind, Vergleiche zwischen gemessenen und berechneten Sickerwassermengen durchzuführen, ist es von Interesse, unsere berechneten Werte mit denen
anderer Autoren zu vergleichen. Da sowohl die Wetter-, Boden- und Bestandes-
bedingungen an den verschiedenen Standorten unterschiedlich waren und eine
echte Vergleichbarkeit nicht gegeben ist, so scheint sich doch zu bestätigen, daß
Nadelholz in unseren Regionen pro Jahr über 600 mm Wasser verbrauchen kann.
Das sind über 100 mm mehr als der Verbrauch von Laubholz unter den gleichen
Umständen.

Zusammenfassung und Schlußfolgerungen

Für ein mit Wald bestandenes, ebenes Gelände wurde ein deterministisches

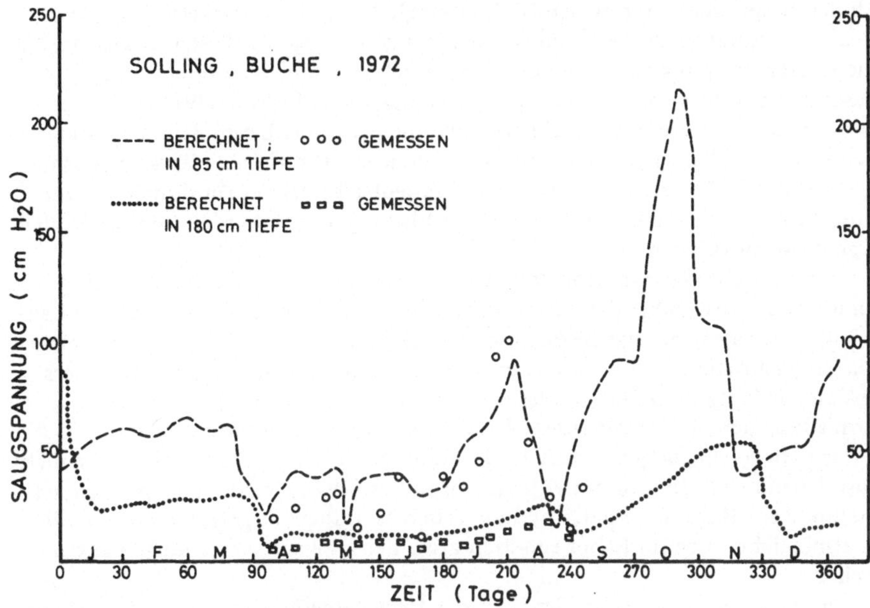

Abb. 6. Wie in Abb. 5, aber für 1972.

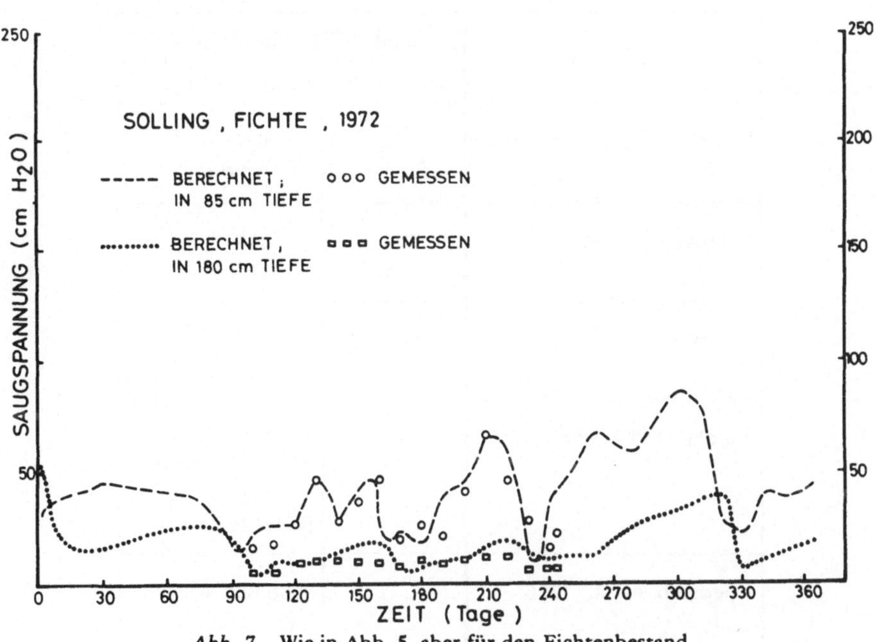

Abb. 7. Wie in Abb. 5, aber für den Fichtenbestand.

Modell besprochen, mit dessen Hilfe es möglich ist, die Versickerung und die
Evapotranspiration zu bestimmen. Eine Voraussetzung für diesen Ansatz ist, daß
die Wasserbewegung im Boden durch die Flußgleichung des Bodenwassers
beschrieben werden kann. In dieser Gleichung, die auf physikalischen Überlegungen basiert, werden die meßbaren und die nicht meßbaren Komponenten
der Wasserhaushaltsgleichung kontinuierlich und auf rationelle Weise miteinander verknüpft. Dabei können Bodenwasserbeobachtungen (Tensiometermessungen, Wassergehaltsbestimmungen, u.a.) herangezogen werden, um die Modellergebnisse zu validieren.

Für ein richtiges Funktionieren des Modelles (nicht nur für Wald-Ökosysteme) ist es notwendig, daß die hydraulischen Funktionen des Bodens (die Leit-
fähigkeits-Saugspannungs-Beziehung und die pF-Kurve) für jeden der untersuchten Bodenabschnitte mit hinreichender Genauigkeit bestimmt wurden. Ehlers
& Van der Ploeg (1976) und Beese & Van der Ploeg (1976a) betonen die
Ermittlung der Funktionen unter Feldbedingungen. Sie weisen darauf hin, daß
unter Laborbedingungen ermittelte Funktionen oft für Simulationszwecke nicht
ausreichend sind. In jüngster Zeit ist von Ehlers (1976) mit Erfolg eine Schnell-
methode zur Bestimmung der hydraulischen Leitfähigkeit getestet worden, die
es ermöglicht, auch im Labor repräsentative Leitfähigkeitsbeziehungen aufzustellen.

Die Frage nach der Zuverlässigkeit der Modellergebnisse wird häufig gestellt.

Tabelle 1. Jährliche Beträge der Gesamtverdunstung (= Interception + Evapotranspiration)
für unterschiedliche Waldbestände, nach verschiedenen Autoren.

AUTOREN	GESAMTVERDUNSTUNG	
	Laubholz	Nadelholz
Benecke und Van der Ploeg 1976	483 (Buche)	617 (Fichte)
Schroeder, 1970	500 (Eiche)	675 (Kiefer)
Penman, 1967	500	655
Lützke und Simon, 1975		617 Kiefer, Stangenholz 546 Kiefer, Baumholz
Friedrich et al. 1968		556 und 472 (Fichte)

Es ist uns nicht möglich, hierauf ausführlich einzugehen. In erster Linie hängen
die Modellergebnisse davon ab, inwieweit die Flußgleichung des Bodenwassers
tatsächlich die Bodenwasserbewegung beschreibt. In den Arbeiten zum Beispiel
von Youngs (1957) oder von Bresler et al. (1971) wird gezeigt, daß auch unter
völlig kontrollierten Bedingungen und an idealen Böden die Flußgleichung die
Wasserdynamik nicht im Detail beschreibt. Wie sich solche Abweichungen auf
die Versickerungsrate oder die Verdunstung im Gelände auswirken würden, ist
bisher nicht geprüft worden. Ehlers (1974) und Ehlers & Van der Ploeg (1976)
weisen auf Umstände hin, unter welchen die Flußgleichung unzureichend sein
würde. Auch Fragen der Hysterese, das Quellen des Bodens und nicht-isothermale
Fließbedingungen dürften im Gelände eine Rolle spielen, werden jedoch in Modellrechnungen meistens vernachlässigt, obwohl Beese & Van der Ploeg (1976a, b)
auf Möglichkeiten hinweisen, die Hysterese in Bodenwasserhaushaltsmodellen zu
berücksichtigen.

Wie schon erwähnt wurde, spielt die genaue Ermittlung der hydraulischen
Funktionen des Bodens eine entscheidende Rolle in der Genauigkeit der Modellergebnisse. Die räumliche Variabilität dieser Funktionen und deren Auswirkung
auf die Größe der Komponenten der Wasserhaushaltsgleichung bilden ein weiteres Problem. Die Wasseraufnahme von Pflanzenwurzeln und deren Simulation
ist ebenfalls nicht restlos geklärt. Es wird daher noch sehr viel Forschungsarbeit
geleistet werden müssen, bis die Frage nach der Zuverlässigkeit von Modellergebnisse befriedigend beantwortet werden kann.

Die Frage nach der Zuverlässigkeit der Modellergebnisse kann aber auch mit
einer Gegenfrage beantwortet werden: welche anderen Methoden stehen zur
Verfügung, um Wasserhaushaltsfragen, unter Bedingungen wie im Solling, zu
beantworten. Gebietswasserhaushaltsuntersuchungen an Wassereinzugsgebieten
sind auf den tiefgründigen, porösen Substraten des Sollings nicht möglich.
Großlysimeter, wie von Schroeder (1970) beschrieben, könnten eine Alternative
bilden, sind aber sehr aufwendig und bei Altbeständen nicht durchführbar. Über
die räumliche Variabilität der Wasserhaushaltskomponenten kann auch mit
Großlysimetern keine Auskunft gewonnen werden. Andere Bodenmethoden zur
Bestimmung der Wasserhaushaltskomponenten, wie mit Kleinlysimetern, Saug-
platten bzw. Saugkerzen, Tensiometern, Neutronensonden, Gammasonden, können durch Wiederholungsmessungen Auskunft über die räumliche Variabilität
der gemessenen Bodengröße bringen. Jedoch liegen die Messungen meistens
zeitlich so weit auseinander, daß von dem kontinuierlichen Ablauf der Versicke-
rungs- und Verdunstungsprozesse höchstens ein grober Einblick gewonnen werden kann. Wenn außerdem keine hydraulischen Gradienten im Boden gemessen
werden, dann sind Wasservorratsänderungen im Boden schon fast gar nicht mehr
zu interpretieren und eine Trennung der Evapotranspiration von der Versickerung ist praktisch ausgeschlossen.

Simulationsmodelle haben, neben dem geringen Arbeitsaufwand, den Vorteil,
daß sie die hydrologischen Prozesse sowohl zeitlich als auch räumlich kontinuierlich ablaufen lassen. Sie gestatten außerdem einen besseren Einblick in Zusammenhänge und Abhängigkeiten der ablaufenden Prozesse und der Wasserhaushaltskomponenten. Die Modelle zur Bestimmung der Evapotranspiration, die
wir bis jetzt entwickelt haben, funktionieren jedoch nur, wenn gemessene Boden-

daten vorliegen, dabei ist es unwichtig, ob das Tensiometerwerte, Neutronensondedaten, Gammasondedaten etc. sind. Bei dem jetzigen Stand der Technik und Wissenschaft scheint es daher notwendig, daß man die Simulationsmethoden und die Meßmethoden nicht einander gegenüberstellt, sondern sie verknüpft, um zu den bestmöglichen Ergebnissen zu kommen.

Danksage: Die Arbeit wurde aus Mitteln der DFG finanziert. Den Herren W. Rodewald und H.G. Malinowski wird für die gewissenhafte Entwicklung und Betreuung der Meßgeräte gedankt. Dem Lehrstuhl für Medizinische Datenverarbeitung der Universität Göttingen wird für die Bereitstellung seiner Rechenanlage IBM 370/145 gedankt.

LITERATUR

Beese, F. & R.R. van der Ploeg. (1976a): Influence of hysteresis on moisture flow in an undisturbed soil monolith. *Soil Sci. Soc. Amer. Journal* (in Druck).

Beese, F. & R.R. van der Ploeg. (1976b): Modeling the water balance of a fallow field soil. Manuskript zur Veröffentlichung eingereicht; Vordrucke sind vorhanden.

Benecke, P. & R.R. van der Ploeg. (1976): Quantifizierung des zeitlichen Verhaltens der Wasserhaushaltskomponenten eines Buchen- und eines Fichtenaltholzbestandes im Solling mit bodenhydrologischen Methoden (in dieser Ausgabe).

Braun, G. (1975): Entwicklung eines physikalischen Wasserhaushaltsmodells für Lysimeter. Mitteilungen des Leichtweiss-Institutes für Wasserbau der TU Braunschweig, Heft 49.

Bresler, E., J. Heller, N. Diner, I. Ben-Asher, A. Brandt & D. Goldberg. (1971): Infiltration from a trickle source: II. Experimental data and theoretical predictions. *Soil Sci. Soc. Amer. Proc.* 35: 683—689.

Ehlers, W. (1975): Observations on earthworm channels and infiltration on tilled and untilled loess soil. *Soil Sci.* 119: 242—249.

Ehlers, W. (1976): Rapid determination of unsaturated hydraulic conductivity in tilled and untilled loess soil. *Soil Sci. Soc. Amer. Journal* (im Druck).

Ehlers, W. & R.R. van der Ploeg. (1976): Simulation of infiltration into tilled and untilled field soils derived from loess. In: System Simulation in Water Resources, ed. G.C. Vansteenkiste, pp. 157—168. North-Holland Publishing Company, Amsterdam.

Friedrich, W., H. Liebscher, R. Rudolph & A. Wagenhoff. (1968): Forstlich-hydrologische Untersuchungen in bewaldeten Versuchsgebieten im Oberharz. Aus dem Walde, Heft 7 (Mitteilungen aus der Niedersächsischen Landesforstverwaltung), speziell S. 225—227.

Hillel, D. (1971): Soil and Water. Physical Principles and Processes. Academic Press, New York.

Kirkham, Don & W.L. Powers. (1972): Advanced Soil Physics. Wiley-Interscience, New York.

Lützke, R. & K.H. Simon. (1975): Zur Bilanzierung des Wasserhaushalts von Waldbeständen auf Sandstandorten der DDR. Allgemeine Forst-Zeitschrift Nr. 37 (Sept. 1976, Zusammenfassung, S. 806—807).

Meyer, F.H. & D. Göttsche. (1971): Distribution of root tips and tender roots of beech. In: Integrated Experimental Ecology, ed. H. Ellenberg. Springer Verlag, Berlin, pp. 48—52.

Penman, H.L. (1967): Evaporation from forests: a comparison of theory and observation. In: Proceedings of a NSF Advanced Science Seminar, University Park, Pennsylvania, Aug. 29 — Sept. 10, 1965. Ed. W.E. Sopper & H.W. Lull. Pergamon Press, New York, pp. 373—380.

Prenzel, J. (1977): Simulationsmodelle von Wald-Ökosystemen: Bioelemente (in dieser Ausgabe).

Schroeder, M. (1970): Methodische Untersuchungen am Beispiel der Großlysimeteranlage Castricum. *Forstwissenschaftl. Centralblatt* 89 (4): 200—210.

Schroeder, M. & G. Braun. (1976): Simulation vertikaler Wasserflüsse in einem Lysimeter. *Wasser u. Boden* 1: 10—11.

Van der Ploeg, R.R. (1974a): Simulation of moisture transfer in soils: one-dimensional infiltration. *Soil Sci.* 118: 349—357.

Van der Ploeg, R.R. (1974b): Use of soil physical principles in hydrological models. *Mitt. Deutschen Bodenkundl. Gesellsch.* 19: 133—161.

Van der Ploeg, R.R. & P. Benecke. (1974a): Unsteady, unsaturated, n-dimensional moisture flow in soil: a computer simulation program. *Soil Sci. Soc. Amer. Proc.* 38: 881—885.

Van der Ploeg, R.R. & P. Benecke. (1974b): Simulation of one-dimensional moisture transfer in unsaturated, layered, field soils. *Göttinger Bodenkundl. Ber.* 30: 150—169.

Van der Ploeg, R.R., B. Ulrich, J. Prenzel & P. Benecke. (1975): Modeling the mass balance of forest ecosystems. Proceedings of the 1975 Summer Computer Simulation Conference, San Francisco, pp. 793—802.

Youngs, E.G. (1957): Moisture profiles during vertical infiltration. *Soil Sci.* 84: 283—290.

Anschrift der Verfasser:

Dr. R.R. Van der Ploeg, Dr. F. Beese & Dr. P. Benecke, Institut für Bodenkunde und Waldernährung der Universität Göttingen, Büsgenweg 2, 34 Göttingen.

Sonderdruck: Verhandlungen der Gesellschaft für Ökologie, Göttingen 1976.

SIMULATIONSMODELLE VON WALDÖKOSYSTEMEN: WIE WIRD DER TEILPROZEß MINERALSTOFFAUFNAHME GESTEUERT?

J. PRENZEL

Abstract

Mass-flow is defined as transpiration multiplied by the concentration in the rooting medium. The mass-flow coefficient (MFK) is defined as the ratio of the actual uptake to a hypothetical uptake by pure mass-flow. Data on a beech space, which were collected within an IBP projekt, including transpiration, annual uptake of several elements and concentrations in soil and litter layer solutions, are used in the calculation of MFK-values. Results range from 0.076 for Al to 120 for P. It is concluded that eventual simulation models of the mineral cycling system must include information on the state of the plant system.

Innerhalb eines Waldökosystems kann der Mineralstoffkreislauf als ein Teilsystem angesehen werden. Dieses Teilsystem läßt sich als Kompartimentmodell darstellen, wie z.B. bei Ulrich et al. (1977, in diesem Band: Abb. 1). Ein Simulationsmodell des Mineralstoffkreislaufs muß, wenn es nicht rein deskriptiv sein soll, das Verhalten des Systems quantitativ so gut beschreiben, daß bei Änderungen der äußeren Bedingungen die Reaktion des ganzen Systems, aber auch die der Teilprozesse richtig wiedergegeben wird. Der Versuch, ein Simulationsmodell aufzustellen, führt im Allgemeinen zu der Feststellung, daß über bestimmte Teilprozesse nicht genügend Information vorhanden ist. Der systemare Ansatz führt so auf die Untersuchung der Teilprozesse zurück, allerdings mit einer möglicherweise veränderten oder präzisierten Fragestellung, verglichen mit der isolierten Untersuchung eines Teilprozesses.

Ein solcher Teilprozeß innerhalb des Mineralstoffkreislaufs, über dessen Steuerung wir besonders wenig wissen, ist die Aufnahme des Bestandes. Andererseits geht aus Flüssebilanzen (Ulrich et al. 1977, in diesem Band) hervor, daß dieser Fluß einer der quantitativ bedeutendsten im Mineralstoffkreislauf eines Waldökosystems sein kann. Zur Formulierung dieses Prozesses in einem Simulationsmodell wäre die Frage zu klären, ob die Aufnahme wesentlich nur vom Zustand des Bodens oder wesentlich nur vom Zustand des Bestandes abhängt, oder von beidem.

Eine alte Theorie über die Mineralstoffaufnahme (Sachs 1887, zit. nach Sutcliffe 1976) geht davon aus, daß die Bodenlösung mit dem Transpirationsstrom in die Pflanze hineingesogen wird, ohne sich chemisch zu verändern. Durch das Verdampfen des Wassers in den Blättern würden sich dann die Mineralstoffe anreichern. Es ist längst bewiesen, daß diese Anschauung nicht allgemein richtig sein kann. Dennoch erscheint die Frage sinnvoll, ob ein so passives Verhalten des Bestandes gegenüber einzelnen Mineralstoffen im konkreten Fall beobachtet werden kann und wie stark die Aufnahme eventuell davon abweicht, sich nicht-

passiv verhält. In Bezug auf ein mögliches Simulationsmodell kann das passive
Verhalten mit Steuerung der Aufnahme durch den Zustand des Bodens gleichgesetzt werden.

Im Folgenden soll die Frage nach der Passivität der Mineralstoffaufnahme
für einen Buchenbestand im Solling mit Hilfe der dort im Rahmen des Solling —
Projektes gewonnenen Daten zum Wasserhaushalt (s. Benecke & Van der Ploeg
1977, in diesem Band) und zum Mineralstoffkreislauf (s. Ulrich et al. 1977, in
diesem Band) untersucht werden. Die Abb. 1 stellt den Teilprozeß Mineralstoffaufnahme als Kompartimentmodell dar. Die Pfeile zeigen den Netto-Material-
fluß eines Mineralstoffes vom Boden in den oberirdischen Bestand. Ein solches
Bild ist offensichtlich eine Vereinfachung. Man könnte z.B. innerhalb der Festphase des Bodens (Kompartiment 1) verschiedene Bindungsformen unterscheiden oder die Wurzel (Kompartiment 4) in anatomische und funktionelle
Untereinheiten aufteilen. Trotzdem ist dieses Modell noch zu kompliziert, als
daß alle seine Variablen messend erfaßt werden könnten — jedenfalls unter
Feldbedingungen. Die vorhandenen Daten beziehen sich, was die Mineralstoffe
angeht, gerade auf den linken unteren und den rechten oberen Teil der Abb. 1:
auf die Konzentrationen in der wurzelfernen Bodenlösung und auf die Netto-
Aufnahme in den oberirdischen Bestand. Es ist nicht möglich, die Prozesse in den
mittleren Kompartimenten „Wurzel" und „Rhizosphäre" von daher mit Sicherheit aufzuklären. Dennoch kann versucht werden, diesen mittleren Teil gewissermaßen von außen zu charakterisieren im Hinblick auf passives Verhalten gegenüber Mineralstoffen in der Bodenlösung.

Zu diesem Zweck wird der von Barber (1962) eingeführte Massenfluß
berechnet und mit der Aufnahme des Bestandes verglichen. Der Massenfluß wird
nach Gl. (1) (Tab. 1) definiert als Produkt aus der Konzentration in der Bodenlösung mit der Transpiration. Der Vergleich mit der Aufnahme des Bestandes
geschieht mit Hilfe des Massenflußkoeffizienten (MFK), der nach Gl. (2) so
definiert ist, daß man den Massenfluß mit diesem Wert multiplizieren muß, um
die tatsächliche Aufnahme zu erhalten. Ein MFK von 1 weist darauf hin, daß

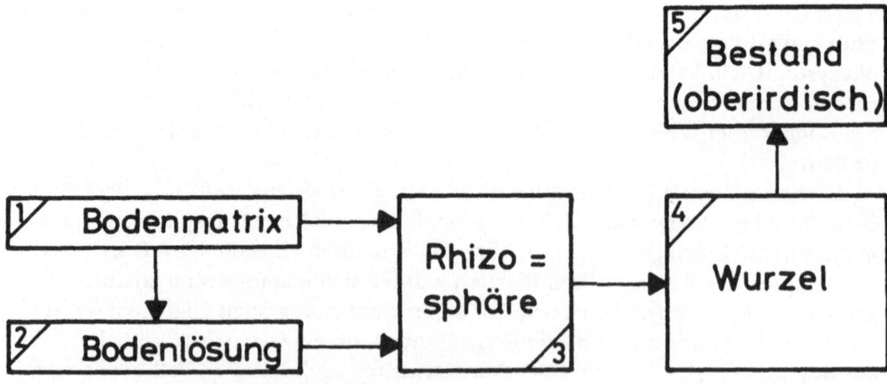

Abb. 1. Darstellung des Teilprozesses Mineralstoffaufnahme als Kompartimentmodell.

sich der Bestand gegenüber dem betreffenden Mineralstoff passiv verhält. Werte unter 1 deuten auf Diskriminierung, solche über 1 auf selektive Aufnahme hin. Die MFK werden nach Gl. (1) und (2) berechnet, indem für C, T und J die entsprechenden Daten eingesetzt werden. Die Ermittlung der Transpiration (T) als Funktion der Tiefe und der Zeit wird von Van der Ploeg et al. (1977, in diesem Band) dargestellt. Über die jährliche Aufnahme der einzelnen Mineralstoffe (J) berichten Ulrich et al. (1977, in diesem Band). Für die Konzentrationen in der Bodenlösung (C) als Funktion der Tiefe und der Zeit wurden verschiedene Messungen herangezogen: In einer Ebene unterhalb der Wurzelzone waren Plattenlysimeter installiert, die Werte für die Konzentrationen als Funktion der Zeit lieferten. In den darüber liegenden Tiefenstufen des Mineralbodens wurden diese Werte modifiziert durch von der Tiefe abhängige Korrekturfaktoren, die aus Analysen der Gleichgewichtsbodenlösung ermittelt worden waren. Im Auflagehumus wurde die Konzentration dargestellt als Funktion zum einen der Mineralstoffgehalte in der Kronentraufe und zum anderen derjenigen in der Lösung nach Perkolation durch den Auflagehumus, die beide als Funktion der Zeit gemessen worden sind. Diese Informationen wurden in ein Programm eingegeben, das als

Tabelle 1. Verwendete Gleichungen.

$$M(t) := \sum_s C(s,t) \cdot T(s,t) \qquad (1)$$

$$MFK := J / \int_0^{1\,\text{Jahr}} M(t)\,dt \qquad (2)$$

$$[t = \text{Zeit}, s = \text{Tiefe}, C = \text{Konzen-}$$
$$\text{tration}, T = \text{Transpiration},$$
$$M = \text{Massenfluß}, J = \text{jährliche}$$
$$\text{Aufnahme}]$$

Tabelle 2 Tabelle der berechneten Massenflusskoeffizienten

S	0,77	Mn	2,2	Na	0,34
Fe	1,5	Ca	2,9	Cl	0,082
Mg	1,7	K	8,3	Al	0,076
		N	11		
		P	120		

Modell des Teilprozesses Mineralstoffaufnahme bezeichnet werden kann (Prenzel 1976). Das Ergebnis sind die MFK für die einzelnen Elemente (Tab. 2).

Die Werte für S, Fe und Mg sind nicht so deutlich von 1 verschieden, daß eine passive Aufnahme mit dem Transpirationsstrom ausgeschlossen werden kann. In den anderen Fällen sind die MFK ein Hinweis darauf, daß der Bestand physiologische Leistungen erbringt, um sich Elemente entweder anzueignen (P, N, K, Ca, Mn) oder zu verhindern, daß sie entsprechend ihrer Konzentration in der Bodenlösung in den Sproß gelangen (Al, Cl, Na). Eine Liste der MFK-Werte wie in Tab. 2 kann als kennzeichnend für die Reaktion des Bestandes auf seine bodenchemische Umwelt und damit auch für diese Umwelt angesehen werden. Als optimales Wurzelmedium kann ein solches vermutet werden, das für alle Elemente MFK-Werte von 1 zuläßt. Im einzelnen sei folgendes angemerkt: Die Makronährstoffe N, P und K zeigen die höchsten MFK-Werte. Es erscheint ausgeschlossen, daß hier der Massenfluß zur Ernährung des Bestandes ausreicht. Der niedrigste Wert findet sich bei Al. Es ist einleuchtend, daß sich die Buchen vor diesem toxischen Element schützen, das in dem sauren Boden in hohen Konzentrationen in der Bodenlösung vorliegt. Bei S könnte eine passive Aufnahme durch ein reichliches Angebot der Bodenlösung verursacht sein. Es wurde beobachtet (Dijkshorn et al. 1960), daß Pflanzen Sulfat-Schwefel anreichern, wenn ihnen viel S angeboten wird. Erstaunlich ist vielleicht, daß Cl fast so stark diskriminiert wird wie Al und daß Mn anscheinend auch aus diesem sauren Boden selektiv aufgenommen wird. Der extrem hohe Wert für P erklärt sich aus den sehr niedrigen P-Konzentrationen in der Bodenlösung.

Für ein Simulationsmodell des Mineralstoffkreislaufs in diesem Ökosystem ergibt sich, daß nur in wenigen Fällen die Aufnahme als Massenfluß formuliert werden kann. Es scheint, daß der Bestand im allgemeinen eine starke Kontrolle über den Teilprozeß Mineralstoffaufnahme ausübt. Deshalb ist es wahrscheinlich nicht sinnvoll, ein Simulationsmodell des isolierten Teilsystems Mineralstoffkreislauf aufzustellen. Zumindest müssen über die Entwicklung und den Zustand des Bestandes Annahmen gemacht werden. Anzustreben ist ein Modell, das die gegenseitige Beeinflussung von Mineralstoffkreislauf und Bestandsentwicklung widerspiegelt.

Zusammenfassung

Massenfluß wird definiert als Produkt der Wasseraufnahme eines Bestandes mit der Konzentration im Wurzelmedium. Der Massenflußkoeffizient (MFK) wird definiert als Verhältnis von tatsächlicher Aufnahme eines Mineralstoffes zur hypothetischen Aufnahme durch reinen Massenfluß. Die vorhandenen Informationen über einen Buchenbestand im Solling (Transpiration, jährliche Aufnahme und Konzentrationen in der Bodenlösung) werden zur Berechnung der MFK benutzt. Die Werte reichen von 0.076 für Al bis 120. für P. Es wird geschlossen, daß ein Simulationsmodell des Mineralstoffkreislaufs ohne Berücksichtigung des Zustandes des Pflanzenbestandes nicht aufgestellt werden kann.

LITERATUR

Barber, S.A. (1962): A diffusion and mass-flow concept for soil nutrient availability. *Soil Sci.* 93: 39—49.

Benecke, P. & R.R. Van der Ploeg (1977): Der Wasserhaushalt von Buchen- und Fichtenbeständen. In diesem Band.

Dijkshorn, W., J.E.M. Lampe & P.F.J. Van Burg (1960): A method of diagnosing the sulfur nutrition status of herbage. *Plant and Soil* 13: 227—241.

Prenzel, J. (1976): Die Bedeutung des Massenflusses für die Mineralstoffernährung eines Buchenbestandes. Veröffentlichung in Vorbereitung.

Sutcliffe, J.F. (1976): Regulation in the whole plant. In: U. Lüttge & G. Pitman (ed.): Transport in Plants. II. Part B. Tissues and Organs. Encyclopedia of Plant Physiology. New Series. Vol. 2. Berlin — Heidelberg — New York: Springer.

Ulrich, B., R. Mayer, P.K. Khanna, G. Seekamp & H.W. Fassbender (1977): Input, Output und interner Umsatz von chemischen Elementen bei einem Buchen- und einem Fichtenbestand. In diesem Band.

Van der Ploeg, R.R., F. Beese & P. Benecke (1977): Simulation von Waldökosystemen: Wasser. In diesem Band.

Anschrift des Verfassers:

J. Prenzel, Institut für Bodenkunde und Waldernährung der Universität Göttingen, Büsgenweg 2, 34 Göttingen.

Sonderdruck: Verhandlungen der Gesellschaft für Ökologie, Göttingen 1976.

DAS ZOOLOGISCHE FORSCHUNGSPROGRAMM IM SOLLINGPROJEKT*

W. FUNKE

Abstract

Aims and present state of the zoological research carried out within the Solling-Projekt of the DFG are outlined in a general report which may also be regarded as an introduction into the other research papers presented at the Congress of the German Ecological Society at Göttingen, 1976. Most investigations are concerned with three essential subjects:
a) analysis of structure and dynamics of zoocoenoses and populations, especially in beech and spruce forests; b) the determination of matter and energy turnover in animals, especially arthropods; c) the elucidation of the significance of special animal functions within the ecosystem (i.e. special feeding habits, special behavioral traits etc.).

Special emphasis is put on the so-called „production of insect imagines" (= biomass of freshly emerged holometabolic insects) which has been shown to be a useful parameter for comparing terrestrial ecosystems. It seems also to be a basis for an approximate calculation of the energy turnover in populations. In initiation of a „minimum programm" in secondary productivity it might be useful to employ the more simplified approach of a determination of the total arthropod biomass which can be trapped in ground photo-eclectors (emergence traps) of a definite type during one year. In this case, species determination and determination of systematic categories is not necessary.

Studies on the significance of special animal functions within the ecosystem investigated have yielded some remarkable results. Thus, phytophagous insects in the canopy area are stimulating, at least in the Solling beech forest, by their excrements the litter decomposition on the ground floor by microorganisms. Further studies on the role of animals, apart from energy flow considerations, should be of fundamental interest in the future, and will undoubtedly contribute significantly to our understanding of the functioning of ecosystems.

Das zoologische Forschungsprogramm im Sollingprojekt der Deutschen Forschungsgemeinschaft war im wesentlichen auf drei Ziele ausgerichtet:

1. die Analyse von Struktur und Dynamik von Zoozönosen und Populationen,
2. die Bestimmung der Umsatzleistungen der Tiere und
3. die Klärung spezifischer Funktionen der Tiere im Ökosystem.

Untersuchungsobjekte waren vor allem Buchenwälder. Zur qualitativ-quantitativen Erfassung der Fauna wurden hier Methoden eingesetzt (Funke 1971, Weidemann 1971, 1977), die im Solling später auch in Fichtenforsten (Thiede 1972, 1977a, b, Hartmann 1974) und auf einer Goldhaferwiese (Haas 1972, 1975, Hartmann 1974) Verwendung fanden. Sie haben sich inzwischen — teilweise — auch an anderen Orten bewährt: im Göttinger Wald (Strey 1972) auf der Schwäbischen Alb (Funke, Grimm & Thiede in Vorber.), auf den Brandflächen der Lüneburger Heide (Winter et al. 1977), ja sogar in den tropischen Regenwäldern Amazoniens (DFG-Programm „Überschwemmungswald" — Funke, Adis in Vorber.). Neben verschiedenen Verfahren zur Extraktion von Streu-

---

* Ergebnisse des Solling-Projekts der DFG(IBP), Mitteilung Nr. 187.

und Bodenproben (Weidemann 1977) standen drei Arbeitsgeräte als „Fangauto-
maten" im Mittelpunkt: Bodenfallen (Weidemann 1971), Boden-Photoeklektoren und — in Wäldern — zusätzlich Baum-Photoelektronen (Funke 1971; s.auch
Abb. 1—4).

Die Untersuchungen wurden vorwiegend an Arthropoden durchgeführt, in
den letzten Jahren aber auch auf andere Tiergruppen ausgedehnt, so z.B. auf
Nematoden, Enchyträen (Schauermann; Graefe & Graff, in Vorber.) und
Vögel (Scherner 1976, 1977).

Programmpunkt „Struktur und Dynamik von Zoozönosen und Populationen"

Die Analyse von Struktur und Dynamik einer Zoozönose ist ein weites Arbeits-
gebiet. In den — aus der Sicht des Botanikers — artenarmen Buchen- und Fichtenwäldern des Solling (Ellenberg 1967, 1971, Gerlach 1970) leben allein mindestens je 1000 Arthropodenarten. Einige sind neu für die Wissenschaft, manche
in Mitteleuropa erst selten gefunden, andere aus Wäldern bis heute unbekannt.
Viele lassen sich jedes Jahr nachweisen; andere scheinen plötzlich aufzutauchen
und nach ein oder mehreren Jahren wieder — fast völlig — zu verschwinden. Verschiedene Arten sind nur eine begrenzte Zeit im Jahr nachweisbar, manche auf
bestimmte Straten oder Kleinhabitate beschränkt; andere pendeln zwischen
Kronenraum und Boden hin und her, wandern mehr oder weniger regelmässig
aus Nachbarbiotopen ein, treten als Durchzügler auf oder werden von oft weit
entfernt gelegenen, selbst von aquatischen Ökosystemen zufällig und passiv
hereingedriftet (detailliertere Angaben z.T. in den vorliegenden Publikationen,
z.T. in Vorber.).

Das Strukturbild von Pflanzengesellschaften ist, vor allem in den Wäldern
des Solling, verhältnismässig leicht zu erfassen; es variiert im wesentlichen nur
mit den Jahreszeiten. Das Strukturbild der Tiergesellschaften dagegen ist wie ein
buntes Kaleidoskop, das durch „äussere Einflüsse", Klima und Witterung und
„innere Vorgänge", Entwicklungsabläufe und mannigfache Wechselbeziehungen
zwischen Individuen und Populationen immer neue Ansichten bietet.

Es ist also ein recht aufwendiges Unterfangen, die Strukturen einer Zoozönose
im Sinne von Weidemann (1977) möglichst vollständig zu erfassen. Trotz
gemeinsamer Bemühungen fast aller am Sollingprojekt beteiligten Zoologen und
einer Reihe ehrenamtlicher Helfer zeigen die Strukturbilder der Zoozönose, z.B.
im Ökosystem Buchenwald, zum gegenwärtigen Zeitpunkt erst ein verhältnismässig grobes Raster. Nur an wenigen Stellen lassen sich schärfere Konturen
erkennen. So haben vor allem Albert, R. (1976, 1977) und Hartmann (1974,
1977) an Spinnen- und Staphylinidenpopulationen sehr eingehende Untersuchungen über Artenspektren, Dominanzgefüge, Horizontal- und Vertikalverteilung, über Lebenszyklen, Abundanzdynamik und Phänologie durchgeführt.
Koehler (1976, 1977) untersuchte „Nahrungsspektrum und Nahrungskonnexe
von Carabiden" und leitet damit zu tiefgreifenderen funktionellen Zusammenhängen über, die bei Weidemann (1977) in der „trophischen Struktur" der
Zoozönose deutlich werden. Albert, A. (1977) führt mit ihrer Arbeit über die
„Biomassendynamik von Chilopoden" bereits zum zweiten der obengenannten

50

Ziele, der Klärung der Umsatzleistungen der Tiere hin. Scherner (1976, 1977)
schliesslich bringt mit „Struktur und Dynamik der Avifauna des Solling" u.a.
auch den historischen Aspekt der Entwicklung und Veränderung von Ökosystemen und Landschaftsbild unter dem Einfluss von Klima und Mensch zum
Ausdruck.

Programmpunkt „Umsatzleistungen der Tiere"

Die Analyse von Struktur und Dynamik der Tiergesellschaften und Populationen
war nur ein Ziel unseres Forschungsprogramms. Wir hätten im Laufe der vergangenen Jahre die Zoozönosen aller Versuchsflächen zweifellos noch gründ-
licher erfassen können. Wir hätten damit aber kaum wesentlich mehr erreicht
als die Zoologen, die sich die Klärung der Struktur von Zoozönosen teilweise
schon vor Jahrzehnten zur Lebensaufgabe machten (Lit. u.a. in Schwerdtfeger
1975). So „durfte" im Sollingprojekt die Strukturanalyse von Zoozönosen und
Populationen nur an wenigen Stellen in die „Breite" gehen und „Endziel" sein;
an anderen — bei einzelnen Populationen oder einzelnen systematischen und
trophischen Gruppen — dagegen „musste" sie als unverzichtbare Voraussetzung

Abb. 1. Boden-Photoeklektor im Buchenwald — Bestimmung von Arteninventar bei
Arthropoden, Schlüpfabundanz von Imagines holometaboler Insekten mit bodenlebenden
Entwicklungsstadien, Aktivitätsabundanz (in abgeschlossenem Raum), Gewinnung phäno-
logischer Daten etc. (umgrenzte Fläche des Eklektors 1 m² ; Fangdose an der Spitze des
Tuchdaches).

einer sauberen Analyse von Leistung und Funktion dienen. Nach den Vorstellungen aus dem Jahre 1967 (s. Ellenberg) sollte es bei unseren Untersuchungen nämlich vor allem darum gehen, die „quantitativ bedeutsamen produktionsbiologischen Prozesse" zu analysieren.

Mit dieser Zielsetzung war das zoologische Forschungsprogramm in die Analyse der „systemeigenen Vorgänge" der Ökosysteme (Ellenberg 1973) voll integriert. Im Brennpunkt stand bei vielen Arbeiten die Frage nach dem Stoff- und Energieumsatz: Was wird konsumiert und wieviel? Wieviel bleibt unverwertet, und was wird z.B. nur abgebissen, aber nicht genutzt? Wieviel wird produziert und veratmet?

Nachdem bereits bei früheren Gelegenheiten über die Umsatzleistungen von Tieren zusammenfassend referiert worden war (Funke 1972, 1973, Weidemann 1972, 1974), kann Grimm (1977) jetzt auf Grund neuer Ergebnisse (z.B. nach Altmüller 1976, 1977) und neuer Berechnungen für das Ökosystem Buchenwald (Solling-Versuchsfläche B 1 a, s. Ellenberg 1971) neues Datenmaterial vorlegen, verschiedene systematische und trophische Gruppen miteinander vergleichen und — nahezu abschliessend — den Anteil der Arthropoden am Energiefluss durch die Lebensgemeinschaft abschätzen.

Das in verschiedenen Arbeiten (s. Funke 1972, Weidemann 1972, Grimm 1973 u.a.) geschilderte Vorgehen zur exakten Ermittlung der Umsatzleistungen der Tiere erforderte einen hohen Aufwand an Arbeitskraft. Es wird sich kaum noch einmal so eindrucksvoll darstellen lassen, wie es im Rahmen des Sollingprojekts möglich war. So werden in Zukunft andere Arbeitsmethoden an Bedeutung gewinnen. Ein Verfahren geht in seinem Ansatz schon auf das Jahr 1968, den Beginn der zoologischen Arbeiten im Sollingprojekt zurück. Mit Bodenphotoeklektoren (Abb. 1—3) kann man bei vielen holometabolen Insekten mit bodenlebenden Entwicklungsstadien die „Schlüpfabundanz" und über Trockengewichts- und Brennwertbestimmungen die „Produktion an Imagines" ermitteln (Funke 1971, 1973).

Beide Grössen sind, wie Schauermann (1977) in einer ersten Übersicht für den Buchenwald demonstriert und Thiede (1977a, b) auf Grund eingehender Untersuchungen in Fichtenforsten noch tiefgreifender aufzeigen kann, für Vergleiche zwischen verschiedenen systematischen und trophischen Gruppen zwischen verschiedenen Jahren und zwischen verschiedenen Ökosystemen sehr gut geeignet (Funke 1972). Die „Produktion an Imagines" wird in ihrem Wert aber noch bedeutsamer, seitdem wir an immer neuen Beispielen erfahren (s. Altmüller 1976), dass sie, gemittelt über mehrere Jahre, ca. 10% der jährlichen Gesamtassimilation von Populationen ausmacht (Funke 1973, Thiede 1973). Damit können wir jetzt den Energieumsatz einer grossen Zahl von Insektenpopulationen auf verhältnismässig einfachem Wege und grössenordnungsmässig sicher weitgehend korrekt abschätzen (s. z.B. Thiede 1977a, b). Unser „Minimalprogramm zur Ökosystemanalyse" aus dem Jahre 1974 (Grimm, Funke & Schauermann 1975), das in erster Linie auf die Ermittlung von Artenspektren, flächen- und zeitbezogenen Populationsdaten ausgerichtet war, ist damit um einen wesentlichen Aspekt erweitert.

Die primäre oberirdische Produktion der höheren Pflanzen eines Landökosystems lässt sich in der Regel auf einfache Weise schnell bestimmen. Die Ermitt-

Abb. 2. Baum- Boden- Photoeklektoren im Buchenwald — Bestimmung von Arteninventar, Schlüpfabundanz etc. im unmittelbaren Stammbereich (umgrenzte Fläche der Eklektoren je 4 m²).

Abb. 3. Boden-Photoeklektoren auf einer Mähwiese im Solling (runde Form; umgrenzte Fläche je 1 m²).

lung der sekundären Produktion der Tiere ist demgegenüber stets äusserst langwierig, aufwendig und bleibt meist unvollständig. In einem Gemeinschaftsprojekt „Ökosystemanalyse" gelangt man auf Grund dieser Situation zwangsläufig oft an die Grenzen einer für alle Seiten voll befriedigenden und erfolgreichen Zusammenarbeit. Nur durch weitgehenden Verzicht auf — nicht nur für den Zoologen interessante — Detaildaten über Struktur und Dynamik von Zoozönosen, Umsatzleistungen und spezifische Funktionen einzelner Populationen liessen sich die auf Grund unterschiedlicher Arbeitsmöglichkeiten notwendigerweise auftretenden Gegensätze mindern. Das erscheint möglich durch eine weitere Vereinfachung des auf Untersuchungen über die sekundäre Produktion der Tiere ausgerichteten Minimalprogramms.

Für grobe Schätzungen und großzügige Vergleiche zwischen Ökosystemen wären tiefgreifendere Aufschlüsselungen des mit Eklektoren (eines genormten Typs) erbeuteten Tiermaterials nach systematischen und trophischen Gruppen oder gar nach Arten u.U. überflüssig. Die gesamte „Produktion an Insekten-Imagines", ggf. ergänzt durch die Biomasse aller anderen pro m^2 und Jahr (in Bodeneklektoren) erbeuteten Arthropoden dürfte in Vollständigkeit und Aussage etwa dem Teil der Primärproduktion vergleichbar sein, der in Wäldern als oberirdischer Bestandsabfall mit Streusammlern jährlich gemessen wird (Heller 1971, Runge 1973).

Abb. 4. Baum- Photoeklektor im Buchenwald (unten offene untereinander verbundene Tuchtrichter mit Fangdose an der Spitze) — Bestimmung von Stammauflauf und — anflug von Arthropoden, Ermittlung der Entwicklungsabläufe bei Stamm- und Kronenbewohnern, Erfassung von Immigranten etc. (Näheres s. Funke 1971).

Programmpunkt „Spezifische Funktionen der Tiere im Ökosystem"

Durch Stoff- und Energieumsatz ist die Funktion der Tiere nur einseitig gekennzeichnet. Die Bestimmung der Umsatzleistungen ist aber oft erforderlich, um den Einfluss der Tiere auf ihre Ökosysteme quantifizierbar zu machen (Funke 1973). Zwei Beispiele sollen das veranschaulichen:

In den Buchenwäldern des Solling verbrauchen die Phyllophagen für ihre Produktion und ihre Respiration jährlich ca. 5% grüne Blattsubstanz. Die Nettoassimilation der Buche wird hierdurch kaum beeinträchtigt (Funke 1972, 1973). Schmetterlingsraupen, Blattwespenlarven und Rüsselkäfer sind also nicht immer unbedingt „Schädlinge". Sie sind aber auch nicht einfach nutzlose „Geniesser" einer pflanzlichen „Überproduktion", sondern ganz offensichtlich „notwendige Komponenten" im Ökosystem. So wissen wir jetzt durch Untersuchungen von Herlitzius (1976, 1977), dass die Blattfresser in den Kronen der Bäume über ihre Exkremente den Abbau der Streu am Boden — zumindest in den Buchenwäldern des Solling — entscheidend beschleunigen.

Dass Dipterenlarven bei der Primärzersetzung der Streu eine grosse Rolle spielen, ist seit langem bekannt; dass sie in den Buchenwäldern des Solling, wo die grossen Streuzersetzer — Diplopoden, Asseln und Gehäuseschnecken — fehlen, Regenwürmer und Nacktschnecken selten sind, fast ausschliesslich deren Funktion übernehmen, lag nahe. Wie hoch ihr Anteil am Primärabbau der Streu ist, war jedoch unbekannt. Über Energieumsatzbestimmungen und nach Literaturdaten über das Verhältnis von Assimilation und Consumtion saprophager Arthropoden kommt Altmüller (1976, 1977) zu dem Schluss, dass allein die Mycetophiliden und die Sciariden etwa 25% der jährlich anfallenden Streu verarbeiten. Nach solchen Befunden möchten wir natürlich wissen, was „treiben" die vielen anderen Tiergruppen im Ökosystem. Was fressen z.B. die Tiere, die wir noch garnicht genauer untersuchen konnten? Wie sieht das aus bei Enchyträen, bei brachyceren Dipteren, z.B. der Gattung *Fannia* Robineau — Dessoidy und anderen Streu- und Humusbewohnern? Wir dürfen uns einfach nicht damit zufrieden geben: sie sind saprophag. Was fressen sie wirklich? Sind sie bakteriovor, mycetophag? Ernähren sie sich selektiv von toter partikulärer oder — und ggf. in welchem Umfang — von gelöster organischer Substanz, oder sind sie pantophag, wie — nach Strey (1972) — z.B. der Schnellkäfer *Athous subfuscus* Müll.? Wie greifen Tiere durch ihre Bewegungsweisen und ihre oft recht komplexen Verhaltensabläufe in ihre Umgebung ein? Wie und in welchem Umfang sind sie also durch ihre vielseitigen „Tätigkeiten" an der Gestaltung ihrer Ökosysteme beteiligt? — Zukünftige Arbeiten werden vor allem an diesen Fragen ansetzen müssen, soll unser Verständnis über das Funktionieren von Ökosystemen weiter vertieft werden.

In dem vorliegenden Bericht über die zoologischen Beiträge zum Sollingprojekt der DFG habe ich im wesentlichen nur den Kern unseres Forschungsprogramms berührt. Fragen nach dem Gültigkeitsbereich der Untersuchungsergebnisse, nach speziellen Anpassungen der Tiere an Bedingungen ihres Lebensraumes, ihrer Aktivitätsperiodik und ihren Orientierungsleistungen wurden nicht berücksichtigt. Struktur und Dynamik von Zoozönosen und Populationen, Umsatzleistungen

und spezielle Funktionen der Tiere, also die Programmpunkte, auf die unsere
Arbeit schwerpunktmässig ausgerichtet war, standen im Mittelpunkt (s. Beiträge
S. 59—170).

LITERATUR

Zoologische Arbeiten im „Sollingsprojekt"

Adis, J. (1974): Bodenfallenfänge in einem Buchenwald und ihr Aussagewert. Diplomarbeit
Göttingen.

Adis, J. & Kramer, E. (1975): Formaldehyd-Lösung attrahiert *Carabus problematicus* (Coleoptera: Carabidae). Ent. Germ. 2: 121—125.

Albert, A.M. (1977): Biomasse von Chilopoden in einem Buchen-Altbestand des Solling.
Verhdl. Ges. Ökol. Göttingen 1976. Junk, The Hague, S. 93—101.

Albert, R. (1973): Die Spinnenfauna zweier Buchenflächen des Solling. Diplomarbeit Göttingen.

Albert, R. (1976): Zusammensetzung und Vertikalverteilung der Spinnenfauna in Buchenwäldern des Solling. Untersuchungen mit Hilfe von Baum-Photoeklektoren. *Faun.-Okol.
Mitt.* 5: 65—80.

Albert, R. (1977): Struktur und Dynamik der Spinnenpopulationen in Buchenwäldern des
Solling. Verhdl. Ges. Ökol. Göttingne 1976. Junk, The Hague, S. 83—91.

Altmüller, R. (1973): Ökoenergetische Untersuchungen an Dipteren im Buchenwald. Zum
Energieumsatz von *Fannia* sp. (Muscidae). Diplomarbeit Göttingen.

Altmüller, R. (1976): Zum Energieumsatz von Dipterenpopulationen im Buchenwald
(Luzulo-Fagetum). Dissertation Göttingen.

Altmüller, R. (1977): Ökoenergetische Untersuchungen an Dipterenpopulationen im
Buchenwald. Verhdl. Ges. Ökol. Göttingen 1976. Junk, The Hague, S. 133—138.

Babbel, O. (1975): Untersuchungen an Soricidenmaterial aus einem definierten Fanggebiet
des Solling. Staatsexamensarbeit Ti. Ho. Hannover.

Baranski, U. (1970): Produktionsökologische Untersuchungen an Dipteren eines Buchenwaldes. Staatsexamensarbeit Göttingen.

Dirks, A. (1973): Untersuchungen zur Biologie und ökologischen Energetik von Chilopoden-Populationen in einem Buchen-Altbestand des Solling. Diplomarbeit Göttingen.

Faasch, H. (1972): Speisezettel einer Moosmilbe. *Mikrokosmos* 12: 361—362.

Faasch, H. (1973): Fallaub — Hauptmenü der Pilzmückenlarven. *Mikrokosmos* 13: 9—12.

Funke, W. (1971): Food and energy turnover of leaf-eating insects and their influence on
primary production. *Ecol. Studies* 2: 81—93.

Funke, W. (1972): Energieumsatz von Tierpopulationen in Landökosystemen. *Verh. Deut.
Zool. Ges. Helgoland,* 65. Jahresversammlung 1971, S. 95—106.

Funke, W. (1973): Rolle der Tiere im Wald-Ökosystemem des Solling. In: H. Ellenberg,
Hrsg. Ökosystemforschung, S. 143—174. Berlin, Springer.

Funke, W. & Weidemann, G. (1971): Food and energy turnover of phytophagous and predatory arthropods. *Ecol. Studies* 2: 100—109.

Graff, O. (1971): Stickstoff, Phosphor und Kalium in der Regenwurmlosung auf der Wiesenversuchsfläche des Sollingprojektes. IV. Coll. Pedobiologiae Dijon 1970. *Ann. Zool.
Ecol. anim.*: 503—511.

Grimm, R. (1973): Zum Energieumsatz phytophager Insekten im Buchenwald. I. Untersuchungen an Populationen der Rüsselkäfer (Curculionidae) *Rhynchaenus fagi* L., *Strophosomus* (Schönherr) und *Otiorrhynchus singularis* L. *Oecologia* 11: 187—262.

Grimm, R. (1977): Untersuchungen an Tierpopulationen des Solling: Die blattfressenden
Insekten. *Jahresber. d. Naturk. Ver. d. Rheinlande und Westfalens,* Wuppertal 1975 (im
Druck).

Grimm, R. (1977): Der Energieumsatz der Arthropodenpopulationen im Ökosystem Buchenwald. Verhdl. Ges. Ökol. Göttingen 1976. Junk, The Hague, S. 125—131.

Grimm, R., Funke, W. & Schauermann, J. (1975): Minimalprogramm zur Ökosystemanalyse: Untersuchungen an Tierpopulationen in Wald-Ökosystemen. Verhdl. Ges. Ökol. Erlangen 1974. Junk, The Hague: S. 77—87.

Grunert, J. (1974): Untersuchungen zur Biologie und ökologischen Energetik zweier Staphyliniden-Populationen im Solling. Diplomarbeit Göttingen.

Haas, H. (1972): Schlüpfphänologie und Schlüpfabundanz von Insekten auf einer Wiese im Solling. Diplomarbeit Göttingen.

Haas, H. (1975): Die Zikaden (Homoptera-Auchenorrhyncha) einer Wiese und ihr Energie-umsatz. Dissertation Göttingen.

Haas, H. (1977): Investigations on Secondary Productivity in a Meadow in the Solling, FRG: Homoptera Auchenorrhyncha (in press).

Hartmann, P. (1974): Die Staphylinidenfauna verschiedener Waldbestände und einer Wiese des Solling. Diplomarbeit Göttingen.

Hartmann, P. (1977): Struktur und Dynamik von Staphyliniden-Populationen in Buchen-wäldern des Solling. Verhdl. Ges. Ökol. Göttingen 1976. Junk, The Hague, S. 75—81.

Herlitzius, R. (1975): Streuabbau in Laubwäldern. Untersuchungen in Kalk- und Sauerhu-musbuchenwäldern. Diplomarbeit Göttingen.

Herlitzius, R. (1977): Untersuchungen zum Streuabbau in Kalk- und Sauerhumusbuchen-wäldern. Verhdl. Ges. Ökol. Göttingen 1976. Junk, The Hague, S. 161—170.

Koehler, H. (1976): Nahrungsspektrum und Nahrungsumsatz zweier Carabiden des Solling, *Pterostichus oblongopunctatus* (F.) und *Pterostichus metallicus* (F.). Diplomarbeit Göt-tingen.

Koehler, H. (1977): Nahrungsspektrum und Nahrungskonnex von *Pterostichus oblongo-punctatus* (F.) und *Pterostichus metallicus* (F.) (Coleoptera, Carabidae). Verhdl. Ges. The Hague, S. 103—111.

Reise, K. (1972): Verteilungsmuster räuberischer Arthropoden am Waldboden. Diplomarbeit Göttingen.

Reise, K. & Weidemann, G. (1975): Dispersion of predatory forest floor arthropods. *Pedo-biologia* 15: 106—128.

Schauermann, J. (1973): Zum Energieumsatz phytophager Insekten im Buchenwald. II. Die produktionsbiologische Stellung der Rüsselkäfer (Curculionidae) mit rhizophagen Lar-venstadien. *Oecologia* 13: 313—350.

Schauermann, J. (1973): Zum Energieumsatz phytophager Insektenpopulationen. In: Be-lastung und Belastbarkeit von Ökosystemen. Tagungsber. Ges. Ökol. Gießen 1972. Blasa-ditsch, Augsburg: 65—69.

Schauermann, J. (1977a): Energy metabolism of rhizophagous insects and their role in eco-system. In: Lohme, U. & Persson, T. (eds.), Soil Organisms as Components of Ecosystems. Proc. VI. International Soil Zoology Colloquium, 1976; *Ecol. Bull.* (Stockholm). 25 (in press).

Schauermann, J. (1977b): Zur Abundanz- und Biomassendynamik der Tiere in Buchenwäl-dern des Solling. Verhdl. Ges. Ökol. Göttingen 1976. Junk, The Hague, S. 113—124.

Schauermann, J. (1977c): Untersuchungen an Tierpopulationen des Solling: Die Tiere der Bodenoberfläche und des Bodens. Jahresber. d. Naturk. Ver. d. Rheinlande und Westfa-lens. Wuppertal 1975 (im Druck).

Scherner, E.R. (1976): Grundlagen einer Avifauna des Solling. Diplomarbeit Göttingen.

Scherner, E.R. (1977): Struktur und Dynamik der Avifauna des Sollings. Verhdl. Ges. Ökol. Göttingen 1976. Junk, The Hague, S. 145—160.

Strey, G. (1972): Ökoenergetische Untersuchungen an *Athous subfuscus* Müll. und *Athous vittatus* Fbr. (Elateridae, Coleoptera) in Buchenwäldern. Dissertation Göttingen.

Thiede, U. (1972): Schlüpfphänologie und Schlüpfabundanz von Insekten in Fichtenwäldern des Solling. Diplomarbeit Göttingen.

Thiede, U. (1973): Zur Produktion an Insekten-Imagines in Landökosystemen. In: Belastung und Belastbarkeit von Ökosystemen. Tagungsber. Ges. Ökol. Gießen 1972. Blasaditsch, Augsburg: S. 71—76.

Thiede, U. (1977a): Untersuchungen über die Arthropodenfauna in Fichtenforsten (Popula-tionsökologie, Energieumsatz). *Zool. Jb., Abt. Syst. Ökol. Geogr. Tiere* (im Druck).

Thiede, U. (1977b): Quantitative Untersuchungen an Insektenpopulationen in Fichtenfor-

sten des Solling. Verhdl. Ges. Ökol. Göttingen 1976. Junk, The Hague, S. 139—144.
Weidemann, G. (1971): Food and energy turnover of predatory arthropods of the soil surface. *Ecol. Studies* 2: 110—118.
Weidemann, G. (1971): Zur Biologie von *Pterostichus metallicus* F. (Coleoptera, Carabidae). *Faun.-Ökol. Mitt.* 4: 30—36.
Weidemann, G. (1972): Die Stellung epigäischer Raubarthropoden im Ökosystem Buchenwald. *Verh. Deut. Zool. Ges. Helgoland,* 65. Jahresversammlung 1971: 106—116.
Weidemann, G. (1974): A model of energy flow through consumer compartments in a beech forest. *Göttinger Bodenk. Ber.* 30: 186—197.
Weidemann, G. (1977): Struktur der Zoozönose im Buchenwald-Ökosystem des Solling. Verhdl. Ges. Ökol. Göttingen 1976. Junk, The Hague, S. 59—73.
Winter, K. (1971): Studies in the productivity of Lepidoptera populations. *Ecol. Studies* 2: 81—93.
Winter, K. (1972): Zum Energieumsatz phytophager Insekten im Buchenwald. Untersuchungen an Lepidopterenpopulationen. Dissertation Göttingen.

Sonstige zitierte Literatur

Ellenberg, H. (1967): Internationales Biologisches Programm. Beiträge der Bundesrepublik Deutschland. Bad Godesberg: Deutsche Forschungsgemeinschaft.
Ellenberg, H. (1971): Integrated experimental ecology. Introductory survey. *Ecol. Studies* 2: 1—15.
Ellenberg, H. (1973): Ziele und Stand der Ökosystemforschung. In: H. Ellenberg, Hrsg. Ökosystemforschung, 1—31.
Gerlach, A. (1970): Wald- und Forstgesellschaften im Solling. *Schriftenr. Vegetationsk.* 5: 79—98.
Heller, H. (1971): Estimation of biomass of forests. *Ecol. Studies* 2: 45—47.
Runge, M. (1973): Energieumsätze in den Biozönosen terrestrischer Ökosysteme. *Scripta Geobot.* 4: 1—66.
Schwerdtfeger, F. (1975): Synökologie. Hamburg-Berlin: Parey.
Winter, K., Altmüller, R., Hartmann, P. & Schauermann, J. (1977): Forschungsprojekt Waldbrandfolgen: Populationsdynamik der Invertebratenfauna in Kiefernforsten der Lüneburger Heide. Verhdl. Ges. Ökol. Göttingen. Junk, The Hague, S. 225—234.

Nachtrag (Sollingprojekt-Arbeiten)

Altmüller, R. (1977): Dipteren im Energiehaushalt eines Buchenwaldes. *Verh. Deut. Zool. Ges. Erlangen,* 70. Jarhesversammlung 1977 (im Druck).
Funke, W. (1977): Die Stammregion von Wäldern — Lebensraum und Durch — gangszone von Arthropoden. *Verh. Deut. Zool. Ges. Erlangen,* 70. Jahresversammlung 1977 (im Druck).
Thiede, U. (1977): Qualitativ-quantitativ Untersuchungen sur Populationsökologie von Dipteren in Fichtenforsten. *Verh. Deut. Zool. Ges. Erlangen,* 70. Jahresversammlung (im Druck).

Anschrift des Verfassers:

Prof. Dr. W. Funke, Universität Ulm, Abt. Ökologie und Morphologie der Tiere (Biologie III), Oberer Eselsberg, D-7900 Ulm/Donau.

Sonderdruck: Verhandlungen der Gesellschaft für Ökologie, Göttingen 1976.

STRUKTUR DER ZOOZÖNOSE IM BUCHENWALD-ÖKOSYSTEM DES SOLLING*

G. WEIDEMANN

Abstract

The structure of the zoocoenosis of an 130 year old beech stand (Luzulo-Fagetum) 500 m above sealevel in the Solling mountains (German IBP-PT research area) is described as a basis for an analysis of the role of animals in the forest ecosystem. Different aspects, which are interrelated but may be studied separately are distinguished: species composition, dominance and diversity (taxonomic structure), food relations (trophic structure), vertical and horizontal distribution (spatial structure), and phenology and life cycle characteristics (time structure).

1. Einleitung

Das Solling-Projekt wurde von der DFG 1966/67 gestartet als Schwerpunkt-Programm „Experimentelle Ökologie". Dementsprechend standen von Anfang an im Mittelpunkt der zoologischen Untersuchungen Probleme der sekundären Produktion und des Energieumsatzes der Tiere, Probleme also, die in erheblichem Umfang messend-experimentell anzugehen waren. Diese Untersuchungen konnten sich natürlich nur auf die aufgrund von Voruntersuchungen als für das Gesamtsystem bedeutend erscheinenden Arten erstrecken. Mit Beginn der ersten Versuche, die gewonnenen Informationen in ein umfassendes Bild von der Rolle der Tiere im Ökosystem Buchenwald (Funke 1972, 1973, Weidemann 1972) einzuordnen, wurde klar, daß hierzu die Kenntnis der Struktur des Gesamtsystems und insbesondere eben auch der Zoozönose unerläßlich ist.

Die Struktur der Zoozönose hat verschiedene Aspekte, die miteinander verknüpft sind, sich aber getrennt darstellen lassen: Die taxonomische Struktur ist gegeben als Artenzusammensetzung und relativer Anteil einzelner Arten. Nahrungsbeziehungen bilden als Wege des Stoff- und Energietransports die trophische Struktur. Die Verwirklichung dieser Beziehungen ist gebunden an die räumliche Struktur der Zoozönose in der Horizontalen und in der Vertikalen, die weitgehend durch die räumliche Struktur der Phytozönose bedingt ist, und an ihre zeitliche Struktur. Diese manifestiert sich in den Lebenszyklen der einzelen Arten und deren Einbindung in den Jahresgang des Klimas.

Meine Darstellung bezieht sich auf einen jetzt etwa 130-jährigen Buchenaltbestand (B 1a). Er stellt pflanzensoziologisch ein Luzulo-Fagetum dar, einen Sauerhumus-Buchenwald, wie er für große Teile Mitteleuropas charakteristisch ist. Der geologische Untergrund ist Buntsandstein, der von einer durchschnittlich

---

* Solling-Projekt der Deutschen Forschungsgemeinschaft; Mitteilung Nr. 188.

50-80 cm mächtigen Lößlehmschicht überlagert ist. Der 500 m über NN liegende
Bestand ist gekennzeichnet durch eine nur spärlich entwickelte Krautschicht aus
Luzula albida, Oxalis acetosella, Deschampsia flexuosa und Buchenkeimlingen
(s.a. Ellenberg, 1971).

Die Erfassung der Fauna erfolgte im Bereich des Bodens und der Bodenober-
fläche mittels quantitativer Boden- und Streuproben, die nach verschiedenen
Verfahren extrahiert wurden (Extraktionsapparate nach Tullgren, MacFadyen,
Kempson et al., O'Connor, Healy & Russel-Smith), mittels Bodenfallen und
Bodeneklektoren sowie durch Handfang. Die Stamm- und Kronenfauna wurde
mit Baumeklektoren, durch Schüttelfänge und durch direktes Sammeln gewonnen (näheres zur Methode s. Funke 1971, Weidemann 1971, Grimm,
Funke & Schauermann 1975). Die Strukturanalyse basiert aus den erwähnten
historischen Gründen überwiegend auf einer Auswertung des über einen Zeitraum von fast 10 Jahren von den Mitarbeitern der zoologischen Arbeitsgruppe
zusammengetragenen Materials. Nur wenige Arbeiten waren gezielt auf eine
Analyse der Struktur der Zoozönose gerichtet.

Für Informationen und die Überlassung unveröffentlicher Daten danke ich
Frau Dipl. Biol. A.M. Albert-Dirks, Frau Dr. H. Faasch sowie den Herren Dipl.
Biol. R. Albert, Dr. R. Altmüller, H.D. Baaske, Stud. Ref. O. Babbel, Prof. Dr.
W. Funke, Dr. U. Graefe, Dr. O. Graff, Dr. R. Grimm, Dipl. Biol. P. Hartmann,
Dr. J. Schauermann, Dr. P. Volz und Dr. K. Winter.

2. Taxonomische Struktur

2.1 Artenspektrum

Einen Überblick über die Tierwelt mitteleuropäischer Buchenwälder und eine
Schätzung der in den einzelnen Gruppen zu erwartenden Artenzahlen gibt Frei-

Tabelle 1. Artenzahlen einiger umfangreicherer Taxa der Buchenwald-Zoozönose (solling,
Buchen-Altbestand B1a)

Taxon	Artenzahl	Bearbeiter
Amoebina: Testacea	21	Volz (in litt.)
Lumbricidae	4	Graff (in litt.)
Enchytraeidae	15	Graefe (in litt.)
Opiliones	4	Baaske (in litt.)
Araneae	94	Albert (1973, 76)
Oribatidae	18	Faasch (in litt.)
Chilopoda	8	Dirks (1973)
Collembola	11	Faasch (in litt.)
Lepidoptera	40	Winter (in litt.)
Carabidae	25	Weidemann (in litt.)
Staphylinidae	117	Hartmann (1974)
Curculionidae	12	Schauermann (1973)
Aves	16	Scherner (1976)

Sulzer (1941). Thiele (1956) nennt Artenzahlen für die Streumakrofauna von
Buchen- (*Fagetum silvaticae*) und Eichen-Hainbuchen-Wäldern (*Querceto carpi-netum*) des niederbergischen Landes. Alle nach diesen Autoren in einem Buchen-wald zu erwartenden Taxa, von Thekamöben über Schnecken, Regenwürmer
und Insekten bis zu Vögeln und Säugetieren wurden auch im Solling nachge-wiesen. Außer für eine Reihe wenig umfangreicher Taxa, die sicher nur mit ein
bis zwei Arten vertreten sind, wie Pseudoscorpiones, Dermaptera, Blattaria,
Saltatoria, Raphidioptera, Planipennia und Mecoptera, liegen jedoch nur für
wenige Gruppen als weitgehend vollständig anzusehende Artenlisten vor (Tab.
1).

Bis jetzt kennen wir gut 500 Tierarten aus der Buchenwaldzoozönose des
Hochsolling. Die Gesamtartenzahl liegt selbstverständlich erheblich höher, wenn
auch sicher nicht so hoch, wie Frei-Sulzer für alle Buchenwälder gemeinsam
annimmt, nämlich rd. 7000. Auf einige Besonderheiten der Buchenfauna im
Solling, die auch im Gelände bald auffallen, sei besonders hingewiesen:
a) die Gastropoden-Fauna des Solling-Buchenwaldes besteht ausschließlich aus
Nacktschnecken, die mit vier Arten vertreten sind. Gehäuseschnecken fehlen.
b) Auch Asseln, in anderen Buchen- und sonstigen Laubwäldern als wichtige
primäre Streuzersetzer in mehreren Arten und meist hoher Individuendichte
vertreten, fehlen im Hochsolling gänzlich.
c) Diplopoden, in dieselbe funktionelle Gruppe wie die Asseln zu stellen, fehlen
im Altbestand ebenfalls. (In einem 65-jährigen Buchenbestand — B4-, 435 m
über NN- wurde *Microiulus laeticollis* Porat (det. C.A. Barlow) in Einzelexem-plaren nachgewiesen).

Für alle drei Gruppen ist charakteristisch, daß sie für den Aufbau ihrer Schale
bzw. ihrer Cuticula große Mengen Kalzium benötigen. Die geringe Ca-Verfüg-barkeit und der niedrige pH des Bodens (Ulrich et al. 1971) scheinen hier die
wesentliche Besiedlungsbarriere zu bilden.
d) Auch für Lumbriciden, die vier Arten stellen mit einer Abundanz von
durchschnittlich nur etwa 8-10 Individuen pro m^2 — gegenüber 70-180 in ande-ren Wäldern (Edwards & Lofty 1972) — scheint der wenig mächtige, saure
Boden ein starkes Hemmnis zu sein, im Gegensatz zu den Verhältnissen bei den
Enchyträen, die hier gerade besonders arten- und individuenreich vertreten sind.

2.2 Diversität

Die Artenzahl ist nur mit Einschränkung als Maß für die Artenmannigfaltigkeit,
die Diversität, einer Zönose geeignet. Die Bedeutung einer Organismenart für
das Funktionieren des Ökosystems ist sicher davon abhängig, wieviele Individuen
und wieviel Biomasse von ihr durchschnittlich existieren. Es ist also die Kennt-nis der „equitability" oder „evenness" (Margalef 1958, zit. Pielou 1974) von
Bedeutung, d.h. zu wissen, wie viele Individuen (oder wieviel Biomasse) pro
Flächeneinheit die verschiedenen Arten stellen.

Für die Betrachtung nur einer Gemeinschaft kann hierzu die Angabe des
relativen Anteils der verschiedenen Arten an der Gesamt-Individuenzahl pro
Flächeneinheit dienen (Dominanz). Für vergleichende Zwecke eignen sich ver-

schiedene Diversitäts-Indices, in denen Artenzahl und relativer Individuenanteil der einzelnen Arten in einer Maßzahl zusammengefaßt sind, etwa der aus der Informationstheorie stammende Shannon-Wiener-Index ($H' = -\sum_{i=1}^{s} p_i \ln p_i$) oder der reziproke Simpson-Index ($D = 1 - \sum_{i=1}^{s} p_i^2$). Voraussetzung für ihre Anwendung auf eine Zönose ist flächen- oder räumbezogenes quantitatives Material, wenn man nicht nur die Diversität von Proben, etwa Fallenfängen, vergleichen will (Pielou 1974).

Für vier Arthropodengruppen, von denen geeignetes Material vorliegt, sind in Tab. 2 der Dominanzindex nach McNaughton (1968), der den prozentualen Anteil der beiden häufigsten Arten (Taxa) angibt, und der reziproke Simpson-Diversity-Index (nach Odum, 1975) zusammengestellt. Der Dominanzindex weist aus, daß bei allen Gruppen zwischen 50% und 90% der Individuen von nur zwei Arten gestellt werden. Wenn man, wie bei den Carabiden, die Biomasse als Vergleichsgröße heranzieht, werden sogar 92,5% von nur zwei Arten aufgebracht. Bei den Dipteren stellen zwei Familien, die Sciariden und die Sciophiliden, 87% aller Individuen.

Der Simpson-Index kann zwischen 0 (nur eine Art) und max. 1 (alle Arten mit gleicher Individuenzahl) variieren. Zu seiner Interpretation sei auf den Befund Odum's (1975) hingewiesen:

Bei der Auswertung von 150 taxonomischen und trophischen Gruppen aus den verschiedensten Ökosystemen stellte er fest, daß deren Diversitätsindices eine bimodale Verteilung aufweisen. Niedrige Indices (0,05 − 0,20) sind charakteristisch für belastete oder im Hinblick auf die Förderung einer Art behandelte

Tabelle 2. Artenzahl, Abundanz, Dominanz-Index nach McNaughton (1968) und reziproker Diversitäts-Index nach Simpson (Odum 1975) für einige Arthropoden-Taxa des Solling-Buchenwaldes.
s = Artenzahl; n_1, n_2 = Individuenzahl der häufigsten, zweithäufigsten Art; N = Gesamtindividuenzahl; p_i = Häufigkeit der i-ten Art.
(Herkunft der Primärdaten: Carabidae: Weidemann, unveröffentl.; Staphylinidae: Hartmann, 1974; Diptera: Altmüller, 1976; Araneae: Albert, 1973 und unveröffentl.).

		s	$\dfrac{\text{Ind}}{\text{m}^2}$	$\dfrac{n_1 + n_2}{N} \cdot 100$	$1 - \sum_{i=1}^{s} (p_i)^2$
Carabidae 1970		4	6,62	90,48	0,57
Staphylinidae	1970	16	64,57	56,36	0,79
(Streuproben)	1972	23	114,37	56,60	0,79
	1973	25	94,13	53,31	0,77
Aranea	1972	24	220,15	77,02	0,68
(Streuproben)	1973	21	188,40	75,33	0,70
Diptera-Fam.	1973	12	4114,0	87,38	0,38
Carabidae 1970 Biomasse (mg TG/m²)		4	98,55	92,46	0,52

(Ackerland, Forste) oder durch konstante zusätzliche Stoff- und Energiezufuhr gekennzeichnete Ökosysteme (Tidenmarschen). Hohe Indices (0,70 – 0,85) charakterisieren natürliche oder naturnahe, nur von der Sonnenenergie abhängige Ökosysteme wie Grasländer, Hochlandwälder, Seen in stabilen und nährstoffarmen Einzugsgebieten. Ein Blick auf Tab. 2 zeigt, daß die Indices für Staphyliniden und Spinnen, evtl. auch noch für Carabiden, diesen Befunden entsprechen. Bei den Dipteren liegen scheinbar andere Verhältnisse vor. Dies dürfte jedoch dadurch bedingt sein, daß der Berechnung andere taxonomische Einheiten (Familien) und verschiedene trophische Gruppen (Saprophage und Zoophage zugrunde liegen, während bei den Carabiden, Aranaeen und Staphyliniden die trophische Struktur ziemlich einheitlich ist.

Zusammenfassend kann also gesagt werden, daß der Solling-Buchenwald im Vergleich mit anderen mitteleuropäischen Laubwaldtypen einerseits durch das gänzliche oder weitgehende Fehlen von Gehäuseschnecken, Asseln, Diplopoden und Regenwürmern gekennzeichnet ist, andererseits aber einen bedeutenden Artenreichtum bei hoher Diversität, wie sie für naturnahe Ökosysteme charakteristisch ist, aufweist.

3. Trophische Struktur

Die verschiedenen Arten leben im Ökosystem nicht isoliert nebeneinander, sondern sind in erster Linie durch Nahrungsbeziehungen miteinander verknüpft.

Energiefluß, Stoffkreisläufe und wechselseitige Beeinflussung und Regulation von Populationen basieren ausschließlich oder überwiegend auf Nahrungsbeziehungen. Richtung und Umfang dieser Prozesse sind abhängig von der Größe der beteiligten Populationen, von ihren Nahrungsansprüchen, von der Erreichbarkeit

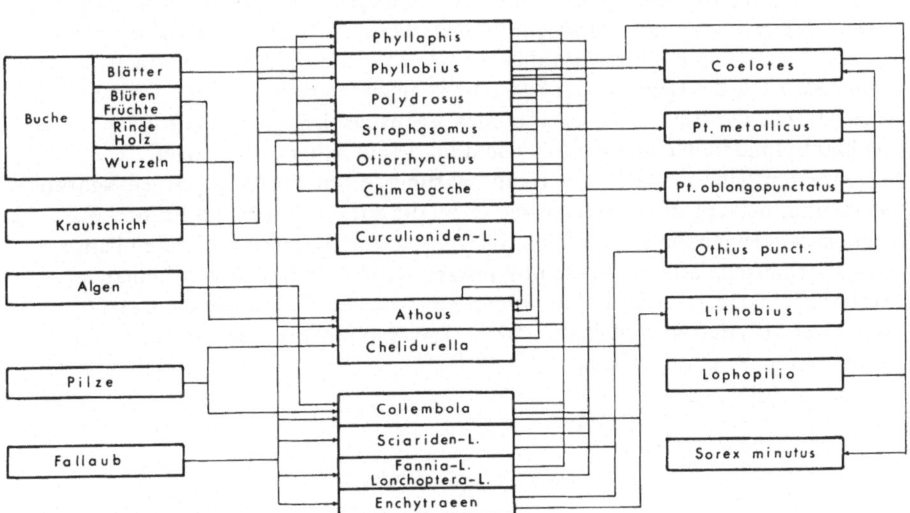

Abb. 1. Schema der Nahrungsbeziehungen dominanter Arten der Buchenwald-Zoozönose (Nähere Erläuterungen s. Text S. 00)

der Beute usw. Wenn auch die Zuordnung einer Art zu einer trophischen Groß-
gruppe häufig bekannt ist, so bedarf es doch insbesondere bei den polyphagen
Räubern und bei vielen Streu- und Bodenbewohnern noch erheblicher Detek-
tivarbeit, um ihre Nahrungsobjekte im einzelnen genau zu bestimmen. Wir sind
jedoch in der Lage, die Position einer Reihe wichtiger Arten im Nahrungsnetz
des Buchenwaldes genauer anzugeben. Unsere Befunde sind im Schema Abb. 1
zusammengefaßt.

Bei den Tieren können wir folgende trophische Gruppen unterscheiden:
Phytophage, die sich von lebender Pflanzensubstanz ernähren. Hierher gehören
z.B. die Rüsselkäfer *Phyllobius argentatus, Polydrosus undatus, Strophosomus
melanogrammus* sowie ihre phytophagen Larven, ferner der Buchenspringrüßler
Rhynchaenus fagi, dessen Larven-Minen charakteristisch für den Buchenbestand
sind, dann viele Schmetterlingsraupen wie u.a. *Chimabacche fagella, Colocasia
coryli, Ennomos quercinaria, Lithocolletis faginella*, ferner die Blattlaus *Phyll-
phis fagi*, die am Stamm lebende Wollschildlaus *Cryptococcus fagi* sowie eine
Reihe von Wanzen.

Thallosaprophytophage und Saprophage sind Arten, die sich von niederen
Pflanzen oder von toter organischer Substanz ernähren. Zwei hoch abundante
Arten in dieser Gruppe sind der Schnellkäfer *Athous subfuscus*, insbesondere
seine Larven, und der Waldohrwurm *Chelidurella acanthopygia*. Häufig sind sie
Gemischtköstler, z.B. Collembolen (Petersen, 1971) oder Regenwürmer (Edwards & Lofty 1972). In diese Gruppe gehören ferner Dipteren-Larven, insbesondere Sciariden-, Lonchopteriden- und Musciden-Larven sowie Enchytraeen. Beide
Gruppen, die in sehr hohen Abundanzen vorkommen, vertreten die nicht vorhandenen Diplopoden und Asseln als wichtige primäre Streuzersetzer.

Zoophage schließlich ernähren sich als Räuber, Parasitoide oder Parasiten von
anderen Tieren. Es seien nur die größeren Räuber aufgeführt: die Trichterspinne
Coelotes terrestris, der Weberknecht *Lophopilio palpinalis*, die beiden Laufkäfer
Pterostichus oblongopunctatus und *P. metallicus*, der Kurzflüger *Othius punctulatus*, der Hundertfüßler *Lithobius* (2 Arten) sowie die Zwergspitzmaus *Sorex
minutus*. Über die Nahrung der fast 100 Kleinspinnenarten können wir zwar
Vermutungen anstellen, wissen aber nichts genaues. Das gleiche gilt für die meist-
en Staphyliniden. Nicht aufgeführt sind in diesem Schema die Vögel.

Sehr deutlich sind die beiden Hauptnahrungsketten, die Phytophagen-Nahrungs-
kette und die Saprophagen-Nahrungskette, die auf der Ebene der Primärkonsumenten weitgehend isoliert sind. Sie werden jedoch durch die beiden Pantophagen einerseits und durch die polyphagen Raüber andererseits miteinander
verknüpft. Topcarnivore sind in unserem System die Trichterspinne *Coelotes*,
und zwar die adulten Weibchen, und die Zwergspitzmaus *Sorex minutus*, die
allerdings nicht sehr häufig ist.

4. Räumliche Struktur

4.1 Vertikale Verteilung

4.1.1. Wenn wir uns vor Augen führen, daß auf der einen Seite die genannten Arten in ihrer Körpergröße 1,5 cm kaum überschreiten, auf der anderen Seite aber die Ausdehnung ihres Lebensraumes nicht nur in der Horizontalen erheblich ist, sondern auch in der Vertikalen nahezu 30 m erreicht, wird klar, daß die räumliche Struktur der Zoozönose die Art der trophischen Verknüpfungen wesentlich beeinflußt. Den Bezugsrahmen bildet dabei der Pflanzenbestand, den wir in folgende Straten unterteilen können:

Kronenschicht
Stammschicht
(Krautschicht)
Streuschicht
Bodenschicht.

4.1.2. Die von Organismen besiedelte Schicht des Bodens ist kaum mehr als 15 cm mächtig. In diesen 15 cm befinden sich über 80% der Feinwurzelbiomasse der Buche (Meyer & Göttsche 1971). Die überwiegende Masse der Bodenfauna lebt in den nur etwa 4 cm mächtigen F- und H-Horizonten der Streuauflage. Dies gilt insbesondere für die saprophagen Dipteren-Larven aus den Familien der Sciaridae, Sciophilidae, Lonchopteridae und Muscidae mit mehreren Tausend Individuen pro Quadratmeter (Altmüller 1976). Hinzu kommen Enchytraeen (bis zu 100 000 / m^2), Milben (bis zu 3 Mio./m^2) und Collembolen (bis zu 100 000/m^2) (Schauermann in litt.).

Den A-Horizont und die obere noch wurzelführende Schicht des B-Horizonts bis 15 cm Tiefe bevorzugen dagegen die rhizophagen Rüsselkäfer-Larven von *Phyllobius*, *Polydrosus* und *Strophosomus* (Schauermann 1973). Die pantophagen Larven des Schnellkäfers *Athous subfuscus* dringen zweitweilig noch weiter in die Tiefe vor, scheinen aber nach Strey (1972) keine Wurzeln zu fressen, sondern ernähren sich räuberisch u.a. von *Phyllobius*-Puppen (Schauermann 1972) und sicher auch -Larven.

Ebenso artenreich wie die Saprophagen sind die Zoophagen vertreten. Auf jeden Quadratmeter kommen mehrere Tausend Spinnen, Weberknechte, Pseudoscorpione und Raubmilben (Gamasina), Chilopoden, Lauf- und Kurzflügelkäfer mit ihren Larven sowie die Larven der Dipterenfamilien Rhagionidae, Asilidae, Empididae und Dolichopodidae vor.

Neben dieser „Makrofauna" existiert in diesem Stratum noch eine „Mikrofauna", die im einzelnen nicht untersucht ist, über die aber doch einige qualitative Informationen vorliegen (Schauermann & Graefe mündl. Mittlg.). Zu dieser Fauna, die nur aktiv ist, wenn das Stratum gut durchfeuchtet ist, zählen Thekamöben und Ciliaten, Turbellarien, Rotatorien und Nematoden sowie Tardigraden und Harpacticiden. Grundlage für ihre Existenz sind vermutlich einzellige Grün- und Blaualgen sowie Detritus und nicht zuletzt der Bakterienfilm auf frischer Laubstreu.

4.1.3. Eingestreut in das Boden-/Streu-Stratum und mit ihm mehr oder weniger eng verknüpft sind einige Biochorien:

Baumstümpfe unterschiedlichen Abbaugrades;

Totholz in Form von Zweigen und Ästen, nach dem Herbststurm 1972 auch Stämme;

Pilzfruchtkörper;

Aas.

Über die Fauna dieser Biochorien, die zum Teil sehr spezifisch ist, liegen fast nur Gelegenheitsbeobachtungen vor. In der Untersuchungsfläche finden sich etwa 500 Baumstümpfe pro ha (Schauermann & Weidemann, unveröfflt.). Vor allem die schon stärker zersetzten bieten gute Nistmöglichkeiten für die Trichterspinne *Coelotes.* An geeigneten Stubben lassen sich 3 bis 4 Weibchen mit ihren Brutnetzen finden. Auch die Weibchen des brutpflegenden Waldohrwurms *Chelidurella acanthopygia* sind häufig konzentriert an teilweise vermoderten Stümpfen zu finden. Unter abgeplatzter Rinde und in tieferen Hohlräumen verbringen Nacktschnecken die trockenen Tageszeiten. Totholz, insbesondere Stämme, werden sehr schnell von dem Werftkäfer *Hylecoetus* besiedelt, dessen Larven weißes Bohrmehr als Spuren ihrer Tätigkeit hinterlassen.

4.1.4. Die Krautschicht ist, wie erwähnt, nur sehr spärlich ausgebildet. Ihre Fauna wurde nicht näher untersucht.

4.1.5. Mit etwa 250 Stämmen pro Hektar besitzt die Stammschicht rund 5.500 m^2 Oberfläche pro Hektar. Sie ist nicht nur Durchgangszone für viele Stratenwechsler wie Lepidopteren, etwa die stummelflügligen *Chimabacche-* und Frostspanner-Weibchen oder herabgefallene Raupen sowie Rüsselkäfer, sondern wird auch durch eine Reihe ihr spezifisch angehörender Arten charakterisiert. Vor allem räuberische Formen fallen auf, allen voran die Spinne *Drapetisca socialis,* von der mit Baumeklektoren bis 500 Individuen pro Stamm gefangen wurden (Funke 1973). Daneben ist an den Stämmen die Tanzfliege *Tachypeza nubila,* die sich hauptsächlich laufend bewegt, aktiv. Zeitweilig sind weitere Räuber anzutreffen: Die Spinne *Coelotes terrestris,* die Weberknechte *Platybunus bucephalus* und *Mitopus morio* sowie gelegentlich die Kamelhalsfliege *Raphidia notata.* Außerordentlich hohe Abundanz an Stämmen weist auch der Staphylinide *Leptusa ruficollis* auf (Hartmann 1974), über dessen Ernährungsweise jedoch nichts bekannt ist.

Unter den Phytophagen ist die Wollschildlaus *Cryptococcus fagi* ein sehr charakteristischer Besiedler vor allem anbrüchiger Stämme. Bei feuchtem Wetter sind darüber hinaus als Weidegänger, die den Algenbewuchs abweiden, Schnecken, Collembolen aus der Gruppe der Kugelspringer (Sminthuridae) und selbst Tipuliden-Larven zu beobachten.

4.1.6. Neben dem Feinwurzelhorizont bildet der Kronenraum der Buchen das Hauptnahrungsstratum der Phytophagen. Eine ganze Reihe Arten macht hier ihren gesamten Entwicklungszyklus durch. Es handelt sich dabei vor allem um minierende und gallbildende Formen, die gegen ein Herausfallen aus den Kronen geschützt sind. Hierzu gehören der Buchenspringrüßler *Rhynchaenus fagi,* die

Raupen der Kleinschmetterlinge *Nepticula basallela* und *Lithocolletis faginella*,
die Gallmücke *Hartigiola annulipes* (im Jungbuchenbestand kommt auch noch
Mikiola fagi vor). Freilebend sind anzutreffen zwölf häufige Schmetterlingsarten,
die Imagenes der wurzelfressenden Rüsselkäfer, die Blattlaus *Phyllaphis fagi* und
die Zikade *Typhlocyba cruenta* sowie eine Reihe von Wanzen. Alle diese freilebenden Formen werden gelegentlich durch Wind und Regen auf den Boden
geschlagen. Hier ernähren sie sich häufig von den Pflanzen der spärlichen Krautschicht, bevor sie wieder den mühsamen Weg in die 25 m hohen Kronen unter-
nehmen. Auch innerhalb der Kronenschicht läßt sich u. U. noch eine differenzierte Vertikalverteilung nachweisen. So fressen im Jungbuchenbestand (B 4),
dessen Bäume 15 — 18 m hoch sind, die Raupen von *Chimabacche* fast ausschließlich in der unteren Kronenhälfte (Winter 1972), während *Rhynchaenus*
seine Minen vorwiegend in der oberen Kronenhälfte anlegt, wo gleichzeitig die
Zahl der Minen pro Blatt am höchsten ist (Funke & Schauermann, in litt.).

Auch die Zoophagen stellen ein bedeutendes Kontingent an Kronenbewohnern.
Neben zahlreichen Spinnen, die zum Teil aus Nachbarbiotopen einwandern
(Albert 1973), finden sich hier als Blattlausfresser mehrere Marienkäferarten
(Coccinellidae) und zwei Planipennia-Arten sowie eine Reihe von Syrphiden,
deren Larven ebenfalls aphidivor sind. Auch aus der Familie der Laufkäfer (Cara-
bidae) wurden zwei typische Kronenbewohner nachgewiesen, nämlich *Calosoma
inquisitor* und *Dromius fenestratus*. Schließlich stellen die Kronen auch den
Nahrungsraum insektenfressender Vögel dar.

4.1.7.   In Abb. 2 ist die Verteilung der nach trophischen Gruppen geordneten
Arten auf die drei Hauptstraten, Boden-/Streu-, Stamm- und Kronenschicht,
dargestellt (Abb. 2, links) sowie der relative Anteil der trophischen Gruppen an
den Artenspektren der einzelnen Straten (Abb. 2, rechts). Am und im Boden
sind nahezu alle Saprophagen- sowie 75% der Zoophagen-Arten konzentriert.
Die übrigen Zoophagen gehören überwiegend der Kronenschicht an. Bei den
Phytophagen liegen die Verhältnisse fast genau umgekehrt. Innerhalb der einzelnen Straten ist der Anteil der Zoophagen-Arten mit 45 — 70% relativ konstant,
während die Phytophagen im Kronenraum, die Saprophagen im Bodenstratum
überwiegen.

4.2. *Horizontale Verteilung (Dispersion)*

Die kleinräumige horizontale Verteilung insbesondere räuberischer Arthropoden
der Streuschicht wurde mit Hilfe von ca. 3 m^2 großen Probenetzen, die quantitativ ausgelesen wurden, näher analysiert (Reise & Weidemann 1975). Dabei
ließen sich drei ungefähr gleich häufige Dispersions-Typen nachweisen: Zufallsverteilung (Abb. 3a), regelmäßig bis zufällig verteilte kleine Aggregationen (Abb.
3b) und größere Aggregationen, innerhalb deren die Individuen regelmäßig verteilt sind, und die ihrerseits ebenfalls regelmäßig bis zufällig verteilt sind (Abb.
3c). Alle untersuchten Arten wiesen bei Verwendung von 25 x 25 cm — Rastern
eine Zufallsverteilung auf. Im Gegensatz zu den Verhältnissen bei der Streu-
Makrofauna sind die wenig mobilen Kleinarthropoden des Bodeninneren offen-

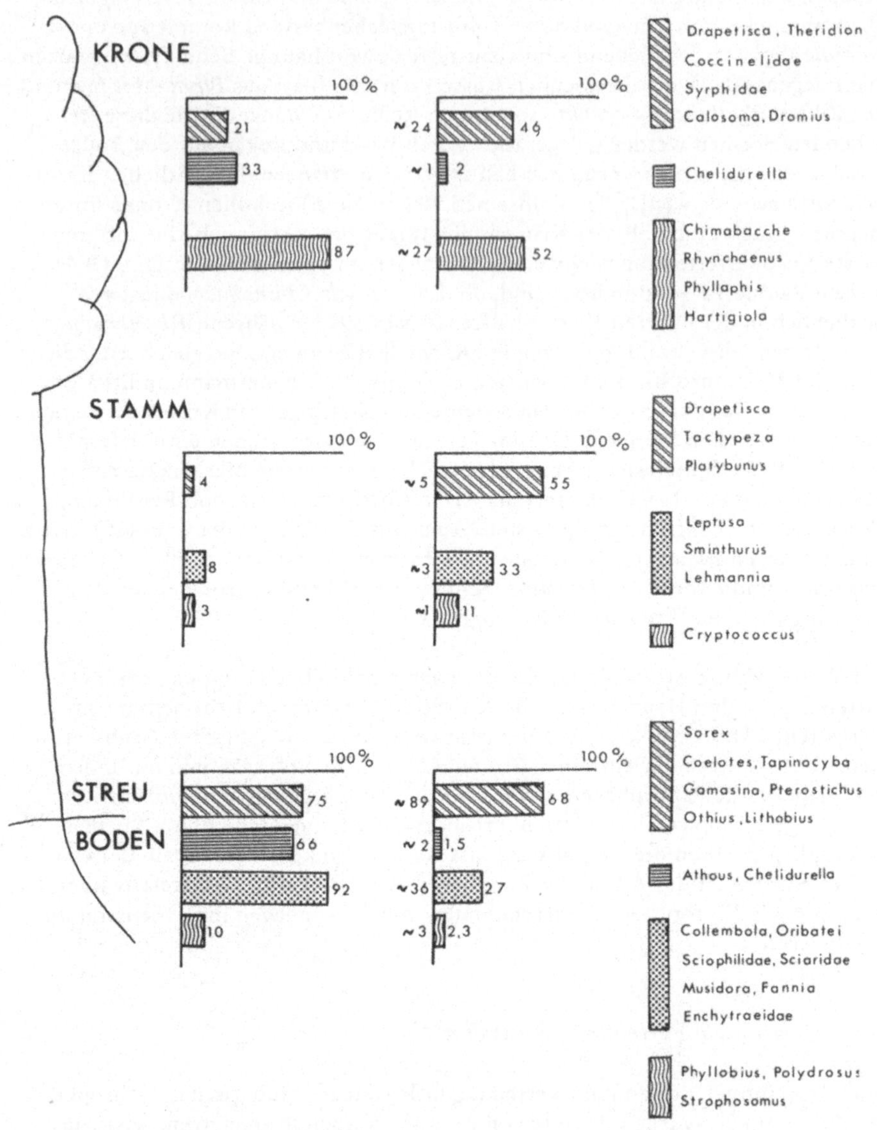

Abb. 2. Vertikalverteilung der Buchenwald-Zoozönose. Links: Verteilung der trophischen Gruppen auf die drei Hauptstraten (Kronen-, Stamm-, Streu-/Boden-Schicht) in Prc der Gesamtartenzahl pro Gruppe; Rechts: Prozentuale Verteilung der Arten pro Stra.um auf die trophischen Gruppen; schräges Raster: Zoophage; horizontales Raster: Pantophage; Punkt-Raster: Saprophage; Wellen-Raster: Phytophage.

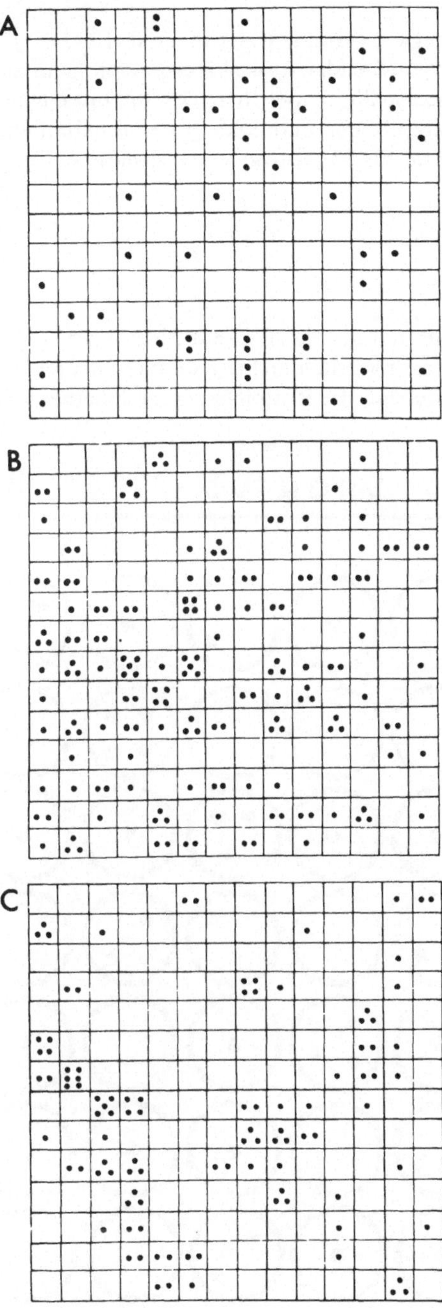

Abb. 3. Horizontale Verteilung streulebender Arthropoden (nach Reise & Weidemann 1975); Kantenlänge der Einzelquadrate: 12,5 cm. A. *Chelidurella acanthopygia* (Dermaptera). B. *Tapinocyba pallens* (Araneae, Erigonidae). C. *Oxypoda annularis* (Coleoptera, Staphylinidae).

bar überwiegend aggregiert verteilt (Hairston et al. 1971).

Die Verteilung bodenlebender Rüsselkäfer-Larven kann annähernd abgelesen werden aus den Fängen schlüpfender Imagines, die mit einem engmaschigen Gitter 0,2 m² deckender Boden-Photoeklektoren erhalten wurden. Als Beispiel ist in Abb. 4 der Befund für *Polydrosus undatus* dargestellt (Schauermann in litt.).

5. Zeitliche Struktur

Das bisher gezeichnete Bild der Buchenwald-Zoozönose sieht sehr statisch aus. In Wirklichkeit ist es das natürlich nicht. Jedermann ist augenfällig, daß der wichtigste Primärproduzent, die Rotbuche, fast ein halbes Jahr ohne Blätter ist.

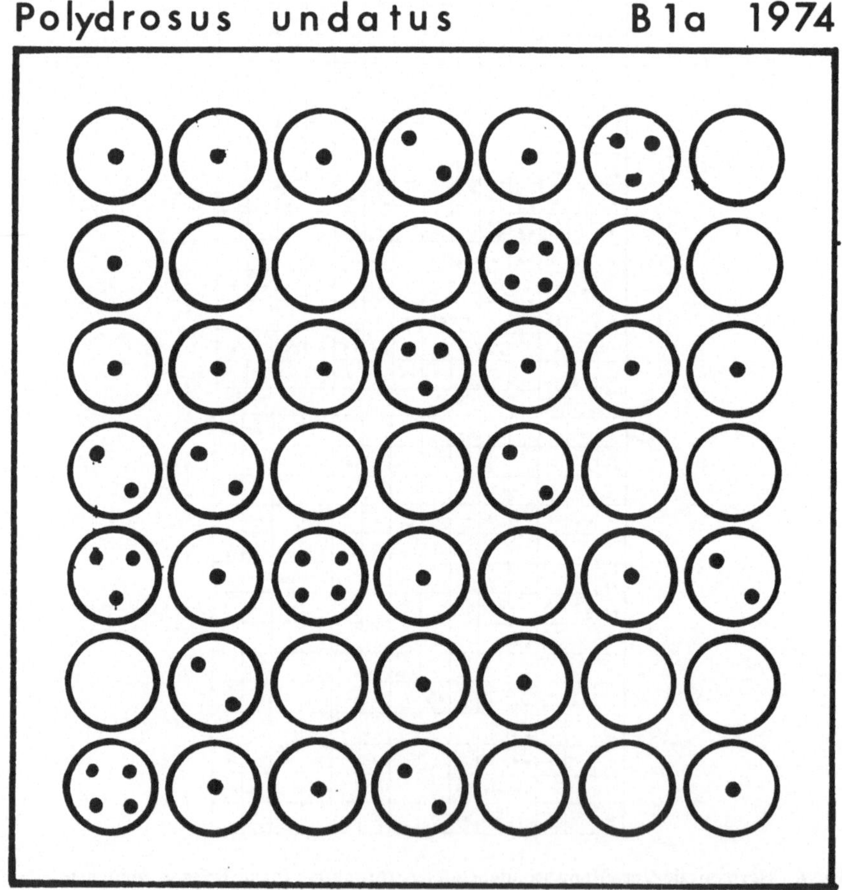

Abb. 4. Horizontale Verteilung schlüpfender *Polydrosus undatus* (Coleoptera, Curculionidae); runde Boden-Photoeklektoren, 0,2 m² (nach Schauermann in litt.)

Hierauf müssen die Phyllophagen, die Blattfresser, und weiterhin die von diesen
lebenden Räuber hinsichtlich ihres eigenen Lebenszyklus eingerichtet sein. Neben
der räumlichen Koinzidenz bedarf es also einer zeitlichen Koinzidenz, damit
Stoffe und Energie entsprechend dem oben entwickelten Konnex fließen können.

Charakteristisch für laubabwerfende Wälder ist, daß der größte Teil der
Kronenfauna einen mehr oder minder umfangreichen Abschnitt seines Lebens
an oder im Boden verbringt. Dies gilt für Phytophage ebenso wie für Räuber.
Die Rüsselkäfer *Phyllobius argentatus* und *Polydrosus undatus* legen ihre Eier in
der Streu ab, die Larven sind rhizophag. Die frisch geschlüpften Imagines verlassen das Bodenstratum und begeben sich zum Reifefraß in die Kronenschicht.
Zur Eiablage steigen oder fliegen sie dann wieder abwärts (Schauermann 1973).
Bei einem Teil der Lepidopteren, bei denen die Larve das einzige Freßstadium
ist, wie z.B. *Chimabacche*, erfolgt die Eiablage in der Krone, die Larven fressen
und wachsen hier. Die Verpuppung erfolgt entweder in der Krone oder in der
Streuschicht, wo in jedem Fall die Überwinterung stattfindet. Im Frühjahr
begeben sich die frisch geschlüpften Imagines wieder in die Kronen (Winter
1972). Ähnlich liegen die Verhältnisse bei der Noctuide *Colocasia coryli*, die
ebenfalls als Puppe in der Streuschicht überwintert (Winter, l.c.). Eiüberwinterer,
wie z.B. die Geometride *Enomos quercinaria*, haben kein obligatorisch boden-
lebendes Stadium. Alle Stratenwechsler, und das sind gerade Arten mit besonders
hoher Abundanz, müssen also die Streuschicht passieren, in der rund 75% aller
Räuber leben. Die Effektivität dieses Netzes geht daraus hervor, daß nach
Schauermann (1973) die Abundanz der sich fortpflanzenden Populationen von
Phyllobius argentatus und *Polydrosus undatus* nur etwa 30% der aus dem Boden
schlüpfenden Populationen beträgt, rund 70% fallen also dem engmaschigen
Räubernetz in der Streuschicht zum Opfer, bevor sie zur Eiablage kommen. Die
zeitliche Übereinstimmung zwischen Stratenwechsel der Phytophagen und
ihrem Auftreten in der Nahrung von Räubern wird von Koehler (1977) im einzelnen dargestellt.

Die zeitliche Lage der Aktivitätsmaxima einiger häufiger Arten, relativ zum
Jahresgang der Luft- und Streutemperatur sowie zur Nettoassimilation von
Licht- und Schattenkrone der Buche (nach Schulze 1970), ist in Abb. 5 darge-
stellt.

Die erste Gruppe von Arten umfaßt Phytophage einschließlich Athous, dessen
Imaginalnahrung nach Strey (1972) aus Nektar und Honigtau besteht. Bei allen
Formen handelt es sich um Stratenwechsler (angedeutet durch einen Pfeil), die
in zeitlicher Reihung, wenn auch breit überlappend, die Streuschicht passieren
und zur Eiablage (= Kreis; *Chimabacche*) oder zum Reifefraß in die Kronen
wandern. Die zeitliche Vikarianz spiegelt sich wider im Beutespektrum der
gleichzeitig in der Streuschicht aktiven Räuber (vierte Gruppe), insbesondere bei
Coelotes, den beiden *Pterostichus*-Arten (s. Koehler 1977) und bei *Sorex minutus*.
Während die Rüsselkäfer nur einen Teil der Vegetationsperiode in der Krone
verbringen, bleiben u.a. die Larven von *Chimabacche* dort bis zum Herbst.

Auch die Imagines saprophager Dipteren (zweite Gruppe) zeigen eine Vikarianz ihrer Aktivitätsmaxima, während Larven, wie für *Fannia* angedeutet, praktisch das ganze Jahr über in der Streuschicht aktiv sind.

In der dritten Gruppe sind einige zeitweilig an den Buchenstämmen anzu-

treffende Raubarthropoden zusammengefaßt. Von diesen hat nur die Spinne
Drapetisca socialis im angegebenen Zeitraum von Juni bis November hier ihren
Daueraufenthalt. Der Weberknecht *Platybunus* geht überwiegend nur in der
Dämmerung und nachts an den Stämmen auf Beutefang. Die im Flug jagende
Schnepfenfliege *Rhagio* benutzt sie kopfabwärts sitzend als Lauerplatz.

Die vierte Gruppe, streulebende Räuber umfassend, weist mit dem Kurz-

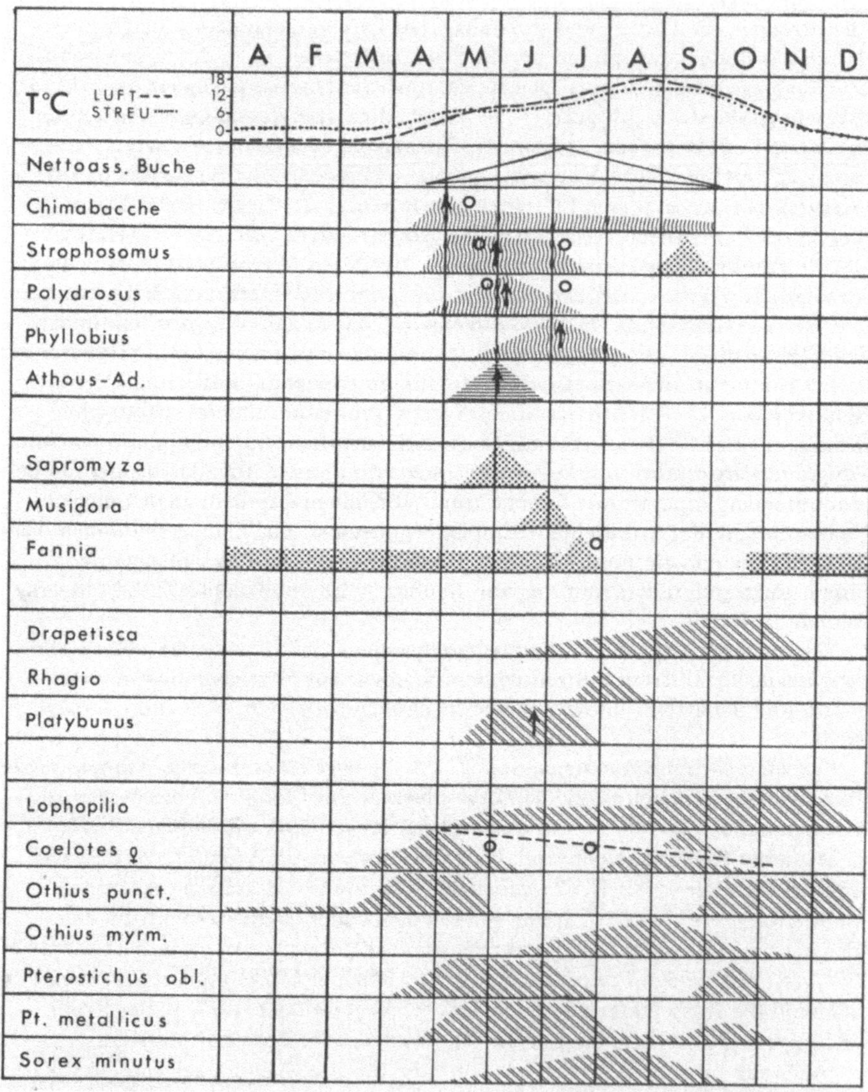

Abb. 5. Zeitliche Lage der Aktivitätsmaxima charakteristischer Arten verschiedener trophischer Gruppen der Buchenwald-Zoozönose. Pfeil = Stratenwechsel; Kreis = Eiablage.

flügler *Othius punctulatus* eine Art auf, deren Hauptaktivitätszeit gerade im Spätherbst und zeitigen Frühjahr liegt. In den Sommermonaten ist dagegen *O. myrmecophilus* besonders aktiv. Zwei Aktivitätsmaxima, die durch Tiere verschiedener Generationen bewirkt werden, weisen die beiden Laufkäfer der Gattung *Pterostichus*, die Trichterspinne *Coelotes* und auch der Rüsselkäfer *Strophosomus* auf. Nur bei *P. oblongopunctatus* und *Strophosomus* wird das zweite Maximum von Nachkommen der Tiere gebildet, die das erste hervorriefen. *P. metallicus* und *Coelotes* hingegen machen eine zweijährige Entwicklung durch, das zweite Maximum wird also von Nachkommen der Tiere des vorjährigen ersten Maximums erzeugt.

Die wenigen in Abb. 5 gegebenen Beispiele machen bereits deutlich, daß durch Unterschiede in Generationsdauer und Lebenszyklus eine ganzjährige Aktivität der Fauna des Buchenwaldes gegeben ist, wodurch eine optimale Nutzung der Nahrungsressourcen ermöglicht wird. Während der Vegetationsperiode erstreckt sich diese Aktivität auf alle Straten, im Winter hingegen ist sie auf das Boden-/Streustratum beschränkt.

Erst durch Synchronisation der Aktivität und horizontale und vertikale Mobilität zahlreicher Arten wird die Koinzidenz zwischen den Tieren und ihrer Nahrung, wie in Abb. 1 angedeutet, hergestellt und der Stoff- und Energiefluß durch das Ökosystem ermöglicht. Für die quantitative Analyse dieser Prozesse ist die Kenntnis der Struktur somit eine unabdingbare Voraussetzung.

LITERATUR

Albert, R. (1973): Die Spinnenfauna zweier Buchenflächen des Solling. Diplomarbeit, Göttingen.

Albert, R. (1976): Zusammensetzung und Vertikalverteilung der Spinnenfauna in Buchenwäldern des Solling. *Faun.-ökol. Mitt.* 5: 65–80.

Altmüller, R. (1976): Zum Energieumsatz von Dipteren-Populationen im Buchenwald (Luzulo-Fagetum). Dissertation, Göttingen.

Dirks, A. (1973): Untersuchungen zur Biologie und ökologischen Energetik von Chilopoden-Populationen in einem Buchen-Altbestand des Solling. Diplomarbeit, Göttingen.

Edwards, C.A., J.R. Lofty (1972): Biology of earthworms, London.

Ellenberg, H. (1971): Introductory survey in: Integrated experimental ecology (Ellenberg, H. ed.). *Ecological Studies* 2: 1–15.

Frei-Sulzer, M. (1941): Erste Ergebnisse einer biocoenologischen Untersuchung schweizerischer Buchenwälder. *Ber. Schweizer. Bot. Ges.* 51: 479–530.

Funke, W. (1971): Food and energy turnover of leaf-eating insects and their influence on primary production. In: Integrated experimental ecology (Ellenberg, H. ed.). *Ecological Studies* 2: 81–91.

Funke, W. (1973): Rolle der Tiere in Wald-Ökosystemen des Solling. In: Ökosystemforschung (Ellenberg, H. ed.). Berlin etc., S. 143–164.

Grimm, R., W. Funke & J. Schauermann (1975): Minimalprogramm zur Ökosystemanalyse: Untersuchungen an Tierpopulationen. Verhandlg. Ges. f. Ökol., Erlangen 1974, S. 79–89.

Hairston, N.G., R.W. Hill & U. Ritte (1971): The interpretation of aggregation patterns. In: *Statistical Ecology* 1: 337–353.

Hartmann, P. (1974): Die Staphylinidenfauna verschiedener Waldbestände und einer Wiese des Solling. Diplomarbeit, Göttingen.

Koehler, H. (1977): Nahrungsspektrum und Nahrungskonnex von *Pterostichus oblongo-*

punctatus (F.) und *Pterostichus metallicus* (F.) (Coleoptera, Carabidae). Verhandlg. Ges. f. Ökol. Göttingen 1976. Junk, The Hague, S. 103–111.

Margalef, R. (1958): Information theory in ecology, *General Systems* 3: 36–71 (zit. in Pielou 1974).

McNaughton, S.J. (1968): Structure and function in California grasslands, *Ecology* 49: 962–972.

Meyer, F.H. & D. Göttsche (1971): Distribution of root tips and tender roots of beech, in: Integrated experimental ecology (Ellenberg, H. ed.). *Ecological Studies* 2: 48–52.

Odum, E.P. (1975): Diversity as a function of energy flow. In: Van Dobben, W.H. & R.H. Lowe-McConnell (Ed.): Unifying concepts in ecology. Junk, The Hague, S. 11–14.

Petersen, H. (1971): Collembolernes ernaeringsbiologi og dennes økologiske betydning. *Entomol. Medd.* 39: 97–118.

Pielou, E.L. (1974): Population and community ecology. Principles and methods. New York.

Reise, K. & G. Weidemann (1975): Dispersion of predatory forest floor arthropods. *Pedobiologia* 15: 106–128.

Schauermann, J. (1972): Zum Energieumsatz phytophager Insekten im Buchenwald (Luzulo-Fagetum). Die produktionsbiologische Stellung der Rüsselkäfer (Curculionidae) mit rhizophagen Larvenstadien. Dissertation, Göttingen.

Schauermann, J. (1973): Zum Energieumsatz phytophager Insekten im Buchenwald II. Die produktionsbiologische Stellung der Rüsselkäfer (Curculionidae) mit rhizophagen Larvenstadien. *Oecologia* 13: 313–350.

Scherner, E.R. (1976): Grundlagen einer Avifauna des Solling. Diplomarbeit, Göttingen.

Strey, G. (1972): Ökoenergetische Untersuchungen an *Athous subfuscus* Müll. und *Athous vittatus* Fbr. (Elateridae, Coleoptera) in Buchenwäldern. Dissertation, Göttingen.

Thiele, H.U. (1956): Die Tiergesellschaften der Bodenstreu in den verschiedenen Waldtypen des Niederbergischen Landes. *Z. angew. Entom.* 39: 316–367.

Ulrich, B., E. Ahrens & M. Ulrich (1971): Soil chemical differences between beech and spruce sites — an example of the methods used. In: Integrated experimental ecology (Ellenberg, H. ed.). *Ecological Studies* 2: 171–190.

Weidemann, G. (1971): Food and energy turnover of predatory arthropods of the soil surface. Methods used to study population dynamics, standing crop, and production. In: Integrated experimental ecology (Ellenberg, H. ed.). *Ecological Studies* 2: 110–118.

Weidemann, G. (1972): Die Stellung epigäischer Raubarthropoden im Ökosystem Buchenwald. Verh. Dtsch. Zool. Ges. Helgoland 1971, 65. Jahres Vers., S. 106–116.

Winter, K. (1972): Zum Energieumsatz phytophager Insekten im Buchenwald. Untersuchungen an Lepidopterenpopulationen. Dissertation, Göttingen.

Anschrift des Verfassers:

Prof. Dr. Gerhard Weidemann, Universität Bremen, Studienbereich 3 (Biologie/Chemie) Achterstraße NW 2, Postfach 330 440, D-2800 Bremen.

Sonderdruck: Verhandlungen der Gesellschaft für Ökologie, Göttingen 1976.

STRUKTUR UND DYNAMIK VON STAPHYLINIDEN-POPULATIONEN IN BUCHENWÄLDERN DES SOLLING*

P. HARTMANN

Abstract

During extensive comparative ecological studies of the Staphylinid fauna in different eco-systems in the High Solling an approximately 130 year old beech forest (*Luzulo-Fagetum*) has been researched most intensively. Using different methods (Hartmann 1974, Grimm et al. 1974) throughout several years the total spectrum of species can be exactly described with special regard to structure and dominance. Particular interest is given to phenology and dynamics of abundance of the most dominant species, whose biology and lifetables were unknown with only few exceptions.

1. Einleitung

In nahezu allen terrestrischen Ökosystemen treten die Staphyliniden artenreich und oft mit hoher Individuendichte auf. Auf grund der bei Staphyliniden besonders hohen methodischen und vor allem taxonomischen Anforderungen sind die Entwicklungszyklen, die Lebens- und Ernährungsweise der weitaus meisten Arten bisher unbekannt geblieben. Nach vergleichenden Untersuchungen in IBP — Versuchsflächen des Solling — einem Buchenwald, einem Fichtenforst und einer Wiese (Ellenberg 1971) — stellen die Staphyliniden in jedem dieser Ökosysteme die weitaus artenreichste Käferfamilie. Insgesamt wurden bisher über 200 Arten registriert.

Ein ca. 130-jähriger Altbuchenbestand (*Luzulo-Fagetum*) wurde am intensivsten untersucht. Erstmalig kann damit die Staphylinidenfauna eines Waldökosystems umfassend beschrieben werden. Neben den Artenspektren gilt die besondere Aufmerksamkeit der Abundanzdynamik und Phänologie der dominanten Arten, deren Lebenszyklen bis auf wenige Ausnahmen bisher nicht bekannt waren.

2. Methodik

Eine vollständige Erfassung der Artenspektrums der Staphyliniden ist nur durch Kombination verschiedenster Methoden möglich (Hartmann 1974, Grimm et al. 1975). Mit Boden-Photoeklektoren (Funke 1971) wurden 80—90% der Arten nachgewiesen. Für quantitative Aussagen in Bezug auf Staphyliniden ist diese Methode jedoch ungeeignet. Durch Entnahme von Streuquadratproben (25 x

---

* Ergebnisse des Solling-Projekts der DFG, Mitteilung Nr. 189.

25 cm^2) und ihre Extraktion nach Kempson et al. (1963) (Weidemann 1971)
wurden dagegen alle dominanten Arten quantitativ erfaßt, vom Artenspektrum
allerdings nur 30—40%. Neben diesen Methoden wurden Baum-Photoeklektoren
(Funke 1971) und Bodenfallen (Weidemann 1971) eingesetzt. Die Bewohner
verschiedener spezieller Biochorien (wie Baumstubben, Hutpilzen, Aas u.a.) wurden durch Handauslese lebend erfaßt.

In enger Zusammenarbeit mit allen im Solling arbeitenden Zoologen konnte
Tiermaterial aus den Fängen mehrerer aufeinanderfolgender Jahre ausgewertet
werden (z.B. Bodeneklektorfänge 6 Jahre, Streuproben 4 Jahre).

3. Artenspektrum

Auf der Versuchsfläche B1a, einem ca. 130-jährigen Altbuchenwald, wurden in
den Jahren 1969—1975 (ohne 1971) insgesamt 117 Arten nachgewiesen. Diese
lassen sich nach Dichte und Regelmäßigkeit ihres Auftretens folgenden Gruppen
zuordnen:

Gruppe 1 umfaßt 8 Arten (6,8% des Arteninventars) mit hoher Abundanz
(Larven und Imagines) in allen Jahren: *Othius myrmecophilus* Kiesw., *Othius
punctulatus* (Gze.), *Atheta livida* Muls. Rey, *Geostiba circellaris* (Grav.), *Oxypoda annularis* Mannh., *Liogluta granigera* (Kiesw.), *Liogluta wüsthoffi* Benick,
Leptusa ruficollis (Er.).

Gruppe 2: 18 Arten (15,4%) mit geringerer Dichte, die jedoch regelmäßig in
5 bzw. 6 Untersuchungsjahren auftraten (z.B. *Eusphalerum abdominale* (Grav.),
Antophagus angusticollis Mannh., *Atheta sodalis* (Er.), *Oxytelus tetracarinatus*
(Block), *Quedius xanthopus* Er., *Mycetoporus clavicornis* Steph.)

Gruppe 3: 21 Arten (18,0%) mit geringer Dichte, die nur in 3 bzw. 4 Jahren
auftraten (z.B. *Baptolinus affinis* (Payk.), *Philonthus fuscipennis* Mannh., *Tachi-
nus laticollis* (Grav.)).

Gruppe 4 mit 70 Arten (59,8%), die nur vereinzelt in 1 oder 2 Jahren nachgewiesen wurden. In dieser Gruppe sind enthalten:
a) Irrgäste, Immigranten aus anderen Ökosystemen;
b) Spezialisten, die an bestimmte Biochorien (u.a. Pilze, Aas, Wildlosung) gebunden sind (z.B. *Gyrophaena gentilis* Er., *Gyrophaena affinis* (Sahlb.), *Placusa
tachyporoides* (Waltl.), *Coprophilus striatulus* (F.), *Oxytelus sculpturatus* (Grav.)).
c) Buchenwaldarten mit äußerst geringer Dichte (z.B. *Dadobia immersa* (Er.),
Anomognathus cuspidatus (Er.), *Eusphalerum pseudaucupariae* (Strand)).

Im Folgenden wird nur auf die Arten der Gruppe 1 eingegangen. Nach groben
Schätzungen von Grunert (1974) stellen die beiden Arten *Othius punctulatus*
und *O. myrmecophilus* ca. 60% der Gesamtbiomasse der Staphyliniden. Der kleinere, ca. 6 mm große *O. myrmecophilus* ist die häufigste Art. Er ist in allen
Wäldern Nord- und Mitteleuropas vertreten, und erreicht in einem Fichtenforst
des Solling noch höhere Dichten als im Buchenwald. *O. punctulatus* bevorzugt
dagegen Laubwälder und wird im Solling nahezu ausschließlich im Buchenwald
gefunden. Kasule (1970) untersuchte die Lebenszyklen und Phänologie beider
Arten in Schottland, seine Erkenntnisse stimmen mit den im Solling gefundenen
Ergebnissen sehr weitgehend überein.

Eine andere Art, *Leptusa ruficollis*, ist auf Grund ihrer besonderen Lebensweise hervorzuheben. Sie lebt nämlich — im Gegensatz zu den anderen in der Bodenstreu lebenden dominanten Arten — am Stamm der Buchen. Im Altbuchenbestand wurde ihre Aktivität an Buchenstämmen mit Baum-Photoeklektoren in 3—5 m Höhe sehr gut erfaßt (Hartmann 1974). In einem 65-jährigen Buchenwald war sie mit Schüttelfängen auch noch im Kronenbereich der Buchen nachzuweisen. Die Larven von *L. ruficollis* machen zumindest einen Teil ihrer Entwicklung in der Bodenstreu durch; in Streuproben wurden vor allem Larven des 2. und 3. (letzten) Stadiums erfaßt.

4. Abundanzdynamik und Phänologie

Von März 1972 bis Juli 1975 wurde monatlich durch Extraktion von Streuquadratproben die Populationsdichte und Abundanzdynamik der Staphyliniden (Larven und Imagines) verfolgt (Abb. 1). Die Populationsdichte ist starken Schwankungen unterworfen. Neben kleineren Maxima im Sommer sind die bedeutend höheren Maxima während der Wintermonate besonders auffällig: zu dieser Zeit erreicht die Abundanz Werte von 500—600 Individuen pro m^2. Der gesamte Kurvenverlauf wird entscheidend von der Phänologie der Larvenstadien geprägt. Die Reproduktionsrate ist zu Beginn des Winters am höchsten.

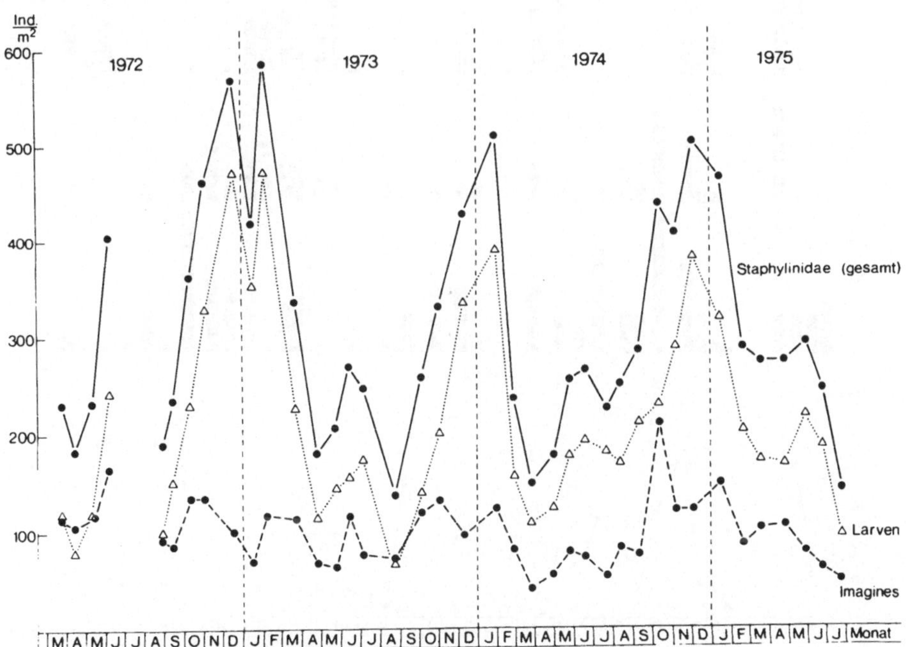

Abb. 1. Abundanzdynamik und Phänologie der *Staphylinidae* (gesamt) in der Bodenstreu eines ca. 130-jährigen Buchenwaldes (Solling B1a)

In Ermangelung ähnlich quantitativer Untersuchungen sind Vergleiche mit anderen Ökosystemen zur Zeit nicht möglich. Nach eigenen Untersuchungen sind in einem Fichtenforst und einer Wiese des Solling noch höhere Populationsdichten als im Buchenwald zu erwarten.

Von den dominanten Arten wurden die Entwicklungszyklen bestimmt. Von allen Arten mit bisher unbeschriebenen Larvenstadien wurden Laborzuchten angelegt, denen die entsprechenden Larven als Belegtypen entnommen wurden. Erst damit war die Identifikation der Larven von *Atheta livida, Liogluta wüsthoffi, L. granigera, Oxypoda annularis* und *Leptusa ruficollis* möglich.

Die dominanten Staphyliniden der Versuchsfläche im Altbuchenwald (B1a) sind entweder plurivoltin oder univoltin. *Othius myrmecophilus, Leptusa ruficollis* und *Oxypoda annularis* sind plurivoltin. *Othius myrmecophilus* macht dabei eine zweijährige Entwicklung durch (Kasule 1971, Grunert 1974). Die Population von *O. annularis* ist ungleichmäßig verteilt (Kumulative Dispersion mit deutlicher Tendenz zu Aggregationen (Reise et al. 1975)). Sie ist daher, wie die starken Schwankungen im Kurvenverlauf erkennen lassen, in ihrer Abundanz nicht optimal zu erfassen (Abb. 2).

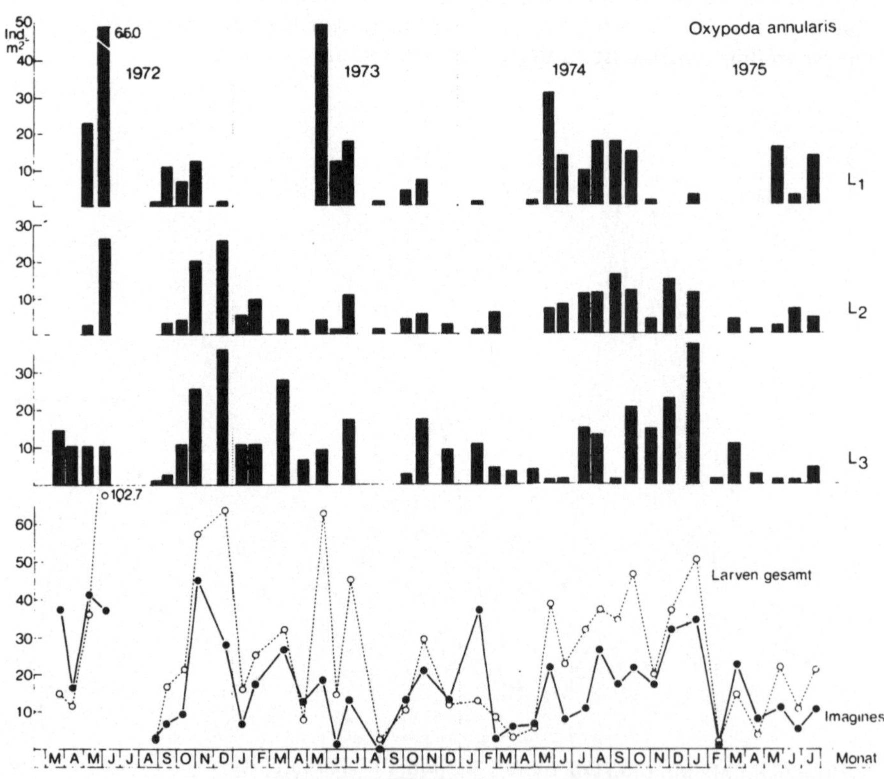

Abb. 2. Abundanzdynamik und Phänologie von *Oxypoda annularis* im Buchenwald (Solling B1a)

Trotzdem wird ein plurivoltiner Entwicklungsgang deutlich: alle Stadien treten fast das ganze Jahr über nebeneinander auf, es gibt keine deutlich saisonal fixierte Reproduktionszeit. *O. annularis* ist ein typischer Ubiquist, der auf Grund seiner großen Anpassungsfähigkeit an unterschiedlichste äußere Bedingungen in verschiedensten Lebensräumen zu finden ist. Bei den univoltinen Arten sind zwei unterschiedliche Entwicklungszyklen zu unterscheiden: *Othius punctulatus, Geostiba circellaris* und *Liogluta wüsthoffi* legen ihre Eier im Frühjahr ab, ihre Larvalentwicklung führen sie während der Sommermonate (Mai bis August) durch. *Atheta livida* und *Liogluta granigera* beginnen dagegen erst im Früh- bzw. Spätherbst mit der Eiablage, ihre Larvalentwicklung durchlaufen sie während der Herbst- und Wintermonate (September bis März).

Abb. 3 zeigt die Abundanzdynamik und Phänologie von *Atheta livida*, einer Art, die vorzugsweise in montanen Regionen vorkommt und im Hochsolling nur im Buchenwald auftritt. Die Eiablageperiode dauert von Anfang Oktober bis Anfang Januar. Die Larven durchlaufen die ersten beiden Stadien in jeweils ca. 2—3 Wochen. Bei Probennahmen im Abstand von wenigstens 4 Wochen werden L1 und L2 im Vergleich zur langlebigen L3 oft nur in geringer Anzahl erfaßt.

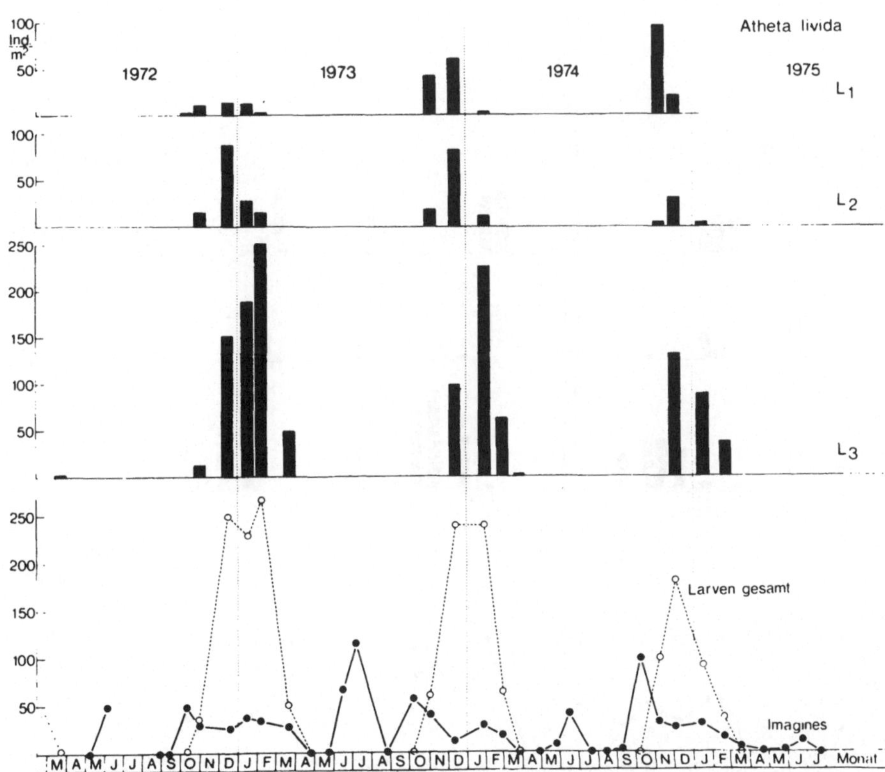

Abb. 3. Abundanzdynamik und Phänologie von *Atheta livida* im Buchenwald (Solling B1a)

Bemerkenswert ist die Phänologie der Imagines; ungefähr 6—8 Wochen nach dem Schlüpfen (ab Mitte Mai) werden alle Imagines inaktiv; während dieser Zeit sind sie mit den angewandten Methoden nicht nachweisbar. Erst ab Mitte September erscheinen sie wieder, voll ausgefärbt und mit gut ausgebildeten Fettkörpern. Die zu diesem Zeitpunkt zu Laboruntersuchungen gefangenen Tiere weisen eine Dormanz der Gonaden auf, die nur unter Kurztagsbedingungen und gleichzeitig niedrigen Temperaturen (6—8° C) gebrochen werden konnte.

Liogluta granigera folgt einem ähnlichen Entwicklungsgang, ihre Larven schlüpfen in der Regel 4—5 Wochen vor den L1 von *A. livida, Liogluta wüsthoffi* dagegen legt ihre Eier ab Mitte März. Die Larven der beiden *Liogluta*-Arten treten nie nebeneinander auf, zwischen der Verpuppung der letzten Larven der einen Art und dem Schlüpfen der ersten Larven der anderen Art vergehen oft weniger als 3—4 Wochen (Abb. 4). Die Unterschiede in der Phänologie der dominanten Arten unterstreicht die große Plastizität der Staphyliniden in ihrer Anpassungsfähigkeit an unterschiedlichste äußere Bedingungen. Dadurch ist es ihnen möglich, fast alle terrestrischen Ökosysteme zu besiedeln und erlaubt ein Zusammenleben vieler, oft nahe verwandter Arten nebeneinander in demselben Lebensraum.

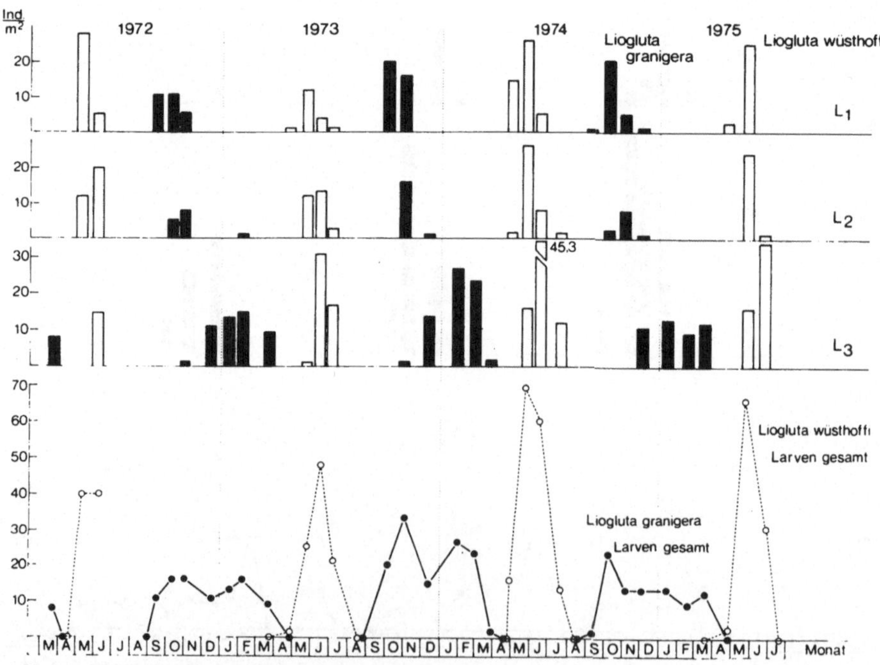

Abb. 4. Abundanzdynamik und Phänologie der Larven von *Liogluta granigera* und *Liogluta wüsthoffi* im Buchenwald (Solling B1a)

LITERATUR

Funke, W. (1971): Food and energy turnover of leaf-eating insects and their influence on primary production. In: H. Ellenberg, Hrsg. Intergrated Experimental Ecology. *Ecol. Studies* 2: 81—93, Berlin: Springer.

Grimm, R., Funke, W. & Schauermann, J. (1974): Minimalprogramm zur Ökosystemanalyse: Untersuchungen an Tierpopulationen in Waldökosystemen. Tagungsbericht der Gesellschaft für Ökologie, Erlangen 1974, S. 77—87.

Grunert, J. (1974): Untersuchungen zur Biologie und ökologischen Energetik zweier Staphyliniden-Populationen im Solling. Diplomarbeit Göttingen.

Hartmann, P. (1974): Die Staphylinidenfauna verschiedener Waldbestände und einer Wiese im Solling. Diplomarbeit Göttingen.

Kasule, F.K. (1970): Field studies on the life histories of *Othius punctularis* Goeze and *O. myrmecophilus* Kiesw. *Proc. Roy. Entomol. Soc.* London (A.) 4: 55—67.

Kempson, D., M. Lloyd & R. Ghelardi (1963): A new extractor for woodland litter. *Pedobiologia* 3: 1—21.

Reise, K. & Weidemann, G. (1975): Dispersion of predatory forest floor arthropods. *Pedobiologia* 15: 106—128.

Weidemann, G. (1971): Food and energy turnover of predatory arthropods of the soil surface. In: H. Ellenberg, Hrsg. Integrated Experimental Ecology. *Ecol. Studies* 2, 110 - 118, Berlin: Springer.

Anschrift des Verfassers:

Peter Hartmann, II. Zool. Institut, Abt. Ökologie, Universität Göttingen, Berliner Str. 28, 3400 Göttingen.

Sonderdruck: Verhandlungen der Gesellschaft für Ökologie, Göttingen 1976.

STRUKTUR UND DYNAMIK DER SPINNENPOPULATIONEN IN BUCHEN-WÄLDERN DES SOLLING*

R. ALBERT

Abstract

Spiders (Araneae) are the most frequent and, besides the Coleoptera, the species richest group of carnivorous arthropods in the areas under investigation. The spider faunas of an approximately 130 years old beech stand and a younger one of approximately 70 years have been investigated with different methods.

109 species of spiders from 11 different families were recognized. The occurrence of the important families (Tab. 1) and species in different strata is given. For the older beech stand the horizontal distribution in the litter is demonstrated for total spiders and three abundant species.

The phenology of *Tapinocyba pallens* (O.P.-Cambridge), which, with up to 170 adult ind./m², is the most abundant species, is shown by means of a graph.

1. Einleitung

Im Rahmen des Sollingprojekts der Deutschen Forschungsgemeinschaft war die Analyse von Struktur und Dynamik der Zoozönose eine wichtige Aufgabe (Funke 1976, Weidemann 1976).

Grundvoraussetzung für die Erforschung von Populationen innerhalb bestimmter Lebensräume ist die Kenntnis der Arten und ihrer Biologie. Bei der Erfassung des Artenbestands von Spinnen wurden bisher häufig unzureichende Methoden angewandt (Albert 1973, 1976). Abundanzangaben, die Grundlage für weiterführende synökologische Arbeiten sind, finden sich für Spinnenpopulationen in der Literatur nur vereinzelt.

Die Spinnen in Buchenwäldern sollten in bezug auf Artenspektren sowie Abundanzdynamik und Lebenszyklen der wichtigen Arten untersucht werden. Es werden im folgenden einige neue Ergebnisse vorgestellt.

2. Untersuchungsgebiet und Methoden

Versuchsflächen sind zwei ca. 70 und 130 jährige Hainsimsen-Buchenwälder (*Luzulo-Fagetum*) auf Buntsandstein im Hochsolling. Eine Beschreibung des Solling gibt Scherner (1976), ausführliche vegetationskundliche Daten finden sich bei Gerlach et al. (1970), die Probeflächen beschreibt Ellenberg (1971).

Zur Ermittlung des Artenspektrums wurden Bodenfallen (s. Weidemann 1971) und Baum-Photoeklektoren (nach Funke 1971) benutzt. Die Abundanz der epigäischen Araneae wurde durch Extraktionen von Streuquadratproben

* Ergebnisse des Solling-Projekts der DFG (IBP), Mitteilung Nr. 190.

nach Kempson et al. (1963) ermittelt. Streuproben wurden von März 1972 bis Februar 1974 auf den je 100 m^2 großen Flächen a,b,c im Norden (Weidemann 1971) und von März 1974 bis Februar 1975 auf den 160, 170 und 200 m^2 großen Flächen A,B,C (Hartmann(1977) im Osten und Süden des Altbuchenbestands B1a genommen (Abb. 1). Innerhalb der Probefläche B1a besteht ein Gefälle von NW nach SO und von N nach S. Der Niveauunterschied zwischen Fläche a im N und B im S beträgt ungefähr 2 m. Schüttelproben geben Auskunft über das Artenspektrum im Stamm- und Kronebereich des Jungbuchenbestands B4.

Für den Vergleich der verschiedenen Flächen und Jahre wurden der t-Test und der t-Test für verbundene Stichproben angewandt. Als Signifikanzgrenze wurde P $\leqslant$ 0,05 gewählt. Die Nomenklatur folgt Locket, Millidge & Merrett (1974). Für die Überlassung des Materials danke ich den Herren Prof. Funke, Prof. Weidemann und Dipl.-Biol. Hartmann.

3. Ergebnisse

3.1. Kurzer Vergleich der Artenbestände beider Flächen

Im Altbuchenbestand wurden im Jahr 1969 vierundneunzig Arten aus 11 Spinnenfamilien, im Jungbuchenwald 8 Familien mit 62 Arten festgestellt. Die höhere Artenzahl in der B1a ist weitgehend auf die intensivere Untersuchung dieser Fläche zurückzuführen. Von den häufigen Arten waren die meisten auf beiden Flächen vorhanden. Nur die abundante Art *Gonatium rubellum* (Blackwall) war

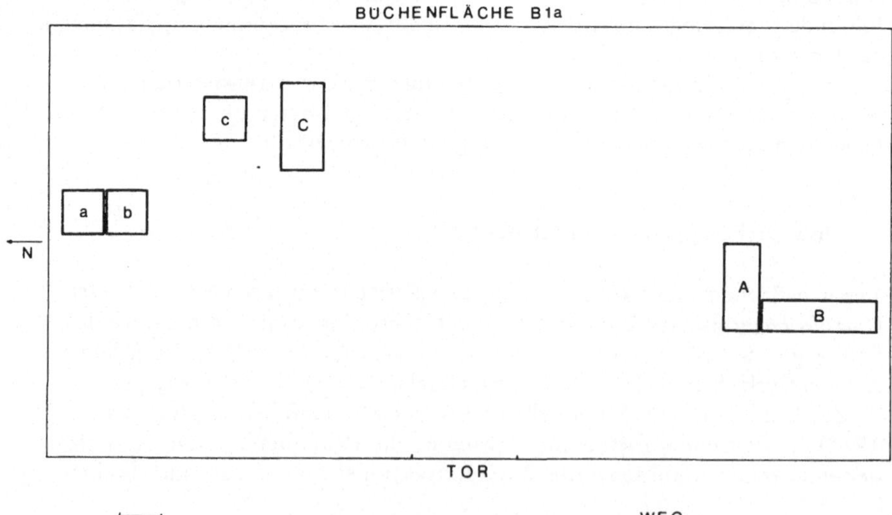

Abb. 1. Lage der Streuprobeflächen innerhalb des Altbuchenbestands B1a.

Tabelle 1 Artenzahl pro Familie, Zahl der adulten Individuen pro Familie und ihr prozentualer Anteil am Gesamtfang bei verschiedenen Erfassungsmethoden in B1a und B4.

	Streuproben 1972			Bodenfallen 1969			Schüttelproben 1969			Baumeklektoren 1969		
	Arten	Ind.	%	Arten	Ind.	%	Arten	Ind.	%	Arten	Ind.	%
Linyphiidae	21	1565	86,1	29	607	37,9	14	236	61,9	44	1190	84,2
Theridiidae	2	250	13,7	2	3	0,2	2	117	30,7	4	72	5,1
Agelenidae	1	3	0,2	2	988	61,7				2	236	5,7
Lycosidae				3	3	0,2				1	2	0,14
Araneidae							4	13	3,4	5	13	0,9
Thomisidae							3	10	2,6	4	14	1,0
Clubionidae							1	4	1,0	4	19	1,3
Salicidae							1	1	0,3	1	1	0,07
Amaurobiidae										1	20	1,4
Tetragnathidae										1	2	0,14
Summe	24	1818		36	1601		25	381		67	1569	

auf B4 und *Saloca diceros* (O.P.-Cambridge) auf B1a beschränkt. Insgesamt waren fünfzig Arten beiden Flächen gemeinsam.

3.2. *Vertikalverteilung der wichtigen Arten und Familien*

Spinnen besiedeln alle Straten eines Waldökosystems. Die im Jahr 1969 mit verschiedenen Methoden und 1972 mit Streuproben erhaltenen Individuen sowie deren Verteilung auf die Arten und Familien, sind in Tab. 1 dargestellt. Es läßt sich erkennen, daß die Zahl der festgestellten Familien und Arten im Stamm- und Kronenbereich wesentlich höher ist als am Boden, und das, obwohl im Kronenraum insgesamt weniger Individuen erfaßt worden sind als im Streubereich.

Arten- und individuenreichste Spinnenfamilie in den Streuproben sind die Linyphiidae mit einem Anteil von 86,1%. In den Schüttelproben ist ihr Anteil mit 61,9% geringer (Tab. 1). Im Gegensatz dazu sind die Theridiidae im Bereich der Baumkronen relativ häufiger als in der Streu. Betrachtet man die Bodenfallenfänge, so sind die Familie mit der höchsten Aktivitätsdichte die Agelenidae. Sie werden fast ausschließlich durch *Coelotes terrestris* (Wider) vertreten. In den Streuproben ist sie aber recht selten gefunden worden.

Die häufigste Linyphiidae im Stammbereich ist *Drapetisca socialis* (Sundevall). Die dominierende Linyphiidae der Bodenstreu ist *Tapinocyba pallens* (O.P.-Cambridge) mit bis zu 170 adulten Individuen/m^2.

In den Buchenwäldern des Solling wechseln die Individuen vieler Arten regelmäßig das Stratum. So wandern im Frühjahr und Sommer neben kronenbewohnenden Spinnen, die ihr Winterlager in der Streu verlassen, auch typische Streu-

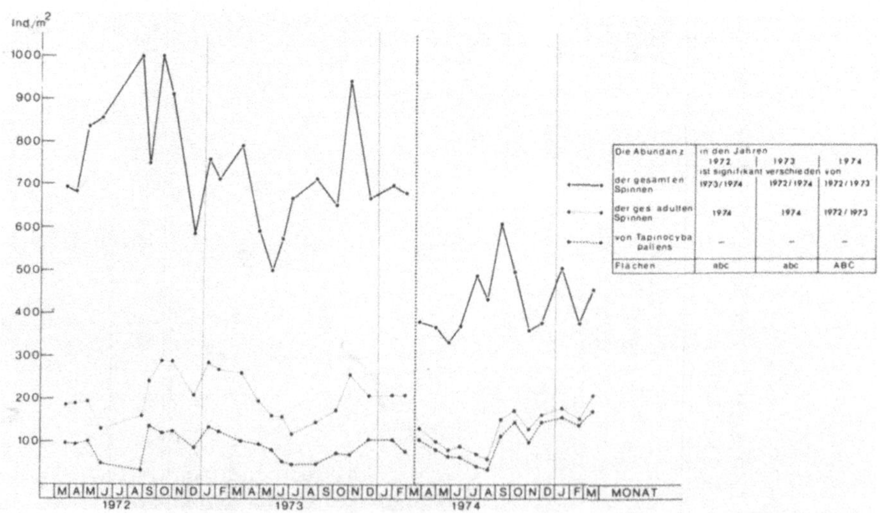

Die Abundanz	in den Jahren		
	1972	1973	1974
	ist signifikant verschieden von		
der gesamten Spinnen	1973/1974	1972/1974	1972/1973
der ges. adulten Spinnen	1974	1974	1972/1973
von Tapinocyba pallens	–	–	–
Flächen	abc	abc	ABC

Abb. 2. Abundanz aller Spinnen, aller Adulti und der Adulti von *Tapinocyba pallens* auf den Flächen a,b,c und A,B,C.

Tabelle 2. Unter 1: Jahresmittel der Abundanz (Ind./$\frac{1}{4}$ m²) in den Flächen. Unter 2: Vergleich der Abundanz verschiedener Flächen im gleichen Untersuchungszeitraum. (Errechnet mit dem t-Test bei paarweiser Zuordnung der Monatswerte.)

Teilflächen		Tapinocyba pallens		Saloca diceros		Robertus scoticus		alle Spinnen	
		1	2	1	2	1	2	1	2
		Jahresmittel der Ind./$\frac{1}{4}$ m²	signifikant verschieden von						
	a	23,1	b^+ c^+	27,6	c^{++}	15	b^{++} c^{+++}	263,6	b^{++} c^{+++}
1972/73	b	15	a^+ c^{++}	26,5	c^{++}	5,5	a^{++} c^{+++}	173,6	a^{++}
	c	37	a^+ b^{+++}	0,9	a^{+++} b^{+++}	0,7	a^{+++} b^{+++}	160,7	a^{+++}
	a	15,9	c^{++}	19,4	c^{++}	9,3	b^{+++} c^{+++}	188,5	c^{+++}
1973/74	b	14,8	c^{++}	27,6	c^{++}	3,5	a^{+++} c^{+++}	185,5	c^{+++}
	c	24,9	a^{++} b^{++}	0,1	a^{+++} b^{+++}	0,7	a^{+++} b^{+++}	110,7	a^{+++} b^{+++}
	A	26,7	—	—	—	0,4	—	116	—
1974/75	B	20,4	—	—	—	0,3	—	97,9	—
	C	21,4	—	—	—	0,5	—	96,4	—

$^+$ bed.: P ≤ 0,05, $^{++}$ bed.: P ≤ 0,01, $^{+++}$ bed.: P ≤ 0,001.

bewohner wie *Tapinocyba pallens* und *Coelotes terrestris* in geringer Zahl in die
Stamm- und Kronenregion ein (Albert 1976).

3.3 *Horizontale Verteilung der wichtigen Arten innerhalb der Buchenstreu in B1a*

Die gleichmäßig erscheinende Buchenstreu des untersuchten Waldes weist im
Artenbestand und in der Besiedlungsdichte der Spinnen große Unterschiede auf,
die nur zum Teil auf Fluktuationen zwischen den Jahren zurückzuführen sind.
Es wurden jeweils zwei Flächen mit dem t-Test bei paarweiser Zuordnung der
Monatsmittel gleicher oder verschiedener Jahre miteinander verglichen. Es ergibt
sich folgendes Bild.

Die Abundanz aller Spinnen war auf den Flächen a,b,c zusammen im Jahr
1973/74 signifikant (P ≤ 0,05) niedriger als 1972/73 (Abb. 2). Dies ist auf Fluktuationen zwischen den Jahren zurückzuführen. Auf den Flächen A,B,C war sie
1974 hochsignifikant (P ≤ 0,001) niedriger als auf den Flächen a,b,c in den
Jahren 1972/73 und 1973/74. Auch die Abundanz der adulten Spinnen war auf
den Flächen A,B,C wesentlich (P ≤ 0,01) niedriger als auf den Flächen a,b,c.
Die Abundanzen innerhalb der Flächen A,B,C zeigten kaum Unterschiede
(Tab. 2), während im Untersuchungszeitraum 1972/73 die Fläche a hochsignifikant dichter besiedelt war als die Flächen b und c, und 1973/74 a und b wesentlich höhere Abundanzen (P ≤ 0,001) hatten als Fläche c.

Die Diversität der Spinnenzönose ist nach dem Shannon-Wiener-Index auf
den Flächen A,B,C mit 0,37 wesentlich geringer als auf a,b,c mit 0,63 (1972/73)
und 0,67 (1973/74). Die zehn häufigen Arten der Flächen a,b,c wurden mit Ausnahme von *Saloca diceros* (O.P.-Cambridge) alle auf den Flächen A,B,C erfaßt
(Tab. 3), doch war der Anteil der einzelnen Arten (hier als prozentualer Anteil
am Jahresmittel der Ind./m^2) anders.

Auf den Flächen a und b einerseits und der Fläche c andererseits treten im
Untersuchungszeitraum 1972—1974 signifikante Unterschiede zwischen den
Abundanzen der drei häufigen Arten auf (Tab. 2).

Die Abundanz von *Tapinocyba pallens* blieb zu gleichen Zeiten in allen drei
Jahren annähernd gleich (Abb. 2). In der Fläche c war *Tapinocyba pallens* signifikant häufiger (P ≤ 0,01) als in a und b (Tab. 2). Der prozentuale Anteil dieser
Art lag in den Flächen a und b zwischen 21 und 50% (Jahresmittel = 44,5%), in
der Fläche c und in den Flächen A,B,C aber zwischen 50 und 90% (Jahresmittel-
wert = 80%). In den Flächen a und b waren *Saloca diceros* mit bis zu 120 adulten
Ind./m^2 und *Robertus scoticus* Jackson mit bis zu 30 adulten Ind./m^2 nach *Tapinocyba pallens* die häufigsten Arten. Ihr Anteil lag hier zusammen zwischen 40
und 60%, überschritt aber auf c sowie auf A,B,C niemals 10%. Den Platz von
Saloca diceros und *Robertus scoticus* nimmt in der Fläche c möglicherweise zum
Teil *Tapinocyba pallens* ein.

Auch die Abundanz der beiden häufigen Chilopodenarten zeigt große Unterschiede zwischen den verschiedenen Flächen (Albert 1977), die mit der Verteilung der Spinnen korreliert sind.

Die Tatsache, daß zu gleichen Zeiten zwischen den Flächen a,b,c signifikante
Unterschiede bestehen, läßt darauf schließen, daß die signifikant niedrigere Abun-

Tabelle 3. Jahresmittel der Adulti der 10 häufigsten Arten pro m² in B1a und ihr prozentualer Anteil in den Streuproben der Probeflächen a,b,c und A,B,C.

	1972/73 Flächen a,b,c Jahresmittel der Ind./m²	in %	1973/74 Flächen a,b,c Jahresmittel der Ind./m²	in %	1974/75 Flächen A,B,C Jahresmittel der Ind./m²	in %
Tapinocyba pallens (O.P.-Cambridge)	98,1	44,5	76,6	40,7	95,3	80,4
Saloca diceros (O.P.-Cambridge)	71,5	32,4	65,3	34,8	0,0	0,0
Robertus scoticus Jackson	28,5	12,9	19,2	10,2	1,7	1,4
Microneta viaria (Blackwall)	8,4	3,8	10,1	5,4	3,4	2,9
Asthenargus paganus (Simon)	2,4	1,1	2,4	1,3	4,4	3,7
Robertus lividus (Blackwall)	1,8	0,8	2,1	1,1	3,9	3,3
Diplocephalus latifrons (O.P.-Cambridge)	1,7	0,8	2,9	1,6	4,5	3,8
Porrhomma pallidum Jackson	1,6	0,7	2,3	1,2	0,6	0,6
Walckenaera dysderoides (Wider)	1,2	0,6	1,6	0,8	0,5	0,5
Diplocephalus picinus (Blackwall)	1,0	0,4	0,6	0,3	0,1	0,1

danz sowie die niedrigere Diversität der Spinnenzönose auf A,B,C nur zum Teil auf zeitlichen, hauptsächlich aber auf räumlichen Unterschieden innerhalb des homogen erscheinenden Altbuchenbestands beruht.

3.4. Phänologie von Tapinocyba pallens

Für Mitteleuropa liegen in der Literatur keine Angaben über die Lebensdauer von Spinnen im Freiland vor. In Nordeuropa hat nach Toft (1975) weit über die Hälfte der Spinnenarten eines dänischen Buchenwaldes einen zweijährigen Lebenszyklus. Das gilt unter anderen auch für *Tapinocyba pallens*, der häufigsten Art der Versuchsfläche B1a im Solling.

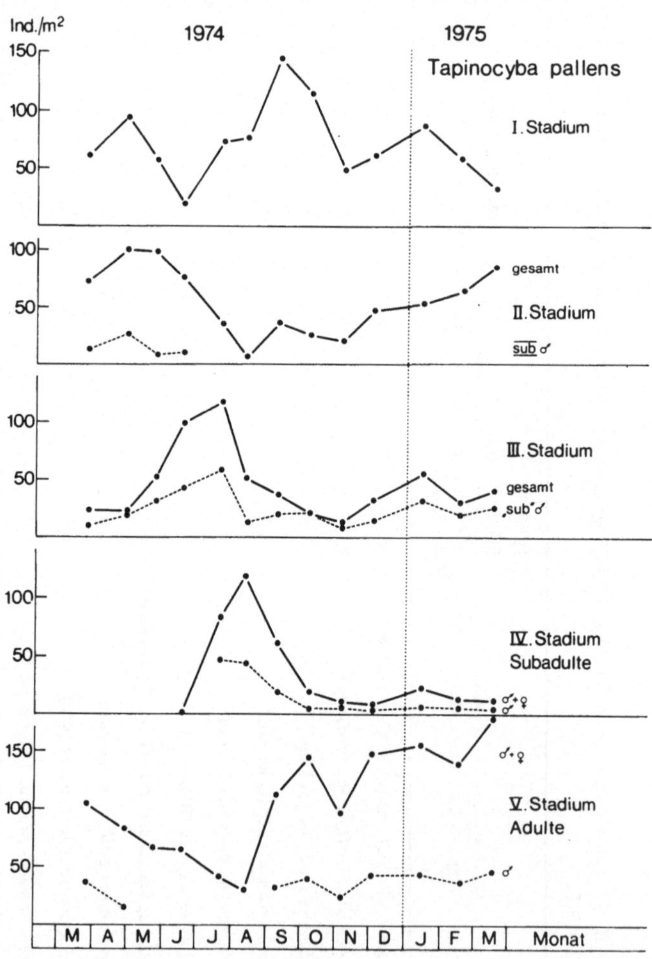

Abb. 3. Abundanz und Entwicklungszyklus der fünf Stadien von *Tapinocyba pallens.*

In Abb. 3 sind die Abundanzen der fünf außerhalb des Kokons lebenden Stadien dieser Art aufgetragen. Die Einteilung in Stadien ist bei juvenilen Spinnen recht mühsam, da es keine leicht erkennbaren morphologischen Merkmale hierfür gibt. Für die Stadieneinteilung wurden folgende Kriterien benutzt: Körperlänge der Individuen, Tibialänge des ersten Beinpaares sowie die bei männlichen Spinnen ab dem 2. Stadium von Häutung zu Häutung zunehmende Verdickung der männlichen Palpen.

Die ersten Jungspinnen von *Tapinocyba pallens* schlüpfen ab Mitte Juli; sie überwintern im I. bis III. Stadium und werden im Herbst des folgenden Jahres mit wenigen Ausnahmen adult. Die adulten Tiere überwintern und paaren sich erst im nächsten Frühjahr zwischen Ende April und Anfang Juni. Die ♂♂ sterben ab; die ♀♀ legen bis Ende August zwei bis drei Kokons ab. Ein großer Teil der streubewohnenden Arten wie *Coelotes terrestris*, *Saloca diceros*, *Robertus scoticus* hat einen ähnlich langen Lebenszyklus wie *Tapinocyba pallens*.

Literatur

Albert, A.M. (1977): Biomasse von Chilopoden in einem Buchen-Altbestand des Solling. Verh. Ges. Ökologie, Göttingen 1976, Junk, Den Haag, S. 93—101.

Albert, R. (1973): Die Spinnenfauna zweier Buchenflächen des Solling. unpubl. Diplomarbeit, Göttingen 1973, 60 S.

Albert, R. (1976): Zusammensetzung und Vertikalverteilung der Spinnenfauna in Buchenwäldern des Solling. *Faun.-ökol. Mitt.* 5: 65—80.

Ellenberg, H. (1971): Introductory survey. In: H. Ellenberg, Hrsg. Integrated Experimental Ecology. *Ecol. Studies* 2: 1—15. Berlin: Springer.

Funke, W. (1971): Food and energy turnover of leaf-eating insects and their influence on primary production. In: H. Ellenberg, Hrsg. Integrated Experimental Ecology. *Ecol. Studies* 2: 81—93. Berlin: Springer.

Funke, W. (1977): Das zoologische Forschungsprogramm im Sollingprojekt. Verh. Ges. Ökologie, Göttingen 1976: Junk, Den Haag, S. 49—59.

Gerlach, A., A. Krause, K. Meisel, B. Speidel & W. Trautmann (1970): Vegetationsuntersuchungen im Solling. *Schriftenr. Vegetationsk.* (Bonn-Bad Godesberg) 5, 133 pp.

Hartmann, P. (1977): Struktur und Dynamik der Staphyliniden-Populationen in Buchenwäldern des Sollings. Verh. Ges. Ökologie, Göttingen 1976, Junk, Den Haag, S. 75—81.

Kempson, D., Lloyd, M. & Ghelardi, R. (1963): A new extractor for woodland litter. *Pedobiologia* 3: 1—21.

Locket, G.H., Millidge, A.F. & Merrett, P. (1974): British Spiders 3: 1—314. Ray Society, London.

Scherner, E.R. (1976): Grundlagen einer Avifauna des Sollings. unpubl. Diplomarbeit, Göttingen 1976, 185 S.

Toft, S. (1975): Life-histories of spiders in a danish beech wood. *Natura Jutlandica* 19: 5—40.

Weidemann, G. (1971): Food and energy turnover of predatory arthropods of the soil surface. In: H. Ellenberg, Hrsg. Integrated Experimental Ecology. *Ecol. Studies* 2: 110—118. Berlin: Springer.

Weidemann, G. (1977): Struktur der Zoozönose im Buchenwald-Ökosystem. Verh. Ges. Ökologie, Göttingen 1976, Junk, Den Haag, S. 59—73.

Anschrift des Verfassers:

Dipl.-Biol. R. Albert, II. Zoologisches Institut und Museum der Universität, Berliner Straße 28, D-3400 Göttingen.

BIOMASSE VON CHILOPODEN IN EINEM BUCHENALTBESTAND DES SOLLING*

A.M. ALBERT

Abstract

The biomass of the two most abundant chilopod species, *Lithobius mutabilis* L. Koch and *Lithobius curtipes* C. Koch, has been determined in an about 130 years old *Luzulo-Fagetum* in the Solling, a forest area about 50 km north-west of Göttingen, Federal Republic of Germany.

Inside research area B1a litter samples were taken from March 1972 to July 1974 on sites a, b, c, from March 1974 to July 1975 on sites A, B, C, and extracted in a Kempson apparatus. Sites a and b were the most northerly and about 2m higher than sites A and B, approximately 150 m south of them. Sites c and C lay about 40 m south-easterly of a and b.

I have determined the width of the cephalic shield (Hw), fresh weight (fw), and dry weight (dw) of field lithobiids and set up regressions of $\sqrt[3]{fw}$ to Hw and fw to dw (Tab. 1). The Hw of the extracted animals could be measured and thus their biomass determined (Fig. 1 and 2). Distribution of biomass has been tested either by t-test or analysis of variance after logarithmic transformation of data.

Neither of the two species showed significant differences in biomass between different years on the same sampling site. Biomass against time showed no maxima and minima in the course of the year for *L. mutabilis*. From March 1974 to July 1975 *L. curtipes* has a significantly higher biomass in the warmer half of the year (March-August) than from September to February. The biomasses of both species show significant differences between the sampling sites, especially in the case of *L. curtipes* (Tab. 2). Biomass of *L. curtipes* is higher the more southerly and therewith deeper the sampling sites. There exists a correlation between biomass of *L. curtipes* and abundance of spiders. Where *L. curtipes* biomass is high spider abundance is generally low and vice versa. From all years and sites the mean annual abundance and biomass of *L. mutabilis* can be calculated as 41 ind./m² and 113.1 mg dw/m², of *L. curtipes* as 32 ind./m² and 38.5 mg dw/m² (Tab. 3). This value is very similar to the biomass of each spiders and predacious coleoptera in the same area. It is compared with abundance and biomass figures for lithobiids found by other authors (Tab. 3).

Einleitung

Chilopoden sind in vielen Landökosystemen neben räuberischen Koleopteren und Arachniden wichtige Glieder der Gruppe „Räuberische bodenlebende Makroarthropoden". Ich habe aus Streuproben mehrerer Jahre die Biomasse von Chilopoden pro Flächeneinheit in einem Buchenbestand ermittelt.

Es besteht damit die Möglichkeit, die Biomassenkurven von verschiedenen Jahren vergleichend zu betrachten. Ich bevorzuge einen Vergleich von Biomassenwerten gegenüber einem Vergleich von Abundanzdaten aus folgenden Gründen: Bei der Extraktion von Streuproben ist es wahrscheinlich, daß die kleinen, dünnhäutigen Larvenstadien je nach Beschaffenheit der Streu unterschiedlich

---

* Ergebnisse des Solling-Projektes der DFG (IBP). Mitteilung Nr. 131.

gut ausgetrieben werden. Dies kann in bezug auf Abundanzkurven der Population Fluktuationen vortäuschen. Diese ergeben sich jedoch nicht bei einer Betrachtung der Gesamtbiomasse, weil die kleinen Tiere nur geringfügig zu dieser beitragen.

Die Gesamtbiomasse ist für Vergleiche mit Werten anderer Autoren günstiger, weil man nicht davon ausgehen darf, daß alle Autoren die Abundanz der jungen Stadien mit gleicher Genauigkeit erfaßt haben. Der Vollständigkeit halber sind Jahresmittelwerte der Abundanz in Tab. 3 wiedergegeben.

Untersuchungsgebiet und Methoden

Das Untersuchungsgebiet ist ein ca. 130 jähriger unterwuchsarmer Hainsimsen-Buchenwald auf Buntsandstein im Solling (Gerlach et al. 1970, Ellenberg 1971). Die 100 x 200m große Versuchsfläche B1a liegt mit den schmalen Seiten nach Norden und Süden. In ihr besteht ein Gefälle von N nach S und von NW nach SO von durchschnittlich etwa 2 m. Für die Entnahme von Streuproben wurden von März 1972 bis Februar 74 drei je 100 m^2 große Probeflächen a, b, c (Gesamtfläche 1), von März 1974 bis Juli 75 die 160, 170 und 200 m^2 großen Flächen A, B, C (Gesamtfläche 2) benutzt. 1a und 1b liegen am nördlichsten und höchsten, 2A und 2B am südlichsten und tiefsten. 1c befindet sich ca. 30 bis 35 m südöstlich von 1a und 1b, 2C liegt südlich nahe 1c und ca. 120 m nord-nordöstlich von 2A und 2B. Eine Skizze über die Lage der Probeflächen gibt Albert, R. (1977).

Die Streuproben wurden im Kempson-Apparat (Kempson et al. 1963) extrahiert, die Tiere in Pikrinsäure aufgefangen und anschließend in Alkohol überführt (Weidemann 1971, Hartmann 1977).*

Bei der Ermittlung der Biomasse habe ich auf eine direkte Wägung der extrahierten Tiere verzichtet, um diese für weitere Untersuchungen zur Verfügung zu halten. Außerdem kann bei der Aufbewahrung in Pikrinsäure und Alkohol durch Auswaschung organischer Stoffe ein je nach Tiergröße unterschiedlich starker Trockengewichtsverlust eintreten. Stattdessen bestimmte ich von Tiermaterial aus der Nähe der Untersuchungsfläche Frischgewicht, Breite des Kopfschildes und Trockengewicht.

Mit den gewonnenen Daten stellte ich folgende Regressionen auf:
a) Abhängigkeit der dritten Wurzel des Frischgewichtes von der Kopfschildbreite;
b) Abhängigkeit des Trockengewichtes vom Frischgewicht. Damit ließ sich die Biomasse der aus den Streuproben extrahierten Tiere anhand ihrer Kopfschildbreite bestimmen.

Für die statistische Auswertung wurde entweder der t—Test oder die Varianzanalyse benutzt, beide nach vorheriger logarithmischer Transformation der Rohdaten. Als Signifikanzgrenze gilt $P \leqslant 0,05$.

Der Berechnung von Jahresmittelwerten wurden die zuvor gebildeten Mittel-

*Ich danke Herrn Prof. Dr. Weidemann für die Überlassung der extrahierten Chilopoden aus Gesamtfläche 1 und Herrn Dipl.-Biol. Hartmann für die Chilopoden aus Gesamtfläche 2.

werte von gleichen Monaten aus verschiedenen in Frage kommenden Jahren zugrunde gelegt. Dadurch werden alle Monate gleich berücksichtigt, auch wenn Proben aus unterschiedlich vielen Jahren vorliegen.

Ergebnisse

Im Gegensatz zu räuberischen Koleopteren und Arachniden ist die Zahl der vorkommenden Chilopoden-Arten klein. Dominant sind zwei Arten: *Lithobius mutabilis* L. Koch und *Lithobius curtipes* C. Koch. Außerdem wurden in den Streuproben noch 2 Geophiliden- und 4 Lithobiidenarten in geringer Zahl gefunden.

Verglichen mit den meisten anderen Arthropoden haben Lithobiiden eine lange Entwicklungszeit von mindestens 2 Jahren. Sie durchlaufen im allgemeinen vier anamorphe Stadien mit je 7, 8, 10 und 12 entwickelten Beinpaaren und vier epimorphe Stadien mit der endgültigen Anzahl von 15 Beinpaaren, aber noch nicht voll entwickeltem Geschlechtsapparat (Eason 1964). Adulte Tiere können sich noch mehrfach häuten und dabei beträchtlich an Größe und Gewicht zunehmen. Adulte *L. mutabilis* z.B. können zwischen 3 und 15 mg Trockengewicht haben.

Anhand der in Tab. 1 wiedergegebenen Regressionsgleichungen bestimmte ich die Biomasse der an jedem Probentermin extrahierten Lithobiiden. Die erhaltenen Werte für anamorphe, epimorphe und adulte Stadien sind in Abb. 1 und 2 dargestellt. Bei *L. mutabilis* ist die Biomasse der anamorphen Stadien unerheblich, die der epimorphen Stadien beträgt nur ca. ein Sechstel der Gesamtbiomasse. Bei *L. curtipes* ist der Anteil der anamorphen und epimorphen Stadien größer. Die von *L. mutabilis* aufgebrachte Biomasse läßt im Jahresverlauf keine ausgeprägten Maxima und Minima erkennen. *L. curtipes* zeigt von März 1972 bis Februar 74 ebenfalls keine signifikanten jahreszeitlichen Fluktuationen, von März 1974 bis Juli 75 ist die Biomasse in der warmen Jahreshälfte (März bis August) jedoch signifikant höher als von September bis Februar (t-Test).

Tabelle 1. Regressionsgleichungen: Abhängigkeit der dritten Wurzel des Frischgew chtes von der Kopfschildbreite und Abhängigkeit des Trockengewichtes vom Frischgewicht.

Art	Stadium	Abhängigkeit $\sqrt[3]{FG}$ (y) von KSB (x)	Abhängigkeit TG (y) vom FG (x)
L. mutabilis	adulte Tiere	y = 1,943 x + 0,036 r = 0,908 n = 25	y = 0,269 x + 0,133 r = 0,981 n = 20
	epimorphe T.	y = 2,121 x − 0,225 r = 0,971 n = 30	y = 0,292 x − 0,124 r = 0,996 n = 11
	anamorphe T.	y = 2,209 x − 0,366 r = 0,841 n = 115	y = 0,254 x − 0,013 r = 0,920 n = 109
L. curtipes	alle Stadien	y = 2,116 x − 0,129 r = 0,982 n = 98	y = 0,277 x + 0,027 r = 0,986 n = 76

Unterschiede zwischen verschiedenen Jahren auf gleichen Flächen lassen sich in keinem Fall – weder beim Vergleich der Gesamtflächen 1 und 2 noch der einzelnen Flächen a, b, c bzw. A, B, C nachweisen (t-Test bei paarweiser Zuordnung der Monatswerte).

Interessant ist die Verteilung der beiden Arten auf den einzelnen Probeflächen (Tab. 2), die mittels Varianzanalyse geprüft wurde. Für *L. mutabilis* läßt sich von März 72 bis Februar 74 zwischen a, b, c keine unterschiedliche Vertei-

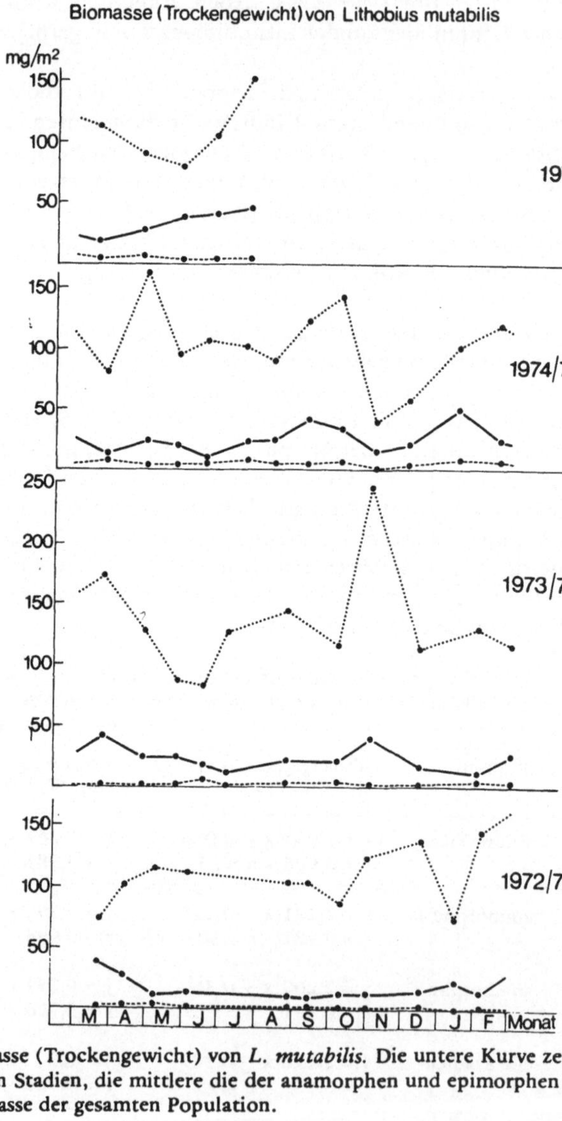

Abb. 1. Biomasse (Trockengewicht) von *L. mutabilis*. Die untere Kurve zeigt die Biomasse der anamorphen Stadien, die mittlere die der anamorphen und epimorphen Stadien, die obere die Biomasse der gesamten Population.

lung feststellen. Von März 74 bis Juli 75 ist die Biomasse auf A höher als auf C.
Die mittlere Biomasse auf Fläche 1a ist höher als auf 2B und 2C, die auf 1b höher
als auf 2C. In keinem Fall liegt die Signifikanzgrenze bei P $\leqslant$ 0,01. Ob die Dif-
ferenzen zwischen den Flächen von 72—74 und denen von 74—75 räumliche
Besiedlungsunterschiede widerspiegeln oder ob sie auf zeitliche Änderungen im
Bestand von *L. mutabilis* zurückzuführen sind, läßt sich nicht entscheiden.

Bei *L. curtipes* dagegen zeigen sich viel deutlichere Unterschiede. Von März

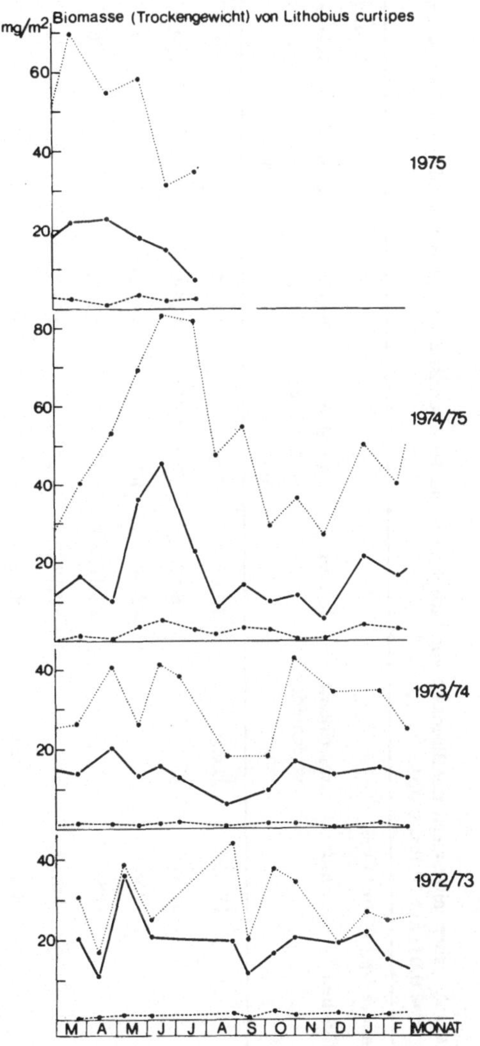

Abb. 2. Biomasse (Trockengewicht) von *L. curtipes*. Erklärung wie in Abb. 1.

Tabelle 2. Jahresmittelwerte der Biomasse von Lithobiiden und der Abundanz von Spinnen auf den Teilflächen. Signifikanzgrenzen: ohne* $P \leqslant 0,05$, mit* $P \leqslant 0,01$; mit ** $P \leqslant 0,001$.

| | Biomasse (mg TG/m²) von | | | | | | Abundanz (Ind./m²) von | | |
Teilflächen	L. mut.	signifikant verschieden von	L. curt.	signifikant verschieden von	beiden Arten	signi. versch. von	Saloca diceros	Robertus scoticus	gesamten adulten Spinnen
a	131,56	B,C	27,68	A,B	159,24		98	50	904
b	130,04	C	16,52	c*,A**,B**	146,56		108	20	718
c	96,80		45,40	b*,C	142,20		1	3	543
A	128,08	C	58,16	a,b**,C*	186,24	C	0	2	464
B	96,12	a	58,12	a,b**,C*	154,24		0	1	392
C	81,44	a,b,A	28,32	c,A*,B*	109,76	A	0	2	386

72 bis Februar 74 ist die Biomasse auf 1c höher als auf 1a und 1b, von März 74
bis Juli 75 auf 2A, 2B höher als auf 2C. Große Unterschiede bestehen auch zwischen den Flächen von 72—74 und denen von 74—75. Oft liegt die Signifikanzgrenze bei P ≤ 0,001. Die unterschiedliche Verteilung von L. curtipes auf den
zur gleichen Zeit untersuchten Flächen läßt darauf schließen, daß auch die
Differenzen zwischen den Flächen von 72—74 und 74—75 zum größten Teil auf
räumliche und nicht auf zeitliche Besiedlungsunterschiede zurückzuführen sind.
Die Biomasse von *L. curtipes* ist auf den am höchsten gelegenen Standorten 1a,
1b am niedrigsten und auf den niedrigsten Flächen 2A, 2B am höchsten. Die
höhere Biomasse auf 2A und 2B ist nicht allein auf die hohe Sommerbiomasse
im Zeitraum 74—75 zurückzuführen; vielmehr ist *L. curtipes* auch in den kälteren Monaten dort stärker vertreten.

Betrachtet man die Biomassen beider Arten gemeinsam, so gleichen sich die
Unterschiede in der Verteilung weitgehend aus. Ein signifikanter Unterschied ist
nur noch zwischen A und C festzustellen.

Bemerkenswert ist in diesem Zusammenhang die Verteilung, die Albert, R.
(1977) für die Spinnenarten *Saloca diceros* (O.P.-Cambridge) und *Robertus scoticus* Jackson sowie für die gesamten adulten Araneae fand. Diese sind auf den
Teilflächen 1a und 1b deutlich häufiger vertreten als auf 1c und 2A, 2B, 2C.
Dort, wo die Biomasse der Spinnen geringer ist, bringt *L. curtipes* eine höhere
Biomasse auf (mit Ausnahme von Teilfläche 2C). Es scheint demnach, als würde
L. curtipes zum Teil die ökologische Rolle der Spinnen übernehmen. Die Verteilung der erwähnten Tiere zeigt, daß Abundanz- bzw. Biomassedaten, die aufgrund von zufälligen Proben innerhalb einer bestimmten Fläche gewonnen wurden, nicht ohne weiteres auf einen quantitativ gleichen Tierbestand in der näherer
Umgebung schließen lassen, auch wenn die Bestandesstruktur so homogen
aussieht wie in der B1a.

Welche abiotischen und biotischen Faktoren mit der unterschiedlichen Verteilung der Tiere korreliert sind, muß noch geprüft werden.

Trotz dieser Einschränkungen halte ich die Berechnung eines gemeinsamen
Jahresmittelwertes von sämtlichen untersuchten Flächen für sinnvoll, weil er das
einfachste Maß für Vergleiche mit anderen Ökosystemen darstellt.

Im Durchschnitt sämtlicher Jahre und Flächen beträgt die Biomasse von
Lithobius mutabilis 113,17 mg TG/m^2, von *Lithobius curtipes* 38,48 mg TG/m^2,
zusammen also 151,65 mg TG/m^2. An anderen Chilopoden kommen pro m^2
grob geschätzt noch ca. 7 Geophiliden und ein Lithobius anderer Art vor. Diese
dürften nur wenig zur Gesamtbiomasse beitragen.

In Tab. 3 sind Angaben über Abundanz und Biomasse von Lithobiiden aus
anderen Wäldern zusammengestellt. Der von mir ermittelte Wert ist etwa gleich
hoch wie die in England von Wignarajah (1968) in einem Birken- Erlenmischwald und von Roberts (1957) in einem Buchen- Eichenmischwald gefundenen
Werte. Allerdings kommen in diesen Standorten noch bedeutende Mengen an
Geophilomorphen vor. Huhta (1975) fand in Fichtenstreu in Finnland Biomassenwerte von Chilopoden von ca. 13—84 mg TG/m^2 (errechnet aus Frischgewichtsdaten nach: TG = 1/3 FG). Auch im Solling ist die Biomasse von Chilopoden im Fichtenforst bedeutend geringer als im Buchenbestand.

Die in bezug auf Biomasse wichtigsten anderen räuberischen Makroarthro-

Tabelle 3. Abundanz und Biomasse von Chilopoden in verschiedenen Wäldern. Die Biomassewerte von Huhta und Koskenniemi wurden aus Frisch-gewichtsangaben nach: TG = $\frac{1}{3}$ FG geschätzt.

Arten	Abundanz Ind./m²	Biomasse mg TG/m²	Habitat	Region und Breitengrad	Autor
L. mutabilis	41	113	Buchenstreu	Norddeutschland, 51,5	Albert
L. curtipes	32	38			
gesamt	73	152			
L. variegatus	5	75	Streu im Buchen-Eichenwald	Südengland, 52	Roberts (1957)
L. duboscqui	89	137			
gesamt	94	212			
Geophilomorphe	423	nicht bestimmt			
L. forficatus	13	97	Streu und Totholz im Birken-Erlen-mischwald	Nordengland, 55	Wignarajah (1968)
L. crassipes	37	54			
gesamt	50	151			
Geophilomorphe	viele	nicht bestimmt			
			Streu in Fichten-wäldern:		
gesamte Chilopoden	79	84	Myrtllus-Typ	Südfinnland, 61	Huhta & Koskenniemi (1975)
'' ''	40	32	Oxalis-Myrt.-Typ	Südfinnland, 61	
'' ''	13	13	Hylocomium-M.-Typ	Nordfinnland, 66	

100

poden im untersuchten Gebiet sind Araneae und Coleoptera. Deren Biomasse
ist ungefähr gleich hoch wie die Biomasse der Chilopoden, bei Spinnen ca.
165 mg TG/m^2 (Albert 1973), bei räuberischen Koleopteren ca. 200 mg TG/m^2
(und zwar Staphyliniden ca. 100 mg TG/m^2 (Grunert 1974) und Carabiden ca.
100 mg TG/m^2 (Weidemann 1972 u. pers. Mitt.).

Literatur

Albert, R. (1973): Spinnenfauna zweier Buchenflächen des Solling. Unveröffentliche
Diplomarbeit, Göttingen. 60 S.

Albert, R. (1977): Struktur und Dynamik von Spinnenpopulationen des Solling. Verh.
Ges. Ökologie, Göttingen 1976. S. 83—91. Junk, Den Haag, 83—91.

Eason, E.H. (1964): Centipedes of the British Isles. F. Warne and Co., London. 294 S.

Ellenberg, H. (1971): Introductory Survey. In: H. Ellenberg, Hrsg., Integrated Experimental
Ecology. *Ecol. Studies* 2: 1—15.

Gerlach, A., Krause, A. & Meisel, K. (1970): Vegetationsuntersuchungen im Solling.
Schriftenr. Vegetationsk. 5: 75—78.

Grunert, J. (1974): Untersuchungen zur Biologie und ökologischen Energetik zweier Staphyliniden — Populationen im Solling. Unveröffentlichte Diplomarbeit, Göttingen. 49 S.

Hartmann, P. (1977): Struktur und Dynamik der Staphylinidenpopulationen des Solling.
Verh. Ges. Ökologie, Göttingen 1976. Junk, Den Haag, S. 75—81.

Huhta, V. & Koskenniemi, A. (1975): Numbers, biomass and community respiration of
soil invertebrates in spruce forests at two latitudes in Finland. *Ann. Zool. Fennici* 12:
164—182.

Kempson, D., Lloyd, M. & Ghelardi, R. (1963): A new extractor for woodland litter. *Pedobiologia* 3: 1—21.

Roberts, H. (1957): An ecological study of the arthropods of a mixed woodland with
particular reference to the lithobiidae. Ph.D. Thesis, University of Southampton. 200 S.

Weidemann, G. (1971): Food and energy turnover of predatory arthropods of the soil surface. In: H. Ellenberg, Hrsg., Integrated Experimental Ecology. *Ecol. Studies* 2: 110—118.

Weidemann, G. (1972): Die Stellung epigäischer Raubarthropoden im Ökosystem Buchen-
Wald. Verh. dt. zool. Ges., 65. Jahresversammlung, S. 106—116.

Wignarajah, S. (1968): Energy dynamics of centipede populations (Lithobiomorpha, *L.
crassipes* and *L. forficatus*) in woodland ecosystems. Ph.D. Thesis, University of Durham.
168 S.

Anschrift des Verfassers:

Dipl. Biol. Anke M. Albert, II. Zoologisches Institut und Museum der Universität, Abt. Ökologie, Berliner Straße 28, D-3400 Göttingen.

Sonderdruck: Verhandlungen der Gesellschaft für Ökologie, Göttingen 1976.

NAHRUNGSSPEKTRUM UND NAHRUNGSKONNEX VON PTEROSTICHUS OBLONGOPUNCTATUS (F.) UND PTEROSTICHUS METALLICUS (F.) (COLEOPTERA, CARABIDAE)*

H. KOEHLER

Abstract

Food and food relations of *Pterostichus oblongopunctatus* (F.) and *P. metallicus* (F.) were studied in the German IBP-PT research area, a 125 year old beech stand (Luzulo-Fagetum) in the Solling mountains, by dissecting material from pitfall traps. They were emptied every fortnight throughout 1969. Both species showed to be almost entirely carnivorous on a wide range of prey. Although no food preference could be proved there was a close correlation between biology and phenology of predator and prey respectively. The availability of a certain species of prey is further influenced by peculiarities like hardness of the elytra, which may change during the life cycle.

Die Imagines der beiden Laufkäferarten *Pterostichus oblongopunctatus* und *P. metallicus* besitzen nach den Untersuchungen von Weidemann (1971, 1972) eine beträchtliche ökologische Relevanz im Ökosystem des Hochsolling-Buchenwaldes, die durch ihren Anteil von ca. 18% an der Biomasse aller epigäischen Räuber des Versuchsgebietes belegt wird (Weidemann in litt.). *P. oblongopunctatus*, eine eurytope Waldart, gehört zu den häufigsten Waldcarabiden Deutschlands (Thiele 1964). Auch *P. metallicus* ist ein sehr häufiger Laufkäfer der mon-

Tabelle 1 Charakteristische Daten von *Pterostichus oblongopunctatus* und *P. metallicus* im Solling (nach Weidemann 1972, und mündl. Mitt.).

	P. oblongo-punctatus	P. metallicus
Körperlänge	10 − 12 mm	13 − 15 mm
Körpergewicht	50 − 80 mg	100 − 150 mg
Anteil am Bestand der Carabiden	55% (häufigste Art)	17%
Anteil an Biomasse der Carabiden	62%	31%
Anteil an Biomasse aller epigäischer Räuber	beide Arten zusammen 18%	

* Solling-Projekt der Deutschen Forschungsgemeinschaft; Mitteilung Nr. 192.

tanen Gebiete Mitteleuropas (Lauterbach 1964). Einige charakteristische Daten
der beiden Arten sind der Tab. 1 zu entnehmen. Die Rolle der aufgrund ihrer
Umsatzleistungen bedeutenden beiden *Pterostichus*-Populationen wurde durch
eine Analyse ihrer Nahrungsbeziehungen, über die im folgenden berichtet wird,
und ihres Nahrungsumsatzes (Koehler 1976) näher spezifiziert.

Die Art der gefressenen Nahrung wurde mit Hilfe der klassischen Darminhaltsanalyse bestimmt (Forbes 1883). Diese Methode ist für beide Arten sehr
gut anwendbar, da sie ihre Nahrung schlucken und nicht, wie einige andere Cara-
bidenarten (z.B. Carabini, Agonini), präoral verdauen (Davies 1953). Im Darminhalt sind daher Chitinbruchstücke und andere unverdauliche Bestandteile zu

Tabelle 2. Die Nahrung von *Pterostichus oblongopunctatus* und *P. metallicus*
im Solling.

Beutetiere:		
Coleoptera	Curculionidae:	Polydrosus undatus
		Phyllobius argentatus
		Strophosomus melanogrammus
		Rhynchaenus fagi
	Elateridae:	Athous subfuscus
		Larve
	Staphylinidae	
	nicht näher bestimmbare Käfer	
Diptera	Fannia spec. (Larve)	
	Lonchoptera spec. (Larve)	
	Sciaridae spec. (Larve)	
	nicht näher bestimmbare Imagines	
Acari	Moosmilbe	
	Tyroglyphidae	
	nicht näher bestimmbare Milben	
Araneae	Coelotes (jung)	
	nicht näher bestimmbare Spinnen	
Aphidinae		
Collembola		
Lepidoptera	Raupen	
	nicht näher bestimmbare Schmetterlinge	
Andere Nahrung:		
Pflanzliche Bestandteile	Buchenpollen nicht näher bestimmbare	
	Fragmente	
Amorpher Nahrungsbrei	nicht näher bestimmbar	

finden, von denen auf die Art der aufgenommenen Nahrung geschlossen werden
kann. Die Identifikation erfolgt am sichersten mit Hilfe einer Fotokartei, in der
die gefundenen auffallenden Strukturen zusammengestellt sind. Durch Vergleich
mit Referenzpräparaten gequetschter Beutetiere kann die Herkunft eines
Nahrungspartikels dann genau bestimmt werden. In Tab. 2 sind die Bestandteile der Nahrung der Imagines der beiden untersuchten *Pterostichus*-Arten
zusammengefaßt.

Die Identifikation der Beute wird durch die verschiedensten charakteristischen Strukturen ermöglicht. So sind Schuppen gute Erkennungsmerkmale für
Lepidopteren, Collembolen und Curculioniden. Letztere können sogar bis zur
Art bestimmt werden. *Phyllobius argentatus* z.B. besitzt längliche, spitz zulau-
fende Schuppen, während die von *Strophosomus melanogrammus* oval und
kräftig strukturiert sind (Abb. 1 u. Abb. 2).

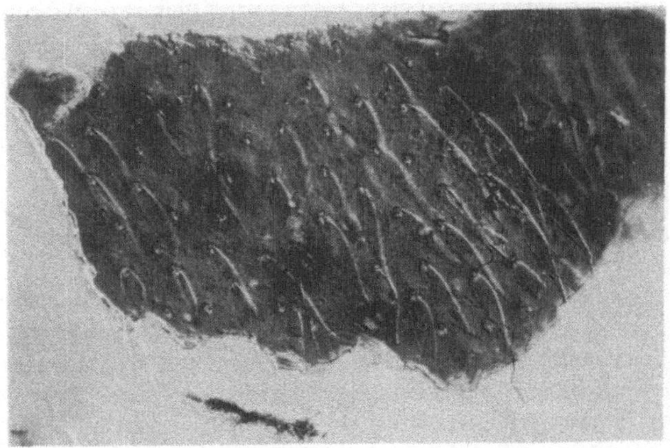

Abb. 1. Kutikulafragment von *Phyllobius argentatus* mit Schuppen.

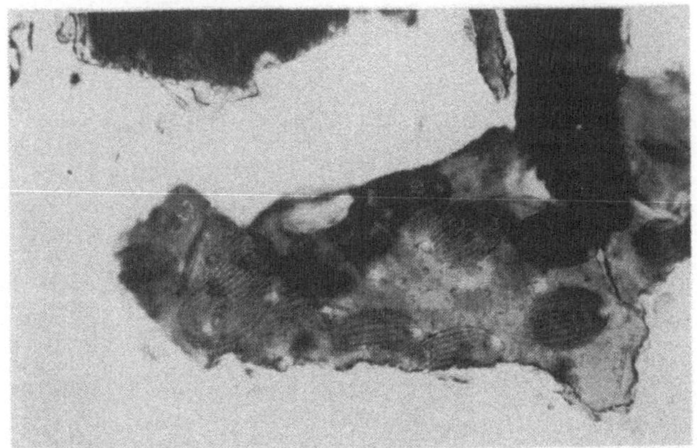

Abb. 2. Kutikulafragment von *Strophosomus melanogrammus* mit Schuppen.

105

Das Erkennungsmerkmal der Larven von *Fannia* (Abb. 3) und *Lonchoptera*,
zweier Dipteren, ist ihre charakteristisch gemusterte Körperoberfläche. Diese
Strukturen sind auch bei kleinen Bruchstücken noch eindeutig zu identifizieren.
Die Bestimmungsmerkmale der Beutetiere sind in Tab. 3 kurz aufgeführt. Die
Auswertung der Darminhaltspräparate birgt aufgrund der unterschiedlichen
Erkennbarkeit der einzelnen Bruchstücke einige Probleme. Sehr zarte Fragmente
können übersehen werden und dicke Bruchstücke sind im Durchlichtmikroskop
nur schlecht differenzierbar. Weiterhin ist der Informationsgehalt der im Darm-
inhalt auftretenden Partikel recht unterschiedlich. Bei einigen Beuteobjekten
reicht schon eine einzelne Schuppe oder ein winziger Splitter aus, um auf den
Ursprung der Nahrung schließen zu können, wie z.B. bei den erwähnten *Fannia*-
Larven.

Die untersuchten Laufkäfer stammen aus Formalinfallen, die 1969 im
Buchenaltbestand exponiert waren und in 14-tägigem Rhythmus geleert wurden
(Weidemann 1971a). Je Untersuchungszeitraum wurden i.d.R. 20 Käfer präpa-
riert. Um den prozentualen Anteil einer bestimmten Beute am Nahrungsspektrum
bestimmen zu können, wurde die Anzahl (m) von Käfern mit dieser Beuteart
und die Summe aller gefundenen Beutetiere (M) ermittelt. Der Quotient m/M
gibt dann Aufschluß über den Anteil einer Beuteart an der Nahrung der beiden
untersuchten Räuber. Wie Rudge (1968) bei seinen Untersuchungen über das
Nahrungsspektrum von *Sorex* nachwies, ist es meist nicht möglich, an Hand von
Darminhaltsuntersuchungen die Anzahl der gefressenen Beutetiere pro Räuberindividuum anzugeben. Daher wurde eine bestimmte Beuteart grundsätzlich nur
einmal pro Räuberindividuum notiert.

Die Ergebnisse der quantitativen Analyse des Darminhaltes sind in Kreisdia-
grammen dargestellt (Abb. 4). Es ist ersichtlich, daß die Zusammensetzung der
Nahrung für beide Arten sehr ähnlich ist. Qualitative Unterschiede treten nur bei
den erbeuteten Käfern auf: hier ist *P. metallicus* fähig, größere Tiere zu fressen
als der kleinere *P. oblongopunctatus*. Weiterhin nehmen die Collembolen bei *P.
metallicus* einen größeren Teil des Spektrums ein als bei *P. oblongopunctatus*.

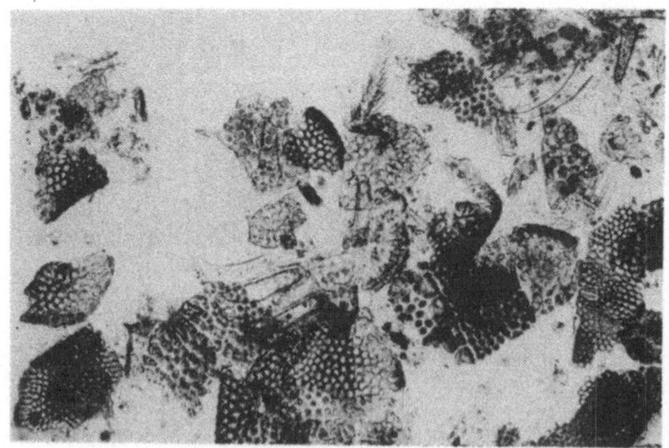

Abb. 3.   Kutikulafragment von *Fannia* spec.

Für beide Arten läßt sich sagen, daß ihre Hauptnahrungsobjekte Coleopteren, Aphiden und Collembolen sind. Weiterhin werden *Fannia-* und *Lonchoptera-*Larven sowie Lepidoptera und ihre Larven häufig erbeutet. Spinnen, Milben, Dipteren (Imagines und Larven) und verschiedene nicht exakt ansprechbare Objekte stellen unter der Kategorie „Sonstiges" ebenfalls eine wichtige Nahrungsquelle dar. Pflanzenreste machen nur einen geringen Prozentsatz aus und sind zudem wahrscheinlich sekundäre Nahrungsbestandteile (Davies 1953).

Anders als der nur wenig größere *P. madidus*, der überwiegend größere Beuteobjekte frißt (Luff 1974), ernähren sich unsere beiden *Pterostichus*-Arten in erheblichem Umfang von Kleinformen wie Collembolen und Blattläusen. Es stellt sich die Frage, welche Faktoren das potentielle Nahrungsangebot beschränken und wovon die Verfügbarkeit der Beute beeinflußt wird. Die jahreszeitlich

Tabelle 3. Identifikationsmerkmale der Nahrung von *P. oblongopunctatus* und *P. metallicus* im Solling.

BEUTE	ERKENNUNGSMERKMAL
Curculionidae	Schuppen; Bestimmung bis zur Art möglich
Staphylinidae	Chagrinierung der Vorderränder der Tergite; Chitinstrukturen, Mundwerkzeuge
Elateridenlarven u. a. Käferlarven	Borsten der Mundzone; Mundwerkzeuge
Fannialarven und -puppen	Hammerschlagmuster, schon bei kleinsten Bruchstücken eindeutig; laterale Chitinstacheln
Lonchopteralarven	Netzartig gemusterte Körperoberfläche
Diptera	Extremitäten-, Fühlerfragmente
Acari	Extremitätenfragmente, Analplatten
Araneae	gezähnte Klauen; Körper- und Extremitätenstücke sind manchmal nur schwer von Dipterenfragmenten zu unterscheiden
Aphidinae	Mundwerkzeuge, ringförmige Strukturen der Körperoberfläche; Augen; Fühler-, Extremitäten-, Flügelfragmente
Collembola	Schuppen
Lepidoptera	Schuppen; Chitin; Schmetterlingsraupen wurden an Hand d. sichelförmigen Chitinhaken ihrer Kranzfüße erkannt
Puppen (?) (Frank, 1967)	Amorph

Nicht identifizierbar waren weichhäutige Beutetiere wie z.B. Schnecken

Neben Resten tierischer Nahrung fanden sich auch Buchenpollen, Holzpartikel und andere nicht näher bestimmbare Pflanzenteile

differenzierte Darminhaltsanalyse ergab keine Hinweise auf eine Nahrungspräferenz; d.h. ein gezieltes Aufsuchen und Auswählen der Beute ist höchst unwahrscheinlich. Es konnte vielmehr festgestellt werden, daß die Koinzidenz von Räuber und Beute von deren Biologie und Phänologie bestimmt wird.

Ein Tier muß im Stratum der Räuber vorhanden sein, um als Beute in Frage

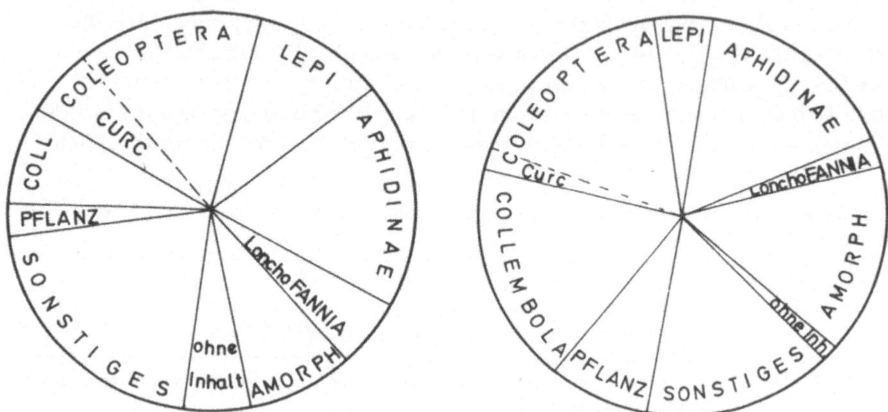

Abb. 4. Anteil verschiedener Beuteobjekte an der Nahrung (Darminhalt) von *P. oblongopunctatus* (links) und *P. metallicus* (rechts n = 64)

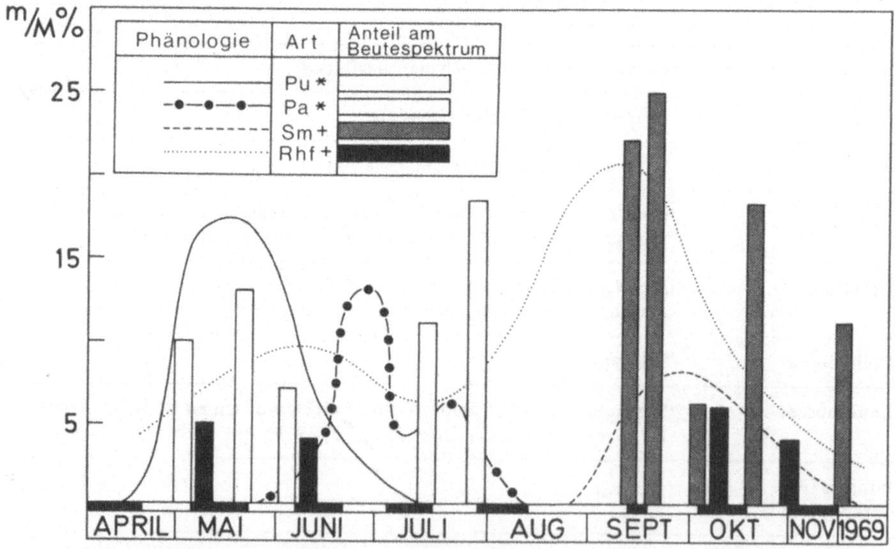

Abb. 5. Phänologie der Curculioniden *Polydrosus undatus*[1], *Phyllobius argentatus*[1], *Strophosomus melanogrammus*[2] und *Rhynchaenus fagi*[2] und ihr Auftreten in der Nahrung von *Pterostichus oblongopunctatus* ([1] Boden- und Baumphotoeklektorfänge, nach Schauermann 1973, [2] Baumphotoeklektor- und Schüttelfänge, nach Grimm 1973).

108

zu kommen. Ständige Bewohner der Streuschicht sind unter anderem Collembolen, Elateriden- und Fannia-Larven. Doch auch bei diesen ständigen Streubewohnern muß ihre Biologie berücksichtigt werden, wie an Hand der Diptere *Fannia* spec. verdeutlicht werden soll. Ihr Larvenstadium erstreckt sich vom Spätsommer bis Anfang Juli (Altmüller mündl.). Folglich kommen während einer kurzen Sommerperiode *Fannia*-Larven als Nahrung nicht in Frage. Diesen

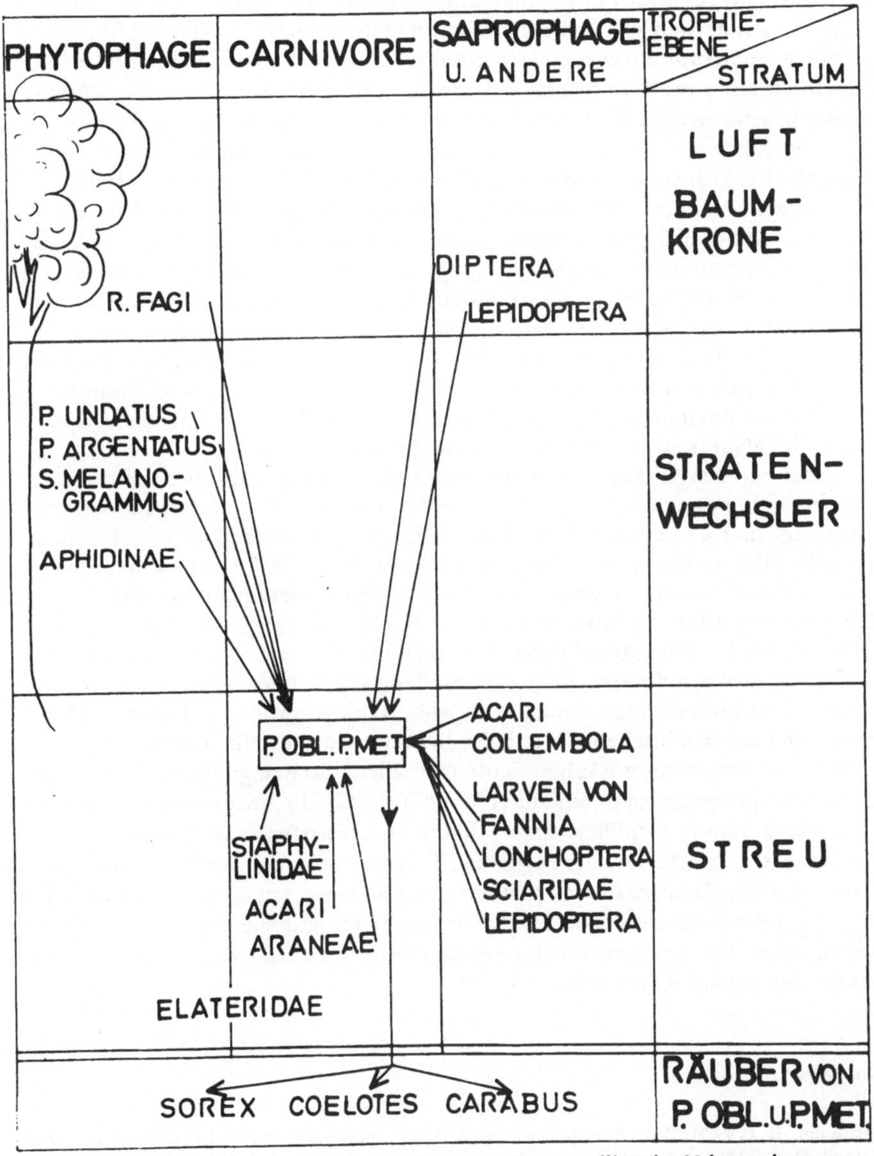

Abb. 6.   Die Stellung von *P. oblongopunctatus* und *P. metallicus* im Nahrungskonnex.

phänologischen Daten entsprechen die Befunde der Darminhaltsanalysen: *Fannia*-Larven werden bis Juli und ab Anfang Oktober erbeutet.

Nur zeitweise in der Streu vertreten sind Tiere, die sich im Boden entwickeln und nach dem Schlüpfen das Stratum wechseln, wie z.B. einige Curculionidenarten. *Polydrosus undatus, Phyllobius argentatus* und *Strophosomus melanogrammus* wandern zum Reifefraß in die Buchenkronen und sind daher kurz nach dem Schlüpfen in der Streu anzutreffen. Zur Eiablage suchen sie wiederum den Boden auf (Grimm 1973, Schauermann 1973). Die Befunde der Darminhaltsanalysen decken sich weitgehend mit diesen biologischen Daten (Abb. 5). Lediglich bei *Strophosomus melanogrammus* traten Unregelmäßigkeiten auf, die jedoch mit Hilfe von Fütterungsversuchen geklärt werden konnten. *S. melanogrammus* wird, wie die Darminhaltsuntersuchungen ergaben, nur im Herbst gefressen, zu einer Zeit also, wo diese Curculionidenart schlüpft und zum Fraß in die Buchenkronen wandert (Jungkäferfraß). Im Frühjahr jedoch, wenn *S. melanogrammus* nach der Überwinterung zum Reifefraß in die Baumkronen wandert, wird er nicht mehr erbeutet. Die Fütterungsversuche mit Exemplaren aus der Herbst- und aus der Frühjahrspopulation zeigten, daß das Chitin der Rüsselkäfer im Frühjahr von den Räubern nicht mehr geknackt werden kann, da es während der Winterruhe erhärtet ist.

Von *Rhynchaenus fagi*, einer kleinen Rüsselkäferart, die sich in den Buchenkronen entwickelt, werden vermutlich nur die durch Wind von den Bäumen geschlagenen Exemplare erbeutet. Sie treten zu Perioden ihrer höchsten Abundanzen im Nahrungsspektrum von *P. oblongopunctatus* auf.

Außer von den Eigenschaften der Beutetiere wird das Nahrungsspektrum von der Biologie der Räuber geprägt. Die Weibchen von *P. metallicus* betreiben Brutpflege und sind etwa 14 Tage lang völlig inaktiv (Weidemann 1971b). Sie bewachen ihre Gelege und nehmen keine Nahrung auf. Die Aktivität der Männchen ist ebenfalls stark eingeschränkt. Daher kann *P. metallicus* das während dieser Periode arten- und individuenreiche Nahrungsangebot nicht nutzen, im Gegensatz zu *P. oblongopunctatus*, der im Juli noch ziemlich aktiv ist.

Die aus diesen Befunden ableitbare Stellung von *P. oblongopunctatus* und *P. metallicus* im Nahrungskonnex ist in Abb. 6 mit Angabe der Stratenzugehörigkeit und der trophischen Gruppe der Beutetiere dargestellt. Auf der Ebene der beiden untersuchten Räuber werden vor allem die Energieflüsse der Phyto- und Detritophagenkette miteinander verknüpft, d.h. die Imagines von *P. oblongopunctatus* und *P. metallicus* haben Anteil an mindestens zwei Komponenten des Gesamtenergieflusses. Der folgenden Trophieebene, der die Carnivoren *Sorex* (Topcarnivor), *Coelotes* und *Carabus* angehören, steht u.a. die in der Produktion (P_{growth}) der beiden *Pterostichus*-Arten festgelegte Energiemenge zur Verfügung. Neben diesen drei nachgewiesenen Feinden kommen auch Vögel als Räuber der beiden untersuchten Laufkäfer in Frage.

Literatur

Altmüller, R. (1976): Zum Energieumsatz von Dipteren im Buchenwald (Luzulo-Fagetum).
Babbel, O. (1975): Untersuchungen an Soricidenmaterial aus einem definierten Fanggebiet

des Solling. Unveröffl. Staatsexamenarbeit, TiHo Hannover.

Davies, M.J. (1953): The contents of the crops of some british carabid beetles. *Ent. mon. mag.* 89: 18—23.

Forbes, S.A. (1883): The food relations of the carabidae and coccinellidae. *Ill. St. Lab. Nat. Hist. Bull.* 1: 33—64.

Forbes, S.A. (1884): Notes on insectivorous coleoptera. *Bull. Ill. St. Lab. Nat. Hist.* 1 (3): 168—176.

Frank, J.H. (1967): The insect predators of the pupal stage of the winter moth, Operophtera brumata. *J. Anim. Ecol.* 36: 375—389.

Grimm, R. (1973): Zum Energieumsatz phytophager Insekten im Buchenwald (1). *Oecologia* 11: 187—262.

Hartmann, P. (1974): Die Staphylinidenfauna verschiedener Waldbestände und einer Wiese des Solling. Diplomarbeit, Göttingen.

Hassell, M.P., Lawton, J.H. & Beddington, J.R. (1976): The components of arthropod predation (1) The prey-death rate. *J. Anim. Ecol.* 45 (1): 135—165.

Lauterbach, A.W. (1964): Verbreitungs- und aktivitätsbestimmende Faktoren bei Carabiden in sauerländischen Wäldern, Abh. Landesmus. Naturkunde Münster, W.

Luff, M.L. (1974): Adult and larval feeding habits of *Pterostichus madidus* (F.) (Coleoptera: Carabidae). *Dep. of Agricult. Zool.* 26: 1—103.

Rudge, M.R. (1968): The food of the common shrew *Sorex araneus* in Britain. *J. Anim. Ecol.* 37: 365—542.

Schauermann, J. (1973): Zum Energieumsatz phytophager Insekten im Buchenwald (2). *Oecologia* 13: 313—350.

Thiele, H.-U. (1964): Experimentelle Untersuchungen über die Ursachen der Biotopbindung bei Carabiden. *Z. Morph. Ökol. Tiere* 53: 387—452.

Weidemann, G. (1971): Zur Biologie von *Pterostichus metallicus* (Coleoptera, Carabidae). *Faun. ökol. Mitt.* 4: 30—36.

Weidemann, G. (1971a): Food and energy turnover of predatory arthropods of the soil surface. Methods used to study population dynamics, standing crop and production. *Ecol. Studies* 2: 110—118.

Weidemann, G. (1972): Die Stellung epigäischer Raubarthropoden im Ökosystem Buchenwald. *Verh. d. Dtsch. Zool. Ges.* 65: 106—116.

Anschrift des Verfassers:

Dipl. Biol. Hartmut Koehler, II. Zoologisches Institut der Universität, Abt. Ökologie, Berliner Straße 28, D-3400 Göttingen.

ZUR ABUNDANZ- UND BIOMASSENDYNAMIK DER TIERE IN BUCHEN-WÄLDERN DES SOLLING*

J. SCHAUERMANN

Abstract

The abundance- and biomass-dynamics of the dominant animal groups were determined in a beech forest (Luzulo-Fagetum, 129 years old, 1976). High annual mean values for density and biomass were found for the following groups: Enchytraeidae (76000 Ind./m^2; 15 kg dry weight/ha), soil living Acari (214000 Ind./m^2; 9,2 kg dry weight/ha) and Collembola (63000 Ind./m^2; 2,4 kg dry weight/ha). For soil living larvae of Nematocera the max. values were 14360 Ind./m^2 and 10,6 kg dry weight/ha. The biomass determined with ground-photoeclector (Production an Imagines) per year is 14 kg dry weight/ha (4700 Ind./m^2·year). Hatching abundance and body size of the weevil *Phyllobius argentatus* L. showed significant correlation with one another.

1. Einführung

Die Populationsparameter Individuendichte und Biomasse sind zwei charakteristische Grössen zur Beschreibung von Struktur und Dynamik der Zoozönose. Es war das Ziel der zoologischen Arbeitsgruppe im Rahmen des Solling-Projekts der DFG, Abundanz und Biomasse der wichtigsten Tierpopulationen im Sauerhumus-Buchenwald *(Luzulo-Fagetum)* zu erfassen (Funke 1971, 1973). Neben den Einzelarbeiten an wichtigen Tierpopulationen (s. Funke 1977) wurde in allen Untersuchungsflächen ein Minimumprogramm (Funke 1971, Grimm et al. 1975) durchgeführt. Als Fangmethode stand hierbei der Boden-Photoeklektor im Mittelpunkt. Damit sind sehr genaue Angaben zu Schlüpfdichte und -biomasse möglich. Daraus kann ein Teilwert der sekundären Produktion, die „Produktion an Imagines" (Funke 1971) berechnet werden.

2. Ergebnisse

2.1. *Abundanzdynamik*

Die Dichten der tierischen Populationen schwanken durch Geburt und Tod, sie oszillieren. Durch fortlaufende Registrierung dieser Oszillation innerhalb einer Generation oder einer Vegetationsperiode lassen sich Durchschnittswerte bzw. Minima und Maxima der Abundanzen ermitteln. Somit ist ein übersichtlicher Vergleich der mittleren Dichten aller Tiergruppen im Ökosystem und mit ande-

*Ergebnisse des Solling-Projekts der DFG (IBP), Mitteilung Nr. 193.

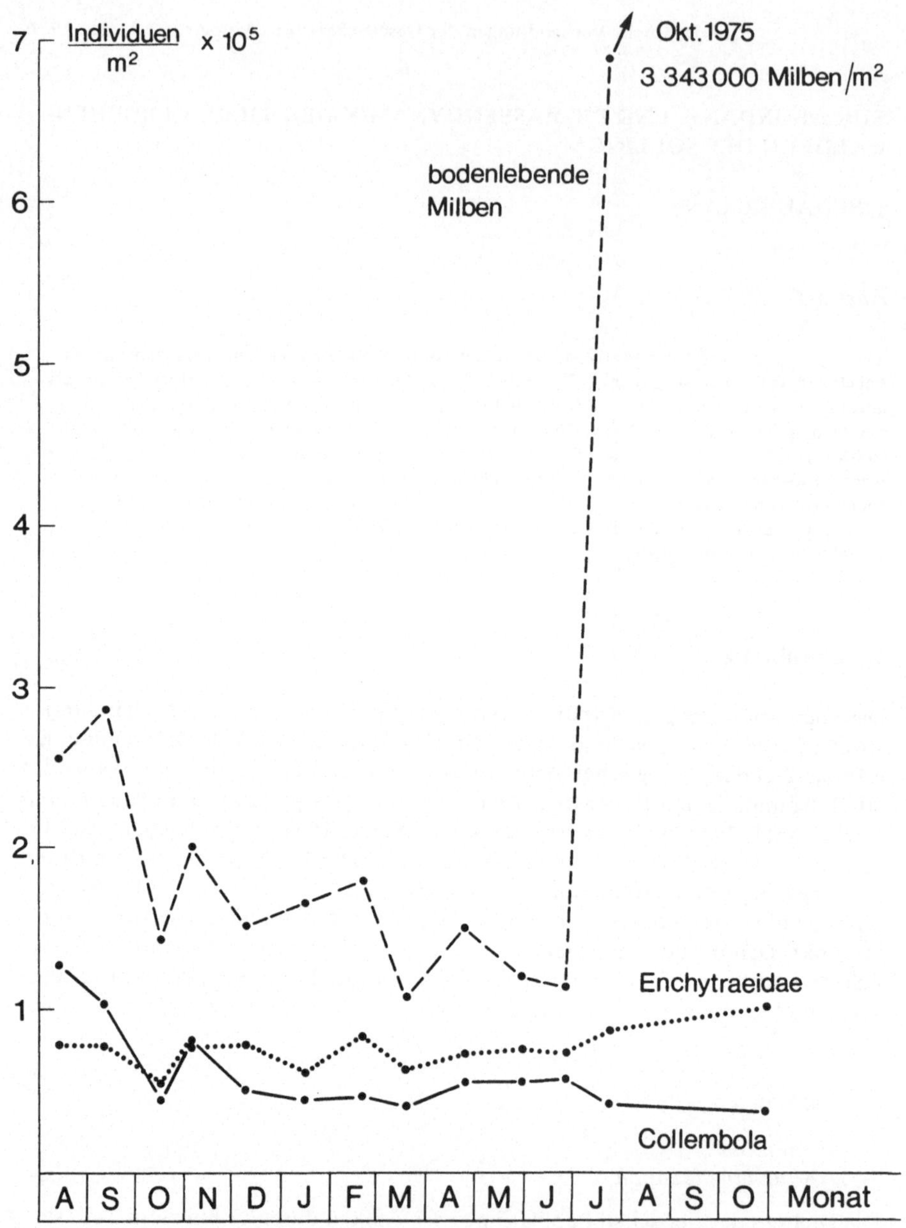

Abb. 1. Oszillationen der Populationsdichte bei *Enchytraeidae* (n = 9), bodenlebenden *Acari* (n = 3) und *Collembola* (n = 3) im Altbuchenbestand (B$_{1\,a}$, 1974/75). n gibt Teilauswertung der Grundgesamtheit von 12 Stichproben an. Probentiefe bis −2 cm (*Acari, Collembola*) bzw. −6 cm (*Enchytraeidae*) im Mineralhorizont (B-Horizont; Babel 1971). Extraktionsverfahren der Bodenproben nach O' Connor (1971) und Macfadyen (1962a, b).

114

ren Ökosystemen möglich. In Abb. 1 sind am Beispiel der Enchytraeiden, bodenlebenden Milben und Collembolen im Altbuchen-Bestand (B_{1a}, 129 Jahre alt,
1976) die intraannuären und intrazyklischen Dichteschwankungen (Schwerdtfeger 1968) dargestellt. Höchste Abundanzwerte finden wir bei den genannten
Gruppen im Herbst bei einem hohen Anteil an Jugendstadien. Zeitgleich und an
denselben Einzelprobestellen meiner Untersuchungen an Enchytraeiden, Milben
und Collembolen führte Hartmann (1974/75) seine Arbeiten durch, die entsprechende Ergebnisse zur Abundanzdynamik für Staphyliniden (Hartmann
1977), *Araneae* (Albert, R. 1977) und Chilopoden (Albert, A. 1977) erbrachten.
McColl & Hartmann (unveröffentlicht) konnten mit Hilfe dieser Materialserien
nachweisen, dass einige Species der Staphyliniden an verschiedenen Enchytraei-
denpopulationen räuberisch leben. Damit ist ein erster Ansatz zur Kausalanalyse
der gegenseitigen Beeinflussung von wichtigen Räuber-Beutesystemen bei Boden-
tieren des Luzulo-Fagetums durchgeführt, die sich in gleichsinnigen oder gegen-
sinnigen Oszillationsverläufen der Dichte ausdrückt.

In Tab. 1 sind die Jahresmittelwerte der Abundanz (bzw. die Minimal- und
Maximalwerte) der wichtigsten Tierpopulationen des Hainsimsen-Buchenwaldes
aufgeführt. Nur für Einzeller und Fadenwürmer liegen zur Zeit noch keine Angaben vor. Die meisten Tiere hoher Populationsdichten sind an die Boden-Streuschicht gebunden. Anders als im Kalk-Buchenwald (*Melico-Fagetum*), z.B. der
Umgebung Göttingens, mit seinen großen Zersetzern wie Schalenschnecken, Regenwürmern, Asseln und Doppelfüssern erreichen im *Luzulo-Fagetum* die *Enchytraeidae* mit 76000 Ind./m^2, bodenlebende *Acari* mit 214000 Ind./m^2 und
Collembola mit 63000 Ind./m^2 im Jahresmittel sehr hohe Dichten. Im Oktober
1975 fand ich sogar 3343000 Milben/m^2. In oben genannten Mittelwert der
Dichte bei *Acari* geht dieses Ergebnis nicht ein. Es ist das Vielfache bisher in der
Literatur genannter Maximalwerte der Abundanz für terrestrische Ökosysteme
überhaupt. Für Laub- und Nadelwaldökosysteme der gemäßigten Zone werden
überwiegend niedrigere Dichten der obengenannten Bodentiere angegeben (z.B.
O' Connor 1957, Petersen 1972). Die durchschnittlichen Werte der Populationsdichten im Solling dagegen sind Angaben sehr ähnlich, die verschiedene Autoren
für boreale subalpine Nadelwälder machen (u.a. Abrahamsen 1972, Huhta 1967,
Kitazawa 1971). Entsprechende Abundanzwerte in der älteren Literatur sind in
vielen Fällen als zu niedrig anzusehen, da die Untersuchungen meist methodisch
nicht das in Phillipson (1971) geforderte Niveau erreichen konnten.

Unter den pterygoten Insekten des Buchenwaldes im Solling sind die *Nematocera* mit 14000 Larven/m^2 im L-, F-Horizont des Bodens als Jahresmaximum
(im Herbst) die individuenstärkste Gruppe (Altmüller 1976).

Langfristig gültige Daten der Abundanz sind nur zu ermitteln, wenn auch die
Fluktuationen gemessen werden. Jeweils zu bestimmten Zeitpunkten oder in be-
stimmten Entwicklungsstadien der Tiere muß die Populationsdichte über längere
Zeit untersucht werden. Daraus läßt sich eine mittlere ökosystemtypische Dichte
(Grimm et al. 1975) errechnen. In Abb. 2 sind Beispiele der Dichtefluktuation
von 1968 bis 1976 in verschiedenen Buchenbeständen für adulte Rüssel- und
Schnellkäfer zum Zeitpunkt des Schlüpfens am Boden dargestellt. Auffällig ist,
daß innerhalb der Gruppe der Curculioniden mit rhizophagen Larvenstadien die
Art *Phyllobius argentatus L.* mit einjähriger Entwicklung immer die höchste In-

Tabelle 1. Jahresmittelwerte (Minimal-Maximalwert) der Populationsdichte und -biomasse großer freilebender Tiergruppen des Altbuchenbestandes (B1a) im Solling. a — Biomasse berechnet nach Kitazawa, 1971; b — Biomasse berechnet nach Dunger, 1968; c — *Diptera* ohne *Phoridae* und seltene Gruppen; B_4 — 60jähriger Buchenbestand (1970). *Enchytraeidae, Acari, Collembola* nach Schauermann (unveröffentlicht). Übrige Daten nach Albert, A. (1977); Albert, R. (1973, 1977); Altmüller (1976); Dirks (1973); Funke (1972, 1973); Grimm (1973); Grimm et. al. (1975); Hartmann (unveröffentlicht); Schauermann (1973, 1977); Scherner (1976, unveröffentlicht); Strey (1972); Weidemann (1972); Winter (1972).

Gruppe	Abundanz (Ind./m²)	Biomasse (mg TG/m²)	Anmerkung
Enchytraeidae	76 000 (54 000—101 000)	(1511^a)	1974/75
Araneae bodenlebend	796 (585—1001)	165	1972
Acari bodenlebend	214 000 (106 000—688 000)	(922^a)	1974/75; Okt. 75 Einzelwert 3 343 000 Ind./m²
Chilopoda	73 (35—164)	151 (76—288)	1972—75 (Mittelwert)
Collembola	63 000 (26 000—103 000)	(243^b)	1974/75
Dermaptera	16	111,5	1973, beim Schlüpfen am Boden
Psocoptera	39	5,58	,,
Thysanoptera	34	0,26	,,
Heteroptera	15	6,00	,,
Auchenorrhyncha	4	0,5	,, nur Cicadina
Carabidae	0,7—5,5	30—160	1969/70, Adulte
Curculionidae	128—463	125—316	1968—74 (Mittelwert)
Staphylinidae	161—528	66—138	1972—75 (Mittelwert)
Elateridae	151—478	310—1364	1971
Coleoptera sonst.	20	15	1973, beim Schlüpfen am Boden
Hymenoptera-Apocrita	295	10,2	,,
Lepidoptera	1010	+	B_4, 1968—70 Mittelwert (Altraupen)
Nematocera^c	352—14 360	40—1060	1972/73
Brachycera u. Cyclorrhapha^c	48—378	18—148	1972/73
Aves	ca. 1,5/ha	ca. 103 g/ha	1973, Dichte = Brutpaare, Biomasse als Frischgew.

dividuendichte aufweist. Deutliche Unterschiede zwischen Buchenwäldern verschiedenen Alters bestehen nicht.

2.2. Biomassendynamik

Tiergruppen mit höchster Biomasse im Jahresmittel (Tab. 1) sind die *Nematodes*,

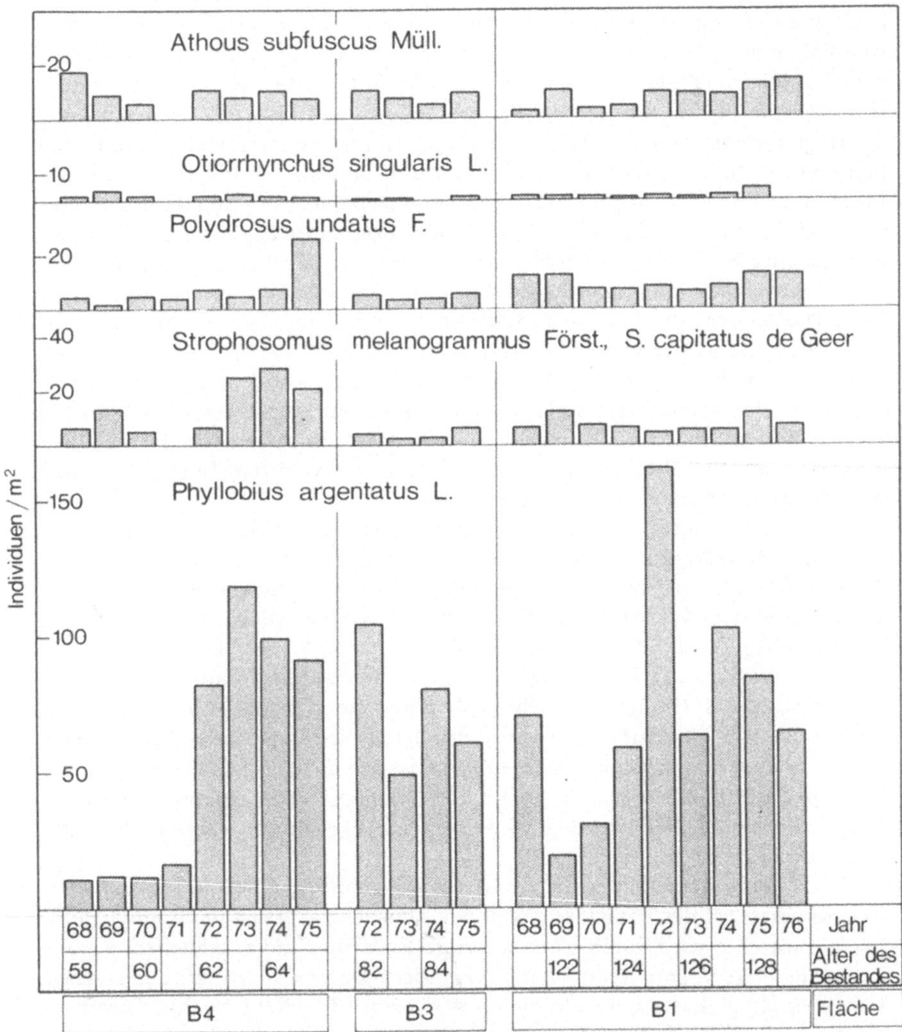

Abb. 2. Fluktuationen der Schlüpfdichte am Boden bei rhizophagen Rüsselkäfern und dem Schnellkäfer *Athous subfuscus Müll.* in verschiedenen Hainsimsen-Buchenwäldern ($B_{1\,a}$, B_3, B_4) nach Boden-Photoeklektoren (n = 4–16, 1968–1976). 1968 bis 1971 Angaben für *Otiorrhynchus singularis L.*, *Strophosomus spp.* und *Athous subfuscus* nach Grimm (1973) und Strey (1972). 1971 in B_4 fehlen einige Daten.

Enchytraeidae (15 kg TG/ha), *Acari* (9 kg TG/ha), *Collembola* (2,5 kg TG/ha). Hohe Maximalwerte erreichen die *Chilopoda* (3 kg TG/ha), *Curculionidae* (3 kg TG/ha), *Elateridae* (14 kg TG/ha) und *Nematocera* (10 kg TG/ha).

2.3. Abundanz und Biomasse beim Stratenwechsel

Mit dem Boden-Photoeklektor sind für alle Tiere, die obligatorisch einen Stratenwechsel von der Boden-Streuschicht in die Vegetationsschicht durchführen, leicht genaue Angaben zu Schlüpfdichte und -biomasse zu erhalten. In den meisten Fällen werden die adulten Stadien gefangen. Aus der Biomasse der Tiere beim Schlüpfen läßt sich ein Teilwert der Produktion, die „Produktion an Imagines" (Funke 1971) bestimmen. Funke (1973) und Thiede (1975) diskutierten die Möglichkeiten, auf dieser Basis den Gesamtenergieumsatz vieler Populationen pterygoter Insekten abzuschätzen. In Abb. 3, 4 und Tab. 2 sind am Beispiel des Jahresfangs 1973 im Altbuchenbestand die Anteile der einzelnen Gruppen pterygoter Insekten an Schlüpfdichte und „Produktion an Imagines" pro Jahr dargestellt (s. auch Schauermann 1977). Streuzersetzende Mücken und dort vor allem die Trauermücken (*Sciaridae*) ragen mit 83,6% der Individuendichte und 43,4% (6 kg TG/ha) der „Produktion an Imagines" heraus. Insgesamt 4700 Ind./m^2 bzw. 14 kg TG/ha pterygoter Insekten schlüpfen 1973 aus dem Boden. Das ist Angaben sehr ähnlich, die Thiede (1975) für Siebenstern-Fichtenforste des Solling macht. Im Buchenwald verlassen allein schon im Frühjahrsaspekt 3800 Ind./ m^2 den Boden. Neben Sciariden dominieren vor allem parasitische Hymenopteren (Sommer) und *Brachycera* zusammen mit dem *Cyclorrhapha* (Hochsommer, Herbst) in den anderen Jahresaspekten.

Betrachtet man statt der Individuendominanz die Anteile der Gruppen an der „Produktion an Imagines" (Abb. 4, Tab. 2), verschiebt sich das Bild zugunsten der Tierpopulationen mit Arten hohen individuellen Körpergewichts. Schnellkäfer (*Elateridae*, 4,7%, 0,7 kg TG/ha), rhizophage Rüsselkäfer (*Curculionidae*, 12,4%, 1,7 kg TG/ha), Ohrwürmer (*Dermaptera*, 8%, 1,1 kg TG/ha), Schmetterlinge (*Lepidoptera*, 13,2%, 1,8 kg TG/ha) und *Brachycera* zusammen mit den *Cyclorrhapha* (11,1%, 1,6 kg TG/ha) haben hier einen relativ höheren Anteil als die *Nematocera*. Im Frühjahrsaspekt dominieren die *Nematocera*, *Dermaptera*, *Curculionidae*, *Elateridae* und *Lepidoptera*. In den übrigen Jahreszeiten haben *Dermaptera* (Sommer), *Brachycera* und *Cyclorrhapha* (Hochsommer, Herbst), *Strophosomus ssp.* (Herbst) und *Coleoptera* sonstige (Sommer) die größten Anteile.

Eine direkte Bestimmung der Biomasse beim Verlassen des Bodens aus dem fixierten Material der Fangdose des Boden-Photoeklektors ist nicht möglich. Das Tiermaterial wird durch die Pikrinsäure-Fixierung und anschließende Konservierung in 70 %igem Äthylalkohol verändert. Durchschnittlich verliert das Tiermaterial bei dieser Behandlung 30—40% seines Trockengewichts. Dieses Ergebnis erhielt ich aus einem Vergleich des Trockengewichts des Fangdosen-Materials von 1973 mit individuell ermittelten Werten der in Tab. 1, 2 genannten Autoren.

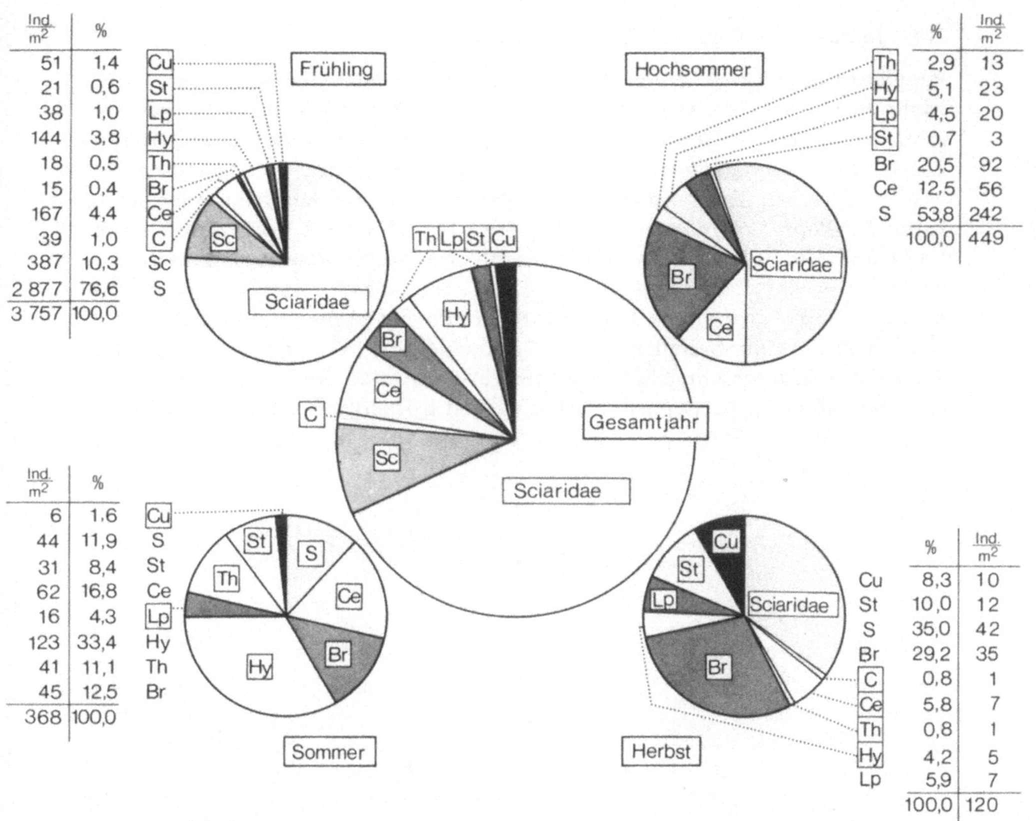

Abb. 3. Schlüpfdichte pterygoter Insekten am Boden im Altbuchenbestand (B_{1a}) nach Boden-Photoeklektoren (n = 3, 1973, zentrales Diagramm). Kleine Diagramme sind Teilaspekte. Frühling (28. 3. − 14. 6.), Sommer (14. 6. − 12. 7.), Hochsommer (12. 7. − 6. 9.), Herbst (6. 9. − 7. 11.). *Diptera* nach Altmüller (1976), *Staphylinidae* nach Hartmann (unveröffentlicht).

Abkürzungen		% Ind. $\dfrac{}{m^2 \times \text{Jahr}}$	Ind. $\dfrac{}{m^2 \times \text{Jahr}}$
C	— Chironomidae, Ceratopogonidae	0,9	40
Ce	— Cecidomyiidae	6,2	292
Br	— Brachycera und Cyclorrhapha	3,9	187
Cu	— Curculionidae	1,4	67
Hy	— Hymenoptera	6,3	295
Lp	— Lepidoptera, Planipennia, Cicadina, Dermaptera, Coleoptera sonstige	1,7	81
S	— Sciaridae	68,3	3205
Sc	— Sciophilidae	8,2	387
St	— Staphylinidae	1,4	67
Th	— Thysanoptera	1,7	73
		100,0	4694

119

Populationen mit großen Dichteschwankungen von einer Generation zur nächsten können Unterschiede der durchschnittlichen individuellen Körpergröße und damit des Gewichts aufweisen (Schwerdtfeger 1968; Kuno & Hokyo 1970). Daher kann die mittlere Biomasse in wenigen Jahren nur angenähert bestimmt werden. An frisch aus dem Boden geschlüpften Adulten des Rüsselkäfers *Phyllobius argentatus L.* wurden 1968 bis 1976 die Körpermasse Thoraxbreite und Elytrenlänge, sowie die Schlüpfdichte im Altbuchenbestand (B_{1a}) bestimmt (s. Abb. 2). In Jahren hoher Dichte finden wir kleine Tiere, in Jahren niedriger Dichte große Tiere (Abb. 5). Innerhalb eines Untersuchungsjahres können an Einzelprobestellen (Boden-Photoeklektor) mit hoher Schlüpfdichte Tiere mit überdurchschnittlicher Körpergröße auftreten und umgekehrt. Ich erwarte, daß nachzuweisen ist, daß Dichte und Körpergröße durch Klimafakto-

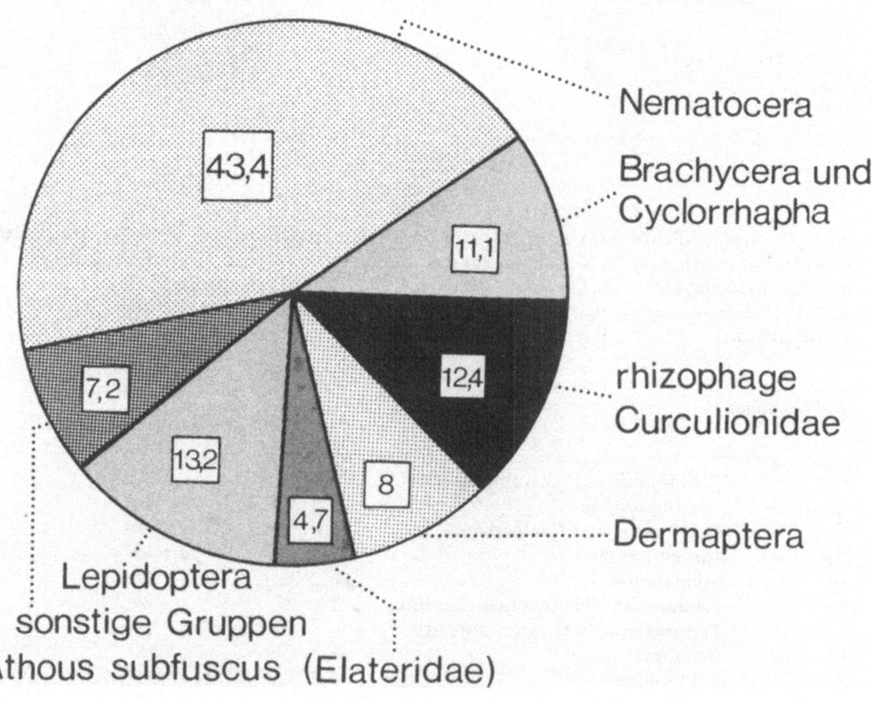

Abb. 4. „Produktion an Imagines" errechnet aus der Biomasse am Boden schlüpfender Insekten im Altbuchenbestand (B_{1a}) nach Boden-Photoeklektoren pro Jahr und m² (n = 3, 1973, Einzeldaten s. Tab. 2).

Tabelle 2 Phänologie der „Produktion an Imagines" im Sauerhumus-Buchenwald (B1a, 1973). Berechnet nach der Biomasse beim Schlüpfen am Boden, nach Boden-Photoeklektoren (n = 3).

Gruppe oder Art	mg Trockengewicht pro m²					Biomasse berechnet nach:
	Frühjahr 28. 3 — 14. 6.	Sommer 14. 6. — 12. 7.	Hochsommer 12. 7. — 6. 9.	Herbst 6. 9. — 7. 11.	Gesamtjahr 28. 3. — 7. 11.	
Psocoptera	0,14	4,67	0,77	—	5,58	Thiede 1975
Thysanoptera	0,13	0,06	0,06	0,01	0,26	,,
Dermaptera	60,00	25,00	18,57	7,93	111,50	Schauermann
Heteroptera	0,80	3,87	1,33	—	6,00	Thiede 1975
Cicadina	0,12	0,04	0,32	—	0,48	,,
Phyllobius argentatus	99,59	15,13	—	—	114,72	Schauermann 1973
Polydrosus undatus	15,47	—	—	—	15,47	,,
Strophosomus melanogrammus	4,64	—	—	25,94	30,58	Grimm 1973
S. capitatus, var. rufipes						
Otiorrhynchus singularis	11,00	—	—	—	11,00	,,
						Grunert 1974
Staphylinidae	4,20	6,27	0,60	2,40	13,47	Hartmann 1974
Athous subfuscus	57,05	8,75	—	—	65,80	Strey 1972
Coleoptera sonstige	14,98	4,88	23,40	19,56	62,82	Thiede 1975
						Weidemann 1972
Planipennia	—	0,42	2,06	—	2,48	Thiede 1975
Mymaridae (Hymenoptera)	1,08	0,87	0,06	0,03	2,04	,,
Hymenoptera — Apocrita sonst.	1,80	2,87	3,07	0,40	8,14	,,
Nematocera[+]	Einzelwerte Diptera, s. Altmüller 1976				607,00	Altmüller 1976
Brachycera u. Cyclorrhapha[+]					155,00	,,
Chimabacche fagella F.	160,08	—	—	—	160,08	Winter 1972
Lepidoptera sonstige	19,50	3,9	1,3	—	24,70	Thiede 1975
					1397,12	

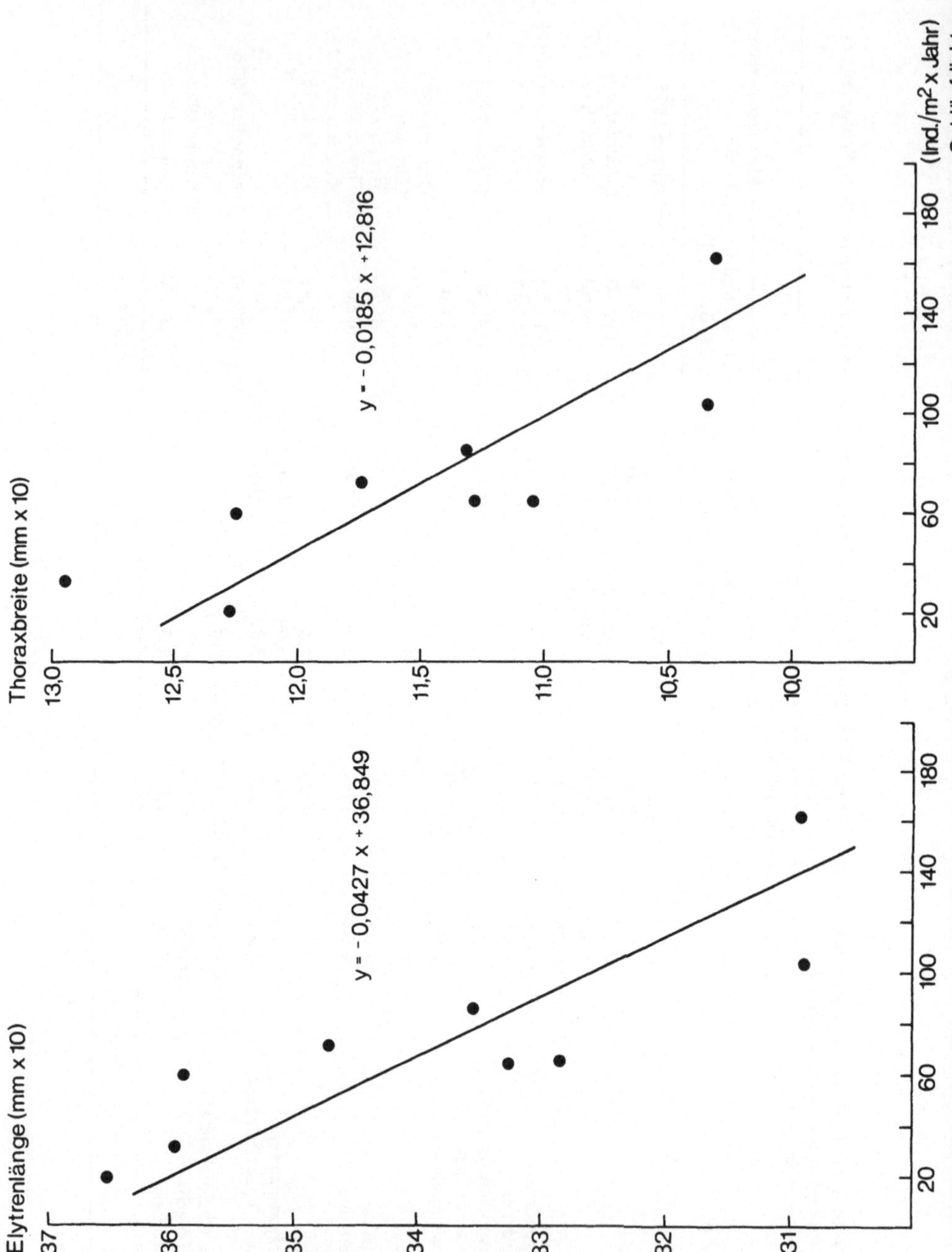

Abb. 5. Korrelation zwischen Körpergröße (Elytrenlänge, Thoraxbreite) und Schlüpfdichte am Boden bei *Phyllobius argentatus* L. (*Col. Curculionidae*) 1968–1876 im Hainsimsen-Buchenwald ($B_{1\,a}$). Zuordnung Schlüpfdichte – Jahr s. Abb. 2. Je Messpunkt n = 200. Irrtumswahrscheinlichkeit α = 0,1%.

ren bestimmt werden. Den Jahren hoher Schlüpfdichte bei *Phyllobius argentatus* L. gingen sehr milde Winter voraus. Eine Korrelationsberechnung mit den Klimadaten ist dazu bisher nicht durchgeführt.

Literatur

Albert, A. (1977): Abundanz und Biomasse von Chilopoden-Populationen in einem Buchen-Altbestand des Solling. Verh. Ges. Ökologie, Göttingen 1976. Junk, Den Haag, S. 93–101.

Albert, R. (1973): Die Spinnenfauna zweier Buchenflächen des Solling. Diplomarbeit Göttingen.

Albert, R. (1977): Struktur und Dynamik der Spinnen-Populationen in Buchenwäldern des Sollings. Verh. Ges. Ökologie, Göttingen 1976. Junk, Den Haag, S. 83–91.

Abrahamsen, G. (1972): Ecological study of *Enchytraeidae* (*Oli gochaeta*) in Norwegian coniferous forest soils. *Pedobiologia* 12: 26–82.

Altmüller, R. (1976): Zum Energieumsatz von Dipterenpopulationen im Buchenwald (*Luzulo-Fagetum*). Dissertation Göttingen.

Babel, U. (1971): Gliederung und Beschreibung des Humusprofils in mitteleuropäischen Wäldern. *Geoderma* 5: 297–324.

Dirks, A. (1973): Untersuchungen zur Biologie und ökologischen Energetik von Chilopoden-Populationen in einem Buchen-Altbestand des Solling. Diplomarbeit Göttingen.

Dunger, W. (1968): Die Entwicklung der Bodenfauna auf rekultivierten Kippen und Halden des Braunkohlentagebaues. *Abh. Ber. Naturkundemuseums Görlitz* 43(2): 1–256.

Funke, W. (1971): Food and energy turnover of leaf-eating insects and their influence on primary production. In: H. Ellenberg, Hrsg. Integrated Experimental Ecology. *Ecol. Studies* 2: 81–93. Berlin: Springer.

Funke, W. (1973): Rolle der Tiere im Wald-Ökosystemen des Solling. In: H. Ellenberg, Hrsg. Ökosystemforschung, 143–174. Berlin: Springer.

Funke, W. (1977): Das zoologische Forschungsprogramm im Sollingprojekt. Verh. Ges. Ökologie, Göttingen 1976. Junk, Den Haag, S. 49–58.

Grimm, R. (1973): Zum Energieumsatz phytophager Insekten im Buchenwald. I. Untersuchungen an Populationen der Rüsselkäfer (*Curculionidae*) *Rhynchaenus fagi* L., *Strophosomus* (Schönherr) und *Otiorrhynchus singularis* L., *Oecologia* (Berl.) 11: 187–262.

Grimm, R.W. Funke & J. Schauermann: (1975): Minimalprogramm zur Ökosystemanalyse: Untersuchungen an Tierpopulationen in Wald-Ökosystemen. Verh. Ges. Ökologie, Erlangen 1974. W. Junk, Den Haag, 77–87.

Grunert, J. (1974): Untersuchungen zur Biologie und ökologischen Energetik zweier Staphyliniden-Populationen im Solling. Diplomarbeit Göttingen.

Hartmann, P. (1974): Die Staphylinidenfauna verschiedener Waldbestände und einer Wiese des Solling. Diplomarbeit Göttingen.

Hartmann, P. (1977): Struktur und Dynamik der Staphyliniden-Populationen in Buchenwäldern des Sollings. Verh. Ges. Ökologie, Göttingen 1976. Junk, Den Haag, S. 75–81.

Huhta, V., E. Karppinen, M. Nurminen & A. Valpas (1967): Effect of silvicultural practices upon arthropod, annelid and nematode populations in coniferous forest soil. *Ann. Zool. Fennici* 4: 87–145.

Kitazawa, Y. (1971): Biological regionality of the soil fauna and its function in forest ecosystem types. In: UNESCO. Productivity of forest ecosystems. Proc. Brussels. Symp. 1969. (Ecology and Conservation 4): 485–498.

Kuno, E. & N. Hokyo (1970): Comparative analysis of the population dynamics of the leafhoppers *Nephotettix cincticeps* Uhler and *Nilaparvata lugens* Stal. with special reference to natural regulation of their numbers. *Res. Popul. Ecol.* 12: 154–184.

Macfadyen, A. (1962a): Soil arthropod sampling. Adv. Ecol. Res. Academic Press, London and New York. 1–34.

Macfadyen, A. (1962b): Control of humidity in three funnel-type extractors for soil arthropods. Progress in Soil Zoology. Butterworth's, London. 158–168.

O' Connor, F.B. (1957): An ecological study of the enchytraeid worm population of a coniferous forest soil. *Oikos* 8: 162—199.

O' Connor, F.B. (1971): The Enchytraeids. In: J. Phillipson (ed.), Methods of Study in Quantitative Soil Ecology: population, production and energy flow. IBP Handbook No. 18. Blackwell Scientific Publications, Oxford and Edinburgh. S. 83—106.

Petersen, H. (1972): Collembola data compilation. In: Soil fauna and decomposition processes. Report of IBP/PT Theme 8 Meeting. Louvain, July 1972: 82—107.

Phillipson, J. (ed.) (1971): Methods of study in quantitative soil ecology: Population, production and energy flow. IBP Handbook 18, Blackwell Sci. Publ., Oxford and Edinburgh.

Schauermann, J. (1973): Zum Energieumsatz phytophager Insekten im Buchenwald. II. Die produktionsbiologische Stellung der Rüsselkäfer (*Curculionidae*) mit rhizophagen Larvenstadien. *Oecologia* (Berl.) 13: 313—350.

Schauermann, J. (1977): Energy metabolism of rhizophagous insects and their role in ecosystem. In: Lohm, U. & Persson, T. (eds.) Soil Organisms as Components of Ecosystems. Proc. VI. International Soil Zoology Colloquium. *Ecol. Bull.* (Stockholm) Vol. 25 (in press).

Schwerdtfeger, F. (1968): Demökologie. Hamburg: Parey.

Strey, G. (1972): Ökoenergetische Untersuchungen an *Athous subfuscus* Müll. und *Athous vittatus* Fbr. (*Elateridae, Coleoptera*) in Buchenwäldern. Dissertation Göttingen.

Thiede, U. (1975): Untersuchungen über die Arthropodenfauna in Fichtenforsten (Populationsökologie, Energieumsatz). Dissertation Göttingen.

Weidemann, G. (1971): Food and energy turnover of predatory arthropods of the soil surface. In: H. Ellenberg, Hrsg. Integrated Experimental Ecology. *Ecol. Studies* 2: 110—118. Berlin: Springer.

Weidemann, G. (1972): Die Stellung epigäischer Raubarthropoden im Ökosystem Buchenwald. *Verh. Ber. Dt. Zool. Ges.*, 65. Jahresvers., 106—116.

Winter, K. (1972): Zum Energieumsatz phytophager Insekten im Buchenwald. Untersuchungen an Lepidopterenpopulationen. Dissertation Göttingen.

Anschrift des Verfassers:

Dr. Jürgen Schauermann, II. Zoologisches Institut der Universität Göttingen, Abt. Ökologie, Berliner Straße 28, 3400 Göttingen.

DER ENERGIEUMSATZ DER ARTHROPODENPOPULATIONEN IM ÖKOSYSTEM BUCHENWALD*

R. GRIMM

Abstract

Within the framework of an integrated experimental ecosystem analysis of beech forests in the Solling (Solling-project of the DFG (IBP)) the turnover of food and energy in numerous animal populations — especially arthropods — was investigated. Data on production, respiration, and assimilation as well as consumption and defecation are now available for about 15 animal groups of different systematic and trophic taxa. The position of individual animal groups within the main trophic groups of herbivores, predators, and decomposers I (animal decomposers) becomes clear. The relations between the turnover of food and energy of animals on the one hand and of bacteria and fungi (decomposers II) on the other hand are shown in an energy-flow-diagram. There is an evaluation of the quantitative share of the total energy flow in the biocoenosis of the beech forest to be attributed to arthropod populations.

Der Energiefluß in biologischen Systemen ist ein Vorgang von grundlegender Bedeutung für deren Erhaltung und Entwicklung. Als „systemeigener Prozeß" (Ellenberg 1973) findet er im Rahmen von Untersuchungen der Ökosysteme ein besonderes Interesse. Messungen oder Abschätzungen des Energieflusses ermöglichen die Bewertung und den Vergleich der Umsatzleistungen ganz verschiedener Ökosysteme, ihrer einzelnen Kompartimente oder kleinerer Struktureinheiten wie Populationen und Individuen. Im Rahmen der angestrebten integrierten Ökosystemanalyse in den Buchenwäldern des Solling war ein Ziel der zoologischen Arbeitsgruppe, den Energieumsatz der Tiere in der Biozönose des Buchenwaldes quantitativ zu ermitteln und ihren Gesamtumsatz möglichst genau aufzugliedern in die Teilkomponenten Konsumtion, Defäkation, Produktion und Respiration. Die zoologischen Untersuchungen konzentrierten sich in erster Linie auf die Arthropoden, denen in unseren Wäldern eine vielseitige und bedeutsame Rolle zukommt (Funke 1973).

Im folgenden wird nach dem derzeitigen Stand der Untersuchungen ein Bild von der energetischen Stellung der Arthropoden entworfen. Dieses Bild ist noch grob und insgesamt stark vereinfacht, da unsere Möglichkeiten, detaillierte und genaue Energieflußdiagramme aufzustellen, sehr begrenzt sind. Das bezieht sich sowohl auf die Feinheit der Einordnung der einzelnen Tierarten und -gruppen in verschiedene trophischen Gruppen, auf das zeitlich gelegte Raster bei allen untersuchten Parametern und schließlich auch auf die Genauigkeit der Werte.

Sollen für ein Ökosystem die zu einem Energieflußschema der Tiere gehörenden Kompartimente und Flußgrößen möglichst vollständig und genau beschrie-

*Ergebnisse des Solling-Projekts der DFG (IBP), Mitteilung Nr. 194.

ben werden, müssen sowohl Untersuchungen zur Struktur und Dynamik der
Zoozönose vorliegen als auch Messungen des Stoff- und Energieumsatzes einzelner Tierarten oder Tiergruppen. Die Qualität verschiedener Ausgangsdaten — seien
diese im Freiland oder im Labor gewonnen — beeinflußt die Aussagekraft der
Endwerte. Die Energiebilanz eines „Durchschnittsindividuums" unter Freiland-
bedingungen kann recht exakt ermittelt werden, wenn jederzeit ausreichend
Tiere für Untersuchungszwecke zur Verfügung stehen und außerdem Biologie
und Lebenszyklus des Untersuchungsobjektes weitgehend bekannt sind. Für eine
Reihe phytophager Insekten liegen hier ausführliche Daten vor. Bei sehr vielen
anderen Arthropoden sind die Kenntnisse ihrer Biologie und Lebensweise noch
allzu lückenhaft. Oft kennen wir nicht genau genug die Qualität und Menge
ihrer Nahrung und die Einbindung in die Nahrungsbeziehungen der Zoozönose.
Unser Bild von der Struktur und Dynamik der untersuchten Zoozönose ist erst
teilweise aufgehellt (Weidemann 1977). Von einigen Ausnahmen abgesehen haben
wir für die meisten Tierarten und für sehr viele Tiergruppen erst Anhaltspunkte
über ihre räumliche und zeitliche Verteilung und ihre Abundanz im Unter-
suchungsareal. Energiebilanzen für die Populationen lassen sich zufriedenstellend
aber nur berechnen, wenn aus Freilanduntersuchungen auch Abundanzverläufe
bekannt sind. Fast alle Abundanzuntersuchungen sind methodisch schwierig —
besonders, wenn es gilt, auch kleine und sehr versteckt lebende Tiere verschiedener Entwicklungsstadien zu erfassen. Für „ökosystemtypische" Angaben
müssen Populationsuntersuchungen infolge von Fluktuationen über mehrere
Jahre andauern (Grimm et al. 1975).

Die Methoden zur Ermittlung der Stoff- und Energieumsätze der Tierpopulationen im Solling sind beschrieben in Funke (1971), Funke & Weidemann (1971),
Weidemann (1971), Winter (1971). Speziellere Methoden und wichtige Ergebnisse sind einzelnen Arbeiten zu entnehmen (Gesamtverzeichnis s. Funke 1977).
15 Arthropodengruppen verschiedener systematischer und trophischer Kategorien
wurden ökoenergetisch bearbeitet. Diese sind in Tab. 1 den trophischen Haupt-
gruppen a) Phytophage, b) Saprophage, Thallosaprophytophage, Pantophage
und c) Zoophage zugeordnet. Die Zahlenwerte bedeuten jährliche Umsätze.
Für die Abschätzung und den Vergleich von Größenordnungen der Umsatzleistungen mag dieses Verfahren gestattet sein. In Wirklichkeit verbergen sich
hinter dieser groben Aufteilung sehr komplizierte und verwickelte Nahrungsbeziehungen.

In den meisten Fällen wurde die Assimilation über die Produktion und Respiration berechnet, bei bestimmten Objekten, insbesondere Vertretern der
Phytophagen und Carabiden, auch über die Konsumtion und A/C-Relationen.
Bei einigen Gruppen konnten nur Teile des Umsatzes (P oder R) und oft nur
Mindestproduktionsgrößen wie z.B. Biomassenwerte (standing crop) gemessen
werden, so etwa bei Collembolen und Milben. Hier mußten nach Literaturdaten
die fehlenden Größen berechnet werden. Von allen Zahlenwerten dürften die
der Phytophagen am vollständigsten sein (Zeichen $\approx$). Die Angaben für die anderen trophischen Gruppen sind Mindestwerte und verschieden unvollständig
(Zeichen $>$ oder $\gg$). Für einige Gruppen, insbesondere Collembolen und Milben,
basieren die Berechnungen der Umsatzleistungen wahrscheinlich auf zu geringen
Abundanzwerten. Bei den Carabiden sind „Mindest-Respiration und -Produk-

tion" gemessen (Weidemann 1972). Einige Arthropodengruppen sind überhaupt nicht aufgeführt (z.B. die parasitischen Hymenopteren, Dermapteren, Psocopteren und Thysanopteren) oder nur unvollständig behandelt (z.B. die Staphyliniden). Insgesamt sind die Einzelwerte der Tab. 1 eher zu niedrig und die Endsummen noch nicht vollständig.

Die Blattfresser haben den größten Anteil an den Umsatzleistungen der Phytophagen. Sie assimilieren fast 50% des gesamten Jahresbetrages. In der Hauptgruppe der Saprophagen, Thallosaprophytophagen und Pantophagen nehmen saprophage Dipteren und eu- u. hemiedaphische Collembolen die beiden ersten und weitaus größten Positionen in der Assimilationsleistung ein. Bei einem sehr ungünstigen A/C-Verhältnis ist die Fraßmenge der saprophagen Dipteren ca. 4—8 mal größer als die der Collembolen. Den Dipteren kommt also unter den tierischen Zersetzern eine außerordentlich große Bedeutung zu. Die Assimilationsleistung der saprophagen Dipteren liegt höher als die Summe aller Phytophagen oder aller Zoophagen. In der Höhe der jährlichen Assimilation folgen nacheinander saprophage Dipteren, Collembolen, blattfressende Insekten, Elateriden, Rhizophage und Saftsauger. Erst auf Position 7 kommen als erste Zoophagen die Raubmilben. Alle übrigen Vertreter der Zoophagen haben recht niedrige Assimilationsbeträge. Beim momentanen Stand der Untersuchungen erreicht aber die Gesamtassimilation der Zoophagen immerhin 2/3 des Wertes aller Phytophagen. Nach vorerst noch ganz groben Abschätzungen — in der Tabelle fehlen für die meisten Zoophagen C-, FU- und MR-Werte — würde durch den gesamten Zoophagenfraß $C > 314$ kcal x 10^3 / ha x Jahr das doppelte der jährlichen Phytophagenproduktion konsumiert. Bei einem C/MR-Verhältnis von ca. 50% müßten insgesamt Beuteobjekte mit einem Energiebetrag von ca. 628 kcal x 10^3 / ha x Jahr abgetötet werden. Der Zoophagenbestand im Solling kann sich in der festgestellten Größe nur erhalten, wenn der Hauptteil seiner Nahrung aus der Detritophagen-Nahrungskette gedeckt wird. Die Produktion aller phytophagen, saprophagen, thallosaprophytophagen und pantophagen Arthropoden beträgt $P \gg 492$ kcal x 10^3 / ha x Jahr. Dieser Energiebetrag liegt in etwa der gleichen Größenordnung wie sie von allen Zoophagen benötigt wird.

Die Assimilation der Arthropoden im Buchenwald beträgt nach Addition aller gegenwärtig verfügbaren Daten mindestens 1371,5 kcal x 10^3 /ha x Jahr. Dieser Wert ist unvollständig, denn verschiedene Arthropoden sind noch nicht in die Berechnung einbezogen. Geht man bei den Insekten von der Produktion an Imagines aus, die über die Bestimmung der Schlüpfabundanz und die Ermittlung von Trockengewichten und Energiegehalten zugänglich wird (Funke 1971, 1973, 1977, Thiede 1973, 1977), lassen sich für fehlende pterygote Insekten (s.o.) Assimilationswerte ergänzen. Die Assimilation aller Arthropoden dürfte sich dann auf eine Größenordnung von 1500 kcal x 10^3 /ha x Jahr belaufen.

Abb. 1 zeigt in einem Funktionsschema den Energiefluß durch die Lebensgemeinschaft des untersuchten Buchenwaldes unter besonderer Berücksichtigung der Arthropoden. Ungefähr 0,9% der jährlichen Globalstrahlung werden im Laufe eines Jahres in der Nettoprimärproduktion gebunden, die sich in die Teile Zuwachs und Streuanfall aufgliedern läßt (Runge 1973). Von hier führen Energieflüsse zu den Phytophagen, Zersetzern I (Tiere) und Zersetzern II (übrige Organismen, insbesondere Bakterien und Pilze). Der Energiefluß zu den Phyto-

phagen ist in drei Flüsse untergliedert (Phyllophagen, Rhizophagen, Saftsauger).
Die Zoophagen erhalten ihre Energie sowohl von den Phytophagen wie auch von
den Detritophagen Z.I und Z.II (s. Pfeile). Nicht eingezeichnet sind die in sich
geschlossenen Energieflüsse innerhalb der Zoophagen sowie der Zersetzer I und
Zersetzer II; ihre Größe ist unbekannt. Ebenso sind nicht eingetragen die einzelnen Energieflüsse durch Transport von Kot und Leichen von allen Kompartimenten der Zoozönose zu den Zersetzern. Der Energiebetrag des gesamten Arthro-
podenkotes ist berechnet (s. Tab. 1). Welche Kotmengen von den Zersetzern I
und II verarbeitet werden, kann nicht angegeben werden.

Der Anteil aller „Lebendfresser" (linke Hälfte der Abb. 1) am Gesamtumsatz
ist sehr gering; so konsumieren die Phytophagen nur ca. 11,6 kcal x 10^5/ha x
Jahr und assimilieren ca. 3,2 kcal x 10^5/ha x Jahr. Das entspricht ca. 1,7% bzw.
0,5% der Nettoprimärproduktion. Bei den Zersetzern fressen die Tiere (Zersetzer I) mindestens 4—6 mal so viel wie die Phytophagen. Vom gesamten
pflanzlichen Bestandesabfall (301 kcal x 10^5/ha x Jahr, nach Runge 1973)
wurden von den Arthropoden unter den tierischen Zersetzern (Z.I) mit C $\geqslant$ 42—
70 kcal x 10^5/ha x Jahr und A = 8,3 kcal x 10^5/ha x Jahr mindestens 14—23%
gefressen und mehr als 2,8% assimiliert. (Diese prozentualen Angaben sind allerdings nur mit Einschränkungen gültig, da von den Zersetzern I außer pflanzlicher Substanz ja z.T. auch Leichen und Kot verarbeitet werden). Für einen
Endwert des gesamten Tierfraßes am pflanzlichen Bestandesabfall fehlen noch
Daten für restliche Arthropoden (s.o.), einige andere Tiergruppen (z.B. Proto-

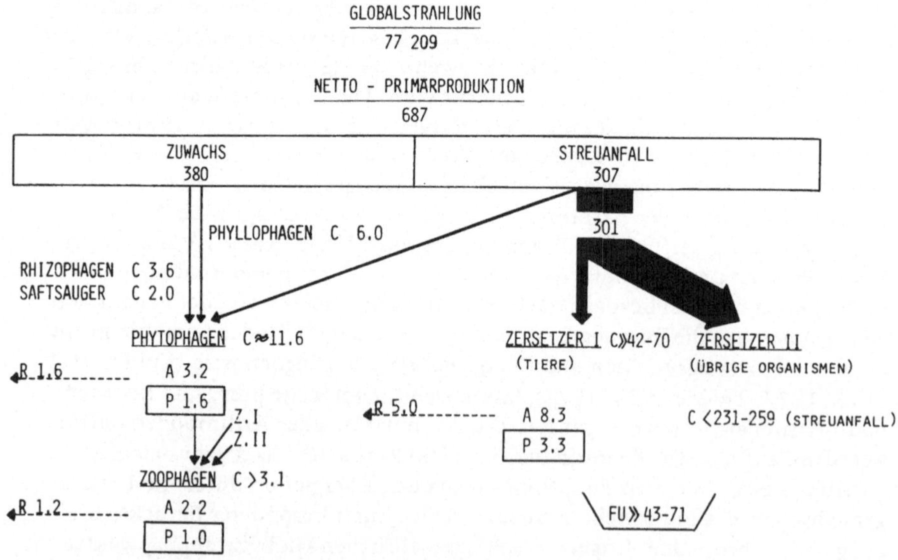

Abb. 1. Energiefluß Solling B1a — Arthropoden (kcal x 10^5/ha x Jahr).
A — Assimilation, P — Produktion (in Rechtecken), R — Respiration (gestrichelt), C — Konsumtion, FU — Defäkation, die Dicke der Pfeile soll die Unterschiede in der Größe des Energietransports deutlich machen, weitere Erläuterungen s. S. 127.

Tabelle 1. Energieumsatz der Arthropoden im Buchenwald Solling B1a (kcal × 10³ /ha × Jahr). Abkürzungen und deren Definitionen nach Petrusewicz (1967). Primärdaten, verschiedene Abschätzungen und Annahmen (s. auch Weidemann 1974, im folgenden z.T. verändert oder ergänzt):

[1] nach Funke (1972, 1973); Grimm (1973); Schauermann (1973); Winter (1972); Curculionidae u. Lepidoptera: C = 600, A/C = 25%, P/A = 50% (teils gemessen), C/MR -Phyllophage = 80%, C/MR -Rhizophage = 75% (Annahmen); Saftsauger: C = 1/3 Phyllophagenkonsumtion = 200, A/C = 40%, P/A = 50% (Annahmen); Rhizophage: P-, R- u. A-Larvenwerte für linearen Mortalitätsverlauf (Annahme) berechnet.

[2] nach Faasch (unveröffentlicht), standing crop gemessen, P-, R- u. A-Werte nach Literaturdaten berechnet, A/C = 40% -Collembolen, A/C = 20% -Oribatiden (Annahmen).

[3] nach Altmüller (1976), P, R u. A gemessen, A/C = 7—15% nach Bocock (1963) u. van der Drift (1951) für saprophage Dipt. (Sciaridae u. Sciophylinae), A/C = 47—92% nach Mc Brayer et al. (1974) für zoophage Dipteren (Empididae u. Muscidae).

[4] nach Strey (1972), Elateridae — *Athous subfuscus*, Müll. A/C = 15% (Annahme).

[5] nach Albert (1973) -Araneae; Dirks (1973) -Chilopoda; Grunert (1974) -Staphylinidae — *Othius punctulatus* Goeze u. *O. myrmecophilus* Kiesw.; Weidemann (1972) -Carabidae, Chilopoda, Araneae, Opiliones; P-, R- u. A-Werte der Opiliones + Pseudoscorpiones = 2/3 der Carabidenwerte (Annahme); Carabidae: C/MR = 50% u. A/C = 66% (Koehler 1976).

	P	R	A	C	FU	MR	$\frac{C}{MR}$ %	$\frac{A}{C}$ %
Phyllophagen	75	75	150	600	450	800	80	25
Saftsauger	40	40	80	200	120	0		40
Rhizophagen	45	45	90	360	270	480	75	25
Phytophagen[1]	≈160	≈160	≈ 320	≈1160	≈ 840	≈1280		
Collembola (eu.-u. hemiedaphisch)[2]	150	107	257	642	385			40
Collembola (epedaphisch)[2]	38	27	65	163	98			40
Oribatei[2]	4	16	20	100	80			20
Diptera (saprophage)[3]	105	263	368	2450 −5260	2082 −4892			7—15
Elateridae[4]	35	87	122	814	692			15
+ ...	...	...	...	...	...			
Saprophagen Thallosaprophytophagen Pantophagen	►332	►500	► 832	►4169 −6979	►3337 −6147			
Gamasides[2]	44	32	76					
Carabidae[5]	6	14	20	30	10	60	50	66
Araneae[5]	6	14	20					
Chilopoda[5]	5,5	17	22,5					
Opiliones + Pseudoscorpiones[5]	4	10	14					
Diptera (zoophage)[3]	15	18	33	36 −70				47—92
Staphylinidae (zoophage)[5]	20	14	34					
+ ...	...	...	...	...	...			
Zoophagen	>100,5	>119	> 219,5	> 314	> 94,5	> 628	50	70
Arthropoden gesamt	►592,5	►779	►1371,5	►5643 −8453	►4271,5 −7081,5			

zoen, Nematoden, Gastropoden) und die am Streuabbau im Solling wesentlich beteiligten Enchyträen.

Rechnet man im untersuchten ca. 125-jährigen Buchenaltbestand mit einem vollständigen Abbau der jährlich anfallenden Streu ohne wesentlichen Zuwachs der Humusauflage, müßten die Zersetzer II (Pilze und Bakterien) etwa 77 bzw. 86% der jährlich anfallenden toten Pflanzensubstanz verarbeiten. Leider liegen für eine Überprüfung der Richtigkeit dieser Werte keine Messungen zur Abbauleistung der Pilze und Bakterien im Solling vor.

Die durchgeführten Untersuchungen zum Energieumsatz der Arthropoden im Solling liefern neben Daten für eine Bewertung und einen Vergleich von Umsatzleistungen auch einen wichtigen Hinweis für die Bedeutung und Funktion dieser Gruppe im Ökosystem. Das Zusammenwirken und die wechselseitige Beeinflussung mikrobieller und tierischer Leistungen in Landlebensgemeinschaften ist erst z.T. bekannt. Kotpartikel sind z.B. ein guter Nährboden für Mikroorganismen und Pilze (Zachariae 1965). Es gibt „katalytische Effekte" des Phytophagenkotes auf das Wachstum der Mikroflora und die Prozesse des Streuabbaus (u.a. Herlitzius 1977). Der Energiefluß durch Defäkation (FU) von den Arthropoden zu den Zersetzern I und II berechnet sich in Tab. 1 zu $\gg 43-71$ kcal x 10^5/ha x Jahr. Das ergibt ein Mengenverhältnis des Kotes zum Rest der Streu, die von Bakterien und Pilzen abgebaut werden müßte, von $> 1:4$. Den Arthropoden dürfte damit sehr wahrscheinlich eine hohe Bedeutung bei der Beschleunigung der Abbauprozesse der Streu im Ökosystem zukommen.

Literatur

Albert, R. (1973): Die Spinnenfauna zweier Buchenflächen des Solling. Diplomarbeit Göttingen.

Altmüller, R. (1976): Zum Energieumsatz von Dipterenpopulationen im Buchenwald (Luzulo-Fagetum). Dissertation Göttingen.

Bocock, K.L. (1963): The digestion and assimilation of food by *Glomeris*. In: Doeksen, J. & J. van der Drift (Eds.) Soil Organisms. North-Holland Publ. Co., Amsterdam, 85–91.

Mc Brayer, J.F., D.E. Reichle & M. Witkamp (1974): Energy flow and nutrient cycling in a cryptozoan food-web. Oak Ridge Nat. Lab., Oak Ridge, Tennessee.

Dirks, A. (1973): Untersuchungen zur Biologie und ökologischen Energetik von Chilopoden-Populationen in einem Buchen-Altbestand des Solling. Diplomarbeit Göttingen.

van der Drift, J. (1951): Analysis of the animal community in an beech forest floor. *Tijdschr. voor Entomol.* 94: 1–168.

Ellenberg, H. (1973): Ökosystemforschung. Berlin: Springer.

Funke, W. (1971): Food and energy turnover of leaf-eating insects and their influence on primary production. *Ecol. Studies* 2: 81–93. Berlin: Springer.

Funke, W. (1972): Energieumsatz von Tierpopulationen in Landökosystemen. *Verh. Deutsch. Zool. Ges. Helgoland* 1971; 65. Jahresversammlung, 95–106.

Funke, W. (1973): Rolle der Tiere in Wald-Ökosystemen des Solling. In: H. Ellenberg, Hrsg. Ökosystemforschung, 143–174. Berlin: Springer.

Funke, W. (1977): Das zoologische Forschungsprogramm im Sollingprojekt. Verh. Ges. für Ökol., Göttingen 1976, Junk, Den Haag, S. 49–58.

Funke, W. & G. Weidemann (1971): Food and energy turnover of phytophagous and predatory arthropods. Methods used to study energy flow. *Ecol. Studies* 2: 100–109. Berlin: Springer.

Grimm, R. (1973): Zum Energieumsatz phytophager Insekten im Buchenwald. I. Untersuchungen an Populationen der Rüsselkäfer (Curculionidae) *Rhynchaenus fagi* L., *Strophosomus* (Schönherr) und *Otiorrhynchus singularis* L., *Oecologia* (Berl.) 11: 187—262.

Grimm, R., W. Funke & J. Schauermann (1975): Minimalprogramm zur Ökosystemanalyse: Untersuchungen an Tierpopulationen in Wald-Ökosystemen. Verh. Ges. für Ökologie, Erlangen 1974, 77—87. The Hague: W. Junk.

Grunert, J. (1974): Untersuchungen zur Biologie und ökologischen Energetik zweier Staphyliniden-Populationen im Solling. Diplomarbeit Göttingen.

Herlitzius, R. (1977): Streuabbau in Laubwäldern. Verh. Ges. für Ökologie, Göttingen 1976, Junk, Den Haag, S. 161—170.

Koehler, H. (1976): Nahrungsspektrum und Nahrungsumsatz zweier Carabiden des Solling, *Pterostichus oblongopunctatus* (F.) und *Pterostichus metallicus* (F.). Diplomarbeit Göttingen.

Petrusewicz, K. (1967): Concepts in studies on the secondary productivity of terrestrial ecosystems. In: Secondary productivity of terrestrial ecosystems, ed. K. Petrusewicz Vol. 1, 17—49. Warszawa-Krakow: Polish Acad. Sci.

Runge, M. (1973): Energieumsätze in den Biozönosen terrestrischer Ökosysteme. Scripta Geobotanica Bd. 4. Göttingen: Goltze KG.

Schauermann, J. (1973): Zum Energieumsatz phytophager Insekten im Buchenwald. II. Die produktionsbiologische Stellung der Rüsselkäfer (Curculionidae) mit rhizophagen Larvenstadien. *Oecologia* (Berl.) 13: 313—350.

Strey, G. (1972): Ökoenergetische Untersuchungen an *Athous subfuscus* Müll. und *Athous vittatus* Fbr. (Elateridae, Coleoptera) in Buchenwäldern. Dissertation Göttingen.

Thiede, U. (1973): Zur Produktion an Insekten-Imagines in Land-Ökosystemen. Tagungsber. d. Ges. f. Ökol. Gießen 1972, 71—76. Augsburg: W. Blasaditsch.

Thiede, U. (1977): Untersuchungen über die Arthropodenfauna in Fichtenforsten (Populationsökolgie, Energieumsatz). *Zool. Jb. Syst.* 104: 137—202.

Weidemann, G. (1971): Food and energy turnover od predatory arthropods of the soil surface. *Ecol. Studies* 2: 110—118. Berlin: Springer.

Weidemann, G. (1972): Die Stellung epigäischer Raubarthropoden im Ökosystem Buchenwald. *Verh. Dtsch. Zool. Ges. Helgoland* 1971; 65. Jahresversammlung, 106—116.

Weidemann, G. (1974): A model of energy flow through consumer compartments in an beech forest. In: B. Ulrich et al., Report of International Woodlands Workshop, Göttingen 1973; *Göttinger Bodenkundl. Ber.* 30: 186—197.

Weidemann, G. (1977): Struktur der Zoozönose im Buchenwald-Ökosystem. Verh. Ges. f. Ökol., Göttingen 1976, Junk, Den Haag, S. 59—73.

Winter, K. (1971): Studies in the productivity of lepidoptera populations. *Ecol Studies* 2: 94—99. Berlin: Springer.

Winter, K. (1972): Zum Energieumsatz phytophager Insekten im Buchenwald. Untersuchungen an Lepidopterenpopulationen. Dissertation Göttingen.

Zachariae, G. (1965): Spuren tierischer Tätigkeit im Boden des Buchenwaldes. Forstwissenschaftliches Centralblatt, Beiheft Nr. 20. Hamburg: Parey.

Anschrift des Verfassers:

Dr. Rainer Grimm, Abt. Ökologie und Morphologie der Tiere (Biologie III), Universität Ulm, Oberer Eselsberg, D-7900 Ulm.

Sonderdruck: Verhandlungen der Gesellschaft für Ökologie, Göttingen 1976.

ÖKOENERGETISCHE UNTERSUCHUNGEN AN DIPTERENPOPULATIONEN IM BUCHENWALD*

R. ALTMÜLLER

Abstract

The energy turnover of the Diptera-populations was investigated in a 125-years old (1972) beech-forest. The Diptera-larvae live in the litter- and humus-layer. *Sciaridae* and *Sciophilidae* are dominant families in abundance and biomass.

The abundance of larvae was determined by taking 10 1/16 m² — samples/month and treated with a flotation method. A minimum of larval-abundance was found in May (600 individuals/m²) and a maximum in September (14500 individuals/m²). 75% of energy-uptake the Diptera assimilated in autumn and winter. The total assimilation was about 40 kcal/m² x year in 1972/73. This is approximately 0,1% of net primary production of the green plants, especially of Fagus silvatica. In eating and destroying the beech-litter the major function of the Diptera is to be found in the *Luzulo-Fagetum* ecosystem.

Einleitung

Auf die nach Volz (1962) ökosystemspezifische Bedeutung von Dipterenlarven für die Streuzersetzung wurde bereits mehrfach hingewiesen (u.a. Brauns 1949, 1954, Dunger 1960, 1964, Palissa 1964, Volz 1954, 1962, Zachariae 1965). Allerdings sind quantitative Angaben über Umsatzleistungen von saprophagen Dipteren selten zu finden (Perel et al. 1971, Priesner 1961, Striganowa 1975, Striganowa & Valiachmedov, 1976). In dem vorliegenden Beitrag sollen einige Untersuchungsergebnisse über den Energieumsatz von Dipterenpopulationen mitgeteilt werden, die im Rahmen des Solling-Projekts der DFG (Ellenberg 1971, Funke 1971, 1972, 1973, 1977) erarbeitet wurden. Es wurde versucht, den Energieumsatz aller Dipterenpopulationen in einem 126-jährigen Buchenwald (B1a) von August 1972 bis August 1973 zu ermitteln, um den Anteil der Dipteren am Energiefluß durch das Ökosystem Hainsimsen-Buchenwald ermessen zu können. Nicht erfaßt wurden lediglich seltene Arten, deren Larven und Puppen im Mineralhorizont leben wie z.B. Raubfliegen (*Asilidae*) und Holzfliegen (*Erinnidae*).

Ergebnisse und Diskussion

Den Dipteren kommt in den bodensauren Hainsimsen-Buchenwäldern des Solling (*Luzulo-Fageten*; standörtliche und pflanzensoziologische Charakterisierung s. Gerlach et al. 1970) in zweifacher Hinsicht eine besondere Bedeutung zu. Zum einen gibt es nur unter den Dipterenlarven größere Streuzersetzer, da Asseln,

*Ergebnisse des Solling-Projekts der DFG (IBP), Mitteilung Nr. 195.

Tausendfüßer (Diplopoda), Regenwürmer und Schnecken fehlen oder doch sehr
selten sind, und zum anderen sind die Dipteren mit über 87% Individuenanteil
(1973) die dominante Gruppe unter den pterygoten Insekten (s. auch Schauermann 1977).

Im Jahre 1973 schlüpften in B 1a etwa 4100 Dipteren-Imagines je Quadratmeter Waldboden (Abb. 1). Sowohl nach Individuenzahl als auch nach der Biomasse dominierten die Trauermücken (*Sciaridae*) und Pilzmücken (*Sciophilidae*).
Die Brachyceren- und Cyclorrhaphen-Imagines hatten einen Individuenanteil von
weniger als 5%, aber einen Biomassenanteil von über 20% aller Dipteren.

Schlüpfabundanz und „Produktion an Imagines" (Funke 1972) sind mit relativ geringem methodischen Aufwand zu ermitteln und ermöglichen einen raschen
Überblick über die Dominanzverhältnisse der einzelnen Dipterengruppen. Ihre
Individualentwicklung verbringen die untersuchten Dipteren zum größten Teil
jedoch als Larven bzw. Puppen in den Bodenstreu (L-, F- und H-Horizont). Um
den Energieumsatz der Populationen ermitteln zu können, mußte unter anderem
die Abundanzdynamik der Larven ermittelt werden. Zu diesem Zweck wurde
mit Hilfe eines zur Trennung der Dipterenlarven von der Streu-Humusschicht
spezifischen Spül- und Flotationsverfahrens (Healey & Russel-Smith 1970, Altmüller 1976) von März 1972 bis November 1972 und im März 1973 die Larven-
abundanz festgestellt. Die Anzahl der Larven pro Flächeneinheit oszilliert während eines Jahres sehr deutlich (Abb. 2) mit einem Minimum im Mai (ca. 600 In-
dividuen/m^2) und einem Maximum im September (ca. 14500 Individuen/m^2).
Diese starken Abundanzschwankungen werden insbesondere durch die Entwick-
lungsphänologie der dominanten, univoltinen Sciariden hervorgerufen. Die Sciariden—Imagines schlüpfen zu fast 90% im Frühjahr (28. 3. — 14. 6), so daß im
Mai kaum noch Larven in der Bodenstreu zu finden sind. Im September schlüpfen die Eilarven der neuen Generation.

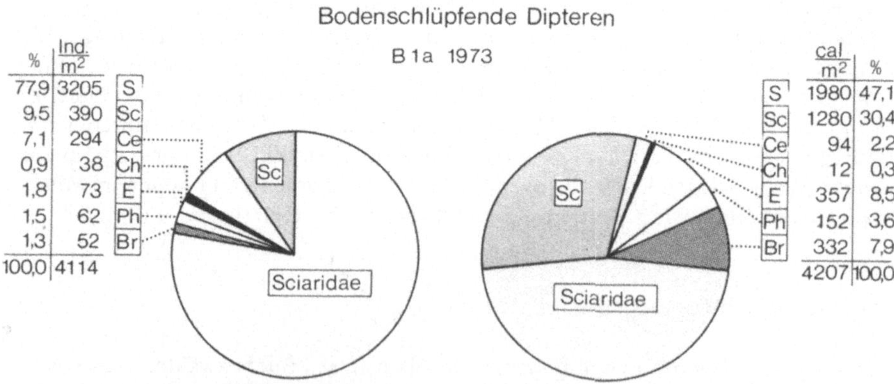

Abb. 1. Schlüpfabundanz (linkes Diagramm) und „Produktion an Imagines" (= Biomasse
frischgeschlüpfter Imagines) (rechtes Diagramm) der Dipterenimagines im Altbuchenbestand
(B1a) 1973. Nach Bodenphotoeklektorfängen (n = 3—6 ≙ 3—6 m^2). Abkürzungen: S — Sciaridae, Sc — Sciophilidae, Ce — Cecidomyiidae, Ch — Chironomidae, E — Empididae, Ph —
Phoridae, Br — Brachycera + Cyclorrhapha.

Bereits aus dem Verlauf der Abundanzkurve (Abb. 2) ist zu erwarten, daß die Hauptaktivitätszeit der Dipteren auf die Herbst- und Wintermonate entfällt. Das Assimilationsphänogramm bestätigt dies (Abb. 3). Die Assimilation wurde durch Respirations- und Produktionsmessungen ermittelt (Altmüller 1976). Von der Jahresassimilation entfallen über 75% auf das Winterhalbjahr von Anfang Oktober bis Ende März. Das Maximum der Assimilationstätigkeit lag im November (16% der Jahresassimilation). Es wurde bestimmt durch die in dieser Zeit besonders hohen Umsatzleistungen der Sciariden. Später, von Dezember bis März, überwog der Energieumsatz der Sciophiliden.

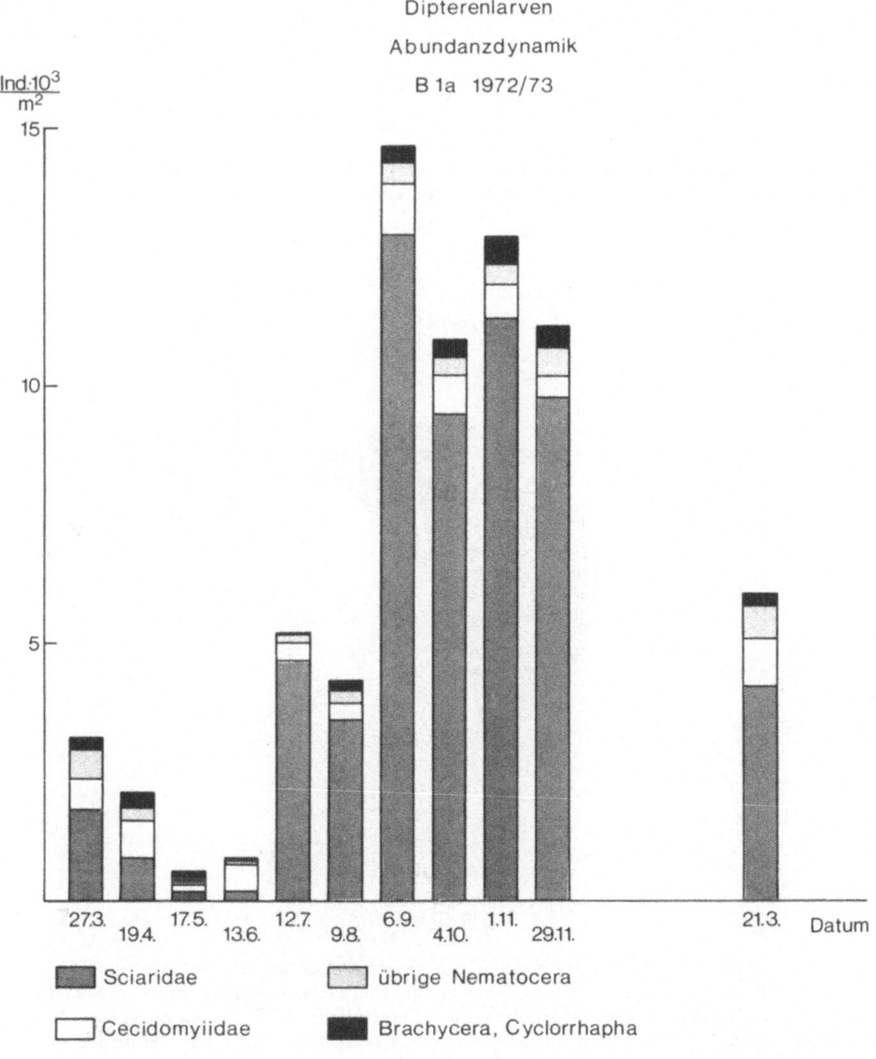

Abb. 2. Abundanzdynamik streubewohnender Dipterenlarven (L-, F- und H-Horizont).

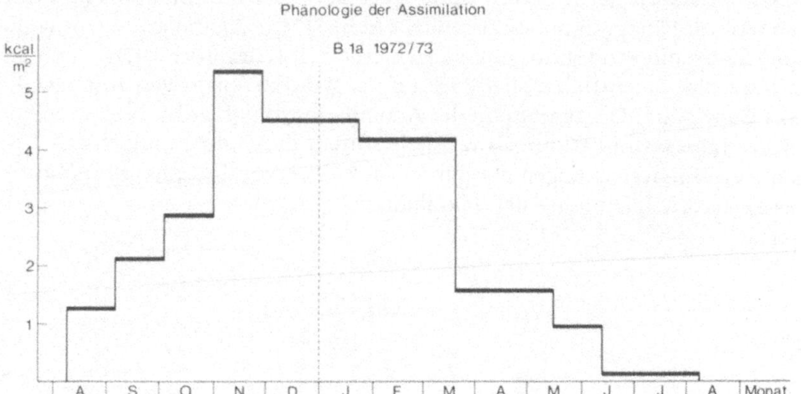

Abb. 3. Phänologie der Assimilation der Dipterenpopulationen im Altbuchenbestand (B1a) 1972/73. Nicht aufgenomen sind Cecidomyiidae, Chironomidae und Phoridae.

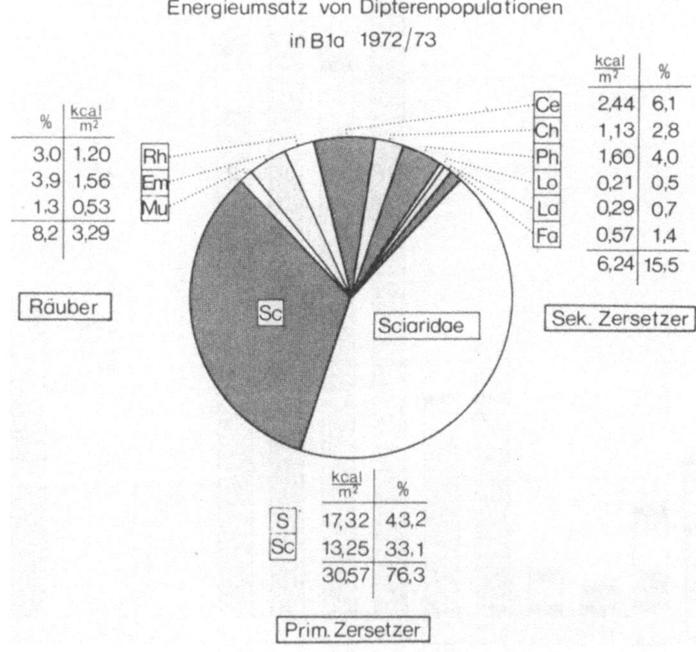

Abb. 4. Energieumsatz der Dipterenpopulationen im Altbuchenbestand (B1a) 9. 8. 1972 bis 8. 8. 1973. Abkürzungen: Ce – Cecidomyiidae, Ch – Chironomidae, Em – Empididae, Fa – Fannia polychaeta Stein (Muscidae), La – Lauxaniidae, Lo – Lonchopteridae, Mu – Muscidae (Phaonia pallida Fabr., Thricops hirsutula Zett., Helina sp.), Ph – Phoridae, Rh – Rhagionidae, S – Sciaridae, Sc – Sciophilidae.

136

Summiert man die in Abb. 3 vierwochenweise angegebenen Assimilationswerte auf, so erhält man als Summe den Energieumsatz der Dipterenpopulationen
eines Jahres (Abb. 4). In Abb. 4 sind die Dipterenpopulationen nach ihrer Ernährungsweise aufgegliedert worden. Die Zuordnung zu den drei trophischen
Gruppen ist nach dem derzeitigen Wissen über die Ernährungsweise der Dipterenlarven erfolgt. Auf die Sciariden und Sciophiliden, die primären Zersetzer, entfielen etwa 75%, auf die sekundären Zersetzer etwa 15% und auf die Räuber
etwa 8% des Energieumsatzes. Insgesamt assimilierten die Dipteren 1972/73 ca.
40 kcal/m^2 x Jahr. Dieser Wert entspricht etwa 0,5% der Nettoprimärproduktion (NPP) der photoautotrophen Pflanzen, also im wesentlichen von *Fagus
silvatica*, der Rotbuche (NPP nach Runge 1973).

Die primären Zersetzer, die Sciariden und Sciophiliden, ernähren sich von
der Blattstreu, die jährlich mit einem Energiegehalt von ca. 1500 kcal/m^2 anfällt. Von diesem Energiepool assimilierten die Sciariden und Sciophiliden ca.
2%. Das erscheint wenig zu sein. Bedenkt man aber, daß die gefressene Nahrung
nur zu einem Teil assimiliert wird, so ergibt sich ein anderes Bild. Um aus der
assimilierten Nahrungsenergie A die konsumierte Nahrungsenergie C errechnen
zu können, fehlen für saprophage Dipterenlarven jegliche Untersuchungen. Für
Glomeriden ermittelten Van der Drift (1951) und Bocock (1963) ein A/C —
Verhältnis von 7% bis 15%. Nimmt man diesen Wert auch für die Sciariden und
Sciophiliden an, so ergibt sich, daß sie 1972/73 etwa 13% bis 29% der jährlich
anfallenden Blattstreu gefressen und damit zerkleinert haben. In der Zerkleine-
rungstätigkeit an der Blattstreu dürfte die Hauptfunktion der Dipterenlarven im
Hainsimsen-Buchenwald zu suchen sein.

Literatur

Altmüller, R. (1976): Zum Energieumsatz von Dipteren-Populationen im Buchenwald (Lu-
    zulo-Fagetum). Dissertation Göttingen.
Bocock, K.L. (1963): The digestion and assimilation of food by Glomeris. In: Doecksen, J.
    & J. van der Drift (Eds) Soil Organisms. North-Holland Publ. Co., (Amsterdam) 85—91.
Brauns, A. (1949): Die ökologische Bedeutung der Zeiflügler (Diptera). *Beitr. zur Naturk.
    Niedersachsens* 2: 16—36.
Brauns, A. (1954): Terricole Dipterenlarven. Musterschmidt (Göttingen) 179 pp.
Brauns, A. (1954): Die terricolen Dipterenlarven im Verknüpfungsgefüge der Waldbiozö-
    nose. *Bonner Zool. Beitr.* 6: 223—231.
Drift, J. van der (1951): Analysis of the animal community in a beech forest floor. *Tijdschr.
    Ent.* 94: 1—168.
Dunger, W. (1960): Zu einigen Fragen der Leistung der Bodentiere bei der Umsetzung orga-
    nischer Substanz. *Zbl. Bakt.*, II. Abt. 113: 345—355.
Dunger, W. (1964): Tiere im Boden. Neue Brehm-Bücherei Nr. 327. A. Ziemsen-Verlag,
    Wittenberg/Lutherstadt.
Ellenberg, H. (1971): Introductory survey. In: H. Ellenberg, Hrsg. Integrated experimental
    ecology. *Ecol. Studies* 2: 1—15. Springer (Berlin).
Funke, W. (1971): Food and energy turnover of leaf-eating insects and their influence on
    primary production. In: H. Ellenberg, Hrsg. Integrated experimental ecology. *Ecol.
    Studies* 2: 81—93. Springer (Berlin).
Funke, W. (1972): Energieumsatz von Tierpopulationen in Landökosystemen. *Verb. Deut.
    Zool. Ges. Helgoland*, 65. Jahresversammlung 1971, 95—106.
Funke, W. (1973): Rolle der Tiere in Wald-Ökosystemen des Solling. In: H. Ellenberg, Hrsg.
    Ökosystemforschung, 143—174. Springer (Berlin).

Funke, W. (1977): Das zoologische Forschungsprogramm im Sollingprojekt. Verh. Ges. Ökologie, Göttingen 1976, Junk, Den Haag, S. 49—58.

Gerlach, A., A. Krause, K. Meisel, B. Speidel & W. Trautmann (1970): Vegetationsuntersuchungen im Solling. *Schriftr. Vegetationsk.* 5 (Bonn — Bad Godesberg).

Healey, I.N. & A. Russel-Smith (1970): The extraction of fly larvae from woodland soils. *Soil.Biol. Biochem.* 2: 119—129.

Palissa, A. (1964): Bodenzoologie. Akademie-Verlag (Berlin).

Perel, T.S., L.O. Karpachevsky & E.V. Yegorova (1971): The role of Tipulidae (Diptera) larvae in decomposition of forest litter-fall. *Pedobiologia* 11: 66—70.

Priesner, E. (1961): Nahrungswahl und Nahrungsverarbeitung bei der Larve von Tipula maxima. *Pedobiologia* 1: 25—37.

Runge, M. (1973): Energieumsätze in den Biozönosen terrestrischer Ökosysteme. Scripta geobotanica 4 (Göttingen).

Schauermann, J. (1977): Zur Abundanz- und Biomassendynamik der Tiere in Buchenwäldern des Solling. Verh. Ges. Ökologie, Göttingen 1976, Junk, Den Haag, S. 113—124.

Striganowa, B.R. (1975): Feeding activity of soil larvae of crane-flies (Tipulidae, Diptera). *Zool. Zh.* 54: 377—383. (russisch).

Striganowa, B.R. & B.W. Valiachmedov (1976): Beteiligung bodenbewohnender Saprophagen an der Zersetzung der Laubstreu in Pistazienwäldern. *Pedobiologia* 16: 219—227.

Volz, P. (1954): Über die Rolle der Tierwelt in Waldböden, besonders beim Abbau der Fallstreu. *Z. Pflanzenernähr. Düng. Bodenkd.* 64: 230—237.

Volz, P. (1962): Beiträge zu einer pedozoologischen Standortslehre. *Pedobiologia* 1: 242—290.

Zachariae, G. (1965): Spuren tierischer Tätigkeit im Boden des Buchenwaldes. Forstw. Forsch. 20.

Anschrift des Verfassers:

Dipl.-Biol. Reinhard Altmüller, II. Zoologisches Institut und Museum der Universität, Abt. Ökologie, Berliner Str. 28, D-3400 Göttingen 1.

QUANTITATIVE UNTERSUCHUNGEN AN INSEKTENPOPULATIONEN IN FICHTENFORSTEN DES SOLLING*

U. THIEDE

Abstract

During a period of three years (1971—1973) ca. 180,000 insect imagines (only Pterygota) were caught by means of „groundphoto-eclectors" in two spruce stands (F1 ca. 90 years old; F3 ca. 45 years old) in the Solling. The catch results are indicative of „emergence abundance" and „activity density in enclosed rooms". In the investigation period c. 2700—4300 ind./m² x year of insect imagines were caught in the two areas. The „production of imagines" (biomass-sum of imagines emerging from soil) varied from 5,2—14,3 kg dry weight/ha x year (immigrant-populations included). Assuming a calorific value of 5,5 cal/mg dry weight this means a production of imagines between 29×10^3 and 79×10^3 kcal/ha x year. Every year c. 53—67% of the determined production of imagines fell to the populations of only 4—6 species. On the assumption that the energy turnover of the total of insect populations (Pterygota) is by one decimal exponent higher than the production of imagines, the studied partial zoocoenosis has an energy turnover of $290–630 \times 10^3$ kcal/ha x year in F1 (without the portion of the immigrant *Xyloterus domesticus*) and $340–610 \times 10^3$ kcal/ ha x year in F3.

Während der Jahre 1971—1973 wurden in zwei Fichtenforsten des Solling (F1 ca. 90jährig; F3 ca. 45jährig; s. Ellenberg 1971) Untersuchungen zur Populations-ökologie und zum Energieumsatz von Insekten vorgenommen (Thiede 1977). Im Mittelpunkt der Untersuchungen standen die Populationen pterygoter Insekten-arten mit bodenlebenden Larvenstadien. Bestimmt wurden u.a. Artenspektrum, Populationsdichten und „Produktion an Imagines".

Zur qualitativ-quantitativen Erfassung der Imagines wurden Boden-Photoek-lektoren von 1 m² Grundfläche (Funke 1971) eingesetzt. Während einer Fang-periode (März bis November) blieben die Eklektoren als „Dauersteher" auf ihren anfänglichen Standplätzen. In den drei Jahren wurden in beiden Flächen 50 Dauersteher aufgestellt. Gefangen wurden damit rund 180 000 Insekten-Ima-gines (Pterygota).

Das Tiermaterial wurde nach möglichst kleinen systematischen Einheiten auf-geschlüsselt. Bei der z.T. schwierigen Determination halfen zahlreiche Speziali-sten. In beiden Flächen wurden bis jetzt ca. 860 verschiedene Arten nachgewie-sen. Davon entfielen auf die Hymenopteren ca. 310, die Dipteren ca. 290 und die Coleopteren ca. 180.

Die am bzw. aus dem Boden schlüpfenden, stratenwechselnden Imagines (vor allem Dipteren, Hymenopteren, Lepidopteren) wurden quantitativ erfaßt. Diese Fänge sind ein Ausdruck der „Schlüpfabundanz". Andere Insekten-Imagines

*Ergebnisse des Solling-Projekts der DFG (IBP), Mitteilung Nr. 196.

(viele Coleopteren) wurden nur aufgrund ihrer lokomotorischen Aktivität im
Eklektor erbeutet. Diese mehr zufälligen Fänge sind ein Hinweis auf die „Aktivitätsdichte innerhalb geschlossener Räume".

Von 1971—1973 wurden durchschnittlich in F1 ca. 2700 bis 4100 Ind./m^2 x
Jahr und in F3 ca. 3300 bis 4300 Ind./m^2 x Jahr gefangen. Am häufigsten waren
(Abb. 1) Dipteren (F1 ca. 2300—3400 Ind./m^2; F3 ca. 2200—3700 Ind./m^2),
Coleopteren (F1 ca. 100—930 Ind./m^2; F3 ca. 130—340 Ind./m^2) und Hymenopteren (F1 ca. 70—170 Ind./m^2; F3 ca. 130—600 Ind./m^2). Auf beiden Flächen dominierten in jedem Jahr die Nematoceren (besonders Sciaridae u. Cecidomyiidae) mit einem Anteil von ca. 72—92% (F1) und 61—88% (F3) am Gesamtfang. Lepidopteren und Hymenopteren waren vor allem 1971 (besonders
in F3) häufig. Der Anteil der Coleopteren war 1972 (vor allem in F1) sehr hoch.

Zwischen den Fangzahlen von F1 und F3 bestehen z.T. größere Unterschiede.
Das Arteninventar beider Flächen stimmt dagegen weitgehend überein (dies gilt
besonders für die häufigeren Arten). Vergleicht man die Fänge von drei Jahren
und beiden Flächen miteinander, so zeigt sich, daß die Unterschiede in der qualitativ-quantitativen Zusammensetzung der Insekten-Zönose zwischen den Flächen
in einzelnen Jahren geringer sind als von Jahr zu Jahr. Dies wird noch deutlicher,

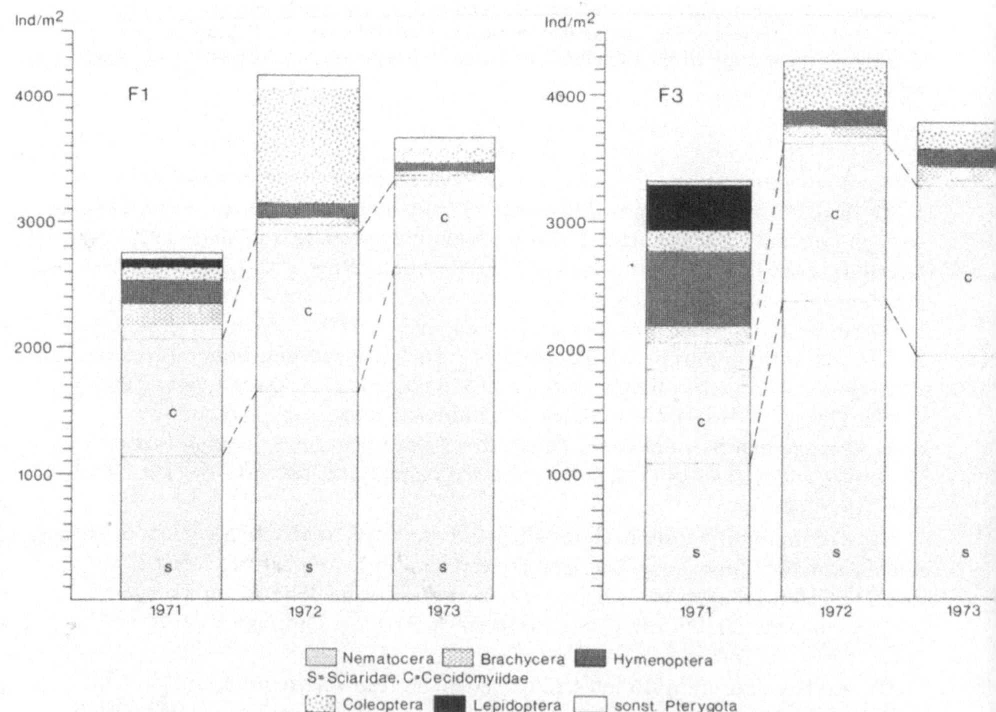

Abb. 1. Fangergebnisse von Boden-Photoeklektoren (Dauersteher) in den Fichtenforsten
F1 u. F3 in drei aufeinanderfolgenden Jahren (1971—1973). Eingezeichnet sind die Anteile
der wichtigsten Gruppen pterygoter Insekten (Imagines) am jährlichen Gesamtfang.

140

wenn man die Fluktuationen der einzelnen Populationen miteinander vergleicht (Thiede 1977).

Bei ca. 190 Insektenarten wurden Trockengewichtsbestimmungen durchgeführt. Nach diesen Daten wurden die Trockengewichte (TG) zahlreicher anderer Arten geschätzt. Zusätzlich wurden Kaloriengehalte bestimmt. Die Brennwerte der Trockensubstanz liegen zwischen 5,1 u. 5,8 cal/mg TG (nicht aschefrei). Anhand der Trockengewichte bzw. Kaloriengehalte lebendgefangener, meist frisch geschlüpfter Imagines und Populationsdichten wurde die „Produktion an Imagines" (Summe der Biomassen frisch geschlüpfter Tiere/m^2 (ha) x Jahr) ermittelt. Da statt der Schlüpfabundanz vielfach nur Aktivitätsdichten in die Berechnung eingingen, dürften die Werte der Produktion an Imagines in der Regel eher zu niedrig als zu hoch sein.

Für F1 wurde eine Gesamtproduktion an Imagines zwischen 5,2 und 14,3 kg TG/ha x Jahr bzw. (bei Annahme von 5,5 cal/mg TG) zwischen 29 u. 79 x 10^3 kcal/ha x Jahr und für F3 eine Gesamtproduktion an Imagines zwischen 6,2 und 11,1 kg TG/ha x Jahr bzw. zwischen 34 u. 61 x 10^3 kcal/ha x Jahr bestimmt (Abb. 2). Die höchsten Anteile entfielen dabei auf Coleopteren (vor allem 1972 in F1) und Nematoceren (hier besonders auf Sciaridae u. Tipulidae).

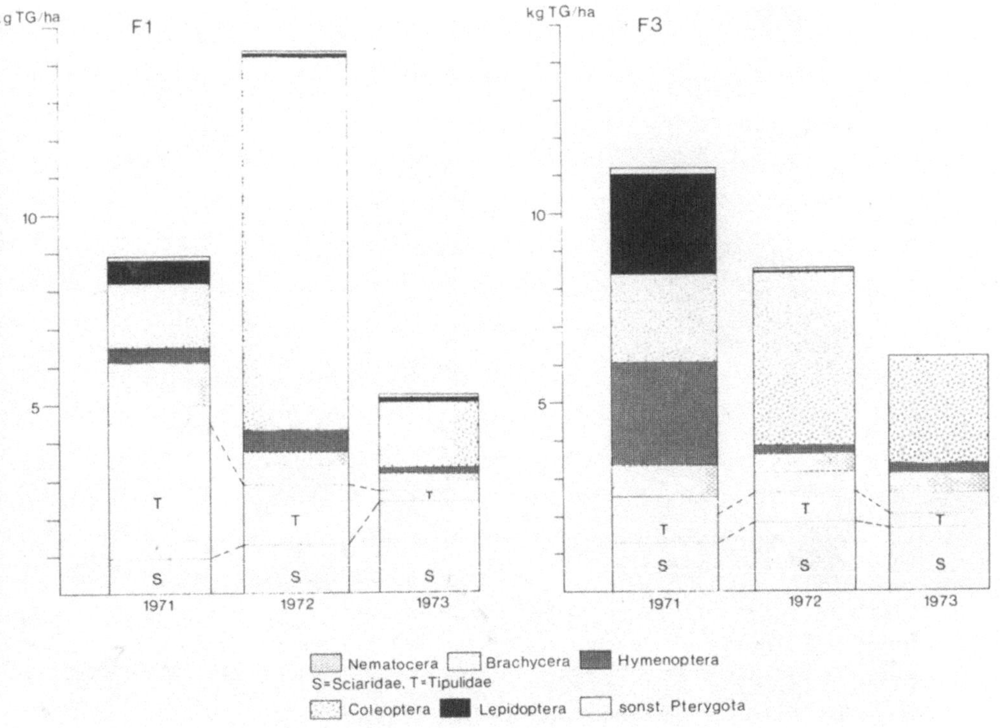

Abb. 2. Die „Produktion an Imagines" (nach Boden-Photoeklektoren-Fängen) in den Fichtenforsten F1 u. F3 in drei aufeinanderfolgenden Jahren (1971–1973). Eingezeichnet sind die Anteile der wichtigsten Gruppen pterygoter Insekten an der jährlichen Gesamtproduktion an Imagines.

1971 waren die Anteile von Lepidopteren und Hymenopteren besonders groß
(vor allem in F3). In diesem Jahr gab es beim Kleinschmetterling *Epinotia tedella* und seinen Parasiten (*Lissonota dubia, Apanteles tedellae* u.a.; Hym.) Grada-
tionen.

Ein Vergleich der Produktion an Imagines zwischen den einzelnen Jahren
zeigt, daß sich das Spektrum der Populationen mit hohen Trockengewichtsantei-
len auf beiden Flächen von Jahr zu Jahr ändert (Abb. 3). In jedem Jahr entfielen
ca. 53—67% der Gesamtproduktion an Imagines auf nur 4 bis 6 verschiedene
Populationen. In allen drei Jahren und auf beiden Flächen waren insgesamt 14

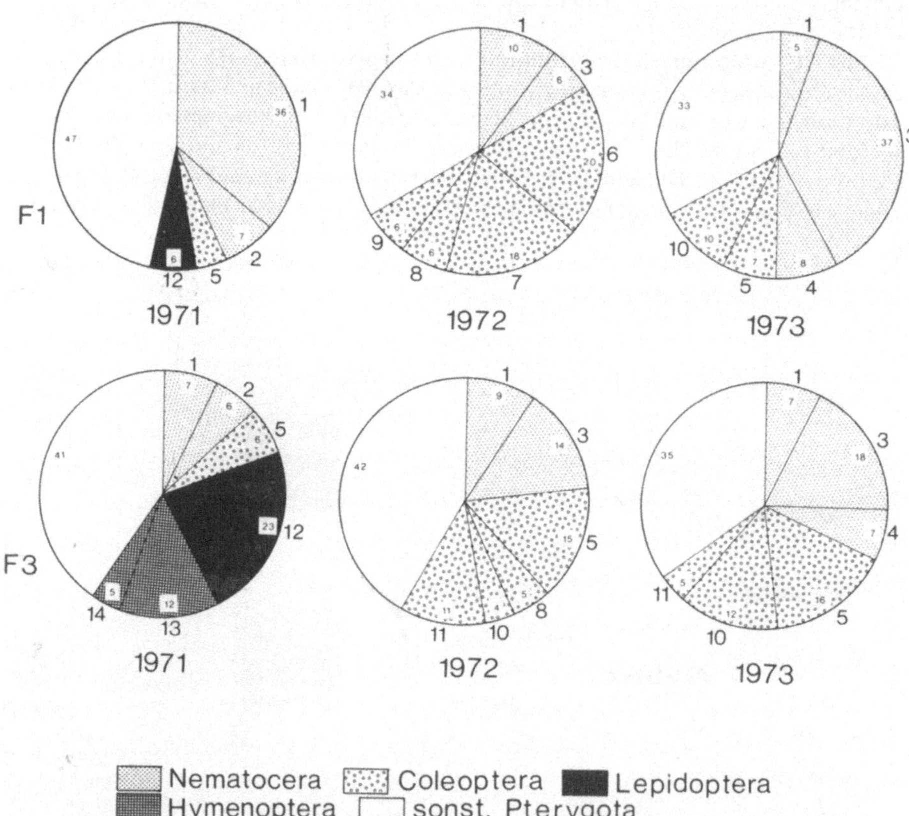

1 Tipula pseudoirrorata Goetgh. 2 Plastosciara setifera Lichtblau 3 Ctenosciara
hyalipennis (Meig.) 4 Ctenosciara thiedei Lichtblau 5 Athous subfuscus Müll.
6 Xyloterus domesticus L. 7 Xyloterus lineatus Oliv. 8 Hylurgops palliatus Gyllh.
9 Rhizophagus dispar Payk. 10 Polydrosus impar Goz. 11 Hylastes cunicularis Er.
12 Epinota tedella Cl. 13 Lissonota dubia Hlgr. 14 Apanteles tedellae Nix.

Abb. 3. Prozentuale Anteile einzelner Insektenpopulationen an der Produktion an Imagines
(nach Boden-Photoeklektor-Fängen) der Fichtenforste F1 u. F3. Eingezeichnet sind nur Anteile von mindestens 4% an der jährlichen Gesamtproduktion an Imagines. Prozentangaben
innerhalb der Kreise.

142

verschiedene Arten mit $\geq 5\%$ an der Gesamtproduktion an Imagines beteiligt. In allen Jahren waren nur *Tipula pseudoirrorata* (in F1 u. F3) und *Athous subfuscus* (in F3) mit höheren Anteilen vertreten. Bei drei Arten (*Polydrosus impar, Ctenosciara hyalipennis, Hylastes cunicularis*) war die Produktion an Imagines in jeweils zwei von drei Untersuchungsjahren höher als 5%.

In den Werten der Produktion an Imagines sind z.T. auch Anteile von Immigrantenpopulationen enthalten (nach ihrer Überwinterung in der Fichtenstreu mit Eklektoren erfaßt). Bemerkenswert ist hierbei der Anteil des aus den umliegenden Buchenwäldern stammenden Borkenkäfers *Xyloterus domesticus*, der 1972 in F1 mit 20% (2,86 kg TG/ha x Jahr) eine Spitzenposition einnahm.

Die Produktion an Imagines ist eine wichtige Teilgröße im Energieumsatz von Insektenpopulationen (Funke 1973, Grimm et al. 1975). Für zahlreiche Insektenpopulationen aus Buchenwäldern des Solling wurden die Energieumsätze bestimmt (Grimm 1973, Schauermann 1973, Strey 1972, Winter 1972, Altmüller 1976). Aufgrund der vorliegenden Ergebnisse lassen sich die Werte von Assimilation und Produktion an Imagines miteinander vergleichen. Im Mittel ergibt sich dabei ein Verhältnis von ungefähr 10:1 (Funke 1973, Thiede 1973). Multipliziert man die Jahreswerte der Produktion an Imagines beider Fichtenforste mit dem Faktor 10, so ergeben sich Gesamt-Energieumsätze von $290-630 \times 10^3$ kcal/ha x Jahr in F1 (ohne den Anteil des Immigranten *Xyloterus domesticus*) bzw. von $340-610 \times 10^3$ kcal/ha x Jahr in F3. Gemittelt über drei Jahre ergeben sich nach diesen Abschätzungen Energieumsätze von ca. 470×10^3 kcal/ha x Jahr für die untersuchten Insektenpopulationen in beiden Fichtenbeständen. Diese Abschätzung ist nur eine grobe Näherung. Sie dürfte aber für den Teil der mit Boden-Photoeklektoren erfaßten Populationen ungefähr in der richtigen Größenordnung liegen. Vergleichsweise liegt die Mindestassimilation der pterygoten Insektenpopulationen nach den von Grimm (1977) genannten Daten für den Buchenwald im Solling bei ca. 897×10^3 kcal/ha x Jahr. Der Energieumsatz aller pterygoten Insektenpopulationen in den Fichtenforsten dürfte vermutlich ähnlich hoch sein, da die Populationen der immergrünen Kronenschicht, der Stammregion und spezifischer Kleinhabitate in den vorliegenden Daten noch gar nicht oder nur unzureichend berücksichtigt sind.

Literatur

Altmüller, R. (1976): Zum Energieumsatz von Dipterenpopulationen im Buchenwald (Luzulu-Fagetum). Dissertation Göttingen.
Ellenberg, H. (1971): Introductory Survey. In: H. Ellenberg, Hrsg. Integrated Experimental Ecology. *Ecol. Studies* 2: 1–15. Berlin: Springer.
Funke, W. (1971): Food and energy turnover of leaf-eating insects and their influence on primary production. In: H. Ellenberg, Hrsg. Integrated Experimental Ecology. *Ecol. Studies* 2: 81–93. Berlin: Springer.
Funke, W. (1973): Rolle der Tiere in Wald-Ökosystemen des Solling. In: H. Ellenberg, Hrsg. Ökosystemforschung, 143–174. Berlin: Springer.
Grimm, R., W. Funke & J. Schauermann (1975): Minimalprogramm zur Ökosystemanalyse: Untersuchungen an Tierpopulationen in Wald-Ökosystemen. Verhdl. Ges. Ökologie, Erlangen 1974, 77–87. Junk, Den Haag.

Grimm, R. (1973): Zum Energieumsatz phytophager Insekten im Buchenwald. I. Untersuchungen an Populationen der Rüsselkäfer (Curculionidae) *Rhynchaenus fagi* L., *Strophosomus* (Schönherr) und *Otiorrhynchus singularis* L., *Oecologia* (Berlin) 11: 187–262.

Grimm, R. (1977): Der Energieumsatz der Arthropodenpopulationen im Ökosystem Buchenwald. Verhdl. Ges. Ökologie, Göttingen 1976, Junk, Den Haag, S. 125–131.

Schauermann, J. (1973): Zum Energieumsatz phytophager Insekten im Buchenwald. II. Die produktionsbiologische Stellung der Rüsselkäfer (Curculionidae) mit rhizophagen Larvenstadien. *Oecologia* (Berlin) 13: 313–350.

Strey, G. (1972): Ökoenergetische Untersuchungen an *Athous subfuscus* Müll. und *Athous vittatus* Fbr. (Elateridae, Coleoptera) in Buchenwäldern. Dissertation Göttingen.

Thiede, U. (1973): Zur Produktion an Insekten-Imagines in Landökosystemen. Tagungsbericht der Gesellschaft für Ökologie, Gießen 1972, 71–76.

Thiede, U. (1977): Untersuchungen über die Arthropodenfauna in Fichtenforsten (Populationsökologie, Energieumsatz). Zool. Jb., Abt. Syst. Ökol. Geogr. Tiere (im Druck).

Winter, K. (1972): Zum Energieumsatz phytophager Insekten im Buchenwald. Untersuchungen an Lepidopterenpopulationen. Dissertation Göttingen.

Anschrift des Verfassers:

Dr. Uwe Thiede, Abt. Ökologie und Morphologie der Tiere (Biologie III), Universität Ulm, Oberer Eselsberg, 7900 Ulm.

Sonderdruck: Verhandlungen der Gesellschaft für Ökologie, Göttingen 1976.

STRUKTUR UND DYNAMIK DER AVIFAUNA DES SOLLINGS*

ERWIN R. SCHERNER

Abstract

In the Solling region 148 species of birds have been recorded. Of these 90 are now nesting regularly. The group of most numerous species consists of woodland birds and ubiquitous ones. About 75% of the area are wooded, whereas it is lacking in wetlands and large lakes with reedbeds. Therefore some of the commonest birds in Germany, notably Lapwing, Yellow Wagtail and Reed Warbler, are not represented in the Solling which is a landscape of little species richness in the avifauna as well as in the flora.

Some examples illustrate the dependence of species number on diversity of environment and show the important role of altitudinal variation. The avifaunal pattern reveals a major subdivision at 1,148 ft. as a result of habitat distribution, but such birds as Tengmalm's Owl and Nutcracker are confined to districts above 1,312 ft. due to climate.

Reconstruction of avifaunal history demonstrates remarkable anthropogeneous effects. The Solling landscape has been continuously altered by man's activities over more than 1,200 years involving considerable changes in range and numbers of many species. Destruction of birchwoods and moors has contributed to disappearance of Black Stork and Black Grouse, but human settlement, introduction of conifers (since 1737) and establishment of quarries, gravel pits and pools have enabled colonization by new populations, e.g. House Sparrow, Swallow, Peregrine, Sand Martin, Capercaillie, Goldcrest, Coal Tit and Crossbill.

The number of species breeding regularly has decreased steadily from 95—98 about 1850 to a current total of 90. In the same period a decline from 65 or 66 to 60 genera has taken place. The situation of several endangered birds suggests that this trend will continue. By preference those changes are biased towards extinction of non-passerines which are organisms of greater biomass and rarity. Most of these are occupying top positions in food chains, confined to special diet or rare ecosystems, affected by persecution or very sensitive to disturbance by civilization. A simple concept of avifaunal dynamics, by way of a factor network, is illustrated. It emphasizes the significant influences of man and climate.

1. Einleitung

Die politische und verkehrsgeographische Randlage sowie das einförmige Landschaftsbild haben wesentlich dazu beigetragen, daß der Solling (Abb. 1) zu den ornithologisch wenig erforschten Naturräumen Niedersachsens gehört. Die Einbeziehung der Vögel in das zoologische Arbeitsprogramm des IBP-Solling-Projekts bot Anlaß und Möglichkeit, über die Analyse spezieller Fragen, insbesondere des Energie-Umsatzes einzelner Populationen (s. Funke 1973) hinaus eine Übersicht der Avifauna des gesamten Gebirges zu erlangen. Neben eigenen Untersuchungen 1973—1976 lieferten publizierte und unveröffentliche Daten zahlreicher Beobachter und aus verschiedenen Zeiten ein hinreichend breites Fundament zur ausführlichen Darstellung der im Solling vorkommenden Arten (Scherner 1976).

* Ergebnisse des Solling-Projekts der DFG (IBP), Mitteilung Nr. 197.

Der Versuch, Struktur und Dynamik der Vogelwelt eines großen Gebiets auf
kleinem Raum zu charakterisieren, zwingt zur Auswahl einiger Beispiele und
kann nicht die an anderer Stelle beabsichtigte Beschreibung ersetzen.

2. Übersicht der Avifauna

2.1 Artenspektrum

Sicher nachgewiesen sind im Solling 148 Vogelarten, davon 107 brütend. Alljährlich nisten gegenwärtig 90 Spezies, gelegentlich auch Höckerschwan (*Cygnus
olor*), Wachtel (*Coturnix coturnix*), Bleßralle (*Fulica atra*) und Grauammer (*Emberiza calandra*). 41 weitere Arten sind als Durchzügler und Gäste bekannt, von
denen 8 regelmäßig erscheinen: Zwergtaucher (*Podiceps ruficollis*), Graureiher
(*Ardea cinerea*), Kranich (*Grus grus*), Kiebitz (*Vanellus vanellus*), Eisvogel (*Alce-
do atthis*), Steinschmätzer (*Oenanthe oenanthe*), Rotdrossel (*Turdus iliacus*),
Saatkrähe (*Corvus frugilegus*).

Im Solling brüten 12 Arten, deren Bestände in Niedersachsen, z.T. sogar im
gesamten Gebiet der Bundesrepublik Deutschland gefährdet sind (nach Heckenroth et al. 1976): Sperber (*Accipiter nisus*), Habicht (*A. gentilis*), Waldschnepfe
(*Scolopax rusticola*), Hohltaube (*Columba oenas*), Schleiereule (*Tyto alba*),
Rauhfußkauz (*Aegolius funereus*), Ziegenmelker (*Caprimulgus europaeus*), Neuntöter (*Lanius collurio*), Raubwürger (*L. excubitor*), Wasseramsel (*Cinclus cinc-

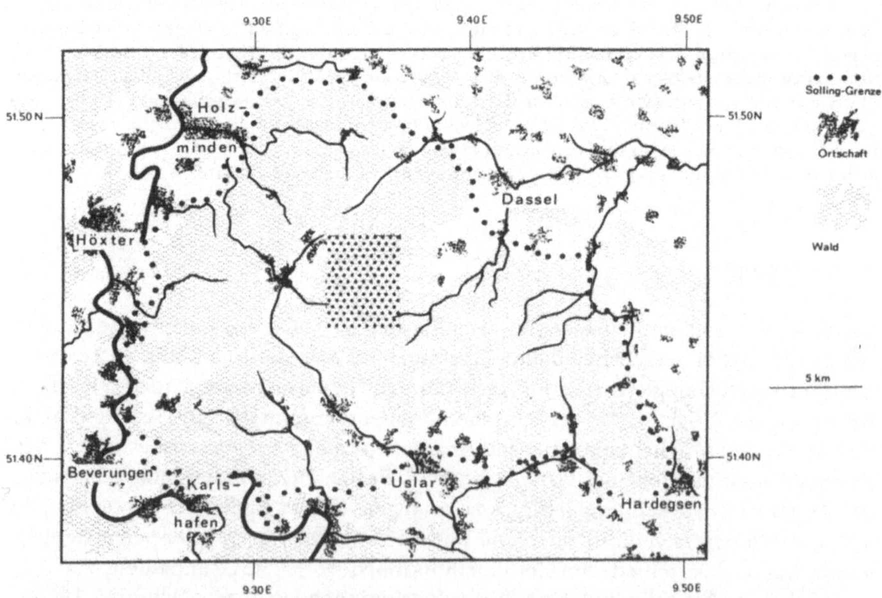

Abb. 1. Übersichtskarte des Untersuchungsgebietes (ca. 430 km²) und Lage der Probefläche (20 km²) im Zentralsolling (punktierter Bereich; vgl. Abschn. 3.1 und Abb. 3).

lus), Braunkehlchen (*Saxicola rubetra*) und Tannenhäber (*Nucifraga caryocatactes*), unregelmäßig auch die Wachtel.

Die zahlenmäßig dominierenden Brutvögel sind Baumpieper (*Anthus trivialis*), Zaunkönig (*Troglodytes troglodytes*), Heckenbraunelle (*Prunella modularis*), Fitis (*Phylloscopus trochilus*), Zilpzalp (*Ph. collybita*), Winter- und Sommergoldhähnchen (*Regulus regulus, R. ignicapillus*), Rotkehlchen (*Erithacus rubecula*), Singdrossel (*Turdus philomelos*), Amsel (*T. merula*), Kohl- und Tannenmeise (*Parus major, P. ater*), Kleiber (*Sitta europaea*), Buchfink (*Fringilla coelebs*), Star (*Sturnus vulgaris*), vielleicht auch Ringeltaube (*Columba palumbus*) und Gimpel (*Pyrrhula pyrrhula*). In manchen Jahren (z.B. 1975) gehört ferner der Zeisig (*Carduelis spinus*) zu jenen Arten, deren Populationen jeweils mindestens 1450 Brutpaare umfassen. Diese Gruppe besteht teils aus typischen Waldbewohnern, teils aus stark euryöken Organismen und Ubiquisten.

Unter den etwa 227 in Deutschland alljährlich brütenden Vogelarten befinden sich 53—56 (ca. 24%), deren Populationen jeweils mehr als 100 000 Paare umfassen (nach Niethammer et al. 1964). Von diesen sind im Solling 47—49 heimisch und stellen hier den Grundstock des Artenspektrums (ca. 53%). Von den häufig-

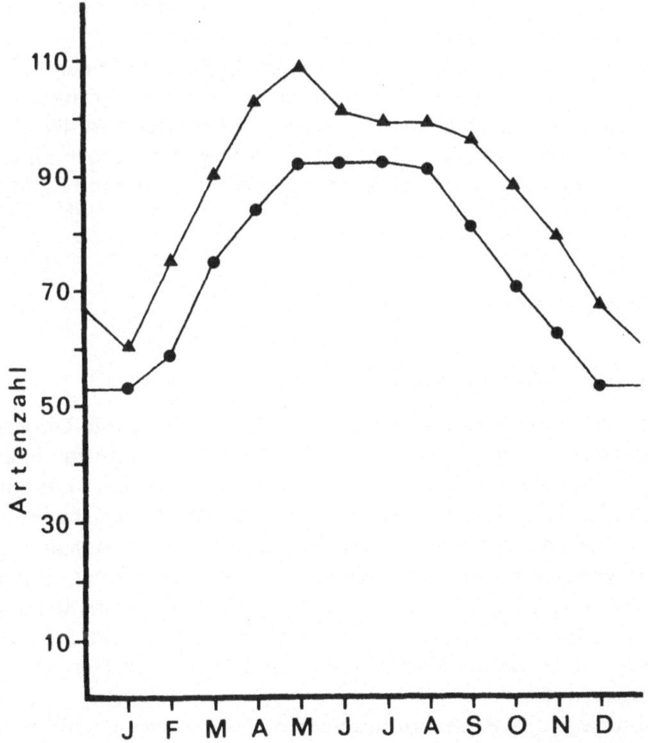

Abb. 2. Phänologie der Solling-Avifauna als Oszillation der monatlichen Summe regelmäßig vertretener Arten (●) und bei zusätzlicher Berücksichtigung ungewöhnlicher Termine solcher Spezies sowie der irregulären Gastvögel und Durchzügler (▲).

sten Brutvögeln Deutschlands nisten im Untersuchungsgebiet z.B. Bleßralle, Kiebitz, Schafstelze (*Motacilla flava*) und Teichrohrsänger (*Acrocephalus scirpaceus*) nicht oder nur gelegentlich. Dies ist vor allem Konsequenz der relativ homogenen Landschaftsstruktur: im Solling, der zu 75% bewaldet ist, fehlen Feuchtgebiete und größere Gewässer mit Röhricht nahezu völlig.

Floristisch gehört das Untersuchungsgebiet zu den Regionen geringsten Artenreichtums in Südniedersachsen (Haeupler 1974). Gleiches gilt avifaunistisch: mit 90 regelmäßig brütenden Spezies ist der Solling (430 km^2) deutlich ärmer als etwa der Stadtkreis Salzgitter (215 km^2) mit mindestens 101, der Kreis Eisleben (315 km^2) mit mind. 109 oder der Wolfsburger Raum (320 km^2) mit mind. 128 Arten (nach Jung 1971, Gnielka 1974, Scherner 1966, ergänzt).

2.2 *Phänologie*

Die monatliche Summe regelmäßig vorkommender Arten gibt in ihrem Verlauf eine grobe Kennzeichnung der saisonalen Dynamik (Abb. 2): Von einem Minimum um die Jahreswende (53 Spezies) steigt sie rasch zum Maximum Mai — Juli (92). Der herbstliche Rückgang erfolgt langsamer, vor allem deshalb, weil der Fortzug vieler Arten zeitlich nicht so gedrängt verläuft wie die Ankunft im Frühjahr. Bei Berücksichtigung auch der Feststellungen gelegentlicher Gastvögel und Durchzügler sowie phänologisch irregulärer Termine von Arten, welche in anderen Monaten regelmäßig anwesend sind, werden die Perioden Februar — Mai und September — Dezember als Intervalle sichtbar, in denen eine erhöhte Antreffwahrscheinlichkeit zusätzlicher Arten besteht. Grundsätzlich ist der Vogelzug im Solling nicht so bedeutend wie anderenorts, teils wegen der geographischen Lage des Gebiets, teils deshalb, weil zahlreiche Vögel relief- oder habitatbedingt dieses Gebirge umgehen.

3. Avifauna und Landschaftsstruktur

3.1 *Artenzahl und Habitat-Diversität*

In einem Bereich des Zentralsolling wurden 1973/75 Menge und Dispersion der Brutvögel untersucht (Abb. 3). Das Gelände ist in 80 Quadrate von je 25 ha gegliedert. Nach einer Kartierung der Wald- und Forstgesellschaften durch Gerlach (1970) wurden die Flächenanteile für 21 Vegetationseinheiten sowie für Siedlungsbereiche (einschl. Steinbrüche) und Gewässer ermittelt. Aus den Quoten dieser 23 Kategorien ergab sich über die Shannon-Wiener-Formel für jedes Quadrat eine sogenannte Diversität der Assoziationen. Die Zusammenfassung entsprechender Gruppen zu 5 Klassen (Laub-, Nadelwald, Freiland, Siedlung, Teich) lieferte die sog. Diversität der Formationen, die Flächen von 10-m-Höhenstufen eine Relief-Diversität.

Die Ergebnisse für 54 Passeriformes-Spezies (1975) zeigen, daß (in nicht zufälliger Verteilung) Quadrate unterschiedlichen Artenreichtums wechseln (Abb. 4). Der Vergleich mit den Diversität-Werten ergibt zwar keine Korrelation mit dem Relief, wohl aber mit der Assoziations- und Formationsstruktur (Abb.

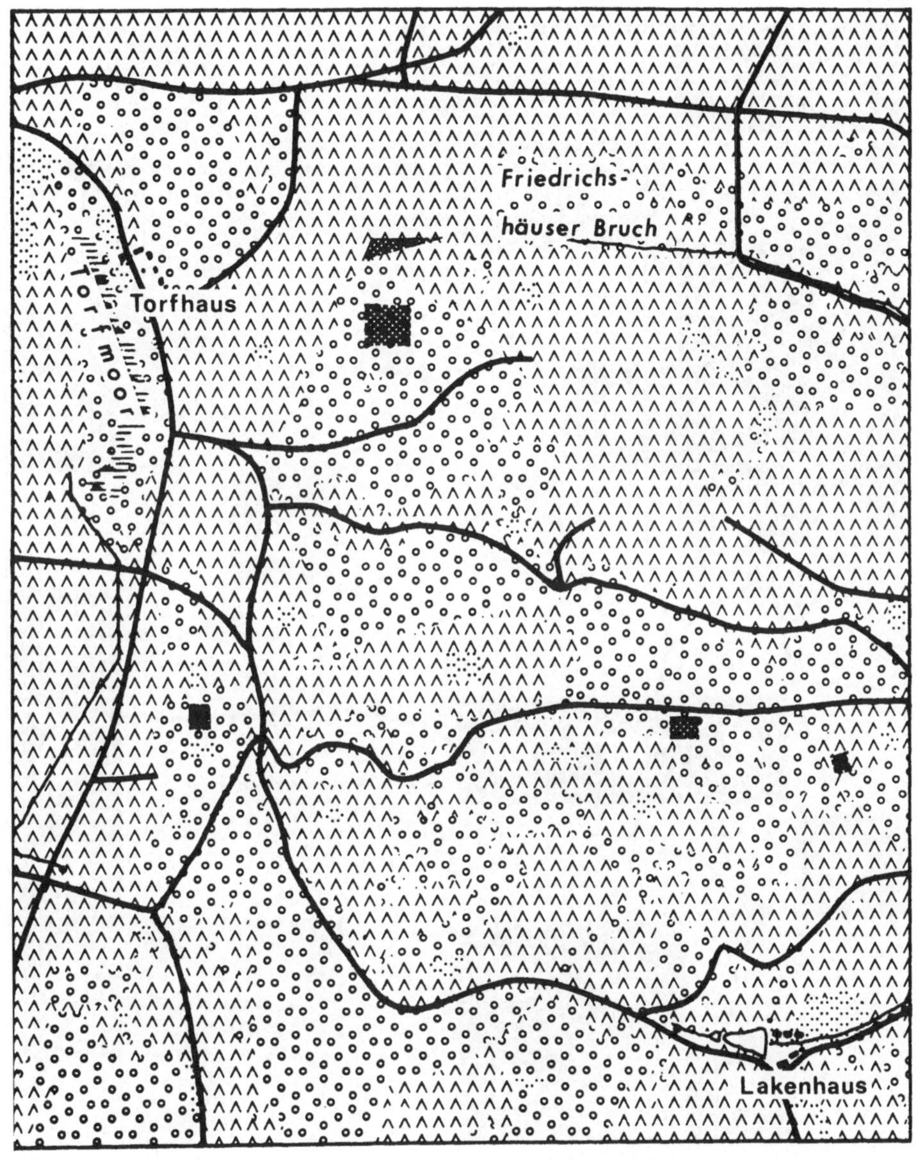

Abb. 3. Struktur des Kontrollgebiets (20 km²) im Zentralsolling östlich Neuhaus (vgl.
Abb. 1). Das Gelände liegt zwischen 315 und 517 m ü. NN. Es ist zu 32% von Laubwald
(○), zu 65% von Nadelwald (ʌ) bedeckt; den Rest nehmen Moor, Wiesen, Steinbrüche und
Gehöfte ein. Der Bezirk enthält die Probeflächen des IBP-Solling-Projekts (dunkle Parzellen)
und ist nahezu identisch mit dem von Gerlach (1970) vegetationskundlich bearbeiteten Areal.

149

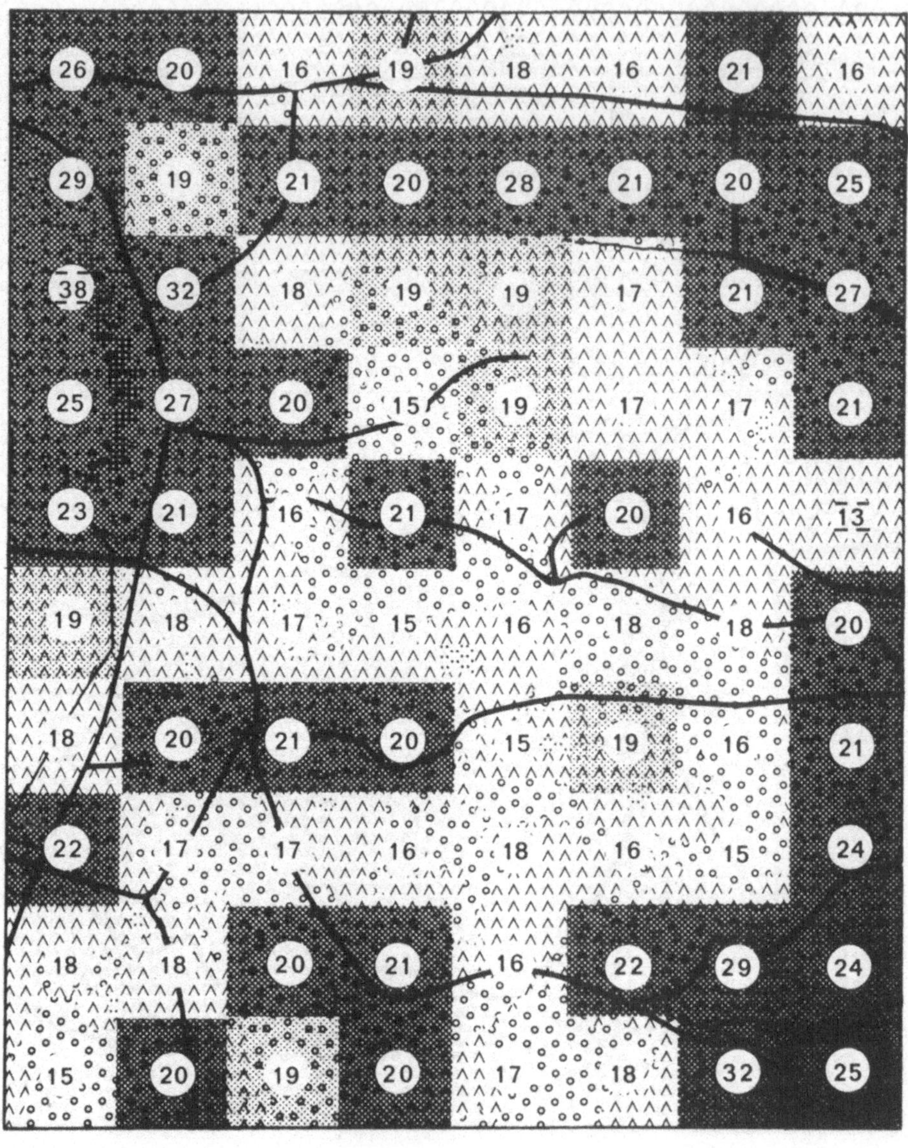

Abb. 4. Brutvogel-Dispersion 1975 im Zentralsolling (80 Quadrate von je 25 ha; zur Methodik von Rasterkartierungen z.B. Bezzel & Ranftl 1974). Dargestellt sind die 54 Spezies der Passeriformes: helle Felder haben geringe, dunkle eine überdurchschnittliche Artenzahl (Median: 19 Spezies pro Quadrat).

150

5, Tab. 1), obwohl in der Analyse wesentliche Parameter wie Alter, Durchfor-
stungsgrad und Stratifikation z.B. der Waldflächen unberücksichtigt sind. Die gefundene Tendenz entspricht der Erwartung, daß um so mehr realisierte Nischen
existieren, je mehr Habitate vorkommen. Ferner nehmen mit der Zahl vorhandener
Vegetationseinheiten auch Grenzeffekte zwischen diesen zu und eröffnen zusätzliche Ansiedlungsmöglichkeiten. So deutet die Dispersion der Mönchsgrasmücke (*Sylvia atricapilla*) auf eine Bevorzugung von Flächen höherer Diversität
(Tab. 2).

3.2 Höhenzonale Variationen

Trotz eines maximalen Höhenunterschieds von 430 m hat der Solling einen wenig gebirgsartigen Charakter. Neigungswinkel über 5° sind selten; das Relief ist
meist eben bis flachwellig. Niederschlagsmenge, Lufttemperatur und andere Parameter zeigen zwar orographische Abhängigkeiten, doch sind die Grenzen einer
klimatischen Vertikalzonierung nicht allzu markant. Die Festlegung forstlicher
Wuchsbezirke ergibt für das Untersuchungsgebiet drei Stufen mit Einschnitten
bei ca. 250 und 400 m ü. NN (Görges 1969, Kremser & Otto 1973).

Der Prüfung von Höhenabhängigkeiten der Brutvogel-Dispersion liegen Daten
über 80 Arten zugrunde. 10 weitere blieben unberücksichtigt, weil ausreichendes
Material fehlt, die Vertikalverteilung stark fluktuiert oder die Populationen neuerdings fast erloschen sind. Maß der Identität benachbarter 50-m-Höhenstufen ist

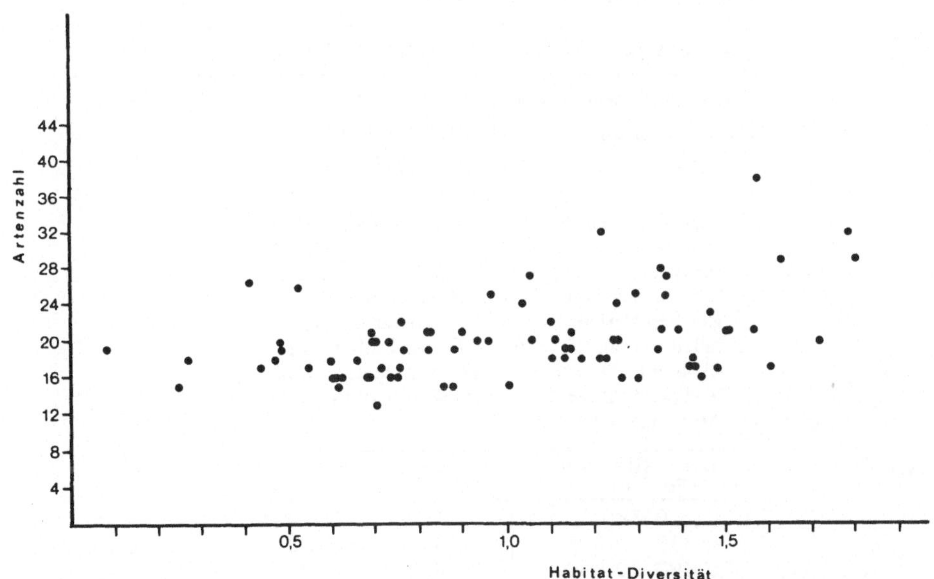

Abb. 5. Abhängigkeit der Zahl brütender Vogelarten (Passeriformes) von der Habitat-Diversität (nach Flächenanteilen der Assoziationen) in 80 Quadraten (Erläuterung s. Text; vgl.
Tab. 1).

$$I = \frac{2\,n}{N_1 + N_2}$$

Dieser Index ist Null, wenn beide Zonen keine Art gemeinsam haben ($n = 0$), und erreicht 1,0, wenn sie im Spezies-Inventar identisch sind ($N_1 = N_2 = n$).

Die Artenzahl nimmt zu den Hochlagen hin allmählich ab (Abb. 6). Die Identität der Artenspektren benachbarter Stufen ist relativ groß, zeigt aber deutliche Zäsuren bei 350 und bei 500 m ü. NN an. Da die Bereiche oberhalb 500 m keine volle 50-m-Zone bilden, von geringer Ausdehnung und fast reines Wald-, vornehmlich Fichtenforst-Gebiet sind, ist diesem Einschnitt keine Bedeutung zuzumessen. Auffallend ist hingegen die 350-m-Grenze, werden doch die forstlichen Wuchsbezirke Unterer und Hoher Solling erst bei 400 m getrennt. Tatsächlich sind z.B. Rauhfußkauz und Tannenhäher als boreale Arten streng auf den Hochsolling beschränkt. Daß die markante avifaunistische Isohypse aber tiefer liegt, ist in der Habitat-Verteilung begründet, welche den klimatischen Einfluß überlagert. Offene Landschaftsräume (Acker-, Grünland), stehende Gewässer und Bäche sind nämlich weitgehend über die unteren Stufen verteilt. So kommt das Braunkehlchen nur bis 200 m vor, Rotmilan (*Milvus milvus*), Rohrammer (*Emberiza schoeniclus*) und Elster (*Pica pica*) bis 300 m, Stockente (*Anas platyrhynchos*), Turmfalke (*Falco tinnunculus*) und Wasseramsel bis 350 m.

Tabelle 1 Zusammenhänge zwischen Zahl der Brutvogel-Arten im Zentralsolling (Passeriformes; vgl. Abb. 4) und Habitat-Diversität (s. Text). r_s= Spearman-Rang-Korrelationskoeffizient (Freiheitsgrade = 78).

Diversität	r_s	Irrtumswahrscheinlichkeit
Assoziationen	+ 0,41	$p < 5 \cdot 10^{-4}$
Formationen	+ 0,34	$10^{-3} < p < 5 \cdot 10^{-3}$
Relief	− 0,04	$p \gg 0,25$

Tabelle 2 Habitat-Diversität und Dispersion der Mönchsgrasmücke im Zentralsolling 1975 (ca. 35 Brutpaare in 26 Quadraten von je 25 ha). Die theoretische Verteilung liefern 26 Einheiten, die im gleichen Verhältnis auf die Diversität-Intervalle entfallen wie sämtliche 80 Felder der Probefläche (Abb. 4 u. 5). Der Anpassungstest deutet auf die bevorzugte Besiedlung reichhaltig strukturierter Areale ($\chi^2 = 10,5$; df = 2; $10^{-3} > p > 10^{-2}$).

Diversität der Formationen	Dispersion	
	beobachtet	erwartet
$\leq 0{,}325$	1	6,175
0,326 - 0,625	4	6,825
0,626 - 0,701	10	6,5
$\geq 0{,}702$	11	6,5
insgesamt besiedelte Quadrate	26	26

Die mittlere Zahl jährlicher Frosttage ist in den Tieflagen um 20 geringer als im Hochsolling; dementsprechend länger ist im Durchschnitt die Periode eines Tagesmittels der Lufttemperatur von mindestens 10 °C. Solche Tendenzen lassen zahlreiche Vertikalvariationen erwarten, z.B. der Abundanz, Produktion und Aufenthaltsdauer von Populationen. So sind um die Jahreswende im gesamten Untersuchungsgebiet regelmäßig 50 Vogelarten vertreten, oberhalb 400 m ü. NN jedoch nur 35. Im Hochsolling fehlen dann u.a. Zaunkönig, Heckenbraunelle, Rotkehlchen, Amsel und Buchfink.

Der Waldlaubsänger (*Phylloscopus sibilatrix*) traf 1973/75 im Rahmen lang-

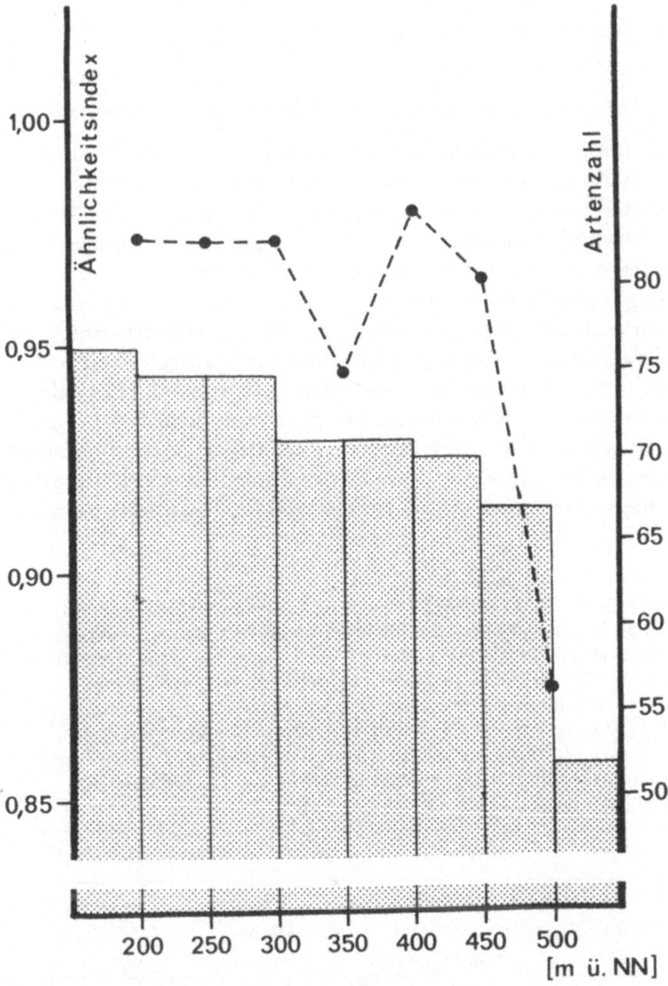

Abb. 6. Vertikale Änderungen der Artenzahl (Säulen) und Spezies-Identität benachbarter Höhenstufen (•; vgl. Text). Zu beachten ist die abweichende Ausdehnung der Zonen unter 200 und oberhalb 500 m (tiefste Stelle im Solling bei 98, höchste bei 528 m ü. NN).

153

jähriger Schwankungsbreite ein (zweite April-Hälfte/Anfang Mai), im Hochsolling jedoch mit Verzögerung um drei oder mehr Wochen (Tab. 3). Diese Art — hier ein charakteristischer Bewohner älterer Buchenwälder — benötigt bestimmte Licht- und Klima-Verhältnisse. So muß der Kronenschluß mindestens 70% betragen, damit ein von der Umgebung relativ unabhängiges Bestandsklima gewährleistet ist (zum Monotop s. Tiedemann 1971). Wegen der phänologischen Unterschiede im Blattaustrieb (z.B. Hartmann 1972) ist verständlich, daß der Waldlaubsänger den Hochsolling deshalb verspätet besiedelt, weil die bestandsklimatischen Voraussetzungen sich dort nicht so zeitig einstellen wie in den Tieflagen.

4. Säkulare Dynamik der Avifauna

4.1 Wandlungen infolge anthropogener Änderungen der Raumstruktur

Vor 2000 Jahren ist der Solling mit Ausnahme der Täler, Moore und Bruchflächen ein reines Buchengebirge gewesen*. Spätestens im 8. Jahrhundert begannen Rodung und Besiedlung. Dadurch wurden Lebensräume z.B. für Rebhuhn (*perdix perdix*), Wachtel, Rauchschwalbe (*Hirundo rustica*), Mehlschwalbe (*Delichon urbica*) und Haussperling (*Passer domesticus*) geschaffen.

Um 1700 gliederte sich der Solling in eine Eichenzone, einen Buchenbezirk sowie eine Birkenbruch-Region (30 km²), die durch zahlreiche infolge Holzentnahme und Waldweide entstandene Blößen (23 km²) aufgelockert waren. Im 18., stärker noch im 19. Jahrhundert erfolgte der Übergang zur Hochwald-Wirtschaft, und 1737 wurden erstmals Koniferen angebaut. Vor allem 1830—1880 wurden weite Bereiche des Gebirges „verfichtet", sodaß der Nadelwald heute rund 57% der Holzbodenfläche einnimmt. Diese Entwicklung lieferte die Voraussetzung für Ansiedlungen von Auerhuhn (*Tetrao urogallus*), Rauhfußkauz, Schwarz-

Tabelle 3 Höhenabhängigkeit der Ankunft des Waldlaubsängers im Solling. Angegeben sind die jeweils frühesten Beobachtungstermine, welche keineswegs identisch sein müssen mit dem Eintreffen z.B. der ersten Individuen oder der Mehrheit der Populationen. Die Größenordnung des Unterschieds zwischen Tieflagen und Hochsolling darf jedoch als hinreichend repräsentativ gelten, da 1973/75 von April bis Juli im Hochsolling mit so großem Zeitaufwand beobachtet wurde (Siedlungsdichte- u.a. Untersuchungen), daß ein Übersehen der Art nahezu ausgeschlossen ist.

Jahr	< 400 m ü. NN	> 400 m ü. NN	Differenz
1973	3. Mai	10. Juni	38 Tage
1974	25. April	19. Mai	24 Tage
1975	22. April	9. Juni	48 Tage

* Ausführliche Übersichten der Geschichte des Landschaftsbildes im Solling haben Gerlach (1970) und Scherner (1976) geliefert.

specht (*Dryocopus martius*), Winter- und Sommergoldhähnchen, Haubenmeise (*Parus cristatus*), Tannenmeise, Zeisig, Fichtenkreuzschnabel und Tannenhäher, höchstwahrscheinlich auch für die Misteldrossel (*Turdus viscivorus*). Für diese Gruppe sind mit nahezu völliger Sicherheit Brutvorkommen oder zumindest beständige Populationen in der koniferenfreien Zeit vor 1737 ausgeschlossen. Vielmehr sind jene Arten in späteren Jahren eingewandert, so das Auerhuhn vor 1834, der Schwarzspecht um 1886, die Misteldrossel vielleicht erst nach 1880, der Tannenhäher um 1950.

Neben den 10—11 Spezies, welchen erst die Einführung von Koniferen geeignete Habitate bot, sind mindestens 6 erkennbar, welche wohl auch schon vor 1737 im Solling heimisch gewesen sind, durch die Ausbreitung des Nadelholzes aber so begünstigt wurden, daß z.T. sogar Bestandszunahmen warscheinlich sind: Sperber, Waldohreule (*Asio otus*), Buntspecht (*Dendrocopos major*), Heckenbraunelle, Waldbaumläufer (*Certhia familiaris*) und Gimpel.

Während die Nadelbäume an Boden gewannen, verringerte sich die Laubholzfläche, stellenweise um über 50%. Vielen Vögeln bieten Nadelwälder keine oder nur pessimale Lebensmöglichkeiten, sodaß Areal-, teilweise auch Bestandsreduktionen anzunehmen sind. Dies gilt z.B. für Grün- und Grauspecht (*Picus viridis*, *P. canus*), Mittel- und Kleinspecht (*Dendrocopos medius*, *D. minor*), Waldlaubsänger, Trauerschnäpper (*Ficedula hypoleuca*), Sumpf- und Blaumeise (*Parus palustris*, *P. caeruleus*). Kleiber und Kernbeißer (*Coccothraustes coccothraustes*).

Die früheren Solling-Wälder waren Plünderwälder, großenteils gekennzeichnet durch Überalterung und überaus raume Baumstellung. Mit dem Wandel zum Hochwald und dem Aufforsten der Blößen verschlechterten sich die Bedingungen für den Wiedehopf (*Upupa epops*), der um 1900 ausstarb, den inzwischen sehr selten gewordenen Ziegenmelker und andere Bewohner „halboffener" Formationen. Das Verschwinden des Auerhuhns (um 1925) ist nicht zuletzt darauf zurückzuführen, daß diese Art einförmige, hochstämmige Monokulturen und Großkahlschlag-Betrieb meidet. Da der moderne Wirtschaftswald wenig Platz für pathologische Stämme hat, verringerte sich das Angebot natürlicher Nisthöhlen im Laufe des 19. Jahrhunderts, u.a. mit der Folge starker Bestandsrückgänge von Dohle (*Corvus monedula*) und Hohltaube insbesondere nach 1850.

Durch die nahezu völlige Entwässerung und Aufforstung der Bruch- und Moorflächen zwischen 1830 und 1880 verloren Birkhuhn (*Tetrao tetrix*) und Schwarzstorch (*Ciconia nigra*) ihre Lebensräume; sie starben um 1870 bzw. 1880 aus. Solchen negativen Einwirkungen des Menschen auf das Artenspektrum stehen positive Effekte gegenüber. So verdankte die inzwischen ausgerottete felsbrütende Population des Wanderfalken (*Falco peregrinus*) ihre Brutplätze der Natursteinindustrie, und die Uferschwalbe (*Riparia riparia*), die ihre Niströhre in Steilhänge gräbt, profitierte vom Kiesabbau (Brutkolonie um 1950 erloschen). Teichralle (*Gallinula chloropus*), Haubentaucher (*Podiceps cristatus*) und einige andere Wasservögel können im Solling vor allem deshalb nisten oder rasten, weil seit 1680 mehrere Teiche angelegt worden sind.

4.2 Entwicklung der Avifauna 1850–1975

Die Anzahl regelmäßiger Brutvögel zeigt für den Zeitraum 1850–1975 eine negative Tendenz (Abb. 7): Die Arten verminderten sich von 95–98 auf 90, und die Gattungszahl sank von 65–66 auf 60. Bemerkenswert ist eine relative Konstanz 1850–1900, weil Verluste durch Neuzugänge ausgeglichen, wenn nicht geradezu überkompensiert wurden. Für die nächsten Jahre ist die Fortsetzung des Abwärtstrends zu befürchten, da nur wenige Spezies wie Kolkrabe (*Corvus corax*) und Türkentaube (*Streptopelia decaocto*) als Einwanderer in Sicht sind, es aber gegenwärtig 27–29 Arten mit Beständen von maximal 60, teilweise sogar nur noch einigen wenigen Paaren gibt (Sperber, Habicht, Rotmilan, Neuntöter, Braunkehlchen u. a.).

Die Struktur der säkularen Avifauna-Dynamik wird durch den Quotienten der Artenzahlen von Non-Passeriformes und Passeriformes erhellt (Abb. 8). Dieser Index fiel von ca. 0,56 um 1850 auf 0,43 im Jahre 1975. Das Gewicht hat sich schleichend, aber eindeutig zu Gunsten der Sperlingsvögel verschoben. Der heutige Wert entspricht ungefähr dem der Brutvogel-Fauna des Münchener Stadtgebietes (ca. 0,44; berechnet nach Wüst 1970). Dieser Trend ist zumindest für die meisten Landschaftsräume Mitteleuropas typisch. Reduktionen des Artenspektrums gehen überwiegend zu Lasten der Non-Passeriformes*, unter denen

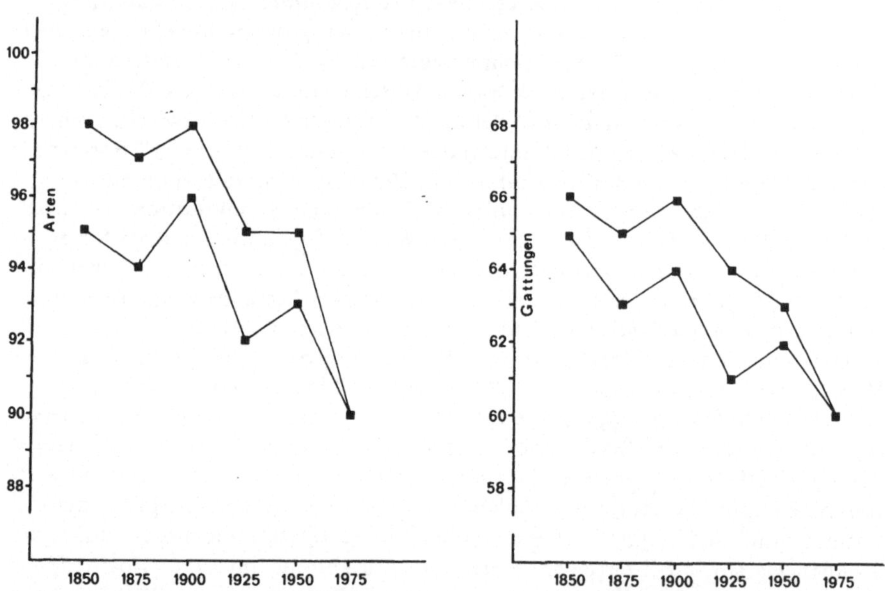

Abb. 7. Wandlungen der Anzahl regelmäßiger Brutvögel im Solling 1850–1975 (links Arten, rechts Gattungen). Dargestellt sind Mindest- und Höchstwerte (Ausnahme : 1975), da das Vorkommen einzelner Spezies nicht zu allen Zeiten eindeutig belegt oder ausgeschlossen werden konnte.

* In der Bundesrepublik Deutschland stellen die Non-Passeriformes fast 79% der im Bestand bedrohten Arten (Thielcke 1975), aber nur ca. 54% aller Brutvogel-Spezies.

sich vornehmlich seltenere Organismen hoher Biomasse befinden, welche Spitzen-
positionen in Nahrungsketten einnehmen, Nahrungsspezialisten, an besondere
Habitate angepaßt, menschlicher Jagdleidenschaft ausgesetzt oder „Kulturflüch-
ter" sind.

4.3 Kausalanalyse avifaunistischer Dynamik (vereinfachtes Konzept)

Die Rekonstruktion faunistischer Wandlungen über längere Perioden ist grundsätzlich nur mit Methoden des Historikers möglich und im Einzelfall oft nicht

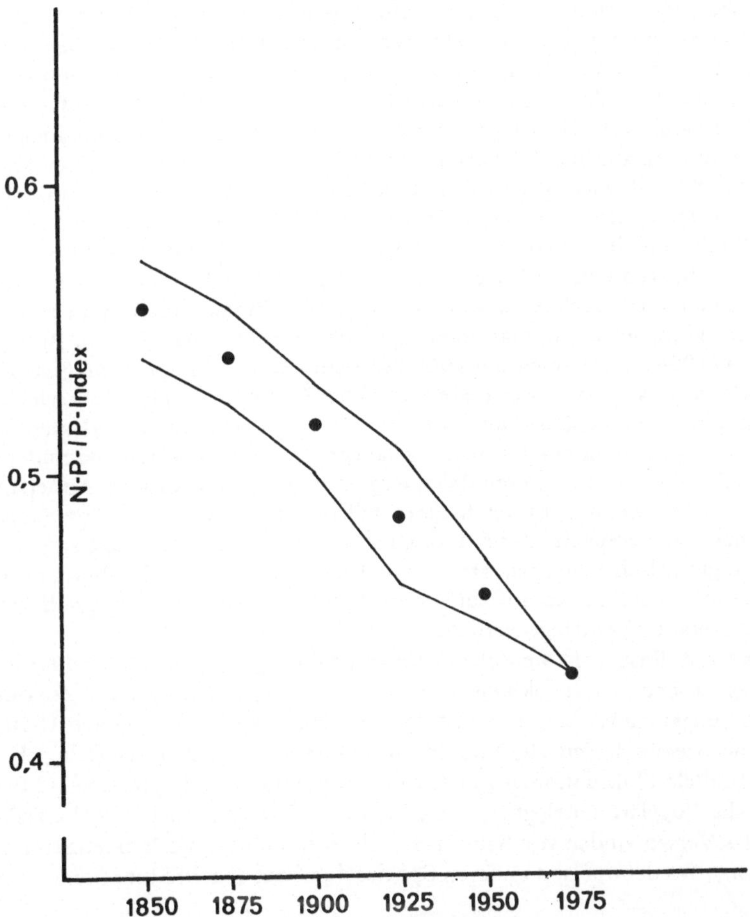

Abb. 8. Artenzahl-Quotient Non-Passeriformes durch Passeriformes als Indikator von Struk-
turänderungen der Brutvogel-Fauna 1850—1975. Angegeben sind jeweils Minimum, Maximum und Durchschnitt (●) der möglichen Werte des Index (vgl. Abb. 7). — Die Passeriformes sind in Europa nur durch die Unterordnung der Oscines (Singvögel) repräsentiert. Ihnen
stehen aus praktischen Gründen die übrigen Taxa als (paraphyletische) Kategorie der Non-
Passeriformes gegenüber, die hier auch als Gruppe der Nicht-Singvögel bezeichnet werden
kann.

frei von Unsicherheit. Noch größere Schwierigkeiten bereiten Versuche der nachträglichen kausalen Deutung solcher Prozesse. Zweifellos ist die Abnahme der Artenzahl in den vergangenen 125 Jahren generell als Folge fortschreitender Verarmung der Landschaftsstruktur interpretierbar. Als Begründung können die Korrelationen zwischen Speziesreichtum und Habitat-Diversität dienen (Abschn. 3.1).

Die avifaunistische Dynamik vollzieht sich in einem Faktorengitter, das auch in starker Schematisierung (Abb. 9) zur Analyse von Ursachenkomplexen zwingt. Besonders im 19. Jahrhundert hat der Mensch im Solling die Raumstruktur so sehr verändert, daß über 30 Vogelarten betroffen wurden. In diesem Zusammenhang verdienen auch neuere Schutzmaßnahmen Erwähnung, z.B. die Anlage von Nisthilfen für die Wasseramsel sowie für Höhlenbrüter (Meisen, Kleiber, Trauerschnäpper), ferner Sicherungsmaßnahmen an Rauhfußkauz-Brutplätzen zur Abwehr des Baummarders (*Martes martes*). In wenig bekanntem Ausmaß wirken auch Tiere auf die Raumstruktur. So ist eine neuerliche Bestandszunahme der Hohltaube wohl auf den Schwarzspecht zurückzuführen, der seit seiner Ansiedlung um 1886 ein wichtiger Lieferant größerer Baumhöhlen geworden ist. Ebenso wie die Tiere vermag auch der Mensch den Nahrungsfaktor zu beeinflussen, etwa durch Einrichtung von Winterfütterungen oder mit Bioziden. Er ist ferner imstande, direkt an einem Vogelbestand anzugreifen. Schwarzstorch, Wanderfalke und andere unterlagen starker Verfolgung, während durch Einbürgerungen die Begründung neuer Populationen angestrebt wurde, vergeblich mit Birkhühnern (1898), erfolgreich um 1900 mit dem Fasan (*Phasianus colchicus*).

Von schwer abschätzbarer Bedeutung sind Faktorenkomplexe außerhalb des Solling. Ihnen unterliegen zahlreiche Arten, wenn sie das Gebiet verlassen, um z.B. anderenorts zu überwintern. Sie gelangen teilweise bis West- und Südeuropa oder nach Afrika und passieren dabei Regionen hohen Jagddrucks. Äußerst wichtig ist in vielen, wenn nicht den meisten Fällen die Situation jener Populationen, mit denen Solling-Spezies durch Individuenaustausch in Verbindung stehen, wie Beringungsergebnisse belegen. Der nachhaltige Rückgang von Sperber oder Habicht ist in erster Linie darauf zurückzuführen, daß diese Greifvögel nahezu überall in Europa stark verfolgt werden.

Das Großklima, vom Menschen nahezu unabhängig, liefert direkt oder indirekt wesentliche existenzökologische Voraussetzungen und vermag diese durch Schwankungen zu verändern. So ist das mitteleuropäische Klima nach 1850 zunehmend ozeanisch, seit 1930 wieder mehr kontinental geworden (Ringleb 1940 u.a.). Parallele Fluktuationen von Arealgrenzen und Bestandsgrößen sind für zahlreiche Vogelarten belegt (vgl. Niethammer 1951, Peitzmeier 1951). Daher kann das Verschwinden von Schwarzstorch, Auerhuhn, Turteltaube (*Streptopelia turtur*), Wiedehopf und anderen Spezies durchaus (auch) klimatische Ursachen haben.

5. Folgerungen

Trotz weitgehender Beschränkung auf die Artenzahl zeigt die Übersicht zwei grundlegende Kennzeichen der Solling-Avifauna auf: die Struktur ist in beträcht-

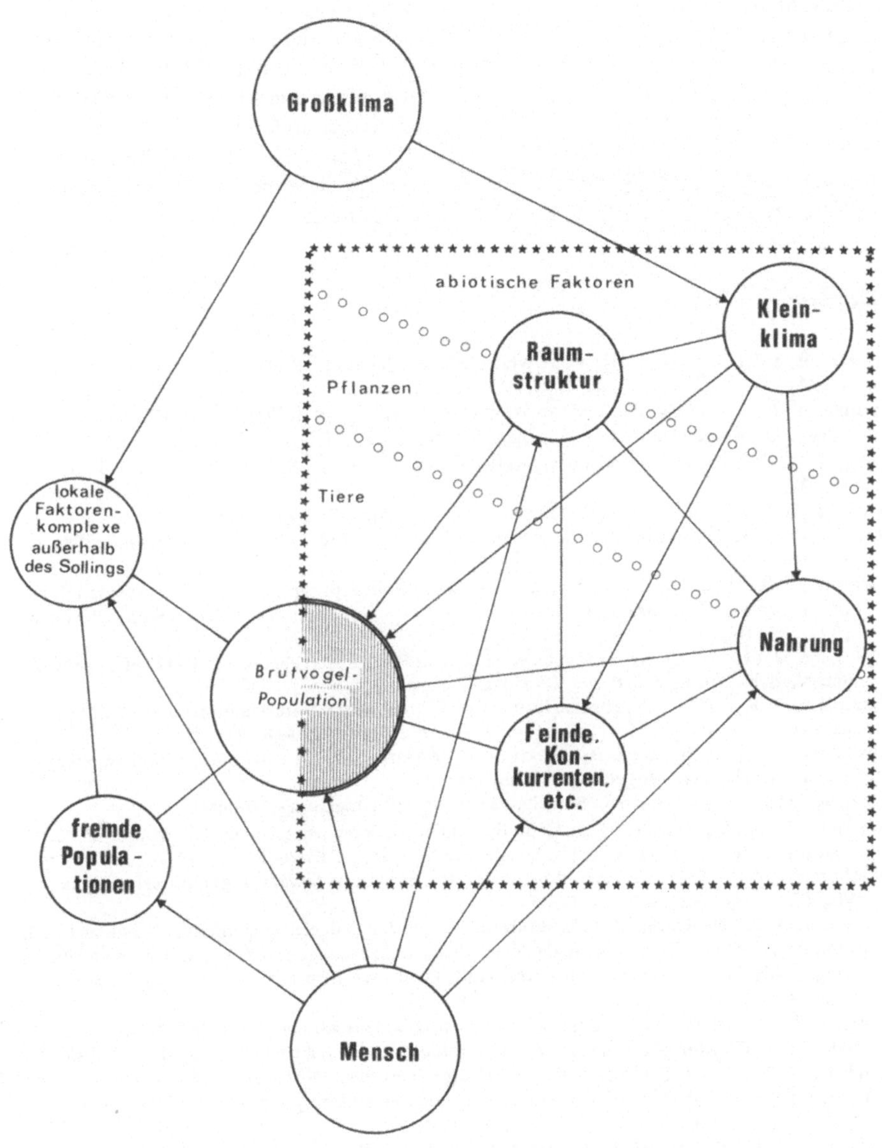

Abb. 9. Schema des Beziehungsgefüges irregulärer Dynamik der Avifauna (s. Text). Im Kasten sind die im Untersuchungsgebiet installierten Komponenten und der ansässige Bestand einer Brutvogel-Art vereint (helle Kreishälfte für den Fall, daß Populationsangehörige zeitweilig diesen Raum verlassen). Die lokalen Faktorenkomplexe außerhalb des Solling bestehen aus ähnlichen Einheiten wie das Rechteck. Pfeilsymbole kennzeichnen die anzunehmende Vorzugsorientierung der Verbindungen.

lichem Maße anthropogen und unterliegt höhenzonalen Variationen. Da Vögel
Angehörige von Biozönosen sind, ist mit Analogien anderer Komponenten zu
rechnen. Daher sollten Ökosystem-Analysen, wie sie auf den IBP-Probeflächen
zwischen 385 und 510 m ü. NN erfolgen, Höhenlage und historische Prozesse
berücksichtigen (zur Vertikalverbreitung von Arthropoden vgl. Grimm et al.
1975). Ornithologische Untersuchungen im Hochsolling dürften Resultate er-
bringen, welche nicht immer Gültigkeit haben für tiefer gelegene Gebirgsteile
oder für Waldgebiete anderer Entwicklungsgeschichte.

Literatur

Bezzel, E. & H. Ranftl (1974): Vogelwelt und Landschaftsplanung. *Tier Umwelt NF* 11/12:
  1—92.
Funke, W. (1973): Rolle der Tiere in Wald-Ökosystemen des Solling. In: H. Ellenberg
  (Hrg.): Ökosystemforschung, Springer, Berlin, S. 143—174.
Gerlach, A. (1970): Wald- und Forstgesellschaften im Solling. *Schr.-R. Vegetationsk.* 5:
  79—98.
Gnielka, R. (1974): Die Vögel des Kreises Eisleben. *Apus* 3: 145—247.
Görges, H. (1969): Forstliche Wuchsbezirke in Niedersachsen. *N. Arch. Niedersachs.* 18:
  27—45.
Grimm, R., W. Funke & J. Schauermann (1975): Minimalprogramm zur Ökosystemanalyse:
  Untersuchungen an Tierpopulationen in Wald-Ökosystemen. Verh. Ges. Ökol., Erlangen
  1974: 77—87.
Haeupler, H. (1974): Statistische Auswertung von Punktrasterkarten der Gefäßpflanzenflora
  Süd-Niedersachsens. Göttingen (Scripta Geobot. 8).
Hartmann, F.K. (1972): Ergebnisse klimatisch-ökologischer Untersuchungen an Waldgesell-
  schaften in deutschen Mittelgebirgen. *Allg. Forst-Jagd-Ztg.* 143: 21—35.
Heckenroth, H., M. Frantzen, R. Berndt & A. Festetics (1976): „Rote Liste" der in Nieder-
  sachsen gefährdeten Vogelarten. Hannover.
Jung, K. (1971): Die Vogelwelt Salzgitters und seiner Umgebung. Hildesheim.
Kremser, W., & H.-J. Otto (1973): Grundlagen für die langfristige, regionale waldbauliche
  Planung in den niedersächsischen Landesforsten. *Aus d. Walde* 20: 1—491.
Niethammer, G. (1951): Arealveränderungen und Bestandsschwankungen mitteleuropäischer
  Vögel. *Bonner zool. Beitr.* 2: 17—54.
Niethammer, G., H. Kramer & H.E. Wolters (1964): Die Vögel Deutschlands, Frankfurt a.M.
Peitzmeier, J. (1951): Beobachtungen über Klimaveränderungen und Bestandsveränderungen
  einiger Vogelarten in Nordwestdeutschland. Proc. Xth Internat. Orn. Congr., Uppsala,
  1950, S. 477—483.
Ringleb, F. (1940): Klimaschwankungen in Nordwestdeutschland. Diss. Phil. Naturwiss.
  Fak. Univ. Münster (Arb. Geograph. Kommission Prov.-Inst. westfäl. Landes- Volksk. 3).
Scherner, E.R. (1966): Die Vögel des Wolfsburger Raumes. *Wolfsburger Orn. Beitr.* 1: 1—71.
Scherner, E.R. (1976): Grundlagen einer Avifauna des Sollings. Dipl.-Arb. Math.-naturwiss.
  Fak. Univ. Göttingen.
Thielcke, G. (1975): Die in der Bundesrepublik Deutschland gefährdeten Vogelarten („Rote
  Liste"). *Ber. Dtsch. Sekt. Internat. Rat Vogelschutz* 14, 1975: 7—19.
Tiedemann, G. (1971): Zur Ökologie und Siedlungsdichte des Waldlaubsängers (*Phyllosco-
  pus sibilatrix*). *Vogelwelt* 92: 8—17.
Wüst, W. (1970): Die Vogelwelt der Landeshauptstadt München. München.

Anschrift des Verfassers:

Erwin R. Scherner, Plauener Str. 7, D-3400 Göttingen-Geismar.

UNTERSUCHUNGEN ZUM STREUABBAU IN KALK- UND SAUERHUMUS-BUCHENWÄLDERN*

R. HERLITZIUS

Abstract

In the „Solling-Projekt" (IBP) of the „Deutsche Forschungsgemeinschaft" the decomposition of leaves in acid soil (Solling) and in lime soil (Göttinger Wald) was studied (October 1973 — October 1974), especially the influence of phytophagous-excrements or leave-powder on decomposition. When meso- and macrofauna was allowed to enter the decomposition was higher in lime soil than in acid soil in all variants, in acid soil, however, phytophagous-excrements effected a higher decrease of the litter. Shade leaves were decomposed more than sun leaves. In the Solling and in the Göttinger Wald shade leaves from the Solling as well as from the Göttinger Wald were decomposed equally.

Einleitung

Das Zusammenwirken von abiotischen Faktoren, Bodenfauna und Mikroflora bei der Zersetzung des Fallaubs in Wäldern ist seit langem Gegenstand eingehender Untersuchungen. Um den Anteil von abiotischen Faktoren, Mikroorganismen, Meso- und Makrofauna am Streuabbau quantifizieren zu können, wurden vielfach Streuproben in Gazebeuteln unterschiedlicher Maschenweite auf dem Boden deponiert. Kurcheva (1964) und Zlotin (1971, 1974) hatten das Substrat außerdem mit Chemikalien besprüht: Toluol zum Ausschluß aller Organismen, Naphthalin zum Ausschluß nur der Tiere.

Nach Untersuchungen von Zlotin (1967) in russischen Eichenwäldern wird der Abbau am Boden durch Exkremente beschleunigt, die von den phytophagen Insekten der Baumkronen stammen. Diese Kotpartikel erwiesen sich als Siedlungszentren für Mikroorganismen, die von hier aus die umliegende Streu befallen und deren Abbau beeinflussen.

Im Rahmen des Sollingprojekts wurden in der Zeit von Oktober 1973 bis Oktober 1974 Untersuchungen zum Abbau der Streu in Wäldern des Solling und — zum Vergleich — in Kalkbuchenwäldern bei Göttingen (Göttinger Wald) durchgeführt. Im Göttinger Wald mit seiner reichen Kraut- und Strauchschicht sind die großen Streuzersetzer wie Diplopoden, Asseln und Gehäuseschnecken nach Arten- und Individuenzahl reich vertreten, im Solling fehlen sie aber fast völlig. Regenwürmer und Nacktschnecken sind selten.

* Ergebnisse des Solling-Projekts der DFG (IBP). Mitteilung Nr. 198.

Methode

Zur Aufnahme der Streuproben dienten Plastikbehälter (Abb. 1) mit einem
Durchmesser von 24 cm und einer Höhe von 5 cm, die auf der Unterseite mit
Gaze (Monodur; Vereinigte Seidenwebereien AG, 4152 Kempen 4) unterschiedlicher Maschenweite (50, 1120 bzw. 6000 μm) bespannt waren, und zwar für den
Zutritt von Mikroorganismen, Mikroorganismen und Mesofauna bzw. Mikroorganismen, Meso- und Makrofauna. Auf der Oberseite waren sie mit Gardinentüll abgeschlossen, um zusätzlichen Bestandsabfall und Tiere von oben fernzuhalten.

Die Streubehälter wurden gruppenweise mit unterschiedlicher Gazebespan-
nung der obersten Bodenschicht — im Solling dem L/F-Horizont, im Göttinger
Wald dem H-Horizont — fest aufgesetzt. Sie enthielten abgewogene Mengen von
Schatten- oder Sonnenblättern von *Fagus silvatica* L. Einigen Streuproben war
Raupenkot, anderen Pulver aus lufttrockenen grünen Buchenblättern zugesetzt
worden; einige wurden mit Toluol (Behälter mit feiner Gaze), andere mit Naphthalin (Behälter mit feiner Gaze) besprüht. In Abb. 2—8 ist ein Teil der Ergebnisse des Streuabbaus graphisch dargestellt. In den Abbildungen werden — jeweils in
Prozent — Extrem- und Mittelwerte von je drei Parallelen angegeben. Im Text
werden nur die Mittelwerte, also stets die mittleren Linien in den Säulen der
Graphiken, miteinander verglichen.

Ergebnisse

1. *Streuabbau über feiner, mittlerer und grober Gaze (Abb. 2)*

Der Streuabbau war vor allem im Göttinger Wald über grober Gaze mit mehr als
90% eindeutig stärker als über mittlerer und über dieser stärker als über feiner

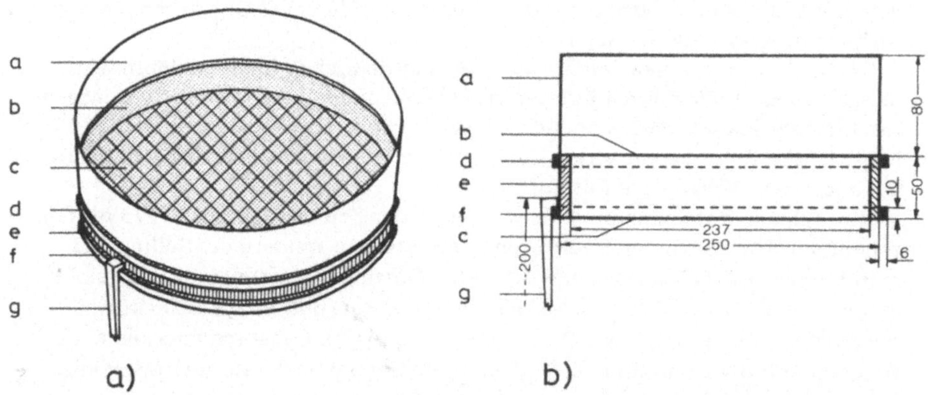

Abb. 1. Streubehälter. a) perspektivische Aufsicht, b) Querschnitt (Maße in mm, Maßstab 1 : 5).
a — Plastikfolie; b — Abdeckung des Streuraums (Gaze ca. 1200 μm); c — untere Gaze (50,
1120 bzw. 6000 μm); d — Befestigungsring (Plastik) für Streuraumabdeckung und Plastikfolie; e — Plastikring; f — Befestigungsring (Plastik) für untere Gaze; g — Holzpflock zur Be-
festigung des Streubehälters.

Gaze (Abb. 2b: 1, 2, 3). Im Solling wurden Schattenblätter über grober und
mittlerer Gaze annähernd gleich stark abgebaut (ca. 42%; Abb. 2a: 2 u. 3), was
auf die geringe Zahl großer Streuzersetzer zurückzuführen ist.

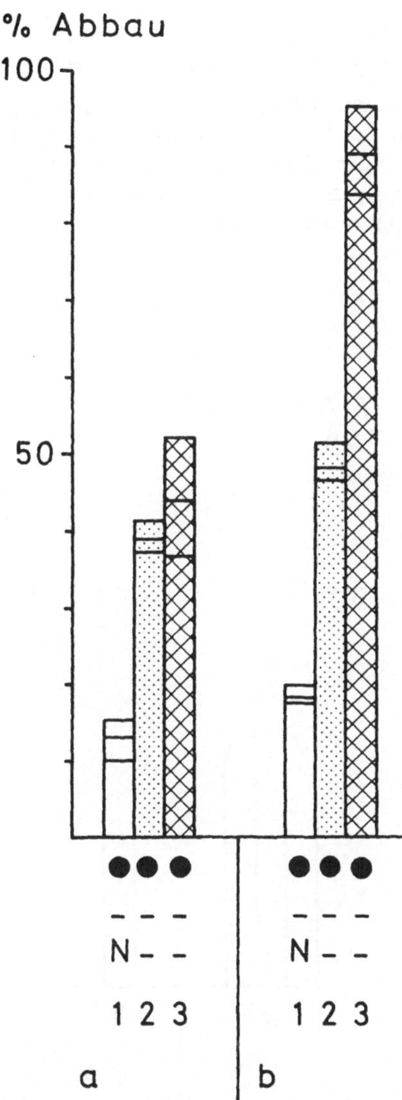

Abb. 2. Streuabbau im Solling (a) und im Göttinger Wald (b). Zeichenklärung: S
S Solling, G Göttinger Wald, S Schattenblätter aus dem Göttinger Wald im Solling, G Schattenblätter aus dem Solling im Göttinger Wald, ● Schattenblätter, ○ Sonnenblätter, ▭ feine Gaze, ▨ mittlere Gaze, ▨ grobe Gaze, T Toluol, N Naphthalin, K Phytophagen-
Kot, P Blattpulver.

2. Abbau von Schatten- und Sonnenblättern (Abb. 3)

Die Geschwindigkeit der Abbauprozesse ist verschieden je nach Blattsorte. In beiden Flächen wurden die dünnen und zarten Schattenblätter eindeutig stärker abgebaut (ca. 40% im Solling bzw. 50% im Göttinger Wald) als die derben und harten Sonnenblätter (Abb. 3: 1 u. 2).

3. Abbau von Schattenblättern bei Zugabe von Raupenkot (Abb. 4)

Im Solling wurden Schattenblätter mit Raupenkot stets eindeutig stärker abgebaut als ohne Kot (Abb. 4a: 1 u. 2, 3 u. 4, 5 u. 6). Im Göttinger Wald dagegen ergaben sich keine derartigen Unterschiede (Abb. 4b). Das bedeutet: Raupenkot bewirkt im Solling offensichtlich eine erhöhte mikrobielle Aktivität, die im Göttinger Wald ohnehin gegeben zu sein scheint.

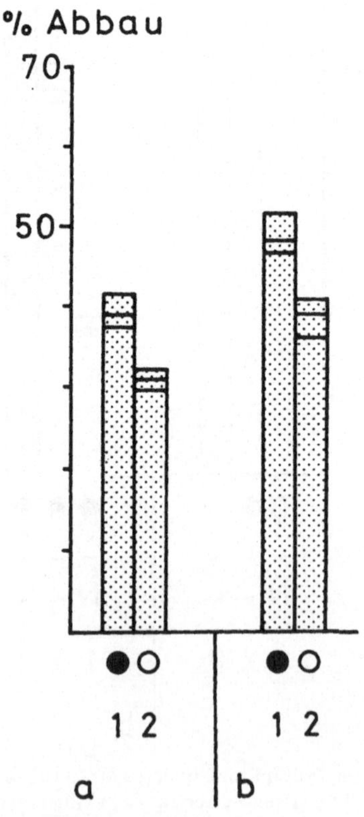

Abb. 3. Abbau von Schatten- und Sonnenblättern im Solling (a) und im Göttinger Wald (b). Zeichenerklärung s.S. 163.

4. *Streuabbau bei Zugabe von Raupenkot und Blattpulver (Abb. 5)*

Einen ähnlichen Effekt wie mit Raupenkot (Abb. 5: 1 u. 2) erzielt man bei Zugabe von Blattpulver. Hier sind es Sonnenblätter, die in beiden Wäldern unter
dem Einfluß von Blattpulver einem eindeutig stärkeren Abbau unterliegen (ca.
40 bzw. 50%; Abb. 5: 3 u. 4). Blattpulver und Raupenkot bilden also offen-

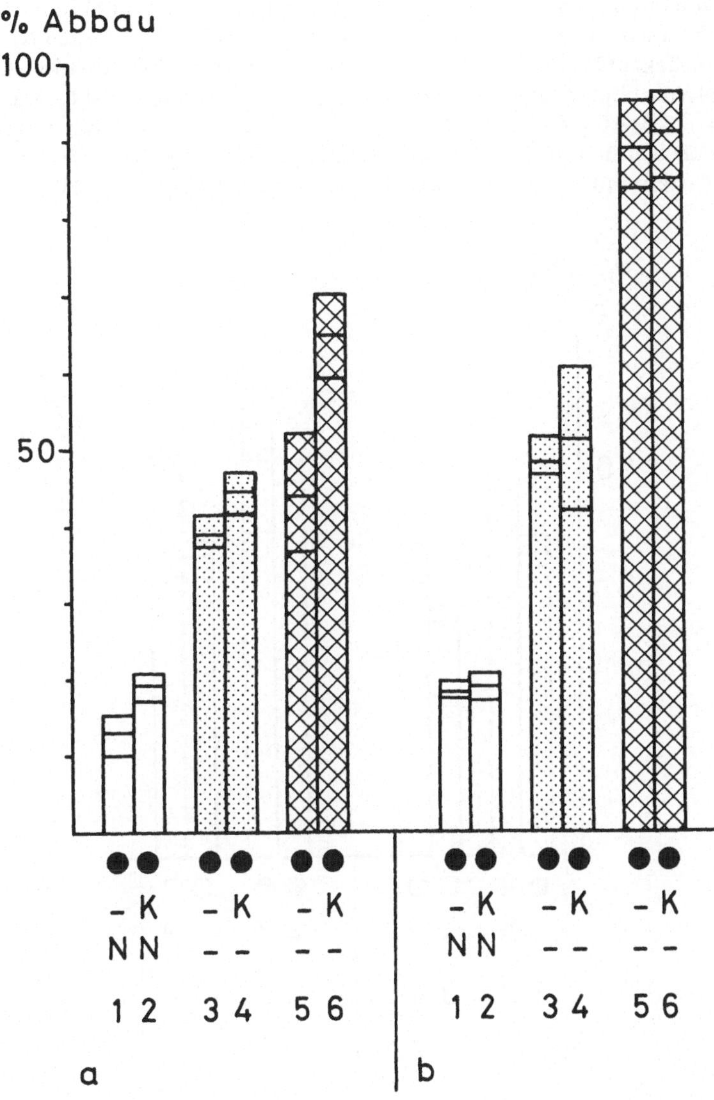

Abb. 4. Abbau von Schattenblättern bei Zugabe von Raupenkot im Solling (a) und im
Göttinger Wald (b). Zeichenerklärung s.S. 163.

sichtlich aufgrund einer großen Oberfläche annähernd gleich günstige Siedlungszentren für Mikroorganismen.

5. *Streuabbau unter dem Einfluß von abiotischen Faktoren und Mikroorganismen (Abb. 6)*

Bei Ausschluß von Makro-, Meso- und Mikrofauna ist der Streuabbau nur gering.
Toluol, das alle Organismen fernhalten sollte, also auch Bakterien und Pilze,
wirkte sich nicht entscheidend aus. Der unerwartet hohe Abbau (Abb. 6: 1 u. 2)
ist wahrscheinlich auf die schnelle Auswaschung der Proben bei starken Niederschlägen zurückzuführen. — Bei Ausschluß aller Tiere durch Naphthalin wurden
Schattenblätter ohne Zugabe von Kot oder Pulver im Göttinger Wald stärker abgebaut (ca. 20%; Abb. 6: 3 u. 4). Hier wird die „naturgegebene" hohe mikrobielle Aktivität deutlich. In allen anderen Fällen, bei Sonnenblättern (5 u. 6) oder
Schattenblättern mit Raupenkot (7 u. 8) oder mit Blattpulver (9 u. 10), traten

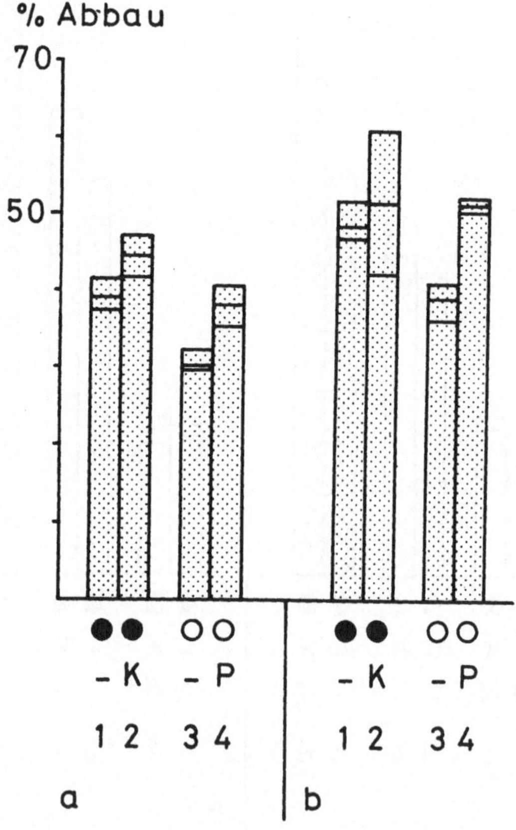

Abb. 5. Streuabbau bei Zugabe von Raupenkot und Blattpulver im Solling (a) und im
Göttinger Wald (b). Zeichenerklärung s.S. 163.

keine Unterschiede zwischen den Flächen auf. Trotz Naphthalin zeigt sich aber auch hier wieder der abbaufördernde Effekt von Raupenkot oder Blattpulver im Solling: denn hier wurden Schattenblätter mit Zusatz eindeutig stärker abgebaut als ohne Zusatz (Abb. 6: 3 u. 7, 3 u. 9), während im Göttinger Wald der Abbau gleich hoch war (Abb. 6: 4 u. 8, 4 u. 10).

6. *Abbau von „eigenen" und „fremden" Schattenblättern (Abb. 7)*

Um die biologische Abbauleistung der Böden bei Blättern verschiedener Herkunft deutlich zu machen, wurden Buchenblätter von dem kalkreichen auf den kalkarmen Boden gebracht und umgekehrt. Dabei ergab sich folgendes: über grober Gaze, also bei Zutritt auch der Makrofauna, wurden Göttinger Wald-Blätter im Göttinger Wald — also eigene Schattenblätter — und Sollingblätter im Göttinger Wald — fremde Schattenblätter — gleich stark abgebaut (ca. 90%; Abb. 7: 7 u. 8); ebenso fremde und eigene Schattenblätter im Solling (ca. 63%; 5 u. 6). Im Göttinger Wald wurden eigene und fremde Schattenblätter jedoch eindeutig stärker abgebaut als im Solling (7 u. 8, 5 u. 6). Raupenkot und Blattpulver können wir hier aus den Betrachtungen herauslassen, da wir bereits festgestellt hatten, daß sie auf den Abbau in ähnlicher Weise wirken. Über mittlerer Gaze wurden eigene und fremde Schattenblätter im Solling sowie fremde Schat-

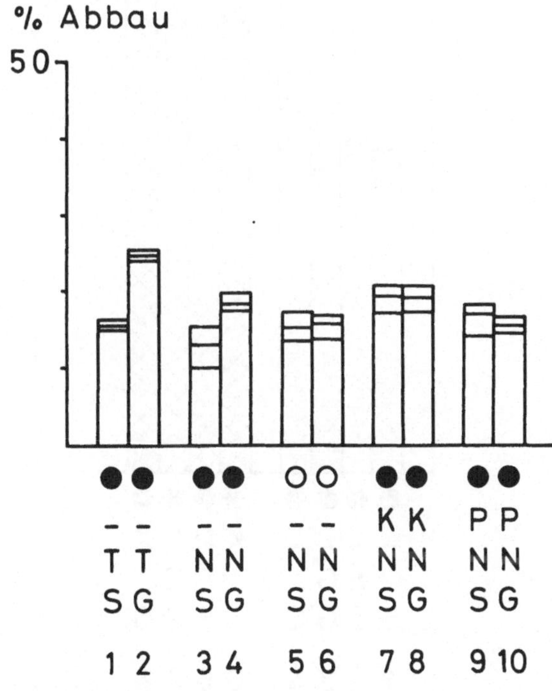

Abb. 6. Streuabbau unter dem Einfluß von abiotischen Faktoren und Mikroorganismen. Zeichenerklärung s.S. 163.

tenblätter im Göttinger Wald gleich stark abgebaut (ca. 40%; Abb. 7: 1, 2, 3).
Demgegenüber wurden Göttinger Wald-Blätter im Göttinger Wald eindeutig
stärker abgebaut (ca. 50%, Abb. 7: 4). Das zeigt also, daß die Schattenblätter
des Göttinger Waldes von der autochtonen Mesofauna und Mikrofauna aufgrund ihrer speziell anderen chemisch-physikalischen Eigenschafften besser
genutzt werden.

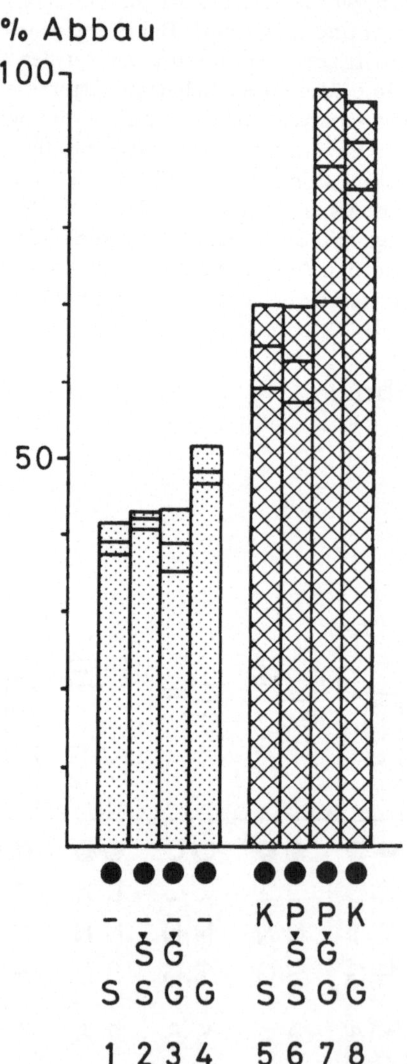

Abb. 7. Abbau von „eigenen" und „fremden" Schattenblättern. Zeichenklärung s.S. 163.

7. *Streuabbau im Solling mit − im Göttinger Wald ohne Zusatz (Abb. 8)*

Vergleicht man den Streuabbau im Sauerhumus-Buchenwald bei Zugabe von
Raupenkot oder Blattpulver mit dem Abbau im Kalkbuchenwald ohne Zusatz,
so wird folgendes deutlich: über mittlerer Gaze wurden Schatten- und Sonnenblätter im Göttinger Wald ohne Zusatz gleich stark abgebaut wie im Solling mit
Zusatz (Abb. 8: 1 u. 2, 3 u. 4, 5 u. 6). Über grober Gaze war der Abbau von
Schattenblättern ohne Raupenkot im Göttinger Wald aufgrund der nur hier reichen Makrofauna eindeutig stärker (ca. 90%) als im Solling mit Kot (ca. 65%;

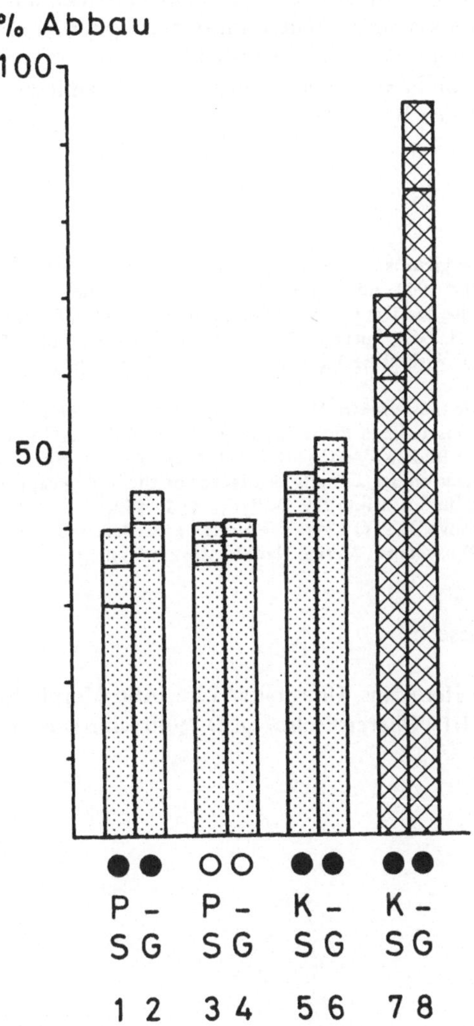

Abb. 8. Streuabbau im Solling mit − im Göttinger Wald ohne Zusatz. Zeichenerklärung
s.S. 163.

Abb. 8: 7 u. 8). Im Sauerhumus-Buchenwald wird also durch Zugabe von Raupenkot oder Blattpulver annähernd die Abbaufähigkeit des Kalkbuchenwaldes bei Ausschluß der Makrofauna erreicht. Im Solling ist eindeutig die durch den Raupenkot erhöhte Aktivität der Mikroorganismen für die höhere Abbauleistung des Bodens verantwortlich.

Es konnte also nachgewiesen werden, daß im Sinne von Funke (1972, 1973) die Phytophagen durch den „vorzeitigen Abbau noch lebender, z.T. vielleicht sogar überschüssiger Streumengen eine Beschleunigung der Stoffumsätze" am Boden bewirken. Durch die fraßbedingte Auflichtung des Kronenraumes und die daraus resultierenden hygrothermischen Bedingungen werden — auch nach Ansicht von Zlotin (1967) — die mikrobiellen Abbauprozesse am Boden noch gefördert. Die bisher etwas umstrittene Funktion der phytophagen Insekten für das Ökosystem Buchenwald ist jetzt deutlich: über ihre Exkremente tragen die Phytophagen zu einem intensiveren Streuabbau und damit zu einer Beschleunigung der Stoffkreisläufe bei.

Literatur

Funke, W. (1972): Energieumsatz von Tierpopulationen in Land-Ökosystemen. *Verh. Deut. Zool. Ges. Helgoland* 1971; 65. Jahresversammlung: 95—106.

Funke, W. (1973): Rolle der Tiere in Wald-Ökosystemen des Solling. In: Ökosystemforschung (Ellenberg, H. Ed.), Springer, Berlin-Heidelberg-New York 1973: 143—164.

Kurcheva, G.F. (1964): Wirbellose Tiere als Faktor der Zersetzung von Waldstreu. *Pedobiol.* 4: 7—30.

Zlotin, R.I. (1967): Die massenhafte Vermehrung des grünen Eichenwicklers als Stimulator des biologischen Kreislaufes in Eichenwäldern. In: Struktur und Funktion der lebenden Tierbevölkerung des Bodens. Verlag MOIP, Moskau: 76—79 (russ.)

Zlotin, R.I. (1971): Invertebrate animals as a factor of the biological turnover. IV. Colloq. Intern. de la Faune du Sol. Dijon, 1970; Paris: 455—462.

Zlotin, R.I. & Khodashova, K.S. (1974): Die Rolle der Lebewesen im biologischen Kreislauf der Waldsteppen-Ökosysteme. Verlag Nauka, Moskau. (russ.)

Anschrift des Verfassers:

Dipl.-Biol. Rotraud Herlitzius, Universität Ulm, Abt. Morphologie und Ökologie der Tiere (Biologie III), Oberer Eselsberg, D-7900 Ulm/Donau.

2. STOFFBESTAND UND KALORIENGEHALT

INTRASPEZIFISCHE SCHWANKUNGEN DER KALORISCHEN WERTE BIOLOGISCHER MATERIALIEN

N. CASPERS

Abstract:

The caloric values of plants and animals from a wide range of systematics often show quite a considerable intraspecific variability, both on a dry weight base and on an ash-free dry weight base. In the present paper one insect species and some higher plant species are investigated with regard to the main factors causing these fluctuations of energy content. The data of other authors on similar topics are presented in supplement. The essential reasons for this intraspecific variability of the caloric values are developmental, nutritional, seasonal and sexual differences of the stages involved. Also some climatic factors seem to play an important role for the energetics of some groups of organisms.

Einleitung

Seit den grundlegenden Untersuchungen von Lindeman (1942) werden die Methoden der Kalorimetrie auch bei der Bearbeitung ökoenergetischer Fragestellungen angewendet. Es zeigte sich jedoch sehr bald, daß die kalorischen Werte (= Brennwerte) tierischer und pflanzlicher Organismen — ausgedrückt in cal/g Trockensubstanz, bzw. cal/g aschefreie, bzw. nur organische Trockensubstanz — nicht als unveränderliche ökologische Parameter angesehen werden dürfen. Smalley (1960), Golley (1961), Wiegert (1965), Comita et al. (1966) u.v.a. zeigten, daß der Energiegehalt ihrer Untersuchungsobjekte in Abhängigkeit von verschiedenen exogenen und endogenen Faktoren zwischen einem unteren und einem oberen — vermutlich genetisch fixierten — Grenzwert schwankten. Die wichtigsten Gründe für diese intraspezifische Variabilität der Brennwerte biologischer Materialien sollen hier unter Heranziehung von Literaturdaten und eigenen Untersuchungsergebnissen vorgestellt und diskutiert werden.

Sämtliche kalorimetrischen Bestimmungen im Rahmen der vorliegenden Untersuchung wurden nach der üblichen Vorbehandlung der Objekte (Paine 1971) in einem adiabatischen Kalorimeter (C 400 der Fa. Janke & Kunkel), bei geringen Einwaagen in einem Semimikro-Kalorimeter (Modell 1411 der Fa. Parr-Instruments) durchgeführt. Bei Summierung aller potentiellen Störeinflüsse liegt der Meßfehler dieser beiden Geräte nach eigenen Erfahrungen unter 1%. Einzelheiten zur Durchführung der kalorimetrischen Bestimmungen sind bei Caspers (1975) nachzulesen. Der prozentuale Anteil der Einwaage an anorganischen Stoffen wurde in parallelen Analysengängen durch Veraschung von Teilproben in einem Muffelofen bestimmt.

173

Ergebnisse

Inter- und intraspezifische Schwankungen der kalorischen Werte der Organismen sind durch wechselnde Konzentrationen der Fette (ca. 9450 cal/g), der Eiweiße (ca. 5650 cal/g) und der Kohlenhydrate (ca. 4100 cal/g) als der wichtigsten Energieträger biologischer Systeme bedingt. Es sind jedoch nur relativ wenige Organismengruppen bekannt, deren Brennwerte im Bereich des unteren und oberen Grenzwertes dieser biologischen Brennwertskala liegen oder sogar den unteren Grenzwert — oft verbunden mit einem hohen prozentualen Anteil anorganischer Mineralstoffe (Brawn et al. 1968, Paine & Vadas 1969, Stockner 1971) unterschreiten. Der überwiegende Anteil der bisher untersuchten Taxa zeigt, zumindest auf der Basis der aschefreien Trockensubstanz, eine deutliche Häufung mittlerer Brennwerte von ca. 4.700 cal/g bis 6.300 cal/g (Cummins & Wuycheck 1971), d.h. das Verteilungsmuster der Brennwerte entspricht dem Bild einer Normalverteilung (Paine 1965, Prus 1970). Beschränkt man sich auf die Untersuchung einzelner Arten, so betragen die intraspezifischen Differenzen der Brennwerte im allgemeinen nur 1—2 cal/mg Trockensubstanz (Prus 1970, Schauermann 1973), was einer maximalen Schwankungsbreite von ca. 20% der Brennwerte entspricht.

Intraspezifische Schwankungen des Energiegehaltes in dieser Größenordnung können in erster Linie bei der Untersuchung unterschiedlicher Entwicklungssta-

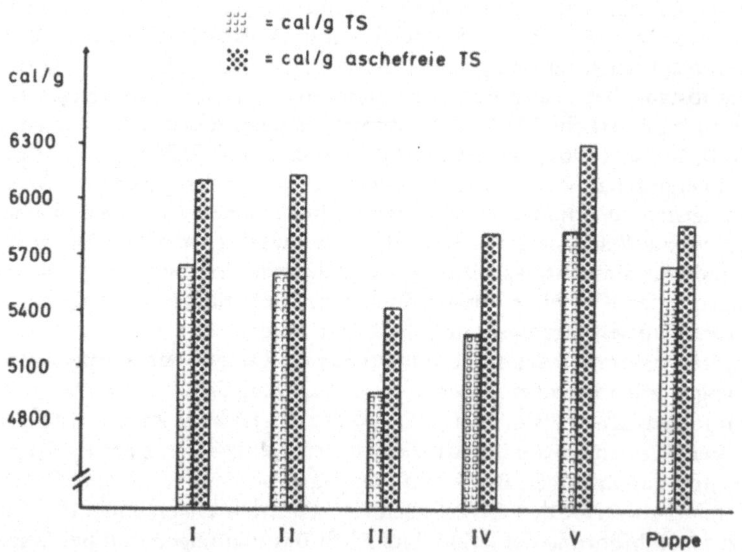

Abb. 1. Kalorische Werte der fünf Larvenstadien (I—V) und des Puppenstadiums einer *Hydropsyche saxonica* McLachlan — Population.
Die dargestellten Werte der Larvenstadien I und II gehen auf Einzelmessungen zurück, geben also nur einen Hinweis auf die Größenordnung des Kaloriengehaltes. Die Brennwerte älteren Larvenstadien sind Mittelwerte aus jeweils 5—20 Einzelmessungen.

dien, bzw. unterschiedlicher Alters- und Größenklassen einer Art gemessen werden. Abbildung 1 zeigt am Beispiel der fünf Larvenstadien und des Puppenstadiums der rhithrobionten Trichoptere *Hydropsyche saxonica* McLachlan, daß die ersten und das letzte Larvenstadium die relativ höchsten kalorischen Werte aller aquatischen Stadien aufweisen.

Während die beiden jüngsten Larvenstadien noch von der dichten Packung energetisch hochwertiger Reservestoffe des Eistadiums zehren, wird im Stadium V durch intensive Fraßtätigkeit der detritivoren, bzw. carnivoren Larven diejenige Energiemenge bereitgestellt, die zur Deckung der anabolischen und katabolischen Stoffwechselprozesse des sich anschließenden Puppenstadiums benötigt wird. Auf hohe Kaloriengehalte des Eistadiums, der jüngsten und ältesten Larvenstadien von Insekten wurde schon wiederholt hingewiesen (u.a. Wiegert 1965, McDiffett 1970, Strey 1972, Schauermann 1973, Benedetto Castro 1975). Die Erhöhung der kalorischen Werte im Verlauf des fünften Larvenstadiums von *Hydropsyche saxonia* McLachlan ist mit einer deutlichen Längenzunahme der Larven korreliert, die bedingt ist durch Dehnungsprozesse des schon mehr oder weniger sklerotisierten Integuments. Während die Tiere unmittelbar nach der letzten Larvalhäutung eine Körpergröße von 15,5 mm — 17 mm aufweisen ($H_0 = 5702 \pm 183$ cal/g; N = 10), erreichen die verpuppungsbereiten Tiere nach der Freßphase eine Körpergröße von maximal 20 mm ($H_0 = 5950 \pm 147$ cal/g; N = 10). Es liegt die Vermutung nahe, daß die Verpuppung erst oberhalb eines bestimmten „Grenzbrennwertes" möglich ist.

Leichte Unterschiede im kalorischen Gehalt gleichaltriger Populationen von *Hydropsyche saxonica* McLachlan aus benachbarten Bächen mit unterschiedlicher Detritusfracht zeigen, daß auch unterschiedliche trophische Bedingungen intraspezifische Brennwertschwankungen bedingen können. Während im vorliegenden Beispiel nur Brennwertdifferenzen zu beobachten waren, die mit 1—2% fast noch im Fehlerbereich der Meßapparaturen lagen, heben Prus (1970) und Paine (1971) den starken Einfluß des trophischen Faktors auf die Höhe der kalorischen Werte der Organismen hervor.

Entwicklungsbedingte Schwankungen des Kaloriengehaltes in Abhängigkeit vom Alter, bzw. der Größe der untersuchten Entwicklungsstadien treten auch im Pflanzenreich, vor allem bei bodenwurzelnden Phanerogamen auf. Tabelle 1 zeigt am Beispiel zweier krautiger Arten der Gattung *Impatiens* L. (*Balsaminaceae*), daß diese Schwankungen jedoch wesentlich geringer sind als bei den meisten diesbezüglich untersuchten tierischen Organismen. Wechselnde Mengenverhältnisse energetisch niedrigwertiger Substanzen (vegetative Organe) und energetisch hochwertiger Substanzen (reproduktive Organe) im Verlauf der Individualentwicklung sind für diese verhältnismäßig geringen Schwankungen der Brennwerte verantwortlich (Bliss 1962). Ein weiterer Faktor, der Einfluß auf die Höhe der kalorischen Werte ausübt, ist der jahreszeitliche Aspekt einer kalometrischen Untersuchung. So ist seit langem bekannt (u.a. Górecki 1967), daß der kalorische Wert der Körpersubstanzen vieler Säugetiere unserer Breiten in der Vorbereitung auf die Überwinterungsphase deutlich ansteigt, um bis zum Frühjahr auf ein Minimum abzusinken. Auch bei krautigen Phanerogamen (Singh & Yadava 1973; Abb. 2) kann man saisonale Verschiebungen der Brennwerte beobachten. Um den Einfluß entwicklungsbedingter Schwankungen des Energiegehaltes aus-

Tabelle 1. Kalorienwerte verschiedener Entwicklungsstadien von *Impatiens noli-tangere* L. und *Impatiens parviflora* DC. (nur oberirdische Pflanzenteile!). Dargestellt sind die Mittelwerte zweier Einzelmessungen, die in allen Fällen um höchstens 0,5% differieren.

	Impatiens noli-tangere L.				Impatiens parviflora DC.			
	Datum der Aufsammlung	cal/g TS	cal/g aschefreie TS	% Asche	Datum der Aufsammlung	cal/g TS	cal/g aschefreie TS	% Asche
Keimling	17. 4. 75	4198	5008	16,2	17. 4. 75	3787	4726	19,9
vegetatives Stadium (5—6 Blätter)	22. 5. 75	3981	4908	18,9	15. 5. 75	3765	4700	19,9
Blühendes Stadium	1. 7. 75	3903	4527	13,8	6. 6. 75	3620	4684	22,7
Fruchtendes Stadium	7. 8. 75	4153	4627	10,3	14. 7. 75	3883	4692	17,2

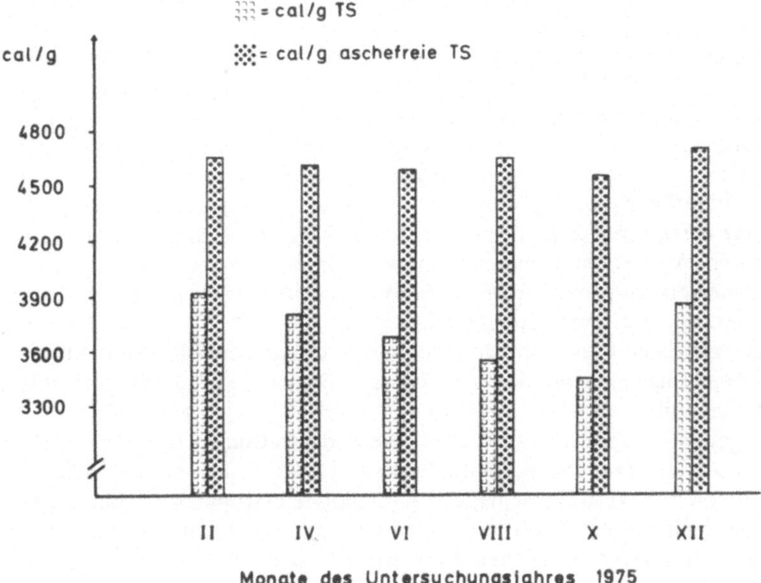

Abb. 2a. Saisonale Schwankungen des Kaloriengehaltes blühender Pflanzen von *Stellaria media* (L.) Vill. (nur oberirdische Pflanzenteile!) im Verlauf des Untersuchungsjahres 1975. Dargestellt sind die Mittelwerte zweier Einzelmessungen, die in allen Fällen um höchstens 0,5% differieren.

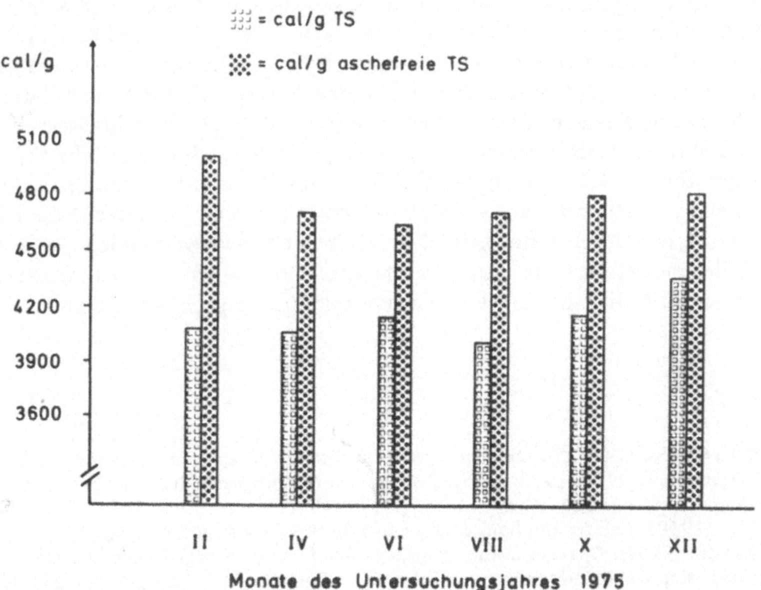

Abb. 2b. Saisonale Schwankungen des Kaloriengehaltes blühender Pflanzen von *Poa annua* L. (nur oberirdische Pflanzenteile!) im Verlauf des Untersuchungsjahres 1975. Dargestellt sind die Mittelwerte zweier Einzelmessungen, die in allen Fällen um höchstens 0,5% differieren.

zuschalten, wurden im vorliegenden Fall mit *Stellaria media* (L.) Vill. und *Poa annua* L. zwei Pflanzen in regelmäßigen Zeitintervallen geerntet und kalorimetriert, die während des gesamten Untersuchungszeitraumes stets im gleichen Entwicklungsabschnitt, und zwar im blühenden Stadium erhältlich waren. Abbildung 2 zeigt, daß dennoch gewisse saisonale Schwankungen der kalorischen Werte sowohl auf der Basis der Trockensubstanz als auch der aschefreien Trockensubstanz auftraten. Da im zweiten Untersuchungsjahr (1976) ganz ähnliche jahreszeitliche Verschiebungen der Brennwerte meßbar waren, bleibt die Frage offen, inwieweit die beobachteten Befunde Ausdruck einer endogenen Rhythmik der untersuchten pflanzlichen Objekte sind.

Jahreszeitliche Brennwertschwankungen verschiedener Konsumenten, bzw. Konsumentengruppen werden bei Wissing & Hasler (1968, 1971) und Nilsson (1974) behandelt.

Ausgeprägte Brennwertdifferenzen werden von Comita & Schindler (1963), Moshiri & Cummins (1969), Schindler et al. (1971), Snow (1972), Strey (1972) und Nilsson (1974) für verschiedene Arthropoden-Gruppen in Abhängigkeit von der Geschlechtszugehörigkeit der Untersuchungsobjekte angegeben. Stets sind es die geschlechtsreifen weiblichen Tiere, die als Träger der energetisch hochwertigen Eier die signifikant höheren Lipidkonzentrationen, und damit auch die höheren kalorischen Werte aufweisen.

Schließlich üben klimatische und bodenbiologische Faktoren einen gewissen Einfluß auf die kalorischen Werte höherer Pflanzen sowie tierischen und pflanzlichen Bestandsabfalls in terrestrischen Lebensräumen aus. Wie die bisher vorliegenden Daten zeigen (Teal 1962, Bocock 1964, Malone 1968, Singh & Yadava 1973, de la Cruz & Gabriel 1974), spielen hierbei die Wasser- und Mineralversorgung des Bodens und einige andere Standortfaktoren die entscheidende Rolle.

Zusammenfassend läßt sich feststellen, daß intraspezifische Schwankungen der kalorischen Werte im Tier- und Pflanzenreich durch entwicklungsgeschichtliche, trophische, jahreszeitliche, sexuelle, z.T. auch durch klimatische Faktoren hervorgerufen werden können. Oft fällt es bei Freilanduntersuchungen schwer festzustellen, welcher dieser Faktoren den entscheidenen Einfluß auf die kalorischen Werte der Untersuchungsobjekte ausübt und inwieweit endogene Einflüsse eine Rolle spielen. Gezielte Experimente unter kontrollierbaren Laborbedingungen scheinen für die Lösung vieler Einzelfragen besser geeignet zu sein.

Literatur

Benedetto Castro, L. (1975): Ökologie und Produktionsbiologie von *Agapetus fuscipes* Curt. im Breitenbach 1971–1972; Schlitzer Produktionsbiologische Studien (11). *Arch. Hydrobiol. Suppl.* 45: 305–375.
Bliss, L.C. (1968): Caloric and lipid content in alpine tundra plants. *Ecology* 43: 753–757.
Bocock, K.L. (1964): Changes in the amount of dry matter, nitrogen, carbon and energy in decomposing woodland leaf litter in relation to the activities of the soil fauna. *J. Ecol.* 52: 273–284.
Brawn, V.M., Peer, D.L. & Bentley, R.J. (1968): Caloric content of the standing crop of benthic and epibenthic invertebrates of St. Margaret's Bay, Nova Scotia. *J. Fish. Res. Bd. Can.* 25: 1803–1811.

Caspers, N. (1975): Kalorische Untersuchungen an der Ufervegetation eines Weihers. *Oecologia* 19: 171–175.

Comita, G.W., Marshall, S.M. & Orr, A.P. (1966): On the biology of *Calanus finmarchius*. XIII. Seasonal changes in weight, calorific value and organic matter. *J. Mar. Biol. Assoc. UK* 46: 1–17.

Comita, G.W. & Schindler, D.W. (1963): Calorific values of Microcrustacea. *Science* 140: 1394–1396.

Cummins, K.W. & Wuycheck, J.C. (1971): Caloric equivalents for investigations in ecological energetics. *Mitt. int. Ver. Limnol.* 18: 1–158.

De la Cruz, A.A. & Gabriel, B.C. (1974): Caloric, elemental, and nutritive changes in decomposing *Juncus roemerianus* leaves. *Ecology* 55: 882–886.

Golley, F.B. (1961): Energy values of ecological materials. *Ecology* 42: 581–584.

Górecki, A. (1967): Caloric values of the body in small rodents. In: K. Petrusewicz (Hrsg.) Secondary productivity of terrestrial ecosystems, 1: 315–321.

Lindeman, R.L. (1942): The trophic-dynamic aspect of ecology. *Ecology* 23: 399–418.

Malone, C.R. (1968): Variation in caloric equivalents for herbs as a possible response to environment. *Bull. Torrey Bot. Club* 95: 87–91.

McDiffett, W.F. (1970): The transformation of energy by a stream detritivore, *Pteronarcys scotti* (*Plecoptera*). *Ecology* 51: 975–988.

Moshiri, G.A. & Cummins, K.W. (1969): Calorific values for *Leptodora kindtii* Focke (*Crustacea Cladocera*) and selected food organisms. *Arch. Hydrobiol.* 66: 91–99.

Nilsson, L.M. (1974): Energy budget of a laboratory population of *Gammarus pulex* (*Amphipoda*). *Oikos* 25: 35–42.

Paine, R.T. (1965): Natural history limiting factors and energetics of the opistobranch *Navanax inermis. Ecology* 46: 603–619.

Paine, R.T. (1971): The measurement and application of the calorie to ecological problems. *Ann. Rev. Ecol. Syst.* 2: 145–164.

Paine, R.T. & Vadas, R.L. (1969): Calorific value of benthic marine algae and their postulated relation to invertebrate food preference. *Mar. Biol.* 4: 79–86.

Prus, T. (1970): Calorific value of animals as an element of bioenergetical investigations. *Pol. Arch. Hydrobiol.* 17: 183–199.

Schauermann, J. (1973): Zum Energieumsatz phytophager Insekten im Buchenwald. II. Die produktionsbiologische Stellung der Rüsselkäfer (*Curculionidae*) mit rhizophagen Larvenstadien. *Oecologia* 13: 313–350.

Schindler, D.W., Clark, A.S. & Gray, J.R. (1971): Seasonal calorific values of freshwater zooplankton, as determined with a Phillipson bomb calorimeter modified for small samples. *J Fish. Res. Bd. Can.* 28: 559–564.

Singh, J.S. & Yadava, P.S. (1973): Caloric values of plant and insect species of a tropical grassland. *Oikos* 24: 186–194.

Smalley, A.E. (1960): Energy flow of a salt marsh grasshopper population. *Ecology* 41: 672–677.

Snow, N.B. (1972): The effect of season and animal size on the caloric content of *Daphnia pulicaria* Forbes. *Limnol. Oceanogr.* 17: 909–913.

Stockner, J.G. (1971): Ecological energetics and natural history of *Hedriodiscus truquii* (*Diptera*) in two thermal spring communities. *J. Fish. Res. Bd. Can.* 28: 73–94.

Strey, G. (1972): Ökoenergetische Untersuchungen an *Athous subfuscus* Müll. und *Athous vittatus* Fbr. (*Elateridae, Coleoptera*) in Buchenwäldern. Dissertation Universität Göttingen.

Teal, J.M. (1962): Energy flow in the salt marsh ecosystem of Georgia. *Ecology* 43: 614–624.

Wiegert, R.G. (1965): Intraspecific variation in calories/g of meadow spittlebugs (*Philaenus spumarius* L.). *Bioscience* 15: 543–545.

Wissing, T.E. & Hasler, A.D. (1968): Calorific values of some invertebrates in Lake Mendota, Wisconsin. *J. Fish Res. Bd. Can.* 25: 2515–2518.

Wissing, T.E. & Hasler, A.D. (1971): Intraseasonal change in caloric content of some freshwater invertebrates. *Ecology* 52: 371–373.

Anschrift des Verfassers:

Dr. Norbert Caspers, Institut für Landwirtschaftliche Zoologie der Universität, Melbweg 42, D-5300 Bonn

Sonderdruck: Verhandlungen der Gesellschaft für Ökologie, Göttingen 1976.

STOFFBESTAND UND KALORIENGEHALT BEIM ERLENBLATTKÄFER (AGELASTICA ALNI, CHRYSOMELIDAE). FRAGEN AN DIE AUSSAGEKRAFT DER KALORIENGEHALTE

W.d'OLEIRE-OLTMANNS

Abstract

The question what information can be given by caloric values for ecological energetics is discussed by the example of a chrysomelid beetle (*Agelastica alni*). The caloric data throughout a vegetation period are compared with the main body constituents (carbonhydrate, lipids and proteins). Caloric data seem to be levelled. This result, together with methodical problems, suggests that the energetic way of looking to ecosystems should be thought over.

Einleitung

Die Betrachtung von Ökosystemen mit Hilfe der ökologischen Energetik hat in den letzten Jahren eine immer größere Bedeutung erfahren. Ist man der Meinung, das komplexe System Ökosystem aufschlüsseln zu können, so bleibt die Frage, ob dies mittels der Energieflüsse geschehen kann. Mit dieser relativ einfachen Methode kann man alle Organismen in einer Einheit beschreiben. Damit ist die Grundlage einer Vergleichbarkeit gegeben, wie sie früher in Angaben wie Trockengewicht pro Fläche und ähnlichem auch bestand. Dieser Ansatz ist seit einiger Zeit immer wieder in Frage gestellt worden. Boyd & Goodyear (1971) wiesen nach, daß keine Angaben über die Nahrhaftigkeit des untersuchten Organismus ermittelt werden können. Verduin (1972) zeigte, daß nur bedingte Mengen der ermittelten Energie für die nächste trophische Ebene zur Verfügung stehen. Ferner sind Aussagen über Interaktionen zwischen Organismen auf diesem Niveau nur begrenzt möglich.

Methode

Als Tiermaterial diente *Agelastica alni*, ein Chrysomelide, der fast ausschließlich auf Erlen lebt und Blätter frißt. Die Tiere wurden im Freiland gesammelt. Die Kalorienwerte wurden mit einer modifizierten Mikrobombe ermittelt. Die Modifikation besteht darin, daß anstelle von Thermoelementen ein Peltierelement als Meßelement verwendet wurde und aufgrund technischer Notwendigkeiten die Form der Bombe etwas verändert wurde. Die Entwicklung der Bombe erfolgte im Institut für Biophysik der Freien Universität Berlin. Die Stoffklassen wurden leicht modifiziert nach dem Trennungsgang und den Bestimmungsmethoden von Speck & Urich (1969) und Collatz & Speck (1970) durchgeführt

Ergebnisse und Diskussion

Abbildung 1 zeigt den Stoffbestand adulter Erlenblattkäfer zu verschiedenen
Sammelterminen aus Frühjahr und Herbst 1974. Organismen setzen sich zu einem entscheidenen Teil aus drei Stoffklassen, den Kohlenhydraten, Proteinen
und Lipiden zusammen. Diese Stoffklassen haben folgende Energiegehalte: Zucker im Mittel 4.100 cal/g, Proteine je nach Autor 4.100 bis 5.600 cal/g und Lipide 9.500 cal/g. Betrachtet man die Schwankungen über die Zeit, so haben die
Kohlenhydrate (K, 2K, J), zu denen auch das Chitin zu zählen ist, kaum Schwankungen, die NPS-Fraktion — es handelt sich hier vorwiegend um Aminosäuren —
hat Schwankungen im Verhältnis 1 : 2. Ähnlich verhält es sich bei den Proteinen.
Diese beiden Stoffgruppen kann man energetisch zusammenfassen. Auffälliger ist
die große Schwankung bei Lipiden; besonders der Unterschied zwischen Männchen und Weibchen wird deutlich. Die Schwankungsbreite liegt bei 1 : 10. Es sei
erwähnt, daß keine statistische Absicherung der Werte erfolgte, da zum einen die
Standardabweichungen recht groß sind, was bei der biologischen Variabilität des
Materials auch von vornherein angenommen werden kann, da bei der Sammlung

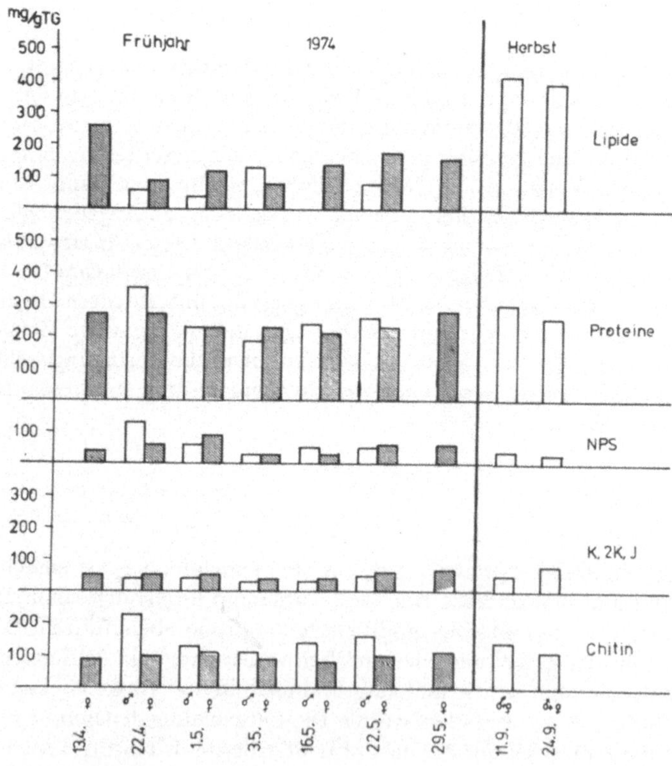

Abb 1. Stoffbestand adulter *Agelastica alni.* Abszisse: Sammeltermine. Ordinate: Milli-
gramm pro Gramm Trockengewicht. NPS = Ninhydrin-positive Substanzen (vorwiegend
Aminosäuren). K, 2K, I = Summe verschiedener Kohlenhydratfraktionen.

182

an einem Ort verschiedene nicht unterscheidbare Subpopulationen erfaßt werden.
Zum anderen die willkürliche Festlegung des Sammeltermins, daher schien
nur eine Absicherung zwischen Frühjahr und Herbst sinnvoll. Faßt man zusammen, so hat man verschiedene Stoffklassen, die in unterschiedliche Stoffwechsel-
wege eingespeist werden, in unterschiedlicher Menge und Schwankung vorliegen
und drei Gruppen von Kaloriengehalten. Spiegeln sich diese Unterschiede in den
Verbrennungswerten wieder (Abb. 2)? Eine direkte Antwort auf irgend eine
Stoffklasse ist nicht gegeben, die Schwankungen der Brennwerte sind ziemlich
gering. Auch hier scheint keine statistische Absicherung möglich. Gründe für eine
fehlende Antwort auf die Stoffklassenzusammensetzung sind: 1. Es wird eine
Mischsubstanz (Kohlenhydrate, Proteine, Lipide) verbrannt. 2. Die Methodische
Ungenauigkeit der Brennwertbestimmung liegt bei ca. ± 5%. Dazu kommen Fehler aus allen Arbeitsgängen von Sammeln bis zum Verbrennen. 3. Es wird meistens Mischmaterial verbrannt, da entweder der Organismus zu klein ist und mehrere Individuen pro Verbrennung herangezogen werden müssen, oder zu groß
ist, daher pulverisiert wird und ein Teil eines hoffentlich homogenen Pulvers entnommen wird. 4. Anorganische Substanzen und Salze (Darling 1976, Paine

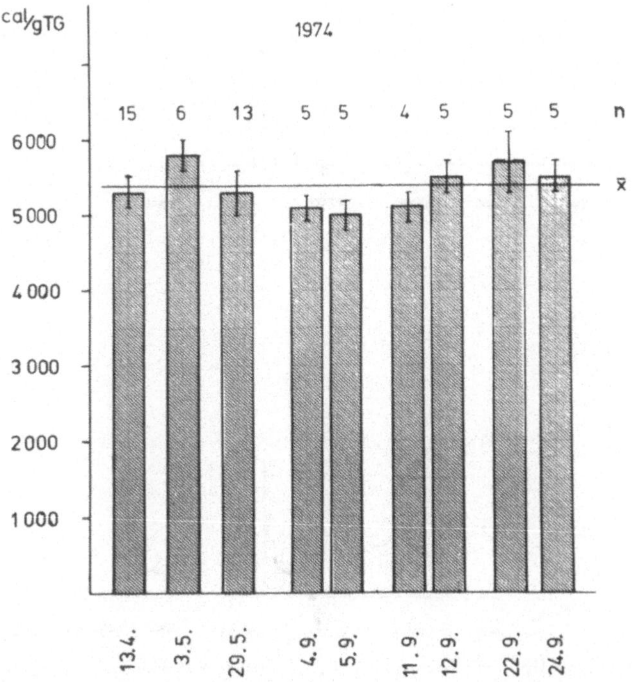

Abb. 2. Kaloriengehalte adulter *Agelastica alni.* Abszisse: Sammeltermine. Ordinate: Kalorien pro Gramm Trockengewicht. Die horizontale Linie kennzeichnet den Gesamtmittelwert, die Zahlen über den Säulen die Zahl der Messungen. Die senkrechten Linien in den
Säulen kennzeichnen die Standardabweichung (s).

1971) beeinflussen die Verbrennung und bringen eine weitere Unsicherheit in
die Messung. 5. Die biologische Variabilität wird bei der Mischprobe nivelliert,
Unterschiede sind daher noch schwerer feststellbar.

Abbildung 1 gibt einen Hinweis über die Aussagekraft der Kalorienwerte. Zucker und Proteine haben ähnliche Kaloriengehalte. Bei den schwankenden Brenn-
wertangaben der Proteine in der Literatur muß man zumindest einen Teil derselben im gleichen Kalorienbereich wie die Zucker ansiedeln. Wir können nun, ohne
große Folgen für den Energiegehalt, Proteine und Zucker austauschen. Die Folgen für den Organismus und den potentiellen „Räuber" sind enorm, nicht aber
für die Energetik.

Eine andere Möglichkeit, sich über den Informationsgehalt von Kaloriendaten
klar zu werden, ist die Verteilung der Kaloriengehalte systematischer Gruppen.
Hierfür wurden die Werte von Cummins & Wuycheck (1971) herangezogen. Alle

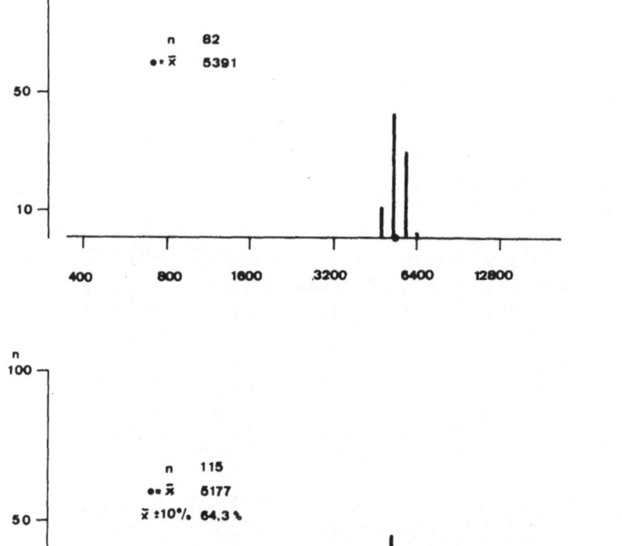

Abb. 3. Kaloriengehalte in Klassen dargestellt. Abszisse: Kalorien pro Gramm Trockengewicht logarithmisch in 10% Klassen dargestellt. Ordinate: Anzahl der Werte pro Klasse. unten: Arthropodenwerte (ohne Crustaceen) aus Cummins und Wuycheck (1971), die mittels
Brennwertbestimmung ermittelt wurden. oben: Werte larvaler und adulter Agelastica alni
aus dem Jahr 1974. n = Anzahl der Werte. x̄ = Gesamtmittelwert. x̄ ± 10% gibt den Anteil
der Werte an, die in einem Schwankungsbereich von 10% um den Mittelwert zu finden sind.

184

Arthropodenwerte exclusive Crustaceen, die mit der Brennwertbestimmung ermittelt wurden, wurden zusammengefaßt. Es wurde eine Klasseneinteilung von 10% für die Abszisse gewählt, d.h. die Brennwerte logarithmisch dargestellt. Diese Einteilung hat einen ökologischen Grund. Jeder Organismus wird an irgend einer Stelle des Ökosystems von irgendwem abgebaut oder gefressen. Für einen „Räuber" im weitesten Sinne ist es ein großer Unterschied ob sein Nahrungsspektrum Organismen mit 500—1.000 cal/g TG enthält, er muß im Extremfall doppelt soviel fressen, um genügend Energie zu erhalten. Es ist jedoch nur ein geringer Unterschied, ob der Schwankungsbereich zwischen 4.500 und 5.000 cal/g TG liegt.

Der untere Teil von Abb. 3 zeigt die Verteilung der Arthropodenwerte (ohne Crustaceen). Aus den angegebenen Mittelwerten in der Literatur wurde ein neuer gemeinsamer Mittelwert errechnet. Dieser darf nur als Hinweis, nicht als statistisches Maß angesehen werden. Ferner wurde gezählt, wieviel Daten in einem Schwankungsbereich von ± 10% um den Mittelwert zu finden sind. Der obere Teil zeigt die Verteilung der Werte von Agelstica alni. Hier wurden Werte von Larven und adulten Tieren zusammengefaßt. Im Schwankungsbereich der Arthropodenwerte (ohne Crustaceen) finden wir 72% aller Erlenblattkäfer-Werte wieder. Dies scheint ein Hinweis für die Ähnlichkeit der Brennwerte innerhalb systematischer Gruppen zu sein (vgl. d'Oleire-Oltmanns, Runge 1973). Es scheint daher in Zukunft zu genügen, nur noch eine Testverbrennung zu machen, bevor man für Arthropoden (ohne Crustaceen) einen Wert zwischen 5.200 und etwa 5.500 cal/g TG für die Berechnung annimmt.

Geht man einen Schritt weiter und fragt nach der Bedeutung der Kalorienwerte für die Aufstellung eines Energiebudgets, nach der Formel A = P + R oder allen Variationen, muß man den Fehler der zusätzlich eingehenden Parameter betrachten.

	Wiegen	Respirations- messung	Brennwert- stimmung	Populationsbestimmung
Fehler	ca. 0—1%	ca. 10%	ca. 10%	bis 50% und mehr

Es ist die Populationsbestimmung, die den entscheidenden Beitrag für den gesamten Fehler liefert. Daher scheinen geringe Abweichungen im Kaloriengehalt vernachlässigbar.

Schlußfolgerung

Die Annahme, mittels der Energetik nur begrenzt Aussagen über die Interaktionen in Ökosystemen zu erhalten, scheint durch die nivellierte Information, die uns Brennwerte liefern, unterstützt zu werden. Vom energetischen Standpunkt scheint auch die übermittelte Frage: „Welche Bedeutung haben die Tiere für Ökosysteme, stehen sie nicht nur herum?" verständlich zu werden. Energetisch gesehen können die Tiere nur herumstehen, da sie nur einen geringen Teil der Nahrung nutzen. Ist die Nutzung pro Fläche und Zeit höher, kann dies zum Entzug der Nahrungsgrundlage führen, wofür viele Beispiele vorliegen. Bezieht man in die Betrachtung jedoch noch Anpassungen und Verhalten ein, so werden weitere wichtige Parameter und somit die Bedeutung der Tiere deutlich. Gewisse Vegetationstypen werden in ihrem Erscheinungsbild wesentlich durch die Anwesenheit von Tieren geprägt.

Literatur

Boyd, C.E. & Goodyear, C.P. (1971): Nutritive quality of food in ecological systems. *Arch. Hydrobiol.* 69: 256—270.

Collatz, K.G. & Speck, U. (1970): Gesamtbestand an organischen Substanzen der Spinne *Teganaria atrica* im Vergleich zu *Protophormia terrae nova (Dipt).* und *Orconectes limosus (Crust.). Z. vergl. Physiol.* 70: 35—44.

Cummins, K.W. & Wuycheck, J.C. (1971): Caloric equivalents for investigations in ecological energetics. *Mitt. Internat. Verein. Limnol.* 18: 1—158.

Darling, M.S. (1976): Interpretation of global differences in plant caloric values. *Oecologia* 23: 127—139.

d'Oleire-Oltmanns, W. (1977): Combustion heat in ecological energetics. What sort of information can be obtained? In: Lamprecht, I. Schaarschmidt, B. (ed): Calorimetry in life sciences, Berlin (im Druck).

Paine, R.T. (1970): the measurement and application of the calorie to ecological problems. *Ann. Rev. Ecol. System* 2: 145—164.

Runge, M. (1973): Energieumsätze in den Biozönosen terrestrischer Ökosysteme. *Scripta Geobotanica* 4: 1—77.

Speck, U. & Urich, K. (1969): Das Schicksal der Nährstoffe beim Flußkrebs Orconectes limosus: Einbau von Glucose-U-^{14}C, Glutamat-U-^{14}C und Palmitat-U-^{14}C in die verschiedenen Stoffklassen. *Z. vergl. Physiol.* 63: 395—404.

Verduin, J. (1972): Caloric content and available energy in plant matter. *Ecology* 53, 982.

Anschrift des Verfassers:

Dipl.-Biol. Werner d'Oleire-Oltmanns, Institut für Zoologie, Lehrstuhl II, Bismarckstraße 10. 8520 Erlangen.

3. MONOKULTUREN

ÖKOLOGISCHE STABILITÄT VON FORSTLICHEN MONOKULTUREN ALS PROBLEM DER BESTANDESSTRUKTUR

E. F. BRÜNIG

Abstract

Monocultures have a typically close interdependence between narrow economic goals and the physiological and ecological conditions under which these goals can be achieved. This limits the space for actions by which sustained stability can be assured. Comparison with natural forests and theoretical considerations indicates possibilities to manipulate stand structure in such a way that the main crop is grown as monoculture to achieve the economic goal of production of large-diameter logs by suitable tree shapes and stand structures. At the same time, the ecological stability and the biological value of the stands are improved. The effects of structure on energy and water balances and on turn-over rates of organic matter and nutrients are of primary importance in this respect.

1. Einleitung

Die Entwicklung von Land- und Forstwirtschaft hat sein Anbeginn eine Verminderung der Mannigfaltigkeit (Diversität) der Vegetation und zum Teil auch der Standorte zur Folge gehabt. Die „Grüne Revolution" in Land- und Forstwirtschaft hat diesen Trend durch rigorose Anwendung des Prinzips der Monokulturtechnik verstärkt. Die Folge ist vielfach eine zum Teil katastrophale Abnahme der Belastbarkeit und Widerstandsfähigkeit der Ökosysteme. Es handelt sich hierbei um ein weltweites Problem.

Im System Boden-Pflanze/Vegetation-Atmosphäre besteht ein funktionaler Zusammenhang zwischen den biochemischen, geometrischen und optischen Zuständen (Bauform, Bestandesstruktur, Albedo usw.) und den Wachstumsprozessen (Austausch von Energie und Materie) (Elston & Monteith 1975). Die komplexen Wechselwirkungen zwischen Baumform, Bestandesaufbau, Pflanzenhaushalt an Wasser, Kohlenstoff, Nährstoffen und Energie und mechanischer Widerstandsfähigkeit sind seit langem bekannt (u.a. Greenhill 1881) und in neuerer Zeit von Larson (1963), Paltridge (1973) und Brünig (1976) behandelt worden.

Die tatsächliche Verdunstung eines Pflanzenbestandes ist das Ergebnis aus geometrischer und biochemischer Bestandesstruktur und der Verfügbarkeit von Wasser und Energie und ist mit dem gesamten Energie- und Biomassenumsatz im System korreliert. Die Zusammenhänge zwischen Umwelt, Struktur und Prozessen bestimmen wesentlich die dynamische und mechanische Widerstandsfähigkeit und Belastbarkeit des Systems. Näheres hierzu findet sich in den Beiträgen zum 1. Internationalen Ökologischen Kongreß (van Dobben & Lowe-McConnel 1975). Dies betrifft unter anderem auch die Widerstandsfähigkeit gegen klimatische und biotische Schadfaktoren als wesentliches Bestimmungsmerkmal für die

189

Stabilität von Waldökosystemen. Diversität und Stabilität sind hierbei jedoch
nicht kausal verbunden.

Im Folgenden werden Beispiele dieser Zusammenhänge in Naturwaldbestän-
den der Äquatorialtropen dargestellt um zu zeigen, welche Schlußfolgerungen
sich für die Bewirtschaftung von Wäldern in Nordwestdeutschland ziehen lassen.

2. Struktur und Stabilität im tropischen Urwald

2.1 Artenreichtum und Artendiversität

Im tropischen Regenwald von Sarawak variieren Baumartenreichtum und Diversität der Baumartenzusammensetzung zwischen und innerhalb von Waldtypen.
Die Variation ist allgemein mit der langfristigen Entwicklungsphase der Bestände
und Böden (Rohhumus- und Torfbildung) sowie dem Bodentyp, der Bodenart
und der Geländeform des Standorts korreliert. Abb. 1 zeigt für 26 Bestände die

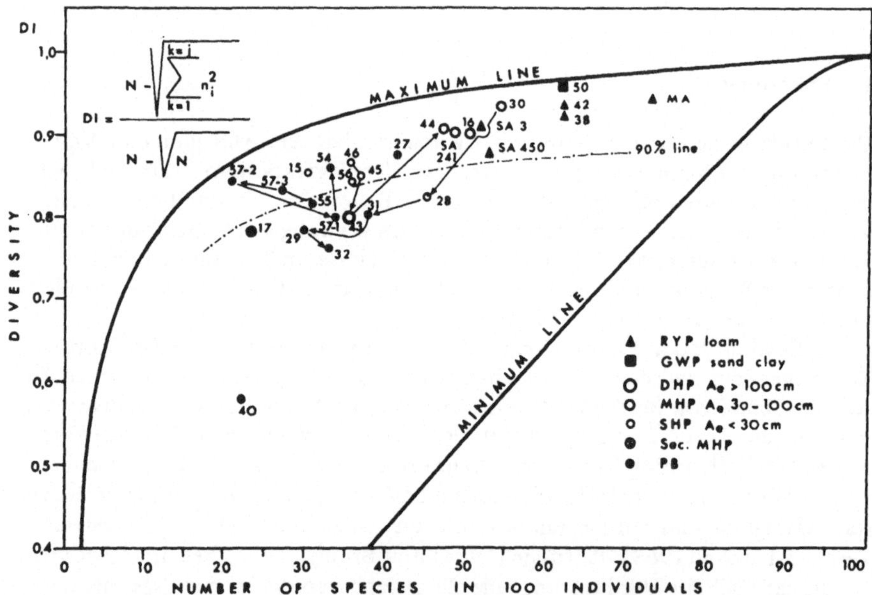

Abb. 1. Artenreichtum und Diversitätsindex nach McIntosh je 100 Bäume über 1 cm
Brusthöhendurchmesser in 25 Urwaldbeständen in Sarawak und 1 Bestand in Amazonien
(MA). Die Serie 46 – 45 – 43 – 44 ist eine Stufenfolge von jüngeren holozänen-pleistozä-
nen Küstenterrassen, Serie 30 – 28 – 31 – 29 – 32 das gleiche auf älteren pleistozänen
Terrassen im Landesinneren, Serie 55 – 57 – 54 auf einem tertiären Sandsteinplateau (700
– 1000 m ü.N.N.). Allen Serien ist zunehmende Rohhumus- und Torfbildung gemeinsam.
RYP = rotgelber Lehmboden (Ultisol), GWP = grauweiß-podsolige Böden, HP = Humuspodsol, sec. MHP = sekundärer mitteltiefer Humuspodsol, PB = Torfmoor (Histosol) (aus Brue-
nig 1973, 1974).

190

Artenzahl je 100 Bäume und die entsprechende Werte des Diversitätsindex nach
McIntosh (1967). Beide Merkmale ändern sich mit der Entwicklungsphase, aber
der Trend ist nicht einheitlich. Der Artenreichtum nimmt im Verlauf der primären Sukzessionsentwicklung auf oligotrophen Böden entweder ab (Abb. 1, Serien
30 bis 29 und 55 bis 57.2) oder bleibt trotz Artenwechsels konstant (Serie 46—
43). Der Indexwert nimmt entweder gleichsinnig ab (30—29, 46—43) oder er
nimmt zu (55—57.2). Auch im weiteren Verlauf der Vegetationsentwicklung
bleibt der Trend uneinheitlich. Artenzahl und Diversität nehmen entweder beide
zu (43—44) oder die Artenzahl bleibt konstant, aber die Diversität nimmt ab
(29—32) oder sie nimmt zu (57.1—54).

Der Änderung der Artenhäufigkeit läuft eine Änderung des Bodenzustandes
parallel. Hierbei spielt offenbar vor allem die Wasserführung eine Rolle. In der
Gesamtordination der 57 Probeflächen nimmt der Artenreichtum, unabhängig
von der Diversität, ganz allgemein in der Reihenfolge Torfböden, flach-, mittel-,
tiefgründiger Podsolboden, grauweiß-podsoliger sandiger Ton, rotgelber Lehmboden zu. Die Diversität verändert sich dagegen im Verhältnis der Intensität der
Veränderung der geometrischen Bestandesstruktur. Je geringer die mechanische
Widerstandsfähigkeit des Bestandes ist, umso eingreifender sind diese Veränderungen der Bestandesstruktur und umso höher ist der Diversitätsindex.

Geringer Artenreichtum bis zur Ausbildung eines dichtstehenden Reinbestandes im Kronendach und geringe Diversität treten in den Kolonisierungs-
phasen und in den Endphasen von natürlichen Sukzessionen auf. Ein Beispiel
für den letzteren Fall ist Probefläche 40 (Abb. 1), in der sich eine konkurrenz-
starke, biochemisch aggressive Baumart im Verlauf einer jahrtausendelangen
Entwicklung durchgesetzt hat. In die gleiche Kategorie gehören auch die Alan
bunga (*Shorea albida*) Consoziation in den Torfmoorwäldern von Sarawak. Die
hohe Inertia eines derartigen Systems kann schließlich nur durch seltene Ereignisse (Sturm, Insekten, geomorphologische Ereignisse) überwunden werden,
deren Folgen oft katastrophenartige Veränderungen sind (Brünig, 1973c).

Die vorläufigen Ergebnisse der Analyse der Variation der Bestandesstruktur
in unserer MAB-Versuchsfläche bei San Carlos de Rio Negro, Territorio Amazonas, Venezuela, deuten auf das Bestehen ähnlicher Zusammenhänge hin. Das
Klima und die Bodenverhältnisse der Probeflächen in Sarawak und in Amazonas
sind soweit gleichartig, daß die Ökosysteme direkt vergleichbar sind*. Die MAB-
Fläche liegt auf einer flachen Bodenwelle mit extrem nährstoffarmen Böden. In
der Mitte der Bodenwelle ist der Wasserhaushalt der Bleichsandböden extrem
unausgeglichen, ähnlich wie bei den flachgründigen Humuspodsolen und Torfen
in der Mitte der Terrassen in Sarawak (Banatyp). Am flachen Hang der Flanken
ist der Wasserhaushalt der Humuspodsolböden ausgeglichener, aber durch lange
andauernde Staunässe steht nur relativ wenig Wurzelraum zur Verfügung (Conurityp). Am Rand der Bodenwelle ist die Wasserführung infolge guter Drainage
gut und die Bäume durchwurzeln den im Untergrund tonhaltigen Boden bis in
größere Tiefen. Der Bodentyp ist mit den grauweiß podsoligen Böden in Sarawak vergleichbar (Yebarotyp).

Die Artenzahl je 100 Bäume streut von 15 bis 59 Arten (Abb. 2) wie in den
Sarawakflächen (Abb. 1). Der Banatyp liegt unter 30, vergleichbar den flachgründigen Torfen und extremeren Humuspodsolen in Sarawak. Der Conurityp

liegt zwischen 23 und 41, entsprechend den flach- bis mittelgründigen Humuspodsolen, und der Yebarotyp zwischen 40 und 53, entsprechend den tiefgründigen Humuspodsolen, grauweiß-podsoligen und rotgelben lehmigen Böden in
Sarawak. Diese Übereinstimmung war nicht zu erwarten, weil die Flora in Sarawak sehr viel artenreicher ist als in Amazonas.

Die Diversitätsindexwerte sind hoch in den späten Reifephasen großer
Löcher und in Beständen mit viel Fallholz (Quadrate 8, 9, 10, 26, 32–35). Sie
sind niedrig in den frühen Lochphasen oder in kleinen Löchern, wenn die geringe
Strukturänderung einige Unterstandsarten fördert (Quadrate 22, 30), in standörtlichen Übergängen auch bei hoher Artenzahl (24) und in schlußwaldartigen,
stagnierenden Phasen mit ausgeprägter Dominanz einzelner langlebiger, harthol-
ziger Arten im Oberstand (Quadrate 1, 24, 36).

In Abb. 3 wurden die 37 Quadrate entlang dem Standortgradienten Bana-
Conuri-Yebaro angeordnet. Die Artenzahl je 100 Bäume nimmt von den wechselfeuchten zu den tiefgründigen Standorten mit guter Wasserführung zu. Die Werte
für den Diversitätsindex streuen dagegen zwischen 0.5 und 0.9, ohne eine Beziehung zum Standortgradienten erkennen zu lassen. Daß dies nicht immer so sein
muß, zeigt der Vergleich mit den Ergebnissen aus Sarawak. In gut dokumen-

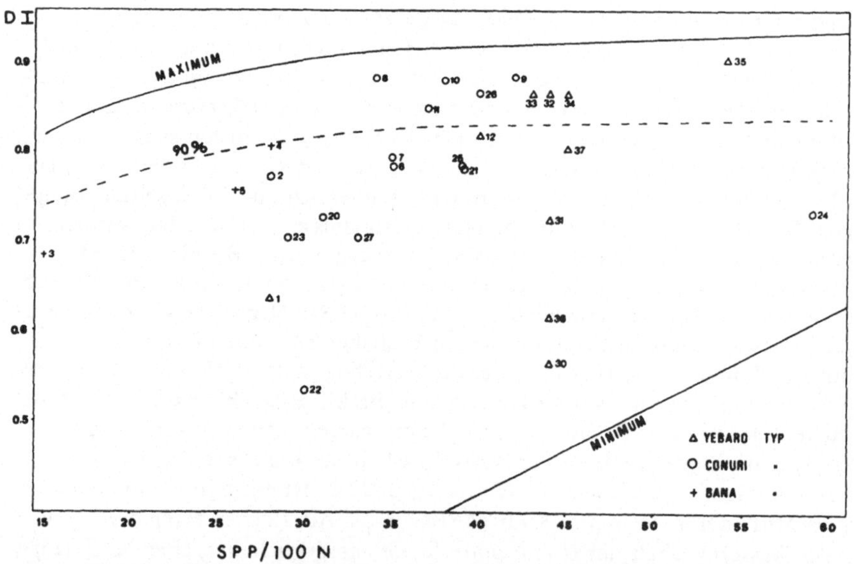

Abb. 2. Artenreichtum (X-Achse) und Diversitätsindex nach McIntosh (Y-Achse) je 100
Bäume über 1 cm Brusthöhendurchmesser in 37 von 1000 Quadraten (10 x 10 m) in der
MAB-Versuchsfläche bei San Carlos de Rio Negro, Territorio Amazonas, Venezuela. Yebarotyp = komplexer Hochwald mit Yebaro (*Eperua purpurea* Benth., Leguminosae) auf tiefgründigen Böden mit ausgeglichener Wasserführung; Conurityp = einfach aufgebauter Hochwald mit Conuri (*Micrandra spruceana* (Baill.) R.E. Schultes, Euphorbiaceae) vorherrschend;
auf wechselfeuchten Humuspodsolen am flachen Hang (0.2 bis 2° Gefälle); Bana = geschlossenes Stangenholz bis offenes Gehölz auf extrem wechselfeuchten, physiologisch flachgründigen Bleichsanden (Podsol).

192

tierten, sehr langfristigen Entwicklungsphasen in Sarawak verändert sich mit der
Artenzusammensetzung gleichzeitig auch der Bodenzustand. Es überlagern sich
dann die Auswirkungen der Artenverdrängung und der Bodenveränderung. Die
Folge sind die geschilderten komplizierten Zusammenhänge zwischen Arten-
reichtum und Artendiversität, die allgemein für die „variation at medium scale"
(Ashton & Brünig 1975) charakteristisch sind. In San Carlos wird dagegen die

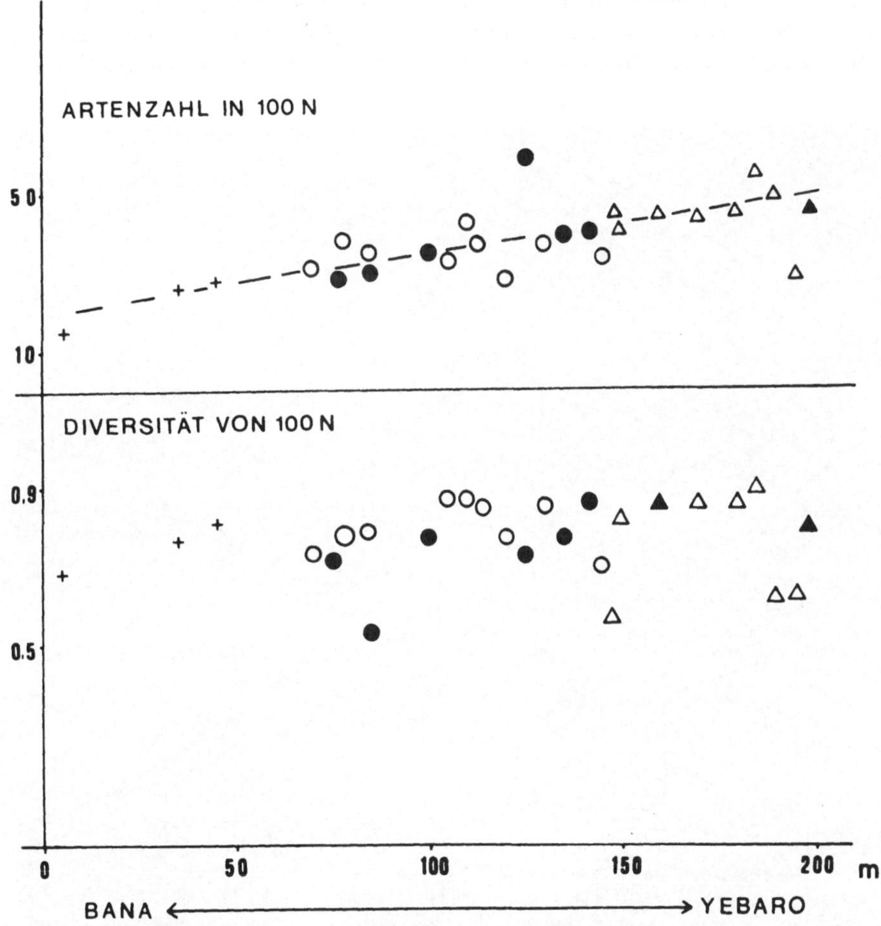

Abb. 3. Artenzahl und Diversitätsindex nach MacIntosh je 100 Bäume über 1 cm Brusthöhendurchmesser entlang dem Standortgradienten von der Mitte zum Rand der Bodenwelle in der MAB-Versuchsfläche bei San Carlos de Rio Negro. Die Waldtypen sind in Abb.
2 erklärt. Dreieck = Yebaro, Kreis = Conuri, Kreuz = Bana.

*Die Untersuchungen in der MAB – Versuchsfläche bei San Carlos de Rio Negro,
Venezuela, werden mit Mitteln der Deutschen Forschungsgemeinschaft gefördert.

Artendiversität von der „variation at small scale" bestimmt, der Einfluß der
Verjüngungsmechanik überwiegt daher gegenüber dem des Standorts. Der Artenreichtum ist dagegen wie in Sarawak offensichtlich überwiegend standortsbe-
dingt.

2.2 Diversität der geometrischen Bestandesstruktur

In Sarawak und in Amazonas sind die Bestände auf den wechselfeuchten Böden
xeromorph und primitiv aufgebaut. Auf den günstigeren Standorten sind sie
mesomorph, der Aufbau komplex und das Kronendach aerodynamisch rauh
(Abb. 4). Dies entspricht einer Anpassung des geometrischen Bestandesaufbaus

Abb. 4. Luftaufnahme aus der MAB-Versuchsfläche bei San Carlos de Rio Negro. Links
unten Yebarotyp, aerodynamisch rauhes Kronendach, mesomorph, diagonaler Streifen von
rechts unten nach links oben Conurityp mit aerodynamisch glattem, einförmigem Kronendach, oben rechts Übergang zum niedrigen Bana-Gehölz. Das dunkle Loch oben links im
Conuristreifen ist eine Biomasseaufnahmefläche (10 x 10 m).

194

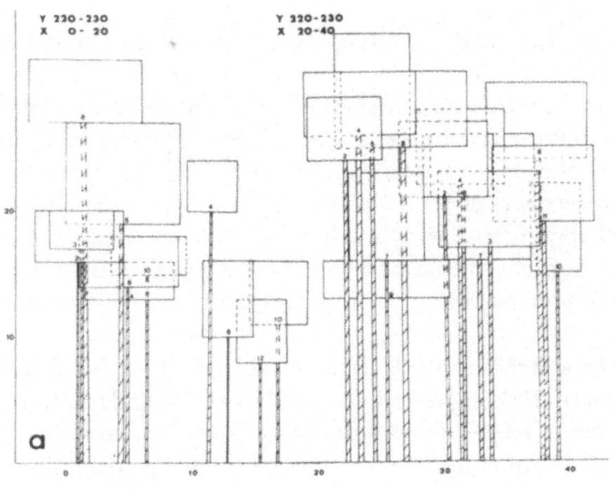
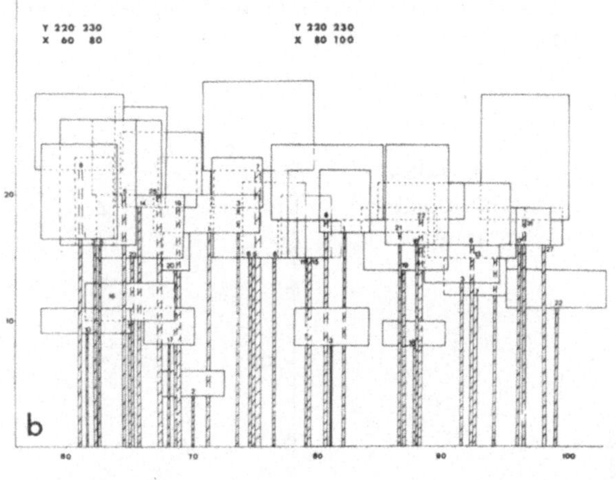
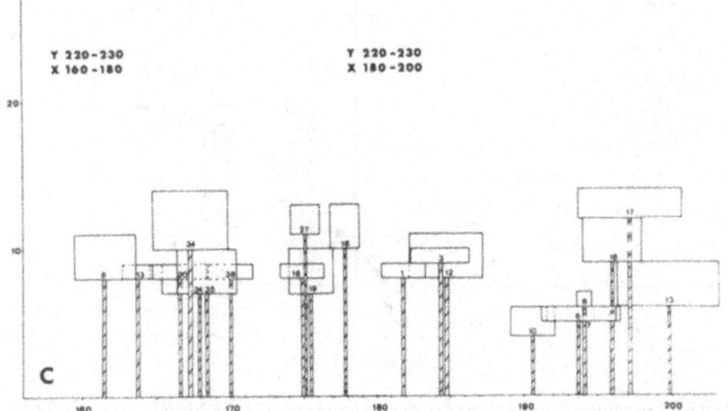

Abb. 5. Bestandesprofile, schematisiert für die EDV-Auswertung, Bäume über 10 cm d in einem 10 m breiten (Y 220 – 230) und 40 m langen (X 0 – 40, 60 – 100, 160 – 200) Streifen. a. Yebarotyp, b. Conurityp, c. Bana. Baumhöhe, Kronengröße und geometrische Komplexheit nehmen von a nach c ab.

195

an die Bedingungen des Energie-, Wasser- und Nährstoffhaushaltes der Biotope (Brünig 1970, 1971).

Die hohe aerodynamische Rauhigkeit des Kronendachs im Yebarotyp ist verbunden mit einer tiefen, lockeren und vielstufigen Vertikalgliederung des Kronenraumes (Abb. 5a). Umgekehrt ist das aerodynamisch glatte Kronendach des Conurityps dicht, wenig gegliedert bis einschichtig (Abb. 5b). Der Unterstand ist meist deutlich abgesetzt und schwach entwickelt. Im Bana ist die Oberflächenrauhigkeit in dichten Partien (Abb. 5c) sehr gering, im offenen Gehölztyp trotz der niedrigen Baumhöhen (6—8 m) durch den Weitstand aber etwas höher.

Mit der Änderung der aerodynamischen Rauhigkeit des Kronendachs geht eine physiologisch und ökologisch wichtige Veränderung der Baumform vor sich, die sich durch den Schlankheitsgrad (h/d-Verhältnis) und das Verhältnis von Kronenfläche zum Stammdurchmesser (a_K/d-Verhältnis) charakterisieren läßt. Als Beispiel aus der MAB-Versuchsfläche bei San Carlos sind die Werte für Bäume > 10 cm d in 2 Quadraten, > 20 cm d in 6 Quadraten und > 30 cm d in 12 Quadraten der Streifen Y 420—430 und 570—580 getrennt für Yebarotyp,

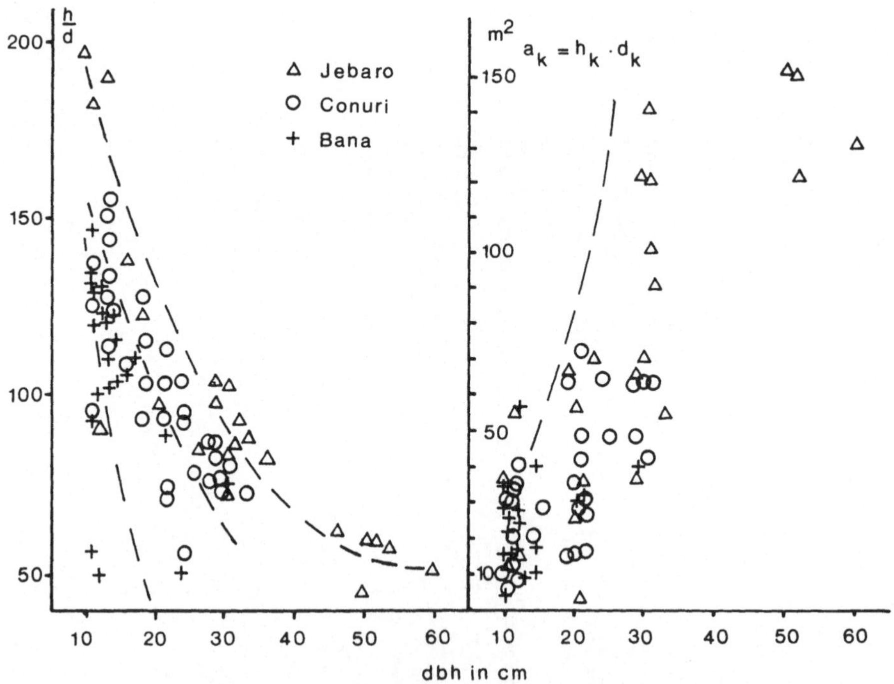

Abb. 6. Der Schlankheitsgrad (h/d-Verhältnis) und das Verhältnis der Kronenquerschnittsfläche ($a_K = h_K \cdot d_K$) zum Brusthöhendurchmesser (dbh) von Einzelbäumen verschiedener sozialer Stellung im Yebarotyp, Conurityp und Bana, Die gestrichelten Linien links sind die Mittellinien der Waldtypen, rechts die Linie gleicher Sturmfestigkeit, wenn das a_K : d-Verhältnis der Unterstandsbäume beibehalten würde.

196

Conurityp und Bana in Abb. 6 dargestellt. Die Werte des h/d-Verhältnisses nehmen in allen drei Waldtypen vom Unterstand zum Oberstand deutlich ab. Die Bäume werden also gedrungener je weniger sie unter Konkurrenzdruck stehen und je mehr sie der freien Atmosphäre ausgesetzt sind. Die Kronenquerschnittsfläche nimmt gleichzeitig zu aber in einem Maße, daß die Sturmfestigkeit erheblich zunimmt (Abb, 6 rechts). Dies ist im niedrigen Bana und im aerodynamisch relativ glatten Conurityp weniger ausgeprägt als im oberflächenrauhen Yebarotyp.

Das Verhältnis der Kronenquerschnittsfläche zum Schlankheitsgrad der Bäume ist in den drei Waldtypen verschieden (Abb. 7). Im komplexen Yebarotyp tragen die Bäume bei gleichem h/d-Verhältnis größere Kronen und die Kronengröße nimmt mit absinkendem h/d-Verhältnis stärker zu als im einfacher aufgebauten Oberstand des einschichtigen Conurityps. Die das geschlossene obere Kronendach bildenden Bäume sind im Conurityp kleinkronig und daher trotz ihrer relativ großen Schlankheit sturmfest. Die geringe aerodynamische Rauhigkeit der Kronendaches trägt weiter zur Sturmfestigkeit bei. Der hohe Schlankheitsgrad im Conurityp kann auch als Hinweis auf das Bestehen einer

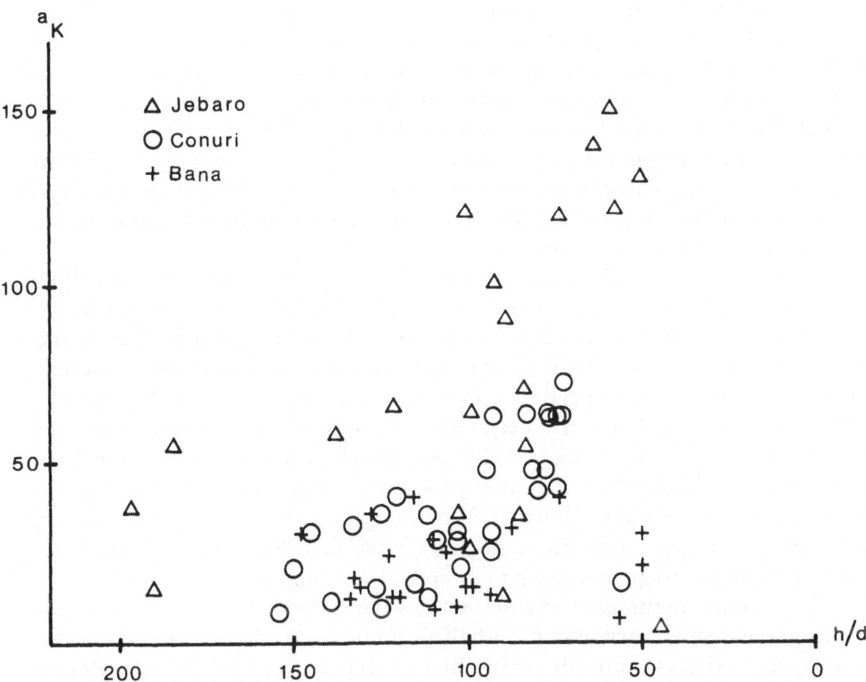

Abb. 7. Das Verhältnis der Kronenquerschnittsfläche a_K zum Schlankheitsgrad h/d der gleichen Bäume wie in Abb. 6. Die Bäume im tiefwurzelnden Yebarotyp (Dreiecke) haben bei gleichem Schlankheitsgrad im Durchschnitt eine größere Kronenquerschnittsfläche als die Bäume im Bana (Kreuze). Der Conurityp (Kreise) nimmt eine Mittelstellung ein.

intensiven Konkurrenz im Bestand angesehen werden, wenn wir den Ergebnissen von Untersuchungen an Korsischer Kiefer in Holland folgen (Dorschkamp Research Institute, 1975). Im niedrigen Bana besteht dagegen kein Zusammenhang zwischen Kronengröße und Schlankheitsgrad.

2.3 Geometrische Bestandesstruktur, Stabilität und Dynamik

In den Kerangas- und Torfmoorwäldern in Sarawak zeigten sich unter anderem komplexe Korrelationen zwischen Standortfaktoren und der aerodynamischen Oberflächenrauhigkeit und Albedo des Kronendaches, dem Schlankheitsgrad der Bäume, der Artendiversität nach MacIntosh und einem eigens entwickelten integrierenden Diversitätsindex, der Bestandesdynamik, der Biomasseproduktivität und der Schadensanfälligkeit (Blitz, Sturm, Insekten, Dürre) (Brünig 1971, 1972, 1973a, b). Die vorläufigen Ergebnisse aus der MAB-Versuchsfläche bei San Carlos de Rio Negro liefern weitere Hinweise für das Bestehen dieser kausalen und physio-ökologisch wichtigen Zusammenhänge.

Vorläufig fehlen Informationen aus experimenteller Forschung über die Zusammenhänge zwischen Kronenform, Verhältnis von Kronenvolumen zu Brusthöhendurchmesser, Schlankheitsgrad, Vitalität und Wachstum im Naturwald. Einige Ergebnisse liegen dagegen vor über die Zusammenhänge zwischen Bestandesstruktur, Baumform, aerodynamischer Rauhigkeit des Kronendachs, Bestandesklima und Sturmfestigkeit (Banks 1973, Brünig 1973a, Larson 1963, Sturos 1973). Allgemein sind im stufigen, komplexen und daher aerodynamisch raueren Kronendach die atmosphärischen Austauschprozesse intensiver und folglich die Wasseransprüche und die Sturmbelastung des Einzelbaumes größer. Die Widerstandsfähigkeit des Einzelbaumes und des Bestandes gegen Dürre und Sturm ist also weitgehend eine Funktion von Gestaltsmerkmalen, die sich durch den Schlankheitsgrad des Baumes und des Bestandes und die aerodynamische Rauhigkeit kennzeichnen lassen.

In besonders dichtstehenden, einförmigen Partien des Conurityps tritt Windwurf selten und meist als Einzelwurf auf. Löcher entstehen meist durch Absterben einzelner Bäume und werden durch Kronenausbreitung der Nachbarn und durch Einwuchs aus dem Zwischenstand geschlossen. In oberflächenraueren Partien des Conurityps ist gruppen- bis horstweiser Windwurf sehr häufig. Die größeren Löcher werden durch Verjüngung vorwiegend aus vorhandenem oder neu ankommendem Jungwuchs geschlossen. Folglich ist die geringere mechanische Widerstandsfähigkeit mit einer großen Bestandesdynamik und Artendiversität korreliert. Im oberflächenrauhen, komplexen Yebarotyp ist Windwurf sehr häufig, tritt aber in der Regel nur als Einzel- oder Kleingruppenwurf auf. Die Verjüngung erfolgt vorwiegend aus dem Unter- und Zwischenstand.

Dieses Verteilungsmuster und die Art des Windwurfs in den verschiedenen Waldtypen entspricht genau den Verhältnissen in den Torfmoor- und Kerangaswaldtypen in Sarawak, die auf vergleichbaren Standorten eine ähnliche Bestandesphysiognomie und Bestandesdynamik besitzen (Brünig 1973c, 1974). In beiden Gebieten ist die Windwurfhäufigkeit und folglich die mechanische Widerstandsfähigkeit nicht mit dem Baumartenreichtum der Waldtypen korreliert.

Erste Ergebnisse der Untersuchung des Zusammenhangs zwischen Merkmalen

der Bestandesstruktur und des Bestandesklimas in San Carlos haben Heuveldop
(1976) und Brünig & Heuveldop (1976) mitgeteilt. Das obere Kronendach im
einförmigen Conurityp mit steilgestellten Blättern läßt bei niedrigem Sonnen-
stand weniger Strahlung in den unteren Bestandesraum dringen als das komplexere Kronendach im Yebarotyp. Außerdem ist im oberflächenrauheren Kronenraum des Yebarotyps der mittägliche, turbulente Luftaustausch intensiver. Die
Folge sind günstigere Bedingungen für die Transpiration und Photosynthese im
Unterstand als im Conurityp. Dem entspricht der üppigere Unterstand und die
größere Vitalität des Unterstands im Yebarotyp. Die sturmfestere Baumform
der Bäume im oberen Kronendach des Yebarotyps ist Voraussetzung für das
komplexe, aerodynamisch rauhe Kronendach, dessen geringerer Diffusions-
widerstand atmosphärische Austauschprozesse intensiviert und dessen besondere
Eigenschaften der Lichtdurchlässigkeit günstigere Voraussetzungen für die Entwicklung eines artenreichen, diversen und biomassereichen Unterstandes schaffen. Das einförmige, dichte Kronendach mit steilstehenden Blättern im Conurityp vermindert die Belastung durch Dürre und Sturm, schafft aber ungünstigere
Wachstumsbedingungen für Unterstandsarten und die Verjüngung, die entsprechend spärlich ausgebildet sind.

3. Folgerungen für die Bewirtschaftung der nordwestdeutschen Wälder

3.1 *Bestandesstruktur und Stabilität*

Das Verhältnis von Baumhöhe, Kronengröße und Stammdurchmesser beeinflußt
die mechanischen Eigenschaften des Baumes (Sturmfestigkeit, Wassertransport
usw.). Kronenform und Aufbau des Kronendaches bestimmen den Anteil des
Einzelbaumes an der vom Bestand interzeptierten Strahlungs- und Windenergie
und an der verdunsteten Wassermenge. Baumform und Kronendachaufbau beeinflussen daher wesentlich die Vitalität, Produktivität, Belastbarkeit und Stabilität des Einzelbaumes und des Waldbestandes (Brünig 1970, 1971, 1972, 1973a).
Der praxisübliche, forstliche Reinbestand wird in unserem Heimatgebiet
baumzahlreich angelegt, erreicht in wenigen Jahren Kronenschluß und wächst
dann bis zum ersten, meist späten Pflegeeingriff mit einer Baumanzahl, die der
vom Standort bestimmten maximalen Bestockungsdichte nahekommt. Je größer
der Dichtstand ist, umso höher ist der Konkurrenzdruck und umso geringer ist
die Vitalität und Belastbarkeit des Einzelbaumes und des Bestandes, und umso
geringer sind Artenreichtum und Artendiversität im Ökosystem. Die aerodynamische Rauhigkeit des Kronendachs ist gering, der durchschnittliche Schlankheitsgrad hoch. Die Interzeption von Strahlungs- und Windenergie durch den im
aerodynamisch glatten Kronendach eingebetteten kleinkronigen Einzelbaum
und folglich seine Belastung sind relativ gering. Die Struktur des engständigen
Reinbestandes ist vergleichbar mit dem Conurityp im Amazonas oder frühen
Phasen pyrogener Kiefernwälder in den Subtropen und im borealen Gebiet.
Derartige Bestände sind bei hoher Bestockungsdichte dürreempfindlich, weil
ihre Blatt- und Zweigoberfläche relativ groß ist. Der hohe Schlankheitsgrad
führt zu extremer Sturmempfindlichkeit, wenn durch menschliche Eingriffe

oder Naturereignisse (Absterben, Blitzschlag) das Kronendach aufgerissen und damit aerodynamisch rauher wird. Die physiologisch und mechanisch ungünstigen Eigenschaften des Einzelbaumes in der dichtstehenden Monokultur sind ein kritischer Faktor der Instabilität des Gesamtsystems.

Natürliche Waldökosysteme besitzen bei gleichbleibenden Bodenverhältnissen eine große ökologische Stabilität und kehren auch nach schweren Störungen über kurz oder lang zu einem dem vorigen Zustand gleichen oder ähnlichen Zustand zurück. Hierbei spielen die vielfältigen Wechselwirkungen zwischen sich gleichzeitig entwickelnden Tier- und Pflanzenarten (Stern & Roche 1974) und zwischen den sich gegenseitig ablösenden Phasen der zyklischen Vegetationsentwicklung eine stabilisierende Rolle. In den vom Menschen geschaffenen Wirtschaftswaldsystemen fehlen diese regulierenden Wirkungen in der Regel. Viele Pflanzen- und Tierarten fehlen, die in der standörtlichen natürlichen Lebensgemeinschaft vorkommen und eine stabilisierende Rolle spielen können. Die das natürliche Gesamtsystem stabilisierende Abfolge der Entwicklungsphasen der Vegetation mit ihrem Wechsel von biochemisch einfachen und komplexen sowie entropiereichen und -armen Zuständen kann im umweltgerechten Wirtschaftswald in dieser Form aus wirtschaftlichen und landeskulturellen Gründen nicht nachvollzogen werden. Dem Problem ist auch nicht dadurch beizukommen, daß man generell die forstliche Monokultur durch den standortgerechten Mischbestand ersetzt. Auf extremen Standorten ist oft nur noch eine Baumart anbauwürdig. Ein Beispiel ist die Kiefer auf sommertrockenen, nährstoffarmen Sanden der Lüneburger Heide. Aber auch auf günstigeren Böden ist die Mischung im Baumbestand kein wunderwirkendes Allheilmittel.

Genetische und taxononische Mannigfaltigkeit innerhalb und zwischen Beständen kann die Stabilität erhöhen, indem das Risiko von Schäden durch Tiere oder pflanzliche Schädlinge direkt oder über Räuber-Beute-Systeme vermindert wird (Murdoch et al. 1972). Wirtswechsel von Parasiten, allelopathische Wirkungen oder Konkurrenz um Wasser können aber auch das Gegenteil bewirken. Fichte und Kiefer konkurrieren stark um Wasser und Nährstoffe im humosen Oberboden (Mikola et al. 1966). Douglasie kann beigemischte Fichte in trockenen Jahren so schwächen, daß die Fichten absterben. Ein dichter Unterwuchs von Gras, Kräutern und Sträuchern kann sich auf bestimmten Standorten in Trockenperioden ungünstig auf den Wasserhaushalt auswirken oder Schädlinge und Krankheitsträger bergen. Konkurrenz zwischen üppiger Bodenvegetation und Baumbestand kann in Dürreperioden ebenso kritisch werden wie die Konkurrenz zwischen den Bäumen im Dichtstand. Ein Neben- und Unterstand aus anderen Arten erhöht aber die Konkurrenz nicht immer im gleichen Maße wie der entsprechende Dichtstand einer Art. Zum Beispiel ist in der Mohavewüste der mittlere Abstand zwischen Pflanzen mit gleicher, photosynthetisch aktiver Oberfläche signifikant geringer, wenn sie artverschieden sind (Yeaton & Cody 1976). Die Möglichkeiten des Aufbaus wirksamer Räuber-Beute-Systeme werden von der geometrischen Bestandesstruktur oft in gleichem Maße bestimmt wie von dem Artenreichtum des Baumbestandes. Zum Beispiel zeigten Untersuchungen auf verbuschten ehemaligen Ackerflächen in Michigan, daß die Varianz der Gesträuchhöhen mit der Insektenartendiversität eng korreliert war (Murdoch et al. 1972). Die Standortbedingtheit der geometrischen und taxonomischen Bestandesstruktur setzt aber auch hier dem Wirtschafter enge ökologische Grenzen. Diverse Waldökosysteme benötigen viel Energie, das bedeutet hohe Raten der Absorption von Sonnenenergie durch die entsprechende komplexe Bestandesoberfläche und damit auch hohe Raten der Evapotranspiration und des turbulenten Austauschs im Kronenraum. Dies setzt der Strukturdiversität standörtliche Grenzen, die auch durch waldbauliche Maßnahmen wie Düngung nicht wesentlich ausgeweitet werden können.

3.2 Waldbauliche Möglichkeiten zur Verbesserung von Stabilität und Leistungsfähigkeit

Aus dem in Abschnitt 2 und 3.1 Gesagten ergeben sich einige wichtige Erkenntnisse für die Entwicklung von waldbaulichen Programmen. Der Artenreichtum ist primär standortabhängig, der geometrische Bestandesaufbau ist primär phasenbedingt, findet aber vor allem hinsichtlich der aerodynamischen Rauhigkeit des Kronendachs standörtliche Grenzen (Wasserversorgung, Energieversorgung, Sturmgefährdung). Ein Baum mit niedrigerem Schlankheitsgrad ist unter sonst gleichen Bedingungen vitaler und mechanisch stabiler als ein sonst vergleichbarer Baum, der durch geringeren Wuchsraum einen höheren Schlankheitsgrad entwickelt hat.

Hiervon und von dem natürlichen Ausladungsvermögen der Baumkrone (a_K/d-Verhältnis) ausgehend haben wir in den Auermühler Produktionsprogrammen für Douglasie, Kiefer, Fichte und Lärche die Baumzahlhaltungen in den verschiedenen Bestandesaltern so geregelt, daß sich in der Jugend bei geringem Konkurrenzdruck durch möglichst niedrige Baumzahlen ein möglichst vitales Durchmesser- und Kronenwachstum ergibt. Im mittleren Bestandesalter (Stangenholzalter) wird durch wenige kräftige Stammzahlreduzierungen erreicht, daß die Bestandesgrundfläche nicht wie in den Ertragstafeln zunimmt, sondern etwa gleich bleibt. Der Zuwachs wird dabei auf möglichst wenige Bäume konzentriert. Ziel in dieser Altersphase ist es, durch ein niedriges h/d-Verhältnis und eine entsprechend gut ausgebildete Krone den in der Jugendphase erzielten günstigen physiologischen Zustand der Einzelbäume zu erhalten und gleichzeitig die Widerstandskraft der Bestände gegen Schäden trotz der relativ hohen aerodynamischen Rauhigkeit des Kronendachs zu sichern. Die Bestände entsprechen in dieser Hinsicht dem Yebarotyp der MAB-Versuchsfläche bei San Carlos und bieten ebenfalls günstige bestandesklimatische Voraussetzungen für die Entwicklung eines ökologisch und landeskulturell wünschenswerten gemischten der Unterstandes an Bäumen und Sträuchern. Dies steht im deutlichen Gegensatz zu den Verhältnissen in den engstehenden echten Monokulturen der konventionellen forstlichen Praxis, die in dieser Phase keinen oder nur spärlichen Unterstand Bodenbewuchs aufkommen lassen und außerdem mechanisch und ökologisch wenig widerstandsfähig sind. Die labile Altersphase des Yebarotyps wird in den Auermühler Produkte—Programmen vermieden, indem in dieser Phase durch Kronenschluß eine übermäßige Erhöhung der aerodynamischen Rauhigkeit verhindert wird. Die entscheidenden Vorsprünge in der Durchmesser- und Formentwicklung werden in der frühesten Jugendphase erzielt. In der Altersphase ist in dieser Hinsicht ohnehin nichts Entscheidendes mehr zu erreichen. Deshalb wird

in den Auermühler Produktionsprogrammen im letzten Umtriebsdrittel nicht
mehr durchforstet, dafür aber gezielt gedüngt.

Prinzip unserer Auermühler Produktionsprogramme ist es, den Monokulturcharakter des Bestandes auf den tatsächlich wirtschaftlich mit Gewinn verwertbaren Anteil der Biomasse zu beschränken, das heißt auf den Starkholz erzeugenden Endbestand. Der so freiwerdende Wuchsraum wird durch dienende
Mischbaumarten und Unterwuchs ausgenutzt, die zur Verbesserung des Biotopwertes und zur Bodenpflege beitragen. Die im Naturwald meist erst spät und mit
erheblichen Energieverlusten (Mortalität, Sturmwurf) erfolgende Ausformung
einer stabileren Baumgestalt und Bestandesstruktur wird durch gezielte Stammzahlreduzierung zeitlich in die Periode des vitalen Jugendwachstums vorverlegt.
Hierdurch wird erreicht, daß die Bestände physiologisch gesund und mechanisch
stabil in die mittleren Altersklassen einwachsen, in denen die Belastungen und die
Gefährdungen ohnehin zunehmen und kritisch werden können. Hierbei spielen
vor allem der Wasser- und Energiehaushalt des Standortes und in Nordwestdeutschland die Sturmgefährdung eine entscheidende Rolle. Die Auermühler
Produktionsprogramme sind speziell für Standorte mit im Sommer häufig angespannter Wasserversorgung und hoher Sturmgefährdung für die Erzeugung von
astfreiem Säge- und Schälholz entwickelt worden (Brünig 1975).

Auf sommertrockenen, armen Sanden ist es besonders wichtig, eine gedrungenere Baumform zu erziehen, weil die Sturmwurfgefahr wegen der Flachwurzeligkeit hoch ist, der gedrungenere Baum wahrscheinlich weniger dürregefährdet
ist, und die frühere Hiebsreife das Risiko von Kalamitäten und Schäden vermindert. Ebenso wichtig ist es, das locker gestellte Kronendach aerodynamisch
möglichst glatt zu halten. Die natürliche Entwicklung der Bestände geht auf
diesen Standorten vor allem in den kontinentaleren östlichen Gebieten Nordwestdeutschlands ohnehin in diese Richtung. Ein aerodynamisch rauhes Kronendach läßt sich ganz allgemein in strahlungsreichen Gebieten mit häufigen trockenwarmen Winden wegen der mittäglichen Belastung auch dann nicht erziehen,
wenn reichlich Bodenfeuchtigkeit zur Verfügung steht.

Die Auermühler Produktionsprogramme sind nur ein Beispiel von vielen
Möglichkeiten, eine forstliche Monokultur so aufzubauen, daß der Bestand ökologisch stabiler und gleichzeitig wirtschaftlich und landeskulturell leistungsfähiger wird. Welcher Aufbau und welche waldbaulichen Methoden jeweils optimal
sind, hängt vom Standort und den gesetzten Zielen ab. Die Komplexität des
Bestandesaufbaus, insbesondere die aerodynamische Rauhigkeit des Kronendachs, hat besonders in sturm- und dürregefährdeten Gebieten enge standörtliche Grenzen. Im Prinzip geht es darum, die für natürliche Sukzessionen und
konventionell erzogene Bestände typische labile Primitivstruktur in der vitalen
Jugendphase zu ersetzen durch eine stabilere und artenreichere Komplexstruktur,
die sich im Naturwald erst spät, im Kunstforst oft gar nicht einstellt. Das Eintreten labiler Altersphasen wird durch das rasche Durchmesserwachstum und die
entsprechend kürzeren Produktionszeiträume vermieden. Die Komplexität der
geometrischen Struktur des Bestandes erhöht die floristische und faunistische
Vielfalt und damit die Chancen, durch gezielte waldbauliche Maßnahmen die
Leistungsfähigkeit des Ökosystems für die Befriedigung der Bedürfnisse des
Menschen nachhaltig und wirksam mit geringem Aufwand zu sichern.

Literatur

Ashton, P.S. & Brünig, E.F. (1975): The variation of tropical moist forest in relation to environmental factors and its relevance to land-use planning. *Mitt. Bundesforsch. anst. Forst-Holzwirtsch.* 109: 59—86.

Banks, C.C. (1973): The strenght of trees. *J. Inst. Wood Science* 6: 44—50.

Brünig, E.F. (1970): Stand structure, physiognomy and environmental factors in some lowland forests in Sarawak.

Brünig, E.F. (1971): The water relations of malaysian forests. Trans. First Aberdeen-Hull Symposium on Malesian Ecology, 1970.

Brünig, E.F. (1972): Erkenntnisse forstökologischer Froschung in den Tropen für die Umweltökologie der Bundesrepublik. *Forstarch.* 43: 114—119.

Brünig, E.F. (1973a): Sturmschäden als Risokofaktor bei der Holzproduktion in den wichtigsten Holzerzeugungsgebieten der Erde. *Mitt. Bundesforschungsanst. Forst-Holzwirtsch.*, Reinbek 93: 17—34.

Brünig, E.F. (1973b): Species richness and stand diversity in relation to site and succession in forests in Sarawak and Brunei, Borneo. *Amazoniana* 4: 293—320.

Brünig, E.F. (1973c): Some further evidence on the amount of damage attributed to lightning and wind-throw in Shorea albida-forest in Sarawak. *Commonw. Forest. Rev.* 52, 153: 260—265.

Brünig, E.F. (1974): Ecological studies in the Kerangas forests of Sarawak and Brunei. Borneo Literature, Bureau for Sarawak Forest Department. Kuching, 193 S., 23 Tab., 31 Abb.

Brünig, E.F. (1975): Grundsätze zum umweltgerechten Wiederaufbau des privaten Wirtschaftswaldes im Sturmschadensgebiet in Nordwestdeutschland. Landwirtschaft — angewandte Wissenschaft, Heft 179. Landwirtschaftsverlag, Hiltrup, 311 S.

Brünig, E.F. (1976): Tree forms in relation to environmental conditions: an ecological viewpoint. In: Tree physiology and yield improvement (Hrsg. M.G.R. Cannel & F.T. Last). Academic Press, London — New York — San Francisco. S. 139—156.

Brünig, E.F. (1977): Structure and functions in a rainforest near San Carlos de Rio Negro. I. Structure. 4. International Symposium on Tropical Ecology, 7.-11.3.1977. Panama.

Brünig, E.F. & Heuveldop, J. (1976): Structure and functions in natural and man-made forests in the humid tropics. XVI. IUFRO World Congress, Oslo, Proc. Div. I, S. 500—511.

Dobben, W.H. & Lowe-McConnell, R.H. (Hrsg.) (1975): Unifying concepts in ecology. Dr. W. Junk bv Publishers. The Hague.

Dorschkamp Research Institute for Forestry and Landscape Planning (1975): Annual Report 1975. Wageningen, 83 S.

Elston, J. & Monteith, J.L. (1975): Micrometeorology and vegetation. In: Vegetation and the atmosphere (Hrsg. J.L. Monteith). Academic Press, London — New York — San Francisco, Vol. I: 1—12.

Heuveldop, J. (1976): Erste Ergebnisse bestandesmeteorologischer Untersuchungen in einem tropischen Regenwald bei San Carlos de Rio Negro, Venezuela. *Mitt. Bundesforsch. Anst. Forst-Holzwirtsch.*, Hamburg-Reinbek, Nr. 115 (in press).

Greenhill, A.G. (1881): Determination of the greatest height consistent with stability that a vertical pole or mast can be made, and of the greatest height to which a tree of given proportions can grow. *Proc. Cambr. Phil. Soc.* IV, Part II: 65—73.

Larson, P.R. (1963): Stem form development of forest trees. For. Science, Monogr. 5.

McIntosh, R.P. (1967): An index of diversity and the relation of certain concepts of diversity. *Ecol.* 48: 392—403.

Murdoch, W.W., Evans, F.C. & Peterson, C.H. (1972): Diversity and pattern in plants and insects. *Ecol.* 53: 819—828.

Paltridge, G.W. (1973): On the shape of trees. *J. Theor. Biol.* 38, 1: 111—137.

Stern, K. & Roche, L. (1974): Genetics of forest ecosystems. Springer Verlag, Berlin-Heidelberg-New York. 330 S.

Sturos, J.A. (1973): Theoretical methods for estimating moments of inertia of trees and boles. North Cent. For. Exp. Stn., St. Paul, Minn. 10 p., illus. (USDA For. Serv. Res. Pap. NC-96).

Yeaton, R.I. & Cody, M.L. (1976): Competition and spacing in plant communities: the northern Mohave desert. *J. Ecol.* 64, 2: 689–696.

Anschrift des Verfassers:

Prof. Dr. E.F. Brünig, Ordinariat und Institut für Weltforstwirtschaft, Universität Hamburg und Bundesforschungsanstalt für Forst- und Holzwirtschaft, Leuschnerstraße 91, 2050 Hamburg 80.

Sonderdruck: Verhandlungen der Gesellschaft für Ökologie, Göttingen 1976.

DIE ENTWICKLUNG VON KIEFERNWALDÖKOSYSTEMEN IM JUGEND-STADIUM UNTER DEM EINFLUß VON BODENBEARBEITUNGS- UND DÜNGUNGSMAßNAHMEN AUF ZWEI UNTERSCHIEDLICHEN STANDORTEN IN DER OBERFALZ*

R.V. EDER

Abstract

In two experiments on different sites (clay-pseudogley and sandpodsol) the influence of various methods of soil cultivation on *Pinus sylvestris* (8 years old) was studied relating to:
a. height, diameter and social status of trees,
b. accumulation of phytomass, energy, nutrients and surface of pine needles,
c. physical and chemical changes in the soil in comparison with the previous stand.
   Results: Soil cultivation had a noticeable influence on the growth of trees and on the surface of needles, but not on the amount of phytomass or the accumulation of nutrient elements and energy in the organic matter. The output rates of nitrogen in the cultivated plots were higher than in the control area.

Einleitung

Die künstliche Verjüngung von Kiefernreinbeständen (Monokulturen), wie sie in Mitteleuropa üblich ist, bedeutet für ein Waldökosystem einen erheblichen Eingriff. Zuerst wird der Altbestand im Kahlschlagverfahren beseitigt. Die plötzliche Freilegung des Bodens wirkt sich über die Veränderung von Kleinklima und Wasserhaushalt auf biotische und abiotische Prozesse in und auf dem Boden aus. Dem Kahlhieb folgen häufig noch zusätzliche Maßnahmen zur Vorbereitung der Verjüngungsflächen wie Stockrodung, Bodenbearbeitung, mineralische Düngung, Herbizidanwendung, Entwässerung, etc.

Gegenüber dem Ausgangszustand im Altbestand oft völlig veränderten Standortsbedingungen wird der neue Bestand durch Saat oder Pflanzung angelegt. Dabei wird oft eine möglichst große Verjüngungsfläche angestrebt, um damit den rationellen Einsatz von Holzernte-, Bodenbearbeitungs- und Sä- bzw. Pflanzmaschinen zu ermöglichen.

Die Wahl des Verjüngungsverfahrens, d.h. die Art und Intensität der Bodenvorbereitung erfolgt dabei in der Regel weniger nach den standörtlichen Erfordernissen als vielmehr nach örtlicher Tradition oder nach der zufälligen Verfügbarkeit von Maschinen. Die forstliche Forschung hat sich schon frühzeitig, nämlich seit Beginn dieses Jahrhunderts, mit dem Problem der Bodenbearbeitung in der Waldverjüngung befaßt. Das Hauptinteresse galt dabei aber betriebswirt-

*Die Versuche wurden in enger Zusammenarbeit mit Prof. Dr. Burschel, Dr. Kantarci und Prof. Dr. Rehfuess durchgeführt.

schaftlichen und ertragskundlichen Fragestellungen. Wittich (1926) untersuchte als erster die Einflüsse von Kahlschlag und Bodenbearbeitung auf biologische und chemische Abläufe im Boden und eröffnete damit eine ökologisch begründete Untersuchungsrichtung, auf der die im folgenden beschriebenen eigenen Arbeiten aufbauen.

Auf zwei von der Bayerischen Staatsforstverwaltung angelegten Versuchsflächen zur künstlichen Verjüngung der Kiefer in der Oberpfalz gingen wir 8 Jahre nach Anlage der Kultur folgenden Fragestellungen nach:
a. Dem Einfluß von 2 Bodenbearbeitungsverfahren (Fräsen ohne Stockrodung und Vollumbruch mit vorausgehender Stockrodung) auf Höhen- und Durchmesserentwicklung der Kiefern, auf die Akkumulation ober- und unterirdischer pflanzlicher Biomasse und deren Energiegehalt, sowie auf die Oberflächenentwicklung der Nadeln.
b. Den Veränderungen des Nährstoffkapitals im Boden und in der Phytomasse nach Bodenbearbeitung und Düngung im Vergleich zur Ausgangslage im Altbestand.

Versuchsbeschreibung

Die Versuchsanlage besteht aus zwei identischen Versuchsreihen auf den Standortseinheiten Sand- Podsol und Lehm-Pseudogley. Leider fehlten in diesem Versuch, der ursprünglich zur Beantwortung praktischer Fragestellungen angelegt worden war, Wiederholungen der Behandlungen ebenso wie unbehandelte Kontrollflächen (Abb. 1). Wir entschlossen uns trotzdem zu einer Auswertung der Anlage, da es in Süddeutschland keine älteren, methodisch einwandfrei ange-

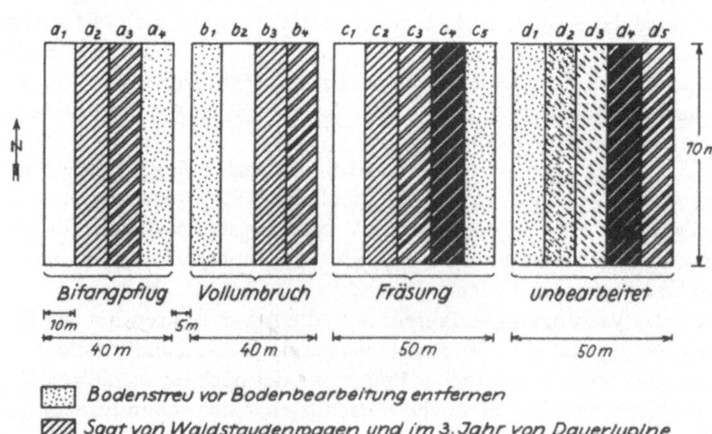

Abb. 1. Versuchsanlage.

206

legen Bodenbearbeitungsversuche gab und infolgedessen gegenüber neu angelegten Experimenten ein Informationsvorsprung von mindestens acht Jahren gegeben war.

Den Mangel fehlender Wiederholungen versuchten wir durch eine standörtliche Feinkartierung auszugleichen. Hierzu wurden die beiden Versuchsreihen engmaschig (Rastergröße 5 x 10m) 1m tief abgebohrt; dadurch konnten in

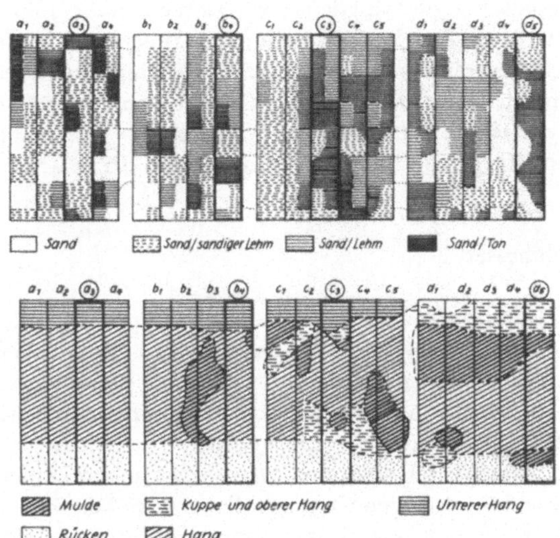

Abb. 2. Standortskarte der beiden Versuche (oben Sand, unten Lehm).

Tabelle 1. Übersicht über die durchgeführten Maßnahmen.

	Versuchsglied (Parzellengröße = 10×70 m)			
	SAND	LEHM/PSEUDOGLEY		
Termin	voll umgebrochen	voll umgebroch.	gefräst	unbearbeitet
IX 1965	Kahlschlag	Kahlschlag	Kahlschlag	Kahlschlag
X „	Stockrodung	Stockrodung	–	–
X „	30 dz/ha Mg-Kalk + 5 dz/ha Hyperphos	50 dz/ha Mg-Kalk + 5 dz/ha Hyperphos		
XI „	Vollumbruch auf 40 cm Tiefe	Vollumbruch auf 40 cm Tiefe	Fräsung auf 20 cm Tiefe	–
IV 1966	Pflanzung von 1/0 Kiefern im Verband 1×0,3 m			
IV 1967	Nachbesserung von 1/1 Kiefern nach Bedarf			
V 1968	Düngung mit 5 dz/ha Kalkammonsalpeter			
VI 1973 –IV 1974	Auswertung der Versuche			

jedem Versuchsglied standörtlich vergleichbare Teilflächen für das Untersuchungs-
programm ausgeschieden werden.

Die Versuchsreihe auf Sand (Abb. 2) zeigte ein derartig vielfältiges Stand-
ortsmosaik, daß hier nur ein Behandlungsglied für die Auswertung geeignet war.
In der standörtlich einheitlicheren Lehm-Pseudogley-Reihe wählten wir drei
Varianten aus, so daß uns für die Untersuchung insgesamt vier Versuchsglieder
zur Verfügung standen. Die wichtigsten Merkmale sind in Tab. 1 zusammengestellt.

Auf dem Lehm-Pseudogley verglichen wir zum einen die unbearbeitete, die
gefräste und die vollumgebrochene Parzelle; zum anderen sollte der Standorts-
unterschied durch Gegenüberstellung der beiden Vollumbruchvarianten erfaßt
werden. Alle Versuchsfelder erhielten eine Grunddüngung aus 5 dz/ha Hyperphos
und 30 dz/ha Magnesiakalk auf Sand bzw. 50 dz/ha auf Lehm vor Kulturanlage,
sowie eine Stickstoffgabe von 5 dz/ha drei Jahre nach der Pflanzung.

Höhen und Durchmesser

Die Baumhöhen, Durchmesser und Längen der letzten Jahreshöhentriebe wurden
auf jedem Versuchsglied in zwanzig systematisch verteilten Probeflächen zu je
$2,50 m^2$ ermittelt: Jeder gemessene Baum wurde nach seiner sozialen Stellung
als herrschend, mitherrschend und beherrscht eingeordnet. Je Parzelle konnten
auf diese Weise 120 — 140 Bäume erfaßt werden.

Tab. 2 zeigt die mittleren Höhen und zwar in der linken Zahlenspalte die
Durchschnittswerte der jeweiligen Gesamtkollektive; in den Spalten rechts daneben sind die Mittelwerte für die einzelnen sozialen Straten wiedergegeben. Hier
treten die Unterschiede zwischen den Versuchsgliedern in der herrschenden
Schicht deutlicher hervor als in den Ergebnissen der Gesamtkollektive. Bemerkenswert ist die klare Wuchsüberlegenheit des Sandstandorts. Die gefundenen
Durchmesser und Jahrestrieblängenwerte entsprechen den Ergebnissen der Mit-
telhöhen.

Phytomasse

Während die Werte für Baumzahlen, Höhen, Durchmesser und Trieblängen an den
lebenden Objekten durch eine „non-destructive method" gewonnen wurden,

Tabelle 2. Mittelhöhenvergleich (in m).

	Gesamtkoll.	herrsch.	mitherrsch.	beherrscht
Sand gepflügt (SB 4)	2.53	3.54	2.81	1.78
Lehm gepflügt (PB 4)	1.52	2.14	1.60	0.99
gefräst (PC 3)	1.43	1.94	1.47	1.04
unbearbeitet (PD 5)	1.36	1.67	1.43	1.02

war die Bestimmung der Biomasse nur über die „destructive method" durch
Abschneiden bzw. Ausgraben der Untersuchungsobjekte möglich.

Die oberirdischen Teile der Bodenvegetation wurden auf 30 systematisch
verteilten Probekreisen zu je 0,25m² in jedem der vier Prüfglieder und in den
beiden jeweils an die Versuchsreihen angrenzenden Altbeständen im August
1973 geerntet. Die Verteilung der Probekreise und die Festlegung der Bodeneinschläge vermittelt Abb. 3.

Wir wählten eine diagonale Richtung des Stichprobengitters, um eine
möglichst repräsentative Erfassung innerhalb der in Längsrichtung parallel ver-
laufenden Baumreihen zu gewährleisten. Abb. 4 zeigt die gefundenen Trocken-
massen in kg/ha, die nach Calluna und sonstiger Vegetation getrennt erfaßt
wurden. Auf Lehm übertrafen die gefräste und unbearbeitete Variante mit 4,6

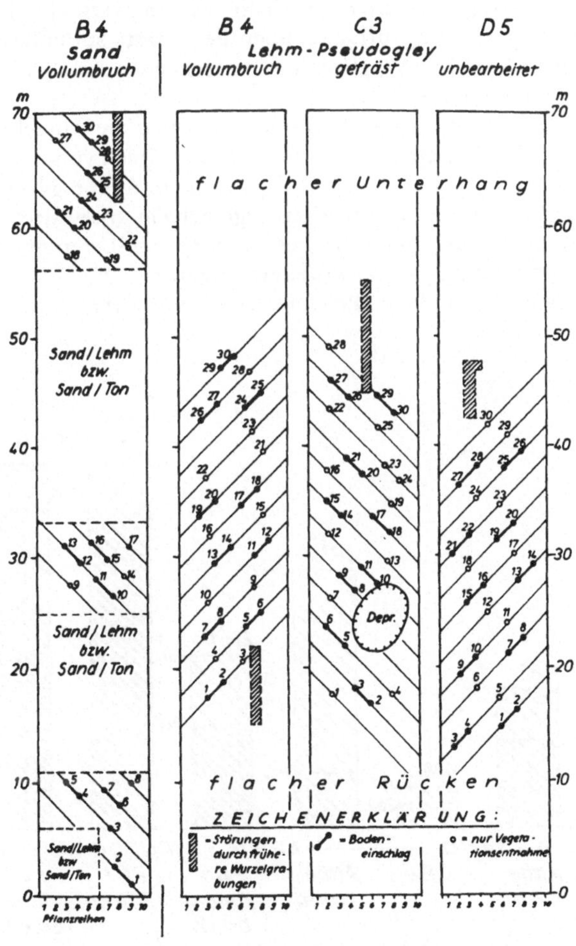

Abb. 3. Verteilung der Probekreise und Bodeneinschläge.

bzw. 4,4t/ha die Vollumbruchparzelle um mehr als das Doppelte; dagegen besaß das Vergleichsfeld auf Sand nur 470kg/ha. Überraschend hoch war die Vermehrung der Heide auf der Fräsfläche gegenüber der Ausgangslage im Altbestand.

Die Phytomasse der Kiefern (bestehend aus den oberirdischen Teilen einschließlich der am Baum haftenden Dürräste und aller Wurzeln über 4mm Durchmesser) bestimmten wir über die Regressionsmethode. Dazu wurden auf jeder Versuchseinheit 10 herrschende, 8 mitherrschende und 7 beherrschte Bäume ausgegraben und in die Fraktionen Nadeln, Äste bzw. Zweige, Stammholz, Stammrinde und Wurzeln aufgeteilt. Die Trockengewichte der Baumteile wurden zu Durchmesser und Höhe der entsprechenden Einzelbäume in Beziehung gesetzt. Damit konnten Regressionsgleichungen hergeleitet werden, die unter Verwendung der früher gewonnenen ertragskundlichen Daten zur Berechnung der Hektarwerte dienten.

Der Unterschied zwischen den beiden Vollumbruchflächen auf Sand und Lehm beträgt über 100%; aber auch innerhalb des Lehmversuchs gibt es eine deutliche Abstufung von der gepflügten über die gefräste zur unbearbeiteten Variante, die im statistischen Vergleich der herrschenden sozialen Schicht hochsignifikante Unterschiede zeigt.

Die Wurzeln von weniger als 4mm Durchmesser und die Wurzeln der Bodenvegetation wurden flächenrepräsentativ in 10 Bodensäulen von 0,18m^2 Grundfläche und 0,50m Höhe je Versuchseinheit gewonnen. Abb. 6 gibt die Feinwurzelverteilung in 10cm-Stufen wieder. Hier zeigt sich ein unerwartet hoher Anstieg von Vollumbruch Sand mit 2,2t über Vollumbruch Lehm mit 4,4t, Fräsen 5,5t bis zu über 8t/ha auf dem unbearbeiteten Feld.

In Abb. 7 sind alle gefundenen Phytomassen zusammengestellt. Unsere

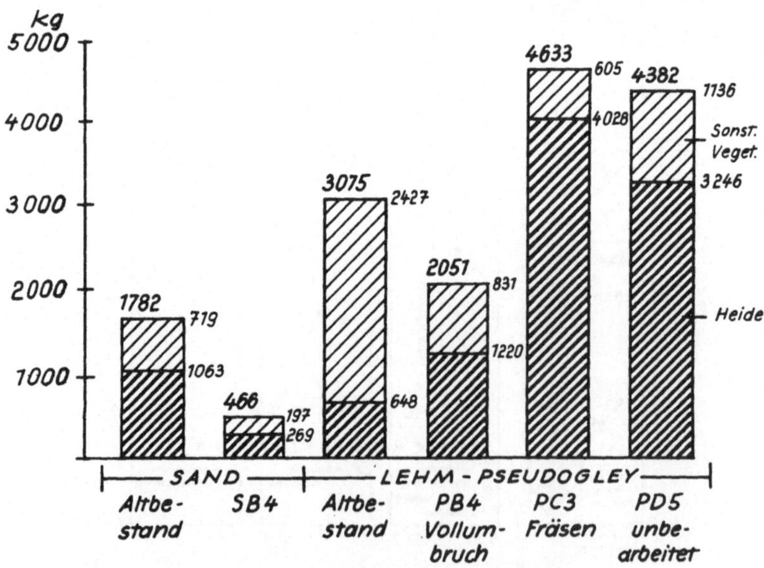

Abb. 4. Trockengewichte der oberirdischen Bodenvegetation (kg/ha).

Untersuchung brachte das überraschende Ergebnis, daß sich innerhalb desselben
Standorts die Unterschiede zwischen den verschiedenen Behandlungen in den
Summen der Phytomassen aufheben, obwohl sie bei alleiniger Betrachtung der
Baumwerte beträchtlich waren. Die geringeren Baumtrockenmassen der unbe-
arbeiteten und gefrästen Varianten gegenüber dem gepflügten Feld werden
durch entsprechend höhere Massen der Bodenvegetation und der Feinwurzeln

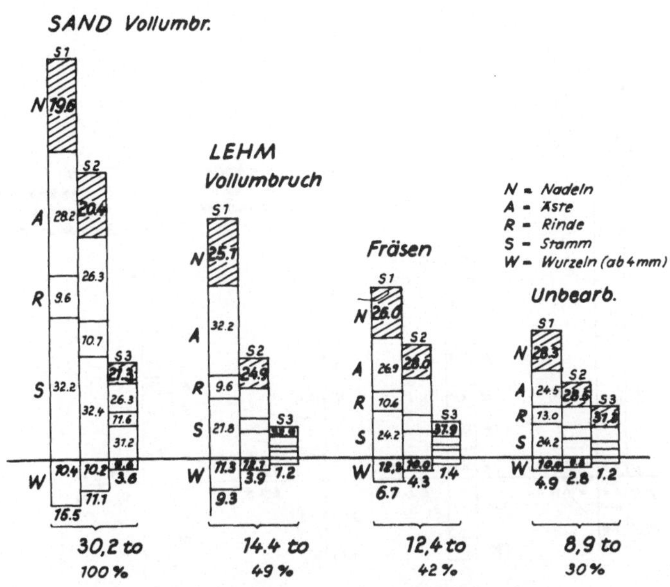

Abb. 5. Trockengewichtsverteilung der Bäume (t/ha).

Tiefe	SB 4	PB 4	PC 3	PD 5
0 - 10 cm	1 250.8	3 235,6	3 784,5	6 476,2
11 - 20 cm	458,0	715,3	1 129,8	1 003,8
21 - 30 cm	245,8	302,3	318,2	304,6
31 - 40 cm	196,0	108,8	180,3	161,7
41 - 50 cm	100,4	63,3	76,0	83,8
Summe	2251,0	4425,3	5 488,8	8 066,1

Abb. 6. Trockengewichtsverteilung der Feinwurzeln (kg/ha).

ausgeglichen. Auch die große Überlegenheit bei den Baumwerten in der Pflug-
parzelle auf Sand gegenüber der auf Lehm hat sich deutlich verringert.

Ein ähnliches Ergebnis bringt die Gegenüberstellung der in Phytomasse und
Streuauflage akkumulierten Energievorräte (Tab. 3). Nicht die unterschiedlichen
Behandlungen führen zu größerer Energieumsetzung, sondern die günstigere
Trophie des Sandstandorts. Dadurch wird eine signifikante Erhöhung der Aus-
beute an eingestrahlter Sonnenenergie bewirkt.

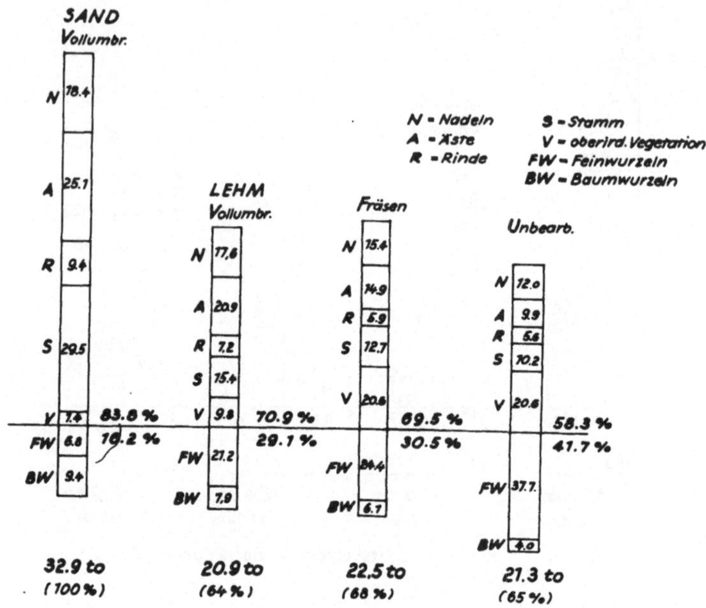

Abb. 7.   Zusammenstellung der Phytomassen (t/ha).

Tabelle 3.   Vergleich der Energiemengen (10^6 Kcal).

	SB4	PB4	Pc3	PD5
Bäume	150.4	71.5	61.9	44.6
Bodenvegetation	2.3	9.5	22.6	27.0
Feinwurzeln	9.4	19.4	23.8	34.2
Streuauflage	34.1	27.3	28.2	28.0
	196.2	127.7	136.5	127.8

212

Nadeloberflächen

Mit der von Thompson & Leyton (1971) entwickelten und im Sollingprojekt
ebenfalls verwendeten Glasperlenmethode bestimmten wir die Oberflächen der
Kiefernnadeln. Dabei werden die Nadeln in Spezialleim getaucht und anschließend
mit feinen Glaskugeln gleichen Durchmessers lückenlos bedeckt. Das Gewicht
der hierfür benötigten Kugeln dient zur Oberflächenermittlung.

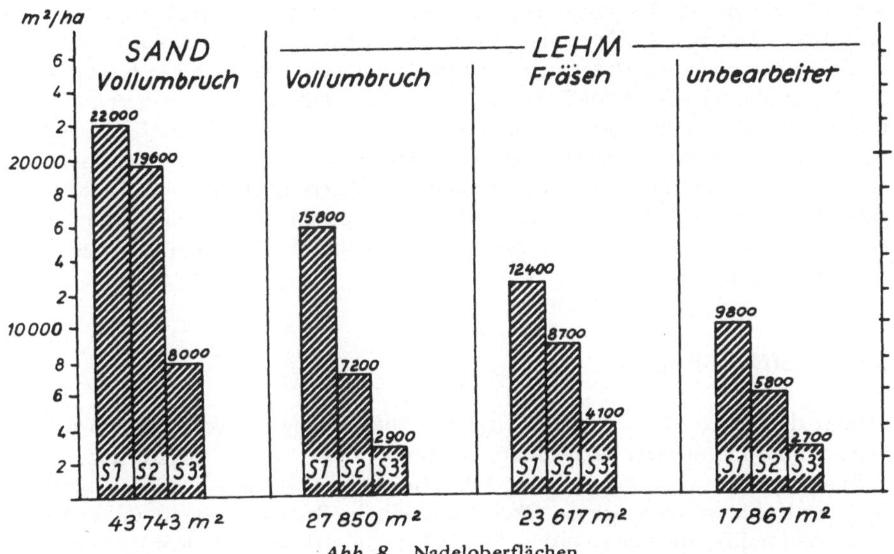

Abb. 8. Nadeloberflächen.

Tabelle 4. Kohlenstoffvorräte im Lehmversuch.

Kompartiment	Versuchsglied			
	Altholz	Vollumbr.	Fräsen	unbearb.
	t/ha			
Organische Auflage	31,7	3,0	3,1	9,7
in % des Altholzes	(100)	(9)	(10)	(31)
Mineralboden (0-50cm)	37,0	35,2	44,3	39,4
in % des Altholzes	(100)	(95)	(120)	(106)
Solum insgesamt C-Vorrat	68,7	38,2	47,4	49,1
in % des Altholzes	(100	(56)	(69)	(71)

Das Säulendiagramm (Abb. 8) stellt die gefundenen Größenordnungen in m^2/ha dar. Hier fällt die unbearbeitete Variante im Lehmversuch deutlich zurück, während die gefräste und gepflügte Parzelle mit 23 600m^2 bzw. 27 800m^2 eine gewisse Übereinstimmung zeigen. Auffallend hoch ist die Blattfläche der Kiefern auf Sand mit 43 700m^2/ha.

Kohlen- und Nährstoffvorräte

Eine Beurteilung von Ökosystemen wäre ohne Kenntnis der Vorräte an toter organischer Substanz sowie an Hauptnährelementen unvollständig. Wir bezogen in diesen Abschnitt der Untersuchung deshalb auch die organische Auflage und den Mineralboden bis 0,80m Tiefe mit ein. Den Auflagehumus entnahmen wir in den 0,25m^2 großen Probekreisen, in denen zuvor die oberirdische Bodenvegetation geerntet worden war. Den Mineralboden gewannen wir flächenrepräsentativ an 20 Pedons je Untersuchungseinheit. Ein unterschiedlich hoher Skelettanteil in den Versuchsgliedern erschwerte den Vergleich der Kohlenstoff- und Nährelementvorräte im Boden. Dieser Störeinfluß mußte daher kovarianzanalytisch ausgeschaltet werden.

Kohlenstoffverteilung

Effekte der verschiedenen Behandlungen auf die Kohlenstoffvorräte ließen sich maximal bis 0,50m Tiefe nachweisen. Gegenüber der Ausgangslage, die der Altbestand repräsentierte, trat auf allen Versuchsgliedern eine deutliche Verringerung der Kohlenstoffvorräte ein (Tab. 4). Allein die Bodenfreilage im unbearbeiteten Feld induzierte eine so rasche Mineralisation, daß sie einen Kohlenstoff-

Tabelle 5.   Stickstoffbilanz im Sand- und Lehmversuch.

	STICKSTOFF					
	SAND		LEHM			
Kompartiment	Sa	SB 4	PA	PB 4	PC 3	PD 5
	Altholz	gepflügt	Altholz	gepflügt	gefräst	unbearb.
	kg/ha					
Phytomasse	22	156	41	128	153	155
Streuauflage	453	73	897	67	78	268
Mineralboden (0-50cm)	1304	1388	2138	2307	2029	2328
Ökosystemvorrat	1779	1617	3075	2502	2260	2751
Abweichung zum Altholz		162		573	815	324
Düngungsinput		115		115	115	115
Wahre Differenz zum Altholz	(100%)	277 (16%)	(100%)	688 (22%)	930 (30%)	439 (14%)

214

schwund von fast 20t/ha oder rund 1/3 des Ausgangsvorrates bewirkte. Auf der
gepflügten Fläche fand ein noch stärkerer Abbau an organischer Substanz statt.
Da hier wie auf der Fräsfläche die gesamte Streuauflage durch die Bearbeitung
beseitigt worden war, sind die gefundenen Mengen von 3t/ha auf Neubildung
seit Kulturbegründung zurückzuführen.

Nährelementvorräte

Von den wichtigsten Kompatimenten der untersuchten Ökosysteme nämlich
Phytomasse, organische Auflage und Mineralboden wurden die Hauptnährele-
mente Stickstoff, Kalium, Kalzium, Magnesium und Phosphor analysiert.
 Kalium konnte wegen seines unerwartet hohen Anteils im Mineralboden und
wegen substratbedingter Unterschiede zwischen den Vergleichsfeldern nicht in
die Interpretation der Meliorationseffekte einbezogen werden. Das gleiche gilt
auch für Magnesium. Der Stickstoffverlust auf der gepflügten Sandparzelle
erreichte unter Berücksichtigung einer einmaligen Düngergabe von 115kg Rein-
Stickstoff rund 280kg/ha gegenüber dem Altbestand. Die Freilage auf dem unbearbeiteten Vergleichsfeld im Lehmversuch verursachte einen Rückgang des
Stickstoffs um 440kg/ha. Der Bodenbearbeitungseffekt brachte auf der gepflügten Variante einen Verlust von weiteren 250kg/ha auf der gefrästen sogar
400kg/ha. In diesem Fall verschwand aus dem Ökosystem rund ein Drittel des
wichtigen Nährstoffes.
 Die Phosphor- und Kalziumbilanz läßt sich am besten beurteilen, wenn man
vom Mineralboden nur die obersten 20cm berücksichtigt, die durch die Bearbei-
tungsmaßnahmen in erster Linie beeinflußt wurden. Mit der Düngung sind
65kg/ha Phosphor zugeführt worden, die auf der unbearbeiteten und gefrästen
Fläche noch nachgewiesen werden konnten (Tab. 6); die Bilanz ergab nur eine
Abweichung von rund 1% zum Ausgangswert. Das Zurückbleiben der Phosphor-
werte im Vollumbruch ist mit dem Umwenden des Bodens beim Pflügen zu

Tabelle 6. Phosphor- und Kalziumbilanz im Lehmversuch.

Kompartiment	Phosphor				Kalzium			
	PA	PB4	PC3	PD5	PA	PB4	PC3	PD5
	kg/ha							
Phytomasse	6	14	17	16	45	60	77	89
Streuauflage	63	5	7	33	301	34	42	413
Mineralboden (0-20cm)	480	505	594	577	3775	5095	5471	5311
Ökosystemvorrat	549	524	618	620	4121	5189	5590	5813
Abweichung zum Altholz		-25	+69	+71		+1068	+1469	+1692
Düngungsinput		65	65	65		1360	1360	1360
Wahre Differenz zum Altholz		-90	+ 4	+ 6		+292	+109	+332
	(100%)	(16%)	(1%)	(1%)	(100%)	(7%)	(3%)	(8%)

erklären. Dadurch wurde phosphorarmes Unterbodenmaterial an die Oberfläche gebracht. Die Erhöhung der Kalzium-Ausstattung in den jungen Kiefernwaldökosystemen gegenüber dem Altbestand läßt sich in der Bilanz ebenfalls mit der verabreichten Düngergabe von ca. 1 360kg/ha begründen.

Diskussion und Folgerungen

Die Untersuchung erbrachte die wichtige Erkenntnis, daß intensive Bodenvorbereitung für die Anlage neuer Forstkulturen auf den untersuchten Standorten einen deutlich erkennbaren Einfluß auf die Biomasseentwicklung der Kiefern hat. Aber bei Einbeziehung von Bodenvegetation und Feinwurzeln werden die Unterschiede in der Biomasseproduktion ausgeglichen.

Es traten auf allen Flächen Humus- und Stickstoffverluste ein; diese wurden durch das Fräsen und Pflügen noch gesteigert. Für Kohlenstoff ergab sich auf dem unbearbeiteten Vergleichsglied ein Schwund von 29% des Anfangskapitals; die gefräste Parzelle verlor 31% und die gepflügte sogar 40%. Die Verluste an Stickstoff, der wegen der früher ausgeübten Streunutzung in unserem Experiment ohnehin extrem niedrige Vorratswerte aufwies, lagen allein durch die Freilage bei 14%; Pflügen steigerte sie auf 22% und Fräsen sogar auf 30%.

Kohlenstoff- und Nährstoffbilanz lassen die Ergebnisse der ertragskundlichen Versuchsauswertung in einem anderen Licht erscheinen: Der gefundene Wuchsvorsprung der Bäume auf den bearbeiteten Feldern wird nämlich wegen Stickstoffmangels nicht von anhaltender Dauer sein, wie aus früheren Beobachtungen bekannt ist. Gelingt es den Kiefern auf der unbearbeiteten Parzelle den in der Bodenvegetation und in der Streuauflage gespeicherten Mehrvorrat an Stickstoff zu erschließen, besitzen sie damit günstigere Zuwachsaussichten.

Die Stickstoffmengen, die wegen der Kulturmaßnahmen durch beschleunigte Mineralisation verloren gehen, sind nicht nur ein Schaden für das betroffene Ökosystem, sondern sie können auch bei einer Verlagerung oder Auswaschung für andere Ökosysteme zu einer Belastung durch Eutrophierung führen. Im vorliegenden Fall dürfte jedoch der größte Teil durch Denitrifikation während längerer Vernässungsphasen im Boden verschwunden sein, da wegen des Stauhorizonts und der geringen Geländeneigung eine Verlagerung nicht wahrscheinlich ist (Rehfuess, mündliche Mitteilung).

Aus dieser kritischen Würdigung leiten wir folgende Forderungen für das Vorgehen in der Verjüngung von reinen Kiefernwaldbeständen ab:
a. Die natürliche Verjüngung unter Verzicht auf Bodenfreilage, Beseitigung der Bodenvegetation und Bodenbearbeitung ist auszunutzen, wo immer dies Standort und Ausgangszustand zulassen.
b. Sofern Kahlschläge unumgänglich sind, ist deren Größe zu begrenzen, um die damit verbundenen Belastungen des Stoffhaushalts der Landschaft möglichst gering zu halten.
c. Ist die Verjüngung über eine Kahlfläche erforderlich, sollten Bodenbearbeitung und Beseitigung der Bodenvegetation soweit wie möglich unterlassen oder auf ein Mindestmaß beschränkt werden, z.B. durch streifenweise extensive Bearbeitung.
d. Da aus zahlreichen Untersuchungen bekannt ist, daß durch Kalkung und

Phosphatdüngung die Mineralisation beschleunigt wird, sollte eine derartige
Meliorationsdüngung zu einem Zeitpunkt erfolgen, in dem freiwerdende Nähr-
stoffe vom Ökosystem verwertet werden können, z.B. in der Stangenholz- oder
Baumholzphase.

Literatur

Eder, R. (1976): Die Entwicklung von Kiefernwaldökosystemen im Jugendstadium unter
    dem Einfluß von Bodenbearbeitungs- und Düngungsmaßnahmen auf zwei unterschied-
    lichen Standorten in der Oberpfalz. Diss. München.
Rehfuess, K.E. (1976): Inventur der Phytomasse und Nährelementvorräte in jungen Kiefern-
    waldökosystemen (*Pinus sylvestris* L.) nach verschiedenartiger Bodenbearbeitung. Druck
    in Vorbereitung.
Thompson, F.B. & Leyton, L. (1971): Method for measuring the leaf surface area of com-
    plex shoots. *Nature:* 572.
Wittich, W. (1926): Untersuchung über den Einfluß intensiver Bodenbearbeitung auf Hohen-
    lübbichower und Biesenthaler Sandböden. Neumann/Neudamm, S. 103.

Anschrift des Verfassers:

Dr. Reinald V. Eder, Frühlingstr. 6, 8031 Eichenau, Dienststelle: Bayerisches
Landesamt für Umweltschutz, Rosenkavalierplatz 3, 8000 München 81.

MONOKULTUR UND FEUER — VERNICHTUNG UND ERHALTUNG

W. RIESS

Abstract

Controlled fire is a cheap and effective management tool to prevent devastating forest wild-fires: highly flammable fuel on the ground is burnt off under moist, controlled conditions. The „friendly flames" also carry out seedbed preparation and insect control. Long experience with controlled fire in American forests should stimulate investigations in Germany. Controlled fire is also used for the effectful management of moist monocultures like swamps and marshlands.

Die Vorexkursion in die Heidegebiete hat eindrucksvoll demonstriert, wie Feuer und Monokultur zusammenwirken können (Abb. 1–3): Feuer vernichtet (Abtötung der Kiefern-Monokulturen durch Kronenfeuer) oder es trägt zur Erhaltung bei (Schonung selbst junger Kiefernbestände durch gezähmte Wildfeuer, die nachts, bei tieferen Temperaturen und erhöhter Luftfeuchte lediglich die Nadelstreu am Boden verzehrten).

Abb. 1. Vernichtung von Kiefernmonokulturen durch Kronenfeuer.

Abb. 2. Erhaltung von Kiefernmonokulturen durch kontrollierte Bodenfeuer.

Abb. 3. Jährlich gebrannter Kiefernforst im tropischen Florida, unmittelbar nach dem Feuereinsatz.

220

In den Kiefernforsten der USA, die regelmäßig von Wildfeuern überrannt
werden (die Wahrscheinlichkeit der Feuerentstehung durch Blitzschlag ist höher
als in der Bundesrepublik) wird seit Jahrzehnten mit aufwendigen, modernsten
Methoden gegen das Feuer gekämpft. Bis in jüngste Zeit wurde damit jedoch
kein durchschlagender Erfolg erzielt. Meist war es nur möglich, Wildfeuer in
gewisse Richtungen zu lenken und Menschen und Objekte zu schützen.

Es wurde offenkundig, daß andere Wege der Feuerbekämpfung beschritten
werden mußten. Im SO der USA wird die Technik der Anwendung kontrollierten
Feuers seit Jahrzehnten mit großem Erfolg praktiziert. Diese Methode hat seit
nunmehr zwei Jahren auch in der Forstwirtschaft des gesamten Kontinents Eingang gefunden.

Die Methode hat drei wesentliche Vorteile:

1. Die sich im Jahresverlauf ansammelnde, hochentzündliche Nadelstreu wird
im Frühjahr, nach entsprechendem Niederschlag, durch kontrollierbare Bodenfeuer beseitigt. Kiefern widerstehen solchen Feuern bereits im Alter von ca. 5
Jahren (Die Technik wird u.a. von Goldammer (1976) beschrieben). Auf diese
Weise wird die Waldbrandgefahr erheblich verringert. Nach Angaben von Cooper
(1974) werden jährlich über 1 Million ha Wald im Süden der USA kontrolliert
gebrannt. Auf derart geschütztem Land werden durch Wildfeuer pro 10 000 ha
höchstens 10 ha Waldbestand vernichtet. Auf ungeschütztem Land fallen pro
10 000 ha Wald 700 ha der Vernichtung anheim, also das 70-fache.

2. Durch kontrolliertes Feuer kann das mineralische Samenbett für die Naturverjüngung geschaffen werden. Möglichkeiten der je nach Standort unterschied-

Abb. 4. Regeneration von Phragmites-Beständen durch kontrolliertes Feuer.

lichen Art der Feuerbehandlung sowie Auswirkungen auf Mineralstoffhaushalt, pH-Wert und Wachstumserfolg der Sämlinge werden u.a. beschrieben von Cayford 1970, Schuft 1973, Braathe 1974, Siren 1974 und Uggla 1974.

3. In den Monokulturen werden durch die Feuertechnik kaum noch Insektenkalamitäten registriert. Die großflächig behandelten Kiefernforsten sind dabei keineswegs artenarm, denn es werden regelmäßig kleinere, wenige Hektar große Regenerationszentren vom Feuer ausgenommen. Komarek (1970) führt den geringen Insektenbefall u.a. auf den guten Zustand der Nadelhölzer zurück, denen auf Grund der durch Feuer zurückgedrängten Laubhölzer auch in Trockenperioden ausreichend Wasser zur Verfügung steht. Nach seinen Angaben trat in einem 200 000 ha umfassenden, jährlich gebrannten Waldgebiet Georgias die einzige je bekannte Borkenkäferepedemie (Gattung *Ips*) in einem seit über 70 Jahren von Feuer verschonten, konservativ gemanagten 800 ha großen Kiefernforst auf. Über die Feuerwirkung auf die Entwicklungsstadien verschiedener Forstinsekten Australiens berichten Campbell (1961) und Campbell & Hadlington (1967).

In der Vergangenheit wurde die Forstwirtschaft in den USA entscheidend von deutschen Forstbeamten befruchtet. Es erfordert ein gewisses Umdenken, um in unserer Forstwirtschaft dort wo es sinnvoll ist, die amerikanischen Erkenntnisse einfließen zu lassen. Auf die konkrete Situation bezogen heißt das, daß in der Zukunft nicht, wie in der Heide geschehen, die erfolglosen Bemühungen der Feuerbekämpfung in den USA nachvollzogen werden sollen, sondern daß sofort — neben einem verstärkt ökologisch ausgerichteten Waldbau — Versuche in gefährdeten Kiefernforsten aufgenommen werden sollten, um kontrolliertes Feuer als Mittel zur Verhütung von Wildfeuern zu erproben. Diese Forderung wurde bereits in der Forstwirtschaft selbst schon von Schmidt (1929) erhoben, damals allerdings allein unter dem Gesichtspunkt der Steigerung der holzwirtschaftlichen Erträge.

Hinsichtlich der Feuerwirkungen auf den Waldboden, Nährstoffhaushalt, Tierwelt usw. gibt es eine kaum noch zu übersehende Zahl von Veröffentlichungen (u.a. auch aus nordeuropäischen Staaten: Heikinheimo 1915, Viro 1969, Braathe 1974, Siren 1974, Uggla 1974: s. auch Riess & Tüxen 1976).

In diesem Themenzusammenhang sei abschließend hingewiesen auf das Management feuchter Monokulturen (Abb. 4). Phragmitesbestände und Riedgesellschaften werden je nach Feuerart und Anwendungszeit durch kontrolliertes Brennen erfolgreich regeneriert oder zurückgeworfen (Schlichtemeier 1967, Perkins 1968, Ward 1968, Cypert 1973, Riess 1975).

Literatur

Braathe, P. (1974): Prescribed burning in Norway — effects on soil and regeneration. *Proc. Tall Timbers Fire Ecol. Conf.* 13: 211–222.

Campbell, K. (1961): The effects of forest fires on three species of stick insects occurring in plagues in forest areas of south-eastern Australia. *Proc. Linn. Soc. N.W.S.* 86: 112–121.

Campbell, K. & Hadlington, P. (1967): The biology of the three species of phasmatids (Phasmatodea) which occur in plague numbers in forests in southeastern Australia. For. Comm. N.S.W. Res. Note No. 20: 24–26, 35, 37.

Cayford, J. (1970): The role of fire in the ecology and silviculture of jack pine. *Proc. Tall Timbers Fire Ecol. Conf.* 10: 221–244.

Cooper, R. (1974): Status of prescribed burning and air quality in the south. *Proc. Tall Timbers Fire Ecol. Conf.* 13: 309–315.

Cypert, E. (1973): Plant succession on burnt areas in Okefenokee Swamp following the fires of 1954 and 1955. *Proc. Tall Timbers Fire Ecol. Conf.* 12: 199–217.

Goldammer, J. (1976): Kontrolliertes Brennen in den USA. *Unser Wald* 28: 49–53.

Heikinheimo, O. (1915): Der Einfluß der Brandwirtschaft auf die Wälder Finnlands. *Acta for. Fenn. Helsingforsiae* 4: 1–264.

Komarek, E. (1970); Insect control – Fire for habitat management. *Proc. Tall Timbers Conf. Anim. Contr.* 2: 157–171.

Perkins, C. (1968): Controlled burning in the management of muskrats and waterfowl in Louisiana coastal marshes. *Proc. Tall Timbers Fire Ecol. Conf.* 8: 269–280.

Riess, W. (1975): Feuer für die Vögel. *Wir u. d. Vögel* 6: 22–25.

Riess, W. & Tüxen, R. (1976): Feuerwirkungen auf Pflanzengesellschaften. *Excerpta bot.* Sectio B: sociol., im Druck.

Schlichtemeier, G. (1967): Marsh burning for waterfowl. *Proc. Tall Timbers Fire Ecol. Conf.* 6: 41–46.

Schmidt, W. (1929): Waldbrandboden und Keimling. *D. deutsche Forstw.* 11: 193–194.

Schuft, P. (1973): A prescribed burning programm for Sequoia and Kings Canyon National Parks. *Proc. Tall Timbers Fire Ecol. Conf.* 12: 377–389.

Siren, G. (1974): Some remarks on fire ecology in Finnish forestry. *Proc. Tall Timbers Fire Ecol. Conf.* 13: 191–209.

Uggla, E. (1974): Fire ecology in Swedish forests. *Proc. Tall Timbers Fire Ecol. Conf.* 13: 171–190.

Viro, P. (1969): Prescribed burning in forestry. *Commun. Inst. for. fenn.* 67: 1–49.

Ward, P. (1968): Fire in relation to waterfowl habitat of the Delta marshes. *Proc. Tall Timbers Fire Ecol. Conf.* 8: 235–267.

Anschrift des Verfassers:

Dr. W. Riess, Landesamt für Umweltschutz, Rosenkavalierplatz 3, 8 München 81.

FORSCHUNGSPROJEKT WALDBRANDFOLGEN: POPULATIONSDYNA-MIK DER INVERTEBRATENFAUNA IN KIEFERNFORSTEN DER LÜNE-BURGER HEIDE

K. WINTER, R. ALTMÜLLER, P. HARTMANN & J. SCHAUERMANN

Abstract

In a pine forest in Lower Saxony the effect of a forest fire upon the invertebrate fauna is investigated. It is shown that the fire has strongly reduced the number of invertebrates: in 1976, in the burned area only 25% of the number pterygote insects found in a comparable unburned area emerged. Some Lathridiidae (Coleoptera), Ephydridae (Diptera) and one species of Sminthuridae (Collembola) appearing only in the burned area reached very high population densities. *Hylobius abietis* (Col., Curculionidae) appeared abundantly but immigrated only after the fire. The further succession of the fauna will be investigated for some years.

1. Einleitung

Der Einfluß von Feuer auf die Invertebratenfauna europäischer Waldökosysteme wurde bisher wenig untersucht (Forsslund 1951, Huhta 1971, Jahn 1959, Karpinen 1957, Richard 1926). Mit einer Ausnahme behandeln alle angegebenen Arbeiten die Folgen kontrollierter Brände.

Die katastrophalen Waldbrände von 1975 in Niedersachsen, denen über 8000 ha Wald-, Heide- und Moorflächen zum Opfer fielen, boten die Möglichkeit, den Einfluß eines unkontrollierten Großfeuers auf ein Waldökosystem zu untersuchen. Im Rahmen eines Forschungsprojektes, in dessen Zusammenhang durch forstliche Institute waldbauliche, vegetationskundliche und bodenkundliche Fragestellungen bearbeitet werden, wurden von der zoologischen Arbeitsgruppe Anfang Januar 1976 erste zoologische Untersuchungen durchgeführt. In unmittelbarem Vergleich mit einer unverbrannten Waldfläche werden nachfolgend erste Angaben über die Auswirkungen des Feuers auf die Invertebratenfauna gemacht. Gleichzeitig werden erste Aufschlüsse über eine Neubesiedlung der Brandflächen und den Wiederaufbau der Zoozönose gewonnen. Diese Kenntnisse sind als Beginn von Untersuchungen anzusehen, durch die die sukzessive Entwicklung der Lebensgemeinschaften über mehrere Jahre nach dem Brand verfolgt werden soll.

Bei der Durchführung des Programms boten sich neuartige Methoden an, die im Solling-Projekt der DFG bereits erprobt wurden (Funke 1971) und für diese Untersuchungen im Sinne eines Minimalprogrammes (Grimm et al. 1974) geeignet erschienen.

2. Untersuchungsgebiet

Für das Forschungsprojekt stellte das Land Niedersachsen ca. 5 ha einer 20-
jährigen verbrannten Kiefernkultur im Forstamt Lüß bei Celle zur Verfügung.
Sie wurden gegen Wild gegattert. Die forstliche Standortkartierung weist den
Boden als Typ IIIa aus, einen Typ, der in der Südheide weit verbreitet ist: Ein
podsolierter Horizont von 10—15 cm Mächtigkeit wird von einer ca. 50 cm
mächtigen Geschiebesandschicht aus anlehmigem mittleren Sand unterlagert,
dem für die langfristige Leistungsfähigkeit des Standortes besondere Bedeutung
zukommt (Reemtsma mdl. Mitt.).

In einer unverbrannten, etwa gleichaltrigen Kiefernkultur gleichen Standortes
wurde eine Vergleichfläche eingerichtet. Nach dem Brand entwickelten sich
Pflanzengesellschaften, die nach Jahn (mdl. Mitt.) in aufeinanderfolgenden Sukzessionsphasen durch Schleimpilze, Pilze und Lebermoose (*Marchantia poly-
morpha* L.), Moose (*Funaria hygrometrica* L., *Polytrichum attenuatum* Menz.)
und Farn (*Pteridium aquilinum* Kuhn), sowie Gräser (*Molinia coerulea* Moench,
Avenella flexuosa Trinius) und höhere Pflanzen (*Epilobium angustifolium*
L., *Senecio silvaticus* L., *Calluna vulgaris* L. u.a.) gebildet wurden.

3. Methoden

Es werden folgende Methoden eingesetzt:
1.   Baum-Photoeklektoren zur Erfassung der Aktivitäten von Arthropoden im
Stammbereich.
2.   Boden-Photoeklektoren zur Ermittlung der Schlüpfabundanz von Arten mit
bodenlebenden Entwicklungsstadien,
3.   Bodenfallen zur Bestimmung von Aktivitätsdichten (Weidemann 1971).
Als Fangflüssigkeit wird in allen Fallentypen Pikrinsäure-Lösung verwendet, die
gegenüber laufaktiven Insekten der Bodenoberfläche, insbesondere Laufkäfern
(Carabidae), im Gegensatz zu Formaldehyd-Lösung neutral erscheint (Adis et al.
1976).

Die Fallen werden seit dem 11.4.1976 wöchentlich einmal geleert. Darüber
hinaus wurden im Januar und April 1976 Bodenproben verschiedener Größen
genommen und im Labor mit Extraktionsmethoden nach O'Connor (1971),
Macfadyen (1962a, b) und Kempson et al. (1963) untersucht.* In beiden Flächen
werden seit Juni 1976 Temperatur und relative Luftfeuchte in 10—50 cm Höhe
und in einem Boden-Photoeklektor am Boden fortlaufend registriert.

4. Ergebnisse

Den bisherigen Ergebnissen liegt Material aus der Zeit vom 11.4. bis 29.7.1976
zugrunde. Eine erste Übersicht verdeutlicht, daß von 26 im Kiefernforst (K)

*Herrn Prof.Dr. Funke danken wir für die Gelegenheit zur Mitbenutzung der Geräte, die im
Rahmen des Solling-Projektes der DFG zur Verfügung standen.

Tabelle 1. Fangergebnisse 1976

Klasse bzw. Ordnung	Unterordnung bzw. Familie	Bodeneklektoren		Bodenfallen		Bodenproben		Baumeklektoren		Vorkommen	
		KB	K	KB	K	KB	K	KB	K	KB	K
Protozoa	Ciliata	—	—	—	—	+	+	—	—	+	+
Turbellaria		—	—	—	—	+	+	—	—	+	+
Rotatoria		—	—	—	—	+	+	—	—	+	+
Nematodes		—	—	—	—	+	+	—	—	+	+
Annelida	Enchytraeidae	—	—	—	—	+	+	—	—	+	+
Tardigrada		—	—	—	—	+	+	—	—	+	+
Araneae		—	—	+	+	+	+	+	+	+	+
Pseudoskorp.		—	—	—	+	—	—	—	—	—	+
Opiliones		—	—	—	+	—	—	—	—	—	+
Acari		—	—	+	+	+	+	+	+	+	+
Myriapoda		—	—	+	—	+	+	—	—	+	+
Crustaceae	Harpacticidae	—	—	—	—	—	+	—	—	—	+
Diplura		—	—	—	—	?	?	—	—	?	?
Protura		—	—	—	—	?	?	—	—	?	?
Collembola		+	+	+	+	+	+	+	+	+	+
Dermaptera		—	2	—	6	—	—	—	—	—	+
Blattodea		—	1	1	5	—	—	—	1	+	+
Psocoptera		26	8	—	13	+	+	—	11	+	+
Thysanoptera		23	565	18	3	—	—	3	7	+	+
Hemiptera	Homoptera	—	37	5	6	—	—	1	—	+	+
	Heteroptera	—	27	6	11	—	—	—	27	+	+
	Aphidoidea	—	—	45	8	—	—	—	60	+	+
Rhaphidioptera		—	—	—	1	—	—	2	7	+	+
Planipennia		—	—	—	1	—	—	1	—	+	+
Coleoptera	Carabidae	—	18	78	9	—	+	—	1	+	+
	Staphylinidae	5	20	114	87	+	+	2	1	+	+
	Rhizophagidae	—	2	9	8	—	—	3	5	+	+
	Lathridiidae	246	3	178	37	+	—	5	4	+	+
	Elateridae	1	22	2	1	+	+	—	—	+	+
	Cantharidae	—	17	—	1	—	—	—	—	—	+
	Curculionidae	1	118	344	61	+	+	85	121	+	+
	Scolytidae	2	3	32	191	—	—	1	2	+	+
	Sonstige	3	10	175	54	+	+	2	31	+	+
Hymenoptera	Symphyta	—	7	—	—	—	—	—	+	—	+
	Aculeata	—	387	53	8	—	—	3	21	+	+
Lepidoptera		—	21	2	4	—	—	—	27	+	+
Diptera	Brachycera	113	117	204	42	+	+	34	42	+	+
	(Ephydridae)	(111	—)	(124	—)	(—	—)	(2	—)	(+	—)
	Nematocera	76	566	297	697	+	+	63	104	+	+
Pterygote Insekten	(n)	496	1951	1563	1254			205	472		
KB/K	(%)	25	100	125	100			43	100		

ņachgewiesenen Invertebratengruppen im verbrannten Kiefernforst (KB) fünf
fehlen, nämlich Afterskorpione (*Pseudoscorpiones*), Weberknechts (*Opiliones*),
Krebse (*Crustaceae, Harpacticidae*), Ohrwürmer (*Dermaptera*) und symphyte
Hautflüger (*Hymenoptera*). Sechs weitere, in KB festgestellte Gruppen mit gut
flugfähigen Arten sind zweifellos erst nach dem Brand eingewandert: Schaben
(*Blattodea*), Pflanzensauger (*Homoptera*), Kamelhalsfliegen (*Rhaphidioptera*),
Netzflüger (*Planipennia*), übrige Hautflügler und Schmetterlinge (*Lepidoptera*)
(Tab. 1).

Die bodenlebenden Rädertierchen (*Rotatoria*), Fadenwürmer (*Nematodes*),
Enchytraeiden, Bärtierchen (*Tardigrada*) und Springschwänze (*Collembola*)
überlebten das Feuer in sehr geringen Individuenzahlen. Allerdings waren die
für die Remineralisierung der Streu wichtigen Tiere, so wie die Räuber und
Pflanzenfresser des Bodens, nur in den Baumreihen nachweisbar, wo die Humus-
und Streuauflage nicht vollständig verbrannt war. Das Feuer bewirkte zudem
bemerkenswerte qualitative Veränderungen der Fauna im Vergleich zu K: Nur
in KB kam es zum Auftreten und zur Massenvermehrung von saprovoren
Moderkäfern (*Lathridiidae*) und Sumpffliegen (*Ephydridae*) mit zusammen
67,7% der Gesamtzahl bodenschlüpfender pterygoter Insekten von KB (Abb. 1).
Demgegenüber sind die in K mit 70,6% vertretenen phytophagen bzw. parasitischen Gallmücken (*Cecidomyidae*), Thripse (*Thysanoptera*) und Hautflügler,
überwiegend Bewohner der Vegetationsschicht, durch das Feuer weitgehend
vernichtet worden.

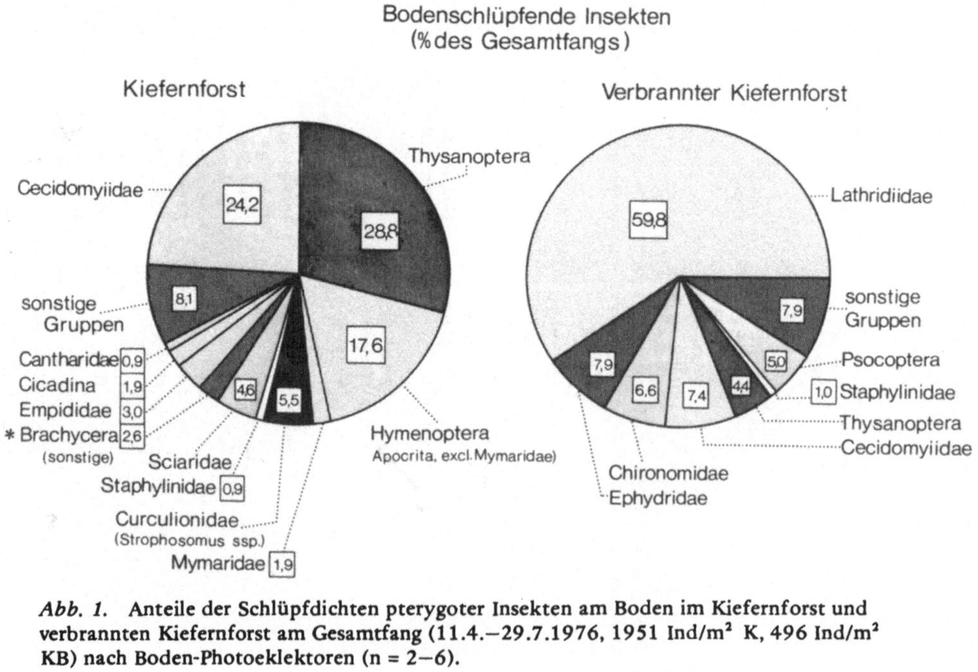

Abb. 1. Anteile der Schlüpfdichten pterygoter Insekten am Boden im Kiefernforst und
verbrannten Kiefernforst am Gesamtfang (11.4.−29.7.1976, 1951 Ind/m² K, 496 Ind/m²
KB) nach Boden-Photoeklektoren (n = 2−6).

Das überrraschende Auftreten von Ephydriden, mit einigen Arten bekannt
als Bewohner extremer Biotope wie konzentrierten Salzwassers, Thermalwassers
und sogar Petroleumlachen, wurde vermutlich durch pyrogene Faktoren begünstigt: hohe Bodenfeuchte in der vom hygrophoben Mineralboden isolierten
Schlammschicht in den Zwischenbaumreihen, stark erhöhte pH-Werte sowie
einseitiges Nahrungsangebot. So schlüpften im Fangzeitraum 55 Ephydriden-
Imagines pro m^2, die -nach den Bodenfallen- und Baumeklektorfängen zu

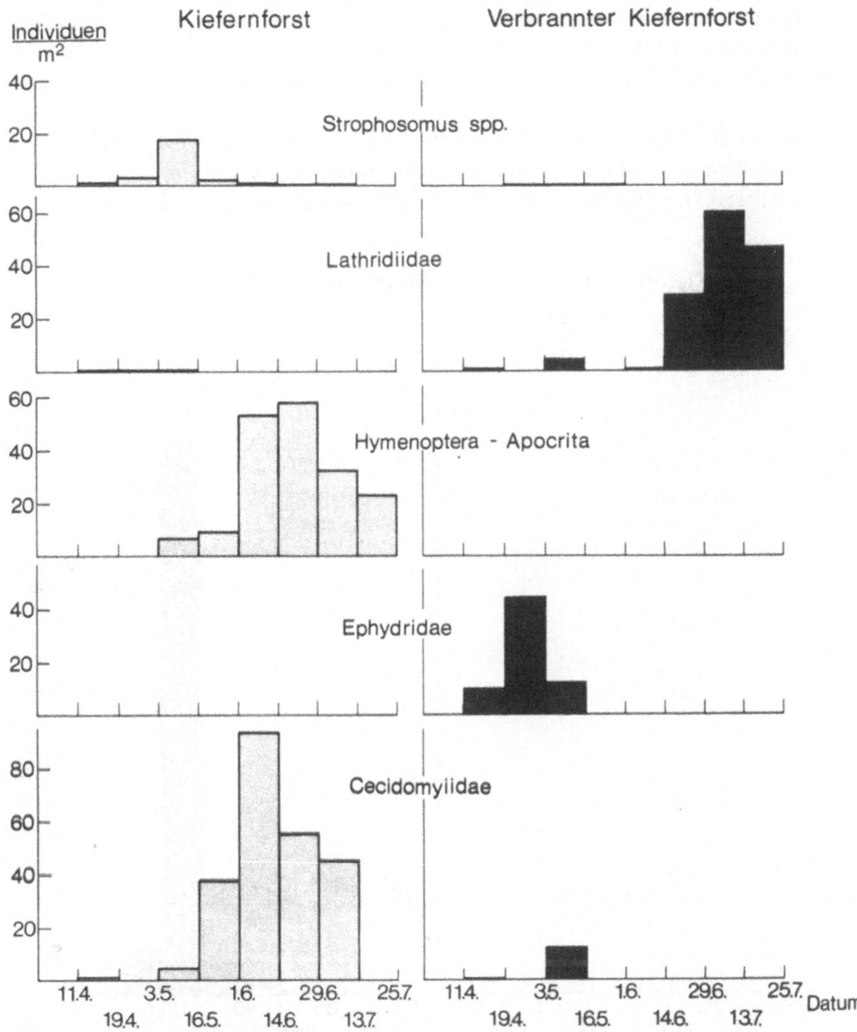

Abb. 2. Unterschiede in Schlüpfphänologie und -abundanz am Beispiel einiger Gruppen
pterygoter Insekten zwischen einem unverbrannten und einem verbrannten Kiefernforst
nach Boden-Photoeklektoren (n = 2–6, 1976).

urteilen- kaum Flugaktivität entwickelten, sondern sich vorwiegend auf dem
Boden aufhielten (Abb. 2).

Für die Lathridiiden wurden durch den Brand ebenfalls Bedingungen
geschaffen, die eine starke Vermehrung ermöglichten: Mit 158 Individuen/m^2 in
der Fangperiode bildeten sie die dominierende pterygote Insektengruppe in KB,
während sie in K nur vereinzelt vorkamen. Die in KB zeitlich unterschiedlichen
Schlüpfdaten sind auf die Gegenwart mehrerer Arten mit unterschiedlicher
Phänologie zurückzuführen.

Interessant ist die Massenvermehrung des Kugelspringers *Bourletiella horten-
sis* Fitch (*Collembola, Sminthuridae*) Ende Juni nur in KB (Abb. 3). Nach Darm-
untersuchungen ernährt sich die Art vorwiegend von Moosen, die um diese Zeit
besonders in den Zwischenbaumreihen flächendeckend wuchsen (Heynen mdl.
Mitt.).

Während der flugunfähige Rüsselkäfer der Gattung *Strophosomus* als Puppe
im oberen Mineralboden das Feuer vereinzelt überlebte, wanderte der Große
Braune Rüsselkäfer (*Hylobius abietis* L.) nach dem Brand ein. Das zeigen die

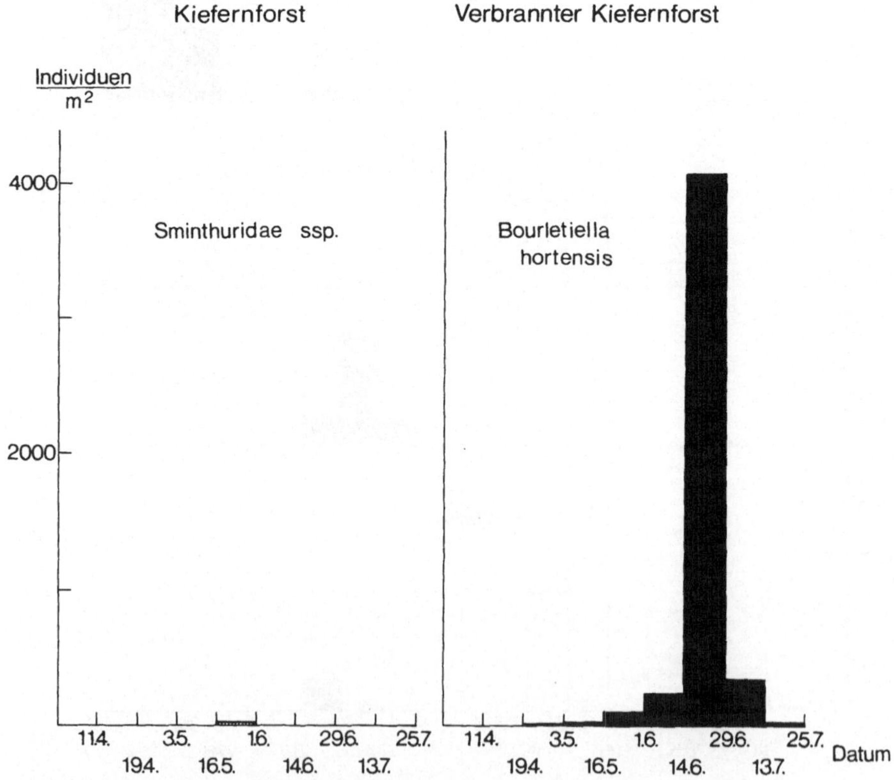

Abb. 3. Unterschiede in Schlüpfphänologie und -abundanz einiger Springschwänze
(Collembola, Sminthuridae) zwischen einem unverbrannten und einem verbrannten Kiefernforst nach Boden-Photoeklektoren (n = 2–6, 1976).

hohen Fangzahlen in den Bodenfallen und im Baumeklektor, gleichzeitig sein
Fehlen in den Bodeneklektoren. Darüber hinaus liegt der maximale Schwärm-
zeitpunkt hier deutlich später als in K (Abb. 4). Das für diesen wichtigen Forst-
schädling attraktive Angebot abgestorbenen, noch frischen Holzes im Überfluß
in KB führte zu einer hohen Aktivitätsdichte von insgesamt 65 Imagines pro
Bodenfalle und läßt hohe Schlüpfabundanzen im Frühjahr 1977 erwarten.

Anders verhält sich der wurzelbrütende Borkenkäfer *Hylastes ater* Payk. (s.
Abb. 4). Trotz des reichlichen Nahrungsangebotes bleibt die in KB eingewanderte
Population klein im Vergleich zu K, vermutlich deshalb, weil der Aktionsradius

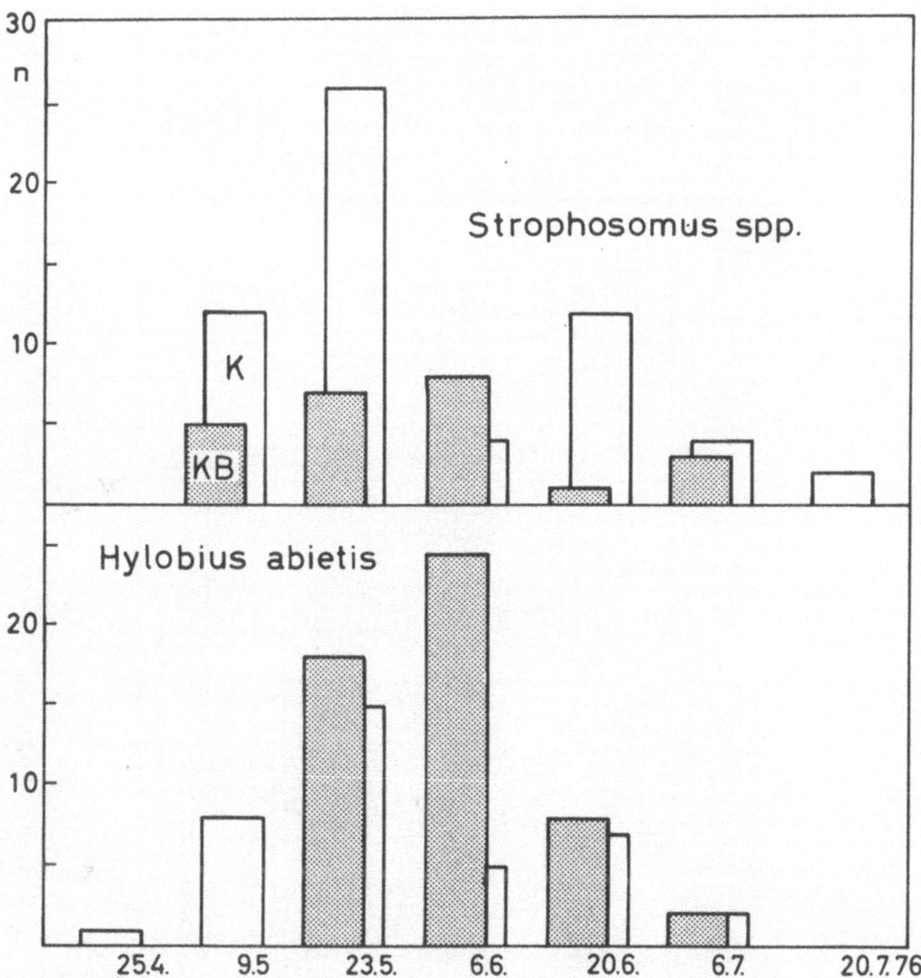

Abb. 4. Unterschiede in der Aktivitätsdichte einiger Rüsselkäfer zwischen einem unverbrannten (K) und einem verbrannten (KB) Kiefernforst nach Bodenfallen (je n = 5).

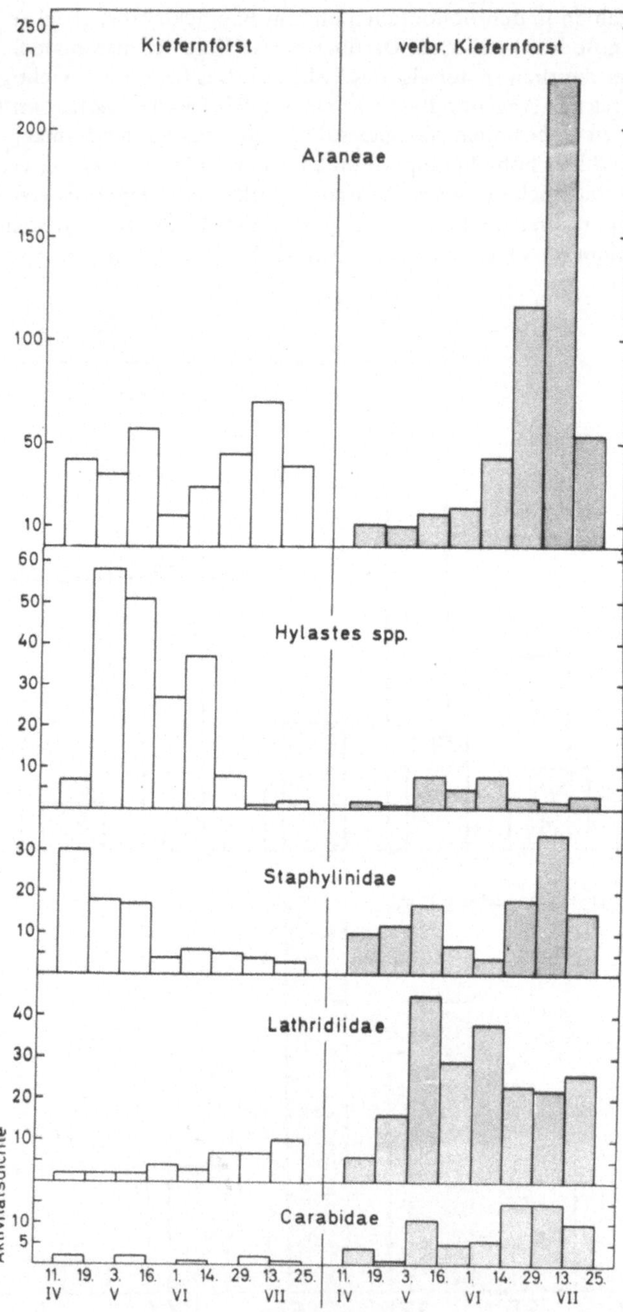

Abb. 5. Unterschiede in der Aktivitätsdichte einiger Arthropodengruppen zwischen einem unverbrannten und einem verbrannten Kiefernforst nach Bodenfallen (n = 5).

232

dieser Tiere auf Grund ihrer begrenzten Flug- und Lauffähigkeit kleiner ist als
bei der vorigen Art.

Auch die überwiegend räuberisch lebenden Kurzflügelkäfer (*Staphylinidae*),
Laufkäfer (*Carabidae*) und Spinnen (*Araneae*) weisen auf beiden Untersuchungs-
flächen Unterschiede in ihrer Aktivitätsdichte und Phänologie auf (s. Abb. 5):
In K nimmt die Aktivitätsdichte der Staphyliniden fortlaufend ab, in KB steigt
sie dagegen an, wahrscheinlich bedingt durch zunehmende Einwanderung. Auch
Carabiden und Araneen zeigen in KB höhere Aktivitätswerte als in K. Beide
Gruppen können hier das Feuer höchstens vereinzelt überlebt haben. Geringeres
Nahrungsangebot, kleinerer Raumwiderstand und höhere Temperaturen (Abb.
6) führen zu höheren Aktivitätsdichten.

5. Schluß

Der Waldbrand hatte zweifellos katastrophale Folgen für die Invertebratenfauna.
Trotz der Massenvermehrung einiger Insekten als Folge des Feuers waren in KB
im Untersuchungszeitraum nur 25% der in K geschlüpften pterygoten Insekten

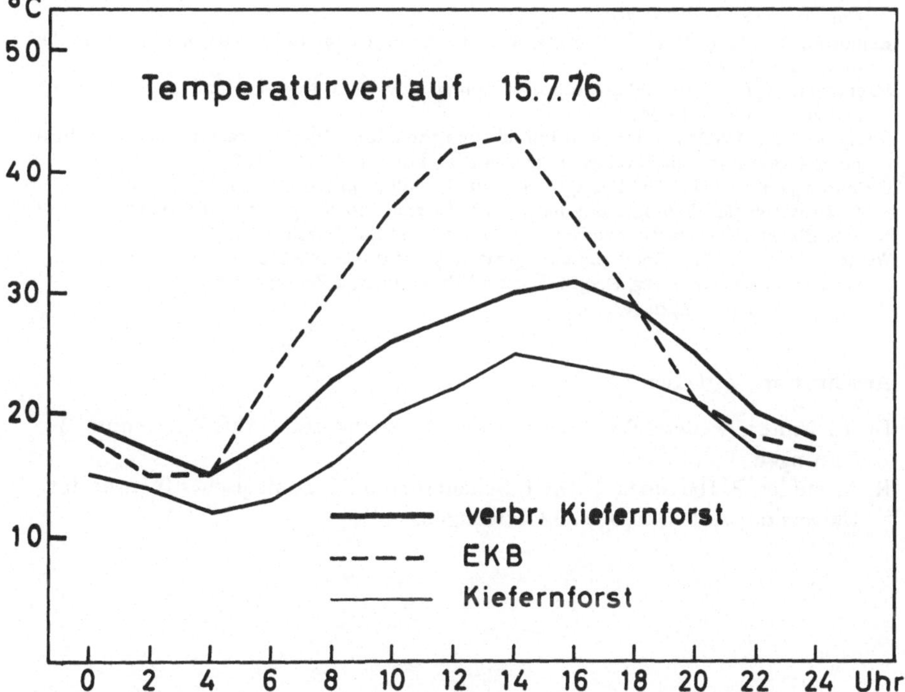

Abb. 6. Vergleich der Temperaturen zwischen Meßstellen im verbrannten Kiefernforst,
in einem Boden-Photoeklektor (EKB) und im Kiefernforst (Meßwerte für den Bereich
10–30 cm über dem Boden.

nachzuweisen (s. Tab. 1). Die bisherigen Ergebnisse und Beobachtungen lassen jedoch erwarten, daß sich das Artenspektrum der Invertebratenfauna im Gefolge der phytozönotischen Sukzessionsphasen noch über das Niveau der Vergleichfläche in der Kiefernmonokultur erweitern wird.

Literatur

Adis, J. & Kramer, E. (1976): Formaldehydlösung attrahiert *Carabus problematicus* (Col., Carabidae). *Entomol. german.* 2: 121—125.

Forsslund, K.H. (1951): Om hyggesbränningens inverkan på markfaunan. *Entomol. Medd.* 26: 144—147.

Funke, W. (1971): Food and energy turnover of leaf-eating insects and their influence on primary production. In: H. Ellenberg, Hrsg. Integrated Experimental Ecology. *Ecol. Studies* 2: 81—93. Berlin: Springer.

Grimm, R., Funke, W. & Schauermann, J. (1975): Minimalprogramm zur Ökosystemanalyse: Untersuchungen an Tierpopulationen in Waldökosystemen. *Verh. Ges. Ökologie*, Erlangen 1974, W. Junk, Den Haag, S. 77—87.

Huhta, V. (1971): Hakkuun, kulotuksen ja lannoituksen vaikutus metäämaan eläimistöön (The influence of felling, broadcast burning and fertilization on the forest soil fauna). *LT 73*: 4, Helsinki.

Jahn, E. (1959): Walbrände in ihrer Auswirkung auf Boden, Bodentierleben und Wiederinstandbringung von Beständen. *Allgem. Forstztg. Wien* 70: 27—29.

Karppinen, E. (1957): Die Oribatidenfauna einiger Schlag- und Brandflächen. *Annal. Entom. Fenn.* 23: 181—203.

Kempson, D., Lloyd, M. & Ghelardi, R. (1963): A new extractor for woodland litter. *Pedobiologia* 3: 1—21.

Macfadyen, A. (1962a): Soil arthropod sampling. Adv. Ecol. Res. Academic Press, London and New York, S. 1—34.

Macfadyen, A. (1962b): Control of humidity in three funneltype extractors for soil arthropods. Progress in Soil Zoology. Butterworths, London, S. 158—168.

O'Connor, F.B. (1971): The Enchytraeids. In: J. Phillipson (ed.), Methods of study in Quantitative Soil Ecology: population, production and energy flow. IBP Handbook No. 18. Blackwell Scientific Publications, Oxford and Edinburgh. 7: 83—106.

Weidemann, G. (1971): Food and energy turnover of predatory arthropods of the soil surface. In: H. Ellenberg, Hrsg. Integrated Experimental Ecology, *Ecol. Studies* 2: 110—118. Berlin: Springer.

Anschrift der Verfasser:

Dr. K. Winter, Niedersächsische Forstliche Versuchanstalt, Abt. Waldschutz, 34 Göttingen.

R. Altmüller, P. Hartmann & Dr. J. Schauermann, II. Zoologisches Institut der Universität, Abt. Ökologie, 34 Göttingen.

AUFBEREITUNG VON LANDSCHAFTSDATEN FÜR ÖKOLOGISCHE UNTERSUCHUNGEN AN WILDTIEREN*

W. SCHRÖDER, J. SCHRÖDER, I. ELSNER VON DER MALSBURG &
B. GEORGII

Abstract

Investigations into home ranges and habitat requirements are carried out on several wildlife species (e.g. chamois and deer) in a study area located in the Bavarian Alps.
   For this purpose nine categories of data were selected characterizing the study area. They concern topography, meteorological conditions and vegetative cover. For the construction of maps and statistical analysis the use of the programm GRID has proved useful. These studies lead to causal relationship in the choice of habitat and distribution of wildlife species.

Raumbezogene Studien an freilebenden Wildtieren haben mit dem Vorgehen der quantitativen Geographie manches gemein: ,,Warum sind räumliche Verteilungen so strukturiert, wie sie sind, und nicht anders?" formulierte Kilchenmann (1972) die diesbezügliche Frage der Geographen. Die ökologische Forschung an Wildtieren geht ebenso davon aus, daß den räumlichen Beziehungen der Tiere Kausalitäten zugrunde liegen, die mit geeigneten Methoden aufgezeigt werden können. Ein erster Schritt dazu ist die Darstellung und Quantifizierung raumorientierter Erscheinungen und Prozesse:

Fragestellung

In einem weitgehend hochgebirgigen Gebiet der Ammergauer Berge von über 10.000 ha Größe wurden Feldstudien an mehreren Wildtieren, besonders den Huftieren Rothirsch und Gams durchgeführt. Im einzelnen umfassen die Fragen folgende Punkte:
— Wohnraumgröße von Einzeltieren im Jahreszyklus
— ökologische Einnischung einzelner Populationen konkurrierender Arten (Rothirsch, Gams, Reh)
— Standortwahl in Abhängigkeit von Vegetation, Topographie und Kleinklima
— Charakterisierung und Ausdehnung des Habitats einzelner Arten (z.B. Auerhahn, Eulen, Spechte)
   Die Datenerhebung umfaßt einmal die Beobachtung und Kartierung von Tieren und deren Spuren um deren Raumnutzung in Erfahrung zu bringen, sofern es die Lebensweise der Tiere zuläßt. Detaillierte Untersuchungen an Ein-

* Die Arbeiten wurden durch die Deutsche Forschungsgemeinschaft unterstüzt.

235

zeltieren erlaubt jedoch nur der Einsatz der Funkortung (Radiotelemetrie). Diese
Technik ermöglicht unter anderem die zufällige und unabhängige Standort-
bestimmung der radiomarkierten Tiere. Hierfür entwickelten wir in Zusammenarbeit mit der Messerschmidt-Bölkow-Blohm GmbH ein System, das unter den
funktechnisch schwierigen Bedingungen des Hochgebirges einsetzbar ist.

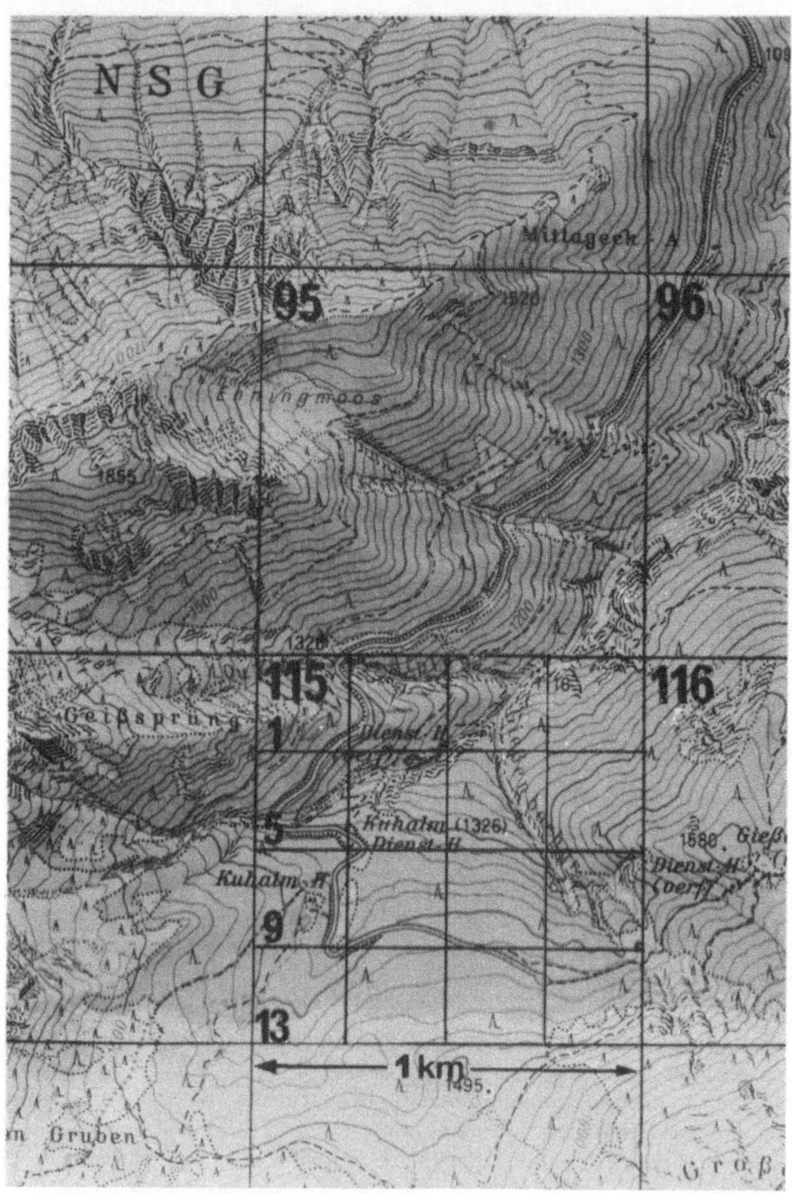

Abb. 1. Einpassung des homogenen Rasternetzes in das Gauß-Krüger Koordinatensystem.

236

Der zweite Aspekt umfaßt die Aufbereitung der Landschaftsdaten des Untersuchungsgebietes. Dies ist im weiteren dargestellt.

Untersuchungsgebiet und Datenerfassung

Das Untersuchungsgebiet in den Ammergauer Bergen umfaßt die Talgründe des Ammer- und Lindertales (tiefster Punkt 800 m), im Süden die Bergstöcke zwischen Notkarspitze und Kreuzspitze (höchster Punkt 2185 m). Im nördlichen Teil schließt es den kalkalpinen Gebirgszug zwischen Hochplatte und Kofel ein, sowie einen Teil des nördlich vorgelagerten Flyschgebietes.

Zur Datenaufnahme entschieden wir uns für ein homogenes Rasternetz (Abb. 1). Dazu wurde das geographische Einheitsnetz (Gaus-Krüger) weiter unterteilt, so daß jeweils 16 Kleinquadrate auf einen Quadratkilometer entfielen. Das Rasternetz weist somit eine Kantenlänge von 250 m auf. Das entspricht einer Fläche von 6,25 ha der Einzelquadrate.

Als Grundlage der Datenerfassung dienten die
— Topographische Karte im Maßstab 1:25 000
— Forstnutzungskarte der staatlichen Forstämter im Maßstab 1:10 000
— Luftbilder der Photogrammetrie GmbH im Maßstab 1:10 000
— Geländebegänge und Geländekenntnis in besonderen Fällen.
Die Einzelmerkmale folgender Merkmalsgruppen wurden für jedes Quadrat erhoben (Tab. 1).

Tabelle 1 Landschaftsdaten des Flächenrasters für das Untersuchungsgebiet Ammergauer Berge

Merkmalsgruppe	Art der Merkmale	Anzahl der Einzel-merkmale
Mittlere Höhe	10 m Stufen	—
Hangneigung	Prozent (Klassen)	5
Hangrichtung	8 Richtungen	8
Felsanteil	Prozent (Klassen)	5
Gliederung des Geländes	Index	5
Vegetation	Zusammensetzung	9
Deckungsgrad des Waldes	Prozent (Klassen)	5
Alter des Waldes	Durchschnittsalter	7
Sonneneinstrahlung	Tabellenwert	—

Datenspeicherung und statistische Auswertung

Die einzelnen Merkmalssätze wurden kodifiziert und über Sichtbelege auf einen Datenträger (Magnetband) gebracht. Die weitere Bearbeitung erfolgte unter Verwendung des von Steinitz & Sinton in Harvard entwickelten Programmes

HÖHE

Abb. 2.   Auszug der Höhenkartierung des Untersuchungsgebietes.

VEGETATION

Abb. 3.   Auszug der Vegetationskarte des Untersuchungsgebietes. (Sternchen und Punkte kennzeichnen überwiegend waldfreie Gebiete).

GRID. Die Möglichkeiten der Verwendung dieses Programmes in der Landschaftspflege wurde von Koeppel (1973, 1975) ausführlich dargestellt. Die Vorteile dieses Programmes bestehen in der relativ einfachen Handhabung sehr
großer Datenmengen. Es erlaubt darüber hinaus die sehr übersichtliche und
flexible Darstellung von Merkmalen und Merkmalskombinationen in Karten-
form (Abb. 2 und 3). Schließlich bietet es die Möglichkeit der statistischen
Verarbeitung der einzelnen Variablen im Rahmen eines Unterprogrammes.

Bisherige Erfahrungen

Der Aufwand der hier beschriebenen Aufbereitung von Landschaftsdaten ist
relativ groß. Der Möglichkeit einer Automatisierung der Datenerhebung und
Datenspeicherung sind bisher Grenzen gesetzt. So kann die direkte Digitalisierung
einzelner Merkmalsgruppen nur über die aufwendige Herstellung von Hilfs-
karten erfolgen, da keine befriedigenden thematischen Karten vorliegen. Es
mußten beispielsweise zur Ermittlung der Vegetation jeweils mehrere Quellen
herangezogen werden (Forstnutzungskarte, Luftbilder und eventuell Gelände-
überprüfung). Die flächenscharfe Speicherung von Daten anstelle der Verwen-

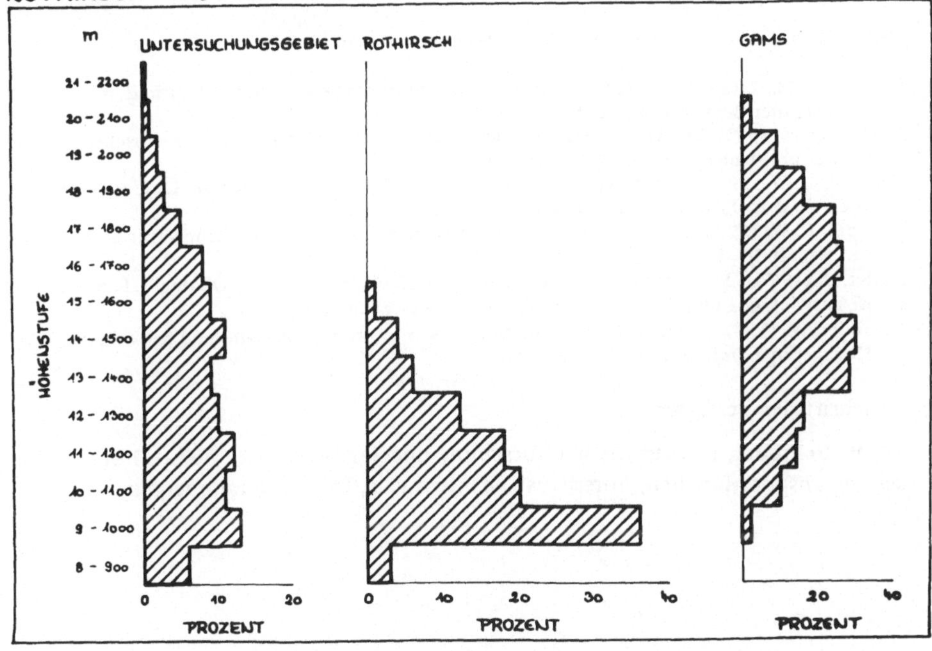

Abb. 4.   Beispiel der Anwendung: Ermittlung der Höhenstufenverteilung von Winterein-
ständen bei Rothirschen und Gams über die Datenbank.

dung eines Rasternetzes, wie sie für die Agrarleitplanung Bayerns durchgeführt wird, schied aufgrund des größeren Aufwandes und der damit verbundenen Kosten einerseits, wie auch andererseits wegen der für unsere Zwecke noch nicht ausreichenden Programme zur Datenverarbeitung, aus. Eine ganz wesentliche Erleichterung bei dem Verzicht auf ein Digitalisierungsgerät stellt die Verwendung von Sichtbelegen dar. Dieses Vorgehen ermöglicht bei nur geringem Aufwand für Korrekturen den Prozeß des Datenlochens zu umgehen.

Die Größe des Rasterquadrates (250 m Seitenlänge) ergibt sich aus der Fragestellung bzw. aus dem Aktionsradius der zu untersuchenden Tiere, der Qualität der thematischen Karten und anderen Datenquellen und nicht zuletzt auch aus der verfügbaren Zeit und den finanziellen Mitteln. Während bei bestimmten Problemen bereits ein sehr grobes Raster genügt (z.B. Müller 1976, Karl & Seyberth 1975), ist bei den von uns verfolgten Fragen, die bis zur Raumnutzung von Einzeltieren gehen, ein möglichst feines Raster wünschenswert. Dies erscheint für einige Merkmalsgruppen (z.B. Topographische Höhe) noch gut machbar, stößt aber bei anderen (z.B. Vegetation) schon auf Grenzen, die in der beschränkten Qualität der Unterlagen begründet sind.

Die bisherige Erfahrung mit dem beschriebenen System im Studium von freilebenden Wildtieren, wie zur winterlichen Standortwahl von Rothirsch und Gams (Abb. 4), sind durchaus befriedigend (v. Elsner 1976, Schröder 1977).

Literatur

Karl, J. & M. Seyberth (1975): Datenbank Bayerische Alpen. *Garten u. Landschaft* 2: 61–66.

Elsner v. d. M., I. (1976): Untersuchungen zur Winterökologie des Gamswildes in den Ammergauer Bergen. Diplomarbeit.

Kilchenmann, A. (1972): Quantitative Geografie als Mittel zur Lösung von planerischen Umweltproblemen. *Geoforum* 12: 53–71.

Koeppel, H.-W. (1973): Datenverarbeitung mit dem GRID-Programm für die Landespflege in den USA. Natur u. Landschaft 48: 31–38.

Koeppel, H.-W. (1975): Konzeption für ein Landschaftsinformationssystem. Natur u. Landschaft 50: 329–336.

Müller, P. (1976): Faunistik und Landesplanung. Mitt. d. Landesanst. f. Ökologie, Landschaftsentwicklung und Forstplanung, Nordrhein-Westfalen 1, III, 6.

Schröder, W. (1977): Räumliche Verteilung und Nahrungswahl von Gams und Rotwild im Hochgebirge. *Forstwiss. Cbl.* 2 (im Druck).

Anschrift der Verfasser:

Dr. W. Schröder, Institut für Wildforschung und Jagdkunde der Forstl. Forschungsanstalt München, Forsthaus Dickelschwaig, 8103 Oberammergau.

Sonderdruck: Verhandlungen der Gesellschaft für Ökologie, Göttingen 1976.

TROPHISCHE BEZIEHUNGEN IN EINEM KÜSTENDÜNEN-ÖKOSYSTEM, EINER „NATÜRLICHEN MONOKULTUR" VON AMMOPHILA ARENARIA

M. SCHAEFER

Abstract

The regulating influence of predators on the density of phytophagous insects in pure stands of *Ammophila arenaria* was studied on coastal dunes at the Baltic Sea. Dominant phytophagous insects were ectophagous Heteroptera, Homoptera, Coleoptera and endophagous Diptera with a biomass of $0.11-0.14$ g/m^2 (dry weight) in 1975 according to season. The biomass of the zoophagous arthropods (mainly Araneida, Heteroptera, Carabidae, Staphylinidae, Coccinellidae) amounted to $0.31-0.52$ g/m^2. Saprophagous arthropods were represented only in low density ($0.05-0.07$ g/m^2). According to a rough estimate the predators consumed at least 0.02 g prey/m^2 and day (with a maximal proportion of 40% phytophagous arthropods). Most phytophagous species (except some Heteroptera, Coleoptera) were taken as prey. Parasitism of the herbivores by entomophagous insects (mainly Hymenoptera) was not important. Catches with sticky traps demonstrated that predators were active in the whole spatial structure of *A. arenaria*.

In experimental plots the predators were partly eliminated by parathion or hand in September 1975. In the following spring and summer the density of phytophagous insects increased significantly when compared with untreated control plots. After addition of predators to experimental plots in spring 1976 the density of herbivores was not lowered significantly.

Probably the general predators are capable of limiting the density of the herbivores and are — among other factors (e.g. climate, resistance of *Ammophila*) — responsible for the fact that no gradations of phytophagous insects develop in the coastal dunes, a „natural monoculture" of *Ammophila arenaria*.

1. Einleitung

Es gibt einfache natürliche — oder naturnahe — Ökosysteme mit einer hohen Stabilität, man denke nur an einen Bestand von *Phragmites communis*, an Salzwiesen mit *Spartina* (May 1975) oder einen Buchenwald (Ellenberg 1973). Für Stabilität gibt es viele Maßzahlen (vgl. Orians 1975), dieser Begriff wird in der ökologischen Literatur nicht einheitlich gebraucht. Hier seien im Anschluß an Whittaker (1975) 3 Merkmale für einen stabilen Lebensraum genannt: (1) relativ konstante Artenzusammensetzung, (2) keine extrem starken Fluktuationen in der Populationsdichte der Arten, (3) relativ konstante Produktion. Die Regel, daß hohe Stabilität eines Ökosystems mit hoher Diversität oder Komplexität verknüpft, sein müßte, hat offenbar nur beschränkte Gültigkeit (Ellenberg 1973, Murdoch 1975, Orians 1975).

Für einen Reinbestand des Strandhafers *Ammophila arenaria* (L.) Lk. auf Dünen an der Ostsee (Naturschutzgebiet Bottsand, Kieler Außenförde) treffen dem Augenschein nach für einen Untersuchungszeitraum von 10 Jahren alle 3 zitierten Stabilitätsmerkmale zu. Im folgenden soll ein Aspekt des Stabilitätsproblems im Vordergrund stehen und die Frage untersucht werden, warum es im Bereich der Weißdünen zu keiner Massenvermehrung phytophager Insekten kommt, die die Strandhaferbestände dezimieren könnten.

2. Trophische Struktur im Küstendünen-Ökosystem

2.1. Trophische Ebenen

Vergleicht man die Biomasse („standing crop") der verschiedenen Nahrungsgruppen, so fällt der hohe Anteil zoophager Individuen und der viel geringere

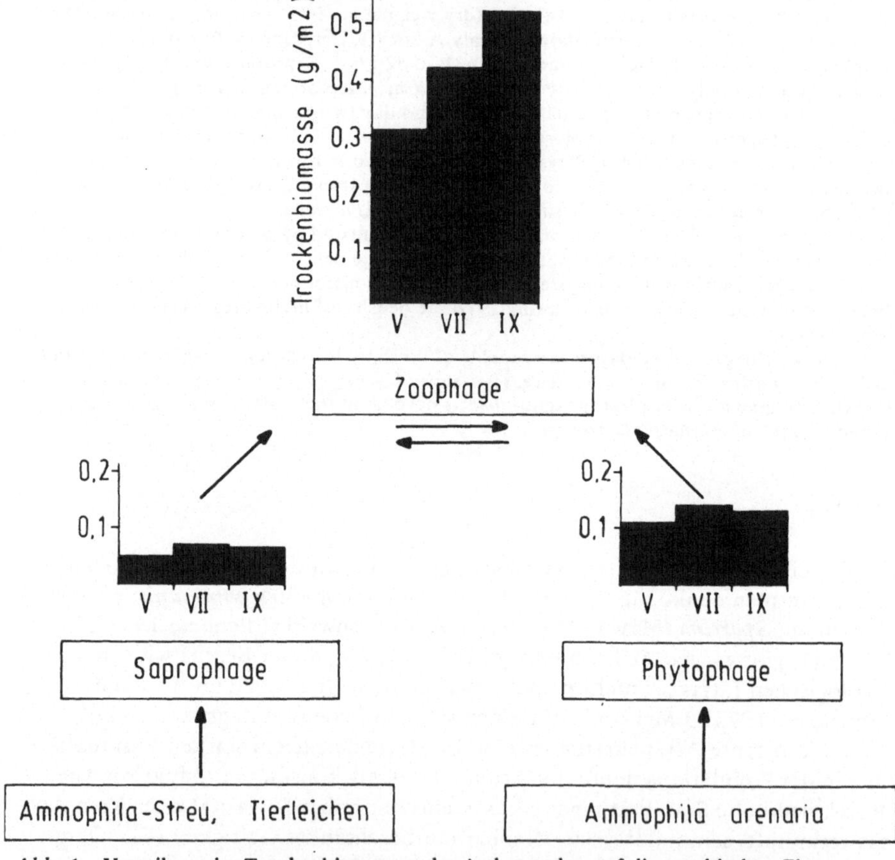

Abb. 1. Verteilung der Trockenbiomassen der Arthropoden auf die trophischen Ebenen in einem *Ammophila*-Bestand auf Küstendünen (Bottsand) im Jahr 1975. Werte aus 10 Aufnahmeflächen zu je 1/4 m² am 6.5 (V), 21.7 (VII) und 14.9.1975 (IX). Vor Auslesen der Quadrate wurden die Tiere der höheren Vegetationsschicht mit einem Plastiksack abgefangen. Trocknung der mit Essigäther getöteten Tiere bei 55°C im Trockenschrank. Die Pfeile weisen auf mögliche Nahrungsbeziehungen hin.

Prozentsatz phytophager auf (Abb. 1). Auch in der Artenzahl überwiegen die
Zoophagen (vgl. Schaefer 1970).

Die Trockenbiomasse der phytophagen Arthropoden schwankte im Untersuchungsjahr 1975 zwischen 0,11 g/m^2 (im Mai), 0,14 g/m^2 (im Juli) und
0,13 g/m^2 (im September). Die Wanze *Ischnodemus sabuleti* Fall. war während
der gesamten Untersuchungszeit häufig. Im Frühjahr dominierten die Curculioniden *Philopedon plagiatus* Schall. und *Otiorrhynchus atroapterus* Deg., im
Sommer und Herbst phytophage Wanzen und Zikaden sowie andere Homopteren
und verschiedene Dipteren mit zum Teil endophagen Larven (dominant *Phytomyza nigra* Mg.).

Die Saprophagen, vor allem *Cylindroiulus latestriatus* Curt., *Porcellio scaber*
Latr. und Collembolen, waren — offenbar wegen der gering ausgebildeten
Streuschicht — nur in geringer Zahl vertreten. Ihre Biomasse erreichte Werte
von 0.05 g/m^2 (im Mai) bis 0.07 g/m^2 (im Juli und September). Die zum Herbst
hin an Biomasse zunehmenden polyphagen Weberknechte habe ich zur Hälfte
zu den Saprophagen, zur Hälfte zu den Zoophagen gerechnet. Die Dipteren sind
nach dem Ernährungstyp ihrer Larven eingeordnet. Etwa 1/4 bis 1/3 der
„standing crop" an Saprophagen waren Dipteren, die vom Strand her zur
Düne immigrierten oder verdriftet wurden.

Die Biomasse der Zoophagen nahm vom Frühjahr zum Herbst hin zu (von
0.31 g/m^2 in Mai auf 0.42 g/m^2 im Juli bis 0.52 g/m^2 im September). Spinnen
und Staphyliniden dominierten im Frühjahr, während Carabiden, Coccinelliden
und räuberische Wanzen im Sommer und Herbst eine hohe Dichte erreichten.

Auf einer weiteren trophischen Ebene könnte man die nicht näher quantitativ erfaßten Vertebraten stellen, deren Biomasse nur gering war: die Kreuzkröte *Bufo calamita* Laur., die Bergeidechse *Lacerta vivipara* Jacq., die am Boden
nach Nahrung suchenden Vögel (Wiesenpieper *Anthus pratensis* (L.), Schafstelze
Motacilla flava (L.), Hänfling *Carduelis cannabina* (L.)) und die Spitzmaus
Sorex araneus L.

2.2. *Abschätzung der Konsumption*

Die Konsumption pflanzlicher Biomasse durch phytophage Arthropoden
habe ich nicht untersucht. Sie kann für ektophage Säftesauger nicht ohne
größeren methodischen Aufwand gemessen werden. Der Fraß ektophager Formen mit beißenden Mundwerkzeugen (z.B. der zwei Curculioniden) und endophager Dipterenlarven war — gemessen an der Biomasse der Planzen — äußerst
gering.

Unter den Zoophagen dominierten eindeutig die Prädatoren mit einem —
wie Laborversuche zeigten — hohen Anteil genereller Räuber und nur wenigen
spezialisierten Gruppen (wie den blattlausfressenden Coccinelliden). Die Parasitierungsrate von Phytophagen durch entomophage Insekten war gering und
erreichte nur unter den Dryiniden, die vor allem die Zikade *Javesella pellucida* F.
befielen, höhere Werte (Befallsrate von etwa 5%).

Nach Beobachtungen über die Konsumption von Netzspinnen, vakanten
Spinnen (Methode in Schaefer 1974) und den Minimalbedarf der räuberischen
Insekten in Laborzuchten (und Daten aus der Literatur, für Spinnen Moulder

& Reichle 1972, für Carabiden Basedow et al. 1976) erreichte die Konsumptionsrate der Räuber in der Vegetationsperiode einen grob geschätzten Minimalwert von 0,02 g/m² und Tag. So betrug diese Rate für die Philodromide *Thanatus striatus* C.L.K. etwa 0,001 g/Tag, die Wanze *Nabis lineatus* Dahlb. 0,007 g/Tag, den Carabiden *Calathus erratus* Sahlb. 0,005 g/Tag. Der Anteil der Phytophagen an der Biomasse des Beutespektrums lag im Frühjahr nicht über 10%, erreichte aber im Sommer und Herbst Werte bis um 40%.

2.3. Räumliche und zeitliche Einnischung der Phytophagen und Zoophagen

In dem *Ammophila*-Bestand kann man − grob gesehen − 6 Mikrohabitate unterscheiden: (1) Bodenoberfläche mit Streuschicht; (2) Dichte Basis der Pflanzenhorste mit vielen lockeren Blattscheiden und den unteren Blattspreiten; (3) Obere Blattspreiten; (4) Blütenstände; (5) Zwischenräume zwischen den Horsten (bis etwa 20 cm über der Bodenoberfläche); (6) Zwischenräume der oberen Vegetationsschicht. Der Wurzelbereich wird hier außer Betracht gelassen.

Fänge mit Raupenleim ergaben, daß in allen 6 Mikrohabitaten phytophage und zoophage Arthropoden aktiv sind (Abb. 2). Auf der Bodenoberfläche, an den Blütenständen und in den Zwischenräumen der oberen Vegetationsschicht war die Biomasse der Pflanzenfresser gering, auf der Bodenoberfläche domi-

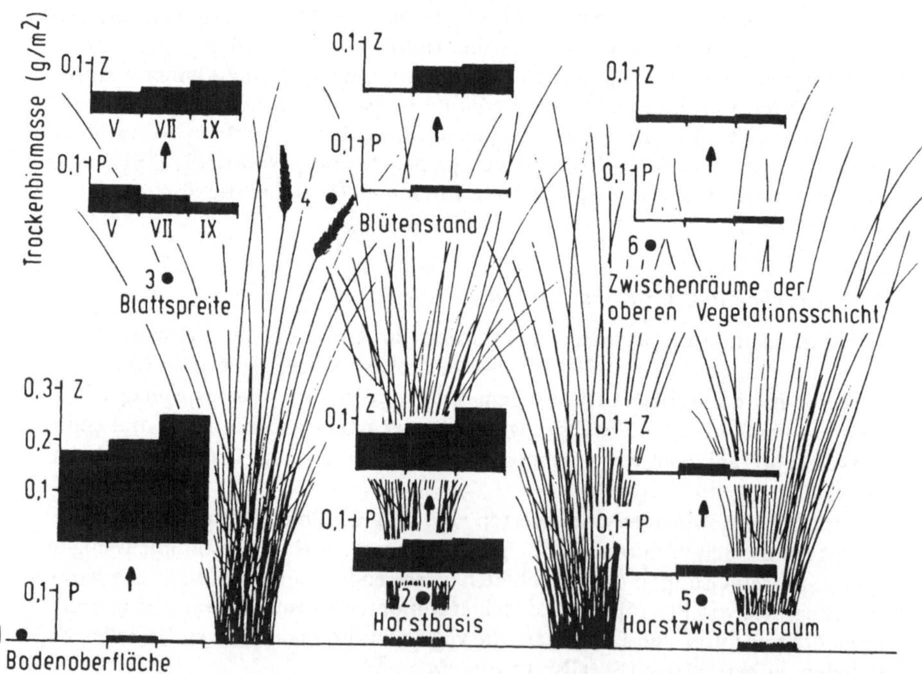

Abb. 2. Räumliche und zeitliche Verteilung der phytophagen und zoophagen Arthropoden im *Ammophila*-Bestand des Bottsandes. 1−6 = Mikrohabitate, P = Phytophage, Z = Zoophage. Methodik und Zeitpunkt der Aufnahme s. Abb. 1.

nierten die Zoophagen stark. Es kann hier nicht der Aktivitätsbereich aller Arten
im Einzelnen aufgeführt werden. Hingewiesen sei auf einige Leitformen. An der
Horstbasis waren Clubioniden und einige Carabiden häufig. Typische Blatt-
spreitenjäger waren die Spinne *Thanatus striatus* und die Raubwanze *Nabis
lineatus*. Netzspinnen (z.B. *Tetragnatha extensa* L.) besiedelten die Horstzwi-
schenräume und die höhere Vegetationsschicht. Coccinelliden fraßen vor allem
die Blattläuse an den Blütenständen.

Diese Einteilung in von bestimmten Arten bevorzugte Aktivitätsräume ist
sicher grob schematisch: Manche Arten (z.B. springende Formen wie Zikaden)
lassen sich nur schwer einem der Kleinlebensräume zuordnen. Räuber der Bodenoberfläche erhalten viel Beute aus der gesamten Vegetationsschicht. Viele
Arthropoden sind in mehreren Räumen aktiv. Es wird aber trotzdem deutlich,
daß in jedem Kleinlebensraum des Strandhaferbestandes die Phytophagen dem
Druck durch zoophage Feinde ausgesetzt sind.

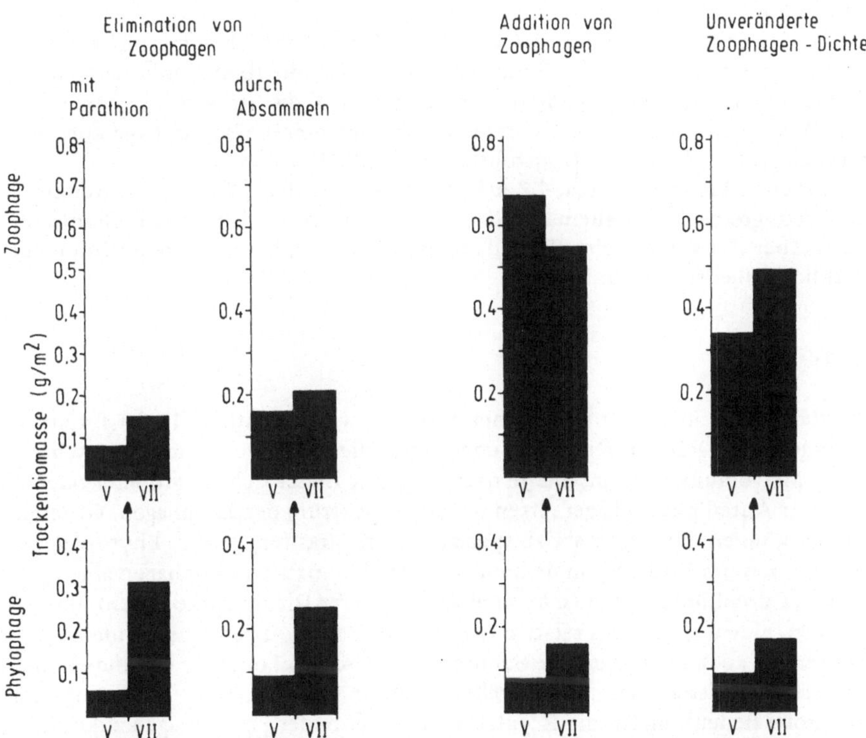

Abb. 3. Verteilung der Trockenbiomasse auf phytophage und zoophage Arthropoden
nach experimenteller Veränderung der Zoophagendichte im *Ammophila*-Bestand des
Bottsandes. Werte aus 8–10 Aufnahmeflächen zu je 1/4 m² im Zentrum der Versuchs-
areale am 8.–12.5 (V) und 24.–28.7.1976 (VII). Rechts unbehandelte Kontrollflächen.

3. **Einfluß von experimentellen Veränderungen der Räuberdichte auf die Dichte der Phytophagen**

Die Rolle der Räuber für die Begrenzung der Dichte der Phytophagen kann man nur durch experimentelle Eingriffe abschätzen.

Auf 2 durch umgebende kahle Sandflächen isolierten, nicht abgegrenzten Probeflächen (ca. 6 m^2 ; 5,2 m^2) wurde Ende September (27.9.1975) die gesamte Arthropodenfauna mit Parathion abgetötet. Dabei wurden zwei Phänomene ausgenutzt. Fast alle Phytophagen überwintern im Ei oder im Boden (z.B. die Curculioniden) und wurden deshalb vom Parathion zum großen Teil verschont. Dies galt in geringerem Maße für die Wanze *Ischnodemus sabuleti*, die sich vorwiegend in den Blattscheiden des Strandhafers aufhält (vgl. Tischler 1960). Die meisten Zoophagen überwintern als Larve (bzw. Jungtier) oder als Adulte in der Bodenstreu (Araneidae, Carabidae, Staphylinidae) und waren dem Gift ausgesetzt. Dadurch war die Biomasse der Räuber im folgenden Frühjahr herabgesetzt und stieg wegen der geringen Rekolonisationsrate im Laufe der Aktivitätszeit nur langsam wieder an. Die Dichte der Phytophagen (vor allem der Rhynchoten) war im Juli 1976 im Vergleich zu den ungestörten Kontrollen stark erhöht (Abb. 3).

Auf 2 weiteren Probeflächen (ca. 3 m^2 ; 2,6 m^2) habe ich — mit nicht ganz so großem Erfolg — versucht, Ende September 1975 die Räuber mit der Hand abzusammeln. Nachteilig bei dieser Methode ist, daß die Struktur der *Ammophila*-Vegetation gestört wird. Trotzdem war auch hier die Phytophagendichte deutlich größer als auf den Kontrollflächen (Abb. 3).

Auf einer Probefläche (ca. 4,2 m^2) wurden im Frühjahr (8.5.1976) weitere Räuber angesiedelt, vor allem Spinnen und Carabiden, so daß sich die Biomasse der Räuber fast verdoppelte. Trotzdem war die Phytophagendichte im Juli nicht merklich erniedrigt (Abb. 3).

4. Diskussion

Aus der Beschreibung der trophischen Struktur wurde deutlich: In der Biomasse überwiegen die Räuber. Diese sind ebenso wie die Phytophagen in die verschiedenen Mikroräume eingenischt. Je nach Angebot findet sich ein größerer oder kleinerer Anteil phytophager Arten im Beutespektrum der Zoophagen. Generelle Räuber können, im Gegensatz zu spezialisierten Parasiten, geringe Phytophagendichten (z.B. im Frühjahr, in dem nur die von den meisten Zoophagen abgelehnten Curculioniden und *Ischnodemus* in höherer Dichte vorkommen) überbrücken, indem sie auf das relative Angebot an Beute reagieren und andere Räuber wie auch immigrierende Saprophage fressen. Schon diese Befunde könnten vermuten lassen, daß den generellen Räubern mit ihrer hohen Konsumptionsrate große Bedeutung für die Regulation der Dichte der Phytophagen zukommt.

Diese Vermutung wird erhärtet durch den Modus der Reaktion des Ökosystems auf die experimentelle Verringerung der Dichte der Zoophagen: Im Laufe der Vegetationsperiode steigt die Biomasse der Phytophagen stark an. Generelle Räuber können zwar keine numerische Reaktion auf erhöhte Beutedichte zeigen, sie können aber nach Holling (1965) funktionell reagieren (z.B. Spinnen, Riechert 1973; Carabiden, Kaczmarek 1963). Diese Reaktion könnte für eine Kontrolle der Phytophagen ausreichen. Zu hohe Räuberdichte dagegen kann erhöhte intraspezifische und interspezifische Konkurrenz bedingen und zu einem größeren Anteil von Räubern im Beutespektrum der Zoophagen führen. Darauf deuten die Additionsversuche hin.

Für die Stabilität des Strandhafer-Ökosystems spielen aber sicher noch andere Faktoren eine Rolle: (1) Eine gewisse Resistenz des Strandhafers gegen zu hohen Parasitenbefall (Koevolution mit den Phytophagen); (2) Auswirkungen des extremen Dünen-Ökoklimas auf die Arthropodenpopulationen. Dabei bleibt allerdings die Frage offen, ob diese — dichteunabhängigen — abiotischen Faktoren die Populationsdichte der Phytophagen regulieren können.

Vergleicht man das Ökosystem Küstendünen mit einer künstlichen Monokultur, so könnten folgende Eigenschaften des ersteren Ökosystems seine hohe Stabilität bedingen: (1) Hohe Prädatorendichte, (2) Starke Einnischung der Räuber („Nischendiversität"), (3) Keine Störung des mehrjährigen *Ammophila*-Bestandes, (4) Resistenz des Strandhafers gegen Phytophagenbefall. Einnischung und Resistenz sind das Resultat der Koevolution zwischen Pflanze und Arthropodenfauna. Murdoch (1975) sieht in der fortlaufenden Störung, der Simplifizierung und der fehlenden Koevolution in Agrarökosystemen die wesentlichen Ursachen für die Instabilität dieser Systeme.

Literatur

Basedow, T., Å. Borg, R. De Clercq, W. Nijveldt & F. Scherney (1976): Untersuchungen über das Vorkommen der Laufkäfer (Col.: Carabidae) auf europäischen Getreidefeldern. *Entomophaga* 21: 59—72.

Ellenberg, H. (1973): Ziele und Stand der Ökosystemforschung. In: H. Ellenberg (Hrsg.) Ökosystemforschung, 1—31. Berlin, Heidelberg, New York: Springer.

Holling, C.S. (1965): The functional response of predators to prey density and its role in mimicry and population regulation. *Mem. entomol. Soc. Can.* 45: 1—60.

Kaczmarek, W. (1963): An analysis of interspecific competition in communities of the soil macrofauna of some habitats in the Kampinos National Park. *Ekol. pol.* A 11: 421—483.

May, R.H. (1975): Stability in ecosystems: some comments. In: W.H. van Dobben & R.H. Lowe-McConnell (eds.) Unifying concepts in ecology, 161—168. The Hague: Junk.

Moulder, B.C. & D.E. Reichle (1972): Significance of spider predation in the energy dynamics of forest-floor arthropod communities. *Ecol. Mon.* 42: 473—498.

Murdoch, W.W. (1975): Diversity, complexity, stability and pest control. *J. appl. Ecol.* 12: 795—807.

Orians, G.H. (1975): Diversity, stability and maturity in natural ecosystems. In: W.H. van Dobben & R.H. Lowe-McConnell (eds.) Unifying concepts in ecology, 139—150. The Hague: Junk.

Riechert, S.E. (1974): Thoughts on the ecological significance of spiders. *BioScience* 24: 352—356.

Schaefer, M. (1970): Einfluß der Raumstruktur in Landschaften der Meeresküste auf das Verteilungsmuster der Tierwelt. *Zool. Jb. Syst.* 97: 55—124.

Schaefer, M. (1974): Experimentelle Untersuchungen zur Bedeutung der interspezifischen Konkurrenz bei 3 Wolfspinnen-Arten (Araneida: Lycosidae) einer Salzwiese. *Zool. Jb. Syst.* 101: 213—235.

Tischler, W. (1960): Studien zur Bionomie und Ökologie der Schmalwanze *Ischnodemus sabuleti* Fall. (Hem., Lygaeidae). *Z. wiss. Zool.* 163: 168—209.

Whittaker, R.H. (1975): The design and stability of plant communities. In: W.H. van
Dobben &R.H. Lowe-McConnell (eds.) Unifying concepts in ecology, 169–181. The
Hague: Junk.

Anschrift des Verfassers:

Dr. habil. Matthias Schaefer, Zoologisches Institut der Universität, Lehrstuhl
für Ökologie, Hegewischstr. 3, D–2300 Kiel.

4. SOZIALBRACHE UND FLÄCHENFREIHALTUNG

Sonderdruck: Verhandlungen der Gesellschaft für Ökologie, Göttingen 1976.

ZUR SUKZESSION UND FLÄCHENFREIHALTUNG AUF BRACHLAND IN BADEN—WÜRTENBERG

K.-F. SCHREIBER

Abstract

A „Derelict Land-Program," with trials in 15 different proving grounds was done in Baden-Württemberg during a period of 10-to-15 years starting in 1975. The natural vegetation development and the different cultivation of mulching (moving), prescribed burning, herbicid-management and pasturing should be examines. Aside from the observation of vegetation dynamics, changes of the soils, mostly that of the humification-, nutrtient- and water-balances, possible washing out of nutrients and influences of the soil fauna are being experimented on.

1 . Einleitung

Waren es bis zum Ende der 60er Jahre vornehmlich die Realteilungsgebiete Baden-Württembergs, in denen das Brachfallen landwirtschaftlicher Nutzflächen — aus welchen Gründen immer — teilweise besorgniserregende Ausmaße annahm (Ministerium für Ernährung, Landwirtschaft, Weinbau u. Forsten 1967), so setzte in den Folgejahren auch in den Anerbengebieten eine zunehmende Aufgabe der Bewirtschaftung von Grenzertragsstandorten ein. Von 1965 bis 1974 hat sich der Brachflächenanteil in Baden-Württemberg von 16.500 ha bis auf 49.000 ha nahezu verdreifacht (Ministerium für Ernährung, Landw. u. Umwelt 1975). Er konzentriert sich einmal auf die stark industrialisierten Gebiete am mittleren Oberrhein und im Bereich des unteren Neckars sowie auf die ehemaligen Weinbergslagen des Taubergebietes, zum anderen auf die weitgehend früher als Grünland genutzten Grenzertragsflächen im Schwarzwald, am Trauf und auf der Hochfläche der Schwäbischen Alb. Gerade bei den Mittelgebirgen handelt es sich um Gebiete, die in immer stärkerem Maße dem Wandern, der Erholung dienen. Deshalb stellte sich besonders hier die Frage, in welcher Form, mit welchem Aufwand und mit welchen Aufgaben und Zielsetzungen die brachgefallenen Flächen sinnvoll in die Erholungslandschaften eingebunden werden können. Bieten sie doch zugleich die Möglichkeit, als wieder formbare, weil aus der bisherigen Nutzung ausgeschiedene Landschaftsteile, durch ihre künftige Strukturierung und „Bewirtschaftung" — was auch Nicht-Bewirtschaften im üblichen Sinne bedeuten kann — zur Umweltsicherung und zur Verbesserung der vielfältigen Funktionen beizutragen, die diesen Landschaften zugewiesen sind oder werden und die sie ihrer Landesnatur entsprechend erfüllen können (vergl. u.a. Schreiber 1974).

Deshalb hat das Ministerium für Ernährung, Landwirtschaft und Umwelt in
Baden-Württemberg im Jahre 1973 die Vorarbeiten für ein Versuchsprogramm
ermöglicht, das nach intensiven Beratungen mit der Landwirtschaftsverwaltung
die Grundlage für die im Frühjahr 1975 begonnenen vergleichenden
Bracheversuche bildete.

2. Versuchsprogramm

Das Ziel der Versuchsanstellung ist die Klärung der Frage, wie Landschaftsteile,
die bisher durch landwirtschaftliche Nutzung offengehalten worden sind, nach
dem Wegfall dieser geregelten Bewirtschaftung in einem Zustand gehalten
werden können, der den Erholungswert der Landschaft insgesamt nicht
beeinträchtigt sowie die von ihr erwarteten Funktionen gewährleistet oder
sogar besser erfüllt als vorher. Das heißt: Nicht nur Ermittlung einfacher,
möglichst kosten- und aufwandsextensiver Verfahren zur Pflege und Offenhaltung der Brachflächen, sondern zugleich auch Untersuchung der durch sie
hervorgerufenen ökologischen Folgen und Veränderungen in Böden und Pflanzen-
beständen – zumindest im Hinblick auf die wichtigsten Nutzungsansprüche
bzw. Funktionszuweisungen wie Erholung, Wassergewinnung oder die Erhaltung
bzw. die Verbesserung des ökologischen Potentials, z.B. für eine mögliche
Rückführung in die landwirtschaftliche Nutzung.

Folgende Maßnahmen für die Behandlung der Brachflächen sind in das Versuchsprogramm aufgenommen worden:
1.   Sichselbstüberlassen der Flächen, die „natürliche Sukzession"
a) ohne jeden menschlichen Eingriff
b) gesteuert, d. h. beispielsweise gezielte Entfernung oder Begünstigung einzelner
Arten in bestimmten Entwicklungsphasen der natürlichen Sukzession zur Er-
zielung erholungsfreundlicher Strukturen u.a.
2.   Extensive Weidenutzung
a) durch Rinder,
b) durch Schafe,
c) durch Ziegen.
3.   Mulchen
a) einmal im Jahr   zum Zeitpunkt des Vergilbens der Gräser, in der Regel
b) jedes zweite Jahr   Ende Juli/Anfang August
c) jedes dritte Jahr
4.   Flämmen, mit dem Ziel einer möglichst vollständigen Beseitigung stehender
Halme und Stengel und dem teilweisen Abbrennen der Streuauflage.
5.   Herbizidanwendung, in der Regel nur gezielt zur Verhinderung der Verbuschung.
6.   Zweimaliger Mulchschnitt jährlich zu den üblichen Schnittzeiten einer zweischürigen Wiesennutzung.

Da es sich bei den ausgewählten Versuchsflächen nur um brachgefallenes
Grünland handelt, wurde der zweimalige Mulchschnitt im Jahr (6.) zu den
üblichen Schnittzeiten einer zweischürigen Wiesennutzung als Bezugsbasis vorgesehen, um den Vergleich mit den zahlreichen Grünlanduntersuchungen aus

jüngerer und älterer Zeit über Artenentwicklung, Bestandsstruktur und Bodenverhältnisse etc. zu erleichtern. Allerdings wird aus arbeitswirtschaftlichen
Gründen auf eine Entnahme des Schnittgutes, aber auch auf eine Düngeranwendung
verzichtet. Damit verbinden wir die Erwartung, daß durch relativ rasche Minerali-
sierung der noch einigermaßen eiweißreichen und wenig verholzten, auf der
Fläche verbliebenen Mulchmasse ein entsprechender, langsam wirkender Dünge-

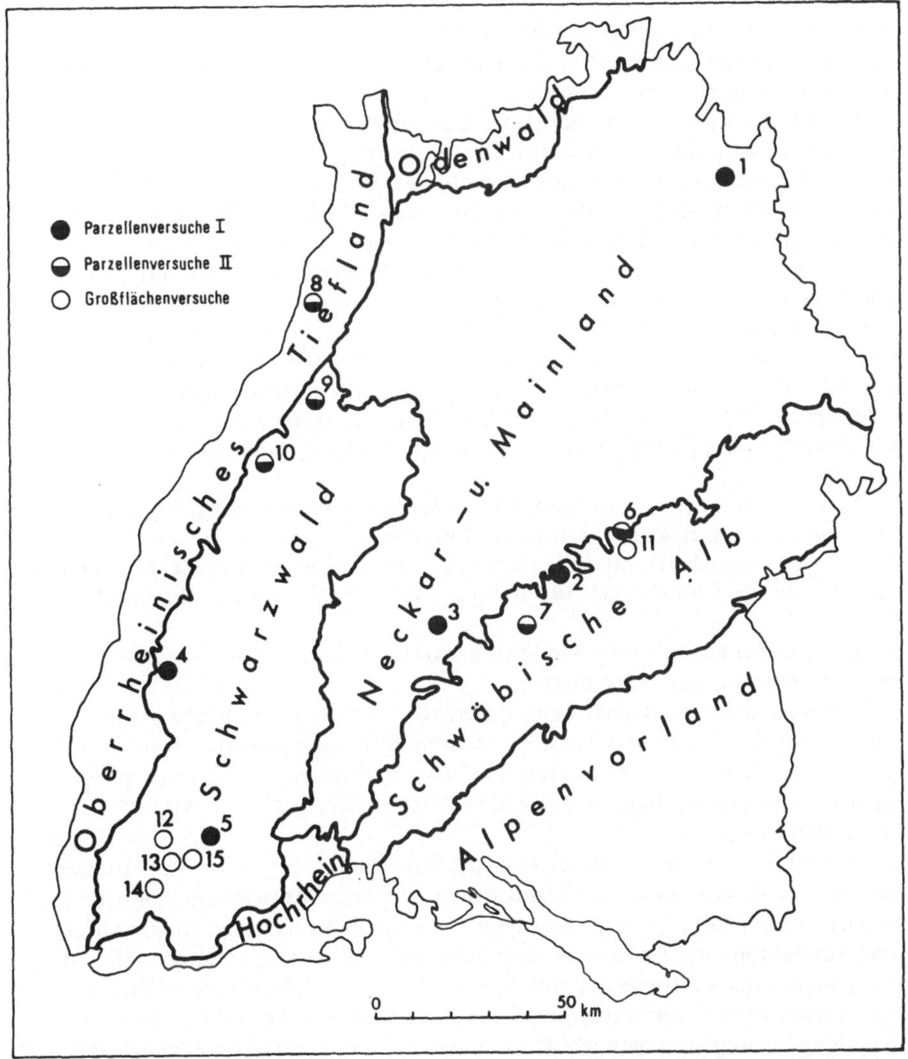

Abb. 1. Die Lage der Brachland-Versuchsflächen in Baden-Württemberg. ● = Parzellenversuche mit Normalprogramm; ◑ = Parzellenversuche mit reduziertem Programm; ○ = Großflächenversuche; Zahlen = Nr. der Versuchsflächen in Tab. 1.

effekt auftritt, also ein halbwegs „geschlossener" Nährstoffkreislauf in Gang
gesetzt werden kann.

Ebenfalls aus Gründen der Praktikabilität wurden die Versuchsparzellen mit
einer Mindestgröße von 200 m^2 — meist jedoch erheblich größer (vergl. Abb. 4) —
streifenförmig ohne Wiederholungen nebeneinander angelegt. Die große Zahl
der Versuche und ihre Streuung im Lande (Abb. 1) hätte sonst den Aufbau einer
eigenen „Pflege"-Organisation erforderlich gemacht. Andererseits dienen diese
großen Parzellen, auf denen ohne nennenswerte Störung des Bestandes die zahlreichen verschiedenen Proben entnommen werden können, durch ihre Über
sichtlichkeit zugleich auch einer besseren Demonstration der Ergebnisse. Manche
Pflegemaßnahmen lassen sich auf wenige m^2 großen Wiederholungsparzellen gar
nicht ohne weiteres durchführen.

Nicht zuletzt deshalb ist eine grundsätzliche Trennung der Versuche mit Beweidung von den übrigen Versuchsmaßnahmen vorgenommen worden. Die
extensive Beweidung durch Rinder, Schafe oder Ziegen wird in sog. „Großflächenversuchen" durchgeführt — im Gegensatz zu den Parzellenversuchen —,
um auf den viele ha großen Flächen, die bislang schon einer extensiven Weidenutzung unterlagen, möglichst praxisgetreu die Folgen ihrer Anwendung überprüfen zu können. Hier wurde auf die Einrichtung der Mulchparzelle mit zwei-
maligem Schnitt pro Jahr verzichtet. Hingegen weisen alle Großflächenversuche
eine ausreichend große, eingezäunte Parzelle auf, in der die natürliche Entwicklung der Flächen nach Aufgabe der Beweidung studiert werden kann.

So ergaben sich schließlich — unter Berücksichtigung der Flächengrößen und
der Bewirtschaftungsmöglichkeiten — 3 Gruppen von Versuchsflächen (vergl.
Tab. 1):
1. Parzellenversuche I, mit vollem Versuchsprogramm (mit Ausnahme der Beweidung; teilweise ergänzt durch lokale Zusatzfragen).
2. Parzellenversuche II, mit reduziertem Programm (Bezugsparzelle, Mulchen
jedes 2. Jahr, gezielte Herbizidanwendung, natürliche Sukzession ohne und mit
Steuerung)
3. Großflächenversuche mit Rindern, Schafen und Ziegen (mit Sukzessions-
parzelle ohne und mit Steuerung)

Technisch-arbeitswirtschaftliche Untersuchungen über den Einsatz verschiedener Pflegegeräte und den dazu notwendigen Zugkraftbedarf werden nicht
angestellt, da hier bereits Anhaltspunkte von verschiedenen Landschaftspflege-
versuchen aus Hessen, Bayern und Baden-Württemberg vorliegen (Kolt 1972,
Gekle 1976 u.a.).

Im Hinblick auf die Langfristigkeit, die insbesondere bei Sukzessionsstudien
erforderlich ist, aber auch die Folgewirkungen anderer Maßnahmen, wie z.B. der
Mulchschnitte jedes 2. oder 3. Jahr oder des Flämmens, nicht nur in ihrer Richtung, sondern in ihrer Größenordnung überhaupt erst richtig erkennen läßt, ist
eine Laufzeit der Versuche von mindestens 10 (bis 15) Jahren vorgesehen, wobei einzelne Versuchsvarianten möglicherweise bereits früher aus der Versuchsanstellung herausgenommen werden können; die Sukzessionsparzellen sollten
dagegen auch noch darüber hinaus der weiteren Beobachtung und Untersuchung
zur Verfügung stehen.

In diesem Sinne wurde auch die Einrichtung und Auspflockung von Dauer-

Tabelle 1. Die Brachland-Versuchsflächen in Baden-Württemberg, Lageangaben und wichtige Standortsbedingungen.

Nr.	Ort	Gewann	Kreis	Region	Höhe ü. NN ± m	Jahresmitteltemp. °C	Niederschläge ± mm	Geologie	vorherrsch. Böden	vorherrsch. Ausgangsvegetation
	Parzellenversuche I, mit Normalprogramm									
1	Niederstetten-Oberstetten	Kuhberg	Tauberkreis	Taubergebiet	± 380	8,5−9°	± 700	oberer Muschelkalk (mo)	Kalk-Braunerden	Salbei-Glatthaferwiesen
2	Eningen-St.-Johann, Schafhof	Buchrain	Reutlingen	mittlere Kuppenalb	± 760	± 7°	± 900	Weißjura (w) δ	Rendzina-Braunerden	Weide-Halbtrockenrasen
3	Haigerloch-Hart	Postenbühl	Zollernalb-Kreis	südwestl. Keuperstufenrand	± 460	7,5−8°	± 700	Gipskeuper (km 1)	Pelosole	Salbei-Glatthaferwiesen u. Saumgesellschaften
4	Ettenheim-Ettenheimmünster	Neuberg (a)- und Ostbach (b)	Ortenaukreis	westl. mittl. Schwarzwald	± 250	8,5−9° ± 8°	± 900	mittlerer Buntsandstein (sm)	Braunerde-Pseudogleye Hanggleye	wechseltrockene-feuchte Glatthaferwiesen
5	Bernau-Innerlehen	Hohezinkenweide	Waldshut	südlicher Hochschwarzwald	± 1100	5,5−6°	± 1800	Granite (G)	Braunerden	Flügelginsterweiden
	Parzellenversuche II, mit reduziertem Programm									
6	Weilheim-Hepsisau	Laichenäcker	Esslingen	mittlerer Albtrauf	± 560	7−7,5°	± 900	oberer Braunjura $\gamma − \zeta$ + Kalkschutt	Kalkpelosole	montane Glatthaferwiesen
7	Burladingen-Melchingen	Kalkofen	Zollern-albkreis	mittlere Kuppenalb	± 810	± 6,5°	± 900	Weißjura (w) δ	Terra fusca	montane Salbeiglatthaferwiesen
8	Hochstetten	Gradnausbruch	Karlsruhe	nördliche Oberrheinniederung	± 100	8,5−9°	± 650	Auensedimente (a)	Anmoor-Auengleye	Kohldistelwiesen
9	Karlsbad Fischweiler	Horntal	Karlsruhe	Albtal, Nordschwarzwald	± 220	8−8,5°	± 950	Auensedimente (a)	Gleye u. Anmoor	Feucht- u. Naßwiesen
10	Baden-Baden	Unterer Plättig	Baden-Baden	Nordschwarzwald	± 740	6,5−7°	± 1700	Granite (G)	Hanggleye	Naßwiesen-Quellstaudenflur
	Großflächenversuche									
11	Schopfloch (Schafweide)	Bulz	Esslingen	mittlere Kuppenalb	± 735	6,5−7°	± 1100	Weißjura (w) δ	Rendzinen, Terra fusca	Rotschwingelweiden
12	Schönau (Schafweide)	Haselberg	Lörrach	südlicher Schwarzwald	± 730	6,5−7°	± 1700	Granite (G)	Braunerden	montane Glatthaferwiesen u. Flügelginsterweiden
13	Fröhnd-Künaberg/ Stutz (Jungviehweide)	Schneckenboden	Lörrach	südlicher Schwarzwald	± 840	± 6°	± 1800	Gneise (gn)	Braunerden	Flügelginsterweiden u. Bergheiden
14	Mambach (Ziegenweide)	Scheiben-Acker/ Köpfle	Lörrach	Wiesetal, südwestl. Schwarzwald	± 550	± 8°	± 1500	Granite (G)	Braunerden	Rotschwingelweiden
15	Todtmoos-Weg (Rinderweide)	Schanz und Holder	Waldshut	südlicher Hochschwarzwald	± 1060	5,5−6°	± 1800	Gneise (gn)	Braunerden	Flügelginsterweiden

beobachtungsquadraten in allen Versuchsvarianten der Parzellen- und Großflächenversuche vorgesehen (vergl. Abb. 4), deren Lage nach den Ergebnissen
der Standortskartierung (Böden, Vegetation, Abb. 2, 3) bestimmt werden
sollte.

3. Auswahl von Versuchsflächen und Organisation der Versuchsdurchführung

Langjährige eigene Erfahrungen mit der Durchführung von Freilandversuchen
ließen es angeraten erscheinen, grundsätzlich auf die Verwendung von Flächen

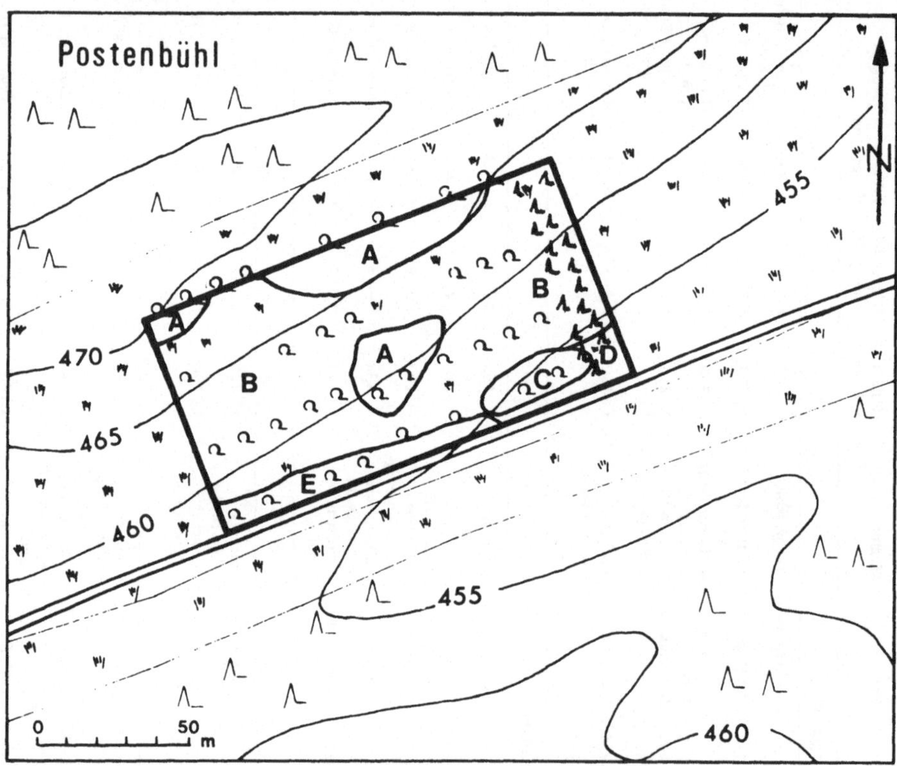

Abb. 2. Die Bodenverhältnisse im Brachland-Versuch Haigerloch-Hart. A = wechseltrockener Rendzina-Pelosol und geköpfter, wechseltrockener Pelosol geringer Entwicklungs- und
Durchwurzellungstiefe (< 30 cm) am Ober- und Mittelhang; B = mäßig wechseltrockener
Pelosol mäßiger Entwicklungstiefe und bestenfalls mittlerer Durchwurzelbarkeit (35—50
cm); C = flachgründiger, ausgesprochen wechseltrockener Pelosol geringer Entwicklungs-
und Durchwurzelungstiefe (± 20 cm); D = Kolluvial beeinflußter, schwach wechseltrockener
Pelosol vorwiegend noch mäßiger Entwicklungs- und Durchwurzelungstiefe (bis 40 cm);
E = Kolluvium-Pelosol, schwach wechseltrocken bis mäßig frisch, mit großer Durchwurzelungstiefe (± 60 cm). Alle Böden sind durch ehemalige Beackerung beeinflußt. Das Laub-
baumzeichen Ω kennzeichnet alte Obstbaumreihen; das Nadelbaumzeichen Λ z.T. dichte,
aber lückige Kiefernanpflanzung oder Naturverjüngung (Die Kartierung erfolgte durch J.
Schiefer).

in privater Hand zu verzichten und auf solche auszuweichen, die im öffentlichen Eigentum stehen (Gemeinden, einschließlich Allmendflächen, Land).

Aus einer Vielzahl von Vorschlägen der zuständigen Referenten der Regierungspräsidien wurden nach Standortsanalysen und Begehung folgende Versuchsflächen ausgewählt, die in Tab. 1 aufgelistet sind.

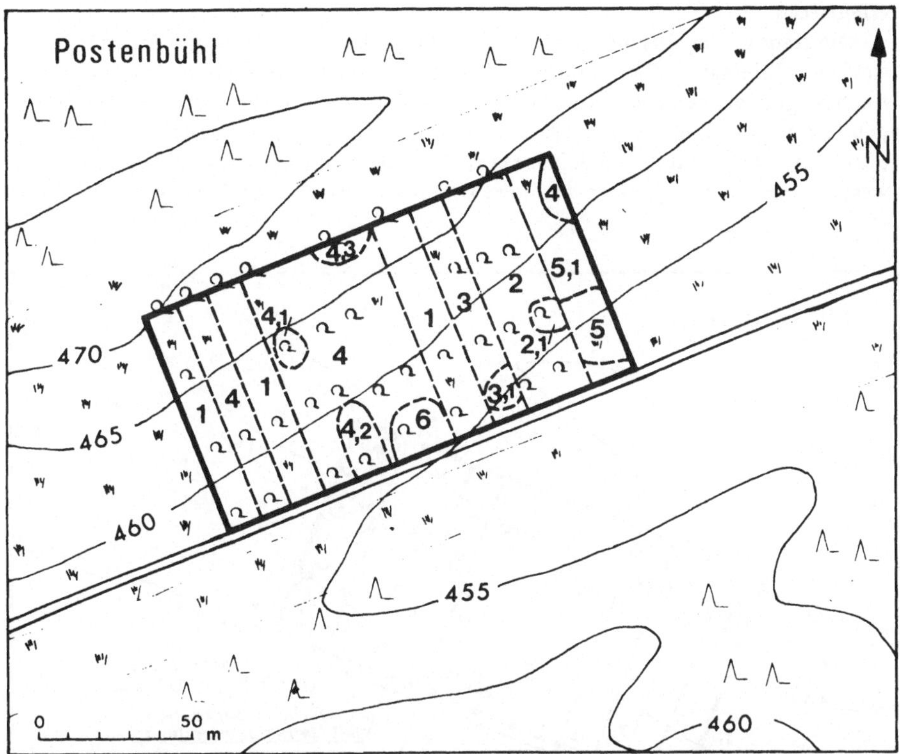

Abb. 3.   Die Vegetationsverhältnisse im Brachland-Versuch Haigerloch-Hart. 1 = *Arrhenatheretum brometosum*, örtliche Variante mit *Dianthus carthusianorum, Anthyllis vulneraria, Centaurea scabiosa*; 2 = *Arrhenatheretum brometosum (et agrimonietosum)*, schwacher Entwicklungstrend zum *Trifolio medii-Agrimonietum*; 3 = *Arrhenatheretum brometosum (et agrimonietosum)* mit etwas deutlicherem Trend zum *Trifolio medii-Agrimonietum* als bei 2; 3,1 = flachgründige, trockene, sehr magere Variante von 3; 4= *Arrhenatheretum brometosum et agrimonietosum* mit deutlichem Entwicklungstrend zum *Trifolio medii-Agrimonietum*; 4,1 = wie 4, aber auffälliges Auftreten von *Cirsium arvense* (ca. 3%); 4,2 = wie 4, aber große Herden von *Lathyrus tuberosus* (ca. 25%); 4,3 = wie 4, aber bereits beginnende Verbuschung mit *Prunus spinosa* (ca. 3%); 5 = ähnlich 4, aber starkes Auftreten von *Prunus spinosa* (15−70%) und vereinzelt *Pinus silvestris*; 5,1 = ähnlich 4, aber sehr starkes Auftreten von *Pinus silvestris* (20−80%, Naturverjüngung oder fehlgeschlagene Anpflanzung?) sowie geringere Anteile von *Prunus spinosa* (± 3%) und *Rosa spec.* (+); 6 = *Trifolio medii-Agrimonietum*, Fazies von *Brachypodium pinnatum* u. *Trifolium medium*. (Die Kartierung erfolgte durch J. Schiefer).

Die meist parzellenweisen Abgrenzungen weisen deutlich das zeitlich unterschiedliche Brachfallen der einzelnen Allmendflächen aus ehemals schafüberweideten Magerwiesen aus.

Wesentliche Kriterien der Auswahl waren einerseits die Repräsentanz der für die wichtigsten Brachgebiete typischen Standortsverhältnisse sowie die Erfassung eines möglichst breiten Spektrums, das andererseits die Möglichkeit bietet, die Versuchsergebnisse verschiedener Versuche entlang von ökologischen Gradienten anzuordnen, — von warm (lange Vegetationsperiode) zu kalt (kurze Vegetationsperiode), von trocken zu feucht, von tiefgründig zu flachgründig, von basenreich zu basenarm etc. —, um eine vergleichende Auswertung zu erleichtern.

Die ständige technische Versuchsbetreuung, das termingerechte Mulchen sowie die Erledigung aller anderen durch die Versuchsanstellung bedingten routinemäßigen wie besonders festzusetzenden Maßnahmen wie Flämmen, liegt in den Händen der Regierungspräsidien bzw. den nachgeordneten Dienststellen (Landwirtschaftsämter, Weideinspektion Schönau), die über im Feldversuchswesen erfahrene Mitarbeiter verfügen. Damit ist zunächst gewährleistet, daß die

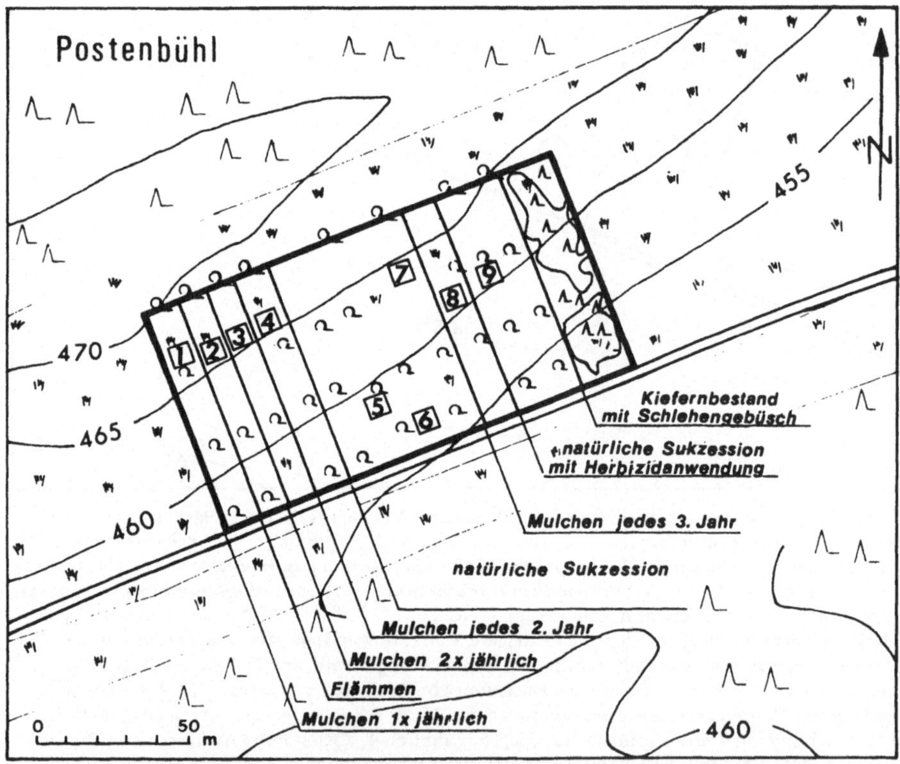

Abb. 4. Versuchsparzellen des Brachland-Versuchs Haigerloch-Hart. Die in Vierecken eingerahmten Zahlen 1 bis 9 bezeichnen die Lage und Nummer der verschiedenen ausgepflockten Dauerbeobachtungsquadrate, von denen jährlich Pflanzenbestandsaufnahmen und Fotografien des Entwicklungszustandes angefertigt werden. Die abgegrenzten Flächen in der östlichsten Versuchsparzelle bestehen aus fast geschlossenen Kieferndickungen unterschiedlicher Altersstruktur (5 bis ca. 20 Jahre).

praktische Fragestellun¹ nach extensiven Pflegeverfahren zur Offenhaltung der
Landschaft unter verschiedenen Standortsbedingungen unabhängig von einer
wissenschaftlichen Untersuchung der damit zusammenhängenden ökologischen
Probleme bearbeitet werden kann.

Die wissenschaftliche Betreuung und Bearbeitung erfolgt in Zusammenarbeit
mit dem Institut für Landeskultur und Pflanzenökologie (Prof. Dr. A. Kohler)
und dem Institut für Bodenkunde und Standortslehre (Doz. Dr. U. Babel) in
Hohenheim sowie einem Mitarbeiter des Instituts für Ökologie an der Landesanstalt für Umwelt in Karlsruhe (Dipl. ing. agr. J. Schiefer).

4. Bestandsaufnahme der Versuchsflächen und weiterführende Untersuchungen

Zur Ermittlung der Ausgangssituation bei Beginn der Versuchsanstellung im
Frühjahr 1975 und als Bezugsbasis für mögliche Veränderungen der unterschiedlich behandelten Flächen wurde eine umfangreiche Bestandsaufnahme
durchgeführt. Im einzelnen waren es folgende Maßnahmen:
1.   Erfassung des Termins und der Art der letzten Behandlung der Versuchsflächen, wie Düngung, Art der Nutzung (Wiese, Weide etc.), Nutzungshäufig-
keit.
2.   Aufnahme von Bodenprofilen und Bodenkartierung: Charakterisierung des
Humuskörpers; Untersuchungen der Nährstoffgehalte (N, P, K), Gesamt-N und
Gesamt-C sowie pH-Wert und weiterer Bodenkennwerte in den einzelnen Boden-
einheiten und künftigen Versuchsparzellen; Angaben zum Wasserhaushalt.
3.   Pflanzenbestandsaufnahmen und genaue Vegetationskartierung der Versuchsflächen; Unterscheidung und genaue räumliche Festlegung auch lokaler Varianten einzelner Gesellschaften, die im übrigen, soweit möglich, in die Hierarchie
der Pflanzengesellschaftssystematik eingehängt wurden.

Auf die Untersuchung der Klimaverhältnisse wurde zunächst verzichtet, da
eine thermische Einordnung mit der Angabe ungefährer Jahresdurchschnitts-
temperaturen mit Hilfe der Wuchsklimagliederung von Ellenberg (1956, 1974)
möglich war, die durchschnittlichen Niederschlagsverhältnisse den Karten von
Schirmer (1955) entnommen wurden (vergl. Angaben in Tab. 1).

Die Angaben über letzte Bewirtschaftungsmaßnahmen auf den Flächen und
den Zeitpunkt ihres Brachfallens sind häufig nur durch mühselige Umfragen
bei den letzten Pächtern oder Nutzern der Allmendflächen oder deren Nachbarn
zu erfragen und dementsprechend vorsichtig in ihrem Realitätsgehalt zu bewerten. Die Eintragungen in den Büchern der Gemeindeverwaltungen geben auch
über den Zeitpunkt, zu dem eine geregelte Bewirtschaftung aufgehört hat, vielfach nur eine unzureichende Auskunft.

Bodenprofilbeschreibungen und Bodenkartierungen wurden durch J. Schiefer
(vergl. Abb. 2) in allen Versuchen durchgeführt. Sie dienten, wie eingangs
erwähnt, neben anderen Kriterien auch als Grundlage für die Auswahl der Versuche aus einer größeren Zahl von Flächen. Im Anschluß an die Kartierung
wurden auf allen Versuchsparzellen Bodenproben genommen, die teils die LUFA
Augustenberg (N, P, K, pH, Volumengewicht, Steinanteil), teils unser Labor

(Gesamt-N, Gesamt-C) analysierte. Diese Untersuchungen sollen im 3-jährigen Rhythmus wiederholt werden.

Um über die Veränderungen im Humuskörper über die nur allgemein charakterisierenden Daten von Gesamt-N und Gesamt-C hinaus weitere Anhaltspunkte zu erhalten, wurden von den einzelnen Versuchsparzellen senkrecht gestellte Oberbodenmonolithe mit Kubiena-Kästen genommen, mit Vestopal getränkt und konserviert. Die daraus angefertigen Dünnschliffe dienen als Basis für humusmikromorphologische Studien, die im Vergleich zu späteren, in einem mehrjährigen Rhythmus entnommenen Proben morphologisch-strukturelle Veränderungen im Humuskörper der Böden unterschiedlich behandelter Parzellen deutlich machen sollen.

Ergänzend dazu sind vergleichende Beobachtungen über die, organische Substanz aufarbeitende, Bodenfauna vorgesehen, insbesondere quantitative Untersuchungen über Regenwurmdichte und -artenspektrum bei unterschiedlichen Pflegenmaßnahmen auf verschiedenen Standorten.

In vier Parzellenversuchen (Nr. 2—5 der Tab. 1) werden — zunächst für die Jahre 1976 u. 1977 — während der Vegetationsperiode von den Parzellen „2 x jährlich Mulchen", „Flämmen" und „natürliche Sukzession" (vergl. z.B. Abb. 4) im 6-wöchigen Abstand aus 3 verschiedenen Tiefen Bodenproben in vierfacher Wiederholung entnommen. 2 Proben werden am Ort ihrer Entnahme wieder eingegraben und 6 Wochen lang unter den dort herrschenden Standortsbedingungen „bebrütet", um die während dieser Zeit akkumulierte, nicht durch die Wurzeln aufgenommene Mineralstickstoffmenge (NO_3 - bzw. NH_4 - Stickstoff) bestimmen zu können (zur Methode vergl. Gerlach 1973), während die beiden anderen Proben zur Bestimmung des zur Zeit der Probenahme aktuellen Gehaltes an NO_3 - und/oder NH_4 -Stickstoff dienen. Zusätzlich ergänzen Stechzylinderproben die Bodenkennwerte über das Porenvolumen, ihr Volumengewicht erlaubt eine Umrechnung der Mineralstickstoffwerte auf kg/ha.

Die Pflanzenbestandsaufnahmen wurden und werden nach einem auf der Methode von Braun-Blanquet fußenden, aber verfeinerten Verfahren nach dem Vorschlag der Arbeitsgruppe Sukzessionsforschung in der Internationalen Vereinigung für Vegetationskunde durchgeführt. Sie dienten zugleich zur Aufstellung eines Kartierungsschlüssels, mit dessen Hilfe auf allen Versuchsflächen eine detaillierte Vegetationskartierung (vergl. Abb. 3) erfolgte. Um individuelle Fehleinschätzungen als Fehlerquelle auf ein Minimum zu reduzieren, sind alle Pflanzenbestandsaufnahmen und Kartierungen durch eine Person, und zwar durch J. Schiefer, angefertigt worden. Nach der Vegetationskartierung konnte die endgültige Festlegung und Ausflockung der Dauerbeobachtungsquadrate stattfinden (Abb. 4), die seitdem durch jährliche Bestandsaufnahmen in ihrer Dynamik studiert werden. Eine jährliche Fotodokumentation soll an Stelle einer mühseligen Handaufzeichnung auch lokale Artenverschiebungen, -ortswechsel und -ausbreitungsgeschwindigkeiten innerhalb der Dauerquadrate reproduzierbar fixieren.

Ab 1977 sind, soweit es die finanziellen Möglichkeiten erlauben, spezielle Unterschungen über den Nährstoffhaushalt und -austrag sowie den Humushaushalt in den Flämmparzellen vorgesehen.

5. Erste Ergebnisse

Über die Ergebnisse der seit 1974 bereits laufenden, vergleichenden vegetations-
dynamischen Untersuchungen, vor allem an dem Material der Pflanzenbestandsaufnahmen aus den Dauerquadraten, soll hier nicht berichtet werden, da sie
Gegenstand einer Dissertation sind, an der J. Schiefer arbeitet.

Es lassen sich jedoch einige generelle Beobachtungen mitteilen, die teilweise
bereits veröffentlichte Ergebnisse bestätigen oder Tendenzen aufzeigen, denen
man durch gezielte Bearbeitung nachgehen sollte.

Unter zusätzlicher Heranziehung von z.T. langjährigen Beobachtungen an
Brachflächen aus dem Taubergebiet, die nicht in diese Versuchsanstellung einbezogen sind, scheinen nicht nur Feuchtstandorte sog. Dauergesellschaften
auszubilden, die eine Verbuschung und „Verwaldung" be- oder verhindern, wie
z.B. die Hochstaudenfluren auf ehemaligen wechselfeuchten, insbesondere
feuchten bis nassen Wiesen. Auch flachgründig durchwurzelbare, trockene
Standorte, vor allem auf kalkreichem oder tonigem Substrat, vermögen eine
Verbuschung über Jahrzehnte zu verhindern. Sei es, daß ein Aufkommen von
Pioniersträuchern gar nicht erst stattfindet, wie z.B. auf den ehemals beweide-
ten, steilen, trockenen Blaugrashalden des Steinbergs bei Königheim (ehem.
Krs. Tauberbischofsheim), wo nur in den mit Grobschutt verfüllten, etwas
tiefgründigeren und länger durchfeuchteten Entwässerungsrinnen des Wellen-
kalkhanges eine sehr spärliche, kaum wahrnehmbare Ausbreitung von *Prunus
spinosa* mit sehr geringen Jahreszuwachsraten stattfindet; sei es, daß Trocken-
jahre, wie 1975 und 1976, die inzwischen aufgekommenen und sich ausbrei-
tenden Sträucher, z.B. Schlehe, Wildrosenarten u.a., oder Baumsämlinge zum
Stillstand bringen oder gar wieder dezimieren, wie wir es u.a. auf den flachgründigen Tonböden (Pelosolen) aus Gipskeuper im Parzellenversuch in Haigerloch-Hart (vergl. Abb. 2) beobachten konnten (sofern nicht andere Ursachen
das Absterben junger und älterer Schlehensträucher verursacht haben sollten!).

Andererseits läßt sich die von Wilmanns (1975) angegebene Ausbreitungsgeschwindigkeit der Schlehe von ca. 0,5 m/Jahr auf mäßig flachgründigen, aber
klüftigen, erst recht auf mittelgründigen und günstigeren Standorten bestätigen
(vergl. auch Hard 1976). Hingegen scheint auf den wechseltrockenen, selbst
mittelgründingen Pelosolen in Hart sowohl die Ausbreitungsgeschwindigkeit wie
die jene voraussetzende Vitalität stark gemindert zu sein; 10-jährige Schlehen-
büsche wiesen oft nur Höhen von 50—70 cm auf.

Art und Intensität der Verbuschung und Verwaldung auf dazu geeigneten
Standorten ist, worauf Hard besonders nachdrücklich hinweist, ein Distanz-
effekt, d.h. die am nächsten stehenden Pflanzenarten sind auf Grund ihres
Samendruckes oder der Schößlingsbildung die die Besiedlung oder Verbuschung
einleitenden und meist auch für längere Zeit dominanten Arten.

Auf Grund der von Anwesenheit und Distanz, Witterungsverhältnissen des
jeweiligen Jahres und anderen Faktoren abhängenden, oft wie zufällig wirkenden
Besiedlung und Entwicklung der Pflanzenbestände auf Brachland unterschiedlicher Standortsbedingungen erscheint es erforderlich, aus der Vielfalt der in
ihrem Artengefüge und der spezifischen Dynamik häufig singulären Sukzessionsstadien und -reihen physiognomisch-ökologische Typen abzuleiten, etwa eine

Gliederung nach der Art des Durchlaufens von Lebensformen unter Berücksichtigung der jeweiligen Standortsbedingungen, um für die praktische Landschaftspflege einfache Hinweise auf mögliche Entwicklungen und diese steuern-
de Verfahrensweisen geben zu können.

Das Flämmen von Brachland bringt bei richtiger Anwendung eine gute
Streuaufarbeitung; die bisherigen Ergebnisse deuten auf die Entwicklung ober-
grasärmerer Bestände hin.

Die Streuzersetzung scheint auf frischen Standorten besser zu sein als auf
trockenen oder feuchten bis nassen, bei denen eine stärkere Akkumulation zu
beobachten war. Es bedarf jedoch weiterer Beobachtungen und Untersuchungen,
ob dieser Trend anhält und auf welche Ursachen er zurückzuführen ist. Sollte
er sich bestätigen, so hat dies vermütlich eine Reduzierung des Pflegeaufwandes
zur Folge.

Die von Meyer (1974) beobachtete häufige Hexenringbildung mit ungewöhn-
lich starker Humusmineralisation durch das Pilzmyzel auf ehemaligen Weiden
konnte auf keiner einzigen im Versuchsprogramm liegenden oder uns sonst
bekannten Brachlandparzelle in Südwestdeutschland festgestellt werden. Auch
auf den Weiden der Großflächenversuche ist bislang dieses Phänomen nicht auf-
getreten. Es bleibt abzuwarten, ob diese von Extensivweiden durchaus bekannte
Erscheinung auch auf unsere Flächen extensiver Weideführung übergreifen wird.

6. Zusammenfassung

Vor zwei Jahren ist in Baden-Württemberg ein umfangreiches, auf mindestens
10 Jahre geplantes Versuchsprogramm angelaufen, das die Voraussetzungen für
das Studium der natürlichen Vegetationsentwicklung sowie der Möglichkeiten
des Offenhaltens von Brachflächen auf verschiedenen Standorten durch extensive Pflegemaßnahmen (Mulchen zu unterschiedlichen Zeitpunkten, Flämmen,
Herbizidanwendung, Beweidung) bieten soll. Die technischen Pflegeverfahren
werden im Vergleich zur natürlichen Sukzession in 10 Parzellen-Versuchen
geprüft. Bezugsbasis für qualitative und quantitative Veränderungen in der Vege-
tationsdecke, den Böden, bei Stoffumsetzungen und Nährstoffausträgen ist
neben einer Aufnahme des „Ist"-Zustandes zu Beginn des Versuches in Anlehnung an die herkömmliche zweischürige Wiesennutzung eine Parzelle, die zu den
jeweils für die betreffende Lage gültigen Schnitt-Terminen gemulcht wird.
Natürliche Sukzession und Freihaltung durch extensive Beweidung mit Ziegen,
Schafen oder Rindern werden in 5 Großflächenversuchen verglichen.

Erste Ergebnisse: Auch auf flachgründig-trockenen Standorten können sich
Dauergesellschaften bilden. Die Ausbreitungsgeschwindigkeit von *Prunus spinosa* von etwa 0,5 m jährlich auf halbwegs günstigen Standorten scheint sich zu
bestätigen. Vorhandensein und Entfernung von Arten zur Brachfläche spielen
eine große Rolle für ihre Besiedlung und Verbuschung; die dadurch wie auch
durch unterschiedliche Jahreswitterung bedingte Vielfalt in Artengarnitur wie
Entwicklungsabläufen macht zur Ordnung der Fülle von Sukzessionsstadien und
-reihen eine physiognomisch-ökologische Typisierung erforderlich. Flämmen
führt möglicherweise zu obergrasarmen Beständen. Die Streuzersetzung scheint

im Gegensatz sowohl zu trockenen als auch zu feuchten bis nassen Flächen auf
frischen Standorten besser zu sein. Hexenringbildung wurde auf Brachflächen
SW-Deutschlands nicht beobachtet.

Die Gesamtergebnisse der Versuchsanstellung sollen der Landschaftsplanung
Hinweise über gezielte Eingriffe in Sukzessionsabfolgen und praktikable Verfahren der Landschaftspflege in Brachlandgebieten geben.

Literatur

Ellenberg, H. (1956): Wuchsklimakarte von Südwest-Deutschland 1:200 000, nördl. und
    südl. Teil. Stuttgart.
Ellenberg, H. (1974): Ökologische Klimakarte Baden-Württemberg 1:350 000. Landschafts-
    rahmenprogramm, Karte 1, hg. Minist. für Ernährung, Landw. u. Umwelt Baden-
    Württemberg, Stuttgart.
Gekle, L. (1976): Ermittlung und Vergleich von Verfahrenskennwerten der Landschafts-
    pflege als einer Sonderform der Landbewirtschaftung. KTBL-Schr. 195, Münster-Hiltrup,
    195 S.
Gerlach, A. (1973): Methodische Untersuchungen zur Bestimmung der Stickstoffnettominera-
    lisation. *Scripta Geobotanica* 5, Göttingen, 115 S.
Hard, G. (1976): Vegetationsentwicklung auf Brachflächen. KTBL-Schr. 195, Münster-
    Hiltrup, 195 S.
Kolt, W. (Hg) (1972): Material zur Brachlandfrage. Hess. Minist. Landw. u. Umwelt, Wies-
    baden, 46 S.
Meyer, B. (1974): Pedomorphologische Wirkungen höherer Pilze. *Mitt. Deutsch. Boden-
    kundl. Ges.* 18: 262–265.
Ministerium für Ernährung, Landwirtschaft und Umwelt Baden-Württemberg (Hg.) (1975):
    Feldversuchswesen. Beitr. produktionstechn. Beratung auf dem Gebiet der pflanzl.
    Erzeugung Nr. 2, Stuttgart, 67 S.
Ministerium für Ernährung, Landwirtschaft, Weinbau und Forsten, Baden-Württemberg
    (1967): Die Sozialbrache in Baden-Württemberg, Stuttgart, Manuskr., 11 S.
Schirmer, H. (1955): Mittlere Jahressummen des Niederschlags (mm) für das Gebiet der
    Bundesrepublik (1891–1930; Maßstab 1:200 000). Bad Kissingen.
Schreiber, K.-F. (1974): Landschaftspflege mit oder ohne Landbewirtschaftung – wie sieht
    es der Landschaftsökologe? Wenn Brachland zum Landschaftsproblem wird... *Arb. DLG*
    141: 7–23.
Wilmanns, O. (1975): Junge Änderungen der Kaiserstühler Halbtrockenrasen. Tagung
    „Umweltforschung". *Daten u. Dok. z. Umweltschutz*, Univ. Hohenheim, 14: 15–22.

Anschrift des Verfassers:

Prof. Dr. K.-F. Schreiber, Institut für Geographie der Universität, Lehrstuhl
Landschaftsökologie, 44 Münster.

SOZIALBRACHE UND FLÄCHENFREIHALTUNG ALS ÖKOLOGISCHE PROBLEME

R. MAYER

(erscheint an anderer Stelle)

Sonderdruck: Verhandlungen der Gesellschaft für Ökologie, Göttingen 1976.

UMWELTFAKTOR FEUER-GELENKTER EINSATZ IN DER LANDSCHAFTSPFLEGE

W. RIESS

Abstract

For many reasons modern habitat management means to keep parts of the landscape in certain successional stages. Besides mowing, grazing or chemical means, controlled fire is a cheap natural management factor. The effects of controlled burning depend on different abiotic factors and on the kind of fire (headfire, backfire, spotfire, etc.). Due to wide range scientific studies in other countries there exist thousands of publications dealing with fire effects on animals, plants and soil. There is enough background to study and to practice controlled fire to manage different regions of western Germany.

Vorbemerkung

Dem Problem der Pflege aus der Nutzung ausscheidender Gebiete wurde schon manche Tagung gewidmet. In verschiedenen Bundesländern (u.a. Baden-Württemberg, Bayern, Hessen, Niedersachsen) werden auf Versuchsflächen Maßnahmen erprobt, um die Auswirkungen solcher Pflege auf Vegetation und Geldbeutel in Zahlen zu fassen.

Schon jetzt ist klar, daß die Kosten der erprobten Pflegemethoden hoch, in bestimmten Fällen zu hoch für die allgemeine Anwendung sind.

In jüngster Zeit wird immer häufiger von der Möglichkeit des Einsatzes von Feuer als Landschaftspflegemittel gesprochen, jedoch ist die vorliegende einschlägige Literatur kaum bekannt und eigene Versuche stecken in den Anfängen. Was hat es konkret mit dem Einsatz von Feuer in der Landschaftspflege auf sich?

Feuer als Pflegemittel

Wesentlicher Gesichtspunkt bei der Entscheidung für den Einsatz dieser Pflegemethode war die Überlegung, daß Feuer ein natürlicher Umweltfaktor ist. Pflanzen und Tiere mußten sich seit Erdentstehung auf diesen Faktor ebenso einstellen wie auf die abiotischen Faktoren Licht, Temperatur oder Feuchte.

Feuer wurde und wird in der Natur im wesentlichen ausgelöst durch Vulkanismus, Steinschlag und Blitzschlag. Das ganze Jahr über gehen pro Sekunde 100 Blitzschläge auf die Erde nieder (Komarek 1968). Die Wahrscheinlichkeit der Auslösung eines Feuers ist also sehr hoch, besonders in den dafür exponierten Gebieten, in denen Feuer noch heute weitgehend die Entstehung und Erhaltung offener Flächen bestimmt (Abb. 1). Das zunächst imperative Wissen um positive und negative Folgen des Feuers wurde schon seit Beginn dieses Jahrhunderts

Abb. 1. Erhaltung offener Flächen durch regelmässige Feuer im Everglades National Park, USA.

Abb. 2. Über 50 Jahre alte Versuchsflachen in Kansas, USA.

268

durch wissenschaftliche Versuche in den verschiedensten Ländern Afrikas
(Phillips 1965, Lemon 1968), Amerikas (Hensel 1923, Komarek 1965, 1974,
Ahlgreen 1974, Biswell 1974), Asiens (Karnik 1967, Wharton 1968, Iwanami
1973) und Europas (Heikinheimo 1915, Kayll 1966, Vitro 1969, Trabaud 1970)
untermauert und erweitert.

Abb. 2 zeigt den Vorläufer der mittlerweile auch in der Bundesrepublik
modernen Versuchsflächen zur Erprobung von Landschaftspflegemethoden: in
der Flint Hills Region in Kansas wurden seit 1918 abgegrenzte Flächen über
einen Zeitraum von mehr als 50 Jahren gleichgleibender Behandlung mit verschiedenen Feuerarten unterworfen (Anderson 1964).

Die technischen und klimatischen Voraussetzungen einer erfolgreichen Feueranwendung wurden bereits beschrieben (Riess 1976b) so daß hier nicht näher
darauf eingegangen wird. Ebenso liegen bereits Hinweise zur vielfältigen Anwendung kontrollierten Feuers in der Landschaftspflege vor (Riess 1975).

Effekte auf die Tierwelt

Die Wirkungen auf Tiere, Boden und Pflanzen hängen u.a. ab von den abiotischen
Faktoren am Ort (Streu-Menge, -Beschaffenheit, -Feuchte, rel. Luftfeuchte,
Lufttemperatur, Wind-Richtung, -Geschwindigkeit). Die Reaktion der Vege-
tation fällt außerdem je nach jahreszeitlich unterschiedlichem physiologischen
Zustand der Pflanzen verschieden aus.

Als Zoologe möchte ich zunächst kurz auf die Tierwelt eingehen. Ohne
nähere Kenntnis neigt man dem Pauschalurteil zu: ,,da verbrennt alles‘‘.

Bei näherer Betrachtung erscheint die Wirkung jedoch komplizierter. Nach
Durchsicht der zu diesem Themenkomplex vorliegenden Veröffentlichungen
ist festzustellen, daß mittlerweile Feuereffekte auf die Bodenfauna, auf Wanzen,
Spinnen, Heuschrecken, Käfer, Fliegen, Reptilien, Vögel und Säuger bekannt
sind, also auf den Querschnitt der gesamten terrestrischen Tierwelt.

Grundsätzlich ist es möglich, durch die Wahl der abiotischen Faktoren vor
Entzündung des Feuers Tierarten zu schonen oder zu vernichten. Die Temperatur der Bodenoberfläche kann um 50° C gehalten werden oder weit über 100° C
erhitzt werden (abhängig v. a. von den Feuchteverhältnissen der Streu und der
Windgeschwindigkeit).

Die Vegetation kann während der Winterpause (wenn viele Tierarten sich
im Boden oder in Bodennähe aufhalten) oder nach dem Austrieb der Pflanzen
entzündet werden. Eine Fläche kann vollständig und mit einen Kreisfeuer oder
nur fleckweise und von einer Seite her gebrannt werden. Entsprechend vielfältig
fallen die Reaktionen der Tierwelt aus (Abb. 3).

Wie auch bei anderen Pflegemethoden werden durch den Feuereinsatz Tiere
vernichtet. Im Gegensatz zu den herkömmlichen Pflegemethoden wird dem Tier
bei der Feueranwendung jedoch die Chance gegeben, ererbte Verhaltensweisen
zu praktizieren und entweder zu fliehen oder sich im und am Boden unter
Wurzelgeflecht, Steinen usw. zu verbergen. Erdboden ist bekanntlich ein hervor-
ragender Temperaturisolator.

Es steht fest, daß die Wiederbesiedlung gebrannter Flächen bei normaler
Witterung sehr rasch erfolgt und sich offensichtlich auf Grund der günstigen

mikroklimatischen Verhältnisse sowie verbesserter trophischer Faktoren Artenzahl und Individuenzahl steigern lassen. Hurst (1970) stellte z.B. auf einer im
Februar 1969 gebrannten Fläche im Juli und August signifikant höhere Individuenzahlen und auch eine gesichert höhere Biomasse herbivorer Insekten
(Formicidae, Coleoptera, Orthoptera, Hemiptera, Homoptera) auf den gebrannten Flächen fest. Auf allen Versuchsflächen waren auch Abundanz und Biomasse
der Spinnentiere erhöht, während die Dipterenzahlen keine klare Tendenz erkennen ließen. Die Anpassung der Spinnenfauna an Feuer in der Prairie in
Wisconsin stellen auch Riechert & Reeder (1972) fest.

Vor wenigen Jahren ermittelte Gillon (1972) an der Elfenbeinküste folgende
Zahlen: Durch kontrolliertes Feuer wurden 5% der Heuschreckenfauna vernichtet, 8% überlebten das Passieren, 87% entzogen sich durch Flucht. Von den
Pentatomiden flogen 92% der heliophilen Arten davon und kehrten sofort auf
die Asche zurück. Ein Januarfeuer wurde von 16% der apterygoten Wanzen überlebt, ein Aprilfeuer von knapp 50%.

Zwei Besonderheiten von Feueranpassungen im Bereich der Tierwelt seien
erwähnt: Nach Beobachtungen von Stichel (1919) und Linsley (1943) sowie
physiologischen Untersuchungen von Evans (1966) steht fest, daß die Bupresti-
den-Gattung *Melanophila* zur Ortung von Feuern besonders ausgerüstet ist.
Infrarote Sensoren im Mesothoraxbereich befähigen die Tiere ein ca. 20 ha
großes Waldfeuer aus 5—50 km Entfernung wahrzunehmen und als erste

Abb. 3. Mitwindfeuer (rechts) und Flankenfeuer (links) wirken sich unterschiedlich auf
Pflanzen- und Tierwelt aus.

270

Destruenten im noch warmen, angekohlten Holz zur Eiablage zu schreiten. Die
Gattung ist meist mit mehreren Arten weltweit verbreitet.

Von einer weiteren Feueranpassung berichten Kessel (1960) und Snoddy &
Tippins (1968). Die Dipterengattungen *Microsania* und *Hormopeza* (Platypezi-
dae) werden von Feuerrauch angezogen. Die Tiere, deren Nachweis in weiten
Regionen bisher nur im Feuerrauch gelang, vollführen ihre Paarungsspiele im
Rauch und kopulieren unmittelbar danach am Boden.

Effekte auf die Vegetation

Zunächst einige Bemerkungen zur Veränderung des physiologischen Zustandes
gebrannter Pflanzen.

Durch Feuer kann Chromosomenverdoppelung und eine Neukombination
der Gene bewirkt werden (Peto 1939, Petterson 1961). Die Samenstengelzahl
von Weidegräsern kann bis zu 1200% erhöht werden (u.a. nachgewiesen für
Andropogon scoparius, ein Borstgras), durch steigende Brennhäufigkeit nehmen
Wurzelbiomasse und Triebbiomasse zu. Nach Untersuchungen von Vogl (1965)
können Kräuter einen bis zu 100% höheren Wassergehalt aufweisen (Gräser
bis zu 150%, holzige Pflanzen bis zu 25%). Die Kontrollbedingungen werden oft
erst nach mehreren Jahren wieder erreicht. Allgemein läßt sich auch ein Anstieg
des N, P, Ca, und K-Gehalts der Pflanzen feststellen (z.B. Steigerung des Roh-
proteingehalts von 3,6 auf 7,6% bzw. von 5% auf 10,5% bei vorangegangener
Düngung bei *Eragrostis curvula*).

Besonders interessant ist natürlich die Manipulation des Bedeckungsgrades
(siehe u.a. Ahlgreen 1960, Vogl 1964, Beck & Vogl 1972, Kirsch & Kruse 1973).
Man kann einerseits ein sogenanntes kaltes Feuer über eine Fläche schicken und
damit weitgehend den Effekt einer Mahd nachahmen (Voraussetzung: Rel.
Luftfeuchte ca. 60%, Streufeuchte im Bereich von 12—20%, Temperatur um
10° C, Windgeschw. 6—10 km/h).

Auf der anderen Seite kann ein heißes Feuer entzündet werden, das die
Bodendecke für Pionierarten öffnet oder unerwünschten Baumaufwuchs eliminiert (Rel. Luftfeuchte bei 40—50%, Streufeuchte höchstens 10%, Temperatur
über 20° C, Wind bis 15 km/h). Hinsichtlich der jeweils geeigneten Jahreszeit
müssen für einzelne Arten noch Erfahrungen gesammelt werden. Als Faustregel
kann gelten, daß heiße Feuer im Herbst oder Frühjahr nach Austrieb der Vegetation Baumarten zurückwerfen, Feuer im Frühjahr vor dem Wiederaustrieb
Baumarten jedoch stimulieren. Eine Zusammenfassung der Feuerwirkungen auf
den Boden (Bodentemperatur, Bodenfeuchte, Mineraliengehalt, Mikroorganismen) liegt bereits vor (Riess 1976a).

Ausblick

Dieses Referat soll den in der Landschaftspflege tätigen Wissenschaftlern und
Praktikern Veranlassung geben, den Faktor Feuer stärker als bisher bei Untersuchungen zu berücksichtigen. Nur wenige Versuche sind notwendig, um unter
den klimatischen Verhältnissen in der Bundesrepublik von den vier Schlüssel-

faktoren relat. Luftfeuchte, Streufeuchte, Lufttemperatur und Windgeschwindigkeit Zahlenreihen zu erstellen, die Voraussagen über die auftretende Feuer-
temperatur und die Effektivität des Feuers (im Hinblick auf Prozent an verbrann-
ter Vegetation) erlauben. Anwendungsmöglichkeiten ergeben sich u.a. in
Kiefernwäldern zur Reduktion der Bodenstreu, in Feuchtgebieten als Nach-
ahmung der Streumahd, auf Trockenrasen zur Offenhaltung und Erhaltung der
typischen Vegetation, auf Brachflächen verschiedener Art als Pflegemittel.
Erste Versuche vom Brennen von Schilf am Bodensee, über Brachflächenpflege
im Spessart und Dillkreis/Hessen bis zur Erhaltung der Calluna-Heide in Nord-
deutschland sind unternommen, weitere Aktivitäten sollen durch einen im
Rahmen der Gesellschaft für Ökologie gegründeten Arbeitskreis „Feuerökologie"
koordiniert und angeregt werden.

Literatur

Ahlgreen, C. (1960): Some effects of fire reproduction and growth of vegetation in north-
eastern Minnesota. *Ecology* 41: 431–445.

Ahlgreen, C. (1974): Effects of fires on temperate forests: north central United States.
Fire and Ecosystems, Academic Press, 195–223.

Anderson, K. (1964): Burning Flint Hills bluestem ranges. *Proc. Tall Timbers Fire Ecol.
Conf.* 3: 89–103.

Beck, A. & Vogl, R. (1972): The effects of spring burning on rodent populations in a brush
prairie savanna. *J. Mamm.* 53: 336–346.

Biswell, H. (1974): Effects of fire on chaparral. Fire and Ecosystems, Academic Press,
321–364.

Evans, W. (1966): Perception of infrared radiation from forest fires by *Melanophila acumi-
nata* De Geer (Buprestidae, Col.). *Ecology* 47: 1061–1065.

Gillon, D. (1972): The effect of a bush fire on the principal pentatomid bugs (Hemiptera),
of an Ivory coast savanna. *Proc. Tall Timbers Fire Ecol. Conf.* 11: 377–417.

Heikinheimo, O. (1915): Der Einflüß der Brandwirtschaft auf die Wälder Finnlands. *Acta
for. fenn. Helsingforsiae* 4: 1–264.

Hensel, R. (1923): Effect of burning on vegetation in Kansas pastures. *J. Agr. Res.* 23:
631–644.

Hurst, G. (1970): The effects of controlled burning on arthropod density and biomass
in relation to bobwhite quail (*Colinus virginianus*) brood habitat. Diss. Mississ. State
Univ., 58 S.

Iwanami, Y. (1973): Studies on burning temperatures of grasslands. Rep. Agr. RITU 24:
59–105.

Karnik, C. (1967): Effect of fire on the dry deciduous forests of satpura mountains. *India
Trop. Ecology* 8: 110–116.

Kayll, A. (1966): Some characteristics of heath fires in north-east Scotland. *J. appl. Ecol.*
3: 29–40.

Kessel, E. (1960): Microsanias attracted to cold smoke (Diptera: Platypezidae). *Wasm. J.
Biol.* 18: 312–313.

Kirsch, L. & Kruse, A. (1973): Prairie fires and Wildlife. *Proc. Tall Timbers Fire Ecol. Conf.*
12: 289–303.

Komarek, E. (1965): Fire ecology – grasslands and man. *Proc. Tall Timbers Fire Ecol.
Conf.* 4: 169–220.

Komarek, E. (1968): Lightning and lightning fires as ecological forces. *Proc. Tall Timbers
Fire Ecol. Conf.* 8: 169–197.

Komarek, E. (1974): Effects of fire on temperate forests and related ecosystems:
Southeastern United States. Fire and Ecosystems, Academic Press, 251–277.

Lemon, P. (1968): Effects of fire on an African plateau grassland. *Ecology* 49: 316–322.

Linsley, E. (1943): Attraction of Melanophila beetles by fire and smoke. *J. Econ. Entomol. Entomol.* 36: 341–342.

Peto, F. (1939): Chromosome doubling induced by temperature shocks in hybrid zygotes of *Triticum vulgare* pollinated with *Agropyron glaucum. Genetics* 24: 39.

Pettersson, B. (1961): Mutagenic effect of radiant heat shocks on phanerogamous plants. *Nature* 191: 1167–1169.

Phillips, J. (1965): Fire — as master and servant: its influence in the bioclimatic regions of trans-saharan Africa. *Proc. Tall Timbers Fire Ecol. Conf.* 4: 7–109.

Riechert, S. & Reeder, W. (1972): Effects of fire on spider distribution in southwestern Wisconsin prairies. Proc. sec. Midw. Prairie Conf. UW Wisc., 73–90.

Riess, W. (1975): Kontrolliertes Brennen — eine Methode der Landschaftspflege. *Mitt. Flor. soz. Arbeitsgem. N.F.* 18: 265–271.

Riess, W. (1976a): Die Wirkungen kontrollierten Feuers auf den Boden und die Mikroorganismen. *Forum Umwelt Hygiene* 27: 259–263.

Riess, W. (1976b): Der Feuereinsatz und seine Technik in der Landschaftspflege. *Natur u. Landschaft* 51: 284–287.

Snoddy, E. & Tippins, H (1968): On the ecology of a smoke fly, *Microsania imperfecta, Ann. Entomol. Soc. Amer.* 61: 1200–1201.

Stichel, R. (1919): Über einen besonders krassen Fall von Wärmeliebe bei Buprestiden. *Deut. Entomol. Z.*, S. 214.

Trabaud, L. (1970): Quelques valeurs et observations sur la phytodynamique des surfaces incendiees dans le Bas-Languedoc. *Naturalia monspeliensia*, ser. *Bot.* 21: 231–242.

Viro, P. (1969): Prescribed burning in forestry. *Commun. Inst. for. fenn.* 67: 1–49.

Vogl, R. (1964): The effects of fire on a muskeg in northern Wisconsin. *J. Wildl. Manage.* 28: 317–329.

Vogl, R. (1964): The effects of fire on the vegetational composition of bracken-grasslands. *Wisc. Acad. Sci. Arts & Letters* 53: 67–82.

Vogl, R. (1965): Effects of spring burning on yields of brush prairie savannah. *J. Range Manage.* 18: 202–205.

Wharton, C. (1968): Man, fire and wild cattle in Southeast Asia. *Proc. Tall Timbers Fire Ecol. Conf.* 8: 107–167.

Anschrift des Verfassers:

Dr. W. Riess, Landesamt für Umweltschutz, Rosenkavalierplatz 3, 8000 München 81.

MEHRJÄHRIGE ÖKOLOGISCHE UNTERSUCHUNGEN IN EINEM SÜD-DEUTSCHEN MESOBROMETUM

H. REMMERT

Abstract

During the years 1972 to 1976 ecosystem studies were conducted in a very old bavarian mesobrometum. The above-ground plant biomass decreased strongly during these years and so did the chlorophyll content of the plants. The composition of the plant community underwent strong changes. Grassshoppers and crickets decreased from 1972 to 1975. Some species had sudden mass developments or occurred only in one of the years in reasonable numbers (*Turrutus socialis, Formica* spec. I and spec. II). The species-diversity showed — in a smoothened curve — a regular cycle in the course of the year with a minimum in winter; but this course was overridden but mass-developments or comparable events. There is not one single reason for this strong inconstancy, many different factors (of which only some could be analyzed) are responsable. The results shown warn against short term studies and their application in ecosystem research or in calculation of diversity indices.

In den Jahren 1972 bis 1976 wurden auf dem Walberla in der Nähe von Forchheim mit Hilfe von Formalinfallen tierökologische Untersuchungen durchgeführt. Parallel wurde der Pflanzenbestand kontrolliert, wurde die oberirdische Biomasse der Pflanzen geerntet und der Chlorophyllgehalt bestimmt. Die Formalinfallen standen durch all die Jahre genau an den gleichen Stellen.

Das Walberla überragt, aus steilen Juraklippen aufgebaut, die umliegende Ebene um fast 200 Meter und erreicht eine Höhe von knapp 500 Metern über dem Meer. Mindestens seit der Bronzezeit diente es allen hier lebenden Völkern als Heiligtum, es dürfte schon seit dieser Zeit seines natürlichen Waldes beraubt sein. Die hier vorherrschende Pflanzengesellschaft — ein Mesobrometum — dürfte daher von außerordentlich hohem Alter sein.

Zwischen den einzelnen Jahren bestehen hinsichtlich der oberirdischen Biomasse der Pflanzen, in ihrem Chlorophyllgehalt und im Auftreten der einzelnen Tiergruppen sehr große Unterschiede (Abb. 1). Die oberirdische Biomasse der Pflanzen geht auf etwa die Hälfte zurück; betont wird dieser Rückgang durch ein gleichzeitiges Absinken des Chlorophyllgehaltes: In Wirklichkeit sinkt also die produzierende Pflanzenmasse noch stärker als aufgrund der reinen Gewichtsangaben anzunehmen ist. Die Zahl der Grillenlarven ist in den Jahren 1973 bis 1975 sehr gering. 1976 erholt sich der Bestand wieder. Eine ähnliche Tendenz gilt auch für Feldheuschrecken. Ungeheuer sind die Unterschiede bei Zikaden und Hymenopteren, während Ohrwürmer relativ konstant sind. Ebenso zeigt die Biomasse der pterygoten Insekten und Spinnen relativ konstante Werte. Betrachtet man einzelne Arten (Abbildung 2), werden die gefundenen Differenzen noch deutlicher. Eine Reihe auffälliger Arten tritt faktisch nur in einem der Untersuchungsjahre auf. So dehnt in einem Jahr ein lange vorhandenes

Nest der roten Waldameise sein Territorium aus (1975), während im folgenden
Jahr eine kleinere Formica-Art, die bisher nur sporadisch gefunden wurde, ein
unerwartetes und sehr hohes Maximum in allen Fallen zeigt (mehr als 10 Tiere
pro Tag und Falle). Ähnliche Differenzen gibt es bei der Wachstumsgeschwin-
digkeit der Heuschrecken und Grillen. In manchen Jahren kommen noch Ende
September Heuschreckenlarven vor, während in anderen alle Heuschrecken
Anfang August die Entwicklung bis zur Imago durchgemacht haben. Bei Grillen
streuen in manchen Jahren die gleichzeitig gefangenen Größen-Klassen zwischen
5 und 25 Millimeter (Anfang September 1974). In den Jahren 1972 und besonders 1976 gab es in der Population nicht entfernt so starke Differenzen — bei
viel größerer Individuenzahl der Grillen und (1976) sehr viel rascherem Wachstum.

 Selbst bei den Pflanzen liegen die Dinge ähnlich. In dem eigentlichen Probe-

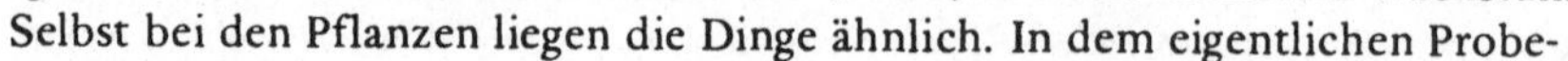

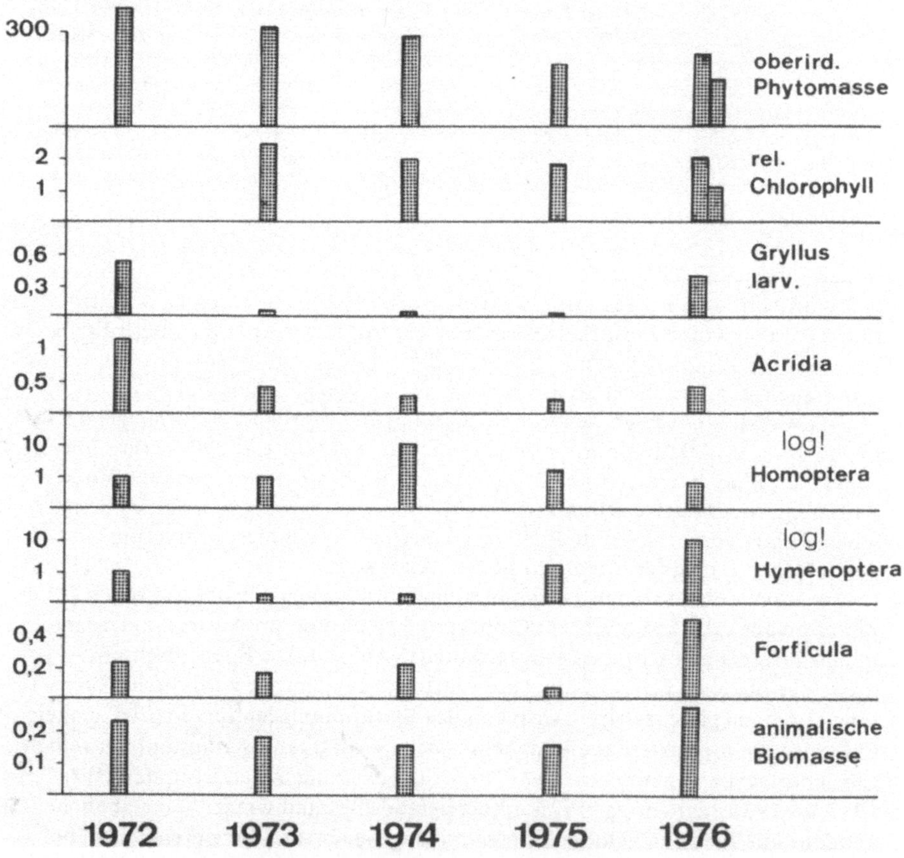

Abb. 1. Übersicht über die Jahre 1972–1976. Dargestellt ist die oberirdische Biomasse
der Pflanzen (in g pro qm), ihr Chlorophyllgehalt pro Gewichtseinheit sowie gefangene
Tierindividuen pro Tag und Falle (Durchmesser der Falle 7 cm) im Juli der Untersuchungsjahre. Die große Anzahl der Hymenopteren in den Jahren 1975 und 1976 beruht auf zwei
verschiedenen Ameisenarten, die in Abbildung 2 gesondert dargestellt sind.

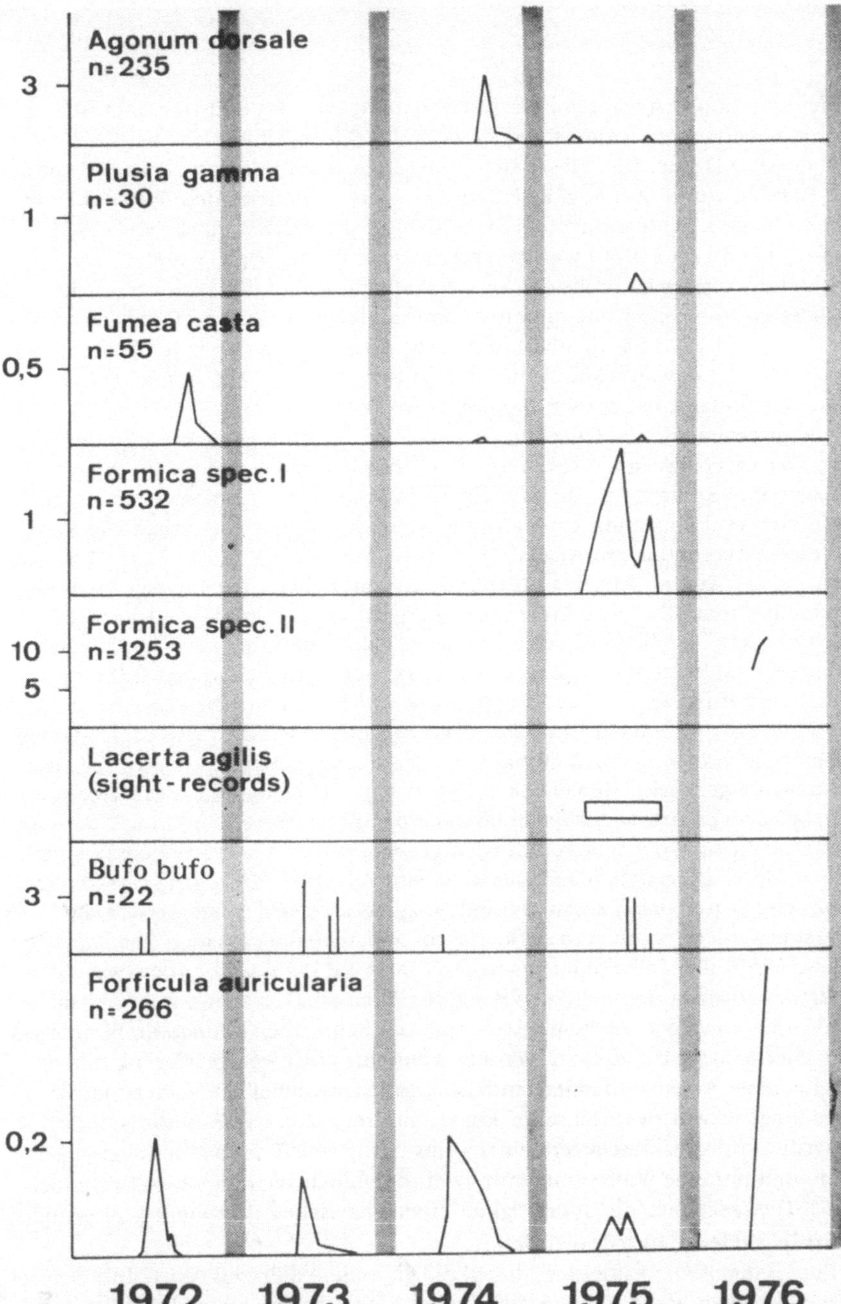

Abb. 2. Einzelne Beispiele für Differenzen zwischen den Untersuchungsjahren. Dargestellt ist der Fang pro Tag und Falle der betreffenden Art im Verlauf der Jahre.

Im Mittel fängt jede Falle pro Tag 3—6 pteryogte Insekten und Spinnen. Das Massenauftreten einer Art (Turrutus socialis bis 19 pro Tag, Formica spec. II 10/Tag) kann also weit über die Summe aller Arten hinausgehen bzw. diese fast erreichen (Agonum dorsale 3/Tag, Formica spec. I 1/Tag).

gebiet verschob sich während der Untersuchungszeit das Bild sehr drastisch. Zu Beginn beherrschten Bromus und Festuca das Bild; sie bildeten eine dicht geschlossene Decke. Diese löste sich in den folgenden Jahren weitgehend auf. Der Bestand wurde löcherig, zwischen den Gräsern siedelte sich *Arenaria serpyllifolia* an und machte schließlich mehr als 40% der Pflanzendecke aus (1975). Im folgenden Jahr (1976) war Arenaria nahezu wieder verschwunden, der Bestand der Gräser hatte die Lücken weitgehend aufgefüllt. Hinzu trat sehr zahlreich Salvia, die vorher nur sporadisch vorhanden gewesen war. Chrysanthemum war 1972 und 1973 häufig und blühte sehr stark. In den folgenden Jahren ging sie zurück und es waren kaum Blüten anzutreffen. Erst 1976 waren wieder blühende Wiesen von *Chrysanthemum* vorhanden.

Entsprechend diesen Differenzen gab es sehr große Unterschiede in der Diversität. Der Diversitätsindex (nach der Shannon-Weaver-Formel für pterygote Insekten und Spinnen) zeigte zum einen einigermaßen regelmäßige jahresperiodische Schwankungen mit einem Minimum in den Monaten Februar und März und einem Maximum von August bis Januar (Minimum 1,5; Maximum 3,2; nach Glättung der Kurve). Auf der anderen Seite wurde dieser regelmäßige Gang der Diversität durch plötzliche Ereignisse häufig durchbrochen. Ein solcher Einbruch erfolgte im Juli 1976, als eine einzige Zikadenart, die auch sonst regelmäßig sehr zahlreich war (Turrutus socialis), eine nur einen Monat währende Massenentfaltung zeigte. Der Fang pro Tag und Falle schnellte von 1−3 auf 19 Tiere pro Tag und Falle herauf. Der Diversitätsindex wurde durch diese Massenvermehrung in diesem einen Monat vom Erwartungswert knapp unter drei auf eins heruntergedrückt. Den gleichen Effekt hatte 1976 das Massenauftreten der kleinen Formica-Art. Natürlich ergibt sich bei diesen Werten die Frage, ob eine Zusammenfassung der sehr verschieden großen Insekten und Spinnen zu einer Einheit, deren Diversität berechnet wird, sinnvoll ist − zumal ganz verschiedene trophische Stufen dabei zusammenfallen. Aber noch schlechter werden die Diversitätsindices, wenn man sie in diesem Fall allein auf Zikaden (wo Turrutus mehr als 95% aller Individuen ausmachte) oder auf Ameisen bezieht (wo 1976 die kleine Formica-Art mehr als 99,9% der Ameisen ausmachte, während sie in den Vorjahren so gut wie keine Rolle spielte). Schließlich können im Winter sehr hohe Diversitätswerte erreicht werden, wenn nur noch wenige Tierindividuen verschiedener Arten vorhanden sind. So ergab sich einmal eine nahezu ideale Verteilung, als von zwei Heuschreckenarten, drei Arten von Käferlarven, der Feldgrille, von zwei Asselarten, einer Julus-Art jeweils 1 Individuum gefangen wurde und nur eine Wolfsspinne mit zwei Individuen vertreten war (Dezember 1975). Hier zeigt sich die Sinnlosigkeit einer sklavischen Berechnung aufgrund des vorliegenden Materials deutlich.

Eine gemeinsame Erklärung, die all die gefundenen Produktions- und Dichteschwankungen umfaßt, kann es nicht geben. Für einzelne kleine Bereiche könnten inzwischen mögliche Ursachen wahrscheinlich gemacht werden.

Anschrift des Verfassers:

Prof. Dr. H. Remmert, Fachbereich Biologie der Universität, Marburg.

Sonderdruck: Verhandlungen der Gesellschaft für Ökologie, Göttingen 1976.

SUKZESSIONSFORSCHUNG IM BRACHLAND

W. SCHMIDT

Abstract

Starting in 1968, the plant succession of an old abandoned field was investigated. The soil was a calcareous loam and at the time of starting the study certain selected areas were sterilized by heating or the application of herbicides. In the absence of human influence distinct successional stages were observed that showed characteristic physiognomical, phytosociological, and floristical features. During the first decade vegetational development was characterized by competition between therophytes and hemicryptophytes. In 1968 and 1969 annuals of weed communities were dominant and later in 1971 hemicryptophytes, especially those in the classes Artemisetea and Molinio-Arrhenatheretea were the most important life-form group. Phanerophytes such as *Betula pendula*, *Fraxinus excelsior* and *Salix caprea* which were noticed as early as 1969 had by 1976 formed a scattered shrub layer which covered about 20% of the soil surface. Several agricultural treatments such as ploughing, cutting, and fertilizing were also applied and were found to change the direction of the general secondary progressive succession by establishing specific secondary communities. A statistical analysis of the coverage development suggested a division of the plant species which can be based on their ecological and dynamic behaviour over the nine years of observation.

1. Einleitung

1973 fand in Rinteln ein Symposium der Internationalen Vereinigung für Vegetationskunde mit dem Thema „Sukzessionsforschung" statt. Dabei zeigte sich, daß für die Aufstellungen von Sukzessionsreihen und -schemata überwiegend noch indirekte Schlüsse aus dem Vergleich von abgestuften, mehr oder weniger benachbarten Pflanzengesellschaften und Bodenzuständen verwendet werden, die sich in eine Reihe bringen ließen. Dies trifft auch für die Vegetationsentwicklung im Brachland zu, wo sich die bisher vorliegenden vegetationskundlichen Arbeiten von Büring (1970), Meisel & Von Hübschmann (1973), Von Borstel (1974), Hard (1975) u.a. auf den Vergleich von unterschiedlich lange brachliegenden Flächen auf gleichen Standorten stützen. Vielfach konnte jedoch nachgewiesen werden, daß aus dem räumlichen Nebeneinander nicht unbedingt auf ein zeitliches Nacheinander geschlossen werden darf. Wenn die zuverlässigste Methode der Sukzessionsforschung, nämlich die unmittelbare Beobachtung von Dauerflächen, trotzdem nur selten angewendet wird, so liegt dies in erster Linie daran, daß die meisten Sukzessionen viele Jahre oder gar Jahrzehnte dauern, bis ein relativ stabiles Endstadium und damit ein mehr oder weniger gesichertes Ergebnis erreicht wird.

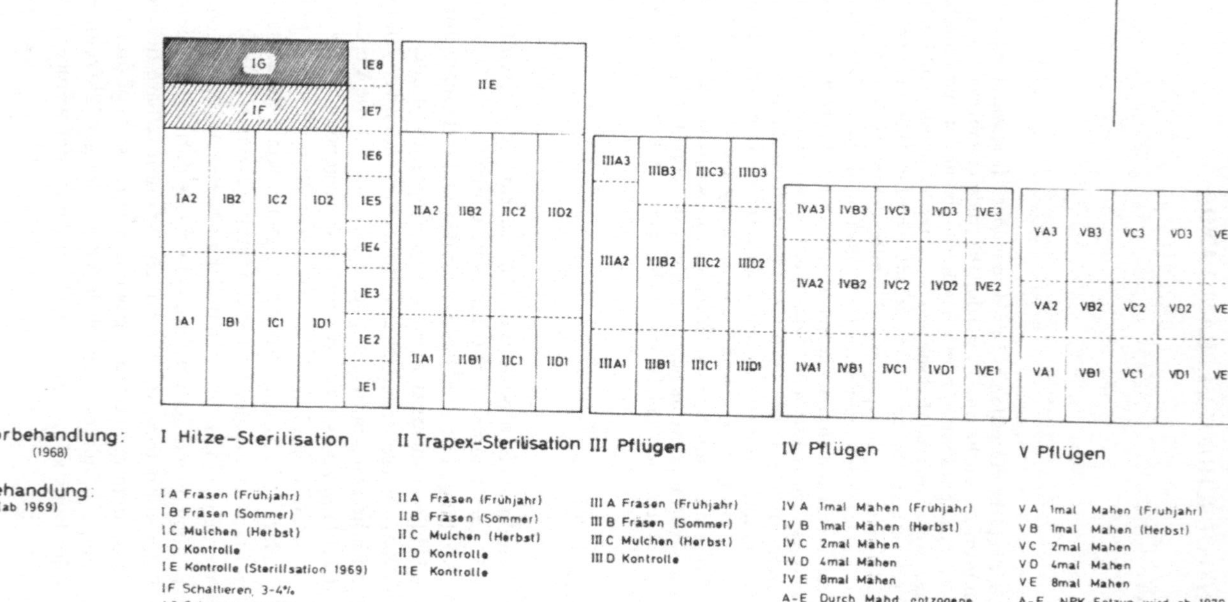

Abb. 1. Gliederung der Versuchsanlage.

2. Versuchsanlage und Untersuchungsmethoden

1968 wurde im Neuen Botanischen Garten der Universität Göttingen auf einem
ehemaligen Acker mit einem tiefgründigen, kalkhaltigen Auelehm ein entsprechender Dauerflächenversuch angelegt. Dabei ging es einmal um die Frage,
wie die ungestörte Vegetationsentwicklung abläuft, wenn keinerlei Samen und
Pflanzenteile im Boden enthalten sind. Zu diesem Zweck wurde auf einer Fläche
von 1000 m^2 (Block I) der gesamte Boden bis in 30 cm Tiefe ausgehoben und
hitzesterilisiert (Abb. 1). Neben dem angestrebtem Ziel, alle lebenden Pflanzenteile abzutöten, wurde dabei auch der Oberboden gründlich durchmischt. Ein
zweiter Block (800 m^2) wurde mit dem flüssigen Herbizid Trapex behandelt,
während die Blöcke III-V im Frühsommer 1968 lediglich etwa 20 cm tief umge-
pflügt wurden und so einer normalen Ackerschwarzbrache entsprachen.

Ab 1969 wurden die Blöcke in Streifen von 5 m-Breite unterteilt und seitdem
einer sich jährlich wiederholenden Behandlung unterzogen, um zu klären, inwieweit sie die Sukzession abwandeln und Ersatzgesellschaften anstelle der natürlichen Schlußgesellschaft entstehen lassen.

IA, IIA und IIIA werden im Frühjahr gefräst, d.h. etwa 20 cm tief fein
gepflügt. IB, IIB und IIIB werden im Sommer gefräst. IC, IIC und IIIC werden
im Herbst gemulcht, d.h. das oberirdische Pflanzenmaterial wird abgemäht und
verbleibt als Streu auf den Streifen. ID, IID und IIID (insgesamt 450 m^2) blieben
seit 1968 unberührt und dienen als Kontrollflächen.

Block IV und V wurden ebenfalls in 5 m-Streifen aufgeteilt, die seit 1969 wie
folgt behandelt wurden:
IVA und VA Mahd im Frühjahr
IVB und VB Mahd im Herbst
IVC und VC 2malige Mahd
IVD und VD 4malige Mahd
IVE und VE 8malige Mahd.

Die abgemähten Pflanzenteile werden von den Flächen entfernt, ihr Trockengewicht und ihre Nährstoffgehalte bestimmt. Von den dabei entzogenen Nährstoffen werden Stickstoff, Phosphor und Kalium jedoch nur in Block V seit
1970 durch eine anschließende mineralische Düngung in voller Höhe wieder
ersetzt.

Seit 1968 wurden von jeder der 2—3 Parzellen pro Streifen 2—3 Vegetations-
aufnahmen pro Vegetationsperiode erstellt. Dies geschah in Anlehnung an Braun-
Blanquet (1964) durch Schätzung des Deckungsgrads in Prozent. In Tab. 1 und
in den Abb. 2—8 sind jeweils die Jahresmittelwerte angegeben. Näheres zur vegetationskundlichen Untersuchungsmethode bei Schmidt (1976).

3. Untersuchungsergebnisse

Die Darstellung der Untersuchungsergebnisse soll sich hier auf zwei Punkte kon-
zentrieren:
1. Wie verlief die Vegetationsentwicklung von 1968 bis 1976 auf den Kontrollflächen ID, IID und IIID (auf die Entwicklung der Flächen IE-IG und IIE, die

Tab. 1: Veränderung der Vegetation auf den Kontrollstreifen des Sukzessionsversuchs. Angegeben ist der mittlere Deckungsgrad aller aufgenommenen Parzellen in Prozent sowie die kleinste signifikante Differenz zwischen den Jahresmittelwerten. Nomenklatur der Arten nach EHRENDORFER (1973).

Vegetationsperiode / Jahr	0. 1968	1. 1969	2. 1970	3. 1971	4. 1972	5. 1973	6. 1974	7. 1975	8. 1976	Kleinste signifikante Differenz P (%) ≤ 10	≤ 1
Strauchschicht, Deckung (%)	-	-	-	-	-	1.7	5.5	10.8	20.9		
Krautschicht, Deckung (%)	15.3	35.8	53.3	61.7	86.0	85.3	90.3	92.9	91.6		
Moosschicht, Deckung (%)	0.7	7.2	37.2	52.0	26.9	4.2	1.0	0.8	14.6		
Artenzahl, Phanerogamen	35	70	81	81	92	96	104	90	86	10	1
Deckungsgradmaximum 1968											
Thlaspi arvense	0.3	+								0.2	0.4
Sherardia arvensis	1.0	+		+	+					0.4	0.7
Veronica persica	0.6	+	0.1	+						0.3	0.5
Stellaria media	2.3	1.3	1.0		+					1.6	2.7
Sinapis arvensis	0.6	0.6	0.2	0.1	+					0.6	1.0
Viola arvensis	2.0	1.7	1.0	0.6	0.3	+	+			1.8	3.0
Deckungsgradmaximum 1969											
Chenopodium album	0.3	0.9	0.2		+	+				0.8	1.3
Senecio vulgaris	0.7	1.4	0.9	0.8						0.7	1.1
Sonchus asper	0.4	1.2	0.8	0.6	+	+	+			0.6	1.0
Papaver rhoeas	2.2	10.6	2.3	0.3	0.3					8.6	14.3
Arenaria serpyllifolia	0.6	2.4	0.7	0.5	0.3					1.7	2.9
Polygonum persicaria	+	0.2	+							0.1	0.1
Silene noctiflora		0.3	+							0.2	0.4
Euphorbia helioscopia	+	0.1	+		+					0.1	0.1
Polygonum aviculare		0.3	+	+	+					0.2	0.3
Fallopia convolvulus	+	0.7	0.1							0.2	0.3
Chaenarrhinum minus	+	0.6	0.3		+					0.4	0.7
Aethusa cynapium	+	0.4	0.1	+	+	+				0.2	0.3
Atriplex patula		0.7	0.3	+						0.5	0.9
Anagallis arvensis		0.4	0.2	+	+					0.2	0.3
Plantago major	+	0.6	0.6	0.4	0.3	0.1	+	0.1	+	0.4	0.7
Deckungsgradmaximum 1970											
Capsella bursa-pastoris	1.9	1.4	2.2	0.1	+					1.7	2.8
Veronica polita		0.1	0.2	+	+					0.1	0.2
Matricaria discoidea		0.1	0.2	+	+					0.1	0.2
Sonchus oleraceus	+	0.2	0.4	0.4						0.3	0.5
Conyza canadensis		0.3	11.3	1.3	1.1	+				3.0	5.0
Poa annua		0.3	1.1	0.6	0.3	0.3	0.1			0.5	0.8
Galium aparine		0.8	2.7	0.8	1.7	0.2	0.4	0.1		2.2	3.6
Rumex crispus		0.2	0.8	0.5	0.1	0.1	0.1	0.1		0.8	1.3
Stachys palustris	+	0.2	0.3	0.2	0.2	0.2	0.2	0.1	0.2	0.3	0.5
Lamium amplexicaule	+	+	0.1							0.1	0.1
Matricaria chamomilla			0.1							0.1	0.1
Trifolium hybridum			0.1		+	+	+		+	0.1	0.1
Lactuca serriola		+	1.7	1.3	0.6					1.0	1.6
Impatiens parviflora		+	0.2	0.2	0.1	+	+			0.3	0.4
Veronica hederifolia		+	0.2	0.1		0.1	+			0.2	0.3
Trifolium pratense		+	0.3		+	0.1	+		+	0.3	0.5
Apera spica-venti		+	0.7		0.2		0.1			0.6	1.0
Valeriana officinalis	+	+	0.2	+	+				0.1	0.1	0.2
Deckungsgradmaximum 1971											
Tripleurospermum inodorum		0.4	0.8	1.2	0.3	0.1	0.1			0.6	1.0
Epilobium hirsutum			0.2	0.8	0.6	0.8	0.4	0.3		0.5	0.9
Erigeron acris			0.1					+	+	0.1	0.1
Deckungsgradmaximum 1972											
Myosotis arvensis	0.3	0.8	0.6	0.6	1.3	0.1	0.1	+	+	0.8	1.3
Epilobium tetragonum	0.1	0.5	0.9	6.3	7.8	1.0	1.1	0.9	0.1	1.4	2.3
Cirsium arvense	0.6	1.5	3.4	5.0	5.3	1.8	1.6	1.3	1.0	2.4	4.1
Epilobium parviflorum		0.1	0.8	4.0	6.4	1.3	0.6	0.6	0.1	0.6	1.0
Epilobium angustifolium		0.2	1.9	3.1	4.4	4.1	3.0	2.4	3.5	3.5	5.9
Epilobium adenocaulon		+	1.3	4.1	5.2	2.8	1.7	1.7	+	1.7	2.8
Cirsium vulgare		+	0.8	0.9	1.0	0.1	0.4	0.4	0.2	0.8	1.3
Cerastium holosteoides			+	0.3	0.4	0.3	0.2	0.1	+	0.4	0.6
Sonchus arvensis				+	0.3	0.1	0.1			0.3	0.4

Tab. 1: Fortsetzung.

Vegetationsperiode Jahr	0. 1968	1. 1969	2. 1970	3. 1971	4. 1972	5. 1973	6. 1974	7. 1975	8. 1976	P(%)≤ 10	P(%)≤ 1
Deckungsgradmaximum 1973											
Tussilago farfara	0.6	2.2	4.1	8.0	12.0	15.3	14.4	14.7	11.6	6.0	10.0
Taraxacum officinale	+	0.7	1.9	5.6	9.4	11.9	10.0	7.6	4.9	5.5	9.2
Equisetum arvense	+	0.3	0.3	0.4	0.4	0.5	0.3	0.5	0.5	0.4	0.7
Bromus arvensis		+	0.1		0.1	0.2				0.2	0.3
Crepis capillaris				0.1	0.1	0.2	0.2	0.1	+	0.2	0.4
Deckungsgradmaximum 1974											
Poa trivialis	0.6	0.1	1.3	2.5	6.8	13.9	14.6	7.3	3.7	4.0	6.6
Agropyron repens	+	0.1	0.2	0.4	0.9	0.7	1.3	1.3	0.6	1.9	3.1
Senecio jaccobea		+	+	0.1	0.1	0.3	0.4	0.4	0.3	0.4	0.7
Hypericum hirsutum						+	0.1	+		0.1	0.1
Luzula luzuloides						+	0.1	+	+	0.1	0.1
Hieracium sylvaticum				+	+	+	0.1	0.1	+	0.1	0.1
Acer platanoides S, K		+	+	+	+	+	0.2	0.1	0.2	0.1	0.2
Festuca ovina						+	0.1	+	0.1	0.1	0.1
Poa compressa							0.2	0.2	0.2	0.3	0.5
Deckungsgradmaximum 1975											
Ranunculus repens	+	0.1	0.3	0.4	0.7	0.7	0.7	1.0	0.3	1.3	2.2
Epilobium montanum			+		0.8	0.6	0.7	0.9	+	0.9	1.4
Pastinaca sativa				+	0.1	0.3	0.5	0.8	0.2	0.8	1.3
Torilis japonica						0.1	0.1	0.4	+	0.3	0.5
Leucanthemum vulgare				+	+	+	0.1	0.2	0.2	0.3	0.4
Populus tremula S, K							0.2	0.2	0.2	0.2	0.4
Deckungsgradmaximum 1976											
Solidago canadensis		0.3	2.3	3.5	6.7	10.1	12.8	16.4	19.0	4.5	7.4
Salix caprea S, K		0.1	0.2	0.7	0.6	1.6	4.1	5.5	12.6	6.1	10.2
Fraxinus excelsior S, K		0.4	0.6	0.9	2.0	1.0	2.0	3.4	5.2	2.6	4.2
Betula pendula S, K		0.1	0.1	0.3	0.3	0.4	0.9	2.1	2.8	1.9	3.1
Agrostis stolonifera		0.1	0.1	0.1	0.1	0.2	0.2	0.3	0.6	0.4	0.7
Achillea millefolium		0.1	0.1	0.1	0.1	0.2	0.1	0.3	0.4	0.5	0.8
Picris hieracioides		+	0.1	2.0	5.1	11.5	13.6	15.1	15.2	3.9	6.5
Dactylis glomerata		+	0.1	0.1	0.1	0.3	0.5	1.6	2.2	1.1	1.9
Clematis vitalba S, K		+	0.1	0.1	0.4	0.5	0.6	1.4	1.8	1.1	1.8
Phleum pratense		+	o.1	0.1	0.1	0.2	0.3	0.5	0.6	0.4	0.6
Calamagrostis epigejos				0.4	0.3	1.0	3.3	5.8	10.3	9.2	15.2
Poa pratensis			+	0.4	0.2	0.4	0.6	0.7	1.1	0.6	1.0
Crepis biennis			+	+	0.1	0.5	0.3	0.4	1.0	0.6	1.1
Fragaria vesca				+	0.1	0.1	0.2	0.4	0.7	0.4	0.7
Solidago gigantea				+	0.1	0.2	0.4	0.6	0.9	0.5	0.8
Arrhenatherum elatius					0.1	0.1	0.5	1.3	1.8	1.5	2.5
Rosa cf. canina S, K					0.1	0.2	0.1	0.5	1.2	0.6	1.0
Geum urbanum			+	+	+	0.1	0.1	0.1	0.4	0.2	0.4
Trifolium dubium			+	+	+	0.1	0.1	0.1	0.2	0.1	0.2
Rubus fruticosus S, K				+	+	0.1	0.2	0.6	2.0	1.6	2.7
Daucus carota				+	+	0.1	0.5	0.7	1.0	0.6	0.9
Clinopodium vulgare				+	+	0.1	0.1	0.1	0.5	0.4	0.7
Hypericum perforatum						0.1	0.1	0.1	0.2	0.2	0.3
Poa palustris						0.1	+	+	0.3	0.1	0.1
Brachypodium pinnatum					+	+	0.1	0.4	1.3	1.1	1.8
Cornus sanguinea S, K					+	+	0.1	0.2	0.5	0.1	0.2
Euphrasia rostkoviana							0.1	0.6	1.0	1.0	1.6
Prunus spinosa K					+		+	+	0.1	0.1	0.1
Deschampsia cespitosa						+	+	+	0.1	0.1	0.1
Prunella vulgaris						+	+	+	0.1	0.1	0.1
Salix spec. S, K							+	+	0.1	0.1	0.1
Übrige Arten (nur mit + notiert)	4	6	10	11	15	24	30	24	22		

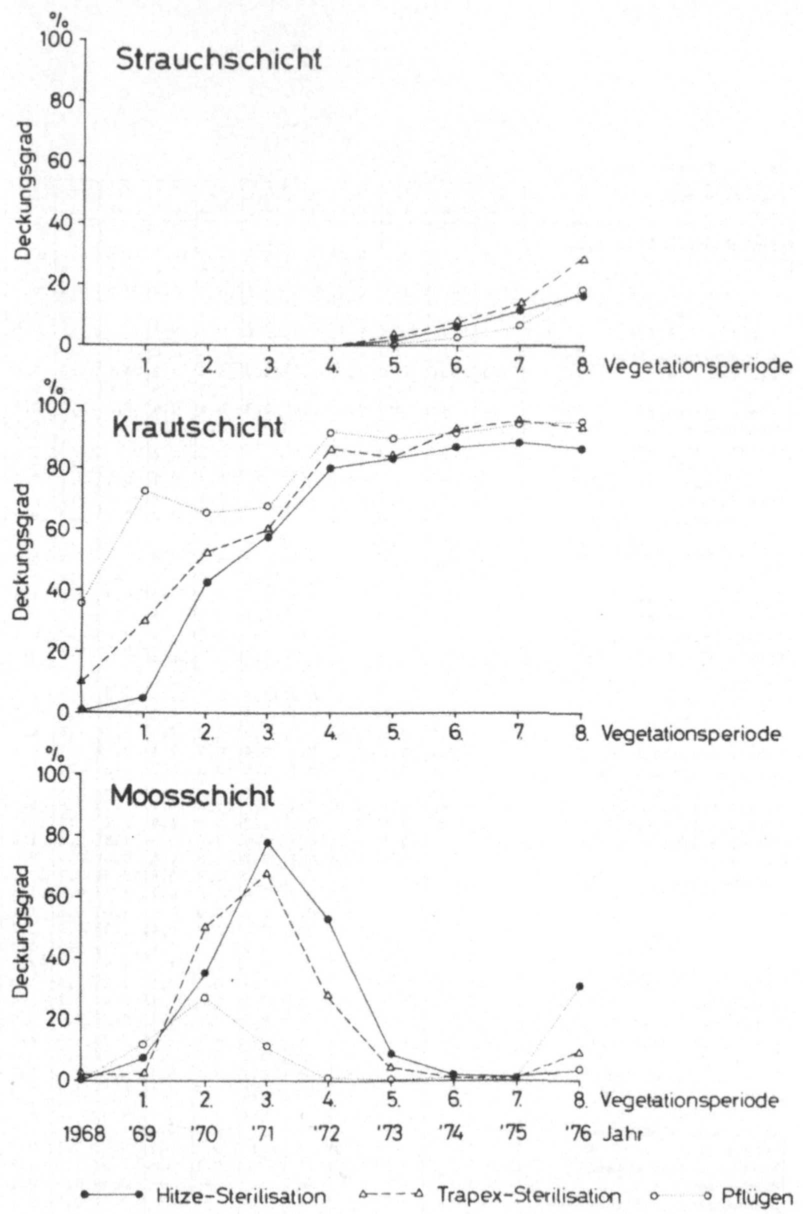

Abb. 2. Veränderungs des Deckungsgrads von Strauch-, Kraut- und Moosschicht auf den Kontrollstreifen.

284

für besondere Fragestellungen angelegt waren, soll hier nicht eingegangen werden)?

2. Welches ökologische und dynamische Verhalten zeigten einzelne Pflanzenarten unter dem Einfluß verschiedener Behandlungsmaßnahmen?

3.1. Ungestörte Sukzession auf den Kontrollflächen

3.1.1. Veränderungen im Deckungsgrad

Bereits im Oktober 1968 — d.h. vier Monate nach Versuchsbeginn — zeigte sich, daß die rascheste Wiederbesiedlung mit Phanerogamen auf der nur durch Pflügen vorbehandelten Fläche erfolgen würde, wo sich bei Versuchsbeginn noch viele lebende Pflanzenteile und Samen im Boden befanden (Abb. 2). Am langsamsten schloß sich die Pflanzendecke auf der hitzesterilisierten Fläche, weil hier alle Sporen, Samen und Früchte von außen herangetragen werden mußten. Der trapexsterilisierte Block nahm eine mittlere Stellung ein; wie die floristische Analyse ergab (Tab. 1), war es mit Hilfe des Herbizids nicht gelungen, alle „Wurzelunkräuter" abzutöten. Ab 1973 waren die Deckungsgrade der Krautschicht soweit angeglichen, daß ein Einfluß der Vorbehandlung nicht mehr statistisch zu sichern war.

Geht man davon aus, daß die Hitzesterilisation die geeignetste Maßnahme ist, um eine Sukzession vom Startpunkt Null an zu studieren, so erfolgte in den ersten drei bis vier Vegetationsperioden eine stürmische, fast linear ansteigende Besiedlung des freien Raumes bis zum Erreichen der 80%-Marke. Bei den danach zu beobachtenden Veränderungen scheint es sich dagegen um Fluktuationen quasi-stabiler Dauerstadien zu handeln, wie sie auch von anderen Autoren (Büring 1970; Stählin, Stählin & Schäfer 1972, 1973; Meisel & Von Hübschmann 1973; Von Borstel 1974; Hard 1975) für ältere Ackerbrachen beschrieben wurden. Die geringen Veränderungen im Deckungsgrad seit der vierten Vegetationsperiode legen außerdem den Gedanken nahe, daß jetzt und in Zukunft vor allem die Konkurrenz zwischen den beteiligten Arten über ihren weiteren Verbleib im Pflanzenbestand entscheidet. Konkurrenzschwache Arten mit niedrigem Bauwert (im Sinne von Braun-Blanquet 1964), aber rascher Entwicklungsdauer, die zu Beginn des Versuchs den zur Verfügung stehenden freien Raum sofort nutzen konnten, finden nach dem Dichtschluß der Pflanzendecke keine Ansiedlungsmöglichkeiten mehr.

Eine Strauchschicht (d.h. ein Bestand von Holzgewächsen mit mehr als 0,5 m Höhe) wurde erstmals in der fünften Vegetationsperiode (1973) beobachtet und erreichte 1976 bei Höhen bis zu 4 m einen Deckungsgrad zwischen 15 und 30%. Im Gegensatz zur Strauch- und Krautschicht nahm der Deckungsgrad der Moosschicht einen glockenförmigen Kurvenverlauf mit einem signifikanten Maximum in der zweiten und dritten Vegetationsperiode (Abb. 2). Danach nahmen die Kryptogamen rasch wieder ab, vermutlich weil die inzwischen dichter geschlossene Krautschicht zu wenig Licht für die Moosrasen durchließ. Dafür sprechen sowohl die Unterschiede auf Grund der getroffenen Vorbehandlungsmaßnahmen als auch die Beobachtung aus dem extremen Trockenjahr 1976, in dem die

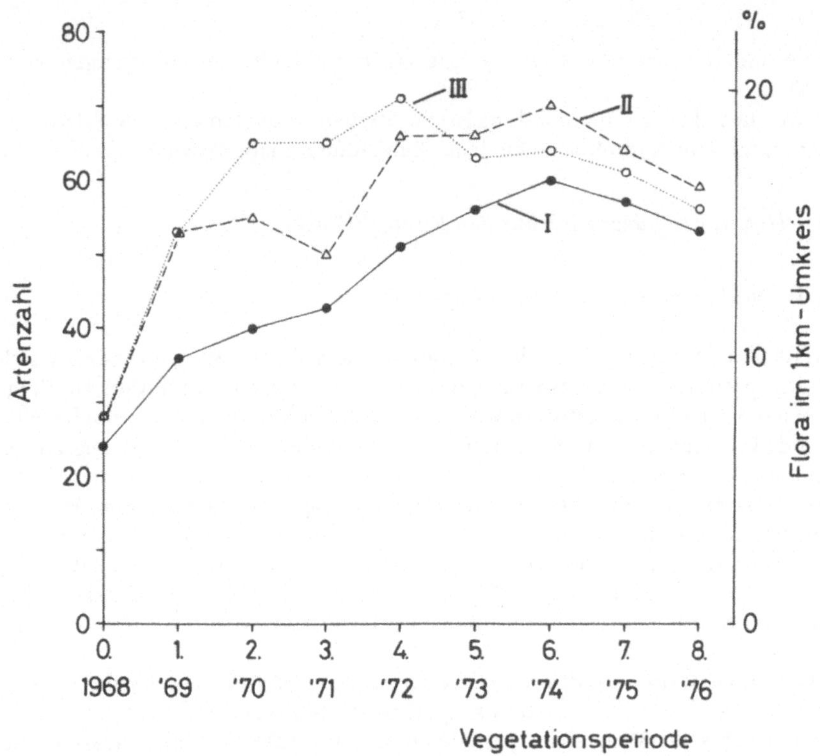

Abb. 3. Veränderung der Artenzahlen (Phanerogamen) auf den Kontrollstreifen. 1 = Hitze-Sterilisation; II = Trapex-Sterilisation; III = Pflügen.

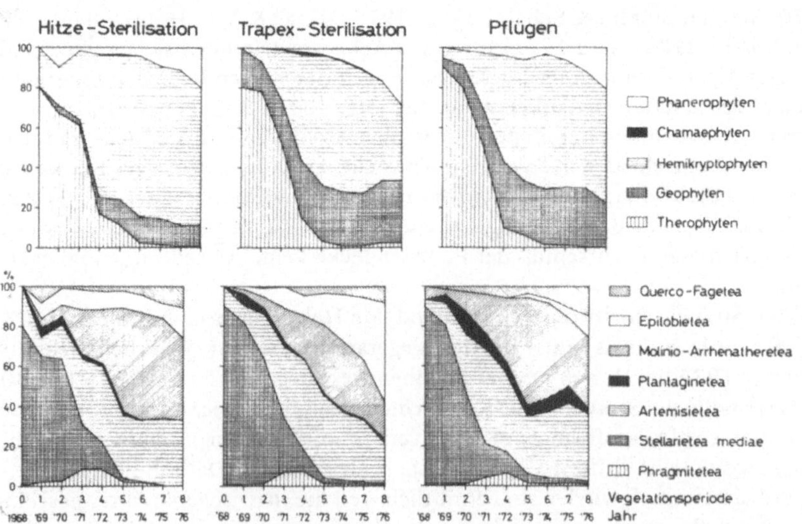

Abb. 4. Veränderungen im Deckungsgradanteil physiognomisch und pflanzensoziologisch gefaßter Artengruppen auf den Kontrollstreifen.

286

hochwüchsigen Gräser und Stauden stärker geschädigt wurden, während sich die
Moose durch den höheren Lichtgenuß am Boden wieder stärker ausbreiteten.

Diese Gegenüberstellung zeigt, daß die Kryptogamen bei der Wiederbesiedlung der ehemaligen Ackerfläche nicht vor den in der Evolution höher gestellten
Phanerogamen, sondern gleichzeitig mit ihnen erscheinen und bei einem raschen
Aufbau der Krautschicht bald an Bedeutung verlieren. Dies trifft für alle pro-
gressiven Sekundärsukzessionen zu, aber auch für eine Reihe von Erstbesied-
lungen, soweit der Boden geringe Spuren von Feinerde enthält (vergl. u.a. Zusam-
menstellungen bei Braun-Blanquet 1964, Knapp 1974).

3.1.2. Veränderung der Artenzahlen

Artenreichtum und Artenwechsel sind von jeher wichtige Merkmale bei der
Beschreibung von Vegetationsentwicklungen gewesen. Die jährlichen Veränderungen der Artenzahlen zeigen sowohl für die Kontrollstreifen getrennt (Fig.
3) als auch für die gesamte Fläche (Tab. 1) in den ersten drei Jahren einen
raschen Anstieg, der sich beim hitzesterilisierten Streifen ID sogar bis zur sech-
sten Vegetationsperiode fortsetzt. Seit 1975 nahmen die Artenzahlen dagegen
wieder ab, eine Beobachtung, die auch Lehmann (1972), Von Borstel (1974)
und Bråkenhielm (1975) beim Vergleich verschieden alter Acker- und Weinberg-
brachen machten, während (Büring (1970) und Meisel & Von Hübschmann
(1973) demgegenüber eine Zunahme der Artenzahlen mit der seit der Auflassung
verstrichenen Zeit feststellten.

Eine genaue Aufnahme der Flora im 1-km-Umkreis der Versuchsflächen
ergab 1968/69 362 höhere Pflanzenarten. Dies bedeutet, daß 1974, dem Zeitpunkt der höchsten Artenzahlen (104 Arten auf 450 m^2), 28,7% dieser Flora
auch auf den Kontrollflächen zu finden war. Faßt man den gesamten Versuchs-
zeitraum von 1968 bis 1976 zusammen, so wurden hier 153 Arten (= 42%)
notiert. Dies beweist die hohe Aufnahmebereitschaft und floristische Diversität
der Ackerbrachen. Diversität ist jedoch nicht unbedingt ein Zeichen für große
Stabilität, am wenigsten beim Ablauf einer Sukzession. Da die mittlere Artenzahl nur zwischen 50 und 70 pro Vegetationsperiode lag, hat auch ein intensiver
Artenwechsel stattgefunden (Tab. 1).

3.1.3. Verschiebungen in der Artenkombination

Etwa die Hälfte aller bisher auf den Kontrollstreifen angetroffenen Arten
besaß (meist sehr niedrige) Deckungsgrade, bei denen sich eine jährliche Änderung nicht statistisch' sichern ließ. Von den übrigen rund 70 Arten dominierten im Herbst 1968 weitverbreitete Ackerunkräuter wie (Tab. 1)

Capsella bursa-pastoris	*Stellaria media*
Papaver rhoeas	*Thlaspi arvense*
Sherardia arvensis	*Veronica persica*
Sinapis· arvensis	*Viola arvensis.*

Einige Arten zeigten bereits 1969 eine Abnahme im Deckungsgrad, die sich
wegen des geringen Datenmaterials aus dem Jahre 1968 aber nicht sichern

ließ. Sie sind daher in der umfangreichen Liste von Therophyten aus Ackerun-
kraut- und Trittrasengesellschaften enthalten, die die erste volle Vegetationsperiode (1969) kennzeichnet (Tab. 1). Dabei fiel auf den durch Pflügen vorbehandelten Streifen besonders der hochwüchsige Klatschmohn (*Papaver
rhoeas*) auf, während sich auf den hitze- und trapexsterilisierten Streifen besonders *Sonchus asper* und *Chenopodium album* hervorhoben, unter denen
sich die anderen Arten häufig fleckig gruppierten. Im Gegensatz zur ersten
Vegetationsperiode wurde 1970 der Aspekt recht einheitlich von *Conyza
canadensis* beherrscht. Neben diesem meist zweijährigen Therophyten über-
wogen bereits langlebige Geophyten und Hemikryptophyten. Sie leiteten bereits zu dem Abschnitt über, in dem die Rolle der Ausdauernden unumstrit-
ten ist. Von der 3.-8. Vegetationsperiode änderte sich die Gruppe der dominierenden Arten kaum noch. Compositen wie

Cirsium arvense *Taraxacum officinale*
Picris hieracioides *Tussilago farfara*,
Solidago canadensis

Epilobium-Arten (*E. adenocaulon, E. angustifolium, E. tetragonum*) sowie
Poa trivialis als rasenbildendes Untergras waren jetzt am Aufbau des Pflanzenbestandes maßgeblich beteiligt. Dabei besaßen *Epilobium adenocaulon*,
Epilobium tetragonum und *Cirsium arvense* in der 3. und 4. Vegetationsperiode
ihren maximalen Deckungsgradanteil, um danach wieder stärker zurückzu-
treten, während *Picris hieracioides* und *Solidago canadensis* erst gegen Ende
des Untersuchungszeitraumes besonders ins Auge fielen. In der geschilderten
Kombination dieser vorherrschenden Arten bieten die Kontrollstreifen seit
1971 einen Frühjahrsaspekt mit *Tussilago farfara* und *Taraxacum officinale*
als auffälligsten Arten. Im Spätsommer und Herbst treten dann die hohen
Epilobium-Arten, *Picris hieracioides* und *Solidago canadensis* hervor. Diese
1-1.5 m hohe Krautschicht wird seit 1972 stellenweise von einer Strauchschicht überragt, die im wesentlichen aus *Betula pendula, Fraxinus excelsior*
und *Salix caprea* zusammengesetzt ist.

3.1.4. Verschiebungen im Anteil der Lebensformen

Sehr übersichtlich läßt sich der Vegetationswechsel nach der Kombination der
Lebensformen gliedern (Abb.4). Bis zur 5. Vegetationsperiode stellte sich die
Sukzession weitgehend als ein Wettbewerb zwischen Therophyten und Hemikryptophyten dar. Im Oktober 1968 betrug der prozentuale Anteil der Einjährigen 80-90% am Gesamtdeckungsgrad, danach (1969-1971) war ein rasches
Absinken zu beobachten. Gleichzeitig nahm der Anteil der Hemikryptophyten
zu und schwankte von 1972 bis 1974 zwischen 50 und 70%. In der 7.
(1975) und 8. (1976) Vegetationsperiode verringerte sich aber auch ihr Anteil
wieder — in erster Linie auf Kosten der Phanerophyten, die eine üppige
Strauchschicht zu entwickeln begannen (Abb. 2). Die Geophyten zeigten eine
deutliche Beziehung zur Vorbehandlungsmaßnahme: auf den trapexsterilisierten und gepflügten Streifen stieg ihr Anteil am Gesamtdeckungsgrad rasch auf
etwa 30%, während er auf den hitzesterilisierten Flächen in den ersten drei
bis vier Vegetationsperioden weniger als 5%, danach etwa 10% betrug. Dieser

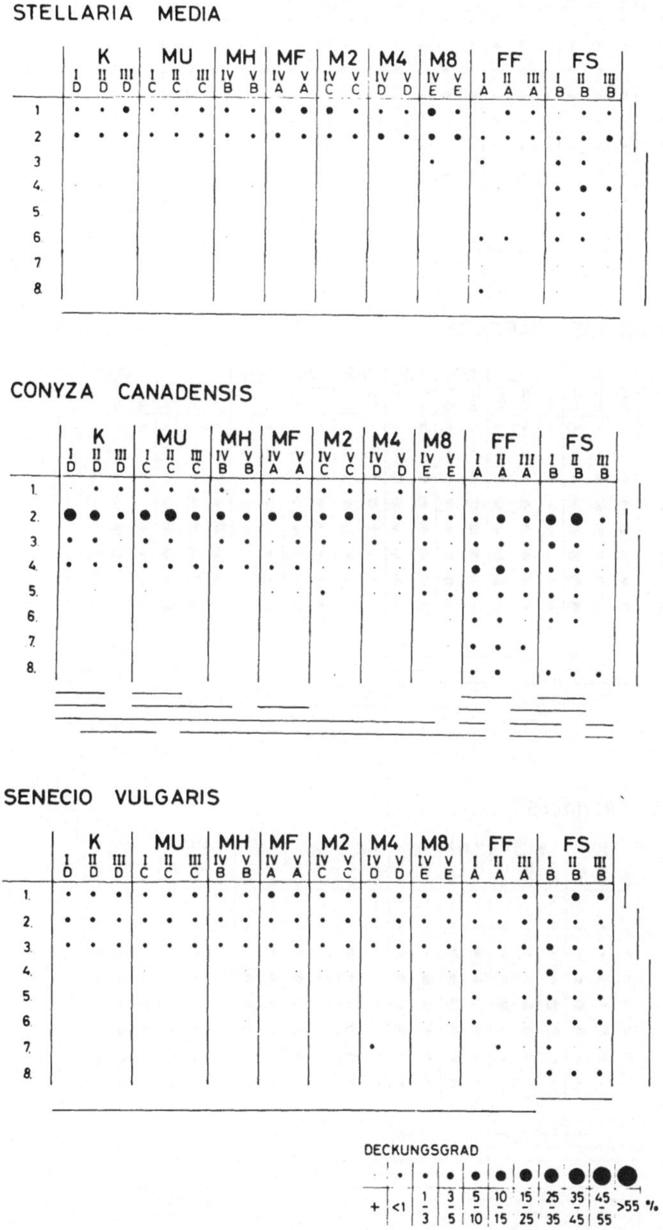

STELLARIA MEDIA

CONYZA CANADENSIS

SENECIO VULGARIS

DECKUNGSGRAD

+ | <1 | 1/3 | 3/5 | 5/10 | 10/15 | 15/25 | 25/35 | 35/45 | 45/55 | >55 %

Abb. 5. Veränderungen des Deckungsgrads von *Stellaria media, Conyza canadensis* und *Senecio vulgaris* von 1969 bis 1976 auf den verschieden behandelten Streifen des Sukzessionsversuchs. Sicherung der Mittelwertdifferenzen mit Hilfe der Varianzanalyse und des DUNCAN-Tests (P ≤ 10%). Waagerecht durch einen Strich verbundene Versuchsstreifen (Behandlungsmaßnahmen) unterscheiden sich in ihren Mittelwerten nicht signifikant. Das gleiche gilt für senkrecht verbundene Vegetationsperioden. Die Anordnung der Striche erfolgte nach der absoluten Höhe der Mittelwerte.

CIRSIUM ARVENSE

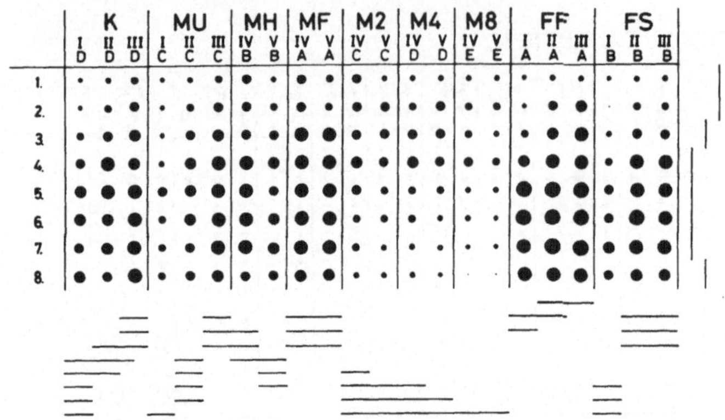

TUSSILAGO FARFARA

POA TRIVIALIS

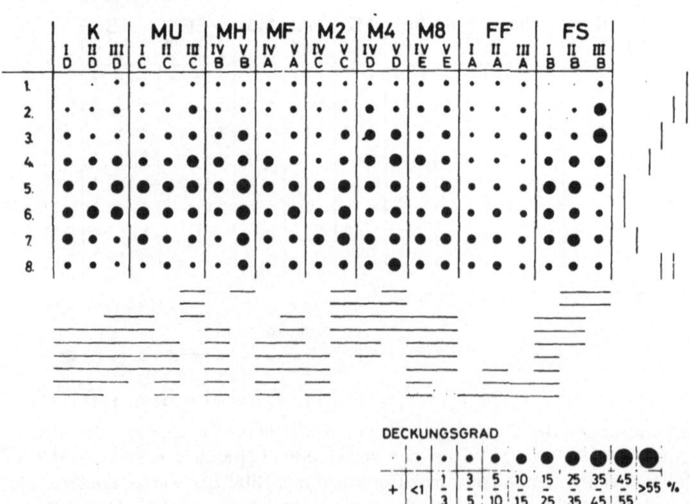

Abb. 6. Veränderungen des Deckungsgrads von *Cirsium arvense, Tussilago farfara* und *Poa trivialis* von 1969 bis 1976 auf den verschieden behandelten Streifen des Sukzessionsversuchs (vergl. Fig. 1 und 5).

EPILOBIUM ADENOCAULON

SOLIDAGO CANADENSIS

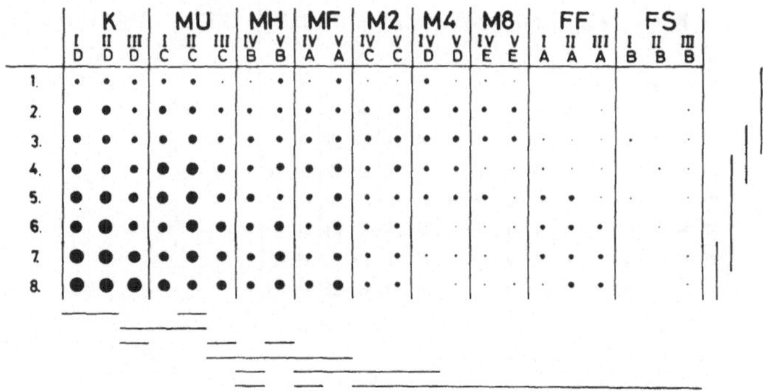

SALIX CAPREA

Abb. 7. Veränderungen des Deckungsgrads von *Epilobium adenocaulon, Solidago canadensis* und *Salix caprea* von 1969 bis 1976 auf den verschieden behandelten Streifen des Sukzessionsversuchs (vergl. Fig. 1 und 5).

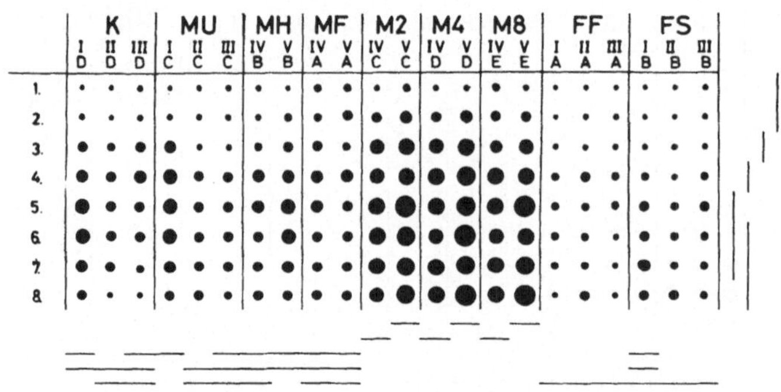

Abb. 8. Veränderungen des Deckungsgrads von *Picris hieracioides, Taraxacum officinale* und *Trifolium repens* von 1969 bis 1976 auf den verschieden behandelten Streifen des Sukzessionsversuchs (vergl. Fig. 1 und 5).

Unterschied ist darauf zurückzuführen, daß die Geophyten, deren Vermehrung
und Ausbreitung nahezu ausschließlich vegetativ aus Wurzelknospen und Rhi-
zomen erfolgt, in Block I durch die Hitzesterilisation vernichtet worden waren.
Trapexsterilisation und Pflügen als Vorbehandlung hatten den ursprünglich vorhandenen Geophytenbestand dagegen nur wenig negativ beeinflußt oder sogar
gefördert (Pflügen!).

3.1.5. Verschiebungen im Anteil der soziologischen Artengruppen

Gliedert man die untersuchte Brachland-Sukzession nicht nach physiognomisch,
sondern nach pflanzensoziologisch gefaßten Artengruppen (Abb. 4), so waren
im Herbst 1968 Vertreter von nur drei Klassen aufgelaufen: Stellarietea
mediae, Artemisetea und Molinio-Arrhenatheretea. Ähnlich wie bei den Lebensformen die Therophyten, dominieren hier die Ackerunkräuter in den ersten
beiden Vegetationsperioden. In der 3. und 4. Vegetationsperiode gewannen
Vertreter aus Artemisetea-Gesellschaften an Gewicht, während in der 5. und
6. Vegetationsperiode Arten des Wirtschaftsgrünlandes (rund 2/3 entfällt davon
auf Arrhenatheretalia-Arten) den höchsten Deckungsgradanteil erreichten.
Arten der Kahlschlagfluren (Epilobietea angustifolii) sowie der Wälder
(Quercetea robori-petraeae, Querco-Fagetea) traten dagegen. erst in den letzten
beiden Jahren stärker in den Vordergrund.
   Schon diese Aufzählung der Klassencharakterarten unterstreicht die
pflanzensoziologische Vielfalt der Ackerbrachen im ersten Jahrzehnt ihrer
Entwicklung. Untergliedert man noch weiter nach Ordnungs-, Verbands- oder
gar Assoziationskennarten, so findet man aus allen in der näheren Umgebung
vertretenen Pflanzengesellschaften Vertreter, die hier in einem Pflanzenbestand
heranwuchsen (Schmidt 1976). Die vielfach vermutete Reduktion an pflanzensoziologischer Diversität — gemessen an der Verschiedenheit der anwesenden
Kennarten — ist bisher ausgeblieben (Meisel & Bürger 1972, Stählin, Stählin &
Schäfer 1972, 1973, Hard, 1975). Außerdem ist noch darauf hinzuweisen,
daß die soziologische Vielfalt innerhalb einer Aufnahmefläche im Landschafts-
gefüge noch dadurch erweitert wird, daß die „Verbrachung" unter natürlichen
Bedingungen zeitlich und räumlich sehr verschieden ablaufen kann. Die mosaik-
artige Verteilung der Arten in Herden und Flecken, die im Sukzessionsversuch besonders für Epilobietea angustifolii-Arten zutraf, läßt sich im größeren
Maßstab auch in brachlandreichen Gemeinden beobachten, wo je nach den
historischen und standörtlichen Voraussetzungen, nach dem Zeitpunkt der
Auflassung und nach den in der Nähe vorkommenden Pflanzenarten eine
höhere pflanzensoziologische Vielfalt erreicht wird als in einer intensiv ge-
·nutzten Agrarlandschaft.

3.2. *Ökologisches und dynamisches Verhalten einzelner Pflanzenarten unter dem Einfluß verschiedener Behandlungsmaßnahmen*

Das ökologische Verhalten einer Pflanzenart ist im wesentlichen das Ergebnis
eines langjährigen Konkurrenzkampfes zwischen verschiedenen Wettbewerbs-
partnern. Es unterscheidet sich daher grundsätzlich vom dynamischen Ver-

halten der Arten, wie es bei der Neubesiedlung einer vegetationsfreien Fläche
in Erscheinung tritt. Hier bestimmt zunächst der Verbreitungszufall und die
Ausbreitungsstrategie, welche Rolle eine Art in der Sukzession spielt. Erst
wenn die verschiedenen Partner den freien Raum ausgefüllt haben und in
direkten Wettbewerb miteinander treten, beginnt die ökologische Auslese entsprechend den gegebenen Standortsverhältnissen.

Von den knapp 250 Arten, die von 1968 bis 1976 auf dem gesamten Ver-
suchsgelände bisher angetroffen wurden, konnte für rund 140 Arten eine statistische Analyse (Varianzanalyse, DUNCAN-Test) durchgeführt werden. Einige
repräsentative Beispiele sind in Abb. 5-8 dargestellt. Das ökologische Verhalten der Arten gegenüber den verschiedenen Behandlungsmaßnahmen läßt
sich dabei aus dem waagerechten Strichdiagramm ablesen, während die Anordnung der senkrechten Striche Auskunft über das dynamische Verhalten
gibt. Je nachdem, welches Verhalten die Wechselbeziehung zwischen beiden
entscheidend prägt, lassen sich verschiedene Artengruppen unterscheiden.

Durch eine breite ökologische Amplitude zeichnen sich jene Arten aus, die
in einer Phase der Vegetationsentwicklung mehr oder weniger auf allen Versuchsstreifen massiert auftraten (Abb. 5, 6). Annuelle vom Typ des erfolgreichen Erstbesiedlers, der meist sehr effektive Verbreitungsmechanismen besitzt, eine hohe Zahl von Samen bildet und rasch und jederzeit keimen kann,
sind *Stellaria media, Conyza canadensis* und *Senecio vulgaris* (Abb. 5). Sie
waren in den ersten Vegetationsperioden auf allen Versuchsstreifen vorhanden,
verschwanden danach rasch wieder und blieben nur dort weiterhin erhalten,
wo immer wieder vegetationsfreie Flächen ohne starken Konkurrenzdruck geschaffen wurden, nämlich auf den gefrästen Streifen. Dabei bevorzugten diese
Arten entweder frühjahrs- oder sommergefräste Streifen und zeigen dadurch
an, daß neben der dynamischen Spezialisierung bereits eine stärkere ökologische Ausrichtung erfolgt ist.

Eine hohe dynamische Potenz zeichnet auch jene Arten aus, die im mittleren Sukzessionsabschnitt auf allen Versuchsstreifen zu finden waren. Ähnlich wie bereits bei *Senecio vulgaris* wurden jedoch auch von *Cirsium arvense,
Tussilago farfara* und *Poa trivialis* (Abb.6) bestimmte Behandlungsgruppen besonders bevorzugt. *Cirsium arvense* mit einer maximalen Ausbreitung in der
dritten und vierten Vegetationsperiode sowie *Tussilago farfara* in der 4. bis 7.
Vegetationsperiode vertrugen eine mehrmalige Mahd im Jahr schlecht, konnten
sich aber auf allen übrigen Versuchsstreifen sehr gut behaupten. Ähnlich erfolgreich im Sukzessionsversuch verhielt sich *Poa trivialis.* Allen drei Arten
ist gemeinsam, daß sie sich rasch aus Samen ansiedeln können und dann eine
schnelle vegetative Ausbreitung einsetzt, die durch eine mechanische Beschä-
digung sowohl in Form der Mahd als auch des Fräsens nur wenig beeinträchtigt oder sogar gefördert wird.

Überwiegend durch besondere Standortsbedingungen oder durch Konkurrenten bestimmt ist das Verhalten jener Arten, die sich nur unter ganz bestimmten Versuchsbedingungen zu entwickeln vermochten und in keiner Phase der
Vegetationsentwicklung auf allen Streifen mehr oder weniger gleichmäßig zu
finden waren. Es handelt sich also um „ökologisch spezialisierte" Arten, die
sich nur wenig dynamisch verhalten. Allerdings bestehen hier fließende Über-

gänge, die in den dargestellten Beispielen nur angedeutet werden können.

Auf die Kontrollstreifen konzentrierten sich *Epilobium adenocaulon, Solidago canadensis* und *Salix caprea* (Abb. 7). Während *Epilobium adenocaulon* die 3. und 4. Vegetationsperiode kennzeichnet, ist *Solidago canadensis* bei etwa gleicher ökologischer Amplitude für das Ende des bisherigen Versuchszeitraums typisch. Für den Phanerophyten *Salix caprea* ist die langsame Jugendentwicklung mit einer hohen Anfälligkeit gegenüber mechanischen Schädigungen charakteristisch.

Eine zunehmende ökologische Spezialisierung bei abnehmendem dynamischen Verhalten läßt sich auch unter dem Einfluß der Mahd erkennen (Abb. 8). Besonders auf den einmal gemähten bzw. gemulchten Streifen, aber auch noch auf den Kontrollstreifen fand sich das lichtliebende *Picris hieracioides* besonders reichlich. Der Löwenzahn (*Taraxacum officinale*) verhält sich dagegen auch stark dynamisch und hat die Fähigkeit, sich dank seiner zahlreichen Samen auf offenen Plätzen und in Lücken rasch anzusiedeln. Ein Massenauftreten von *Taraxacum* war vor allem dort möglich, wo durch mehrmalige Mahd alle hochwüchsigen Pflanzen zurückgehalten wurden. Mit seiner dicht dem Boden anliegenden Rosette verliert der Löwenzahn bei jedem Schnitt nur einen geringen Teil seiner assimilierenden Blattfläche, die er unter dem Einfluß einer Düngung sogar noch vergrößern kann. Als typischer ökologischer Spezialist setzte sich der regenerationsfreudige Weißklee (*Trifolium repens*) nur bei mehrfacher Mahd gegenüber den Mitbewerbern durch. Auf Grund der Stickstoff-Eigenversorgung durch die Knöllchenbakterien erhält diese Leguminosenart auf den ungedüngten Streifen einen zusätzlichen Vorteil und steht damit im direkten Gegensatz zum Verbreitungsbild von *Taraxacum officinale.*

Die dargestellten Beispiele beziehen sich nur auf die ersten acht Vegetationsperioden eines Sukzessionsversuchs, der als ein langfristiges Experiment angelegt worden ist. Sicher wird es notwendig sein, an Hand der Beobachtungen und Auswertungen der nachfolgenden Jahre Ergänzungen und gegebenenfalls auch Korrekturen vorzunehmen. Es zeigt sich aber bereits jetzt, wie dynamisches und ökologisches Verhalten einzelner Pflanzenarten zusammenwirken können und sich in ihren vielfältigen Verbindungen auch die Bedeutung der Sukzessionsforschung für die Ökologie widerspiegelt.

Literatur

Borstel, U.O. von (1974): Untersuchungen zur Vegetationsentwicklung auf ökologisch verschiedenen Grünland- und Ackerbrachen hessischer Mittelgebirge. Diss. Univ. Gießen. 159 S.

Bråkenhielm, S. (1975): Vegetation dynamics following spruce-planting on arable land and natural pasture. In: Schmidt, W. (red.): Sukzessionsforschung. Ber. Intern. Symp. IVfV Rinteln 1973, 579–598.

Braun-Blanquet, J. (1964): Pflanzensoziologie. 3. Aufl. Wien, New York. XIV + 865 S.

Büring, H. (1970): Sozialbrache auf Äckern und Wiesen in pflanzensoziologischer und ökologischer Sicht. Diss. Univ. Gießen. 81 S.

Ehrendorfer, F. (Hrgb.) (1973): Liste der Gefäßpflanzen Mitteleuropas. 2. Aufl. Stuttgart. 318 S.

Hard, G. (1975): Vegetationsdynamik und Verwaldungsprozesse auf den Brachflächen
Mitteleuropas. *Die Erde* 106: 243–276.
Knapp, R. (Hrgb.) (1974): Vegetation dynamics. Handbook of Vegetation Science 8: 364
S. The Hague.
Lehmann, H. (1972): Die Agrarlandschaft in den linken Nebentälern des oberen Mittelrheins
und ihr Strukturwandel. *Forsch. z. dtsch. Landesk.* 191: 72 S.
Meisel, K. & K. Bürger (1972): Auswirkungen veränderter landwirtschaftlicher Nutzung auf
Struktur, Bild und Naturhaushalt der Landschaft. *Ber. Landw.* 50: 147–156.
Meisel, K. & A. Von Hübschmann (1973): Grundzüge der Vegetationsentwicklung auf
Brachflächen. *Natur u. Landschaft* 48: 70–74.
Schmidt, W. (1976): Ungestörte und gelenkte Sukzession auf Brachäckern. Vegetations-
kundliche und ökologische Ergebnisse eines Dauerversuchs. Habilschr. Univ. Göttingen.
276 S.
Stählin, A., Stählin, L. & K. Schäfer (1972): Über den Einfluß des Alters der Sozialbrache
auf Pflanzenbestand, Boden und Landschaft. *Z. Acker- u. Pflanzenbau* 136: 177–199.
Stählin, A., Stählin, L. & K. Schäfer (1973): Zur Frage des Eingriffs in die Entwicklung der
Pflanzenbestände auf aufgelassenem Kulturland. *Natur u. Landschaft* 48: 63–69.

Anschrift des Verfassers:

Dr. Wolfgang Schmidt, Lehrstuhl für Geobotanik der Universität Göttingen,
Untere Karspüle 2, D-3400 Göttingen.

FEUCHTBRACHFLÄCHEN, IHRE VEGETATIONSABFOLGE UND BODENENTWICKLUNG

J. SCHWAAR

Abstract

Analysis of development of vegetation and soils on abandoned lands has been carried out at various, but typical Northwest German, moist locations (raised bog cultivation, clay covered fen, marsh). A speedy vegetation turnover took place on marsh and clay covered fen whilst on raised bog cultivation a grassland similar growth continued over a longer period. Here considerable change of vegetation took place first after 3 years. Nascent tree growth (*Populus tremula*) could be ascertained from underground shoots only on raised bog cultivation. K_2O and P_2O_5 were leached into deeper horizons.

1. Einleitung

Eine veränderte Agrarstruktur begünstigt die Aufgabe von landwirtschaftlichen Grenzertragsstandorten (Kuntze & Schwaar 1972, Meisel 1972, 1975, Meisel & Melzer 1972), die sich vorzugsweise in Mittelgebirgen, manchmal aber auch im angrenzenden Hügelland finden (Westerwald, Spessart, Hunsrück, Eifel, Sauerland, Saar-Nahegebiet). Gegenüber diesen „brachintensiven" Landschaften sind weite Gebiete Norddeutschlands noch brachearm. Für die Geest und die südniedersächsischen Börden stellt die Sozialbrache noch kein einschneidendes Problem dar. Dagegen nehmen auf den nordwestdeutschen Feuchtstandorten (Hoch- und Niedermoor, Marsch) die Brachflächen zu. Wir dürfen von dieser Entwicklung nicht überfahren werden. Denn Brachflächen verändern das Landschaftsbild und haben Rückwirkungen auf weiterhin genutzte Flächen der Umgebung. Das ökologische Gleichgewicht einer Kulturlandschaft wird dabei verändert. Diese Änderung kann sich negativ auswirken (Samendruck von lästigen Unkräutern und die damit verbundene Verunkrautungsgefahr für das verbliebene Kulturland; Verfall der Entwässerungseinrichtungen und damit einhergehend eine Versumpfung verbliebener landwirtschaftlich genutzter Flächen; Mäuseplagen, die von Brachflächen ausgehen). Sie ist aber positiv zu beurteilen, wenn ohne Beeinträchtigung landwirtschaftlicher Nutzflächen zur Landschaftsbereicherung neue Feuchtbiotope geschaffen werden, die bedrohten Pflanzen- und Tierarten als Refugium und Asyl dienen können. Bemühungen dieser Art werden heute weltweit sichtbar. Denn eine Artenverarmung gleicht einer schleichenden Krankheit, die heute noch nicht überschaubare Folgen haben kann und der unbedingt Einhalt geboten werden muß. So verstanden ist Brachflächenforschung Ökosystemforschung, die nach Ellenberg (1973) die wichtigsten Grundlagen für den Umweltschutz liefert und Störungen in Ökosystemen verhindern oder heilen soll.

Hard (1975) schreibt: „Vorweg sei betont, daß es Brach- und Wüstfallen

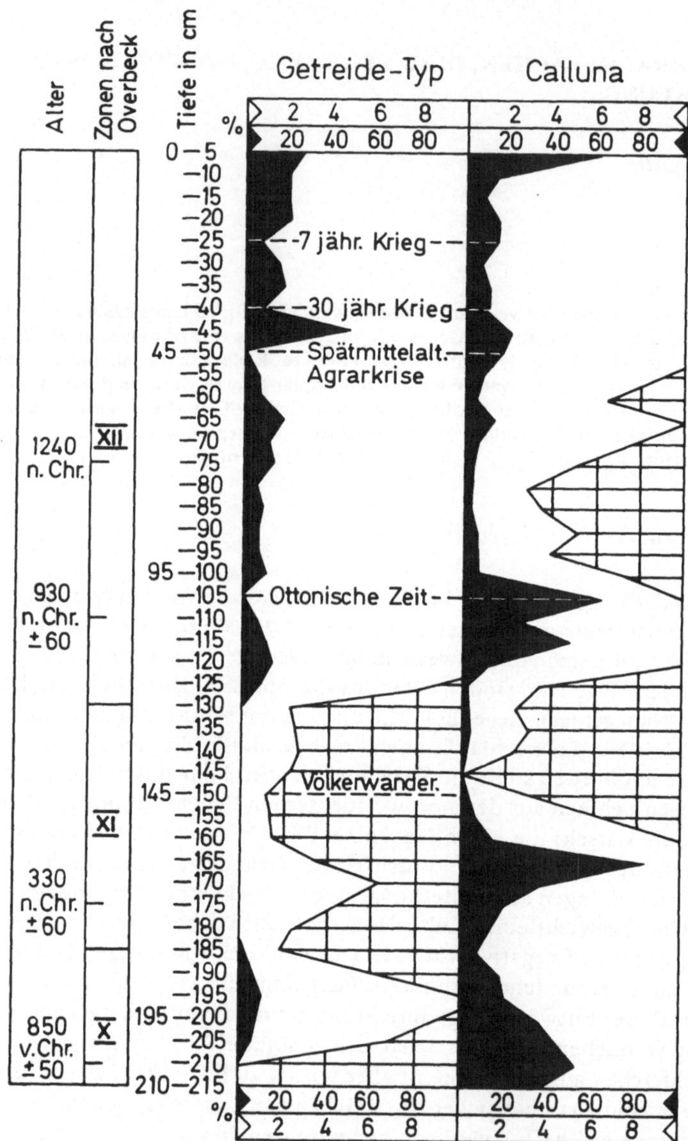

Abb. 1. Teil-Pollendiagramm mit Siedlungsdepressionen und Zeiten intensiver Siedlungstätigkeit.

298

großer Flurteile und ganzer Gemarkungen im Verlauf der mitteleuropäischen
Agrargeschichte mehrfach gegeben hat — wenngleich unter teilweise anderen
ökonomischen und sozialen Bedingungen als heute". Solches läßt sich durch
historische Quellenstudien und pollenanalytische Untersuchungen belegen. Der
beigefügte Ausschnitt eines Pollendiagramms von Belmer Bruch bei Osnabrück
(Abb. 2) macht dieses besonders deutlich. Die Siedlungsdepressionen der Völ-
kerwanderung, der Merowingerzeit, der spätmittelalterlichen Agrarkrise, des
30-jährigen und 7-jährigen Krieges zeigen sich durch geringe Werte von Getreide
— Typpollen, während siedlungsintensive Zeitabschnitte (La Tene-Zeit, Land-
ausbau nach der fränkischen Eroberung des Sachsenlandes, Hochmittelalter)
durch das Gegenteil gekennzeichnet sind. So betrachtet, helfen uns diese Ergebnisse vegetationsgeschichtlicher Untersuchungen die Sukzessionen der Gegenwart erst richtig zu verstehen.

2. Methoden

Zwei Methoden bieten sich bei diesem Forschungsvorhaben der Ökosystem- und
Sukzessionsforschung an.

Mit der indirekten Methode schließt man von einem räumlichen Nebeneinander der augenblicklich vorgefundenen Pflanzengesellschaften — in unserem
Fall den verschieden alten Brachflächen — auf ihr zeitliches Hintereinander.
Neuere Untersuchungen haben den Alleingebrauch dieser indirekten Methode
fragwürdig erscheinen lassen; denn die Gleichsetzung von räumlicher Zonierung
und zeitlicher Abfolge hat sich in vielen Fällen als falsch erwiesen, wenn auch

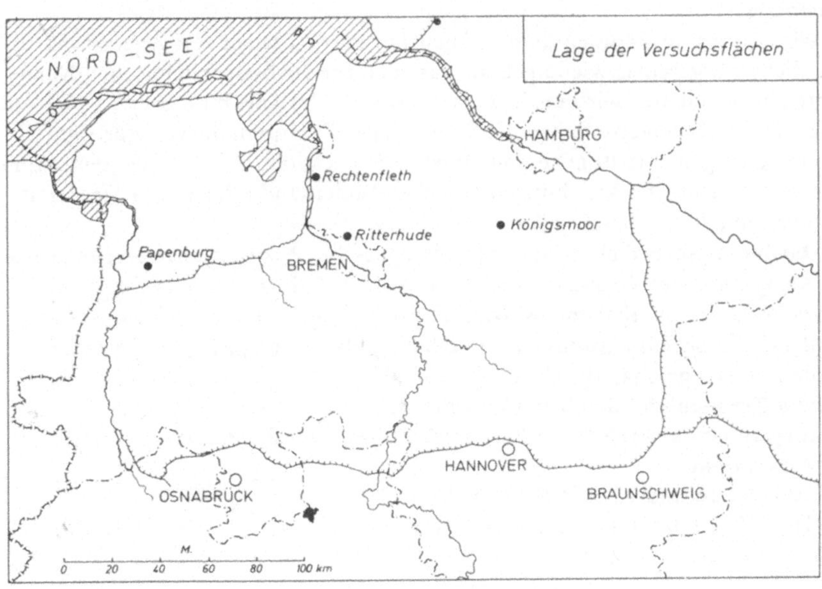

betont werden muß, daß gerade die indirekte Methode rasch und schnell gewisse
generalisierende Überblicke verschafft. Wir wählten schwerpunktmäßig die
direkte Methode ohne dabei auf die indirekte Methode völlig zu verzichten.
Stüssi (1970) schreibt: „Die Vorteile dieser direkten Methode mit Dauerflächen
bestehen darin, daß sie unmittelbar an das wirkliche Entwicklungsgeschehen
heranführen; man wendet sich an den Naturvorgang selbst und verfolgt die
Bestandsentwicklung im unmittelbaren Erfahrensbereich. Die gewonnenen
Ergebnisse sind frei von fragwürdigen Hypothesen". Die Nachteile dieser direkten Methode sind die langen Wartezeiten.

Um vergleichbare Ergebnisse zu gewinnen wurden beide Methoden — die
indirekte und die direkte — auf eine zahlenmäßig auswertbare Grundlage gestellt.
Für unsere vegetationskundlichen Untersuchungen wählten wir die Schätzung
der Artenanteile in % der Bedeckung (Deckungsgrad). Dieses erschien uns für
die Darstellung des floristischen Inventars besonders günstig, weil kurzzeitige
Phasen mit geringen Verschiebungen im Gegensatz zur Schätzungsmethode von
Braun-Blanquet (1951) besser zur Geltung kommen. Die Anteile der Arten
wurden bei den Einzelaufnahmen auf 10% abgerundet. Je Versuchsvariante wurden 100 Einzelaufnahmen gemacht. Aus den Einzelwerten der einzelnen Arten
in den Einzelaufnahmen wurden arithmetische Mittel errechnet. Das Symbol
+ bedeutet in den Tabellen, daß die Art vorhanden ist, ihr Anteil sich zahlenmäßig aber nicht mehr schätzen läßt. Die Größe der einzelnen Probeflächen
betrug 1 m². Diese Abmessung war hinreichend groß. Das Minimalareal wurde
erreicht. Die jährliche Sukzessionskontrolle erfolgte immer auf dem Höhepunkt
der allgemeinen Entwicklung, die sich je nach Artengarnitur zwischen Anfang
Juni bis Anfang August erstreckt. Diese Erfassung zum phänologischen Haupt-
stadium ergab eine gute Vergleichsbasis. 1973 nahmen wir den „status ante"
auf. 1974, 1975 und 1976 erfaßten wir wirksam gewordene floristische Verschiebungen.

Wir können im Rahmen dieser Arbeit nur eine Auswahl von vegetationskundlichen Ergebnisse wiedergeben, was auch für die bodenchemischen Kennwerte gilt, von denen wir nur die Gehalte von DL-löslichem K_2O und P_2O_5 mitteilen. Diese Kennwerte fassen die Summe aller Faktoren, die von der Ver-
barchung ausgehen (autogene und allogene Sukzessionsschritte) in einem zweiten
Meßwert zusammen. Beziehungen zwischen Boden und Pflanze werden damit
— soweit möglich — herausgearbeitet.

Die ökologische Vielfalt der nordwestdeutschen Naßstandorte wurde durch
die Anlage von vier Versuchsstandorten (Abb. 1, Tab. 1) berücksichtigt. Da
dieses Forschungsvorhaben angewandte Forschung ist und die Ergebnisse für
die Praxis Entscheidungshilfen sein sollen, mußte es praxisnah ausgerichtet
werden. Dieses geschah durch Anlage von sechs Versuchsvarianten (Tab. 1), die
Planungsgremien und Behörden verschiedene Alternativen der Brachlandver-
wertung anbieten. Als Spritzmittel kamen zwei Wuchshemmerkombinationen
zur Anwendung:
1. 10 l MH 30 und 12,5 l CF 125 je ha;
2. 16 l MH 30 und 8 kg Tormona-Salz je ha.

Tabelle 1

Versuchsstandorte	
Ritterhunde	Überschlicktes Niedermoor
Rechtenfleth	Knickmarsch
Königsmoor (1)	Hochmoor Deutsche Hochmoorkultur
Königsmoor (2)	Niedermoor und Gley
Papenburg	Teilabgetorftes Hochmoor Deutsche Hochmoorkultur

Stratigraphie		
Versuchsstandort	Tiefe in m	Schichtenfolge
Ritterhude	0 — 0,25	Marschklei
	0,25 — 2,20	Niedermoortorf
Rechtenfleth	0 — 0,90	Marschklei
	0,90 — 1,80	Hochmoortorf
	1,80 — 2,95	Niedermoortorf
	2,95 — 5,30	Hochmoortorf
	5,30 — 7,90	Niedermoortorf
	7,90 — 11,30	Marschklei
	11,30 — 12,60	Niedermoortorf
Königsmoor (1)	0 — 1,70	Hochmoortorf
	1,70 — 3,70	Niedermoortorf
Königsmoor (2)	0 — 2,00	Niedermoortorf
Papenburg	0 — 3,55	Hochmoortorf

Versuchsvarianten
Grünland
Einmaliges Mulchen
Chemische Wuchshemmung
Freie Vegetationsentwicklung
Aufforstung
Freie Vegetationsentwicklung auf älterem Brachland

3. Ergebnisse der vegetationskundlichen Beobachtungen

3.1. *Versuchsstandort Ritterhude*

Die als „Freie Vegetationsentwicklung" ausgewiesene Versuchsvariante (Tab. 2)
zeigt 1973 einen Grünlandbestand, wie er für das „Zweistromland" zwischen
Hamme und Wümme typisch ist. Eine quantitative Verschiebung führte 1974

Tabelle 2

Vegetationsänderungen 1973/76

Versuchsstandort: Ritterhude
Versuchsvariante : Einmaliges Mulchen

	1973	1974	1975	1976
Agropyron repens	42	21	14	15
Poa pratensis	36	11	2	10
Phleum pratense	6	+	+	4
Holcus lanatus	2	+	1	+
Dactylis glomerata	2	–	–	–
Cirsium arvense	–	63	54	68
Übrige Arten	12	5	29	3

Versuchsstandort: Ritterhude
Versuchsvariante : Chemische Wuchshemmung

	1973	1974	1975	1976
Agropyron repens	56	39	5	7
Poa pratensis	35	2	+	–
Phleum pratense	5	+	+	–
Festuca pratensis	3	–	–	–
Cirsium arvense	+	3 ·	94	92
Übrige Arten	1	–	1	1
Vegetationslos	–	56	–	–

Versuchsstandort: Ritterhude
Versuchsvariante : Freie Vegetationsentwicklung

	1973	1974	1975	1976
Poa pratensis	31	1	+	+
Holcus lanatus	31	1	7	+
Phleum pratense	13	+	1	–
Festuca pratensis	4	–	–	–
Cirsium arvense	+	74	59	88
Cirsium palustre	+	15	21	–
Übrige Arten	21	9	12	12

Schätzung in % Bedeckungsgrad

zu einer floristischen Umstrukturierung, bei der *Cirsium arvense* zur Dominanz
gelangte. Die typischen Grünlandarten verschwanden oder blieben nur in Resten
erhalten. Die Dominanz der Ackerkratzdistel erhielt sich auch in den Folgejahren. Allerdings ist für 1974 und 1975 eine schwach ausgeprägte Zwischen-
etappe zu erkennen, die von einem zusätzlich stärkerem Vorkommen von *Cir
sium palustre* geprägt wird.

Die Etappefolge auf der Versuchsvariante „Einmaliges Mulchen" zeichnet
sich durch einen kontinuierlichen Artengrundgehalt von Grünlandarten aus.
Dabei behalten die Gräser (*Agropyron repens, Poa pratensis*) einen höheren
Deckungsgrad als in der „Freien Vegetationsentwicklung" und „Chemischen
Wuchshemmung". *Cirsium arvense* (Tab. 1) wird hier bereits nach einem Jahr
ebenfalls dominierende Art. Diese Ackerkratzdistelphase blieb bis heute (1976)
erhalten. Dabei muß aber betont werden, daß ihre Bedeckung gegenüber den
anderen Versuchsvarianten geringer blieb. Das Mulchen scheint die Gräser zu
begünstigen.

Auf der Versuchsvariante „Chemische Wuchshemmung", die im vorliegenden
Fall in jedem Jahr Ende April mit CF 125 und MH 30 behandelt wurde, erfolgte
ebenfalls eine rasche Ablösung der ursprünglichen Grünlandvegetation (Tab. 1).
Dabei fällt besonders die starke Abnahme von *Poa pratensis* auf. Dazu erscheinen
nach der ersten Spritzung größere vegetationslose Flecken. In den Folgejahren
setzt sich auch hier *Cirsium arvense* dominierend durch, und zwar stärker als auf
den beiden anderen Versuchsvarianten. Die Invasion der Ackerkratzdistel wird
hier duchr den ihr eigenen Wachstumsrhythmus gefördert. Während die Gräser
durch die Spritzung im Frühjahr gehemmt und die anderen Dicotylen vernichtet
werden, bleibt die erst Ende Mai austreibende Ackerkratzdistel ungeschädigt.
Dieses späte Austreiben verschafft ihr gegenüber den übrigen geschwächten Arten
gewaltige Konkurrenzvorteile, die zu der erwähnten Massenausbreitung führen.
Die auf allen Versuchsvarianten dieses Standortes festgestellte terraindynamische
Wandlung ist zoogen (Mäuseplage) gefördert worden. Lückenbesiedelnde Dicotylen — hier *Cirsium arvense* — besetzten die Kahlstellen.

3.2. *Versuchsstandort Rechtenfleth*

Leider mußte dieser Versuchsstandort im Frühjahr 1975 aufgegeben werden, da
er als Deponiefläche beim Autobahnbau Bremen — Bremerhaven benötigt wurde.
Ersatzflächen konnten beschaft werden. Hier berichten wir nur über die alte
Versuchsfläche. Die Ausgangssituation auf der Versuchsvariante „Freie Vegetationsentwicklung" — aber auch auf allen anderen — wird von einer Artenkombination geprägt, die typisch für das weniger gut gepflegte Grünland der Knick-
marsch ist (Tab. 3). Das Hauptereignis der einjährigen Bewegungsbilanz ist eine
gut akzentuierte floristische Phasenverschiebung, die ihren Ausdruck in einer
überwältigenden Dominanz von *Carex gracilis* fand. Die ursprünglich beherr-
schende Gramineenfraktion ist vollkommen zerfallen. Zum floristischen Phasen-
kontrast kommt noch eine Vertikalausdehnung hinzu; denn der ursprüngliche
Kurzrasen des Grünlandes wurde von einem langhalmigen Seggenbestand abgelöst. Letzteres gilt auch für die anderen Versuchsvarianten dieses Standortes.

Ähnliches läßt sich für die Versuchsvariante „Einmaliges Mulchen" aufzeigen

(Tab. 3). Auch hier wirkte sich das starke Durchsetzungsvermögen von *Carex gracilis* sukzessionsbeschleunigend aus, wenn auch der Deckungsgrad hinter demjenigen der „Freien Vegetationsentwicklung" zurückblieb. Immerhin überlegte hier die Gramineenfraktion in Relikten.

Die floristischen Inventarverschiebungen führten auf der Versuchsvariante „Chemische Wuchshemmung" zu einem Mischbestand, in dem mehrere Arten die

Tabelle 3

Vegetationsänderungen 1973/74

Versuchsstandort: Rechtenfleth
Versuchsvariante : Einmaliges Mulchen

	1973	1974
Holcus lanatus	59	8
Agrostis alba	17	5
Festuca rubra	9	1
Festuca pratensis	8	–
Trifolium repens	2	–
Carex gracilis	+	74
Übrige Arten	5	12

Versuchsstandort: Rechtenfleth
Versuchsvariante : Chemische Wuchshemmung

	1973	1974
Festuca rubra	39	12
Holcus lanatus	37	7
Festuca pratensis	7	+
Agrostis alba	5	15
Phalaris arundinacea	+	23
Carex gracilis	+˙	33
Übrige Arten	12	10

Versuchsstandort: Rechtenfleth
Versuchsvariante : Freie Vegetationsentwicklung

	1973	1974
Holcus lanatus	59	+
Agrostis alba	17	2
Festuca rubra	9	+
Festuca pratensis	8	–
Trifolium repens	2	–
Carex gracilis	+	90
Übrige Arten	5	8

Schätzung in % Bedeckungsgrad

Physiognomie prägen, wenn auch *Carex gracilis* (Tab. 3) die höchste Bedeutung
aufweist. Zu den weiteren dominierenden Arten gehören *Phalaris arundinacea*
und *Agrostis alba.* Im Gegensatz zum Standort Ritterhude kam es auf dieser
Versuchsvariante nicht zum einem vollständigen Abbau der Gramineenfraktion.
Beträchtliche Bedeckungsanteile von Gräsern blieben erhalten.

3.3. Versuchsstandort Königsmoor (1)

Auf den Versuchsstandorten Ritterhude und Rechtenfleth erlebten wir nach
einer Invasion konkurrenzstarker Arten bereits nach einjähriger Versuchsdauer
eine Umstrukturierung der Vegetation. In Königsmoor (1) verlief die Entwicklung andersartig. Die Versuchsvariante „Freie Vegetationsentwicklung" zeigt
eine deutliche Stabilitätsstruktur (Tab. 4). Die ursprünglich zu Versuchsbeginn
vorhandene und für das Grünland typische Gramineenfraktion ist bis 1976 (3.
Versuchsjahr) erhalten geblieben. Der Bestand sieht heute noch grünlandähnlich
aus. Größere Verschiebungen erfolgten nur innerhalb der einzelnen Grasarten.
Dabei ist die Abnahme der guten Futtergräser nur vorübergehend. Bei den Vege-
tationsschwankungen fällt besonders der starke Schwund von *Holcus lanatus* auf.
Diese Erscheinung ist keine Einmaligkeit. Eine Abnahme des Wolligen Honiggrases ließ sich 1976 an vielen Stellen beobachten. Auf einem Teil dieser Variante
breitete sich *Populus tremula* durch unterirdische Ausläufer (Polykormbildung)
von einem angrenzenden Baumstreifen aus. Nur hier konnten wir aufkommenden
Baumwuchs auf unseren experimentellen Brachflächen feststellen. Diese Einwanderung hat nichts mit Abhängigkeiten zwischen Boden und Pflanze zu tun.
Ebenso wenig kommt eine autogene Phasen-Konsequenz gräserreiche Brache/
Populus tremula-Bestand infrage. Hier handelt es sich eindeutig um ein verbrei-
tungsbiologisches Phänomen.
 In den beiden ersten Versuchsjahren ließ sich auf der Versuchsvariante „Einmaliges Mulchen" ebenfalls eine Stabilitätsstruktur aufzeigen (Tab. 4). Die für
das Grünland typische Gramineenfraktion erhielt sich noch zwei Jahre. Es wurden lediglich die guten Futtergräser gegen das minderwertige *Holcus lanatus*
ausgetauscht. 1976 zeigt sich der beginnende Zerfall der Gramineenphase, der
entscheidend durch den Rückgang von *Holcus lanatus* geprägt wird. Neuartig ist
eine Dicotylenfazies, in der *Ranunculus acer* und *Rumex acetosa* dominieren.
 Die Versuchsvariante „Chemische Wuchshemmung" zeigt in den ersten zwei
Jahren eine ausgesprochene Stabilitätstruktur (Tab. 4). Die Gramienfraktion
bleibt erhalten. Es finden nur innerfraktionelle Verschiebungen zwischen den
Gräsern statt. Die guten Futtergräser vermindern sich und machen *Holcus lanatus*
Platz. 1976 geschieht eine völlige Umstrukturierung der Vegetation. Das Ergebnis sind eine Dominanz von *Carex fusca* und viele vegetationslose Flecken. Hier
verzeichnen wir auch wieder einen Rückgang des Wolligen Honiggrases, das
hier von *Carex fusca* ersetzt wird.

Vegetationsänderungen 1973/76

Versuchsstandort: Königsmoor
Versuchsvariante : Einmaliges Mulchen

	1973	1974	1975	1976
Holcus lanatus	33	46	49	5
Phleum pratense	20	10	8	13
Festuca pratensis	15	12	3	4
Festuca rubra	13	17	9	24
Poa pratensis	11	5	2	6
Ranunculus acer	+	+	+	20
Rumex acetosa	+	+	+	10
Übrige Arten	8	10	10	18

Versuchsstandort: Königsmoor
Versuchsvariante : Chemische Wuchshemmung

	1973	1974	1975	1976
Poa pratensis	26	10	17	15
Holcus lanatus	25	44	44	1
Phleum pratense	16	3	4	+
Festuca rubra	16	16	13	10
Festuca pratensis	6	2	3	—
Carex fusca	6	3	3	43
Übrige Arten	5	22	16	1
Vegetationslos	—	—	—	30

Versuchsstandort: Königsmoor
Versuchsvariante : Freie Vegetationsentwicklung

	1973	1974	1975	1976
Holcus lanatus	35	28	36	8
Festuca rubra	18	30	34	49
Poa pratensis	17	9	8	26
Phleum pratense	7	2	1	2
Agrostis tenuis	6	1	3	2
Arrhenatherum elatius	4	2	1	2
Übrige Arten	13	28	17	11

Schätzung in % Bedeckungsgrad

---

4. Vegetationsuntersuchungen auf älterem Brachland und Ergebnisse bodenchemischer Untersuchungen

4.1. Versuchsstandort Königsmoor (2)

Rund 500 m nördlich des Versuchsstandortes Königsmoor (1) liegt die obere Wümmeniederung, die ein vielgestaltiges Mosaik verschiedener Pflanzengesell-

Tabelle 5

Bodenchemische Änderungen 1972/75

Versuchsstandort: Ritterhude
Versuchsvariante: Freie Vegetationsentwicklung

DL K_2 mg/100 cm³

19	1973	1974	1975
0– 2 cm Tiefe	22	18	17
10–20 cm Tiefe	4	3	6

DL P_2O_5 mg/100 cm³

	1973	1974	1975
0– 2 cm Tiefe	7	5	5
10–20 cm Tiefe	2	2	3

Versuchsstandort: Rechtenfleth
Versuchsvariante: Chemische Wuchshemmung

DL K_2O mg/100 cm³

	1973	1974	1975
0– 2 cm Tiefe	76	56	54
10–20 cm Tiefe	14	13	19

DL P_2O_5 mg/100 cm³

	1973	1974	1975
0– 2 cm Tiefe	34	25	26
10–20 cm Tiefe	3	1	2

Versuchsstandort: Königsmoor
Versuchsvariante: Einmaliges Mulchen

DL K_2O mg/100 cm³

	1972	1973	1974	1975
0– 2 cm Tiefe	30	27	25	20
10–20 cm Tiefe	1	6	12	6

DL P_2O_5 mg/100 cm³

	1972	1973	1974	1975
0– 2 cm Tiefe	50	15	14	10
10–20 cm Tiefe	1	2	5	2

schaften trägt. Neben Resten noch genutzten Grünlandes (Senecioni-Brometum racemosi) sind umfangreiche Brachflächen verbreitet, die sich schon bekannten Assoziationen gut zuordnen lassen. Es handelt sich hier um schon älteres Brachland. Der genaue Zeitpunkt des Brachebeginns ist nicht bekannt. Wir hüten uns, hier von einem räumlichen Nebeneinander der Pflanzengesellschaften auf

Tabelle 6

Beziehungen zwischen dominierenden Pflanzenarten und Moortiefen

Versuchsstandort: Königsmoor (Oberers Wümmetal)
Versuchsvariante : Älteres Brachland

Dominierende Art	Moortiefe in m
Filipendula ulmaria	0–1,30
Phalaris arundinacea	0,40–1,00
Calamagrostis canescens	0,50–1,00
Carex acutiformis	0,40–1,00
Phragmites communis	1,00–2,00

Pflanzennährstoffe auf älterem Brachland

DL K_2O und P_2O_5 g/m² von 0–40 cm Tiefe

Versuchsstandort: Königsmoor (Oberes Wümmetal)
Versuchsvariante : Älteres Brachland

Dominierende Art	P_2O_5	K_2O
Calamagrostis canescens	19,5	6
Phalaris arundinacea	8	16
Filipendula ulmaria	9	8,5
Phragmites communis	8,5	11
Carex acutiformis	8,5	6

Nährstoffbilanz 1973/75

DL K_2O g/m² von 0–40 cm Tiefe

Versuchsstandort	1973	1974	1975
Ritterhude	20	19	21
Rechtenfleth	84	74	82
Königsmoor	19	15	9

DL P_2O_5 g/m² von 0–40 cm Tiefe

Ritterhude	10	10	8
Rechtenfleth	29	23	22
Königsmoor	49	41	23

ihr zeitliches Hintereinander zu schließen. Viel wichtiger ist die Feststellung, daß nach dem Aufhören nivellierender Bewirtschaftungsmaßnahmen wieder die Bodenunterschiede bzw. Feuchteabstufungen mit ihren vegetationsdifferenzierenden Charakter wirksam werden. Bestimmten Niedermoortiefen sind bestimmte dominierende Pflanzenarten und Pflanzengesellschaften zugeordnet (Tab. 6). Die nicht von bodenchemischen Kenndaten abhängige Vegetationsdynamik, die von verbreitungsbiologischen Fakten und autogenen Rhythmen bestimmt wird und in den ersten Jahren der Verbrachung eine Rolle spielt, ist hier zum Stillstand gekommen und hat einer deutlichen Beziehung Boden-Pflanze Platz gemacht. Die bodenchemischen Kennwerte (Tab. 6) zeigen zusätzlich neben der Abhängigkeit Moortiefe — Pflanzenart/Pflanzengesellschaft weitere Korrelationen. So ist *Calamagrostis canescens* deutlich an höhere P_2O_5-Gehalte gebunden, während *Phalaris arundinacea* bei höheren K_2O-Gehalten vorherrscht.

4.2. *Ergebnisse bodenchemischer Untersuchungen*

Seit Aufhören der Grünlandnutzung (1973) unterblieb auf den Versuchsstandorten Ritterhude, Rechtenfleth und Königsmoor (1) mit Ausnahme der Vergleichsparzellen eine Mineraldüngung. Die bodenchemischen Untersuchungen (DL-lösliches K_2O und P_2O_5) lassen eine deutliche Nährstoffverlagerung erkennen. Einer Abnahme in den obersten 2 cm steht meistens eine Zunahme zwischen 10 — 20 cm gegenüber (Tab. 5). Besonders deutlich zeichnet sich eine Beweglichkeit von P_2O_5 auf dem sesquioxidarmen Versuchsstandort Königsmoor (1) (Hochmoor-Deutsche Hochmoorkultur) ab. Auf den beiden anderen Standorten ist dieser Trend weniger deutlich ausgeprägt. Eine K_2O-Verlagerung zeichnet sich besonders in Rechtenfleth ab. Neben diesem Wechsel zwischen den obersten 2 cm und 10-20 cm Tiefe interessiert zusätzlich die Nährstoffbilanz in g/m^2 in den obersten 40 cm (Tab. 6). Denn diese macht deutlich, ob eine Auswaschung auch schon in tiefere Schichten erfolgt ist. Der analysierte Standort Königsmoor zeigt bei K_2O und P_2O_5 eine deutliche Abnahme. Diese weist auf eine Verlagerung unterhalb 40 cm oder eine Umwandlung in schwerlösliche Formen, die durch DL- nicht mehr erfaßt werden, hin. Die Ergebnisse von den beiden anderen Örtlichkeiten deuten — wenn auch weniger scharf konturiert — in die gleiche Richtung. Dabei stehen teilweise anfänglichen Abnahmen geringfügige Zunahmen im zweiten Jahr gegenüber.

5. Zusammenfassung

Wird Grünland auf von Natur aus nährstoffreichen Feuchtstandorten (Niedermoor, Marsch) aus der landwirtschaftlichen Nutzung genommen, so erfolgt auf allen Versuchsvarianten (Einmaliges Mulchen, Chemische Wuchshemmung, Freie Vegetationsentwicklung) eine rasche floristische Umstrukturierung, die zur Dominanz einer oder nur weniger Arten führt (*Cirsium arvense, Carex gracilis, Phalaris arundinacea, Calamagrostis canescens, Carex acutiformis, Filipendula ulmaria, Phragmites communis*). Dasselbe Phänomen konnte für Grünlandbrachen in Bachtälern des Hügellandes und der Mittelgebirge aufgezeigt werden

(Borstel 1974, Hard 1975, Meisel 1972, 1975, Meisel & Melzer 1972, Runge
1969, Schmidt 1974, Stählin et al. 1972, 1973, Stählin & Schäfer 1975). Auf
Hochmoorgrünland (Deutsche Hochmoorkultur) erhielt sich über längere Zeit
— stellenweise auch bis heute — ein gräserreiches Stadium, das am ehesten an
Extensivgrünland erinnert. Erst im dritten Versuchsjahr geschah hier teilweise
eine floristische Phasenverschiebung, die zur Dominanz von *Carex fusca* oder
herbosen Facics von *Rumex acetosa* und *Ranunculus acer* führte. Aufkommen-
der Baumwuchs konnte nur auf Hochmoorgrünland — hervorgegangen aus unterirdischen Ausläufern, die aus einem angrenzenden Baumstreifen stammten — festgestellt werden. Eine Tieferverlagerung von Pflanzennährstoffen ließ sich aufzeigen.

6. Ausblick

Floristische Kostbarkeiten, deren Erhaltung — wie wir es eingangs erwähnten —
eine Notwendigkeit ist, konnten auf den Versuchs-Brachflächen nach 3 Jahren
nicht festgestellt werden. Für eine Wiedereinbürgerung bedrohter Arten setzt
sich bereits Weber (1901) ein. Gerade die Brachflächen können hier eine Asyl-
funktion wahrnehmen. Landfremde und standortsfremde Pflanzenarten sollten
allerdings ausgeschlossen bleiben. Diesbezügliche Versuche wurden bereits
begonnen. Im Gewächshaus werden verschiedene Arten aus Samen des Botanischen Garten Oldenburg (*Arnica montana, Gentiana pneumonanthe, Cladium
mariscus, Carex dioica, Carex palicaris, Carex pseudocyperus, Carex vulpina* u.a.)
herangezogen. Nach Erreichen entsprechender Größe werden sie auf die Brachflächen ausgepflanzt werden.
Die Untersuchungen wurden durch einen Beitrag aus den Konzessionsabgaben
des Nds. Zahlenlottos gefördert. Dem Interministeriellen Ausschuß sei dafür an
dieser Stelle gedankt. Meinen Mitarbeiterinnen Frau R. Wolters und Frau R.
Corzelius danke ich für sorgfältige technische Assistenz.

Literatur

Borstel, von U.O. (1974): Untersuchungen zur Vegetationsentwicklung auf ökologisch
    verschiedenen Grünland- und Ackerbrachen hessischer Mittelgebirge. Aus der Hessi-
    schen Lehr- und Forschungsanstalt für Grünlandwirtschaft und Futterbau Eichhof —
    Bad Hersfeld.
Ellenberg, H. (1973): Ökosystemforschung. Springer Verlag, Berlin, Heidelberg, New York.
    1. Aufl., 280 S., 101 Abb..
Hard, G. (1975): Vegetationsdynamik und Verwaldungsprozesse auf den Brachflächen
    Mitteleuropas. *Die Erde* 106: 243—276.
Kuntze, H. & Schwaar, J. (1972): Landeskulturelle Aspekte zur Boden- und Vegetations-
    entwicklung aufgelassenen Kulturlandes. *Z.f. Kulturtechnik und Flurbereinigung* 13:
    131 — 136.
Meisel, K. (1972): Brachflächen und Erholungslandschaft. *Neue Landschaft* 21: 679—703.
Meisel, K. (1975): 275.000 ha Sozialbrache in der BRD. *Umschau in Wissenschaft und
    Technik* 17: 541—543.

Meisel, K. & Melzer, W. (1972): Nicht mehr landwirtschaftlich genutzte Fläche (sozialbrache) in v.H. der landwirtschaftlichen Nutzfläche (LN) in der BRD. — Beilage in:
Bericht über die Verbesserung der Agrarstruktur in der Bundesrepublik Herausgegeben
vom Bundesministerium für Ernährung, Landwirtschaft und Forsten.

Runge, F. (1969): Vegetationsentwicklung in einer aufgelassenen Wiese. — *Mitteilung flor.-
soz. Arbeitsgemeinschaft NF* 14: 281—290.

Stählin, A. et al. (1972): Uber den Einfluß des Alters der Sozialbrache auf den Pflanzenbe-
bestand, Boden und Landschaft. *Z. Acker- und Pflanzenbau* 138: 177—199.

Stählin, A. (1973): Zur Frage des Eingriffes in die Entwicklung des Pflanzenbestandes auf
aufgelassenem Kulturland. *Natur und Landschaft* 48: 63—69.

Stählin, A. & Schäfer, K. (1975): Zur Frage der Sukzessionslenkung auf aufgelassenem
Kulturland. Bericht der Internationalen Symposien der Internationalen Vereinigung für
Vegetationskunde, Bd. Sukzessionsforschung 471—492, Verlag J. Cramer, Vaduz.

Stüssi, B. (1970): Vegetationsdynamik in Dauerbeobachtung. Naturbedingte Entwicklung
subalpiner Weiderasen auf Alp La Schera im Schweizer Nationalpark während der Reser-
vatsperiode 1939—1965. — Ergebnisse der wissenschaftlichen Untersuchungen im
Schweizerischen Nationalpark Bd. XIII, Zürich.

Weber, C.A. (1901): Über die Erhaltung von Mooren und Heiden im Naturzustande. *Abh.
Nat. Bremen* 15: 263—279.

Anschrift des Verfassers:

Dr. Jürgen Schwaar, Nieders. Landesamt für Bodenforschung, Außeninstitut
für Moorforschung und Angewandte Bodenkunde, Friedrich-Mißler-Str. 46/48,
2800 Bremen.

5. GEWÄSSER-BELASTUNG

Sonderdruck: Verhandlungen der Gesellschaft für Ökologie, Göttingen 1976.

AUSWIRKUNG DER ABWASSERBELASTUNG AUF DIE FLORA UND FAUNA IM RAUM SIEGEN

E. JUNGK, E. KILIAN, L. STEUBING & R. UEBERS

Abstract

Along the river system of Fernbach and Sieg water samples have been taken at 40 test points. Large quantities of domestic sevage and from metal works flow into the river. The water samples taken have been analysed chemically with regard to the most important elements and other criteria which characterize the water condition. Other water samples taken at the same time serve for the determination of the flora and fauna. The aim of the study was to find out the correlations between the chemical and biological evaluation of the water quality. The agreement between the chemical and the faunistic analyses and the resulting conclusion were about 75% and between chemical and floristic conclusions about 85%. The total identity between floristic and faunistic water classification was 65%.

1972 trat das Chemische Untersuchungsamt Siegen mit dem Ersuchen an uns heran, parallel zu einer von ihrer Seite durchzuführenden einmaligen Serie chemischer Analysen von Wasserproben an Ferndorf und Sieg eine floristische und faunistische Bestandsaufnahme durchzuführen. Bei allem Bedenken gegen den Wert einer solchen „Momentaufnahme" haben wir uns dann doch daran beteiligt. Wir konnten davon ausgehen, daß die Arten der Gewässerbiozönose, die wir im Plankton, besonders aber im Sediment sowie im Aufwuchs auf organischem und anorganischem Material antreffen, keine Indikatoren für die momentane, sondern für die integrale Wirkung längerfristiger Belastungen sind. Es interessierte uns, wieweit sich Korrelationen zwischen chemischen und biologischen Befunden ergäben, und welcher Grad der Übereinstimmung zwischen botanischen und zoologischen Indikatorarten und der daraus resultierenden Einstufung der Gewässerqualität erreicht würde.

Lage der Meßstellen

Das Untersuchungsgebiet (Abb. 1) umfaßt den Oberlauf der Sieg mit dem Zufluß Ferndorf und den wichtigsten Nebenbächen im Landkreis Siegen. Sieg und Ferndorf sind weitgehend begradigt und nehmen mehr oder minder unaufbereitete Abwässer der eisenverarbeitenden zahlreichen Klein- und Mittelbetriebe auf, ebenso die Abwässer aus den Haushaltungen eines relativ dicht besiedelten Gebietes von etwas mehr als 200 Einwohnern pro km^2. Von den insgesamt 40 untersuchten Meßstellen sei detailliert nur auf 5 an der Ferndorf gelegene Probeentnahmestellen eingegangen, zumal dort entlang einer relativ kurzen Fließstrecke die größten Gegensätze hinsichtlich der Wasserqualität bestehen.

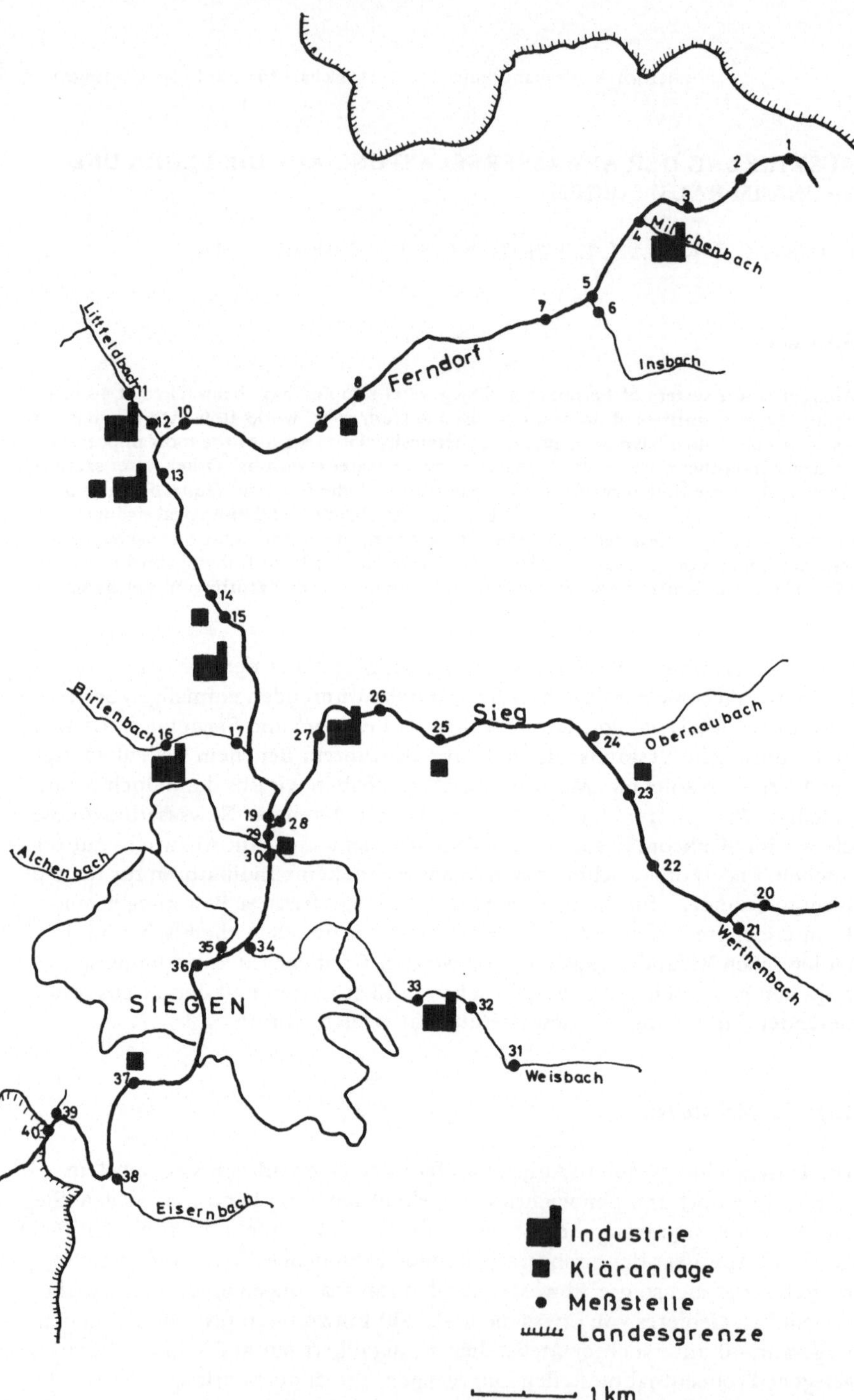

Abb. 1. Lage der Meßstellen im Untersuchungsgebiet.

Tabelle 1. Chemische Analysenwerte von Wasserproben entlang der Ferndorf.

Analyse	Meßstelle	Nov. 1972	Aug. (Fr) 1976	Sept. (Di) 1976
Cu^{2+} mg/1	1	—		
	4	218,0		
	9	—		
	10	—		
	18	—		
Zn^{2+} mg/1	1	—		
	4	0,6		
	9	—		
	10	—		
	18	—		
Fe^{3+} mg/1	1	0,1		
	4	3,2	0,1	0,3
	9	13,5	0,5	1,5
	10	1,2		0,3
	18	1,1		
CN^- mb/1	1	—		
	4	102,0		
	9	—		
	10	—		
	18	—		
BSB_2	1	1,3		
	4	—		
	9	4,1		
	10	6,5		
	18	—		
$KMnO_4$ cm³	1	1,0		
	4	65,0		
	9	313,0		
	10	25,0		
	18	52,0		
Cl^- mg/1	1	6,4		
	4	823,0		
	9	745,0		
	10	77,3		
	18	29,4		
O_2 mg/l	1	9,9	12,2	9,8
	4	4,1	9,2	10,5
	9	—	—	2,8
	10	—	0,5	5,8
	18	—	6,2	4,3
PO_4^{3-} mg/l	1	0,1	—	—
	4	1,4	2,0	3,2
	9	1,8	8,0	10,0
	10	0,5	1,5	4,0
	18	0,3	0,8	8,1

Tabelle 1. Chemische Analysenwerte von Wasserproben entlang der Ferndorf.

Analyse	Meßstelle	Nov. 1972	Aug. (Fr) 1976	Sept. (Di) 1976
NH_4^+ mg/l	1	–	–	–
	4	18,4	5,0	4,1
	9	55,1	12,0	15,0
	10	7,0	9,2	7,0
	18	1,1	4,6	8,2
NO_2^--mg/l	1	–	–	–
	4	–	0,5	0,4
	9	–	–	0,3
	10	–	0,3	0,7
	18	–	–	18,0
pH	1	7,0	6,7	6,8
	4	8,6	6,7	8,2
	9	6,6	8,2	8,1
	10	7,2	7,3	7,3
	18	7,1	7,1	7,1
Leitfähigkeit $20°$ C µS/cm	1	102	136	141
	4	3550	203	1677
	9	2340	3000	3904
	10	552	2315	681
	18	800	1070	853

Meßstelle 1 liegt etwa 200 m von dem Quellenaustritt der Ferndorf aus dem Wald entfernt, ca. 100 m oberhalb der ersten Häuser; der Bach ist an der Probeentnahmestelle etwa 1 m breit, seine Böschungen sind von einzeln stehenden Gehölzen bewachsen. An Meßstelle 4 ist die Ferndorf von einer Backsteinmauer eingefaßt. Das Wasser wies z.Zt. der Probenahme schwache Schaumbildung auf, und ein aus Schwefelwasserstoff und Cyanidbeimengungen bedingter Geruch wurde wahrgenommen. An Abfällen waren neben Laub, Papier und Plastik vor allem kleine Metalldrehspäne im Wasser zu finden. Meßstelle 9 befindet sich unmittelbar unterhalb des Zulaufes des 1972 noch nicht in Betrieb genommenen Klärwerkes Kredenbach. Eine milchig-graue Abwasserfahne deutet darauf hin, daß die Abwässer noch ungeklärt in die Ferndorf entlassen werden. Auf Meßstelle 10 trifft man ca. 3,5 km unterhalb des Klärwerkes Kredenbach. Das Wasser war bei der Probenahme ebenfalls milchig-braun, leicht schaumig und das steinige Flußbett von schwarzem Faulschlamm mit langen Sphaerotilusfahnen bedeckt. Meßstelle 18 liegt unterhalb der Einmündung des Birlenbachs in die Ferndorf. Auch hier deuten Sphaerotilusbewuchs, Faulschlamm und H_2S-Geruch auf eine Gewässerbelastung.

Ergebnisse

Für das untersuchte Flußsystem sind große Schwankungen der industriellen
Abwasserlast typisch, d.h. es kommt zu einer stoßweisen Belastung, die sich
in sehr wechselnden chemischen Werten widerspiegelt. Bei einmaliger Analyse
von Wasserproben ergeben sich somit Zufallswerte, bei deren Interpretation
Vorsicht geboten ist. Neben den eigentlichen Produktionsbedingungen spielen
Tageszeit, Arbeitsrhythmus und Wetter eine große Rolle. Diese Fakten gehen
aus Tabelle 1 hervor, in der die wichtigsten Parameter, die vom chemischen
Untersuchungsamt Siegen (Dr. Kliffmüller) gemessen wurden, eingetragen sind,
ferner einige Werte, die wir 1976 zu zwei verschiedenen Terminen und verschiedenen Wochentagen ermitteln konnten. Aus der Tabelle ist aber auch
ersichtlich, daß an Meßstation 1 keine chemische Belastung vorlag. Darauf
deuten der hohe Sauerstoffgehalt hin, der pH-Wert und die geringe Leitfähigkeit
(letztere beträgt bei unbelasteten Gewässern bis zu 200 μS/cm und pH um $\pm$ 7,
Höll 1968). In krassem Gegensatz hierzu stehen vor allem die Daten für Meßstellen 4 und 9. Erstere fiel durch den hohen Gehalt an Schwermetallen und
Cyanid auf (Hinweis auf metallverarbeitende Betriebe). Station 9 zeichnete sich
gleichermaßen durch hohe Leitfähigkeitswerte aus, die — hinsichtlich der
Schwermetalle — durch Eisenionen bedingt waren, sonst aber mehr auf die hohen
Konzentrationen an Ammonium (extrem erhöht), Phosphat und Chlorid
beruhen dürften (Zulauf zur Kläranlage).

Die zur Ermittlung der biologischen Gewässereinstufung dienenden Daten
beruhen auf Auswertung der aufgefundenen 114 botanischen Taxa, von denen
80% bis zur Art bestimmt und auf 61 zoologischen Taxa, von denen 55% bis
zur Art diagnostiziert werden konnten. Bei letzteren waren es hauptsächlich
wasserlebende Insektenlarven, Crustaceen und Mollusken, bei den Pflanzen
vorzurgsweise Aufwuchsformen von Bacteriophyta, Cyanophyta, Bacillario-
phyceae, Chlorophyceae und Conjugatophyceae.

Wenngleich die Zahl der Gattungen oder Arten (Tabelle 2) allein keine schlüs-
sige Aussage über den Verschmutzungsgrad eines Gewässers zuläßt, so vermag
sie als erste Orientierung zu dienen. Nach Schwoerbel (1971) verändert sich die
Artenzahl beim Einleiten von Abwässern, obwohl die Biomasse konstant bleibt.
Nach Höll (1968) deutet ein $KMnO_4$-Verbrauch von mehr als 30 ppm auf eine
starke Gewässerverschmutzung.

Tabelle 2. Zahl der Gattungen, $KMnO_4$-Verbrauch und Saprobitätsstufe von Wasserproben
entlang der Ferndorf.

Meßstelle	$KMnO_4$ ppm F_1 (Flor.)	Gattungs-zahl	Saprob. -stufe	Gattungs-zahl F_2 (Faun.)	Saprob. -stufe
1	1	29	os	25	os
4	65	5	bms-ams	0	azoisch
9	313	6	ps	6	ps
10	59	10	bms-ams	5	ams
18	52	6	ps	3	ps

Flora und Fauna wiesen die höchste Zahl an Gattungen an Meßstelle 1 auf, die
sich nach Berechnung der Saprobienindeces als oligosaprob herausstellte (Abb.2).
An Probenahmestelle 4 wirkten offenbar Schwermetalle, und vor allem Cyanid,
tödlich auf die tierischen Organismen, während für die Flora zwar ein starker
Rückgang, jedoch nicht totale Verödung verzeichnet wurde. Bei den Meßstellen 9, 10 und 18 ließ sich gleichermaßen für Flora und Fauna eine beachtliche Reduktion der Gattungszahl gegenüber Standort 1 konstatieren. Nach dem
Saprobienindex, − nach Pantle & Buck (1955) unter Verwendung der Sapro-
bitätsklassen nach Liebmann (1959) und modifiziert durch Ergänzungen nach
Sládeček (1973) berechnet − handelte es sich um stark bis übermäßig stark

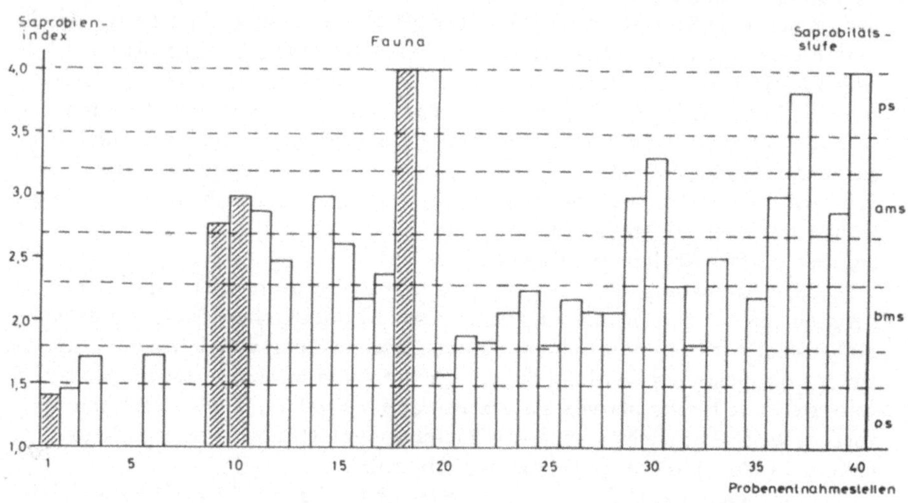

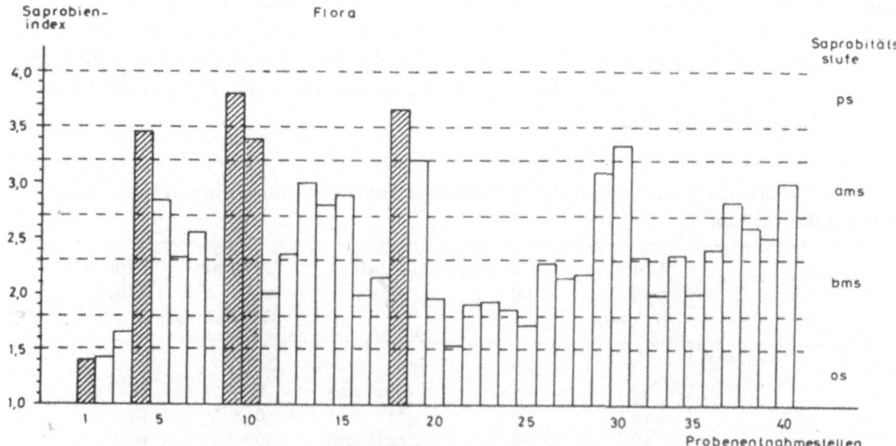

Abb. 2. Saprobienindex für Flora und Fauna.

320

Tabelle 3. Kennzahlen zur Besiedlungsdichte (os-ps), relativen Belastung (J = 0%: sämtliche Leitformen kommen nur in sauberem Wasser vor; J = 100%: sämtliche Leitformen sind stark bis übermäßig stark verschmutztem Wasser zuzurechnen), Saprobienindex (S = 1-1,5: os d.h. Wasser unbelastet; S = 3,5-4: ps d.h. Wasser übermäßig verschmutzt).

Meßstelle		Σos	Σbms	Σoms	Σps	ΣGesamt	J	S	Gewässer Güteklasse
1	Flora	39	17	2	1	59	5,1	1,4	I
	Fauna	29,5	18	0,5	0	48	1,04	1,4	I
	gesamt	68,5	35	2,5	1	107	3,3	1,4	I
4	Flora	0	1,83	3,83	8,33	14	86,85	3,46	III-IV
	Fauna	0	0	0	0	0	—	—	—
	gesamt	0	1,83	3,83	8,33	14	86,9	3,46	III-IV
9	Flora	0	1	1	14	16	93,75	3,81	IV
	Fauna	0	1	3	0	4	75	2,75	III
	gesamt	0	2	4	14	20	90	3,6	IV
10	Flora	0	4	5	13	22	81,8	3,4	III-IV
	Fauna	0	0	6	0	6	100	3,0	III
	gesamt	0	4	11	13	28	85,7	3,32	III-IV
18	Flora	0	0	6,5	12,5	19	100	3,66	IV
	Fauna	0	0	0	3	3	100	4,0	IV
	gesamt	0	0	6,5	15,5	22	100	3,7	IV

verschmutzte Probenahmestellen. Zu diesen kamen noch 10 weitere an Ferndorf und Sieg hinzu. Lediglich der Oberlauf der Sieg war im Bereich der Probestellen 20-28 weniger belastet (Abb. 2).

Knöpp (1965) führte den Begriff der „relativen Belastung" (J) ein. Die Berechnung hierfür basiert auf den Häufigkeitsstufen der verschiedenen Indikatororganismen. In Tabelle 3 sind die Kennzahlen für die Besiedlungsdichte, die Belastungs- und Saprobienindexwerte und die hieraus resultierende Gewässergüteklasse angegeben. Es zeigt sich bei einem Vergleich der verschiedenen Daten für die floristischen und faunistischen Befunde eine weitgehende Übereinstimmung. Werden nun die erhaltenen Werte für die chemische Belastung — gekennzeichnet durch den Permanganatverbrauch — und die Angaben für die relative Belastung der Organismen an allen untersuchten Probestellen miteinander verglichen, so ergibt sich für die Flora eine Übereinstimmung von 85%, für die Fauna von 75%.
Abbildung 3 stellt den biologischen Gütelängsschnitt der abkartierten Fließgewässer dar. Bei der graphischen Auswertung wurde für jede Probestelle die Summe der bms- und os-Indikatororganismen auf der positiven y-Achse, die Summe der ams- und ps-Vertreter auf der negativen Seite der y-Achse aufgetragen. Somit läßt sich die mengenmäßige Verteilung der verschieden einzustufenden Bioindikatoren besser ermitteln.

Als empfindliche Indikatoren für Wasserverschmutzung erwiesen sich für die Flora *Vaucheria* spec, *Cladophora* spec, *Audouinella violacea*, *Philotis fontana*, *Fontinalis antipyretica*, *Callitriche obtusangula* und *Ranunculus fluitans*. Als unempflindlich und damit als Indikator ungeeignet zeigten sich *Diatoma vulgare*, *Melosira varians*, *Scenedesmus quadricauda*, *Stigeoclonium tenue*, *Closterium ehrenbergii* und *Closterium acerosum*. Trichopteren, Ephemeropteren und Plecopteren-larven waren tierische Indikatoren für sauberes oder Schwach verunreinigtes Wasser, während an stark verschmutzten Meßstellen Hirudineen, verschiedene Dipterenlarven und besonders Ascellus aquaticus dominierten. Nach Abb. 3 war auffällig, daß — wenn auch in sehr wechslender Artenzahl — pflanzliche Organismen der ps-Stufe an allen untersuchten Meßstellen gefunden wurden. Die floristische Besiedlungsdichte war bei fast allen Meßstellen höher als die faunistische. Insgesamt aber stimmt die Gewässerklassifizierung auf floristischer und faunistischer Basis größenordnungsmäßig weitgehend überein, wenn auch mit der Einschränkung, daß pflanzliche Indikatoren einen teilweise um 1/2 Stufe geringeren Belastungswert als die tierischen Indikatoren anzeigen. Die totale Übereinstimmung der floristischen und faunistischen Daten lag bei 65%.

Zusammenfassung

An insgesamt 40 Meßstellen wurden an Ferndorf und Sieg Wasserproben entnommen, chemisch analysiert, biologisch ausgewertet und danach die Gewässergüteklasse bestimmt. Bei einem Vergleich der Bewertung der Wasserqualität nach chemischen Daten und pflanzlichen Bioindikatoren ergab sich eine Übereinstimmung von 85%, bei Verwendung tierischer Indikatoren eine solche von 75%.

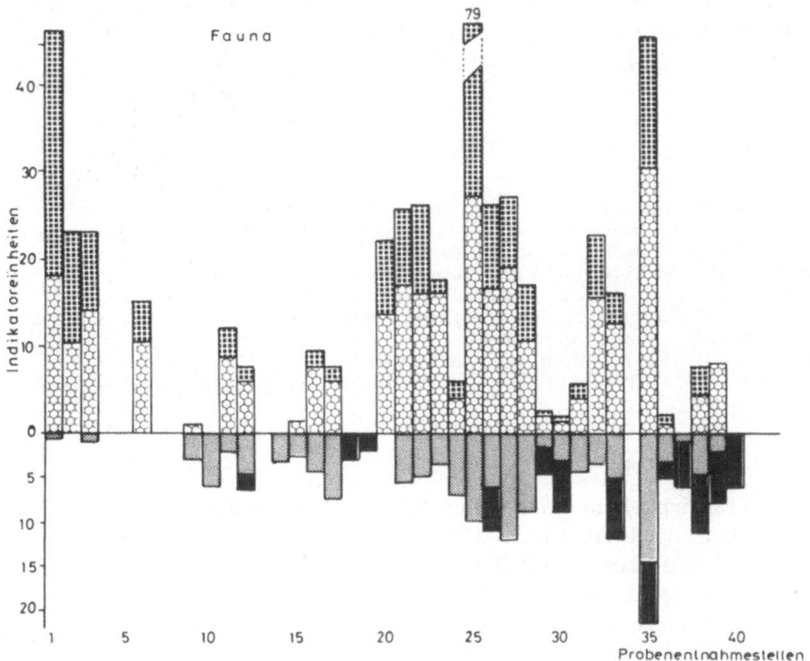

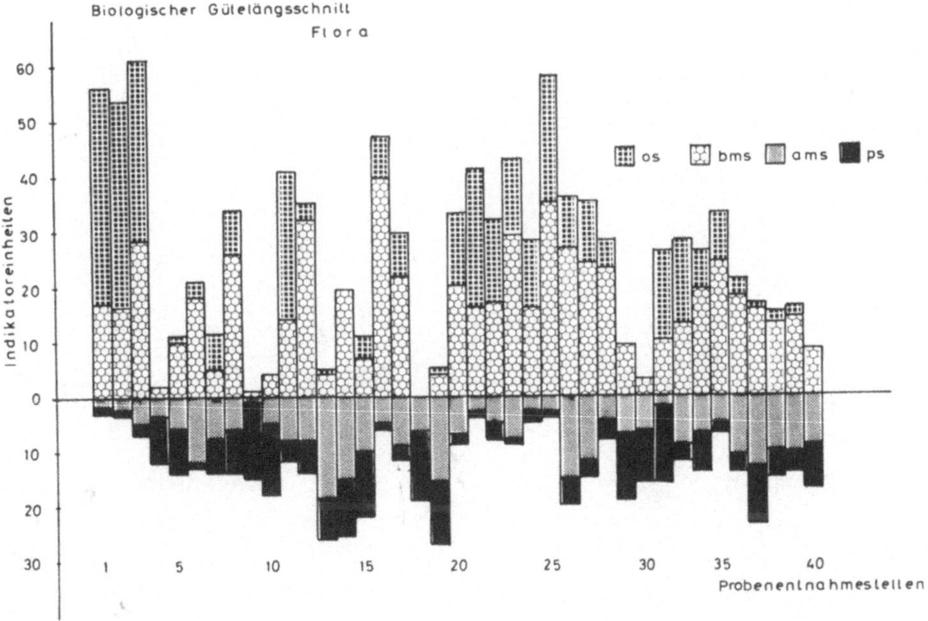

Abb. 3. Biologischer Gütelängsschnitt des abkartierten Flußsystems Ferndorf — Sieg.

323

Die biologisch-ökologische Einstufung der Wasserproben hinsichtlich ihres
Verschmutzungsgrades konnte zwischen Flora und Fauna um 1/2 Stufe differieren: sie war deckungsgleich bei 65% aller untersuchten Meßstellen.

Literatur

Höll, K. (1968): Untersuchung, Beurteilung, Aufbereitung von Wasser. Bln.

Knöpp, H. (1965): Grundsätzliches zur Frage biologischer Vorfluteruntersuchungen, erläutert an einem Gütelängsschnitt des Mains. *Arch. Hydrobiol.* Suppl. 22: 363—368.

Liebmann, H. (1959): Methodik und Auswertung der biologischen Wassergütekartierung.
Beitr. Abwasser-, Fischerei- und Flußbiol. 6: 142—156.

Pantle, R. & H. Buck (1955): Die biologische Überwachung der Gewässer und die Darstellung ihrer Ergebnisse. *guf* 96: 604.

Schwoerbel, J. (1971): Einführung in die Limologie. *UTB* 31, Stuttgart.

Sládĕck, V. (1973): System of water quality from the biological point of view. *Ergeb. d.
Limnologie* 7.

Anschrift der Verfasser:

St.R. E. Jungk, Hinter den Höfen 10, 345 Holzminden
Prof. Dr. E.F. Kilian, Inst. f. Allgem. u. Spez. Zoologie,
Heinrich Buff-Ring 29, 63 Giessen,
Prof. Dr. L. Steubing,
Inst. f. Pflanzenökologie, Heinrich Buff-Ring 38, 63 Giessen-
St.R. R. Uebers, Busestr. 76, 28 Bremen.

Sonderdruck: Verhandlungen der Gesellschaft für Ökologie, Göttingen 1976.

DER EINFLUSS DER ABWASSERSUBSTANZEN MARLON A (ANIONEN-AKTIVES TENSID) UND BOR AUF DIE PHOTOSYNTHESERATE EINIGER SUBMERSER MAKROPHYTEN

B. LABUS, W. NOBEL, R. SMETANA & A. KOHLER

Abstract

Some submerged hardwater macrophytes, *Elodea canadensis*, *Potamogeton lucens*, *Potamogeton crispus*, and *Groenlandia densa* were exposed to the anionic tenside (surfactant) MARLON A at concentrations, ranging from 0.5 to 5 mg MBAS/l (= methylene blue active substance) for periods of 20 days under controlled conditions in aquarium experiments (controlled factors: water temperature, light intensity and duration, nutrient and pollutant supply etc.). In softwater experiments the softwater species *Ranunculus penicillatus* and *Myriophyllum alterniflorum* were tested for 28 days with boron (H_3BO_3) concentrations from 1 to 10 mg B/l.

Changes in the vitality of the plants during the experiments were monitored through measurement of the rate of net photosynthesis with an oxygen-electrode-system in an air-tight, transparent poly-acryl-glass chamber as discussed by Schuster, Kohler & Kreeb (1977).

Results:
1. The anionic surfactant MARLON A caused a marked reduction in the photosynthetic values of all mentioned species, beginning at the ecologically still relevant concentration of 0.5 mg MBAS/l.
2. No toxic effect of current boron concentrations in West German rivers (2 mg B/l) could be detected in the tests with *Ranunculus penicillatus* and *Myriophyllum alterniflorum*.

1. Einleitung

Erste Ergebnisse zur Belastbarkeit submerser Makrophyten mit einzelnen Abwassersubstanzen im kontrollierten Aquarienexperiment (kontrollierte Faktoren: Wassertemperatur, Beleuchtungsdauer und Belichtungsintensität, Nähr- und Schadstoffkonzentration, Belüftung und Turbulenz des Mediums) wurden bereits auf den Jahrestagungen der Gesellschaft für Ökologie in Saarbrücken 1973 (Glänzer 1974) und Wien 1975 (Kohler 1976) vorgestellt. Ihnen lag noch vorwiegend die Beurteilung der Vitalität belasteter Sprosse anhand des makros-kopisch ermittelbaren Schädigungsgrades zugrunde.

Für neuere Untersuchungen zur Wirkung des anionischen Tensids MARLON A*, sowie von Bor auf einige ausgewählte Submerse, konnte auf eine neuent-

Die Untersuchungen zur MARLON A-Verträglichkeit wurden aus Mitteln der Deutschen Forschungsgemeinschaft, die Untersuchungen zur Bor-Verträglichkeit aus Mitteln der Gesellschaft für Strahlen- und Umweltforschung mbH (GSF) gefördert.

* Für die freundliche Uberlassung danke ich den Chemischen Werken Hüls.

wickelte OXI-Methode (Schuster, Kohler & Kreeb 1977) zurückgegriffen werden. Mit ihr können über die Veränderung der Photosyntheseleistung belasteter Sprosse eindeutigere quantitative Aussagen über die Verträglichkeit dieser Substanzen gemacht werden.

Die Sentivität der Meßmethode gestattet vielfach bereits Aussagen über die Wirksamkeit geringer, schon umweltrelevanter Belastungskonzentrationen.

2. Testsubstanzen

2.1. Das anionenaktive Tensid MARLON A

MARLON A, ein Vertreter der Gruppe der sogenannten „weichen" anionenaktiven Tenside (AAT) vom Typ der linearkettigen Alkylbenzolsulfonate (ABS) ist heute weitgehend mit 9 bis 18 Gewichtsanteilen als waschaktive Substanz in den gebräuchlichen Haushaltsdetergentien enthalten und gelangt vornehmlich mit den anfallenden Wasch- und Spülmittelflotten in die Gewässer. Entsprechend der Forderung des Detergentiengesetzes (1961/64) ist es innerhalb eines bestimmten Zeitraums durch ein definiertes Verfahren biologisch leicht, i.e. über 80% degradierbar, wird jedoch im Vergleich zu den bis 1964 üblichen „harten" anionischen Produkten als biologisch aggressiver charakterisiert (Bock 1964, Janicke 1973).

Die AAT-Belastungswerte unserer Oberflächengewässer liegen heute in der Regel unter 0.1 bis 0.2 mg MBAS/l (= methylenblauaktive Substanz/l; anionische Tenside werden nach H 23 des Deutschen Einheitsverfahrens zur Wasseruntersuchung analytisch als Methylenblaukomplex erfaßt) angegeben (Huber 1969, Bock 1964). Zeitlich und lokal begrenzt muß jedoch noch mit erhöhten AAT-Belastungwerten gerechnet werden. Hinweise auf durchschnittliche AAT-Werte von 0.5 mg MBAS/l und AAT-Belastungsspitzen um 2 mg MBAS/l. etwa im Lech bei Augsburg (Huber 1969), sind durch eigene stichprobenhafte Untersuchungen an zwei kleineren Fließgewässern im Großraum Stuttgart, der Rems (0.7 mg MBAS/l) und der Körsch (2.5 mg MBAS/l) im Jahr 1976 bestätigt. Vielfach können Schaumbildungen, die besonders an Prallufern oder unterhalb von Stauwehren auftreten, als orientierender Hinweis dafür gewertet werden, daß die hierfür als notwendig erachtete AAT-Grenzkonzentration von 1 mg MBAS/l erreicht bzw. überschriften ist.

2.2. Bor

Die Borbelastung der Flüsse und Seen hat in den letzten 20 Jahren u.a. durch die Verwendung natriumperborathaltiger Wasch- und Bleichmittel deutlich zugenommen. Die von Graffmann et al. (1974) in der Bundesrepublik ermittelten Borkonzentrationen liegen „noch" unter 1 mg B/l (Rhein 0.2 mg B/l, Ruhr 0.5 mg B/l), in einigen Fällen auch darüber (Emscher bis zu 2 mg B/l).

Da allgemein durch Hydrolyse von Borverbindungen Borsäure entsteht und in wäßrigem Milieu somit der Borsäueranteil von Borverbindungen jedweder Herkunft überwiegt, wurde diese Borform als Testsubstanz gewählt.

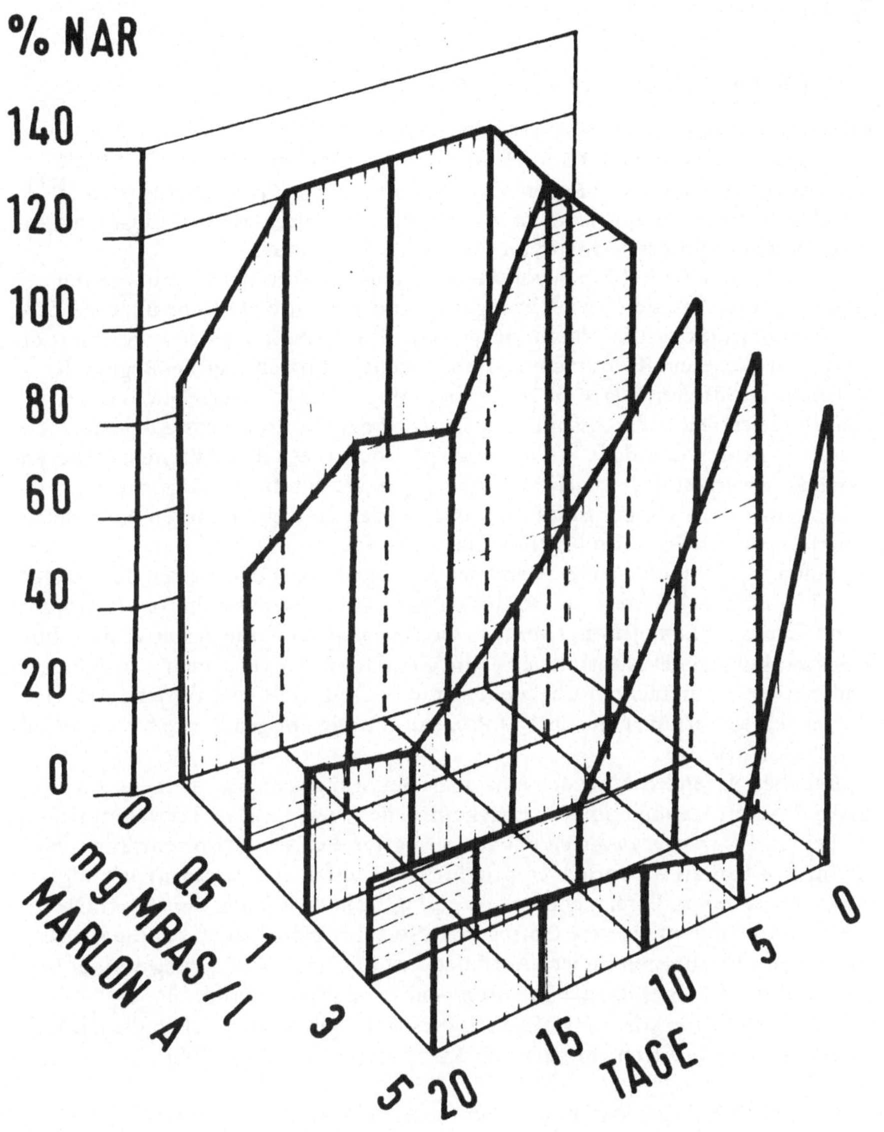

Abb. 1. Veränderung der Nettoassimilationsrate (NAR) von *Elodea canadensis* bei 20-tägiger Belastung mit dem anionenaktiven Tensid MARLON A (Die jeweils auf die Blattfläche bezogene Photosyntheseleistung ist bei Beginn des Versuchs für jede Belastungsstufe gleich 100% gesetzt).

3. Ergebnisse

3.1 Belastungsversuche mit MARLON A

In jeweils 20-tägigen Experimenten belasteten wir einige Hartwassermakrophyten mit Konzentrationen von 0.5 bis 5 mg MBAS/l des Waschrohstoffs MARLON A. Getestet wurden in der Regel Gruppen von jeweils 4 Terminalsprossen in 9-facher Wiederholung. Die Messung der Nettoassimilationsrate und Gesamtblattfläche der Sprosse erfolgte im Fünf-Tage-Rhythmus.

In Abb. 1 sind am Beispiel von *Elodea canadensis* die Veränderungen der Nettoassimilationsrate (NAR), bezogen auf die Gesamtblattfläche über die Zeit und Konzentrationsachse zusammengestellt. Die Meßdaten jeder Konzentrationsstufe sind in diesem Koordinatensystem jeweils in Prozent der bei Beginn des Versuchs ermittelten Werte (= 100%) aufgetragen. Es ist zu ersehen, daß bei nahezu gleichbleibender Assimilationsleistung der Kontrollsprosse bei allen Belastungsstufen deutliche Einbußen an photosynthetischer Aktivität vorliegen. Bemerkenswert ist das — nach 15 bis 20 Tagen als signifikant ausgewiesene — Schädigungsverhalten der *Elodea*-Sprosse bei den umweltrelevanten AAT-Belastungskonzentrationen von 0.5 und 1 mg MBAS/l.

Einen zusammenfassenden Vergleich mit den Empfindlichkeiten der übrigen mit MARLON A belasteten meso- bis eutraphenten Hart-wasserarten *Potamogeton lucens, Potamogeton crispus*, sowie *Groenlandia densa* gestattet die Abb. 2 Schwankungen der Kontrollwerte, die von Art zu Art verschieden ausfallen, sind hier zur vereinfachten Übersicht schon bereinigt (sie sind für jede Art an den einzelnen Terminen gleich 100 Prozent und die übrigen Werte hierzu jeweils in Relation gesetzt).

Bei allen Arten kann bei den einzelnen Belastungsstufen von einem Nachlassen der Nettoassimilationsleistung gesprochen werden. Dabei erweisen sich die beiden *Potamogeton*-Arten bei der geringsten Belastungskonzentration von 0.5 mg MBAS/l als wesentlich empfindlicher als etwa *Elodea canadensis* oder *Groenlandia densa*. Bereits eine relativ geringfügige Erhöhung der MARLON A-Konzentration um weitere 0.5 mg MBAS/l führt jedoch auch bei *Elodea* zu erheblichen Vitalitätseinbußen. Auffallend ist der steile Schädigungsverlauf bei den *Elodea*- und *Groenlandia*-Sprossen bei der deutlich überhöhten AAT-Belastungskonzentration von 5 mg MBAS/l; dies ist möglicherweise als Indiz dafür zu werten, daß beide Arten vor allem für kurzzeitig erhöhten AAT-Stress anfällig sind.

Das bei allen Arten stärker oder schwächer ausgeprägte makroskopische Schädigungsbild besteht in einer, bei steigender Belastungskonzentration und -dauer zunehmenden oliv-braunen Verfärbung der Blätter. Darüberhinaus konnten stellenweise völlig pigmentfreie Blattzonen festgestellt werden.

Die Schädigungsursache muß in der Interaktion der polaren, negativ geladenen Tensidmoleküle mit der Lipoidmatrix der zellulären und subzellulären Membranen gesehen werden, durch die die Umwandlung von aktivem Chlorophyll in das nicht mehr photosynthetisch wirksame Phäophytin begünstigt wird (Haisman & Clarke, 1975). Die auftretenden Pigmentverluste können möglicherweise dadurch erklärt werden, daß der Protein-Chlorophyllkomplex, durch Ten-

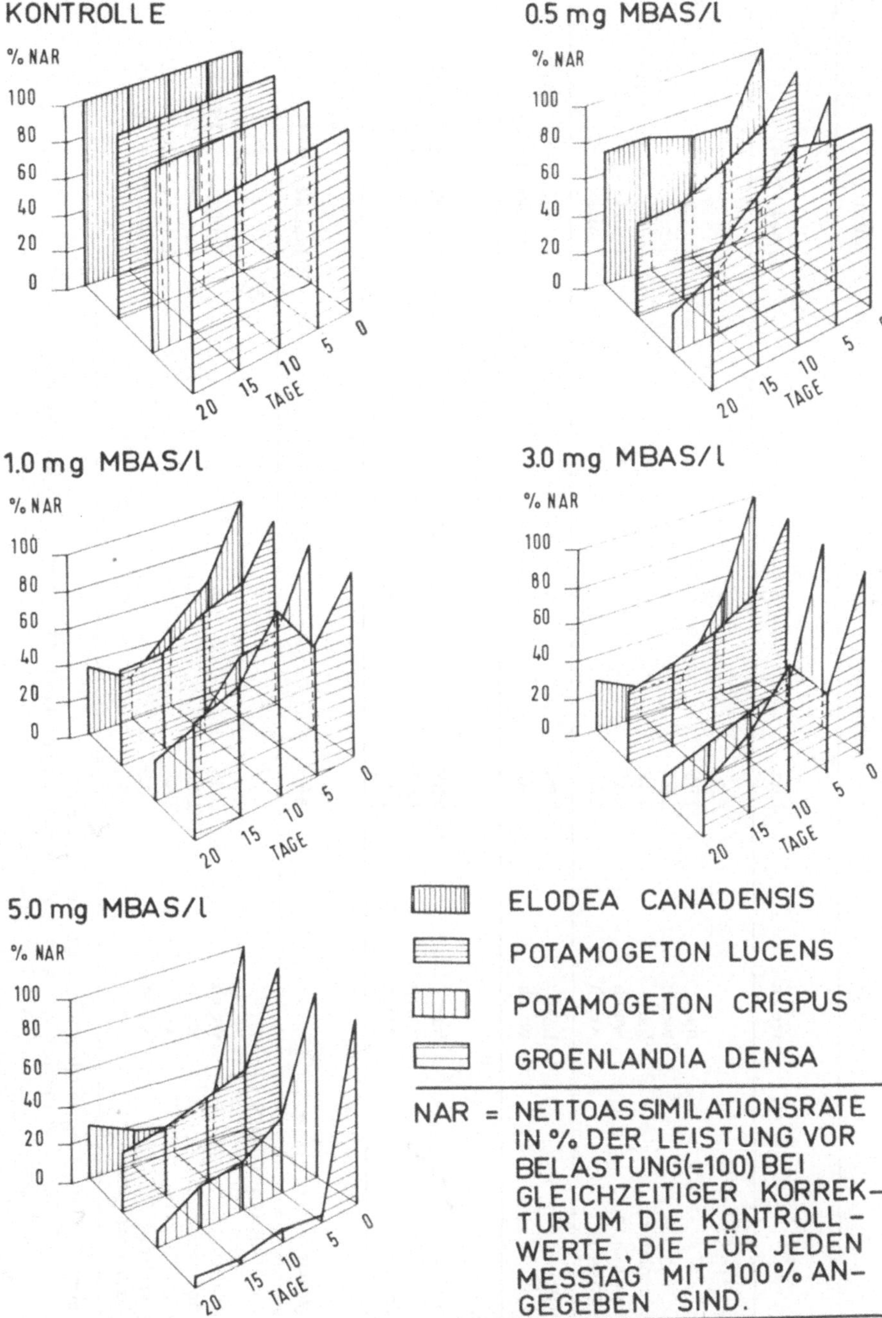

Abb. 2. Veränderung der Nettoassimilationsrate (NAR) von 4 submersen Makrophyten bei 20-tägiger Belastung mit dem anionenaktiven Tensid MARLON A.

Tabelle 1. Toxische Schwellenwerte verschiedener Organismen des limnischen Ökosystems für anionenaktive Tenside (AAT).

Organismen	AAT-Typ	Chemische Verbindung	toxischer Schwellenwert in mg/l		Autoren
FISCHE					
Goldorfen	weich	LAS	5		Bock (1964)
FISCHNÄHRTIERE					
Daphnien	hart	TBS	6 — 25		Janicke (1973)
	weich	LAS	2.5— 5		Janicke (1973)
Chironomidenlarven	hart	TBS	27.5	LC_{50} *	Meinck et al. (1961)
Wasserschnecken sp.	weich	LAS	28	TL_m **	Janicke (1973)
Bachflohkrebse	weich	LAS	7	TL_m **	Janicke (1973)
PROTOZOEN	hart	TBS	10 — 25		Meinck et al. (1961)
	weich	LAS	2.5— 5		Janicke (1973)
BAKTERIEN					
Escherichia coli	hart	TBS	62.5—125		Meinck et al. (1961)
	weich	LAS	50 —100		Janicke (1973)
Pseudomonas	weich	LAS	12.5— 25		Janicke (1973)
ALGEN					
Chlorophyceen	?	ABS	1 —120		Janicke (1973)
SUBMERSE MAKROPHYTEN					
Elodea canadensis	weich	LAS	0.5		Labus et al. (1977)
Potamogeton lucens	weich	LAS	0.5		Labus et al. (1977)
Potamogeton crispus	weich	LAS	0.5		Labus u. Kohler (1976)
Groenlandia densa	weich	LAS	0.5		Labus et al. (1977)
Ranunculus trichophyllus	weich	LAS	0.5		Labus (n.p)

Anmerkungen:
* LC_{50} = mittlere halbletale Konzentration
** TL_m = medium tolerance limit (96 h) nach Janicke (1973) S. 245 „im Prinzip mit LD_{50} und LC_{50} vergleichbar".
LAS = Lineares Alkylbenzolsulfonat
TBS = Tetrapropylenbenzolsulfonat
ABS = Alkylbenzolsulfonat

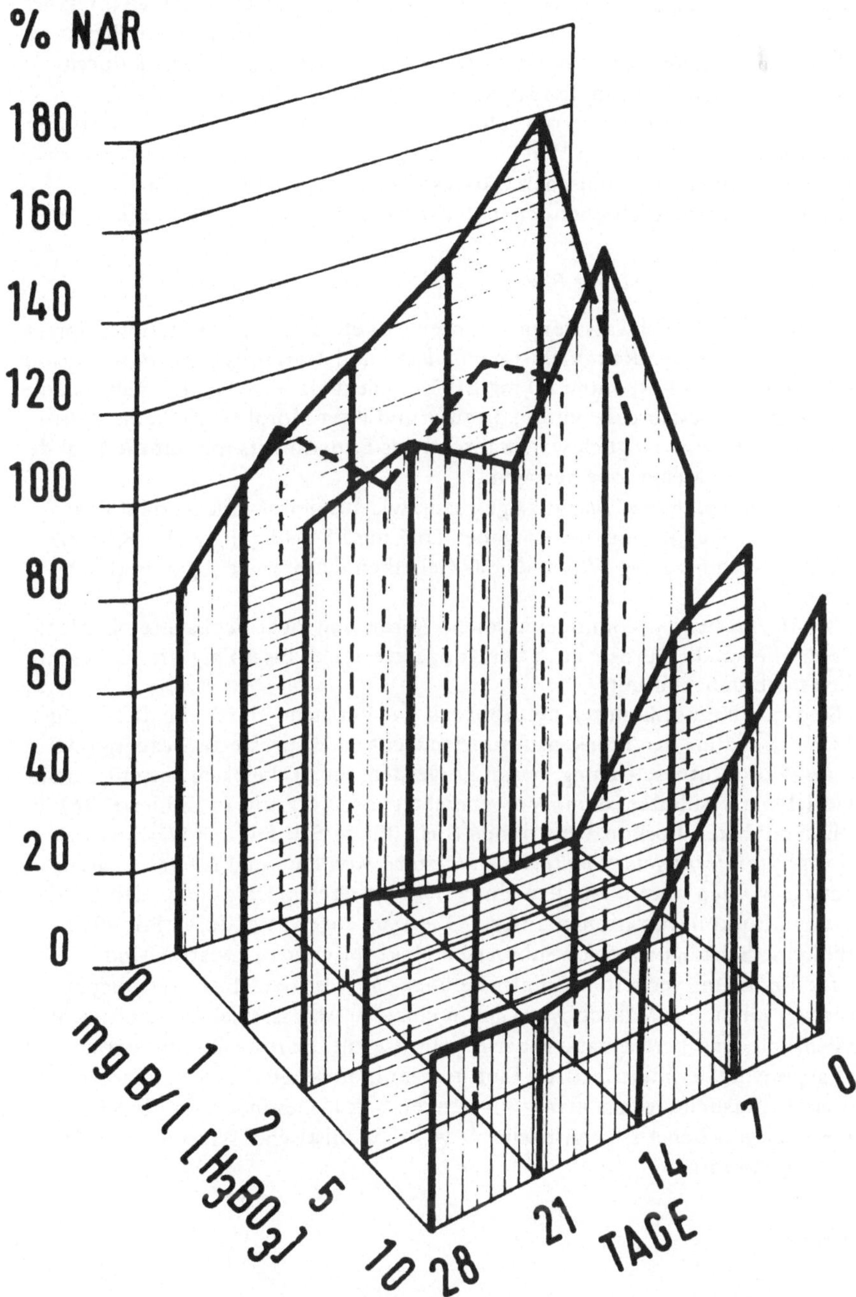

Abb. 3. Veränderung der Nattoassimilationsrate (NAR) von *Ranunculus penicillatus* bei 28-tägiger Belastung mit Bor (vorgelegt als H_3BO_3).

side wasserlöslich gemacht, aus den Chloroplasten auszutreten vermag (Metzner 1961). Ebenso genannt werden können mögliche Veränderungen von Struktur- und enzymatisch aktivem Protein sowie Permeabilitätsveränderungen durch Ladungsverschiebungen an den Membranoberflächen (Jirgensson 1961).

Wie sensitiv unsere getesteten submersen Makrophyten auf AAT-Belastung reagieren, mag auch aus den Vergleichszahlen der Tab. 1 zur Reaktion verschiedener Organismen des limnischen Ökosystems hervorgehen, deren toxische Schwellenwerte deutlich über denen der submersen Makrophyten liegen.

3.2 Belastungsversuche mit Bor

Im Rahmen von Weichwasserexperimenten (30 μS, 1°dH) belasteten wir Sprosse der Weichwasserarten *Ranunculus penicillatus* und *Myriophyllum alterniflorum* mit Borgaben von 1, 2, 5 und 10 mg B/l (vorgelegt als H_3BO_3). Die Nettoassimilationsrate der Testsprosse wurde, da aufgrund ihrer Morphologie keine Blattflächenbestimmung möglich war, während des Experiments nur auf die Zahl der Sprosse (= 5) je Meßgruppe bezogen.

Bei *Ranunculus penicillatus* zeigen sich, wie aus dem Kurvenverlauf der Abb. 3 zu ersehen ist, erst bei Borgaben ab 5 mg/l Schädigungen. Im Konzentrationsbereich bis 2 mg B/l wurde das Gedeihen der Sprosse sogar merklich gefördert.

Bei *Myriophyllum* konnte eine solche Förderung nicht beobachtet werden. Jedoch blieben die Sprosse auch bei Konzentrationen bis 10 mg B/l im wesentlichen noch unbeeinflußt.

Beide Ergebnisse konnten bei Abbruch der Versuche, durch die dann mögliche Verwendung der Trockensubstanzgewichte der Sprosse als Bezugsgröße für die Photosyntheseleistung, bestätigt werden. Sie decken sich gut mit Unempfindlichkeitsresultaten, die in Vorversuchen von Pfaff (zit. in Kohler 1976) bei noch höheren Borkonzentrationen (bis 100 mg B/l) mit den Weichwassermakrophyten *Ranunculus peltatus, Callitriche hamulata* und *Isoëtes lacustris* ermittelt worden waren. Wir glauben deshalb feststellen zu können, daß bei den aktuellen Borkonzentrationen unserer Oberflächengewässer durch Bor alleine wohl keine Schädigungen von submersen Makrophyten zu erwarten sind.

Zur Erlangung vertiefter Kenntnisse über das Resistenz- bzw. Schädigungsverhalten submerser Makrophyten gegen einzelne Abwassersubstanzen, sowie hinsichtlich der Übertragbarkeit der Ergebnisse auf die reale Gewässersituation, sind angesichts der multivariaten Einflüsse im limnischen Ökosystem noch weitere Untersuchungen geplant. Wir denken hier insbesondere an die Klärung von Fragen möglicher synergistischer bzw. antagonistischer Wirkungen anderer Belastungsfaktoren.

Literatur

Bock, K.J. (1964): Biologische Eigenschaften grenzflächenaktiver Stoffe. IV. Internationaler Kongreß über oberflächenaktive Stoffe, Brüssel: 829–839.
Brendle-Neher, Th. (1972): Natriumperborat. Herstellung, Verwendung und Umweltbeeinflussung. Mels-Schweiz.

Glänzer, U. (1974): Experimentelle Untersuchungen über das Verhalten submerser Makrophyten bei NH_4^+-Belastung. Ver. Ges. Ökologie, Saarbrücken 1973: 175—179. Den Haag.

Graffmann et al. (1974): Spurenbestimmung von Bor in Oberflächengewässern und Trinkwässern. *Chemikerzeitung* 98: 499—504, Heidelberg.

Haisman, D.R. & M.W. Clarke (1975): The Interfacial Factor in the Heatinduced Conversion of Chlorophyll to Pheophytin in Green Leaves. *J. Sci. Fd. Agric.* 26: 1111—1126.

Huber, L. (1969): Über den Gehalt an anionenaktiven Tensiden in Oberflächengewässern. Wasser- und Abwasserforschung, Nr. 5 (Sonderdruck).

Janicke, W. (1973): Schadwirkungen von Tensiden unter wasserwirtschaftlichen Gesichtspunkten. *Bundesgesundheitsblatt* 16: 242—246, 258—263.

Jirgenssons, B. (1961): Effects of Detergents on the Conformation of Proteins. I. An Abnormal Increase of the Optical Rotatory Dispersion Constant. *Arch. Biochem. Biophys.* 94: 59—67.

Kohler, A. (1976): Makrophytische Wasserpflanzen als Bioindikatoren für Belastungen von Fließgewässer-ökosystemen. Verh. Ges. Ökologie, Wien 1975: 255—276, Den Haag.

Labus, B. & A. Kohler (1976): Die Wirkung anionenaktiver Tenside auf submerse Wasserpflanzen. *Daten u. Dokumente zum Umweltschutz d. Univ. Hohenheim* 19: 141—152.

Labus, B. et al. (1977): Wirkung von toxischen Abwasserkomponenten auf submerse Makrophyten. *Angew. Bot.* (im Druck).

Meinck, F. et al (1961): Über das Verhalten des Tetraprophylenbenzolsulfonats bei der Abwasserreinigung. *Schr. R. Ver. Wass.-Boden-u.Lufthy.* 19: 68—81.

Metzner, P. (1961): Über die Wirkung von oberflächenaktiven Stoffen auf Chloroplasten. *Kulturpflanzen* 9: 222—229.

Schuster, H., A. Kohler & K. Kreeb (1977): Eine neue Methode zur Beurteilung der Belastbarkeit von submersen Makrophyten. Verh. Ges. Ökologie, Göttingen 1976, Den Haag.

Anschrift der Verfasser:

Dipl. ing. agr. B. Labus, Dipl. agr. biol. W. Nobel, Ing. chem. grad. R. Smetana, Prof. Dr. A. Kohler, Institut für Landeskultur und Pflanzenökologie (05200) der Universität Hohenheim (LH), Postfach 106, 7000 Stuttgart 70.

Sonderdruck: Verhandlungen der Gesellschaft für Ökologie, Göttingen 1976.

EINE NEUE METHODE ZUR BEURTEILUNG DER BELASTBARKEIT VON SUBMERSEN MAKROPHYTEN

H. SCHUSTER, A. KOHLER & K. KREEB

Abstract

In this paper a measuring apparatus is introduced which can directly determine the net assimilation of macrophytic submersed aquatic vascular plants. This is possible inside the measuring cystern of acrylic glass by means of an electrode working after the CLARK-principle. The measuring method is subject to comparison with others. Some examples of the accuracy and continuity of measuring are registered. The advantage of this method is that within a short period of time numerous results can be obtained. With the given distribution of the single amounts a statistical analyses thereby becomes possible. The test plants are kept in aquariums wherein the water temperature, light conditions and dissolved salts can be varied or held constant. In addition a through-passing system is introduced in which natural flowing water conditions can be simulated to the furthest possible extent.

Bei der Beurteilung des Gewässergütezustandes wurde lange Zeit auf die standortsanzeigenden Wasserorganismen von Kolkwitz (1950) zurückgegriffen, wonach Liebmann (1960/1962) Güteklassen für Gewässer aufstellte. Dabei wurden höhere Wasserpflanzen entweder gar nicht oder falsch bewertet. Dies hat sich in den letzten Jahren jedoch geändert (Mattes & Kreeb 1974, Kohler 1975). Der hohe Zeigerwert, welcher den makrophytischen Wasserpflanzen bei der Beurteilung der Gewässerqualität zukommt, ist heute unbestritten. Verbreitungsmuster einzelner Arten und ganzer Gesellschaften zeigen klare Beziehungen zum Reinheits- bzw. Belastungszustand der Gewässer. Zwischen einzelnen chemischen Belastungsfaktoren und dem Vorkommen von Pflanzensippen sind enge Korrelationen zu erkennen.

Es genügt jedoch nicht, allein aus derartig rein deskriptiven Befunden kausale Zusammenhänge abzuleiten. Vielmehr gilt es, diese im Laborexperiment zu verifizieren. Dabei erscheint es auch wichtig zu ergründen, welche Substanzen die Pflanzen über einen längeren Zeitraum in höheren Konzentrationen und welche diese bereits spurenweise beeinflussen. Vor allem ist es notwendig zu wissen, in welchem Zustand sich Schadstoffe befinden müssen, um überhaupt an der Pflanze angreifen zu können.

Deshalb wurde in Hohenheim eine Aquarienanlage nach dem Muster von Glänzer et al. (1977) erstellt, in der annährungsweise Fließwasserbedingungen simuliert werden können. Darin werden untergetauchte Wasserpflanzen bis zu vier Wochen lang mit speziellen Schadstoffen belastet. Bei Kombination der Belastungsstoffe sollen deren synergistische bzw. antagonistische Wirkungen auf die Pflanzen herausgefunden werden.

Die Beurteilung einer Schädigung der Pflanzen kann auf verschiedene Weise erfolgen.

Tab.1 Vergleich der Methoden zur Messung der Sauerstoffleistung von Wasserpflanzen

Methode	Art	Besonderheiten
Nachweis durch bewegl. Bakterien oder Leuchtbakt.	biologisch	Nachweis nur von geringsten Mengen. Hauptsächlich bei Algen verwendet. „halbquantitativ".
Blasenzähl-methode (Sachs 1864)	biologisch	Ergibt keine Absolutwerte Blasen enthalten nur teilweise Sauerstoff. Nebeneffekte.
Methode nach Winkler	chemisch	Gasblasenentwicklung stört Änderung des O_2-Gehaltes beim Umfüllen.
O_2-Messung durch Phosphoreszenzlöschung	photo-chemisch	Nachweis nur von geringsten Mengen. Hauptsächlich bei Algen verwendet.
Polarographie	elektro-chemisch	Aufwendige Apparaturen, Messung nur im kleinen O_2-Bereich
Oxi-Methode	elektro-chemisch	Genau Bei Feldmessungen gut geeignet.
Manometr. Verfahren (Warburg)	physikalisch	Sehr genau. Dafür grosser Aufwand. Für Freilandmessungen wenig geeignet.

Bei der reinen Beobachtung werden die Pflanzen möglichst vom gleichen Betrachter in verschiedenen Zeitabständen untersucht und photographiert. Diese Methode eignet sich dort, wo eine äußere sichtbare Schädigung mit einer inneren einhergeht (z.B. Zerfall der Blätter, starke Verfärbung).

Nach Messung der verbliebenen Enzymaktivität kann festgestellt werden, ob spezielle Enzyme geschädigt sind. Da bei diesem aufschlußreichen Test viel Material verbraucht wird, findet er bei Wasserpflanzen im Labor bisher keine Verwendung. Die Kultur derselben erfordert viel Platz und einen hohen Aufwand.

Deshalb wurde bisher das Hauptaugenmerk auf die Photosynthese gelegt. Ihr Vorteil liegt darin, daß reproduzierbare Ergebnisse in größerer Anzahl bereitgestellt werden können, ohne daß die Pflanzen dabei zerstört werden. Die Photosynthese ist ein Resultat vieler, nacheinander ablaufender enzymatischer Prozesse. Bei Verminderung ihrer Leistung kann nur die Gesamtschwächung festgestellt werden. Eine genaue Lokalisierung der Schädigung ist auf diesem Wege nicht möglich.

Im Wasser kann der Gaswechsel der Pflanzen nur schlecht über den CO_2-Verbrauch gemessen werden, da hierbei Bicarbonat (HCO_3^-) mit Kohlendioxid im Gleichgewicht steht, so daß das verbrauchte CO_2 wieder nachgebildet werden kann.

Es gibt schon seit Jahren einige Methoden zur Sauerstoffmessung bei Wasserpflanzen. Sie wurden jetzt um eine modifizierte erweitert. Die meisten sind in Tab. 1 kurz charakterisiert. Die Oxi-Methode ist stärker umrandet. Es handelt sich hierbei um eine elektrochemische Sauerstoffbestimmung nach dem CLARK-Prinzip: „Polarisiert man ein geeignetes Elektrodensystem, so fließt bei Vorhandensein von Sauerstoff ein elektrischer Strom, dessen Größe direkt proportional dem O_2-Partialdruck ist" (nach WTW Weilheim). Die Registrierung erfolgt entweder über ein Zeigergerät oder Leuchtdioden auf einem Linienschreiber.

Diese Art der Sauerstoffmessung wurde bisher schon zur Bestimmung des Sauerstoffgehaltes im Abwasser benützt.

Damit der von den Pflanzen bei Lichteinwirkung produzierte Sauerstoff nicht entweichen kann, werden diese zur Messung in eine eigens dafür konstruierte Küvette aus Acryglas eingebracht (770 ml Fassungsvermögen). Eine Kreiselpumpe sorgt dafür, daß der Sauerstoff gleichmäßig im Wasser verteilt wird und daß die für die Elektrode notwendige Anströmgeschwindigkeit erzeugt wird (Abb. 1). Ein dieser Küvette vorangehendes Modell wurde von Schuster & Kreeb schon anläßlich der Tagung „Umweltforschung der Universität Hohenheim" (1976) vorgestellt.

Bei der Messung ist von großer Bedeutung, daß alle Sauerstoffmoleküle auch tatsächlich in Lösung vorliegen. Bei lebhafter O_2-Produktion der Pflanzen wird möglicherweise die Sättigung überschritten, so daß Blasen entstehen und falsche Werte angezeigt werden. Dem kann auf zweierlei Arten vorgebeugt werden:

Entweder wird das Wasser vor der Messung sauerstoffarm gemacht, z.B. durch Abkochen, oder die Löslichkeit des Gases wird durch Erhöhung des Druckes verbessert. Aus Abb. 2 ersieht man die Abhängigkeit der drei Faktoren Druck, Temperatur und O_2-Sättigung. Da eine weitere Erniedrigung der Arbeitstemperatur nicht möglich ist, wurde die Lösung mit Druckerhöhung als die beste betrachtet, weil besonders bei Messungen im Freiland eine Behandlung des Wassers nur schlecht möglich ist. Da ein leichter Überdruck mit einer Spritze gut erzeugt werden kann, wurde bei fast allen bisherigen Messungen von dieser Möglichkeit Gebrauch gemacht. Wie man aus Abb. 3 ersieht, ändert sich das Verhalten der Pflanzen dabei nur wenig. Die sich steigernde Zunahme der Produktionsrate bis etwa 0,5 bar deutet darauf hin, daß die in den Luftkammern der Pflanzen ge-

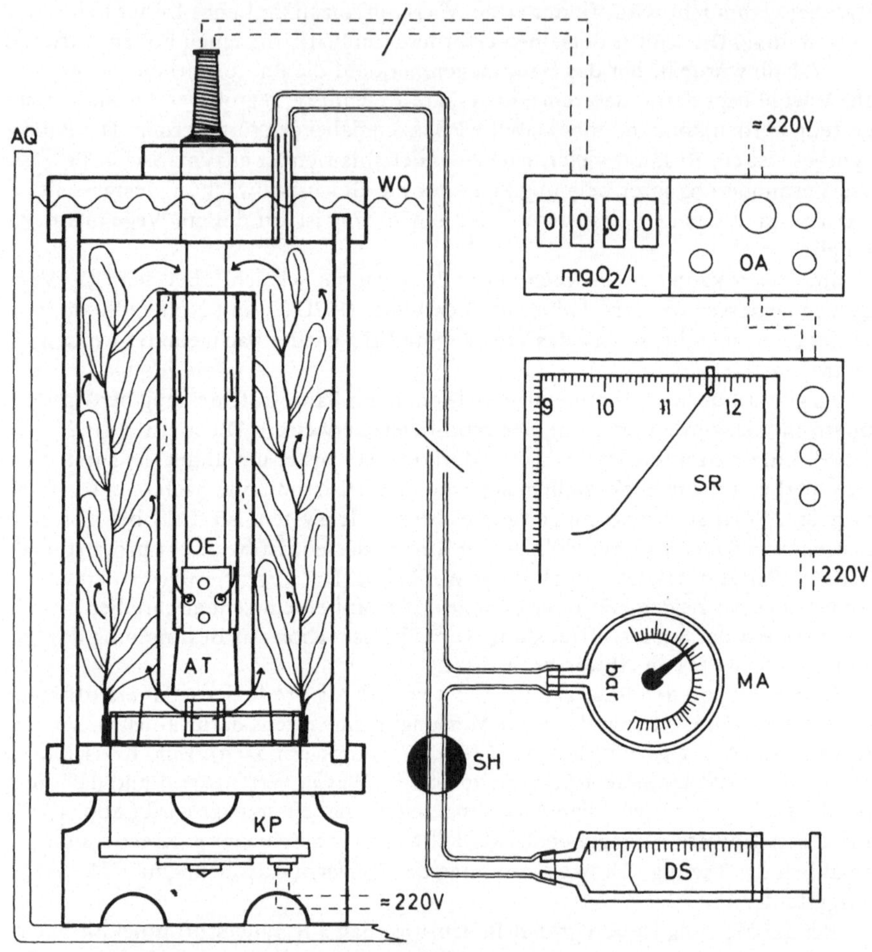

Abb.1   Halbschematische Darstellung einer Druckküvette zur Messung der Nettoassimilation von submersen Makrophyten (nicht masstabsgetreu)

AQ : Aquarium
AT : Ansaugtrichter
DS : Druckspritze
KP : Kreiselpumpe
MA: Manometer

OA : Oxi-Anzeigegerät
OE : Oxi-Elektrode
SH: Sperrhahn
SR: Schreiber
WO: Wasseroberfläche

speicherten Gase zunächst einen Ausgleich mit dem umgebenden Wasserdruck
herbeiführen. Dies tritt danach nicht mehr so stark in Erscheinung.

Wenn, wie bei den eigentlichen Messungen, die in separaten und ständig
filtrierten Becken erfolgen, immer mit dem gleichen Druck gearbeitet wird (0,3
oder 0,5 atü), ergibt sich nach kurzer Meßdauer ein annähernd gerader Verlauf

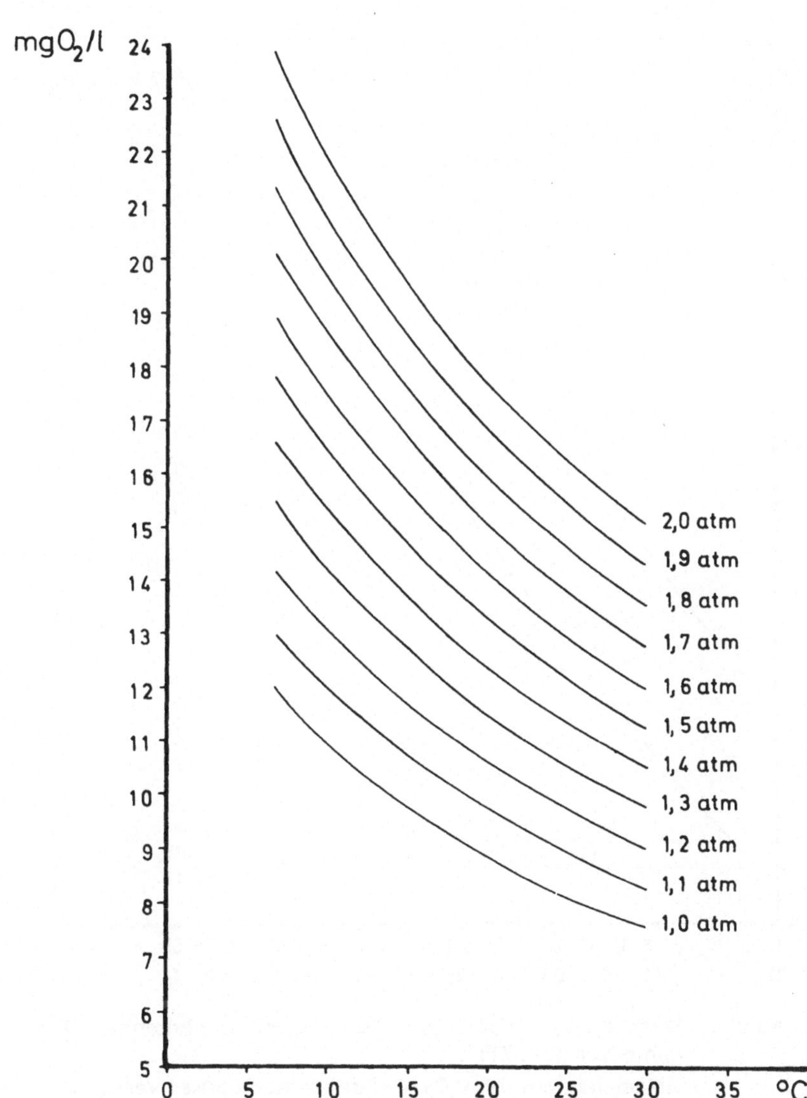

Abb.2 : Sauerstoffsättigung in Abhängigkeit von Druck u.Temperatur
(eigene Berechnungen nach „TRUESDALE et al 1955")

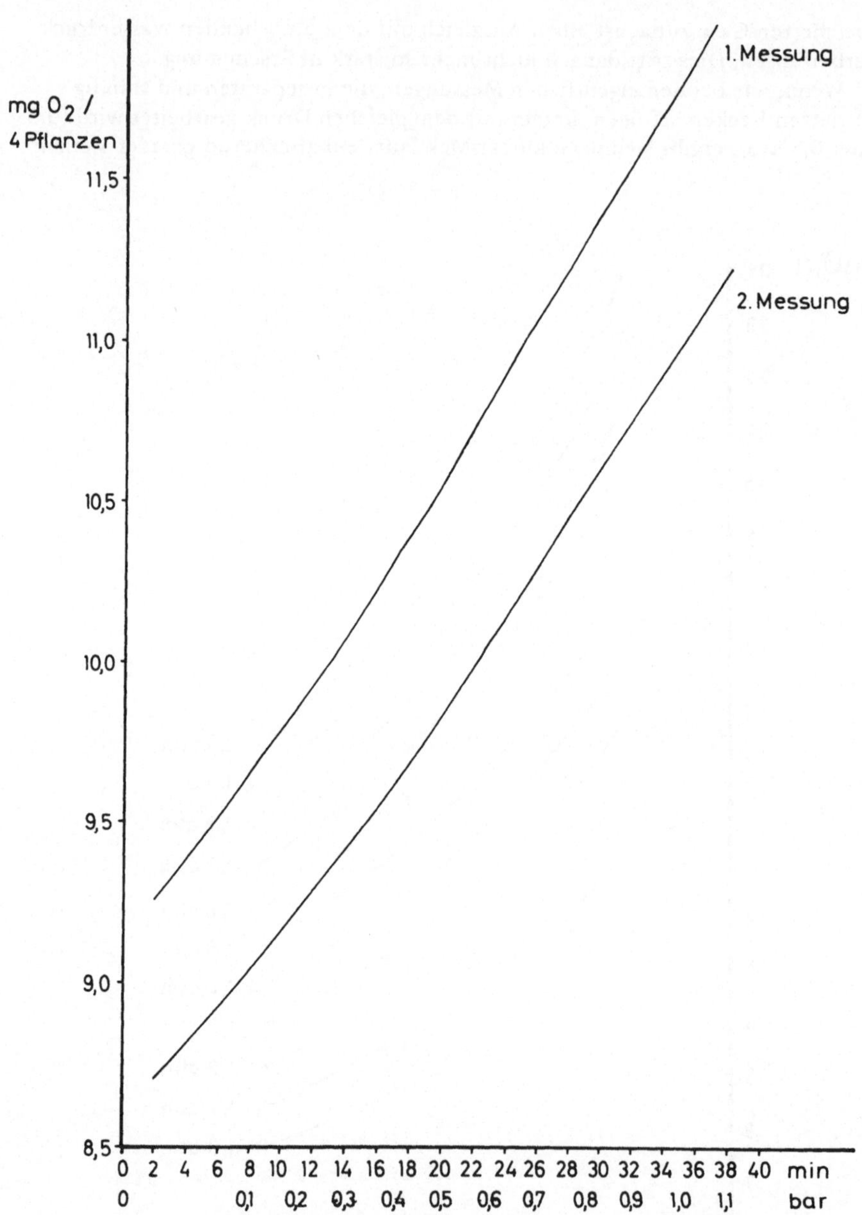

Abb. 3   Potamogeton crispus je 4 Pflanzen, bei zunehmendem Druck gemessen (30.07.1976)

2. Messung um 0,6 mg O$_2$ / 4 Pflanzen nach unten versetzt

der Meßpunkte. Da die Abb. 4 direkt vom Schreiberprotokoll übernommen
wurde, befindet sich die veränderliche Abhängige auf der Abszisse.

Aus der Aufzeichnung läßt sich graphisch genau der Meßwert ermitteln.
Außerdem zeigt sich hier die Stetigkeit der Messung. Wichtig ist dabei natürlich,
daß die Faktoren, die die Pflanzen direkt beeinflussen, genau kontrolliert werden.
Dazu gehört außer konstanter Lichtenergie ein hinreichendes Angebot an CO_2.

Unter diesen Voraussetzungen können während eines Tages mit denselben
Pflanzen annähernd gleichmäßige Ergebnisse erhalten werden. In den Abb. 5 und
6 sieht man, daß jede gemessene Pflanzengruppe ihr Niveau während des gesamten Meßverlaufs beibehält. Dies ist an den Regressionsgeraden zu erkennen
(Pflanzengruppen 4 und 5 ergeben dieselben Geraden, deshalb ist hier nur Gruppe
4 dargestellt). Abweichungen sind auf äußere Einflüsse zurückzuführen (Trübung,
Temperaturänderung).

Die Versuchspflanzen werden im Labor in einer Reihe von Aquarien gehalten
und über vier Wochen unterschiedlichen Belastungskonzentrationen ausgesetzt.
In jedem der Einzelaquarien befinden sich 12 oder 16 Pflanzen, die zu Vierer-
gruppen zusammengefaßt sind. Es handelt sich dabei um apikale Sproßteile von
etwa 15 cm Länge, die ohne Bewurzelung mit Gummis an Glasringen festge-
macht sind.

Um ein gleichmäßiges Nährstoffangebot aufrechtzuerhalten, wird über eine
Schlauchpumpe Tag und Nacht neue Nährflüssigkeit zugeführt. Die Menge ist

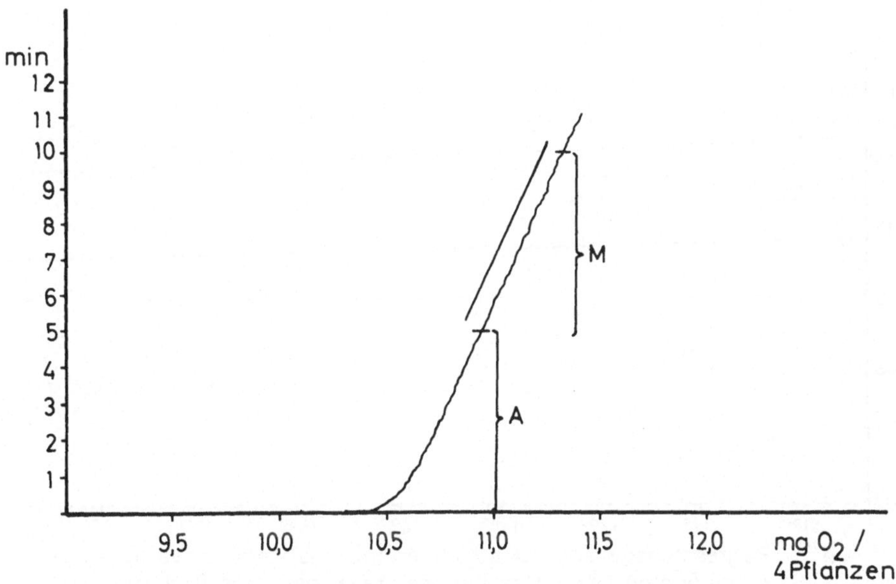

Abb. 4   Meßverlauf von 4 Pflanzen innerhalb 10 Minuten
(direkt von der Aufzeichnung übernommen)
A: Anpassungszeit
M: Meßzeit

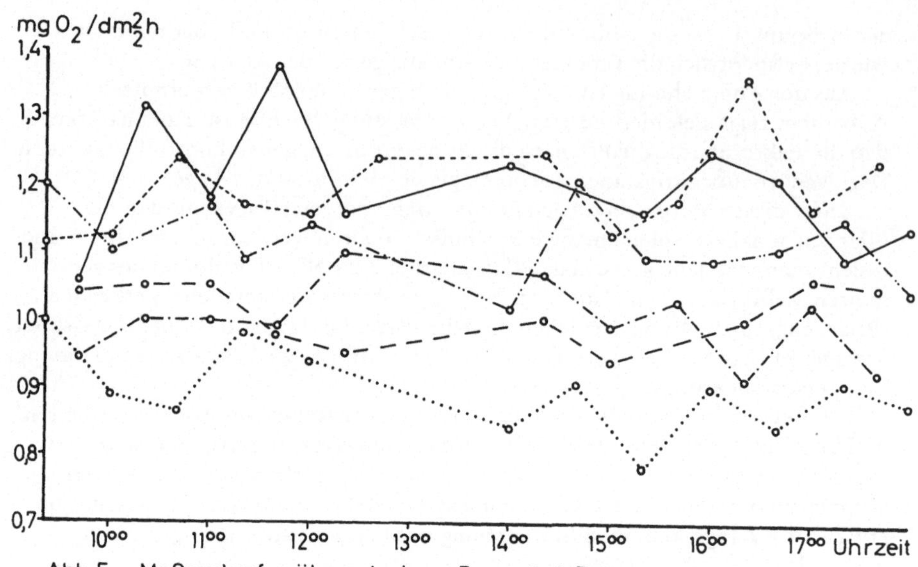

Abb.5   Meßverlauf während eines Tages bei Potamogeton crispus
im Labor unter konstanten Bedingungen
——— 1. Pflanzengruppe   —·—·— 4. Pflanzengruppe
····· 2. Pflanzengruppe   — — — 5. Pflanzengruppe
······ 3. Pflanzengruppe   —··—··— 6. Pflanzengruppe

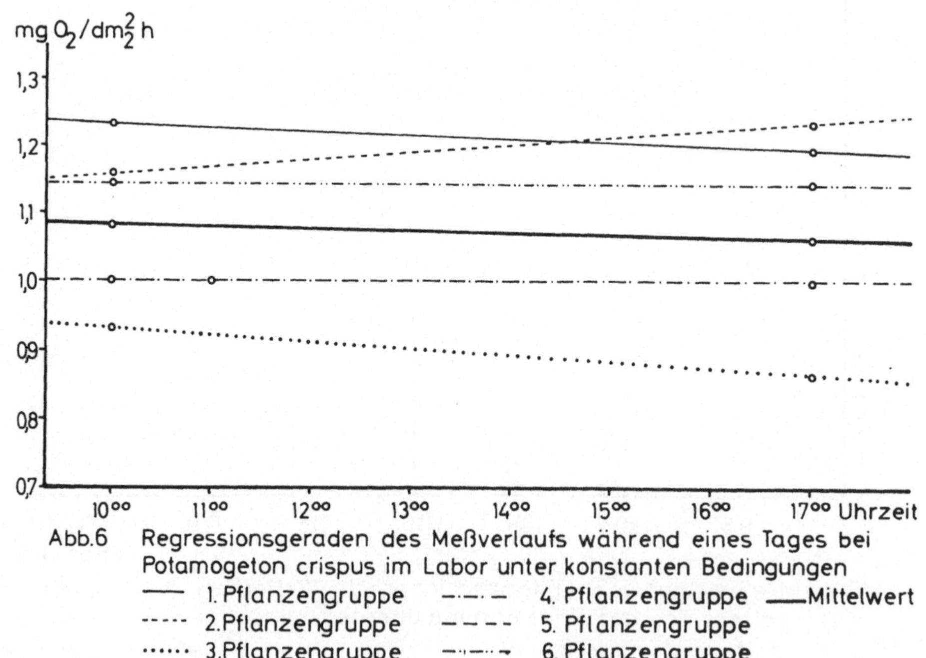

Abb.6   Regressionsgeraden des Meßverlaufs während eines Tages bei
Potamogeton crispus im Labor unter konstanten Bedingungen
——— 1. Pflanzengruppe   —·—·— 4. Pflanzengruppe   ——— Mittelwert
····· 2. Pflanzengruppe   — — — 5. Pflanzengruppe
······ 3. Pflanzengruppe   —··—··— 6. Pflanzengruppe
$\overline{r}$ = 0,1129 $\overline{m}$ = −0,005 $\overline{y}$ = −0,005x + 1,11595

so dosiert, daß während 24 Stunden der 12 l umfassende Aquarieninhalt gerade
einmal ausgewechselt wird. Somit ist gewährleistet, daß immer die gleiche Menge
an Nähr- und Schadstoffen vorhanden ist, ferner, daß eventuell anfallende Stoff-
wechselprodukte der Pflanzen nicht überhand nehmen. In Abb. 7 ist das Durch-
flußsystem dargestellt. Mittels einer Pumpe wird jedem Aquarium ständig Luft

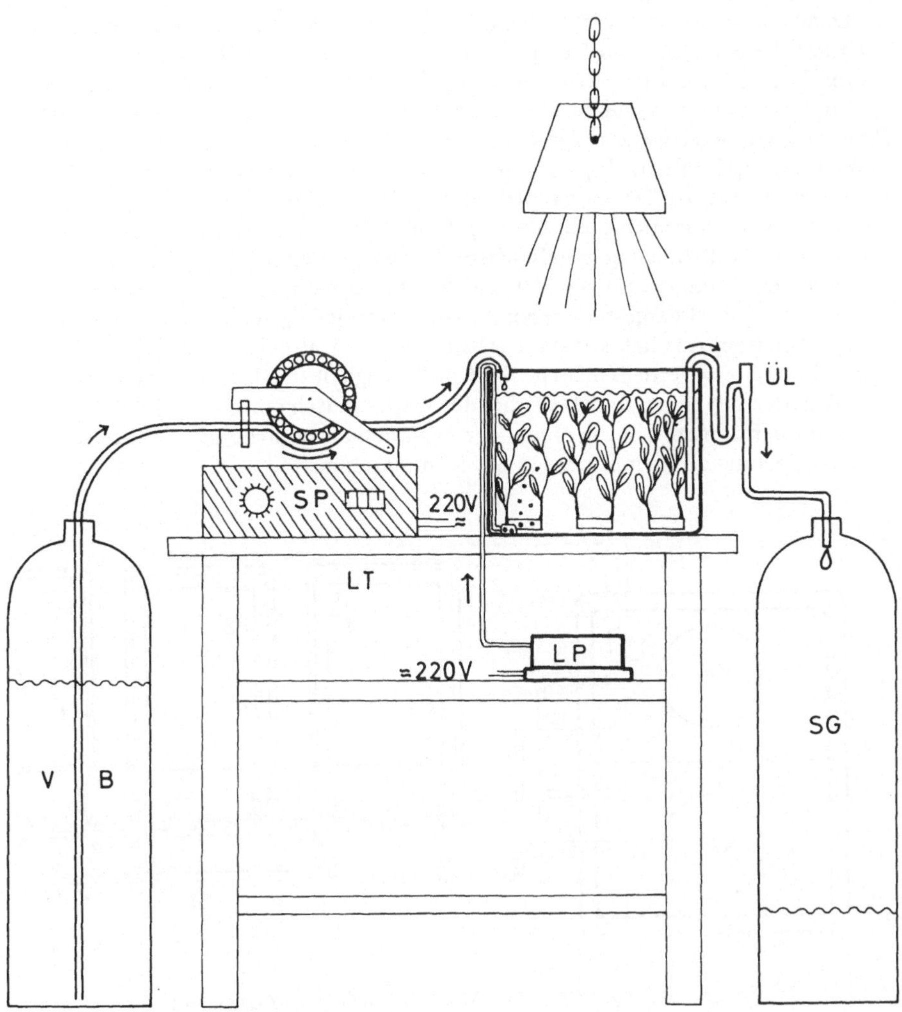

Abb. 7   Durchflussystem der Aquarienanlage (halbschematisch)
VB : Vorratsbehälter   SG : Sammelgefäß
SP : Schlauchpumpe   LT : Labortisch
ÜL : Überlaufgefäß   LP : Luftpumpe

eingeblasen, die für eine zirkulierende Bewegung sorgt. Zur Messung der Photosyntheseleistung werden die Pflanzen alle 7 Tage herausgenommen und in einem Meßbecken in die beschriebene Küvette eingebracht. Diese wird danach luftblasenfrei mit Wasser gefüllt, das dieselbe Nährstoffkonzentration wie das Kontrollbecken besitzt. Durch Einsprudeln von CO_2 wurde vorher ein ausreichender Kohlenstoffvorrat hergestellt.

Daneben ist die Temperatur, bei der jeder Versuch gefahren wird, von elementarer Bedeutung. Hohe Temperaturen führen durch Erhöhung des Stoffwechsels meist zu starken Atmungswerten, die einen deutlichen Einfluß auf die Nettophotosynthese ausüben. Bei Flüssen und kleineren Bächen, die nicht durch Abwärme von Kraftwerken aufgeheizt sind, treten vor allem die grundwassergespeisten durch ihre niedrige Temperatur hervor. Auf der Schwäbischen Alb, woher die Versuchspflanzen hauptsächlich geholt werden, haben obengenannte Bäche selbst im Sommer kaum über 13°C, im Winter um 8-10°C. Da im Labor die natürlichen Bedingungen möglichst erhalten werden sollen, wurde für die Aquarien eine Temperatur gewählt, die der am Entnahmeort möglichst gleicht. Mit dem in Abb. 8 dargestellten Kühlsystem kann jede gewünschte Temperatur in den Aquarien ziemlich konstant gehalten werden. Von einem Kühlautomat wird über kälteisolierte Schläuche die Kühlflüssigkeit in Glasschlangen durch die Aquarien gepumpt, so daß hierbei der Wärmetausch vonstatten geht. Ein Kontrollthermometer, das in einem der Aquarien angebracht ist, regelt durch Rückkoppelung die Temperatur in der Kühlmaschine.

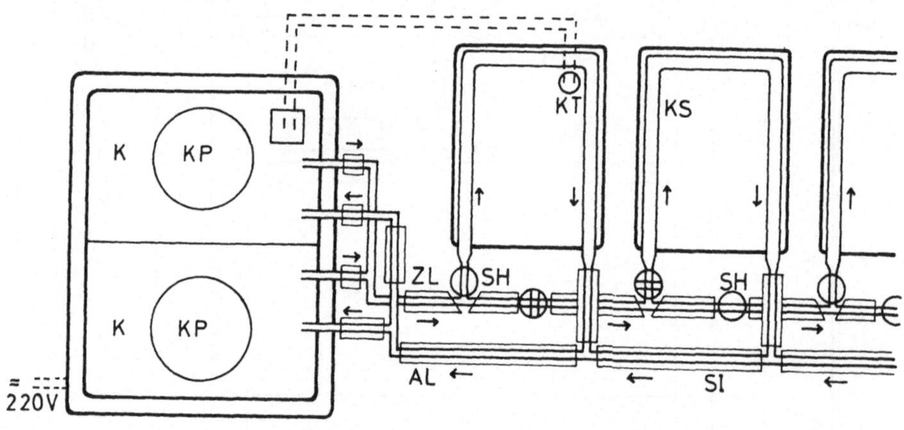

Abb. 8 Kühlsystem der Aquarienanlage (Aufsicht)

K : Kryomat
ZL : Zuleitung
KT : Kontakt-
     thermometer
KP : Kühlmittel-
     pumpen

AL : Ableitung
SH : Sperrhähne
SI : Schlauchisolation
KS : Kühlschlangen
   Stellung = geöffnet
   Stellung = geschlossen

Zusammenfassung

In diesem Beitrag wird eine Meßapparatur vorgestellt, mit der die Nettoassimilationsrate von makrophytischen submersen Wasserpflanzen direkt bestimmt werden kann. Möglich ist dies in einer Küvette aus Acrylglas mit einer nach dem CLARK-Prinzip arbeitenden Elektrode. Vergleiche mit anderen Meßmethoden werden gezogen. Einige Beispiele zur Genauigkeit und Kontinuität der Messung sind aufgezeichnet. Der Vorteil dieser Methode liegt darin, daß in kurzer Zeit viele Ergebnisse erhalten werden können. Bei der gegebenen Streuung der Einzelwerte ist dadurch eine statistische Betrachtung möglich. Die Versuchspflanzen werden in Aquarien gehalten, in denen Wassertemperatur, Lichtverhältnisse und gelöste Substanzen konstant gehalten bzw. variiert werden können. Dazu wird eine Durchflußanlage gezeigt, in der natürliche Fließwasserbedingungen annäherungsweise simuliert sind.

Literatur

Glänzer, U., W. Haber & A. Kohler (1977): Experimentelle Untersuchungen zur Belastbarkeit submerser Fließgewässermakrophyten. *Arch. Hydrobiol.* 79, 2: 193–232.

Kohler, A. (1976): Makrophytische Wasserpflanzen als Bioindikatoren für Belastungen von Fließgewässer-Ökosystemen. Verhandl. Ges. Ökologie, Wien, 1975, 255–276.

Kolkwitz, R. (1950): Ökologie der Saprobien. – Über die Beziehungen der Wasserorganismen zur Umwelt. *Schriftenreihe Verein f. Wasser-, Boden- und Lufthygiene* 4: 1–64, Stuttgart.

Liebmann, H. (1960/62): Handbuch der Frischwasser- und Abwasserbiologie, Bd. I u. II, Oldenbourg, München.

Mattes, H. & K. Kreeb (1974): Die Nettophotosynthese von Wasserpflanzen, insbesondere Potamogeton densus, als Indikator für die Verunreinigung von Gewässern. *Angew. Bot.* 48: 287–297.

Schuster, H. & K. Kreeb: Indikationen von Schwermetallschädigungen an höheren Wasserpflanzen über den CO_2-Gaswechsel. Daten und Dokumente zum Umweltschutz, Heft 19 (1976), 133–140. Vorträge anläßlich der Tagung „Umweltforschung der Universität Hohenheim".

Truesdale, G.A., A.L. Downing & G.F. Lowden (1955): The solubility of oxygen in water and sea water. *J. Appl. Chem.* 5: 53–62.

WTW, Wissenschaftlich Technische Werkstätten (1976): Sauerstoffmeßgeräte und Elektroden, 2, Weilheim i. OB.

Anschriften der Verfasser:

H. Schuster und Prof. Dr. A. Kohler, Universität Hohenheim, Institut für Landeskultur und Pflanzenökologie, Postfach 106, 7000 Stuttgart 70
Prof. Dr. K.H. Kreeb, Studienbereich 3, Pflanzenökologie, Universität Bremen NW 2, Postfach 330440, 28 Bremen 33

DAS VERTEILUNGSMUSTER DER FLIESSWASSERMAKROPHYTEN: ERGEBNIS VON GEWÄSSERDYNAMIK UND BELASTUNG (BEISPIEL MOOSACH/MÜNCHNER SCHOTTEREBENE)

U. GLÄNZER

Abstract

A test is described concerning a transplantation of macrophytes in a river. It showed the power of resistance of several plants to different strong pollutions of sewage and to mechanical strain caused by high water. The species reacted differently to these strains. *Potamogeton coloratus* proved sensible to chemical and mechanical strain. *Ranunculus fluitans* showed hardly any reaction to pollution of waste water and was able to compensate mechanical damages quickly by its high ability of regeneration.

Langjährige pflanzensoziologische und gewässeranalytische Untersuchungen an der Moosach, einem linken Nebenfluß der Isar, haben gezeigt, daß neben der Fließgewässerdynamik auch die Abwasserfracht für das Verteilungsmuster von Makrophyten verantwortlich zu machen ist (Kohler et al. 1971, Kohler 1972, Kohler et al. 1973, Haber & Kohler 1972). Nachdem durch Haber & Kohler (1972) vier floristisch-ökologische Flußzonen in der Moosach unterschieden werden konnten, wurde 1972 damit begonnen einige Makrophytenarten durch Transplantationsversuche auf ihre Abwasserbelastbarkeit im Fluß zu untersuchen. Diese Versuche sollten u.a. die Richtigkeit der Flußzonenunterteilung überprüfen. Parallel dazu wurden im Labor unter kontrollierten Bedingungen mit Makrophytenarten Belastungsversuche durchgeführt (Glänzer 1973, Glänzer et al. 1976, Schäfer & Glänzer 1976). Die Transplantationsversuche bestätigten die Richtigkeit der Unterteilungen nach Haber & Kohler (1972), und ergaben dazu noch einige aufschlußreiche Ergebnisse über die morphologische Anpassung der Makrophyten an die Dynamik des Fließgewässers Moosach.

Methodisch wurde so vorgegangen, daß alle Arten in einem nach unten abgeschlossenen Gefäß mit Substrat vom natürlichen Standort in alle vier Flußzonenabschnitte (A, B, C und D) umgepflanzt wurden. Die Gefäße wurden so in das Flußbett eingebracht, daß der Gefäßrand mit dem Substrat im Fluß abschloß. Wöchentlich wurden die Transplantate kontrolliert und die Beobachtungen protokolliert.

Abb. 1 zeigt die Auswertung des Transplantationsversuches aus dem Jahr 1974 (Glänzer et al. 1976). Die von Haber & Kohler (1972) übernommenen floristisch-ökologischen Flußzonen geben den Belastungsgrad an, der z.B. in der oligotrophen Zone A durch das Vorkommen von Potamogeton coloratus gekennzeichnet ist, die am stärksten belastete Zone ist die Zone D.

Der Transplantationsversuch macht deutlich, daß *Potamogeton coloratus*, ihrem natürlichen Vorkommen entsprechend, in der Zone A sehr gut weiter

Abb. 1.
UMPFLANZVERSUCH IM FLUSS 1974
BEOBACHTUNGSZEITRAUM : 1o.o6.1974 - 15.1o.1974
SCHADENSENTWICKLUNG :
LEGENDE
KEIN SCHADEN
GERINGER SCHADEN
MITTLERER SCHADEN
GROSSER SCHADEN
TOTALSCHADEN
HOCHWASSERSCHADEN
DURCH REITER ZERSTORT
NICHT MEHR AUFFINDBAR
NEUPFLANZUNG
SCHADEN DURCH TREIBENDES MAHGUT
ZONE A
ZONE B
ZONE C
ZONE D
TAG
1o.6. 15.7 24.7 12.8 19.8 1.9 2o.9. 15.1o
POTAMOGETON COLORATUS
POTAMOGETON DENSUS
RANUNCULUS TRICHOPHYLLUS
HIPPURIS VULGARIS
CALLITRICHE OBTUSANGULA
RANUNCULUS FLUITANS
TEMPERATURKURVEN :
°C
°C
22 21 2o 19 18 17 16 15 14 13 12 11 1o 9 8 7
TAG

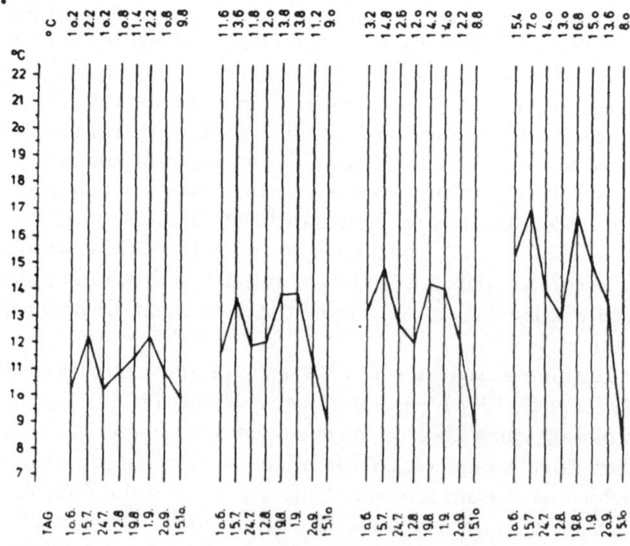

348

wächst, ebenso in der leicht belasteten Zone B. In den Zonen C und D treten Schädigungen der Pflanzen auf, die auf mechanische und chemische Einflüsse zurückzuführen sind. Die chemischen Einflüsse auf die Schädigung von *Potamogeton coloratus* konnten auch in Laborexperimenten sehr aufschlußreich nachgewiesen werden (Glänzer et al. 1976). Mechanische Schädigungen dieser Pflanzenart konnten nie durch entsprechenden Zuwachs ausgeglichen werden. Anders verhielt sich *Ranunculus fluitans*, der mechanische Schäden mit hoher Regenerationskraft schnell und vollständig in den Zonen C und D ausgleichen konnte. Diese beiden Zonen entsprachen auch seinem natürlichen Vorkommen in der Moosach. Aber in der nährstoffarmen Zone A konnte sich *Ranunculus fluitans* nicht halten, offensichtlich reichte die Nährstoffzufuhr für diese Art dort nicht aus, um auch nur annähernd die Wuchsleistungen der Zonen C und D zu erreichen.

Potamogeton coloratus und *Ranunculus fluitans* stellten in ihrem Verhalten bei den Versuchen die Extreme dar, alle anderen Arten lagen in ihrem Verhalten zwischen diesen beiden Arten.

Mit großer Wahrscheinlichkeit ist *Potamogeton coloratus*, nach unseren Untersuchungen, eine Makrophytenart, die an oligotrophe, hydrogencarbonatreiche Fließgewässer gebunden ist (Kohler et al. 1971, Kohler et al. 1973, Kutscher 1973, Kohler et al. 1974). *Ranunculus fluitans* ist auf Fließgewässer mit relativ hohem Nährstoffgehalt angewiesen und kann dann im Fluß weit über 50% der Phytomasse bilden.

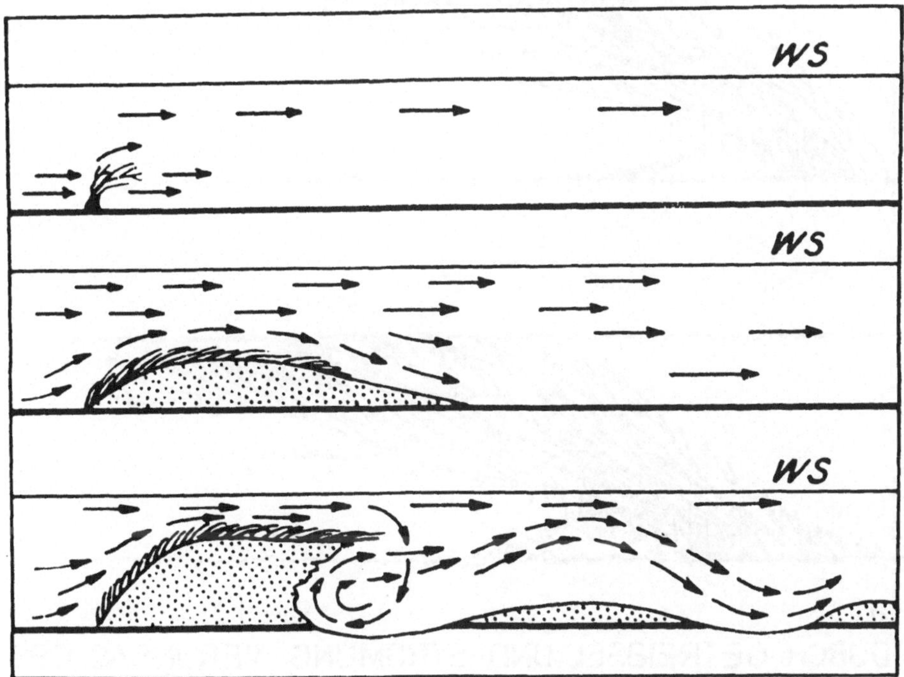

Abb. 2. Flußaufwärtserodieren eines Makrophytenschwadens (nach Gessner 1955)

Während der Transplantationsversuche konnten wir vor allem an *Ranunculus fluitans* sehr schön das Verhalten von Makrophyten im Fließgewässer studieren. Unsere Beobachtung stimmt nicht mit der von Gessner (1955) überein, der ein Erodieren des Pflanzenschwadens flußaufwärts beobachten konnte (Abb. 2). Im Gegensatz zu den von Gessner beschriebenen Makrophyten wuchs *Ranunculus fluitans* immer bis zur Wasserfläche hoch, daher war das Erodieren durch die die Pflanze überrollende Welle, wie bei Gessner, ausgeschlossen. Nach dem Einsetzen

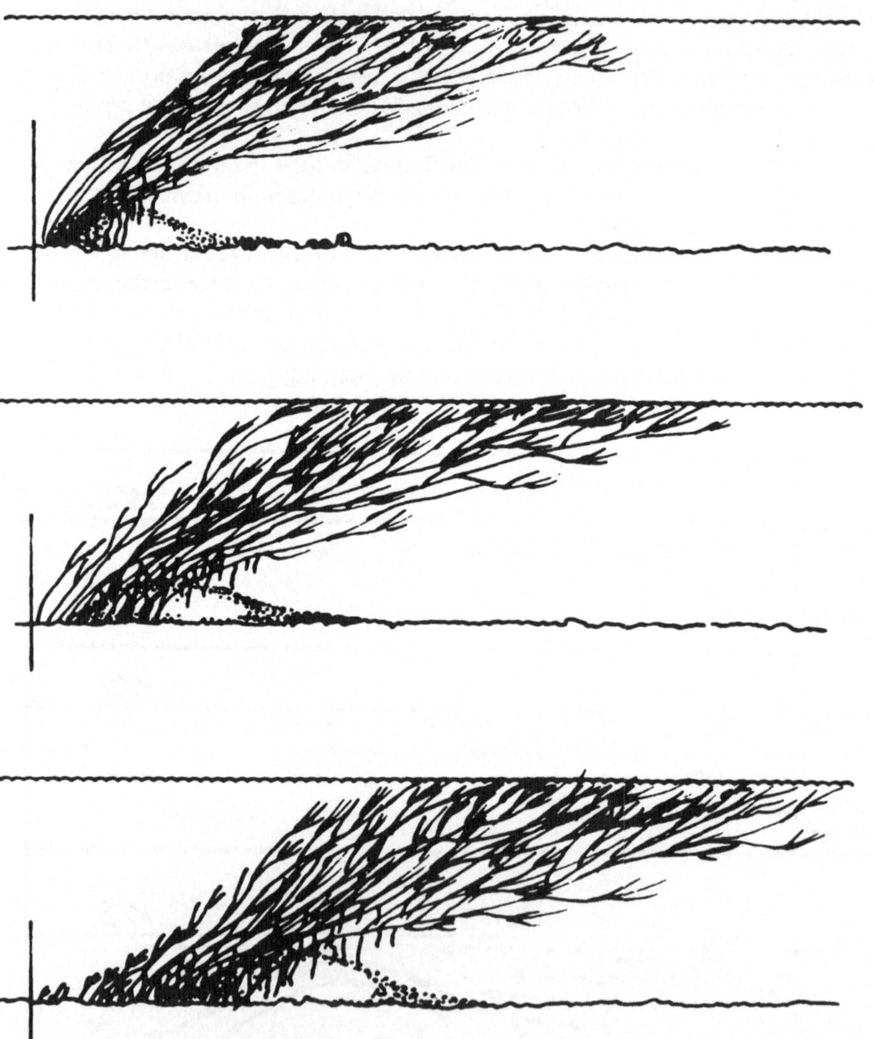

Abb. 3.

DURCH GETREIBSEL UND STRÖMUNG VERURSACHTES "FLUSSABWÄRTSWACHSEN" VON RANUNCULUS FLUITANS

des *Ranunculus*-schwadens bildete sich sehr schnell hinter diesem im Strömungs-
schatten eine Sedimentablagerung (Abb. 3). Bei der Kontrolle eine Woche nach
dem Einsetzen hatten sich schon an der dem Substrat zugewandten Seite der
Nodien an der Schwadenbasis Adventivwurzeln gebildet, die im Laufe der Zeit
dann in die Sedimentablagerung einwuchsen. Die Sedimentablagerung bildete
sich jetzt etwas weiter flußabwärts und die Adventivwurzelbildung von *Ranunculus fluitans* folgte dieser Entwicklung (Abb. 3 Mitte). Durch Getreibsel oder
auch Hochwässer wurde der Schwaden am Strömungsaufprall immer mehr abge-
nutzt, so daß es bei extremen Verhältnissen dazu kam, daß der Schwaden aus
dem Versuchsgefäß „auswanderte". Es konnte also im Gegensatz zu Gessner
(1955) kein Flußaufwärtserodieren, sondern ein Flußabwärtswachsen beobachtet werden.

Auch die Morphologie der Makrophyten spielt eine wichtige Rolle beim
Standhalten gegen starke Strömung. Es konnte beobachtet werden, daß Pflanzen
mit relativ breiter Blattspreite, z.B. *Potamogeton coloratus*, auf Dauer einer
starken Strömung nicht standhalten konnte, die Blätter zerfransten und waren
bald zerschlissen. Die Sprosse von *Groenlandia densa* wurden oft völlig ent-
blättert. Hohe Widerstandskraft, durch die pfriemelige Ausformung der Blattspreiten, wiesen z.B. *Ranunculus fluitans*, *Ranunculus trichophyllus* und *Zanni-
chellia palustris* ssp. *repens* gegenüber mechanischer Beschädigungen durch
Getreibel und Hochwässer auf. Sehr starken Hochwässern, die große Sediment-
verlagerungen bewirken, können aber auch diese Arten nicht widerstehen.

Die pfriemelige Blattausformung gepaart mit hoher Wuchskraft und Widerstand gegen Abwasserbelastung bedingt das Vorherrschen von *Ranunculus fluitans* in hochwasserbetroffenen, getreibselführenden und abwasserbelasteten
Flußzonen (C und D). In oligotrophen Flußabschnitten (A und B) konnte sich
diese Art auf Dauer wegen Nährstoffmangels nicht halten. Hier wuchs dagegen
Potamogeton coloratus gut, hatte keine Konkurrenz und die zarten Blattspreiten
wurden nicht durch Hochwasser beschädigt und zerstört.

Literatur

Gessner, F. (1955): Hydrobotanik. I. Energiehaushalt. Berlin.
Glänzer, U. (1974): Experimentelle Untersuchungen über das Verhalten von submersen
    Makrophyten bei NH_4+-Belastung. Verh. Ges. Ökol. Saarbrücken 1973, 175–179.
Glänzer, U., Haber, W. & Kohler, A. (1976): Experimentelle Untersuchungen zur Belast-
    barkeit submerser Fließgewässermakrophyten. *Arch. Hydrobiol.* (im Druck).
Haber, W. & Kohler, A. (1972): Ökologische Untersuchungen und Bewertung von Fließ-
    gewässern mit Hilfe höherer Wasserpflanzen. *Landschaft u. Stadt* 4: 139–168.
Kohler, A., Vollrath, H. & Elisabeth Beisl (1971): Zur Verbreitung, Vergesellschaftung und
    Ökologie der Gefäßmakrophyten im Fließwassersystem Moosach (Münchner Ebene).
    Arch. Hydrobiol. 69: 333–365.
Kohler, A. (1972): Zur Ökologie submerser Gefäßmakrophyten in Fließgewässern. *Ber.
    Dtsch. Bot. Ges.* 84: 713–720.
Kohler, A., Renate Wonneberger & G. Zeltner (1973): Die Bedeutung chemischer und
    pflanzlicher „Verschmutzungsindikatoren" im Fließgewässersystem Moosach (Münchner
    Ebene). *Arch. Hydrobiol.* 72: 533–549.

Kohler, A., R. Brinkmaier & H. Vollrath (1974): Verbreitung und Indikatorwert der submersen Makrophyten in den Fließgewässern der Friedberger Au. *Ber. Bayer. Bot. Ges.* 45: 5–36.

Kutscher, G. (1973): Untersuchungen zur Verbreitung und Ökologie von submersen Makrophyten in Fließgewässern des Erdinger Mooses. Dipl.-Arbeit am Institut für Landschaftsökologie der TU München in Weihenstephan.

Schäfer, Elisabeth & U. Glänzer (1976): Experimentelle Untersuchungen über die Reaktion von höheren Wasserpflanzen auf Tenside. *Arch. Hydrobiol.* 78, 4: 468–481.

Anschrift des Verfassers:

Dr. Ulrich Glänzer, Ortsstraße 36, 8050 Freising-Hohenbachern.

Sonderdruck: Verhandlungen der Gesellschaft für Ökologie, Göttingen 1976.

BEDEUTUNG DER PHOSPHATE AUS KOMMUNALEN ABWÄSSERN FÜR DIE GEWÄSSEREUTROPHIERUNG, MÖGLICHKEITEN DER RÜCKGEWINNUNG UND VERWENDUNG IN DER DÜNGUNG

L. CERVENKA & F. TIMMERMANN

Abstract

Phosphorus in communal waste water is the most relevant factor for water eutrophication affecting adversely the biology and quality of the water. By mechanical and biological treatment only about 30% of the phosphorus can be removed from the waste water. Using ferric and aluminic salts or lime for precipitating, the P-content of the biological pretreated waste water from the urban sewage treatment plant at Göttingen decreased to < 1 ppm.

The precipitates ranged from 6,8—14,5% in total P_2O_5 by high relative solubilities of about 90%. In pot experiments with *Lolium perenne* the precipitates reached as high yields and P-uptake as the commercial P-fertilizers Thomasphosphate and Rhenaniaphosphate.

Der Trophiegrad eines Gewässers wird in entscheidender Weise vom Phosphatgehalt bestimmt, da von den essentiellen Nährelementen Phosphor zumeist als Minimumfaktor die Phytoplankton- und Makrophytenproduktion im wässrigen Milieu am stärksten begrenzt (Uhlmann & Albrecht 1968). Infolge der geringen Löslichkeit gelangen von den durch Verwitterung und Mineralisation im Boden freigesetzten Phosphaten unter natürlichen Verhältnissen nur außerordentlich geringe Mengen in die Gewässer. Über längere Zeiträume kann es jedoch in Stillgewässern durchaus zur Phosphatanreicherung kommen, die wesentliche Voraussetzung für die Eutrophierung ist. Dieser Prozeß wird durch anthropogene Einwirkungen, insbesondere durch P-Einleitungen mit den häuslichen und industriellen Abwässern rasant beschleunigt und kann zu einer ernsten Gefährdung der Gewässerbiologie und Beeinträchtigung der Wassergüte führen.

1. Folgen der Eutrophierung

Auf den massiven Eingriff in den natürlichen P-Kreislauf reagieren die Wasserpflanzen mit starkem Wachstum und übermäßiger Vermehrung. Das wiederum löst eine Reihe von Sekundärprozessen mit negativen Auswirkungen auf die Wasserbeschaffenheit aus:

— Erhöhte Konzentrationen von Algenstoffwechsel- und -abbauprodukten, damit verbundene Geruchs- und Geschmacksbeeinträchtigung bei Trinkwassernutzung;

— Schwefelwasserstoffentwicklung am Gewässergrund, erhöhte Ammoniumgehalte als Folge von Reduktionsprozessen;

— Beeinträchtigung des Sauerstoffhaushaltes und Verschiebung des pH-Wertes, damit Gefährdung von Wasserflora und -fauna.

353

Für die Biosynthese von 1 g Algenmasse wird etwa 1 g P benötigt. Nach Absterben und Absinken in tiefere Wasserschichten sind rund 140 g O_2 erforderlich, um diese Biomasse wieder zu mineralisieren. Die große Sauerstoffbeanspruchung in einem eutrophen Fließgewässer zeigen Untersuchungen von Leine-Wasser oberhalb der Stadt Göttingen. Von Januar bis Oktober 1971 wurden kontinuierlich O_2-Gehalts-, pH-, Leitfähigkeits- und Temperaturmessungen des Flußwassers durchgeführt; darüber hinaus wurde die Strahlungsintensität registriert.

Die in Abbildung 1 dargestellten Ergebnisse zeigen die großen Schwankungen des O_2-Sättigungsgrades zwischen den Nachmittagsstunden (15—18 Uhr) mit bis zu 180%iger O_2-Sättigung und den Morgenstunden vor Sonnenaufgang (5—6 Uhr) mit nur 60%iger Sättigung.

Auch der pH-Wert des Wassers unterliegt in Abhängigkeit von der Photosynthese der Wasserflora erheblichen Tag-Nacht-Schwankungen. Im Mai wurden pH-Unterschiede von 1,4 (zwischen 7,8 und 9,2) gemessen.

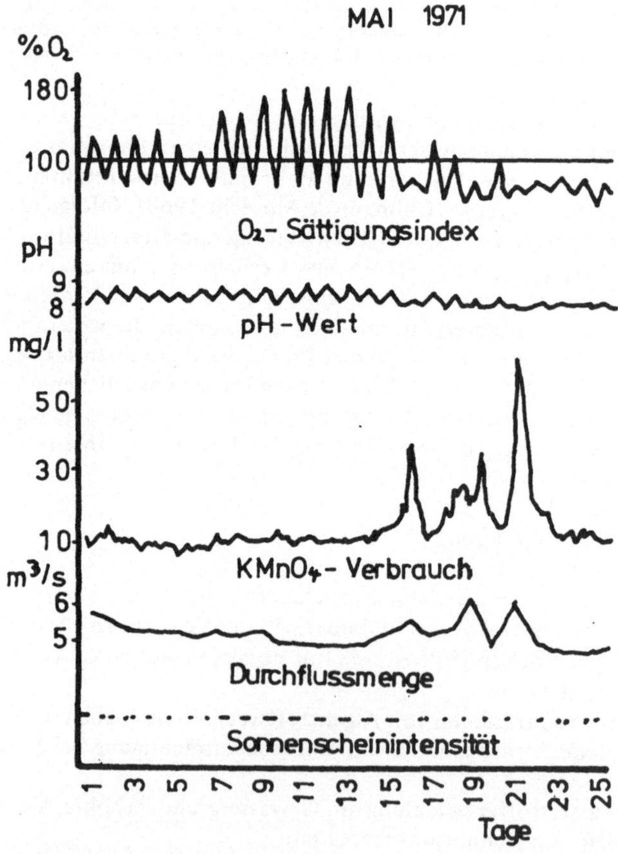

Abb. 1. Wichtige Kenngrößen zur Beurteilung des Sauerstoffhaushaltes in der Leine (Göttingen — Stegemühle).

Tabelle 1. Nährstoff-Eliminierung und Rückgang des BSB, durch unterschiedliche Abwasserbehandlung.

	Rohabwasser (200 l/E/Tag)		nach mechanischer Reinigung			nach vollbiolog. Reinigung			nach 3. Reinigungsstufe, chemischer Fällung und Denitrifikation		
	g/E·Tag	mg/l	g/E·Tag	mg/l	% Abn.*)	g/E·Tag	mg/l	% Abn.*)	g/E·Tag	mg/l	% Abn.*)
Ges. P	3	15	2,7	13,5	10	2,1	10,5	30	< 0,15	1	> 95
Ges. N	12	60	10,8	54	10	7,2	36	40	1,2	6	90
Kalium	7	35	6,3	31,5	10	5,6	28	20	5,6	28	20
BSB$_5$	60	300	40	200	33	6	30	90	< 3	15	> 95

*) Bezogen auf die Ausgangssubstanz

2. Anteil der Abwasserphosphate an der Eutrophierung

Wenn auch die Vorstellungen über den prozentualen Anteil am Phosphateintrag
in die Gewässer noch etwas differieren (Berhardt, Clasen & Nusch 1973), kann
doch mit Bestimmtheit davon ausgegangen werden, daß die Hauptlast von den
Siedlungsabwässern kommt, deren Phosphate etwa zur Hälfte den menschlichen
und tierischen Fäkalien und den polyphosphathaltigen Wasch- und Spülmitteln
entstammen (Welte 1974, Mudrack 1973).

Daß auch durch intensive landwirtschaftliche, insbesondere ackerbauliche
Bodennutzung von Hanglagen über verstärkten Bodenabtrag (Erosion) oder dem
Pflanzenbedarf nicht angepaßte P-Düngung von Hochmoorböden eine Erhöhung
des natürlichen Phosphateintrags verursacht werden kann, soll nicht verhehlt
werden (Bernhardt 1976).

Verbotswidrige Phosphateinleitungen aus landwirtschaftlichen Betrieben in
Form von Tierexkrementen (Gülle, Jauche), Silosäften und Waschwässern können allerdings nicht dem durch die landwirtschaftliche Bodennutzung bedingten
Eintrag angelastet werden. Im allgemeinen kann man jedoch davon ausgehen,
daß der Phosphataustrag aus landwirtschaftlich genutzten Böden nur unwesentlich höher liegt als auf den ungenutzten Standorten.

3. Leistung der Klärverfahren

In den Klärwerken wird ein Teil des ursprünglich im Rohabwasser enthaltenen
Phosphates eliminiert, ca. 10% in der mechanischen und 30% in der biologischen

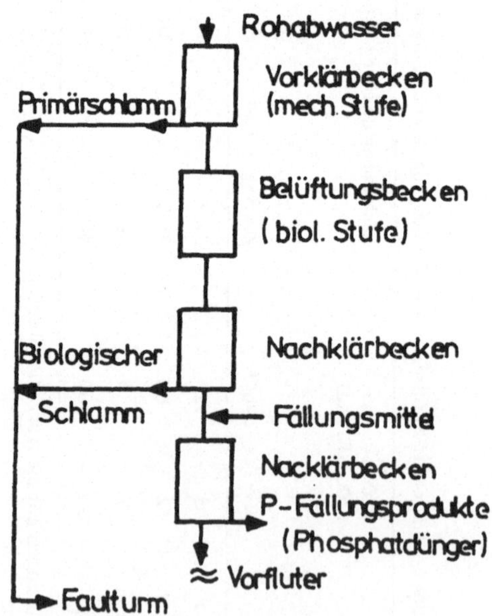

Abb. 2. Verfahren der Abwasserklärung.

Reinigungsstufe. Durch eine zusätzliche chemische Fällung können mehr als
95% des Phosphates entfernt werden (Tabelle 1). Bei der Phosphatfällung in den
kommunalen Kläranlagen sind 4 Verfahren zu unterscheiden (Abbildung 2):
— Direktfällung — in einem Fällungsbecken; die biologischen Stufe entfällt; ein
Nachklärbecken ist nachgeschaltet;
-- Vorfällung — im Vorklärbecken vor der mechanischen Stufe — die biolo-
gische Klärung ist nachgeschaltet;
— Simultanfällung — die Fällung wird im Belüftungsbecken durchgeführt;
— Nachfällung — der mechanischen und biologischen Stufe ist ein zusätzliches
Nachklärbecken (Fällungsbecken) nachgeschaltet.

In Anbetracht der abzusehenden Erschöpfung der abbauwürdigen Rohphos-
phatvorräte auf der Erde (Revelle 1976, Wachtel 1975) und der inflationären
Preisentwicklung für Rohphosphate in den vergangenen Jahren erscheinen Verfahren zur Wiedergewinnung und sinnvollen Verwendung der Abwasserphos-
phate dringend geboten.

Als erfolgversprechende Methode bietet sich die Nachfällung an, die gegenüber den anderen 3 Verfahren u.a. den Vorzug hat, relativ P-reiche und für
Düngungszwecke geeignete Fällungsprodukte zu liefern.

4. Phosphatfällungsprodukte und Düngewirksamkeit

Mechanisch-biologisch geklärtes Abwasser der Göttinger Kläranlage wurde unter
Laborbedingungen durch Zugabe von $Fe\,Cl_3$, $Fe\,Cl_3 + Ca(OH)_2$, $Al\,Cl_3$,
$Al_2(SO_4)_3$ und $Ca(OH)_2$ einer P-Fällung unterzogen. Um vergleichende Aussagen über die Wirksamkeit der verschiedenen Fällungsmittel machen zu können,
erfolgte die Zugabe der Al- und Fe-Salze in Abhängigkeit vom Gesamt-P-Gehalt
des Abwassers. Als Basis wurde das stöchiometrische Verhältnis von P zu Fe
$(Fe\,PO_4)$ bzw. zu $Al(Al\,PO_4)$ genommen. Von $Ca(OH)_2$ wurden steigende
Mengen von 50 bis 300 mg/1 Abwasser zugesetzt.

Mit der Zugabe der anderthalb- bis zweifachen stöchiometrischen Fe- bzw.
Al-Menge konnte eine über 90%ige Phosphateliminierung aus dem Klärwasser
erreicht werden. Durch Zusatz von 100 mg $Ca(OH)_2$/1 Klärwasser konnte der
P-Gehalt bis auf 1/10 des ursprünglichen Gehaltes gesenkt werden.

Die Fällungsprodukte wiesen Gesamt-P_2O_5-Gehalte von 6,8% (Fe-Fällung)
über 8,9% (Ca-Fällung) bis 14,5 (Al-Fällung) bei durchweg hohen Citronen-
säure- und Citratlöslichkeiten von 90 v.H. (Ausnahme: Al-Fällungsprodukt 50
v.H.) des Gesamt-P_2O_5 auf.

Um die Düngewirksamkeit der Fällungsprodukte vergleichend zu den in der
landwirtschaftlichen Praxis verbreitet angewandten P-Düngemitteln Thomasphosphat und Rhenaniaphosphat zu prüfen, wurde ein Mitscherlich-Gefäßversuch mit Deutschem Weidelgras (*Lolium perenne* L.) angesetzt (Cervenka &
Timmermann 1975).

Wie die Erträge und P-Entzüge der einzelnen Düngungsvarianten ausweisen
(Tabelle 2), haben sowohl die Fällungsprodukte als auch die handelsüblichen
P-Düngemittel hohe Mehrerträge gegenüber der P-ungedüngten Kontrolle
erbracht. Setzt man die Erträge der mit Thomasphosphat gedüngten Varianten

Tabelle 2. Trockensubstanzerträge und P_2O_5-Entzüge (Gefäßversuch mit P-Fällungsprodukten und -Düngemitteln).

P-Düngemittel bzw.

Fällungsprodukte	1. Schnitt			2. Schnitt			3. Schnitt			Gesamt-Ertrag 1. – 3. Schnitt		
	g TS/ Gefäß	rel.	Entzug mg P_2O_5/ Gefäß	g TS/ Gefäß	rel.	Entzug mg P_2O_5/ Gefäß	g TS/ Gefäß	rel.	Entzug mg P_2O_5/ Gefäß	g TS/ Gefäß	rel.	Entzug mg P_2O_5/ Gefäß
Kontrolle	5,8	25	9	3,2	7	5	3,2	16	9	12,0	19	23
Thomasphosphat	22,9	100	115	20,0	100	78	20,0	100	120	63,0	100	313
Rhenaniaphosphat	20,5	89	101	16,8	84	78	16,5	83	107	53,7	85	284
Fe-Fällung	21,6	94	117	17,7	88	82	17,3	87	120	56,6	90	318
Al-Fällung	19,7	86	78	17,1	86	65	17,1	85	98	54,0	86	240
Ca-Fällung	21,7	95	111	17,9	89	77	17,9	89	106	57,6	91	294
(Fe+Ca) Fällung	21,5	94	87	17,9	89	56	17,7	88	85	57,1	91	229
GD 5%	0,95		8	1,3		7,7	0,6		5	1,9		11

gleich 100, so ist aus den Relativerträgen der mit den Fällungsprodukten gedüngten Varianten eine den marktgängigen P-Düngemitteln vergleichbar gute Wirksamkeit abzulesen. Sowohl in den Erträgen als auch in den P-Entzügen schneiden die A1- P-Fällungsprodukte am ungünstigsten ab.

Zusätzlich wurde die P-Aufnahme aus Fällungsprodukten, denen bei der Fällung das Radioisotop ^{32}P zur Markierung zugesetzt wurde, in einem Neubauer-Kleingefäßversuch geprüft.

Aus den P_2O_5-Aufnahmeraten (Tabelle 3) ist zu ersehen, daß das Phosphat im Aufwuchs des 1. Weidelgrasschnittes fast ausschließlich dem Samen entstammt. Im 2. und insbesondere 3. Schnitt bestätigt der hohe den Fällungsprodukten entstammende P-Anteil die gute P-Wirksamkeit der bei der Ca-P-Fällung gewonnenen Substanzen.

Die Ergebnisse stehen damit in guter Übereinstimmung mit den im Mitscherlich-Gefäßversuch gewonnenen Ertrags- und P-Entzugsdaten.

Bei der P-Fällung wird zugleich der Großteil der Schwermetalle ausgefällt. Da die Anwendung der Fällungsprodukte zur Düngung in der Landwirtschaft oder im Gartenbau möglicherweise zu einer toxischen Schwermetallbelastung des Bodens bzw. der gärtnerischen Substrate führen könnte, wurden die Fällungsprodukte auf ihre Schwermetallgehalte untersucht (Tabelle 4). Die Fällungsprodukte des Göttinger Abwassers weisen verhältnismäßig niedrige Schwermetallgehalte auf, die auf die geringe Einleitung von Abwässern aus dem Bereich der metallverarbeitenden Industrie zurückzuführen sind.

Zusammenfassung

Der überwiegende Teil der in den häuslichen Abwässern anfallenden Phosphate wird durch die mechanisch-biologischen Reinigungsstufen der Klärwerke nicht

Tabelle 3. Neubauerversuch mit ^{32}P-markierten Fällungsprodukten.

P-Fällungsprodukte aus	Aufnahme von Fällungsprodukt-P in % der Gesamt-P-Aufnahme der Pflanzen		
	Deutsches Weidelgras		
	1. Schnitt	2. Schnitt	3. Schnitt
Fe-Fällung	1,6	11	27
Al-Fällung	1,1	9	15
Ca-Fällung	4,9	33	72
(Fe+Ca) Fällung	4,5	30	71

Tabelle 4 Schwermetallgehalte in P-Fällungsprodukten in ppm.

P-Fällungsprodukte	Zn	Pb	Ni	Cu	Cd
Fe-Fällung	355	50	62	31	6
Al-Fällung	895	83	53	98	10
Ca-Fällung	90	50	40	28	3
(Fe+Ca) Fällung	220	60	72	32	10

zurückgehalten, sondern gelangt weiterhin in die Gewässer.

Durch die P-Anreicherung wird eine Eutrophierung der Gewässer mit üppigem Wachstum der Wasserflora eingeleitet. Die übermäßige Produktion organischer Substanz hat wiederum Sekundärprozesse zur Folge, die zu einer erheblichen Beeinträchtigung der Wassergüte führen (Geruchs- und Geschmacksbeeinflussung, O_2-Mangel, H_2S-Entwicklung, pH-Verschiebung u.a.m.).

Technische Maßnahmen zur Verminderung der Einleitung abwasserbedingter P-Verbindungen in die Gewässer wie z.B. Ringkanalisation bedeuten keine Elimination, sondern nur eine Verlagerung der P-Frachten aus dem Bereich der Störmöglichkeiten. Auch durch eine Substitution der Polyphosphate in den Waschmitteln durch andere waschwirksame Substanzen läßt sich das Abwasserphosphat-Problem nicht lösen, weil nur ca. 50% des in den häuslichen Abwässern enthaltenen Phosphates den Waschmitteln entstammen.

Chemische Fällung ist z.Z. die wirksamste Maßnahme zur P-Eliminierung aus den häuslichen Abwässern. Von den möglichen Verfahren erscheint die Nachfällung besonders wirksam und vorteilhaft, da eine weitgehende Entfernung von Trübstoffen und Färbungen, eine zusätzliche Senkung des Rest-BSB_5, eine weitgehende Zurückhaltung von Bakterien, Viren und Darmparasiten, die restliche Ausfällung von Schwermetallen und die Gewinnung wertvoller P-Düngersubstanzen erreicht wird.

Literatur

Bernhardt, H. (1976): Die Bedeutung der Erosion landwirtschaftlich genutzter Flächen als Ursache der eutrophierenden Phosphorbelastung stehender Gewässer. Untersuchung zur Kontamination von Grund- und Oberflächenwasser durch land- und forstwirtschaftliche Bodennutzung. *Forschung u. Beratung*, Reihe C 30: 139–166.

Bernhardt, H., J. Clasen & E.A. Nusch (1973): Vergleichende Untersuchungen zur Ermittlung der Eutrophierungsvorgänge und ihrer Ursachen an Riveris- und Wahnbachtalsperre. *Jahrbuch Vom Wasser* 40: 245–303.

Cervenka, L. & F. Timmermann (1975): Phosphatfällungsprodukte aus biologisch geklärten Abwässern und ihre Verwendungsmöglichkeit in der Landwirtschaft. Vortrag 87. VDLUFA-Kongreß. Mannheim, 10.9.1975.

Mudrack, K. (1973): Vergleich der Vorfluterbelastung durch Abwasserreststoffe und durch Bodenerosionen. *Gewässerschutz-Wasser-Abwasser* 10: 249–256.

Revelle, R. (1976): The resources available for agriculture. *Scientific American 235*: 164–178.

Uhlmann, D. & E. Albrecht (1968): Biogeochemische Faktoren der Eutrophierung von Trinkwassertalsperren. *Limnologica* (Berlin) 6: 225–245.

Wachtel, H. (1975): Die Phosphatvorkommen und die Versorgung der Landwirtschaft. Symposium 1975. Phosphat als Pflanzen- und Bodennährstoff (Österreichische Düngerberatungsstelle).

Welte, E. (1974): Zur Frage der Gewässerverunreinigung. *Phosphorsäure* 30: 121–139.

Anschrift der Verfasser:

Dr. L. Cervenka und Dr. F. Timmermann, Institut für Agrikulturchemie, Von-Siebold-Str, 6, 3400 Göttingen.

DER EINFLUß VON PHENOL UND VON PHENOLISCHEN VERBINDUNGEN AUF DEN GASWECHSEL AUTOTROPHER UND HETEROTROPHER PLANKTONTEN

S. VOGEL*

Abstract

The effect of phenol and phenolic compounds on the gas exchange of autotrophic and heterotrophic plankters was examined with *Chlorella pyrenoidosa* and with a mixed bacterial population of a local stream. The photosynthetic activity of the green algae is more sensitive than the respiratory activity of the bacteria to Phenol, p-Hydroxybenzaldehyd, p-Hydroxybencoic acid, 2,4-Dichlorophenol and 2,3,4-Trichlorophenol. The depression of activity depended on the concentration of the phenolic substances and on the kind of substituents and their position on the benzene ring. Chlorophenols were more effective than hydroxyl compounds. When chlorophenols were added the electron-microscopial figure of *Chlorella* showed cytological changes which were characterized by a contraction of the chloroplasts and a disintegration of the thylacoid structure.

Einleitung

Phenol gehört zu den Substanzen, von denen bestimmte Derivate als sekundäre Pflanzenstoffe in der Natur vorkommen. Viele Phenolderivate werden aber inzwischen synthetisch hergestellt und finden in steigendem Maße in der chemischen Industrie sowie als Pflanzenschutzmittel Verwendung. Während die einen als Zwischen- oder Abfallstoffe mit den industriellen Abwässern in aquatische Ökosysteme gelangen können, werden andere als Unkrautvertilgungsmittel auf landwirtschaftlich genutzten Böden oder in Gewässern eingesetzt und dringen auf diese Weise in Bäche, Flüsse und Seen oder gelegentlich sogar bis ins Grundwasser ein. Über die Wirkung von Phenol und dessen Derivaten liegen bereits einige Untersuchungen vor. Sie beziehen sich jedoch meist auf die Toxizität der Substanzen für Tiere, selten auf diejenigen für Pflanzen. Auswirkungen auf die Nahrungskette werden kaum in Betracht gezogen.

Es erscheint aber notwendig, nicht nur die Konsumenten, sondern vor allem auch die planktontischen Produzenten und die Reduzenten auf ihre Schadstoffsensibilität zu prüfen. Gerade die beiden letztgenannten Organismengruppen sind die unabdingbar notwendigen biotischen Komponenten in einem existenzfähigen Ökosystem. Daher war es Ziel der vorliegenden Arbeit, in Modellversuchen zu klären, in welchem Umfange durch Phenol und phenolische Verbindungen der Gaswechsel bestimmter autotropher und heterotropher Planktonten

* Auszug aus einer der Universität Gießen vorgelegten Dissertation D 26 (Naturwissenschaften), Gießen 1976.

beeinträchtigt wird und inwieweit dadurch die Stabilität eines Gewässeröko-
system gefährdet werden kann.

Die Testsubstanzen

Zur Untersuchung gelangten folgende Testsubstanzen:

Phenol   = Carbolsäure C_6H_5OH

p-HBA   = para-Hydroxybenzaldehyd $C_7H_6O_2$

p-HBS   = para-Hydroxybenzoesäure $C_7H_6O_3$

2,4-DC   = 2,4-Dichlorphenol $C_6H_4Cl_2O$

2,4,5-TC   = 2,4,5-Trichlorphenol $C_6H_3Cl_3O$

Phenol war in der 2. Hälfte des 19. Jahrdunderts nahezu das einzige bekannte
Antisepticum. Da es lebendes Gewebe schädigen kann, wird es heute allenfalls
zur Desinfektion von Räumen und Geräten verwendet. Große Mengen werden
dagegen zur Herstellung von Kunstharzen, Farbstoffen und Arzneimitteln
benötigt. Wegen ihrer antimikrobiellen Wirkung waren die Hydroxyverbindungen
bis 1959 als Konservierungsmittel in der BRD zugelassen. Bei längerer Lagerung
kommt es jedoch zu biochemischen Umsetzungen, die den Nährwert der konser-
vierten Stoffe verringern und beim Menschen Verdauungsenzyme blockieren.
Dennoch werden nach Tjan & Konter (1972) sowie Koppe & Traud (1974)
Phenole nach wie vor in großem Maßstab in der Lebensmittelindustrie verwendet.

2,4-Dichlorphenoxyessigsäure (2,4-D) und 2,4,5-Trichlorphenoxyessigsäure
(2,4,5-T) sowie einige ihrer Abkömmlinge dienen als Unkrautbekämpfungsmittel
und haben als Getreideherbizide eine weltweite Verbreitung gefunden. Die Wirkungsweise der Phenoxyessigsäuren ist vielfach untersucht worden, der Wirkungs-
mechanismus ist noch nicht hinreichend geklärt. Der Abbau im Substrat dauert
ein bis drei Monate (Maier-Bode 1971), und dabei entsteht aus 2,4-D u.a. 2,4-
Dichlorphenol, das mit Glucose konjugiert oder an Asparaginsäure gebunden
werden kann (Loos 1970). Maier-Bode (1971) schreibt den Metaboliten der
Chlorphenoxyessigsäuren die gleiche Verweilzeit im Substrat zu wie den Aus-
gangssubstanzen. Herzel (1972) mißt den Metaboliten für eine potentielle Gefährdung des Grundwassers eine größere Bedeutung zu als dem Wirkstoff selbst, da
mit dessen Abbau eine Polaritätszunahme des Moleküls und eine verbesserte
Wasserlöslichkeit einhergehen.

Die Testorganismen

Als Testorganismen dienten repräsentativ:
für Produzenten: *Chlorella pyrenoidosa* Stamm 211—8b aus der Sammlung Dr.
Koch, Pflanzenphysiologisches Institut Göttingen,
für Reduzenten: die Bakterienmischpopulation eines einheimischen Fließgewässers.

Chlorella pyrenoidosa wurde in der ZEHNDER-Nährlösung im Thermostaten
bei 21°C Tagestemperatur und 17°C Nachttemperatur bei einem 12 stündigen
Hell-Dunkel-Rhythmus kultiviert. Die Beleuchtungsintensität betrug 1300 LUX

bzw. 5 J.m^{-2}.s^{-1} nach der Radiometermessung. Bis zu einem Alter von 20 Tagen fand ein absolut störungsfreies Wachstum der Zellen statt; die Algensuspension war in diesem Zeitraum sehr homogen und damit für die Untersuchung gut geeignet.

Für die elektronenmikroskopischen Aufnahmen wurden die Chlorellen zunächst in Glutaraldehyd + Arsenpuffer, danach in Osmiumtetroxyd fixiert. Die Einbettung erfolgte in ERL 4206, die Nachkontrastierung mit Uranylacetat und Bleicitrat.

Die in verschmutzten Fließgewässern vorhandenen Keime sind meist alloch-thonen Ursprungs; sie gelangen mit den Niederschlägen in die Vorfluter oder werden mit Abwässern durch Bodenauswaschung in diese eingeleitet. Je nach Art der zur Verfügung stehenden Substanzen überwiegen kohlenhydratab-bauende, eiweißzersetzende oder nitrifizierende Bakterien. Das Nährstoffangebot wirkt selektierend auf die Zusammensetzung der Biocönose.

Die Befunde dieser Arbeit wurden mit Bakterienmischpopulationen aus der Wieseck gewonnen, einem Gewässer, das Gießen durchfließt und in diesem Bereich als ß-mesosaprob anzusehen ist (Habermehl 1975).

Methodik

Um die Wirkung von Phenol bzw. phenolischen Verbindungen auf den Gaswech-sel der beiden genannten Mikroorganismengruppen zu prüfen, wurden Messungen der Photosynthese für die Autotrophen mit der WARBURG-Apparatur vorge-nommen. Zur Bestimmung des Sauerstoffverbrauches der Heterotrophen wurde der Sapromat B 12 der Firma Voith in Heidenheim benutzt. Im Sapromaten vollzieht sich die Atmung der Bakterien unter ständigem Nachschub von Sauer-stoff, der je nach Bedarf durch elektrolytische Spaltung aus schwefelsaurem Kupfersulfat freigesetzt wird. Die Gaswechselmessungen erstreckten sich sowohl mit der WARBURG-Apparatur als auch mit dem Sapromaten über mindestens 48 Stunden; in bestimmten Zeitabständen wurden Sauerstoffproduktion bzw. Sauerstoffverbrauch ermittelt.

Ergebnisse

1. Produzenten

Zunächst sollte an Chlorella pyrenoidosa analysiert werden, ob und in welchem Umfang eine Beeinflussung der Photosynthese durch Phenol und dessen Derivate stattfindet und wie weit das Reizmengengesetz Gültigkeit besitzt.

Die Experimente brachten folgende Ergebnisse: Phenolgaben von 1000 ppm schädigten die Algen in ihrer Vitalität so stark, daß sie unmittelbar nach Zugabe ihre Photosynthesetätigkeit einstellten und nach 48 Stunden eine gelbbraune Verfärbung zeigten. Das mikroskopische Bild wies auf letale Schädigung hin. Bei Phenolgaben von 100 ppm fand eine signifikante Depression der Sauerstoff-produktion nach 1 und nach 24 Stunden in Relation zu derjenigen der Kontrollen statt. Nach 48 Stunden waren die Differenzen dagegen nicht mehr statistisch gesichert. Demnach hatten die Algen sich inzwischen erholt. Denkbar wäre auch, daß stark geschädigte Chlorellen ausgefallen waren, aber resistentere diese Phenolkonzentration so weit tolerierten, daß eine schwache Vermehrung eintrat.

Selbst bei einheitlichem Algenmaterial muß mit individuellen Resistenzstreuungen gerechnet werden, wie die mikroskopische Kontrolle der Chlorellen bestätigte. Phenolgaben von 10 ppm beeinträchtigten die Photosynthese auch bei einer maximalen Einwirkzeit von 48 Stunden nicht. Entweder wurde die Konzentration rasch im Substrat oxydiert, oder die Organismen tolerierten sie.

p-HBA-Gaben von 1000 ppm, 800 ppm und 600 ppm führten im Untersuchungszeitraum von 48 Stunden zu einer vollständigen Blockierung der Photosynthese, wohingegen 500 ppm, 400 ppm und 300 ppm zwar die assimilatorische Tätigkeit der Algen einschränkten, aber mit abnehmender Konzentration in geringerem Maße. Innerhalb der Varianten zeigte sich eine schwache, bei 300 ppm eine deutlich wahrnehmbare Adaptation an den Schadstoff, indem auf die anfängliche Depression eine langsame Erholung folgte. Diese Phase setzte bei 300 ppm früher ein als bei 500 ppm, die Kontrollwerte wurden allerdings

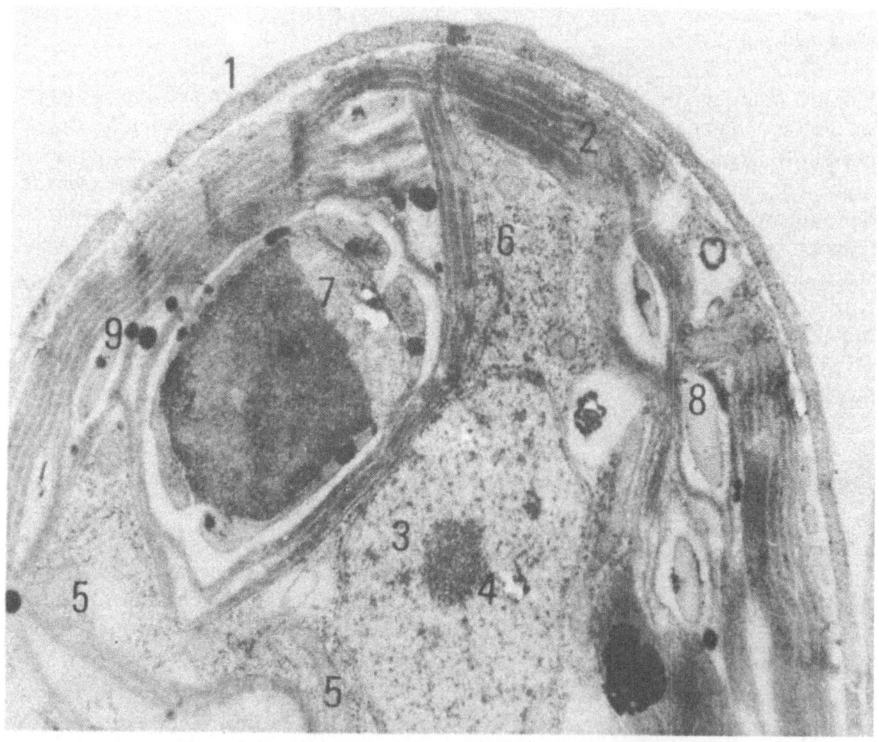

Abb. 1. Chlorella pyrenoidosa, Stamm 211-8b. Vergr. 26700. 1 = Zellwand. 2 = Chloroplast mit Thylakoiden. 3 = Zellkern mit umgebener Membran. 4 = Kernkörperchen. 5 = Mitochondrien. 6 = Endoplasmatisches Reticulum. 7 = Pyrenoid. 8 = Stärkegranula. 9 = osmiophile Globuli.

nicht erreicht. 100 ppm p-HBA führten zu keiner Hemmung, sondern zu einer
Stimulation der Photosynthese.

p-HBS-Gaben von 1000 und 800 ppm brachten bereits nach 1 Stunde eine
starke Depression im Gaswechsel der Algen, die nach 24 bzw. 48 Stunden durch
eine statistisch signifikante Absicherung nachgewiesen werden konnte. 500 ppm
und 300 ppm p-HBS wurden aufgrund der erhaltenen Mittelwerte von den
Algen mit geringer Einschränkung, 100 ppm vollständig toleriert.

2,4-DC-Konzentrationen von 1 ppm und 5 ppm minderten die Sauerstoffproduktion der Chlorellen im Vergleich zur Kontrolle erheblich; allerdings nahm
die Assimilation im gemessenen Zeitraum zu. 10 ppm und 50 ppm setzten die
O_2-Produktion stark herab, und 100 ppm 2,4-DC führten zur Einstellung der
Photosynthese.

2,4,5-TC-Konzentrationen von 1 ppm, 2,5 ppm und 5 ppm riefen in der Algen-
population eine nachhaltige Minderung der Sauerstoffproduktion im Vergleich
zu den Kontrollen hervor. Lösungen von 10 ppm und 50 ppm 2,4,5-TC setzten
die Chlorellen offenbar einer Streßsituation aus: während in den ersten 24
Stunden nach Phenolzugabe noch O_2 produziert wurde, erfolgte nach 48 Stunden ein Übergang in den Minusbereich, O_2 wurde verbraucht. 100 ppm 2,4,5-
TC schädigten die Algen in ihrer Vitalität so stark, daß sie während der Versuchsdauer keinerlei Photosynthese betrieben.

Elektronenmikroskopische Untersuchungen an Chlorella dienten zur Beant-

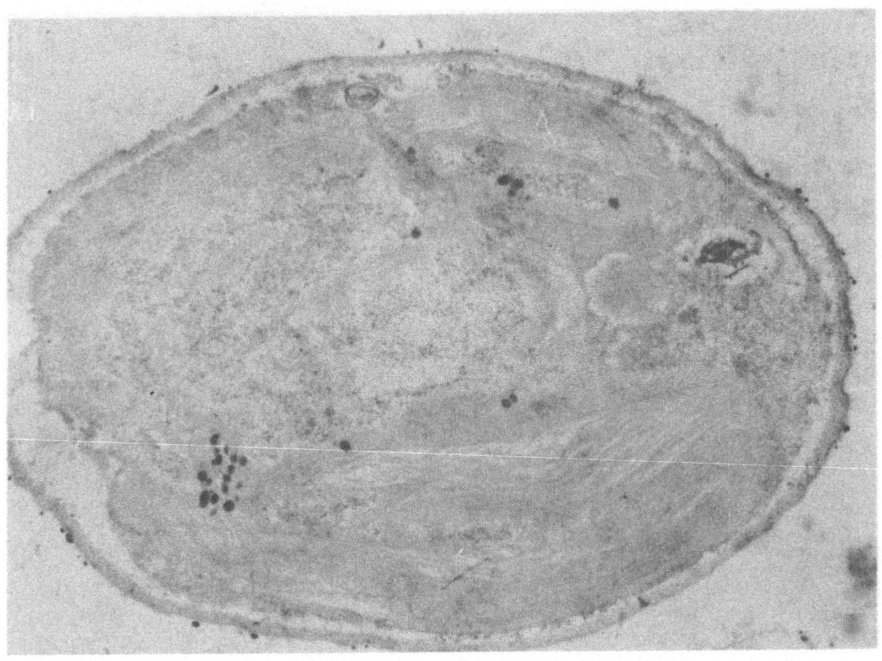

Abb. 2. Chlorella pyrenoidosa 211-8b nach 24 std. Einwirkung von 10 ppm 2,4,5-TC.
Vergr. 16500

wortung der Frage, ob die Verminderung der Photosyntheseleistung unter Einwirkung der Chlorphenole durch zytologische Änderungen bedingt ist. Als Belege werden die elektronenmikroskopischen Aufnahmen von Chlorella nach 2,4,5-TC-Einfluß wiedergegeben (Abb. 1—4). Aus den Abbildungen ist ersichtlich, daß sich bei erhöhter Phenolzufuhr die glatte und intakte Zellwand von Chlorella mehr und mehr wellte und damit eine Kontraktion des Chloroplasten und eine Auflösung der Thylakoidstruktur einherging, d.h. der Schädigungsgrad war erwartungsgemäß um so stärker, je höher die einwirkende Phenolkonzentration.

2. Reduzenten

Zur Bewertung der Vitalität der Bakterien sollte gemessen werden, inwieweit durch Phenolzusatz die mit dem Abbau organischen Materials korrelierte Atmung beeinflußt wird. Dazu wurden die der Wieseck entnommenen Wasserproben mit 0,1% Pepton versetzt, um organische Substanz anzureichern und damit leichter quantitative Aussagen über Veränderungen mikrobieller Abbauprozesse durch Giftwirkung zu ermöglichen. Nach den Erfahrungen von Liebmann (1965) und Offhaus (1965) ist Pepton als organisches Additiv besonders geeignet, weil seine Abbaufolge gut bekannt ist.

Nach den durchgeführten Versuchen reagierten die Bakterienmischpopula-

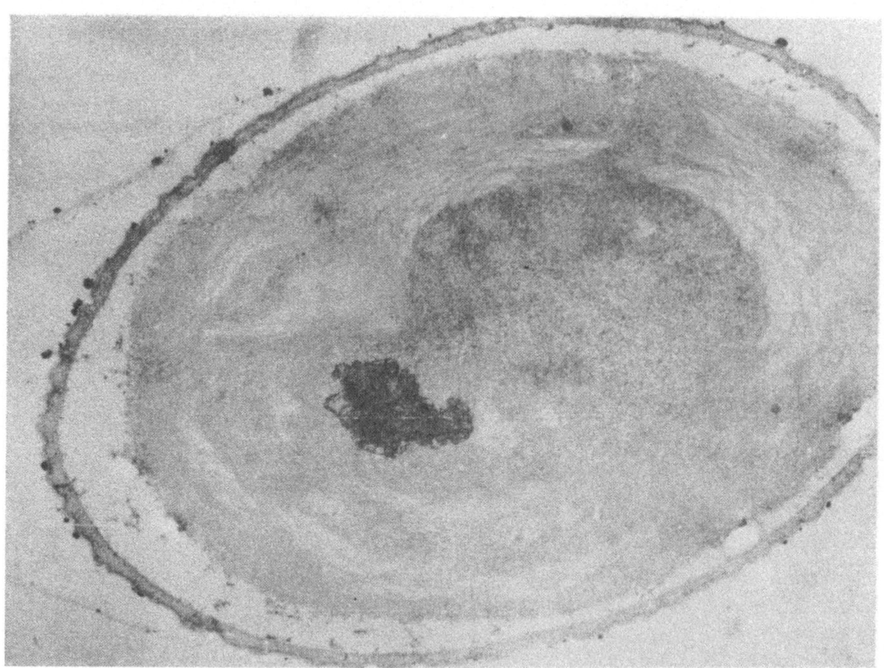

Abb 3. Chlorella pyrenoidosa 211-8b nach 24 std. Einwirkung von 50 ppm 2,4,5-TC. Vergr. 24000

tionen unterschiedlich auf die verschiedenen phenolischen Verbindungen. Die
Befunde gehen aus den Abbildungen 5–8 hervor. Gleiche Schadstoffkonzen-
trationen verschiedener Phenole bewirkten teils eine Stimulation, teils eine
Hemmung der Mikroorganismen, gemessen am Sauerstoffverbrauch. Unter
Zusatz der Hydroxyverbindungen steigerten die Bakterien ihre Atmungsinten-
sität im Vergleich zur Kontrolle, sie blieben jedoch darunter bei Zusatz der
Chlorphenole.

Die Differenzen lassen sich zurückführen auf die Art und Anzahl der Sub-
stituenten und deren Stellung am Benzolring. Möglicherweise fällt bei der Zufuhr von p-HBA und p-HBS bestimmter Konzentration eine Hemmung durch
Substratüberschuß weg, oder die Bakterien greifen diese Verbindungen als
Kohlenstoffquellen an und erhöhen dadurch den Sauerstoffverbrauch. Ein
Vergleich der Abbaukurven von 2,4-DC und 2,4,5-TC (Abb. 6, 7) zeigt zwar die
gleiche Anlaufzeit, die als Adaptation der Mikroorganismen an die eingesetzte
Substanz interpretiert werden kann, aber der Verlauf der Atmungskurven ist
trotz gleicher Phenolkonzentration verschieden. 2,4,5-TC hemmte den O_2-
Bedarf der Bakterien in stärkerem Maße als 2,4-DC. Vermutlich wird bereits
durch ein Chlor-Atom der Abbau solcher Verbindungen erschwert, und der

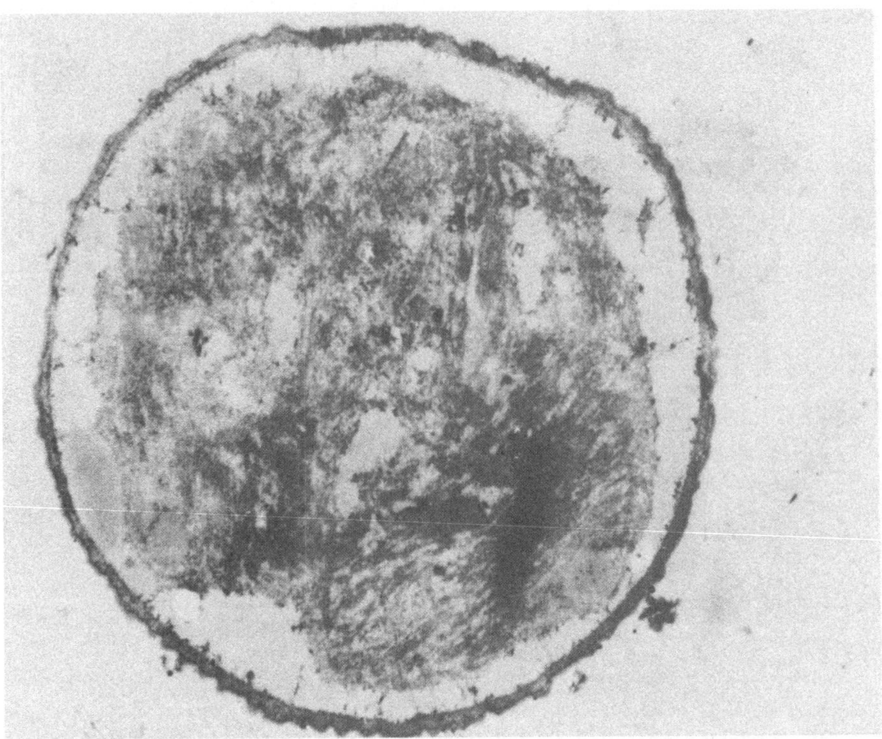

Abb. 4. Chlorella pyrenoidosa 211-8b nach 24 std. Einwirkung von 100 ppm 2,4,5-TC.
Vergr. 20300

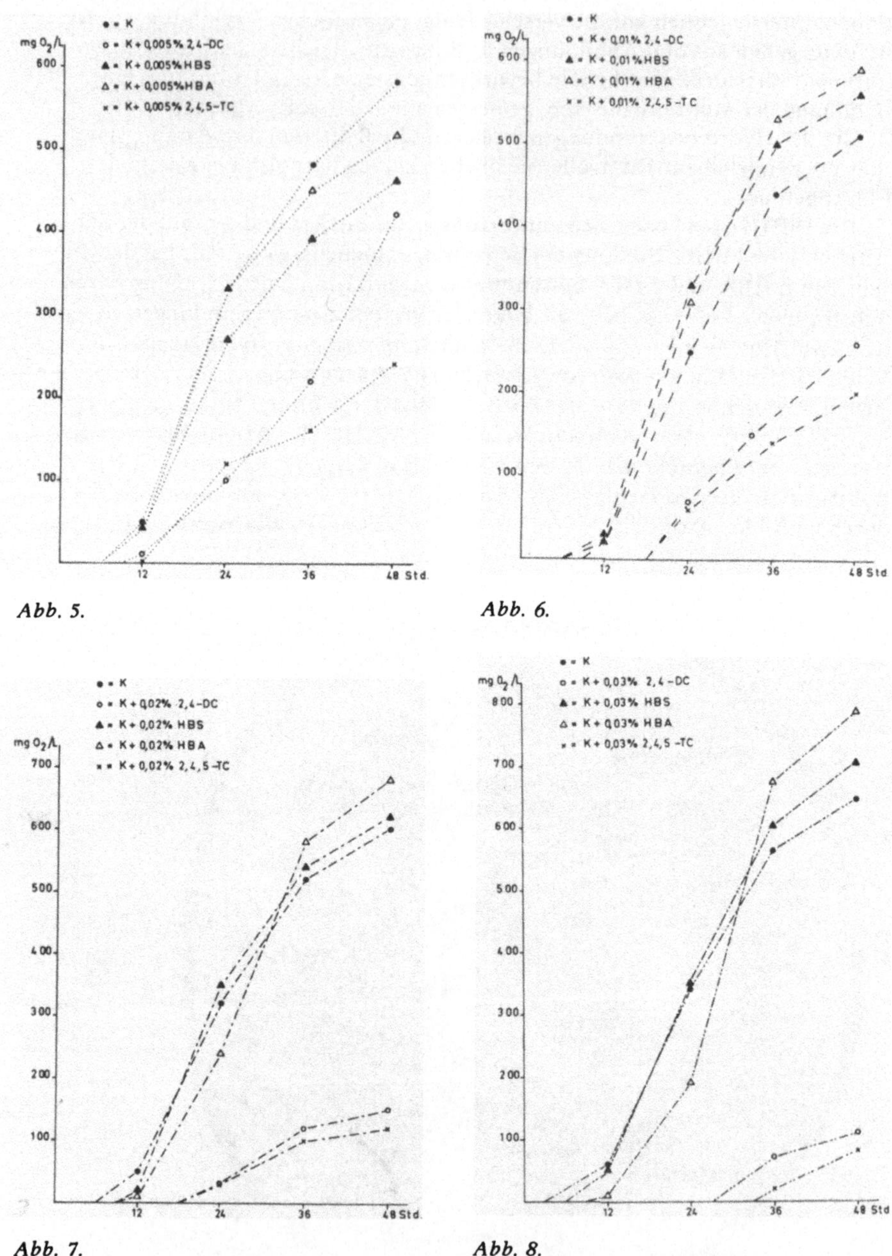

Abb. 5.

Abb. 6.

Abb. 7.

Abb. 8.

Abb. 5-8. Respirationsintentität der Bakterien in der Kontrolle und in 0,005%igen (Abb. 5), 0,01%igen (Abb. 6), 0,02%igen (Abb. 7), 0,03%igen (Abb. 8) Testlösungen von p-HBA, p-HBS, 2,4-DC und 2,4,5-TC.

368

Widerstand gegen die Destruktion steigt mit Chlorierungsgrad und Stellung der Chlor-Atome an. Die Toxizität bewirkt eine verringerte Respiration, die auf Schädigung der Membranstrukturen, Blockierung wichtiger Enzyme, Koagulation der Proteine und Inaktivierung von Vitaminen zurückgeführt werden kann.

Zusammenfassung

Die Wirkung von Phenol und von phenolischen Verbindungen auf den Gaswechsel autotropher und heterotropher Planktonten wurde an Chlorella pyrenoidosa und an der Bakterienmischpopulation eines einheimischen Fließgewässers untersucht. Die Grünalgen reagierten auf die Testsubstanzen Phenol, p-Hydroxybenzaldehyd, p-Hydroxybenzoesäure, 2-4-Dichlorphenol und 2,4,5-Trichlorphenol empfindlicher als die Bakterien, sofern als Schädigungskriterium bei den einen die Photosynthese- bei den anderen die Respirationsaktivität gemessen wurde. Der Grad der Schädigung war nicht nur abhängig von der gewählten Phenolkonzentration, sondern bei den Derivaten außerdem von der Art der Substituenten und deren Stellung am Benzolring. Die Chlorphenole waren wesentlich aggressiver als die Hydroxyverbindungen. Im elektronenmikroskopischen Bild ergaben sich bei den Chlorellen durch Zusatz der Chlorphenole zytologische Veränderungen, die durch eine Kontraktion des Chloroplasten und eine Auflösung der Thylakoidstruktur gekennzeichnet waren.

Literatur

Habermehl, G. (1975): Hydrobiologische Untersuchung der Wieseck im Stadtbereich Gießen. Ingenieurabschlußarbeit der FHS Gießen.

Herzel, F. (1972): Beurteilung der Wassergefährdung bei Pflanzenschutzmitteln. *Schr. Reihe Ver. Wass.-Boden-Lufthyg.* 37: 17—20.

Koppe, P. & J. Traud, (1974): Untersuchungen über phenolartige Stoffe in Wässern. *Gewässerschutz-Wasser-Abwasser* 10: 345—365.

Liebmann, H. (1965): Über die Grundlage der Abwasserphysiologie. *Die Wasserwirtschaft* 55: 1965.

Loos, M.A. (1970): In: Handbuch der Lebensmittelchemie, S. 866, Berlin.

Maier-Bode, H. (1971): Herbizide und ihre Rückstände, Stuttgart.

Offhaus, K. (1965): Die Bewertung von Abwasser unter Besonderer Berücksichtigung des biologisch abbaubaren Anteils und der Toxizität. *Die Wasserwirtschaft* 55.

Tjan, H.G. u. Th. Konter, (1972): Thin layer chromatographic identification of preservatives in food. J. Assoc. Offic. *Anal. Chemists* 55: 1223—1225.

Anschrift des Verfassers:

Dr. Susanne Vogel, Seminar für Didaktik der Biologie der Justus Liebig-Universität, Karl-Glöckner-Strasse 21C, 6300 Gießen

Sonderdruck: Verhandlungen der Gesellschaft für Ökologie, Göttingen 1976.

EXPERIMENTELLE UNTERSUCHUNGEN ÜBER DIE AKKUMULATION UND WIRKUNG VON HERBIZIDEN BEI BENTHISCHEN SÜSSWASSERTIEREN

B. STREIT & J. SCHWOERBEL

Abstract

Effects of the herbicide atrazine on freshwater invertebrates were studied. Long-term studies are urgently recommended for any evaluation of the toxicity of herbicides. Mortality increased with increasing observation time, even at low concentrations of 1 ppm. ^{14}C-atrazine is taken up from water according to a hyperbolic function of time and reaches a maximum value within a few hours. Total adsorption capacity increased with increasing concentration in the water according to the Freundlich adsorption isotherm. Elimination was observed to occur within 24 hours in leeches. Within the animal atrazine is distributed according to the lipid content of the organs. The other herbicides studied, 2,4 - D and Paraquat, showed another distribution.

1. Einleitung

Pestizide sind heute in der Umwelt, und speziell auch im Gewässer, allgegenwärtig, und es ist dringend notwendig, über ihre möglichen Auswirkungen eine Vorstellung zu haben und Daten zu erarbeiten, die es erlauben, die zukünftige noch stärkere Pestizidproduktion in ihrer Bedeutung und potentiellen Gefahr abzuschätzen. Jede Pestizidanwendung bringt eine Umweltbelastung mit sich, und nur eine umfassende Kenntnis ihrer Wirkung im Ökosystem erlaubt uns, Nutzen und Schaden gegeneinander abzuwägen und optimale Wege in der Pestizidanwendung aufzuzeigen.

Um die Verteilung und Dynamik von Pestiziden in der Umwelt abzuschätzen und zu beurteilen, sind verschiedene Modelle vorgeschlagen worden (z.B. Robinson 1967, Harrison et al. 1970, Randers & Meadows 1971). Meist wird für solche Modelle die gesamte Biospäre in Kompartimente eingeteilt, z.B. in die Wassermasse, die Atmosphäre, den Boden und die lebenden Organismen, und zwischen diesen Kompartimenten werden Austauschraten aufgrund der spezifischen physikalisch-chemischen Eigenschaften angenommen, wie Löslichkeitsverhalten, Dampfdruck, Sorptionsverhalten, abiologischer Abbau, ferner der Art der Ausbringung und schließlich der Kenntnisse über das Verhalten in Organismen. Die Rolle dieser Organismen, ihre Abbaukapazitäten für die jeweilige Substanz und die internen Transportkoeffizienten und Akkumulationsfaktoren zwischen den trophischen Ebenen, die oft als Subkompartimente in die Modellbildung eingehen, sind aber meist sehr unklar (Edwards 1975).

Von allen organischen Pestiziden, die heute in die Umwelt eingebracht werden, machten die Herbizide in den letzten Jahren einen bedeutenden und prozentual stets zunehmenden Anteil aus (Ashton & Crafts 1973). Zwar gelten sie als vergleichsweise wenig gefährlich für Tiere, doch sind noch sehr selten Langzeitwir-

kungen und Anreicherungsraten bestimmt worden (zur Übersicht vgl. Maas &
Pestemer 1975).

Die Aufgabe, die wir uns gestellt haben, betrachtet nur einen kleinen Ausschnitt aus diesem Gesamtaspekt. Es sollen zunächst an einem ausgewählten Herbizid die Wege und Mengen gemessen werden, wie Herbizide aus der wässerigen
Phase in aquatische Organismen gelangen, welche Effekte sie dort zeigen, und
welche Akkumulationsfaktoren schließlich in Nahrungsketten auftreten können.
Während Schadstoffe in Pflanzen und Mikroorganismen nur über den gelösten
Zustand gelangen können, sind bei Tieren immer zwei Möglichkeiten zu unterscheiden: direkte Aufnahme gelöster Substanzen über die Körperoberfläche und
Aufnahme über kontaminierte Nahrung.

2. Physikalisch-chemische und biochemische Eigenschaften von Atrazin

Unsere Untersuchungen werden zunächst mit dem Herbizid Atrazin durchgeführt, das als Selektivherbizid und in Kombinationspräparaten auch als Total-
herbizid eingesetzt wird und in die Gewässer gelangen kann. Es zeigt eine verhältnismäßig geringe Wasserlöslichkeit von ungefähr 33 mg/l bei 20°C (die Angaben variieren etwas) und einen sehr niederen Dampfdruck von nur $3 \cdot 10^{-7}$
Torr, das heißt die Substanz ist kaum flüchtig.

Atrazin ist relativ stabil und wird abiologisch und biologisch nur langsam abgebaut. Einige der bisherigen Erkenntnisse über den abiologischen und biologischen Abbau sind in der Abbildung 1 zusammengefaßt: Eine Hydroxylierung
anstelle des Chlor-Atoms und eine N-Dealkylierung der Seitenketten entstehen
abiologisch und biologisch. Im Säugetierorganismus (Ratte und Kaninchen)
treten Oxidationen in der Alkylseitenkette auf, so daß die entstehende Karbon-
säure als gut lösliche Verbindung mit dem Urin ausgeschieden wird (Böhme &
Bär 1967, Bakke et al. 1972). Über den Metabolismus in andern Tieren ist noch
nichts bekannt. Höhere Pflanzen legen Atrazin mindestens teilweise nach Verbindung mit Glutathion in einem unlöslichen, wahrscheinlich proteingebundenen
Endprodukt fest (Shimabukuro 1975) und auch bei Planktonalgen scheinen un-
lösliche Verbindungen eingegangen zu werden (Böhm & Müller 1976).

3. Toxizität und subletale Schädigung

Unsere Untersuchungen werden an folgenden vier Tierarten durchgeführt: *Ancylus fluviatilis* (Gastropoda — Basommatophora), *Glossiphonia complanata*
(Annelida — Hirudinea), *Helobdella stagnalis* (Annelida — Hirudinea), *Prodiamesa olivacea* (Diptera — Chironomidae). Die beiden Egelarten wurden jeweils
frisch am Bodenseeufer gesammelt. *Ancylus fluviatilis* wurde für die Toxizitätsuntersuchungen jeweils frisch aus einer Bachpopulation entnommen, für die
Messung der Anreicherung hingegen meist aus einer Fließwasserhälterungsan-
lage verwendet. *Prodiamesa olivacea* wurde in einem verunreinigten Abschnitt
eines Schwarzwaldbaches (Mettma) gesammelt.

Zunächst wurden die Aussagemöglichkeiten, die man durch Messung der sogenannten LC_{50}-Werte gewinnen kann, untersucht. Folgende Terminologie ist gebräuchlich:

Man versteht unter der

LC_{50} (lethal concentration) diejenige Konzentration eines Schadstoffes im Wasser, bei der 50% der Versuchstiere innerhalb einer bestimmten Zeit, z.B. 48 Stunden, sterben. Diese Größe ist nicht mit der LD_{50} zu verwechseln, die sich auf eine oral oder eventuell intravenös verabreichte Dosis bezieht. Ein ähnliches Mass wie die LC_{50} ist die

EC_{50} (effective concentration). Das ist diejenige Konzentration, bei der 50% aller Individuen innerhalb einer bestimmten Zeit einen eindeutig feststellbaren Schädigungseffekt zeigen, z.B. Immobilität, die oft leichter als der Eintritt des Todes zu messen ist. Die

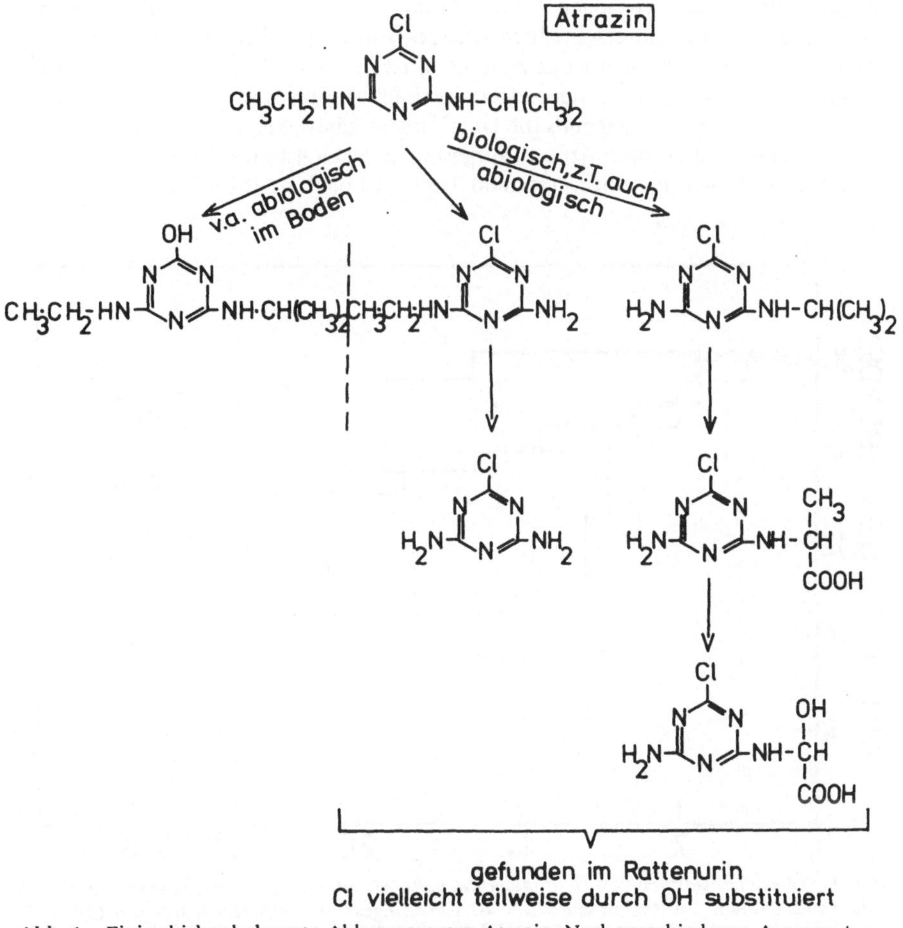

Abb. 1. Einige bisher bekannte Abbauwege von Atrazin. Nach verschiedenen Autoren./ Degradation of atrazine according to various authors.

ET_{50} (effective time) ist diejenige Zeit, die notwendig ist, damit bei einer bestimmten Konzentration 50% aller Individuen die zu beobachtende Reaktion zeigen.

Statt dem Index „50" kann bei allen diesen Symbolen auch eine andere Zahl stehen, die sich dann eben auf die entsprechende Prozentzahl bezieht.

Die über 48 oder 96 Stunden gemessenen LC_{50}-Werte sind für Atrazin, wie für viele Herbizide, relativ hoch. Bei Fischen sind Werte von 4 — 100 ppm (mg/l) bekannt geworden (Frank et al. 1963, Walker 1964, Lüdemann & Kayser 1965, Bathe et al. 1972, Gunkel & Kausch 1976). Bei Invertebraten sind bisher noch keine Werte gemessen worden. Unsere eigenen Untersuchungen haben bei *Ancylus fluviatilis* gezeigt, daß der Wert je nach physiologischem Zustand der Tiere, der wiederum von der Jahreszeit abhängt, verschieden hoch ist. Im Frühjahr wurde eine LC_{50} über 96 Stunden von ca. 32 ppm Atrazin gemessen. Die Tiere wurden in kleinen Erlenmeyer-Gefässen mit künstlichem Aufwuchs auf Membranfilter in der jeweiligen Atrazinlösung gehalten. Auch die Egel erwiesen sich als jahreszeitlich unterschiedlich sensibel. Ein wesentlich besseres Mass als die über eine fixe Zeitdauer gemessene LC_{50} ist die Darstellung von Überlebenskurven und die Bestimmung der „effective time". In der Abbildung 2 sind am Beispiel von *Helobdella stagnalis* die langfristigen Überlebenskurven bei 0 ppm, 1 ppm, 4 ppm und 16 ppm Atrazin aufgetragen. Nach 48 Stunden leben noch sämtliche der insgesamt eingesetzten 80 Tiere und nach 96 Stunden ist erst eines

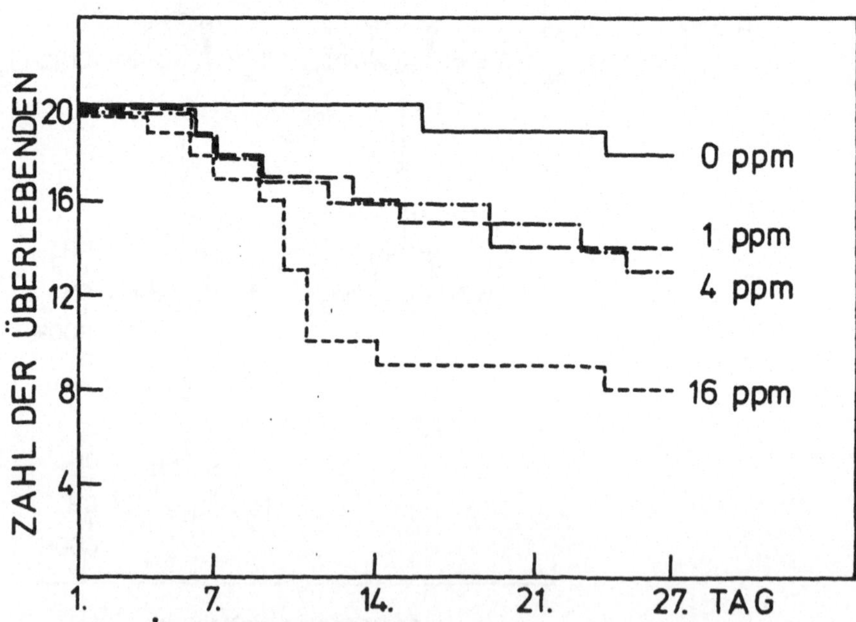

Abb. 2. Überlebenskurven von *Helobdella stagnalis* (Hirudinea) bei verschiedenen Atrazinkonzentrationen. Zu Beginn wurden je 20 Tiere eingesetzt. Gefüttert wurde mit Chironomidenlarven./Survival curves of *Helobdella stagnalis* (Hirudinea) in varying concentrations of atrazine.

374

aus der 16 ppm-Serie gestorben. Im weiteren Verlauf des Versuchs treten aber nach 1½ Wochen starke Unterschiede im Prozentsatz überlebender Tiere auf. Für den gesamten 27-tägigen Verlauf der Untersuchung läßt sich nach Abzug der Blindwerte eine LC_{50} von 9,85 ppm Atrazin bei einem 95%igen Vertrauensbereich von 5,2 — 14,3 ppm berechnen (Verfahren von Spearman-Kärber). Aus der Abbildung läßt sich die „effective time" bei bestimmten Konzentrationen ungefähr ablesen. Schon bei der geringen Konzentration von 1 ppm liegt die ET_{10}, d.h. die Zeit, nach welcher 10% der Tiere infolge Atrazinvergiftung sterben, bei 6 Tagen, die ET_{25} bei 14 Tagen. Bei der vergleichsweise hohen Persistenz von Atrazin muß bereits diese niedere Konzentration von 1 ppm Auswirkungen auf die Abundanz der Egel haben. Eine untere Schwellenwertkonzentration, bei der kein Einfluß des Atrazins auf die statistische Überlebenszeit mehr gefunden wird, konnte bis jetzt nicht ermittelt werden und existiert möglicherweise gar nicht, wenn mit genügend grossem statistischem Material gearbeitet wird (vgl. auch Gunkel & Kausch 1976).

Als subletale Schädigung werden Beeinträchtigungen im Wachstum, in der Eiablage, der Eientwicklung, der Ingestion und Assimilation sowie Störungen im Betriebsstoffwechsel (z.B. stark erhöhte Respiration) untersucht, also diejenigen Größen, die sich auf das ökologische Gleichgewicht im Gewässer auswirken müssen. Dieser Aspekt der Beeinflußung durch Herbizide hat sich als sehr komplex erwiesen, da der wechselnde physiologische Zustand der Versuchstiere sehr verschiedene Reaktionen der Herbizideinwirkung zeigen kann. Hier soll eine Messreihe aus dem Frühjahr angeführt werden (nach M. Peter, in Vorb.):

Ancylus fluviatilis wurde Anfang April aus einer Freilandpopulation gesammelt und während $6\frac{1}{2}$ Wochen auf einem auf Membranfilter dargebotenen Aufwuchs gehalten (näheres zur Methodik dieser Aufwuchspräparation in Streit 1975), wobei im Versuchswasser stets eine bestimmte Herbizidkonzentration aufrecht erhalten wurde. Die Untersuchungen wurden mit je 10 Tieren bei O ppm, 1 ppm, 4 ppm und 16 ppm Atrazin durchgeführt. In der Tabelle 1 sind einige der Ergebnisse zusammengestellt. Der Anteil der bei Versuchsende überlebenden Tiere war bei Atrazineinwirkung etwas erniedrigt, zeigt aber keine klare Tendenz. Die Gesamteikapselgröße (gemessen als Eier pro Kapsel) und die durchschnittliche Eizahl pro Tag nehmen gleichmäßig ab. Eine völlig schadlose Konzentration ist nicht zu erkennen. Schon ab 1 ppm Atrazin treten Beein-

Tabelle 1 Subletale Schädigung von Ancylus fluviatilis durch Atrazin-Einwirkung. Pro Versuchsreihe wurden je 10 Tiere eingesetzt. Versuchsdauer: 7.4.–17.5 1976. Nach M. Peter (in Vorb.).

Konzentration	Überlebende Tiere bei Versuchsende	Abgelegte Eikapseln	Total der abgelegten Eier	Eier pro Kapsel
0 ppm	10	144	466	3,24
1 ppm	8	89	283	3,18
4 ppm	6	64	201	3,14
16 ppm	7	46	127	2,76

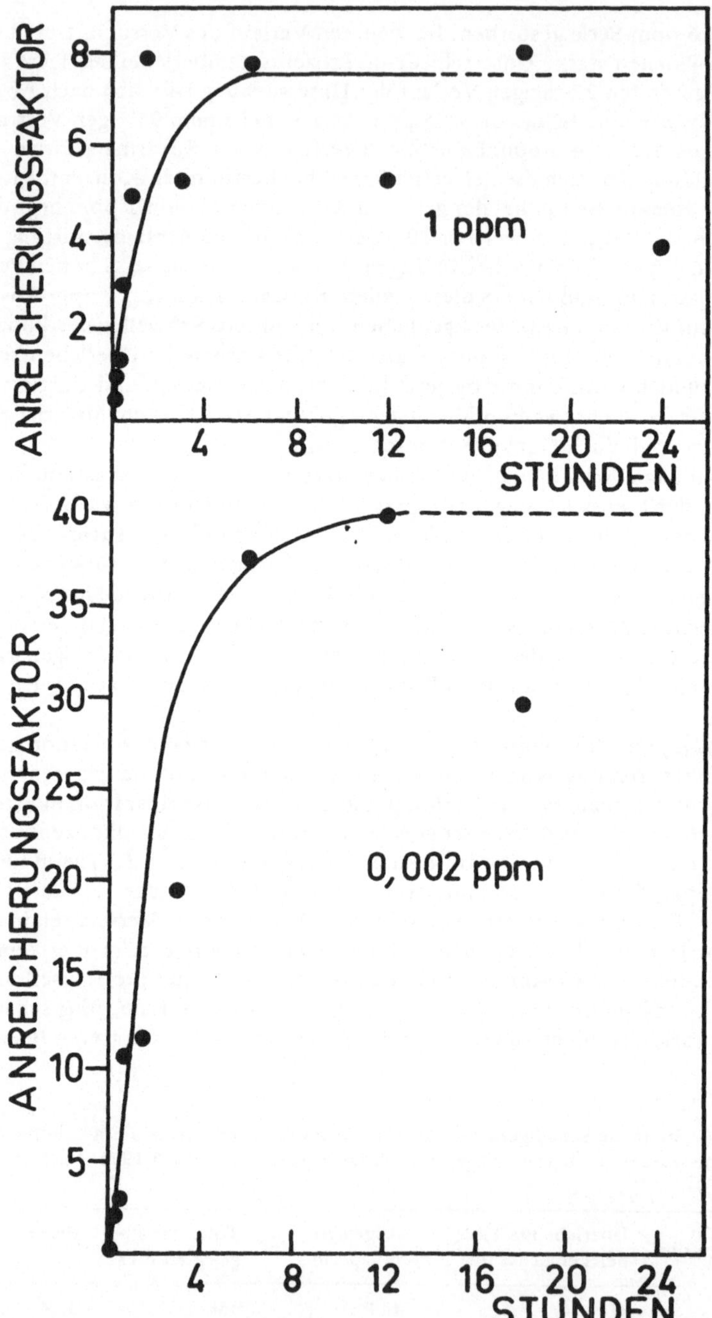

Abb. 3. Anreicherung von ^{14}C-Atrazin direkt aus dem Wasser bei *Glossiphonia complanata* (Hirudinea). Innerhalb weniger Stunden wird ein Plateauwert erreicht. 19°C./ Accumulation of ^{14}C-atrazine directly from water into *Glossiphonia complanata* (Hirudinea).

trächtigungen auf. Bei zunehmender Konzentration entwickelt sich zudem nur
ein gewisser Prozentsatz aller Eier. Wenn die Tiere in fließendem Wasser gehalten werden, werden mit steigender Atrazinkonzentration zunehmend mehr
Tiere abgetrieben, da sie sich nicht mehr am Untergrund festhalten können (bei
16 ppm bereits 100%). Diese Untersuchungen sind gegenwärtig noch im Gange.

4. Aufnahme und Abgabe von ^{14}C-markiertem Atrazin

Um die Aufnahmekinetik von Atrazin im Tierkörper zu verfolgen, arbeiten wir
mit ^{14}C-Ring-markiertem Atrazin. Wie in der Abbildung 3 am Beispiel von *Glos-*

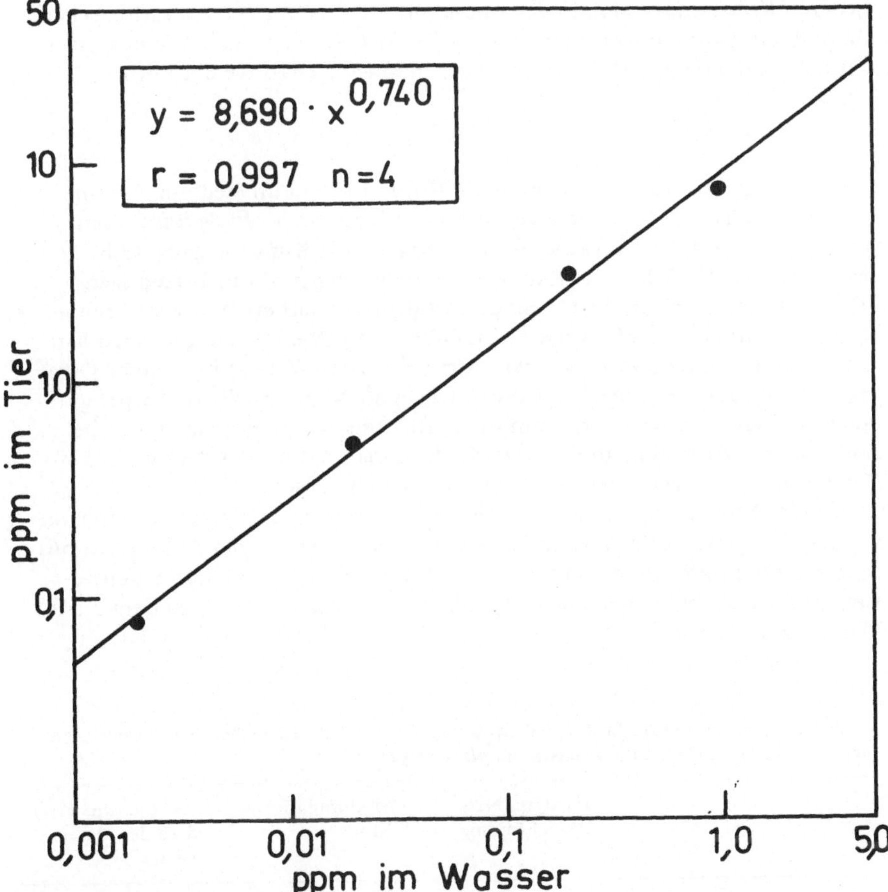

Abb. 4. Zusammenhang zwischen der ^{14}C-Atrazin-Konzentration im Wasser und in den
Tieren (*Glossiphonia complanata*, 19°C) im Plateaubereich. / Relation between ^{14}C-atrazine
concentration in water and within the animals (*Glossiphonia complanata*) at maximum
level concentrations.

siphonia complanata bei 2 ppb (2 µg Atrazin/1) und bei 1000 ppb = 1 ppm
(1 mg Atrazin/1) gezeigt wird, reichert sich dieses Herbizid innerhalb weniger
Stunden bis zu einem Maximalwert an. Als Akkumulationsfaktor wird hier das
Verhältnis der Konzentration im Tier (bezogen auf Frischgewicht) zur Konzentration im Medium bezeichnet. Akkumulationsfaktoren müssen als relative Größen stets auf die gleiche Bezugsbasis gestellt werden, in unserem Falle also
Frischgewicht des Tieres, das näherungsweise dem Volumen gleichgesetzt wird,
zum Volumen Wasser. Im Falle der Schnecken wurde allerdings die Schale nicht
mitgewogen. Folgendes ist aus der Abbildung ersichtlich:

Bei höheren Konzentrationen ist zwar die absolute Höhe der im Tierkörper
nach einiger Zeit festgelegten Atrazinmenge auch höher, relativ ist aber der
Anreicherungsfaktor geringer als bei niedriger Konzentration. Weiter ist ersichtlich, daß das Plateau bei höheren Konzentrationen rascher erreicht wird als bei
niederen Konzentrationen. In der Abbildung 4 ist im doppelt-logarithmischen
Maßstab die absolute Konzentration im Tier bei verschiedenen Aussenkonzentrationen aufgetragen. Die Punkte liegen entlang einer Kurve der Form

$$y = 8{,}690 \cdot x^{0{,}740}$$

(y = Konzentration im Tier in ppm; x = Konzentration im Medium in ppm).

Eine gleichartige Beziehung ließ sich auch für *Ancylus fluviatilis* finden,
doch ist dort zwar die absolute Höhe, nicht aber die Kurvenneigung (d.h.
mathematisch die Größe des Exponenten in der obigen Formel) niedriger.
Diese Beziehung entspricht formal der Adsorptionsisotherme, wie sie Freundlich
für die Adsorption von Substanzen an unbelebten Oberflächen gefunden hat.
Die Aufnahme oder „Sorption" von Atrazin aus dem Wasser in tierische Orga-
nismen folgt also dem gleichen Gesetz, wie es auch für unbelebte Körper gilt.
Auch bei Planktonalgen hat Böhm (in Vorb.) eine solche Beziehung für die
Sorption von Atrazin gefunden, und die Lindanaufnahme aus dem Wasser in
Tiere erfolgt nach Hansen (1976) ebenfalls diesem Gesetz.

Vergleichsweise sind in der Tabelle 2 bei 4 benthischen Süßwassertieren das
mittlere Naßgewicht der verwendeten Versuchsindividuen, der Akkumulationsfaktor bei 0,2 ppm Atrazin aus dem Wasser im Plateaubereich der Anreiche-
rungskurve und schließlich der Zeitpunkt zusammengestellt, bis zu dem dieses
Plateau erreicht wird.

Tabelle 2. Akkumulationsfaktor und benötigte Zeit bis zum Erreichen des Plateaus. Ver-
suchstemperatur 19° C, ausg. *Prodiamesa olivacea* (15° C).

	mittleres Nass- gewicht in mg	Akkumulations- faktor	Zeit bis zum Errei- chen des Plateau- wertes
Ancylus fluviatilis	3,0	2,5	ca. 3 Stunden
Helobdella stagnalis	7,9	2,8	ca. 3 Stunden
Prodiamesa olivacea	3,4	5,0	6–10 Stunden
Glossiphonia complanata	51,7	15,5	ca. 3 Stunden

Die Höhe der Anreicherungsfaktoren ist mit dem Frischgewicht nur schwach korreliert. Für Fische ist ein solcher Zusammenhang bei DDT, allerdings nur innerhalb einer Art, gefunden worden (Eberhardt 1975). Es besteht auch nicht ein direkter Zusammenhang mit dem prozentualen Fettanteil. Trotzdem scheint dieser einen gewissen Einfluß auf die Höhe der Anreicherung zu haben. Läßt man *A. fluviatilis* im Winter (als der obige Wert bestimmt wurde) hungern, nimmt der Lipidgehalt rasch ab und liegt nach 2 Tagen auf etwa der Hälfte des Ausgangswertes. Der Akkumulationsfaktor von Tieren, die zwei Tage zuvor gehungert haben, liegt dann aber auch bei nur 1,8 im Vergleich zu normal 2,5. Ein weiterer Hinweis dafür, daß der Fettgehalt eine Rolle spielt, ist die Tatsache, daß die fetteiche Mitteldarmdrüse von *A. fluviatilis* einen besonders hohen Atrazingehalt zeigt, nämlich nach 3 Stunden Expositionszeit 39% des Atrazingehaltes im Tier, obwohl sie gewichtsmäßig nur etwa 14% ausmacht. Durchschnittlich ist also in der Mitteldarmdrüse eine 2,8-fach höhere Atrazin-Konzentration als im Gesamt-Tier, resp. eine 4,5-fache Anreicherung gegenüber dem Durchschnittswert des übrigen Körpers. Der Lipidgehalt normaler Wintertiere beträgt in der Mitteldarmdrüse etwa 31% vom Trockengewicht, somit rund das 2,4-fache im Vergleich zum Restkörper mit 13%.

Werden Atrazin-kontaminierte Tiere in Atrazin-freies Wasser gesetzt, so verlieren sie verhältnismäßig schnell den Schadstoff aus ihrem Körper. Allerdings wissen wir bis jetzt nicht, ob dieses wieder ausgeschiedene „Atrazin" wirklich das unveränderte Atrazin ist, oder ob es metabolisch verändert wurde. In der Abbildung 5 ist am Beispiel von *Glossiphonia complanata* die Eliminations-

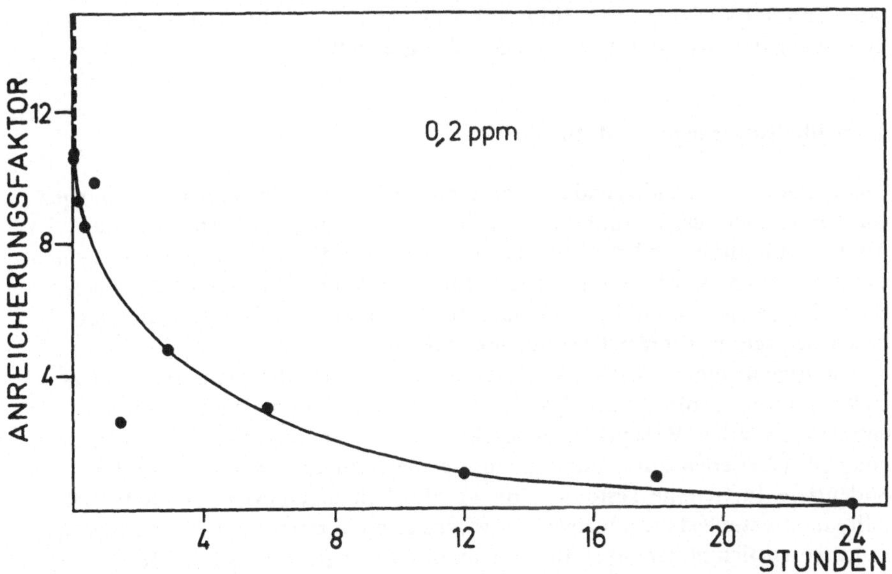

Abb. 5. Elimination von ^{14}C-Atrazin aus den Tieren in atrazinfreiem Umgebungswasser. Die Tiere waren vorher 3 Stunden bei 0,2 ppm ^{14}C-Atrazin gehalten worden (*G. complanata*). / Elimination of ^{14}C-atrazine from animals in atrazinefree water. The animals were kept prior to the treatment in 0.2 ppm ^{14}C-atrazine for 3 hours (*G. complanata*).

kinetik dargestellt. Nach ungefähr 24 Stunden ist praktisch kein radioaktives Atrazin mehr in den Tieren nachzuweisen. Die Auswaschzeit betrug in diesem Falle etwa die 8-fache Zeit wie die Beladung des Körpers von *G. complanata*, die nach etwa 3 Stunden schon vollständig war. — Bei *A. fluviatilis* verlief der Auswaschvorgang ähnlich.

Die Einstellung eines Plateauwertes nach einiger Zeit ist also jedenfalls Ausdruck eines stationären Zustandes mit einem Input-Output-Gleichgewicht.

5. Untersuchungen mit andern Herbiziden

Natürlich kann das eine Herbizid Atrazin nicht stellvertretend alle Herbizide repräsentieren. Einige Untersuchungen wurden deshalb auch mit Vertretern anderer chemischer Gruppen durchgeführt. Die gut wasserlösliche 2,4-Dichlorphenoxyessigsäure (2,4-D) wird (in Säureformulierung, nicht als Ester) innerhalb 24 Stunden von *A. fluviatilis* nicht aus dem Wasser angereichert, sondern die in den Tieren gefundenen Mengen sind kleiner als der Aussenkonzentration entspricht. Paraquat ist im chemischen Verhalten insofern ganz anders, als es eine kationische Form eines Herbizids ist. Die Aufnahmekinetik ^{14}C-markierten Paraquats zeigte eine andere Form als bei Atrazin und führte nicht wie dort innerhalb einiger Stunden zu einem Plateau. Ein weiterer Unterschied liegt in der Verteilung innerhalb der Tiere. Während sich Atrazin in fettreichen Organen bevorzugt anreichert, folgt Paraquat ganz andern Gesetzen (Streit, in Vorb.). Hier sollen die Vielzahl der möglichen Aufnahmekinetiken, Sorptionskapazitäten und der Wirkung nicht diskutiert, sondern nur erwähnt werden, um die Bedeutung der Atrazinuntersuchungen abzugrenzen.

6. Schlußfolgerungen und Ausblick

Unser Ziel ist es, grundlegende Untersuchungen über subletale Schadwirkungen von Herbiziden durchzuführen, sowie den Anreicherungsmechanismus, die Anreicherungshöhe und die Elimination der Herbizide an tierischen Organismen zu untersuchen. Noch fehlen uns auch für unser Modellherbizid Atrazin viele Daten für einen Gesamtüberblick über die ökologischen Auswirkungen, doch lassen sich schon mehrere Beziehungen erkennen:

Die Angabe einer während 48 Stunden oder 96 Stunden gemessenen LC_{50} muß mit großer Vorsicht als Mass für die toxische Wirkung einer Substanz betrachtet werden. Wesentlich aussagekräftiger ist eine vollständige Aufzeichnung der Überlebenskurven und daraus der Bestimmung der ET-Werte. Für Bodentiere dürfte eine Testdauer von vier Wochen angemessen sein, jedenfalls sollte die Versuchsdauer solange dauern, bis sich bei noch längerer Beobachtung keine wesentlich höhere Mortalität mehr einstellt (vgl. auch Gunkel & Kausch 1976). Ein weiteres Kriterium für die Versuchsdauer ist anderseits die zu erwartende Persistenz eines Schadstoffes im Gewässer. Von Triazinen ist bekannt, daß sich eine vergleichsweise hohe Konzentration über einige Wochen halten kann (Maier-Bode 1972), also in der gleichen zeitlichen Größenordnung liegt. Möglicherweise gelingt es, einigermaßen das Verhältnis der Konzentration, wie sie eine LC$_{50}$-Bestimmung über 2-4 Tage ergibt, und der Konzentration, die auch langfristig keine erkennbaren Schädigungen zeigt, festzulegen. Die bisherigen Daten deuten daraufhin, daß dieses Verhältnis bei etwa dem Faktor 10—100 liegen dürfte und sicher nur ein recht grobes Umrechnungsmass darstellen würde. Ähnlich hohe Unterschiede für kurzfristige, über 4 Tage gemessene, und langfristige, über 10 Monate gemessene Toxizitätsuntersuchungen haben auch Mount & Stephan (1967) für andere organische Schadstoffe bei Fischen gefunden.

Die Tatsache, daß die direkte Atrazin-Aufnahme aus dem Wasser bei Tieren der Freundlich'schen Adsorptionsisotherme folgt, und die Aufnahme- und Abgabe-Kinetiken stets weitgehend gleichartig verlaufen, läßt hoffen, daß die Modellbildung, die wie eingangs erwähnt, oft am fehlenden Datenmaterial über die Beziehung zu den lebenden Organismen scheitert, grundsätzlich durch mathematische Beziehungen möglich sein dürfte. Allerdings sind die Beziehungen für verschiedene Herbizide, v.a. wenn sie verschiedenen chemischen Stoffklassen angehören, sehr variabel, und ein Modell über die Umweltdynamik eines Herbizids wird sich also zunächst sicher nur für einen bestimmten Schadstoff erstellen lassen. Die untersuchten Tiere zeigten für Atrazin alle relativ niedere Anreicherungsfaktoren aus dem Wasser auf, der im untersuchten Konzentrationsbereich bis maximal etwa 40 geht. Das sind um Zehnerpotenzen niedrigere Werte als sie bei PCB oder DDT gefunden werden (Södergren & Svensson 1973). Zur Bewertung von Atrazin bezüglich seiner Gefährlichkeit finden sich also die positive Tatsache, daß es nur relativ schwach angereichert und rasch eliminiert wird, sowie die negativen Befunde, daß es relativ persistent ist und, wie experimentell gezeigt wurde, langfristig tatsächlich auch toxisch wirken kann.

In den Untersuchungen fehlt allerdings bis jetzt noch der wichtige Aspekt der Schadstoff-Anreicherung über die Nahrungskette, die die Akkumulationsfaktoren sicherlich anhebt. Welcher Weg quantitativ bedeutender ist, derjenige über das Wasser oder derjenige über die Nahrung, muß untersucht werden. Dies ist sicherlich für unterschiedliche Aussenkonzentrationen und für verschiedene Schadstoffarten sehr verschieden. Mindestens zwei Nahrungsketten-Typen müssen ferner unterschieden werden. Ein Weg führt vom lebenden Pflanzenmaterial über Primärkonsumenten zu den Karnivoren, ein anderer vom wahrscheinlich stets stark mit Schadstoffen beladenen Detritus über Detritivore zu den Karnivoren. Dies zu untersuchen wird unsere zukünftige Hauptaufgabe sein.

Summary

The use of organic pesticides is still increasing. Models that allow us to predict the future contamination of the environment by pesticides have been proposed, but obviously have only a limited value, as data on long-term effects to living organisms and their accumulation and degradation capacities are mostly non-existant. This is especially true for herbicides.

Long-term effects of atrazine, a herbicide of the s-triazine group, were studied with four widespread benthic invertebrates: *Ancylus fluviatilis* (Basommatophora), *Glossiphonia complanata* and *Helobdella stagnalis* (both Hirudinea) and *Prodiamesa olivacea* (Chironomidae). An incipient lethal level of atrazine could not be detected even at the low concentration of 1 ppm, which lead to a shortening of statistical life-time in *Helobdella stagnalis* (Fig. 2) and others. Sublethal effects were also found even at a concentration of 1 ppm, including a reduced egg production in *A. fluviatilis* (Table 1), failure of egg-development in some cases, and an inability to live in flowing water. LC_{50}-values, measured for 48 hours were found to be about 10—100 times higher in comparison to long-term concentrations that showed no effect.

Atrazine is taken up into aquatic organisms according to a hyperbolic function of time (Fig. 3), showing a constant maximum already after a few hours. The relation between the concentration in the water and within the animals at maximum levels corresponds to the following equation for the leech *Glossiphonia complanata* (Fig. 4):

$$y = 8.690 \cdot x^{0.740}$$

Elimination occurs within 24 hours in G. complanata (Fig. 5). In the other benthic invertebrates tested (*Helobdella stagnalis, Ancylus fluviatilis, Prodiamesa olivacea*) atrazine kinetics showed similar patterns (Table 2). Within *A. fluviatilis*, atrazine was accumulated especially in the midgut gland, which showed the highest content of lipids. Other herbicides tested (2,4-D; Paraquat) differed markedly in their uptake kinetics and distribution within the animals.

Dank

Dieses Projekt wird von der Deutschen Forschungsgemeinschaft im Rahmen des Schwerpunktprogrammes „Nahrungskettenprobleme" unterstützt. Wir danken Frl. R. Mummert für ihre wertvolle technische Assistenz.

Literatur

Ashton, F.M. & A.S. Crafts (1973): Mode of action of herbicides. Wiley & Sons, New York. 504 pp.
Bakke, J.F., J.D. Larson, & C.E. Price (1972): Metabolism of atrazine and 2-hydroxy-atrazine by the rat. *J. Agr. Food Chem.* 20: 602.
Bathe, J.F., L. Ullmann & K. Sachsse (1972): Toxizitätsbestimmung von Pflanzenschutzmitteln an Fischen. *SchrReihe Ver. Wass.-Boden-Lufthyg.* Berlin-Dahlem. H. 37: 241—256.
Böhm, H.-H. & H. Müller (1976): Model studies on the accumulation of herbicides by microalgae. *Naturwiss.* 63: 296.
Böhme, C. & F. Bär (1967): Über den Abbau von Triazin-Herbiciden im tierischen Organismus. *Fd. Cosm. Tox.* 5: 23—28.
Eberhardt, L.L. (1975): Some methodology for appraising contaminants in aquatic systems. *J. Fish. Res. Bd. Can.* 32: 1852—1859.
Edwards, C.A. (1975): Persistant pesticides in the environment. CRC Press. 2nd ed.: 170 pp.

Frank, P.A., R.H. Hodgson, & R.S. Comes (1963): Evaluation of herbicides applied to soil for control of aquatic weed in irrigation canals. *Weeds* 11: 124—128.

Gunkel, G. & H. Kausch (1976): Die akute Toxizität von Atrazin (s-Triazin) auf Sandfelchen (*Coregonus fera* Jurine) im Hunger. *Arch. Hydrobiol.*/Suppl. 48: 207—234.

Hansen, P.-D. (1976): Versuche zur experimentellen Anreicherung von Lindan (γ-HCH) in einer Nahrungskette aus Chlorella spec. — Daphnia magna (Straus) und Gasterosteus aculeatus (Linné). Dissertation Hamburg 1976.

Harrison, H.L., O.L. Loucks, J.W. Mitchell, D.F. Parkhurst, C.R. Tracy, D.G. Watts & V.J. Jr. Yannacone (1970): Systems studies of DDT transport. *Science* 170: 503.

Lüdemann, D. & H. Kayser (1965): Beiträge zur Toxizität von Herbiziden auf die Lebensgemeinschaft der Gewässer. Teil I: Fische. *gwf* 106: 220—223.

Maas, G. & W. Pestemer (1975): Nebenwirkungen chemischer Unkrautbekämpfungsmittel. Rentsch-Verlag Stuttgart. 71 pp.

Maier-Bode, H. (1972): Verhalten von Herbiziden in Wasser, Schlamm und Fischen nach Applikation in Fischteichen. *SchrReihe Ver. Wass.-Boden-Lufthyg.* Berlin-Dahlem H. 37: 67—75.

Mount, D.I. & C.E. Stephan (1967): A method for establishing acceptable toxicant limits for fish — Malathion and the ethanol ester of 2,4-D. *Trans. Am. Fish. Soc. 96*: 185—193.

Randers, J. & D.L. Meadows (1971): System simulation to test environmental policy: a sample study of DDT movement in the environment. System Dynamics Group, Massachusetts Institute of Technology, Cambridge.

Robinson, J. (1967): Dynamics of organochlorine insecticides in vertebrates and ecosystems. *Nature* 215: 33.

Shimabukuro, R.H. (1975): Herbicide metabolism by gluthathione conjugation in plants. In: F. Coulston & F. Korte, Environmental Quality and Safety, Thieme Stuttgart. Vol. 4: 140—148.

Södergren, A. & Bj. Svensson (1973): Uptake and accumulation of DDT and PCB by Ephemera danica (Ephemeroptera) in continuous-flow systems. *Bull. Environ. Cont. Toxic.* 9: 345—350.

Streit, B. (1975): Experimentelle Untersuchungen zum Stoffhaushalt von Ancylus fluviatilis (Gastropoda — Basommatophora). 1. Ingestion, Assimilation, Wachstum und Eiablage. *Arch. Hydrobiol.*/Suppl. 47: 458—514.

Walker, Ch.R. (1964): Simazine and other s-triazine compounds as aquatic herbicides in fish habitats. *Weeds* 12: 134—139.

Anschrift der Verfasser:

Dr. Bruno Streit und Prof. Dr. Jürgen Schwoerbel, Limnologisches Institut, Mainaustrasse 212, D-7750 Konstanz-Egg.

Sonderdruck: Verhandlungen der Gesellschaft für Ökologie, Göttingen 1976.

ZUR PROBLEMATIK „ÖKOLOGISCHER GESAMTLASTPLÄNE" AM BEISPIEL DER NIEDERELBEREGION

R. GRIMM

Abstract

In the lower Elbe region intensive alterations of the economical and ecological structure are being enacted. Agrarian and recreational areas are changed into industrial and harbour areas. To try to avoid the total destruction of the region as an ecosystem an „Ecological Load-Carrying Capacity Plan", ELCP, is demanded. Referring to a recently completed preliminary study, the contents of such a plan are outlined.

1. Zur Situation an der Niederelbe

In den norddeutschen Küstenräumen hat vor etwa zehn Jahren eine Phase intensiver Strukturveränderungen begonnen. Aus naturnahen Agrar- und Erholungsgebieten wurden und werden Industrie- und Hafenregionen. Diese „Entwicklung" beinhaltet gleichzeitig den Ausbau von Verkehrstrassen und Schiffahrtswegen, eine erhöhte Belastung der Umwelt mit Schadstoffen aus Abgasen und Abwässern sowie eine grundlegende Veränderung des Wasserhaushaltes durch Aufspülungen von Baggergut aus der Elbe, Eindeichungen von Überschwemmungsgebieten mit nachfolgender Drainierung und verstärkte Ausbeutung der Grundwasservorkommen. Es stellt sich die Frage, nach welchen Regeln dies alles bisher geschah und nach welchen Regeln und in welchem Umfang derartige „Entwicklungen" zukünftig geschehen sollen.

Während politische Willensäußerungen häufig den ökologischen und ökonomischen Bereich nebeneinanderstellen, als hätten beide wenig miteinander zu tun, gilt bei der sogenannten „Entwicklung strukturschwacher Regionen" durchgehend das Primat ökonomischer Entscheidungen vor ökologischen Belangen. Letzteres hat seinen Grund u.a. darin, daß Ökologen kaum jemals in den entscheidenden Exekutivgremien vertreten, Ökonomen und Techniker dagegen kaum in der Lage sind, die ökologischen Notwendigkeiten zu erkennen, die zumindest auf lange Sicht auch ökonomisch relevant sind.

2. Forderung nach einem „ökologischen Gesamtlastplan"

Der an der Elbe bestehende ökologisch-ökonomische Konflikt läßt sich nur dann minimieren, wenn — anders als bisher — über die Grenzen dreier Länder hinweg eine Koordinierung der ökonomischen Planungen und eine ernsthafte Berücksichtigung ökologischer Belange erfolgt. Für letzteres ist als Instrument ein ökologischer Gesamtlastplan (im Folgenden mit „GLP" abgekürzt) unerläßlich.

Wissenschaftler und Umweltschutzorganisationen fordern an der Elbe seit
Jahren die Aufstellung eines GLPs. Diese Forderung hat sich auch der Deutsche
Rat für Landespflege zu eigen gemacht, indem er nach einer Bereisung der
Niederelberegion im Juni 1975 die Einsetzung einer von den Ländern (Hamburg,
Niedersachsen und Schleswig-Holstein) zu tragenden „Planungsgemeinschaft
Unterelbe" empfiehlt. Diese sollte unabhängig von Länderinteressen ein Gesamt-
konzept entwickeln und es den betroffenen Landesregierungen als Entschei-
dungshilfe vorlegen (Deutscher Rat für Landespflege, 1976).

Auch von der Justiz ist die Notwendigkeit „ökologischer Gesamtgutachten"
inzwischen erkannt worden. In einer Urteilsbegründung des Oberverwaltungsge-
richtes Lüneburg vom Februar 1975 heißt es, daß „das Fehlen derartiger Überlegungen in künftigen Verfahren das Gericht veranlassen könnte, den einer
Industrieansiedlung zugrunde liegenden Planungen die Anerkennung als verbind-
liche Konkretisierung öffentlicher Interessen zu versagen".

Im Jahre 1975 vergab die Stadt Cuxhaven den Auftrag für eine „Vorstudie
zu einem ökologischen Gesamtlastplan für die Niederelberegion". Mit der Fer-
tigstellung dieser Vorstudie im Juni 1976 konnte ein erster Schritt in Richtung
auf einen GLP für die Niederelbe getan werden (Grimm et al. 1977). Es war die
Aufgabe dieser Vorstudie, zunächst einmal die wichtigsten ökologischen Grundlagen und Zusammenhänge aufzuzeigen und auf die Niederelberegion anzuwenden. Es sollte die heutige ökologische Situation umrissen werden, um aus der
Darstellung der Probleme die ökologischen Notwendigkeiten und daraus die
planerischen Konsequenzen abzuleiten.

3. Das „Ökosystem Niederelberegion" und seine Störungen

Die Niederelbelandschaft ist zwar längst keine Naturlandschaft mehr, jedoch
ist sie noch eine sehr naturnahe Landschaft, die durch das starke Durchdrun-
gensien von Wasser und Land charakterisiert ist. Das Land — Wiesen, Marschen
und Watten — ist durch den Strom geprägt; aber auch die Elbe ist in hohem
Maße vom Lande abhängig: die periodischen Überflutungen ausgedehnter Vor-
deichländereien im Frühjahr und Herbst, das dem Rhythmus der Gezeiten
folgende Eindringen des Elbewassers in ein weit verzweigtes System von Neben-
gewässern und verkrauteten Gräben und die regelmäßige Überflutung der Süß-
und Brackwasserwatten bedeuten für den Strom eine ständige biologische
Regeneration, die nicht zuletzt seine Selbstreinigungskraft immer wieder stärkt.
Das Niederelbegebiet ist insgesamt ein bedeutendes Feuchtgebiet, dessen Kern-
stück die Elbe und die Elbemarschen sind. Zu sagen, wie lange dieses System
„ökologisch gesund" ist, wie weit und in welcher Form es belastet werden kann
und darf, ist eine Aufgabe, vor der man als Ökologe zunächst glaubt kapitulieren
zu müssen. Wer jedoch miterlebt, wie ständig durch landschaftsverändernde
Maßnahmen Natur in Zivilisation, Naturnähe in Naturferne umgewandelt wird,
wird sich darüber klar, daß die Ökologen ihre Stimmen erheben müssen, lange
bevor sie alle Zusammenhänge so genau untersucht haben, wie es wissenschaftlich wünschenswert ist (vgl. Grimm 1976).

Die Niederelbe ist ein gutes Beispiel dafür, daß nicht unbedingt nur eine

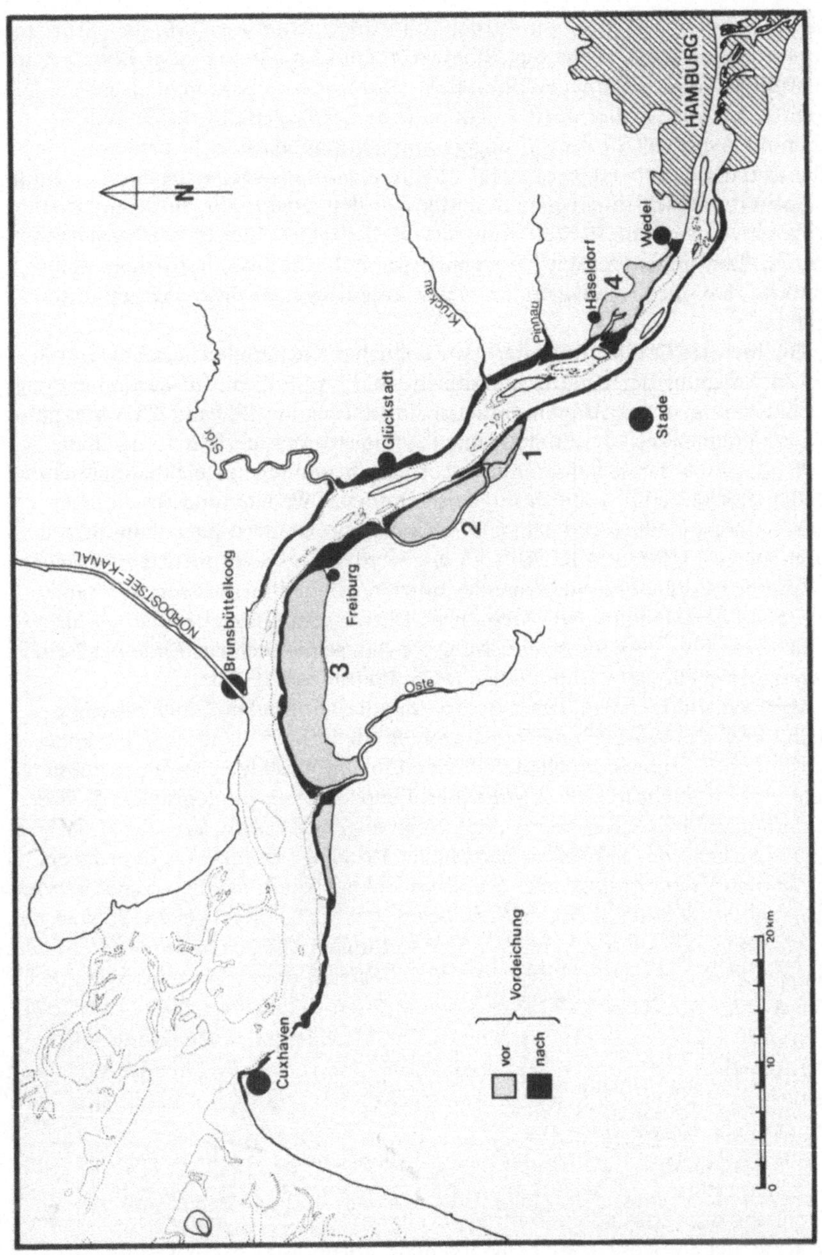

Abb. 1. Die wichtigsten bis 1976 noch außendeichs liegenden Feuchtgebiete an der Niederelbe. 1: Asseler Sand, 2: Krautsand, 3: Nordkehdinger Marsch, 4: Wedeler und Haseldorfer Marsch. – Grau: Flächen vor der Verlegung der Landesschutzdeiche; schwarz: verbleibende Außendeichflächen nach der Vorverlegung der Landesschutzdeiche. Zeichnung: I. Striewe, Hamburg.

Naturlandschaft geschützt zu werden lohnt. Betrachtet man z.B. die natürliche Vegetation, so würde sie in den Elbemarschen bei nicht zu großer Bodennässe aus Wäldern verschiedener Art bestehen (Rohweder in Grimm et al. 1977). Die Auen- und Bruchwälder dürften jedoch nach der Besiedlung durch den Menschen nie mehr voll zur Entfaltung gekommen sein, da sie sehr bald vom Menschen anfangs durch extensive, dann aber immer intensiver betriebene Beweidung beeinflußt und schließlich ganz beseitigt wurden. Hierdurch wurde zunächst keine schwerwiegende Veränderung des ökologischen Gleichgewichts hervorgerufen. Erst in neuerer Zeit haben sich störende Einflüsse in solchem Maße verstärkt, daß die Grundlagen des relativ ausgewogenen Zustandes gefährdet werden.

Die höchste Gefahr droht der ursprünglichen Niederelbelandschaft durch die Vorverlegung der Landesschutzdeiche und ihre Folgen. Im Zusammenhang mit der bereits in Angriff genommenen Vertiefung der Elbe auf 13,5 m ergab sich die Möglichkeit, die Eindeichung des Elbestromes perfekt zu machen. Nach Abschluß der geplanten und z.T. schon begonnenen Deichbaumaßnahmen werden Asseler Sand, Krautsand, Nordkehdinger, Wedeler und Haseldorfer Marsch- das sind alle großflächigen Feuchtgebiete an der Elbe — vom Strom durch Deiche getrennt sein (Abb. 1). Sie werden also nicht mehr periodisch überflutet werden, und die Höhe des mittleren Tidenhochwassers wird entsprechend der geplanten Nutzung durch Entwässerungssiele reguliert. Flurbereinigungen und Verkehrserschließung werden schließlich das Ende der Feuchtgebiete besiegeln (vgl. Grimm et al. 1976, Podloucky 1976).

Vor dem Hintergrund dieser Bedrohung der naturnahen Elbelandschaft allein durch die Vordeichungen bekommen die übrigen Landschaftsveränderungen und Störungen im Niederelbeberaum ein besonderes Gewicht, da sie geeignet sind, nicht nur der stromnahen Landschaft als ökologischem System sondern auch dem Strom selbst „den Rest zu geben" (Abb. 2).

Das Ausmaß der Störungen natürlicher Vorgänge quantitativ zu erfassen, ist angesichts der komplizierten Zusammenhänge kaum möglich. Einen gewissen Anhaltspunkt kann jedoch der Artenbestand eines Gebietes geben. So sind z.B. in Schleswig-Holstein nach neueren Feststellungen 186 Arten unter den höheren Pflanzen entweder bereits ausgestorben (70 Arten) oder vom Aussterben bedroht (116 Arten), vgl. Raabe (1975). Bei den Moosen sind es sogar 249 (42 + 207) Arten, vgl. Eigner et al. (1975). Von diesem alarmierenden Rückgang sind natürlich auch die Pflanzen der Elbemarschen betroffen, und bei der Vogelwelt, die bisher verhältnismäßig wenig beeinträchtigt zu sein schien, bahnt sich jetzt eine ähnliche Entwicklung an.

Für das Niederelbegebiet, das nachweislich schon seit sehr langer Zeit vom Menschen tiefgreifend beeinflußt wurde, stellt sich die Frage, ob es nicht auch heutzutage der technischen Zivilisation angepaßt und den damit verbundenen wirtschaftlichen Bedürfnissen entsprechend umgestaltet werden sollte. Grundsätzlich kann dies bejaht werden, doch darf man nicht übersehen, daß es andere Bedürfnisse gibt, die ebenso wichtig, möglicherweise sogar wichtiger sein oder werden können als technische Fortentwicklung und wirtschaftliche Expansion. Hier seien nur die Stichworte Existenzsicherung, Rekreation und Naturschutz in den Raum gestellt.

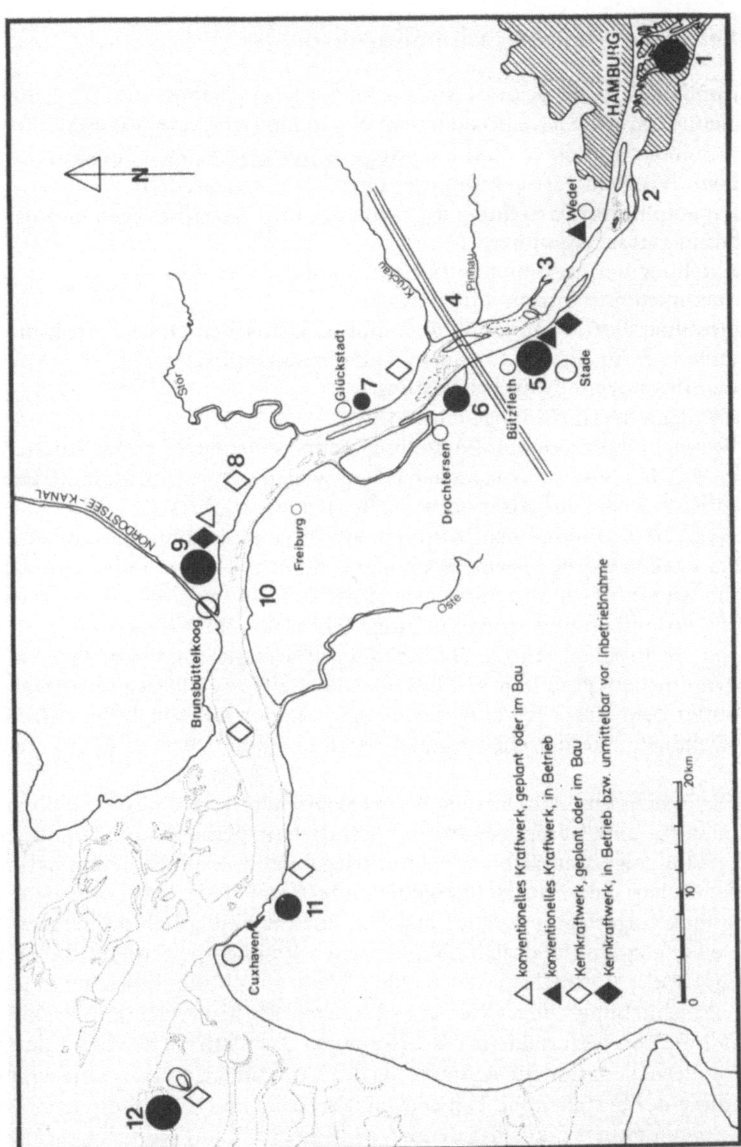

Abb. 2.   Landschaftsverändernde Maßnahmen im Niederelberaum. 1: Hamburg: Hafen-
erweiterungsgebiet (Industrie- und Kaianlagen), 2: Hahnöfersand: Deichverlegung an den
Strom, 3: Wedeler und Haseldorfer Marsch: Deichverlegung, 4: „Küstenautobahn": Elb-
querung über die Insel Pagensand (Vogelschutzgebiet), 5: Industrie-Schwerpunktraum
Stade/Bützfleth (mit Kernkraftwerk), 6: geplanter Industrie-Schwerpunktraum Stade/
Drochtersen, 7: geplanter Industrie-Schwerpunktraum Glückstadt, 8: Kernkraftwerk
Brokdorf, 9: Industrie-Schwerpunktraum Brunsbüttel (mit Kernkraftwerk), 10: Nordkeh-
dinger Marsch: Deichverlegung, 11: geplanter Industrieschwerpunktraum Cuxhaven (mit
Kernkraftwerk), 12: geplanter Industrie-Schwerpunktraum/Tiefwasserhafen Neuwerk/
Scharhörn. Zeichnung: I. Striewe, Hamburg.

4. Zum Inhalt eines ökologischen Gesamtlastplans

Den Grundstock eines Gesamtlastplans muß eine Aufnahme des „Ist-Zustandes"
einschließlich sämtlicher laufenden Planungen landschaftsverändernder Maßnahmen, verbunden mit einer Zusammenstellung der wichtigsten ökologischen Fakten, bilden. Folgende Datenkomplexe seien hier herausgestellt:
1. Kartographische Darstellung des Gebietes unter verschiedenen ökologisch
und Nutzungsgesichtspunkten
2. Darstellung der im Gebiet wirksamen ökologischen Faktoren
3. Aufnahme der Pflanzen- und Tierwelt
4. Beurteilung der Leistungsfähigkeit und Belastbarkeit landschaftsökologischer
Raumeinheiten für die verschiedenen Nutzungsansprüche
5. Die anthropogene Umweltbelastung
6. Die Folgen der anthropogenen Einflüsse
   Im Rahmen dieser kurzen Darstellung kann keine detailliertere Aufstellung
gebracht werden. Genaue Angaben darüber, welche Daten ein Gesamtlastplan in
vergleichbarer Form enthalten sollte, s. bei Grimm et al. 1977.
   Ein GLP hätte aber keinen Anspruch auf diese Bezeichnung, wenn er nicht
mehr bezwecken würde als eine Begrenzung von Emissionen und Immissionen
oder eine Erhaltung von inselförmigen Reservaten für eine nahezu ausgerottete
Lebewelt. Vor allem muß er darauf ausgerichtet sein, ein Ökosystem zu stabilisieren, d.h. es in seinem Stoff- und Energiefluß weitgehend unabhängig von
Nachbarräumen zu gestalten. Großräume wie die Niederelberegion können nicht
länger unter dem Anspruch aufgesiedelt werden, daß außerhalb ihrer Grenzen
die notwendigen ökologischen Ausgleichsräume immer zur Verfügung stehen
werden.
   Die Erfassung und Auswertung der ökologischen Daten muß deshalb in
Richtlinien für eine Raumordnung und Landschaftsplanung münden, die letztlich das zukünftige Verhältnis von Industriegebieten, Wohngebieten, naturnaher
Kulturlandschaft und Naturschutzgebieten festsetzt. Jede verantwortliche Raumplanung muß folgerichtig darauf hinzielen, daß die ökologisch definierten Teilgebiete einer Region (landschaftsökologischen Raumeinheiten) auf die im GLP
festgelegte Weise optimal genutzt werden. Nicht die (bisher betriebene) leicht-
fertige „Erschließung" neuer Gebiete (d.h. nach der bisher geübten Praxis die
Umwandlung von Naturnähe in Naturferne) ist das planerische Gebot der Zukunft, sondern die rationelle Ausnutzung des Vorhandenen unter konsequenter
Anwendung der bestehenden Umweltschutzgesetze und -bestimmungen. Das endgültige Ergebnis eines GLPs hat demnach ein Entwicklungskonzept für die betr.
Region zu sein.

5. Schlußbetrachtung

Abschließend bedarf es noch einiger Bemerkungen zu der Frage, wer einen GLP
erarbeiten sollte. Es empfiehlt sich die Einsetzung einer wissenschaftlichen Institution, am besten mit behördlicher Kompetenz und Verantwortung, die sich aus
Ökologen, Landschaftsplanern, Technikern und Ökonomen zusammensetzt.

Ihre Mitglieder sollten hauptamtlich für diese Aufgabe eingesetzt werden. Neben-
amtliche oder private Betätigung von Gutachtern gegen Honorar kann weder
dem Umfang der gestellten Aufgabe gerecht werden, noch wird dadurch die
erforderliche Unabhängigkeit garantiert. Wichtig ist vor allem, daß die Institution
in der Lage ist, anstelle von punktuellen Einzelgutachten ein schlüssiges Gesamt-
konzept zu erarbeiten und dessen stetige Fortschreibung und Verbesserung zu
verfolgen, die Anwendung zu beaufsichtigen und die erforderlichen ständigen
Kontrollen durchzusetzen.

Die Realisierung eines GLPs für ein so großes Gebiet wie die Niederelberegion
ist mit Sicherheit keine leichte, doch sie ist eine zu bewältigende Aufgabe. Dies
um so mehr, als ein großer Teil der erforderlichen Daten im Falle der Niederelberegion über alle drei betroffenen Länder (Hamburg, Niedersachsen, Schleswig-
Holstein) verstreut, auf die verschiedensten Institutionen verteilt, aber immerhin
vorhanden sein dürfte (wenn auch häufig „nur für den internen Gebrauch" der
Behörden vorgesehen). Eine wesentliche Aufgabe wird also außer der Erweiterung
der Datenerhebung die Koordinierung aller vorhandenen Institutionen sein, die
viele der notwendigen Daten bereits heute laufend erarbeiten. Unsere Aufgabe
als Ökologen hat es zu sein, die Politiker davon zu überzeugen, daß ein GLP
nicht nur kompliziert, sondern daß er machbar ist. Sonst werden wir Zeugen
sein, wie in den nächsten Jahren unsere Landschaft Stück für Stück ökologisch
ruiniert werden wird. Noch klammern wir uns an der Niederelbe an die schwache
Hoffnung, wir könnten wenigstens einen Rest retten. Dieser Rest aber wird bei
der jetzigen Entwicklung immer kleiner werden, bis er eines Tages die Grenze
der ökologischen Bedeutungslosigkeit erreicht haben wird und man resignierend
feststellen muß, daß es auf diesen Rest nun auch nicht mehr ankommt.

6. Zusammenfassung

Im Niederelbegebiet spielen sich derzeit intensive Strukturveränderungen ab. Aus
naturnahen Agrar- und Erholungsgebieten werden Industrie- und Hafenregionen.
Bei allen Planungen haben ökonomische Entscheidungen durchweg Vorrang vor
ökologischen Belangen. Da die wirtschaftliche Entwicklung der Niederelberegion
in der Verantwortung dreier Bundesländer liegt und bis heute völlig unkoordi-
niert erfolgt, ist eine totale Zerstörung des „Ökosystems Niederelberegion" in
den nächsten Jahren abzusehen. Nur durch eine Koordinierung der ökonomischen Planungen und eine ernsthafte Berücksichtigung ökologischer Belange
kann hier möglicherweise noch Abhilfe geschaffen werden. Hierfür ist als
Instrument ein ökologischer Gesamtlastplan unerläßlich. Der Inhalt eines solchen
Lastplans wird skizziert, und es wird auf eine „Vorstudie zu einem ökologischen
Gesamtlastplan für die Niederelberegion" hingewiesen.

7. Summary

In the Lower Elbe region intensive alterations of the economic and ecological
structure are being enacted. Agrarian and recreational areas which up to now

have been close to a natural status are changed into industrial and harbour areas. In all the planning economic decisions rank before ecological importances. As the economic development of the Lower Elbe region falls under the responsibility of three German federal countries and takes place completely uncoordinated, the total destruction of the region as an ecosystem within the next years can be foreseen. Only by coordinating the economic planning and by seriously considering the ecological importances this can possibly still be redressed. To bring about this an ,,Ecological Load-Carrying Capacity Plan", ELCP, is the instrument which cannot be renounced. The contents of such a plan are outlined, and it is referred to a preliminary study on an ECLP for the Lower Elbe region.

Literatur

Deutscher Rat für Landespflege (1976): Landespflegerische Probleme in der Region Unterelbe. *Schriftenr. des Deutschen Rates für Landespflege* 25: 245—256.
Eigner, J. & J.-P. Frahm, (1975): Ausgestorbene, vom Aussterben bedrohte und gefährdete Moose in Schleswig-Holstein. *Die Heimat* 83: 200—206.
Grimm, R. (1976): Ökologische Auswirkungen landschaftsverändernder Maßnahmen an der Niederelbe. *Schriftenr. des Deutschen Rates für Landespflege* 25: 292—297.
Grimm, R., N. Peters, & O. Rohweder, (1977): Vorstudie zu einem ökologischen Gesamtlastplan für die Niederelberegion. Reihe: Technologie und Politik, Heft 7, Rohwalt- Verlag, Hamburg, S. 192—282.
Grimm, R., O. Pfännkuche, R. Podloucky, & H. Wilkens, (1976a): Zoologische Charakterisierung der Wedeler und Haseldorfer Marsch. *Die Heimat* 83: 236—247.
Podloucky, R. (1976): Nordkehdingen, Auswirkungen der Eindeichung eines international bedeutsamen Feuchtgebietes. *Natur u. Landschaft* 51: 151—152.
Raabe, E.-W. (1975): ,,Rote Liste" der in Schleswig-Holstein und Hamburg vom Aussterben bedrohten höheren Pflanzen. *Die Heimat* 83: 191—200.

Anschrift des Verfassers:

Dr. Reinmar Grimm, Universität Hamburg, Zoologisches Institut, Martin-Luther-King-Platz 3, 2000 Hamburg, Germany.

INTERKORRELATIONSMUSTER VON NÄHRSTOFFEN IN VERSCHIEDENEN EINZUGSGEBIETEN

W. SYMADER

Abstract

Judging water pollution by nutrients from the amounts of single water quality parameters does not use the complete information of measured data. This is why another point of view, using patterns of intercorrelations, should be applied to water quality review additionally. Twenty-four watersheds of the Northern Eifel mountains and the bordering loess zone could be clustered by these intercorrelations. Seven types of watersheds were distinguished. The additional information of patterns of intercorrelation can show the dominant source of nutrients, even if there is more than one dominant source. Moreover, the number of parameters that must be analysed can be optimized.

Zur Bewertung der Nährstoffbelastung eines Gewässers wurden in der Vergangenheit (M. Klett 1965, J. Hoffmann 1974) meist nur die Absolutwerte der Konzentrationen bzw. Frachten oder Austräge und deren Abhängigkeit von natur- und kulturräumlicher Ausstattung herangezogen. Die einzelnen Nährstoffe wurden getrennt behandelt, wobei der Schwerpunkt meist auf den Phosphorverbindungen lag. Da aber alle Nährstoffe gleichzeitig gemessen werden, wird bei diesem Blickwinkel der Teil der Information verschenkt, der Auskunft über wechselseitige Abhängigkeiten gibt. So lassen sich Fragen nach der dominanten Nährstoffquelle oder nach einem optimalen Meßprogramm nur über diese Abhängigkeiten beantworten.

Von 1972 bis 1974 wurden in 24 Einzugsgebieten der Nordeifel und angrenzenden Bördenzone neben Prediktoren wie Abfluß, Niederschlag, Wassertemperatur etc. 13 Gewässerkenngrößen, im folgenden kurz Nährstoffe genannt, bestimmt. Das Meßprogramm umfaßte Bestimmungen von PO_4, NO_3, NH_4, Na, K, Ca, Cl, SO_4, O_2, pH, elektr. Leitf., Trübe (420 nm) und Schwebstoff.

Zur Untersuchung der stochastischen Abhängigkeiten der Nährstoffe wurde eine Hauptkomponentenanalyse verwendet, die man als Sortierungsverfahren der Information einer Korrelationsmatrix verstehen kann. Für den statistischen Hintergrund sei auf K. Überla (1971) verwiesen.

Es zeigte sich, daß sich aufgrund der rotierten Hauptkomponentenmatrix sieben verschiedene Typen von Einzugsgebieten in Abhängigkeit ihrer natur- und kulturräumlichen Ausstattung unterscheiden ließen, deren Interkorrelationsmuster kurz besprochen werden sollen.

1.   In naturnahen Einzugsgebieten agieren alle Nährstoffe weitgehend unabhängig voneinander, treten also in verschiedenen Hauptkomponenten auf, da eine dominante Nährstoffquelle fehlt. Erst mit zunehmender anthropogener

Nutzung schälen sich Strukturen heraus. In diese Gruppe fallen alle Wald- und Gründlandstandorte, die nicht gedüngt werden.

2. Für Einzugsgebiete starker Düngungsbeeinflussung ist eine enge Abhängigkeit der Nährstoffe untereinander bei gleichzeitiger Unabhängigkeit von den gemessenen Prediktoren kennzeichnend, da der Zeitpunkt der Mineraldüngung entscheidend für den Verlauf der Gewässerbelastung ist.

3. Der Typ des agrarisch geprägten Einzugsgebietes soll am Beispiel des Pegels Kall (Urft) exemplarisch behandelt werden.

Die Tabelle, in der alle Hauptkomponentenwerte unter 0.4 der Übersichtlichkeit wegen ausgelassen wurden, zeigt, daß bereits fünf Hauptkomponenten ausreichen um 70% der Gesamtvarianz zu erklären. Die einzelnen Varianzanteile sind in der obersten Zeile angegeben. Die Hauptkomponenten lassen sich wie folgt deuten:
Die erste Hauptkomponente mit hohen Ladungen durch Trübe und Schwebstoff repräsentiert die Erosion. Die mittlere Ladung des pH-Wertes mit umgekehrtem Vorzeichen läßt sich durch Ausspülung von Huminsäuren erklären, obwohl der pH-Wert auch durch andere Faktoren gesteuert wird, wie die zweite Hauptkomponente zeigt. Hier ist wie in der ersten der Abfluß das entscheidende Agens. Außer erosionsfördernd wirkt er photosynthesehemmend, d.h. pH-senkend und verringert die Ca-Konzentration durch Verdünnungseffekt, was sich ebenfalls im pH-Wert niederschlägt.
Häusliches Abwasser, hier als Kochsalzeinleitung, prägt die dritte Hauptkomponente. Neben den hohen Ladungen von Na und Cl sprechen für diese Deutung die mittlere Ladung des Phosphats, die Unabhängigkeit vom Abfluß (gemeinsames Verhalten aufgrund von Abflußschwankungen kann also ausgeschlossen werden) und eine Umrechnung in Equivalentgewicht, die nur bei Spitzenwerten noch auf eine weitere Natriumquelle hinweist.
Mit mittlerer Ladung tritt PO_4 auch noch in der vierten Hauptkomponente

Varimaxrotierte Hauptkomponentenmatrix, Pegel Kall

Varianz %	17.8	16.6	16.0	11.1	8.5	SU = 70.0%
PO_4			0.48	0.59		
NO_3						
NH_4					0.97	
Trübe	−0.93					
Schweb	−0.95					
Na			0.88			
K				0.96		
Ca		−0.62				
Cl			0.96			
SO_4						
Leitf.		−0.89				
O_2		−0.42				
pH	0.43	−0.76				

in Verbindung mit Kalium auf, gelangt also nicht nur mit dem Abwasser, sondern auch mit der Oberflächenabspülung in den Vorfluter.

Dieses Interkorrelationsmuster trat in fünf Einzugsgebieten geringer Siedlungsbeeinflussung (Fläche kleiner 4%) auf. Der für diesen Typ so wichtige Vorgang der Oberflächenabspülung läßt sich durch die Darstellung der verschieden starken Interkorrelationen aller beteiligten Größen leicht veranschaulichen. Die unterschiedliche Strichstärke soll nur eine Rangfolge der Korrelationen angeben. Eine Zuordnung zu bestimmten Signifikanzniveaus wurde in diesem idealisierten Schaubild vermieden.

Sowohl Erosions- als auch Abspülungsvorgänge erhöhen Trübe und Schwebstoffgehalt, wobei feine Partikel die Trübe prozentual stärker erhöhen als den Schweb, der durch grobe Partikel stärker beeinflußt wird.

Sommerliche Niederschläge führen kaum zu einer Erhöhung des Abflusses, weil der trockene Boden das Wasser abfängt (Ausnahme Gewitterregen). So werden im Sommer nur aus vorfluternahem Bereich feine Bodenpartikel eingespült, was sich nur in der Trübe, kaum im Schweb niederschlägt. An diese feinen Partikel sind PO_4 und K gebunden, die so ebenfalls in das Gewässer gelangen.

Im Winter führen schon geringere Niederschläge zu Abflußerhöhungen und Betterosion, d.h. erhöhtem Schwebstoffgehalt. Aus diesen Gründen ist die Trübe stärker mit dem Niederschlag korreliert und der Schweb mit dem Abfluß.

Das Einzugsgebiet Kall wurde als Beispiel gewählt, da sich hier zeigen läßt, wie sich Abwassereinleitung und Oberflächenabspülung in ihrer Wirkung auf den Phosphateintrag trennen lassen.

4. In Einzugsgebieten stärkerer Erosionsgefährdung ist die Korrelation zwischen PO_4, Kalium, Schwebstoff und Trübe enger. Zusätzlich wird NH_4 eingespült. Einzugsgebiete dieses Types treten in der erosionsgefährdeten Mechernicher Triasbucht auf und auf der Hochfläche, wo ein der Erosion ähnlicher Effekt durch überreichen Wirtschaftsdüngerauftrag erreicht wird.

5. In Einzugsgebieten mit fäkaler Belastung (Siedlungsfläche um 5%) tritt die Erosion in ihrer Bedeutung für den Nährstoffgehalt zurück. Fäkale Abwässer spiegeln sich mit hohen PO_4 und NH_4 Ladungen in der ersten Hauptkomponente wider. Da diese Abwässer auch reich an organischer Substanz sind, wird diese Hauptkomponente auch vom Sauerstoff mit entgegengesetzter mittlerer Ladung versehen.

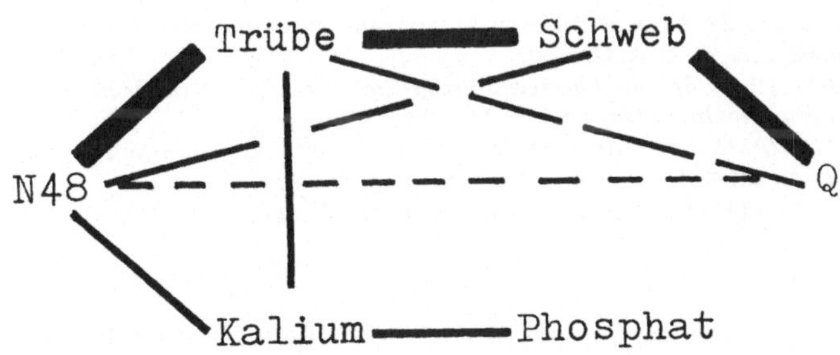

Daß Interkorrelationsmuster und absolute Belastung nicht immer konform
gehen, macht das Einzugsgebiet Hellenthal deutlich (Pretherbach), das mit einer
mittleren PO_4 Belastung von 0.17 mg/l kaum verschmutzt ist, dennoch das
gleiche Bild wie Morenhoven (Swist) — mittlere PO_4 Belastung 9.3 mg/l — aufweist. Die geringe Belastung des Pretherbachs stammt von Campingplätzen, die
den Vorfluter zwar nur gering, aber deutlich mit Fäkalien belasten.

6. Mit steigender anthropogener Beeinflussung tritt die mineralische Belastung
stärker in den Vordergrund. Bei wenigen aber bedeutenden Einleitern läßt sich
keine Abhängigkeit der Nährstoffbelastung vom Abfluß erkennen, da der Ein-
leitungsrhythmus die Varianz erklärt.

7. Erst bei noch stärkerer Belastung überlagern sich die einzelnen Einleitungen
und bewirken eine kontinuierliche Belastung, die mit dem Abfluß schwankt.

Zusammenfassung

Über Interkorrelationsmuster lassen sich Aussagen machen, die bei einer Betrachtung der Absolutwerte allein nicht möglich sind.
1. So genügen punktuelle Sauerstoffmessungen (anstatt 24 h Messungen) zur
Beurteilung von Photosynthese und Abbauvorgängen, wenn andere Hilfsgrößen
(pH-Wert, Ca, Abfluß) mitgemessen werden.
2. Als dominante Nährstoffquellen können Düngung, Oberflächenabspülung,
Erosion, fäkale und verschiedene mineralische Abwässer auch bei Überlagerung
voneinander unterschieden werden unabhängig von der absoluten Belastung.
3. Es kam zum Ausdruck, daß der Prediktor Niederschlag in kleineren Einzugsgebieten eine mindestens so wichtige Variable ist wie der Abfluß.
4. Interkorrelationsmuster bieten einen neuen Ansatz zur Gewässersystematik,
der neben Aussagen über die dominanten Nährstoffquellen hilft, ein optimales
Meßprogramm zu erstellen. So ist es z.B. unökonomisch bei fäkalen Abwässern
PO_4 und NH_4 gleichzeitig zu messen.
    Zur Beurteilung einer Gewässerbelastung durch Nährstoffe gehören also zwei
Gesichtspunkte: absolute Belastung und Interkorrelationsmuster.

Literatur

Hoffmann, J. (1974): Die Wasserqualität von Vorflutern in Mittelgebirgslandschaften in
    Abhängigkeit von der naturräumlichen Ausstattung unter besonderer Berücksichtigung
    des Phosphateintrages. Diss. Gießen.
Klett, M. (1965): Die boden- und gesteinsbürtige Stofffracht von Oberflächengewässern.
    Arb. d. Landw. Hochsch. Hohenheim 35. Ulmer: Stuttgart.
Symader, W. (1976): Multivariate Nährstoffuntersuchungen zu Vorhersagezwecken in
    Fließgewässern am Nordrand der Eifel. *Kölner Geogr. Arb. 34.*
Überla, K. (1971): Faktorenanalyse 2. Aufalge, Springer: Berlin.

Anschrift des Verfassers:

Dr. Wolfhard Symader, Geographisches Institut der Universität Köln, Köln.

NÄHRSTOFF–GEHALTE UND AUSTRÄGE VON BÄCHEN AUS EINZUGS–GEBIETEN VERSCHIEDENER LANDNUTZUNG

F. LEHNARDT, H.M. BRECHTEL & M. BONESS

Abstract

From July 1972 till May 1975 weekly water samples were taken from three small streams in the northern red Sandstone area of Hesse and determinations have been made of NH_4, NO_3, P and Cl. The land use of the watersheds is:
(1) Elsterbach totaly stocked with stands of beech and Norway spruce;
(2) Rautenbach forested like Elsterbach, except in the lower part about 10% of the area in agricultural use;
(3) Gießbach about 75% of the area in agricultural use. Increases of nutrient concentrations caused by agricultural fertilization had been only found on NO_3 and Cl but not on NH_4 and P. The streamflow losses of nutrients had been influenced mainly by total amount, rate and variation in rate of flow. For instance in the Gießbach the yearly nitrogen loss has been found to be smaller than in the Rautenbach, although the average concentration of nitrogen was much higher.

1. Problemstellung

Untersuchungen über die Ursachen der Nährstoffbelastung der Gewässer werden im In- und Ausland seit Mitte der sechziger Jahre im zunehmenden Maße durchgeführt. Beispiele hierzu sind die Veröffentlichungen von Klett (1965), Arnold (1968), Sprenger (1968), Bernhardt u.a. (1969), Kolenbrander (1969), Schmid und Weigelt (1971) Vollenweider (1971), Hoffmann (1974) sowie ein Bericht des Bayerischen Landesamtes für Bodenkultur von 1976. Bei dieser Aktivität spielt die Tatsache eine Rolle, daß die ober- und die unterirdischen Gewässer verstärkt, sowohl durch die Abwässer der Industrie und Haushaltungen als auch durch Düngemittel und Pestizide der Landwirtschaft und teilweise auch der Forstwirtschaft belastet werden.

Man hat zunächst mehrfach auf deduktivem Wege versucht, die in Fließgewässern ermittelten Nährstoff-Frachten einzelnen Verursachern zuzuschreiben. Beispielswiese kamen Vollenweider u.a. (1971) in dem viel zitierten und umstrittenen OECD-Bericht zu dem Ergebnis, daß unter durchschnittlichen und repräsentativen Besiedlungsverhältnissen die Phosphatfracht zu 20 bis 40% und die Stickstofffracht zu 50 bis 70% aus den landwirtschaftlichen Nutzflächen entstammen. Sprenger (1968) berichtet sogar von 60 bis 65% der Phosphorkonzentrationen und 85 bis 90% der Nitratkonzentrationen in oberirdischen Gewässern, die durch landwirtschaftliche Düngung in der Nähe von Vorflutern verursacht werden. Andererseits weisen aber auch viele Untersuchungen, z.B. die von Schulze-Rettmer (1969) sowie von Schmid & Weigelt (1971) darauf hin, daß vor allem bei Phosphat der überwiegende Teil der P-Fracht in den Gewässern von Abwässern insbesondere von Waschmitteln stammt.

Induktive Untersuchungen, welche die von landwirtschaftlichen Nutzflächen stammenden Nährstoff-Frachten aus abgrenzbaren Wassereinzugsgebieten direkt anhand von Proben aus den Vorflutern bestimmen, könnten zur Aufklärung dieser Widersprüche beitragen. Örtliche Messungen dieser Art wurden jedoch bisher in viel zu geringer Zahl durchgeführt, als daß daraus befriedigende Schlußfolgerungen hinsichtlich der Frage der bundesweit durch Land- und Forstwirtschaft hervorgerufenen Gewässerbelastung abgeleitet werden könnten. Es liegen zwar umfangreiche wasserchemische Untersuchungen vor, die jedoch selten für den Abfluß eines Einzugsgebietes mit längeren Fließstrecken repräsentativ sind. Ferner wird die Interpretation der hierdurch vorliegenden Ergebnisse durch standortspezifische Unterschiede der Einzugsgebiete erschwert. Dies führt dazu, daß Schlußfolgerungen über die Problematik der Gewässereutrophierung auch weiterhin hinsichtlich Herkunft, Ursachen und Mechanismen sehr umstritten geblieben sind. Beispielsweise führten Bernhardt u.a. (1969) aufgrund von Untersuchungen über Nährstoff-Frachten im Einzugsgebiet der Wahnbachtalsperre aus, daß im Durchschnitt etwa 60% der jährlich in den Stausee verfrachteten Gesamt-Phosphormenge und der überwiegende Teil der Stickstoff-Fracht nicht aus häuslichen Abwässern und landwirtschaftlichen Betriebsflächen, sondern durch Abspülung und Auswaschung von den landwirtschaftlich genutzten Flächen stammen. Hingegen kamen Schmid & Weigelt (1971) aufgrund von Untersuchungen im Einzugsgebiet des Waginger- und Tachingersees zu der Schlußfolgerung, daß nicht die Düngungsmaßnahmen der Landwirtschaft die vorwiegenden Verunreinigungsquellen oberirdischer Gewässer sind, sondern kommunale Abwässer, die z.B. bei der gesamten Phosphorzufuhr mit über 50% beteiligt sind.

Trotz der erwähnten Widersprüche lassen die Ergebnisse der in großer Zahl durchgeführten wasserchemischen Untersuchungen heute jedoch keinen Zweifel mehr zu, daß die Bodennutzung, hierbei insbesondere bedingt durch Düngungsmaßnahmen, zu einer Erhöhung der Nährstoffgehalte in den Gewässern führen kann. Aus der Zahl der hierzu vorliegenden Veröffentlichungen seien nur die Arbeiten von Vömel (1966), Koehnlein & Weichbrodt (1971), Bücking (1974), Höll (1974), Schulz (1974), Förster (1975) und Hüser (1975) erwähnt. Vor allem beim Phosphor, das den wichtigsten Eutrophierungsfaktor darstellt, sind jedoch hinsichtlich des quantitativen Einflusses verschiedener Bodennutzungsarten die aus den Meßergebnissen abgeleiteten Folgerungen teilweise sehr widersprüchlich. Die Veröffentlichungen von Klett (1965), Bernhardt u.a. (1969), Gilchrist & Gillingham (1970), Carter (1971), Bücking (1975) sowie Voss & Preuße (1975) können hierzu als Beispiel dienen. Abgesehen von methodischen Gründen (z.B. Lysimeter-, Grundwasser-, Bachwasser-Untersuchungen) hängt dies u.a. hauptsächlich damit zusammen, daß die Untersuchungsergebnisse von Einzugsgebieten mit unterschiedlichen Standorten stammen. Der Ermittlung von standortspezifischen Basis- und Rahmenwerten der für die Wasserqualität bedeutsamen chemischen Parametern muß daher eine große Bedeutung zugemessen werden. Vorliegende Arbeit sollte hierzu für das nordhessische Buntsandsteingebiet einen Beitrag liefern. Weiterhin sollte darüber hinaus für dieses Gebiet eine erste Orientierung gewonnen werden, in welcher Größenordnung sich eine landwirtschaftliche Nutzung im Vergleich zu einem ganz bewaldeten Einzugsgebiet (ohne Siedlungs- und Düngungseinfluß) auf die Nährstoffgehalte und Austräge von Bächen auswirkt.

Die Untersuchung wurde von der Projektgruppe Nordhessen der am 14. Juli 1972 in Hann. Münden gegründeten Arbeitsgemeinschaft „Landnutzung und Wasserqualität" durchgeführt. Es haben hierbei folgende Dienststellen zusammengearbeitet:
— Hessisches Landesamt für Landwirtschaft in Kassel;
— Hessische Landesanstalt für Umwelt, Außenstelle Kassel;
— Wasserwirtschaftsamt Kassel;
— Hessische Forstliche Versuchsanstalt, Institut für Forsthydrologie in Hann. Münden.

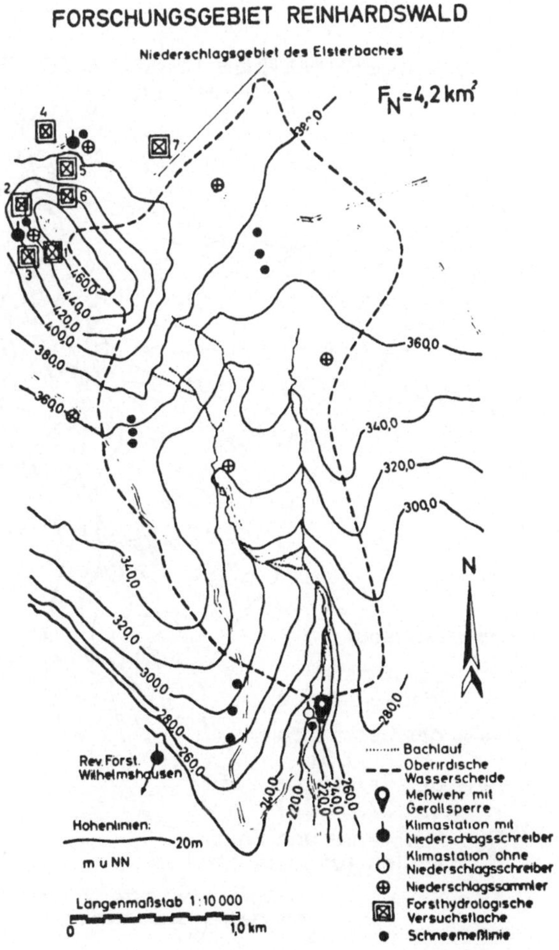

Abb. 1. Niederschlagsgebiet des Elsterbaches.

2. Untersuchungsgebiete

Das bewaldete Niederschlagsgebiet des Elsterbaches liegt im Südteil des Reinhardswaldes, ca. 5 km WNW von Hann. Münden (vgl. Top. Karte 1 : 25 000, Nr. 4523 Münden).

Das überwiegend landwirtschaftlich genutzte Niederschlagsgebiet des oberen Gießbaches gehört zum westlichen Randgebiet des Reinhardswaldes und ist ca. 17 km von Hann. Münden entfernt (vgl. Top. Karte 1 : 25 000, Nr. 4422 Trendelburg).

Das Gewässerkundliche Forschungsgebiet Ziegenhagen, Kille und Rudolph (1975), liegt im Bereich des Kaufunger Waldes, ca. 7 km von Hann. Münden entfernt (vgl. Top. Karte 1 : 25 000, Nr. 4624 Hedemünden).

Die genannten Gebiete sind mit den einzelnen Probeentnahmestellen in den

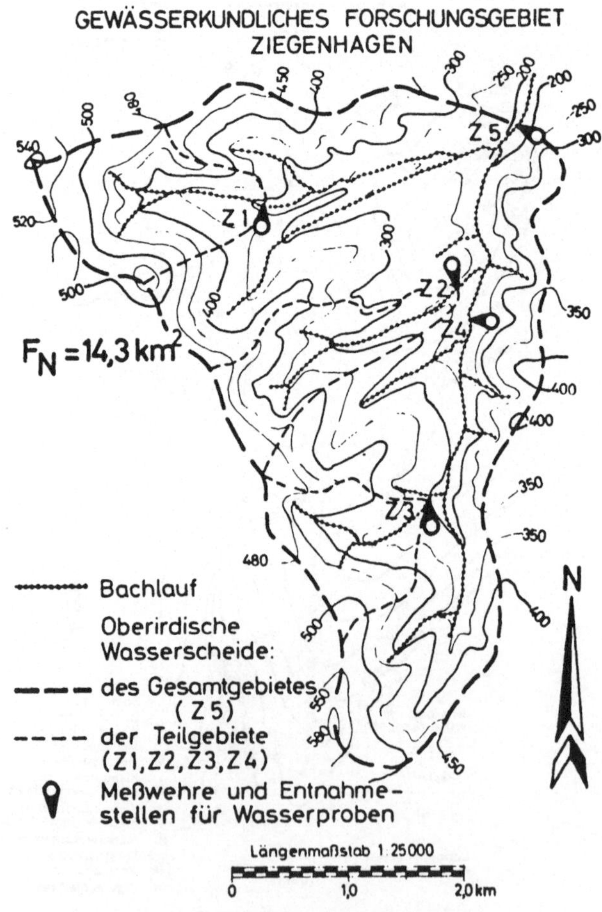

Abb. 2. Niederschlagsgebiet des Rautenbaches.

400

Abb. 1, 2 und 3 dargestellt. Die wichtigsten Informationen über die Standortsverhältnisse sind in Tab. 1 enthalten. Hinsichtlich der Geologie sind die Gebiete des Elsterbaches und des Rautenbaches sehr ähnlich. Über Sm lagern Fließerden aus Sandsteinverwitterung mit Beimengung von Lößlehm und miozänen Lehmen. Im Rautenbach haben die Fließerden jedoch geringere Mächtigkeit als im Elsterbachgebiet. Das Gießbachgebiet unterscheidet sich dadurch, daß hier die geologischen Verhältnisse mehr ausgeglichen sind. Über Sm lagert zumeist eine mächtige Lößlehmdecke.

Die Klimadaten der Tab. 1 entstammen von nahegelegenen Stationen des Deutschen Wetterdienstes.

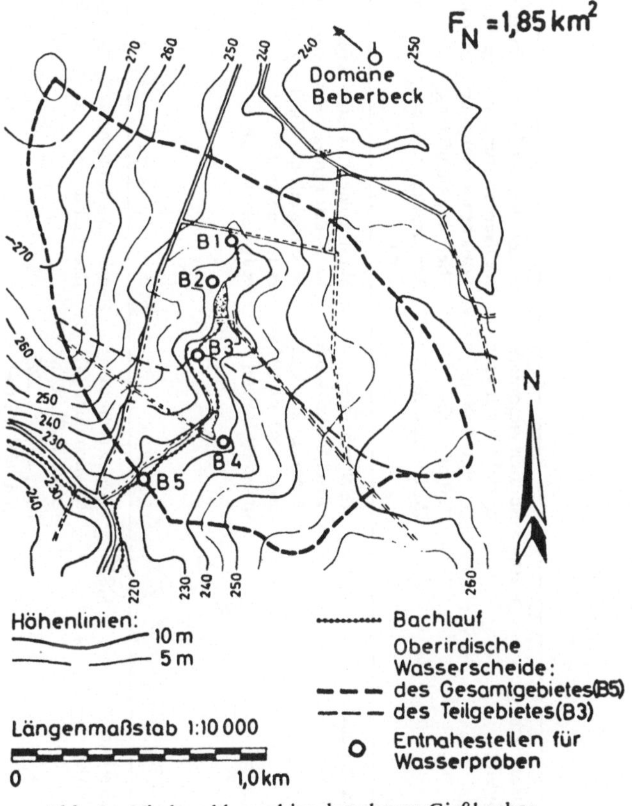

Abb. 3. Niederschlagsgebiet des oberen Gießbaches.

Tabelle 1. Standortsverhältnisse der Einzugsgebiete.

Einzugsgebiet	Größe (km²)	Morphologie	Geologie	Böden	Klima[1] (Jahreswerte) °C	N (mm)	Nutzung in % der Gesamtfl.
Elsterbach-Gebiet	4,20	Südlich exponiert, mittel bis schwach geneigt, 468 bis 220 m ü. NN (Mittel 350 m)	Fließerden aus Sandsteinverwitterung mit Lößlehmbeimengung über Sm, kleinflächig Tertiär, Basalt, Sande, Tone	mittel bis tiefgründige Braunerden, Parabraunerden (z.T. pseudevergleyt), Pseudo- und Stagnogleye („Molkenböden")	[2]	740 Station Holzhsn. 227 m ü. NN	Mischwald 91% Grünland 3% Fahrwege, Teiche 6%
Rautenbach-Gebiet	14,30	NEN exponiert, mittel bis schwach, vereinzelt stark geneigt, 580 bis 192 m ü. NN (Mittel 366 m)	ähnlich wie im Elsterbach, nur geringere Mächtigkeit der Fließerden, neben Sm teilweise auch Su	Braunerden, Parabraunerden (z.T. pseudovergleyt), Pseudogleye	6,8	853 Station Steinberg 495 m ü. NN	Mischwald 87% Ackerland 5% Grünland 5% Siedlungs-Verkehrsflächen. 3%
Giessbach-Gebiet	1,85	SWS exponiert, schwach geneigt, teilweise Plateaulage, 277 bis 226 m ü. NN (Mittel 250 m)	mächtige Lößlehmdecke über Sm	Parabraunerden Pseudogley-Parabraunerden, örtlich auch Pseudogleye	7,8	725 Station Beberbeck 242 m ü. NN	Mischwald 23% Ackerland 67% Grünland 8% Fahrwege, Teiche 2%

[1] langjährige Mittelwerte
[2] nur Niederschlagsstation

3. Methoden

Die Wasserprobenahme (je 1 l) erfolgte in wöchentlichen Abständen. Im Gießbach-Gebiet ist die Probeentnahme leider während der Jahre 1973 und 1974 zeitweise unterbrochen worden.

Die Wasserproben wurden in der Landesanstalt für Umwelt — Außenstelle Kassel — hinsichtlich der NH_4-, NO_3-, PO_4- und Cl-Gehalte analysiert. Darüber hinaus wurden noch weitere wasserchemische Parameter bestimmt, deren Erwähnung jedoch den Rahmen des vorliegenden Kurzberichtes überschreiten würde. Die Bestimmung der erwähnten Nährstoffe erfolgte nach dem Deutschen Einheitsverfahren 1971/72.

Die bei der Probenahme festgestellten Abflüsse (l/s) stammen beim Elsterbach und Rautenbach (Abb. 1 und 2) von vorhandenen Meßwehren mit Pegelschreiber sowie beim Gießbach (Abb. 3) von Gefäßmessungen, vorgenommen an einem provisorisch eingebauten Dreiecksüberfall.

Tabelle 2. Niederschlagssummen und Abflußhöhen für den Zeitraum von Juli 1972 bis April 1975.

Gebiet / Zeitraum	ELSTERBACH (E_1)		RAUTENBACH (Z_5)		GIESSBACH (B_5)	
	Niederschlag (mm)[1]	Abfluß (mm)	Niederschlag (mm)[2]	Abfluß (mm)	Niederschlag (mm)[3]	Abfluß (mm)
Juli/Okt. 1972	—	—	283	41	292	25
Winterhalbjahr 1972/73	255	118	293	158	308	50
Sommerhalbjahr 1973	307	51	322	56	344	37
Hydrologisches Jahr 1973	562	170	615	215	652	90
Winterhalbjahr 1973/74	266	113	289	170	367	44
Sommerhalbjahr 1974	520	83	650	176	394	—
Hydrologisches Jahr 1974	786	196	939	346	761	—
Winterhalbjahr 1974/75	407	234	436	326	437	62

[1] Gebietsniederschlag, [2] Klimastation Steinberg, [3] Klimastation Beberbeck

4. Ergebnisse

Vorliegender Kurzbericht erstreckt sich nur auf die Ergebnisse der Probeentnahmestellen E_1 (Abb. 1), Z_5 (Abb. 2) und B_5 (Abb. 3), welche jeweils das betreffende Gesamtgebiet erfassen. Ein wesentlich erweiterter Bericht, der auch die Ergebnisse der Teilgebiete $B_1 - B_4$ des oberen Gießbaches und $Z_1 - Z_4$ des Rautenbaches enthalten wird, ist in Vorbereitung.

4.1. Niederschlag und Abfluß

In Tab. 2 sind die während des Untersuchungszeitraumes festgestellten Niederschlags- und Abflußhöhen dargestellt. Es ist daraus zu entnehmen, daß bezüglich

Tabelle 3. Mittlere Nährstoff-Konzentrationen (mg/l) von Bachwässern aus Einzugsgebieten verschiedener Landnutzung für den Zeitraum Juli 1972 bis Mai 1975.

Nährstoff	ELSTERBACH (E_1)	RAUTENBACH (Z_5)	GIESSBACH (B_5)[1]
Ammonium (NH_4)	0,24	0,14	0,25
Nitrat (NO_3)	4,20	8,70	18,20
Phosphor ges. (P)	0,06	0,08	0,05
Chlorid (Cl)	10,10	8,80	23,10

[1] ohne Sommerhalbjahr 1974

Tabelle 4. Mittlere halbjährliche Nährstoff-Konzentrationen (mg/l) von Bachwässern aus Einzugsgebieten verschiedener Landnutzung für den Zeitraum Juli 1972 bis Mai 1975.

A. Sommerhalbjahre

Nährstoff	ELSTERBACH (E_1)	RAUTENBACH (Z_5)	GIESSBACH (B_5)[1]
Ammonium (NH_4)	0,24	0,17	0,25
Nitrat (NO_3)	3,30	7,40	13,10
Phosphor ges. (P)	0,06	0,07	0,04
Chlorid (Cl)	8,20	8,30	22,10

B. Winterhalbjahre

Nährstoff	ELSTERBACH (E_1)	RAUTENBACH (Z_5)	GIESSBACH (B_5)[1]
Ammonium (NH_4)	0,25	0,12	0,26
Nitrat (NO_3)	5,10	9,60	20,90
Phosphor ges. (P)	0,05	0,08	0,06
Chlorid (Cl)	12,00	9,30	23,60

[1] ohne Sommerhalbjahr 1974

der Niederschlagssummen, sowohl während der erfaßten Sommer- und Winterhalbjahre die Unterschiede zwischen den drei Gebieten relativ gering waren. Dies
trifft jedoch keinesfalls auch für die Abflüsse zu. Mit Halbjahressummen von
56-326 mm waren die Abflußhöhen beim Niederschlagsgebiet des Rautenbaches
durchweg am größten. Im Elsterbachgebiet waren die Abflußhöhen mit 51-234
mm noch einigermaßen in ähnlicher Größenordnung, während jedoch die entsprechenden Werte beim Niederschlagsgebiet des oberen Gießbaches mit nur
37-62 mm ganz unterschiedliche hydrologische Verhältnisse kennzeichnen.

4.2 Nährstoffe

In den Tab. 3 und 4 sind für die wasserchemischen Parameter NH_4, NO_3, P und
Cl die für die Bäche Elsterbach, Rautenbach und Gießbach ermittelten mittleren
Nährstoffkonzentrationen einander gegenübergestellt. Tab. 3 enthält die Mittelwerte für den gesamten Untersuchungszeitraum und Tab. 4 getrennt nach Som-
mer- und Winterhalbjahren.

In Tab. 5 sind darüber hinaus auch die für den gesamten Meßzeitraum als
Mittel berechneten jährlichen Nährstoffausträge (kg/ha) angeführt. Die Berechnung erfolgte auf der Basis der in Tab. 3 dargestellten mittleren Konzentrationen
und der auf die jeweilige Fläche der Niederschlagsgebiete bezogenen mittleren
Abflußspende.

In Abb. 4 ist für den Zeitraum von Juli 1972 bis zum Mai 1975 der chrono-
logische Verlauf der Nährstoffkonzentrationen von den drei Bächen direkt gegenübergestellt. Um für diesen langen Meßzeitraum eine vergleichende Betrachtung zu erleichtern, wurden von den wöchentlichen Ergebnissen Monatsmittel
gebildet und diese in Form von Ganglinien miteinander verbunden. Die nachfolgend unter 4.2.1 aufgeführten Minima- und Maxima-Werte beziehen sich
jedoch nicht auf diese Monatsmittel, sondern auf die tatsächlich erfaßten
wöchentlichen Stichproben.

4.2.1 Verlauf der Nährstoffkonzentrationen

Die *Ammoniumgehalte* waren während des gesamten Untersuchungszeitraumes
in allen drei Bächen im allgemeinen gering. Sie unterlagen aber erheblichen
Schwankungen. Die meisten Werte lagen jedoch im Bereich von Spuren bis 0,30

Tabelle 5. Jährliche Nährstoff-Austräge (kg/ha) von Bächen aus Einzugsgebieten verschiedener Landnutzung als Mittel für den Zeitraum Juli 1972 bis Mai 1975.

Nährstoff	ELSTERBACH (E_1)[1]	RAUTENBACH (Z_5)	GIESSBACH (B_5)[2]
Ammonium (NH_4)	0,62	0,45	0,23
Nitrat (NO_3)	10,80	26,60	16,40
Phosphor ges. (P)	0,16	0,24	0,04
Chlorid (Cl)	25,40	28,60	20,40

[1] ohne Sommerhalbjahr 1972   [2] ohne Sommerhalbjahr 1974

mg NH₄/l.. Nur in wenigen Fällen und dies vor allem im Elsterbach wurden
weit höhere Ammoniumkonzentrationen mit Spitzenwerten bis zu 1,40 mg
NH₄/l ermittelt.

Die *Nitratgehalte* unterlagen in allen drei Bächen weit geringeren Schwankungen als die Ammoniumgehalte. Wie Abb. 4 zeigt, waren die Nitratkonzentrationen im oberen Gießbach durchweg am höchsten. Es traten hier auch die
größten witterungsbedingten Schwankungen auf. Beispielsweise wurde im Gießbach nach zwei Starkregen im August 1972 ein Nitratgehalt von 58 mg/l festgestellt. Zwei weitere Spitzen von 35 und 36 mg/l traten im März und April
1975 auf. Im Elsterbach und Rautenbach lagen dagegen in den meisten Fällen
die Nitratgehalte unter 10 mg/l. Dies entspricht den Literaturangaben über
Nitratgehalte von Bachwässern aus Waldgebieten bzw. mit Wald bestockten
Einzugsgebieten, z.B. Hüser (1975) und Bücking (1975).

Bei allen drei Bächen ergeben sich für den gesamten Untersuchungszeitraum
positive Regressionsbeziehungen zwischen Abfluß (l/sec.) und Nitratkonzentration (mg/l). Die Regressionskoeffizienten betragen:

Elsterbach, b = + 0,014 (r = 0,2181*);

Rautenbach, b = + 0,004 (r = 0,2352**);

Gießbach, b = + 1,165 (r = 0,3610**);

Die *Phosphorkonzentrationen* schwankten, ähnlich wie die Ammoniumgehalte, in allen drei Bächen erheblich. Als Monatsmittel betragen hier die
Schwankungen von Spuren bis 0,20 mg Pges./l, wobei etwa 60% der Phosphate
in gelöster Form vorliegen. In den meisten Fällen kamen die höchsten Phosphor-

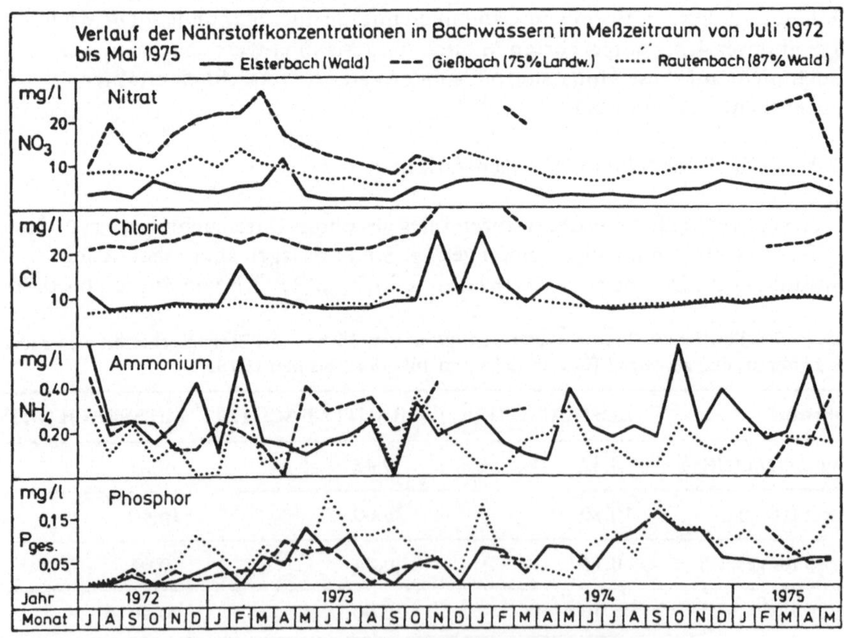

Abb. 4. Verlauf der Nährstoffkonzentrationen.

gehalte im Rautenbach vor (Abb. 4). Die dort an der Meßstelle Z_5 gegenüber
dem Elsterbach und Gießbach teilweise erheblich höheren Phosphorkonzentrationen (mit Spitzenwerten bis zu 0,42 mg Pges./l) können nur durch eine
unkontrollierte Einleitung von Haushaltsabwässern der Siedlung Ziegenhagen
erklärt werden. Eine Beeinflussung des Bachwassers durch landwirtschaftliche
Nutzflächen müßte sich sonst schon an der Probenahmestelle Z_4 bemerkbar
machen, wo im unteren Talbereich Weideflächen auftreten. Hier waren jedoch
die Phosphorkonzentrationen ähnlich hoch wie an den Meßstellen Z_1, Z_2 und
Z_3, die voll bewaldete Teilgebiete erfassen. Im Elsterbach und Gießbach lagen
die Phosphorkonzentrationen zum überwiegenden Teil unter 0,10 mg Pges./l.
Höhere Werte kamen in diesen Bächen vorwiegend während der Sommerhalbjahre 1973 und 1974 vor. Eine Beziehung zwischen den Phosphorgehalten und
dem Abflußregime konnte jedoch nicht nachgewiesen werden.

Die *Chloridkonzentrationen* schwankten im allgemeinen im Vergleich zu den
übrigen Nährstoffen am wenigsten. Es traten zwar im Elsterbach während der
Winter 1972/73 und 1973/74 bei drei Meßterminen Spitzenwerte zwischen
50-80 mg/l auf, die jedoch eindeutig auf die Anwendung von Streusalzen auf
den Fahrwegen zurückzuführen sind. Auffallend ist, daß die Chloridkonzentrationen im Gießbach im Vergleich zu den übrigen Bächen durchweg am
höchsten waren. Der Rautenbach und der Elsterbach unterscheiden sich diesbezüglich bis auf die genannten Spitzenwerte kaum. Die meisten Werte liegen
hier unter 10 mg/l.

Eine Beziehung zwischen Abfluß (l/sec.) und Chloridkonzentration (mg/l)
konnte im Gegensatz zu Nitrat nicht nachgewiesen werden.

4.2.2 Mittlere Nährstoffkonzentrationen

Die mittleren *Ammoniumgehalte* sind im Elsterbach und Gießbach mit 0,24
und 0,25 mg NH_4/l fast gleich hoch, während der entsprechende Wert im
Rautenbach mit 0,14 mg NH_4/l, wie Tab. 3 zeigt, deutlich niedriger liegt.
Eine auf die dort durchgeführte Stickstoffdüngung (ca. 20 kg $NH_4 - N$/ha und
Jahr) zurückzuführende Erhöhung der Ammoniumkonzentrationen im Gießbach und Rautenbach läßt sich aus diesen Befunden nicht ableiten. In den dort
vorkommenden bindigen Böden ist eine stärkere Auswaschung des Düngemittel-
ammoniums auch schon deshalb kaum denkbar, da das Ammonium ähnlich wie
Kalium an den Bodenkolloiden (Tonmineralien) fixiert wird und zudem bei aus-
reichendem Sauerstoffgehalt (im Oberboden herrschen diese Verhältnisse vor)
schon in der Bodenlösung eine relativ schnelle Umsetzung von Ammonium zu
Nitrat stattfindet.

Der *Nitratgehalt* war dagegen im Gießbach mit einem Durchschnittswert
für den gesamten Meßzeitraum von 18,2 mg NO_3/l deutlich von allen drei
Bächen am höchsten. Im Elsterbach, der aus einem voll mit Wald bestockten
Einzugsgebiet fließt, beträgt dieser Mittelwert nur 4,2 mg NO_3/l. Trotz der
nicht ganz vergleichbaren Standortsverhältnisse kann aus diesem Unterschied
zwischen diesen beiden Gebieten auf einen Düngungseinfluß der Domäne Beberbeck (ca. 250 kg NO_3/ha und Jahr) bezüglich Erhöhung der Nitratgehalte im
Gießbach geschlossen werden. Auch im Rautenbach liegt der entsprechende

Wert mit 8,7 mg NO_3/l weit über dem des Elsterbaches. In dem nur auf einer
Fläche von ca. 10% landwirtschaftlich genutzten Rautenbachgebiet kann die
höhere Nitratkonzentration jedoch nicht ausschließlich dem Düngungseinfluß
zugeschrieben werden. Bereits schon an den Meßstellen der voll bewaldeten
Teilgebiete Z_1, Z_2 und Z_3 sind nämlich die Konzentrationen ähnlich hoch wie
an der Meßstelle Z_5, die das gesamte Gebiet erfaßt.

Wie aus der Tab. 4 zu entnehmen ist, sind in allen drei Bächen im Gegensatz
zu Ammonium die mittleren Nitratgehalte während der Winterhalbjahre deutlich höher als in den Sommerhalbjahren. Besonders ausgeprägt ist dies im landwirtschaftlich genutzten Gießbachgebiet der Fall.

Der *Phosphorgehalt* ist mit 0.08 mg Pges./l im Mittel für die drei erfaßten
Jahre im Rautenbach am höchsten. Hingegen unterscheiden sich diesbezüglich
der Gießbach (mit 0,05 mg/Pges./l) vom Elsterbach (mit 0,06 mg Pges./l) nur
unwesentlich. Daraus kann gefolgert werden, daß die im Gießbachgebiet vorge-
nommene Phosphatdüngung in Höhe von 25 bis 30 kg P/ha und Jahr nicht zu
einer Erhöhung der Phosphorkonzentrationen im Bachwasser beigetragen hat.
Lediglich an den Probenahmestellen B_1 und B_2 (Dränrohre) traten bei einigen
Meßterminen etwas höhere P-Konzentrationen auf.

Die *Chloridkonzentrationen* betragen im Mittel für den gesamten Meßzeitraum im Elsterbach 10,1 mg/l, im Rautenbach 8,8 mg/l und im Gießbach 23,1
mg/l. Diese Ergebnisse zeigen wiederum, daß im landwirtschaftlich genutzten
Gießbach-Gebiet eine vor allem durch die Kali-Düngung bewirkte Konzentrations-
erhöhung des leicht auswaschbaren Chlorids vorliegen muß. Wie Tab. 4 zeigt,
wird ähnlich wie beim Nitrat, auch Chlorid am stärksten in den Wintermonaten
ausgewaschen.

4.2.3 Nährstoffausträge

Die *Ammonium-Austräge* sind mit weit unter 1 kg/ha und Jahr entsprechend
den geringen Konzentrationen bei allen drei Bächen als Mittel für den gesamten
Untersuchungszeitraum relativ niedrig. Wie Tab. 5 zeigt, führte der Elsterbach
mit 0,62 kg/ha und Jahr am meisten Ammonium aus, während beim Gießbach
der Austragswert mit 0,23 kg/ha und Jahr, bedingt durch die niedrigste Anfluß-
spende, gegenüber den übrigen Gebieten am geringsten ausfällt.

Die *Nitratausträge* sind jedoch mit 26,6 kg/ha und Jahr im Rautenbachgebiet
am höchsten, danach folgt mit 16,4 kg/ha und Jahr der Gießbach und dann erst
mit 10,8 kg/ha und Jahr der Elsterbach. Obwohl im Rautenbach die durchschnittliche Nitratkonzentration mit 8,7 mg/l deutlich geringer ist als im Gießbach mit 18,2 mg/l (Tab. 3), wird aus dem Rautenbach-Gebiet infolge der dort
ca. dreifach höheren Abflußspende rd. 10 kg/ha und Jahr mehr Nitrat ausgetragen.

Die *Phosphorausträge* sind ebenfalls im Rautenbach-Gebiet mit 0,24 kg/ha
und Jahr am höchsten, wobei dies sowohl durch die höchste Abflußspende als
auch die höchste P-Konzentration bedingt ist. Im Elsterbach beträgt der Austragswert 0,16 kg Pges./ha und Jahr. Im Gießbach wurden sogar nur 0,04 kg
Pges./ha und Jahr ausgetragen. Der im Vergleich zu den beiden anderen Gebieten

vielfach niedrigere P-Austragswert beim Gießbach-Gebiet ist überwiegend die Folge der hier weitaus geringsten Abflußspende.

Die *Chloridausträge* sind beim Gießbach mit 20,4 kg/ha und Jahr, trotz höchster Konzentration, aber bedingt wiederum durch die niedrigste Abflußhöhe, am niedrigsten. Der Elsterbach führte 25,4 kg und der Rautenbach 28,6 kg Cl/ha und Jahr aus.

5. Zusammenfassung und Schlußfolgerungen

Die Untersuchungsergebnisse demonstrieren, daß die chemische Beschaffenheit der Bachwässer neben der Landnutzung im starken Maße von den standortsspezifischen hydrologischen Gegebenheiten im betreffenden Einzugsgebiet abhängt. Da beide Einflußgrößen in mannigfaltiger Wechselbeziehung stehen können, ist bei einem Vergleich verschieden genutzter Einzugsgebiete eine eindeutige Zuordnung festgestellter Wasserqualitätsunterschiede kaum möglich. Trotzdem können bei vorliegender Untersuchung, unter Berücksichtigung der hierdurch bedingten Interpretationsschwierigkeiten, anhand der gefundenen Ergebnisse für die Untersuchungsgebiete nachfolgende Aussagen gemacht werden:

— Bezüglich der Ammonium- und Phosphorgehalte konnte anhand des Vergleiches vom bewaldeten Elsterbach-Gebiet mit dem intensiv landwirtschaftlich genutzten Gießbach-Gebiet keine auf Düngungsmaßnahmen zurückzuführende Erhöhung der Konzentrationen nachgewiesen werden. Die Rahmenwerte liegen bei Ammonium zwischen Spuren und 1,40 mg/l sowie bei Phosphorgesamt zwischen Spuren und 0,42 mg P/l.

— Die im Vergleich mit den übrigen Bächen im Gießbach relativ geringe Phosphorkonzentration läßt sich hauptsächlich nur durch die guten Filtereigenschaften (P-Bindung) der dortigen Böden und durch die geringe Erosionsneigung auf den erfaßten Standorten erklären.

— Bei den Nitrat- und Chlorid-Konzentrationen in den Bachwässern sind jedoch die Unterschiede zwischen dem Elsterbach- und dem Gießbach-Gebiet so groß, daß diese ausschließlich nur durch standortspezifische Einflüsse nicht zu erklären sind. Im Elsterbach liegen die Rahmenwerte für Nitrat zwischen 1 und 35 mg/l, im Gießbach jedoch zwischen 5 und 58 mg/l. Beim Chlorid ist im Elsterbach zwar die Spanne größer als im Gießbach, die mittlere Konzentration ist jedoch wesentlich niedriger.

— Im Rautenbach-Gebiet hat sich der dort im unteren Bereich vorhandene geringe Anteil der landwirtschaftlichen Nutzung nicht nachweislich durch erhöhte Nährstoffkonzentrationen im Bachwasser ausgewirkt. Die dort im Vergleich zu den beiden anderen Bächen gefundenen höchsten Nitrat-, Phosphor- und Chloridausträge sind hier vorwiegend die Folge der relativ größten Abflußhöhe. Ähnlich verhält es sich im Gießbach-Gebiet wo infolge der relativ niedrigsten Abflußhöhe die geringsten Nährstoffausträge festgestellt wurden.

— Eine Beziehung zwischen Nährstoff-Konzentration und Abfluß (l/sec.) konnte nur bei Nitrat nachgewiesen werden. Bei allen drei Bächen wurde mit steigendem Abfluß eine signifikante Erhöhung der Nitratgehalte festgestellt.

Literatur

Arnold, K.H. (1968): Nährstoffabtrag von landwirtschaftlich genutzten Flächen. *Fortschritte der Wasserchemie* 8.

Bayer. Landesamt f. Bodenkultur und Pflanzenbau (1976): Bericht über Phosphatbelastung von Gewässern. Giess. Anz. vom 19.2.1976.

Bernhardt, H. u.a. (1969): Untersuchungen über die Nährstoffrachten aus vorwiegend landwirtschaftlich genutzten Einzugsgebieten ländlicher Besiedlung. Münch. Beitr. zur Abwasser-, Fischerei- und Flußbiologie, Bd. 16.

Bücking, W. (1974): Die Beeinflussung von chemischen Wassereigenschaften durch forstliche Düngungsmaßnahmen. Allg. Forstz. „Wald und Wasser 74", Nr. 49, 29 Jg.

Bücking, W. (1975): Nährstoffgehalte in Gewässern aus standörtlich verschiedenen Waldgebieten Baden Württembergs. Mitt. d. Vereins Forstl. Standortskunde und Forstpflanzenzüchtung, Heft 24.

Carter, P.L. u.a. (1971): Water-Soluble NO_3-Nitrogen, PO_4-Phosphorus and total Salt Balances on a large Irrigation Trial. *Soil Sci. Soc. Am. Proc.* 35/2.

Förster, P. (1975): Mineralische Stoffbelastung im Boden- und oberflächennahen Grundwasser unter Nadelwald und bei Ackernutzung in einem Sandboden Nordwestdeutschlands. *Forstw. Cbl.* 94.

Gilchrist, A.N. & A.G. Gillingham, (1970): Phosphate movement in surface run-off water. *N.Z.J. Agr. Res.* 13 (2).

Hoffmann, J. (1974): Die Wasserqualität von Vorflutern in Mittelgebirgslandschaften in Abhängigkeit von der naturräumlichen Ausstattung unter besonderer Berücksichtigung des Phosphateintrages. Diss. Giessen 1974, Fachbereich Umweltsicherung der J.L. Universität.

Höll, K. (1974): Beschaffenheit von Sicker- und Hangwasser aus Nadel- und Laubwaldbeständen. Allg. Forstz. „Wald und Wasser 74", Nr. 49, 29 Jg.

Hüser, R. (1975): Nitratkontrolle in Bach- und Grundwässern nach Stickstoffdüngung in der Oberpfalz. Allg. Forstz., Nr. 37, Jg. 30.

Kille, K. & R. Rudolph, (1975): Abflußverhalten und Wasserhaushalt eines buchenbestandenen Buntsandsteingebietes. Allg. Forstz. „Wald und Wasser 74", Nr. 49, 29 Jg.

Klett, M. (1965): Die boden- und gesteinsbürtige Stoffracht von Oberflächengewässern. *Arb. Landw. Hochschule Hohenheim* 35.

Koehnlein, J. & H. Weichbrodt, (1971): Die Nährstoffauswaschung aus der Ackerkrume in den Unterboden. *Z. Acker- und Pflanzenbau* 134.

Kolenbrander, G.J. (1969): Nitratcontent and Nitrogen in drainwater. *Neth. J. Agr. Sci.* 17 (4).

Schmid, G. & H. Weigelt, (1971): Grundsatzfragen zur Eutrophierung der Seen in Oberbayern. I Waginger- und Tachinger See. *Z. Kulturtechnik u. Flurbereinigung* 12.

Schulz, H.D. (1974): Grundwasserqualität von bewaldeten und landwirtschaftlich genutzten Einzugsgebieten. Allg. Forstz. „Wald und Wasser 74", Nr. 49, 29 Jg.

Schulze-Rettmer, R. u.a. (1969): Wäschereiabwasser. *Vom Wasser* 36.

Sprenger, F.J. (1968): Phosphorus and Nitrogen concentrations in a lake tributary. *Vom Wasser* 34.

Vollenweider, R. u.a. (1971): Scientific fundamentals of the eutrophication of lackes and flowig waters with particular reference to nitrogen and phosphorus as factors in eutrophication. OECD-Bericht, Paris.

Voss, W. & H.U. Preuße, (1975): Die Gewässerbelastung durch den Oberflächenaustrag gelöster und fester Substanzen. Vortrag eines wiss. Kolloquiums der Landesanstalt für Immissions- und Bodennutzungsschutz des Landes Nordrhein-Westfalen im Okt. 1975.

Vömel, A. (1966): Der Versuch einer Nährstoffbilanz am Beispiel verschiedener Lysimeterböden. Erste Mitt., *Z. Acker- und Pflanzenbau* 123.

Wiechmann, H. (1971): Überlegungen zum Phosphoraustrag aus Böden. *Phosphorsäure* 29.

Anschrifte der Verfasser:

Dr. F. Lehnardt und Doz. Dr. H.M. Brechtel, Hessische Forstliche Versuchanstalt, Institut für Forsthydrologie, 3510 Hann. Münden.
Dr. H. Boness, Hessische Landesanstalt für Umwelt, Aussenstelle Kassel, 3500 Kassel

Sonderdruck: Verhandlungen der Gesellschaft für Ökologie, Göttingen 1976.

WASSERQUALITÄT UND NÄHRSTOFFAUSTRAG VON BEWALDETEN EINZUGSGEBIETEN MIT UNTERSCHIEDLICHEN STANDORTSVERHÄLTNISSEN — EIN VERGLEICH ZWEIER EINZUGSGEBIETE IN BADEN-WÜRTTEMBERG, BRD

W. BÜCKING

Abstract

Investigations on water quality and computations of nutrient losses from forested watersheds showed that surface waters from red Triassic sandstone regions though purer and less mineralized compared to Keuper waters export greater amounts of nitrate-nitrogen and phosphorus due to higher annual precipitations and runoff.

Einleitung

Der folgende Beitrag befaßt sich mit Fragen der Wasserqualität in bewaldeten Einzugsgebieten und des Nährstoffaustrags aus diesen, d.h. letzten Endes mit Fragen natürlicher Nährstoffbelastung bei naturnaher Vegetation und Nutzung. Zahlreiche, vor allem ausländische Arbeiten (Klett 1965, Vollenweider et al. 1970, Gächter & Furrer 1972, Reeder et al. 1972, Bernhardt et al. 1973, Hoffmann 1974, Dillon & Kirchner 1975 u.a.) behandelten in den letzten Jahren Fragen der Qualität von Oberflächengewässern und der Nährstoffausträge, meist im Zusammenhang mit Problemen der Gewässereutrophierung und auch meist im Vergleich verschiedener Flächennutzungsarten; dabei wurde auch häufig die Nutzungsart ,,Wald" bzw. ,,Forst" mit erfaßt (zahlr. Literaturhinweise s. Bücking 1975). Dennoch ist der Kenntnisstand bei der vorhandenen Vielfalt von geologisch-bodenkundlichen Landschaftstypen (Schlenker & Müller 1973) noch keineswegs deckend, so daß alle Fragen des Nährstofftransportes und der Gewässerbelastung zwischen Landschaftseinheiten jetzt schon beantwortet werden könnten. Auch müssen grundsätzliche methodische Fragen stärker berücksichtigt werden. Die Gewässergrundbelastung aber muß bekannt sein, um z.B. den Einfluß von Wirtschaftsmaßnahmen auf die Wasserqualität zu ermitteln (Bücking 1973, Evers & Bücking 1974). Ebenso stark ist auch das Interesse der Pflanzenernährung an der Messung von Nährstoffverlusten aus intakten Nährstoffkreisläufen, die, um das Produktionsniveau zu erhalten, gegebenenfalls mit technischen Maßnahmen ergänzt werden müssen.

Untersuchungsgebiete und -Methoden

In Baden-Württemberg sind u.a. wasserwirtschaftlich besonders wichtig die mineralarmen Wässer des Buntsandsteinschwarzwaldes, die für die Fassung oder

411

Speicherung als Trinkwässer in Aussicht genommen werden, andererseits im
wasserarmen Neckarland die in ihrer Ergiebigkeit stark schwankenden Abflüsse
aus dem Keuperbergland, deren Abflußregime durch den Bau von Rückhalte-
becken ausgeglichen werden soll. Aus unserem umfangreichen Meßprogramm in
diesen Landschaftseinheiten wird ein Vergleichspaar vorgestellt. In Tabelle 1
sind einige Daten zu den Einzugsgebieten zusammengefaßt. Wie aus den Angaben
dieser Tabelle hervorgeht, handelt es sich bei den genannten Gebieten um geologische und klimatische Gegensätze — entsprechend auch um Gegensätze der
natürlichen regionalen Waldgesellschaften und der aktuellen forstlichen Bestok-
kung. Im Schwarzwald herrschen heute Fichtenbestände vor, im Schurwald sind
auch Laubholzbestockungen noch stärker beteiligt. Gemeinsam ist beiden Gebieten die forstliche Nutzung, wobei lediglich im Herrenbach-Einzugsgebiet zu
rund 13% heute extensiv genutzte Obstwiesen in vorfluterferner Lage anzutreffen sind. Die grundlegenden hydrologischen Unterschiede (langjähriger mittlere
Abflüsse MQ, langjährige mittlere Abflußspenden Mq) sind ebenfalls aus Tab. 1
ersichtlich.

Die Proben wurden während der Untersuchungszeiträume (vgl. Tab. 2) in
1- bis 4-wöchigen, im Mittel in 3wöchigen Abständen eingeholt und unmittelbar
anschließend im Labor analysiert. Pro Meßgröße und Gebiet stehen zwischen rd.
30-70 Einzelmeßwerte für die Auswertung zur Verfügung (Tab. 2).

Nach Filtration (Blaubandfilter Schleicher und Schüll 589) wurde Calcium,
Natrium und Kalium direkt flammenphotometrisch, Magnesium durch Atom-
absorption gemessen. Die Chlorid- und Nitratbestimmung erfolgte nach den

Tabelle 1.   Daten der Vergleichsgebiete.

HERRENBACH/Baiereck (Schurwald, Keuperbergland östl. Stuttgart)
$552-348$ m NN; 880 mm Jahresniederschläge[1], $8°$ Jahresmittel T.[2]
Natürliche regionale Waldgesellschaft: submontaner Buchen-Eichen-Wald[1]
Geologische Verhältnisse: Lias bis Obere Bunte Mergel (km_3), vorherrschend Stubensand-
                            stein (km_4)
$F_N = 4,5$ km^2 MQ 29 l/sec; Mq 6,4 l/sec km^2 (Beobachtungszeitraum $1952-1975$)[3]

BÖS-ELLBACH/Baiersbronn (Nordschwarzwald)
$950-640$ m NN; 1842 mm Jahresniederschläge[4], $6,6°$ Jahresmittel T.[5]
Natürliche regionale Waldgesellschaft: montaner Buchen-Tannen-Wald mit Forche[1]
Geologische Verhältnisse: Mittlerer Buntsandstein bis Grundgebirge, vorherrschend Mittle-
                           rer Buntsandstein (sm)
$F_N = 3,5$ km^2 MQ 133 l/sec; Mq 38 l/sec km^2 (Beobachtungszeitraum $1948-1975$)[6]

Anmerkungen zu Tab. 1:

[1]   aus Schlenker & Müller 1973, S. 19 bzw. Karte
[2]   Klimaatlas Baden-Württemberg (1953)
[3]   Pegel Herrenbach/Baiereck (Regierungspräsidium Stuttgart, Abt. Wasserwirtschaft).
[4]   Station Kniebis, 875 m NN (Wetteramt Stuttgart).
[5]   Station Freudenstadt, 798 m NN (Wetteramt Stuttgart).
[6]   Berechnet aus den Daten des Murgpegels Baiersbronn mit $F_N = 67$ km^2 (Wasserwirt-
      schaftsamt Freudenstadt).

Tabelle 2. Chemische und Physikochemische Kennzeichnung der Bachwässer.

		Ca^{++} mg/l	Mg^{++} mg/l	Na^+ mg/l	K^+ mg/l	Cl^- mg/l	Leitfähig- keit μS/cm	pH	P (gel) μg/l	NO_3^- mg/l
HERRENBACH (Keuper)										
Rahmenwerte (Herbst 1973– Sommer 1976)	n**	39–81 43	7–28 39	2,7–5,0 43	0,2–2,9 43	1,4–20,0 33	258–457 41	7,1–8,7 44	Sp*–60 43	0,3–11,4 44
Mittelwerte										
– arithmetisch		53±10	18±5	4,1±1,1	1,1±0,5	6,1±3,4	333±30	–	10±13	4,1±2,8
– gewogen (Keller 1970)		–	–	–	–	–	–	–	10	4,4
BÖS – ELLBACH (Buntsandstein)										
Rahmenwerte (Frühjahr 1972– Sommer 1976)	n**	0,6–6,3 72	0,3–2,3 57	0,4–2,2 72	0,2–1,3 72	0,7–18,4 26	28,0–57,0 36	4,2–7,1 72	Sp*–44 50	0,5–5,4 72
Mittelwerte										
– arithmetisch		3,0±1,0	1,1±0,4	0,9±0,5	0,8±0,3	3,4±4,0	36,6±10	–	10±10	2,0±1,0
– gewogen (Keller 1970)		–	–	–	–	–	–	–	10	2,1

Sp* = Spuren
n** = Anzahl der Meßwerte

Deutschen Einheitsverfahren, die Phosphatbestimmung (PO_4^{3-} - P = P_{gel}) nach
Murphy & Riley 1962. Da Blaubandfiltrate analysiert wurden, entspricht das
hier gemessene P_{gel} nicht der neuesten Definition der Deutschen Einheitsverfahren (7. Lieferung 1975, D 11), die durch Membranfiltration abtrennen und
außerdem die Fraktionen „Gesamtes gelöstes Phosphat (nach Aufschluß)" und
„Orthophosphat" unterscheiden. — Leitfähigkeitsmessungen bei 20°C im Labor;
pH-Messungen im Labor (kombinierte Glaselektrode der Fa. Metrohm).

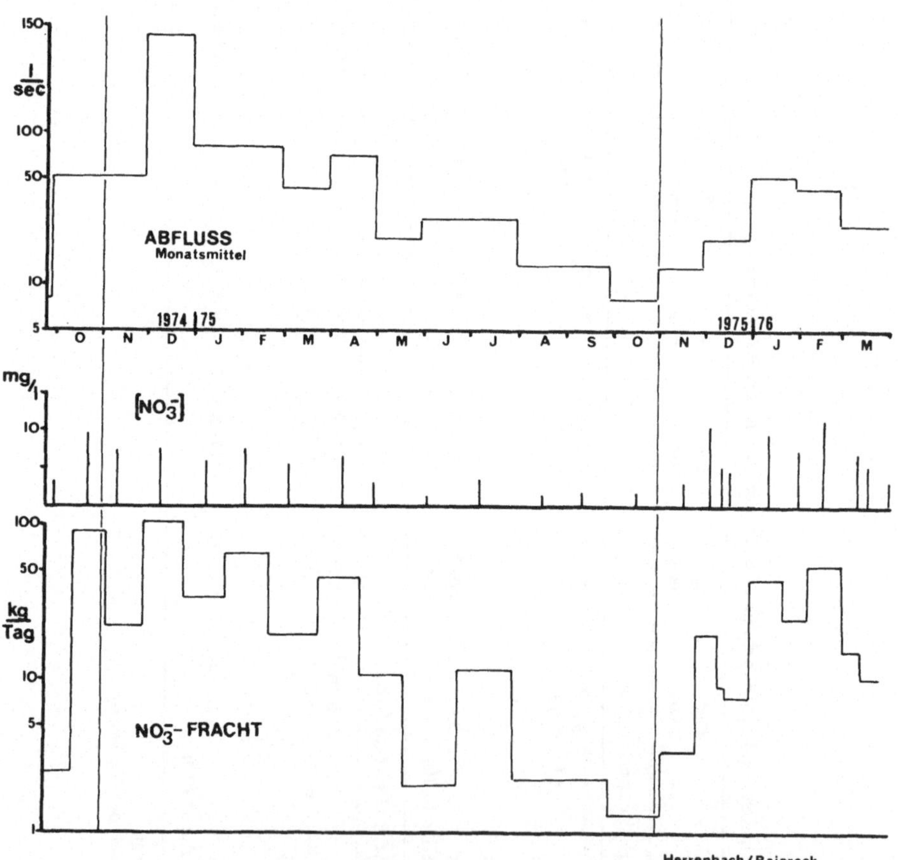

Abb. 1. Herrenbach (Baiereck): Abflüsse (Monatsmittel), Nitratkonzentrationen (NO₃⁻ in
mg/l, Einzelmessungen) und abschnittsweise interpolierte mittlere tägliche Nitrat-Frachten
(in kg/Tag NO₃⁻). Ausschnitt Oktober 1974 bis März 1976 aus dem gesamten Untersuchungszeitraum.

414

a) Nährelementkonzentrationen

Die wesentlichen Unterschiede im Chemismus der Wässer sind in Tabelle 2 zusammengestellt.

Im Zusammenhang mit der Frage der Wasserbelastung interessieren vor allem die Elemente Stickstoff und Phosphor, da die übrigen wichtigen Bioelemente auch bei vorwiegendem Oberflächen- und oberflächennahem Abfluß sehr stark von den geologischen Verhältnissen der Einzugsgebiete überprägt werden (Bücking 1975). Typischerweise unterliegen die Nitratkonzentrationen in Bächen des Keuperberglandes relativ großen, saisonalen Schwankungen (Abb. 1). Dargestellt sind auf dieser Abb. oben die Monatsmittelwerte der Abflüsse, darunter die in Stichproben gemessenen Nitrat-Konzentrationen und zuunterst die Nitrat-Frachten. Letztere wurden interpoliert aus den als repräsentativ betrachteten Nitrat-Konzentrationen und den einzelnen Tagesabflußmitteln (jeweils von Mitte bis Mitte zwischen zwei Entnahmezeitpunkten) und als Fracht-Tagesmittelwerte jeder Meßperiode angegeben.

Die Nitratkonzentrationen in Bächen des Buntsandsteinschwarzwaldes (Abb. 2) sind dagegen sehr ausgeglichen. Abb. 2 setzt den Nitrat-Konzentrationsverlauf von 2 Bächen, die dem „Bös — Ellbach" vergleichbar sind, in Beziehung zur Niederschlagsentwicklung. Die Schwankungsamplitude und die Mittelwerte sind bei diesen Bächen etwas kleiner als beim Bös-Ellbach.

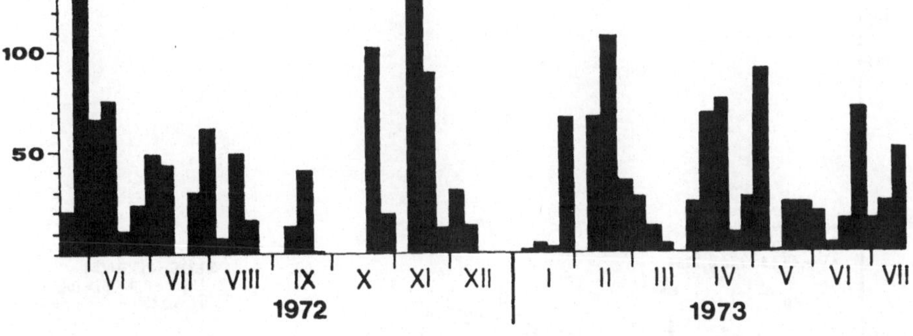

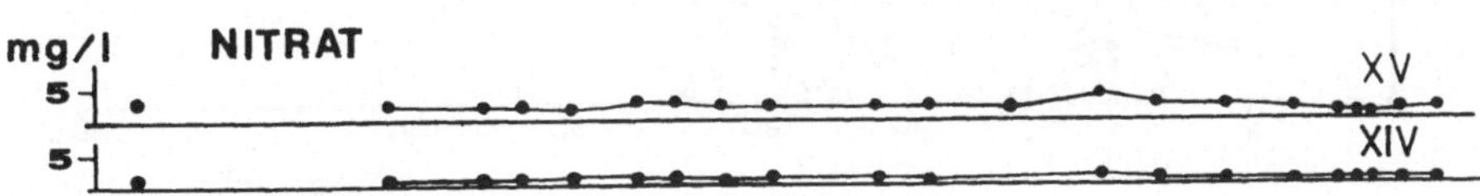

Abb. 2. Gang der Niederschläge (wochenweise) und der Nitratkonzentrationen (Einzelmessungen) in zwei Bächen des Buntsandsteinschwarzwaldes (aus Bücking 1975).

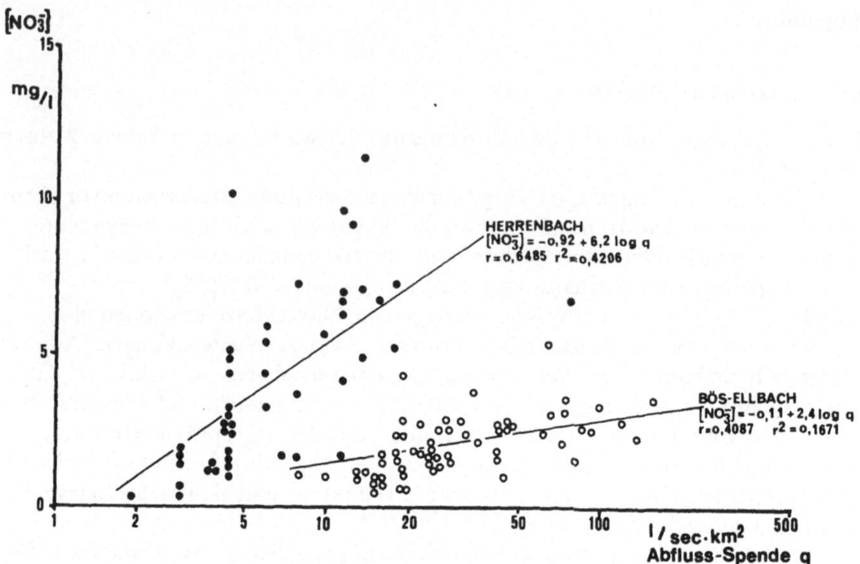

Abb. 3. Beziehungen zwischen Nitrat-Konzentrationen und Abflüssen für das Keuper-Gebiet (Herrenbach) und das Buntsandstein-Gebiet (Bös-Ellbach). Um beide Gebiete direkt vergleichen zu können, sind die Abfluß-Spenden in logarithmischer Skala auf der Abszisse angegeben. *Korrektur:* Die Gleichung des Bös-Ellbachs lautet $[No_3-] = -0,11 + 1,4 \log q$.

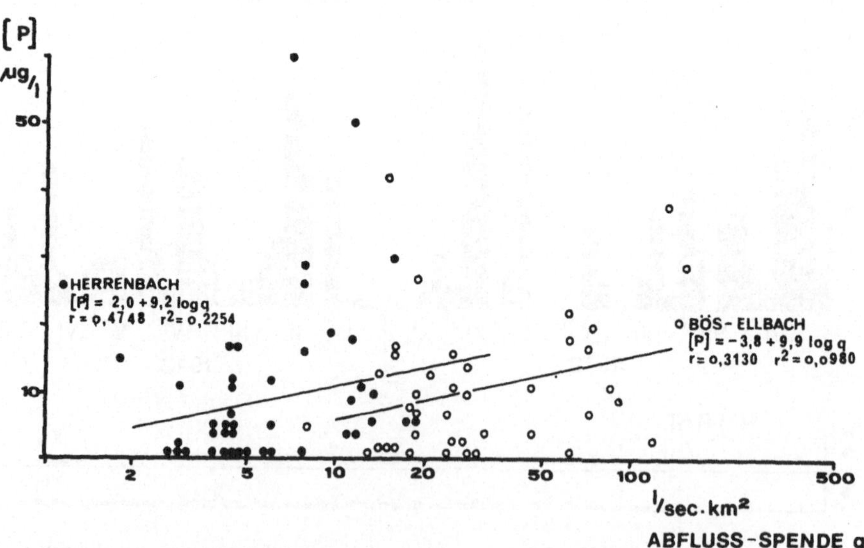

Abb. 4. Beziehungen zwischen Phosphor-Konzentrationen und Abflüssen. Vgl. Abb. 3.

416

Untersucht man die Beziehungen zwischen Konzentration und Abfluß genauer (Abb. 3), so ergeben sich zwar deutliche und hochsignifikante, aber dennoch nicht sehr enge Korrelationen zwischen den Nitratkonzentrationen und den Abflüssen. Hier wurden nach Keller (1970) Ausgleichsgeraden vom Typ $[NO_3^-]$ = a + b log q berechnet. Hinzuweisen ist darauf, daß beim Bach aus dem Keuperbergland die Momentanschüttungen an der Pegelstelle eingehen, beim Schwarzwaldbach nur die Tagesmittelwerte des ein größeres Abflußgebiet messenden Murgpegels, zu dem unser Beobachtungsgebiet gehört.

Für das gelöste Phosphat ergeben sich ebenfalls positive und signifikante Korrelationen (Abb. 4), die aber noch weniger eng sind als beim Nitrat. Unterschiede zwischen den beiden Vergleichsgebieten, wie sie für das Nitrat aufgezeigt werden konnten, bestehen dabei nicht.

b) *Stickstoff- und Phosphat-Frachten*

Landschaftsökologisch interessieren weniger die Konzentrationen, als die Stofftransporte aus Landschaftseinheiten (Schlichting 1975). In der folgenden Tabelle (Tab. 3) sind Nährstoff-Frachtwerte modellhaft nach verschiedenen Verfahren und auf verschiedene Zeiträume bezogen berechnet worden. Am einfachsten, aber auch ungenauesten sind die aus Konzentrationsmitteln und Abfluß bzw. Abflußmitteln gewonnenen Werte. Auch das Summationsverfahren (Addition von Teilfrachten über längere Zeiträume, vgl. Abb. 1) ist im vorliegenden Fall unbefriedigend, da die Analysenfrequenz mit 2-3 wöchigem Abstand nicht dicht genug ist. Aus Abb. 1 ist jedoch zu entnehmen, daß die Haupt-Konzentrations-

Tabelle 3. Nitrat-Stickstoff — und Phosphor-Jahresfrachten.

Rechenverfahren	HERRENBACH Keuper		BÖS – ELLBACH Buntsandstein	
	$NO_3 - N$	P (gel)	$NO_3 - N$	P (gel)
	— kg/ha · Jahr —			
1. Untersuchungszeitraum	Herbst 73 — Frühj. 76		Frühj. 72 — Herbst 75	
a) Mittel Konzentration (arithmetisch) x tatsächlicher Abfluß	2,6	0,03	7,0	0,16
b) Summation (vgl. Abb. 1)	3,4	0,03	7,8	0,21
c) Gewogene Konzentrationen und Abflußmengen	3,1	0,03	6,2	0,13
2. Langjährige Mittel				
a) Mittel Konzentration x Abflußmittel (vgl. 1.a)	1,9	0,02	5,2	0,12
b) Gewogene Konzentrationen und Abflußmengen (vgl. 1.c)	1,8	0,02	—	—

unterschiede saisonbedingt sind und auch bei dieser Stichprobendichte erfaßt werden, so daß die Ergebnisse näherungsweise richtig sein dürften. Es wurde ferner (Tab. 3, 1.c und 2.b) die Jahresfracht aus gewogenen Mittelwerten für Konzentration und Abfluß berechnet. Die Bildung der gewogenen jährlichen Mittel aus Abflußmengen-Dauerkurven (Abb. 5) und korrelativen Beziehungen

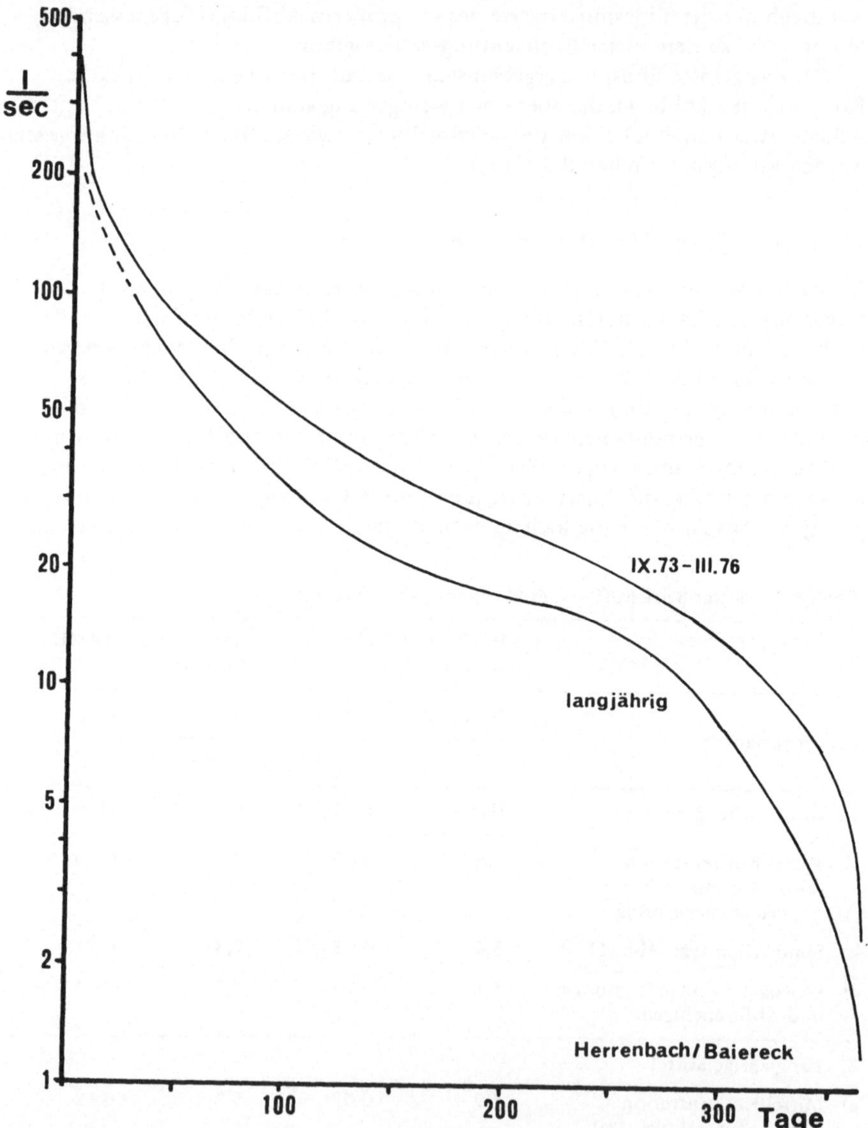

Abb. 5. Abflußmengen-Dauerkurven (Langjährige Mittel und bezogen auf Untersuchungszeitraum) des Pegels Herrenbach / Baiereck (Unterlagen: Regierungspräsidium Stuttgart, Abt. Wasserwirtschaft).

418

zwischen Konzentration und Abfluß entsprechend den Abb. 3 und 4 ist bei
Keller (1970) erläutert.

Alle Verfahren liefern Daten der gleichen Größenordnung; da die Untersuchungszeiträume regenreicher waren und höhere Abflüsse hatten als die langjährigen Mittel, sind die auf den Untersuchungszeitraum bezogenen Werte generell höher als die langjährigen Mittel.

Diskussion

Auffällig ist der höhere Nährstoffaustrag an Nitrat-N und vor allem an P im
nährstoffärmeren Buntsandstein; bei geringeren Nitrat-Konzentrationen und
gleichen Phosphor-Konzentrationen wird er vor allem durch die dort wesentlich
höheren Niederschläge und Abflüsse hervorgerufen. Die von Natur aus größere
Nährstoffarmut der Buntsandsteinstandorte wird noch dadurch gesteigert, daß
der Austrag nicht unterbunden und atmosphärische Nährstoffeinnahmen nicht
wirkungsvoll gebunden werden können. Die hohen Niederschlagsmengen verdünnen die Konzentrationen in den Abflüssen zu qualitativ sehr gutem und nur
gering mineralisiertem Wasser. Im regenärmeren Keuperbergland akkumuliert
sich Nitrat-Stickstoff über längere Zeit im Boden — wahrscheinlich ist die Nitratbildung infolge der nährstoffreicheren Standorte auch höher, ehe er in einzelnen
Wanderfronten mit neuen Niederschlägen transportiert werden kann. Die geringeren Regenmengen sichern keine ausreichende Verdünnung.

Ökologisch und ernährungsphysiologisch bedeutsam ist, daß selbst auf armen
Substraten wie Böden aus Buntsandsteinverwitterung erhebliche Mengen an
Phosphor und an Nitrat-Stickstoff der Vegetation laufend verlorengehen, im
Gegensatz zur vorherrschenden Annahme von nur geringer N-Verfügbarkeit,
N-Mineralisation und Nitrifikation auf solchen Standorten. Allerdings erreichen
auch im Schwarzwald die Exportraten bei weitem nicht den nach anderen Untersuchungen zu erwartenden Niederschlags — Input von 10-20 kg/ha · Jahr N und
0,5 kg/ha · Jahr P (Hüser 1971, Ulrich 1972, Mayer 1974, Nusch 1974), so daß
insgesamt also wohl mit einer Bioelement-Anreicherung im Ökosystem zu rechnen
ist. Beim Nitrat muß allerdings mit Umsetzungen und Verlusten bei den Übergängen des Wassers vom Wurzelraum bis hin zum Bachwasser gerechnet werden
(Schulz 1970). Untersuchungen von gesamten Einzugsgebieten unterscheiden
sich ja dadurch von Sickerwasseruntersuchungen, daß die Flußwege sehr viel
länger sind und daher auch Umsetzungen durch Verbrauch, Reduktion und
Denitrifikation möglich sind. Ferner sei nochmals an den Modellcharakter der
Berechnungen des Schwarzwald-Abflußgebietes erinnert, für das ja lediglich die
hydrologischen Daten eines wesentlich größeren Gesamtabflußgebietes bekannt
sind.

Die Phosphor-Exportraten liegen in dem Bereich, den Dillon & Kirchner
(1975) für Einzugsgebiete mit anstehenden Sedimentgesteinen bei rein forstlicher (im Mittel 0,12 kg/ha P) oder Forst- und Grünlandnutzung (im Mittel
0,23 kg/ha P) an zahlreichen nordamerikanischen Wasserläufen ermittelt haben.
Diese Daten sind allerdings Gesamt-Phosphat-Werte. Wie oben im methodischen
Kapitel bereits ausgeführt wurde, dürfte die von uns verwendete Analysen-

methode von Murphy & Riley (1962) ebenfalls mehr als das gelöste Phosphat
erfassen. Die relevanten analytischen Verfahrens-Unterschiede zwischen den
verschiedenen Autoren lassen weitere überregionale Vergleiche als sehr schwierig
erscheinen. Die Exporte an gelöstem Phosphat aus Waldgebieten sind nach den
Ergebnissen anderer Autoren wesentlich geringer (s. Literaturübersicht bei
Dillon & Kirchner 1975).

Zusammenfassung

Im vorstehenden Beitrag wurden zwei Beispiele (Tab. 1) aus umfangreicheren
Untersuchungen an bewaldeten Einzugsgebieten vorgestellt, die die Aussage von
der besonders guten Qualität von Wässern aus bewaldeten Einzugsgebieten
spezifizieren und Grundlagen über natürliche Nährstoffbelastung und Nährstoff-
verluste erarbeiten sollen.
    Die Schwarzwaldwässer sind ärmer und geringer mineralisiert (Tab. 2) und
weisen geringere Nitratkonzentrationen mit kleineren Schwankungen auf als die
Keuperwässer (Abb. 1 bis 3). Beim Phosphat bestehen keine deutlichen Unterschiede (Abb. 4). Wegen der hohen Abflüsse sind aber die Nitrat-N- und P-Aus-
träge im Buntsandstein höher. In Tab. 3 sind nach verschiedenen Verfahren diese
Exporte berechnet worden.

Summary

This paper reports on water quality and nutrient export in two watersheds that
are both forested but quite different from a hydrological and geological point of
view (Table 1: Red Triassic sandstone (Buntsandstein) watershed in the Black
Forest and Keuper watershed eastern of Stuttgart; Baden-Württemberg, FRG).
Mean chemical composition of waters is shown in Table 2. Variability of nitrate
concentrations in relation to runoff or precipitation is demonstrated in Figures
1 and 2 and compared in Figure 3; it is low in Buntsandstein-waters and high in
Keuper-waters. Dates of phosphorys concentrations are summarized in Figure 4.
In Table 3 the orders of magnitude of nitrate-nitrogen and phosphorus losses
are computed by means of different procedures for the two watersheds compared. Due to higher runoff, nutrient losses are greater in the red Triassic sandstone
watershed.

Résumé

Cette contribution s'occupe de la qualité de l'eau et des pertes en éléments
nutritifs dans deux bassins d'alimentation boisés mais très différents sur le point
de vue de leurs hydrologie et géologie (Tableau 1: régions des Grès bigarrés de
la Forêt Noire et du Keuper (Trias supérieur) à l'est de Stuttgart; (Baden-Wür-
temberg, RFA). Les moyens de la composition chimique des eaux figurent dans
le tableau 2. Les variations des concentrations des nitrates en relation avec le
débit ou les precipitations sont comparées dans les figures 1 à 3; elles sont peti-

tes dans les eaux originaires des Grès bigarrés et plus grandes dans les eaux du Keuper. Les dates concernant le phosphore sont résumé dans le fig. 4. Dans le tableau 3, l'ordre de grandeur des pertes en nitrates et en phosphore est calculé pour les deux bassins d'alimentation d'après des procédés différents. Les pertes en ces élements nutritifs sont plus grandes dans les Grès bigarrés de la Forêt Noire.

Literatur

Bernhardt, H., J. Clasen, & E. Nusch, (1973): Vergleichende Untersuchungen zur Ermittlung der Eutrophierungsvorgänge und ihrer Ursachen an Riveris — und Wahnbachtalsperre. *Vom Wasser* 40: 245—303.

Bücking, W. (1973): Auswirkungen einer Flächen-Stickstoffdüngung auf Quellen und Oberflächengewässer im Düngungsgebiet. *Verb. Ges. Ökologie*, Gießen 1972: 85—88.

Bücking, W. (1975): Nährstoffgehalte in Gewässern aus standörtlich verschiedenen Waldgebieten Baden-Württembergs. *Mitt. Verein Forstl. Standortskde. Forstpflanzenzücht.* 25: 48—67.

Deutsche Einheitsverfahren zur Wasser-, Abwasser- und Schlammuntersuchung (1960-1975). 1.-7. Lieferung. Weinheim/Bergstr.

Dillon, P.J. & W.B. Kirchner, (1975): The Effects of Geology and Land Use on the Export of Phosphorus from Watersheds. *Water Research* 9: 135—148.

Evers, F.H. & W. Bücking, (1974): Programme und Ergebnisse wasseranalytischer Untersuchungen in Gewässern mit bewaldeten Einzugsgebieten. *Mitt. Arb. kreis Wald u. Wasser* 6: 13—28.

Forstliche Standortskarte Adelberg (1958): Karte 1: 10 000 mit Erläuterungen, unveröffentlicht.

Gächter, R. & O.J. Furrer, (1972): Der Beitrag der Landwirtschaft zur Eutrophierung der Gewässer in der Schweiz. I. Ergebnisse von direkten Messungen im Einzugsgebiet verschiedener Vorfluter. *Schweiz. Z. Hydrol.* 34: 41—70.

Hoffmann, J. (1974): Die Wasserqualität von Vorflutern in Mittelgebirgslandschaften in Abhängigkeit von der naturräumlichen Ausstattung unter besonderer Berücksichtigung des Phosphateintrages. Dissertation Univ. Gießen, Inst. Bodenkunde u. Bodenerhaltung. 129 S.

Hüser, R. (1971): Stickstoffeinnahmen von Waldökosystemen durch Niederschläge. Z. *Pflanzenern. Bodenkde.* 129: 42—50.

Keller, H.M. (1970): Der Chemismus kleiner Bäche in teilweise bewaldeten Einzugsgebieten in der Flyschzone eines Voralpentales. *Mitt. Schweiz. Anstalt Forstl. Versuchswesen* 46: 111—155.

Klett, M. (1965): Die boden- und gesteinsbürtige Stoff-Fracht von Oberflächengewässern. *Arb. landw. Hochschule Hohenheim* 35: 135 S.

Klimaatlas von Baden-Württemberg (1953): Dt. Wetterdienst (Hrsg.) 75 Karten, 9 Diagramme, 37 S. Erl. Bad Kissingen.

Mayer, R. (1974): Beurteilung der Filterwirkung eines Buchenwald-Ökosystems auf der Grundlage von Bioelement-Bilanzen. *Mitt. Arb. kreis Wald u. Wasser* 6: 78—89.

Murphy, J. & J.P. Riley, (1962): A modified single solution method for the determination of phosphates in natural waters. *Anal. Acta* 27: 31—36.

Nusch, E. (1974): Nährstoffaustrag aus Waldboden. *DVGW-Schriftenreihe Wasser* 1: 33—37.

Reeder, S.W., B. Hitchon, & A.A. Levinson, (1972): Hydrogeochemistry of surface waters of the Mackenzie River drainage basin, Canada. I. Factors controlling inorganic composition. *Geochim. et Cosmochim. Acta* 36: 825—865.

Schlenker, G. & S. Müller (1973): Erläuterungen zur Karte des Regionalen Gliederung von Baden-Württenberg. I. Teil (Wuchsgebiet Neckarland und Schwabische Alb). *Mitt. Verein Forstl. Standortskde. Forstpflanzenzüchtg.* 23: 3—66 und 1 Karte.

Schlichting, E. (1975): Bedingungen und Bedeutung landschaftsökologischer Umsatz- und Bilanzuntersuchungen. *Forstwiss. Centralblatt* 94: 273—280.

Schulz, H.D. (1970): Chemische Vorgänge beim Übergang von Sickerwasser zum Grundwasser. *Geol. Mitt.* 10: 151–204.

Ulrich, B. (1972): Die Filterfunktion von Böden. *Mitt. Dt. Bodenk. Ges.* 16: 123–129.

Vollenweider, R. et al. (1970): Scientific fundamentals of the eutrophication of lakes and flowing waters, with particular reference to nitrogen and phosphorus in eutrophication. Bericht O.E.C.D. Committee for Research Cooperation, Paris. 201 S.

Weiger, H. & K. Kreutzer, (1975): Nitratauswaschung nach Kalkammonsalpeterdüngung in der Forstwirtschaft. *Mitt. Dt. Bodenk. Ges.* 22: 287–300.

Anschrift des Verfassers:

Dr. W. Bücking, Forstliche Versuchs- und Forschungsanstalt Baden-Württemberg, Abt. Botanik und Standortskunde, 7 Stuttgart 31 (Weilimdorf) Fasanengarten.

Sonderdruck: Verhandlungen der Gesellschaft für Ökologie, Göttingen 1976.

ÜBER DIE STOFFLICHE FILTERWIRKUNG INTENSIV GENUTZTER TERRESTRISCHER ÖKOSYSTEME AUF DIE GRUNDWASSERNEUBILDUNG

O. KLAUSING & A. WEISS

Abstract

Terrestrial ecosystems need for maintaining their functions a permanent influx of water supplies being normally covered by precipitation. One part of these supplies may runoff, the other enters the soil and is taken up by plants for assimilation and further some parts of the precipitation will evaporate (by interception, evaporation, transpiration). Only the remaining surplus of water in the soil can percolate to the groundwater, moreover regenerating these reservoirs being technically for our disposal. Terrestrial ecosystems — plant cover + rooted soil — are only partially penetrable to water: they are filters in the means of physics.

With precipitation, atmospheric substances may penetrate ecological systems. These substances are absorbed and partly used in plant metabolism and some percolate the soil. At the same time the ecosystems transfer by means of the plants respectively on account of these deterioration, mineralisation and by soil decomposition soluble substances into the seepage water. Intensively used terrestrial ecosystems are mostly fertilized. This input of non-atmospheric antropogenic substances becomes only partly active in the vegetable metabolism and is eliminated by the ecosystem correlating to quantity of harvest. The missing difference can either be absorbed in soil or be dissolved by percolating water in large quantities. For that reason terrestrial ecosystems are also filters in a chemical sense.

The physical and chemical filtering effect may become known by measuring quantities of water — flux and input-output-analysis in lysimeters. Methods and results of such research from intensively used agricultural locations are reported.

Concerning the above-mentioned subject the question arises in how far the subsoilwater reservoir is still undisturbed by an intensive agriculture and yields qualitative satisfactory water. The maximum chemical dose-capacity of our agricultural landscape is not only measurable against ecological tolerances of the plant and soil compatibility and over food-chains secondarily connected consumers but also it has to be measured against the standards of drinking-water by technical means.

Bioproductive recycling of waste material by using terrestrial ecosystems is also measurable with the same standards. This may prohibit the application of such models in the cultivated landscape on account of the limits outside the compatibility of ecosystems.

Der Problemkreis „Gewässerbelastung", unter dem die diesjährige Tagung der Gesellschaft für Ökologie heute steht, kann sich nicht darauf beschränken, nur Oberflächengewässer, also Bäche, Flüsse und Seen, lediglich als Wasserbiotope im Hinblick auf deren Ökologie und Umweltbelastung betrachten, untersuchen und hier darstellen zu wollen. Denn Gewässer werden erzeugt und erhalten aus dem hydro- und ökoklimatischen Wasserüberschuß ihrer Niederschlags- bzw. Einzugsgebiete. Nicht die Stofffrachten und Wärmelasten aus Einleitungen sind als Primärerscheinungen der Gewässerbelastung anzusehen und auch nicht der oberflächliche Eintrag von gelösten Stoffen oder Schweb- und Feststoffen aus stofflich kontaminierten atmosphärischen Niederschlägen oder aus dem Stoffabtrag ihrer Einzugsgebiete, gleichviel ob diese nun bewaldet oder nicht bewaldet, extensiv oder intensiv genutzt, wenig oder dicht besiedelt, schwach oder stark mit Einleitungen belastet sind. Auch die biologische Selbstreinigungskraft und ökologische Pufferkapazität unserer Gewässer sind nicht Primärfaktoren der Wassergüte, sondern Folgeerscheinungen vorhandener Gewässerbelastungen. Der ganz überwiegende Teil des in unseren Gewässern vorhandenen und mit ihnen abfließenden Wassers hat die Böden der Einzugsgebiete durchsickert und gelangt damit erst mittelbar als schnell oder langsam dränendes Bodenwasser auf dem Wege über subsurface-flow, Hang-, Kluft- oder Grundwasserabfluß in die Oberflächengewasser; Wassermengenumsatz sowie Stoffein- und -austräge der Böden bestimmen daher primär die Güte und stofflichen Qualitäten des Grund- und Oberflächenwassers. Über die dabei vorhandene stoffliche Filterwirkung intensiv genutzter terrestrischer Ökosysteme auf Menge und Qualität der Grundwasserneubildung ist hier aufgrund gemeinsamer Untersuchung zu berichten.

Über die dabei angewendeten Methoden zur Ermittlung des Wasserumsatzes im Felde genügt es hier, darauf hinzuweisen, daß uns in Hessen ein gewässerkundliches Netz von Lysimeter- und Bodenfeuchte-Meßstationen an überwiegend intensiv landwirtschaftlich genutzten Standorten zur Verfügung steht, in welchem Niederschlag, potentielle Verdunstung und klimatische Wasserbilanz einerseits sowie Bodenfeuchte und Sickerwasserbewegung andererseits gemessen werden. Wir verweisen hierzu auf die in jüngster Zeit erschienenen Arbeiten von Klausing & Salay (1974, 1976). Nunmehr langjährige vorliegende Messungen haben folgende Grenz- und Mittelwerte für den Abfluß des Niederschlagswassers von bzw. aus den Böden ergeben (Tabelle 1):

Diese Zahlen zeigen den hohen Anteil des Sickerwassers am Gesamtabfluß und machen damit deutlich, in welch hohem Maße dementsprechend die Qualität des Sickerwasserabflusses den Stoffgehalt des Grundwassers und der von ihm erzeugten Oberflächengewässer bereits primär bestimmen muß.

Intensive Landnutzung durch den Menschen bedeutet dabei gegenüber Laubwald als denkbarer potentieller natürlicher Vegetation nicht eine Verminderung der Grundwasserneubildung. Aber welche Belastungen stofflicher Art bedeutet intensive Landnutzung für die Grundwasserneubildung und welche Filterwir-

Tabelle 1. Jährliche Oberflächenabfluß (A_O) und Sickerwasserabfluß (A_S) in Hessen bei verschiedener Landnutzung und Niederschläge $\overline{N}$ = 550 . . . <u>720</u> . . . 1000 mm/a.

Landbenutzung:	A_O(mm/a)	A_S(mm/a)
Grünland	5 . . . 30	10 . . . <u>340</u> . . . 650
Acker schwerer Boden	20 . . . 40	0 . . . <u>120</u> . . . 300
mittlerer Boden	10 . . . 30	20 . . . <u>150</u> . . . 350
leichter Boden	5 . . . 15	100 . . . <u>220</u> . . . 500

kung haben intensiv genutzte terrestrische Ökosysteme auf stofflich kontaminiertes Niederschlagswasser?

Um diesen Fragen nachzugehen, werden derzeit in Hessen 20 ausgewählte Lysimeterstationen auf ihren Mineralstoffumsatz untersucht. Die Meßstationen sind entsprechend der naturräumlichen Unterschiede des Landes gebietlich ausgewählt und stehen nach der charakteristischen Landnutzungsstruktur flächenrepräsentativ in landwirtschaftlicher Kultur. Die hierbei zu untersuchenden Wasserproben werden als Sammelproben aus den Niederschlagssammlern und als Stichproben aus den zugehörigen Monolithlysimetern, also aus nahezu ungestörten Bodenprofilen in 2 m Tiefe gezogen.

Anhand der Niederschlagssammelproben einerseits und der zugehörigen Lysimetersickerwasserproben andererseits werden Input-Output-Untersuchungen durchgeführt. Aufgabe dieser Untersuchungsart ist die zeitlich und flächenmäßig definierte Erfassung des Soffeintrages aus den atmosphärischen Niederschlägen und des dazu korrespondierenden Stoffaustrages nach Passage dieses Wassers durch Vegetation und Bodenprofil. Es wird also versucht, die Stoffmengenumsätze in den Ökosystemen indirekt durch ein black-box-Verfahren zu erfassen: Nicht der Stoffumsatz des Bodenprofils und der Pflanzendecke selbst sondern die Eingangs- und Ausgangsgrößen für die verschiedenen Stoffklassen werden über definierte Zeiträume hinweg bestimmt. An chemischen Elementen bzw. Elementgruppen untersuchen wir derzeit die Hauptelemente des Pflanzenstoffwechsels und der Bodenverwitterung, außerdem einige umweltbelastende nichtorganische Stoffe. Wir untersuchen also nicht nur NPK bzw. Kalzium und Magnesium, sondern auch Silizium, Aluminium, Eisen und Mangan, ferner näturlich Sulfat.

Anhand der Daten des Wassermengenumsatzes auf der einen Seite und der ermittelten Stoffkonzentrationen auf der anderen lassen sich leicht auch die Stoffumsätze ausrechnen. Daraus können mit zunächst vorläufigen Werten die Stoffbilanzen der Ökosysteme an den betreffenden Meßstationen abgeschätzt werden. Durch längerfristige Untersuchung und unter Zuhilfenahme der räumlichen und strukturellen Gegebenheiten sowie der spezifischen standortökologischen Verhältnisse lassen sich — freilich mit gewissen Vorbehalten — Aussagen

Tabelle 2. Grenzkonzentrationen gelöster Stoffe (mg/l).

	im Niederschlag	im Sickerwasser
$S10_2$	0 ... 5	0 ... 35
Al_2O_3	0 ... 22	0 ... 35
Fe_2O_3	0 ... 5	0 ... 18
MnO	0 ... 5	0 ... 150
MgO	0,5 ... 3	2 ... 150
CaO	1 ... 25	1 ... 280
Na_2O	0,5 ... 6	0 ... 45
K_2O	0,3 ... 25	1 ... 54
P_2O_5	0,1 ... 10	0.03 ... 13
SO_3	6 ... 180	10 ... 180
NO_3	1 ... 10 000	0,5 ... 80

über den stofflichen Belastungsgrad des Wasserhaushalts bestimmter Landschaftsräume machen.

Wir stehen noch mitten in der Untersuchung und können deher hier nur einige
vorläufige Zahlen mitteilen (Tabelle 2):

Insgesamt wird dabei die im allgemeinen geringere Konzentration gelöster Stoffe
im Niederschlagswasser deutlich, allerdings von einigen Ausnahmen abgesehen,
auf die noch näher einzugehen ist. Darüber hinaus ist vielleicht noch folgendes
mitzuteilen: Die pH-Werte vom Input (die Mittelwerte) liegen im sauren Bereich
unter 6,6, z.T. sogar zwischen pH 5 und 6, und zwar besonders bei unseren
hessischen Stationen im oder am Rand des Verdichtungsraumes Rhein-Main-
Tiefland, aber auch in südlichen Teilen des Mittelgebirges z.B. im Odenwald. Ursache dafür dürfte in entfernter entstehenden Emissionen aus industriellen und
urbanen Verdichtungsräumen des Rhein-Neckar-Gebietes zu sehen sein. Die
Bodensickerwässer des Outputs werden dagegen durch Passage des Bodenprofils
durchweg alkalisiert und liegen zwischen pH 7 und 8, bei basischem Lößlehm
gelegentlich auch über pH 8 Für den Input zeigen unsere Meßstationen im übrigen den bekannten jahreszeitlichen Rhythmus mit meist relativ hohen SO_3-Konzen-
trationen zu Beginn des Abflußjahres (Herbst- und Wintermonate) und weniger
als halb so hohe Konzentrationen von Mai bis Oktober.

Entsprechend der bekannt leichten Auswaschbarkeit von Sulfat im Boden
wurden hohe Outputs auch bei Stationen mit geringer Grundwasserneubildung
festgestellt. Danach unterliegen nur Böden mit langfristig sehr geringer oder
fehlender Grundwasserneubildung der Gefahr einer hohen Sulfatanreicherung.

Der Gesamt-Stickstoff-Input, als $NO_3{}^-$ berechnet, ist in den Sommermonaten
gebietsweise recht hoch und kann dort nur teilweise durch allgemein bekannte
atmosphärische Vorgänge wie Gewitter und Austausch aus höheren Luftschichten
erklärt werden. Meist sprunghaft steigen die Werte von April nach Mai. Auffallend
hohe Eintragswerte wurden mit über 300 kg/ha · a in Nordhessen gefunden. Demgegenüber sind die Outputs an Gesamtstickstoff klein und liegen nur ausnahmsweise über 50 kg/ha·a bei verhältnismäßig leichten Böden.

Relativ hoch liegt gelegentlich auch der atmosphärische Eintrag von Phosphaten mit bis über 30 kg/ha·a gegenüber dem Gros unserer Stationen mit nie-
drigeren Werten zwischen 2-5 kg/ha·a. Diesen Inputwerten gegenüber ist der
Phosphatverlust im Output ganz allgemein sehr niedrig, nämlich meist weit unter
1 kg/ha·a. Nach diesen Befunden kann beispielsweise eine phosphatbedingte Gewässereutrophierung nicht hauptsächlich auf intensive Nutzung und mangelnde
bzw. überforderte Filterwirkung der untersuchten Ökosysteme zurückgeführt
werden.

Der Vergleich der hier mitgeteilten Grenzkonzentrationen gelöster Stoffe von
Niederschlag und Sickerwasser läßt natürlich insofern noch keine in sich geschlossene Betrachtung der Filterwirkung intensiv genutzter terrestrischer Ökosysteme zu, weil dem atmosphärischen Input mit den Niederschlägen der anthropogene Input mit Düngemitteln hinzugerechnet werden muß. Dies betrifft insbesondere natürlich Stickstoff, Phosphor und Kalium, daneben Kalzium und
heutzutage auch Magnesium sowie die meist zugehörigen Düngemittel-Anionen
Sulfat und (das hier nicht mituntersuchte) Chlorid. Ohne diesen Beitrag des

426

anthropogenen Düngemittel-Inputs intensiv genutzter terrestrischer Ökosysteme
im einzelnen hier nun zu vertiefen, wird für den Stoffoutput anhand der hier
mitgeteilten Grenzkonzentrationen gelöster Stoffe im Sickerwasser eines aber
ganz deutlich: Erhöhte Stoffkonzentrationswerte finden wir nur bei den Stoffen,
die auch durch die Ökosysteme selbst, und zwar durch natürliche Bodenverwitterung bei Passage der Niederschläge durch den Boden an das Grundwasser hin
abgegeben werden, so daß für diese Stoffgruppe eine Filterwirkung ohnehin
nicht oder nur nach Maßgabe der Ernteentzüge im Vergleich zur Düngemittel-
aufwandmenge zu konstatieren wäre. Wo aber trotz hoher Düngemittelaufwendung
im Sickerwasser gleichhohe oder niedrigere Konzentrationswerte angetroffen
werden als im Niederschlag — dies trifft insbesondere für Phosphat und Nitrat
zu —, muß von einer chemischen Filterwirkung auch intensiv genutzter terrestrischer Ökosysteme gesprochen werden, unbeschadet der Tatsache, daß Sicker-
wässer aus extensiv genutzten oder naturnahen Ökosystemen im allgemeinen hier
durchaus noch niedrigere Gesamtwerte zeigen mögen. Ja, es liegt sogar der Ver-
dacht nahe, daß Kulturen mit hohem Stickstoffbedarf auf entsprechend gut
nährstoffversorgten Böden ganz wesentlich die stoffliche Filterfunktion mitbe-
stimmen und daß bei abrupter Beendigung der intensiven Nutzung, also beim
Übergang zur Brache oder bei einer Aufforstung, dann nicht mehr benötigte
Nährstoffreserven des Bodens in erhöhtem Maße, und wie wir glauben vermuten
zu dürfen, auch mit jahrzehntelanger Nachwirkung mit dem Sickerwasser zum
Grundwasser hin ausgetragen werden.

Die Frage der Filterwirkung intensiv genutzter terrestrischer Ökosysteme auf
die Grundwasserneubildung ist nun nicht nur im Hinblick auf eine subsequente
Gewässerbelastung und Eutrophierung von Intresse, sie interessiert vielmehr
insbesondere im Hinblick auf die stoffliche Qualität des Grundwassers und dessen
Benutzung als Trinkwasser. Demnach sind die hier gemessenen Stoffkonzentrationen in den Sickerwässern aus intensiv genutzten terrestrischen Ökosystemen
unmittelbar an den Trinkwassergüte-Standards zu messen, welche in unserem

Tabelle 3. Jahresmittelwerte der Konzentrationen gelöster Stoffe (mg/l)

| | im Niederschlag | Grünland | im Sickerwasser aus: Ackerland | | |
			schweren Böden	mittleren Böden	leichten Böden
Zahl der Stationen:	20	7	8	3	2
SiO_2	< 5	9	6	11	7
Al_2O_3	< 9	< 9	< 9	< 9	< 9
Fe_2O_3	2	3	3	3	3
MnO	0,1	0,06	0,1	0,07	0,03
MgO	1	30	33	20	18
CaO	5	60	82	107	133
Na_2O	2	9	20	18	19
K_2O	3,5	2	2	3	10
P_2O_5	1	0,05	0,06	0,05	0,03
SO_3	20	55	85	64	75
NO_3	25	6	16	21	14

Kultur- und Lebensraum normativ bestehen bzw. festzusetzen sind. Macht man
dies am Beispiel der Nitrat-Belastung als einem der wesentlichsten hier berührten
Stoffmerkmale, so fällt auf, daß der nach Deutschem Recht festgesetzte Grenzwert von 50 mg/l — der WHO-Standard liegt bei 50-100 mg/l — gelegentlich
schon erreicht und überschritten wird. Berücksichtigt man aber, daß im Grundwasser selbst sowohl eine mikrobielle Nitratreduktion und Stickstoffreisetzung
möglich ist als auch ein zeitlicher und mengenmäßiger Ausgleich von Konzen-
trationsschwankungen selbstverständlich stattfindet, so ergibt sich im Hinblick
auf die hier zu betrachtenden Jahresmittelwerte der Konzentrationen (Tabelle 3),
daß diese intensiv genutzten terrestrischen Ökosysteme ein trinkwassertaugliches
Sickerwasser lieferten. Es wird daraus im Gegensatz zu häufig geäußerten Vorstellungen deutlich, daß hier noch teilweise erhebliche Reserven der Belastbarkeit vorliegen.

Es soll in diesem Zusammenhang nun nicht das Problem der Intensivierungs-
reserven in unserer Kulturlandschaft angesprochen werden, wohl aber die Frage,
inwieweit unsere Kulturlandschaft umwelttechnisch weiterhin belastbar ist. Wir
sind dabei, diese Frage mit gleicher Lysimetertechnik am Beispiel der Anwendung
eines städtischen Strohklärschlammkompostes (Klausing et al. 1974, Noltze
1975, Hess. Landesanst. R. Umwelt 1975) auf intensive Landnutzungs-
formen zun untersuchen. Die ernsten Ergebnisse aus dieser Untersuchung be-
vorkommende Schwermetall Chrom wird von den bisher von uns untersuchten
Kulturpflanzen nur in äußerst geringem und in keinem höheren Maße als bei den
Null-Kontrollen aufgenommen. Wuchsschäden wurden nicht beobachtet, eine
Ertragssteigerung war deutlich. Die Frage einer Schadstoffakkumulation im Boden kann noch nicht ganz abschließend beurteilt werden. Es sieht aber nicht so
aus, als ob hier eine Ökosystem-unverträgliche Schadstoffakkumulation bei An-
wendung dieses Kompostes etwa vergleichbar der Anwendung von Stallmist in
Intensivkulturen zu befürchten ist. Die Nitratausträge aus diesem Klärschlamm-
kompost führen aber bei periodischer Aufwandmenge von 1000 dz/ha dieses
Kompostes zu Nitratkonzentrationen im Sickerwasser, die die Grenzwerte der
zulässigen Trinkwasserbelastung nach Deutschem Recht zeitweise (nach WHO-
Standard gelegentlich) überschreiten. Daß die Anwendung von Komposten als
Recycling-Produkten uns ökologisch wie auch ökotechnisch generell sinnvoll
erscheinen will, kann nicht darüber hinwegtäuschen, daß unbeschadet einer
zweifellos vorliegenden weiteren Belastbarkeit unserer Kulturlandschaft
hier örtlich und temporär Grenzen- und Schwellenwerte erreicht werden können,
die nicht mehr allein nach Maßgabe der Ökosystemverträglichkeit beurteilt
werden können. Umwelttechnische Grenzwerte und Grenzziehungen, wie sie z.B.
durch die Ausweisung von Trinkwasserschutzgebieten rechtskräftig vorgenommen
werden, können der Phantasie des Ökologen durchaus schon Grenzen setzen.

Literatur

Klausing, O. & G. Salay (1974): Die Abhängigkeit der Grundwasserneubildung von Vege-
    tation und Bewirtschaftung. *Allg. Forstz.* 29: 1091–1094.
Klausing, O. & G. Salay (1976): Die Messung des Wasserumsatzes im Felde. I. Klimatische

Wasserbilanz. *Dtsche Gewässerk. Mitt. (DGM)* 20: 1–7; II. Bodenfeuchte. *DGM* 20: 80–79; III. Reale Wasserbilanz. *DGM* 20: 100–111.

Klausing, O., H. Knipping & H. Noltze (1974): „BIO-MIST" aus Schlamm und Stroh. *Umwelt* 5: 29–30.

Noltze, H. (1975): Die gemeinsame Kompostierung von Abfallstroh und Klärschlamm. *Wasser u. Boden* 5: 110–112.

Umwelt Hess. Landesanst. f. (1975): Stroh + Klärschlamm = BIO-MIST. Bericht über die Arbeitstagung „Umweltgerechte Stroh. u. Klärschlammverwertung nach dem BIO-MIST-Verfahren" am 1.10.1074, Bad Homburg v.d.H/Wiesbaden.

Anschrift der Verfasser:

Dr. Otto Klausing und Dipl.-Biol. Albrecht Weiss, Hess. Landesanstalt für Umwelt, Mühlgasse 4-6, 62 Wiesbaden.

Sonderdruck: Verhandlungen der Gesellschaft für Ökologie, Göttingen 1976.

VERTIKALE VERLAGERUNG GELÖSTER STOFFE UNTERHALB DES WURZELRAUMES UND GRUNDWASSERBELASTUNG

O. STREBEL & M. RENGER*

Abstract

The „solute load" from unsaturated soil to groundwater table is very important figure for groundwater pollution problems. This can be measured by separate determinations of the vertical water flux and the solute concentration (with suction probes). An example for a gley-podzol sandy soil under arable cultivation is given (Fig. 1). Furthermore, the problem of climatically induced average values, and extreme values resp., of the yearly „solute load" is discussed by means of frequency distribution statistics. Finally, it is pointed out that the actual condition of the whole aquifer, his „solute load capacity", should be taken into consideration when considering „solute load" values.

1. Einleitung

Zur Beurteilung einer Grundwasserbelastung durch vertikale Verlagerung gelöster Stoffe unterhalb des Wurzelraumes benötigt man Daten über die Anlieferung dieser Stoffe an die Grundwasseroberfläche als Funktion der Zeit. Soweit es sich um standorts- bzw. nutzungsspezifische Probleme handelt, führen großräumige Gebietsuntersuchungen nicht zum Ziel. In solchen Fällen muß man an kleinen repräsentativen Testflächen Sickerrate und Konzentration im Sickerwasser in entsprechender Tiefe bestimmen.

Die jährliche Sickerwassermenge und damit die Stoffanlieferung an die Grundwasseroberfläche sind jedoch unter sonst gleichen Bedingungen von den jeweiligen Witterungsverhältnissen abhängig. Deshalb sind häufigkeitsstatistische Untersuchungen notwendig, um aus kurzfristigen (z.B. ein- bis zweijährigen) Messungen langfristig gültige Mittelwerte bzw. die ebenso wichtigen Extremwerte abschätzen zu können.

Schließlich muß man bei der Beurteilung einer bestimmten Stoffanlieferung an die Grundwasseroberfläche auch die bereits vorhandene Vorbelastung des gesamten Grundwasserkörpers (z.B. Höhe *und* Tiefenfunktion der Stoff-Konzentration im Aquifer) berücksichtigen. Von diesen Daten hängt die „Belastbarkeit" des Aquifers ab.

Am Beispiel von Untersuchungen über die Nitratverlagerung in Sandböden sollen im folgenden einige methodische Aspekte dieser vorher genannten drei Probleme näher behandelt werden.**

* Der Deutschen Forschungsgemeinschaft danken wir für die finanzielle Unterstützung der Untersuchungen.

** Ausführliche Darstellung der erzielten Ergebnisse wird an anderer Stelle erfolgen.

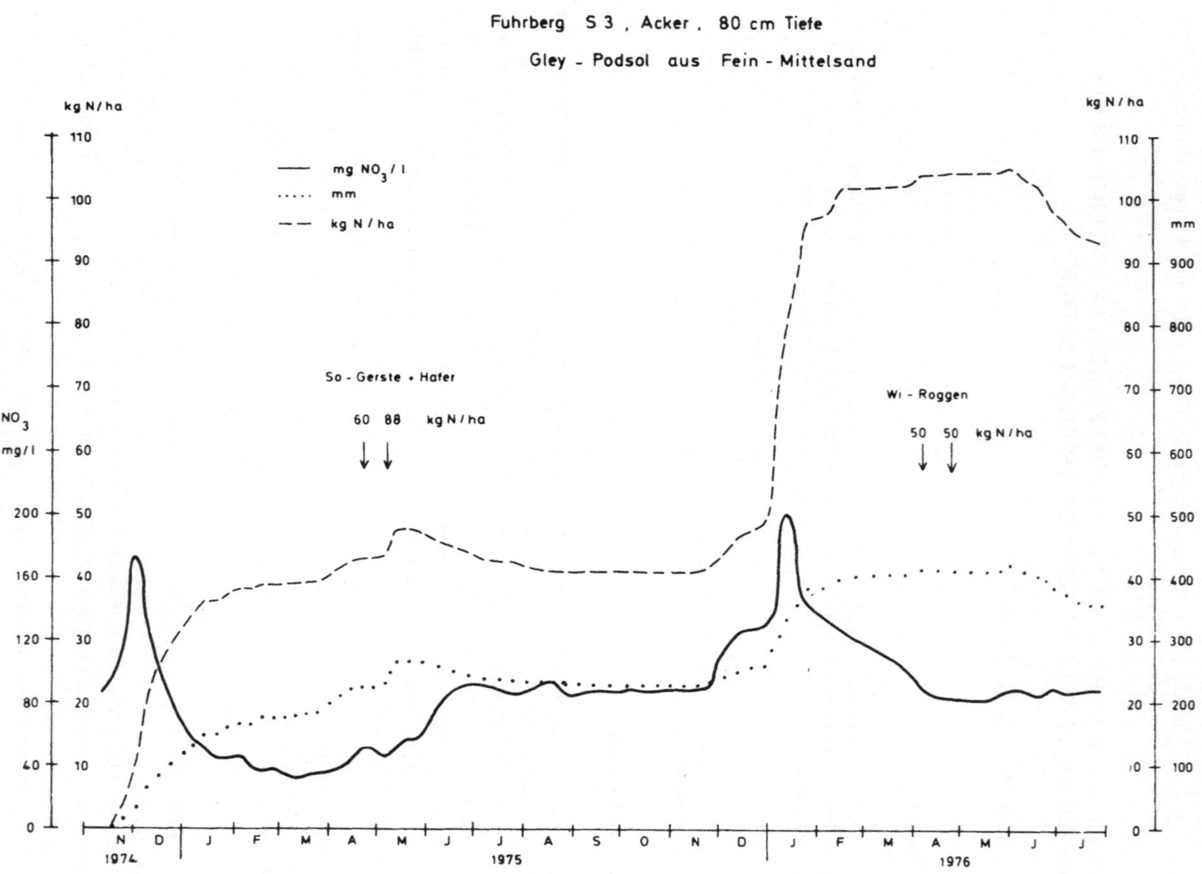

Abb. 1. Nitratkonzentration (mg NO$_3$/l) und Summenkurven für Sickerwassermengen (mm) und Nitratauswaschung (kg N/ha) bei einem Gley-Podsol aus Fein- bis Mittelsand unter Ackernutzung.

432

2. Bestimmung des vertikalen Stofftransports

Wegen der lysimetereigenen Probleme, die bereits verschiedentlich kritisch erörtert wurden (z.B. van Bavel 1961, Lützke 1965, Strebel et al. 1973) benutzen wir eine kombinierte Geländemethode, die zudem nur einen sehr geringen Eingriff in den Boden notwendig macht. Dabei gehen wir von der vereinfachenden Annahme aus, daß der Stofftransport im wesentlichen durch Massenfluß erfolgt und mit dem Produkt aus Wasserfluß und Konzentration genügend genau erfaßt ist. Dies trifft nach Berechnungen der Chloridbilanz unterhalb des Wurzelraumes weitgehend zu (Strebel & Renger 1976).

Zur Bestimmung der Konzentration wird die Bodenlösung aus mehreren Tiefen wöchentlich einmal mit 4-6 Parallelen entnommen. Als Saugkörper verwenden wir kleine (40 mm, ϕ 25 mm) Zellen aus Nickelsintermetall (Porenvolumen < 1 cm^3, Wasserleitfähigkeit 0,3-1 cm/Tag). Während der 1-4 tägigen Ansaugperiode werden die Differenz $\Delta\psi$ zwischen Bodenwasserspannung und angelegtem Unterdruck möglichst klein gehalten und nicht mehr als ca. 50 ml in die Bodensonde eingesaugt.

Die vertikale Wasserbewegung wird über regelmäßige Wasserspannungsmessungen (Tensiometer) und Wassergehaltsmessungen (z.T. Neutronensonde, z.T. Gamma-Doppelsonde) in verschiedenen Tiefen ermittelt (vgl. Giesel et al. 1970, Renger et al. 1975). Unterhalb des Wurzelraumes ist eine „Senke" infolge Wasserentzugs durch die Wurzeln nicht vorhanden, der Gesamtwasserfluß ist identisch mit dem kapillaren Wasserfluß.

In Abb. 1 ist der Ablauf der Nitratauswaschung bei einem Gley-Podsol aus Sand unter Ackernutzung dargestellt. Der Flurabstand des Grundwassers schwankt zwischen 80 und 180 cm Tiefe. Unsere Bezugstiefe ist 80 cm und unterhalb des Wurzelraumes. Die wöchentlichen Meßdaten sind der Übersichtlichkeit wegen in die Kurve der Nitratkonzentration und in die Summenkurven für Sickerwassermenge und Nitratauswaschung nicht eingetragen. Bei diesem grundwassernahen Standort entspricht der Konzentrationsverlauf sogenannten „Durchbruchskurven". Wenn eine Nitratfront die Untersuchungstiefe erreicht hat (Nov./Dez. 1974, Dez. 1975/Jan. 1976), erfolgen kurzfristige und starke Konzentrationsänderungen, die nur bei einer entsprechend hohen zeitlichen Meßdichte richtig erfaßt werden. Weiterhin ist festzustellen, daß zwischen der Konzentration und der jeweiligen Sickerrate (= der Steilheit der Versickerungssummenkurve) keine feste Beziehung besteht. Eine Berechnung der Nitratauswaschung aus der mittleren Konzentration über längere Perioden (z.B. mehrmonatiges Mittel) und der jeweiligen Sickerwassermenge dieser Perioden würde deshalb zu deutlichen Fehlern führen. Schließlich treten Perioden mit abnehmenden Summenkurven auf, die durch kapillaren Aufstieg aus dem Grundwasser verursacht sind. Z.B. stiegen von Mai-Nov. 1975 38 mm (7 kg N/ha) und von Mai-Aug. 1976 61 mm (12 kg N/ha) nach oben. Dieser kapillare Aufstieg kann z.B. mit normalen Lysimetern nicht erfaßt werden. Beispiele für den Ablauf der Nitratauswaschung bei grundwasserfernen Standorten bzw. bei unterschiedlicher Bodennutzung sind bei Strebel et al. (1975) zu finden.

3. Abschätzung von witterungsbedingten langfristig gültigen Mittelwerten und von Extremwerten der Stoffauswaschung

Für eine Abschätzung von langfristig gültigen Mittelwerten bzw. von Extremwerten, die bei sonst gleichen Bedingungen ausschließlich witterungsbedingt sind, benötigt man zunächst einmal die Häufigkeitsverteilung der jährlichen Sickerwassermenge. Diese Häufigkeitsverteilung läßt sich über die klimatische Wasserbilanz unter Berücksichtigung der pflanzenverfügbaren Wassermenge des Bodens berechnen (Renger et al. 1974).

In der folgenden Tabelle ist als Beispiel die Häufigkeitsverteilung der jährlichen Sickerwassermengen für den Gley-Podsol-Standort der Abb. 1 für den Zeitraum 1955-1971 zusammengestellt:

Häufigkeit in %	10	20	33	50	33	20	10
mm/Jahr	385	325	255	190	115	70	20

Ein Vergleich mit den gemessenen Sickerwassermengen (Abb. 1) zeigt, daß dieser Wert mit 232 mm für den Zeitraum Nov. 1974-Nov. 1975 etwas über dem langjährigen Mittel (50% Häufigkeit) liegt, während er für 1975/76 mit ca. 120 mm deutlich niedriger ist. Wenn unter sonst gleichen Bedingungen eine enge Beziehung zwischen Jahressickerwassermenge und jährlicher Stoffauswaschung besteht, so könnte man über die Häufigkeitsverteilung der Jahressickerwassermengen auch die der jährlichen Stoffauswaschung abschätzen, also aus kurzfristigen Meßdaten langfristige Mittel- und Extremwerte ausrechnen. Über eine solche Beziehung liegen bisher jedoch noch kaum Daten vor. Unterstellt man einmal eine annähernd lineare Beziehung, wie sie Kolenbrander (1969) fand, so ergäbe sich in unserem Fall folgende Häufigkeitsverteilung der jährlichen Nitratauswaschung:

Häufigkeit in %	10	20	33	50	33	20	10
kg N/ha u. Jahr	68	57	45	34	20	13	4

4. Stoffkonzentration als Funktion der Tiefe im gesamten Aquifer

In Abb. 2 sind für drei in Grundwasserfließrichtung angeordnete Meßstellen die Nitratkonzentrationen als Funktion der Tiefe eingetragen. Unter dem Waldstandort ist keine Nitratbelastung des Grundwassers vorhanden, das Grundwasser gelangt also ohne Vorbelastung in den Bereich des Gebietes mit Ackernutzung.

Bei den beiden Ackerstandorten dagegen kann man im oberen Bereich des Aquifer deutlich höhere Nitratkonzentrationen und damit eine gewisse Belastung erkennen. Dieser Befund entspricht der Vorstellung, daß das an die Grundwasseroberfläche angelieferte Nitrat im Bereich nahe der Grundwasseroberfläche verbleibt. Es ist allerdings noch nicht eindeutig geklärt, warum entgegen den

Erwartungen diese Belastung bei dem Standort Fuhrberg Nord 5 offensichtlich
weniger tief reicht als bei Fuhrberg Süd 3.

Für die Beurteilung einer Nitratbelastung mit dem Sickerwasser (also einer
bestimmten Nitratanlieferung) spielt die bereits vorhandene Vorbelastung des
Grundwassers eine wesentliche Rolle. Ein vorbelasteter Aquifer weist unter
sonst gleichen Bedingungen eine geringere „Belastbarkeit" auf als ein weitgehend
unbelasteter Aquifer. Die Vorbelastung hängt u.a. sehr stark von Größe sowie
von Nutzungsformen und -intensität des gesamten Grundwassereinzugsgebiets
oberhalb der Meßstelle ab. Fließgeschwindigkeit, Grundwasserchemismus sowie
mögliche Mischungs-, Retentions- und Abbauprozesse für den jeweiligen Stoff
beeinflussen die „Belastbarkeit" eines Aquifers ebenfalls sehr stark.

5. Zusammenfassung

Im Zusammenhang mit Grundwasserbelastungsproblemen ist die Stoffanlieferung
an die Grundwasseroberfläche von großer Bedeutung. Dazu wurde eine kombinierte Methode zur Bestimmung von vertikaler Wasserbewegung und Stoffkon-
zentration an einem Beispiel erläutert. Weiterhin wird eine Möglichkeit für die
Abschätzung von klimatisch bedingten Mittel- und Extremwerten der jährlichen
Stoffauswaschung über häufigkeitsstatistische Untersuchungen diskutiert. Abschließend wird auf die unterschiedliche „Belastbarkeit" von Grundwasserkör-
pern hingewiesen.

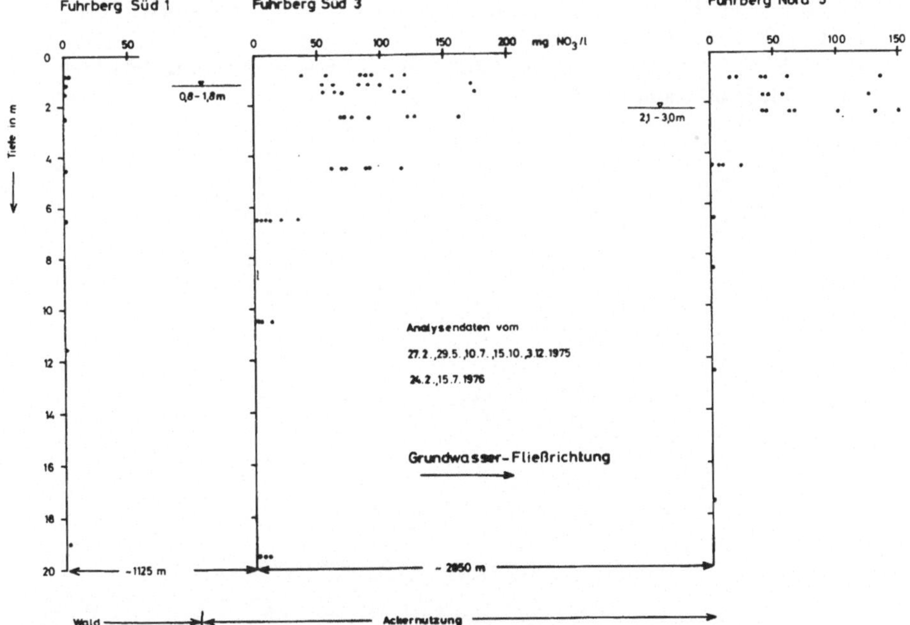

Abb. 2. Nitratkonzentration im wasserungesättigten Boden und im Grundwasser als
Funktion der Tiefe bei einem Wald- und zwei Acker-Standorten.

Literatur

Giesel, W., S. Lorch, M. Renger, & O. Strebel, (1970): Water-flow calculations by means of gamma-absorption and tensiometer field measurements in the unsaturated soil profile. Isotope Hydrology 1970, IAEA Wien, 663—672.

Kolenbrander, G.J. (1969): Nitrate content and nitrogen loss in drainwater. *Neth. J. agric. Sci.* 17: 246—255.

Lützke, R. (1965): Über die Tauglichkeit der Lysimetermethode für Wasserhaushaltsuntersuchungen. Vergleichsmessungen mit Groß- und Kleinlysimetern. *Bes. Mitt. z. Gewässerkdl. Jb. der DDR* 4: 4—43.

Renger, M., O. Strebel, & W. Giesel, (1974): Beurteilung bodenkundlicher, kulturtechnischer und hydrologischer Fragen mit Hilfe von klimatischer Wasserbilanz und bodenphysikalischen Kennwerten. 4. Bericht: Grundwasserneubildung. *Z. f. Kulturtechnik u. Flurber.* 15: 353—366.

Renger, M., O. Strebel, W. Giesel, & J. von Hoyningen-Huene, (1975): Bestimmung der Wasserhaushaltskomponenten von Böden (Verfahrensvergleich). *Mitt. Deutsch. Bodenkundl. Ges.* 22: 113—120.

Strebel, O., M. Renger, & W. Giesel, (1973): Bestimmung des vertikalen Transports von löslichen Stoffen im wasserungsättigten Boden. *Wasser u. Boden* 25: 251—253.

Strebel, O., M. Renger, & W. Giesel, (1975): Vertikale Wasserbewegung und Nitratverlagerung unterhalb des Wurzelraumes. *Mitt. Deutsch. Bodenkundl. Ges.* 22: 277—286.

Strebel, O. & M. Renger, (1976): Kapillarer Aufstieg und Stoffbilanzen unterhalb des Wurzelraumes. *Mitt. Deutsch. Bodenkundl. Ges.* 23: 89—94.

Van Bavel, C.H.M. (1961): Lysimetric measurements of evapotranspiration rates in eastern United States. *Soil Sci. Soc. Amer. Proc.* 25: 138—141.

Anschrift der Verfasser:

Dr. O. Strebel, Bundesanstalt für Geowissenschaften und Rohstoffe, Postfach 51 01 53, 3000 Hannover 51

Dr. M. Renger, Niedersächsisches Landesamt für Bodenforschung, Postfach 51 01 53, 3000 Hannover 51

Sonderdruck: Verhandlungen der Gesellschaft für Ökologie, Göttingen 1976.

DER LANGSAM-SANDFILTER — EIN EXTREMBIOTOP

M. NOLL

Abstract

The effect of purification by slow sand filters consists mainly of biological degradation. The non-bacterial growth of the surface is influenced by various environmental effects. This is shown by study of the biocoenoses of slow sand filters under different conditions. Three biocides: Lindane, Diuron and Dimethoate are added to water in subtoxic concentrations. This experiment shows the sensitivity of the biocoenoses of slow sand filters.

Die Langsamsandfiltration ist ein Verfahren zur Reinigung von Oberflächenwasser, bei dem das Wasser mit einer Geschwindigkeit von 0,1 — 0,2 m/h versickert, d.h. es werden höchstens 7 m/Tag, in der Regel 2,5 — 5 m durchgesetzt. Aufgrund der langsamen Fließgeschwindigkeit können intensive biologische Abbauvorgänge stattfinden. An der Oberfläche und in den oberen Zentimetern ist die stärkste Ablagerung von organischer Substanz und damit die dichteste Besiedlung mit Organismen zu finden. Dient die Langsamsandfiltration der künstlichen Anreicherung von Grundwasser, schneiden die Filterbecken den Grundwasserleiter an (Abb. 1). Den Übergang zwischen Becken und Boden bildet bei grobporigem Untergrund eine Stützschicht aus Kies, während der eigentliche Filterkörper von 0,7-1 m Stärke aus Sand von 0,5-1 mm Korngröße besteht. Unbehandeltes oder vorfiltriertes Flußwasser wird im vorliegenden Fall über eine Belüftungskaskade auf die Filteroberfläche geleitet und zur Versickerung gebracht.

Außer physikalischen und chemischen Untersuchungen wurden schon früh biologische Untersuchungen am Langsamsandfilter durchgeführt. Es sind die Arbeiten von Stromeyer (1897) und von Kemna (1899) zu nennen. Sie beschäftigen sich weitgehend mit der Besiedlung der sog. „Schmutzdecke", der man lange Zeit eine entscheidende Wirkung bei der biologischen Selbstreinigung zuschrieb. Die zunehmende Kenntnis der Selbstreinigung im allgemeinen und verfeinerte Methoden chemischer und mikrobiologischer Bestimmungen brachten aber eine Revision dieser Ansichten:

Die Sauerstoffproduktion der Algen über der Filteroberfläche kann nur unter günstigen Bedingungen als echter Gewinn angesehen werden und die ursprüngliche Vorstellung, hiermit könne auch die Keimeliminierung erklärt werden, war schon zu Beginn dieses Jahrhunderts als nicht mehr haltbar angesehen worden.

Heute weiß man, daß die entscheidenden Abbauvorgänge bis zu 15 cm unterhalb der Sandoberfläche stattfinden und daß selbst in größerer Tiefe bei etwa 40 — 60 cm noch einmal höhere Keimzahlen zu beobachten sind. Nach Unter-

suchungen von Schmidt (1966) ist in der oberen aktiven Schicht eine Anreicherung von thermophilen und polytrophen Keimen festzustellen, während ab
40 cm die psychrophilen und oligotrophen Keime vorherrschen. Es liegen im
Gesamtraum verschiedene Organismengesellschaften vor, die jeweils auf ihre
Weise an der Selbstreinigung beteiligt sind.

Die Ergebnisse von Schmidt über die Bakterienflora der Langsamsandfilter
lassen sich sehr gut mit denen von Husmann (1966) über die Besiedlung der
Langsamsandfilter mit Grundwasserorganismen vereinbaren: Mesosaprobe Grundwasserorganismen ergänzen mit zunehmender Tiefe die Bakterien in der Minera-
lisationstätigkeit, während in der Zone der oligosaproben und psychrophilen
Grundwasserbakterien oligosaprobe echte Grundwassertiere dominieren.

Über die Funktion des Langsamsandfilters läßt sich heute folgendes Bild
entwerfen: Außer einer Rückhaltung von Schwebestoffen an der Oberfläche und
einer physikalischen Adsorption auch gelöster Wasserinhaltsstoffe bis hin zu
Umweltchemikalien, wie Pestiziden und anderen, findet im Filterkörper ein
biologischer Abbau statt. Dieser wird bewirkt durch saprotrophe Bakterien, die
sich als biologischer Bewuchs auf den Sandkörnern und den darauf abgelagerten
kleineren mineralischen und organischen Teilchen absetzen. Mit an den Reini-
gungsprozessen beteiligt sind protozoische und mit zunehmender Tiefe die
genannten metazoischen Grundwasserorganismen. Die so geschilderten, für die
Reinigungsleistung verantwortlichen Biozönosen sind erwartungsgemäß weitgehend abhängig von den durch die Filteroberfläche auf sie einwirkenden
Umweltbedingungen. So ist ein ausreichender Sauerstoffgehalt des infiltrierenden
Wassers und eine nicht zu hohe organische Belastung entscheidend. Nur so sind

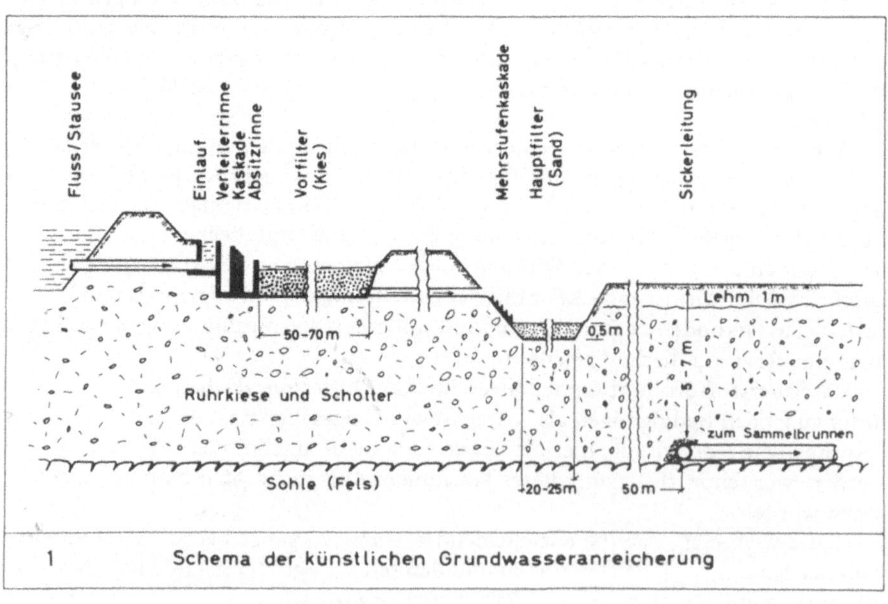

1   Schema der künstlichen Grundwasseranreicherung

aerobe Abbauvorgänge bis zu mineralisierten Endprodukten und gelöstem Kohlendioxid möglich (Abb. 2).

Dieser Hintergrund und die Arbeiten von Strohmeyer (1897), Kemna (1899) und Wautier (1949) der die Biologie der Filter zum ersten Mal unter ökologischem Aspekt untersuchte, konnten Grundlage und Vergleich sein für die Arbeiten, die im Institut für Wasserforschung der Dortmunder Stadtwerke AG. durchgeführt wurden. Es wurde die Besiedlung von Langsamsandfiltern verschiedener Betriebsweisen — überstaut, intermittierend — untersucht (Noll 1974).

Physikalische Bedingungen, wie Strömungsverlangsamung, eine leichte Strömung nach unten infolge der Versickerung und ein günstigeres Lichtangebot infolge der Sedimentation von Trübstoffen wirken einerseits bestimmend für die Besiedlung, andererseits aber werden ständig Nährstoffe zugeführt und Exkretstoffe abgeführt (Abb. 3).

Dies ist eine Tatsache, die Schmidt (1966) bei der Beschreibung des Langsamsandfilters als offenem biologischen System unter dem Gesichtspunkt der Eutrophierung herausgestellt hat.

Unter den von Wautier eingegrenzten Bedingungen bildet sich bei einem Überstau von 1 m, der über längere Zeit erhalten bleibt, ein Lebensraum aus, der dem eines Teiches entspricht. Sind die Becken sehr lang gestreckt (zwischen 400 und 1000 m), so kann bei Beschickung von einer Seite infolge des langsamen

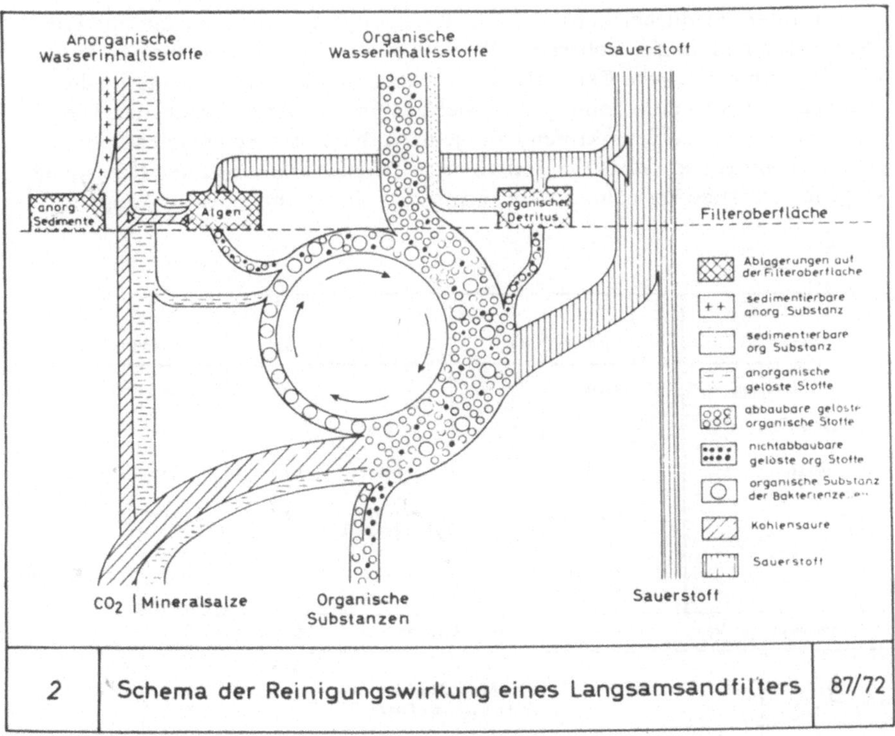

| 2 | Schema der Reinigungswirkung eines Langsamsandfilters | 87/72 |

Durchströmens des Wassers sogar eine meßbare Selbstreinigung an der Oberfläche stattfinden. Dies dokumentiert sich in einer sichtbaren Artenverschiebung (Noll 1972).

Unter den geschilderten Bedingungen bildet sich ein komplexes Gefüge von Lebensgemeinschaften aus: Das Freiwasser wird von einem echten Teichplankton besiedelt (Abb. 4). Hier wird der Produzentenanteil vom Herbst bis zum Frühjahr von Kieselalgen bestimmt (*Asterionella, Synedra, Fragilaria* sp.). Im Sommer dominieren je nach Reinheitsgrad protococcale Grünalgen (*Scenedesmus, Richteriella, Ankistrodesmus* spec.) oder Blaualgen (*Oscillatoria, Merismopedia, Microcystis*). Ist der pH-Wert niedrig, sind zu allen Jahreszeiten Geißelalgen, und zwar einzellige (*Peridinium, Cryptomonas* spec.) wie auch kolonienbildende (*Synura, Dinobryon*) anzutreffen. Die gesamten photoautotrophen Organismen spielen je nach ihrer Dominanz eine Rolle für die Ernährung der tierischen Planktonfresser.

Der überstaute Langsamsandfilter enthält also trotz der erwähnten Extrembedingungen noch sehr komplexe Biozoenosen, wobei lediglich mit abnehmender Überstauhöhe Formen, die dem Sog nach unten weniger aktiv entgegenwirken und auch nicht zur benthischen Lebensweise übergehen können, verschwinden. Damit entwickeln sich dann solche Organismen, die den Verhältnissen — Strahlung und Nahrungsangebot — besser angepaßt sind, massenhaft. In länger überstauten Becken können sogar empfindlichere Organismen, wie Köcherfliegenlarven, zur Entwicklung kommen.

Mit unterschiedlicher Betriebsweise (flacher kurzzeitiger Überstau mit Trockenphasen und im gleichphasigen Rhythmus intermittierender Überstau) ergeben sich nun zusätzliche Extremfaktoren (Abb. 3). Damit wird einerseits die Artenzahl eingeschränkt, andererseits werden einzelne Arten begünstigt. Die Kombination der Außenfaktoren kann je nach Betriebsweise hemmend oder fördernd wirken, so daß es theoretisch sogar möglich wäre, eine den Reinigungsvorgang fördernde Besiedlung zu begünstigen. Für die untersuchten Langsam-

Faktor	Langzeitüberstaut	Kurzzeitüberstaut	Intermittierend
Horizontalströmung	kaum +	stark ±	wechselnd ±
Vertikalströmung	kaum +	stark −	stark
Feuchtigkeit	immer +	meist ±	wechselnd −
Temperatur	ausgeglichen +	stark schwankend −	extrem −
Licht	abhängig von Sichttiefe −	extrem gut +	extrem gut +

− = hemmende Faktoren + = fördernde Faktoren ± = weder fördernd noch hemmend

| 3 | **Abiotische Wirkfaktoren** in Langsamsandfiltern | |

sandfilter spielt ein weiterer Faktor eine Rolle. Durch eine Vorfiltration wird die Menge der Schwebestoffe, die Zahl der Planktonorganismen aus dem Rohwasser herabgesetzt, so daß hier eine Sperre gegenüber den Besiedlern des Flußwassers besteht. Zwei wichtige Faktoren allerdings sind die Strömung und die Strahlungswirkungen. Bei dem nur geringen Überstau sind sowohl der Sog nach unten als auch eine horizontale Strömung auffallend. Damit werden eine Reihe planktischer Formen negativ beeinträchtigt und verschwinden. Copepoden und litorale Rädertiere überstehen den Sogeinfluß. Genauso gravierend wirkt sich die Strahlung aus. Bei kurzzeitigem flachen Überstau werden kurzwellige Strahlen so gut wie nicht absorbiert. Damit sind jene Formen im Vorteil, die dem gegenüber tolerant sind. Nicht auszuschließen ist für solche Organismen auch die Vertikalwanderung in den Sand hinein. Darauf verweisen Einzelbeobachtungen, und auch Vergleiche aus der Biologie des Watts können in diesem Zusammenhang interessant sein. Unbedingt als weiterer Extremfaktor zu berücksichtigen ist die unter Umständen sehr starke Erwärmung innerhalb eines Strahlungstages. Durch den kurzzeitigen Überstau ist die Lebensdauer der Besiedler eingeschränkt. Es dominieren letzten Endes litorale und benthische Organismen, die auf Trockenlegung entweder mit erfolgreicher Rückzugsbewegung in den noch feuchten Sand oder mit der Entwicklung von Dauerstadien reagieren, die schnell wieder aktiv werden können.

Die Besiedlung der intermittierend betriebenen Becken besteht aus Blaualgen

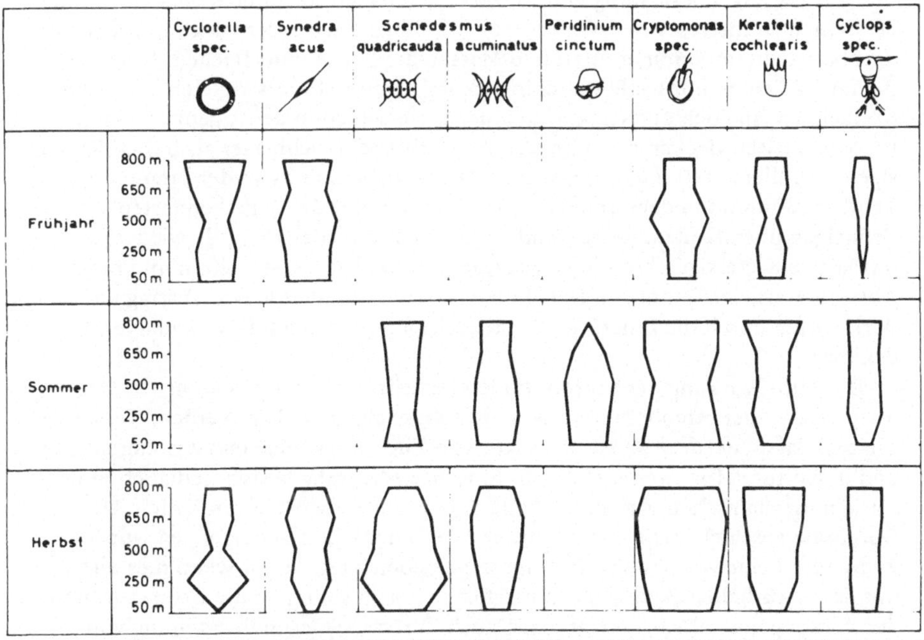

	Cyclotella spec.	Synedra acus	Scenedesmus quadricauda	acuminatus	Peridinium cinctum	Cryptomonas spec.	Keratella cochlearis	Cyclops spec.
Frühjahr								
Sommer								
Herbst								

4 — Veränderungen des Planktongehaltes im Überstau von Anreicherungsbecken (Noll 1968) — 1970 / 2

(Hormogonales), benthischen Kieselalgen, *Scenedesmus* sp., die im Sommer stark dominieren sowie Ulotrichales, litoral gebundenen Rädertieren, Copepoden, Nematoden und Olygochaeten. Für den Winter sind noch die Wimpertiere zu nennen.

Die Empfindlichkeit eines solchen Systems zeigt die Dosierung von drei Bioziden innerhalb eines halben Jahres auf einer Versuchsanlage. Konzentrationen, die im stehenden System subtoxisch wirkten, genügten im Fall von Lindan (0,1 ppm), Diuron (0,05 ppm) und auch Dimethoat (0,15 ppm), die Besiedlung zu verändern. So stellte sich auf dem mit Diuron behandelten Becken auch im Sommer sehr bald eine Dominanz von benthischen Kieselalgen, besonders *Navicula* und *Nitzschia* spec., ein. Hervorzuheben ist dabei die starke Verstopfung der Filteroberfläche durch Massenentwicklung der Kieselalgen. Während in dem Lindan-dosierten Becken, wo Arthropoden weitgehend fehlten und damit die Konsumententätigkeit auf Filtrierer eingeschränkt war, außer den genannten Organismen auch noch Grünalgen zu hohen Abundanzen kamen. Dies kann allerdings auf mechanische Effekte zurückzuführen sein. Die Störung der Konsumenten-Produzenten-Beziehung wird besonders deutlich im Verhältnis von Geißelalgen und Copepoden unter dem Einfluß einer Lindan-Dosierung. Das Fehlen der Konsumenten wirkte sich in starken Spitzen der Populationskurve bei *Cryptomonas* bzw. bei *Chlamydomonas* aus.

Bedenkt man, daß kleine begeißelte Algenformen besonders tief in den Filterkörper eindringen können und damit möglicherweise Betriebsstörungen auslösen, so ist diese Entwicklung nicht uninteressant. Einen besonders auffallenden Einfluß auf die Algenbesiedlung von Filterbecken haben Zuckmückenlarven, wobei ihr Fehlen zu interessanten Veränderungen führt. Larven der Gattung *Trissocladius* besiedeln im Sommer in großen Massen die Becken mit flachem Überstau. Bei ihrem Fehlen infolge Pestizideinwirkung ergab sich im Vergleich zum Kontrollbecken ein auch optisch auffallender Unterschied in der Algenbesiedlung. Im behandelten Becken konnten sich im Herbst sehr viel besser als üblich Kieselalgen, vor allem *Melosira*, durchsetzen. Dies war besonders an der braunen Farbe sichtbar, während in dem unbehandelten Becken nur die „mückenharten" Grünalgen überstanden. Diese Tendenz ist nicht unbedenklich, da wiederum fetthaltige Kieselalgen besonders gut lipophile Wirkstoffe speichern und beim Absterben wieder freisetzen. Daneben ist aber auch ein gewisser Austrag an Wirkstoffen durch die Emergenz der Kieselalgen-fressenden Insektenlarven denkbar.

Die Einzelwirkung der Chironomiden besteht in einer Abweidung des Algenmaterials, wobei offenbar vorwiegend die Kieselalgen verdaut werden. Versuche zeigten, daß *Scenedesmus* aus dem Kot von Zuckmückenlarven zu isolieren sind und in Kultur sofort weiterwachsen. Eine Beeinflussung besteht lediglich in der starken mechanischen Zusammenballung der noch lebensfähigen Zellen. Der Durchsatz geschieht sehr schnell, unter experimentellen Bedingungen wurde in 20 Minuten eine vollständige Darmpassage beobachtet. Selbst wenn dies nicht mit den natürlichen Bedingungen vergleichbar sein sollte, ist die Größenordnung der Wirkung vorstellbar und läßt sich auch durch die Gegenüberstellung von Algenwachstum und Zahl der Larven belegen (Abb. 5).

Eine nur einmalige kontinuierliche Messung zeigte die Rückwirkungen auf

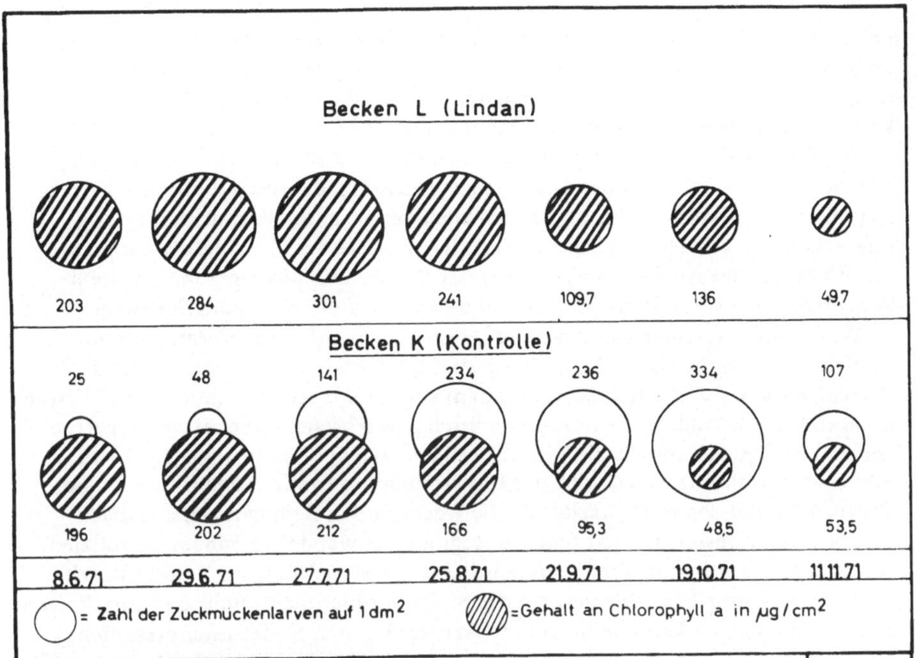

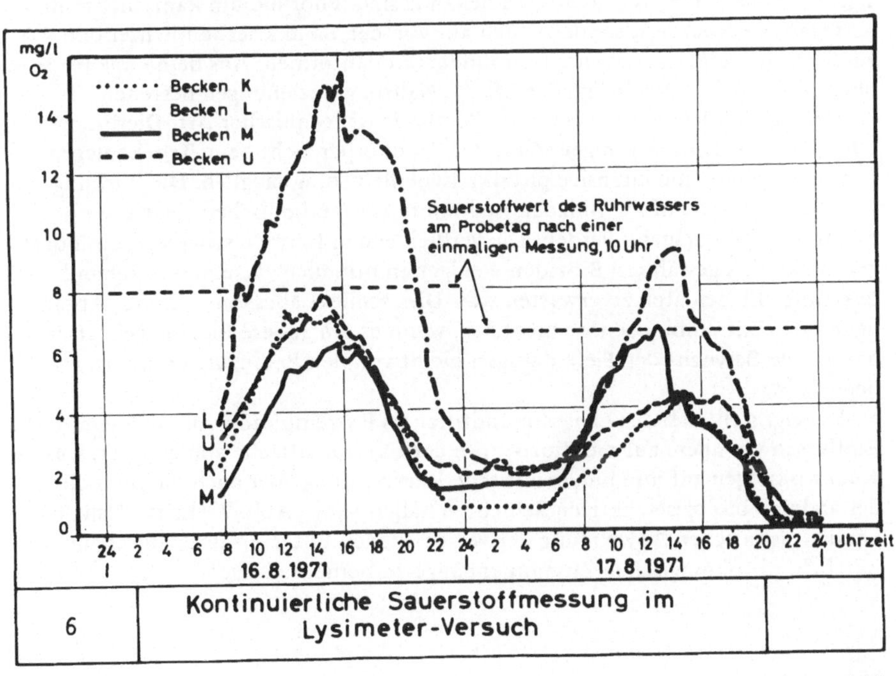

| 5 | Hemmung des Algenwachstums auf Langsamsand-
filtern durch Freßtätigkeit von Zuckmückenlarven | |

| 6 | Kontinuierliche Sauerstoffmessung im
Lysimeter-Versuch | |

den Sauerstoffeintrag (Abb. 6). Dabei ist allerdings auch die sehr starke Atmung
zu berücksichtigen, die aus einer Massenentwicklung resultiert. Fraglich erscheint,
ob der biogene Sauerstoffeintrag ein echter Vorteil ist, wobei die Schwierigkeiten beim Absterben großer Algenmassen nicht berücksichtigt sind.

An dem Beispiel überstauter bzw. intermittierender Langsamsandfilter zeigt
sich die Problematik jeglicher Umweltbeeinflussung, die sowohl unter der Fragestellung der Umweltverschmutzung als auch der gezielten Algenbekämpfung
interessant ist. Bei der eingeschränkten Artenzahl auf einem solchen Langsamsandfilter hat der Ausfall eines Gliedes der Biozoenose unweigerlich Rückwirkungen auf den Gesamtstoffwechsel und damit auf die Reinigungsleistung.

Wesentlich extremer werden diese Bedingungen auf dem intermittierend
betriebenen Langsamsandfilter: Hier fällt die Oberfläche im Tagesrhythmus
trocken bzw. sie wird überstaut, und damit wirkt der Austrocknungs- und Erwär-
mungsfaktor besonders. Es werden dadurch gewachsene Algenbeläge ausgetrock-
net und reißen auf, so daß die Filteroberfläche wieder durchgängig wird. An
intensiven Strahlungstagen wird die Erwärmung des Sandes verstärkt, d.h. die
Organismen müssen noch stärker an die wechselnden Bedingungen angepaßt
sein oder aber besser in noch feuchte Regionen abwandern können. Es vollzieht
sich unter diesen Bedingungen ein deutlich sichtbarer Übergang vom limnischen
zum Grenzbiotop Land/Wasser. An die Stelle der hier nicht mehr existenzfähigen
Zuckmückenlarven kann keine andere Art treten. Man findet Enchytraeiden,
die von dem erst abgestorbenen Material leben und sich vor Trockenheit in große
Tiefen zurückziehen können. Unter den Rädertieren verbleiben solche Formen,
die auch aus der Bodenfauna bekannt sind. Die eintönige autotrophe Besiedlung
besteht aus Blaualgen der Gattung *Phormidium* und *Hormidium* spec. als Grün-
alge, die beide auch als Bodenalgen bekannt sind. Phormidium kann nicht nur
sehr stark austrocknen, sondern auch aktiv in den Sand kriechen. Unter den
Kieselalgen findet man ebenfalls besonders Bodenformen. Aus dem Organismen-
bestand resultiert, daß lediglich einfache Nahrungsbeziehungen bestehen.

Der Vorteil der intermittierenden Methode ist technischer Art. Die Filteroberfläche verdichtet weniger stark, der Sandkörper zieht beim Trockenlegen
Luft und macht eine intensive physikalische Belüftung möglich. Die Wirkung
von Schadstoffen auf die Biozoenose konnte aus methodischen Gründen nur
orientierend untersucht werden. Die verbleibenden Formen scheinen zumindest
gegenüber den gewählten Bioziden weniger empfindlich zu sein, was anhand
bekannter Einzeldaten zu erwarten war. Dies schließt aber eine erhöhte Anfälligkeit der Extrembiozoenose nicht aus, wenn es um andere Biozide geht. Der
bakterielle Bewuchs der Tiefe dagegen bleibt von den Bedingungen weniger
beeinflußt.

Es zeigt sich, daß der Langsamsandfilter als Extrembiotop von mannigfaltigen
Einflüssen vor allem auf die Biozoenose der Filteroberfläche abhängig ist, was
Rückwirkungen auf ihre biozoenotische Verknüpfung aber auch die Besiedler
der anderen biologisch aktiven Schichten haben kann (Abb. 7). Es ist deshalb
bei der technischen Anwendung der verschiedenen Filterverfahren durchaus
nützlich, die ökologischen Zusammenhänge zu berücksichtigen.

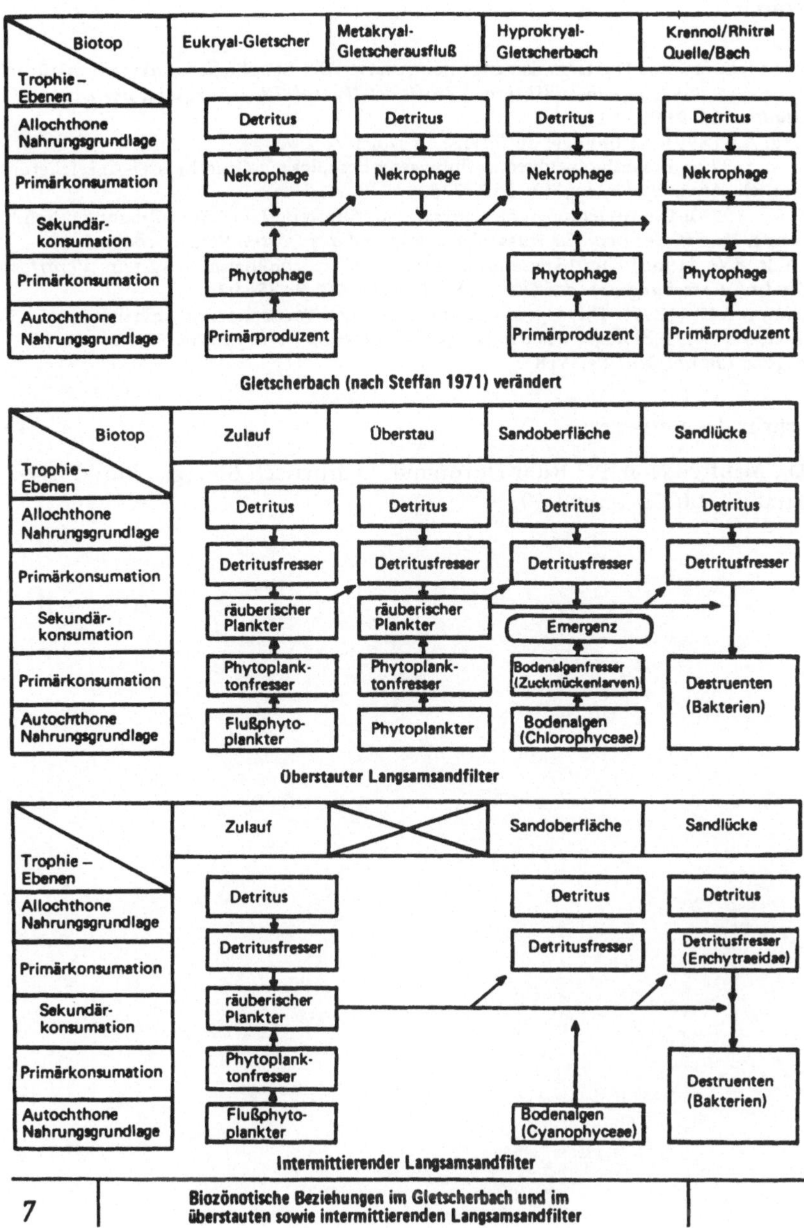

7   Biozönotische Beziehungen im Gletscherbach und im überstauten sowie intermittierenden Langsamsandfilter

Literatur

Husmann, S. (1966): Die Organismengemeinschaften der Sandlückensysteme in natürlichen Biotopen und Langsamsandfiltern. *Veröff. der Hydrol. Forschungsabt. der Dortm. Stadtw. AG 9*: 93–113.

Kemna, A. (1899): La biologie du filtrage au sable. Vortrag.

Noll, M. (1972): Besiedlungsfolgen in flußwasser-beschickten Grundwasser-Anreicherungsbecken. *Arch. Hydrobiol. 70*: 355–378.

Noll, M. (1974): Die Besiedlung von Langsamsandfiltern und ihre Beeinflussung durch Pestizide. *Veröff. des Inst. für Wasserforschung und der Dortm. Stadtwerke AG. 19.*

Schmidt, K.H. (1966): Der Langsamsandfilter als offenes biologisches System. *Veröff. der Hydrol. Forschungsabt. der Dortm. Stadtwerke AG. 9*: 85–92.

Strohmeyer, O. (1897): Die Algenflora des Hamburger Wasserwerkes. Leipzig.

Wautier, J. (1949): Biologie des filtres a sable submergé. *Verh. Internat. Verein theor. angew. Limnol. X*: 515–518.

Anschrift des Verfassers:

Dr. Manfred Noll, PH Ruhr Dortmund, Lehrbereich Biologie, Emil-Figge-Straße 4600 Dortmund 50.

BIOTOPSTRUKTUR UND ÖKOLOGISCHE FUNKTIONEN DER STAUSTUFEN AM UNTEREN INN

J. REICHHOLF

Abstract

The ecological consequences of river damming are highly dependent on the state of the river before the construction of the dams. For rivers in a quite natural state damming is normally more or less detrimental, but the construction of impoundments on channelized rivers may balance the adverse effects of channelization to some degree if the dams are built in accordance with the ecological necessities. Then a re-naturalization, i.e. an ecological state closer to the former natural conditions, may be achieved.

The criteria applied to the evaluation of the ecological state of the river ecosystem and its influencing by the impoundment construction are given in the quantifiable land-water-interactions, in species richness and diversity, and by the state and succession of the aquatic communities as well as by the input-output relations in energy flow through the trophic levels.

The examples of different types of impoundment constructions on the lower Inn river indicate the possibility of an ecological optimization of channelized rivers by damming.

1. Einleitung

Die Errichtung von Staustufen wird in der Regel als schwerwiegende Belastungsgröße für ein Fließgewässer-Ökosystem angesehen. Für einen Fluß, der sich in einem naturnahen Zustand befindet, ist dies zweifellos auch der Fall. Die Einstauung wird die ökologischen Verhältnisse auf jeden Fall negativ beeinflussen und das System aus seinem balanzierten Gleichgewichtszustand hydrodynamisch und ökologisch auslenken.

Stauseen werden in Mitteleuropa jedoch im allgemeinen an Flüssen errichtet, die bereits mehr oder weniger stark aus ihrem natürlichen Zustand ausgelenkt sind. Eindeichung, Kanalisierung und Abflußregulierung haben fast überall die funktionelle Einheit von Fluß und Flußaue unterbrochen oder zumindest nachhaltig negativ beeinflußt. Die Beurteilung eventueller Aufstauprojekte hat daher auf einer anderen Bezugsbasis zu erfolgen. Dabei muß der gegenwärtige Zustand des regulierten Flusses zunächst in einer Weise analysiert werden, daß ein Vergleich mit dem unregulierten Ausgangszustand und eine Abschätzung der Konsequenzen möglich werden. Die Konsequenzen sind nun keineswegs von vornherein evident, denn die Entwicklung des Fließwasserökosystems wird in starkem Maße von den Möglichkeiten beeinflußt, die durch die technische Konstruktionen eröffnet werden (Reichholf 1976a). Im kanalisierten Zustand des Flusses sind zumeist keine wesentlichen Entwicklungs- und Veränderungsmöglichkeiten mehr gegeben, da die technische Konstruktion keine weiteren Freiheitsgrade mehr zuläßt. Die Anlage von Staustufen kann dagegen neue Freiheitsgrade eröffnen und — wie zu zeigen sein wird — den Fluß zumindest partiell wieder in einen naturnäheren Zustand überführen.

2. Bewertungskriterien

2.1. Allgemeines

Die Voraussetzung für eine ökologische Zustandsanalyse und für einheitliche, nachvollziehbare Wertungen auf ökologischer Basis ist die Auswahl geeigneter, *quantifizierbarer* Parameter. Nur wenn die Zustandsgrößen, auf denen die Bewertungen aufgebaut sind, nach einheitlichen Verfahren meßbar sind, werden sich rationale Aussagen über funktionell bedeutsame Zustände machen und von subjektiven, landschaftsästhetischen Urteilen trennen lassen. Das soll selbstverständlich die Bedeutung der ästhetischen Bewertung der Landschft und ihres vom Menschen geschaffenen Bildes nicht schmälern, sondern vielmehr die notwendige Trennung zwischen der naturwissenschaftlichen Methodik der Zustandsanalyse der Ökosysteme und der auf menschliche Vorstellungen und Wünsche bezogenen Bewertungen anhand des Landschaftsbildes vollziehen. Für ein Gesamturteil sind beide Bewertungsansätze unerläßlich.

2.2. Kriterien

Zur Messung der Veränderungen, die sich aufgrund der Kanalisierung und Aufstauung von Flüssen ergeben, lassen sich zwei Gruppen von Parametern heranziehen, die miteinander zum Teil in Wechselwirkung stehen. Es sind die
abiotischen Parameter
— Wasserführung und ihre Dynamik (hydrodynamisches Gleichgewicht); gemessen in m^3/sec und bezogen auf die Zeitachse (t);
— Strömungsgeschwindigkeit im Durchflußquerschnitt und ihre örtliche und zeitliche Veränderung, gemessen in m/sec;
— Materialfracht (Geschiebe, Schwebstoffe und organisches Material), gemessen in kg oder Tonnen pro Zeiteinheit und ihre zeitliche Dynamik;
— Fläche der Wasser-Land-Interaktionen (Fluß Flußaue — Koppelung), gemessen in m^2 und ihre Veränderung durch die Ausbaumaßnahmen;
— Uferausbildung als Grenzlinie zwischen Wasser und Land gemessen in Uferkilometer pro Flußkilometer (Km_U/Km_F)
und die *biotischen Parameter*
— Artenreichtum an Organismen, gemessen in Artenzahlen pro Flußabschnitt;
— Individuendichte der Organismen, gemessen in Individuen pro Flächeneinheit;
— Diversität als Maß für die Komplexität der Lebensgemeinschaften, gemessen mit Hilfe der Diversitätsformel von Shannon & Wiener (vgl. Bezzel & Reichholf 1974, Höser 1973, Nagel 1975 u.a.)

$$H_s = - \sum_{i=1} p_i \log p_i \quad (p_i = \text{relative Häufigkeit der i-ten Art an der Gesamtheit})$$

— Produktivität, gemessen in Biomasse-Aufbau in der Zeiteinheit (kg/t organische Substanz);
— Input-Output—Effektivität im Stoffumsatz, gemessen als Differenz zwischen beiden in der Zeiteinheit oder als Umsatzraten.

Mit Hilfe dieser Parameter sollte es möglich sein, den ist-Zustand eines Gewässer-Ökosystems so weit zu quantifizieren, daß das Ausmaß der Auslenkung aus dem Grundzustand des unregulierten Flusses abschätzbar und die zu erwartende Bilanz der Veränderung bei weiteren Maßnahmen prognostizierbar werden.

3. Anwendung der Kriterien am Beispiel der Innstauseen

Die Parameter zur quantitativen Bestimmung des Ausmaßes der Veränderungen im Fließwasser-Ökosystem lassen sich nun auch für die vergleichende Bearbeitung unterschiedlicher Strukturtypen von Stauseen (vgl. Reichholf 1976a) verwenden. Für den kanalisierten Ausgangszustand, auf den die Anlage der Stauseen folgte, ergibt sich, kurz zusammengefaßt, folgende Bilanz:

Durch Auslenkung aus dem hydrodynamischen Gleichgewichtszustand tiefte sich der kanalisierte und damit abflußbeschleunigte Fluß zunehmend ein, wodurch eine praktisch vollständige Trennung von Fluß und Flußaue vollzogen wurde. Überhöhte Strömungsgeschwindigkeit (verdoppelt bis verdreifacht) und ein minimaler Uferausbildungsindex ($Km_U \approx Km_F = 1,1$) kennzeichnen den regulierten Lauf, der zudem im biotischen Bereich ausgesprochen verarmt ist (ein Fünftel der Wasservogelarten, sehr geringe Wasservogel- und mäßige Fischbiomasse, und — soweit bekannt — eine geringe Input-Output-Effektivität, was

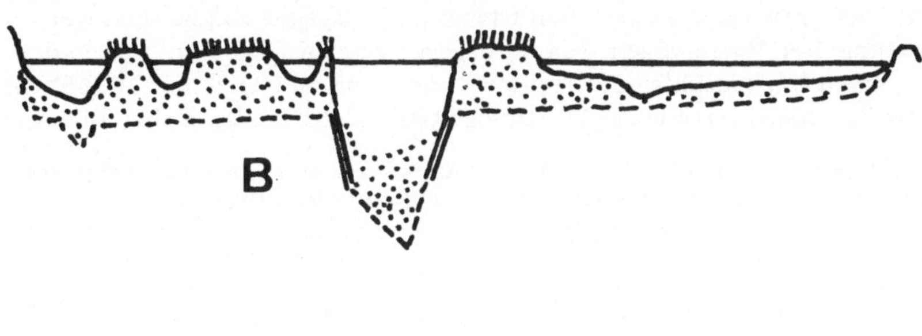

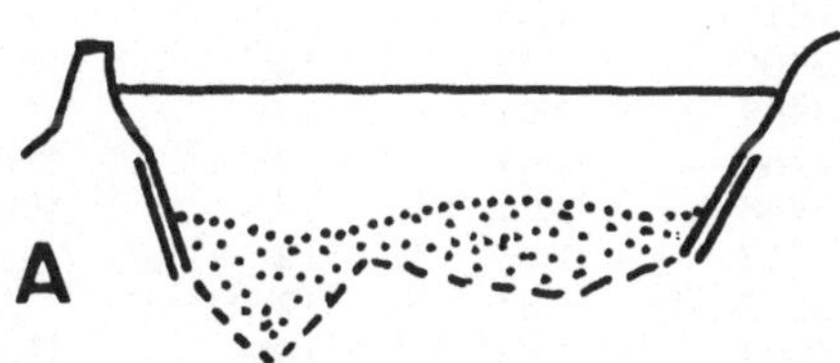

Abb. 1. Profilquerschnitt durch einen Stausee vom Durchlauftyp (A) und vom Verlandungstyp (B). Punktiert = Verlandung über dem gestrichelten Urprofil vor der Einstauung (10-fach überhöht).

sich an der über weite Strecken kaum verändernden Wasserqualität zeigt, wie
z.B. an der unteren Salzach nach Angaben aus dem Umweltbericht 1972). Die
Bilanz fällt in der Gesamtwertung der ökologischen Parameter außerordentlich
schlecht aus. Der Fluß ist zum Kanal gemacht worden, der die Hochwassergefahr
jedoch nicht verminderte, sondern das Ausmaß der Wasserstandsschwankungen
sogar erhöhte (Reichholf 1973).

Die Errichtung von Staustufen hat am unteren Inn diese Entwicklung zu
einem wesentlichen Teil wieder wettgemacht. Doch in den vier verschiedenen
Stauseen zeigen sich ganz unterschiedliche Konstruktionstypen (Reichholf
1976a), deren ökologische Effektivität hier vergleichend geprüft werden soll.
Abgesehen vom Spezialfall der Salzachmündung, wo das Mündungsdelta der
Salzach in den Inn (Reichholf 1966) mit eingestaut worden ist, gibt es im wesentlichen zwei deutlich unterscheidbare Konstruktionstypen (Reichholf 1976a). Es
sind dies die beiden als „Verlandungstyp" angelegten Staubereiche Ering-
Frauenstein und Egglfing-Obernberg, die 1942/43 eingestaut worden sind, und
der als „Durchlauftyp" 1961 errichtete Stauraum Schärding-Neuhaus am unteren
Inn flußaufwärts von Passau. Durchlauftyp und Verlandungstyp unterscheiden
sich vornehmlich im Ausmaß der Einbeziehung der früheren Überschwemmungs-
zone in der Talaue in den Staubereich (Abb. 1). Die hohe Schwebstoff-Fracht
des Inn bedingt eine außerordentlich rasche Verlandung, in deren Verlauf nach
rund einem Jahrzehnt die Staubecken so weit wieder aufgefüllt werden, daß sich
der den Wasserführungsverhältnissen entsprechende Durchflußquerschnitt im
Sinne eines dynamischen Gleichgewichtes einstellt (Reichholf 1976a).

Der mäßig mit Abwässern belastete untere Inn weist im Bereich der drei zu
vergleichenden Stauseen eine durchschnittliche Wassergüte von II-III (Umweltbericht 1972) auf. Die Fischfauna ist nur im Bereich der Inseln und Verlandungs-
zonen reich entwickelt, in den Hauptstauräumen dagegen von nur geringer
Bedeutung. Den Wasservögeln kommt dagegen eine wichtige Funktion in den
biologischen Umsatzzyklen des Stausee-Ökosystems zu (Reichholf 1976b). Die
Art der Zusammensetzung der Wasservogelgemeinschaften kann als Indikator

Tabelle 1 Artenreichtum (n), Menge (N) und Artendiversität (H_S) der Wasservögel zweier
Innstauseen gleicher Fläche aber unterschiedlichen Konstruktionstyps.

Zählung (Monat)	„Verlandungstyp"			„Durchlauftyp"		
	n	N	H_S	n	N	H_S
IV/76	20	1902	1,80	14	1544	0,74
III/73	27	5667	1,84	20	9889	1,35
IX/75	22	4219	1,46	8	241	0,88
I/75	20	3400	1,80	16	1833	1,52
IV/73	28	3449	2,01	19	3794	1,00
X/74	19	3784	1,49	19	1165	1,14
III/76	25	4948	1,91	15	1904	1,35
X/75	17	2512	1,66	12	613	1,24
II/76	21	2313	1,85	12	1333	1,54
VIII/72	32	5793	1,83	16	1549	1,10
Ø	23	3800	1,76	15	2390	1,21

für den ökologischen Zustand gelten (Reichholf 1976c, Utschick 1976).

In Tabelle 1 werden die Unterschiede in Artenzahl (n), Individuenmenge (N) und Artendiversität (H_s) für die beiden Konstruktionstypen „Verlandungstyp" und „Durchlauftyp" anhand von 10 zufallsgemäß aus den Zählserien der Internationalen Wasservogelzählung von 1972 bis 1976 herausgegriffenen Simultanerfassungen dargestellt.

Mit durchschnittlich 25 Arten pro Zählung liegt der Wert für den 2.Stausee vom Verlandungstyp (Innstausee Egglfing-Obernberg) im gleichen Größenbereich wie das in Tabelle 1 ausgewertete Staugebiet Ering-Frauenstein mit 23 Arten. Da die Freiwasserflächen jedoch mit unterschiedlichem Anteil in den in Tabelle 1 verglichenen Staugebieten vertreten sind, ist für die Abschätzung der unterschiedlichen ökologischen Effektivität der Wasservögel insgesamt der Vergleich mit dem Staugebiet Egglfing-Obernberg geeigneter. Abb. 2 zeigt die Verhältnisse, bezogen auf gleiche Flächen und die Quersummen der monatlichen Wasservogelzählungen.

Der „Durchlauftyp" bringt es auf viel weniger Wasservogelindividuen, was

Tabelle 2 Bestimmung der Strukturdiversität der beiden Stausee-Typen mit Hilfe der Habitat-Diversität (H_h) aus den Profilquerschnitten der Stauseen. (Angaben in %).

A Fluß-kilometer	Wassertiefe > 1 m	0–1 m	Inseln	H_h
20	100	0	0	0
21	100	0	0	0
22	100	0	0	0
23	100	0	0	0
24	80	20	0	0,50
25	80	10	10	0,63
26	85	5	10	0,52
27	80	10	10	0,63
28	70	10	20	0,80
29	65	15	20	0,88
Ø 10 Profile	87,2%	6,4%	6,4%	0,39

Durchlauftyp (Stausee: Schärding-Neuhaus)

B F-Km	> 1 m	0–1 m	Inseln	H_h
48,5	85	15	0	0,42
49	62	30	8	0,85
50	25	40	35	1,06
51	10	50	40	0,93
51,5	25	55	20	0,99
52	35	55	10	0,93
53	25	55	20	1,00
54	20	47	33	1,04
55	15	35	50	0,98
56	30	30	40	1,08
Ø 10 Profile	33,2%	41,2%	25,6%	0,93

Verlandungstyp (Stausee: Ering-Frauenstein)

bei gleicher Wasserqualität von II-III und etwa gleicher Dichte des Fischbestandes eine erhebliche Verringerung der ökologischen Effektivität der Wasservögel in den Stoffkreisläufen bedeutet. Der Verlandungstyp ist hier fast viermal effektiver bzw. der Durchlauftyp erreicht nur ein Viertel des potentiell von Wasservögeln zu leistenden Umsatzes. Entsprechend liegt auch die Artendiversität deutlich niedriger als bei den „Verlandungstypen".

Es wurde daher versucht, eine Möglichkeit zur Messung der Struktur der Staubecken selbst zu finden. Als möglicherweise geeignetes Maß kann die Habitatdiversität gelten (H_h), die mit Hilfe der Diversitätsformel von Shannon & Wiener (s.o.) unter Zugrundelegung klar unterschiedlicher Biotopstrukturen berechnet worden ist.

$$H_h = - \Sigma\ p_k \log p_k \quad \text{(für } p_k = \text{relative Häufigkeit der Biotopelemente)}$$

Als unterscheidbare Biotopelemente, die auch im Hinblick auf die Wasservogelfauna von Bedeutung sind, wurden die Tiefenzonen > 1 m Wassertiefe, Flachwasser von $0 - 1$ m Tiefe und über die Wasserfläche reichende Inseln und Sandbänke gewertet (Tabelle 2).

Es ergibt sich aus Tabelle 2, daß der Durchlauftyp nur etwa ein Drittel der Strukturdiversität des Verlandungstyps erreicht. Tatsächlich dürfte die Verringerung an relevanten Biotopstrukturen noch erheblich größer sein, da gerade in der Tiefenzonierung von 0 bis 1 m Wassertiefe die feinste ökologische Einnischung der Wasservögel (vgl. Reichholf 1973) zu finden ist. Die erheblich

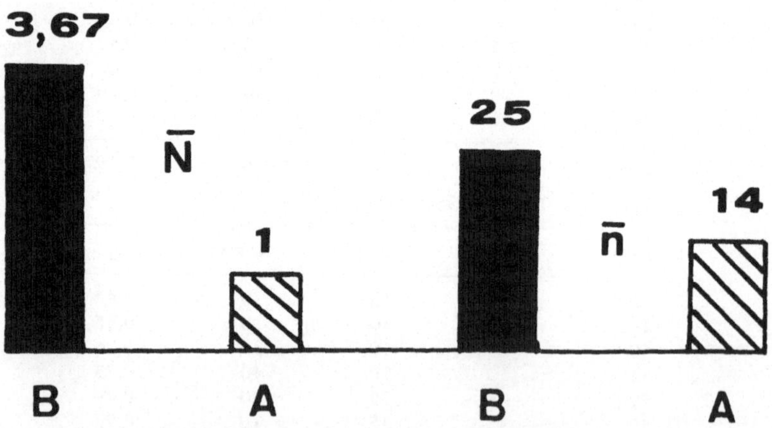

Abb. 2. Durchschnittliche Individuen (N̄)- und Arten (n̄) dichte von Wasservögeln auf Stauseen vom Durchlauftyp (A) und Verlandungstyp (B). Der Verlandungstyp hat eine um den Faktor 3,67 höhere Wasservogeldichte und mit 25 Arten fast doppelt so viele wie der Durchlauftyp. Verglichen sind die Werte aus der Internationalen Wasservogelzählung an den Innstauseen Schärding-Neuhaus (A) und Egglfing-Obernberg (B). Der Stausee Ering-Frauenstein (vgl. Tab. 2) bringt bei ähnlich hohem Artenreichtum wie Egglfing-Obernberg aufgrund der geringeren Freiwasserfläche niedrigere Individuenmengen, jedoch in vergleichbarer Dichte.

geringeren Artenzahlen im Durchlauftyp werden daraus erklärlich. Da Stauseen jedoch erheblich die Input-Output-Bilanzen der Nährstoffe beeinflussen, die den beiden Haupt-Nahrungsketten der biologischen Produktion (Wasserpflanzen und Detritus) zugrunde liegen (Ridley & Steel 1975), bedeutet eine Strukturierung des Staubeckens nach dem Durchlauftyp eine klare Verminderung der ökologischen Effizienz und umgekehrt eine Verbesserung im Falle der Verlandungstypen.

Bei den abiotischen Kenngrößen können Stauseen vom Verlandungstyp eine weitgehende Wiederherstellung der natürlichen Zustände ermöglichen (Reichholf 1976a). Die biologischen Prozesse folgen eng der abiotischen Biotopentwicklung. Die Strukturdiversität eignet sich daher möglicherweise allgemein als Maß für die potentielle Renaturalisierung eines kanalisierten Flusses. Struktur und Funktion stehen — wie in allen belebten Systemen — in enger Beziehung zueinander. Funktionelle Eigenschaften können daher anhand der strukturellen Vorbedingungen prognostiziert werden. Derartigen Prognosen sind das Ziel von Studien zum kontrollierten Management von Ökosystemen.

4. Auswirkungen auf den Auwald

Die funktionelle Koppelung von Fluß und Flußaue zu einem System bedingt erhebliche Auswirkungen von Veränderungen im Teilsystem „Fluß" auf das damit verbundene Auwald-Ökosystem. Zahlreiche Untersuchungen zur Struktur und Dynamik von Auwäldern belegen die enge Abhängigkeit von der Dynamik des Flusses (Ellenberg 1963, Heller 1969, Moor 1958, Wendelberger 1975, 1976, Wilmanns 1973 u.a.). Insbesondere trennt der Ausfall der Überschwemmungen die Einheit der Land-Wasser-Interaktionen in der Flußaue; und gerade die Hochwasserfreilegung war eines der Hauptziele der wasserbautechnischen Eingriffe. Die Erfahrungen am Inn wie auch an anderen Flüssen zeigten immer wieder, daß in der Regel der Auwald nicht mehr erhalten werden kann, wenn die Trennung vom Fluß erfolgt ist. Die Weichholzaue beginnt sich umzustrukturieren als Reaktion auf die geänderten ökologischen Verhältnisse. Nur die Einbeziehung der Auwälder in das Stausystem — sei es durch Überlaufdämme, die Hochwasser regelmäßig in die Aue bringen, oder durch Erfassung der gesamten Talaue in den Staubereich — bringt langfristig die Möglichkeit zur Erhaltung der Auen. Zudem können sich auf den neu entstandenen Inseln innerhalb der Stauräume sehr rasch (innerhalb von etwa 20 Jahren) neue Weichholzauwälder ausbilden, die — unbeeinflußt von menschlichen Nutzungen — naturnähere Zustände widerspiegeln, als die verbliebenen Restauwälder, die mehr oder weniger starker menschlicher Nutzung ausgesetzt sind. Solche Auwälder sind am unteren Inn vielfach in den Stauräumen neu entstanden. Ihre genauere pflanzensoziologische Untersuchung steht noch aus.

Literatur

Bezzel, E. & J. Reichholf (1974): Die Diversität als Kriterium zur Bewertung der Reichhaltigkeit von Wasservogel-Lebensräumen. *J. Orn.* 115: 50—61.

Ellenberg, H. (1963): Vegetation Mitteleuropas mit den Alpen. Stuttgart.

Heller, H. (1969): Lebensbedingungen und Abfolge der Flußauenvegetation in der Schweiz. *Mitt. Schweiz. Anst. Forstl. Versuchswesen* 45: 1—124.

Höser, N. (1973): Bestimmung und Interpretation der Artendichte (species-diversity) von Vogelbeständen aus Zählergebnissen unterschiedlichen mathematischen und biologischen Charakters. *Beitr. Vogelkde.* 19: 313—328.

Moor, M. (1958): Pflanzengesellschaften schweizerischer Flußauen. *Mitt. Schweiz. Anst. Forstl. Versuchswesen* 34: 221—360.

Nagel, P. (1975): Studien zur Ökologie und Chorologie der Coleopteren (Insecta) xerothermer Standorte des Saar-Mosel-Raumes. Dissertation, Saarbrücken.

Reichholf, J. (1966): Untersuchungen zur Ökologie der Wasservögel der Stauseen am unteren Inn. *Anz. orn. Ges. Bayern* 7: 536—604.

Reichholf, J. (1973): Wasservogelschutz auf ökologischer Grundlage. *Natur u. Landschaft* 48: 274—279.

Reichholf, J. (1976a): Zur Öko-Struktur von Flußstauseen. *Natur u. Landschaft* 51: 212—218.

Reichholf, J. (1976b): Die quantitative Bedeutung der Wasservögel für das Ökosystem eines Innstausees. *Verh. Ges. Ökologie Wien* 1975: 247—254.

Reichholf, J. (1976c): Die Wasservogelfauna als Indikator für den Gewässerzustand. *Landschaft u. Stadt* 8: 125—129.

Ridley, J.E. & J.A. Steel (1975): Ecological aspects of river impoundments. In: Whitton, B.A. (ed.): River Ecology. Oxford. S. 565—587.

Umweltbericht 1972. Herausgegeben vom Bayerischen Staatsministerium für Landesentwicklung und Umweltfragen. München.

Utschick, H. (1976): Die Wasservögel als Indikatoren für den ökologischen Zustand von Seen. *Verh. orn. Ges. Bayern* 22: 395—438.

Wendelberger, G. (1975): Ökosystem Auwald. Wien.

Wendelberger, G. (1976): Die Auenwälder der Donau im Hinblick auf die Staustufen. *Verh. Ges. Okol. Wien* 1975: 235—240.

Wilmanns, O. (1973): Ökologische Pflanzensoziologie. Heidelberg.

Anschrift des Verfassers:

Dr. Josef Reichholf, Zoologische Staatssammlung, Maria-Ward-Str. 1 B, D-8000 München 19.

Sonderdruck: Verhandlungen der Gesellschaft für Ökologie, Göttingen 1976.

ZUR ÖKOLOGIE ABWASSERBELASTETER ALTRHEINE

R. KINZELBACH & U. SCHMIDT

Abstract

The backwaters of the Upper Rhine can be divided into two types, namely the Sondernheim type and the Leimersheim type. The first one obtains its water mainly from small tributaries of the Rhine, the latter one by the Rhine itself. Both of them are polluted to nearly the same extent by organic matter. In the Sondernheim type biological decomposition starts intensively. It leads to mass-production of a few animal species in the upper, to less production of a large number of animal species in the lower part of its flow. In the Leimersheim type neither biological decomposition, nor mass-production nor a high species-diversity are to be observed. The possible causes of this difference are under discussion. It is necessary to notice them when technical measures to improve the hydrological and hydrobiological situation of the ancient meanders of the Rhine are under consideration.

1. Einführung

Der Oberrhein wird von zahlreichen Altwässern begleitet (Abb. 1). Von diesen verdienen die großen Restbecken der jüngeren ehemaligen Mäander ein besonderes Interesse. Sie sind, infolge der dichten Besiedlung des Oberrheintalgrabens, alle mehr oder minder stark durch Abwässer belastet. Nachfolgend werden zwei wesentliche Typen derartiger Altrheine exemplarisch vorgestellt.

2. Ergebnisse

2.1. Vergleich der Gewässer

Es handelt sich um zwei Altwässer im Bereich des Naturschutzgebietes ,,Hördter Rheinaue" (Kreis Germersheim). Sie sind hinsichtlich ihrer Größe, ihrer Wasserführung und ihres Substrats vergleichbar, unterscheiden sich jedoch in der Herkunft und in der Qualität ihres Wassers (Kinzelbach 1976a, Kinzelbach & Scharf 1976).

2.1.1. Sondernheimer Altrhein

Der Sondernheimer Altrhein wird von vier größeren Bächen aus dem Pfälzer Wald gespeist. Hinzu kommen einige kleine Zuflüsse, die am Fuß des Hochgestades austretendes, ebenfalls vom Pfälzer Wald stammendes Grundwasser sammeln, die sogenannten Aubäche (v. Mitis 1938). Das Wasser der Bäche ist überwiegend charakterisiert durch geringen Gehalt an Cl^- und $Ca^{..}$, sowie durch hohen Eisengehalt in den quellnahen Aubächen.

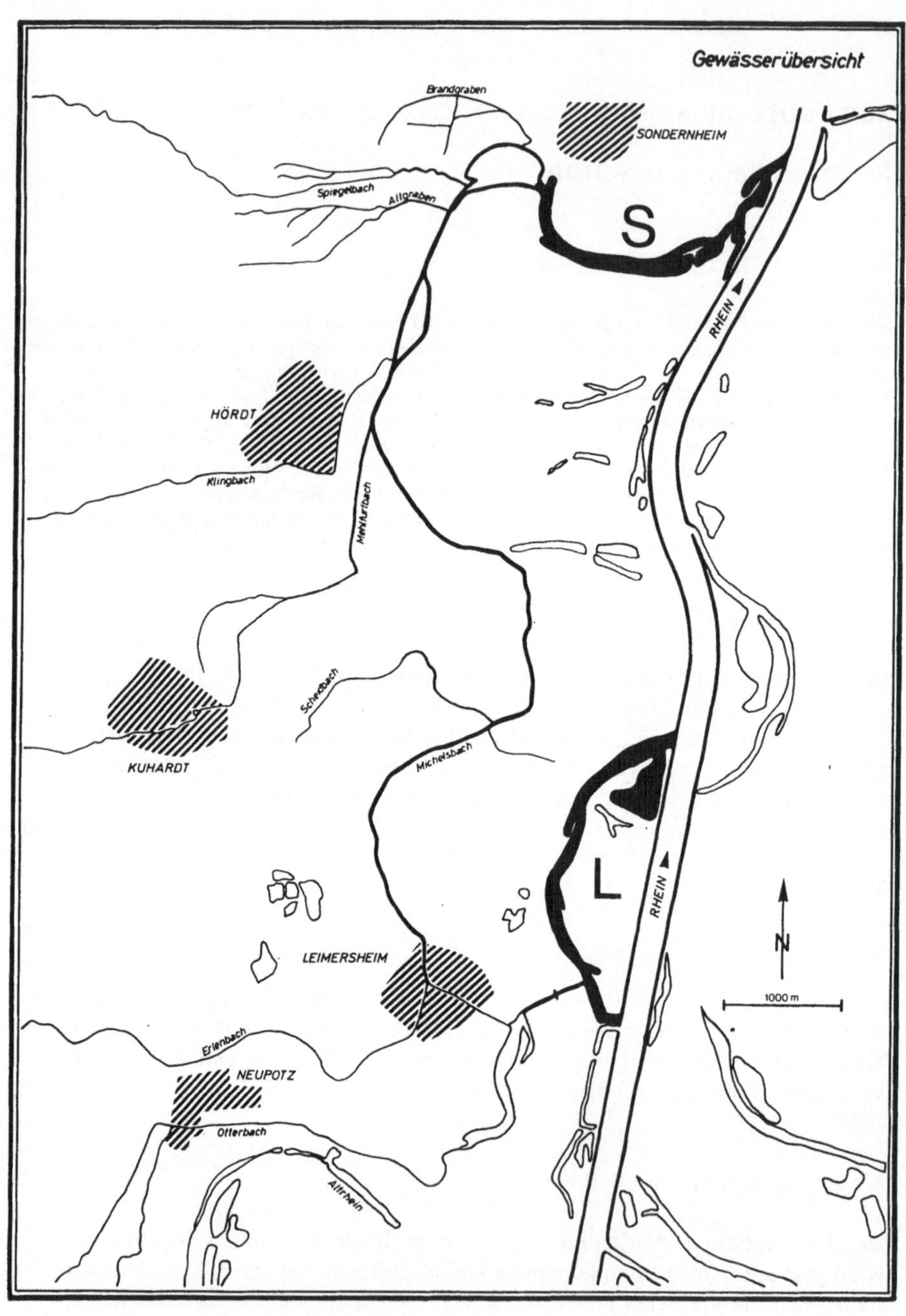

Abb. 1. Die Gewässer des Naturschutzgebietes „Hördter Rheinaue" (Kreis Germersheim). S = Sondernheimer Altrhein. L = Leimersheimer Altrhein. Original.

Die größeren Bäche werden alle als Vorfluter für Abwässer aus Haushalten und Gewerbe genutzt. Sie verursachen damit einen hohen Grad organischer Belastung im Sondernheimer Altrhein. Diese führt zu einem intensiven bakteriellen Abbau bei hoher O_2-Zehrung (Abb. 2). BSB_2-Werte erreichen 6,57 mg/l. Ein hoher Gehalt an düngenden Substanzen, der teils direkt aus dem Abwasser in den Bächen, teils beim Abbau der organischen Verschmutzung anfällt, begünstigt eine starke Entwicklung von Phytoplankton. Dieses beeinflußt positiv die O_2-Bilanz und kann tagsüber sogar zu O_2-Übersättigung führen.

2.1.2. Leimersheimer Altrhein

Der Leimersheimer Altrhein erhält sein Wasser in entsprechend dem Pegelstand sehr unterschiedlicher Menge vom kanalisierten Rhein. Das Rheinwasser weist etwas höhere $Ca^{\cdot\cdot}$- und geringere Eisenwerte auf. Es ist ebenfalls durch einen hohen Grad organischer Verschmutzung gekennzeichnet. Hinzu kommen Fremdstoffe wie Cl^- (bis 350 mg/l), Phenol, Öl, Schwermetallsalze. Die O_2-Zehrung bleibt gering. BSB_2-Werte erreichen höchstens 1,95 mg/l. Das Phytoplankton entwickelt sich in geringerem Maße.

2.2. *Vergleich der Besiedlung*

Die Besiedlung der beiden Altrheine unterscheidet sich sowohl in der Flora als auch im Auftreten zahlreicher näher untersuchter Tiergruppen (Dannapfel 1976, Kinzelbach 1976a, b, Schmidt 1976). Stellvertretend werden nachfolgend die Befunde beim Zooplankton und bei einer Gruppe des Makrobenthon kurz vorgestellt.

Ein bedeutender Unterschied tritt weiterhin insofern auf, als im Sondernheimer Altrhein in Strömungsrichtung ein Gradient in der Speciesdiversität bei Makro-Invertebrata zu beobachten ist: am aufströmigen Ende treten wenige Arten in großen Individuenzahlen auf, am abströmigen Ende ist die 3-4fache Artenzahl festzustellen, wobei die starke Dominanz einiger sehr resistenter Arten zurückgeht. Dieser Verlauf kann als Anzeichen für einen im Altrhein erfolgenden Klärungsprozeß gewertet werden. — Im Leimersheimer Altrhein fehlt der genannte Gradient völlig: an Ein- und Auslauf treten gleichermaßen wenige Arten in geringen Individuenzahlen auf.

2.2.1. Zooplankton

Die Abb. 3 läßt erkennen, daß in den beiden Altrheinen bei etwa gleichsinnigem Jahresgang und bei gleicher Anzahl quantitativ bedeutsamer Arten erhebliche Unterschiede in der Quantität des Auftretens zu verzeichnen sind.

2.2.2. Makrobenthon am Beispiel der Mollusca

Der Vergleich zeigt (Abb. 4), daß im Sondernheimer Altrhein Muscheln und Schnecken sowohl quantitativ als auch hinsichtlich ihrer Artenzahl erheblich überwiegen. Auf einem m^2 können bis zu 40 Großmuscheln (*Anodonta, Unio*)

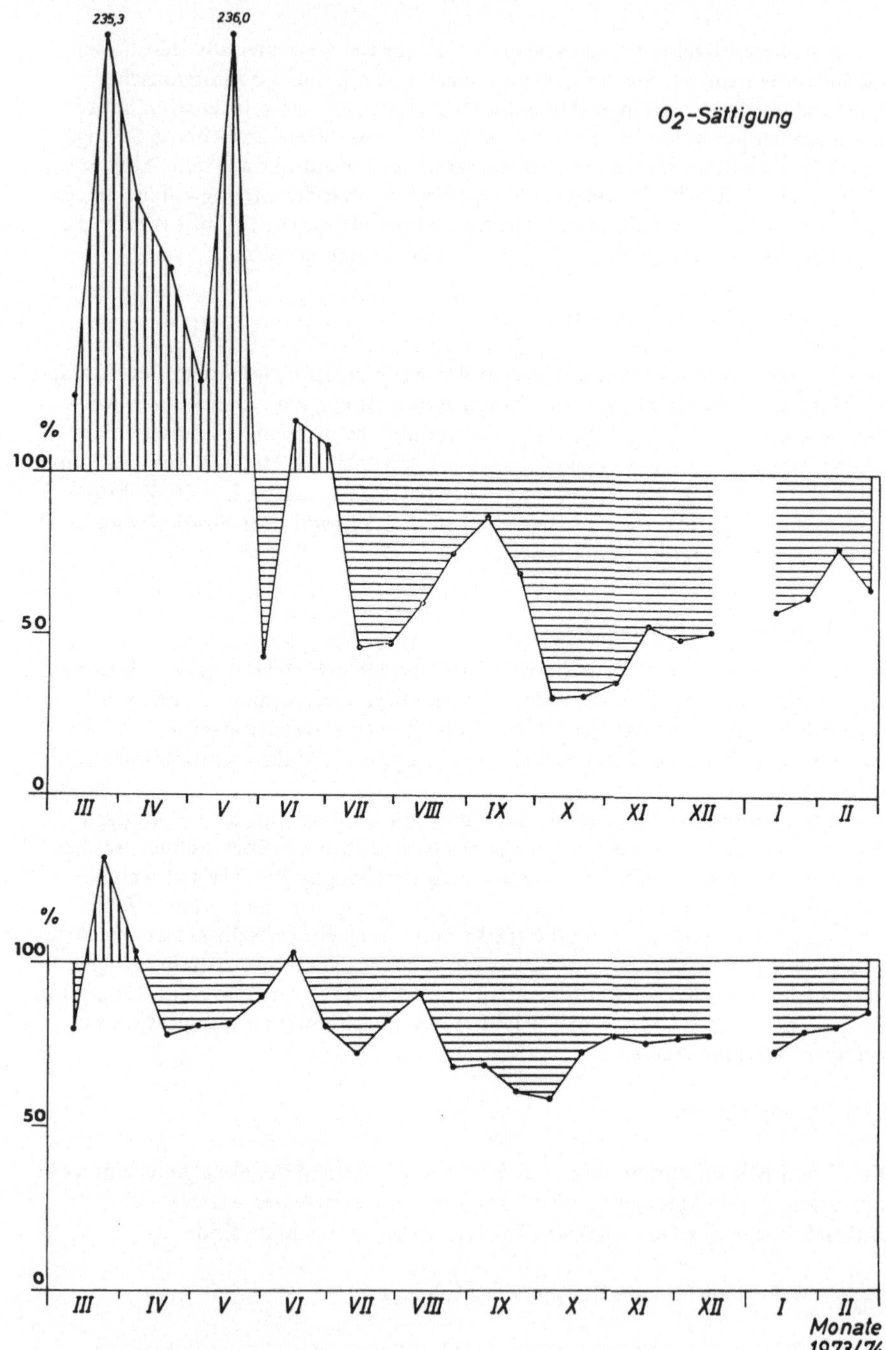

Abb. 2. Gang des O_2-Angebots im Jahresverlauf im Sondernheimer (oben) und Leimersheimer (unten) Altrhein. Original.

458

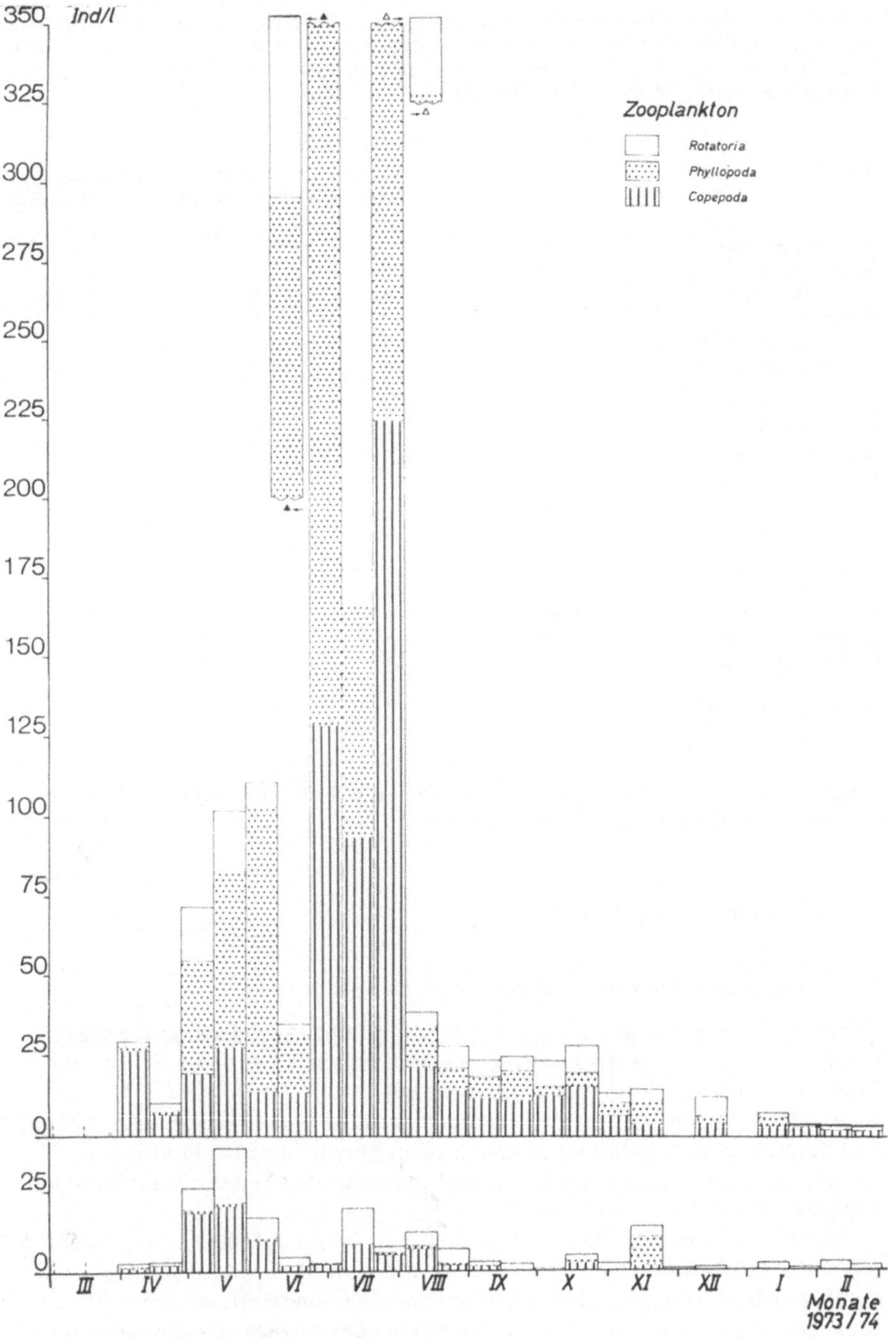

Abb. 3. Die Entwicklung des Zooplanktons im Sondernheimer (oben) und Leimersheimer (unten) Altrhein im Jahresverlauf. Original.

459

Abb. 4. Gegenüberstellung der Molluskenbesiedlung im Sondernheimer und Leimersheimer Altrhein. Aufgeführt sind diejenigen lebend vorgefundenen Arten, deren Konstanz > 5%, nach 36 qualitativen und je 9 quantitativen (m^2) Proben in den Jahren 1973–1975. Original.

Konstanz der Arten: 5 – 25% · 25 – 75% • 75 – 100% ●

Abundanz: 1 – 5% · 5 – 50% • 50 – 100% ●

Artenliste Mollusca	Sonderheimer Altrhein Konstanz	Sonderheimer Altrhein Abundanz	Leimersheimer Altrhein Konstanz	Leimersheimer Altrhein Abundanz
Valvata piscinalis	•	·		
Valvata cristata	·	·		
Viviparus viviparus	·	•	·	·
Viviparus contectus	•	·	·	
Lithoglyphus naticoides	•	·		·
Bithynia tentaculata	●	•	·	·
Acroloxus lacustris	•	·		
Radix balthica	•	·	·	·
Galba palustris	·	·		
Planorbis planorbis	·	·		
Anodonta piscinalis	●	●	·	•
Anodonta cygnea	·	·		
Pseudanodonta complanata	·	·		
Unio tumidus	●	•	·	·
Unio pictorum	●	•	·	●
Sphaerium corneum	●	•	·	•
Dreissena polymorpha	•	·	·	·
Individuenzahl der m^2-Proben		423		32

gefunden werden, im Leimersheimer Altrhein nur 1–2. Die Artenzahl liegt bei 25, im Leimersheimer Altrhein bei nur 10.

3. Diskussion der Ergebnisse

3.1. Erklärung der unterschiedlichen Befunde

In beide Altrheine bringt das zufließende Wasser eine etwa gleich große organische Belastung mit ($KMnO_4$-Verbrauch im Sondernheimer Altrhein 12–20 mg/l, im Leimersheimer Altrhein 16–24 mg/l).

Im Sondernheimer Altrhein führt diese zu einem starken bakteriellen Abbau, und das Nährstoff-Angebot verursacht Massen-Entwicklung bei Phyto- und Zooplankton sowie zumindest beim planktonfressenden Teil des Makrobenthon: Bryozoa (*Plumatella repens*), Bivalvia, einige Gastropoda.

Im Leimersheimer Altrhein ist der düngende Effekt auf Phyto- und Zooplankton und Makrobenthon nicht nachweisbar. Mit dem Rheinwasser werden offensichtlich neben der organischen Belastung andere Fremdstoffe eingebracht, die entweder einen bakteriellen Abbau verhindern oder verzögern, oder eine optimale Weiterverwendung der Nährstoffe durch die Folgeglieder der Nahrungskette durch deren direkte Schädigung verhindern. Die Wirkungsweise und die

Frage, welchen von den Fremdstoffen eine inhibitorische Bedeutung zukommt, bleibt noch zu untersuchen. Neben einer dem reichen Nährstoff-Angebot entsprechenden quantitativen Entfaltung der Individuenzahlen verhindern die „Inhibitoren" auch das Aufkommen eines breiten Artenspektrums.

3.2. Wertung der Befunde

Der vorgefundene Unterschied ist für die Praxis der Gewässerpflege von Bedeutung, insbesondere im Hinblick auf die Vorschläge von Schäfer (1973a, b) zur Öffnung der Altrheinbecken für Rheinwasser. Zwar setzt, wie von Trinkwasser-Aufbereitungsanlagen (z.B. Wiesbaden-Schierstein) und Fischteichen bekannt, bei langer Verweildauer auch im Rheinwasser biologischer Abbau ein; innerhalb der zur Verfügung stehenden Verlaufstrecken in Altrheinen und bei den großen Durchflußmengen, die allein zu einer spürbaren Klärungsleistung für den Rhein führen könnten, ist die Öffnung der Altrheine als Klärbecken für Rheinwasser unzweckmäßig. Als weiterer wesentlicher, hier nicht näher zu erörternder Einwand ist die biologische Uniformierung der vielfältigen Gewässertypen der Rheinniederung bei Anschluß an einen Gewässerverbund zu erwähnen.

Der Zustand der Altrheine vom Typ Sondernheim ist allerdings ebenfalls nicht wünschens- und erhaltenswert. Die Faunenverarmung am oberen Abschnitt und die einseitige Massen-Entwicklung einiger begünstigter Arten zeigen einen unnatürlichen Status dieser Gewässer an.

Demnach sind Altwässer sowohl des Typs Sondernheim als auch des Typs Leimersheim ganz im Sinne von Schäfer dringend sanierungsbedürftig. Allerdings gibt es dafür keine generalisierbare Methode: die Maßnahmen müssen von Fall zu Fall jeweils der Individualität des zu sanierenden Gewässers angepaßt sein.

Zusammenfassung

Unter den abwasserbelasteten Altwässern des mittleren Oberrheins treten zwei Typen auf, die nach den hier vorgestellten Beispielen als Typ Sondernheim und Typ Leimersheim bezeichnet werden. Ersterer wird von kleinen Nebenflüssen des Rheins, letzterer von Rheinwasser gespeist. Bei etwa gleichem Ausmaß an organischer Belastung setzt im Typ Sondernheim ein biologischer Abbau ein, der im oberen Teil des Gewässers zu hoher Produktion bei geringer Artenzahl führt, im unteren Teil abklingt und ein breiteres Artenspektrum zuläßt. Im Typ Leimersheim ist keine biologische Klärung meßbar. Die Speciesdiversität ist insgesamt gering. — Die Ursachen des Unterschiedes werden diskutiert. Sie müssen bei gewässertechnischen Sanierungsmaßnahmen Berücksichtigung finden.

Literatuur

Dannapfel, K.-H. (1976): Die Wasserkäfergesellschaften des Naturschutzgebietes „Hördter Rheinaue". *Mitt. Pollichia* 64 (im Druck). Bad Dürkheim.

Kinzelbach, R. (1976a): Allgemeines zur Ökologie des Naturschutzgebietes „Hördter Rheinaue". *Mitt. Pollichia* 64 (im Druck). Bad Dürkheim.

Kinzelbach, R. (1976b): Die Wassermollusken des Naturschutzgebietes „Hördter Rheinaue". *Mitt. Pollichia* 64 (im Druck). Bad Dürkheim.

Kinzelbach, R. & B. Scharf (1976): Zum Chemismus der Gewässer des Naturschutzgebietes „Hördter Rheinaue". *Mitt. Pollichia* 64 (im Druck). Bad Dürkheim.

Schäfer, W. (1973): Nördlicher Oberrhein, ökologisch und ökotechnisch. *Courier Forschungsinstitut Senckenberg* 2: 1—34. Frankfurt a. M.

Schäfer, W. (1973b): Altrhein-Verbund am nördlichen Oberrhein. *Courier Forschungsinstitut Senckenberg* 7: 1—63. Frankfurt a. M.

Schmidt, U. (1976): Vergleich der Planktonbesiedlung zweier Altrheine im Naturschutzgebiet „Hördter Rheinaue". *Mitt. Pollichia* 64 (im Druck). Bad Dürkheim.

Anschrift der Verfasser:

Prof. Dr. Ragnar Kinzelbach und Dipl.-Biol. Ulrich Schmidt, Arbeitsgruppe Ökologie und Spezielle Zoologie, Institut für Zoologie, Universität Mainz, Saarstrasse 21, D-6500 Mainz.

ÖKOLOGISCHE AUSWIRKUNGEN VON UMWELTVERÄNDERUNGEN AUF FLIESSGEWÄSSER IN GROSSSTADTNÄHE*

G. HADL, M. DOKUILL, R. HACKER, H. HEGER, U. HUMPESCH, M. KATZ-MANN, E. KUSEL, H. LEW & P. MEISRIEMLER

Abstract

„Mauerbach" is a rivulet whose surroundings are relatively thinly populated and not spoilt by industrial settlements so far. Therefore, its ecological conditions have remained unchanged on the whole. Until now „Mauerbach" has been a relatively natural water of the Vienna Woods with low pollution.

„Liesing" is a rivulet, chosen as an example for a heavily polluted water in populated area. Since 1950 intensive effort for protection and control have been made here. However, the quality of water could not be improved; in some places pollution even has increased. The results prove that an increase in population and industrialisation has brought about negative effects during the last 25 years, which could just get compensated but not restored in a satisfying way.

1. Einleitung

Ökologische Untersuchungen an Fließgewässern sind eine junge Disziplin der Limnologie. Daher sind auch Vergleiche mit länger zurückliegenden Untersuchungen selten.

Im Falle der vorliegenden Untersuchung ergab sich die Möglichkeit, in interdisziplinärer Teamarbeit auf gründliche Untersuchungen der Nachkriegszeit, noch dazu in Großstadtnähe aufzubauen und mit der heutigen Situation zu vergleichen (Pleskot 1953). Die Zunahme der Besiedlung, der Wiederaufbau der Industrie, sowie die Intensivierung der Landwirtschaft brachten zunehmende Belastungen der Gewässer mit sich. Flußbegradigungen und naturfremde Verbauung behindern die natürliche Selbstreinigungskraft der Gewässer.

2. Untersuchungsgebiet

2.1. Gewässer

Beide Gewässer, Mauerbach und Liesing entspringen im Wiener Wald, dem nordöstlichen Ausläufer der Ostalpen im Westen der Stadt Wien. Der überwiegende Teil des Wiener Waldes (90%) besteht aus tertiärem Flysch, einer zum Teil stark quellfähigen Schichtfolge aus Sandsteinen, Mergeln und Schiefertonen,

* Gefördert vom Fonds zur Förderung der wissenschaftlichen Forschung, Projektnr. 1645/2411 (Wiss. Leitung: Univ. Prof. Dr. G. Pleskot).

die sowohl leicht verwittern, als auch zu Rutschungen neigen (Ruttner 1953).

Da Niederschläge nur schwer in den Boden eindringen und daher meist oberflächlich abfließen, zeigen die Bäche sehr starke Schwankungen der Wasserführung. Das Verhältnis der Abflußmengen Niedrigst- zu Hochwasser kann bis 1:2000 betragen (Brix 1972). Beide Gewässer, Mauerbach und Liesing weisen große Ähnlichkeiten in Thermik und Abfluß auf. So steigen die Maximaltempe-

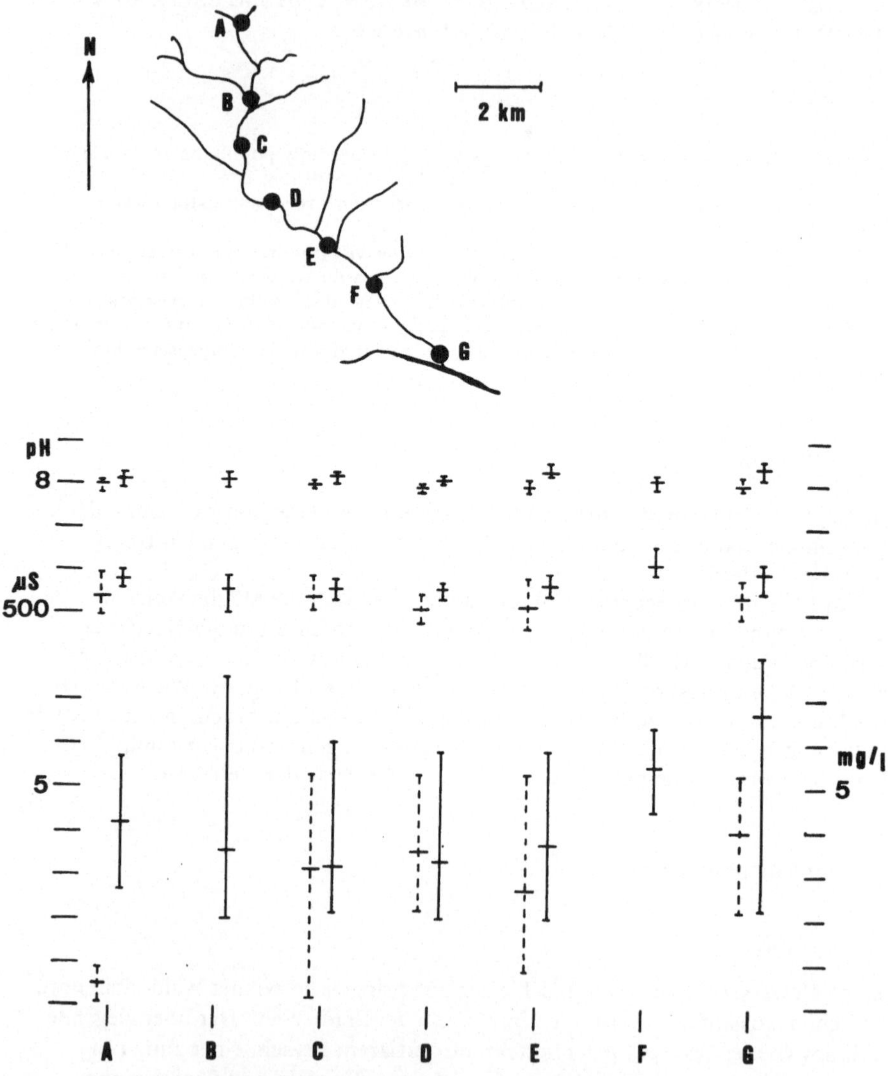

Abb. 1. Mauerbach. Gewässernetz und Lage der Probenpunkte. Einige ausgewählte chemische Parameter. Von oben nach unten: Wasserstoffionenkonzentration, elektrische Leitfähigkeit und Nitratgehalt in mg/l. Voll ausgezogene Linien 1972—1973; strichlierte Linien 1956. Angegeben sind Maxima und Minima sowie die Mittelwerte.

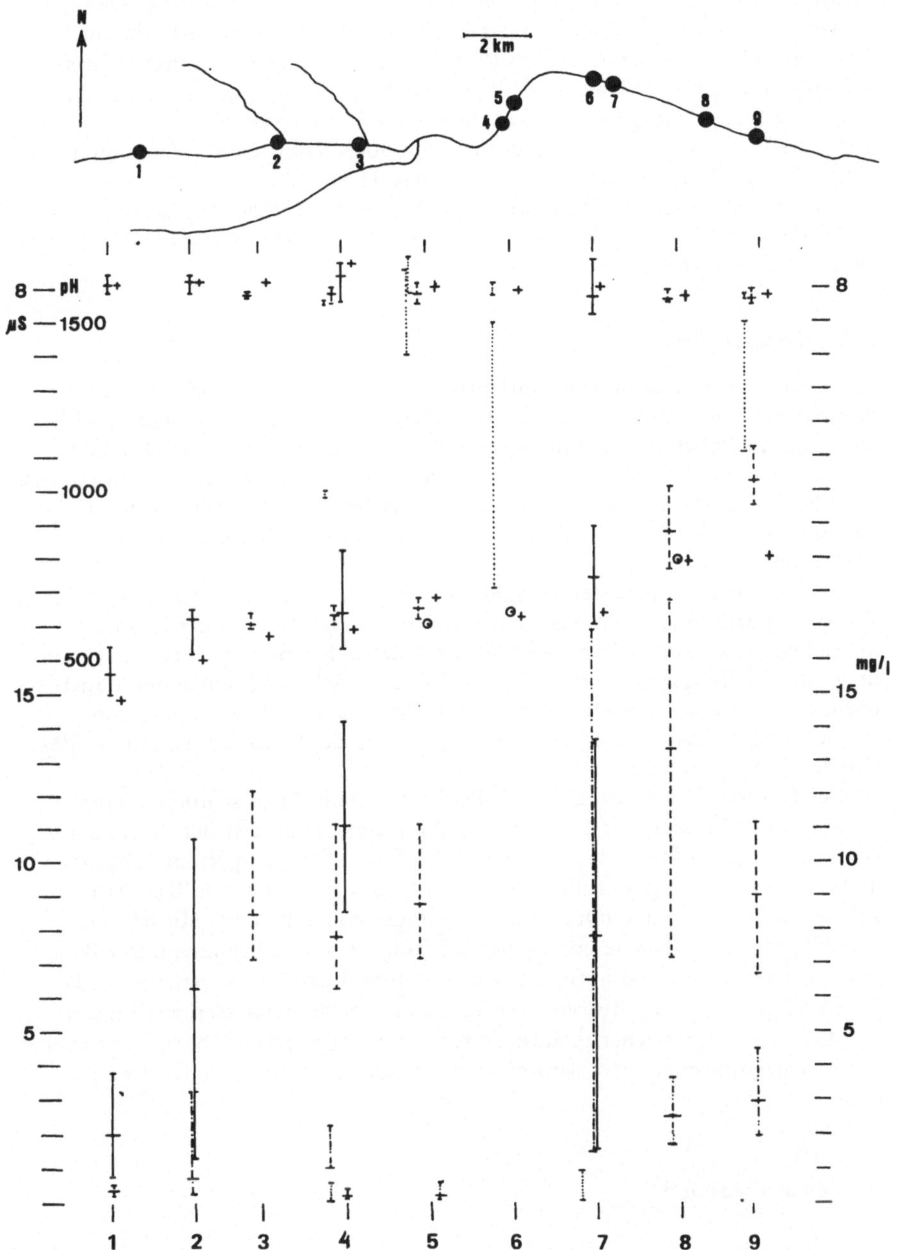

Abb. 2. Liesing. Gewässernetz und Lage der Probenpunkte. Einige chemische Parameter. Von oben nach unten: Wasserstoffionenkonzentration, elektrische Leitfähigkeit, Nitrat- und Ammoniumgehalt in mg/l. Punktiert: 1950, strichliert 1966, vollausgezogen bzw. 0 1972– 1973, + Einzlewerte 1974. Ammoniumwerte 1950..–..–.., 1972–1973 –.–.–

raturen beider Bäche im Sommer über 20° C, es sind sommerwarme Gewässer.

Der Mauerbach mit einem Einzugsgebiet von 40 km² und einer Maximal-
länge von 11 km hat im Mittellauf (Punkt D in Abb. 1) eine mittlere Wasserführung von 100—200 l/sec. Die Liesing mit einem Einzugsgebiet von 62 km²
und einer Streckenlänge von 17 km im Stadtteil Liesing (Punkt 4 in Abb. 2)
besitzt hier eine mittlere Wasserführung von 300—400 l/sec. Das Gesamteinzugs-
gebiet beträgt 107 km² und die Gesamtlänge 31 km.

Während der Mauerbach nur auf kurzen Strecken verbaut ist, ist die Liesing
ab Punkt 2 (Abb. 2) reguliert und zum Teil in fugenlosem Mauerwerk auf ihrer
ganzen Länge verbaut.

2.2. Einzugsgebiet

Die Besiedlung und räumliche Nutzung des Einzugsgebiet beider Gewässer ist
grundverschieden. Das Umland der Mauerbaches besteht noch immer zu 85%
aus Wald. Lediglich in den Talniederungen und einigen Hügeln am Oberlauf
findet sich bescheidene landwirtschaftliche Nutzung (ca. 9% der Gesamtfläche).
Die kleinen Ortskerne verwuchsen in der Zwischen- und Nachkriegszeit zu
einem lockeren Siedlungsgebiet (7% der Gesamtfläche), Industrie ist keine
vorhanden.

Anders das Einzugsgebiet der Liesing, das in drei charakteristisch verschiedene
Zonen zu gliedern ist. Schon der Oberlauf ist geprägt durch Eingriffe des
Menschen. 58% Wald stehen 34% landwirtschaftlich genutzter Flächen gegen-
über. Die Siedlungsgebiete mit 6,5% der Gesamtfläche sind denen des Mauer-
baches vergleichbar. Der Mittellauf ist geprägt von starker Besiedlung und
Regulierung des Bachbettes. Die Flächennutzung des Umlandes ist mit der des
Oberlaufes vergleichbar.

Der Unterlauf im Stadtgebiet (ab Punkt 4 in Abb. 2) ist schon seit Jahrzehnten dicht besiedelt und von Industrie gesäumt. 1950 war der Bach noch
ein natürlicher Flußlauf, der allerdings als offenes Abwassergerinne fungierte,
in das häusliche und gewerbliche Abwässer ungeklärt mündeten. Um diese
Zeit setzten die ersten Schutz- und Sanierungsmaßnahmen ein. Mit dem Bau
beidufriger Sammelkanäle und zweier Kläranlagen wurde begonnen. Der Bach
selbst wurde naturfremd in fugenlosem Bruchsteinmauerwerk verbaut. Häusliche und gewerbliche Abwässer werden nun der Schmutzwasserkanalisation
zugeführt; die Oberflächenabläufe jedoch, die nicht nur Straßen, sondern auch
Industriegelände entsorgen, werden nach wie vor ungeklärt dem Bach eingeleitet.

3. Gewässerzustand

3.1. Mauerbach

Abbildung 1 zeigt einige chemische Parameter des Baches. Leitfähigkeit und
Wasserstoffionenkonzentration weisen nur geringe Schwankungen im Längs-
verlauf des Baches auf. Die Nitratwerte nehmen leicht zu, vereinzelt höhere

Werte zeigen punktuelle Belastungen an, die aber rasch abgebaut werden.

Äußert sich schon im Chemismus des Gewässers Stabilität und nur geringe punktuelle Belastung, so wird diese beim Vergleich bakteriologischer Daten noch deutlicher (Abb. 3). Die Mittelwerte der Gesamtkeimzahlen sind relativ gering und liegen in derselben Größenordnung. Punktuell treten gelegentlich höhere Werte auf (s. z.B. Abb. 3 F).

Die pflanzliche und tierische Besiedlung zeigt ein natürliches Artenspektrum. Im stark beschatteten Oberlauf ist die Algenbesiedlung infolge der ungünstigen Lichtverhältnisse gering und auf Diatomeen beschränkt. Erst im stärker

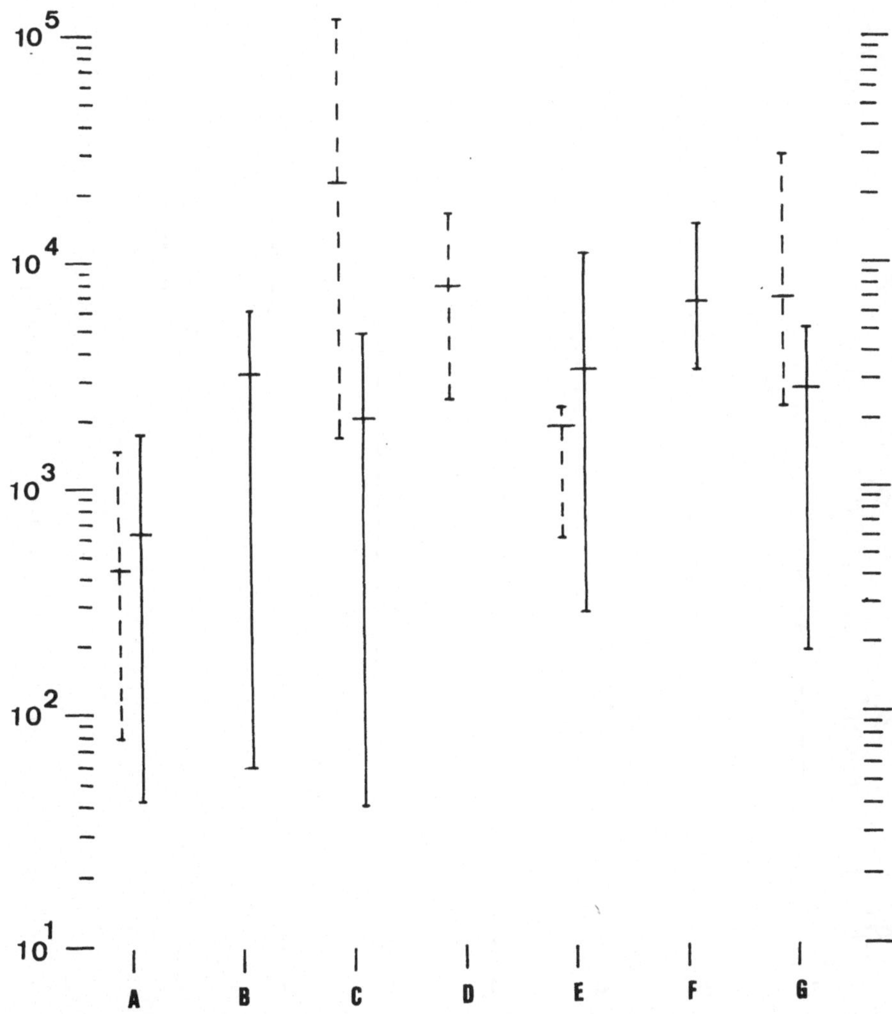

Abb. 3. Gesamtkeimzahlen im Mauerbach, Maxima, Minima und Mittelwerte. Strichliert 1956, voll ausgezogen 1972–1975.

belichteten Mittellauf treten Grünalgen (wie z.B. *Vaucheria, Cladophora glomerata*) auf, in deren Büscheln wieder reichlich Diatomeen als Aufwuchs leben. Im regulierten und verbauten Unterlauf überwiegen Grünalgen und Moose mit Diatomeenaufwuchs.

Im Mesobenthos des Oberlaufs dominieren *Rivulogammarus fossarum* (etwa 80% der Biomasse) neben Heptageniidae und Capnidae. Plecopteren treten aus thermischen Gründen in der Hintergrund. Der Mittel- und Unterlauf ist durch Baetidae und Trichoptera charakterisiert.

Ichthyologisch gesehen herrschen im Oberlauf typische Vertreter der Salmonidenregion vor. *Salmo trutta fario* und *Cottus gobio* sind die einzigen Vertreter. Bachabwärts treten dann *Perca fluviatilis, Squalius cephalus, Neo-*

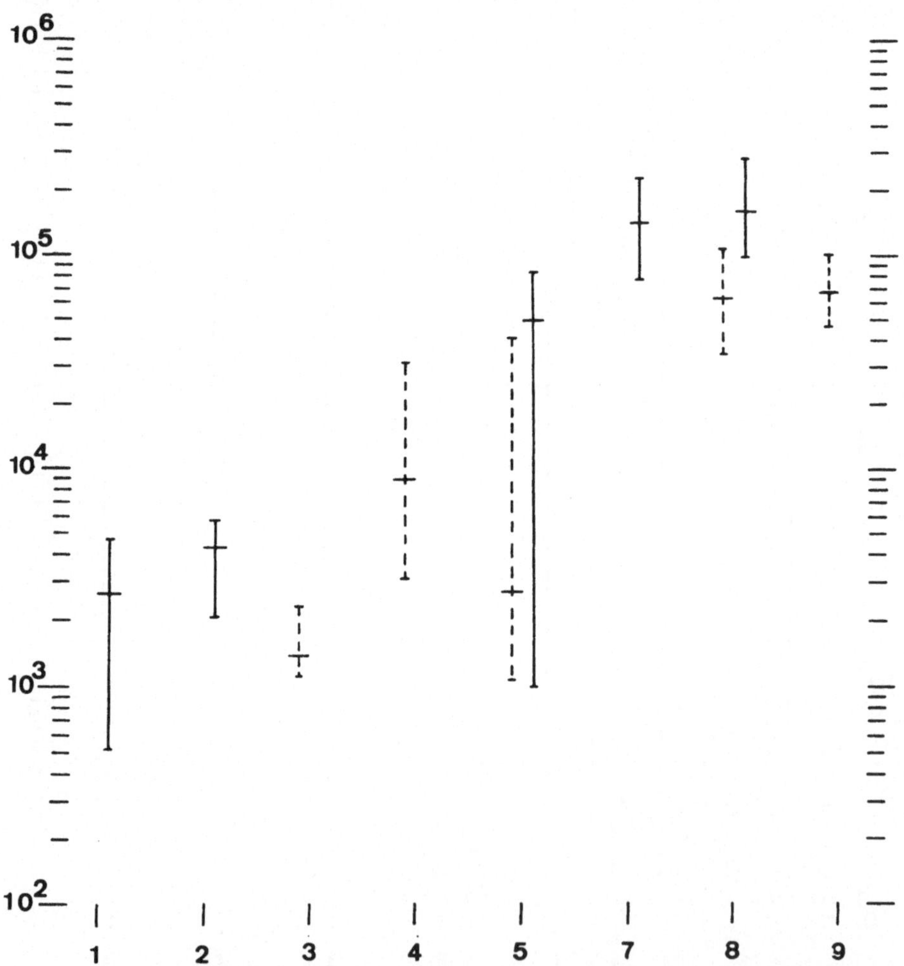

Abb. 4. Gesamtkeimzahlen in der Liesing, Maxima, Minima und Mittelwerte. Strichliert 1966, voll ausgezogen 1972.

macheilus barbatulus, *Gobio gobio* und *Phoxinus phoxinus* hinzu. Neuerdings
eingebracht, findet man noch Regenbogenforelle (*Salmo gairdneri*) und Bach-
saibling (*Salvelinus fontinalis*). Im Unterlauf sind *Neomacheilus barbatulus*
und *Phoxinus phoxinus* die dominierenden Arten (keine Vergleichsuntersuchun-
gen von 1950).

3.2. Liesing

Im obersten unregulierten Teil finden wir dem Mauerbach durchaus ähnliche
Verhältnisse vor. Chemisch, bakteriologisch und biologisch können die Aussagen
über den Oberlauf des Mauerbaches hier ebenfalls zur Anwendung kommen.

Im verbauten Mittellauf steigen Leitfähigkeit, Nitrat- und Ammoniumwerte
zum Teil stark an. Die stärksten Belastungen erfährt der Bach allerdings im
dichten Siedlungs- und Industriegebiet: Kühlwassereinleitungen bis zu 30% der
Bachwasserführung leiten im Sommer 30° und im Winter 22° warmes Wasser,
das noch dazu chemisch belastet ist, dem Gewässer zu. BSB_5-Messungen oberhalb 10 unterhalb 160 mg/l, CSB oberhalb 40 unterhalb 190 mg/l sowie Kalium-
permanganatverbrauch oberhalb 15—30 und unterhalb 40—1000 mg/l zeigen die
außergewöhnlich starke, vorwiegend organische Belastung des Gewässers durch
die sogenannten „Kühlwässer".
Bachabwärts bleiben die hohen Belastungen bestehen und werden nur
gelegentlich auf kurze Strecken geringer.
Bakteriologisch läßt sich ein stetiger Anstieg der Keimzahlen im Bachverlauf
feststellen. Die Höchstwerte werden unterhalb der Einleitung der beiden Kläranlagen registriert.
Der naturbelassene Oberlauf ist in seiner Pflanzen- und Tierbesiedlung
wieder dem Mauerbach vergleichbar. Im regulierten Mittellauf fehlt weitgehends
die Beschattung durch einen ufernahen natürlichen Baumbestand. Infolge guter
Belichtung und erhöhtem Nährstoffangebot ist *Cladophora glomerata* in reichlicher Zottenbildung die dominierende Algenart, die wiederum einem reichlichen Diatomeenaufwuchs als Substrat dient. Die Mesofauna ist reichlich
entwickelt, *Rivulogammarus fossarum*, *R. roeseli*, *Ephemerella ignita* sind
neben Baetiden und Chironomiden die dominierenden Organismen. Lücken-
raumbewohner des Bodens fehlen allerdings infolge der Verbauung des Baches,
die die Sohle mit einschließt.
Die stärkste Zäsur in die Lebensgemeinschaften des Baches wird durch die
obengenannten Kühlwassereinleitungen dargestellt. Wie mit einem Lineal ist
der Algenbewuchs abgeschnitten und auch tierische Organismen fehlen ab hier
vollständig. Die Wiederbesiedlung erfolgt weiter bachabwärts durch Kümmer-
formen von *Sphaerotilus sp.* Erst durch die Abwässer der Kläranlagen wird die
Wassergüte des Liesingbaches verbessert und eine Besiedlung mit Algen und
Chironomidenlarven wird wieder ermöglicht.

3.3. Änderungen des Gewässerzustandes seit 1950

Waren die Einflüsse auf den Mauerbach gering und nur punktuell, so hat sich
seit 1950 fast nichts geändert. Regulierungen und Flußverbauungen wurden

nur in sehr geringen Maß und zum Teil naturnah durchgeführt. Die chemischen
Werte blieben in den selben Größenordnungen. Höhere Nitratwerte im Oberlauf
lassen vermuten, daß zwischen ihnen und der inzwischen intensiver gehand-
habten Düngeraufbringung auf die wenigen Felder ein Zusammenhang besteht.
Die bakteriologischen Werte verstärken noch den stabilen Zustand während
der beiden Untersuchungszeiträume, es ist sogar eine leichte Besserung des
Gewässerzustandes festzustellen. Die Artenzusammensetzungen von Pflanzen-
und Tierwelt sind nahezu ident in beiden Untersuchungszeiträumen.

Ganz anders ist die Situation an der Liesing. Am Oberlauf ebenfalls geringe
Veränderungen seit 1950, ändert sich die Situation in Mittel- und Unterlauf
sehr stark durch die Regulierung und Verbauung. Zwar hat sich durch die z.T.
durchgeführte Beseitigung der Abwässer (u.a. Kläranlage Blumenthal) eine
Verbesserung des Gewässergütezustandes ergeben, eine in jeder Hinsicht zufrie-
denstellende Lösung steht noch aus.

Die angeführten chemischen Parameter weisen im Vergleich mit den früheren
Untersuchungen z.T. niedrigere Werte auf. Im Bachverlauf ist allerdings ein
Anstieg der Werte bachabwärts zu beobachten. Dasselbe gilt auch für die
bakteriologischen Befunde. Anders die tierische Besiedlung: wurde 1950 durch
stellenweisen Sauerstoffschwund bedingt die Besiedlung und Reichhaltigkeit
derselben limitiert, so sind heute in Abschnitten, die 1950 noch eine entsprechende Faunenverteilung zeigten, durch im Laufe der letzten Jahre
gesetzte naturfremde Regulierungen Faunenverarmungen erkennbar. Diese
sind in der Hauptsache bedingt durch erhöhte Strömungsgeschwindigkeit und
veränderte Biotopstruktur.

4. Zusammenfassung

Zwei Fließgewässer mit geologisch ähnlichen Einzugsbereichen werden nach
mehr als zwanzigjähriger Pause neuerlich untersucht. Der Mauerbach liegt nach,
wie vor in dünn besiedeltem Gebiet. Ein Zunehmen der Belastung durch häusliche Abwässer konnte bisher verhindert werden. Lediglich im Oberlauf können
wir Einflüsse der Landwirtschaft durch zusätzlichen Nährstoffeintrag feststellen.
Die bisherigen Regulierungen und Verlagerungen des Flußbettes belassen fast
durchwegs ein natürliches Bodensubstrat und größtenteils auch eine naturnahe
Ufergestaltung. Die untersuchten Biocoenosen zeigen eine reiche Manngifaltig-
keit und keine Veränderungen gegenüber 1950. Die Gewässergüte ist zufriedenstellend und nur durch punktuelle Belastungen geprägt.

Die Liesing, im Oberlauf noch als natürliches Gewässer vorliegend, ist vom
Mittellauf an durchgehend naturfremd reguliert. Stärkerer Eintrag kommunaler
Abwässer sowie Abschwemmungen aus landwirtschaftlichen Flächen wirken
düngend, ohne daß die Primärproduzenten infolge der rascheren Fließgeschwindigkeiten, dieses Nährstoffangebot auch vollständig verwerten könnten.

Mit ihrem Eintritt in dichtes Siedlungs- und Industriegebiet ändert sich die
Situation schlagartig. Trotz der angeführten Sanierungsmaßnahmen ist die
Belastung mit Oberflächenabläufen und durch Kühlwassernutzung so groß, daß
das Gewässer stellenweise abiotisch wird.

Durch die Regulierung verkürzte Streckenlängen und die damit verbundene Erhöhung der Fließgeschwindigkeiten sowie der Mangel an Festsetzungsmöglichkeiten für Organismen haben die natürliche Selbstreinigungskraft erheblich herabgesetzt.

Literatur

Brix, F. (1972): Hydrologie, Geologie und Bodenkunde. In: F. Starmühlner & F. Ehrendorfer (Herausg.), Naturgeschichte Wiens. Bd. 2, S. 51–86, Wien.
Pleskot, G. (1953): Beiträge zur Limnologie der Wienerwaldbäche. Wetter und Leben. Sonderheft 2, 215 S. Mit beiträgen von: Liepolt, R.: Lebensraum und Lebensgemeinschaft des Liesingbaches, S. 64–102; Pomeisl. E.: Der Mauerbach, S. 103–121 Ruttner, A.: Die Geologie des Untersuchungsgebietes. S. 10–21.

Anschrift des Verfassers:

Dr. Gerhard Hadl, I. Zoologisches Institut der Universität Wien, Dr. Karl-Lueger-Ring 1, A-1010 Wien.

EINFLÜSSE EINER GEWÄSSERBELASTUNG AUF DIE MAKROPHYTEN-VEGETATION DER OSTERSEEN, EINER SEENKETTE IN OBERBAYERN

A. MELZER

Abstract

Outstanding hydrologic and morphologic circumstances favoured the Oster lakes for studies on aquatic vascular plants. The Oster lakes include 19 small lakes that are located south of „Lake of Starnberg" (Upper Bavaria) and which all drain in south-north direction.

One of the main problems to be investigated was the effect of eutrophication due to single species of macrophytic water plants. As the sources of sewage (consisting of agricultural and communal waste water) are located only at the upper southern lakes, the effect of displacement of organic nutrition, respectively the hold-off was clearly observed. Not only pollution caused by man but also ground water flowing into some of the lakes controls variety of aquatic vegetation. Within the chain of lakes there are four distinctive elements of flora; either belonging to a natural lake or to a polluted lake — with or without ground water inlets.

From the results it is revealed that the most sensory species are the Characeae. They only will grow up to a certain amount of total phosphorus (20 μg P/1) — passing this rate will soon cause a sudden collapse as it is displayed in parts of this group of lakes.

1. Einleitung

In fließenden wie in stehenden Gewässern vollziehen sich als Reaktion auf belastende Einflüsse Veränderungen in der Zusammensetzung der makrophytischen Vegetation. Solche Ergebnisse wurden bisher u.a. an Seen in Skandinavien (vgl. z.B. Forsberg 1964a, Suominen 1968, Kurimo 1970), an grossen Seen des Alpenraumes (Bodensee: Lang 1973, Zürichsee: Lachavanne & Wattenhofer 1975) und Fließgewässern in Süddeutschland (vgl. Kohler et al. 1971, 1974) gewonnen. Für bayerische Seen liegen dagegen noch keine vergleichbaren Untersuchungen vor, die Arbeiten von Hamm (1975) über Baggerseen ausgenommen.

Um die Veränderungen in der Vegetationszusammensetzung von Seen in Abhängigkeit von Belastungen zu studieren, wurden die makrophytische Wasservegetation einer Seengruppe (Osterseen) kartiert und mit den Ergebnissen chemisch-physikalischer Erhebungen verglichen. Dabei sollte gleichzeitig Aufschluß über den Indikatorwert einzelner Vegetationsglieder erhalten werden.

2. Untersuchungsgebiet

Im Süden des Starnberger Sees liegen die Osterseen, ein aus 19 miteinander verbundenen Gewässern bestehendes Toteisseengebiet. Auf Grund ihrer gemeinsamen Entstehungsart bestehen für ihre morphologischen und hydrologischen Kenngrößen, den Großen Ostersee ausgenommen, weitgehende Übereinstim-

473

mungen. Innerhalb der Seenkette ist eine natürliche Durchströmung vom südlichsten See bis zum Ende der Seenkette im N festzustellen. Bei einer Gesamtlänge des Seensystems von ca. 5 km beträgt die Höhendifferenz zwischen dem
südlichsten und dem nördlichsten See 10 m. 15 der 19 Seen, die man wegen
ihres sommerlichen Schichtungstyps als solche bezeichnen kann, sind größer als
2 ha und dabei zwischen 10 und 30 m tief. Besondere Erwähnung verdient der
Lustsee, ein im nördlichen Teil des Seensystems gelegener Anhangsee, der nicht
in der durchströmten Gewässerkette liegt, sondern, von zahlreichen Grundwas-
seraustritten gespeist, in diese entwässert. Er liefert als völlig unbelastete „Null-
parzelle" wichtige chemische und biologische Daten.

3. Belastung der Seen

Durch zahlreiche Analysen konnte nachgewiesen werden, daß die Osterseen im
wesentlichen durch häusliche und kommunale Abwässer belastet werden, die in
die südlichen Seen, also den „Anfang" der Seenkette eingeleitet werden. Dort
reichen auch zahlreiche landwirtschaftliche Nutzflächen bis an die Seenufer
heran, so daß oberflächlich eingeschwemmte Nährstoffe die Belastungssituation
in diesem Bereich verschärfen. Bei Starkregen konnten im oberflächlich in die
Seen fließenden Hangwasser z.B. sehr hohe Konzentrationen an gelöstem o-
Phosphat (über 20 mg P/l), Kalium (ca. 60 mg K^+/l) und Nitrat (ca. 15 mg N/l)
nachgewiesen werden. Diese Konzentrationen liegen z.T. einige hundertmal
höher als die des Seewassers.

Für die chemisch-physikalischen Verhältnisse des Seensystems spielt das
einigen Seen reichlich zuströmende Grundwasser eine entscheidende Rolle. Da
im Bereich der Ortschaften Iffeldorf und Staltach, die im S an die Seen angren-
zen, noch keine Kanalisierung und Reinigung der anfallenden häuslichen Abwässer durchgeführt wird, gelangen durch Versickerungen Nährstoffe in den Grund-
wasserstrom. Durch vergleichende Untersuchungen konnte nachgewiesen werden,
daß die Zusammensetzung des Wassers siedlungsnaher Quelltrichter wesentlich
von der siedlungsferner Quelltrichter abweicht. Das betrifft auch die Gehalte
an gelöstem, pflanzenverfügbarem o-Phosphat.

Wegen der Durchströmung der Seenkette erfolgt eine Verschleppung der in
die südlichen Seen importierten Nährstoffe in die sich nach N anschließenden
Gewässer. Dabei ergeben sich für einzelne Nährstoffe, je nach ihrer pflanzen-
physiologischen Bedeutung oder den für sie zutreffenden Fällungs- bzw. Sorp-
tionsmechanismen, sehr unterschiedliche Rückhalteraten.

4. Chemismus der Seen

Die Osterseen weisen für Stillgewässer des Alpenvorlandes sehr hohe Calcium-
gehalte (und damit auch Wasserhärten und Leitfähigkeitswerte) auf. Sie liegen
mit 55—115 mg Ca^{++}/l (Wasserhärte: 13—18° dGH, spez. Leitf.: 250—550
μS_{18}) wesentlich über denen anderer oberbayerischer Seen. Wie für diese drei
Parameter, so zeigt sich auch bei den Kalium- und Natriumgehalten eine annäh-

474

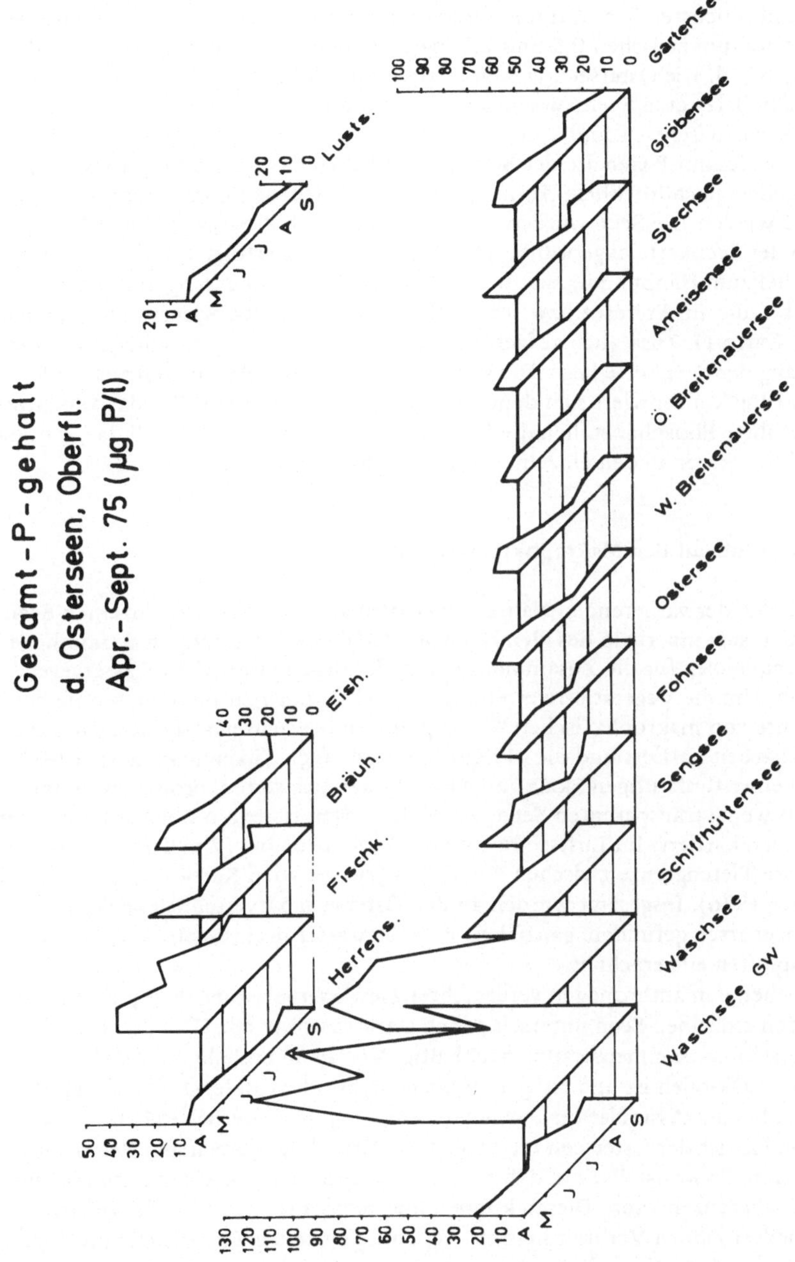

Abb. 1. Gesamt-Phosphatgehalt der Osterseen im Sommerhalbjahr 1975 (nach Melzer 1976). Die Reihung der Seen erfolgte nach ihrer natürlichen Lage innerhalb der Seenkette.

ernd lineare, abnehmende Tendenz vom höchsten See der Kette (Waschsee) bis
zum nördlichsten See. Während des Sommers schwanken die Konzentrationen
beim Kalium zwischen 0,5 und 2,0 mg K^+/l, beim Natrium zwischen 4 und
7 mg Na^+/l. Die Osterseen weisen relativ hohe Gehalte an Nitrat auf. Sie liegen
bei den belasteten Seen zwischen 3 bis max. 5 mg NO_3^-—N/l, bei den unbelasteten Seen zwischen 1 und 2 mg.

Die Gesamt-P-Gehalte der Seen verdeutlichen das Ausmaß der Belastung
besonders nachdrücklich. Abb. 1 gibt die Verhältnisse für das Sommerhalbjahr
1975 wieder. Die Seen wurden in der Graphik nach ihrer natürlichen Lage innerhalb der Seenkette angeordnet. Die Durchströmung erfolgt von links nach rechts.
Parallel zum Hauptstrang wurden ein südöstlicher Nebenzweig und der Lustsee
gesetzt, die am Fohnsee bzw. am Gröbensee in das große Seensystem münden
(vgl. Karte 1). Zusätzlich aufgeführt sind die Gehalte eines Quelltrichters, der am
Anfang der Seenkette liegt. Die sich in hohen Gesamt-P-Gehalten äußernde
Belastung konzentriert sich deutlich auf die südlichen Seen. Für das allochthon
zugeführte Phosphat stellen die Seen somit eine wirksame „Falle" dar, d.h. die
Rückhalteraten in den einzelnen Seen sind hier besonders hoch.

5. Einfluß auf den Makrophytenbestand

Als Folge der variierenden Nährstoffverhältnisse zwischen den einzelnen Seen
ergeben sich innerhalb des kleinräumigen Gebietes der Osterseen erstaunliche
Konsequenzen für die Zusammensetzung der makrophytischen Wasservegetation. Um die Vegetationsverteilung möglichst genau zu erfassen, wurde der
gesamte von makrophytischen Wasserpflanzen bewachsene Uferbereich durch
Taucharbeit kartiert und die „Pflanzenmenge" (vgl. Tüxen & Preising 1942)
nach einer fünfstufigen Skala geschätzt. In den belasteten, produktiven und
damit wenig transparenten Seen wurde die Vegetation vom Boot aus mit einem
Rechnen kartiert. Im Lustsee reichte die Vegetation bis 17 m Tiefe hinab, sonst
lag ihre Tiefengrenze zwischen 4 und 8 m (zur genauen Kartierungstechnik vgl.
Melzer 1976). Insgesamt wurden an den Osterseen 51 verschiedene Wasser-
pflanzenarten gefunden, ganzjährig vom Seewasser beeinflusste Amphi- und
Helophyten eingerechnet.

Neben den anthropogen verursachten Gewässerbelastungen reguliert auch
das den einzelnen Seen unterschiedlich stark zuströmende Grundwasser die
Vegetationszusammensetzung nachhaltig. Vor allem deshalb, weil das Grundwasser CO_2-reich ist und einigen Pflanzen damit die Kohlenstofform liefert, auf
die sie bei der Assimilation angewiesen sind (vgl. Schwoerbel 1974).

Im Gebiet der Osterseen ergibt sich auf Grund der derzeitigen Belastungssituation die Konstellation, daß man vier Haupttypen von Gewässern voneinander abgrenzen kann. Diesen können meistens ganz spezielle Pflanzenarten,
zumindest jedoch Verbreitungsschwerpunkte einzelner Florenelemente zugeordnet werden. Diese vier Seetypen sind:
1. unbelastete Grundwasserseen
2. belastete   ”   ”
3. unbelastete Seen ohne Grundwasserzustrom

Abb. 2. Verbreitung von Utricularia ochroleuca om Osterseengebiet (nach Melzer 1976). Das Vorkommen dieser oligotraphenten Art beschränkt sich auf die unbelasteten nördlichen Seen.

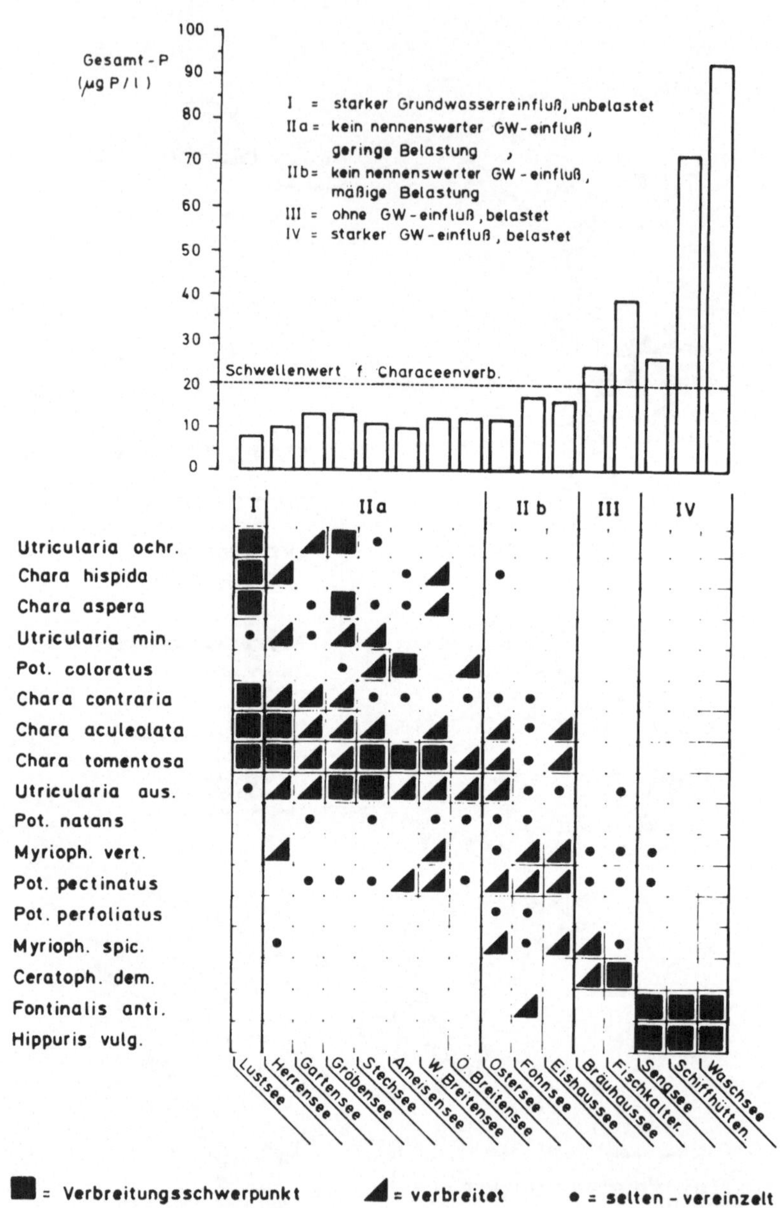

Abb. 3. Übersicht über Gesamt-P-Gehalt, Seetypen und Pflanzenverbreitung im Osterseengebiet (nach Melzer 1976).

4. belastete Seen ohne Grundwasserzustrom

Wie sich die Verhältnisse für eine Art der unbelasteten Seen darstellen, zeigt Abb. 2. Der Verbreitungsschwerpunkt des ockerfarbenen Wasserschlauches liegt eindeutig im Lustsee. Einige sehr häufige Vorkommen kann man aber auch noch in den unbelasteten Seen ohne Grundwasserzustrom feststellen, die ebenfalls im nördlichen Teil der Seenkette liegen. Ähnlich hohe Anforderungen an die Wasserqualität stellen *Chara hispida, Chara aspera, Potamogeton coloratus* und *Utricularia minor.* Weniger streng an die völlig unbelasteten Seen sind die übrigen Characeen sowie *Utricularia australis, Menyanthes trifoliata* und *Potamogeton pectinatus* gebunden. Diese Arten gedeihen aber ebenfalls noch nicht in den belasteten Seen. Mit ihrem Verbreitungsschwerpunkt näher an die belasteten Seen heran rücken *Potamogeton pectinatus, P. perfoliatus* sowie die beiden Tausendblattarten *Myriophyllum spicatum* und *M. verticllatum.* Ausschließlich in den belasteten Seen, die nicht vom Grundwasser beeinflusst werden ist *Ceratophyllum demersum* zu finden. Spezialisten für die belasteten Grundwasserseen sind *Fontinalis antipyretica* und *Hippuris vulgaris.*

Abb. 3 gibt den Zusammenhang zwischen Pflanzenverbreitung, Seetypen und Gesamt-P-Gehalt der Seen (= Ausmaß der Gewässerbelastung) in Form einer ökologischen Reihe wieder. Zu diesem Zweck wurden aus dem Makrophyteninventar der Osterseen 17 submerse Arten ausgewählt, aus deren Verbreitungsbild eine deutliche „Ja/Nein"-bzw. „Viel/Wenig"-Verteilung zwischen den einzelnen Seen festzustellen war. Damit wird auch besonders deutlich, wo und in welchem Umfang Veränderungen in der Vegetationszusammensetzung durch belastende Einflüsse stattgefunden haben.

Die Reihung der Seen entspricht der tatsächlichen topographischen Abfolge innerhalb der Seenkette, nur für den Lust- und Herrensee trifft das nicht zu, sie wurden als unbelastete und eingenständige „Anhangseen" an den Anfang gestellt.

Aus der Graphik ist zu ersehen, daß der Großteil der Osterseen wenig belastet ist, was durch das Übergewicht oligo- und mesotraphenter Arten deutlich zum Ausdruck kommt. Die Vegetationsverhältnisse dieser unbelasteten Seen können als ursprünglich angenommen werden. Abweichungen davon sind auf den Einfluß von Gewässerbelastungen zurückzuführen. Daß sich diese weniger im Auftreten vieler verschiedener eutraphenter Arten ausdrücken, sondern durch das Ausbleiben der oligo- und mesotraphenten Vegetationsglieder erkennbar werden, zeigt deren starke Gefährdung durch eine Gewässereutrophierung an.

5.1. *Characeen als Indikatoren einer Gewässerveränderung*

Characeen zeigen Veränderungen im Gewässerzustand in Richtung auf einen steigenden Trophiegrad durch ihr rasches Absterben und Verschwinden aus dem Gewässer an. Dieser Vorgang findet u.a. bei der Beurteilung des Gütezustandes des Bodensees große Beachtung (vgl. Lang 1973).

Im Osterseengebiet ist die Toleranzgrenze der Characeen gegenüber einer Belastung wegen der experimenthaften Feinabstufungen im Nährstoffhaushalt des Seensystems gesichert feststellbar. Belastung ist an den Seen gleichzusetzen mit Gesamt-P-Gehalt des Wassers. Bei einem sommerlichen Durchschnittswert von mehr als 20 μg P/l ist die Toleranzgrenze für Characeen erreicht, und sie sterben ab. Ob die mit erhöhten Gesamt-P-Gehalten stets einhergehende Sichttiefenverminderung oder direkte schädigende Wirkungen durch das Phosphat diesen Effekt hervorrufen, kann noch nicht endgültig beurteilt werden. Untersuchungen von Forsberg (1964b) weisen auf die letztere der beiden Möglichkeiten hin.

Literatur

Forsberg, C. (1964a): The vegetation changes in Lake Takern. *Svensk Bot. Tidskrift* 58: 44–54.

Forsberg, C. (1964b): Phosphorus, a maximum factor in the growth of Characeae. *Nature* 201: 517–518.

Hamm, A. (1975): Chemisch-biologische Gewässeruntersuchungen an Kleinseen und Baggerseen im Großraum München im Hinblick auf die Bade- und Erholungsfunktion. *Münchner Beiträge* 26: 75–110.

Kohler, A., H. Vollrath, & Elisabeth Beisl (1971): Zur Verbreitung, Vergesellschaftung und Ökologie der Gefäßmakrophyten im Fließwassersystem Moosach (Münchener Ebene). *Arch Hydrobiol.* 69: 333–365.

Kohler, A., R. Brinkmeier & H. Vollrath (1974): Verbreitung und Indikatorwert der submersen Makrophyten in den Fließgewässern der Friedberger Au. *Ber. Bayer. Bot Ges.* 45: 5–36.

Kurimo, U. (1970): Effect of pollution on the aquatic macroflora of the Varkaus area, Finish Lake District. *Ann. Bot. Fennici* 7: 213–245.

Lachavanne, J.-B. & R. Wattenhofer (1975): Contribution à l'étude des Macrophytes du Léman. Commission internat. pour la protection des eaux du Léman et du Rhône contre la pollution. Genf.

Lang, G. (1973): Die Makrophytenvegetation in der Uferzone des Bodensees. (Unter besonderer Berücksichtigung ihres Zeigerwertes für den Gütezustand). Internat. Gewässerschutzkommission fur den Bodensee, Bericht 12: 1–67.

Melzer, A. (1976): Makrophytische Wasserpflanzen als Indikatoren des Gewässerzustandes oberbayerischer Seen, dargestellt im Rahmen limnologischer Untersuchungen an den Osterseen und den Eggstätt-Hemhofer Seen. Dissertationes Botanicae 34. Lehre.

Schwoerbel, J. (1974): Einführung in die Limnologie. 2. Aufl. Stuttgart.

Suominen, J. (1968): Changes in the aquatic macroflora of the polluted Lake Rautavesi, SW-Finland. *Ann. Bot. Fennici* 5: 65–81.

Tüxen, R. & E. Preising (1942): Grundbegriffe und Methoden zum Studium der Wasser- und Sumpfpflanzengesellschaften. *Dtsch. Wasserwirtschaft* 37: 10–17, 57–69.

Anschrift des Verfassers:

Dr. A. Melzer, Am Hörchersberg 6, 7800 Freiburg-Littenweiler.

6. HUMAN-ÖKOLOGIE

Sonderdruck: Verhandlungen der Gesellschaft für Ökologie: Göttingen 1976.

BEZIEHUNG ZWISCHEN HUMANÖKOLOGIE UND ÖKOLOGIE

U. HALBACH

Abstract

Ecology is usually subdivided into (1) *aut-ecology*, concerning the relationship between the individual organism and the various ecological factors constituting its environment; (2) *dem-ecology*, concerning population dynamics and mechanisms regulating density; and (3) *syn-ecology*, concerning entire communities and ecosystems. In the first two fields man can be treated like other beings, although his complex social behavior and his cultural and technical tradition make comparisons difficult. The synecological view, however, is a holistic one, because here man is only a part of nature. If we want to integrate human ecology into general ecology we have to correct our anthropocentric view.

Die Humanökologische Gesellschaft definiert Humanökologie als „Betrachtung der Gesamtheit der Wechselbeziehungen zwischen Mensch und Umwelt" oder auch als „Ökologie der species Homo sapiens" (Knötig 1972). Wenngleich es sich hier um eine extrem anthropozentrische Betrachtungsweise handelt, muß doch gesagt sein, daß auch Biologen nicht selten von der „Ökologie einer species X.y." sprechen (Ökologie der Hyäne, des Sperlings usw.). Es handelt sich hierbei um eine bewußte Einengung des allgemeinen Begriffes Ökologie, da bei einer auf eine Organismenart bezogenen Ökologie lediglich autökologische und demökologische Aspekte berücksichtigt werden können, während eine Synöko-logie des Menschen beispielsweise definitionsgemäß nicht möglich ist (Knötig 1972). Zwar findet man selbst in Lehrbüchern Ökosystem-Schemata mit einer Organismenart (z.B. Rentier) als Zentrum, dennoch handelt es sich hier um die autökologische Betrachtung biotischer Beziehungen einer Art. „Synökologie" setzt eine höhere Integrationsebene voraus (Lebensgemeinschaft, Ökosystem, Biosphäre), bei der die Organismenarten als gleichwertige „Rädchen im Gesamt-

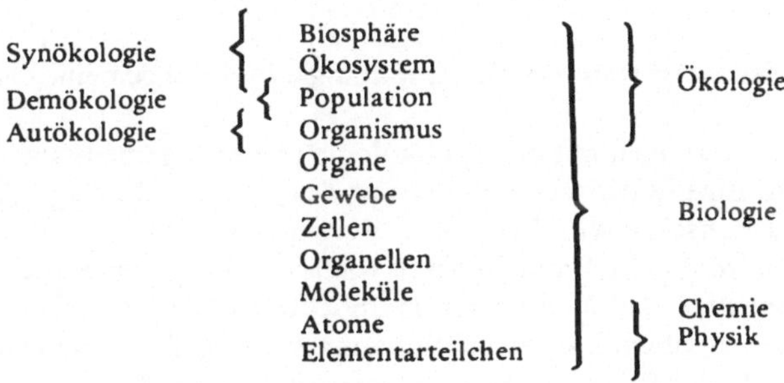

Abb. 1. Hierarchisches System der belebten Natur

werk" zu betrachten sind, selbst wenn die eine oder andere Art in dem System
von überragender Bedeutung sein sollte (vergl. Abb. 1).

Synökologie ist im Vergleich zu den anderen Disziplinen als etwas grundsätzlich Neues anzusehen: Hier steht erstmals nicht der Organismus und nicht
die Art im Mittelpunkt der Betrachtung, sondern das Ökosystem als höhere
Integrationsebene. Die holistische Schau des verflochtenen Naturgefüges macht
selbst manchem Biologen Schwierigkeiten, da seit alter Tradition der Organismus, seine Strukturen und Funktionen im Mittelpunkt der Forschung standen.
Die technischen Möglichkeiten der Systemanalyse eröffnen neue Perspektiven
der Ökosystemforschung. Seit einem knappen Jahrzehnt hat sich daher dieser
Zweig zu entwickeln begonnen, der trotz fruchtbarer Ansätze noch in den
Kinderschuhen steckt, wenngleich die neuen technischen und anderen methodischen Möglichkeiten eine rapide Entwicklung erwarten lassen (Halbach 1975,
1976, Rathmeyer 1975). Dabei ist die synökologische Betrachtungsweise keineswegs neu. Bereits E. Haeckel (1869) gab zwei Definitionen für den von ihm
geprägten Begriff „Oecologie": 1. Lehre von den Wechselbeziehungen der
Organismen mit ihrer (abiotischen und biotischen) Umwelt; 2. Lehre vom Haushalt der Natur (1870). Bei der ersten Definition stehen autökologische Betrachtungsweisen im Vordergrund, bei der zweiten synökologische.

Die Stellung der Humanökologie zur Ökologie konzentriert sich daher vor
allem auf die Beziehung zwischen *Humanökologie* und *Synökologie*. Zwei grundsätzliche Möglichkeiten bieten sich hier an:

1. Ausklammern der Humanökologie aus der Synökologie.

Dies ist der dezidierte Trend in der Humanökologischen Gesellschaft. Es gibt
hierfür gewichtige Argumente: a) eine durchaus legitime anthropozentrische
Einstellung; b) pragmatische Gründe: methodisch divergente Disziplinen wie
beispielsweise Medizin, Soziologie, Technologie, Architektur, Ethik u.a. stimmen
in ihrer anthropozentrischen Einstellung überein und lassen sich daher relativ
leicht unter dem Oberbegriff „Humanökologie" zusammenfassen — ohne den
Zwang der Einordnung in eine die Biosphäre (letztlich das All) umfassenden
Synökologie; c) wie oben dargelegt ist die Synökologie zur Zeit noch wenig
entwickelt; eine Einordnung der Humanökologie in die Synökologie ergäbe daher
einen schmalen Rahmen mit einem aufgeblähten Teilgebiet — eben der Humanökologie.

2. Versuch der Integration der Humanökologie in die allgemeine Ökologie

Dann wäre sie zusammen mit der Synökologie in einem gemeinsamen Gebäude
untergebracht. Eine holistische Betrachtung des gesamten Naturgefüges unter
Einschluß des Menschen wird bei diesem Vorgehen gefördert.

Trotz der unter Punkt 1 aufgeführten wichtigen Argumente, die insbesondere
die momentane Praktikabilität betreffen, möchte ich der letzten Verfahrensweise
den Vorzug geben, obwohl sie zweifellos zunächst umständlicher erscheinen
muß. Gründe: In der Dem- und Synökologie sind aufgrund neuer Einsichten und
neuer Techniken in der nächsten Zeit rapide Entwicklungen zu erwarten (Hal-

bach 1975). Früher oder später wird eine Synthese von Human- und Synökologie wünschenswert oder gar notwendig werden. Wenn sie sich am Anfang vollständig getrennt entwickeln, wird zumindest wegen unterschiedlicher Terminologien eine Kommunikation erschwert werden (getrennte Journale, Gesellschaften, Kongresse). Im Interesse einer langfristigen Entwicklung sollte zumindest eine gemeinsame Terminologie angestrebt werden! Bei dem von der Humanökologischen Gesellschaft geplanten Glossar sollte tunlichst nicht an den schon bestehenden festen Begriffen der Ökologie vorbeidefiniert werden.

Im Folgenden möchte ich versuchsweise prüfen, wieweit sich die Humanökologie in die allgemeine Ökologie integrieren läßt. Diese Überlegungen gehen über die derzeitigen Vorstellungen der Humanökologischen Gesellschaft hinaus, die die Kooperation mit der allgemeinen Ökologie darin sieht, deren Methoden zu übernehmen, soweit sie sich auf den Menschen anwenden lassen. Betrachten wir zunächst die Ökologie im Rahmen der übrigen naturwissenschaftlichen Disziplinen (Abb. 1): Bei einer Anordnung der Untersuchungsobjekte der Naturwissenschaft in einem hierarchischen System, bei dem die Objekte einer Ebene sich aus Elementen der darunter befindlichen Ebenen zusammensetzen, entfallen auf die Ökologie die 4 höchsten Integrationsstufen: Organismen (*Autökologie* = physiologische Ökologie), Populationen (*Demökologie* = Populationsökologie), Ökosysteme und Biosphäre (*Synökologie*).

Der Mensch als biologisches Wesen ist in jeder der genannten hierarchischen Ebenen präsent. Er besetzt hier zunächst die gleiche Position wie andere Organismen auch und unterliegt denselben Gesetzmäßigkeiten wie diese. Es ist in jedem Fall zu prüfen, ob darüberhinaus noch spezifisch anthropogene Eigenschaften in Erscheinung treten, wie sie beispielsweise Knötig in seinen Schriften deutlich herausstellt (1970, 1972).

A. Autökologie

Homo sapiens ist ein homoiothermer Organismus, der sich in Morphologie, Anatomie und Physiologie nicht grundsätzlich von anderen Säugetieren unterscheidet. In den grundlegenden Lebensphänomenen wie Organisation und Stoffwechsel stimmt er mit den übrigen Organismen überein. Bei vielen ökologischen Faktoren ist seine Toleranz — bei Fehlen von Hilfsmitteln — vergleichsweise gering (z.B. gegenüber der Temperatur). Er gleicht dieses Handicap aus durch Anpassung der Umwelt an seine Potenz (Kleidung, Behausung usw.). Dabei kommt ihm seine kulturelle Evolution durch Tradition zugute (Osche 1973). Sie unterscheidet ihn von allen anderen Organismen, mit denen er die genetische Evolution gemein hat. Die Umwelt des Menschen (im Sinne Uexküll's) basiert — in der Reihenfolge ihrer Bedeutung — auf: optischen, akustischen, chemischen, taktilen und thermischen Informationen. Auch hier hat er sich die Informationsmöglichkeit durch Hilfsmittel erweitert. Die Ursachen für diese Emanzipation liegen in der spezifischen Struktur des ZNS des Menschen. Sein Bewußtsein unterscheidet ihn von den anderen Organismen (Knötig 1972). Jahrhundertelang empfand der Mensch die technische Entwicklung als eine Befreiung von der Natur. Tatsächlich ist uns erst in neuester Zeit bewußt geworden, wie sehr wir trotz der artifiziellen Veränderung der Umwelt „Urmenschen" geblieben sind

(,,Der Nackte Affe"). Der Mensch kann sich tatsächlich nicht mit derselben
Geschwindigkeit genetisch an die Umwelt anpassen, mit der er selbst diese,
verändert, zumal er seiner Evolution durch natürliche Selektion entgegenwirkt
(Vogel 1973).

Eine zukünftige menschenwürdige Gestaltung der Umwelt muß daher den
biologischen Eigenschaften des ,,Urmenschen" in uns Rechnung tragen, wobei
seine physiologischen und ethologischen Besonderheiten berücksichtigt werden
müssen. Man kann dies vergleichen mit Zootieren, die auch erst dann gesund und
vital blieben und sich in ihren Gehegen fortpflanzten, als man gelernt hatte,
ihren biologischen Ansprüchen einschließlich der physiologischen und ethologischen Eigenarten bei der Gestaltung ihrer Umwelt Rechnung zu tragen.

B. Demökologie

Die methodische Entwicklung dieses Gebietes nahm hier ausnahmsweise im
Bereich der Humanbiologie, nämlich der Demographie, ihren Ausgang, wurde
dann aber im Bereich der zoologischen Populationsökologie erheblich weiter-
entwickelt (Halbach 1975). Die grundlegenden Gesetzmäßigkeiten sind bei
Tieren und Menschen die gleichen: Die Populationsdynamik (Veränderung der
Individuendichte in Raum und Zeit) ist eine Folge der drei Parameter Geburts-
rate, Sterberate und Migration. Die Kausalkette der Beeinflussung der Populationsdynamik ist in der Abb. 2 dargestellt, wobei jede Größe durch Phänomene
der darunter liegenden Ebene bedingt bzw. modifiziert wird. Was ist im Einzelnen unter den Begriffen der Abb. 2 zu verstehen? Die ökologischen Faktoren
umfassen das ganze Spektrum abiotischer und biotischer Bedingungen von der
Temperatur bis zur Nahrung und zu Parasiten; die physiologischen Eigenschaften
beinhalten beispielsweise Nahrungsassimilation und Respiration, die Lebensdaten
u.a. altersspezifische Natalität und Mortalität sowie Körpergewicht, die Populationsparameter z.B. die potentielle Wachstumsrate bei exponentiellem Wachstum sowie die Umweltkapazität. Es gibt Regulationsmöglichkeiten durch negative Rückkoppelungen, z.B. durch dichteabhängige Natalität und Mortalität.
Beim Menschen spielen dabei neurophysiologische und psychologische Phänomene wie sozialer Streß (Autrum 1966) ebenso eine Rolle wie kulturelle Tradi-
tionen (z.B. Gesetze, Tabus).

Populationsdynamik

↑

Populationsparameter

↑

Lebensdaten

↑

Physiologische Eigenschaften

↑

Ökologische Faktoren

Abb. 2. Kausalkette über die Beeinflussung der Populationsdynamik

Die tierische Populationsökologie hat bei der Simulation der Populationsdynamik mittels mathematischer Modelle beachtliche Erfolge erzielt. Im Augenblick

werden noch realistischere Modelle in Angriff genommen, die stochastisch sind
und damit der biologischen Variabilität der Parameter Rechnung tragen, die die
räumliche Heterogenität in der Verteilung der Organismen beachten und die
sogar die Individualität der Organismen (Alter, Geschlecht, Genotyp, Phänotyp,
Konditionierung u.a.) berücksichtigen (Halbach 1977). Eine enge Kooperation
mit der humanen Demographie ist ad hoc sinnvoll und möglich.

C. Synökologie

Der Mensch ist Teil von Ökosystemen und er führt Manipulationen an ihnen aus.
Insofern ist eine Humanökologie ganz ohne synökologische Aspekte wenig sinnvoll.

a. Der Mensch als Teil natürlicher Ökosysteme

Bei ursprünglich lebenden Sozietäten, die sich innerhalb ihres Ökosystems langfristig im Gleichgewicht befinden, kann man ihre Populationen genau wie die
der Pflanzen und Tiere als Teil dieses Ökosystems betrachten, wenn man beispielsweise den Energiefluß durch die Kompartimente des Ökosystems mißt. So
haben die Massai in der ostafrikanischen Savanne eine um einen Faktor 5 höhere
Effizienz als Konsumenten I. Ordnung (Karnivoren) als zum Vergleich die in
demselben Biotop lebenden Löwen, d.h. sie haben auf das Areal bezogen eine
5 mal größere Biomasse als der Löwe (Halbach 1977).

b. Der Mensch als Teil artifizieller Ökosysteme

Ein durch den Menschen geschaffenes artifizielles Ökosystem stellt beispielsweise die Stadt dar. Die an natürlichen Systemen beobachteten Gesetzmäßigkeiten können u.U. Hinweise auf die Gestaltung artifizieller Systeme geben.
Hierbei ist an soziologische, energetische u.a. Aspekte zu denken (Holling &
Goldberg 1971, Parton 1972).

c. Anthropogene Manipulationen an Ökosystemen

Der Mensch hat viele Ökosysteme in seinem Sinne verändert (Kulturlandschaft).
Soweit es sich dabei um Agrarland handelt, hat er sich unbewußt synökologische
Gesetze zunutze gemacht, die zu den relativ jungen Erkenntnissen der modernen
Ökologie gehören (Jacobs 1974, Orians 1974): Nach schweren Eingriffen wie
vulkanischen Katastrophen oder Bränden weisen die so entstandenen „jung-
fräulichen" Ökosysteme floristische und faunistische Sukzessionen auf. Hierbei
nimmt die Artenzahl mit der Zeit zu, desgleichen die Diversität, die Komplexität und die Stabilität bis zu einem stabilen Endzustand — der Klimax. Bei diesem
Vorgang nimmt die Produktivität (Primärproduktion pro Areal) jedoch nur
anfangs zu, dann sinkt sie ständig! Zur Erhöhung der landwirtschaftlichen Produktion macht der Mensch diese Sukzession immer wieder rückgängig (durch
Rodung, Brände, Monokulturen). Zugunsten der höheren Produktivität muß er
allerdings auch eine größere Instabilität (z.B. durch Schädlingskalamitäten) in

Kauf nehmen (Jacobs 1974). Das Beispiel zeigt, wie menschliche Strategien in
allgemein synökologischen Zusammenhängen betrachtet werden können. Dies
ist ein wichtiges Argument für die Integration der Humanökologie in die allgemeine Ökologie.

Bei unserem derzeitigen Kenntnisstand sind jedoch Folgen anthropogener
Manipulationen an Ökosystemen häufig nicht abzusehen (Dörner 1975, Simonis
1971). Der Mensch beeinflußt Ökosysteme von außen durch Veränderung der
abiotischen Bedingungen (z.B. chemische Zusammensetzung der Atmosphäre;
Temperatur und Ionengehalt von Gewässern) oder durch Veränderung der Artenzusammensetzung (Agrikultur, Schädlingsbekämpfung, bewußte oder unbewußte
Einbürgerung von Organismen). Welchen Einfluß wird beispielsweise die von den
Franzosen geplante Aussetzung der aus dem Golf von Mexiko stammenden riesi-
gen Braunalge Macrocystis an der Atlantikküste auf die dortige Lebensgemeinschaft haben? Solche Veränderungen zeitigen häufig unvorhergesehene Neben-
oder Folgeerscheinungen, was auf ein Unverständnis der Zusammenhänge zurückzuführen ist, z.B. der Vielfalt der indirekten Beziehungen und verschachtelten
Rückkoppelungskreise (Dörner 1975). Die Ökosystemforschung steckt noch in
den Anfängen. Es sind jedoch Erkenntnisse zu erwarten, die uns eines Tages
Prognosen der Folgen anthropogener Manipulationen ermöglichen werden.

d. Der Mensch und die Biosphäre

Die Aktivitäten des Menschen müssen heute in globalen Zusammenhängen gesehen
werden, was durch die Ausbeutung der natürlichen Ressourcen und die Veränderung der Atmosphäre in das allgemeine Bewußtsein gerückt worden ist (Sioli
1973).

Alle bekannten Systeme sind dynamische Systeme. Das gilt für jedes Ökosystem (Verlanden eines Sees!) ebenso wie für die Biosphäre. Nur vollzogen sich
bislang die Veränderungen in geologischen Zeiträumen. Abgesehen von diesen
langfristigen Veränderungen gab es vor der Aktivität des Menschen ein Gleichgewicht, das auf einen ständigen Kreislauf der Elemente (z.B. Kohlenstoff,
Sauerstoff) zurückzuführen ist. Teilweise entstanden Deponien in den Sedimenten (Kohle, Erdöl), die heute von den Menschen ausgebeutet werden. Der Mensch
hat dieses Gleichgewicht mehrfach durchbrochen, indem er an die Stelle des
Recycling eine einseitige Verschiebung gesetzt hat (Jacobs 1974, Simonis 1971,
Sioli 1973).

Eine besondere Gefahr besteht in der Irreversibilität vieler Folgen menschlicher Manipulationen. Sie erfordern größte Vorsicht bei Großprojekten wie
Urwaldrodungen oder Stauseen. Nur eine erdgeschichtliche und globale Betrachtungsweise erlaubt adäquate Zuordnungen des Ausmaßes menschlicher Aktivitäten und ihrer Folgen in der Biosphäre. Auch dies dokumentiert die Notwendigkeit der Einordnung der Humanökologie in eine globale allgemeine Ökologie.
Keinesfalls dürfen sich die Terminologien beider Gebiete unabhängig oder auch
nur divergierend entwickeln.

Literatur

Autrum, H. (1966): Tier und Mensch in der Masse. Bayer. Akad. d. Wissenschaften. München (Beck).

Dörner, C.D. (1975): Psychologisches Experiment: Wie Menschen eine Welt verbessern wollten und sie dabei zerstörten. *Bild d. Wissenschaft*: 48—53.

Haeckel, E. (1869): Generelle Morphologie der Organismen, 2.Bd.: Allg. Entwicklungsgeschichte der Organismen. Berlin (Reimer).

Haeckel, E. (1870): Über Entwicklung und Aufgabe der Zoologie. *Jenaische Z. Med. Naturwiss.* 5: 353—370.

Halbach, U. (1974): Modelle in der Biologie. *Naturwiss. Rdsch.* 27: 3—15.

Halbach, U. (1975): Methoden der Populationsökologie. Verh. Ges. Ökologie, Erlangen 1974, S. 1—24.

Halbach, U. (1977): Einführung in die Ökologie. In: Biologie — eine Vortragsreihe zum Funkkolleg. Weinheim (Verlag Chemie).

Holling, C.S. & M.A. Goldberg, (1971): Ecology and Planning. *J. Amer. Inst. Planners* 37: 221—230.

Jacobs, J. (1974): Diversity, Stability and Maturity in Ecosystems Influenced by Human Acitivities. Proc. 1st int. Congr. Ecology, The Hague 1974, S. 94—95.

Knötig, H. (1970): Problematik der Humanökologie. Österr. Hochschulz. Nr. 12.

Knötig, H. (1972): Bemerkungen zum Begriff „Humanökologie". Humanökol. Bl. 1, H. 2/3.

Orians, G.H. (1974): Diversity, Stability and Maturity in Natural Ecosystems. Proc. 1st int. Congr. Ecology, The Hague 1974, S. 64—65.

Osche, G. (1973): Biologische und kulturelle Evolution — Die zweifache Geschichte des Menschen und seine Sonderstellung. Verh. Ges. Dtsch. Naturf. Ärzte 1972. Heidelberg (Springer).

Parton, W.J. (1972): Development of an Urban-Rural Ecosystem Model. Rep. Dept. Metereology, Univ. of Oklahoma. Norman.

Rathmeyer, W., Hrsg. (1975): Zoologie heute. Stuttgart (Fischer).

Simonis, W. (1971): Zerstörung des biologischen Gleichgewichts. *Studium Generale* 24: 218—230.

Sioli, H., Hrsg. (1973): Ökologie und Lebensschutz in internationaler Sicht. Freiburg (Rombach).

Vogel, F. (1973): Der Fortschritt als Gefahr und Chance für die genetische Beschaffenheit des Menschen. Verh. Ges. Dtsch. Naturf. Ärzte 1972. Heidelberg (Springer).

Anschrift des Verfassers:

Prof. Dr. Udo Halbach, Fachbereich Biologie der J.W. Goethe-Universität, D-6000 Frankfurt/M., Siesmayerstr. 70, W-Germany.

ÖKOLOGIE UND HUMANÖKOLOGIE. DAS RÄUMLICH-FUNKTIONALE SYSTEM MENSCHLICHER UMWELTEN

L.V. NESTMANN

Abstract

Suggestions for a spatial and functional model of human environments: Development of human ecology should proceed on the basis of general ecology taking into consideration the special-cultural characteristics of Man, various information systems and the technosphere.

Man in his interaction with the environment is considered as individual, group and Mankind in different and varying socio-cultural conditions. Social structures and socio-ecological factors might be considered in analogy to other structures or assessed via indicators to facilitate quantification. The concept of psycho-somatic correlation is extended to all systems including Man, for instance to entire populations and to cultural landscapes, in an attempt to bridge the gulf between natural and cultural sciences.

The interaction between Man and Environment and Man's decisions relating to the environment depend also on perception and perception filters which differ according to social and cultural conditions and vary with time. Human Ecology should thus include bio-cultural, spatial and time aspects. The ecosystems of Man are open, change successionally in their characteristics with time and have instable borderzones. Interaction and mutual influence between them depend on the functional distance and on their respective potential.

The present development of Human Ecology is characterized by strong divergence of concepts, methods and terminology, under-representation of theory and lack of coordination between the research and practice of the disciplines concerned. To overcome some of these difficulties a model of the spatial and functional differentiation of Mans global environment is presented. It consists of a hierarchically ordered system of spheres which are according to Mans multiple environmental integration differentiated into functional environment complexes of living, working and regeneration in a given geographical and cultural environment. Their valency for individuals and groups also depends on age, social position and „fitness". In an assessment of their compound effect the „space-time concept" of T. Hägerstrand should apply.

In Zusammenfassung bisheriger Überlegungen lassen sich einige Thesen zur theoretischen Fundierung der Humanökologie aufstellen.

1. Die Prinzipien und Gesetzmäßigkeiten der allgemeinen und speziellen Ökologie sollten auch für den Menschen gelten. Die *Humanökologie* wäre damit auf der *Basis der Ökologie* als Aut- und Demökologie des Menschen zu entwickeln unter weitgehender Anlehnung an die Terminologie und Methodologie der biologischen Grundwissenschaft.

2. Wegen der bedeutenden *Unterschiede zwischen Mensch und Tier*, speziell manueller Fähigkeiten, Intelligenz, Emotionalität, Verhaltensweisen, Kreativität, komplizierter sozio-politischer Struktur und Organisation, Entwicklung einer Technosphäre und komplexer Systeme zur Informationsübertragung und -speicherung, *sozio-kultureller Differenzierung* und *historischen Wandels*, die

alle für das Ökosystem von besonderer Bedeutung sind, müssen auch diese
Bereiche in die humanökologische Betrachtung einbezogen werden. Die Komponenten humanökologischer Systeme und die denkbaren Wechselwirkungen
innerhalb des Gesamtsystems ergeben sich aus Abb. 1.

3.   Innerhalb des Mensch-Umweltsystems wird der Mensch als „Fokus der
Umweltbezüge" gesehen (Rössler) und zwar nicht generalisierend als Repräsentant der Gattung Homo sapiens sondern so realistisch wie möglich in soziokultureller Differenzierung, als *Individuum, umweltaktive Gruppe* und
Menschheit. Die sozio-kulturelle Differenzierung, die einem zeitlichen Wandel
unterworfen ist, bestimmt Wahrnehmung, Entscheidung und Potenz des
Menschen in Bezug auf seine Umwelt wie auch das Ausmaß seiner Abhängigkeit von dieser.

   Der Einbezug sozio-politischer Faktoren und der Noosphäre in die Systembetrachtung der Ökologie bereitet Schwierigkeiten, da hierbei die Kluft
zwischen Natur- und Geisteswissenschaften konzeptionell und methodisch
überbrückt werden muß, wobei außerdem der Einbezug solcher Parameter
in eine quantitative Erfassung ermöglicht werden müßte.

4.   In Bezug auf soziale Charakteristika, die für die Umweltwirksamkeit —
„Inwertsetzung", Nutzeffekt von Maßnahmen, Umwandlung des Raumes,
Schicksal und Chancen der Menschen — von besonderer Bedeutung sind, wird
vorgeschlagen, diese als *sozio-ökologische Parameter*, soweit möglich als *Strukturcharakteristika*, analog zu den Strukturen der Materie aufzufassen. Dies
könnte zweckmäßig sein bei der Bevölkerungsdichte und -verteilung, Kohäsion,
Freiheitsgrad und Zwängen innerhalb der Gesellschaft, hierarchischer Gliederung, Mobilität in räumlicher und sozialer Beziehung, Heterogenität der
Gruppe in rassischer, kultureller und sozialer Beziehung, Integrationszustand

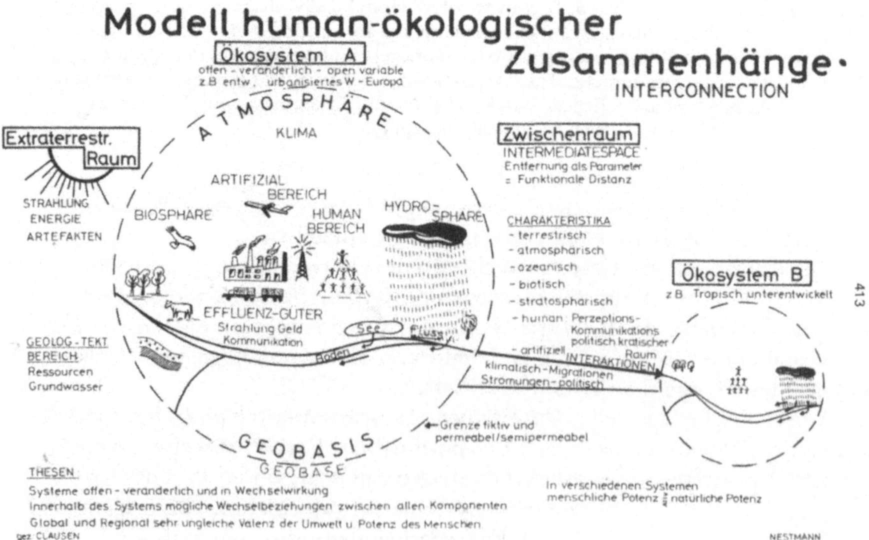

und Expansionsdruck als demographischem, kulturellem und politischem
Phänomen.

Sehr komplexe Zusammenhänge zwischen sozialen Charakteristika und
Umwelt ließen sich wahrscheinlich über *Indikatoren* wie Umweltveränderungen
und Vorkommen umweltbedingter Krankheiten, Verhaltensstörungen und
Kriminalität erfassen.

5. Zum Einbezug der *Noosphäre*, also des Geistigen und Kulturellen, wird
vorgeschlagen, das *Konzept der psycho-somatischen Korrelation* vom individual
menschlichen Bereich auf Gruppen, Populationen und Völker, ja auf alle
Systeme, die den Menschen einbeziehen, auszudehnen; also auch auf Mensch-
Umweltsysteme wie Länder, Kulturlandschaften, Kulturbereiche und die
bewohnte Erde als Ganzes.

Zum psychischen Komplexbereich gehören Wahrnehmung, Entscheidungen,
Wohlbefinden, Heimatliebe und -bindung oder Fernweh, zum somatischen
Komplex der körperliche Zustand der Menschen, demographische Entwick-
lungen, die physisch-biotische Umwelt und die Technosphäre.

Dabei werden innerhalb des Ökosystems, bei dessen sukzessioneller Entwicklung und für die Interaktionen zwischen verschiedenen Ökosystemen
physisch-psychische oder öko-*kulturelle Wechselwirkungen* und Abhängigkeiten angenommen, bei denen es auch zu *Störungen* kommen kann, die den
psycho-somatischen Krankheiten im Individualbereich entsprechen. Zu diesen
gehören Umweltkrankheiten und durch die Umwelt bedingte Verhaltensstörungen wie auch Umweltkrisen und -katastrophen, die durch menschliches
Fehlverhalten ausgelöst wurden. Länder, Staaten und Kulturbereiche wären
damit Großräume oder -ökotope, in denen man das Ineinandergreifen physisch-
ökologischer und kultureller Prozesse und Entwicklungen gut beobachten
kann. Das gleiche gilt für die *Kulturlandschaften*, die man als den sichtbaren
Ausdruck solcher komplexen Zustände und Entwicklungen auffassen kann.
Sie können so als sensitive *Indikatoren* gelten, an denen sich Zustand, Früh-
schäden und kritische Entwicklungen erkennen lassen, und die allgemein ein
wichtiges Objekt für die Erforschung derartiger *gekoppelter Entwicklungen*
darstellen könnten.

6. Für das humanökologische Geschehen ist nicht nur die ökologische Realität, sondern auch unsere *Wahrnehmung* von dieser entscheidend. Das heißt,
zwischen Mensch und Umwelt liegen *Perzeptionsfilter*, von denen auch die
umweltbezogenen *Entscheidungen* abhängen (Abb. 2). Diese sind in den verschiedenen Kulturkreisen aber auch individuell, bei Interessengruppen und
Sozialschichten verschieden. Sie sind außerdem einem zeitlichen Wandel unterworfen.

7. Perzeption, Entscheidungen, Art und Wirkung des Artifizialbereichs und
des Eingriffs in die Natur sind in den verschiedenen Kulturbereichen, in
Industrie- und Entwicklungsländern und in der Stadt und auf dem Lande verschieden. Die Lebens- und Entwicklungsbedingungen, Probleme, Krisen und
Störungssyndrome unterscheiden sich hier wesentlich, auch wenn für alle
Arten von Mensch-Umweltsystemen die gleichen übergeordneten Gesetzmäßigkeiten gelten.

Während in *Städten* und einer *technisierten Welt der Artifizialbereich domi-*

niert, die Natur in ihrer Wirkung insignifikant erscheint, auch wenn sie es nicht ist, so ist unter Bedingungen technologisch-zivilisatorischen Tiefstands die Potenz der Natur größer bis überragend. Kritische Entwicklungen gibt es in beiden Typen von Systemen. Sie werden oft nicht rechtzeitig erkannt wegen psychischer Sperren und weil die Perzeptionsfilter ungünstig eingestellt sind. Dadurch wird selbst wissenschaftliche Forschung entscheidend beeinträchtigt. Es kommt zu Täuschungen über den Nutzen unseres Tuns, den Zustand unseres Ökosystems und die Rangordnung verschiedener Ziele. Die *Humanökologische Forschung* und *Umweltplanung* bedürfen so immer der *Überwachung* durch die *synökologische Untersuchung* des Gesamtsystems.

8. Die verschiedenen *humanökologischen Systeme* oder Ökotope sind *offen* und haben permeable oder semipermeable Grenzen, die sich im Raum, zum Beispiel durch Klimaänderungen, Migrationen oder Diffusion von Kulturelementen verschieben können. Ökotope verschiedener Größe und Komplexität bilden ein hierarchisch strukturiertes Raum-Funktionssystem, dessen ver-

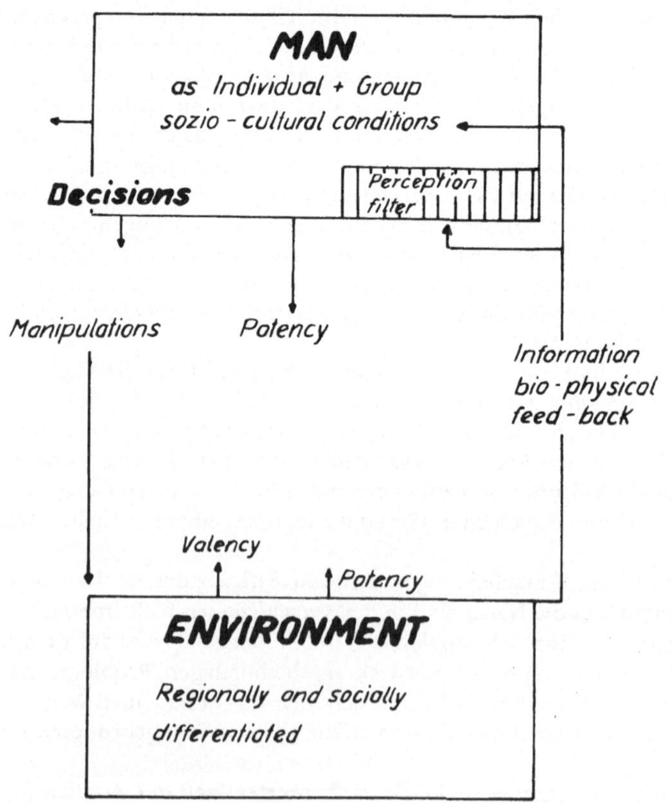

schiedene Einheiten in Wechselbeziehung stehen. Das Ausmaß der *physisch-biotischen* und *kulturellen Interaktionen und* deren Wirkung hängt ab von der „*Masse und Entfernung*" der Partner, oder besser von deren Potential als ökologische, kulturelle und politische Größe und von der Entfernung als funktionale Distanz. Letztere ist ein Parameter, der auch durch Wahrnehmung, Interesse, Zustand der Kommunikationsmittel und wirtschaftliche Bedingungen bestimmt wird. Es gibt keine Wirkung ohne Gegenwirkung, wenn auch der mächtigere Partner stärker auf den schwächeren wirkt. Dabei kann es allerdings durch Veränderungen, die dabei auftreten, zu einer *Umkehr des „Wirkungsfeldes"* kommen.

9.   Entscheidend für die Entwicklungen und die Entwicklungsmöglichkeiten des Menschen sind also nicht nur *Gesamtzustand* und *Entwicklungstrend* innerhalb des eigenen Ökosystems, sondern auch die *Interaktionen* mit anderen Ökosystemen.

10.   Die *Humanökologie* ist nicht nur eine *Human- und Biowissenschaft*, sondern auch *eine Raum- und Zeitwissenschaft*. Die Zeitkomponente und die von ihr abhängigen Veränderungen im Ökosystem werden von der dynamischen Ökologie als *sukzessionelle Veränderungen* einbezogen. Entsprechende regelhafte Veränderungen kann man wohl auch für Mensch-Umweltsysteme annehmen. Jedoch sind dann die Verhältnisse ungleich komplizierter, weil Umweltveränderungen und soziale, kulturelle, zivilisatorische und politisch-historische Veränderungen gekoppelt sind. Insbesondere dürfte die *Klimax* als Zustand des Gleichgewichts und der Stabilität sehr selten vorkommen, da es ständig und unberechenbar zu Eingriffen des Menschen in das natürliche System kommt und zu Interaktionen mit anderen humanökologischen Systemen, die über das Ausmaß der natürlichen Wechselwirkungen weit hinausgehen. Eine Ausnahme bilden unterentwickelte und ländliche Gruppen in relativer Isolation mit geringem Kulturwandel. Bei hochzivilisierten Populationen stellen sich, besonders dann wenn diese zu mächtigen Staaten organisiert sind, ständig neue Gleichgewichte und Wechselbeziehungen ein, und es kommt zu unvoraussehbaren Schwankungen der Entwicklung bei wahrscheinlich zyklischem Gesamtverlauf über lange Zeiträume. Bei solchen Kulturen folgt auf die Aufstiegsphase mit progressiver „Inwertsetzung" der Umwelt, Bevölkerungs-, Zivilisations- und Machtzuwachs, eine kürzere oder längere Zeit relativ stabiler Hochkultur, und dann der Verfall. Dabei können sich, wie im Nahen Osten, mehrere Entwicklungszyklen zu sehr komplexen Abläufen überlagern. (Nestmann 1971).

Bei der Erforschung der öko-kulturellen und historischen Sukzessionen und ihrer Gesetzmäßigkeiten müssen zahlreiche Wissenschaften, so die Palökologie, Archäologie, Geographie, Geschichte und Ökologie zusammenarbeiten. Solche Forschungen sind auch von praktischer Bedeutung, da Langzeitprognosen und eine vernünftige Umwelt- und Entwicklungspolitik nur möglich sind, wenn wir die Gesetzmäßigkeiten gekoppelter Entwicklungen verstehen. Zur Zeit führen noch viele an sich positive Eingriffe nach kurzem Erfolg wegen zunehmender Wirkung von Hemmfaktoren, Überschreitung von Optima, Störungen des Systemgleichgewichts und Störungen zwischen verschiedenen Systemen zu katastrophalen Entwicklungen über längere Zeiträume. Dies gilt für die Industrie-

länder und für die traditionell agrarwirtschaftlichen Entwicklungsländer in
gleichem Maße.

Eine *quantitative Erfassung* humanökologischer Prozesse dürfte, wenn auch
nur in progressiver Annäherung, erreichbar sein, wenn man die Theorie in Verbindung zur Biologie, Mathematik und allgemeinen Wissenschaftstheorie weiter-
entwickelt, Fortschritte in der Methodologie erzielt und ein globales Forschungs-
und Datennetz aufbaut.

Zur Zeit ist die Theorie, besonders wenn man das Ausmaß der empirischen
praxisbezogenen Forschung und das zunehmende Problembewußtsein bedenkt,
in starkem Rückstand. Der Widerstand gegen eine humanökologische Betrachtungsweise ist, außer bei der Medizin, in Deutschland im Gegensatz zu den
angelsächsischen Ländern, groß.

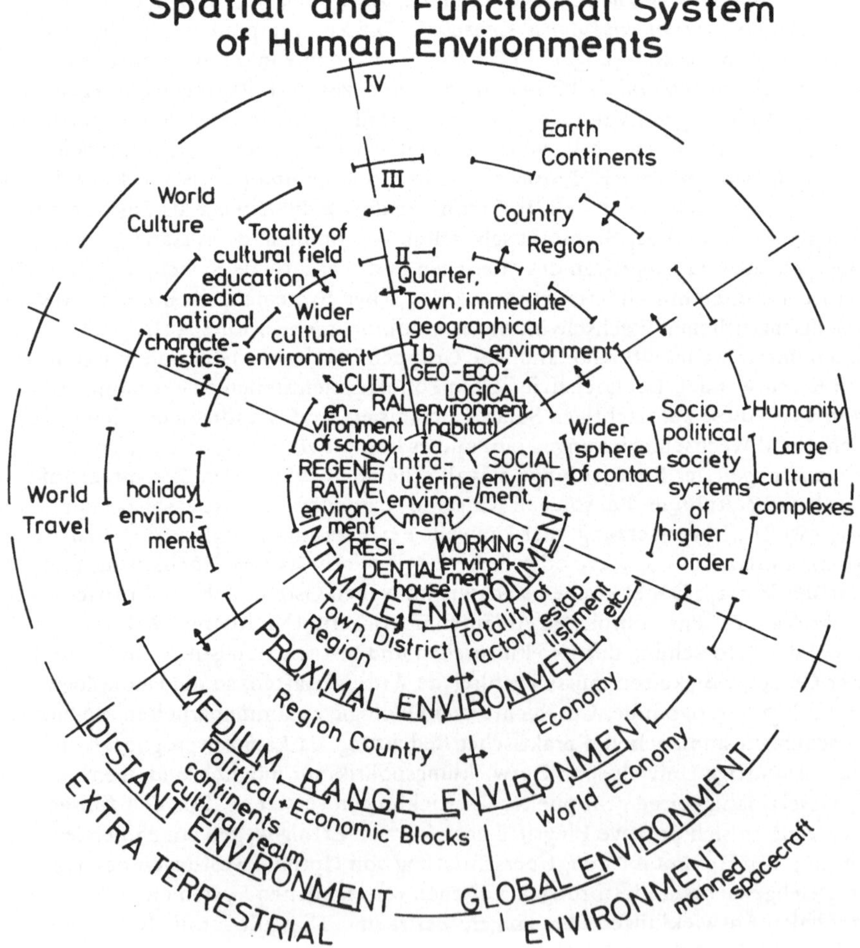

496

Zu den vordringlichsten Aufgaben der theoretischen Humanökologie scheint
mir, außer der *Erhellung der Systemzusammenhänge*, die Erstellung eines *konzeptionellen Rahmens zur Integration der unterschiedlichen fachwissenschaftlichen Ansätze* zu gehören. Soziologie, Medizin, Arbeitswissenschaft, Stadtplanung, Architektur, Landschafts- und Verkehrsplanung, Behindertenforschung
und zahlreiche andere Wissenschaften beschäftigen sich mit dem Mensch-Umweltverhältnis und liefern mögliche Beiträge zu einer Humanökologie, ohne daß
Terminologie, Methoden und Konzeptionen aufeinander abgestimmt sind oder
daß die Arbeitsergebnisse von anderen Interessenten zur Kenntnis genommen
und voll eingeschätzt werden. Zur Überwindung dieser Schwierigkeiten und als
erste Orientierungshilfe und Diskussionsbasis wird daher hier ein *räumlichfunktionales Umweltmodell* vorgestellt, das die verschiedenartigen Umwelten in
denen der Mensch lebt und in die er integriert ist, einbezieht. Aus diesem lassen
sich auch die potentiell beteiligten Wissenschaften und deren notwendige Kontakte und Integrationsfelder ableiten (Abb. 3).

Das chorologisch-funktionale Umweltmodell besteht aus *Umweltbereichsschalen* oder Zonen verschiedener Reichweite und Komplexität, zwischen deren
räumlichen und funktionalen Bereichen Wechselwirkungen bestehen. Die unmittelbar wirkenden Einflüsse der „Intim- und Nahumwelt" werden ergänzt durch
Einflüsse aus dem Fern- und Globalbereich, die schwächer, indirekt oder evtl.
nur sporadisch einwirken.

Zum System menschlicher Umwelten gehört im „Intimbereich" auch die
intra-uterine Umwelt, in der ein Mensch, der Embryo, innerhalb der Mutter lebt.
Nach der Geburt ist die *Umwelt differenziert in Wohnumwelt* (Wohnung, Haus,
Straße, Viertel), *Arbeitsumwelt* und normale *Regenerativumwelt*. Ihre *Valenz*
ist je nach Alter, Reife und sozialer Zugehörigkeit räumlich und in den funktionalen Bezügen *bei gleichen geographischen Bedingungen verschieden*. Zu
diesem Intimbereich gehören Ehe, Liebe, Sexualbeziehungen, Mutter-Kindbeziehungen, Familie, Freundeskreis, Kulturmilieu, die Umwelt der Medien,
das Lokalklima, der Arbeitsplatz und anderes mehr. Da sich der Mensch unterschiedlich lange in diesen einzelnen Umwelträumen und -beziehungen aufhält,
dürften für eine Erfassung der *Gesamteinwirkung* die Überlegungen und *Modelle*
von T. Hägerstrand über „*Space und Time*" maßgeblich sein.

Zum Nahbereich gehören die Stadt oder die Landschaft in der der betroffene und die Gruppe leben, die weitere Arbeits- und Sozialumwelt usw. Je größer der in die Betrachtung einbezogene Bereich wird, um so größere Bedeutung
kommt der politischen Komponente zu, die hier als Teil der Sozialumwelt aufgefaßt wird.

Da die funktionalen Umwelträume in denen ein Mensch integriert und adaptiert ist, ökologisch verschieden sind und häufig entfernt voneinander liegen, so
müssen auch *Adaption und Mobilität*, sowie die ihnen *zugeordneten Schadwirkungen* in der Humanökologie berücksichtigt werden. Das bedeutet nicht nur
eine Berücksichtigung von Arbeitsweg, Tourismus, Verkehr, Ortwechsel und
Migrationen, sondern auch der sozialen Mobilität und des Alterns, da sich in
jedem Falle Umweltvalenz und -bezüge ändern und Adaption erforderlich ist.

Zum großen Mittelbereich der Umwelt einer Person oder Gruppe kann man
die Region als geo-ökologischen, wirtschaftlichen, sozialen und kulturellen

Großraum rechnen, und auf noch höherer Komplexitätsebene, den Staat. Der Fernbereich umfaßt andere Länder, den eigenen und andere Kulturerdteile und die wirtschaftlichen und politischen Machtblöcke, ja die ganze Erde. Im *Global-system von Erde und Menschheit* sind *alle räumlich funktionalen Teilsysteme zur Entwicklungs- und Schicksalseinheit höchster Ordnung verbunden.* Störungen in einem Teil dieses Systems wirken sich potentiell auf alle anderen Teilsysteme und Menschen aus. Konsequentes Durchdenken solcher humanökologischen Bezüge und Entwicklung der Theorie sollte so auch tiefgreifende Auswirkungen auf unser Denken und Handeln haben, woraus sich Forderungen an Philosophie, Bildungswesen, Recht, Wirtschaft und Politik ergeben.

Literatur

Bartels, D. & G. Hard, (1975): Lotsenbuch, Bonn, S. 43.

Butzer, K.W. (1965): Environment and Archaeology. An Introduction to Pleistocene Geography, London.

Danserau, P. (1972): Dimensions of Environment Quality. In: Human Ecology in the Commonwealth, London.

Kagan, R. & L. Levi, (1974): Health and Environment. Psycho-social stimuli. A. Review. Soc-Sc. & Med. Vol 8, S. 225—241.

Kershaw, K. (1900): Quantitative and Dynamic Ecology, London.

Kirsten, E. (1956): Die griechische Polis als historisch-geographisches Problem des Mittelmeerraumes. Coll. Geogr. 5 Heidelberg.

Knötig, H. & E. Panzhauser, (1975): Grundsatzerklärung der Humanökologischen Gesellschaft, Wien.

Nestmann, L. (1968): Die Humanökologie, Begriff, Inhalt und Stellung im System der Wissenschaften D. U. Z. 5.

Nestmann, L. (1971): Human Ecology. A Tentative System of Geosciences centred on Man. Geoforum 5.

Nestmann, L. (1974): Human Development in its Relation to Ecological Conditions. Geoforum 18.

Sioli, H. (1971): Ökologische Aspekte der technisch-kommerziellen Zivilisation und ihrer Lebensform, Biogeographica 1.

Skinner, G.R. (1971): Beyond Freedom and Dignity. N.Y.

Anschrift des Verfassers:

Prof. Dr. Liesa Nestmann, Pädagogische Hochschule, Flensburg.

DER BEGRIFF DER „TERRITORIALITÄT" IN DER ALLGEMEINEN ÖKOLOGIE UND IN DER HUMANÖKOLOGIE

H.A. PAUL

Abstract

„Territoriality" is on the one hand the capability, on the other hand both the kind and the intensity of a locally-bound relation of living beings (as individual or as a group) to the physical space. The ethological entanglement decisive in this connection, i.e. the ensuring of one's own habitat, which at the same time is to offer adequate prerequisites of preservation of species, constitutes the same source of close relation in cases of antagonistic behaviour of different degrees of aggressiveness, inhibition and flight. Both genetic and environmental factors such as the avilability of territory and the population density, as well as the flexibility as to time and the phase dependency of territorial behavioural patterns have assumed a differentiating rôle.

The history of mankind is, in addition to the ecological nature of animal territory, also characterized by economic aspects, under which „territory" is defined as property in form of an object that can be traded and exchanged. This concept of territory entails that, e.g., a piece of land is deprived of one of its most important properties embodied in territorial property in the stricter sense. It may well be that, due to this new understanding of values and also of services, the territorial connotation will be shifted to differing levels of abstraction. If a group can no longer be held under control as a result of its size, the territory becomes a geopolitical power factor, justifiable on the basis of history development, including the idealistic and formalist identification of the population with defined claims to territories and borders and as to their defense and expansion.

Unter „Territorialität" oder „territorialem Verhalten" versteht man in der allgemeine Ökologie eine besondere Form der Auseinandersetzung eines Lebewesens mit konkurrierenden Artgenossen in bezug auf den geographisch-physikalischen Raum in seiner unmittelbaren Umgebung, das Territorium. Gleichzeitig bedeutet „Territorialität" aber auch das Vorhandensein eines solchen Verhaltensmusters, d.h. die Fähigkeit, sich territorial zu verhalten. Solche Eigenschaften und Verhaltensweisen haben viele Tiere und manche Menschen in einem sehr unterschiedlichen Ausmaß aufzuweisen.

Auffällig und offenbar besonders ausgeprägt ist das Phänomen bei Vögeln. Dies war bereits bei Aristoteles und Plinius bekannt, die eine Begrenzung des Lebensraumes beim Adler mit der Sicherung der Ernährung erklärten.

Der Begriff des „Territoriums" wurde 1920 von Henry Eliot Howard in seinem Buch „Territory in Bird Life" — zunächst rein beschreibend — in die Wissenschaft eingeführt. In der Folge haben zahlreiche Spezialisten diese Vorstellung bei der Erklärung von Beobachtungen in ihrem eigenen Forschungsbereich herangezogen, so daß es sich wohl um ein allgemeines biologisches Prinzip zu handeln scheint. Eine umfassende Übersicht der Erscheinungsformen bringt R. Ardrey (1966), der das Phänomen damit populär gemacht hat. Von ihm stammt auch die folgende Definition, die als Arbeitsgrundlage gut brauchbar erscheint:

„Ein Territorium ist ein Raum — im Wasser, auf der Erde oder in der Luft —, welcher von einem Tier oder einer Tiergruppe als ureigenstes Reich verteidigt wird. Mit dem Ausdruck „Territorialtrieb" bezeichnet man den Drang bestimmter Lebewesen, ein derartiges Gebiet zu besitzen und zu beschützen. Eine territoriale Tierart ist demnach eine Spezies, bei der alle Männchen und manchmal auch die Weibchen den angeborenen Trieb besitzen, ein eigenes Revier zu erwerben und zu verteidigen" (R. Ardrey 1972, S. 13).

Gelegentlich werden auch in diesem Zusammenhang andere Bezeichnungen gewählt wie Mindestwohngebiet oder Revier, was in der ornithologischen Literatur oft den Begriff „Territorium" synonym ersetzt.

Die Abgrenzung einer bestimmten Fläche oder eines fixierten Raumes gegen Geschlechtsgenossen der eigenen Art verschafft dem Lebewesen einen monopolartigen Zugang zu Nahrung und Nestbaumaterial sowie zu einem Platz, an dem er ungestört von Rivalen seinen Partner umwerben kann.

Die Größe des Territoriums oder Reviers ist von Art zu Art sehr verschieden. Sie hängt innerhalb der Art offenbar von der verfügbaren Nahrungsmenge und dem Ausmaß an schützender Deckung ab. Vielfach sind die Grenzen durch natürliche Merkmale wie Bäume, Büsche und Waldränder klar umrissen.

Gewöhnlich wird das Territorium zudem durch Duftmarkierung mittels Harn, Kot oder des Sekretes spezieller Drüsen sowie durch optische und akustische Signale in Form von Drohgesten kenntlich gemacht, die vor allem dann wichtig sind, wenn das Territorium zu verschiedenen Zeiten von verschiedenen Artgenossen benutzt wird, also eine zeitliche Interferenz vorliegt. Als letzte Form des Revierverhaltens wäre der Kampf zu nennen; obgleich er am meisten auffällt, ist er seltene Endform unter besonderen Stresseinflüssen.

Handelt es sich um Gruppenterritorien, die dauerhaft von mehreren erwachsenen Angehörigen einer Art bewohnt werden, so kommt es häufig auch zur chemischen Duft-Markierung dieser Tiere durch das Alpha- Tier, das damit den Gruppengeruch als Erkennungszeichen fixiert, damit es nicht zu Mißverständnissen hinsichtlich der Zugehörigkeit zum Territorium kommt, was manchmal für einen fremden Eindringling tödlich sein kann.

RAUMGEBILDE	FUNKTION	VERHALTEN ZU ARTGENOSSEN
neutrale Zone	Aktionsraum	Nichtbeachtung
Pufferzone	Nahrungsbeschaffungsraum	Duldung
Territorium (Revier)	Mindestwohnbereich	Aggression Verteidigung
Individualraum	Intimbereich Privatsphäre	Individualdistanzierung

Abb. 1   Taxonomie-Schema der territorialen Gebilde.

Je nach dem Zweck und dem hauptsächlichen Gebrauch des Territoriums kann man mit Berill & McBride (1974) etwa Paarungsterritorien (z.B. Balzplätze), Nist- und Brutterritorien, Schlafterritorien, Nahrungsterritorien und Saisonterritorien (z.B. Winterterritorien) und Kombinationsterritorien unterscheiden. Vielfach sind diese Formen jedoch nicht völlig voneinander getrennt, sondern ineinander verschachtelt, so daß es schwer fällt, die fließenden Übergänge in Raum und Zeit festzustellen. Klopfer (1969) hat diese Frage eingehend behandelt.

Ich habe versucht, in einem einfachen Schema die wichtigsten Raumgebilde der Territorialität taxonomisch darzustellen (s. Abb. 1). Es kann sich dabei nur um ein sehr grobes Raster handeln.

Es ist also nicht so, daß die wildlebenden Tiere sich ohne Zwang frei bewegen können, sondern sie sind in ihrer Motilität auf bestimmt Bereiche beschränkt. Die Verhaltensformen des Erwerbs und der Verteidigung des eigenen Reviers sind weitgehend genetisch determiniert. Sie werden jedoch durch die soziale Überlieferung und durch individuelle Erfahrung ergänzt.

So gilt in den neutralen Zonen nach Hediger (1949) das Prinzip der individuellen Dominanz, wobei das Alpha-Tier das untergeordnete Gamma-Tier verdrängen kann, wenn es in den Bereich seiner Individualdistanz gerät (Abb. 2).

Ich illustriere diese Vorstellung durch ein Beispiel von Balph & Stokes (1963), das auch von Eisenberg (1967) benutzt wird, weil es besonders anschaulich ist. Die von den Autoren beobachteten Uinta-Erdhörnchen (*Citellus armatus*) leben im offenen Gelände und bauen Erdhöhlen, die jeweils von einem erwachsenen Tier, kurze Zeit auch von einem Paar oder aber von einem Muttertier mit Jungen bewohnt werden. Sie leben in Kolonien, deren einzelne Mitglieder ihr Futter in einem gemeinsamen Aktionsgebiet suchen. Als Territorium verteidigen sie lediglich den Erdbau und seine unmittelbare Umgebung gegen eindringende Artgenossen. Kommt jedoch ein niedrigrangiges Tier auf der Futtersuche in der Pufferzone der gemeinsamen Aktionsräume in den Bereich eines stärkeren Koloniemitgliedes, so tritt die Rangordnungsdynamik in Funktion und das schwächere Tier wird vertrieben.

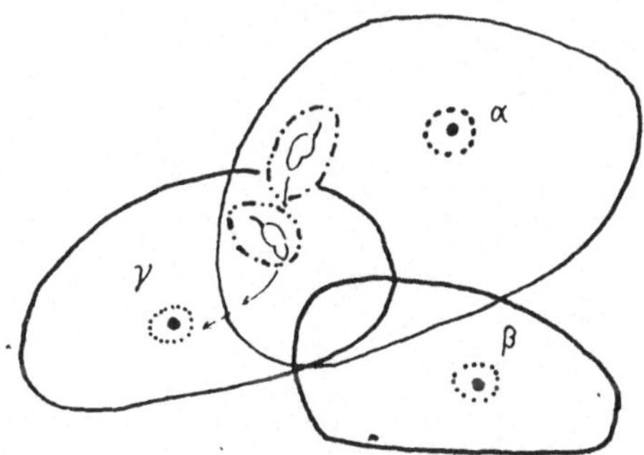

Abb. 2. Territoriales Verhalten von *Citellus armatus*: In den sich überschneidenden Gebieten kann das dominante alpha-Tier das untergeordnete gamma-Tier verdrängen. Punktierte Linien: Verteidigungsbereiche; durchgehende Linien: Begrenzung des Aktionsraumes; gestrichelt-punktierte Linien: Individualdistanzen. (nach Beobachtungen von Balph und Stokes, 1963, aus Eisenberg, 1967).

Anders ist es nach den Erfahrungen von King (1955) beim Präriehund (*Cynomys ludovicianus*), der in größeren Kolonien lebt und vollständig an das Leben der weiten Prärie angepaßt ist (Abb. 3). Hier existieren als komplexere soziale Ordnung Sippenverbände, die diese Kolonien in eine Anzahl territorial deutlich voneinander getrennte Untereinheiten aufteilen. Jede Sippe besteht aus einem erwachsenen Männchen sowie mehreren erwachsenen Weibchen mit ihren Jungen. Jede Sippe verteidigt ein größeres Gruppenterritorium im Umkreis ihrer Erdbaue, das gleichzeitig dem Nahrungserwerb dient. Mit sozialer Hautpflege und Mund-zu-Mund-Kontakt wird der Sippenzusammenhalt und das gegenseitige Erkennen gesichert. Akustische und optische Signale halten Fremde fern, die zudem angegriffen werden, wenn sie in das Sippengebiet eindringen. Diese Ordnung kann jedoch nur aufrecht erhalten werden, wenn die Individuenzahl innerhalb der Sippe annähernd gleich bleibt, da sonst Nahrungsmangel eintritt. Daher verlassen die erwachsenen Tiere eines Sippenverbandes im Spätsommer das Zentrum der Kolonie und gehen auf Wanderschaft, während den Jungen das alte Revier, in dem sie geboren wurden, zum Überwintern erhalten bleibt.

Aus diesen Beispielen ist zu ersehen, daß es sich bei der Territorialität zugleich um ein sozialbiologisches Regulationsprinzip handelt. Von Altenkirch (1973) wird dies mit folgender Definition ausgesagt:

„Das Territorialverhalten ist – aus ökologischer Sicht – eine Eigenschaft der Gesamtpopulation, mit deren Hilfe die Bevölkerung in einem gegebenen Raum möglichst gleichmäßig verteilt wird, ohne daß es zu überhöhter Dichte kommt" (S. 161).

Schon Burt (1943) weist darauf hin, daß Drohverhalten und Revierkämpfe mit den eigenen Artgenossen das spezifische Kennzeichen der Territorialität sei, wobei er davon ausgeht, daß eine weitestgehende Gleichartigkeit der Ernährungsweise im Habitat als Ursache der Konkurrenzsituation lediglich bei den Mit-

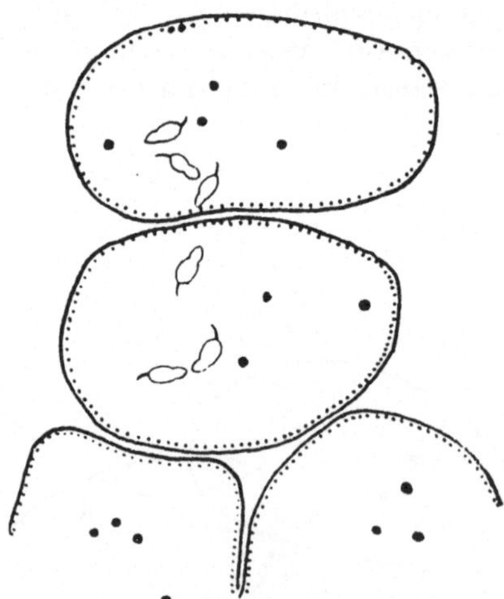

Abb. 3. Territoriales Verhalten von *Cynomys ludovicianus*: In einer Präriehund-Kolonie pflegen die Angehörigen einer Sippe gesellige Beziehungen untereinander, während ein Gruppenterritorium gegen benachbarte Tiere verteidigt wird; das Territorium umfasst den von jeder einzelnen Sippe benutzten Gesamtbereich. Bedeutung der Zeichen wie in Abb. 2. (nach Beobachtungen von King, 1955, aus Eisenberg, 1967.)

gliedern derselben Spezies vorhanden ist, was allerdings durchaus nicht immer
der Fall zu sein braucht.

Es besteht nach Bösel (1974) ausserdem auch eine Abhängigkeit von der
Bewegungsfähigkeit der Organismen, was besonders in der Größe der Territorien
zum Ausdruck kommt.

Daneben gibt es aber ein Phänomen, das von Hediger (1950, 1956) gleichfalls
mit der Territorialität in Beziehung gesetzt wird, und das er die ,,Individual-
Distanz" nennt. Auch sie tritt artspezifisch in Erscheinung. So reizvoll es wäre,
hier auf die Faktoren des Individualraumes, des Intimbereiches und der Privat-
sphäre einzugehen, so muß ich mir dies aus Zeitgründen leider versagen. Ich ver-
weise deshalb neben Hediger lediglich auf die Arbeiten von McBride (1965,
1966), der den persönlichen Raum auf den Hühnerhof entdeckte, und Sommer
(1959, 1969), der den Sicherheitsabstand beim Menschen untersuchte, ein
gleichsam mobiles Territorium, das jeder mit sich herumträgt. Es ist dies die
subtilste der territorialen Erscheinungen, weshalb sie besonders auf Stressein-
flüsse empfindlich reagiert. Auf diese Weise verändert sozialer Stress die Struktur
der Gemeinschaften, die sich aus dem ständigen Kontakt der benachbarten
Individuen ergibt.

Schon eine Zu- und Abnahme der Individuenzahl kann das Gleichgewicht
innerhalb der Sozietät empfindlich stören, wie aus dem stark vereinfachenden
Schema der Abb. 4 hervorgeht. Hier gibt es meist einen Kreislauf, der schließlich nach einer überschießenden Reaktion wieder in das artentsprechende Nor-
malverhalten zurückführt.

Die Fähigkeit bestimmter Tierarten, wie etwa der Feldmausweibchen, durch
Nestgemeinschaften unter Verkleinerung der Individualdistanz auch eine Reduzierung ihres Territoriums zu bewerkstelligen, ist nach Tischler (1963) einer der
Gründe für das plötzliche Massenauftreten dieser Nagetiere. Im Verlaufe solcher
Entwicklungen kommt es dann häufig zu Massenwanderungen, wie sie in früheren Jahrhunderten in gewisser Regelmäßigkeit bestimmte Landstriche heim-
suchten, bis die Tiere ebenfalls in großen Populationen zugrundegingen. Hier
scheint ein topisches Regelungsprinzip zu bestehen, das nach Von Holst (1974)
als primäre Wirkungsfaktoren die Artgenossen im Sinne einer schädigenden
Umwelt benutzt. Über Generationen hinweg ergibt sich so eine Individuenkon-
stanz, die durch einen unspezifischen Dichteeffekt und durch einen spezifischen
Dominanzeffekt einzelner Tiere geregelt wird. Christian (1963) stellte daher die
Theorie auf, daß diese Selbstregulation der Bevölkerungsdichte über die endo-
krine Adaptation im Streßmechanismus erfolgt, wobei aussergewöhnlich starke
Belastungen sogar zu einem Versagen des Organismus führen sollen. Diese
Streßtheorie wird heute auch in bezug auf das territoriale Verhalten weitgehend
anerkannt.

Die Reaktion auf Signale der Umwelt ist jedoch sehr unterschiedlich danach,
ob sich das Individuum auf seinem eigenen Territorium befindet oder ob es in
fremden Bereich angetroffen wird. Schwerdtfeger (1968) spricht von einer
Plastizität der Territorialität. Es zeigt sich, daß Dominanz als soziales Phänomen
durch geographische Faktoren beeinflußt wird. Auf heimatlichem Areal ist der
Kämpfer gewöhnlich auch dann im Vorteil, wenn er an sich schwächer ist. So
wirkt das Territorium oft als sozialer Ausgleich für Individuen niedrigen Ranges,

indem es ihnen im eigenen Bereich eine Statusverbesserung sichert.

Die Bewältigung innerartlicher Auseinandersetzungen schließt nach Reyer (1974) unter dem Begriff des agonistischen Verhaltens (agonistic behaviour) sowohl die Aggression als auch das Fluchtverhalten ein und erfaßt ebenfalls die Verhaltensweisen, die sich in ethologischem Bereich aus der Überlagerung von Aggression und Flucht in Form von Droh- und Demutsgebärden ergeben.

Es finden sich dabei teilweise erstaunliche Ähnlichkeiten mit menschlichen Verhaltensweisen, wie dies bereits bei der Individualdistanz vermerkt wurde. Die moderne vergleichende Verhaltensforschung stellt Parallelitäten wie auch Unterschiede zusammen nach der Spezies, der Intensität der Territorialität, der Richtung der Aggressivität gegenüber Individuen und Gruppen der gleichen Art, gegenüber Angehörigen anderer Rassen, Stämmen oder Familienverbänden usw. Von Esser (1971) wird ein territoriales Verhalten als dominant beurteilt, wenn die Zahl der sozialen Kontakte, ihre Dauer und Stärke sowie der Prozentsatz der initiierten Handlungen ein bestimmtes Vergleichsmaß überschreitet. Die räumliche und zeitliche Flexibilität unter dem Einfluß äußerer Faktoren ist ein weiteres Kriterium, das sich auch in einer Phasengebundenheit der Handlungen zeigen kann. Schließlich erhebt sich in der Unterscheidungsmöglichkeit zwischen genetischer Fixierung und individueller Entwicklungsfähigkeit die Frage nach der qualitativen oder quantitativen Differenzierung der tierischen und menschlichen Territorialität.

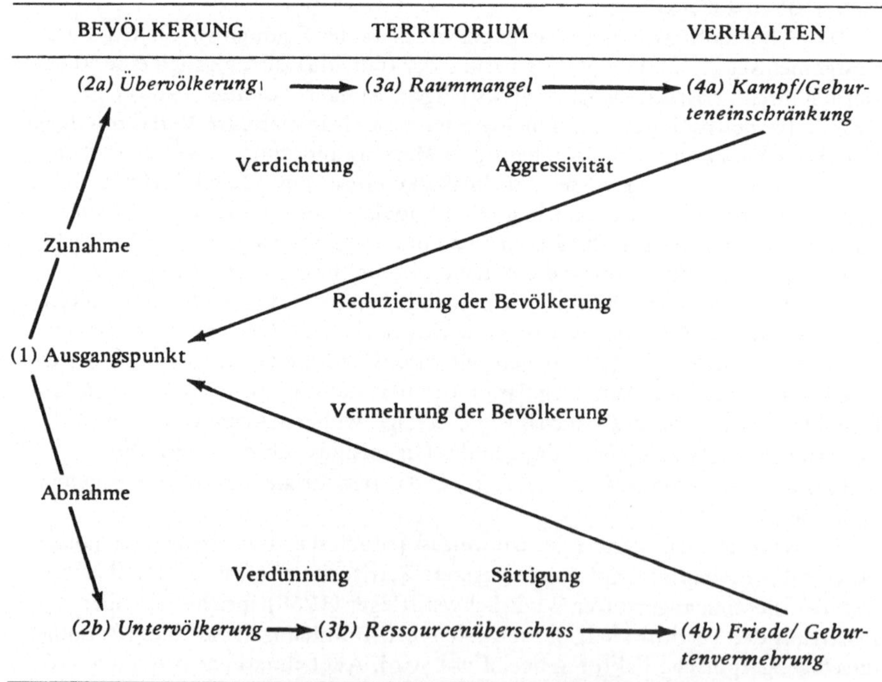

Abb. 4   Grundschema der Beziehungen zwischen Territorialität und Populationsdichte.

Es hat den Anschein, als seien bei Menschen im mikro-ökologischen Bereich
mehr tieradäquate Verhaltensweisen zu beobachten als in den territorialen
Gebilden, die der Mensch auf der Basis seiner abstrakten Vorstellungsmöglich-
keiten im Verlaufe seiner Geschichte selbst geschaffen hat.

Tiger & Fox (1976) betonen als typisch menschlich das Netz wechselseitiger
Verbindlichkeiten, das Geben und Nehmen, das nie ausgeglichen ist und immer
irgendwo Schulden offen läßt, ein erstaunlicher Anpassungsmechanismus in der
Sozialbindung, der am stärksten von der sonst weitgehend auch beim Menschen
gültigen Biogrammatik der Primatenbindung abweicht. Die Autoren resümieren
diese Anpassung wie folgt:

„Alle Tierpopulationen haben Ökologien, nur die menschlichen Populationen haben
Ökonomien. Eine andere Formel für diesen Sachverhalt lautet: Menschen haben einen Sinn
für „Eigentum". Diese Auffassung ist von den Anwälten tierischer Klugheit mit dem Argument bestritten worden, daß Tiere ihr Territorium verteidigen — und was könnte ein elemen-
tareres „Eigentum" sein als ein Grundbesitz? Die Analogie Eigentum-Territorium ist sehr.
stark strapaziert und dazu verwendet, ein Großteil des menschlichen Verhaltens zu erklären.
Aber solche Analogieschlüsse verfehlen durchweg den entscheidenden Punkt. Ein Tier verteidigt lediglich sein Territorium und würde es nie aufgeben, solange es nicht dazu gezwun-
gen wird; der Mensch benutzt Eigentum, um es gegen anderes Eigentum einzutauschen.
Mit anderen Worten: Er gibt sein Eigentum aus freien Stücken auf, sofern er etwas Gleich-
wertiges (oder Besseres) dafür bekommt. Das würde ein Tier niemals tun. Kein Tier könnte
je den verzwickten Handel mit Partien der Erdoberfläche begreifen, der nach jedem europäischen Krieg getrieben wurde. Menschliche Territorien haben sicherlich manches mit tierischen Territorien gemeinsam — beide bieten Nahrung und Lebens- und Fortpflanzungsraum,
wie jeder angegriffene Staat oder Stamm bereitwillig demonstriert —, aber kein tierisches
Territorium weist das Charakteristikum des menschlichen Eigentums auf: daß es austausch-
bar ist" (S. 161/162).

Ob dabei allerdings nicht zwei verschiedenen Ebenen angehörende Begriffs-
inhalte miteinander verglichen werden, müßte erst einmal differenzierend untersucht werden!

Aus der geoökologischen Perspektive gesehen, sind nach H. & M. Sprout
(1971) Menschen „geographische Objekte in dem Sinne; daß sie in sozialen
Gruppierungen unterschiedlicher Art und Größe über Gebiete verteilt sind"
(S. 20). Und „jede politische Gemeinschaft (wenn auch nicht jede politische
Organisation) hat ihre Basis in den geographischen Gegebenheiten. Das Territorium wird allgemein als eines der wesentlichen Attribute eines Staates angesehen" (21).

Die unterschiedlichen Naturgegebenheiten der einzelnen politischen Territorien und die Zahl, Dichte, wirtschaftliche und technologische Entwicklung sowie
die Regierungsformen führen dann oft zu Ziel- und Interessenkonflikten mit
politischen Forderungen, die sich häufig auf räumliche Dimensionen erstrecken
und durch Invasion und Überfall mit Verletzung der territorialen Integrität von
Seiten des Aggressors im geographischen Raum geregelt werden, wobei der
Unterschied zum tierischen Aggressions- und Regressionsverhalten nicht besonders groß ist.

Die Entwicklung der menschlichen Territorialität läßt sich allerdings erst
dann richtig beurteilen, wenn man sie historisch betrachtet und die verschiedenen
Kultur- und Gesellschaftsstufen hierbei einbezieht.

War in den Phasen des Jäger- aber auch des Sammler-Daseins der menschlichen Gruppierungen außer dem Individualraum lediglich ein meist ebenfalls mobiler Revieranspruch vorhanden, so brachten die verschiedenen Stadien der Seßhaftwerdung echte lokal fixierte Territorienbildungen hervor. Sie waren primär durch die Nahrungsbedürfnisse der Siedlungsbewohner bedingt und in ihrer Art und Ausdehnung durch die Individuenzahl der Gruppe oder des Klans, die Ernährungsweise und die Erträgnisgüte des Bodens in Relation zu dem Anspruchsniveau bestimmt. So könnte man unterscheiden:

1. Siedlungsstufe primitiven Gemeinbesitzes;
2. Dorfstufe mit Individualbesitz;
3. Stadtstufe (im Mittelalter) mit Warentausch und Märkten;
4. Industriesiedlung ohne obligatorischen Individualbesitz: Vermarktung der Arbeitskraft;
5. Großstadtzentrierung mit Überwiegen der Serviceleistungen;
6. Megalopolis mit Sedimentierung der Bevölkerung.

Die Differenzierung der Berufe hat dazu beigetragen, daß die ursprüngliche grundbesitzbezogene Territorialität der Gruppe oder des Individuums eine weitgehende Veränderung erfahren hat, was die Unmittelbarkeit des zu verteidigenden Territoriums anbelangt. So mußten als Ausgleich für den mangelnden Besitz ideologische Begriffe wie Volk, Nation und Staat das Band der Schicksalsgemeinschaft herstellen und/oder stärken.

Nach Grauhan & Linder (1974) entstand die moderne Form der politischen Herrschaft „als Problem des *Territoriums*: die zersplitterte Vielfalt feudaler Herrschaften und inselartig darin eingelagerter freier Städte zu größeren territorialen Einheiten in der Hand *souveräner* Fürsten zusammenzufassen. Herrschaftsproblem und Knappheitsproblem gingen dabei zusammen: das Problem des auf strenger hierarchischer Über- und Unterordnung von Souverän und Untertanen beruhenden „Staates" war das der großräumlichen gesellschaftlichen Organisation auf der Basis der Güterknappheit" (S. 19).

Diese historische Sicht des Territoriums führte Thomas Hobbes im Leviathan 1651 (1969) dazu, einen natürlichen „Krieg aller gegen alle" zu postulieren, da Selbsterhaltung und/oder Bedürfnisbefriedigung des einen nur dadurch möglich erschien, daß der andere vernichtet oder untertan gemacht wurde. Der Souverän hatte dann die Aufgabe, den einen vor dem anderen zu schützen, was zur Grundlage seiner Anerkennung wurde. Er war kraft seiner Macht und Stellung in der Lage, die zur Selbsterhaltung erforderlichen Güter zu rationieren. Der Territorialfürst bemühte sich seinerseits, Macht und Güter durch Produktions- und Ausfuhrvermehrung sowie Erhöhung des Güterumschlages in seinem Land zu vergrößern. Wir haben hier also eine rationalisierte Form der biologischen Territorialität vor uns, die diesen Begriff zugleich auf eine andere Abstraktionsebene verlagert. Es müßte diskutiert werden, inwieweit sich die Terminologie der Allgemein-Ökologen und die der Historiker in diesem Bereich decken, oder welche Wesensunterschiede sich in Einzelfaktoren herausschälen lassen.

Die heutige Sozial- und Kulturanthropologie tut sich da allerdings viel leichter, da sie in der Menschenforschung, wie das Eibl-Eibesfeldt (1976) besonders deutlich zum Ausdruck bringt, eine naturwissenschaftliche Betrachtung kultureller Verhaltensweisen pflegt. Sie geht dabei wie die Mikrosoziologie und die

Soziometrie zumeist auf eine Kleingruppenethologie zurück, die überschaubare Verhältnisse bietet. Auch hier kann man mit Niko Tinbergen (1969) Individual- und Gruppenterritorien unterscheiden. Er sieht als wesentliches Merkmal des Gruppenterritorialismus die Vereinigung aller Gruppenangehörigen im Fall einer Auseinandersetzung mit anderen Gruppen an; Vereinigung und Aggression sind hier gleich wichtig. Dabei schließt der Gruppenzusammenhalt Feindseligkeiten auf niedrigerer Ebene nicht aus, wenn die Gruppenangehörigen unter sich sind. Ich möchte hier als Stichwort nur den Begriff „Konfliktforschung" nennen, ohne näher darauf einzugehen.

Evans & Howard (1973) betonen nach zahlreichen experimentellen Untersuchungen über den menschlichen Lebensraum, daß es hinsichtlich der Bedürfnisse und Vorlieben beträchtliche individuelle Unterschiede gibt, die schwieriger zu beurteilen sind als die tierischen Raumparameter. Dazu kommt noch die qualitative Auswirkung des inneren menschlichen Raumes, der Noosphäre, die durch den Verstand und das Gefühl in Wechselwirkung mit dem quantitativen äußeren Raum geschaffen wird. Huxley (1963) bezeichnet diesen Bereich als „die psychologische Heimat, in der wir leben und auf deren Hilfsquellen wir angewiesen sind" (S. 41). Überhaupt besteht hier ein enger Zusammenhang mit dem Heimatphänomen, wie Greverus (1972) herausgestellt hat. Über die Bedeutung der Territorialität für die Psychohygiene im Zusammenhang mit dem Psychostress habe ich andernorts (Paul 1975) nähere Ausführungen gemacht.

Ich weise hier auf eine Modellvorstellung von Stea (1965) hin, die ich mit dem Titel „Hierarchie der Territorien" kennzeichnen möchte. Er unterscheidet drei Formen:
1. die territoriale Einheit,
2. das territoriale Kluster und
3. den territorialen Komplex.
Das kleinste Raumelement ist etwa mit dem Intimbereich gleichzusetzen, der in unmittelbarer Umgebung des Menschen in seiner Wohnung, in seinem Auto oder an seinem Arbeitsplatz besteht.

Das territoriale Kluster umfaßt gewöhnlich bereits mehrere Personen oder andere territoriale Einheiten, die ständig aufgesucht werden, sowie die Wege, die zu diesem Zweck benutzt werden. Die Kluster verschiedener Individuen können sich auch räumlich, meist aber nicht zeitlich überdecken.

Im territorialen Komplex sind die Kluster Kollektivräume im Sinne des eingangs beschriebenen Aktionsraumes einer sozialen Einheit, wobei die Art des Zusammenhaltes auf formalen oder informalen Kriterien beruhen kann.

Versucht man nun, die Resultate dieser aus Zeitgründen recht wenig tiefreichenden Analyse des Begriffes der „Territorialität" in der allgemeinen und in der Humanökologie zusammenzufassen und gleichzeitig zu differenzieren, so findet man, daß es
1. Bereiche gibt, in denen typische Territorialitäts-Erscheinungen in der Tierwelt üblich sind, die in der Menschenwelt nur selten in Erscheinung treten. Hierbei handelt es sich zumeist um offensichtlich genetisch verankerte Verhaltensmuster, die das Tier ausfüllen muß, auch wenn sie unter den gegebenen Umständen unsinnig sind, wie etwa die Verknüpfung bestimmter Teilhandlungen miteinander.

2. Sind Verhaltensweisen vorhanden, wie Droh- und Abschreckhandlungen, die
bei Mensch und Tier nahezu synonym vorkommen und ebenso gleichsinnig
wirken. Auch hier handelt es sich zumeist um angeborene Muster, wie sie die
vergleichende Ethologie in großer Zahl festgestellt und untersucht hat. Es sind
vor allem Stressreaktionen auf plötzliche Bewegungen oder Schreie im Sinne
von „Flüchten oder Standhalten" (Richter, 1976).

3. Schließlich gibt es beim Menschen territoriale Handlungsweisen, die in ähnlicher Form beim Tier nicht vorkommen, wie das Belegen von Plätzen im Eisen-
bahnabteil, die auf einen Konsens der vertrauenden Kundenpartnerschaft beruhen
oder die gar, wie das reißverschlußartige Einfädeln von Kraftfahrzeugen beim
Übergang von einer mehr- auf eine einspurige Fahrbahn, (in der BRD seit dem
1.1.1976) Gesetzeskraft haben. Zu solchen Handlungen gehört die Fähigkeit,
eine Entwicklung vorauszusehen und sie intellektuell zu erfassen. Dasselbe gilt
für ökonomische Tauschverhandlungen über Grundstücke gegen Vieh bei den
primitiven Eingeborenenstämmen bis zum Abschluß von Kaufverträgen über
Landbesitz; es erreicht seinen Höhepunkt beim Aushandeln von Friedensver-
trägen mit Abtritt von Territorien des Unterlegenen an den Sieger eines Krieges.

Das bedeutet also, daß eine Eingliederung der Humanökologie in die heutige
Allgemeinökologie nur partiell möglich ist. Entweder muß das zu enge Konzept
der Allgemeinökologie erweitert werden oder die Humanökologie entwickelt
sich, ohne die Allgemeinökologie besonders zu beachten, in dem ihr eigenen
inneren Gesetz weiter.

Die Frage von Halbach (1976) über die künftige Stellung von Human- zu
Allgemeinökologie ist damit aus der Sicht der Territorialität objektiv noch nicht
entscheidungsreif, es sei denn, man würde eine Kombination der Alternativen
für möglich halten oder eine sinnentsprechende Teilung der Humanökologie
vornehmen.

Meine persönliche Meinung geht jedoch wie die Halbachs auf eine möglichst
weitgehende Integration beider Bereiche hinaus, und zwar einmal wegen derselben Gründe, die er mit dem Auseinanderbrechen der terminologischen Verstän-
digung meint, die sich besonders auf die ohnehin schon schwierige interdisziplinäre Kommunikation katastrophal auswirken würde, dann aber wegen eines
besonderen beruflichen Interesses:

Wie Sie sicher wissen, ist mit der neuen Approbationsordnung für das Medi-
zinstudium ein „Ökologischer Kurs" für das 5. klinische Studiensemester mit
etwa 10 Wochenstunden obligatorisch geworden, der auf natur- und sozialwissenschaftlichen Grundlagenfächern von Hygiene, Sozial-, Arbeits- und Rechtsmedizin aufbauen soll.

Im vorklinischen Bereich sind neben der Biologie noch die medizinische
Soziologie und Psychologie eingeführt worden, die gleichfalls Vorkenntnisse im
ökologischen Bereich erarbeiten sollen, — Es wäre also sehr unzweckmäßig,
wenn diese günstigen Ansätze im didaktisch-inhaltlichen Bereich nur deshalb
lediglich in reduzierter Form zum Zuge kommen würden, weil es nicht möglich
ist, eine einheitliche Linie in der Ausbildung durchzuhalten.

Mag diese Begründung auch sehr subjektiv erscheinen, so sind es doch immerhin gegen 120 000 Ärzte, die in der BRD vorhanden sind und die durch die
nachwachsende Generation eher noch zahlenmäßig verstärkt werden. Die Bedeu-

508

tung einer gediegenen und in gewissem Maße einheitlichen Ausbildung dieser Berufsgruppe in ökologischen Fragen steht wohl außer Zweifel, zumal wenn man bedenkt, wie groß ihr Einfluß gerade hinsichtlich ökologisch relevanter Zukunftssituationen sein kann. Es könnte vielleicht gerade hier ein Anfang mit einer spezifischen wirkungsvollen Wissens- und Verhaltenspädagogik versucht werden.

Literatur

Altenkirch, W. (1973): Artgenossen als Konkurrenten. In: Illies, J. & W. Klausse-witz, (Hg.), Zürich, S. 153–168.

Altner, G. (Hg.) (1968): Kreatur Mensch. München.

Ardrey, R. (1972): Adam und sein Revier. Der Mensch im Zwang des Territoriums. München.

Ardrey, R. (1974): Der Gesellschaftsvertrag. Das Naturgesetz von der Ungleichheit der Menschen. München.

Balph, D.F. & A.W. Stokes, (1963): On the ethology of a population of Uinta ground squir-rels. *Amer. Midland. Nat.* 69: 106–126.

Berill, N.J. & G. McBride, (1974): Tiere in ihrer Welt. Stuttgart.

Blohmke, M. (Hg.) (1975): Kosten des Gesundheitswesens, Sozialökologie und Sozial-medizin. Stuttgart.

Bösel, R. (1974): Humanethologie. Ethologische Aspekte menschlichen Verhaltens. Stutt-gart.

Burt, W.H. (1943): Territoriality and home range concepts as applied to mammals. *Journ. Mammal.* 24: 346–352.

Christian, J.J. (1963): Endocrine adaptive mechanisms and the physiologic regulation of population growth. In: Mayer, W.V. & R.G. Gelder, Von (Hg.), London.

Eibl-Eibesfeld, I. (1976): Menschenforschung auf neuen Wegen. Die naturwissenschaftliche Betrachtung kultureller Verhaltensweisen. Wien.

Eisenberg, J.F. (1967): Nagetier-Territorien und ihre Wechsel. In: Hediger, H. (Hg.), Braun-schweig, S. 83–101.

Esser, A.H. (Hg.) (1971): Behavior and Environment: The Use of Space by Animals and Men. New York.

Evans, G.W. & R.B. Howard, (1973): Personal space. *Psychol. Bull.* 80: 334–344.

Grauhan, R.-R. & W. Linder, (1974): Politik der Verstädterung. Frankfurt (Main).

Greverus, J.-M. (1972): Der territoriale Mensch. Frankfurt (Main).

Halbach, U. (1976): Beziehungen zwischen Humanökologie und Ökologie. Manuskript zur 6. Jahresversamml. der GfÖ in Göttingen.

Hediger, H. (1949): Säugetierterritorien und ihre Markierung. *Bijdr. tot de Dierkde.* 28: 172–184.

Hediger, H. (1950): Wild Animals in Captivity. London.

Hediger, H. (1956): Instinkt und Territorium. In: L'instinct dans le comportement des animaux et de l'homme. Paris, S. 521–543.

Hediger, H. (Hg.) (1967): Die Strassen der Tiere. Braunschweig.

Hobbes, T. (1969): Leviathan oder Wesen, Form und Gewalt des kirchlichen und bürger-lichen Staates. Reinbek.

Holst, D. von (1974): Artgenossen als schädigende Umwelt. In: Immelmann, K. (Hg.), Zürich, S. 534–550.

Howard, H.E. (1920): Territory in Bird Life. London.

Huxley, J. (1963): Die Zukunft des Menschen – Aspekte der Evolution. In: Jungk, R. & H.J. Mundt, (Hg.), München, S. 31–52.

Illies, J. & W. Klausewitz, (Hg.) (1973): Unsere Umwelt als Lebensraum. Zürich.

Immelmann, K. (Hg.) (1974): Verhaltensforschung. Zürich.

Jungk, R. & H.J. Mundt, (1963): Das umstrittene Experiment: Der Mensch. München.

King, J.A. (1955): Social behavior, social organization, and population dynamics in a black-tailed prairiedog in the Black Hills of South Dakota. Contrib. Lab. Vert. Biol. Univ. Michigan No. 67. Ann Arbor, Mich.

Klopper, P.H. (1969): Habitats and Territories: A Study of the Use of Space by Animals. New York.

Mayer, W.V. & R.G. Gelder, von (Hg.) (1963): Physiological Mammalogy, Vol. I. London.

McBride, G. (1966): The conflict of overcrowding. Discovery (zit. nach Ardrey, R., 1974).

McBride, G., M.G. King & J.W. James, (1965): Social proximity effect on GSR in adult humans. *Journ. Psychology* 61: 120—122.

Paul, H.A. (1975): Das Prinzip der Territorialität in der Psychohygiene. In: Blohmke, M. (Hg.), Stuttgart, S. 119—130.

Reyer, H.-U. (1974): Formen, Ursachen und biologische Bedeutung innerartlicher Aggression bei Tieren. In: Immelmann, K. (Hg.), Zürich, S. 354—391.

Richter, H.E. (1976): Flüchten oder Standhalten. Reinbek.

Schwerdtfeger, F. (1968): Ökologie der Tiere, Bd. II: Demökologie. Hamburg.

Sommer, R. (1959): Studies in personal space. *Sociometry* 22: 247—260.

Sommer, R. (1969): Personal Space: The Behavioral Basis for Design. Englewood Cliffs, N.J.

Sprout, H. & M. Sprout, (1971): Ökologie, Mensch — Umwelt. München.

Stea, S. (1965): Space, territory and human movements. *Landscape* 15: 13—16.

Tiger, L. & R. Fox, (1976): Das Herrentier. München.

Tinbergen, N. (1969): Von Krieg und Frieden bei Mensch und Tier. In: Altner, G. (Hg.), München, S. 163—178.

Tischler, W. (1963): Ökologie der Landtiere. In: Handbuch der Biologie, Bd. III/1. Konstanz, S. 49—114.

Anschrift des Verfassers:

MinRat Dr. med. Helmut A. Paul, Wittelsbacherstrasse 7, D-5300 Bonn — Bad Godesberg.

Neue Anschrift:
Prof. Dr. Helmut A. Paul, Thielallee 47, D-1000 Berlin 33 (Dahlem).

Sonderdruck: Verhandlungen der Gesellschaft für Ökologie, Göttingen 1976.

KOMPLEXITÄTSGRAD ALS KRITERIUM FÜR DIE SUBSUMMIERGARKEIT DER HUMANÖKOLOGIE UNTER EINE ALLGEMEINE ÖKOLOGIE

H. KNÖTIG

Abstract

By definition „Human Ecology" is the „Ecology of the species Homo sapiens". This raises the question whether human ecology could be considered as a wholly integrated part of general ecology (synecology). In principle, this could be confirmed, i.e. it could be considered a wholly integrated part of ecology, provided the system of concepts used by ecology in describing the facts in its field is apt to describe adequately the interrelationships between the environmental pivot „human being" and its environment. Since the manner of these interrelationships depends both on the characteristics of the environment and the characteristics of the environmental pivot, the uniqueness of man among animals results in the uniqueness of some of the features of the human environmental relations. The most abstract word for this is „an additional dimension in complexity". To adequately integrate human ecology into ecology requires a complexity in descriptive concepts that is not necessary in all other ecologies.

Den das Thema „Beziehungen zwischen allgemeiner Ökologie und Humanökologie" einleitenden Ausführungen Halbachs (Halbach 1976) ist eigentlich nur zuzustimmen, wenn man von einzelnen Formulierungen absieht. Es könnte sich aber als nützlich erweisen, wenn etwas näher dargelegt wird, worauf es denn bei der Frage der Integration einer unverkürzten Humanökologie (Kagan 1976, Knötig 1972, Knötig & Panzhauser 1975) in die allgemeine Ökologie (Synökologie) ankommt. Denn daraus ist sofort abzuleiten, worauf „man sich einläßt", wenn diese Integration wirklich in Angriff genommen werden soll. Vorausgesetzt wird im folgenden der von Schwerdtfeger eingeführte Aufbau der allgemeinen Ökologie aus Aut-, Dem- und Synökologie, den auch Halbach zugrunde legte.

Die Gesetzmäßigkeiten der bisherigen Synökologie sind aufgebaut auf der Interaktion von Elementen, die teils unbelebte Dinge, teils nichtmenschliche Lebewesen sind. Der Komplexitätsgrad der bisher formulierten synökologischen Gesetzmäßigkeiten (z.B. für Sukzessionen) ist daher bestimmt durch die Interaktionsmöglichkeiten des Elementes mit dem komplexesten Aufbau, d.s. die höheren Tiere.

Wenn der Mensch auch als Element voll miterfaßt werden soll, müssen auch seine Interaktionsmöglichkeiten voll berücksichtigt werden. Als Vergleich für das Verhältnis der Art der Aussagen (Gesetzmäßigkeiten) der bisherigen Synökologie zu der Art der Aussagen einer solchen eventuellen zukünftigen (den Menschen voll miteinschließenden) Synökologie läßt sich das Verhältnis physikalisch-chemischer Aussagen zu biologischen Aussagen heranziehen:

Es konnte noch nie beobachtet werden, daß (richtig formulierte)

physikalisch-chemische Gesetzmäßigkeiten bei Lebewesen verletzt worden
wären (dies gilt auch – entgegen früherer Ansicht – für den 2. Haupt-
satz der Wärmelehre, den „Entropiesatz"). Aber es ist tägliche, selbst-
verständliche Erfahrung des Biologen, daß er mit dem Begriffs- und Aussagein-
ventar der Physiker und der Chemiker (d.h. der „Physiker der Elektronenhül-
len") nicht das Auslangen findet, um seine Erkenntnisobjekte, die Lebewesen,
hinreichend zu beschreiben. Dies hatte seinerzeit dazu geführt, daß man meinte
hier noch etwas mehr oder weniger Geheimnisvolles hinzufügen zu müssen: Die
„vis vitalis" oder später die „Entelechie", die Driesch (1909) als Faktor neben
die anderen, physikalischen und chemischen Faktoren setzen wollte. Heute wissen wir, daß es sich um so viel oder so wenig Geheimnis handelt wie bei den
nichtbelebten Dingen auch – um die Struktur. Diese hat bei den Lebewesen
eine solche Höhe und Art erreicht, daß Informationsverarbeitungsprozesse stattfinden können, die wir „Regelung" nennen. (Was zugleich erklärt, warum es
kein „amorphes Leben", keine „lebende Substantz", sondern nur Lebewesen
gibt, d.h. warum Leben an Individuen gebunden ist: Regelungen sind an Regel-
kreise gebunden, die also den berühmten „Ganzheiten" zugrunde liegen – ein
aufgeschnittener Regelkreis ist kein Regelkreis mehr, d.h. die Funktion hängt
von der zugrundeliegenden Gesamtstruktur und nicht nur von der Existenz der
Einzelteile ab, was früher meist durch das „Uhren-Beispiel" ausgedrückt wurde.)

In vergleichbarer Weise gilt nun für den Menschen und sein Leben alles, was
bezüglich anderer Lebewesen (zutreffend) formuliert wurde (Halbach: Eine
zukünftige menschenwürdige Gestaltung der Umwelt muß daher den biologischen Eingenschaften des „Urmenschen" in uns Rechnung tragen). Aber ganz
analog zu den oben beschriebenen Feststellungen des Biologen ist auch alltäglich
festzustellen, daß diese biologischen Gesetzmäßigkeiten (die die physikalisch-
chemischen bereits umfassen) nicht ausreichen um den Menschen hinreichend
zu beschreiben: alles, was in das Gebiet der Geistes-, Kultur- oder Sozialwissen-
schaften fällt, ist hiermit nicht erfaßbar. So wie die Stufe der Informationsverarbeitung – die man einen qualitativen Sprung nennen mag oder nicht –, die
„Regelung" heißt, die Lebewesen vom Unbelebten unterscheidet, gibt es eine
Stufe („qualitativer" Art oder nicht) der Informationsverarbeitung, die den
Menschen von allen anderen existierenden Lebewesen trennt: Der Mensch ist
jenes (mindestens derzeit) einzige Lebewesen, dessen informationsverarbeitendes
System eine Komplexität von solcher Art und Höhe aufweist, daß dieses System nicht nur Zustände und Vorgänge abbilden kann (wie bei anderen Lebewesen auch), sondern auch diesen primären Abbildungsvorgang selbst wieder abbilden kann (Knötig 1976, Begriff „C 2.13 p"). Beide der vorgenannten Stufen
bedeuten, daß die Elemente der zugrundeliegenden Schicht zu – qualitativ –
neuartigen Strukturen zusammentreten, was mathematisch beschreibbar ist
durch den von Poincare eingeführten Begriff „Bifurcation" (Rössler 1976).
   Wenn Synökologie als die Lehre von den Ökosystemen verstanden wird, hängt
die Qualität ihrer Aussagen wesentlich vom Kenntnisstand über die Beziehungen
zwischen den einzelnen Systemelementen (Lebewesen und unbelebte Dinge) ab.
Die Art der Beziehungen zwischen zwei Elementen hängt von folgenden drei
Faktoren ab:

512

– Eigenschaften des einen Elementes
– Eigenschaften des anderen Elementes
– raum-zeitliche Zuordnung der beiden Elemente
(Vergleichbar, wenn auch viel komplizierter ist die Beziehung zwischen mehr als zwei Elementen bestimmt).

Als methodisches Hilfsmittel zur genaueren Analyse jeder dieser Beziehungen eignen sich jedenfalls die Methoden der Aut- und der Demökologie, wo jeweils ein Lebewesen (oder ein Ensemble von Lebewesen) als „Umweltträger" („environmental pivot") in seiner Beziehung zu der „umgebenden Außenwelt" (Haeckel 1868) betrachtet wird. Gelingt es, diese Wechselbeziehungen zwischen Umweltträger und Umwelt („Umweltbeziehungen") zutreffend zu beschreiben, so steht kein grundsätzliches Problem mehr im Wege, diese Beschreibung in die synökologische Beschreibungsweise überzuführen: Transformationen von einem Koordinatensystem in ein anderes (z.B. Polarkoordinatensystem → Parallelkoordinatensystem) ist eine durchaus gängige Methode in den Naturwissenschaften. Die verschiedenen Koordinatensysteme wurden ursprünglich ja immer wieder deswegen geschaffen, weil man mit Hilfe eines bestimmt gearteten das jeweilige Problem am besten untersuchen konnte.

So scheint es vom wissenschaftstheoretischen Standpunkt aus wie von dem des praktischen Interesses (vgl. Halbach 1976!) auf alle Fälle sinnvoll zu sein, Humanökologie auf aut- wie demökologischer Ebene voranzutreiben. Hier treten in der Beziehung zwischen Humanökologie und allgemeiner Ökologie keine besonderen Probleme auf: Die Beschreibungsformalismen der allgemeinen Ökologie, z.B. „ökologische Potenz" und „ökologische Valenz" (Hesse 1924, Peus 1954, Schwerdtfeger 1963) werden auf die Spezies Homo sapiens angewendet, wobei eben auf Grund des „Specificum humanum" einige Probleme auftreten – oder die Gesamtproblematik eine Tönung annimmt –, die bei anderen Spezies nicht zu finden ist. Aber die Grundproblematik der Umwandlung der „umgebenden Außenwelt" in die UEXKÜLLsche „Umwelt" (UEXKÜLL 1909) bleibt die gleiche und dementsprechend auch die Grundüberlegung, die Betrachtung des Verhältnisses zwischen der ökologischen Potenz des „Umweltträgers" und der ökologischen Valenz seiner Umwelt (vgl. Knötig 1972).

Zu beachten bleibt hierbei vielleicht, daß auch im Rahmen der Humanökologie synökologische Gesetzmäßigkeiten eine wichtige Rolle spielen – nämlich als Beschreibungsform der Vorgänge in der Umwelt des Menschen. Das Erkenntnisobjekt der Humanökologie ist aber nicht die Umwelt des Menschen, sondern die Beziehungen zwischen Mensch und Umwelt (Knötig 1976, auch Kagan 1976). Daher sind gegen die Formulierung in Halbach 1976 „Das Beispiel [landwirtschaftliche Produktion; d. Verf.] zeigt, wie menschliche Strategien in allgemein synökologischen Zusammenhängen betrachtet werden können" Bedenken anzumelden – die Formulierung könnte mißverständlich ausgelegt werden: Wenn die „menschlichen Strategien" wirklich als Teil einer synökologischen Aussage – im Sinne einer Integration der Humanökologie in die Synökologie – verstanden werden sollten, dann müßten all die wissensmäßigen sowie sozio-ökonomischen und -kulturellen Faktoren, die maßgeblichen Einfluß auf diese Strategien haben, mitberücksichtigt werden. (Und all diese Faktoren sind wieder abhängig von dem „Specificum humanum", das in dem oben zitierten

Begriff „C 2.13 p" in informationstheoretischer Form beschrieben ist).

Dieses Beispiel zeigt aber zugleich einen der vielen konkreten Ansatzpunkte, wo solche Integrationsarbeiten praktisch beginnen könnten, — und die Dimension der Erweiterung des herkömmlichen synökologischen Denkens, die in diesem Falle notwendig würde.

Es gibt zwar Versuche, einen auf das Biologische (im herkömmlichen Sinne) reduzierten „Menschen" in die Ökologie einzuführen — und damit die beschriebenen Schwierigkeiten oder Belastungen gegenstandslos zu machen —, doch ist das wissenschaftstheoretisch außerordentlich bedenklich: Das, was mit dem Ausdruck „leib-seelische Einheit" gemeint ist, existiert nicht nur als theologisches Postulat, sondern entspricht in naturwissenschaftlicher Sprechweise der Unteilbarkeit des menschlichen In-dividuums — korrespondierend der gleichzeitigen Existenz des materiell-energetischen Aspekts wie des informatorischen Aspekts an jedem im naturwissenschaftlichen Sinne Existenten. Daraus resultiert eine prinzipiell ungenügende Beschreibungsmöglichkeit des postulierten „rein Biologischen" am Menschen. Die moderne Medizin und insbesondere die Streßforschung haben das einerseits ganz massiv erfahren und andererseits in erheblichem Umfange exakt wissenschaftlich aufklären können. Daraus folgt, daß auch alle synökologischen Beschreibungen, die diesen gedachten „rein biologischen Teil" des Menschen und nur diesen (in mathematischer Sprechweise: „genau diesen") einbeziehen wollen, prinzipiell unzutreffend sein müssen. Wissenschaftlich einwandfrei kann dieser Schwierigkeit nur dadurch begegnet werden, daß der Einfluß des Menschen als Randbedingung, d.h. als Faktor behandelt wird, der von außen auf das betrachtete System (Ökosystem) einwirkt ohne dem System selbst anzugehören und dessen Veränderungsgesetzlichkeiten daher auch nicht Gegenstand der Beschreibung des betrachteten Systems sind.

Dies ist auch bei allen bisherigen soliden Synökologien der Fall. Aber natürlich ist es denkbar, auch den Menschen in wissenschaftlich einwandfreier Weise in die Beschreibung des Gesamtgefüges der Beziehungen zwischen allen in naturwissenschaftlichem Sinne existenten Elemente einzugliedern — nach allgemein wissenschaftlichen Prinzipien wäre das wohl sogar wünschenswert. Die Bedingung ist aber, daß für die gesamte Wissenschaft, die dies beschreibt, eine „neue" Synökologie etwa, jenes Komplexitätsniveau ins Auge gefaßt wird, das durch die Informationsverarbeitung des Menschen vorgegeben ist.

Es ist eine Frage der Wissenschaftsökonomie, wann dieser Schritt getan werden soll — wohl erst in einer näheren oder ferneren Zukunft, nämlich frühestens dann, wenn die Humanökologie selbst auf aut- wie demökologischer Ebene einen entsprechenden Grad der Aufarbeitung ihrer Probleme erreicht hat.

Es sollte keine Frage sein, daß von beiden Seiten alles getan wird, die Möglichkeit für diesen Schritt offen zu halten.

Literatur

Driesch, H. (1909): Philosophie des Organischen, Bd. 1. Leipzig (Engelmann).
Haeckel, E. (1868): Generelle Morphologie der Organismen, 2. Bd.: Allgemeine Entwickelungsgeschichte der Organismen. Berlin (Reimer).

Halbach, U. (1976): Beziehung zwischen Humanökologie und Ökologie. Jahrestagung 1976 der Ges. f. Ökologie. (im Druck).

Hesse, R. (1924): Tiergeographie auf ökologischer Grundlage. Jena (Fischer).

Kagan, A. (1976): Human Ecology: Definitions and Proposals for a Preliminary Terminology. Colloquium internationale, 1976, S. 39—50, 144—157.

Knötig, H. (1972): Bemerkungen zum Begriff „Humanökologie". *Humanökologische Blätter* 1972: 3—140.

Knötig, H. (1976): Terminology, Session Report. Colloquium internationale, 1976, S. 119—144.

Knötig, H. & E. Panzhauser, (1975): Grundsatzerklärung 1975 der Humanökologischen Gesellschaft. Abstracta der Internationalen Tagung für Humanökologie, Wien, 1975-09-15 ... 19.

Peus, F. (1954): Auflösung der Begriffe „Biotop" und „Biozönose". *Dtsch. Ent. Z.*, N.F. 1: 271—308.

Rössler, O.E. (1976): Persönliche Mitteilung.

Schwerdtfeger, F. (1963): Ökologie der Tiere, Bd. I: Autökologie. Hamburg (Parey).

Uexküll, J.v. (1909): Umwelt und Innenwelt der Tiere. Berlin (Springer).

Anschrift des Verfassers:

Dr. Helmut Knötig, Society for Human Ecology / Technische Universität Wien, Karlsplatz 13, A-1040 Wien.

7. DIDAKTIK DER ÖKOLOGIE

Sonderdruck: Verhandlungen der Gesellschaft für Ökologie, Göttingen 1976.

ÖKOLOGIE-UNTERRICHT IM HINBLICK AUF DAS NORMENBUCH BIOLOGIE

G. SCHAEFER

Abstract

The „Normenbuch Biologie" is intended to be an instrument for egalizing the level of knowledge and skills in biology at the end of the upper secondary grades („Abitur"). It is shown that neither the skills nor the matrix of possible biological themes, which are „prescribed" in the „Normenbuch", will guarantee a sufficient ecological training. It is suggested that a revision has to take place with the „Normenbuch" leading to a permanent ecological guideline in all courses of the upper secondary grades in order to achieve environmental education.

Der *Numerus clauses* für die Vergabe von Studienplätzen hat in den letzten Jahren immer deutlicher werden lassen, daß die bisherigen Abiturnoten ungerecht sind. Ungerecht deshalb, weil sie auf einer landes- oder schul- oder klassen- oder lehrerbezogenen Norm beruhen, während andererseits bei der Vergabe von Studienplätzen so getan wird, als lägen den Abiturnoten bundeseinheitliche Bewertungsnormen zugrunde.

Diese Diskrepanz soll nun durch länderübergreifende Prüfungsnormen behoben werden, die in den von der KMK verabschiedeten „Einheitlichen Prüfungsanforderungen in der Abiturprüfung", Normenbücher genannt, niedergelegt sind. Die Normenbücher sind noch in der Erprobungsphase, aber sie werden sicherlich recht bald festgeschrieben werden. Da nun von der Abiturnorm sehr weitreichende Konsequenzen sowohl nach „unten" (für die Gestaltung der Sekundarstufe II bis hinunter in die SI) als auch nach „oben" (für das Studium) zu erwarten sind, sollten wir rechtzeitig prüfen, was uns diese Normenbücher bescheren.

Ich möchte in meinem Kurzvortrag das Normenbuch Biologie herausgreifen und dieses wiederum einschränkend auf den ökologischen Aspekt hin untersuchen. Es geht also um die Frage: Wie weit schreibt das Normenbuch Biologie bestimmten Ökologieunterricht fest, und wie weit läßt es etwa dem Lehrer die Freiheit, auch nach Belieben Ökologieunterricht ganz wegzulassen?

Im Unterschied zum Normenbuch Physik, das außer Fähigkeiten und Fertigkeiten auch konkrete Inhalte bis hin zu einzelnen Formeln (etwa der Kapazitätsformel oder dem Gravitationsgesetz) festschreibt, begnügt sich das Normenbuch Biologie nur mit der Festlegung dreier allgemeiner Kategorien: 1. den *allgemeinen Fähigkeiten*, 2. den *allgemeinen Anforderungen* an Inhalte und 3. einem *allgemeinen Themenraster*.

Schauen wir uns diese Kategorien einmal näher an.

1. Die „Fähigkeiten", die das Normenbuch Biologie im Abitur verlangt

Verbali- sieren	Biologische Sachverhalte und Vorgänge, die durch lebendes oder präpa- riertes Material, Bilder, Filme, Experimente vorgestellt werden, sachgerecht in der Fachsprache beschreiben (schriftlich oder mündlich)
Ph, Ch	Physiko-chemische Methoden auf biologische Sachverhalte anwenden Reaktionsgleichungen von biochemischen Prozessen interpretieren
Anatomie	Elektronenoptische Bilder bekannter Objekte deuten. Lichtmikroskopische Bilder bekannter und unbekannter Objekte deuten
Systema- tisieren	Biologische Objekte und Vorgänge vergleichen, ordnen, Gesetzmäßigkeiten erkennen
Transfer vollziehen	Bekannte Strukturen bzw. Gesetzmäßigkeiten an unbekannten Objekten und Vorgängen erkennen bzw. anwenden

<table>
<tr>
<td rowspan="2">Ökologie?</td>
<td>In komplexen biologischen Sachverhalten Teilstrukturen und Teil-
prozesse erkennen</td>
</tr>
<tr>
<td>Biologische Aussagen miteinander verknüpfen und dadurch zu neuen
Aussagen gelangen</td>
</tr>
</table>

Experimen- tieren	Versuche nach vorgegebener Beschreibung durchführen. Versuchsergebnisse im Hinblick auf eine Fragestellung deuten Versuchsergebnisse beurteilen im Hinblick auf Zuverlässigkeit, Verallge- meinerungsmöglichkeiten, Grenzen der Aussage Versuche zur Beantwortung einer Frage entwerfen
Mathema- tisieren	Beobachtungen in verschiedener Form schematisch darstellen Schematische Darstellungen von Zuständen und Vorgängen deuten Zusammenhänge in verschiedener Form schematisch darstellen Meßergebnisse graphisch darstellen Tabellen und Kurven interpretieren
Verbali- sieren	Den Inhalt eines biologischen Sachtextes mit eigenen Worten wiedergeben Wesentliche Aussagen eines Textes kurz zusammenfassen Aussagen eines Textes erläutern, im Hinblick auf eine Fragestellung auswer- ten, in einen Zusammenhang einordnen Aussagen eines Textes im Hinblick auf Richtigkeit und Schlüssigkeit in der Gedanken- und Beweisführung überprüfen
Mathemati- sieren	Aussagen eines Textes in Schemata oder Diagramme übertragen

<table>
<tr>
<td rowspan="2">Ökologie?</td>
<td>Biologische Sachverhalte beurteilen im Hinblick auf Konsequenzen für
die eigene Lebensführung; auf Konsequenzen für die Gestaltung der
gesellschaftlichen Lebensbedingungen</td>
</tr>
<tr>
<td>Maßnahmen, die menschliches Leben oder biologische Systeme betref-
fen, unter Berücksichtigung biologischer Gesetzmäßigkeiten beurteilen</td>
</tr>
</table>

Wir finden hier Fähigkeiten, die mehr den physikalisch-chemischen Aspekt
der Biologie betreffen, solche, die mehr den anatomischen, physiologischen,
mathematischen oder sprachlichen Aspekt betreffen, und wir finden nur sehr
unscharf einige Fähigkeiten, die man mit gutem Willen dem ökologischen Aspekt
zuordnen könnte. Bei diesen letzteren — es sind 4 von 26 — erscheint ein Ökologieunterricht nützlich, wenn sie wirklich voll erreicht werden sollen.

Die Bilanz: Die meisten der genannten allgemeinen Fähigkeiten sind so allgemein, daß sie durch fast alle Teilgebiete der Biologie abgedeckt werden können.
Das heißt: Die im Abitur geforderten Fähigkeiten lassen in der Sekundarstufe II
durchaus Ökologieunterricht zu, aber sie fordern ihn nicht.

2. Allgemeine Anforderungen an die Inhalte

Als Maßstäbe für die Bewertung von Inhalten werden im Normenbuch genannt:
a) Umfang des Wissens, b) Vielseitigkeit des Wissens, c) Komplexität der Sachverhalte, d) Abstraktionsniveau der Begriffe und Aussagen.

Auch hier wieder das gleiche Bild: Umfang, Vielseitigkeit, Komplexität und
Abstraktionsniveau sind Forderungen, die genau so in Gebieten der Zellbiologie,
der Verhaltenslehre, der Evolutionslehre, der Physiologie erreicht werden können wie in der Ökologie. Nach diesen Forderungen könnte man Ökologieunterricht in der Sekundarstufe II wohl unter dem besonderen Aspekt der ,,Komple-
xität von Sachverhalten'' begründen, aber die Begründung wäre doch recht
schwach, wenn sie sich gegen andere Forderungen, etwa nach Zellbiologie, Bio-
kybernetik, Ethologie durchsetzen wollte.

3. Das allgemeine Themenraster

Bleibt nun noch der Blick auf das allgemeine Themenraster des Normenbuches
Biologie, das für die Abschlußklassen 12 und 13 vorgeschrieben werden soll.

Die Themenvorgabe ist nach Spalte I: Lebende Systeme im Stoff- und Energiefluß, nach Spalte II: lebende Systeme in der Kommunikation mit der Umwelt,
und nach Spalte III: Lebende Systeme in ihrer ,,historischen'' Gewordenheit

	Spalte I	Spalte II	Spalte III
Zeile 1:	Stoff- und Energie- wechsel	Nerven-, Sinnes- und Hormonphysiologie	Vererbung und Fort- pflanzung
	a) Biochemische Analyse von Stoffwechselpro- zessen; Zellstruktur und -funktion	a) Biochemische Analyse von Erregungsvorgän- gen; Zellstruktur und -funktion	a) Genetik — Molekulargenetik — Klassische Genetik
	b) Vergleichende Be- trachtung von Bau und Funktion der Organe	b) Vergleichende Be- trachtung von Bau und Funktion der Organe	b) Vergleichende Ent- wicklungsphysiologie und -geschichte
Zeile 2:	Ökologie	Ethologie	Evolution

und Bedingtheit gegliedert. Es werden also der physikalisch-chemische Aspekt,
der kybernetische Aspekt und der historische Aspekt der Biologie besonders
hervorgekehrt. Hier wird auch zum ersten Mal Ökologie explizit angesprochen,
und zwar als Halbjahreskurs. Sehen wir aber genauer hin, so müssen wir aus dem
Normenbuch herauslesen, daß die im Raster genannten Themen nur *Vorschläge*
sind, die auswählbar und weitgehend kombinierbar sind. Es heißt dort S. 11:
„Um ein Minimum an Umfang und Vielseitigkeit zu gewährleisten, muß aus jeder
Spalte mindestens ein Sachgebiet ... gewählt werden, dessen Behandlung etwa
ein Kurshalbjahr beansprucht". Da gleichzeitig die Vorgabe gemacht wird, daß
„die ausgewählten Sachgebiete jeweils ein Kurshalbjahr lang der Zeile 1 bzw.
der Zeile 2 des Rasters entsprechen" sollen (S. 11), bleibt nur noch ein engerer
Rahmen für die Auswahl und Zusammenstellung von Kursen übrig.

In diesem Rahmen ist nun z.B. folgende Kombination in den Klassen 12 und
13 möglich: 1) Kurs I, 1; 2) Kurs II, 2; 3) Kurs III, 1. (Bei der heutigen Struktur
der Oberstufe und der heutigen Prüfungspraxis fällt das 4. Halbjahr praktisch für
Kursbetrieb schon aus). Wenn nun ein Lehrer II, 2, die Verhaltenslehre, konventionell betreibt und nicht zu einer ethologischen Ökologie ausweitet, entsteht bei
dieser Zusammenstellung ein Kurssystem, das nur ein Minimum an ökologischen
Inhalten und Denkweisen darbietet, das also insgesamt „unökologisch" ist. Diese
Gefahr haben die Autoren des Normenbuches Biologie auch gesehen. Sie haben
daher die Zeile 2, die ja in mindestens einem Halbjahreskurs fest vorgeschrieben
ist, derart definiert, daß hier „Einwirkungen der unbelebten und belebten Umwelt
auf die Lebewesen (einschließlich des Menschen) und die Reaktion der Lebewesen auf verschiedene Kombinationen von Einwirkungen", sowie das Pendant
dazu „Einwirkungen der Lebewesen (einschließlich des Menschen) auf die unbelebte und belebte Umwelt und der Rückwirkungen auf die Lebewesen ..."
gemeint sind. Wer diese Zeile 2 ernst nimmt, müßte also die Ethologie unbedingt
ökologisch aufziehen und nicht nur konventionell, und dadurch wäre garantiert,
daß zumindest ein halbes Jahr lang im Oberstufenunterricht ökologische Aspekte
eine Rolle spielen.

Nun ist aber die Auffassung, was eigentlich „ökologisch" heißt, unter Lehrern sicher nicht einheitlich, und ich sehe schon den einen oder anderen Kollegen vor mir, der in dem Kurs Ethologie den ökologischen Aspekt mit der
Betrachtung der Partnerbeziehung unter Graugänsen oder der Wirkung von
Schlüsselreizen in der Werbung auf das Käuferverhalten bewenden läßt und
meint, damit die Norm der Zeile 2 erfüllt zu haben.

Allerdings erlaubt natürlich das Themenraster des Normenbuches nicht nur
die skizzierte ökologische Minimallösung, sondern auch beliebige bessere Lösungen bis hin zur Maximallösung eines Halbjahreskurses „Ökologie", eines ökologisch akzentuierten Kurses „Nerven- und Sinnesphysiologie" und dann eines
3. Halbjahreskurses „Evolution", der natürlich — wie Evolution immer — stark
ökologische Aspekte trägt.

Die Bilanz dieser 3. Kategorie von Festschreibung im Normenbuch ergibt
also, daß bzgl. der großen Themenbereiche eine ökologische Minimalforderung
im Sinne der Zeile 2 erhoben wird, daß aber keine Garantie gegeben ist, daß ein
auf das Normenbuch hin unterrichtender Lehrer tatsächlich Ökologieunterricht
mit dem Anspruchsniveau betreibt, das sowohl der Komplexität des Gegenstandes

als auch den Forderungen der Sekundarstufe II nach wissenschaftlicher Vertiefung genügt. Auch hier wird deutlich, wie bei den beiden anderen Kategorien, daß man den Biologieunterricht nach dem Normenbuch unter ökologischem Aspekt betreiben *kann*, aber nicht *muß*.

Das Normenbuch Biologie ist also relativ offen und legt eigentlich nichts fest. Es ist insofern kein „Normenbuch" im erwarteten Sinne, daß es bundeseinheitlich Inhalte und Fähigkeiten definiert, die von allen Schülern im Abitur in Biologie beherrscht werden sollen. Und damit sind wir nicht weiter als vorher: Studienanfänger werden nach wie vor sehr unterschiedliche Qualifikationen mitbringen, der Hochschullehrer muß wie eh und je bei Null wieder anfangen, und der Schullehrer kann wie eh und je machen, was ihm beliebt, nur mit dem Unterschied, daß er zur Vortäuschung einheitlicher Maßstäbe bzgl. Reproduktion, Reorganisation, Transfer und Problemlösen (den in allen Normenbüchern geforderten einheitlichen Bewertungskategorien nach H. Roth) einen erhöhten Verwaltungsaufwand zu leisten hat.

Aufgabe der Gesellschaft für Ökologie muß es sein, daran mitzuwirken, daß der ökologische Aspekt zu einer durchgehenden Leitlinie des Oberstufenunterrichts in Biologie wird. Nur so besteht überhaupt eine Chance, ökologisches Denken beim Schüler der Oberstufe zu entwickeln und zu einer festen Gewohnheit werden zu lassen.

Literatur

Bayrhuber, H. (1976): Das Normenbuch Biologie. In: Westphal, W. (Hrsg.) Leitthemen 2/76: Normiertes Abitur. Braunschweig: Westermann.
Kultusminister-Konferenz (Sekretariat) (1975): Einheitliche Prüfungsanforderungen in der Abiturprüfung. Biologie. Luchterhand: Neuwied.
Schaefer, G. (1976): Die Oberstufenbiologie im Lichte des Normenbuches. *MNU* 29: 65–70.

Anschrift des Verfassers:

Priv. Doz. OStD Dr. G. Schaefer, IPN, Olshausenstr. 40–60, 23 Kiel.

ANALYSE HEUTIGER BIOLOGIESCHULBÜCHER (SEKUNDARSTUFE I) IN HINBLICK AUF DAS THEMA UMWELTSCHUTZ

B. MARQUARDT

Abstract

The analysis presented seeks an answer as to the role of environmental protection issues with respect to creating a pupils concern for pollution problems in existing biology school books on secondary level.
This is done by formulating the following two key questions:
(a) what is the proportion of sections that speak for environmental protection in the respective school.
(b) which contents (of science and social sciences) are used to promote that purpose, and applying them to the investigated text.

Fragen des Umweltschutzes haben seit etwa 1970 relativ starken Niederschlag in Biologieschulbüchern gefunden, was sich an der Einführung sogenannter Umweltschutzkapitel ablesen läßt. Von allen gängigen Schulbüchern* für die SI, die nach 1970 erschienen sind, enthalten neun ein Umweltschutzkapitel. Inwieweit die Umweltschutzkapitel Ansprüchen und Vorstellungen zur Umwelterziehung, wie sie sich in der didaktischen Diskussion der letzten Zeit widerspiegeln, genügen, soll hier ansatzweise untersucht** werden.

Trotz unterschiedlicher Konzeptionen läßt sich bei allen, die sich mit der Umwelterziehung beschäftigen, eine gemeinsame Zielvorstellung feststellen — nämlich umweltbewußtes Handeln beim Schüler zu erzeugen. Was nun darunter jeweils zu verstehen ist und wie dieses Ziel erreicht werden soll, darüber gibt es erhebliche Meinungsverschiedenheiten.

Im didaktischen Konzept der Projektgruppe „Ökologie und Umweltschutz" des IPN gilt die Vermittlung all derjenigen Faktoren, die einen Beitrag zur Erklärung und Lösung der Umweltprobleme leisten können, als eine wichtige Voraussetzung, um umweltbewußtes Handeln beim Schüler zu erreichen. Ursachen der Wasserverschmutzung sind beispielsweise nicht nur durch biologisch-chemische Vorgänge bei der Eutrophierung zu erklären, sondern auch durch die Fragen nach Verursachern, nach bestehenden Umweltgesetzen und nach den Umweltprogrammen der Parteien. Ebenso sind biologisch-technische Maßnahmen zur Wasseraufbereitung auf dem Hintergrund ihrer politischen und ökonomischen Durchsetzbarkeit zu sehen.

Welchen Beitrag können nun die Umweltschutzkapitel in den Biologieschulbüchern zur Anbahnung umweltbewußten Handelns beim Schüler leisten? Die

---

* Die analysierten Schulbücher sind im Literaturverzeichnis angegeben.
** Zur Methode der Analyse vgl. Marquardt, B. (1975): Ökologie und Umweltschutz in Biologie-Schulbüchern. IPN (unveröffentlichtes Manuskript).

Beantwortung soll über die folgenden Fragestellungen versucht werden:
— welchen Anteil haben Umweltschutzkapitel in Biologieschulbüchern?
— welche Inhalte (naturwissenschaftliche und sozialwissenschaftliche) werden
zur Behandlung von Umweltschutzthemen herangezogen?

Unter naturwissenschaftlichen Inhalten sind alle Begriffe und Aussagen in
Biologieschulbüchern gefaßt, die sich naturwissenschaftlicher Aussagen bei
Themen wie Verschmutzung von Luft und Wasser oder bei Müllproblemen
bedienen.

Unter sozialwissenschaftlichen Inhalten werden hier sozialwissenschaftliche
Aussagen zu Ursachen und Lösungsmöglichkeiten des Umweltproblems verstanden. Sozialwissenschaftliche Aussagen zu Umweltproblemen sollen in dieser
Untersuchung dann vorliegen, wenn Schulbuchautoren soziologische, anthropologische und ökonomische Kategorien, wie z.B. Industrialisierung, Bevölke-
rungswachstum etc. bemühen. Sozialwissenschaftliche Lösungsmöglichkeiten
des Umweltproblems liegen dann vor, wenn Vorschläge zur Therapie des Umweltproblems auf der Grundlage sozialwissenschaftlicher Sichtweisen vorgeführt
werden.

Betrachtet man nun den Anteil der Umweltschutzkapitel in den Schulbüchern,
so stellt man fest, daß sie relativ umfangreich sind; sie haben einen durchschnittlichen Anteil von 7%, was etwa 16 Schulbuchseiten entspricht. Dabei überwiegen
naturwissenschaftliche Inhalte mit 80% deutlich. Der Schüler erhält ein breites
Spektrum von Informationen über den Zustand belasteter Ökosysteme. Im
Bereich der naturwissenschaftlichen Inhalte scheint also die Möglichkeit zur
Anbahnung umweltbewußten Handelns beim Schüler gegeben.

Die folgende Übersicht soll dies belegen. Sie enthält einen Idealkatalog derjenigen Inhalte, die in allen Schulbüchern vorkommen. Die Häufigkeitsangaben
beziehen sich jedoch nur auf die übergeordneten Themenkomplexe wie Wasserverschmutzung, Naturschutz etc.

Tabelle 1.

Wasserverschmutzung: (natürlicher Wasserkreislauf; Wasserhaushalt; Wasserbedarf; schädigende Stoffe; gesundheitliche Folgen; Auswirkungen auf Pflanzen und Tiere; biologische Selbstreinigung; Klärwerk; Methoden zur Wasseruntersuchung; Verschmutzung des Süßwassers; Verschmutzung der Meere)	28 %
Naturschutz: (Veränderung der Naturlandschaft zur Kulturlandschaft; Urbanisierungsprobleme; Motive für Naturschutz; Pflanzenschutz; Tierschutz; Landespflege)	21 %
Luftverschmutzung: (schädliche Bestandteile der Luft; gesundheitliche Auswirkungen; Auswirkungen auf Pflanzen und Tiere; Sauerstoffbedarf des Menschen; Kreislauf des Sauerstoffes; Smog)	13 %
chemische Schädlingsbekämpfung: (Bekämpfungsmittel; Vorteile chem. Schädlingsbekämpfungsmittel; Wirkungen auf Pflanzen und Tiere; Wirkungen von DDT)	9 %
Welternährung: (These von Malthus; landwirtschaftliche Überflußgebiete; Hungergebiete; naturwiss. Lösungsmöglichkeiten des Hungerproblems)	9 %

Müll: (Zusammensetzung des Mülls; Menge des Mülls; Arten der Müllab-   7 %
lagerung und deren Folgen; natürliche Selbstreinigung des Bodens)

Weltbevölkerung: (Bevölkerungsentwicklung; Phasen der europäischen
Bevölkerungsentwicklung; Situation der Bevölkerungsentwicklung in In-   6 %
dustriestaaten, in Entwicklungsländern)

Lärm: (unterschiedliche Wirkung des Lärms; gesundheitliche Folgen   4 %
beim Menschen; Lärmmessung)

biologische Schädlingsbekämpfung: (Einsatz natürlicher Feinde; falsch   3 %
verstandene biologische Schädlingsbekämpfung; Sterilisation)

Der Beitrag der Umweltschutzkapitel, über sozialwissenschaftliche Inhalte
umweltbewußtes Handeln beim Schüler anzubahnen, muß dagegen als sehr
gering eingeschätzt werden. Die Bereiche sozialwissenschaftliche Ursachen und
Lösungen des Umweltproblems sind in den Umwelt—Schutzkapiteln nur mit
jeweils 5% und 15% sehr gering vertreten und zudem ungenügend dargestellt.

Folgende sozialwissenschaftlich erklärbare Ursachen des Umweltproblems
werden angegeben:

Tabelle 2.

Verursacher (Gemeinden, Industrie, Kraftfahrzeuge)	52 %	
anthropologische Erklärungen (der Mensch, wir alle)	23 %	
Technik	6 %	
Zunahme der Bevölkerung	5 %	
Konsum-Wohlstandsorientierung	5 %	insgesamt ca.
industrieller Fortschritt	3 %	5 % von allen Aussagen
mangelnde Beachtung der Naturgesetze	2 %	
wachsende Produktion	1 %	
Wachstumsideologie	1 %	
steigender Wohlstand	1 %	
gestörtes Verhältnis Mensch-Umwelt	1 %	

Folgende sozialwissenschaftlich erklärbar Lösungsmöglichkeiten des Umweltproblems werden in den Umweltschutzkapiteln angegeben:

Tabelle 3.

nationale und internationale gesetzliche Maßnahmen: (z. B. Benzin-Bleigesetz)	46 %	
Maßnahmen von seiten der Industrie: (Reinigung der Abgase durch Elektronenstaubsauger etc.)	4 %	
Maßnahmen von seiten der Einzelnen: (Appelle, wie jeder einzelne mußt zur Lösung des Umweltproblems beitragen; Aufforderungen, Energieverbrauch zu vermindern etc.)	4 %	
Schwierigkeit der Durchsetzung politischer Maßnahmen	6 %	insgesamt ca. 15 % von allen Aussagen
staatliche Maßnahmen	5 %	
globale Maßnahmen	2 %	
ökologisch sinnvolle Produktion	3 %	
Rolle von Politik	2 %	
Rolle von Wissenschaft	1 %	
Einschätzung der Lösbarkeit des Umweltproblems	1 %	

Zwar ist positiv zu bewerten, daß sich die Autoren der Umweltschutzkapitel überhaupt um sozialwissenschaftliche Aussagen bemühen. Eine Gefahr darf jedoch nicht unterschätzt werden, nämlich daß eine ungenügende Darstellung der sozialwissenschaftlichen Dimension des Umweltproblems eher negative Wirkungen beim Schüler erzielen kann, Verschleierung und Ablenken von wichtigen Problemen. Beispielsweise fehlt die Diskussion über widersprechende Interessen bei Fragen der Umweltpolitik, über verschiedene Parteiprogramme zu Umweltproblemen, über die Schwierigkeit der Kontrolle von Umweltgesetzen, über das Fehlen von Ausführungsverordnungen, über die Unverhältnismäßigkeit der Höhe des Strafmaßes bei „kleineren" Umweltvergehen im Vergleich zu „größeren" etc.. Die Liste ließe sich fortführen.

An die Stelle einer solchen differenzierten sozialwissenschaftlichen Betrachtung treten unproblematisierte abstrakte Begriffe wie „die Technik", „der Fortschritt". Dabei bleibt den Schülern unklar, daß nicht die Technik an sich zu verdammen ist, sondern daß es darauf ankommt, hinsichtlich welcher Zielvorstellungen sie eingesetzt wird. Ferner erfolgt an Stelle einer sozialwissenschaftlichen Ursachenanalyse ein Abgleiten in allgemeine anthropologische Erklärungsmuster, wo die Ursachen des Umweltproblems vorschnell aus ewig menschlichem Versagen abgeleitet werden. Folgerichtig haben auch individualisierte Lösungsvorschläge für die Umweltprobleme — der Einzelne müsse mehr Verantwortung übernehmen — einen hohen Anteil in den Umweltschutzkapiteln. Appelle an das Verantwortungsbewußtsein jedes Einzelnen, ohne daß politische Handlungsmöglichkeiten (Bürgerinitiativen, Beteiligung in Parteien) aufgezeigt werden, führen jedoch vermutlich zu blindem Aktionismus, der eher von wirksamen weiterreichenden Lösungen des Umweltproblems ablenkt, anstatt sie zu fördern.

Die genannten Kritikpunkte sollten jedoch nicht nur gegen die Autoren der Umweltschutzkapitel gewandt werden, denn die Vermittlung sozialwissenschaftlicher Inhalte ist bisher nicht eigentlicher Gegenstand des Biologieunterrichts gewesen. Allerdings läßt die Kritik an den Umweltschutzkapiteln in Biologieschulbüchern die Forderung nach einer integrierten Behandlungsweise von Umweltschutzproblemen berechtigt erscheinen.

Literatur

Blume, D. & G. Fels (1973): Das Leben. Bd. 3. Organismus und Umwelt. Ausgabe H. Stuttgart: Klett.

Blume, D., G. Fels, T. Homolka, K. Kuhn & F.-J. Liesenfeld, (1971): Der Mensch. Ausgabe A/B. Stuttgart: Klett.

Duderstadt, H., E.-F. Scholz & G. Winkel, (1973): Biologie vom 7. Schuljahr an. Frankfurt, Berlin, München: Diesterweg.

Garms, H. (1973): Lebendige Welt. Neuausgabe. Biologie 5/6. Braunschweig: Westermann.

Gerhardt, A., J. Dircksen & P. Höner, (1974): Biologie 5/6. München: Bayerischer Schulbuch-Verlag.

Kattmann, U., W. Palm & F. Rüther, (Hrsg.), (1975): Kennzeichen des Lebendigen 9/10. Mensch und Biosphäre. Düsseldorf, Braunschweig: Vieweg.

Kruse, E. & E. Stengel, (1971): Das Leben 3. Allgemeine Biologie und Menschenkunde. 9/10 Schuljahr. Stuttgart: Klett.

Lange, F., E. Strauss & J. Dobers, (1972): Biologie 3. Hannover: Schroedel.

Linder/Hübler (1976): Biologie des Menschen, herausgegeben von G. Schaefer. Stuttgart: Metzlersche Verlagsbuchhandlung.

Anschrift der Verfasserin:

Dipl. Päd. Brunhilde Marquardt, Institut für die Pädagogik der Naturwissenschaften (IPN), Olshausenstr. 40—60, 2300 Kiel.

ERPROBTE VORSCHLÄGE ZUR GESTALTUNG VON ÖKOLOGIEUNTERRICHT IN DER KOLLEGSTUFE

M. SCHUSTER

Abstract

The topic ,,Ecology — the Preservation of the Environment" is dealt with at both the Upper (Leistungskurs) and Lower (Grundkurs) levels in the reformed grammar school sixth form (Kollegstufe). The subject is introduced with a discussion of points raised by the Club of Rome, and this leads on into a first study of ecology. Basic to the concept of the course is the attempt to link the importance of environmental protection with broader ecological aspects.
Protection of the environment is to be understood as ,,applied" ecology.

Der Themenkreis Ökologie und Umweltschutz ist im Curricularen Lehrplan für den Leistungskurs Biologie im 2. Kurshalbjahr, im Anschluß an die Stoffwechselphysiologie, vorgesehen. Für Kollegiaten, die den Leistungskurs Biologie nicht besuchen wird ein Grundkurs Ökologie angeboten.

Der Unterrichtsverlauf ist im nachfolgenden Flußdiagramm dargestellt:

ÖKOLOGIE UND UMWELTSCHUTZ

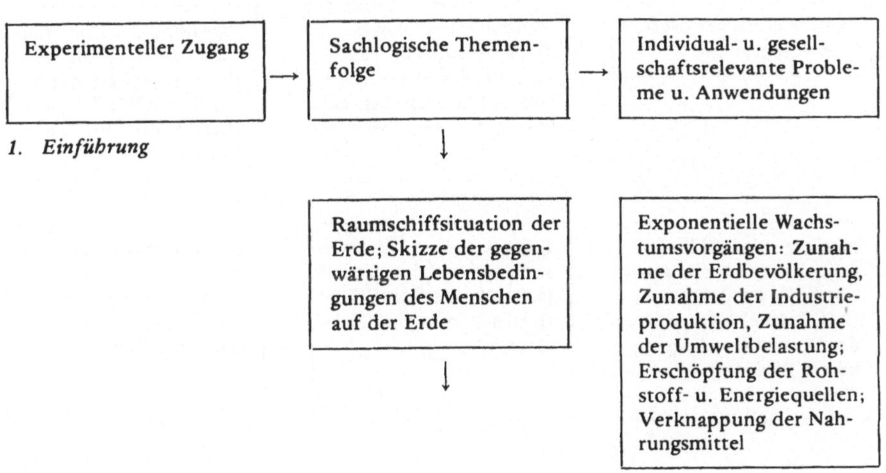

2. Ökologie: Lehre vom Haushalt der Natur

2.1. Die Lebewesen und ihre Umwelt

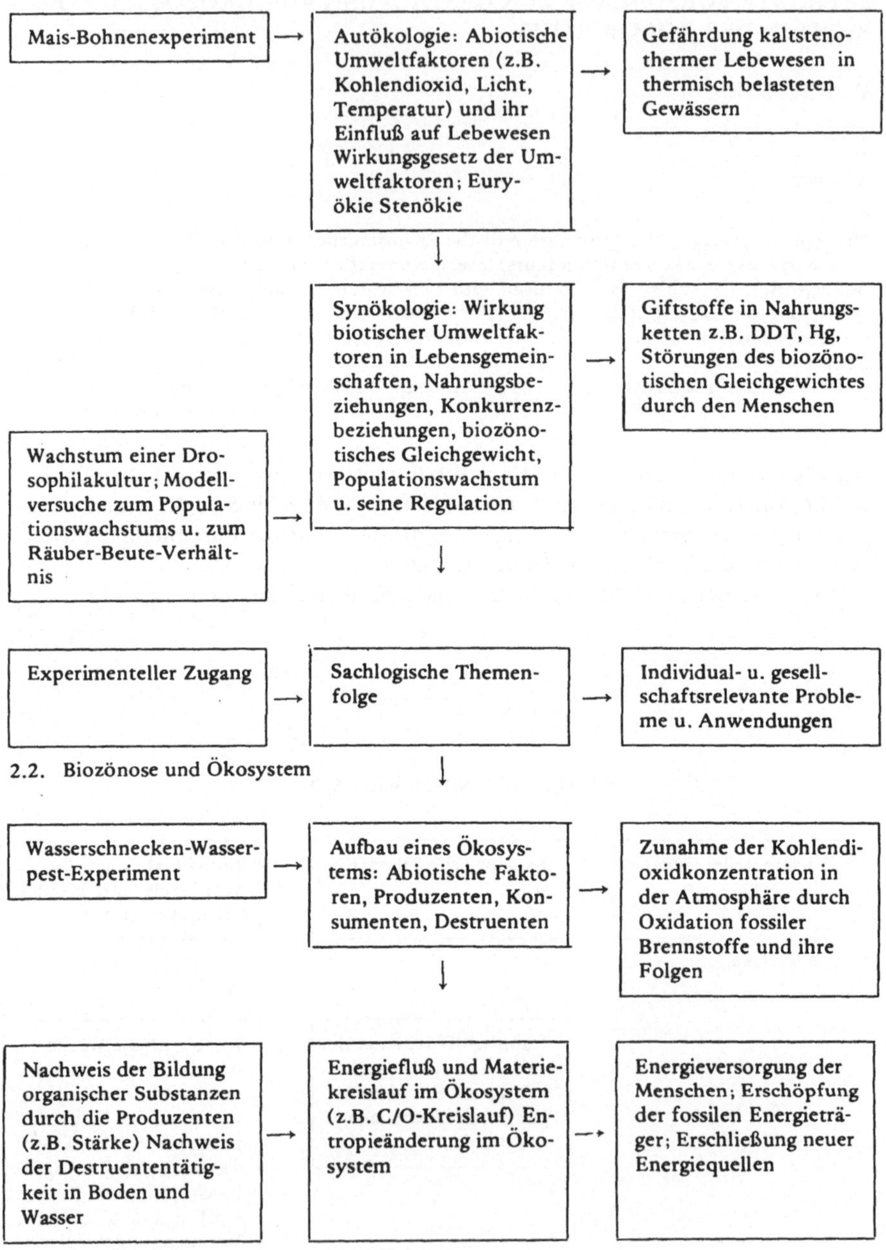

2.2. Biozönose und Ökosystem

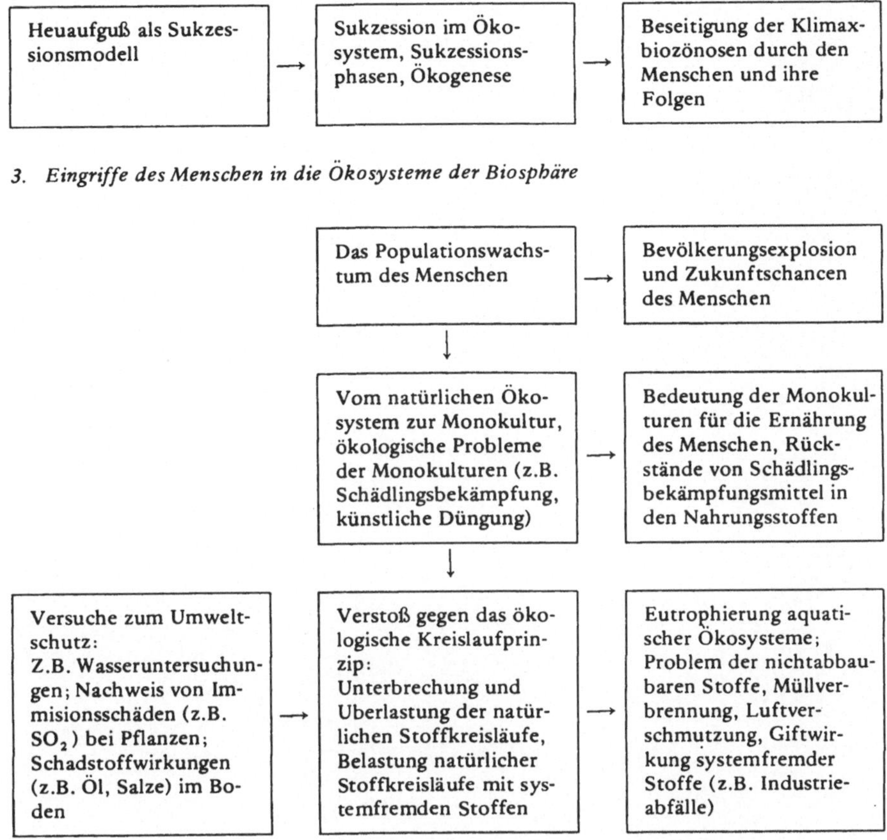

3. *Eingriffe des Menschen in die Ökosysteme der Biosphäre*

Den Kollegiaten steht als Hilfsmittel ein Arbeitsheft zur Verfügung, das in die Grundlagen der Ökologie einführt und darüber hinaus Übungsfragen, Aufgaben, sowie Anregungen und Literatur für Referate enthält, die zur Vertiefung und selbständigen Arbeit anregen sollen.

Anschrift des Verfassers:

M. Schuster, Bodenseegymnasium Lindau, Reutinerstrasse 14, 899 Lindau.

DER ACKER, PROBLEME EINER MONOKULTUR

Entwicklung und Revision eines Curriculum für die Sekundarstufe I

D. RODI

Abstract

The Institute of Biology at the Pädagogische Hochschule Schwäbisch Gmünd, assisted by teachers from the surroundings, the „IPN Kiel", the „Stiftung Volkswagenwerk" and the „Kultusministerium Baden-Württemberg" has developed and revised two curricula „Thema Luft" and „Thema Acker". We will discuss the latter.

The subjects for „Thema Acker" have been selected according to the general aims of environmental education. The present valid curricula for biology have been taken into consideration. The elements of the curriculum „Thema Acker" are exemplified by a part of the 13th lesson („How can the propagating and spreading of the potato-beetle be stopped?).

1. Einleitung

Auf der Tagung der Gesellschaft für Ökologie in Gießen wurde die Zielsetzung unseres damals gerade anlaufenden Forschungsvorhabens Didaktik der Umwelterziehung vorgestellt (Rodi 1972). Inzwischen ist das Forschungsvorhaben abgeschlossen und die Ergebnisse werden zum Druck vorbereitet.

Die Abteilung Biologie der Pädagogischen Hochschule Schwäbisch Gmünd hat unter Mitarbeit von Lehrern der Umgebung und mit Unterstützung des IPN Kiel (vgl. Schaefer 1971), der Stiftung Volkswagenwerk und des Kultusministeriums Baden-Württemberg zwei Unterrichtseinheiten „Thema Luft" und „Thema Acker" entwickelt und mehrfach revidiert (vgl. auch Bay, Begerow, Krieglsteiner, Linhart, Rodi & Schneider 1975). Über letzteres wird hier berichtet.

2. Themenauswahl

Sie wurde so getroffen, daß wichtige Leitideen und Richtziele der Umwelterziehung (ökologisches, ökonomisches, politisches und gesellschaftliches Denken, vgl. z.B. Behandlung des Umweltschutzes im Unterricht, Kultus und Unterricht, Stuttgart 1973, S. 718 ff, Eulefeld & Schaefer 1973, Begerow & Rodi 1974, S. 419 ff, Eulefeld 1975, S. 139) anhand von Inhalten der Lehrpläne des 6. bzw. 7. Schuljahres der allgemeinbildenden Schulen realisiert werden konnten. Dabei fand vor allem eine Ausweitung und Neuorientierung der Themen unter gesellschafts- und umweltrelevanten Fragestellungen statt. Der Eingriff des Menschen und das künstlich erhaltene Gleichgewicht im Acker sollte belegt und die Gefähr-

535

dung des Menschen durch Gifte aufgezeigt werden. Die Einflüsse des Menschen auf die Natur und die Gefahren dieses Einflusses bei unkontrolliertem Gebrauch können beim ,,Thema Acker" besonders deutlich dargestellt werden.

Die beispielhafte Betrachtung der zur Zeit gültigen Lehrpläne von Baden-Württemberg zeigt, daß verstreut die für unser Anliegen wichtigen Themen angeschnitten sind (vgl. Auszüge auf S. 532). Im Rahmenplan des Verbandes Deutscher Biologen für das Schulfach Biologie sind die ökologischen und umweltrelevanten Fragestellungen bereits deutlicher herausgestellt und auch im Hinblick auf die Gesellschaft, Fachstruktur und Schülermotivation begründet (vgl. Auszug auf S. 532 und 533).

Auszug aus ,,Schulordnung für die *Gymnasien*: Vorläufige Lehrpläne für die Gymnasien der Normalform" (Kultus und Unterricht, 20 Jg., H. 4, Stuttgart 1971, 1132)

Klasse 6
.... Pflanzengemeinschaften unter dem Einfluß des Menschen
.... Gräser — Züchtung der Getreidearten.
Wiese und Getreidefeld ....
.... Exkursion ...
Klasse 7
...... Die Begriffe ,,Schädling" und ,,Nützling".
Biologische und chemische Schädlingsbekämpfung.
...... Pflanzenschädlinge — Kartoffelkäfer ....

Auszug aus ,,Bildungsplan für die *Mittelschulen* Baden-Württembergs" (Kultus und Unterricht, 13. Jg., H. 5a, Stuttgart 1964, 299)
7. Schuljahr
Beobachtungen: Abhängigkeit der Pflanzen von den natürlichen Lebensbedingungen. Abhängigkeit des wirtschaftlichen Ertrages von Saatgut, Bodenbearbeitung, Düngung und Unkrautbekämpfung. Wiederholter Besuch einer Gärtnerei oder eines Bauernhofes.
Pflanzenkunde: .... Die Getreidearten: Roggen, Weizen, Gerste, Hafer. Kulturpflanzen: Kartoffel, Zuckerrübe ... Schädlinge dieser Kulturpflanzen und das Wichtigste über ihre Bekämpfung. ...
Tierkunde: ..... Abhängigkeit der Tiere von den natürlichen Lebensbedingungen. ...
Betrachtung einer Lebensgemeinschaft bzw. Kulturform:
..... Der Acker ......

Auszug aus ,,Vorläufige Arbeitsanweisungen für die *Hauptschulen* Baden-Württembergs" (Kultus und Unterricht, 16. Jg., H. 15/16, Stuttgart 1967).
6. Schuljahr
Ackerfeld, Wiese, Weide und sonniger Rain
..... Kartoffelernte ... Winterruhe und Keimhemmung (Äpfel, Winterweizen, Kartoffel) ......
Keimen und Wachsen des Getreides. Ackerunkräuter und Unkrautbekämpfung. Kartoffel. Kartoffelkäfer. Roggen (und Gräser) als Windblütler. Der Getreidehalm. Unsere Getreidearten ..... Versuche über Keimung und Wachstum ....
Entwicklung des Kartoffelkäfers.

Auszug aus ,,Rahmenplan des Verbandes Deutscher Biologen vom 1. Februar 1973" (vgl. Rodi 1975, 180—181)

Klassen 7 und 8
1. Empirische Untersuchung ökologischer Gesetzmäßigkeiten an mindestens einem ausgesuchten Ökosystem, z.B.:
a) Gewässer (Besiedlungszonen, Gewässerverschmutzung)
b) Wälder (Stockwerke mit typischen Vertretern, Wasserhaushalt, Forstschädlinge, Forstnutzung, Jagd, Erholungsfunktion)

536

c) Agrarflächen (mit Beispielen wichtiger Kulturpflanzen und Unkräutern, Mineralhaushalt einschl. Düngung, Erosionsgefahr, Produktivität, Schädlingsbekämpfung).
Folgende Begriffe sollen in diesem Zusammenhang u.a. erarbeitet werden: Nahrungskette, Nahrungsnetz, Produzent, Konsument, Reduzent, Probiose, Symbiose (mit Fragen der Blütenökologie), Parasitismus, Massenwechsel.

Begründungen im Hinblick auf die

Gesellschaft (G)
1. Tiefere Einblicke in komplexe ökologische Strukturen sind notwendig, um die bereits erwähnte „Vorsichtshaltung" biologischen Objekten und Systemen gegenüber zu verstärken. Fragen der Umweltbelastung durch Abfälle und Chemikalien müssen auf dieser Stufe intensiv (möglichst im Eigenexperiment) behandelt und erlebt werden, damit jeder Schulabgänger damit vertraut ist. Dabei sind weder die emotionale Einstellung noch die sachlichen Kenntnisse allein hinreichend, sondern nur beide in Verbindung miteinander.

biologische Fachstruktur (B)
1. Ökosysteme sind Beispiele integrativer Verzahnung biologischer mit physikalischen, chemischen und sozial-ökonomischen Aspekten. Sie sind geeignete Beispiele zur Einübung verschiedener wissenschaftlicher Techniken an ein und demselben Unterrichtsgegenstand. An ihnen wird den Schülern deutlich gemacht, daß komplexe Systeme auch eine komplexe Denk- und Verfahrensweise verlangen, und daß quantitative Aussagen hier schwerer zu erreichen sind als bei einfachen technischen Systemen.

Schülermotivation (M)
1. Umfassendere biologische Themen mit „Sammler"-Funktion (Ökosysteme, Stoff- und Energiekreisläufe) kommen dem wachsenden Bedürfnis der Schüler nach Organisation ihres Wissens auf höherer Stufe entgegen.

Übersicht der Stundenthemen (1. Fassung) zu „Thema Acker" (vgl. Begerow et al. 1974)
     1. Einführungsstunde.
     2. Wir untersuchen verschiedene Böden auf ihre Bestandteile.
     3. Wir untersuchen verschiedene Böden auf ihre Eigenschaften.
 4./5. Der Boden ist belebt.
     6. Regenwürmer sind wichtige Bodenverbesserer.
     7. Wir untersuchen Eigenschaften, die den Regenwurm als Bodentier kennzeichnen.
 8.–10. Keimung und Wachstum. +
   11. Um ertragfähig zu bleiben, muß der Ackerboden gedüngt werden.
   12. Getreidehalme gleichen technischen Wunderwerken.
   13. Pflanzenschädlinge können zu Erntekatastrophen führen.
   14. Unsere Getreidearten sind Windblütler. +
   15. Weizen als Kulturgras.
16./17. Lerngang (Ackerunkräuter).
   18. Unkraut verdirbt nicht.
   19. Die Bekämpfung der Ackerunkräuter.
20./21. Die Kartoffel.
   22. Die Entwicklung des Kartoffelkäfers.
   23. Die Bekämpfung des Kartoffelkäfers.
24./25. Pestizide in den Nahrungsmitteln.
      Die mit + gekennzeichneten Stunden sind nicht verbindlich.

Übersicht der Stundenthemen (revidierte Fassung) zu „Thema Acker" (vgl. Begerow et al. 1977)
     1. Der Acker, eine Monokultur.
     2. Wir untersuchen die Bestandteile verschiedener Böden.
 3./4. Wir untersuchen verschiedene Böden auf ihre Eigenschaften.
 5./6. Der Boden ist belebt.

7. Regenwürmer sind wichtige Bodenverbesserer.
8. Sachgemäße Düngung bringt höhere Erträge.
9. Wir untersuchen Ackerunkräuter an ihrem Standort (Lerngang).
10. Unkraut verdirbt nicht.
11. Die chemische Unkrautbekämpfung gefährdet die Umwelt.
12. Der Kartoffelkäfer gefährdet die Ernte.
13. Wie verhindert man die Vermehrung und Ausbreitung des Kartoffelkäfers?
14. Biologische Schädlingsbekämpfung.
15. Pflanzenschädlinge können zur Erntekatastrophe führen.
16. Der Weizen entstand aus einem Wildgras.
17. Die Züchtung ertragreicher und widerstandsfähiger Getreidesorten lindert den Hunger in der Welt und vermindert den Gifteinsatz.
18. Pestizide in der Nahrung?

Die Themenübersichten der ursprünglichen und der revidierten Fassung unseres Curriculum zeigen, daß die in den Lehrplänen und im Rahmenplan des Verbandes Deutscher Biologen vorgesehenen Themen unter aktuellen Fragestellungen zu einer Einheit zusammengefaßt wurden. Bei der Revision fand eine weitere Konzentration (von 25 auf 18 Stunden) zugunsten umweltrelevanter Themen statt: Folgende Themen (die teils nicht verbindlich waren) wurden gestrichen: „Wir untersuchen die Eigenschaften, die den Regenwurm als Bodentier kennzeichnen"; „Keimung und Wachstum"; „Getreidehalme gleichen technischen Wunderwerken"; „Unsere Getreidearten sind Windblütler"; „Die Kartoffel".

Folgende Inhalte wurden neu aufgenommen oder als „verbindlich" erklärt: „Biologische Schädlingsbekämpfung"; „Der Weizen entstand aus einem Wildgras"; „Die Züchtung ertragreicher und widerstandsfähiger Getreidesorten lindert den Hunger in der Welt und vermindert den Gifteinsatz".

Daraus geht deutlich hervor, daß vor allem die biologischen Methoden der Schädlingsbekämpfung und der Ertragssteigerung besondere Beachtung fanden. Da das Curriculum mit 18 Stunden noch sehr lange ist, wurde es so aufgebaut, daß der 1. Teil (Stunden 1-8) oder der 2. Teil (Stunden 1, 9-18) für sich behandelt werden kann und trotzdem die eingangs erwähnten Richtziele erreicht werden können.

3. Der Aufbau des Curriculum an einem ausgewähltem Beispiel

Am 3. Teilziel der 13. Stunde (Wie verhindert man die Vermehrung und Ausbreitung des Kartoffelkäfers, Wirkung von Insektiziden) sollen die Elemente des Curriculum vorgestellt werden. Wir gehen dabei vom Allgemeinen zum Speziellen vor (vgl. Möller 1973, s. 83): Beschreibung von Richtzielen, Formulierung von Grobzielen, Ermittlung von Feinzielen. Daran schließt sich eine Beschreibung der vorgeschlagenen Medien und des geplanten Unterrichtsverlaufes an. Die Lehrerinformationen geben Hinweise zum methodischen Vorgehen und ergänzen die sachliche Informationen. Das Arbeitsblatt gibt dem Schüler die Grundlagen für eine Diskussion und die Möglichkeit zum Festhalten der Ergebnisse. Zu jedem Feinziel wurden eine oder zwei „lernzielorientierte" Testaufgaben konstruiert und an 200-300 Schülern der Haupt- und Realschulen sowie der Gymnasien erprobt. Brachte die Erprobung nicht die erwarteten Ergebnisse, so wurden die Arbeitsblätter oder die Testaufgaben oder beides geändert.

Auszüge aus dem Curriculum „Thema Acker" (Begerow, Rodi, Bay, & Krieglsteiner 1977)
13. Stunde: Wie verhindert man die Vermehrung und Ausbreitung des Kartoffelkäfers,
3. Teilziel: Wirkung von Insektiziden

— *Richtziele:*
Die Schüler sollen erkennen, daß Pflanzen, Tiere und der Mensch von abiotischen und
biotischen Umweltbedingungen abhängig sind. Sie sollen wissen, daß die Erhaltung
gesunder Böden, Gewässer und Lufträume nötig ist.
— *Grobziele im emotionalen Bereich:*
Aufgeschlossenheit für die Zusammenhänge zwischen Umweltverschmutzung und Ge-
sundheitsschädigung des Menschen.
Beachtung der Tatsache, daß Höchstmengenfestsetzungen (von Giften in Nahrungs-
mitteln) eine besondere Wirtschaftsweise der Landwirtschaft bedingen, nämlich die
Förderung biologischer Schädlingsbekämpfung und Züchtung resistenter Sorten.
Bereitschaft, als Verbraucher selbst durch das Konsumverhalten auf die Qualität der
Nahrung Einfluß zu nehmen.
— *Grobziele im pragmatischen Bereich* (siehe Ziele beim Unterrichtsverlauf)
— *Grobziele im kognitiven Bereich:*
Ursachen der Massenvermehrung des Kartoffelkäfers
Schadwirkungen des Kartoffelkäfers auf die Kartoffelpflanzen
Maßnahmen der Kartoffelkäferbekämpfung und ihre Einwirkung auf die Nahrung
— *Feinziel* (im kognitiven Bereich)
Die Schüler sollen die Wirkung von Insektiziden an Schemadarstellungen eines Insekts
erklären können
— *Medien*
Arbeitsblatt (A.B.) 13, Dia 13.2 (Spritzverfahren, R 519/11)

— *Unterrichtsverlauf*

Ziele (Groblernziele im pragmatischen Bereich)	Operationen	Medien	Methoden
13.3 Verbalisieren können, Abbildungen interpretieren können, Transfer vollziehen können	3. Anwendung des bisher Erarbeiteten an schemati-schen Darstellungen eines Insekts unter der Frage-stellung „Das Gift wirkt auf das Nervensystem — wie gelangt es dort hin?	A.B. 13 (D.13.2)	Unterrichts-gespräch Medienunter-richt

— *Lehrerinformation:*
Zur Methode:
Daß Insektizide giftige Stoffe sind, wird den Schülern bekannt sein. Hauptziel der Stunde
ist es somit, zu erarbeiten, wie Insektizide wirken und welche Nebenerscheinungen mit
ihrer Anwendung verbunden sein können. Die drei Möglichkeiten der Insektizidauf-
nahme werden anhand von vereinfachten Insektenschemata auf A.B. 13 erarbeitet. Die
für das Verständnis erforderlichen Details (Darmkanal, Blutgefäßsystem, Tracheen,
Nervensystem) werden farbig hervorgehoben.
Zum Inhalt:
Nach der Zusammensetzung unterscheidet man folgende Insektizide:
● anorganische Insektizide (z.B. Arsenverbindungen, vor allem vor 1950 angewandt)
● pflanzliche Insektizide (z.B. Nikotin, Pyrethrum)
● chlorierte Kohlenwasserstoffe (z.B. DDT, Lindan, Aldrin)
● Organophosphorverbindungen (z.B. Parathion oder E 605).
Die Wirkungsweise der Aufnahme der Insektizide geht aus A.B. 13 hervor.
Die Insektizide blockieren die Wirkung der Fermente (z.B. Cholinesterase) und wirken
daher auf das Nervensystem ein.

Die *kursiv* geschriebenen Eintragungen erfolgen durch die Schüler

3 a) *Wie wirken Insektizide?*

Man hat herausgefunden, daß die Insektizide über den Blutkreislauf der Insekten auf deren Nervensystem einwirken. Da das Nervensystem die Aufgabe hat, alle Lebensvorgänge zu steuern, führt ein allmählicher Ausfall bei einem Insekt zu folgenden Vergiftungserscheinungen: hohe Erregung des Tieres, ungeordnetes Laufen, Lähmungserscheinungen an einzelnen Gliedern, Gleichgewichtsstörungen, Rückenlage und schließlich Tod.

Überlege nun mit Hilfe der folgenden Abb., auf welchem Wege das Gift in den Blutkreislauf eines Insekts und von dort zum Nervensystem gelangen kann (Hilfe: Insekten besitzen ein offenes Blutgefäßsystem).

b) Zusammenfassung

Nach der unterschiedlichen Art der Aufnahme kann man die Insektizide in drei Gruppen einteilen:

Fraßgifte (Darm → Blut), Atemgifte (Tracheen → Blut), Berührungsgifte (Gelenk-häute → Blut).

Bauplan eines Insekts,
Seitenansicht, ohne Atmungsorgane
(verändert nach Linder, H., Biologie,
Stuttgart 1967, Tab. IV)

Insekt von oben mit Atmungsorganen
(verändert nach Linder, H., Biologie,
Stuttgart 1967, Tab. IV)

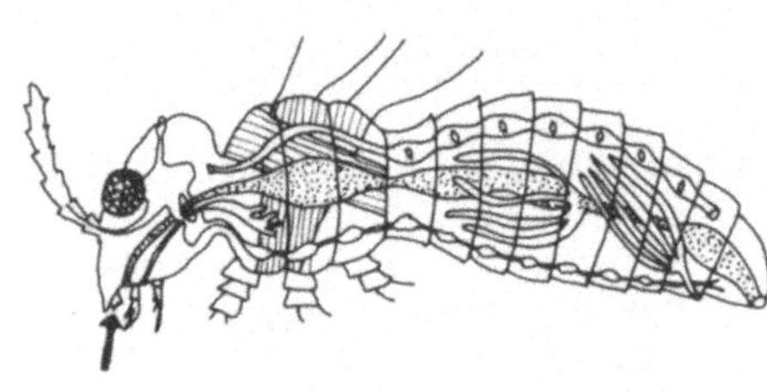

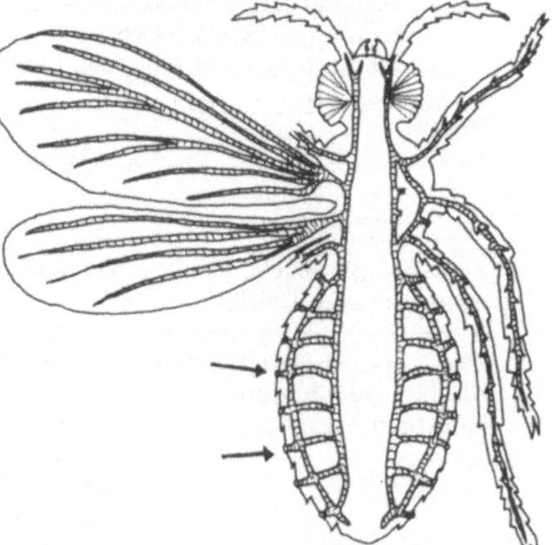

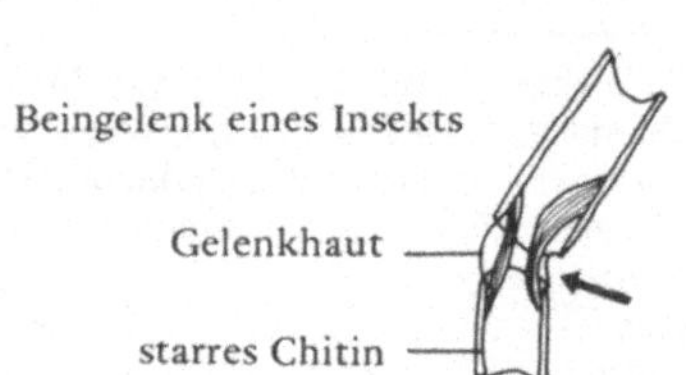

Test 13.3a) Wie nennt man Insektizide, die

• über den Darm ins Blut gelangen? *Fraßgifte (Nahrungs-gifte)*

• über die Tracheen ins Blut gelangen? *Atemgifte*

• über die Gelenkhäute ins Blut gelangen? *Kontaktgifte (Berührungsgifte)*

3+2 richtige
Antworten
= 1 Punkt
(66%)

1+0 richtige
Antworten
= 0 Punkte
(34%)

Test 13.3b) Bezeichne die Wirkungsweise der Insektizide

☐ Insekten werden unfruchtbar und sterben aus.
☐ Insekten erleiden Sehstörungen und finden kein Futter mehr.
☒ Das Nervensystem der Insekten wird geschädigt.
☐ Es bilden sich Gase im Magen.
☐ Das Blut der Insekten wird zersetzt.

1 Punkt
(90%)
0 Punkte
(10%)

Für lernzielorientierte Tests nimmt man an, daß etwa 70–80% der Antworten richtig gelöst wurden. Diese Ziele wurden bei diesem Abschnitt des Curriculum (annähernd) erreicht.

540

Literatur

Bay, F., G.-G. Begerow, G. Krieglsteiner, D. Linhart, D. Rodi & H. Schneider (1975): Von der Einzelbetrachtung lebender Organismen zur Ökologie. In: Zeit der Lehre, Lehre der Zeit. Schwaben-Verlag Ellwangen, S. 128—157.

Begerow, G.-G., D. Rodi et al. (1974): Okologie und Umwelterziehung. In: Westermanns Pädagogische Beiträge, 26. Jg., Heft 8, S. 419—427.

Begerow, G.-G., D. Rodi, F. Bay & G.J. Krieglsteiner (1977): „Thema Acker". Der IPN-Einheitenbank assoziierte Unterrichtseinheit. Aulis-Verlag Deubner Köln (in Vorbereitung).

Eulefeld, G. (1975): Ein ökologisches Strukturierungsprinzip für das Biologie-Curriculum in der Sekundarstufe I. In: U. Kattmann und W. Isensee (Hrsg.): Strukturen des Biologieunterrichts. Aulis-Verlag Deubner Köln, S. 125—157.

Eulefeld, G. & G. Schaefer (1973): Ein Zielebenenmodell zur Gewichtung ökologischer Themen im Unterricht. In: Praxis der Naturwissenschaften, Biologie, 22. Jg. Heft 3, S. 57—60.

Möller, CH. (1973): Technik der Lernplanung 4. Auflage, Beltz-Verlag Weinheim und Basel.

Schaefer, G. (1971): Probleme der Curriculum-Konstruktion. Der Biologieunterricht 7, 4: S. 6—17.

Rodi, D. (1972): Umweltschutz in Forschung und Lehre im Bereich Biologie an Pädagogischen Hochschulen. In: Tagungsbericht der Gesellschaft für Ökologie Gießen, Blasaditsch Augsburg, S. 207—210.

Rodi, D. (Hrsg.) (1975a): Biologie und curriculare Forschung. Aulis-Verlag Deubner Köln.

Rodi, D. (1975b): Ein Strukturierungsansatz für den Biologieunterricht in der Sekundarstufe I durch das ökologische Konzept. In: U. Kattmann & W. Isensee (Hrsg.): Strukturen des Biologieunterrichts. Aulis-Verlag Deubner Köln, S. 185—196.

Anschrift des Verfassers:

Prof. Dr. Dieter Rodi, Pädagogische Hochschule Schwäbisch Gmünd, Oberbettringer Straße, D 7070 Schwäbisch Gmünd

Sonderdruck: Verhandlungen der Gesellschaft für Ökologie, Göttingen 1976.

SIMULATIONSSPIELE ZUR ANPASSUNG VON POPULATIONEN

K. SCHILKE

Abstract

Four simulation games have been developed in order to demonstrate natural selection, mutation, isolation and genetic drift.

Kurzfassung

Zu den Evolutionsfaktoren Selektion, Mutation, Isolation und Gendrift sind Simulationsspiele entwickelt worden. Anlaß war die Vermutung, daß im Biologieunterricht eher über ausgestorbene Pflanzen und Tiere gesprochen als über die Mechanismen der andauernden Evolution nachgedacht wird. Entsprechend fehlen aber Unterrichtsvorbereitungen und methodische Überlegungen fast vollständig.

Für die Behandlung der Evolutionsfaktoren über Modellversuche sprechen zwei Gründe: die wirkliche Entstehung der vielen tausend Arten ist vergangen, nicht mehr zu sehen und nur spekulativ zu erfassen. Zweitens handelt es sich um ein komplexes Geschehen, das erst teilweise untersucht ist und nur ausschnittweise verstanden werden kann, indem es — wie hier vorgeschlagen — auf Räuber-Beute-Systeme vereinfacht wird.

Die Beutetiere werden in diesem Spiel durch farbige Spielmarken vertreten, während die Räuber von Schülergruppen gestellt werden. Als Biotope dienen Tapetenbahnen, die verschiedene Farben und Muster aufweisen, einmal einer Wüste, das andere Mal einem Waldboden ähneln. An diese Biotope sind die Beutetiere mehr oder weniger gut angepaßt.

Beim Selektionsspiel lesen die Räuber nach festgelegten Regeln die meisten Beutetiere aus, wobei die bestangepaßten Tiere am Leben bleiben. Sie vermehren sich auf die Häufigkeit der Ausgangspopulation, und das Spiel kann wiederholt werden. Bei der Vermehrung können auch Mutanten auftreten oder eine Gründergruppe gelangt auf ein isoliertes Territorium, das neu besiedelt wird. Schließlich werden beim Gendriftspiel die sexuelle Fortpflanzung und Mendelsche Regeln über markierte Spielmarken eingeführt.

Erste Erfahrungen mit Schülergruppen weisen aus, daß die Schüler über diese einfachen Modellversuche leicht in die Anfänge der Populationsdynamik eindringen können.

Literatur

Schilke, K. (1976): Modellversuche zu den Evolutionsfaktoren. *Unterr. Biologie* 1: 54–60.

Anschrift des Verfassers:

Dr Karl Schilke, IPN, Olshausenstrasse 40, 2300 Kiel 1

REALMODELLE ZUR VERANSCHAULICHUNG DES BIOZÖNOTISCHEN GLEICHGEWICHTES

G. TROMMER

Abstract

For demonstrating the balance of nature two real models have been developed:
1. Balance of nature as a steady state, which is characterized as a steady state with negative feed-back of the outlet-size on the regulation-size; a trophic-level-model is to be found.
2. For demonstrating oscillation in popular equilibrium a simulation is shown in playing predator and prey.
Both models are proved and evaluated in the secondary school.

Einleitung

Die aktuelle über die Ökologie bis in Technik und Gesellschaftspolitik hineinreichende Umweltdiskussion beschäftigt sich weitgehend mit der Belastbarkeit, Wiederherstellung, Neueinstellung und Stabilisierung ökologischer Gleichgewichte. Der Umweltunterricht erfährt aus didaktischer Sicht durch Analogiemodelle zu dem theoretischen Konstrukt „ökologisches Gleichgewicht" eine wesentliche Zuordnung, die zur Veranschaulichung und zur Entwicklung von Denk- und Lernstrukturen geeignet ist.

Ein kennzeichnender, in der Realität nicht zu trennender Faktor des ökologischen Gleichgewichts ist das biozönotische Gleichgewicht im Ökosystem. Es wird durch zwei wesentliche, in der Realität nicht zu trennende Aspekte näher beschrieben:

1. Das Fließgleichgewicht mit negativer Rückwirkung der Abflußgröße auf die konstant zu haltende Größe

Diese Homöostase wird im allgemeinen als Biomassestrom im Ökosystem dargestellt und in Schulbüchern meistens reduziert als „Nahrungspyramide" veranschaulicht. Das folgende Trophiestufenmodell (Abb. 1) ist geeignet, diese Homöostase zu demonstrieren.

In einem durch eine Pumpe angetriebenen, energietragenden Wasserkreislauf (Kohlenstoffkreislauf) wird einem Wärmeelement (Primärproduktion) ständig über eine Infrarotheizung (Sonnenlicht) Wärme zugeführt. Das Wärmeelement gibt die Wärme an ein Kühlelement (Sekundärproduktion), welches Wärme an die umgebende Raumtemperatur verliert. Über ein Ausgleichsgefäß fördert eine Pumpe das abgekühlte Wasser an das Wärmeelement zurück. Hierbei wirkt die raumgekühlte Wassertemperatur des Kühlelementes auf die infrarotbeheizte

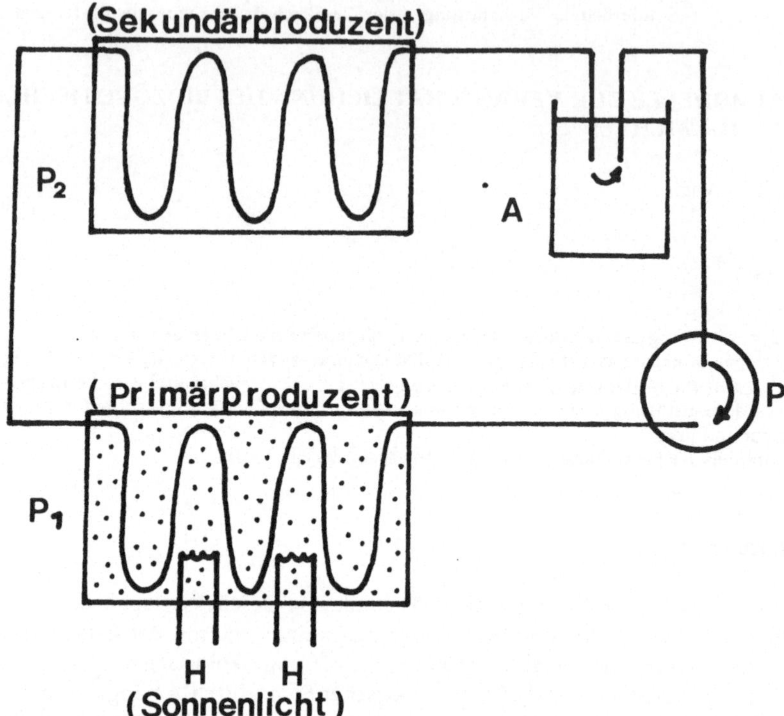

Abb. 1. Schema zum Realmodell eines Fließgleichgewichtes mit negativer Rückwirkung der Abflußgröße auf die konstant zu haltende Größe (Erklärung im Text). A Ausgleichsgefäß, P_1 Wärmeelement, P_2 Kühlelement, P Pumpe, H Heizung, → Wasserkreislauf (Kohlenstoffkreislauf).

Wassertemperatur des Wärmelementes negativ zurück. Dieses „Trophiestufenmodell", in dem sich ein konstantes Fließgleichgewicht einstellt, vernachlässigt jedoch einen wesentlichen Aspekt des biozönotischen Gleichgewichts:

2. Das um Mittelwerte schwankende interpopulare Gleichgewicht

Dieser Aspekt ergänzt das unter 1.) beschriebene Gleichgewicht wesentlich. Das komplexe, oszillierende, biozönotische Gleichgewicht läßt sich anschaulich auf theoretische Zweipartnermodelle zwischen Nahrungs- und Feindfaktor reduzieren.

Experimente mit biologischen Objekten zur sog. „Räuber-Beute-Beziehung", die unter schulnahen Bedingungen durchzuführen sind, gibt es bisher nicht. Daher wurde ein Simulationsspiel entwickelt, in dem folgende ökologische Grundprinzipien enthalten sind:

1. im ökologischen Optimum vermehrt sich jede Population unbegrenzt;
2. mit zunehmender Einwirkung limitierender Faktoren nimmt in jeder Population intrapopulare Konkurrenz zu;

546

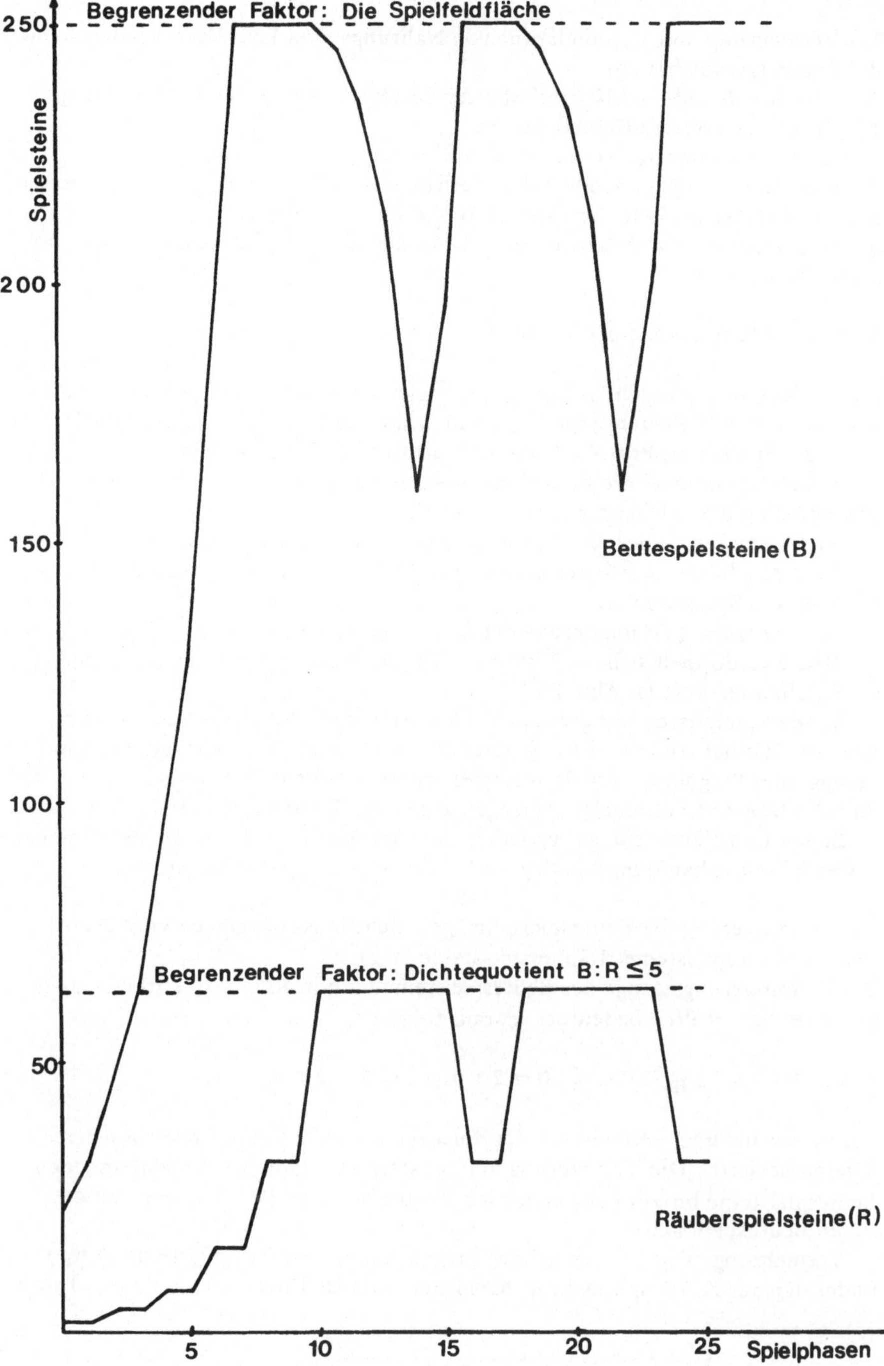

Abb. 2. Protokollierter Verlauf des Räuber-Spiels.

3. Vermehrung und Verminderung von Nahrungs- und Feindfaktor hängen von
der Populationsdichte ab;
4. zwischen Feind- und Nahrungsfaktor besteht eine negative Rückwirkung;
5. die Lotka-Volterra-Gesetze gelten.
   Nicht berücksichtigt werden in dem Simulationsspiel:
1. tatsächlich vorkommende Zahlenverhältnisse, Vermehrungs- und Sterberaten;
2. ein spezifisches Verhalten von „Räuber" und „Beute";
3. eine bestimmte Wahrscheinlichkeit, mit der sich „Räuber" und „Beute" im
Raum begegnen.

Kurzdarstellung des Simulationsspiels

   An dem im Unterricht auf der gymnasialen Oberstufe im Heinricht-Nordhoff-
Gymnasium in Wolfsburg erprobten Simulationsspiel sind jeweils vier Spieler
beteiligt: Spielleiter, Protokollführer, Beutespieler, Räuberspieler. Der Spielleiter hat in dem Spiel die Funktion eines Zeitgebers. Er ruft nach einem Spiel-
phasenplan die Spieleinsätze seiner Mitspieler ab.
   Nach dem Setzen der Anfangsmengen (24 Beutespielsteine gegen 2 Räuberspielsteine) gibt der Spielleiter in den Spielphasen mit ungeraden Zahlen nacheinander die Spielimpulse:
1. Räuber frißt! (Verminderung der Beutespielsteine) —
2. Beute verdoppelt sich! — 3. Protokollführer trägt Spielsteinmengen gegen
die Spielphasen auf! (s. Abb. 2)
   In den Spielphasen mit geraden Zahlen verteilt der Spielleiter die Spielimpulse: 1. Räuber frißt! (s.o.) — 2. Räuber-population! (Vermehrung, Verminderung oder Stagnation der Räuberspielsteine) — 3. Beute verdoppelt sich! — 4.
Protokollführer trägt Spielsteinmengen gegen die Spielphasen auf! (s. Abb. 2)
   Beute- und Räuberspieler verleihen den von ihnen geführten Spielsteinmengen
— welche selbst handlungsunfähig sind — die notwendige Aktionsfähigkeit.

Die Verminderung der Beutespielsteine geschieht in Abhängigkeit vom Dichtequotienten Beutespielsteine: Räuberspielsteine (= x).
Die Verminderungsmenge der Beutespielsteine wird in Räuberspielsteinen angegeben (= n_R): → Pfeil bedeutet: „daraus folgt";

$$x > 10 \to 4 \cdot n_R; \; 5 < x \leq 10 \to 2 \cdot n_R; \; x \leq 5 \to 2 \cdot n_R.$$

Verminderung und Vermehrung der Spielsteine für die Beute findet in jeder
Spielphase statt. Die Vermehrung beträgt stets das Doppelte der vorhandenen
Beutespielsteine bis zum begrenzenden Faktor der auf 250 Spielsteine ausge-
legten Beutespielfläche.
   Vermehrung, Verminderung bzw. Stagnation der Räuberspielsteine (= n_R)
findet in jeder 2. Spielphase in Abhängigkeit vom Dichtequotienten x (s.o.) statt:

$$\left. \begin{matrix} x > 10 \\ 5 < x \leq 10 \end{matrix} \right\} \to 2 \cdot n_R; \; x \leq 5 \to n_R; \; x \leq 3 \to \frac{n_R}{2} \; .$$

Der Protokollführer registriert den Spielverlauf, indem er die Spielsteinmengen von Räuber und Beute gegen die Spielphasen aufträgt (Abb. 2). Das Spiel enthält keine Freiheitsgrade. Es ist in der in Abb. 2 dargestellten Weise reproduzierfähig, sofern die Anweisungen genau befolgt und keine Rechenfehler gemacht werden.

Ausführliche Angaben über die leicht zu beschaffenden Spielmaterialien, über die Spielregeln, sowie über Anregungen zur Auswertung des Spieles sind der angegebenen Literatur zu entnehmen.

Zusammenfassung

Für folgende Aspekte des biozönotischen Gleichgewichtes wurden Realmodelle entwickelt:
— für das Fließgleichgewicht mit negativer Rückwirkung der Abflußgröße auf die konstant zu haltende Größe ein Trophiestufenmodell;
— für das um Mittelwerte schwankende interpopulare Gleichgewicht ein Simulationsspiel.
Die Modelle wurden im Unterricht auf der gymnasialen Oberstufe in der Sekundarstufe II erprobt.

Literatur

Trommer, G. (1976): Wachstum von Räuber- und Beutepopulation. In: Schaefer, Trommer & Wenk (Hrsg.): Wachsende Systeme, Westermann Verlag, Reihe Leitthemen, Braunschweig, 205—236.

Anschrift des Verfassers:

G. Trommler, Lehrstuhl Didaktik der Biologie, PHN, Abt. Braunschweig, Braunschweig.

Sonderdruck: Verhandlungen der Gesellschaft für Ökologie, Göttingen 1976.

ÖKOLOGIE UND UMWELTERZIEHUNG IN SCHULUNTERRICHT UND STUDIUM

GÜNTER EULEFELD & GERHARD WEIDEMANN

Abstract

The term „Ecology" is discussed in relation to its history and today's broad spectrum. An attempt is made to give an explicit definition and to discuss it in its vast perspectives. Ecology in school should not be the pure transmission of the definition, rather, it should be part of an interdisciplinary environmental education. Some IPN-activities are referred. Ecology teaching at the university level in an ecosystem orientated manner is hampered by the history of ecology in Germany, by the structure of its universities, and by their idea of science. Some attempts are made to teach ecology as an interdisciplinary science with urgently needed applications. As an example, the outlines of the ecology part of the biology curriculum at the university of Bremen are given.

A. Ökologie und Umwelterziehung im Schulunterricht

GÜNTER EULEFELD

1. Der Ökologiebegriff

Weit mehr als in den USA gibt es in Deutschland Probleme, wenn es um das Verständnis von Ökologie geht. Dort ist eine pragmatische Haltung bei der Verwendung des Begriffs im außerwissenschaftlichen Bereich weit verbreitet. In Deutschland spielt der Begriff jedoch in der Öffentlichkeit noch eine relativ untergeordnete Rolle, während er in der wissenschaftlichen Diskussion z.T. heftig umstritten ist (s. z.B. Berninger, 1973, Friedrichs 1957, Hawley 1972, Illies 1973, Knötig 1972, Krebs 1972, Kühnelt 1970, McHale 1974, Müller 1974, Schwabe 1972, Schwerdtfeger 1963, Steward 1972, Thienemann 1956, Tischler 1965).

Der Name „Ökologie" für die neue biologische Teildisziplin von den Beziehungen des Organismus zur umgebenden Außenwelt ist von Haeckel (1866) eingeführt worden. Der Name wurde zunächst nur für den autökologischen Bereich verwendet. Aber bereits 1870 hat Haeckel den globalen Aspekt der Ökologie in den Begriff aufgenommen und sprach von der gesamten Ökonomie der Natur.

Fünf Jahrzehnte lang war die Ökologie unangefochten in den biologischen Disziplinen Zoologie und Botanik angesiedelt und entwickelte ein Begriffssystem zur Beschreibung von Entwicklung, dynamischer Struktur und Evolution von Siedlungsformen der Biosphäre. Dabei ging man von natürlichen Verhältnissen aus, befaßte sich aber bereits mit anthropogen verursachten pathologischen Situationen, wie sie in den Industrieländern England und Deutschland in der zweiten Hälfte des 19. Jahrhunderts an vielen Stellen aufzufinden waren.

In den zwanziger Jahren dieses Jahrhunderts fanden amerikanische Soziologen das Begriffssystem der Pflanzen- und Tierökologie gut geeignet, damit auch Lebensgemeinschaften, in denen der Mensch dominiert, zu untersuchen und zu beschreiben.

In diesem humanökologisch-soziologischen Ansatz wurden analog der biologischen Ökologie Begriffe wie Gleichgewicht, Lebensgemeinschaft, Artenspektrum, Dominanz, Habitat, Kommensalismus, Symbiose, Sukzession, Klimaxstadium und Ökosystem verwendet. Heute untersucht diese „human ecology" Struktur und Entwicklung menschlicher Gemeinschaften unter Berücksichtigung ihrer Umweltabhängigkeit (vgl. Hawley 1972).

Eine zweite amerikanische humanökologische Richtung nennt sich „cultural ecology". Diese Kulturökologie untersucht die Prozesse, durch die sich eine bestimmte Gesellschaft an ihre Umgebung anpaßt, ferner Wechselbeziehungen von Gesellschaften untereinander und die Evolution dieser Gesellschaften (vgl. Steward 1972).

Anläßlich der ersten internationalen humanökologischen Tagung in Wien 1975 wurde ein Ansatz für Humanökologie diskutiert, der die Ökologie des Menschen parallel zur biologischen Ökologie in zwei Bereiche gliedert. Das heißt, es wurde versucht, eine Autökologie von einer Demökologie des Menschen zu unterscheiden.

Darin bedeutet Autökologie des Menschen (= Individualökologie) die Untersuchung des Verhältnisses zwischen ökologischer Potenz des einzelnen Menschen zur ökologischen Valenz seiner Umwelt. Ökologische Potenz wird dabei verstanden als „Gesamtmuster der genetisch fixierten Reaktionsnormen in ihrer faktischen Bestimmtheit (z.B. durch Prägungen, Lernen, Muskeltraining, Amputationen u. dgl.)" (Knötig 1972, 11); ökologische Valenz ist das Gesamtmuster der Umweltfaktoren.

Human-Demökologie ist in diesem Ansatz gleichbedeutend mit Sozialökologie des Menschen. Diese baut auf der Autökologie auf und untersucht einerseits Wechselbeziehungen zwischen Bevölkerungen und deren Umwelt, andererseits Wirkungsgrößen, die innerhalb der Kollektivs selbst entstehen und die Gesamtstruktur dieser Population wesentlich beeinflussen (vgl. Knötig 1972, 10 u. 30ff.).

Nicht nur Biologie und Soziologie sind an der Entwicklung des Begriffs „Ökologie" beteiligt. Auch die Medizin hat inzwischen „ökologische Fächer" in ihrer Approbationsordnung aufgenommen. Darunter versteht sie Hygiene, Sozialmedizin, Arbeitsmedizin, Präventivmedizin, Versicherungsmedizin, Rechtsmedizin, ärztliche Rechts- und Berufskunde. Aber auch Toxikologie, Ernährungslehre, Raumfahrtmedizin und medizinische Environtologie (vgl. Graul 1974) sammeln und interpretieren Daten ökologischer Art.

Aus dieser Darstellung ergibt sich, daß Ökologie insgesamt verstanden wird als Untersuchung und Beschreibung des überindividuellen Systems der Lebewesen in der Biosphäre und ihrer Teilsysteme. Das entspricht etwa dem, was Schwerdtfeger in seiner Ökologie der Tiere feststellt: „Ökologie ... als Wissenschaft von den Beziehungen der Organismen zur Umwelt liefert den Titel für eine Enzyklopädie, grenzt aber kaum eine wissenschaftliche Disziplin ab" (Schwerdtfeger 1963, 11). Und Illies sagt deutlich: „So ist Ökologie bei der

552

Erfassung von Kreislaufprozessen in ihrem ganzen Umfang, aber auch schon bei der Untersuchung kleinerer Lebensräume stets mehr als nur ein naturwissenschaftliches Fach. Sie ist eigentlich eine besondere Einstellung, sozusagen eine Geisteshaltung des betreffenden Forschers, nämlich die Überzeugung, daß nur beim Betrachten aller wirksamen Faktoren innerhalb eines Lebensraumes dessen innere Gesetzmäßigkeit erkannt werden kann, und daß daher Tierkunde, Pflanzenkunde, Chemie und Physik, Wetterkunde und sogar Zivilisationsgeschichte und Technik nur Hilfsmittel sind bei dem großen Plan, einen Ausschnitt der Natur in seiner ganzen Wirklichkeit zu begreifen" (Illies 1973, 20).

Ökologie wird hier als Oberbegriff verstanden, der das Gesamtsystem umgreift. Teilbereiche wären dann als solche zu kennzeichnen: Biologische Ökologie, Phyto-Zoo-Ökologie; Individualökologie; Sozialökologie; Kulturökologie.

Diesem Verständnis von Ökologie wird von Biologen häufig widersprochen. Ökologie ist nach deren Meinung beschränkt auf diejenigen Beziehungen zwischen Organismen und Umwelt, die der naturwissenschaftlichen Kausalanalyse zugänglich sind (z. B. Müller 1974a). Das bedeutet für den Menschen, daß nur dessen unmittelbare Wirkungen auf die Ökosysteme einbezogen werden, nicht aber die Handlungen als solche und deren Ursachen. Die bis heute verwendeten Definitionen des Ökologiebegriffs lassen jedoch einen Ausschluß des Menschen und seiner sozialen Umwelt nicht zu, da der Mensch ein Organismus mit Beziehungen zur natürlichen, sozialen und gebauten Umwelt ist.

Zwei Zitate sollen diese Kontroverse illustrieren:
Berninger schreibt 1973:

„Es bedeutet einen durchaus folgerichtigen Schritt und beeinträchtigt den biologischen Charakter der Ökologie nicht, wenn auch der Mensch als biologisches Wesen in die ökologische Betrachtung einbezogen wird. Allerdings sollte dabei vermieden werden, den Begriff der Ökologie auch auf die ausgesprochen geistbestimmten Komponenten menschlicher Lebenserscheinungen auszuweiten, die nicht mehr durch biologische Kausalitäten geprägt sind" (Berninger 1973, 20).
Und Schwabe äußert sich 1972 so:
„Soweit sich ökologische Untersuchungen mit vom Menschen beeinflußten Verhältnissen befassen, werden diese Einflüsse in der Regel als vorgegeben angenommen ... Die Abwasserbelastung eines Flusses oder der Bleigehalt des Grönländischen Inlandeises und ihr zu erwartendes Wachstum werden z. B. kaum anders in Rechnung gestellt als Strömungsgeschwindigkeit oder natürliche Vegetation eines Standortes ... Ökologen ... registrieren zwar ökologische Wirkungen des wirtschaftenden Menschen, behandeln ihn selbst aber als ein allen Naturerscheinungen übergeordnetes Phänomen. Sie vergessen, daß er als Mensch auch ein Lebewesen und als solches auf ihm gemäße Ökosysteme angewiesen ist und bleibt".
„Auch in seiner geistig-seelischen Konstitution ist er — wie immer er sich auch darüberhinaus noch selbst deuten möge — ein auf außermenschliche Natur angewiesener Organismus" (Schwabe 1972, 240).

Diese beiden Zitate zeigen, wie notwendig es ist, eine klare Bestimmung des ökologischen Objektbereiches und gleichzeitig eine Eingrenzung des Begriffsumfanges vorzunehmen, wenn er nicht das ganze Universium in sich aufnehmen soll. Es wäre deshalb wünschenswert, wenn die Diskussion um eine explizite Definition mit eindeutigen Grundbegriffen (vgl. Savigny 1970) wieder aufgenommen würde. Ein Argument für eine solche Diskussion könnte die zunehmende Bedeutung interdisziplinärer Zusammenarbeit zwischen Naturwissenschaftlern, Gesellschaftswissenschaftlern, Politikern und Behörden sein. Eine solche Zusammenarbeit kann durch Bemühungen, eine gemeinsame Sprache zu finden, erleichtert werden.

Der folgende Vorschlag für eine solche Definition beschränkt sich deshalb nicht auf den Bereich der klassischen Biologie. Er versucht vielmehr, den Überschneidungsbereich von Biologie und Soziologie einzubeziehen. Dabei wird versucht, den reinen Kommunikationsbereich menschlicher Gesellschaften auszusparen, soweit er keine Relevanz für die physische Existenz von Lebewesen hat:
– *Ökologie* ist der Wissenschaftsbereich (Anteile verschiedener Disziplinen), der sich mit denjenigen überindividuellen Faktoren und ihren Wirkungen beschäftigt, die die Existenzmöglichkeit, den Gesundheitszustand und die Populationsdichte der Organismen sowie deren Veränderung beeinflussen.

Solche ökologischen (überindividuellen) Faktoren sind direkte und indirekte physikalische, chemische und biologische Ursachen für die Erhaltung oder die Veränderung eines Individuums, einer Gruppe von Individuen oder einer ganzen Art. Faktoren, die nicht über ein Individuum hinauswirken, bleiben unberücksichtigt. Zu den ökologischen Faktoren gehören dann auch Entscheidungsprozesse in menschlichen Gesellschaften, wenn sie Handlungen determinieren, die auf die Existenzmöglichkeit und den Gesundheitszustand der Organismen einwirken. Eine gesellschaftlich legitimierte Entscheidung für eine Handlung des einzelnen oder der Gesellschaft in der Umwelt hat für diese Handlung dieselbe Bedeutung wie ein unbewußter zentralnervöser Impuls für eine individuelle Verhaltensweise wie z.B. für den Angriff eines Freßfeindes als Reaktion auf ein auslösendes Signal: Sie ist eine notwendige Voraussetzung und deshalb nicht von der Handlung selbst abtrennbar. Der Freßfeind wird für die Beute erst durch ganz bestimmte Verhaltensmuster zum ökologischen Faktor. Ökologisch relevant ist das sich auf die Beute hin orientierende und handelnde Tier.

Ebenso ökologisch relevant sind Beratungen und Entscheidungen über den Standort eines Kraftwerks, die zur unmittelbaren Zerstörung und mittelbaren Veränderung verschiedener Ökosysteme führen.

Der Bereich der Kommunikation zwischen Individuen und Gruppen, der ohne Relevanz für die physische Existenz von Menschen und anderen Organismen ist, gehört nicht zum ökologischen Überlappungsbereich von Biologie und Soziologie.

2. *Ökologie in der Schule*

Für den Unterricht in der Schule kann eine Ökologie-Definition allein noch nicht maßgebend sein, da sie als Definition nur den inhaltlichen Gesamtrahmen umfassend beschreibt. Sie berücksichtigt weder den Adressaten noch die Vermittlungsprozesse, sondern ist ausschließlich auf Inhalte ausgerichtet. Die Schule kann sich jedoch nicht darauf beschränken, zielfern Inhalte zu vermitteln. Die wissenschaftliche Definition erlaubt nicht, Prioritäten bei der Inhaltsauswahl zu setzen. Sie beschreibt den Rahmen, innerhalb dessen Inhalte als ökologisch legitimiert sind. In diesem Zusammenhang ist es interessant festzustellen, daß Ökologie sich zwar traditionell auf naturwissenschaftliche Analysen beschränkt, daß aber in zunehmenden Maß von Ökologen Anregungen an den einzelnen und an den Gesetzgeber adressiert werden, die sich auf Verhaltensweisen der Individuen und der menschlichen Gesellschaft beziehen. Es zeigt sich darin, daß ökologische Analysen und Voraussagen menschliche Verhaltensweisen einbeziehen müssen.

In diesem Zusammenhang gehört ein Zitat von Ellenberg 1972:

„Im Unterricht aller Schulstufen, Universitäten und Hochschulen sollte man daher, von brennenden Umweltproblemen ausgehend, an überzeugenden Beispielen die Fähigkeit zum Erkennen überfachlicher Zusammenhänge wecken. Gerade Techniker, Verwaltungsfachleute, Politiker und andere Nichtbiologen, die umweltrelevante Entscheidungen zu treffen haben, brauchen eine solche umfassende Sicht. Schon aus der Schule sollten sie als Grundlage hierfür ein gewisses Maß an naturwissenschaftlichem, insbesondere biologischem Wissen mitbringen" (Ellenberg 1972, 54).

Für den Schüler wird ein Unterricht mehr zum Verständnis seiner Lebenswelt beitragen, wenn er nicht nur erfährt, welche Eigenschaften der Schlammröhrenwurm hat und in welchem Biotop er existiert, sondern wenn ihm bewußt wird, daß das massenhafte Vorkommen solcher Tiere und das Badeverbot im nahen Bach damit zusammenhängen, daß und warum Geld, Gesetze, Kontrollmöglichkeiten und Interesse fehlen, um die Natur, in der er lebt, mannigfaltig und auch für ihn nutzbar zu erhalten. Ökologie in der Schule kann nicht darauf verzichten, wichtige gesellschaftliche Komponenten mit den biologischen Inhalten zu verbinden. Weder die biologischen Fakten für sich allein, noch die isolierte Kenntnis sozialer Prozesse können dem Schüler ein angemessenes Bild seiner Umwelt vermitteln. Natur- und sozialwissenschaftliche Betrachtungs- und Verfahrensweisen kulminieren in der Analyse ökologischer Problemsituationen.

Ökologie in der Schule ist mithin nicht dasselbe, wie die biologische Universitätsdisziplin. Sie kann auch nicht dem oben genannten Wissenschaftsbereich zugeordnet werden. Deshalb wird hier die folgende Begriffsbeschreibung vorgeschlagen:

— *Ökologieunterricht* untersucht und beschreibt die Existenzbedingungen der Lebewesen in einer zunehmend vom Menschen veränderten Welt, wobei die Schüler zugleich größere Zusammenhänge verstehen lernen und Handlungsorientierungen erhalten, die eine Tendenz zur eigenen Beteiligung fördern.

Eine solche Festlegung ist gleichzeitig ein Programm für die Integrierung der biologischen Ökologie in eine fächerumspannende *Umwelterziehung*, die eine Erziehung in der natürlichen, sozialen und gebauten Umwelt für eine Verbesserung der ökologischen Handlungskompetenz anstrebt. Hierzu sind Konzeptionen zu entwickeln. Unterricht wird in unseren Schulen durch die Organisation in selbständigen Schulfächern mit Fachlehrern und die Festlegung der Inhalte durch staatliche Lehrpläne gesteuert. Änderungen können demnach nur erreicht werden, wenn hier angesetzt wird.

Im Hinblick auf die seit ungefähr 10 Jahren erfolgte Einbeziehung der Öffentlichkeit in die Diskussion um die anthropogene Veränderung der Biosphäre ist das Thema „Umweltschutz" seit etwa 5 Jahren in die Lehrpläne aufgenommen worden. Entsprechend den Schulstrukturen erfolgt das jeweils in den einzelnen Fächern, weitgehend ohne Absprache und großenteils zu verschiedenen Zeitpunkten.

Eine Analyse für die Bundesrepublik hat ergeben, daß die Lehrpläne von mindestens 8 Fächern Aussagen über Umweltprobleme machen. Schwerpunkte liegen bei den Fächern Biologie und Erdkunde. Alle Ansätze gehen von den

jeweiligen fachlichen Gesichtspunkten aus und überlassen den anderen Fächern
die Behandlung eigener Schwerpunkte. So spielen in Biologielehrplänen im
allgemeinen ökonomische, politische oder rechtliche Fragen der Umweltprobleme
ebenso wenig eine Rolle wie in Plänen der Sozialkunde naturwissenschaftliche
Begriffe und Methoden. Es ist nicht verwunderlich, wenn dabei einseitige
Erklärungsmuster und falsche Vorstellungen an die Schüler herangetragen werden.

Mindestens ebenso gravierend ist aber, daß die Schüler von verschiedenen
Seiten mit den gleichen Grundphänomenen konfrontiert und dabei durch kon-
kurrierende Interpretation verwirrt werden. Wenn es als wichtige Aufgabe und
Möglichkeit der Schule gesehen wird, eine ökologisch orientierte Handlungsbe-
reitschaft zu entwicklen, dann ist hier eine Neuorientierung notwendig.

Dafür sehen wir drei Ansatzpunkte:

a. Durch Maßnahmen der Lehreraus- und -fortbildung sollte die Neigung verringert werden, Informationen des eigenen Faches für die wichtigsten zu halten und
diejenigen des anderen Bereichs als ideologisch oder technologisch abzuqualifi-
zieren. Anstelle dessen sollten Umwelt-Probleme in den Mittelpunkt gestellt
und Ursachen und Lösungsmöglichkeiten mehrperspektivisch diskutiert werden.

b. Voraussetzungen für eine Kooperation der Fächer im Bereich der Umwelterziehung sollten durch Koordinierung der Lehrpläne geschaffen werden. Dazu
wären zeitlich begrenzte Freiräume vorzusehen, in denen gleichzeitig in verschiedenen Fächern bestimmte Probleme multidisziplinär bearbeitet werden.

c. Schüler sollen durch eigene Datenerhebung und Anwendung naturwissen-
schaftlich-ökologischer Methoden eigene Erfahrungen in ihrem Wohnbereich
machen. Dadurch müßte erreicht werden, daß ihnen die Bedeutung verständlich
wird, die einerseits die Kenntnis naturwissenschaftlicher Fakten und Zusammenhänge, andererseits die Kenntnis der Strukturen und Mechanismen in den
Gemeinden für die Veränderung von Ökosystemen haben. Hierfür sind brauchbare Unterrichtsmodelle zu entwickeln, da der einzelne Lehrer mit solchen
komplizierten Planungen überfordert ist.

Zum Punkt a., also zur Lehreraus- und -fortbildung sind im IPN einige
Arbeiten durchgeführt und begonnen worden. So hat eine Projektgruppe ein
didaktisches Konzept „Ökologie und Umwelterziehung" entwickelt, in dem
Gründe für eine fächerübergreifende Bearbeitung diskutiert und Strukturierungs-
hilfen für eine Konstruktion solcher Unterrichtseinheiten angeboten werden.
(Eulefeld u.a. 1975). Ein IPN-Seminar über den Problemkreis hat 1975 stattgefunden. Eine Unterrichtseinheit unter Verwendung der Anregungen im didaktischen Konzept wird zur Zeit erarbeitet (Kyburz-Graber 1976). Ein amerika-
nisches didaktisches Konzept für eine Umwelterziehung am Schulort ist
adaptiert worden und wird 1977 veröffentlicht (Menesini/Seybold 1976).
Vorbereitungen laufen zur Organisation eines Hochschullehrerkreises, in dem
eine Konzeption zur interdisziplinären Ausbildung von Lehrerstudenten im
Bereich Umwelterziehung entwickelt werden soll.

Zum Punkt c., also zur Schülerselbsttätigkeit, hat das IPN in einem interdisziplinären Team eine Unterrichtseinheit im Überschneidungsfeld Biologie/
Gemeinschaftskunde ausgearbeitet, in der Schüler befähigt werden, in kleinen
Gruppen die Probleme der Wasserverschmutzung in der eigenen Gemeinde zu
erkunden. Dazu sind in Zusammenarbeit mit dem Institut für Film und Bild

in Wissenschaft und Unterricht, München, mehrere Filme und eine Diaserie
entwickelt worden. Die Schüler wählen nach einer Vorinformationsphase eins
von vier Themen und erhalten dann ein Leitprogramm, das ihnen die notwendigen Hilfen und Informationen für die selbständige Arbeit innerhalb und außerhalb der Schule gibt.

Dabei lernt die Gruppe ein vereinfachtes Saprobiensystem mit Leitorganis-
men kennen, das Aussagen ermöglicht über den Grad der organischen Belastung
und den Mindestsauerstoffgehalt. Eine zweite Gruppe mißt Sauerstoffgehalt und
biochemischen Sauerstoffbedarf zur Bestimmung der organischen Belastung und
einer eventuellen Vergiftung. Eine dritte Gruppe bearbeitet die gesetzlichen
Grundlagen und die Leistungen der Gemeinde für die Sauberhaltung der Gewässer. Die vierte Gruppe untersucht, wodurch in der Gemeinde die Probleme entstehen, wer Verursacher und Betroffener der Belastungen ist (Eulefeld 1974,
Eulefeld u.a. 1976). Die Unterrichtseinheit ist im Herbst 1976 in 20 Klassen der
verschiedenen Schularten in Schleswig-Holstein erprobt worden.

Umwelterziehung ist Erziehung in der Umwelt des Schülers für die bessere
Bewältigung von Umweltproblemen in der Zukunft. Eine Chance, das zukünftige Handeln von Menschen mit Hilfe der Umwelterziehung günstig zu beeinflussen, besteht darin, die Schüler in ihrer eigenen Situation handelnd und
reflektierend Erfahrungen und Kenntnisse sammeln zu lassen, von denen sie
emotional betroffen sind.

B. Ökologie und Umwelterziehung im Studium

GERHARD WEIDEMANN

Die Vorstellungen von der Vermittlung ökologischer Fragestellung und Inhalte
im Schulunterricht, die Herr Eulefeld dargelegt hat, stellen erhebliche Anforderungen an die Ausbildung zukünftiger Lehrer, die in und neben anderen
Fächern auch Ökologie unterrichten sollen.

Meine These ist, daß die Universitäten in der Bundesrepublik nur sehr schlecht
gerüstet sind, diesen Ausbildungsanforderungen nachzukommen. Die Gründe
hierfür sind in der historischen Entwicklung des Ökologiebegriffs und der Ökologie in Deutschland zu suchen, in der Struktur der Universitäten und in ihrem
Wissenschaftsbegriff.

Ich muß vorausschicken, daß ich mich hier auf die Biologie und insbesondere
auf die Zoologie beziehe. In der Geographie, die mit der Landschaftsökologie
ebenfalls an der Ökologieausbildung beteiligt ist, scheinen die Verhältnisse
jedoch ähnlich zu sein, wie das von Leser herausgegebene August-Beiheft der
Geographischen Rundschau ausweist (Leser 1976).

Haeckel hat in seinen verschiedenen Ökologie-Definitionen sowohl von
Ökologie als der Wissenschaft von den Beziehungen des Organismus zu seiner
Umwelt gesprochen (1866), damit eine autökologische Orientierung andeutend,
als auch von der „Oeconomie, von dem Haushalt der tierischen Organismen"
(1869/70). Dies kann als ein synökologischer, auf den gesamten Naturhaushalt
gerichteter Ansatz interpretiert werden. Haeckel selbst sah die Bedeutung der

Ökologie darin, daß ihre Befunde durch die Deszendenztheorie erklärbar sind und erblickt „in dieser Erklärung einen starken Stützpfeiler der Descendenz-Theorie selbst" (1866).

Entsprechend diesem Ansatz wurde Ökologie, von Plate (1922) in seinem Lehrbuch „Allgemeine Zoologie und Abstammungslehre" als „Anpassungslehre" bezeichnet, überwiegend autökologisch betrieben, gewissermaßen als „Faktoren-Ökologie" auf die Ökofaktoren gerichtet, die Anpassung und Speziation bewirken.

Eine auf den Naturhaushalt gerichtete „Ökosystem-Ökologie" wurde von Karl Möbius in Kiel begründet. Im Zusammenhang mit seinen Untersuchungen über „Die Auster und die Austernwirtschaft" (1877) prägte er den Begriff „Biocönose" und wies auf den Systemcharakter solch einer „Lebensgemeinde" hin, ohne freilich diesen Begriff — System — zu benutzen. Bezeichnenderweise ist der Begriff Biozönose zuerst für eine marine Lebensgemeinschaft benutzt worden. Die Orientierung auf das Gesamtsystem war denn auch charakteristisch für die marine und limnische Ökologie. Ich nenne nur die Namen Hensen, Lohmann, Brandt, Thienemann. Innerhalb der deutschen Wissenschafts-Landschaft wirkten diese Männer insofern an der Peripherie, als sie überwiegend nicht hauptamtlich Universitätsinstituten angehörten oder jedenfalls nicht denen, die die Hauptmasse der Biologiestudenten ausbildeten.

Ich möchte nicht versäumen, auf den historisch wichtigen Vortrag Stammer's auf der Tagung der Deutschen Zoologischen Gesellschaft 1938 hinzuweisen, in dem nicht nur auf das Gesamtsystem und sein Funktionieren zielende ökologische Forschung angeregt wurde, sondern eine angemessene Vertretung ökologischer Probleme in den Ausbildungsplänen und schließlich, analog zu den limnologischen und meeresbiologischen Stationen, entsprechende Einrichtungen für die terrestrisch-ökologische Forschung gefordert wurden. Das war 1938, und 1939 begann der 2. Weltkrieg.

Bezeichnend ist, daß dieses im Rahmen der DZG und überwiegend im Hinblick auf zoologische Belange geschah. Dies scheint mir charakteristisch auch noch für den heutigen Zustand zu sein. Ökologie wird, wo sie in den Universitäten vertreten ist, in den Botanischen und Zoologischen Instituten, weiter in mikrobiologischen, bodenkundlichen und geographischen Instituten betrieben. Diese institutionelle Trennung, die noch verstärkt wird durch die traditionelle deutsche Universitätsstruktur mit ihren Instituten und Lehrstühlen und der sich daraus ableitenden Hierarchisierung, verhindert die Entwicklung und Verwirklichung gemeinsamer Ausbildungskonzepte.

Ein weiteres Hindernis für eine Ökosystem-Ökologie ist besonders die in der Biologie weit verbreitete säuberliche Unterscheidung von Grundlagen-Forschung, der sich die Universität widmet, und angewandter Forschung, die in Institutionen außerhalb oder am Rande der Universität betrieben wird (vgl. die Kritik von Peus 1971). Dabei sind gerade wichtige Grundlagen der allgemeinen Ökologie im Zusammenhang mit praktischen Fragen erarbeitet worden: Der Biozönosebegriff aus der Beschäftigung mit Problemen der Austernwirtschaft, die ganze Populationsökologie im Zusammenhang mit Fragen der Schädlingsbekämpfung. Gerade in der Ökologie läßt sich eine Trennung zwischen Grundlagenforschung und angewandter Forschung nicht aufrecht erhalten. Die Frage, etwa nach dem

558

Verhältnis zwischen Diversität und Stabilität in Ökosystemen ist von großem
theoretischen Interesse und zugleich, wegen ihrer möglichen prognostischen
Implikation, von erheblicher praktischer Bedeutung.

Wenn angewandte- und Grundlagen-Forschung in der Ökologie nicht trennbar
sind, wenn ferner die gesellschaftlichen Anforderungen an die Ökologie sich
gerade auf praktische Probleme von allgemeinem Interesse richten, und das sind
Probleme, die das Funktionieren von Ökosystemen und Ökosystemkomplexen
betreffen, dann muß das in der Ökologie-Ausbildung berücksichtigt werden. Das
heißt, daß praktische Fragen den Aufhänger oder Anlaß bilden sollten, für die
Behandlung allgemeiner ökologischer Fragen. In der Tat wird dieser Ansatz
inzwischen verschiedentlich gemacht in der Biologie- und in der Geographie-
Lehrerausbildung z.B. in Oldenburg, Saarbrücken, Basel, Bremen. Häufig tritt
jedoch ein handicap auf, das ich schon andeutete: die Verwirklichung eines
integrierten Konzeptes scheitert daran, daß entweder die Zoologen oder die
Botaniker oder die Geographen nicht mitziehen. Praktische Probleme machen
aber an Frachgrenzen nicht halt, und Ökosystem-Ökologie kann man nicht aus
einer Einzeldisziplin heraus betreiben. Als Alternative möchte ich Ihnen das
Konzept vorstellen, daß wir versuchen in Bremen zu verwirklichen. Auch dieses
Konzept ist Bestandteil der Ausbildung von Diplom-Biologen und Biologie-
Lehrern, versucht jedoch, über den Rahmen der Biologie hinauszugreifen.

Bereits im Pflichtpensum der ersten vier Semester, das aus einer Serie von
Grundkursen besteht, wird auch ein „Grundkurs Ökologie" angeboten. Voraus-
setzung für die Teilnahme hieran ist die vorherige Absolvierung der Kurse
„Mathematik für Biologen" und „Chemie für Biologen" sowie der Grundkurse
„Struktur und Funktion I (Pflanzen)" und „Struktur und Funktion II (Wirbel-
lose)". Grundlagen der allgemeinen Ökologie werden hier anhand einer konkre-
ten Fragestellung erarbeitet. Im vergangenen Semester z.B. an der Frage, wie
Gewässer-Belastungen entstehen und wie sie sich auf die Biozönose auswirken.
Dies geschah sowohl theoretisch als auch praktisch auf Exkursionen und im
Labor. Es fanden hierbei auch die wirtschaftlichen und politischen Implika-
tionen einzelner Befunde und Beziehungen Berücksichtigung.

An diesen Kurs kann sich anschließen die Teilnahme an verschiedenen Veranstaltungen im sog. Wahlpflichtbereich. Es findet hier eine Vertiefung verschiedener Problemkreise statt, die schon im Grundkurs angesprochen wurden:
1. ein Überblick über verschiedene Ökosystem-Typen einschl. einer Einführung in ihre Vegetation und Fauna; wichtige methodische Instrumente sind
hierbei Exkursionen und Bestimmungsübungen;
2. Populations-Ökologie;
3. Öko-Systemanalyse;
4. Natur- und Umweltschutz.
Es soll sich hierbei nicht um jeweils inhaltlich genau umrissene Kurse handeln,
sondern vielmehr um Veranstaltungen wechselnden und unterschiedlichen Inhalts
zu den genannten Problemkreisen, die in regelmäßiger Wiederholung angesprochen werden.

Es besteht ferner die Möglichkeit, direkt in ein schwerpunktmäßig ökologisch
orientiertes Projekt einzusteigen. Zwei solcher Projekte, die sowohl längerfristige
Forschungsvorhaben darstellen als auch Bestandteile des Ausbildungsangebotes

sind, laufen zur Zeit: das eine ist limnologisch orientiert und beschäftigt sich mit Problemen der Weser-Verschmutzung mit dem Ziel, Modelle für Prognosezwecke zu entwickeln. Ziel des anderen ist es, ökologisch begründete Empfehlungen für die Rekultivierung von großen Mülldeponien zu erarbeiten. Im Rahmen dieser in der Regel interdisziplinären Projekte werden — vom Biologiestudenten aus gesehen — sowohl fachspezifische als auch fachübergreifende Themen behandelt, z.B. ökonomische, politische aber auch didaktische Fragen, die im Zusammenhang mit dem jeweiligen Problemkreis stehen. In der Auseinandersetzung mit diesen Fragen soll deutlich werden, daß Ökologie auch andere als biologische Dimensionen hat. Hier besteht schon oder wird angestrebt (unser Studiengang ist noch im Aufbau) Kooperation mit Physikern, Chemikern, Mikrobiologen, Mathematikern, Juristen, Ökonomen sowie verschiedenen Behörden des Landes Bremen.

Es ist klar, daß im Rahmen eines Lehrerstudiums nicht alle Aspekte in all ihrer Differenziertheit erarbeitet werden können, aber es besteht doch die Möglichkeit und auch Notwendigkeit, sich mit einigen mehr auseinanderzusetzen als eine bloße Zurkenntnisnahme ihrer Existenz bedeutet. Wesentlich ist dabei, daß dies nicht jeweils isoliert geschieht, sondern im Zusammenhang mit der Bearbeitung eines konkreten Problems.

Literatur

Berninger, O. (1973): Die Landschaft und ihre Gliederung. In: Buchwald/Engelhardt.

Buchwald, K. & W. Engelhardt, (1973): Landschaftspflege und Naturschutz in der Praxis. München, Bern, Wien.

Ellenberg, H. (1972): Ökologische Forschung und Erziehung als gemeinsame Aufgabe. *Umschau* 72: 53—54.

Eulefeld, G. (1973): Der Ökologie-Begriff. Unveröff. Arbeitspapier. Kiel, IPN.

Eulefeld, G. (1974): Schülerexperimente zum Sauerstoffhaushalt der Gewässer im Rahmen eines prozeßorientierten Curriculums. In: Müller (1974b), S. 307—314.

Eulefeld, G., K. Frey., H. Haft, W. Isensee, J. Lehmann, B. Maassen, B. Marquardt & K. Schilke, (1975): Didaktisches Konzept Ökologie. Unveröff. Polykopie. Kiel, IPN.

Eulefeld, G., J. Bloch, D. Bolscho, W. Bürger & K.H. Horn, (1976): Probleme der Wasserverschmutzung. Unterrichtseinheit für die 9.—10. Klassenstufe. 1. Erprobungsfassung. Kiel, IPN.

Friederichs, K. (1957): Der Gegenstand der Ökologie. *Studium generale* 10: 112—144.

Graul, E.H. (Hrsg.) (1974): Die menschlichen Lebensbedingungen. Mensch und Umwelt. Medizinische Environtologie I. Lövenich.

Haeckel, E. (1866): Generelle Morphologie der Organismen Bd. 2. Berlin.

Haeckel, E. (1870): Über Entwicklung und Aufgabe der Zoologie. Rede, gehalten zum Eintritt in die philosophische Facultät zu Jena am 12. Januar 1869. *Jenaische Z. Med. Naturw.* 5: 352—370.

Hawley, A.H. (1972): Human Ecology, In: Sills, D.L. (Hrsg.): International Encyclopaedia of the Social Science. New York/London, Bd. IV, 328—337.

Illies, J. (1973): Die Umwelt der Tiere. In: Illies/Clausewitz (Hrsg.): Grzimeks Buch der Ökologie. Zürich.

Knötig, H. (1972): Bemerkungen zum Begriff Humanökologie. *Humanökologische Blätter:* 3—140.

Krebs, C.J. (1972): Ecology. New York, Evanston, San Franzisko, London.

Kühnelt, W. (1970): Grundriß der Ökologie. Stuttgart.

Kyburz-Graber, R. (1976): Die Wälder gehen dem Menschen voraus, die Wüsten folgen ihm. Entwurf einer Unterrichtseinheit. Unveröff. Zürich/Kiel, IPN.

Leser, H. (1976): Landschaftsökologie als hochschuldidaktischer Gegenstand. *Beih. geogr. Rdsch.* 3/1976: 1—5.

McHale, J. (1974): Der ökologische Kontext. Frankfurt a.M. (Original: The ecological context, 1970).

Menesini, M., H. Seybold, (1976): Umweltschutz in der Schule. Konzeption und praxisorientierte Anregungen für einen fächerübergreifenden Unterricht. In Vorbereitung.

Möbius, K. (1877): Die Auster und die Austernwirtschaft. Berlin.

Müller, P. (1974a): Was ist Ökologie? *Das Gartenamt* 11: 634—637.

Müller, P. (Hrsg.) (1974b): Verhandlungen der Gesellschaft für Ökologie Saarbrücken 1973. The Hague.

Peus, F. (1971): Ist der Begriff „Angewandte Wissenschaft" haltbar? *Mitt. entomol. Ges. BRD (Mitt. dtsch. entomol. Ges.)* 30: 52—54.

Plate, L. (1922): Allgemeine Zoologie und Abstammungslehre. I. Teil — Jena, 1922.

Savigny, E.v. (1970): Grundkurs im wissenschaftlichen Definieren. München.

Schwabe, G.H. (1972): Die Rolle des Menschen — Anmerkungen zu einer kritisch angewandten Ökologie. In: Steubing/Kunze/Jäger.

Schwerdtfeger, F. (1963): Ökologie der Tiere. Autökologie. Hamburg, Berlin.

Stammer, H.J. (1938): Ziele und Aufgaben tiergeographisch-ökologischer Untersuchungen in Deutschland. *Verh. DZG Gießen* 1938, *Zool. Anz. Suppl.* 11: 91—119.

Steubing, L., G. Kunze & J. Jäger, (Hrsg.) (1972): Belastung und Belastbarkeit von Ökosystemen. Augsburg.

Steward, J.H. (1972): Cultural Ecology. In: Sills, D.J. (Hrsg.): International Encyclopaedia of the Social Science. New York/London, Bd. IV, S. 337—344.

Thienemann, A.F. (1956): Leben und Umwelt. Hamburg.

Tischler, W. (1965): Agrarökologie. Jena.

Anschriften der Verfasser:

StD. Günter Eulefeld, IPN — Institut für die Pädagogik der Naturwissenschaften an der Universität Kiel. Ohlshausenstraße 40—60, D-2300 Kiel.
Prof. Dr. Gerhard Weidemann, Universität Bremen, Studienbereich 3, (Biologie/Chemie), Achterstr. NW 2, Postfach 330 440, D-2800 Bremen.

DAS WECHSELSPIEL VON BEOBACHTUNG, FRAGESTELLUNG UND FOLGERUNG: ZUR DIDAKTIK UND METHODIK BOTANISCHER EXKURSIONEN

O. WILMANNS

Abstract

Today it is necessary to promote the basic knowledge of the ecological connections in the direct environment of the students and their ability to put it into practice. One way towards this aim is a more intensive training during botanical excursions in the following sense: 1. Activation of the students' capacity to observe, to combine and to draw conclusions from the observed facts and theoretical background information; 2. elucidation of ecological and historical connections; 3. emphasis on connections with other disciplines. This is demonstrated by some situations during excursions and a list of concrete examples for general problems.

Seit mindestens 10–20 Jahren ist zu beobachten, daß unsere angehenden Biologen — von Ausnahmen abgesehen — ein äußerst fragmentarisches Grundwissen über Pflanzen und Tiere ihrer Heimat besitzen und ihre Beziehung zur freien Natur sich nicht von der des Laien unterscheidet, d.h. sich allenfalls auf ästhetisches Wohlgefallen beschränkt. Dies ist längst bekannt; — beklagt aber wird es — wiederum von Ausnahmen abgesehen — erst seit wenigen Jahren. Heute ist man jedenfalls nicht mehr gesonnen, es hinzunehmen, daß ein Staatsexamenskandidat mit Hauptfach Biologie zwar spontan auf einem Bild einen Darwinfinken erkennt und zu benennen weiß, nicht aber Kohlmeise, Bläßhuhn oder Grille. Ein entscheidender Grund, ja wohl der Auslöser des Wandels ist die Umweltproblematik, die gerade zu dem Zeitpunkt ins öffentliche Bewußtsein rückte, als die Faszination der Molekularbiologie nachzulassen begann und das durch sie so ungeheuer erweiterte neue Weltbild zum Allgemeingut wurde.

Was also tun? Eine Förderung rein theoretischer umweltbezogener Kenntnisse, etwa im Lehrplan der Oberstufe und an der Universität, ist gewiß gut und notwendig; aber es ist doch deutlich, daß hierbei ein wesentlicher Punkt fehlt: die unmittelbare Beziehung zum Organismus und zur Lebensgemeinschaft im Freiland, zum ganz konkreten Fall und damit auch zum praxisnahen ökologischen Denken. Das Prinzip der Nahrungskette zu kennen, um ein Beispiel zu geben, ist gewiß wesentlich und auch leicht erreichbar. Im konkreten Einzelfall aber kann es heißen: „Wo haben jene roten, acht-beinigen, saugenden Tierchen an unserm Apfelbaum ihren Platz darin? Wer frißt sie? Warum haben sie überhandgenommen und sind zum Schädling geworden? "

Einen Weg — unter anderen — hier allmählich Wandel zu schaffen, bietet die klassische Lehrveranstaltung der Exkursion. Das heißt allerdings nicht, daß sie einfach in der tradierten Weise, d.h. mit dem Hauptziel der Rezipierung floris-

tischen Wissens, nur allenfalls mit höherer Stundenzahl und schärferem Abprüfen
des Stoffes, durchgeführt werden sollte. Vielmehr scheinen mir zwei Dinge notwendig: Es sind 1. größere geistige Aktivität der Lernenden und 2. stärkere Ver-
deutlichung der ökologischen und historischen Zusammenhänge und der Beziehungen zu andern Fachrichtungen. Gerade der Wunsch vieler Studenten nach
gründlichen Kenntnissen in der Freilandbiologie hat aber auch das alte Problem
erneut aufgeworfen: „Wie werden wir der Fülle Herr? Wo finden wir einen Ariad-
nefaden?" oder vom Lehrer aus formuliert: „Wie überwinden wir die anfängliche
Entmutigung, und wie bringen wir den Lernenden so weit, daß er sich hinfort
selbständig weiterhelfen kann? Wie lernt er, seine belebte Umgebung als jeweils
spezifisches Beziehungsgefüge zu erkennen, als historisch gewordenes Öko-Sys-
tem?" Dabei darf man eines nicht übersehen: Es handelt sich hierbei nicht um
bisher ganz unbekannte gedankliche Ansätze oder um uns bisher unzugängliche
Dimensionen (wie bei dem wissenschaftlichen Neuland der Molekularbiologie
und der submikroskopischen Zellstrukturforschung); vielmehr befinden wir uns
gleichsam in der Situation des Goethe'schen Schauspieldirektors, der da fragend
ausruft:

„Wie machen wir's, daß alles frisch und neu
und mit Bedeutung auch gefällig sei?"

Es handelt sich also um ein didaktisch-methodisches Problem, zu welchem ich
einen kleinen Beitrag leisten möchte, dies auf Grund persönlicher Erfahrung als
Lernende wie auch als Lehrende.

Drei — einander nicht ausschließende, sondern ergänzende — Möglichkeiten
seien vorweg theoretisch formuliert und später an Exkursionssituationen veranschaulicht:
1. Die Exkursion wird ausdrücklich unter ein bestimmtes Generalthema gestellt
(oder unter einige wenige solcher Arbeitsziele). (Hierzu vergleiche man das anre-
gende Buch von M. MOOR: Vegetationskunde der Umgebung von Basel, 1962.)
2. Man ordnet möglichst viele Details jeweils in ein umfassendes theoretisches
Gerüst, in ein bekanntes Begriffssystem ein.
3. Es wird die Fähigkeit zu Beobachtung und selbständigem Schlußfolgern
gefördert. (Übrigens: Die eine Teilwahrheit enthaltende und ein wenig abwer-
tende Behauptung „Man sieht nur, was man weiß" hat hier keinen Platz; schon
die Tatsache, daß ein Lernender *wieder*entdeckt, was ihm zuvor theoretisch vermittelt worden war, ist nicht selbstverständlich.)

Für das konkrete Vorgehen ist natürlich jeweils der vorhandene Kenntnisstand ausschlaggebend; er macht eine stufenspezifische Differenzierung notwendig. Auch sind geowissenschaftliche Grundkenntnisse unabdingbar, wenn Analyse
und Synthese, Induktion und Deduktion bewältigt werden sollen.

Einige Beispiele für Exkursionsarbeit im Gelände (A) sollen das Gesagte
illustrieren. Diese Reihe möge gewiß nicht als Muster einer bestimmten Exkursion
aufgefaßt werden; vielmehr sind es einzelne Passagen, die in den üblichen, mor-
phologisch-floristisch ausgerichteten Ablauf eingeschaltet werden können. Es
bedarf kaum der Erwähnung, daß ein Frage — Antwort — Spiel auch nie in
solcher „Glätte" vonstatten geht. Fragen können sowohl vom Lehrenden wie

von den Schülern oder Studenten stammen; die Antwort wird nicht immer in
der erwarteten Weise erfolgen. Vorgestellt werden vielmehr Idealfälle, welche die
methodische Zielrichtung verdeutlichen sollen. — Als Gebiet wurde der für
meine Universität Freiburg in doppeltem Sinne naheliegende Kaiserstuhl gewählt.
Diese Zusammenstellung (A) erwies sich als derart umfangreich, daß ich hier auf
eine exemplarische Behandlung anderer Gebiete verzichten muß und daß über-
dies der knappe mündliche Bericht nur als Erläuterung für das ausführlicher
schriftlich Dargestellte dienen kann. Anschließend soll der Versuch gewagt werden, eine — sicher nicht vollständige und mehr zur Anregung bestimmte — Übersicht (B) zu geben über ökologische Prinzipien und Problemkreise, zu denen man
auf Exkursionen Einzelfälle ableiten kann; oder umgekehrt: Beobachtbares, das
im theoretischen Unterricht als Erlebnis aus eigener Anschauung und damit
lebendiges Beispiel dienen kann.

A. Beispiel Kaiserstuhl

Im Voraus gebotene Charakteristik: kollin-submontanes Gebiet (200—557 m
NN); Klimadaten für Oberrotweil im langjähr. Mittel: 9,9°C Jahresmitteltem-
peratur, 682 mm Niederschlag, 50,3 Sommertage, 77,7 Frosttage (vgl. mit
andern Gebieten!). Ausgeprägtes Relief über meist vulkanitischem Untergrund
mit Lößmantel. Knapp zur Hälfte Rebgelände; berühmte Trespenrasen; mannigfache Wälder, davon wenig Staatswald. Reich an submediterranen und kontinen-
talen Pflanzen- und Tierarten. (Hinweis: Abschnitt I bis III beziehen sich auf die
Gesichtspunkte: Überblick — Rebgelände — Wälder. Ein Abschnitt über Trespenrasen wurde aus Platzgründen ausgespart. Pfeile bezeichnen die anzustrebende
Dialogrichtung.)

I. Überblick (an Aussichtspunkt; dabei soll jedenfalls eine geologische Karte verfügbar sein; günstig ist auch eine Vegetations- und Schutzgebietskarte)

Ausgangsbeobachtung bzw. mitgeteilte, u.U. bekannte *Tatsache*	daraus hergeleitete *Frage* bzw. lenkende Zusatzfrage	*Antwort* entw. aus weiterer Beobachtung und/oder als (deduktive) *Folgerung* und/oder als (Arbeits-) *Hypothese*	*Generalisierung,* Hinweis auf verwandte Sachgebiete

---

Das Gebiet ist reich an wissenschaftlich wertvollen und beliebten seltenen Arten und Gesellschaften ⟶ Welche Gründe gibt es dafür? ⟶ Für Mitteleuropa ungewöhnliche Standortsbedingungen; dies kann klimatisch und/oder edaphisch (geologisch) und/oder durch die Bewirtschaftung begründet sein. Vermutlich Xerothermie der Standorte ausgeprägt.

In der Tat zeichnen sich die entsprechenden Standorte meist durch ungewöhnliche Wärme u. Trockenheit aus; 4 der 5 Naturschutzgebiete (vgl. Karte) liegen an steilen S-bis W-Hängen im zentralen od. westl. Teil des Gebirges. ⟶ Wie erklärt sich die Xerothermie als ökologische Eigenart des Kaiserstuhls? ⟶

a) Regenschatten der Vogesen im W; *infolge Aufstieg von Luftmassen* am Schwarzwaldrand im O ist Zunahme des Niederschlags gegen O zu erwarten;

b) geringe Meereshöhe, freier Zutritt von SW-Winden durch Burgundische Pforte haben zur Folge milde Winter und warme Sommer;

c) steiles Relief inf. harter Gesteine im Untergrund; daher kleiner Einstrahl. winkel an S-Hängen (Cosinus-Ges.); ·

d) folgl. hohe Erwärmung; Steilheit hat Flachgründigkeit zur

Einfluß des Reliefs auf das Mikroklima

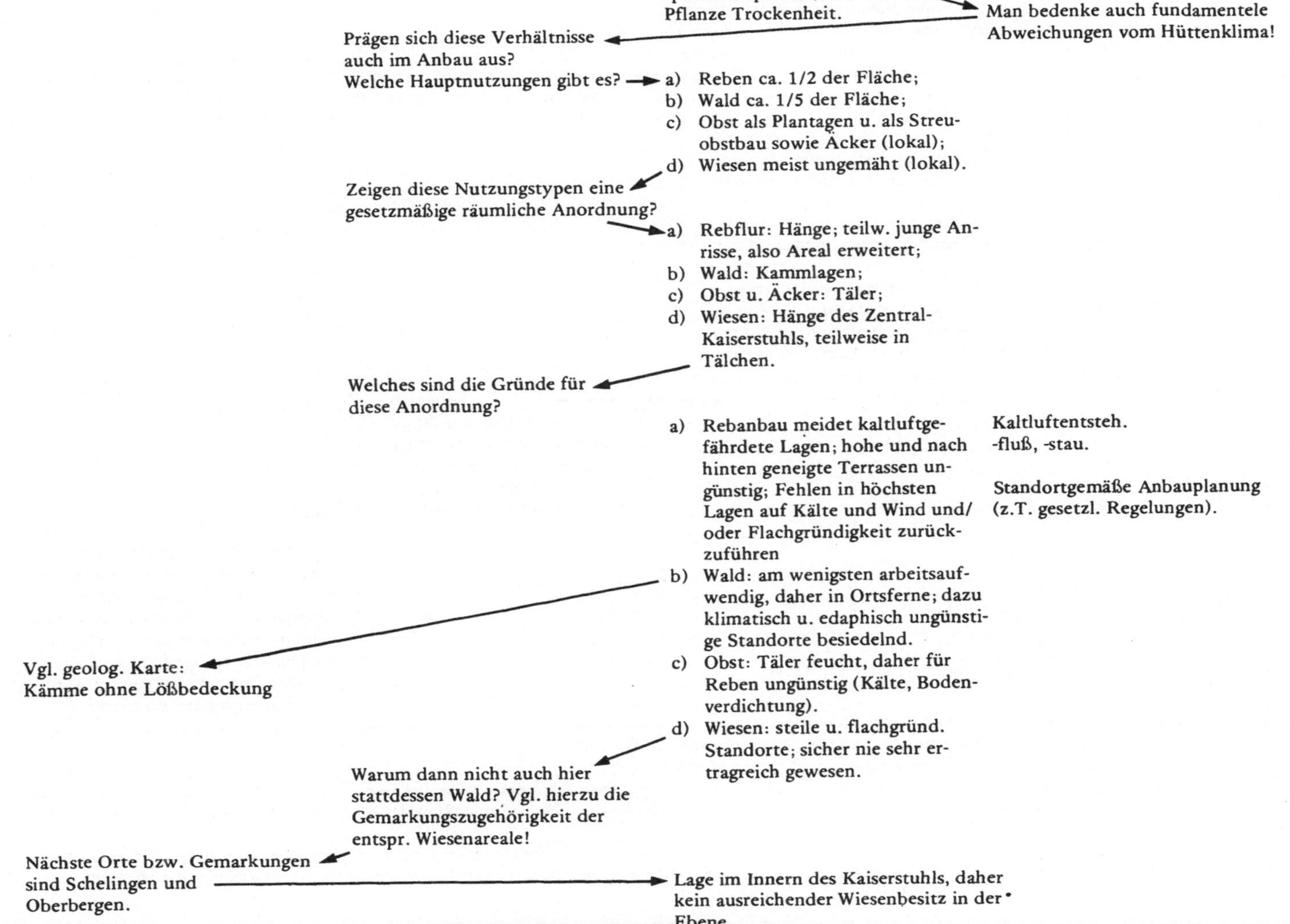

speicherkapazität, dies für die Pflanze Trockenheit.

Man bedenke auch fundamentele Abweichungen vom Hüttenklima!

Prägen sich diese Verhältnisse auch im Anbau aus?
Welche Hauptnutzungen gibt es?

a) Reben ca. 1/2 der Fläche;
b) Wald ca. 1/5 der Fläche;
c) Obst als Plantagen u. als Streuobstbau sowie Acker (lokal);
d) Wiesen meist ungemäht (lokal).

Zeigen diese Nutzungstypen eine gesetzmäßige räumliche Anordnung?

a) Rebflur: Hänge; teilw. junge Anrisse, also Areal erweitert;
b) Wald: Kammlagen;
c) Obst u. Äcker: Täler;
d) Wiesen: Hänge des Zentral-Kaiserstuhls, teilweise in Tälchen.

Welches sind die Gründe für diese Anordnung?

a) Rebanbau meidet kaltluftgefährdete Lagen; hohe und nach hinten geneigte Terrassen ungünstig; Fehlen in höchsten Lagen auf Kälte und Wind und/ oder Flachgründigkeit zurückzuführen
b) Wald: am wenigsten arbeitsaufwendig, daher in Ortsferne; dazu klimatisch u. edaphisch ungünstige Standorte besiedelnd.
c) Obst: Täler feucht, daher für Reben ungünstig (Kälte, Bodenverdichtung).
d) Wiesen: steile u. flachgründ. Standorte; sicher nie sehr ertragreich gewesen.

Kaltluftentsteh. -fluß, -stau.

Standortgemäße Anbauplanung (z.T. gesetzl. Regelungen).

Vgl. geolog. Karte: Kämme ohne Lößbedeckung

Warum dann nicht auch hier stattdessen Wald? Vgl. hierzu die Gemarkungszugehörigkeit der entspr. Wiesenareale!

Nächste Orte bzw. Gemarkungen sind Schelingen und Oberbergen.

Lage im Innern des Kaiserstuhls, daher kein ausreichender Wiesenbesitz in der Ebene.

II. Pflanzengesellschaften im Rebgelände: Eigentliche Rebflächen und ihre Unkräuter; die Besprechung des Böschungsbewuchses und des Vegetationsmosaiks der Hohlwege ist lohnend, doch muß an dieser Stelle auf sie verzichtet werden.

| *Ausgangsbeobachtung* bzw. mitgeteilte, u.U. bekannte *Tatsache* | *daraus hergeleitete Frage* bzw. lenkende Zusatzfrage | *Antwort* entw. aus weiterer *Beobachtung* und/oder als (deduktive) *Folgerung* und/oder als (Arbeits-) *Hypothese* | *Generalisierung* Hinweis auf verwandte Sachgebiete |

Die Stammform der Kulturrebe, Vitis sylvestris, ist eine Kletterpflanze des Mantels von Auwäldern. Ihre Eigenschaften bestimmen die Methoden des Rebbaus: Erziehung an Drähten, Schnitt auf guten Lichtgenuß, häufige, aber oberflächliche Bodenlockerung, gute Düngung.

a) Welche Lianen-Eigenschaften sind zu beobachten?

b) Weshalb wird nur bis etwa 10 cm tief gehackt und gepflügt bei reichlicher Düngung?

a) Ranken, die sich nach Stellung als Sprosshomologe erweisen; weitlumige Tracheen, notwendig für ausreichende Wasserleitung, da nur geringer Holzquerschnitt zur Festigung nötig ist.

b) Entsprechende Auwaldböden sind gut durchlüftet und nährstoffreich. Ein Teil des Wurzelsystems tiefgehend, ein Teil oberflächlich in etwa 15 cm ergrabbar.

Homologiebegriff; andere Klettermodi

Wasserleitung im Sproß.

Welchen Sinn mag der recht große Zeilenabstand von 1,50 oder 1,80 m haben?

Ausreichender Arbeitsraum für Maschinen — Durchlichtung — Windzug bewirkt rascheres Abtrocknen nasser Blätter u. verringert dadurch Pilzgefahr.

Zuweilen findet man Zwischen-
saat von Raps oder Senf. ——→ Wozu dient diese? ———→ Vorteile: Humuszufuhr
Bodenaufschluß
Bodenschutz
Unkrautbekämpfung
entfällt.
Nachteile:hoher Wasserverbrauch
der Unterfrucht
keine maschinelle Boden-
lockerung möglich.

Wirkung von Pflanzenwuchs auf
den Boden.

Man findet eine Reihe von Unkraut-
arten, die von Äckern, insbes. Hack-
fruchtäckern, bekannt sind; dazu
einige rebspezifische.
Zur ersten Gruppe gehören Stellaria media, Lamium purpureum u.
Convolvulus arvensis; zur zweiten
Allium vineale, Muscari racemo-
sum, Ornithogalum spec.

(Von Fortgeschrittenen kann
aufgrund früherer Beobachtung
oder Lehre eine Aufzählung
solcher Arten erwartet werden.)

Wodurch kann diese Artenkombination bestimmt sein? Welche
Standorts- und Bewirtschaftungs-
eigenarten zeichen den Rebberg
aus? ———————→ Entscheidene und für die einzelnen
Arten in verschiedenem Maße wirk-
same Faktoren sind diskutabel:
gute Düngung — hohe Temperaturen
der Luft und des Bodens — häufiges
Hacken im Sommer (,,Rühren'') —
Reben als Dauerkultur, d.h. nur
etwa alle 20 Jahre tiefgehende Bodenbearbeitung.

Bestimmend für die Rebspezifität
höchstwahrscheinlich die Bewirtschaftung. ———————→ Läßt sich eine morphologische
oder physiologische Eigenschaft
der genannten Arten finden, die
dies zu erklären erlaubt?
Hinweis auf Vermehrungsweise und
Vegetationsperiode; Studium der
unterirdischen Organe.

570

Man sieht im Frühling einzelne ungepflügte Parzellen mit fußhohen Decken von Vogelmiere. →

Könnte dies einem bestimmten Zweck dienen? →

Die unspezifischen Unkräuter sind entweder kurzlebige Therophyten oder (regenerationsfähige) Dauerunkräuter, die spezifischen jedoch Geophyten, die im März/April blühen und deren Zwiebeln in 5—10—20 cm Tiefe liegen bzw. sich dort einregulieren. Durch Hacken auch Ausbreitung von Tochterzwiebeln.

Ausbreitungsstrategien von Pflanzen.

Erhaltung gegen oberflächliche, unproduktive Wasserverluste, gegen Verkrustung und Erosion, bei Mulchen Humuslieferung (früher als Futter gemäht).

Das allgemeine Problem: Unkraut oder Wildkraut?

III. Wälder

Ausgangsbeobachtung bzw. mitgeteilte, u.U. bekannte *Tatsache* →

daraus hergeleitete *Frage* bzw. lenkende Zusatzfrage →

Antwort entw. aus weiterer *Beobachtung* und/oder als (deduktive) *Folgerung* und/oder als (Arbeits-) *Hypothese*

Generalisierung Hinweis auf verwandte Sachgebiete

Man beobachtet bei geschickter Routenführung abwechslungsreiche Waldbilder.

Woran kann das liegen?

Es könnte
a) auf Holzartenzahl, die auf raschen Standortwechsel weist, und/oder
b) auf versch. Struktur der Wälder beruhen, die durch verschiedenartige Bewirtschaftung u. versch. Alter zustandekommt.

Anweisung: Um dies zu klären, muß eine

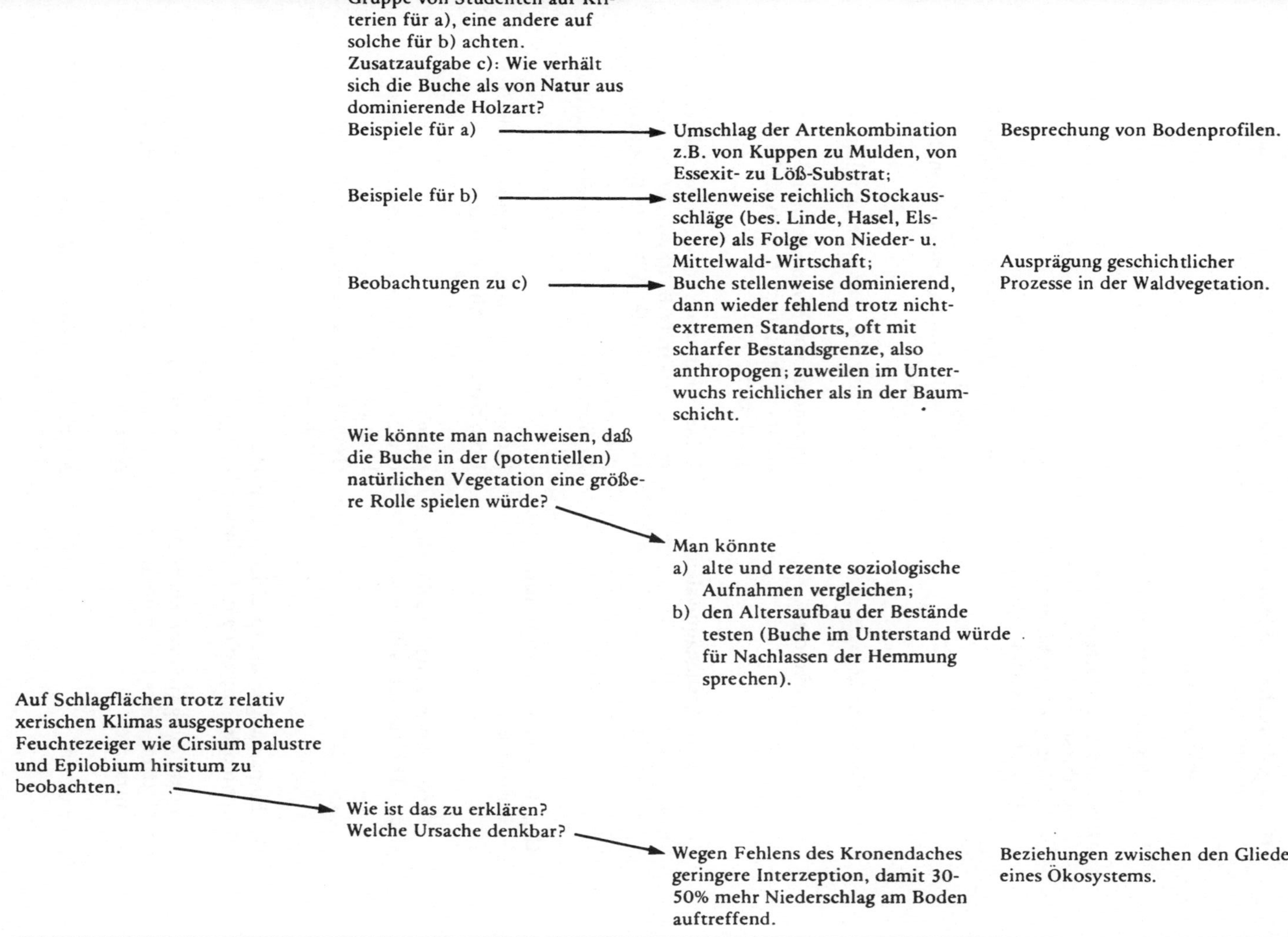

Gruppe von Studenten auf Kriterien für a), eine andere auf
solche für b) achten.
Zusatzaufgabe c): Wie verhält
sich die Buche als von Natur aus
dominierende Holzart?

Beispiele für a) ⟶ Umschlag der Artenkombination z.B. von Kuppen zu Mulden, von Essexit- zu Löß-Substrat;

Besprechung von Bodenprofilen.

Beispiele für b) ⟶ stellenweise reichlich Stockaus-schläge (bes. Linde, Hasel, Els-beere) als Folge von Nieder- u. Mittelwald- Wirtschaft;

Beobachtungen zu c) ⟶ Buche stellenweise dominierend, dann wieder fehlend trotz nicht-extremen Standorts, oft mit scharfer Bestandsgrenze, also anthropogen; zuweilen im Unter-wuchs reichlicher als in der Baum-schicht.

Ausprägung geschichtlicher Prozesse in der Waldvegetation.

Wie könnte man nachweisen, daß die Buche in der (potentiellen) natürlichen Vegetation eine größe-re Rolle spielen würde?

Man könnte
a) alte und rezente soziologische Aufnahmen vergleichen;
b) den Altersaufbau der Bestände testen (Buche im Unterstand würde für Nachlassen der Hemmung sprechen).

Auf Schlagflächen trotz relativ xerischen Klimas ausgesprochene Feuchtezeiger wie Cirsium palustre und Epilobium hirsitum zu beobachten.

Wie ist das zu erklären? Welche Ursache denkbar?

Wegen Fehlens des Kronendaches geringere Interzeption, damit 30-50% mehr Niederschlag am Boden auftreffend.

Beziehungen zwischen den Gliedern eines Ökosystems.

571

B. Begriffsfelder und jeweilige auf Exkursionen zu behandelnde Beispiele
(zu andern Wissensbereichen hinführend)

Allgemeine Begriffe   *Beispiele*

I. Ökologische Beziehungen von Organismen untereinander

Miteinander von Oraganismen:
   Symbiose im engeren Sinne,   Flechten (Bau, Extremstandorte)
   Abhängigkeitsverbindungen von   Epiphytismus
   Pflanzen untereinander   Kletterpflanzen (Morphologie)
                                         Mikroklima im Walde (Mikroklimato-
                                             logie)
                                         Stickstoffsammler und Nitrophyten
                                         (Ackerbau)

   Bestäubungsökologie   allüberall zahlr. Beispiele (Zoologie)

   Ausbreitungsökologie   Dominanz von Myrmekochorie oder Or-
                                         nithochorie in best. Gesellschaften (Mor-
                                         phologie)

   Vikarianz, Stellenäquivalenz   Höhenvikarianten (z.B. Senecio-Arten);
                                         edaph. Vikar. (z.B. Rhododendron-Ar-
                                         ten); Wasserstufen-Vikar. (z.B. Ranun-
                                         culus-Arten)
                                         Arrhenatherum — Trisetum-Stellenäquiv.

Gegeneinander von Organismen:
   Konkurrenz   Pteridium-Herden u.ä. als Forstunkraut;
                                         Dominanz von Allium ursinum

   Parasitismus, Schädlingsbefall,   Gallen
   1. Thienemann'sche Regel   charakteristische Schadbilder (z.B. Post-
                                         hornwickler)
                                         (Nahrungskette, Biolog. Schädlings-
                                         bekämpfung)

II. Einpassung in die spezifische Umwelt, Anpassung an den Standort
(Morphologie, Physiologie, Evolutionsbiologie)

Nischenbildung (i.S. von neuer Art   Wasserpflanzen als solche (Ableitung der
der Nutzung eines bestimmten   von Luft abweichenden Standortsquali-
Lebensraums)   täten des Wassers)

Lebensform   Abstufung an Grenze Wald-Freiland;
                                             Unkraut-Strategien

Aufpassung in verschiedene
Rhythmen

Blütezeiten in Mähwiese;
Blütezeit der Krautschicht in Laubwäldern

Besiedlung von Extremstandorten,
2. Thienemann'sche Regel

Schutthalde, Mauerfuge, Hochmoor o.ä.

Konstitutionelle und plasmatische
Resistenz
Ökologische Amplitude (ök. Valenz)

Xerophyten verschiedenster Art

weit: z.B. Calluna vulgaris, Pinus sylv.
eng: z.B. Quellflurarten, Erica tetralix

Indikatorart (Zeigerpflanze)

Bartflechten; Salzpflanzen; Kalkzeiger
usf.

III. Die Beziehungen ↗Gestein↘
Pflanze ⟷ Boden
(zahlreiche Ansätze für einfache Messungen u. Faktorenanalysen)
(Geologie, Geomorphologie, Pedologie)

Pflanzen und Gesteinsbildung

Kalktuffbildung, Kalkalgenbänke
Moor- und Torfentstehung (Kohle)
(mit Tieren: Sapropel, Erdöl)

Pflanzen und Bodenbildung

Streu- u. Humusproduktion
Sprengung von Gestein durch Wurzel-
wachstum
chemische Verwitterung durch Säure-
produktion (z.B. endolith. Kalkflechten
Kaolinisierung von Feldspat durch
Flechten)

Bedeutung des Bodens für die
Pflanze
als Substrat zur Verankerung

Flach- u. Tiefwurzler (Sturmschaden)
Fels- und Sandwatt
Lebendbau an Böschungen

als Ionen-Lieferant

Pflanze als Glied im Ionenkreislauf
(Trop. Regenwald)
Rohhumus- bzw. Mull-Bildung
Humusgehalt in Acker, Wiese, Wald,
Nieder- u. Hochmoor
Mykorrhiza, Stickstoffbindung
Vegetationsgrenzen zwischen Kalk- und
Silikatgestein
Salzschäden in Städten

als Wasserspeicher

Gründigkeit und Steingehalt verschiedener
Standorte, u.a. Schutt- und Spalten-
standorte
Nutzung verschiedener Stockwerke durch
versch. Wurzeltiefen
Sand-, Lehm- u. Tonböden
Beobachtung von Trockenschäden
Produktionsintensität pro Flächeneinheit
(Beregnung)
Grundwasserabhängigkeit von Auwäld.,
Wiesen auf Gleyböden
Entwässerungsfolgen

als Sauerstoff-Lieferant für
Wurzeln

Stauhorizonte
Durchwurzelungsintensität d. Horizonte
Aerenchym bei Sumpfpflanzen (biochem.
Anpassung)

als Nahrung für Heterotrophe

Pilzmycel
belebte Streu, Bodentiere
Zersetzung von Stümpfen

IV. Die Beziehungen Pflanze ↔ Klima
(zahlreiche Gelegenheiten zu einfachen Messungen und Faktorenanalysen)
(Mikroklimatologie)

Strahlungshaushalt

Expositionsabhängige Vegetation an
Hängen
Dauer der Schneedecke, Schutz und Ver-
kürzung der Vegetationsperiode, Schnee-
tälchen
Schneedruck, Lawinenbahnen, L.-verbau
Kaltluftgefährdung, Frostschadenbeo-
bachtung (Walnuß, Reben, Kartoffeln)
Ungleiche Erhitzung der Substrate (Torf
— Gestein — Bult — Schlenke)
Frosttrocknis
Licht als limitierender Faktor im Wald,
in Höhlen (Profil)
Anpassung an geringen Lichtgenuß, Lia-
nen
Licht- und Schattholzarten und ihre
Konkurrenzfähigkeit

Atmosphärischer Wasserhaushalt	Austrocknungsgeschwindigkeit bei Moosen
	Epiphytenbewuchs
	Transpirationshemmung: Xeromorphe gegen Hygromorphe (Hochstauden)
	Sukkulente (Morph., Biochemie)
Wind	Windformen, Weiser für Hauptwindrichtung
	„Windecken"-Vegetation
Luftverunreinigung u. andere Immissionen	„Flechtenwüste" in Städten, Kryptogamen um Emittenten
	Staubschutzgehölze
	Salzgischt am Meer
	Lärmschutz durch Gehölze

V. Die räumliche Verteilung von Pflanzengesellschaften
(Vegetationsprofile, Veg. karten; zur Kausalität s. III und IV)

Zonation	Uferzonen von Seen; Dünengürtel und ihre edaphische Bedingtheit
Höhenstufung	Veget. stufen im Gebirge u. ihre klimatische Bedingtheit
Mosaikbildung	Überflutungsabhängige Komplexe in Flußauen
Landschaftscharakteristische Komplexe	Wirtschaftsbedingte Komplexe homologer Gesellschaften
	Sandheide-Landschaft, Eichen-Hainbuchenwald-Landschaft
Vegetationsgrenzen	Allmählich, kontinuierlich, naturnah: Wald — Mantel — Saum;
	abrupt, scharf, anthropogen: Parzellen- und Nutzungsgrenzen
	Waldgrenztypen: mit einzelnen Bäumen, mit geschlossener Krüppelzone; ihre Kausalität

VI. Die zeitliche Änderung von Pflanzengesellschaften
(Sukzessionsforschung und Vegetationsgeschichte)

Pionierpflanzen

Erstbesiedlung von Baggerseen,
von Böschungen (Ausbreitungsökologie)

Sukzessionen und ihre Stadien

Sozialbrache verschiedenen Alters auf
Äckern, Wiesen, Weiden; Änderung des
Lebensformspektrums

Natürliche (aktuelle oder
potentielle) Vegetation

Wald als Klimax; Schlußglieder extremer
Standorte

Adventivpflanzen u. Wanderungen
Florenverfälschung

Ursprüngliche Standorte von Acker- u.
Wiesenarten; Neophyten-reiche Standorte;
Eigenschaften von Neophyten, die
Dominanz bewirken

Relikte und Reliktstandorte

Eiszeitliche und wärmezeitliche Relikte;
progressive u. regressive R. Charakteristik
von R. standorten (Sippenbildung)

VII. Im Blickpunkt: Der wirtschaftende Mensch
(Abschnitt I—VI, Landwirtschaft, Forstwirtschaft, Naturschutz)

Bereicherung und Verarmung der
Natur als intensitätsabhängige
Prozesse; Landschaftspflege

Struktur, Pfl. gesellschaften und Arteninventar der bäuerlich geprägten gegenüber der technisierten Landschaft
Halbkultur- versus Intensivstformationen
Flurbereinigung
Sozialbrache
standortsgemäße Ufer- und Straßen-
böschungsgestaltung, Landschaftswunden

Waldnutzung
    historische Nutzungstypen
    heutige forstwirtschaftliche
    Tätigkeit

ehem. Nieder- und Hudewälder
Aufforstung, Naturverjüngung
standortsgemäße Artenwahl
Hiebsweisen (Kahl-, Schirmschlag u.ä.)
Naturwaldreservate (Bannwälder)

Wohlfahrtswirkungen des
Waldes

Erholungswald
Boden-, Wasser-, Lawinen-, Immissions-
schutzwald

Ackerbau
  Standortsabhängigkeit

  Standortsprägung

  Grünlandwirtschaft

Ackerbau	
Standortsabhängigkeit	Grenzen in der Landschaft
	Limitierung durch das Standortspotential
	landschaftsspezifisches Kulturpflanzensortiment
Standortsprägung	Reaktion der Unkrautflora auf Bewirtschaftsrhythmus
	Einfluß von Düngung, von Bioziden
	Zeigerpflanzen für Pflugsohlenverdichtung, für Oberflächenverdichtung, für Nährstoffmangel
	Erosion und Humusverlust und Gegenmaßnahmen
Grünlandwirtschaft	Standörtliche Limitierung, absolutes Grünland
	Typenwechsel in Abhängigkeit vom Srandortspotential
	Wasserstufen(karte)
	Wirkung von Mahd und Beweidung
	Einpassung in den Mährhythmus
	Weidefestigkeit, Weideunkräuter

Schlußwort

Exkursionen können — auch wenn sie nur in Zivilisationslandschaften führen —
eine Fülle von biologischen Erlebnissen vermitteln, die sich in ein theoretisches
Begriffssystem der Ökologie einbauen lassen, und dazu Verbindungen zu andern
Teildisziplinen aufzeigen. Sie können damit auch die persönliche Beziehung zur
Natur, die Fähigkeit zu unmittelbarer Beobachtung, zur logischen Kombination
und Wunsch und Fähigkeit zu eigenem Einsatz für die Natur stärken. So möchte
man den Exkursionen einen höheren Stellenwert im Kanon der Lehrverstaltungen
zumessen. Denn vielen von uns scheint heute zeitgemäß, was Friedrich Nietzsche
vor gut 100 Jahren in seinen „Unzeitgemäßen Betrachtungen" schrieb: „Übrigens
ist mir alles verhaßt, was mich bloß belehrt, ohne meine Tätigkeit zu vermehren
oder unmittelbar zu beleben."

Literatur

Ellenberg, H. (1963): Vegetation Mitteleuropas mit den Alpen. 943 S. Stuttgart.
Moor, M. (1962): Einführung in die Vegetationskunde der Umgebung Basels. 464 S. Basel.
Osche, G. (1973): Ökologie. 143 S. Reihe: Herder/Studio visuell. Freiburg.
Reichelt, G & W. Schwoerbel, (1974): Ökologie. 64 S. (CVK-Biologie-Kolleg. Berlin.)

Tüxen, R. (1968): Die Lüneburger Heide. Werden und Vergehen der nordwestdeutschen Heidelandschaft. (Durchgesehene und erweiterte Fassung) — In: Kelle, A. (Edit.): Neuzeitliche Biologie 9, S. 9—55. Hannover.
Wilmanns, O. (1973): Ökologische Pflanzensoziologie. 288 S. UTB Heidelberg.
Wilmanns, O. et al. (1974): Der Kaiserstuhl — Gesteine und Pflanzenwelt. 241 S. Ludwigsburg, 2. Aufl. im Druck.

Anschrift der Verfasserin:

Prof. Dr. Otti Wilmanns, Biologische Institut II der Universität, Freiburg i. Br.

ARBEIT AUF DEM ÖKOLOGISCHEN LERNPFAD

W. STICHMANN

Abstract

The ecological „study-trail" is presented as an aid for biology teaching. It allows practical work in small groups and introduces pupils to areas directly connected with ecological phenomena. Particular stages are indicated in the study trail at which definite facts are to be observed or correlations are to be examined. The pupils find relevant questions, practical exercises or thought-provoking problems in the work sheets which are handed out at the beginning of the study trail.

Die Diskussion der Umweltprobleme hat den Boden sowohl für eine Intensivierung ökologischer Forschung als auch für eine stärkere Berücksichtigung ökologischer Inhalte im Unterricht aller Schulstufen bereitet. Damit unmittelbar verbunden ist eine neuerliche Inwertsetzung von Exkursionen bzw. allgemein von Unterricht, der eine unmittelbare Begegnung des Schülers mit der lebendigen Natur „vor Ort", d.h. im Gelände, erlaubt.

Vorrangige Ziele solchen Unterrichts in den verschiedenen Lebensräumen sind
— die Sammlung von Umwelterfahrungen schlechthin,
— die Anwendung theoretischen Wissens auf die reale Situation,
— die Verknüpfung grundlegender Kenntnisse mit den Gegebenheiten in den entsprechenden Anwendungsbereichen,
— die Schulung der Beobachtungs- und Kombinationsfähigkeit.

Der Biologieunterricht wird in Zukunft vielerorts für eine intensivere Kenntnis der für ökologische Fragen bedeutsamsten Pflanzen- und Tierarten sorgen müssen. Im Vordergrund der schulischen Arbeit jedoch dürfte die von der Einzelbeobachtung ausgehende Erfahrung allgemeingültiger Gesetzlichkeiten hinsichtlich der Wechselwirkungen zwischen Organismen und den abiotischen und biotischen Faktoren einzelner Ökosysteme stehen.

Neben dem Erwerb von Kenntnissen und Fertigkeiten dient dieser Unterricht „vor Ort" auch der Sammlung vielfältiger sinnlicher Eindrücke und -man darf es nach einigen Jahren offensichtlicher Abstinenz in dieser Hinsicht wieder offen aussprechen — auch dem Aufbau einer emotionalen Beziehung zur Natur, die ein auf ökologischen Kenntnissen basierendes Engagement für den Natur- und Umweltschutz wirkungsvoll unterstützen kann.

Obwohl an dem Wert ökologischer Schülerarbeit im Gelände kaum Zweifel bestehen, ist sie im Schulalltag noch immer ein relativ seltener Ausnahmefall. Schuld daran sind verschiedene Hindernisse, die zum Teil zusammentreffen und viele schulische Unternehmungen im Freien blockieren. Dazu gehören die Entfernung der Schule von geeigneten Freiflächen, noch immer allzu große Klassen,

Probleme um Schülerdisziplin und Versicherungsschutz und stundenplantechnische Schwierigkeiten. Als Hindernisse zwar selten genannt, aber vielfach von entscheidener Bedeutung, kommen der hohe Zeit- und Arbeitsaufwand hinzu, der mit einer sorgfältigen Planung des Biologieunterrichts im Gelände verbunden ist, sowie die unzureichenden feldbiologischen Kenntnisse vieler Lehrer, die während ihres eigenen Studiums zum Teil nur mit Bestandteilen ihrer Umwelt in Hörsälen und Labors konfrontiert wurden.

Diesen zuletzt genannten Schwierigkeiten und den Problemen, die sich zur Zeit noch aus allzu großen Klassen ergeben, soll durch eine inzwischen mit guten Resultaten in der Praxis erprobte Methode begegnet werden, die sich sowohl zum Erwerb erster grundlegender Umwelterfahrungen in verschiedenen Ökosystemen als auch zur Erarbeitung speziellerer ökologischer Sachverhalte eignet. Es handelt sich um einen ,,anweisenden Unterricht im Freien" auf einem Rundweg von maximal 2 bis 3 km Länge. An ihm befinden sich 12 bis 15 Stationen, auf die den Schülern ausgehändigte Arbeitspapiere Bezug nehmen.

Im Gegensatz zu den herkömmlichen *Lehr*pfaden mit ihren Informationstafeln oder Texten in Begleitbroschüren (Näheres bei Erdmann 1975) trägt das hier beschriebene Konzept an den Benutzer Aufgaben, Fragen und Denkanstöße heran, die einzelne Erscheinungen in der Umwelt stärker in den Blickpunkt rücken oder sie problematisieren, zueinander in Beziehung setzen und nach Möglichkeit für eigene Antworten und Lösungen zugänglich machen. Der *Lern*pfad, wie wir dieses methodische Hilfsmittel nennen möchten, läßt den Benutzer durch eigene Arbeit — durch Bestimmung, Beobachtung, Untersuchung und Kombination — jenes Mindestmaß an Formenkenntnis und Umwelterfahrung, an Eindrücken und Problemansätzen gewinnen, deren ein lebendiger Biologieunterricht bei der Behandlung einer Lebensgemeinschaft oder auch einzelner ökologischer Fragen bedarf. Er gestattet Arbeitsunterricht am originalen Objekt und obendrein noch in kleinen Gruppen, die innerhalb der Ökosysteme Wald, Heide, Wiese usw. eigenständig Aufgaben lösen können.

Natürlich hängen die Inhalte der Arbeitsbögen und die Art der Aufgaben wesentlich von den an dem ausgewählten Rundweg beobachtbaren Gegebenheiten ab; zu einem Teil aber kann auch bei der Auswahl des Wegverlaufs bestimmten unterrichtlichen Intentionen Rechnung getragen werden. Das sei nachfolgend in Auszügen und stichwortartig an einem Lernpfad erläutert, der Schüler auf die Behandlung des Themas ,,Der Wald als Lebensgemeinschaft und Wirtschaftsfläche" vorbereiten soll.

Situation	*Aufgabe*
Grenze zwischen einem naturverjüngten Bestand und einer Kultur	Vergleich, Benennung charakteristischer Unterschiede, Vermutungen über die Entstehung
Auf einer kurzen, an Baum- und Straucharten besonders reichen Strecke sind 5—8 verschiedene Sträucher und niedrige Bäume mit Zahlen oder Buchstaben markiert	Bestimmung der Arten mit Hilfe von Blattabbildungen oder eines eigens auf diese Arten ausgerichteten dichotomen Schlüssels

Grenze zwischen einem Eichen- und einem Buchenaltholz

Buchen-Eichen-Mischbestand

Drei Fichten sind besonders gekennzeichnet: eine „Wetterfichte" im Freistand, eine Fichte innerhalb eines Fichtenreinbestandes, eine Fichte am Bestandesrand

Grenze zwischen Fichtenkultur und Fichtenbaumholz; in beiden Beständen sind 400 qm große Flächen abgesteckt

Windwurfstelle im Fichtenforst

Vegetation innerhalb eines Kulturgatters und außerhalb (hier ggfs. mit gefegten oder verbissenen Gehölzen)

Eichen-, Hainbuchen- oder Erlenstockausschläge zwischen Kernwuchs

Je eine herausragende ältere Eiche und eine Fichte sind besonders gekennzeichnet

Frische Stümpfe oder liegende Stämme langsam- und schnellwüchsiger Baumarten

Baumstümpfe in unterschiedlich weit fortgeschrittener Zersetzung

Vergleich der Strauch- und der Krautschicht in beiden Beständen; Messungen mit Foto-Belichtungsmessern

„Welche der beiden Baumarten setzt sich hier durch, wenn der Mensch nicht eingreift?"

Entweder Anfertigung von Skizzen des Wipfelumrisses der drei Fichten oder Zuordnung vorgegebener Skizzen zu den markierten Bäumen; Suche nach Ursachen der unterschiedlichen Wuchsformen

Ermittlung der Zahl der Bäume. „Warum wurden die Fichten so dicht gepflanzt?" (Verknüpfung mit der vorausgehenden Aufgabe: Selbstreinigung)

Beschreibung oder Skizze der Wurzel; Erklärung des Zusammenhanges zwischen Wurzelform (ggfs. Boden) und Windwurf; Diskussion der Vor- und Nachteile von Flachwurzeln

Beschreibung und Vergleich; Überlegungen zur Bedeutung des Gatters und über Auswirkungen des Wildes auf den Wald

Skizze zweier vorher gekennzeichneter Exemplare; Vermutungen über die Ursachen der unterschiedlichen Wuchsformen

Messung des Umfangs in Brusthöhe; Berechnung der Höhe nach dem Strahlensatz; Schätzung des Alters

Ermittlung der Durchmesser; Zählen der Jahresringe; Vergleich

Beschreibung der darauf befindlichen Pflanzen und des Holzzustandes; Mitbringen von Proben; nähere Untersuchung der Stümpfe

Laubwald mit Trauf, Mantel und Saum (auf einer Strecke geschlossen, auf einer anderen aufgerissen); unterschiedliche Verteilung der Fallaubes	Beschreibung des Überganges vom Wald zum Feld (ggfs. mit einfachen Skizzen); Überlegungen zur Bedeutung von Trauf und Mantel für den Wald
Kleine Naßstelle im Laubwald	Beschreibung der Vegetation im trockenen und im feuchten Bereich sowie in der Übergangszone
Baum mit mehreren Spechthöhlen	Auswahl verschiedener Vogelarten aus einer vorgegebenen Abbildung als mögliche Nutznießer

Das sind nur einige von vielen möglichen Situationen und Aufgaben, die vom Lehrer in sehr unterschiedlicher Weise in Fragen, Denkanstöße und Arbeitsaufträge eingekleidet werden können. Die Formulierung birgt Möglichkeiten zu vielfältiger Variation und zur Berücksichtigung der Fähigkeiten und Neigungen der Schüler (Beispiele bei Stichmann 1976). Durch die örtlichen Gegebenheiten und die didaktischen Intentionen, vor allem durch den unterrichtlichen Kontext, erhält jeder Lernpfad weitere Spezifika und besondere Schwerpunkte.

Zu Beginn der Lernpfad-Arbeit wird die Klasse in Gruppen zu je 3 bis 5 Schüler eingeteilt. Die Gruppen gehen in 5-Minuten-Abständen los. Wenn Stationen für zwei Parallel-Gruppen eingerichtet wurden, hat in spätestens 15 bis 20 Minuten die gesamte Klasse mit der Arbeit begonnen, ohne daß sich die Gruppen an den einzelnen Stationen drängeln. Für jede Gruppe wird nur ein Satz Arbeitspapiere benötigt, der erst zu Beginn des Rundgangs ausgegeben wird und aus dem der Protokollführer an den einzelnen Stationen seinen Gruppenmitgliedern die zugehörigen Texte verliest. Er protokolliert anschließend die Ergebnisse, zu denen die Gruppe gelangt. Auf diese Art wird der Erwerb von Umwelterfahrungen mit einem Training nicht nur der Beobachtungs- und Kombinationsfähigkeit, sondern auch der Arbeit im Team und der Kooperationsbereitschaft verbunden.

Der Aufwand für die Anlage eines solchen Lernpfades ist relativ gering und beschränkt sich auf Papptafeln zur Markierung der Stationen und Sprühfarbe zur Kennzeichnung des Wegeverlaufs und besonders hervorzuhebender Objekte. Umfangreicher bleibt letztlich nur der Aufwand an Zeit für den, der den Rundweg und die Stationen aussucht und die Arbeitspapiere anfertigt.

Gerade an diesem Punkte aber bietet sich Gelegenheit zu einem ausgesprochen arbeitsökonomischen Vorgehen, wenn sich an einer Schule oder an einem Schulort mehrere Lehrer zusammentun und einen Lernpfad (besser gleich mehrere Lernpfade zu verschiedenen Themen) gemeinsam ausarbeiten und so herrichten, daß deren Nutzung durch mehrere Klassen über Jahre hinweg möglich ist. In einem solchen Falle ist natürlich eine besonders gründliche Auswahl des Rundwegs und der Untersuchungsobjekte angezeigt. Die Stationen sollten so über die Wegstrecke verteilt sein, daß auch bei Einrichtung zweier Parallel-Durchgänge (also zusammen 24 bis 30 Stationen) zwischen den einzelnen Stationen ein Abstand von mindestens 30 m bleibt, damit sich die später hier arbeitenden Schülergruppen nicht gegenseitig stören.

Zur Markierung der einzelnen Stationen sollten bei solchen für den Dauer-
gebrauch eingerichteten Lernpfaden statt Zahlen auf Holz-, Metall- oder Kunst-
stofftafeln besser markante Zeichen (Kreis, Kreisfläche, Halbkreis, Dreieck usw.)
gewählt werden; diese Zeichen kehren auf den Arbeitsbögen wieder. Für jede
Station empfiehlt sich die Anfertigung eines eigenen Bogens. Wenn dann im
Laufe der Zeit bei Veränderungen in den örtlichen Gegebenheiten Stationen
ausfallen oder ausgetauscht werden müssen, ist das ohne Schwierigkeiten möglich. Bei Planung von zwei oder drei Parallel-Durchgängen erhalten die Zeichen
für jeden Durchgang eine andere Farbe.

Mit Elementen des hier geschilderten Konzepts wurde auch der im Sommer
1976 eröffnete „Lehrpfad Renautal" versehen, der für erwachsene Besucher des
Naturparks Rothaargebirge bestimmt ist und die beiden Intentionen, Information und Eigentätigkeit, miteinander verbindet. Im Mittelpunkt der Lehrtafel-
texte und der am Ausgangspunkt über einen Automaten erhältlichen Begleit-
broschüre, die Aufgaben und Fragen sowie ergänzende Informationen und
Abbildungen von Blättern und Farnwedeln enthält, stehen Geschichte und
Wandel der Forsten und der Wiesentäler des Hochsauerlandes. Die Benutzer, die
über 6 Lehrtafeln und 18 Lernpfad-Stationen behutsam an einige hervorste-
chende ökologische Phänomene und wirtschaftliche Sachverhalte herangeführt
und zum Niederschreiben ihrer Ergebnisse angeregt werden, finden die richtigen
Antworten zusammen mit Zusatzinformationen auf den letzten Seiten dieser
Broschüre. (Die Broschüre kann bei der Kurverwaltung der Stadt Winterberg/
Hochsauerland angefordert werden.)

Nach ersten Beobachtungen zeigten sich Besucher des Renautales von dieser
Art der Wissensvermittlung sehr angetan. Die Besucher, die während der Urlaubs-
zeit auch ihrem Alltag fernerliegenden Problemen aufgeschlossener gegenüber-
stehen, finden hier mehr als nur Zeitvertreib oder einen Anreiz zu einer 4 km
langen Rundwanderung. Hier erfahren sie Näheres über die Natur und Landschaft ihres Feriengebietes und auch über seine Umweltprobleme, die sich im
Hochsauerland vor allem aus der Verfichtung der Wiesentäler ergeben, auf eine
Art, die eigenes Mittun und Mitdenken ermöglicht.

Insgesamt scheint mit dem Lernpfad—Konzept ein Weg vorgezeichnet zu sein,
auf dem Schüler ebenso wie Erwachsene im Gelände besonders günstig zur
aktiven geistigen Auseinandersetzung mit ökologischen Fragen und Umweltproblemen geführt werden können, ohne daß es dazu größeren Finanz- oder
Personalaufwandes bedarf. Daß der einzelne, die Familie oder die kleine Gruppe
ihr jeweiliges Tempo und besondere Schwerpunkte selbst bestimmen können,
ist ein weiterer pädagogisch bedeutsamer Vorteil dieses Konzeptes, der wahrscheinlich entscheidend zu dessen motivierender Wirkung beiträgt.

Zusammenfassung

Ein methodsiches Konzept für die Sammlung von Umwelterfahrungen und die
eigentätige Erarbeitung ökologischen Grundwissens im Gelände wird vorgestellt.
Dabei handelt es sich um Rundwege mit einzelnen Stationen, auf die sich
Fragen, Arbeitsaufgaben und Denkanstöße in zugehörigen Arbeitspapieren

beziehen. Sie werden als *Lern*pfade bezeichnet. Ihr Einbezug in den Biologieunterricht wird begründet. Ein erster Versuch, Elemente des Lernpfad-Konzepts
auch für die Erwachsenenbildung nutzbar zu machen, wurde im Renautal bei
Winterberg (Hochsauerland) angestellt.

Summary

This article outlines a methodological approach for gathering experience of the
environment and for putting to use basic ecological knowledge independently
in the field. The procedure involves circular trails with a number of check-
points which are the subject of questions, tasks and hints on the appropriate
work-sheets. They are termed study trails (Lernpfade). Their usefulness in Biology teaching is explained. A first attempt to make use of this approach in adult
education was made in Renautal near Winterberg (Hochsauerland).

Literatur

Erdmann, W. (1975): Lehrpfade und ihre Gestaltung. Oldenburg.
Stichmann, W. (1976): Der biologische Lernpfad, ein Weg zum Arbeitsunterricht „vor Ort".
    Natur- u. Landschaftskde Westf. 12: 1—7.

Anschrift des Verfassers:

Prof. Dr. W. Stichmann, Fachbereich VI, Pädagogische Hochschule Ruhr,
46 Dortmund-Barop.

Sonderdruck: Verhandlungen der Gesellschaft für Ökologie, Göttingen 1976.

EINIGE UNTERSUCHUNGSMÖGLICHKEITEN IN EINEM MOORÖKOSYSTEM

W. ODZUCK

Abstract

Aims and methods of examination are specified in order to characterize a moorland ecosystem in its entirety, i.e. its structure and function. First of all, the conditions for the existence of the ecosystem are worked out from geological and climatological factors (in this instance: former sea in the morainal area of the Alpine foreland; cool climate with heavy precipitation; high ground water level).

From a profile one obtains the first information as to the type and age of the moor (12,000—18,000 years). In the oligotrophical marshy lake the lime content of the moraines exceeds the influence of vegetation (pH = 8,0).

Phytosociological examinations and their analysis, with the help of ecological indicator values, supply final information about the type of moor (transition: *Phragmitetea* → *Caricetea nigrae* → *Oxycocco-Sphagnetea*), and about the ecological behaviour and dominating forms of life of the species combinations. While treating the *Sphagnen* as characteristic species you can go into detail about the importance of the moors for water conservation via the absorption and emission of water (hyalozytes, characteristic water reservoir capacity). The ecological pyramid leads to the consumers and the low activity of the reducers, owing to oxygen starvation, explains the formation of peat.

Didactically, an excursion would be appropriate, splitting up into smaller study groups ; and distributing themes for special studies.

1. Einleitung

Ziel des Beitrags ist es, Untersuchungsschwerpunkte und -methoden anzugeben, um ein Moorökosystem in seiner Gesamtheit zu charakterisieren. Von den verschiedenen Möglichkeiten Excursionen zu gestalten (Cernusca 1976, Wilmanns 1977), wurde im vorliegenden Fall zunächst ein theoretisches Gerüst vorgegeben, das es dann mit exakten Detailaufgaben auszufüllen galt. Die erwähnten Methoden und Ergebnisse wurden bei mehreren Lehrwanderungen erarbeitet. Ausgehend von den Bedingungen für die Existenz werden Struktur (abiot. Verhältnisse, Produzenten, Konsumenten und Destruenten) und Funktion des Ökosystems dargestellt.

2. Untersuchungsmöglichkeiten und -notwendigkeiten

2.1. *Bedingungen für die Entstehung und Erhaltung des Moorökosystems*

Das als Beispiel dienende Moor liegt in der Moränenlandschaft des Alpenvorlandes (Jungmoränen der Würmeiszeit), 30 km SO von München, und ist aus

einem ehemaligen Toteisloch d.h. einem See hervorgegangen. Von 84 000 m²
Gesamtareal (420 x 200 m) ist 1/6 verbliebene Seefläche. Die überschaubaren
Maße sind didaktisch von großem Vorteil. Erstes Untersuchungsziel muß es sein,
die Bedingungen für die Existenz des Moores herauszuarbeiten. Die leicht erhältlichen Daten führten zu den nachstehenden Schlußfolgerungen:

1 000 mm Niederschlag/Jahr	→	Niederschlagsreiches,
7,4°C Jahresmittel	→	kühles Klima
Evaporation: 1,2 ml/h Moor; 2,0		
ml/h Wiese; expositionsbedingt	→	Geringe Evaporation
Stauverhältnisse	→	Hoher Grundwasserstand

2.2. Grenzen, Art und Alter des Ökosystems

Des weiteren bedarf es, das Moor abzugrenzen. Dazu empfiehlt sich die Erstellung eines Profils (Abb. 1). Wie ersichtlich treten die Moränen als Grenzlinien
deutlich hervor, aber auch der Randsumpf (Lagg) war als rinnenförmige Senke
halbkreisförmig deutlich ausgeprägt.

Ein Teil des Moores reicht heute eindeutig über den Grundwasserspiegel und
die Mineralbodenwasserzeigergrenze (MBWZ) hinaus. Daher ist neben einem
Flach- auch ein Hochmooranteil zu erwarten.

Infolge der Tiefe des Moorsees von 4 m ist die Torfschicht mindestens 5,20 m
mächtig. Da zur Bildung von 1 cm Torf nach Casparie (1969) 20 Jahre Moor-
wachstum erforderlich sind, ist das Moor älter als 10 000 Jahre. Die Lage in der
Nähe der Endmoränen der letzten Eiszeit (Ende vor ca. 20 000 Jahren) engt das
Alter des Ökosystems auf 12–18,000 Jahre ein.

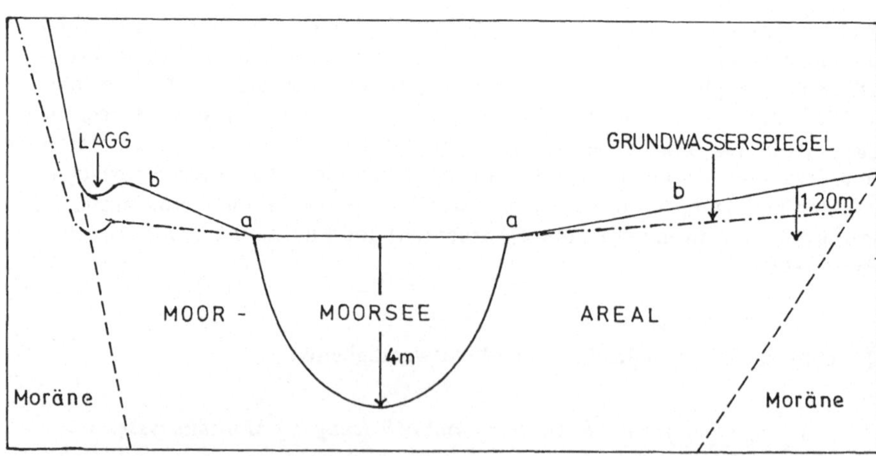

Abb. 1. Profil durch das Moorökosystem Kitzlsee (a = Phragmitetea mit etwas Caricetea
nigrae Anteil, b = Oxycocco-Sphagnetea; siehe 2.41).

2.3.1 Abiotische Verhältnisse

Was an Ort und Stelle bestimmt werden konnte, wurde bestimmt. Bei mitgenommenen Wasserproben wurden Härte, pH-Wert, Sauerstoffzehrung, Phosphat-, Nitrat- (alle nach Steubing/Kunze 1972) und Ammonium-Gehalt (nach Merck) ermittelt (Tab. 1).

Von den abiotischen Verhältnissen weist nur die Sichttiefe auf einen Moorsee, Karbonathärte und pH-Wert jedoch auf einen kalkreichen See hin wie er für die nördlichen Kalkalpen und ihr Vorland kennzeichnend ist. Der Kalkgehalt der Moränen paust sich also im Moorsee durch und übertrifft den Vegetationseinfluß.

2.3.2 Biotische Verhältnisse

Das Plankton wurde allein nach Steinecke (1972) bestimmt. Unbestimmbare Arten wurden höheren systematischen Einheiten zugeordnet. Die Planktonmenge wurde durch Zentrifugation (5000 U/min, 1 h lang) bestimmt. Flagellaten und Chlorophyceen vor allem aber das reicher entwickelte tierische Plankton weisen auf einen Moorsee hin. Die Blaualgen sind wie der relativ hohe P_2O_5-Gehalt Eutrophierungszeiger (der See wird gelegentlich von Badegästen aufgesucht). Vorkommende Fische und Frösche sind für einen Moorsee untypisch, sie gedeihen infolge der neutralen Reaktion des Wassers. Der See ist der Planktonmenge nach oligotroph (2,5 mg Plankton/l).

Tabelle 1 Untersuchungsergebnisse und -notwendigkeiten bei einem Moorsee (+ selten, +++ häufig).

Tiefe		Phytoplankton	
Gesamttiefe	4 m	Cyanophyceen	
Sichttiefe	2 m	*Coelosphaerim* Kützing.	+++
Härte		Flagellaten	
		Dinobryon sociale	+
Karbonathärte	11,9° dH	*Ceratium hirundinella*	+
Gesamthärte	17,5° dH	Chlorophyceen	
Sauerstoff		*Pediastrum clathratum*	+
Gehalt	10,64 mg/l	Zooplankton	
Zehrung	1,52 mg/l	Heliozoen	
Ionenhaushalt		*Acanthocystis turfacea*	+
pH-Wert	7,2	Infusorien	
NH_4^+	0,7 mg/l	*Urostyla grandis*	+
		Cladoceren	
NO_3^-	1,7 mg/l	*Daphnia pulex*	++
		Copepoden	
		Cyclops strenuus	++
P_2O_5	0,75 mg/l	Bivalva (1 Art)	+

2.4 Das Moor

2.4.1 Primärproduzenten

Wie Tab. 2 zeigt, wurden pflanzensoziologische Aufnahmen (Sebald 1970) am
Seeufer und auf dem höher gelegenen Areal gemacht. Dabei traten in beiden
Bereichen recht unterschiedliche Artenkombinationen auf, was sich vor allem
in der Feld- und Moosschicht zeigte. Die Angaben über die Gesellschaftszuge-
hörigkeit (Tab. 2) sowie die soziologischen und ökologischen Beurteilungen
(Tab. 3) erfolgten nach den von Ellenberg (1974) aufgestellten Zeigerwerten der
Arten.

Soziologisch dominiert beim Uferstreifen das *Phragmitetea* (Röhrichte und
Seggen) mit einem größeren *Caricetea nigrae* (Kleinseggenrieder oder Flach-
moore) Anteil. Das höhere Areal ist hingegen dem *Oxycocco-Sphagnetea* also
den Hochmooren zuzurechnen. Diese Gesellschaft ist allerdings mit zahlreichen
Kiefern durchsetzt, so, daß eine Sukzession zu einem Kiefern Moorwald abläuft.

Tabelle 2 Pflanzensoziologische Aufnahmen des Moorgebiets Kitzlsee (je 5 Aufnahmen,
S = Stetigkeit, A = Artmächtigkeit).

Gesellschaft	Aufnahmeschicht, -art	Uferstreifen S.A	Höheres Anteil S.A
	Baumschicht		
—	*Pinus sylvestris*		5.4
	Strauchschicht		
7.312	*Picea abies*	3.1	3.2
—	*Betula pubescens*	3.1	3.1
—	*Pinus sylvestris*		2.+
—	*Frangula alnus*	3.2	2.1
—	*Rubus idaeus*		1.+
	Feldschicht		
1.514	*Cladium mariscus*	5.2	
—	*Lythrum salicaria*	5.2	
1.514	*Peucedanum palustre*	5.2	
—	*Cirsium palustre*	4.1	
—	*Equisetum arvense*	2.1	
8.211	*Thelypteris palustris*	2.1	
1.71	*Carex canescens*	1.1	
1.7	*Comarum palustris*	1.+	
1.514	*Galium palustre*	1.+	
—	*Lycopus europaeus*	1.+	
—	*Molinia caerulea*	1.+	5.2
1.81	*Eriophorum vaginatum*		5.3
—	*Vaccinium myrtillus*		5.2
—	*Oxycoccus palustris*		4.2
5.1	*Calluna vulgaris*		3.1
1.81	*Andromeda polifolia*		3.1
	Moosschicht		
	Sphagnum rubellum		5.4
	Polytrichum strictum		4.2
	Pleurozium schreberi	5.3	

Dies verdeutlicht sich sogar noch in den Ordnungen und Verbänden. Vom
Phragmitetalia tritt allein das *Magno-Caricion elatae* mit der Assoziation *Carice-
tum elatae* (Steifseggenried) auf. Beim höher gelegenen Areal ist es vom *Sphag-
netalia* das *Sphagnion fusci* und davon wiederum das *Sphagnetum medii* (Rote
Hochmoorbultgesellschaft) (Wilmanns 1973).

Diese soziologische Charakterisierung hilft, die Art des Moores exakt zu
bestimmen. Hinsichtlich des ökologischen Verhaltens entscheidend sind in
diesem Fall die Reaktions- und Stickstoffzahlen. Dabei zeigt das höher gelegene
Areal eine extrem saure Reaktion und Stickstoffmangel wie es für ein Hochmoor kennzeichnend ist.

Auch die anatomischen Anpassungsformen kommen deutlichst zum Ausdruck.
Am Ufer dominieren helomorphe Formen während auf dem höher gelegenen
Areal skleromorphe überwiegen.

2.4.2 Sphagnen

Die Betrachtung der Primärproduzenten eines Moorsee wäre unvollständig ohne
ein genaues Studium der dort vorkommenden *Bryophyten*. Von besonderem
Interesse und auch für den Hochmooranteil charakteristisch sind die *Sphagnen*,
in unserem Fall *Sphagnum rubellum*, nur stellenweise *Sphagnum medium*. Ziel
muß es hier sein, deren Bau und Funktion zu untersuchen und in Einklang zu
bringen.

Das Bestimmen (Bertsch 1966), Skizzieren und Mikroskopieren von Thallus
und Blättchen bzw. Stämmchen ist unerläßlich. Grundsätzlich muß auf die
großen Hya lozyten mit Wasserspeicherfunktion und die kleinen assimilierenden
Chlorozyten hingewiesen werden.

Hinsichtlich der Funktion liefert u.a. ein einfacher Versuch Aufschluß: Man
läßt das Torfmoos völlig austrocknen, wiegt es, legt es in einen Wasserbehälter

Tabelle 3 Soziologische und ökologische Charakterisierung der Artenkombinationen des
Moorökosystems Kitzlsee (es wurden nur die signifikanten Werte angegeben).

Verhalten		Uferstreifen	Höheres Areal
Soziologisches Verhalten			
Klassen-Charakterarten (%)			
Phragmitetea	1.5	56	–
Caricetea nigrae	1.7	22	–
Oxycocco-Sphagnetea	1.8	–	57
Verbands-Charakterarten (%)			
Magno-Caricion elatae	1.514	64	–
Sphagnion fusci	1.811	–	67
Ökologisches Verhalten (Mittel)			
Reaktionszahl		4,9	1,9
Stickstoffzahl		3,5	2,4
Anatomischer Bau (%)			
Skleromorphe		17	54
Helomorphe		52	27

und wiegt jede halbe Stunde. Nach kürzester Zeit (2 h) ist es mit Wasser vollgesogen (20 fache des ursprünglichen Gewichts). Nun läßt man es an Luft liegen und wiegt es von Zeit zu Zeit. Die Wasserabgabe erfolgt außerordentlich langsam, erst nach 9 Tagen ist alles Wasser abgegeben.

Hingewiesen werden muß, daß die Wasserspeicherkapazität sehr groß aber artspezifisch ist und eine Regulation der Wasserabgabe auf Grund der Quellkörperorganisation der Thallophyten nicht möglich ist.

Da Regenwasser kurzfristig in großen Mengen aufgenommen werden kann, die Wasserabgabe auch ohne Regulation jedoch nur langsam erfolgt, spielen die Torfmoose und damit die Moore eine wichtige Rolle bei der Stabilisierung des Wasserhaushalts.

Die Wirkung der Wände als Kationenaustauscher und „Nährstoff-Fangorgane" und damit als ökologische Anpassung an die Hochmoorverhältnisse kann hier nur theoretisch behandelt werden.

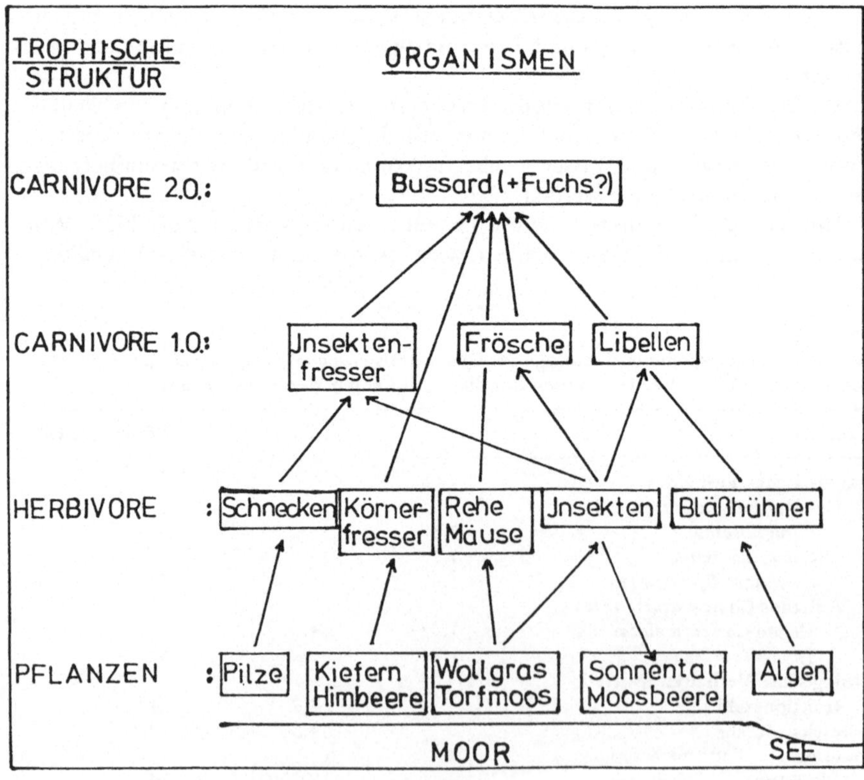

Abb. 2. Ökologische Pyramide des Moorökosystems Kitzlsee.

2.4.3 Konsumenten

Da bereits die Primärproduktion in Kursen nicht erfaßt werden kann, ist die
Berechnung des Energieflusses durch das Ökosystem nicht möglich. Jedoch
lassen sich die den verschiedenen Trophieebenen zugehörigen Pflanzen und
Tiere gut beobachten und in Form einer ökologischen Pyramide darstellen.
Ziel muß es in diesem Fall sein, die Beziehungen zwischen Produzenten und
Konsumenten aufzuklären und event. mit denen eines Stadt-, Wald- oder Wiesen-
ökosystems zu vergleichen.

Wie Abb. 2 zeigt, treten in Mooren allein für diesen Raum charakteristische
Primärproduzenten auf. In unserem Fall z.B. *Drosera* und *Sphagnen*. Gleiches
gilt für die Konsumenten nicht. Zwar sind viele Wasser- oder Feuchtlufttiere
(z.B. Bläßhühner, Frösche, Libellen), aber sie kommen nicht ausschließlich in
Mooren vor. Insgesamt aber kann von einer ungestörten ökologischen Pyramide
gesprochen werden.

Tabelle 4 Untersuchung eines Moorökosystems (Ergebnisse beziehen sich auf das Moor
„Kitzlsee").

Untersuchungsziel	Untersuchungsmethode	Untersuchungsergebnis
ENTSTEHUNG, ALTER		
Ausgangssituation	Geol. u. klimatolog.	Ehemaliger See
Entstehung, Erhaltung	Daten, Beobachtungen,	Niederschlagsreiches, kühles
	Messungen	Klima, hoher Grundwasser-
		stand
Alter	Messungen	12 000–18 000 Jahre
MOORSEE		
Abiotisch	Chem. Wasseruntersuch.	kalkreich
Biotisch	Planktonuntersuchungen,	Seen- u. Moorseenplankton,
	Beobachtungen	oligotroph
MOOR		
Produzenten	Pflanzenbestimmung,	Phragmitetea → Oxycocco-
Soziologie	Pflanzenaufnahmen	Sphagnetea
Ökologie	Auswertung auf Grund	extrem sauer, Stickstoff-
Lebensformen	der Zeigerwerte der	mangel, skleromorph
Anat. Bau	Arten	(nur Hochmoor)
Sphagnen	Bestimmen, Mikrosko-	Rasche Wasseraufnahme →
	pieren, Einfacher Ver-	langsame -abgabe, große
	such	Wasserspeicherkapazität
Konsumenten	Beobachtung, Bestimmung	Biotop für Wasser- und
		Feuchtlufttiere
Destruenten	Versuch	Tätigkeit vermindert →
		Torfbildung
NATURSCHUTZ	Auswertung	Stabilisierung des Wasser-
		haushalts, Erhalt charakt.
		Pflanzen u. Tiere

Infolge der Trockenlegung zahlreicher Moor- und Feuchtgebiete, die Lebensstätten bestimmter Pflanzen und Tiere sind und die gleichzeitig den Wasserhaushalt stabilisieren, kann die Notwendigkeit der Unterschutzstellung derartiger Räume verständlich gemacht werden (Odzuck 1974). Ein weiteres Ziel, die Förderung des Naturschutzes, wird dadurch erreicht.

2.4.4 Destruenten

Die starke Wasserdurchtränkung des Moores führt zu Sauerstoffmangel im Boden. Dadurch ist die Tätigkeit der Zersetzer deutlich verringert und zwar so stark, daß in einem Moor nicht soviel zersetzt wird wie jährlich produziert. Das Unzersetzte aber häuft sich an, wodurch es über Inkohlungsvorgänge zur Torfbildung kommt, die wiederum charakt. für ein Moor ist.

Um dies nachzuweisen, gibt man die für das Ökosystem charakt. Pflanzen in einen Nylonstrumpf und legt sie aus. Nach einem Jahr wiegt man wiederum, so kann die Zersetzertätigkeit messend verfolgt werden (Odzuck 1976).

3. Synoptische Betrachtung

Auf Grund obiger Darstellung lassen sich Untersuchungsziele, -methoden und -ergebnisse folgendermaßen zuordnen (Tab. 4). Didaktisch zweckmäßig ist eine Aufteilung in Arbeitsgruppen mit definierten Aufgaben oder die Vergabe von Facharbeiten (in der reformierten Oberstufe) bzw. Zulassungsarbeiten (an der Uni).

Derartige Excursionen erfordern zunächst ein Begehen des Geländes und ein Notieren der Aufgaben. Bei der Vorbesprechung sind die Aufgaben zu verteilen und event. Arbeitsanweisungen zu erteilen. Nach der Durchführung der Excursion sind Proben und Versuche auszuwerten. Schließlich müssen die Ergebnissen zusammengestellt und diskutiert werden.

Literatur

Bertsch, K. (1966): Moosflora von Südwestdeutschland. Ulmer, Stuttgart.

Casparie, W.A. (1969): Bult- und Schlenkenbildung im Hochmoortorf (Zur Frage des Moorwachstums-Mechanismus). *Vegetatio* 19: 146—180.

Cernusca, A. (1976): Ökologische Ausbildung durch Projektstudien. Verh. Ges. Ökol. Wien 1975, S. 101—104.

Ellenberg, H. (1974): Zeigerwerte der Gefäßpflanzen Mitteleuropas. Goltze, Göttingen.

Merck, E.: Die Untersuchung von Wasser. Darmstadt.

Odzuck, W. (1974): Die biologische Entwicklung eines Landkreises — eine Hinführung zum Naturschutzgedanken. *MNU* 27: 230—236.

Odzuck, W. (1976): Umweltschutz. Handbuch der prakt. u. experiment. Schulbiologie, Band 5, S. 488—528. Aulis, Köln.

Sebald, O. (1970): Methoden der Untersuchung und Kartierung von Pflanzengemeinschaften. Von der Vegetationsaufnahme zur Vegetationskarte. *BU* 6, 2: 22—47.

Steinecke, F. (1972): Das Plankton des Süßwassers. Quelle u. Meyer, Heidelberg.

Steubing, L. & Ch. Kunze (1972): Pflanzenökologische Experimente zur Umweltverschmutzung. Quelle u. Meyer, Heidelberg.

Wilmanns, O. (1973): Ökologische Pflanzensoziologie. Quelle u. Meyer, Heidelberg.
Wilmanns, O. (1977): Beobachtung — Fragestellung — Folgerung: Zur Didaktik und
    Methodik botanischer Excursionen. Verh. Ges. Ökol. Göttingen 1976 (in Druck).

Anschrift des Verfassers:
Dr. W. Odzuck, Fuggerstr. 9, 8019 Glonn

PRINZIPIEN UND PROBLEME EINES MEERESÖKOLOGISCHEN EINFÜHRUNGSKURSES FÜR STUDENTEN AN EINER MEERESFERNEN UNIVERSITÄT

W. DOHLE

Abstract

The main principle of this field-course, held at the Freie Universität Berlin and at a marine biological institute, is to demonstrate the influences of gradual alteration of ecological factors on the organisms and their distribution. The didactic aims are to initiate participation of the students in planning the program, cooperation and mutual exchange of results, critical evaluation of methods and literature on the basis of own experience. These aims are achieved by the relevance and the interdependence of the different subjects that are worked out in practice. Two examples are given: Investigations on the bottom-fauna of the Kiel Bay and on the fauna living on piles in the Baltic canal. The problems primarily pertain to the lack of facilities at German marine biological institutes.

Die Erfahrungen aus einem seit mehreren Jahren an der FU Berlin durchge-führten meeresökologischen Einführungskurs werden geschildert. Durch die Aufgabenstellung und die Planung des Kurses wird den Studenten ermöglicht, ökologische Zusammenhänge an selbst erarbeitetem Material zu erkennen und zu diskutieren. Dies wird an 2 Beispielen (Bodenfauna der Kieler Bucht, Fauna des Pfahlbewuchses im Nordostseekanal) erläutert. Die didaktischen und orga-nisatorischen Probleme werden aufgezeigt.

Die Behandlung ökologischer Fragen und Probleme im Hochschulunterricht erscheint besonders geeignet, mehreren essentiellen didaktischen Forderungen gerecht zu werden, wie sie sich aus der Lernpsychologie und der Kleingruppen-forschung ableiten lassen (Sader u.a. 1970), so z. B. Entwicklung einer auto-nomen Motivation, Förderung der Selbsttätigkeit, eigene Planung und Durch-führung eines Arbeitsprogramms, Kommunikation und Kooperation der Stu-denten zur Erreichung eines gemeinsamen Zieles, kritische Einstellung gegen-über den Methoden u.a. Diese Chance ist bisher viel zu wenig genutzt worden. Die Diskrepanz zwischen den didaktischen Postulaten und der Wirklichkeit vieler Universitätspraktika und -kurse, mit festem Stundenplan und „Koch-rezepten", mit Sitzordnung und Klausuren, ist überdeutlich.

Seit mehreren Jahren wird am Fachbereich Biologie der Freien Universität Berlin für das Grundstudium ein meeresökologischer Kurs mit dem Titel „Ein-führung in Biologie und Ökologie mariner Tiere" angeboten. Mit diesem Kurs wird der Versuch gemacht, schon im Rahmen eines einführenden Kurses gemein-same Untersuchungsaufgaben mit den Studenten zu planen und durchzuführen. Es wird angenommen, daß dieses Konzept auch auf andere ökologisch orientierte Kurse übertragbar ist. Der Kurs ist einzuordnen als „ökologischer Grundkurs"

in dem von Weidemann auf dieser Tagung entworfenen Unterrichtsplan. Er ist
strikt für Anfänger angekündigt. Die Erfahrung zeigt, daß die teilnehmenden
Studenten sich schnell in spezielle Arbeitstechniken und Bestimmungsliteratur
einarbeiten können und wollen, wenn ihnen der Gesamtzusammenhang der
Aufgaben klargeworden ist.

Der Kurs besteht aus 2 Teilen, einer halb seminar-, halb kursartigen Einführung von zwei Wochen in Berlin und einer anschließenden Meeresexkursion
von ebenfalls zwei Wochen. Der Einführungsteil hat hauptsächlich die Aufgabe,
die Studenten mit Fragen und Gegebenheiten, die auf sie zukommen werden,
vertraut zu machen, einige Techniken einzuüben und dann das bevorstehende
Arbeitsprogramm der Exkursion zu diskutieren und festzulegen. Das Prinzip
dabei ist, nicht das fertige Programm als unausweichlich an die Tafel zu schreiben,
sondern die Erfahrungen und kritischen Punkte früherer Exkursionen zu schil-
dern, Fragen und Lösungsmöglichkeiten alternativ vorzustellen.

Wir bieten etwa 6—7 Arbeitsthemen zur Einarbeitung an, von denen je etwa
2 faunistisch, 2 hydrographisch und 2 physiologisch orientiert sind (Beispiele:
faunistisch: Arten des Planktons, Brackwasserfauna, Lebensgemeinschaften
des Wattbodens; hydrographisch: Bestimmung mehrerer hydrographischer und
sedimentologischer Faktoren; physiologisch: Versuche zur Osmo- und Volumen-
regulation, Filterraten von Strudlern). Jeder Student arbeitet sich in etwa 3—4
dieser Themen ein. Am Ende des Einführungsteils entscheidet sich je eine Gruppe
von 2—4 Studenten für die Bearbeitung eines Themas auf der Exkursion und
ist dann für Material und Ergebnisse verantwortlich. Das hat den Vorteil, daß
auf der Exkursion von Beginn an wirklich intensiv Material und Daten gesammelt
werden können.

Es gibt durchaus auch andere meeresbiologische Exkursionen, für die Themen
vorher ausgegeben werden, auf die man sich praktisch und theoretisch vorbereitet. Was in unserem Kurs darüber hinausgeht, ist, daß die Themen in einen
ökologischen Rahmen gestellt und aufeinander bezogen sind, so daß zum
Abschluß die Ergebnisse nicht isoliert nebeneinander stehen, sondern daß sie
zusammengeführt, diskutiert und interpretiert werden müssen, und zwar im
Gespräch zwischen den Arbeitsgruppen wie in der allgemeinen Diskussion im
Plenum. Die Hauptaufgabe des Veranstalters besteht darin, dieses Gespräch zu
initiieren und aufrecht zu erhalten. Denn stets läßt sich die Tendenz beobachten, daß die Studenten Ergebnisse und Listen produzieren, ohne daß ihnen
der Gesamtzusammenhang bewußt bleibt. Dieser Zusammenhang kann an
zwei herausgegriffenen Beispielen, die mehrfach von uns bearbeitet wurden,
verdeutlich werden:

1. Die Bodenfauna der Kieler Bucht

Um eine Abhängigkeit der Besiedlung des Bodens von der Beschaffenheit des
Sediments herauszuarbeiten, wurden jeweils 2 Vergleichsprofile gewählt an
Stellen, wo ein Flach relativ schnell zu einer Rinne abfällt, wo also an nicht
weit voneinander entfernten Stationen mit unterschiedlichen Sedimenten zu
rechnen ist (Beispiele: Stollergrund, Mittelgrund, Boknis Eck, Vejsnäs Flak).

Es werden an 4–5 Stationen längs des Profils Bodengreiferproben genommen
und quantitativ ausgewertet. Zur Abschätzung des Aussagewerts der quantitativen Auszählung dienen Parallelproben. Von jeder Station werden Sedimentbestimmungen gemacht, die besonders die Korngrößenzusammensetzung, aber
auch den Anteil an organischen Bestandteilen und den Wassergehalt berücksichtigen. Die Arten innerhalb des Profils sind qualitativ und quantitativ so
angeordnet, daß ihre Verteilung auf den bestimmenden Einfluß eines sich
graduell verändernden Faktors hinweist. Die Ergebnisse können mit den
wenigen quantitativen Bodenfauna-Untersuchungen, die in neuerer Zeit in der
Kieler Bucht gemacht wurden (Kühlmorgen-Hille 1963, 1965, Arntz 1971),
verglichen werden. Dabei können die methodischen Mängel dieser Untersuchungen (weit verteiltes Stationsnetz, grobe Siebmethoden und Biomassebestimmungen, fehlende Sedimentanalysen) aus der selbst gewonnenen
Erfahrung heraus diskutiert werden.

2. Der Nordostseekanal

Eine Untersuchung des Nordostseekanals, der von Kinne einmal als natürliche
Salzgehaltsorgel bezeichnet wurde, ist lohnend, da hier bei weitgehender Konstanz vieler hydrographischer Parameter zumindest über Teilstrecken sich der
Gesamtsalzgehalt in ziemlich kontinuierlicher Weise verändert, d.h. zu- oder
abnimmt. Zur Bearbeitung im Rahmen des Kurses bietet sich besonders die
sessile und vagile Fauna der Brückenpfähle an, da hierbei ein Substrateinfluß
bei der Interpretation der Ergebnisse weitgehend ausgeschlossen werden kann
(Schütz 1963, 1969). Der große Vorteil ist weiterhin, daß der Abstand der
Stationen beliebig eng gehalten werden kann und daß die meisten zu untersuchenden Stationen jederzeit von Land her zu erreichen sind. Es müssen bei
dieser Untersuchung mindestens 3 Arbeitsgruppen zusammenarbeiten. Eine
Arbeitsgruppe bestimmt den Faunenbestand der Stationen bis zur Art hinunter,
um Häufigkeitsmaxima und Verbreitungsgrenzen der einzelnen Arten festzustellen. Eine andere Arbeitsgruppe analysiert die wichtigsten hydrographischen
Faktoren. Beim Vergleich der Ergebnisse dieser beiden Arbeitsgruppen stellt
sich heraus, daß der Salzgehalt limitierend auf das Vorkommen mehrerer Arten
wirken muß. Eine dritte Gruppe bestimmt mit Versuchen zur Osmoregulation
bei einigen ausgewählten Arten (z.B. *Nereis pelagica, N. diversicolor, Asterias
rubens*) regulatorische Mechanismen und Salzgehaltstoleranzen. Die Ergebnisse
dieser Versuche können mit den faunistischen und den hydrographischen Daten
in gemeinsamen Diskussionen einer einheitlichen Interpretation zugeführt
werden. Das Ausschlaggebende ist, daß die Zusammenhänge nach selbst erarbeitetem Material erkannt werden können und daß, bei Anfängern oft zum
ersten Mal, die vielen methodischen Schwierigkeiten bewußt werden, die
gerade ökologische Aussagen manchmal so unsicher machen können. Wichtig
erscheint mir auch, daß die einzelnen Themen bei unserem Konzept nicht in
Routine erstarren müssen, sondern daß ohne weiteres neue Anregungen und
Vorstellungen der Studenten eingebaut werden können, ohne daß der innere
Zusammenhang der Themen verloren gehen muß.

Die Probleme des Kurses liegen auf verschiedenen Ebenen. Ein didaktisches
Problem ist die mangelnde Erfahrung der Studenten (und des Dozenten) in
Gruppenarbeit. Ein weiteres Problem ist die Scheu vieler Studenten, aus eigenen
Ergebnissen auch eigene Schlußfolgerungen zu ziehen. Beide Probleme werden
gemildert durch das gemeinsame Bemühen, zu positiven Ergebnissen zu kommen,
sowie durch die Exkursionssituation, welche die Gruppenkohärenz verstärkt.

Das größte Problem ist die Wahl eines geeigneten Untersuchungsgebietes
und ist die Frage der Arbeits- und Unterkunftsmöglichkeiten am Ort. Dieses
Problem konnte von uns bisher immer nur von Fall zu Fall gelöst werden. Die
deutschen meeresbiologischen Institute sind auf die Durchführung solcher Kurse
nicht vorbereitet, entweder weil sie keine Service-funktion für Kurse anderer
Universitäten haben (Bremerhaven, Kiel) oder weil sie zu sehr am Bild der
klassischen Demonstrationsexkursion orientiert sind (List, Helgoland). Es
wäre m.E. notwendig, daß mehr Möglichkeiten für meeresökologische Kurse
und Exkursionen, auf denen im oben skizzierten Sinne gearbeitet werden kann,
geschaffen werden.

Anmerkung

Der hier geschilderte Kurs hätte ohne das Engagement und die kritischen
Anregungen der Studenten, Tutoren und Assistenten nicht seine jetzige Form
erhalten. Ich möchte besonders die Mitarbeit von Jürgen Dietrich, Gertrud
Waller, Amalie Fröhlich, Hans-Detlef Mebes, Burkhard Urban, Michael Lenski
und Ute Wilke hervorheben. Viele Angehörige des Instituts für Meereskunde
und des Zoologischen Instituts in Kiel und des Instituts für Meeresforschung
in Bremerhaven haben mich mehrmals in selbstloser Weise bei der Durchführung
des Kurses unterstützt, wofür ihnen vielmals gedankt sei.

Literatur

Arntz, W.E. (1971): Biomasse und Produktion des Makrobenthos in den tieferen Teilen der
Kieler Bucht im Jahr 1968. *Kieler Meeresforsch.* 27: 36–72.
Kühlmorgen-Hille, G. (1963): Quantitative Untersuchungen der Bodenfauna in der Kieler
Bucht und ihre jahreszeitlichen Veränderungen. *Kieler Meeresforsch.* 19: 42–66.
Kühlmorgen-Hille, G. (1965): Qualitative und quantitative Veränderungen der Bodenfauna
der Kieler Bucht in den Jahren 1953–1965. *Kieler Meeresforsch.* 21: 167–191.
Sader, M., B. Clemens-Lodde, H. Keil-Specht & A. Weingarten (1970): Kleine Fibel zum
Hochschulunterricht. München.
Schütz, L. (1963): Ökologische Untersuchungen über die Benthosfauna im Nordostseekanal
I. Autökologie der sessilen Arten. *Int. Rev. ges. Hydrobiol.* 48: 361–418.
Schütz, L. (1969): Ökologische Untersuchungen über die Benthosfauna im Nordostseekanal
III. Autökologie der vagilen und hemisessilen Arten im Bewuchs der Pfähle: Makrofauna.
Int. Rev. ges. Hydrobiol. 54: 553–592.

Anschrift des Verfassers:
Dr. W. Dohle, Institut für Allg. Zoologie, Königin-Luise-Str. 1–3, 1000
Berlin 33

SCHÜLEREXPERIMENTE ZUR EINWIRKUNG VON LUFTVERUNREINIGUNGEN AUF PFLANZEN UND ZUM KOHLENDIOXID-SAUERSTOFF-KREISLAUF

R. KLEE

Abstract

Mimosas react to very low concentrations of SO_2. The membranes of certain cells in the leafs of *Rhoeo spathacea* undergo a change following exposure to SO_2. In the presence of a certain amount of soil in the fumigation chamber high SO_2 concentrations are not followed by signs of damage. CO_2 released by soil microorganisms is utilised in photosynthesis of the green plants.

Im folgenden sollen einige neu entwickelte Schülerversuche zur Diskussion gestellt werden. Eine didaktische Begründung für ihren Einsatz im Unterricht ist z.B. nach dem von Bojunga & Dylla (1972) bzw. Berck (1974) ausgearbeiteten Modellen oder auch nach dem ökologischen Konzept nach Eulefeld (1975) möglich.

Für die Begasungsexperimente verwendeten wir die sog. Glockenmethode (Steubing & Kunze 1972, Härtel & Micklau 1971). Diesem Verfahren liegt das Prinzip zugrunde, daß sich in einem geschlossenen Gefäß über einer $NaHSO_3$-Lösung ein der Konzentration entsprechender SO_2-Partialdruck einstellt. Obwohl hinsichtlich der Konzentrationseinstellung ohne größeren Aufwand keine besondere Genauigkeit zu erzielen ist, lassen sich mit dieser Methode bei grünen Pflanzen unterschiedlich starke Schädigungssymptome reproduzieren. Diese Schadbilder ähneln häufig solchen, die durch extreme Klimafaktoren (Hitze, Wassermangel) hervorgerufen werden. Auffallende und eindeutige Schadsymptome fanden wir nach SO_2-Begasung an Pflanzen, die in den Epidermisvakuolen Farbstoffe enthalten, z.B. an *Rhoeo spathacea*.

Nach 24 Stunden Begasung mit 250 ppm SO_2 zeigten sich auf der blauen Unterseite der Blätter dieser Pflanze scharf umgrenzte grüne Flecken, d.h. das vorher vom Farbstoff überdeckte chlorophyllhaltige Gewebe wurde sicht-

Tabelle 1. Reaktionen von *Mimosa pudica* nach Begasung mit 5 bis 7 ppm SO_2.

	24 h begast	Kontrolle
Reaktion auf 1. Reizung	+	+
Erholungszeit	20 Min.	10 Min.
Reaktion auf 2. Reizung	−	+
Erholungszeit	−	10 Min.

bar. Die in diesem Fall verwendete Konzentration läßt sich natürlich nicht
mit den tatsächlich in Städten vorkommenden Konzentrationen vergleichen,
1 ppm ist dort schon ein hoher Wert. Es gelang lediglich bei der Mimose, diesem
Bereich mit sichtbaren Reaktionen nahe zu kommen. Wie Tabelle 1 zeigt,
braucht diese Pflanze bei einer $NaHSO_3$-Konzentration von 0,01% (entspricht
ca. 5–7 ppm SO_2) eine doppelt so lange Erholungszeit wie die Kontrolle. Auf
eine erneute Reizung reagiert die begaste Pflanze nicht mehr.

Um physiologische Reaktionen nach Schadgaseinwirkung zu zeigen, kann
die von Lange (1953) entwickelte Methode zur Messung der Flechtenatmung
eingesetzt werden. Das Prinzip dieser Methode (s.a. Steubing & Kunze 1972)
besteht darin, daß der zu untersuchende Organismus sich in einem geschlossenen
Gefäß über einer $NaHCO_3$-Lösung befindet. Ein Indikator (z.B. Methylrot)
zeigt an, ob und auch evtl. wieviel CO_2 absorbiert wird. Begast man die Laub-
flechte *Hypogymnia physodes* 5 Stunden lang mit ca. 250 ppm SO_2, dann ist
nach dem beschriebenen Verfahren keine CO_2-Abgabe mehr festzustellen.

Eine Möglichkeit, die Schädigung von Zellen durch SO_2 zu zeigen, besteht
in der Begasung der schon erwähnten *Rhoeo spathacea*. Begast man diese
Pflanze mit niedriger Konzentration eine Woche lang, so kann man auf Quer-
schnitten schon ohne optische Hilfsmittel erknnen, daß der rot-violette Farbstoff aus den Epidermiszellen ausgetreten ist und sich im gesamten Blatt verteilt
hat. Dieses Phänomen ist wohl so zu deuten, daß das SO_2 die Semipermeabili-
tät der Zellmembranen veränderte — hier sind jedoch noch weitere Untersuchungen zur endgültigen Klärung notwendig.

Für die Luftverunreinigungen gibt es ein sehr wirksames Filter, nämlich den
Boden. Nach Untersuchungen von Beilke, Georgii & Schmidt (1973) kommt
der Bodenabsorption als Senke des atmosphärischen SO_2 eine große Bedeutung
zu. Ulrich (1975) gibt als negative Folgen eines durch SO_2 erniedrigten pH des
Niederschlagswassers eine Schädigung des biologischen Bodenzustandes und
Verjüngungshemmung für die Vegetation an. Die enorme Aufnahmefähigkeit
des Bodens für SO_2 kann folgendermaßen demonstriert werden: Ein Weckglas
oder ein ähnliches Gefäß wird zu etwa 1/5 mit Gartenerde gefüllt, darauf stellt
man ein Gefäß mit $NaHSO_3$-Lösung und ein Gefäß mit frischen, grünen Pflanzen-
blättern (z.B. Tradescantia-Arten). Als Kontrolle dient ein entsprechend be-
schicktes Glas, jedoch ohne Gartenerde-Füllung. Wird die $NaHSO_3$-Konzentra-
tion so gewählt, daß eine Konzentration von etwa 250 ppm SO_2 entsteht,
zeigen die Pflanzen in dem Gefäß ohne Gartenerde deutliche Schädigungssymptome, während in dem Gefäß mit Erde keinerlei Veränderungen zu sehen sind.

Als Lebensstätte für die Mikroorganismen ist der Boden ein wichtiges
Kompartiment eines vollständigen Ökosystems (Walter 1970). Die Beziehung

Tabelle 2. Photosyntheseintensität der
Wasserpest

	Gasblasen/Min
Gartenerde	230
Sand	20
Kontrolle	1

„Mikroorganismen produzieren CO_2 — Photosynthese der grünen Pflanzen verbraucht dieses CO_2" läßt sich durch folgenden Versuch belegen: Ein Weckglas oder dgl. wird zu etwa 1/3 Gartenerde gefüllt, darauf stellt man ein Becherglas mit durch Abkochen CO_2-frei gemachten Wassers. In das Wasser wird ein Sproß von *Elodea canadensis* eingetaucht und mit einem Glasstab festgeklemmt. Läßt man diesen Ansatz eine Woche lang gut verschlossen stehen und beleuchtet dann mit einer Schreibtischlampe, beginnt der Wasserpest-Sproß nach etwa 10 bis 20 Minuten Gasblasen zu produzieren. Im entsprechenden Kontrollansatz (d.h. ohne Gartenerde) ist dagegen keine Reaktion festzustellen. Verwendet man anstelle von Gartenerde Sand, entwickeln sich nur wenige Gasblasen. Das Ergebnis eines Zählversuchs gibt Tabelle 2 wieder.

Das Versuchsergebnis ist wohl nur dahingehend zu deuten, daß das von den Bodenmikroorganismen produzierte CO_2 sich in dem Wasser gelöst hat und der Pflanze für die Photosynthese zur Verfügung steht.

Zusammenfassung

Es werden Schülerexperimente beschrieben, die folgende Ergebnisse zeigen:
Mimosen reagieren auf sehr niedrige SO_2-Konzentrationen.
Die Membranen bestimmter Blattzellen von Rhoeo spathacea verändern sich nach SO_2-Einwirkung.
Hohe SO_2-Konzentrationen führen nicht zu den sonst auftretenden Schädigungen, wenn in dem Begasungsgefäß eine bestimmte Menge Erde vorhanden ist.
Das von den Mikroorganismen im Boden produzierte CO_2 wird von grünen Pflanzen zur Photosynthese verwendet.

Literatur

Beilke, S., H.-W. Georgii & R. Schmitt (1973): SO_2-Senken in der Atmosphäre und am Erdboden. In: Deutsche Forschungsgemeinschaft: Repräsentanz luftchemischer Messungen an background-Stationen. Bonn-Bad Godesberg.
Berck, K.-H. (1974): Neue Tendenzen im Biologieunterricht. Der Einfluß von Curriculum-Theorien. *Siegener Pädagogische Studien* 16: 10—17.
Bojunga, W. & K. Dylla (1972): Zur Didaktik eines zeitgemäßen Biologieunterrichts in der Sekundarstufe I. *MNU* 27: 97—106.
Eulefeld, G. (1975): Ein ökologisches Strukturierungsprinzip für das Biologie-Curriculum in der Sekundarstufe I. In: Kattmann, U. & W. Isensee (Hrsg.): Strukturen des Biologieunterrichts. Köln.
Lange, O.L. (1953): Hitze- und Trockenresistenz der Flechten in Beziehung zu ihrer Verbreitung. *Flora* 140: 39—97.
Steubing, L. & Ch. Kunze (1972): Pflanzenökologische Experimente zur Umweltverschmutzung. Heidelberg.
Ulrich, B. (1975): Die Umweltbeeinflussung des Nährstoffhaushaltes eines bodensauren Buchenwaldes. *Forstw. Cbl.* 94: 280—287.
Walter, H. (1970): Vegetationszonen und Klima. Stuttgart.

Anschrift des Verfassers:

Dr. Rainer Klee, Institut für Biologiedidaktik der Universität, Gießen

BODENKUNDE ALS MÖGLICHKEIT ÖKOLOGISCH ORIENTIERTEN UNTERRICHTS

W. RIEDEL

Abstract

'The paper first deals critically with the role pedological contents play in school practice. Secondly, it deals with the question which learning aims can be achieved by means of pedological topics in lessions concerned with ecology. For that very purpose one graded, specially selected project is presented.

„Boden ist die von Leben durchsetzte, unter dem Einfluß des Lebens und der besonderen Umweltverhältnisse eines biologischen Standortes entstandene, einem ständigen Wechsel und einer charakteristischen Entwicklung unterworfene Umwandlungsschicht der festen Erdrinde." (W.L. Kubiena 1953)

Die hier vorangestellte Definition von „Boden" umreißt treffend die Stellung des Faches Bodenkunde innerhalb der Naturwissenschaften. Aus ihr ergeben sich Aufgaben und Ziele einer angewandten Bodenkunde. Unübersehbar enthalten ist dem hier vorgestellten Bodenbegriff der gesamtökologische Ansatz des Faches.

Das relativ junge Fach Bodenkunde ist heute nicht mehr wegzudenkender Bestandteil einer Reihe forstbaulicher, agrarwissenschaftlicher oder geowissenschaftlicher Fakultäten an deutschen Hochschulen; der angewandte Bodenkundler hat ein anerkanntes Betätigungsfeld. In der Schule ist Bodenkunde als selbständiges Fach bekanntlich nicht vertreten, was auch nicht gefordert werden soll. Aber auf einen Umstand sei hingewiesen, den Bodenkunde mit einigen weiteren naturwissenschaftlichen Disziplinen teilt und der als Problem nicht immer erkannt wird: Das Fehlen eines Faches Bodenkunde in der Schule bedeutet auch Fehlen einer pedologischen Fachdidaktik. Bodenkunde ist in der Schule (häufig auch in der hochschulischen Lehrerausbildung) in andere Fächer integriert, durch die es fachwissenschaftlich und fachdidaktisch abgedeckt wird. Somit ist Bodenkunde in Gefahr, das eigene wissenschaftliche Profil zu verlieren und nur noch Hilfswissenschaft und Zuträgerin anderer Disziplinen zu sein.

Im Schulalltag wird Bodenkunde innerhalb der Unterrichtsfächer Geographie, Biologie und Chemie, bzw. im naturwissenschaftlichen oder sozialwissenschaftlichen Sachunterricht der Primarstufe mehr oder weniger oder auch gar nicht behandelt. Die volle ökologische Aussage könnte Bodenkunde dann erhalten, wenn es fächerübergreifend unterrichtet würde und aus der Umklammerung einzelner Unterrichtsfächer gelöst würde. Bevor solche Möglichkeiten aufgezeigt werden, soll kurz dargestellt werden, wie sich Bodenkunde in der heutigen Schulpraxis präsentiert:
— Bodenkunde ist in den Lehrplänen der verschiedenen Stufen und Länder

immer wieder vertreten, nur wird Boden selten ganzheitlich erfaßt, sondern es werden jeweils einzelne den Boden bildende Faktoren oder vom Boden abhängige Phänomene, gebunden an die Lernziele der Fächer Geographie, Biologie, in selteneren Maße auch Chemie und Physik, behandelt. Hierbei kommt es zu Doppelungen, Überschneidungen und Auslassungen.

— Ähnliches kann für das Schulbuch gesagt werden. Auffällig ist besonders:

1. wie schon bei den Lehrplänen auch hier insgesamt der verhältnismäßig geringe Anteil von bodenkundlichen Themen im naturwissenschaftlichen Unterricht

2. ausgesprochene Fehler in den Darstellungen, die auf einen Mangel an Kontakt zum derzeitigen Niveau der Fachwissenschaft schließen lassen

3. die Vorliebe für einige landschaftsgebundene Musterbeispiele, die dem Schüler in seiner Umwelt als Anschauungsmaterial kaum zur Verfügung stehen.

— Daneben fehlt es in Hinblick auf bodenkundliche Inhalte ausgesprochen an geeigneten Medien, besonders an Filmen und Diaserien: Im Anschauungsmaterial, das dem heutigen Lehrer oft reichlich zur Verfügung steht, ist aber immer wieder Brauchbares enthalten, wenn er es nur für den Unterricht aufzubereiten versteht. (Erinnert sei an Prospektmaterialien von Ministerien, Naturschutzverbänden, landwirtschaftlichen Beratungsstellen, der Industrie, an Kindersachbücher, Poster, fachwissenschaftliche und populärwissenschaftliche Literatur, an Presse, Funk und Fernsehen.)

Aber hier sind wir auch am neuralgischen Punkt: Die ausgelassene Chance, am Beispiel des Bodens einen hervorragenden ökologischen Unterricht zu leisten findet die Ursache nicht so sehr in Lehrplan, Schulbuch und mangelnden Medien, sondern im fehlenden Mut und den fehlenden Kenntnissen vieler Lehrer

1. im Unterricht über eng gesteckte Rahmen hinaus zu gestalten

2. Unterrichtsgang und Schulversuch als die am hervorragendsten geeigneten motivierenden Unterrichtsmittel einzusetzen. (Wiewohl hier die biologische und geographische Fachdidaktik, besonders in der DDR und Großbritannien brauchbare Anweisungen zur Verfügung gestellt hat.)

Die Gründe hierzu sind natürlich auch in einer weitgehend fehlenden bodenkundlichen Ausbildung der Lehrer zu sehen, ein Vergleich des Lehrangebots verschiedener Hochschulen belegt dieses. In der allgemeinbildenden Schule steht und fällt Bodenkunde mit dem jeweiligen Fachlehrer. Die Ökologie an unseren Schulen ist — fernab der Forschungsfortschritte der Fachwissenschaftler — so gut und so schlecht wie unsere Biologie-, Chemie- und Geographielehrer. Das ist in der Praxis das unterrichtliche Schicksal der Ökologie, die nach unserem Verständnis im Sinne von Schaefer (1974) Unterrichtsprinzip und nicht Lehrfach sein soll.

Den Boden haben viele Fächer zum Unterrichtsgegenstand, bei geschickter Miteinbeziehung jedenfalls mehr Fächer, als in der Schulpraxis beteiligt. Im Nachfolgenden sollen Fächer genannt werden, die in einem fächerübergreifendem Unterricht beteiligt werden können. Ihre jeweilige Rolle soll durch ein ausgewähltes Lernziel verdeutlicht werden. Eine weitere Untergliederung in Richtziele, Grob- und Feinlernziele ist an dieser Stelle nicht möglich.

Gemeinsamer Unterrichtsgegenstand: Boden

Fach	*Lernziel*
Biologie[+]	Die Schüler sollen die Wechselbeziehungen von Boden und Pflanze, sowie von Boden und Tier erkennen (Beschäftigung u.a. mit dem Humus, der Tätigkeit der Bodentiere)
Chemie[+]	Die Schüler sollen die im Boden ablaufenden chemischen Prozesse und ihre Bedeutung erkennen (Beschäftigung u.a. mit Kalkgehalt und Azidität)
Physik[+]	Die Schüler sollen die physikalischen Eigenschaften des Bodens und ihre Bedeutung erkennen (Beschäftigung u.a. mit Wassergehalt, Porosität, Temperatur im Boden)
Geographie[++]	Die Schüler sollen die gesetzmäßigen Prinzipien der Verbreitung der Böden, ihre Rolle im Landschaftshaushalt und ihre Bedeutung für den wirtschaftenden Menschen erkennen (Beschäftigung u.a. mit Bodentypen und Bodenzonen)
Wirtschaft/Politik[++]	Die Schüler sollen die Bedeutung des Bodens im gesellschaftlichen Prozess erkennen (Beschäftigung u.a. mit den Bodenbesitzverhältnissen in verschiedenen Räumen)

Gesamtökologisches Lernziel:

Der Boden im Ökosystem —
Denkenlernen in einem komplexen Zusammenhang

[+] In der Primarstufe = naturwissenschaftlicher Sachunterricht (Biologie, Chemie, Physik)

[++] In der Primarstufe = sozialwissenschaftlicher Sachunterricht (Geographie, Wirtschaft/Politik, Geschichte)

Die Operationalisierung der genannten Lernziele ist möglich:
— bei ausreichender Absprache und Koordination der jeweiligen Fachlehrer arbeitsteilig
— im Idealfall als projektorientierter Unterricht.

Das impliziert häufig einen „Verstoß" gegen (zu) enges Lehrplandenken, es eröffnet aber über formulierte Lernziele hinaus neue ökologische Lernzielkategorien.

Von vier an der PH Flensburg entwickelten bzw. in Entwicklung befindlichen Projekten soll nachfolgend kurz das Projekt „Der Boden in der Landwirtschaft" vorgestellt werden:

Projekt: der Boden in der Landwirtschaft

Beteiligtes Fach	*Teilbereich*	*Unterrichtsformen*
Geographie	Intensität und Extensität von Landwirtschaft in Abhängigkeit von der Beschaffenheit der Böden einer Landschaft	Unterrichtsgespräch, Dia, Film, Unterrichtsgang

Wirtschaft/Politik	Soziale Probleme in der Land- wirtschaft in verschiedenen Gesellschaften	Unterrichtsgespräch, Film, Betriebsbesichtigungen
Chemie	Chemische Prozesse im Boden in ihrer Bedeutung für die Landwirtschaft in Abhängig- schen Möglichkeiten der Bodenverbesserung	Versuch, Film
Physik	Bodenphysikalische Differen- zierung von Ackerböden und physikalische Möglichkeiten der Bodenverbesserung	Versuch, Film
Biologie	Formen des Bodenlebens in Acker- und Grünlandböden; Grundfragen der Pflanzen- ernährung	Unterrichtsgespräch, Versuch und Unterrichtsgang

Eine ähnlich breite Beteiligung einiger oder — im Idealfall — aller in Frage kom-
mender Fächer läß sich — differenziert nach Medien und Lernzielen — ebenso
gut gestalten an den Projekten: Ökosystem Wald — Kiesgrube — Landschaft,
unser Lebensraum.

Bei näherer Beschäftigung zeigten sich immer wieder:
— die reichen Möglichkeiten einer Beteiligung vieler Fächer, die verschiedene
Aspekte und Lernziele einbringen
— die Gefahren der Behandlung eines solch komplexen Stoffes nur durch ein
Fach: oft unter Verlust des ökologischen Unterrichtsprinzips
— die Möglichkeit, im Sinne eines Spiralcurriculums (von Vorschule über Primarstufe über Sekundarstufe 1 über Sekundarstufe 2 bis hin zur akademischen
Lehrerausbildung) ein Thema aus verschiedenen Blickwinkeln zu behandeln, zu
festigen, zu verdichten und zuletzt zu einer fachwissenschaftlich wie fachdidaktisch anspruchsvollen ökologischen Synthese zu führen.

In diesem Beitrag wird nicht vom Standpunkt des Biologen oder Geographen
aus entwickelt, sondern vom Unterrichtsgegenstand her, der hier von vornherein
die Kooperation verschiedener Fächer erfordert. Dieser Beitrag (Anm.: Im
Originalvortrag mit Farbdias) will somit als Einladung verstanden werden, am
Gegenstand Boden Ökologie zu betreiben. An dieser Stelle erhoffen sich die
Schulpraktiker vermehrte Anregungen aus der Fachwissenschaft, die Ökologen
der verschiedenen Fächer selbst sind zu mehr mutiger Kooperation aufgerufen.

Anmerkung: Allen an bodenkundlichen Unterrichtsversuchen beteiligten Lehrern, Studie-
renden und Schülern im Hochschulbereich der PH Flensburg sei ausdrücklich gedankt.
Besonderer Dank gilt den Bodenkundlern des Ordinariats für Bodenkunde der Universität
Hamburg und der Bundesforschungsanstalt für Forst- und Holzwirtschaft in Hamburg-
Lohbrügge für ständige Diskussionsbereitschaft.

Literatur

Baer, H.-W. (1974): Biologische Versuche im Unterricht. Berlin und Köln.

Hundt, R. & E. Kresze (1969): Biologie. Arbeitsgemeinschaften — Exkursionen. Berlin.

Kubiena, W.L. (1953): Bestimmungsbuch und Systematik der Böden Europas. Stuttgart.

Lobeck, K. & I. Meincke (1969): Wald — Hecke — Strand. Ein feldbiologisches Arbeitsbuch. Berlin.

McLellan, A.C. (Hrsg.) (1970): Field Studies for Schools. London

Projektorientierter Unterricht. Lernen gegen die Schule? (1976) Hrsg.: Redaktion betrifft: erziehung. Weinheim und Basel.

Riedel, W. (1974): Physisch-geographische und bodenkundliche Kartierarbeit mit Schülern und Studenten — Entwicklung von Unterrichtsprojekten zum Komplex Umweltschutz. In: Verhandlungen der Gesellschaft für Ökologie, Erlangen, S. 285—289.

Schaefer, G. (1974): Ökologie — Lehrfach oder Unterrichtsprinzip? In: Verhandlungen der Gesellschaft für Ökologie, Erlangen, S. 269—274.

Wilks, H.C. (1968): Geography Fieldwork (a continuous and graded course). London.

Zimmer, F. (1971): Praktisch-geographische Schülertätigkeiten. Berlin.

Anschrift des Verfassers:

Dr. Wolfgang Riedel, Pädagogische Hochschule, Seminar für Geographie, Mürwiker Straße 77, 2390 Flensburg

Sonderdruck: Verhandlungen der Gesellschaft für Ökologie, Göttingen 1976

DIE PROBLEMATIK DER ÖKOLOGIE IM SCHULFACH „ERDKUNDE" IN DER SEKUNDARSTUFE II

E. NOLL

Abstract

If ecology is to be part of the geography curriculum, various problems will arise. The lack of basic knowledge of biology would be one of the main problems. A first step to get ecology into geography lessons could be using material such as cartographic maps. There are, however, few maps which represent a landscape from different points of view, thus making causal analysis possible. To build up an adequate curriculum considering pertinent problems, an extensive study of source material is necessary. This can only be done by cooperating with suited research institutes.

Im Zuge der Reformierung der Sekundarstufe II hat sich die Diskussion um neue Lerninhalte für die einzelnen Schulfächer verstärkt. Auch für die Erdkunde sind in vielen Bundesländern neue Curricula erstellt worden. Von besonderem Interesse ist an ihnen neben einem umfangreicheren Themenangebot aus der Sozialgeographie die Aufnahme des ökologischen Gedankens. Letzteres gilt nicht für das sogenannte „Normenbuch", in dem besonders die politischen und sozialgeographischen Themen dominieren.

Auch ist es sehr unterschiedlich, was die einzelnen Bundesländer unter den als Landschaftsökologie, Geoökologie oder Geobotanik bezeichneten Halbjahreskursen verstehen. Bayern, Berlin und Nordrhein-Westfalen (z.B.) fassen unter Landschaftsökologie verschiedene Einzelthemen der physischen Geographie und des Umweltschutzes zusammen, während für das Saarland reine biogeographische Inhalte beschrieben werden.

In diesen beiden Extremen wird die Hauptproblematik deutlich: Weil Ökologie die Interdependenz der Einzelfaktoren zum Gegenstand hat, darf es sich also nicht um eine bloß Summierung von Geofaktoren bzw. physischgeographischen Inhalten handeln. Andererseits ist es aber einem Geographielehrer ohne Beifach Biologie nur schwer möglich, die biologischen Sachverhalte aufzuarbeiten, also Biogeographie zu betreiben.

Die Reaktion der Kollegen auf die Darlegung des Saarbrücker Curriculums auf dem Schulgeographentag 1976 war kennzeichnend: Man erachtete die Anforderungen an den Erdkundelehrer als nicht angemessen. Dies ist unter anderem durch die hierzu nur geringe oder sogar fehlende Ausbildung bedingt. Selbst wenn der Lehrer gewillt ist, sich in die Thematik einzuarbeiten, werden ihm vielfach die notwendigen chemischen Grundkenntnisse und der Einblick in die größeren biologischen Zusammenhänge fehlen. Damit steht er in der Gefahr, falsche oder schiefe Sachverhalte an den Schüler weiterzugeben.

Am Beispiel pflanzensoziologischer Aufnahmen kann dies verdeutlicht werden: Notwendige Voraussetzung dazu ist die Kenntnis der Bestimmungstech-

nik, die ihrerseits bereits morphologisches Wissen verlangt. Greift der Geograph
als Ersatz für eigene Aufnahmen auf Vegetationskartierungen zurück, so
besteht die Gefahr einer „Überdeutung", denn er wird sich der Problematik
solcher Aufnahmen und der Grenzen ihrer Aussagekraft nicht bewußt sein.
Dennoch ist die große Bedeutung der biologischen Sachverhalte zur Erfassung
und Beurteilung eines ökologischen Gefüges nicht zu bestreiten (s.a. Klink 1975).

In dieser stofflichen und methodischen Unsicherheit ist es wohl begründet,
daß bislang einerseits in der Praxis nur sehr selten Kurse zu dem Thema angeboten werden, andererseits in der Schule verwendbares Lehrmaterial fehlt.

Welche große Bedeutung der Ökologie auch in der Schule und im Hinblick
auf den Alltag zukommt, braucht an dieser Stelle nicht mehr nachgewiesen zu
werden. Hierzu sei auf Schäfer (1974), Müller (1974), Kirsch (1976) verwiesen.
Es sei nur angedeutet, daß eine begründete Stellungnahme auch zu geographischen Themen, wie z.B. Standortwahl von Industrien, Möglichkeiten der landwirtschaftlichen Nutzung, Raumentwicklung und Raumplanung, nur dann
möglich ist, wenn abgeschätzt werden kann, in welcher Weise die einzelnen
Sachaspekte zusammenhängen bzw. einander beeinflussen, welche Folge ihre
Veränderung mit sich bringt.

Daraus ergibt sich zwangsläufig die Forderung, daß den Schülern wenigstens an
einer Stelle einmal die ökologische Gesamtheit eines Raumgefüges vorgestellt und
ihnen die Erfassungs- und Beurteilungsmethoden vermittelt werden müssen.
Auch mit diesen Überlegungen wird ausgeschlossen, daß Landschaftsökologie
eine Sammlung physisch-geographischer Fakten sein darf.

Ehe man den Versuch unternimmt, diese Forderungen in ein praktikables
Konzept umzuwandeln, müssen die offenen Fragen beantwortet werden, 1.
welche Landschaft und 2. Räume welcher Größe sollen Gegenstand des Unterrichts sein: Die natürliche, unbeeinflußte Landschaft, wie Paffen sie verstand,
oder auch die antrophogen beeinflußte Landschaft im Sinne von Müller, Leser,
Klink.

Zu 1

Die meisten uns zugänglichen Räume sind vom Menschen beeinflußt, also wird
man die antrophogen beeinflußte Landschaft in den Vordergrund stellen müssen.
Dafür sprechen auch schulrelevante Gründe: Sie bildet die tägliche Umwelt des
Kollegiaten, mit ihren Problemen wird er am ehesten konfrontiert. Durch die
Wirklichkeitsnähe werden diese Beispiele die größte Motivationskraft haben.
Auch vom Gesichtspunkt der zukünftigen Bedeutung wird die Entscheidung
zugunsten der Kulturlandschaft fallen: Die Erwachsenen heute und der Erwachsene von morgen werden am ehesten aufgerufen, vom Menschen negativ beeinflußte Landschaften zu regenerieren. In den seltensten Fällen werden Natur-
landschaften zur Beurteilung anstehen.

Daraus aber ist nicht zu folgern, daß Geoökologie mit Umweltschutz gleichzusetzen wäre. Im Gegenteil: Steht eine vom Menschen — eventuell sogar
negativ — beeinflußte Landschaft im Mittelpunkt der Erarbeitung, so ist es
notwendig, daß der Bestandsaufnahme, die Genese, die Erarbeitung des natür-

610

lichen ursprünglichen Bildes der Landschaft folgt (Neumeister zit. nach Leser
1976), ehe dann anhand des Istzustandes ermittelt werden kann, welche Faktoren mit welcher Wirkung verändert worden sind und wie auf diesem Hintergrund eine Verbesserung der Gegebenheiten herbeizuführen ist.

Zu 2.

Der Stapelager Arbeitskreis der Erdkunde-Fachleiter machte 1975 zur Grundlage einer ökologischen Sequenz die Vegetations- und Klimazonen der Erde.
Solche großräumige Betrachtungen erscheinen, auch nach eigenen Versuchen
zum Thema Extremlebensräume, für eine Anfangsbehandlung geoökologischer
Zusammenhänge ungeeignet. Mit solchen, notwendigerweise verallgemeinernden
Aussagen ist eine methodische und inhaltlich genaue Erarbeitung eines Krite-
riengefüges nicht möglich. Sie sollten vielmehr am Schluß der landschaftsökologischen Betrachtungen — auch unter methodenkritischem Ansatz — stehen.

Um auch die kleinräumig unterschiedlichen Kriterien (wie u.a. Ausgangs-
gestein, Bodenarten, Wasserhaushalt, Relief), die bei den geographischen Zonen
keine Rolle mehr spielen, in ihrer Verflechtung zu zeigen, ist es notwendig, auf
überschaubare Raumeinheiten zurückzugreifen. Gleichzeitig muß gelten, daß
in dem zu wählenden Beispielraum die Zusammenhänge der Geofaktoren
anschaulich und klar zutage treten, ihre Erfassung nicht besonders schwer und
eine Generalisierung der Aussagen möglich ist.

Am ehesten werden diese Forderungen erfüllt durch kleine Ökotope, wie z.B.
den Wald. Damit aber trifft man auf das oben erwähnte Hauptproblem. Es
wird nur unter bodenkundlichem Aspekt möglich sein, rein geographische
Methoden anzuwenden. Will man das Gesamtgefüge erfassen, ist biologische
Detailarbeit notwendig.

Wie könnte nun das Hauptproblem überwünden werden? Zwei Alternativen
scheinen sich anzubieten. Zusammenarbeit mit den Nachbarfächern, so wie
es auch in der wissenschaftlichen Literatur für landschaftsökologische Kartierungen gefordert wird. Aber gerade die Reform macht in S II eine solche Teamarbeit unmöglich: Jedes Fach hat seine Halbjahressequenzen mit einem
bestimmten Thema. Pflanzensoziologie ist dabei in keinem Bundesland vorgesehen und läßt sich in die weitgehend physiologischen Themen auch nicht
„einschieben". Eine andere Möglichkeit ist der Rückgriff auf Vegetationskartierungen, wobei der Nachteil der großräumigen schon erwähnt wurde. Damit
erhebt sich eine weitere Schwierigkeit, denn für die BRD sind nur wenige
Bestandskartierungen von Kleinlandschaften dem Lehrer zugänglich. Es ist
aufgrund des mangelnden Informationsflusses zwischen Hochschule und Schule
umfangreiche Sucharbeit notwendig, um Gebiete zu finden, für die biologische
Ergebnisse vorliegen und die auch geographisch überschaubar und gut aufzubereiten sind. Auch müssen die anzuwendenden Methoden und erarbeiteten
Inhalte für die Geoökologie repräsentativ sein.

Nur in seltenen Fällen werden alle diese Bedingungen in der schulnahen
Umgebung erfüllt sein, so daß auch praktisches Arbeiten möglich wäre. Viel-

mehr erscheint es notwendig, ein Curriculumbeispiel mit allen notwendigen
Materialien so aufzuarbeiten, daß es in jeder Schule der BRD nachgearbeitet
werden kann.

Solche Beispiele existieren noch nicht, man sollte aber dennoch schon heute
Landschaftsökologie in der Schule betreiben und sich vorwiegend auf die
geographisch erfaßbaren Kriterien beschränken:
Möglich sind (s. Langer),
Geomorphologie: Reliefform, Neigung, Exposition, Höhenlage;
Klima: Makroklima, Temperatur, Niederschlag, Wind, Mikroklima im Zusammen-
hang mit der Exposition: Temperatur, Niederschlag, Wind, Strahlung und
Frost;
Hydrologie: Grundwasserstand, Wasserqualität, Abfluß, Überschwemmungen, ...;
Pedologie: anstehendes Gestein, Entwicklungsstufen des Bodentyps, Bodenart,
Bodengefüge, Bodenchemismus, Humosität und Nährstoffhaushalt
zu erfassen. Diese Sachverhalte bedürfen biotischer Ergänzungen entweder durch
vorliegende Kartierungen (s.o.) oder durch Sachverhalte, die der
Geograph beherrscht: Pflanzen, die Zeigerfunktion für Bodeneigenschaften
haben, Nutzungskartierungen und ursprüngliche Vegetation führen zu der
Frage nach der Veränderung und ihrer Hintergründe. An dieser Stelle finden
also auch die gesellschaftlichen Aspekte Eingang in die Geoökologie, so wie es
nicht nur von wissenschaftlicher Seite (Leser 1976), sondern vor allem von den
Schuldidaktikern gefordert wird. Welche Gesichtspunkte jeweils schwerpunktmäßig herausgegriffen werden könnten, zeigt Späth (1976): Grundwasser und
landwirtschaftliche Nutzung, Bodenerosion und Ernterückgang oder Abfall-
beseitigung und Grundwasserschutz.

Diese Beispiele sind sicherlich auch im schulnahen Bereich durchzuführen.
Es bietet sich aber auch an, die Wasserversorgung schwerpunktmäßig heraus-
zugreifen. Hierbei wären sowohl geomorphologische, klimatische wie hydrologische Voruntersuchungen notwendig. Sind die kausalen Verknüpfungen dieser
Komponenten bekannt, kann die Problematik der Gefährdung von Wasserreser-
ven anschließen. Als weitere Möglichkeit wäre der Bereich eines Flusses
mit seinen angrenzenden Landschaftseinheiten zu nennen. In diesem Zusammenhang sei auf den Beitrag von Reichholf in diesem Band verwiesen. Er untersuchte
die Biotopstruktur verschiedenartiger Staustufen am Inn. Auch die ökologischen
Kartierungen von Klink (1975) anhand von Luftbildern seien als eine für die
Schule praktikable Möglichkeit erwähnt. Nicht zu vergessen sind die vielfältigen
Anregungen in diesem Band, wie die unterschiedlichen Bewirtschaftungsweisen
im Brandgebiet der Südheide oder die Sukzessionsfolgen im Brachland. Auch
auf die Zusammenhänge, die zwischen glazialer Serie und Vegetation bestehen,
sei hingewiesen.

Ein anderer methodischer Ansatz wäre es, statt ein in sich geschlossenes
ökologisches Gefüge vorzustellen, anhand mehrerer Einzelbeispiele geoökologische Sachverhalte zu bearbeiten.

Welchen Weg man auch wählt, zu bedenken sind neben den oben aufgezeigten Schwierigkeiten die Notwendigkeiten, daß ein breiter Spielraum
zur praktischen Tätigkeit für die Lerngruppe gegeben sein muß und daß als
Ergebnis landschaftsökologischer Betrachtungen auch kartographisch — eventuell

612

Kausalprofil oder Karten und Deckkarten — ein Gesamtbild des vorliegenden
ökologischen Gefüges entstehen sollte.

Man sieht, daß sich tatsächlich viele Einzelprobleme ergeben, will man in der
Schule Landschaftsökologie betreiben. Manche davon sind leicht oder durch
Kompromisse zu lösen, und es bleibt zu hoffen, daß sich auch die Material-
frage (biologisches wie geographisches) in nächster Zukunft verbessert.

Literatur

Beschlüsse der Kultusministerkonferenz (1975): Einheitliche Prüfungsanforderungen in der
    Abiturprüfung: Gemeinschaftskunde. Darmstadt.
Curriculum (1973): Erdkunde. Düsseldorf.
Heyer, E. u.a. (1968): Arbeitsmethoden in der physischen Geographie. Berlin.
Kirsch, H. u.a. (1976): Biogeographie in der Sekundarstufe II. *Geographische Rundschau*
    4: 155—162.
Klink, J. (1975): Geoökologie — Zielsetzung, Methoden und Beispiele. Verhandlungen
    d. Ges. f. Ökologie. Den Haag.
Langer, H. (o. J.): Die ökologische Gliederung der Landschaft und ihre Bedeutung für die
    Fragestellung der Landschaftspflege. Beiheft Landschaft und Stadt. Ulmer, Stuttgart.
Leser, H. (1976): Landschaftsökologie. Stuttgart.
Müller, P. (1973): Erziehung zum Umweltbewußtsein in der Universität. Umwelt Saar
    1973. Homburg/Saar.
Müller, P. (1974): Was ist Ökologie?. *Geoforum* 18: 78—81.
Reichholf, J. (1976): Biotopstruktur und Staustufen am Inn. Vortrag auf der Jahrestagung
    der Ges. f. Ökologie. Göttingen.
Schäfer, G. (1974): Ökologie — Lehrfach oder Unterrichtsprinzip? *Naturw. Rundschau.*
Späth, H.J. (1976): Geoökologisches Praktikum. Stuttgart.
Villis, O. (1976): Bericht der Arbeitsgruppe 5 in Stapelage 1974: Modell für einen Grund-
    kurs Geoökologie. *Veröff. d. Landesinstitut für schulpädagogische Bildung.* Düsseldorf.

Anschrift der Verfasserin:
    StD' Evelyn Noll, Fachleiterin für Erdkunde am Bezirksseminar II für das
    Lehramt am Gymnasium, Kirchhörderstr. 17, 4600 Dortmund 50

Sonderdruck: Verhandlungen der Gesellschaft für Ökologie, Göttingen 1976

ZUR DIDAKTIK DER UMWELTERZIEHUNG AN PÄDAGOGISCHEN HOCHSCHULEN BADEN-WÜRTTEMBERGS

W. JANSSEN & A. MEFFERT

Abstract

In the summer of 1976, a team of lecturers from the Colleges of Education in Esslingen, Karlsruhe and Schwäbisch Gmünd initiated an interdisciplinary course in the ,,Didactics of Environmental Education for Primary and Secondary School Teachers in Baden-Württemberg". On the basis of this course it was found necessary to organize a second phase course, concentrating on the various aspects of environmental education. These courses are taking place in the winter of 1976/77 in the form of projects.

The organisation of this experiment is based on a planning concept for the didactic aims of environmental education, which do justice to the various demands of interdisciplinary cooperation and to the factual information provided by these various disciplines, as well as to the provocation of action and interaction amongst the pupils themselves and between the pupils and the teachers.

By these means environmental education becomes more than simply the providing of information about ecological facts, because the training of environment-conscious behaviour is hardly possible without an understanding of social dimensions.

An opinion poll about environmental problems was carried out with about 150 students from varying background and! walks of life. One, and, perhaps the most important result was that the majority ot questioned students put the social dimensions as far as problems of the envornment were concerned in first place.

1. Umwelterziehung an Hochschulen

Im Umweltprogramm der Bundesregierung vom Oktober 1971 heißt es unter den Zielen für Bildung und Ausbildung u.a.: ,,Die Bundesregierung wird anregen, daß bei den Hochschulen und sonstigen Ausbildungsstätten des tertiären Bereichs Umweltschutz und Umweltgestaltung interdisziplinär behandelt werden. In alle dafür geeigneten Studiengänge sollten Umweltthemen einbezogen werden. Durch Aufnahme in die Ausbildungs- und Prüfungsordnungen sollte die Beschäftigung mit der Umweltproblematik besonders für die Studenten des Lehramtes, der Ingenieurwissenschaften und der technischen Fächer verbindlich gemacht werden." (Bundesregierung 1973)

In dieser Erklärung werden bereits zwei Aspekte betont, die für jede Auseinandersetzung mit Fragen der Umwelterziehung von zentraler Bedeutung sind: 1. die Interdisziplinarität der Thematik, 2. die Reform von Studiengängen und Prüfungsordnungen im Blick auf Umweltthemen.

Seit der Veröffentlichung des Umweltprogramms vor fünf Jahren wird in zunehmendem Maße auf der wissenschaftlichen, der beruflichen wie der schulischen Ausbildungsebene die Berücksichtigung von Umweltthemen in Studiengängen bzw. Lehrplänen diskutiert bzw. in spezifischen Studiengängen, Projekten und Kursen zentriert. Einen guten Überblick über „Stand, Tendenzen und Modelle für die Einführung von Umweltthemen in Aus- und Fortbildung" bietet eine in vier Bänden dargestellte Studie von Dienel et al. (1975). Auf der Basis dieser Studie sowie weiterer Erhebungen wurde die spezifische Situation der wissenschaftlichen Aus- und Fortbildungsmöglichkeiten im Umweltschutz vom Umweltbundesamt (1976) zusammengefaßt.

Im folgenden kann nur auf die Situation der „Umwelterziehung an Pädagogischen Hochschulen Baden-Württembergs" näher eingegangen werden. Insbesondere werden Ansätze und Ziele eines Modellversuchs kurz dargestellt.

2. Auftrag und Organisation des Modellversuchs

Eine im Auftrag des Kultusministeriums Baden-Württemberg erstellte Synopse aller Lehrveranstaltungen der letzten Jahre zum Themenbereich „Umwelterziehung an den Pädagogischen Hochschulen" läßt erkennen, daß z.B. die Zahl der Veranstaltungen im Rahmen von Seminaren, Übungen und Praktika zum Themenkreis Ökologie/Umweltschutz stetig gewachsen ist.

Das Fach Biologie ist mit etwa der Hälfte aller Veranstaltungen am stärksten betroffen. Es schließen sich in abnehmender Reihenfolge die Fächer Geographie, Chemie, Physik und Soziologie an. Die Fächer Wirtschaftswissenschaften, Politologie/Gemeinschaftskunde, Schulpädagogik, Theologie und Hauswirtschaft werden vereinzelt vor allem im Zusammenhang mit Gemeinschaftsveranstaltungen genannt.

In der Synopse werden über die aufgezählten Veranstaltungen hinaus 18 verschiedene Vorhaben als didaktische Forschungsprojekte zum Fragenkreis Umwelterziehung bezeichnet. Der komplexen Thematik entsprechend sind die Veranstaltungsformen, die Themen und Forschungsschwerpunkte außerordentlich heterogen. Um einer wenig ökonomischen, zunehmend divergenten Entwicklung entgegenzuwirken, wurde nunmehr eine kritische Sichtung und Koordination der Ansätze, eine kooperative Planung bestimmter Vorhaben im Sinne regionaler Schwerpunkte in die Wege geleitet.

Vom Kultusministerium Baden-Württenbergs wurde im Oktober 1975 eine Arbeitsgruppe „Didaktik der Umwelterziehung an Pädagogischen Hochschulen" konstituiert, um in Form eines Modellversuchs die sachgerechte Behandlung von Problemen der Umwelterziehung zu erproben.

Tabelle. Anzahl der an den Pädagogischen Hochschulen des Landes Baden-Württemberg durchgeführten Seminare/Übungen/Praktika zum Themenkreis Ökologie/Umweltschutz im Zeitraum vom Sommersemester 1971 bis zum Wintersemester 1975/76.

	71	71/72	72	72/73	73	73/74	74	74/75	75	75/76	
SS	2		7		12		15		23		59
WS		4		6		7		9		10	36
											95

In der Arbeitsgruppe sind fünf der neun Pädagogischen Hochschulen des Landes durch je einen Dozenten vertreten.

Die von der Landesregierung für die Arbeitsgruppe zur Verfügung gestellten Mittel ermöglichten die Einstellung eines Angestellten zur wissenschaftlichen Begleitung des Modellversuchs. Neben der kontrollierten Erprobung bestimmter Veranstaltungsformen und Themenbereiche sollen Befragungen an Studenten und Hochschullehrern Aufschluß über Einstellungen geben; weiter sollen Richtziele zur Didaktik der Umwelterziehung erarbeitet, Medien und Literatur gesichtet und bewertet werden.

Der komplexe Bereich der Umwelterziehung setzt ein breites, zahlreiche Fächer umfassendes Konzept voraus. Für eine Grundkonzeption zur Behandlung der Umweltthematik im Rahmen der Lehrerausbildung konnten in Verbindung mit bereits vorliegenden Erfahrungen Aufgaben aufgegriffen werden, die der Arbeitsgruppe nach dem Mittelfristigen Umweltschutzprogramm der Landesregierung Baden-Württemberg (1974) zugewiesen wurden.

Im Kapitel 2 über Umweltschutz an Hochschulen und Schulen ist ausgeführt, daß durch die Bildung der Arbeitsgruppe „neue Organisationsformen der Zusammenarbeit verschiedener Fachdisziplinen in Fragen der Umwelterziehung und Umweltbildung“ gefördert werden sollen. Im Zusammenhang damit heißt es weiter: „Zur Aufgabe dieser Arbeitsgruppe wird es auch gehören, Empfehlungen an die Hochschulen zu geben für die fächerübergreifende Behandlung der Umweltprobleme, etwa in Form von Ringvorlesungen ...“.

Aus diesem Ansatz heraus hatte sich die Arbeitsgruppe entschlossen, als erste Phase einer Grundkonzeption fächerübergreifende Ringveranstaltungen zu planen. Sie sollen einer zunächst breiten Orientierung und einer interdisziplinären Auseinandersetzung mit Grundproblemen der Didaktik der Umwelterziehung dienen.

Ausgewählte, aus Ringveranstaltungen sich entwickelnde Probleme oder Sachbereiche sollten einer vertiefenden Analyse zugänglich gemacht werden können. Auch die zweite Phase der Grundkonzeption kann in Anlehnung an den an gleicher Stelle im Mittelfristigen Umweltprogramm der Landesregierung ausgewiesenen Auftrag gesehen werden. Die Arbeitsgruppe „soll regional verschiedene Schwerpunktaufgaben so formulieren, daß insgesamt ein koordiniertes und umfassendes Arbeitsprogramm aller Pädagogischen Hochschulen zustandekommt“.

Daher ist geplant, auf die Ringveranstaltungen des Sommersemesters 1976 als Orientierungsphase eine vertiefende Projektphase im Wintersemester 1976/77 folgen zu lassen.

3. Vorläufige Ergebnisse

Als Orientierungsphase hatte sich die Arbeitsgruppe für die Durchführungen von Ringveranstaltungen in Esslingen, Karlsruhe und Schwäbisch Gmünd entschlossen. An der PH Esslingen wurde mit dem Thema „Didaktik der Umwelterziehung: Umweltzerstörung — Umwelterhaltung“ ein sehr allgemeiner Rahmen abgesteckt, ohne für die Referate aus den einzelnen Fachdisziplinen weitere

Strukturierungen zu vereinbaren. In Karlsruhe ergab sich aufgrund der Themenstellung „Erziehung zu umweltgerechtem Verhalten in der Grundschule" eine von fachwissenschaftlicher Seite vergleichbar heterogene Aufeinanderfolge von Referaten, die jedoch durch ihre Bezogenheit auf eine Schulstufe besonders gekennzeichnet waren. In Schwäbisch Gmünd war im Unterschied zu den beiden anderen Pädagogischen Hochschulen der fachwissenschaftliche Problemkreis auf das Thema „Umwelterziehung: Beispiel Wasser" eingegrenzt.

An allen drei Hochschulen waren die Fächer Pädagogik, Biologie, Chemie, Geographie, an zwei Hochschulen außerdem Physik, Geschichte, Theologie, Soziologie und an einer Hochschule weiterhin HTW, Werken/Technik, Politik und Deutsch beteiligt.

Im Rahmen der wissenschaftlichen Begleitung sollte die Beobachtung der drei Ringveranstaltungen Entscheidungshilfen zu folgenden Fragen liefern:
1. Werden die Möglichkeiten, die in der Beteiligung von bis zu elf Hochschullehrern liegen, in der Weise genutzt, daß die Diskussion interdisziplinäre Ansätze zumindest erkennen lassen?
2. Handelt es sich bei einer Ringveranstaltung um eine für die Behandlung von Problemen der Umwelterziehung geeignete Unterrichtsmethode?

Zu 1: Die Schwerpunktsetzung in den Referaten sowie auch die Art der Diskussionsbeteiligung verdeutlichten, daß im Vordergrund der Bemühungen größtenteils die fachwissenschaftliche Darstellung von Detailproblemen des Umweltschutzes stand. Am ehesten sind fächerübergreifende Aspekte von Umweltproblemen noch innerhalb der naturwissenschaftlichen Fächer zum Ausdruck gekommen. Zweifellos liegt gerade in der ausgewogenen Vermittlung des interdisziplinären Charakters von Umweltproblemen ein wesentliches Problem. Die relativ engen Grenzen jeweiliger Fachkompetenz verringern die Chance von Kompetenz in Überschneidungsbereichen mit anderen Fächern.

Zu 2: Bei den Ringveranstaltungen handelte es sich nur bedingt um eine Unterrichtsform, die dem besonderen Anliegen einer Umwelterziehung gerecht werden konnte. Inhaltlich soll im Rahmen einer Umwelterziehung bei den Betroffenen eine Handlungskompetenz zumindest nicht verschüttet werden, methodisch bietet der Veranstaltungstyp dazu jedoch nur wenig Möglichkeiten.

Auf diesen Mangel an Mitwirkungsmöglichkeiten ist wohl auch die große Fluktuation in der Beteiligung an den Einzelveranstaltungen zurückzuführen. Insgesamt waren in Esslingen, Karlsruhe und Schwäbisch Gmünd etwa 350 Studenten zu irgendeinem Zeitpunkt an den Ringveranstaltungen beteiligt. Lediglich 25% aller Studenten nahmen mehr als fünfmal an der Ringveranstaltung teil.

Nach Meinung der Arbeitsgruppe können die Nachteile von Ringveranstaltungen nur bedingt ausgeglichen werden und nur dann, wenn die Veranstaltungsfolge thematisch deutlicher auf einen bestimmten Problemkreis festgelegt wird, in angemessenem Umfang didaktische Anteile aufweist und ein sinnvoller Ausgleich zwischen frontaler Information und gruppenzentrierter Aufarbeitung und Diskussion erfolgt. Mit einer stärkeren Beachtung der Einwirkungsmöglichkeiten der Studenten auf Ablauf und Inhalt der Veranstaltungen wird die traditionelle Form akademischer Ringveranstaltungen abgelöst durch eine projektähnliche Veranstaltung, deren Inhalt gesellschaftlich relevant, problemorientiert, fächerübergreifend und praxisbezogen sein kann.

Die zweite Phase des Modellversuchs im Wintersemester wird gerade diesen Überlegungen stärker Rechnung tragen. Sie soll Probleme vertiefend behandeln, die sich aus den Ringveranstaltungen ableiten lassen. Inhaltlich sollen dabei grundsätzlich bio- und geoökologische Aspekte neben sozioökologischen Aspekten thematisiert werden. Daneben soll von den Studenten auch die Gruppe selbst als Umwelt erfahren und in die Problematisierung mit einbezogen werden.

Das Konzept der Schwerpunktphase orientiert sich an Überlegungen zu Leitlinien für eine Didaktik der Umwelterziehung, die in Form von Richtzielen erarbeitet wurden.

4. Richtziele zur Umwelterziehung

Die Richtziele versuchen, einen Anspruch von Interdisziplinarität, von kontextbezogener Sachvermittlung und von Förderung der Handlungskompetenzen von Schülern und Lehrern im Zusammenhang mit Umwelterziehung zu begründen. Sie sollen Erziehungsleitlinien vorstellen und Perspektiven aufzeigen:

Erziehung zu umweltgerechtem Verhalten ist Ausdruck eines Unterrichtsprinzips, das sich aus der Erkenntnis der heute manifesten Versäumnisse der Vergangenheit begründet und langfristig den Weg ebnen helfen will zu einer kritischen Auseinandersetzung mit gesellschaftlichen Entwicklungen im Beziehungsfeld Mensch — Umwelt. Eine solche Auseinandersetzung fordert im Rahmen des Unterrichtsprozesses eine gleichgewichtige Berücksichtigung der Bereiche Erkennen — Problematisieren — Handeln, die nicht drei Stufen eines linear fortschreitenden Lernprozesses, sondern Verknüpfungspunkte einer im Unterricht interdependenten Beziehung sind.

Erkennen

Erziehung zu umweltgerechtem Verhalten basiert auf der Vermittlung von Kenntnissen, die zum Verständnis sowohl aktuell krisenhafter als auch langfristig bedeutsamer Entwicklungen im Beziehungsfeld Mensch — Technik — Natur wichtig sind.

Das Erziehungsziel ist die kritische Wahrnehmung des Umweltgeschehens. a) Eine so verstandene interdisziplinäre Behandlung bedeutet die Integration herkömmlicher Fächer durch Auflösung bisheriger an der Fachstruktur orientierter Grenzen. Die aus unterschiedlichen Fachbereichen zum Problemverständnis notwendigen Kenntnisse werden unter Bezug auf die zu behandelnden, aus Lebenssituationen abgeleiteten Aspekte integriert und im Unterricht im Zusammenhang behandelt. b) Die Vermittlung von Kenntnissen zu aktuellen Problemen, die den krisenhaften Charakter der Beziehung Mensch — Umwelt veranschaulichen, ist nur Teil einer Vermittlung, die sich auf alle Wechselbeziehungen zwischen Individuum — Gesellschaft — Umwelt bezieht. Soziale Angelegenheiten sind damit zentraler Bestandteil jeder ernsthaften Beschäftigung mit Umweltproblemen. c) Kritische Wahrnehmung des Umweltgeschehens bezieht tier-, pflanzen-,

human- und landschaftsökologische, sowie ökonomische, politische und sozialwissenschaftliche Kenntnisse mit ein. Jedoch wird erst durch eine an Problemen
orientierte Verknüpfung der isolierten Kenntnisse die Grundlage für ein problemgerechtes Verhalten gelegt.

Problematisieren

Erziehung zu umweltgerechtem Verhalten basiert auf einer kritischen Problematisierung gesellschaftlicher Entwicklungen und Einschätzung ihrer Ursachen
unter Einbeziehung der wissenschaftlich ableitbaren Grenzen.

Das Erziehungsziel ist die Problematisierung der Beziehungen zwischen
gesellschaftlichen Ansprüchen und naturgesetzlicher Wirklichkeit sowie zwischen
partikulären und staatlichen Interessen.
a)   Die Problematisierung von Wechselbeziehungen in einem Milieu schließt
die Kenntnis und Analyse naturwissenschaftlicher und gesellschaftlicher
Wirkzusammenhänge ein. Dazu ist einerseits eine angemessene Darstellung des
von den unterschiedlichen Fächern herangetragenen Sachwissens erforderlich.
Anderseits bezieht die Analyse von Wirkzusammenhängen jedoch die Darstellung und Kritik wissenschaftlicher Maxime, gesellschaftlicher Normen und
naturwissenschaftlich-technischen Fortschrittglaubens mit ein.
b)   Erziehung zu umweltgerechtem Verhalten ist politische Erziehung, die sich
der Methode der Konfliktanalyse bedient.
c)   Tier-, pflanzen-, human- und landschaftsökologische, sowie ökonomische,
politische und sozialwissenschaftliche Betrachtungsweisen bieten, jede für sich
genommen, nur Ansatzpunkte für eine sachgerechte Problematisierung, die
erst unter Verknüpfung der Teilbereiche in der Orientierung an einem bestimmten Problem Erziehung zu umweltgerechtem Verhalten ermöglicht.

Handeln

Erziehung zu umweltgerechtem Verhalten bezieht die Handlungskompetenz
der Betroffenen unmittelbar in den Unterricht mit ein. Unterricht wird aus
seiner aktuellen Einschränkung auf Kognitives auf die Ebene von Unterricht
mit handelnden Subjekten gehoben.

Das Erziehungsziel ist die im Unterricht gewonnen Erfahrung, aufgrund
selbst- oder mitbestimmter Entscheidungen handeln zu können.
a)   Ein am Handeln orientierter Unterricht bezieht die Dimensionen Kognition
— Affekte — Motorik gleichberechtigt in das an der Sache orientierte Unterrichtsgeschehen mit ein. Es ist daher tendenziell möglich, das Nebeneinander von
Lernen und Handeln, von Fach und Wirklichkeit sowie von Schule und Öffentlichkeit aufzuheben.
b)   Erziehung zu umweltgerechtem Verhalten beginnt auf der Stufe der
Interaktion innerhalb einer Lerngruppe bei der Aufarbeitung des gruppenspezifischen Kontextes.

Mit ihrem Konzept der wechselseitigen Verknüpfung von Problematisieren,
Erkennen und Handeln als Rahmen ist die Umwelterziehung mehr als Unter-

richt über ökologische Sachverhalte, mehr als nur Umweltschutzunterricht.
Zwar sollen aktuelle Konflikte, die Verschmutzung eines Gewässers, der Einsatz
von Insektiziden oder der Bau eines Kernkraftwerkes Gegenstand von Umweltunterricht sein. Das Ziel einer Umwelterziehung wird jedoch erst erreicht, wenn
eingebettet in die Vermittlung fachlichen Wissens auf die gesellschaftliche
Bedeutung der Erscheinungen eingegangen wird und den Schülern oder Studenten Möglichkeiten zu politischem Handeln eröffnet werden. Eine solche Vor-
gehensweise fordert den Lehrer als „Anwalt der Bildungsbedürfnisse der
Schüler" (Heipcke & Messner 1973).

Vom Lehrer wäre daher die Bereitschaft zu fordern, die eigenen Einstellungen,
Wertungen und Überzeugungen zu aktuellen Konflikten in der Umwelt von
Schülern und Lehrern offenzulegen, um den Schülern im Diskurs Gelegenheit
zu bieten, den eigenen Standpunkt zu finden. Im Vorfeld eines solchen Unterrichts — in der Lehrerausbildung an den Pädagogischen Hochschulen — sind
daher die Einstellungen angehender Lehrer zu Umweltproblemen von besonderem Interesse.

5. Einstellungen von Studenten zu Umweltproblemen

Sowohl die Methode der Befragung als auch ihre Ergebnisse können hier nur in
Ausschnitten dargestellt werden. Mit Hilfe eines Fragebogens wurden 140 Studenten zu 44 Statements befragt, indem sie den Grad von Zustimmung und
Ablehnung zur formulierten Aussage auf einer sechsfeldrigen Lickertskala
markieren konnten. Sowohl der Gesamttest als auch die nach Clusteranalyse
gebildeten Untertests sind normal verteilt. Hier kann weniger auf Probleme
der Reabilität oder Validität, auf Probleme der Homogenität des Gesamttests
oder der Untertests eingegangen werden, vielmehr können lediglich die im
Zusammenhang mit den Richtzielen interessanten Strukturlinien von Einstellungen zu Umweltproblemen skizziert werden (Veröff. i. Vorb.).

Die Einstellungen zu Umweltproblemen sind nach unterschiedlichen Leit-
linien strukturiert. Im wesentlichen lassen sich die 44 Items fünf unterschied-
lichen Leitlinien zuordnen, die jeweils gleichsinnige Beantwortung bewirken.
— Umweltschutz als gesellschaftliches Problem
— Umweltschutz als individuelles Problem
— Umweltschutz als Problem anderer
— Umweltschutz als Bagatelle
— Umweltschutz als Sachzwang
Die Leitlinien zeichnen das Bild einer auch hypothetisch angenommenen
komplexen Einstellungsstruktur zu Umweltproblemen. Dabei ist von besonderem
Interesse, daß für alle befragten Studentengruppen die Leitlinie 1 (Umwelt-
schutz als gesellschaftliches Problem) die höchste Homogenität zum gesamten
Test zeigt. Unseres Erachtens deutet dies darauf hin, daß es sich bei den Ein-
stellungen zur gesellschaftspolitischen Dimension des Problemkreises, unter
Einschluß möglicher gesellschaftlicher Veränderungen, um einen klar geglieder-
ten Bereich handelt. Umweltunterricht an Schule und Hochschule sollte daher
gerade diesen Bereich einbeziehen.

Literatur

Bundesregierung (1973): Umweltprogramm, Stuttgart.
Dienel, P.C., H. Bongardt, U. Müller & I. Pfeiffer (1975): Stand, Tendenzen und Modelle
für die Einführung von Umweltthemen in Aus- und Fortbildung, Bd. 1: Strukturierung
und Ergebnisse; Bd. 2: Schulische Ausbildung; Bd. 3: Berufliche Aus- und Fortbildung;
Bd. 4: Wissenschaftliche Aus- und Weiterbildung; Krefeld.
Heipcke, K. & R. Messner (1973): Curriculumentwicklung unter dem Anspruch praktischer
Theorie, *Z. f. Päd.* 19: 349.
Landesregierung Baden-Württemberg (1974): Umweltschutz in Baden-Württemberg —
Mittelfristiges Programm Stuttgart.
Umweltbundesamt (1976): Wissenschaftliche Aus- und Fortbildungsmöglichkeiten zum
Umweltschutz an Wissenschaftlichen Hochschulen, Pädagogischen Hochschulen und
Fachhochschulen. Bericht 2, Berlin.

Anschrift der Verfasser:

Prof. Dr. W. Janssen und A. Meffert, Päd. Hochschule Esslingen, Modell-
versuch „Didaktik der Umwelterziehung", 7300 Esslingen a.N., Beblinger
Str. 1—10